《宁夏旱作农业实践与创新》编写组

主　编　杜守宇　徐润邑　马自清

副主编　田恩平　王　华　李　欣　张增福　杨明进　王明国　杨国恒

杨　发　高　升　刘春光　魏固宁　郭忠富　王　峰

编写人员(按姓氏笔画排序)

卜崇德　于仙萍　马玉鹏　马自清　马全保　马步朝　马尚明

王　华　王　峰　王　霞　王明国　王荣华　王晓媛　尹学红

叶小峰　田振荣　田恩平　田恩智　冯付军　朱志明　刘　平

刘　莹　刘　媛　刘文帅　刘世明　刘师敏　刘春光　关友峰

安兴东　孙成军　杜　伟　杜　辉　杜守宇　李　欣　李　珍

李　强　李永平　李成虎　李佐梅　李宗泽　李健荣　李海洋

杨　发　杨国恒　杨明进　杨金娟　杨晓婉　杨培军　张义科

张文丽　张亚峰　张志亮　张增福　陆占军　陈世平　陈世敏

陈生军　陈炳焱　陈晓军　陈彩芳　虎桂珍　虎淑萍　金　鑫

周兴隆　柳智星　耿　荣　徐志友　徐润邑　殷占海　高　升

郭　宝　郭军成　郭忠富　黄广龙　黄秀琴　崔　勇　崔建荣

梁晓宇　景治忠　鲁长才　温　敏　魏固宁

NINGXIA HANZUO NONGYE
SHIJIAN YU CHUANGXIN

宁夏旱作农业实践与创新

宁夏回族自治区农业技术推广总站 编

黄河出版传媒集团
阳 光 出 版 社

图书在版编目(CIP)数据

宁夏旱作农业实践与创新 / 宁夏回族自治区农业技术推广总站编. -- 银川:阳光出版社, 2022.6
ISBN 978-7-5525-6304-7

Ⅰ.①宁… Ⅱ.①宁… Ⅲ.①旱作农业－研究－宁夏 Ⅳ.①S343.1

中国版本图书馆 CIP 数据核字(2022)第 091415 号

宁夏旱作农业实践与创新　　宁夏回族自治区农业技术推广总站　编

责任编辑　李少敏
封面设计　姜喜荣
责任印制　岳建宁

黄河出版传媒集团
阳光出版社　出版发行

出 版 人　薛文斌
地　　址　宁夏银川市北京东路 139 号出版大厦(750001)
网　　址　http://www.ygchbs.com
网上书店　http://shop129132959.taobao.com
电子信箱　yangguangchubanshe@163.com
邮购电话　0951-5047283
经　　销　全国新华书店
印刷装订　宁夏银报智能印刷科技有限公司
印刷委托书号　(宁)0023592

开　　本　880 mm×1230 mm　1/16
印　　张　30.5
字　　数　800 千字
版　　次　2022 年 6 月第 1 版
印　　次　2022 年 6 月第 1 次印刷
书　　号　ISBN 978-7-5525-6304-7
定　　价　98.00 元

前 言

干旱是一个世界性问题，是农业发展所面临的主要自然灾害，世界干旱、半干旱地区遍及50多个国家和地区，总面积约占陆地面积的1/3。在14亿hm^2耕地中，靠天然降水进行农业生产的旱耕地就占80%以上，各国十分重视旱作农业生产的提高与变革，使旱作农业区农业发生了巨大的变化。美国中西部地区推广少免耕覆盖技术，使昔日的黑风暴发源地成为今日主要的农牧业商品基地。澳大利亚南部地区实施草田轮作制，使过去沙化严重的半干旱地区成为著名的小麦、绵羊产业带。这些事例说明，干旱、半干旱地区的农业蕴藏着巨大的生产潜力。

我国是世界上干旱、半干旱地区面积最大的国家，干旱、半干旱地区占国土面积的一半以上。以黄土高原为中心的北方半干旱区和半湿润偏旱区，其旱作农田面积占耕地面积的70%以上，该区域是我国农业的发源地，历来旱作农业经验丰富，挖掘这一地区的旱作农业生产潜力，不仅对农业生产上台阶、保障粮食安全极其重要，而且对促进黄土高原地区综合治理、加速这一地区资源开发和能源化工基地建设都有重要意义。中华人民共和国成立以来，党和国家十分重视这一地区的农业发展。我国旱作农业科技工作者在总结旱作农业传统经验的基础上进行了许多卓有成效的研究，取得了大量的成果，并将其运用于生产，旱作农业区农业生产有了很大发展。

宁夏旱作农业区占宁夏土地面积的73%，耕地占宁夏耕地面积的65%，其中旱耕地占总耕地面积的86.4%，是全国旱作农业区的一个缩影，在西北旱作农业区具有典型代表性。该地区干旱发生频繁，既是生态建设的重点地区，也是畜牧业生产基地，未来农业发展、粮食生产的增长点。1949年以来，宁夏的农业科技工作者不断探索，经历了总结继承传统旱作农业经验、深化丰富传统旱作农业经验、培肥地力和以肥调水、单项旱作农业技术综合集成、绿色可持续发展5个发展阶段，形成了具有宁夏特色的旱作农业发展思路和旱作农业技术体系，并在实践中不断创新，促进了旱作农业区农业技术水平的提高和生产的发展。

2008年宁夏农业技术推广总站在实施“宁夏秋覆膜抗旱保墒研究与推广项目”的基础上，在宁夏农业农村厅领导下执行《宁夏中部干旱带和南部山区覆膜保墒集雨补灌旱作节水农业建设规划(2008—2012年)》的同时，又组织宁夏旱作农业区九县(区)农业技术推广服务中心实施了“宁夏旱作节水农业示范区建设项目”，历时15年建成核心示范区31个、展示区147个，累计进行技术综合集成规范化示范7.8万hm^2，推广 112 万 hm^2；大区技术对比展示 98 项 513 点(次)；田间小区试验 155 项538 点(次)，取得了丰硕的成果；总结形成了 6 种地膜覆盖模式，14 种作物覆膜栽培技术，制定了 6 项栽培技术地方标准，提高了宁夏旱作农业的技术水平，促进了旱作农业的发展。

《宁夏旱作农业实践与创新》的编写，以“宁夏秋覆膜抗旱保墒研究与推广项目”“宁夏旱作节水农业示范区建设项目”所获得的大量田间试验资料、长期的示范推广和生产实践经验为基础，吸收了区内有关单位对宁夏旱作农业的研究成果，并参考了国内外旱作农业的经验及成果。

《宁夏旱作农业实践与创新》分为上下两篇，共十六章，上篇七章介绍了宁夏旱作农业区的概况、旱作农业的成就，分析了发展旱作农业的有利条件和问题，提出了今后旱作农业的发展目标与措施。下篇九章系统地阐述了宁夏旱作农业技术体系，其中第一章分析阐述了种植结构调整的背景、原则、依据及效果；第二章介绍了宁夏旱作农业区地膜覆盖技术的应用、发展、成果与创新，宁夏旱作农业区地膜覆盖的技术类型及十多种作物的覆膜保墒栽培技术；第三章阐述了宁夏旱作农业区以肥调水的途径；第四章介绍了农田集雨增墒田间工程的作用、类型及其修建技术要点，提出了进行小流域治理的措施；第五章阐述了宁夏旱作农业区农田蓄水保墒耕作技术；第六章介绍了宁夏集雨(水)集流补灌农业技术产生的背景、作用与理论基础，总结了宁夏旱作农业区集雨(水)集流补灌农业技术体系的构成与模式；第七章全面阐述了宁夏旱作农业区立体农业、立体复合种植的发展历史、类型、效益、模式及配套技术，提出了今后的发展前景及措施；第八章重点介绍了宁夏旱作农业区保墒抗旱防风固土型保护性耕作技术的效益、模式及典型模式的关键配套技术；第九章依据作物引种原理提出了宁夏旱作农业区各作物的引种区域及品种布局。

《宁夏旱作农业实践与创新》一书是宁夏旱作农业区农业技术推广人员辛勤耕耘的成果，是其智慧和经验的结晶，也是农技推广部门对旱作农业技术研究及示范推广的阶段性总结。

本书的出版将有利于推动宁夏旱作农业的发展，进一步提升旱作农业技术水平，实现宁夏旱作农业区农业稳定增产、农民持续增收，促进农业可持续发展。本书可供农业科技人员和广大农民阅读参考。

本书在编写过程中得到了宁夏农业农村厅、宁夏财政厅、宁夏科学技术厅、宁夏水利厅、宁夏水利科学研究院、宁夏农林科学院固原分院、宁夏旱作农业区各县农业农村局及农业技术推广服务中心的大力支持，在此，谨致我们崇高的敬意和诚挚的感谢。

由于学识水平和经验有限，书中缺点和错误难免，敬请同行和读者批评指正。

编者

2021 年 10 月

目 录

上篇 宁夏旱作农业的发展、成就与创新

下篇 宁夏旱作农业的实践与技术体系

上篇

宁夏旱作农业的发展、成就与创新

第一章　旱作农业概述

旱作农业发展历史悠久，中国是世界上旱作农业形成和发展的中心之一，至今已有 7 000 多年的历史。中国的传统旱作农业成就辉煌，所积累的经验在世界上产生了很大的影响。瑞典生物学家林奈、英国生物学家达尔文、德国农业化学家李比希都把中国的古代农业科学成就作为他们学说的依据，美国著名农学家、诺贝尔奖获得者诺曼·布劳格说："这是世界已知的最惊人的成果之一。"R.布洛包姆说："中国农业给其他地区农民有效利用有机质提供了很好的经验。"

中华人民共和国成立后，特别是改革开放以来，我国十分重视旱作农业的研究、示范与推广，把传统经验与现代科学技术相结合，取得了多项重大研究成果，并加以推广应用，取得了显著的经济效益、社会效益和生态效益，使旱作农业有了较大的发展。

一、旱作农业的概念

干旱是一个全球性问题。世界干旱、半干旱地区遍及 50 多个国家和地区，总面积约占地球陆地面积(除寒带外)的 34.9%，约 4 590 万 km^2。全球约 14 亿 hm^2 耕地中，有灌溉条件的耕地仅占 15.8%，其余都是靠自然降水进行农业生产，即所谓雨养农业(rainfed farming)。随着全球气候变化异常，干旱加剧，水资源紧缺，旱作农业的地位和发展日益受到世界各国的重视，研究工作异常活跃，旱作农业已成为面向未来农业的一种积极对策。

我国干旱、半干旱地域辽阔，总面积约占全国土地面积的 52.5%，其中年平均降水量在 200~250 mm 的地区约占国土面积的 30.8%，年平均降水量在 250~600 mm 的地区约占国土面积的 21.7%，主要分布在沿昆仑山脉—秦岭—淮河一线以北的 15 个省、自治区、直辖市，特别是内蒙古包头以东的长城沿线和黄土高原广大地区，有效灌溉面积仅占耕地面积的 17%，应属我国旱作农业区的范围。旱作农业区在世界、我国面积之大显而易见，全面、正确理解旱作农业的概念对旱作农业发展具有重要指导意义。

旱作农业在国外称雨养农业或雨育农业。英国、美国相关学者认为，"旱农是指在有限降水(典型的是年降水量少于 500 mm)的地区，不采用灌溉而种植作物的农业"，或者"旱农是指在有限降水的半干旱气候或地区从事无灌溉的作物生产"。我国广大旱作农业工作者根据我国旱作农业区的自然资源及农业特点，把旱作农业的范围由半干旱地区扩大到半湿润偏旱区。半湿润偏旱区是我国主要的农业生产地区之一，夏季多雨，冬春季干旱，虽然年降水量 600 mm 左右，但多集中在 6—9 月，且年蒸发量很大，需要应用旱作农业措施保蓄降水，以提高降水利用率，从而获得较高的作物产量。同时提出了发展旱作农业应遵循的基本原则：农牧结合，农林牧综合发展，坚持农田基本建设等。为此，有学者将旱作农业定义为在降水偏少，又没有灌溉条件的情况下，依靠和充分利用天然降水及田间集蓄的雨水，采取抗旱保墒耕作技术进行的农业生产活动。其核心是通过抗旱保墒耕作技术和田间工程提高土壤蓄水保墒能力，减少田间深层渗漏,减少田间无效蒸腾和蒸发,以提高有限降水的利用率和水分利用效率。

旱作农业的特点:一是降水量不足(年降水量 250~600 mm),降水季节分布不均,7—9 月的降水量占全年降水量的 70%,包括半干旱偏旱区、半干旱区、半湿润偏旱区。二是土地资源多,光热资源丰富,农业生产潜力大。三是农业生产水平较低,作物产量不稳,变幅较大。

旱作农业和旱区农业是两个不同的概念。旱作农业指在降水偏少的半干旱偏旱区、半干旱区和半湿润偏旱区主要依靠自然降水从事的农业生产活动,旱区农业不仅包括旱作农业,也涵盖干旱地区的灌溉农业。

20 世纪 90 年代以来,随着旱作农业的发展和旱作技术的提升,又出现了旱作节水农业的概念。中国农业科学院农业环境与可持续发展研究所梅旭荣研究员认为:旱作节水农业是旱作农业的提升,是在旱地上依靠和充分利用降水进行的农业生产,是雨养和集雨补灌两种农业生产活动的总称,其核心是综合运用生物、农艺、农机、田间工程及信息管理等技术措施,充分集蓄降水,最大限度提高降水保蓄率、利用率和利用效率,实现农业高产高效、农村经济可持续发展和生态环境同步改善。李含琳在《西北地区旱作节水农业的技术支撑和策略优化》一文中提出:旱作节水农业是指在旱耕地上依靠和充分利用降水进行的农业生产,是集蓄水、改土、育林、节灌、改革耕制、选育良种等系列技术为一体的综合配套工程。国家节水灌溉北京工程技术研究中心工程师雷波在《旱作节水农业综合效益评价体系研究》一文中指出:旱作农业在提高水资源利用的有效性方面和节水农业是保持一致的。但是,旱作农业并不等同于节水农业。从节水这一角度来看,旱作农业区的许多旱作农业技术本身就是一种节水技术,寻求合理的旱作农业结构和耕作制度也是在推行一种适合的节水型生产和管理方式。旱作节水农业就是在旱作农业区采用的以旱作节水技术和管理体系为基础的农业生产方式。旱作节水农业是未来我国北方旱作农业区农业可持续发展的必然选择。

二、我国旱作农业的沿革

我国的旱作农业发展史,几乎就是中华农业文明史。我国旱作农业大致经历了古代、传统、现代三个阶段的发展。

(一)古代旱作农业

人类的农业活动起始于旱作农业,我国是世界上农业起源中心之一。在近代农业出现以前,自汉代起到南北朝,我国逐渐形成了一套以耕、耙、耱、锄为中心,集施用农家肥和绿肥、轮作倒茬、用地养地相结合、保持水土、选种耐旱作物品种等为一体的抗旱保墒旱地农业技术。汉代农学家氾胜之提出"凡耕之本,在于趣时、和土、务粪泽、早锄早获"的 17 字旱地耕作原则,科学地总结出适时耕作保墒、施肥改土和田间管理等一整套抗旱保墒综合措施。北魏贾思勰所著《齐民要术》则系统总结了我国劳动人民的旱作技术经验,指出"凡秋耕欲深,春夏欲浅""多锄则饶子,不锄则无实"。西周时期出现了垄作法,《吕氏春秋·任地》载"上田弃亩,下田弃圳",意为高地干旱,作物应种于垄沟,低地湿润,作物应种于垄上,可防旱保墒。这是我国创造的当时世界上最先进的抗旱保墒耕作技术,美国到 17 世纪才出现垄作法,我国领先了 2 000 多年,为人类文明和进步做出了巨大贡献。

(二)传统旱作农业

中华人民共和国成立后,在党和政府的重视下,广大农业科技人员在总结历史经验的基础上对传统旱作农业加以改进和提高,使之得到迅速发展。一是大搞农田基本建设,以改土、蓄水为中心,修建各种形式的梯田、沟坝地，开展小流域治理，将治塬、治坡、治沟相结合，并采取平整土地、深耕深翻和培肥地力等措施，改善了生产条件，效果显著。二是建立用养结合、稳产保收的合理轮作制度，实行有机与无机相结合、以无机促有机、增施有机肥的施肥制度，经济有效地提高了农作物产量。三是积极推行深耕、深松、耙耱、镇压、中耕等旱地蓄水保水耕作技术，增加土壤水库功能，取得了显著的防旱增产效果。四是根据不同旱作农业区的自然和经济条件，合理调整作物结构和布局，形成相互促进、综合发展的动态平衡，促进旱作农业区发挥区域资源优势，增产增收。五是推进农牧结合、农林牧综合发展，为旱作农业稳定发展找到了根本出路。

（三）现代旱作农业

从“七五”开始，我国广大农业科技人员在各级政府的大力支持下，深入农村，将传统旱作农业经验与现代科学技术相结合，逐步形成了具有我国特色的旱作农业发展模式和旱地农林牧发展技术体系，推动我国旱作农业步入了现代化发展轨道。一是深入开展旱区农业资源考察，以旱区水分分异规律及其特征为主要依据，结合自然条件与社会经济条件及农业生产的结构、水平、关键问题等，将我国北方旱区划分为干旱区、半干旱偏旱区、半干旱区、半湿润偏旱区 4 个一级区及 57 个二级区，为旱区农业分类指导和分区治理提供了科学依据。二是在不同类型旱区农业发展战略指导下，初步探索出了适合不同类型旱区农业综合治理和综合发展模式，促使区域种植业产量和效益提升、农林牧协调发展及生态环境改善。三是各地围绕特色优势作物，以提高水分利用效率为中心，开展关键技术试验研究，对单项技术进行集成组装，提出了旱地作物优质、高产、高效、安全、生态综合配套技术，取得了切实成效。四是围绕提高旱地自然降水保蓄率、利用率及水分利用效率，将农艺与农机相结合，建立旱作农业保护性耕作技术体系，提高土壤保水、保土、保肥性能。五是经试验示范，初步形成了“抑制土壤蒸发—抗旱播种成苗—生育期减少叶面蒸腾—促根利用土壤储水”的系列抗旱、节水、增产化学调控技术，已在旱作农业区粮、经作物上扩大应用。

第二章　宁夏旱作农业概况、战略地位及发展历程

一、宁夏旱作农业概况

宁夏旱作农业区是全国旱作农业区的一个缩影，在西北旱作农业区具有代表性。该区目前涉及吴忠、固原、中卫3个市，盐池县、同心县、红寺堡区、原州区、西吉县、隆德县、泾源县、彭阳县、海原县、沙坡头区、中宁县11个县（区），84个乡镇；区域总面积4.85万km^2，占宁夏总面积的73%；现有耕地80万hm^2，约占全区耕地总面积的65%，其中旱耕地面积占总耕地面积的86.4%。宁夏旱作农业区干旱少雨，据宁夏气象科学研究所对宁夏旱作农业区10个观测站58年（1961—2018年）的降水资料统计，年均降水量为243.7（兴仁镇）~650.2（泾源县）mm，且季节分布不均，7—9月降水量占年降水量的60%~65%，亩均水资源不到全国平均水平的10%，年蒸发量1 250~2 400 mm，是全国水资源最紧缺、干旱发生最严重的地区之一。1949—2012年，干旱年数达52年。全年期间，以春末夏初干旱发生最频繁，危害最严重，往往造成大面积农作物播种受阻、出苗困难、生长发育迟缓乃至停滞。

二、宁夏旱作农业类型分区

（一）分区指标

1. 主导指标——降水量

水分丰缺是划分不同农业类型的最基本要素。降水是旱作农业基本的水分来源，其数量多少直接影响农业生产。依据北方旱区农业生产实际，采用80%保证率的全年降水量作为旱作农业类型分区的主导指标，其等值线走向与各地实际情况基本吻合。

2. 辅助指标——干燥度

降水量由于只考虑水分的“收入”，没有考虑水分的“支出”，只能反映气候的干湿，不能反映水分“盈亏”。作为蒸发量与降水量之比的干燥度在计算过程中包含了水分“收”“支”两个方面，所以比只用降水量更有意义，能够比较准确地反映出一个地区的干湿状况。因此，采用干燥度作为旱作农业类型分区的辅助指标，其结果基本符合实际。

（二）旱区农业类型分区

采取主导指标与辅助指标相结合，以主导指标为主的综合指标体系，依据1985年由中国农业科学院农业自然资源和农业区划研究所、农业气象所主持，“北方旱地农业类型分区及其评价”课题组研究制定的分区标准，将旱区划分为干旱区、半干旱偏旱区、半干旱区、半湿润偏旱区四大农业类型区，各类型区划分指标如下（表1-2-1）。

表 1-2-1　旱作农业类型分区

类型区	主导指标——80%保证率的全年降水量/mm	辅助指标——干燥度
干旱区	<200	>3.50
半干旱偏旱区	200~250	3.00~3.49
半干旱区	250~400	1.60~2.99
半湿润偏旱区	400~500	1.30~1.59

(三)宁夏旱作农业类型分区

1. 半干旱偏旱区

含同心县、盐池县、红寺堡区、中宁县南部、沙坡头区南部、原州区北部及海原县北部。区域面积2.82 万 km^2,占宁夏旱作农业区总面积的 58.1%,人均耕地面积在宁夏旱作农业区最多。生态脆弱、水资源匮乏、干旱发生频繁、风大沙多和土壤肥力较低,农田生产力水平低、产量不稳定。今后应坚持生态优先、草畜为主的方针,大力发展草食畜牧业。扩大马铃薯、小杂粮种植面积,因地制宜种植以甘草为主的中药材等作物,主推覆膜保墒集雨补灌旱作节水农业技术。

2. 半干旱区

含西吉县、原州区中南部、隆德县北部、彭阳县大部及海原县中南部。区域面积 1.55 万 km^2,占宁夏旱作农业区总面积的 32%,人均耕地面积在宁夏旱作农业区居中。降水变率大,土地垦殖率高,干旱发生频繁。今后应按照"生态优先、草畜主导、特色种植、产业开发"的方针,巩固退耕种草成果,坚持封山禁牧,控制水土流失,推进生态建设;积极扩大苜蓿、饲用玉米等人工牧草种植面积,大力发展肉牛、肉羊舍饲养殖;调整种植结构,扩大马铃薯、玉米、小杂粮、油料作物及冷凉蔬菜等种植面积;大力推广旱耕地土壤水库增容、覆盖保墒、深松蓄水、保护性耕作等旱作节水技术,选用抗旱节水型旱地作物优良品种,支撑旱作农业发展。

3. 半湿润偏旱区

指六盘山地区,含泾源县、原州区西部、隆德县中南部及彭阳县西南部。区域面积 0.48 万 km^2,占宁夏旱作农业区总面积的 9.9%,人均耕地面积在宁夏旱作农业区最少。境内多为土石质山地,海拔高,土层薄;气候冷凉,光热不足,无霜期短,农作物收获指数低。今后应以加强生态建设、发展生态农业为方向,促进马铃薯、肉牛、青贮玉米、中药材、苗木等特色农业提质增效。

三、旱作农业区在宁夏农业中的战略地位和作用

(一)旱作农业区是宁夏粮食生产新的增长点

长期以来,旱作农业因为生产能力相对低下、经济效益提高不明显而被普遍定义为低效农业。经过多年来的建设,旱作农业区生产条件有了显著改善。通过探索和实践,旱作农业区耕作技术有了很大进步,如今的旱作农业在保障粮食安全、实现农业可持续发展中发挥着越来越重要的作用,不仅提高了粮食产量,而且大大减轻了干旱对农业的威胁,旱作农业区已成为粮食生产新的增长点。据财政部测算,在灌区平均每增加 0.5 kg 粮食产量需投入资金 4~6 元,而在旱作农业区推广全膜双垄覆盖垄侧播种等旱作农业技术,平均每增加 0.5 kg 粮食产量仅需投入 2 元,充分说明推广旱作农业技术有很高的比较效益。

宁夏和全国其他地区一样，随着全区农业结构调整的不断推进和不同作物比较效益的变化，部分灌溉农田由粮食作物生产转向高附加值作物生产，旱作农田的比重呈增加趋势，粮食生产能力对旱作农业区的依赖程度提高。据统计，2006 年到 2011 年 5 年间，宁夏旱作农业区粮食产量对全区粮食总产量的贡献份额由 33%提高到了 38%。2012 年全区粮食总产量达到 375 万 t，其中引黄灌区粮食产量占总产量的 60%，旱作农业区占 40%，与 2011 年相比，引黄灌区增长 4.5%，旱作农业区增长幅度达到 7.9%。目前，旱作农业区水资源利用效率还较低，中低产田比例高，粮食生产仍有较大增产潜力。从中长期看，发展旱作农业将为宁夏提高粮食综合生产能力提供基础保障。

（二）旱作农业区是宁夏特色农产品的重要生产基地

宁夏旱作农业区地域辽阔，气候及生态条件复杂多样，生物资源十分丰富，其中很多地道的农产品是其他地区无法比拟的。

宁夏旱作农业区特色农产品种类丰富，特色鲜明。如半干旱偏旱区的盐池滩羊，半干旱区的马铃薯、牛羊肉、小杂粮和冷凉蔬菜。还有盐池县的甘草、同心县的羊绒和红枣、海原县的小茴香、原州区的油料、西吉县的西芹、隆德县的中药材、泾源县的肉牛和苗木、彭阳县的玉米和辣椒等，不胜枚举。这些特色农产品成为宁夏发展外向型农业、开拓国内外市场的金字招牌，为培育县域经济、带动农业增效、促进农民增收发挥了十分重要的作用。

（三）旱作农业区是宁夏主要的畜牧业基地

宁夏旱作农业区草场面积广阔，天然草场面积达 180 万 hm^2，占到全区可利用草场面积的 85.7%，2012 年人工种草面积 43.3 万 hm^2，为发展以牛羊肉产业为支柱的畜牧业创造了条件。2012 年宁夏旱作农业区养羊规模占到全区的 50%以上，养牛规模占到全区的 70%以上，肉类产量占到全区的近 40%。畜牧业产值对农民增收的贡献达到“三分天下有其一”。

（四）旱作农业区是宁夏生态建设重点地区

宁夏旱作农业区历来是国家生态建设的重点区域，发展旱作农业，支持发展特色种植业和生态农业，推广现代旱作农业技术，有利于保水保土、改善农田生态系统，实现良性循环，可促进生态建设与农民增收相结合，实现人与自然和谐相处。

（五）旱作农业区是宁夏乡村振兴的主战场

宁夏旱作农业区的发展历来为党中央、国务院所关注，也是宁夏党委、政府不断探索、孜孜以求的问题。当地的自然、社会、经济条件决定了在今后一个相当长的时期内农民增收在很大程度上还得依赖农业，进一步发展旱作农业，有效提高水资源利用效率和效益，发挥旱作农业区资源比较优势，实施农牧结合，促进农林牧综合发展，发展特色优势产业，是增加农民收入和乡村振兴的重要途径。

四、宁夏旱作农业技术发展历程

中华人民共和国成立以来，宁夏旱作农业技术大致经历了 5 个发展阶段。第一个阶段为 20 世纪 50 年代的总结继承传统旱作农业经验阶段，在继承的基础上总结提炼了以坡耕地打地埂为主的水土保持技术、以“三犁三耱”和轮作倒茬为关键的防旱抗旱耕作技术，改善了土壤蓄水保墒条件。第二个阶段为 20 世纪60 年代的深化丰富传统旱作农业经验阶段，创立了以“早耕深耕多蓄墒、过伏合口保底墒、雨后耙耱少耗墒、冬春打碾防跑墒、适时早播用冻墒”为内容的“五墒耕作法”；建立了豆—麦—麦—油或秋（秋粮）的 4 年轮作制；大搞以兴修梯田、治沟打坝为主的农田基本建设，增强抗旱稳产能力。第三个阶段为

20 世纪七八十年代的以肥调水旱作农业发展阶段，在继续大搞农田基本建设的同时，积极推广以有机肥与无机肥相结合、以无机促有机、深施化肥、增施有机肥、实行秋施肥、带好种肥为内容的培肥地力技术，达到了以肥调水的效果。第四个阶段为 20 世纪 90 年代的单项旱作农业技术综合集成阶段，在开展小流域综合治理、修梯田、打井窖、铺地膜的同时，示范推广田间微集水垄膜沟植技术，推行减灾稳产保收的立体复合种植技术，应用抗旱、节水、增产的化学调控技术，发挥单项技术的集成效应，促进旱作农业高产、优质、高效。第五个阶段为进入 21 世纪后的绿色可持续发展阶段，坚持走调整结构、特色种植、设施农业、覆膜保墒、集雨补灌、保护性耕作、测土配方施肥等技术综合集成，绿色可持续发展路子，加快传统旱作农业技术与现代旱作农业技术集成融合，逐步形成了具有宁夏特色的旱作农业综合技术体系，实现了由对抗性农业向适应性农业、由被动抗旱向科学减灾、由传统旱作农业向现代旱作农业的转变。

第三章　宁夏旱作农业区自然资源的基本特征

宁夏旱作农业区和北方广大旱作农业区一样，既有一定的有利条件，也有相当多的不利因素，扬长避短，应是旱作农业发展的重要方面。

一、日照充足，光能资源较丰富

宁夏旱作农业区海拔较高，日照充足，太阳辐射强，光能资源比较丰富，太阳辐射总量为 513~623 kJ/(cm^2·a)，平均 518 kJ/(cm^2·a)，与华北平原接近，在黄土高原上居中。从全国来看，宁夏旱作农业区属于太阳能资源较为丰富的地区，生理辐射为 255~310 kJ/(cm^2·a)；日照时间长，年均日照时数为 2 276~2 975 h，日照百分率为 55%~70%。

二、热量资源能保证作物一年一熟，有的地方可一年两熟

据宁夏气象科学研究所 58 年（1961—2018 年）的资料统计分析，宁夏旱作农业区年平均气温在 6~9.7℃，≥0℃积温 2 667.6~3 886.1℃，持续天数为 233~256 d，大部分地区在 2 809.9~3 678.3℃，持续天数为 236~246 d，从南向北递增；≥10℃积温 1 973.1~3 322.9℃，持续天数为 129~173 d，大部分地区在 2 154.7~3 124.9℃，持续天数为 135~165 d。热量资源能满足一年一熟制作物的热量需求，可种植冬小麦、春小麦、马铃薯、糜子、谷子等小杂粮及中早熟玉米，覆地膜后可种植中熟、中晚熟玉米。红河、茹河流域冬小麦收后可复种小日月糜子、荞麦和马铃薯，一年两熟。大部分地区采用立体复合种植技术可进行间套种植（表 1–3–1）。

表 1–3–1　黄土高原热量条件与农业意义

热量指数/℃		农业意义
≥0℃积温	≥10℃积温	
1 500~2 500	<1 600	可种植喜凉作物如春小麦、青稞、大麦、马铃薯等 种植制度：一年一熟
2 500~4 000	1 600~3 400	可种植喜温作物如玉米、大豆、高粱、糜子、谷子等，也可种植春小麦、马铃薯、冬小麦等喜凉作物 种植制度：一年一熟，部分地区一年两熟

资料来源：山仑、陈国良主编《黄土高原旱地农业的理论与实践》，科学出版社，1993 年。

三、降水总量少，年际、地区、季节分布不均，水资源匮缺

宁夏旱作农业区降水总量少，降水资源的空间分配不均，年际降水量变化较大，相对变率为 16%~29%，降水自南向北递减，从 605.2 mm 减少到 300 mm 以下，大部分地区年降水量在 300~500 mm。降水

量季节分布不均,冬季(12 月至翌年 2 月)降水量只占全年的 1.3%~1.5%,春季(3—5 月)降水量占全年的 15.6%~17.4%,形成了冬干、春旱的气候,对冬小麦越冬和春播作物播种、出苗及生长发育产生不利影响;夏季(6—8 月)降水量占全年的 52.7%~56.8%,秋季(9—11 月)降水量占全年的 25%~28.2%。作物生长旺季日平均气温≥10℃期间降水量较多,占年降水总量的 70%~82.8%,这对作物(尤其是秋作物)生长发育和吸收利用水分十分有利。

宁夏旱作农业区水资源匮缺,平均水资源量仅为 7.31 亿 m^3,可利用量为 3 亿 m^3,其中多年平均地表水资源量为 7.065 亿 m^3,平均每 666.7 m^2 占有水量 51 m^3,分别为黄河流域和全国平均值的 1/6 和 1/8,人均水资源占有量 190 m^3,分别为黄河流域和全国平均值的 1/6 和 1/28,而且分布不均。

四、土地相对辽阔,土地资源丰富,农业生产回旋余地大

宁夏旱作农业区从事农牧业生产的土地在黄土高原仍属于辽阔的地区之一, 人均占有耕地 0.32 hm^2,比全国高 2.41 倍,比全区高约 1 倍,使发展粮食生产有了较大的回旋余地。该地区土地类型多样,既有海拔较高的石质山区,又有广泛分布的黄土丘陵和海拔较低的河谷平原,堪称黄土高原的缩影。六盘山气候阴湿,是多条水系的发源地,也是发展水源涵养林的最好地区,清水河、红河、茹河、葫芦河、渝河等流域的川地,地势平坦,热量条件较好,可建成商品粮、马铃薯、枸杞、油料作物、蔬菜和特种经济作物的基地。北部有大面积的天然草场,畜牧业也有一定的基础。因此具有分区发展农林牧业,使之有机结合、互相促进的基础条件,尤其突出的是川、台、塬、壕、埫等比较平缓的土地较多,且土壤多为自然肥力较高的普通黑垆土、黑垆土性土及黄绵土,土层深厚,耕性良好。此外,已建成梯田 33.3 万 hm^2,在这些土地上增施肥料,培肥土壤,精耕细作,蓄水保墒,可保证粮食产量稳定增长。

五、宁夏旱作农业区具有适合绿色农业发展的生态环境

宁夏旱作农业区位于黄土高原西北部,地域广袤,耕地较多,以旱作农业为主;南部海拔高,属半湿润偏旱区,中部为半干旱区,北部为半干旱偏旱区;河流均发源于六盘山,无外来河流经过;人口密度低,污染型工矿企业少;大气较清新、水质安全、土壤洁净,适合绿色农业发展。据资料介绍,宁夏旱作农业区生产的农产品、畜产品均属清洁型产品。

六、自然灾害种类多

宁夏旱作农业区灾害性天气有干旱、冰雹、霜冻、大风等,以干旱发生次数最多、分布最广、危害面积最大。

(一)干旱

宁夏旱作农业区干旱发生具有频繁性、持续性、周期性、季节性、地域性等特征。旱灾对农业的威胁甚大,据《宁夏农业自然灾害》一书及有关资料记载,宁夏旱作农业区在 1951—2004 年的 54 年中,农作物受旱总面积达 699.658 万 hm^2,平均每年受旱面积达 12.95 万 hm^2,相当于总播种面积的 23.1%。在 1949—1990 年的 42 年中,因干旱粮食总产有 19 年减产、单产有 20 年减产,其中夏粮单产有 19 年减产、秋粮单产有 20 年减产,油料总产有 18 年减产、单产有 17 年减产。在 1951—1992 年的 42 年中,因干旱有 18 年少种,少种 10%以上。1973 年宁夏旱作农业区大旱,前半年少雨,加之上年秋冬季雨雪稀少,土壤底墒极差,原州、同心不少地方干旱持续 300 多天,小河断流,水井、水库干涸,水窖裂缝,干土层厚约 30 cm,人

畜饮水极度缺乏。同心播种夏粮 2.53 万 hm^2,收获面积只有 0.13 万 hm^2;播种秋粮 3.6 万 hm^2,收获面积只有 1.3 万 hm^2。整个宁夏旱作农业区受旱面积达 35.76 万 hm^2,收获面积占播种面积的 30%,粮豆总产减少 56.83%,人畜饮水困难的乡镇达 84 个,21.2 万人、9.5 万头大家畜,65.76 万只羊缺水。

(二)冰雹

冰雹是仅次于干旱的一种灾害性天气,轻则导致作物减产,重则导致作物绝产,据徐润邑等《宁夏旱作农业理论与实践》一文介绍,宁夏旱作农业区年平均降雹日数 1~3 d,年平均发生 4~5 次,最多达 7~11 次。

(三)低温

低温冷害及霜冻在宁夏旱作农业区经常出现,“倒春寒”危害严重。该区初霜来得早(9 月 10 日左右),终霜结束迟(5 月 6 日左右),无霜期短。霜冻对秋作物危害最大,如 1972 年 9 月 3 日来霜,固原地区有 4.8 万 hm^2 秋作物受害,其中 1.3 万 hm^2 绝产。

(四)大风与沙尘暴

宁夏年平均风速 3.3 m/s,出现大风的日数达 31 d(≥17 m/s),常使土地遭受风蚀,墒情锐减。作物生长季节大风使作物倒伏、籽粒脱落。

宁夏暴雨虽出现较少,但危害较重。病虫草害年年均有,仅燕麦草的危害面积每年就达 17.3 万 hm^2,减产 1~2 成。

第四章　宁夏旱作农业的潜力

一、水资源潜力

宁夏旱作农业区虽然水资源匮缺，干旱发生频繁，但水资源潜力尚存，若以宁夏气象科学研究所对宁夏旱作农业区10个观测站38年（1970—2007年）的降水资料统计，按年平均降水量358.9 mm、总土地面积4.85万km^2计算，降水总量可达174亿m^3，是当地地表水、地下水资源量的9.8倍。降水中径流损失占10%~15%，土壤蒸发占60%~65%，作物利用占25%~30%。径流60%~70%以暴雨形式出现。采用覆盖抑蒸、集雨工程等旱作农业技术措施，能减少土壤蒸发和径流损失。据马天恩、高世铭编著的《集水高效农业》一书介绍，自然降水再分配，按小流域核定，平均径流量为20%。若按10%算，300 mm降水区（辖250~350 mm）为30 m^3/666.7 m^2，400 mm降水区为40 m^3/666.7 m^2，500 mm降水区为50 m^3/666.7 m^2，600 mm降水区为60 m^3/666.7 m^2。各降水区若能将降水蓄存80%，则可保证每666.7 m^2农田在接受原降水量的基础上有50~100 m^3的补充灌溉用水，这就相当于人们有可能掌握75~150 mm降水。实际上，在较短时期内人工掌握60 mm降水，即相当于3次透雨量的水分是可以办到的。有相当于3次透雨量的降水实现时间上的自由安排，可积少成多，变弊为利，就地就近实现雨水跨季节利用。因此，宁夏旱作农业区水资源潜力不仅尚存，而且具备降水收集利用、发展高效农业的条件。

二、温度、热量生产潜力

据宁夏农林科学院董宏林研究员分析，宁夏半干旱偏旱区温度生产潜力为11 785.5~12 385.5 kg/hm^2，半干旱区温度生产潜力为9 816~11 196 kg/hm^2，半湿润偏旱区温度生产潜力为9 661.5~10 213.5 kg/hm^2。又据《中国北方旱区农业》报道，宁夏旱作农业区冬小麦热量生产潜力，原州区为9 807 kg/hm^2，泾源县为9 522 kg/hm^2，隆德县为10 293 kg/hm^2；春小麦热量生产潜力，原州区为9 813 kg/hm^2，西吉县为10 501 kg/hm^2，海原县为10 172 kg/hm^2；春玉米热量生产潜力，同心县为13 170 kg/hm^2，原州区为8 783 kg/hm^2；谷子热量生产潜力，同心县为9 350 kg/hm^2，西吉县为7 136 kg/hm^2，原州区为7 676 kg/hm^2；马铃薯热量生产潜力（鲜重5 kg折干重1 kg），同心县为9 313 kg/hm^2，原州区为9 148 kg/hm^2，泾源县为7 807 kg/hm^2。

三、降水生产潜力

旱作农业区由于降水时空分布不均，降水期常常与作物需水期错位，且降雨多为暴雨，土壤积蓄可被作物利用的水分只占降水的25%~30%，60%~70%的降水以地表径流和无效蒸发损失，致使粮食作物降水利用效率远低于国内目前15 kg/(mm·hm^2)的水平。研究和实践证明，运用旱作农业综合技术，将降水生产效率提高到全国平均水平是可能的。对北方旱作农业区具有代表性的10个示范区15年的研究显示，旱作农业区粮食作物可实现的平均产量潜势为 4 275 kg/hm^2。王立祥教授在原州区头营镇陶庄村多年研究认为粮食作物降水生产潜力可以达到 15~22.5 kg/(mm·hm^2)，其中，夏粮可以达到 7.5~15 kg/(mm·hm^2)，秋粮可以达到 15~22.5 kg/(mm·hm^2)。据宁夏农林科学院董宏林研究员分析，宁夏半干旱偏旱区降水生产潜力为 4 890~5 202 kg/hm^2，半干旱区降水生产潜力为 6 840~7 941 kg/hm^2，半湿润偏旱区降水生产潜力为 8 979~10 261.5 kg/hm^2。又据《中国北方旱区农业》报道，宁夏旱作农业区春小麦降水生产潜力，原州区为 4 476 kg/hm^2，西吉县为 4 710 kg/hm^2。玉米降水生产潜力，原州区为 5 162 kg/hm^2，隆德县为 4 189 kg/hm^2，泾源县为 4 798 kg/hm^2，西吉县为 3 754 kg/hm^2。谷子降水生产潜力，原州区为 5 044 kg/hm^2，海原县为 3 600 kg/hm^2，西吉县为 4 228 kg/hm^2，盐池县为 2 591 kg/hm^2。糜子降水生产潜力，多雨年海原县为 7 637 kg/hm^2、原州区为 4 587 kg/hm^2、西吉县为 4 212 kg/hm^2，常年海原县为 3 167 kg/hm^2、原州区为 4 218 kg/hm^2、西吉县为 3 113 kg/hm^2，旱年海原县为 1 650 kg/hm^2、原州区为 2 258 kg/hm^2、西吉县为 2 214 kg/hm^2；半湿润偏旱区的隆德县多雨年为 4 718 kg/hm^2，常年为3 918 kg/hm^2，旱年为 1 754 kg/hm^2。马铃薯降水生产潜力（鲜重 5 kg 折干重 1 kg），原州区多雨年为 9 148 kg/hm^2，常年为 8 930 kg/hm^2，旱年为 1 283 kg/hm^2；隆德县多雨年为 8 165 kg/hm^2，常年为 8 165 kg/hm^2，旱年为 6 702 kg/hm^2；海原县多雨年为 9 491 kg/hm^2，常年为 4 807 kg/hm^2，旱年为 1 145 kg/hm^2。胡麻降水生产潜力原州区为 1 682 kg/hm^2，最高年为 2 579 kg/hm^2。2013 年宁夏农业技术推广总站的旱作农业技术工作者根据现有资料测算，宁夏旱作农业区降水生产潜力平均值，冬小麦为 5 700 kg/hm^2，春小麦为 4 500 kg/hm^2，玉米为 9 300 kg/hm^2，马铃薯鲜薯为 46 500 kg/hm^2，谷子为 4 500 kg/hm^2，糜子为4 200 kg/hm^2，荞麦为 5 880 kg/hm^2，胡麻为 2 700 kg/hm^2。比对当地当年各作物的实际产量，可以看出宁夏旱作农业区各种作物均有至少一倍的产量潜力可供挖掘。对多个典型示范区的研究表明，采用以秋覆膜为主体的旱作综合栽培技术可使马铃薯增产 25%左右，玉米增产 25%~30%，西瓜增产 30%~40%；采用覆膜保墒集雨补灌技术可使粮食作物增产 1~2 倍；采用全膜双垄覆盖垄侧播种技术，玉米的降水利用效率可达 26.1~30 kg/(mm·hm^2)，降水利用率可达 70%，每公顷产量可以突破 1.2 万 kg，冬小麦采用全膜覆土穴播技术每公顷产量最高可达 7 230 kg。以上分析充分表明宁夏旱作农业区生产潜力较大，加之光照资源丰富，耕地较多，农田基本建设力度大，生态环境逐年好转，发展旱作农业具有良好的基础。

第五章　宁夏旱作农业发展的理论依据

一、理论基础

(一)农田水分循环理论

大气降水进入土壤成为土壤水,其中一部分被植物吸收,一部分通过土壤蒸发返回大气。进入植物体内的水分一部分供给植物本身,大部分通过植物蒸腾返回大气,而植物体内的水分(包括结合在碳水化合物中的水)通过复杂的循环最后返回大气或土壤。因此,旱作农业生产与旱地水分循环是息息相关的。

(二)旱地土壤墒情周期变化理论

多年的定点观测表明,黄土高原旱作土壤墒情在一年之内呈现 4 个阶段的周期性变化。早春调墒期:2 月下旬至 4 月上旬,冻土层中聚集的返浆水随土壤解冻回升到耕作层,虽然这一时期降水较少,但土壤自身的调节可缓和春旱带来的影响。初夏快速失墒期:5—6 月气温升高,地表水分蒸发加快,作物蒸腾作用显著增强,这一阶段的降水往往弥补不了土壤水分的消耗,土壤含水量出现了一年的最低点。夏秋蓄墒期:7—9 月为雨季,占全年 60%~70%的降水量集中在 7—9 月,土层中下渗水增加,这一阶段土壤蓄水量的多少对下一年农作物的生长起到关键作用。秋冬缓慢失墒期:9 月下旬至 11 月底,气温逐渐降低,降水、蒸发不断减少,土壤水分消耗减少,土壤进入缓慢失墒期。

(三)雨水就地入渗理论

改变地表下垫面,减少地表径流,减缓径流速度,增加地表径流在一定区域内的滞留时间,就地拦蓄雨水,使之入渗土壤,并通过土壤水库的储蓄调节功能,达到雨水资源的高效利用。

(四)农田覆盖抑蒸理论

土壤水分同时进行着向上蒸发和向下再分配两个运移过程,向上蒸发成为无效损耗,向下再分配一部分用于植物有效蒸腾,一部分用于补充土壤水库。在干旱地区,蒸发量往往是降雨量的几倍甚至 10 多倍。因此,必须研究应用各种行之有效的覆盖措施,在土壤和大气间形成一个隔离层,阻断土壤中气体与近地层大气的交换通道,以减少农田蒸发,最大限度地保蓄土壤水分,达到高效用水的目的。

(五)雨水富集叠加理论

改变地表微地形,形成“垄+沟+垄”的地形,垄面覆盖地膜,垄沟种植作物,垄面降水叠加渗入垄沟,存贮到土壤水库中,形成“集雨面—土壤水库—种植沟”模式,并通过调整优化集雨面与入渗面宽度比例,增强雨水富集叠加效果,扩大作物水分供应,实现抗旱减灾。

(六)降水汇集异地利用理论

降水资源具有物质的基本属性,是看得见、摸得到,具有现实利用价值的物质实体,与矿产资源等相比较,降水资源属非枯竭、可持续资源,还具有易流失、可存贮利用的特征。在下垫面的综合影响下,陆地对自然降水进行再分配,一部分渗入土壤成为土壤存贮水,这部分水要靠植物利用才能对社会产生效用,可称为无形水;另一部分形成径流、地下水,这部分水具有有形水的特征,在现代技术支持下,人们可以将其转化为有形水加以利用。这就为集雨利用提供了理论依据。据马天恩、高世铭编著的《集水高效农业》一书介绍,按小流域(10 km^2 左右)计算,在 300~600 mm 降水区,年径流量相当于当地降水总量的 16.8%~26.6%,平均值约 20%,利用工程措施就地蓄存起来,则每 666.7 m^2 农田就有 100 m^3 以上高质量低价淡水可供补偿灌溉应用。

(七)微生境效应理论

农业上的生境一是区域生境,它是由地理位置、大气环流、海拔决定的,也是人们难以改变的,至少在一个相当长的历史阶段是这样;二是微生境,即植物体周围的环境,只要微生境得到改善或满足植物的生理需求,就能实现很高的生产力,此即微生境效应。

(八)作物对干旱的适应理论

作物抗旱性是指作物在持续或周期性干旱条件下能正常发育和形成产量的能力。作物抗旱性由多种基因控制,因此,不同的作物和品种适应干旱的方式多种多样,许多作物或品种具有综合的、几种机制共同作用的抗旱特性。因此,不存在统一的评价指标。作物对干旱的适应能力取决于干旱类型、作物生长发育阶段以及作物抗旱方式等综合因素。

据有关报道,作物对干旱的适应性可分为避旱和御旱两种。避旱指作物在土壤和自身出现严重水分亏缺之前就完成生活史,它们在营养器官很小的情况下仍具有开花结实的能力,在发育上具有较大的可塑性,栽培作物中的御谷、糜子就具有避旱的特性,有些品种可以在播种后 60 d 成熟,但产量往往比较低。御旱指作物在干旱环境下能保持体内高水势,这种特性对栽培作物最为重要,可使作物在干旱条件下保证较高的产量,而不是简单地存活下来传种接代。御旱是通过两个途径实现的:一是通过相对发达的根系,从土壤中吸收较多的水分,使植物体内保持较高的含水量,当遇到持续少雨或无雨的情况时以维持其生命活动的正常进行;二是通过关闭气孔,减少植物冠层对辐射的吸收以及群体蒸发而维持植物体内的水分平衡。

目前已有大量资料证明,在作物对干旱适应的多种途径中,有两种途径被认为是最主要的:一是相对发达的根系,二是渗透调节作用。栽培作物的抗旱性种间差别很大,品种间差别相对较小,不过仍很显著。熟悉掌握作物对干旱的适应理论对调整作物品种布局、提高旱作农业生产能力有着十分重要的意义。

(九)以肥调水理论

施肥可增加土壤有机质含量,促进土壤有机无机复合胶体的形成,改善土壤结构,增强土壤保水能力,增加土壤养分,改善土壤营养状况,促进根系发育,扩大根系延伸范围,增加根系密度、生长量,提高根系穿透能力,使其穿过较紧实的土层,吸收深层的土壤水分,从而提高作物吸收、转运、利用土壤水分的能力。施肥作物的长势强,能较多地利用土壤水分,减少蒸腾损失,同时有较大的叶面荫蔽地面,降低土壤温度和蒸发速度。蒸腾效率的提高也可增强作物的光合能力。

(十)旱作农业区农牧结合的基本原理

旱作农业区农田肥力欠缺,水分转化效率低下,降水生产潜力远未充分挖掘,现有种植业生产水平低下,不足以扩大养殖业,而规模有限的畜牧业亦无助于生态系统的良性循环。考虑到扩大再生产资金来源缺乏,林草覆盖率低,生态环境脆弱,以及现有规模的畜牧业耗用约 30%粮食和 50%作物秸秆的实际,基于地力水平与水分转化效率显著相关的见解,相关部门在广泛调查和定位研究的基础上,确定在不扩大实际用于饲料生产耕地面积的前提下,果断地调整种植业结构,压缩一些投入高、产出低的实际用作饲料的非饲料性谷类作物的面积,增种适应黄土高原气候和土壤条件、具有广泛生态适应性和稳定生产力、耗水系数低的多年生豆科牧草——苜蓿，并以此为突破口，促进畜牧业生产，使苜蓿所固定的生物氮连同有机质，以畜牧业特有的产品——有机粪肥，集中向农田转移，配合磷、钾等沉积性矿质营养的人工添加，强化农牧结合与土地用养结合，以农养牧、以牧促农，培肥地力，开发降水生产潜力，形成“草—畜—粪—粮”良性循环体系，确立富有高原特色、生态效益好、社会经济效益高、性能稳定的节水型农牧业生产整体结构。

二、旱作农业中的土壤水分

（一）土壤水分在旱作农业中的极端重要性

水分亏缺和胁迫是旱作农业的基本特征。在旱作农田，自然降水渗入土壤，随即成为土壤水。对作物生长来说，土壤水是直接的供水源。促进有限土壤水的充分利用、提高降水利用率是提高旱作农田生产力的中心环节。据研究，旱作农业区土壤水分利用效率差异很大，如小麦田水分利用效率低者只有3~7.5 kg/(mm·hm^2)，高者可达 22.5~30 kg/(mm·hm^2)，相差 5 倍以上；玉米田水分利用效率低者只有7.5 kg/(mm·hm^2)，高者可达 45 kg/(mm·hm^2)，相差 6 倍以上。这表明提高旱作农业水分利用效率的潜力巨大。

（二）旱作农业降水利用指数

反映旱作农业降水利用状况的指数主要包括土壤贮水量、作物耗水量、降水利用率、水分利用效率和耗水系数等。

1. 土壤贮水量

指以重量含水量为基数折算得到的一定土层厚度中的水分含量。其计算公式为：

$$\overline{W}=\frac{h\cdot d\cdot \theta\times 10}{100}$$

式中：$\overline{W}$ 为土壤贮水量(mm)；h 为土层厚度(cm)；d 为土壤容重(g/cm^3)；θ 为土层内土壤重量含水率(%)。

2. 作物耗水量

从理论上讲，作物耗水量包括作物蒸腾量和棵间土壤蒸发量两部分。其中，作物蒸腾对产量形成是必要的，土壤蒸发则是农田水分的无效损耗。由于作物蒸腾量和土壤蒸发量目前还缺乏具有实用性的测定方法，所以在实际工作中，作物耗水量一般通过测定土壤贮水量后根据以下公式计算得到：

作物耗水量(mm)=播种期 2 m 土层土壤贮水量-收获期 2 m 土层土壤贮水量+作物全生育期降水量

之所以将测定作物耗水量的土层厚度定为 2 m，是因为大部分旱地作物的最大根深都在 3 m 左右，而发挥土壤水分吸收功能的根系主要分布在 0~2 m 土层范围内。

在目前宁夏旱作农业生产水平下，以彭阳县长城塬为测点，冬小麦全生育期耗水量为 379.7 mm，玉米为 416.7 mm，马铃薯为 332.5 mm，谷子为 374.5 mm，胡麻为 268.5 mm；以海原县武塬村为测点，春小麦全生育期耗水量为 225.8 mm。

3. 降水利用率

指作物耗水量占年度降水量之比。

降水利用率(%)=作物耗水量/年度降水量

4. 水分生产效率

指单位面积的总耗水量（包括全生育期蒸散全部水量）中每毫米水所能形成的籽实产量（或生物

产量)。

$$水分生产效率[kg/(mm \cdot hm^2)]=作物产量/作物耗水量$$

5. 耗水系数

指每公顷农田生产 1 kg 经济产量所消耗的水分毫米数。

6. 农田水分生产潜力

农田在自然资源存在的可能范围内应予实现的生产能力,称为农田生产潜力。其中,以光、热辐射为主体的热量资源应予实现的生产能力,称为热量生产潜力;水分资源应予实现的生产能力,称为水分生产潜力。

7. 水分利用效率

指植物每消耗单位含水量生产干物质的量(或同化二氧化碳的量)。

三、挖掘旱作农田降水生产潜力的途径

大量研究表明,北方旱作农业区 300~600 mm 的常年降水量,基本上可以满足当地主要旱地作物一季生长发育对水分的需求。当前的主要问题是有限的水资源远未被充分利用。据中国科学院西北水土保持研究所在固原市原州区上黄村测定,该地区年平均 445 mm 降水中,径流损失和渗漏 76 mm,土壤蒸发 213 mm,作物蒸腾156 mm,即 65%的降水通过径流、渗漏、蒸发等损耗,而作物有效利用的部分仅占 35%。这说明旱作农业低产的直接原因并不完全在于干旱少雨,而在相当大程度上是因为降水利用效率太低。因此,增加作物产量应着眼于提高有限降水的利用效率,使其生产潜力充分地转化为现实生产力,这是促进旱作农业可持续发展的根本所在。

为挖掘旱作农田降水生产潜力,从理论上讲应最大限度地提高下述四项比例:一是耗水量/降水量;二是蒸腾量/蒸散量(耗水量);三是生物产量/蒸腾量;四是经济产量/生物产量。具体途径如下。

1. 控制地表径流

加强水平梯田、洪漫坝地等旱作基本农田建设;推行秋开沟秋施肥及蓄水覆盖丰产沟等坡耕地水土保持耕作法,实行等高种植和沟垄种植;修建集雨场和蓄水窖,实现径流聚集,发展集雨补灌。

2. 增加耕作层蓄水

夏伏深耕,入秋耙耱,冬春镇压,提高土壤纳雨蓄墒性能;推行深松耕、少免耕等保护性耕作技术,打破犁底层,加深耕作层,促进降水入渗。

3. 抑制土壤蒸发

推广应用地膜覆盖、秸秆覆盖和化学覆盖,抑蒸降耗。

4. 充分利用土壤贮水

有机、无机相结合,增施有机肥和绿肥,合理使用化肥,促进作物根系生长,增强其吸收能力,以肥调水;扩大高产稳产豆类作物面积,引草入田,实行合理轮作,实现旱作农田用养结合。

5. 增强种植系统对水分亏缺的适应性和耐受力

调整作物种植结构和区域布局,压夏扩秋,发展适应性农业;选用抗旱品种,以生物机能提高水分利用效率;提高复种指数,发展间作套种,增加农田收获的保险系数;推广应用保水剂、抗旱剂、生物生长调节剂等抗旱化学制剂,促进作物根系吸水,降低叶面蒸腾强度。

第六章　宁夏旱作农业的发展成效与创新

一、总结形成了完整的旱作农业发展思路

多年来，广大科技人员和农民群众在与干旱进行艰苦卓绝的斗争中，逐步总结形成了具有宁夏特色的旱作农业发展思路：依据生态学和生态经济学原理，遵循“生态优先、草畜主导、特色种植、产业开发”的指导方针、宁夏旱作农业区降水特点，以生态建设和旱作农业基础建设为切入点，以蓄水保墒、集水，减少水分流失、蒸发，发掘有限水资源的生产潜力，提高降水利用率、水分利用效率为中心，以调整农业结构、种植业结构和发展特色种植产业为突破口，以旱作农业综合配套技术推广为手段，坚持走“梯田、培肥、调整、良种、覆膜、补灌”的综合发展路子，主攻“保水、蓄水、拦水、截水、用水”集成技术创新，千方百计蓄住天上水、保住土壤水、用好地表水，变被动抗旱为主动调整，变传统抗旱为科学应对，有效缓解水资源供需矛盾，构建抗旱减灾增收的长效机制，全面提高旱作农业发展质量和效益。

二、构建起了提高旱作农业生产能力的基础体系

针对旱作农业区干旱少雨、降水利用率不高、水分利用效率低下、中低产田面积大、产量低而不稳、农田生态系统脆弱的特点，应加速建设旱作农业生产能力基础体系，从而恢复农田生态系统，提高生产能力。

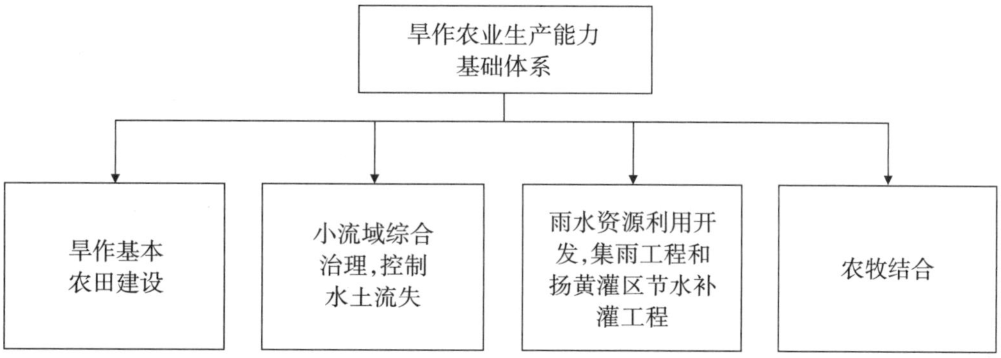

图 1-6-1　旱作农业生产能力基础体系

（一）坚持不懈地进行旱作基本农田建设

修建高标准的旱作水平梯田不仅是旱作农业高产稳产的根本途径，也是促进降水就地入渗，保土、保水、保肥，提高降水利用率和水分利用效率的重要措施。据测算，梯田可减少径流 50%~80%，减少土壤冲刷 60%~90%，每 666.7 m^2 梯田比坡耕地多拦雨水 40~50 m^3，多拦泥土 3~4 t，全年耕作层平均含水量比坡耕地高 7~9 个百分点，梯田比坡耕地平均每公顷增产 1 500~2 250 kg，增幅 57.6%。隆德县已建成梯田 3.58 万 hm^2，占耕地面积的 85.9%，坡地梯田化率达 93.1%，水土流失治理率达 72%，2004 年与 1990 年相

比，粮食播种面积减少 20.1%，总产增加 35.9%，人均粮食占有量达 454 kg，农民纯收入增长 2.9 倍。宁夏旱作农业区现已建成梯田 33.3 万 hm^2，为加快旱作农业区发展奠定了坚实的基础。

（二）以小流域为单元实施综合治理，控制水土流失

宁夏旱作农业区将旱作农业发展与小流域综合治理有机结合起来，加快治理水土流失、改善农业生态环境、发展生态农业及旱作农业的步伐。宁夏旱作农业区现已综合治理小流域 414 条，建设淤地坝 1 102 座，库容 4.24 亿 m^3。截至 2017 年，固原市治理水土流失面积 5 840.99 km^2，治理率达 72.9%。西吉县黄家二岔、彭阳县小虎洼等一批小流域的综合治理成效显著。黄家二岔小流域从合理利用水资源入手，以提高降水利用率为核心，以建立协调的人工生态系统为目标，采取生物、工程、旱作农业技术和畜牧改良相结合的措施，实行山、水、田、林、路综合治理，取得了明显的效益。与治理前的 1982 年相比，1990 年该区域人均基本农田增加 0.32 hm^2，粮食总产增加 2.2 倍，人均粮食占有量由 240 kg 增加到 645.1 kg，增加 1.69 倍，人均纯收入增加 3.87 倍，林草覆盖率提高 44.6%，土壤侵蚀模数下降 65%，年水土流失量减少 95%。彭阳县小虎洼小流域水土流失治理率由 12%提高到 88.2%，林草覆盖率由 6.7%提高到 60.3%，人均纯收入增加 40%。彭阳县治理小流域 134 条、1 780 km^2，水土流失治理率由 1984 年的 11.1%提高到 76.3%，森林覆盖率由 3%提高到 28.5%。

（三）加强雨水资源利用开发、集雨工程和扬黄节水补灌工程建设

制约旱作农业发展的根本问题是水资源短缺，为此，在抓好水源涵养林建设、扩大水源涵养面积、抓好旱作基本农田建设的同时，应对 20 世纪六七十年代以来修建的小塘坝、蓄水窖、涝池、小扬水站等小型水利工程进行修复及配套完善，并在有地下水源的地方打机井、修建土圆井，在中部半干旱区、北部半干旱偏旱区建集雨场、蓄水窖，扩大补灌面积，加强小流域坝系建设，扩大淤坝地面积，提高其抗旱能力。

宁夏旱作农业区尽管降水量不多，但将有限降水收集起来，其水量也是很可观的，1 hm^2 土地上降水 10 mm，汇集起来，就是 100 m^3 的水。该区域降水主要集中在 7—9 月，占全年降水量的 60%~65%。大于 25 mm 的暴雨，不易被作物、土壤吸收利用，多以地表径流损失，这是集雨最主要的水分来源。以自然集雨面或人工硬化集雨面为例，集水率以 40%或 65%计，200 m^3 集雨面可集水 30~50 m^3，相当于 45~75 mm，这部分水资源在作物需水关键期补灌，可显著提高作物产量。宁夏旱作农业区应以修建水窖等集雨系统为主，将降水蓄集起来进行人工调控，变被动抗旱为主动抗旱，解决降水供需矛盾。滴灌与地膜相结合的膜下滴灌，可使有限的水分发挥较大的作用，可节水 50%~60%，增产 20%~70%，同时将扬黄灌区的节水配套工程延伸至旱作农业区进行补灌，一般增产 60%至 1 倍以上。2008—2012 年，在国家旱作农业建设项目的支持下，宁夏各县、区政府高度重视，加大投入，新建及维修可用于生产的水窖 14 万眼、集雨场 11 万个 1 650 万 m^2、蓄水池 5.6 万个，配套水泵 2 360 台，累计推广玉米、马铃薯和瓜菜等作物集水补灌面积 10 万 hm^2，其中，2008 年完成 2 万 hm^2、2009 年完成 3 万 hm^2、2010 年完成 5 万 hm^2。

（四）发展农牧结合的旱作农业

针对宁夏旱作农业区生态系统脆弱、生产能力低下的问题，采取四种途径发展旱作农业：一是重点发展“农养牧，牧增肥、肥改地、地增粮”的农牧型良性循环旱作农业模式，使旱作农业逐步向生态农业转化。二是优化种植制度，使种植业结构由粮—经“二元型”转变为粮—经—饲“三元型”。三是建立与旱作农业区资源相适应的种植制度及轮作制度，把牧草纳入轮作之中。四是增加投入，特别是化肥投入，提高旱作农田的基础肥力水平，增强抗灾增产能力。

三、构建起了具有宁夏特色的旱作农业发展技术支撑体系

经多年研究，宁夏旱作农业区形成了包括土壤水库增容、以肥调水、优化种植结构、覆盖栽培、集雨（水）补灌、化学物质调控抗旱、作物抗逆高产优质高效综合栽培、立体复合种植、设施农业等技术，具有宁夏特色的旱作农业技术体系，其主要技术要点如下。

坚持良种与良法相结合、农艺与农机相结合、生物技术与工程技术相结合、农技与农环相结合。抓住关键环节集成技术，全面提高旱作农业科技含量。积极调整种植业结构，压夏扩秋、压粮扩经，加快引育和大力推广耐旱、抗灾品种，从对抗性农业向适应性农业转变；增施有机肥，实行秋施肥，推广测土配方施肥，坚持合理轮作，提高耕地地力和质量，以肥调水；调整覆膜时间，创新覆膜方式，主推秋覆膜、全膜双垄覆盖垄侧播种、全膜覆土穴播等覆膜保墒技术，实现秋雨春用、春旱秋抗，变被动抗旱为主动避灾；建设集雨场、窖，拦蓄径流，推广坐水点种、移动补水、根际注水、膜下滴灌等节水补灌技术，解决因春旱无法下种和“卡脖旱”问题，实现限量补偿供水高效利用；加快耕作改制，扩大间作套种，提高光、温、水、土利用效率，加大抗旱减灾回旋余地；以地表覆盖代替裸露休闲、以深松耕代替铧式犁翻耕、以少免耕代替多犁多耱，实行保护性耕作，保水保土、促效增收；重视应用土壤保墒、种子包衣、叶面抑蒸等化学调控产品和技术，实现逆境成苗和抑蒸减耗；加快农田残膜回收利用，减少农业面源污染。

（一）建立高效利用降水资源的旱作避灾型、御灾型区域优势特色农业种植结构

20 世纪 60 年代末至 90 年代初，宁夏旱作农业区粮食作物种植呈现夏粮种植面积逐年增加、秋粮种植面积逐年减少的趋势，到 80 年代夏粮种植面积大于秋粮，夏粮中尤以小麦的种植面积过大。90 年代，在连续几年大旱的气候条件下，夏粮大幅减产，秋粮则发挥了对气候适应性良好的特点，取得了较高的产量。宁夏旱作农业区降水集中于 7—9 月，且占全年降水量的 60%~65%，降水对产量影响极大，故应根据土壤水分运动规律、作物对干旱的适应性、秋粮生育期较夏粮与降水期吻合较好的实际，顺应并利用自然规律，采取压夏扩秋为主的措施，调整种植结构，具体做法如下。

一是充分利用旱作农业区光照充足、气候温凉到温和、昼夜温差大、降水 60%~65%集中于 7—9 月的气候特点和土层深厚、土质疏松且富含钾素、无污染的环境条件发展马铃薯。利用六盘山区气候冷凉、隔离条件好、桃蚜迁飞少、土壤肥沃的优越条件，建立脱毒薯良种繁育基地发展种薯业，目前马铃薯种植面积已稳定在 19.3 万 hm^2。

二是应用地膜覆盖技术，大力发展玉米产业。玉米水分生产潜力、潜在水分利用效率、生产潜力适宜开发程度高。利用地膜覆盖技术，特别是全膜双垄覆盖垄侧播种技术更能发挥玉米增产潜力，目前宁夏旱作农业区玉米种植面积达 10 万 hm^2，促进了农牧结合，保证了粮食增产、农民增收。

三是利用降水特点，分区发展小杂粮产业。利用旱作农业区生态类型多样、降水期与小杂粮生长发育期相吻合的特点，利用因雨因墒抗旱种植技术分区发展小杂粮。盐池县、彭阳县发展荞麦、谷子，隆德县发展蚕豆、莜麦，西吉县发展豌豆，原州区发展扁豆。

四是充分利用宁夏旱作农业区地形复杂、气候类型多样的特点，发展特色种植，如西吉县的马铃薯、芹菜，原州区的冷凉蔬菜，彭阳县红河流域的辣椒，隆德县、盐池县的中药材等。

五是恢复胡麻生产，发展油葵、食用葵生产。在胡麻集中产区应用膜侧种植技术、全膜覆土穴播技术提高胡麻的出苗率和单产。在黄土高原丘陵区利用秋覆膜、早春顶凌覆膜和“一膜两年用”技术发展油葵及食用葵生产。

六是扩种饲草，以草促牧，以牧养农。

经过近30年的不断努力，宁夏旱作农业区建立了适合当地、自然规律与市场需求相统一的避灾、御灾型农业结构，夏秋作物的种植比例由1:0.63~1:0.9调整为1:3.55，促进了作物的稳定增产，2004—2014年作物单产、总产总体呈持续上升趋势。与2004年比较，2014年粮食平均单产增加60.8%，总产增加69.8%，其中夏粮减少29.5%，秋粮增加119.7%，总产占全区总产的比例由33.2%提高到43.4%，提高了10.2个百分点。粮食作物的稳定增产带动了畜牧业的发展，农民收入增加。

（二）创新深化地膜覆盖技术，建立了具有宁夏特色的现代覆膜保墒集流技术体系，实现了由被动抗旱向主动抗旱转变

近30年来，广大科技工作者通过对旱地土壤墒情周期变化、雨水就地入渗、农田覆盖抑蒸和雨水富集叠加四大理论的深入理解与准确把握，针对传统地膜覆盖栽培方式（半膜覆盖垄面平种）存在的地膜覆盖率低、土地裸露部分多（约占50%）、集雨保墒效果差、雨水入渗难等问题，通过长期大量试验研究，总结形成了秋季抢墒覆膜、早春顶凌覆膜、全膜双垄覆盖垄侧播种、全膜覆土穴播、起垄覆膜覆土种植、覆膜与保护性耕作相结合六大技术模式，为各种模式分别配套了相应技术，确定了关键技术参数，并制订了技术规程，由此构建起了具有宁夏特色的现代覆膜保墒集流技术体系。这一体系可以最大限度地提高有限降水资源的利用率和利用效率，从根本上突破干旱制约，实现由被动抗旱向主动抗旱转变，构建起抗旱减灾的长效机制。

（三）创立了具有宁夏特色的保护性耕作技术体系，实现了保墒抗旱、防风固土和节本增效的目的

在消化吸收国内外技术、总结提炼农民经验和参考借鉴生产实践的基础上，经过大量试验研究和示范熟化，通过保墒抗旱、保水保土、防风固土、节本增效效果的验证，最终形成了6种针对宁夏旱作农业区气候特点、适应作物种植和轮作制度的保护性耕作典型技术模式：覆膜玉米留膜留茬越冬、膜侧小麦留膜留茬越冬、“一膜两年用”、秋覆膜春播种、小麦免耕施肥播种、露地密植作物根茬固土越冬。

在6种保护性耕作技术模式中，覆膜玉米留膜留茬越冬效果最好，最具有创新性、普适性，前景最广，“一膜两年用”技术次之。

连续3年的定位试验结果表明，与传统翻耕方式相比，留膜留茬越冬保护性耕作以地膜覆盖代替休闲裸露，以少免耕代替铧式犁翻耕，产生了多方面的作用，具体如下。

一是改善了土壤水分状况。前茬覆膜玉米秋收后开始实施保护性耕作，翌年早春解冻后的土壤0~20 cm、20~40 cm和40~60 cm土层含水量分别提高3个百分点、2.7个百分点和1.7个百分点，相对提高24.6%、22%和11%，0~60 cm土层平均含水量提高2.4个百分点，相对提高19.5%；后茬玉米播期0~20 cm土层含水量由10.1%提高到13%，相当于每666.7 m^2耕作层增加贮水量4 640 kg，按播种密度4 500株/666.7 m^2计算，每株玉米幼苗可增加供水量1.03 kg，在春旱的关键时段，这些供水对提高抗旱保苗能力和改善苗期生长状况无疑具有重要意义。

二是改变了土壤墒情垂直分布。土壤表层墒情对作物播种、出苗和前期生长的作用比中下层墒情更为直接。在后茬玉米播期，留膜留茬越冬区0~20 cm土层贮水量占到0~60 cm土层总贮水量的34.8%，而翻耕裸露越冬区仅占29.5%。地表留膜覆盖起到了提墒效果。

三是抑制了土壤风蚀。留膜留茬越冬保护性耕作由于地表覆盖和表土黏结，使冬春季节每666.7 m^2农田表土剥蚀量由翻耕裸露越冬区的388 kg减少到124 kg，降低68%。

四是升高了土壤温度。留膜留茬越冬与翻耕裸露越冬相比，0~25 cm土层平均温度冬前11月5日升高1.7℃，冬后3月8日升高2.1℃。据此推算，10月初至翌年3月底留膜留茬期间，0~25 cm土层可累计增

加地积温 340℃。

五是改善了土壤结构。留膜留茬越冬区来年春季深松后，玉米播期 0~20 cm 土层土壤容重由翻耕裸露越冬区的 1.28 g/cm³ 下降为 1.16 g/cm³，土壤孔隙度由 51.8%提高到 56.3%，说明土壤结构并未因实施少免耕而变得紧实。

六是提高了土壤养分的有效性。留膜留茬越冬保护性耕作可使土壤湿度增加、温度升高，增强土壤微生物活性，加快土壤有机质分解，增加土壤速效养分含量。后茬玉米播期 0~20 cm 土层土壤有机质含量由前一年的 12.3 g/kg 减少到 11.5 g/kg，相应的碱解氮、有效磷和速效钾含量则分别由 60.9 mg/kg、5.1 mg/kg 和 138 mg/kg 增加到 77.7 mg/kg、6.81 mg/kg 和 156 mg/kg。

七是促进了作物出苗，改善了作物生长发育状况。留膜留茬越冬保护性耕作可改善土壤水分状况，集聚农田表墒，升高土壤温度，提高土壤养分有效性，从而促进作物出苗，改善作物生长发育状况。后茬玉米出苗期提早 1~3 d，出苗率提高 2.4~7.7 个百分点；拔节期株高增加 1.6 cm，单株叶面积扩大 16.9 cm²，单株干重增加 7.2 g，植株含水量提高 4.1 个百分点；大喇叭口期穗位叶面积扩大 4.2 cm²，茎粗增加 1.2 mm；成熟期单株生物产量增加 28.4 g，穗粒数和穗粒重分别增加 14 粒和 4.8 g。

八是增产效果显著。后茬玉米每公顷籽粒增产 727.5 kg，增幅 8.7%；秸秆增产 702 kg，增幅 10.2%。

九是水分利用效率提高。留膜留茬越冬区后茬玉米全生育期 0~200 cm 土层耗水量为487.5 mm，水分利用效率达到 18.6 kg/(mm·hm²)，与翻耕裸露越冬区比较，耗水量降低 8.2%，水分利用效率提高18.1%。

十是耕作成本降低。以每3 年为一个周期，留膜留茬越冬保护性耕作春季深松 1 次，表土处理 3 次，耕作成本共约 5 400 元/hm²。而传统翻耕方式秋季翻耕 3 次，耙耱 3 次，冬春镇压 6 次，耕作成本累计 9 090 元/hm²。留膜留茬越冬保护性耕作比传统翻耕每年每公顷平均节约耕作成本 1 230 元。

十一是节本增收效果显著。留膜留茬越冬保护性耕作通过减少耕作次数，简化农田作业，每年每公顷节约生产成本 1 230 元，籽粒和秸秆增产带动每年每公顷增收 1 467.75 元，节本增收总额 2 697.75 元/hm²。留膜留茬越冬保护性耕作不等于免耕。为了给作物生长发育创造良好的土壤条件，要求在春季残膜回收后、作物播种前每 3 年深松 1 次，每年表土处理 1 次。

（四）建立了集流补灌农业技术体系，实施覆膜保墒与集雨（水）补灌相结合，提高了旱作农业的可控性和稳定性

覆膜保墒技术的应用，尤其是秋覆膜技术的研究成功与应用，打破了作物因干旱难以适时播种、保全苗的瓶颈，但生育期因干旱发生频繁，水分亏缺的问题依然存在，而把覆膜保墒与集雨（水）补灌有机结合起来，在作物需水关键期进行补灌可使作物稳产高产，提高旱作农业的可控性和稳定性。

宁夏旱作农业区自然降水是唯一可利用的潜在水资源，降水量少，干旱发生频繁，年降水量大部分地区在 300~500 mm，年际、季节分布不均，降雨期常常与作物需水期错位，且降雨多为暴雨。土壤蓄集的可供作物利用的水分不够，60%~65%的降水以地表径流和无效蒸发损失，降水利用率低，干旱已成为制约农业发展的最大因素。但从降水总量来看，宁夏旱作农业区仍有一定的潜力，据宁夏气象科学研究所对宁夏旱作农业区 10 个观测站 38 年（1970—2007 年）的观测资料统计，按平均降水量 358.9 mm 来计算，降水总量可达 174 亿 m³，是当地地表水、地下水资源的 9.8 倍。降水中径流占 10%~15%，且径流 60%~70%以暴雨形式出现，可采用集雨工程，利用降水、径流及地理地貌特点，变弊为利，积少成多，就地就近实现雨水跨季节利用。同时黄河水已引至宁夏旱作农业区北部，形成了扬黄灌溉区，可建设扬黄延伸工程，修建蓄水池，实行补灌。据统计，2008—2010 年累计推广集雨补灌 14 万 hm²。

经多年的探索、实践、总结，宁夏旱作农业区形成了六大集雨（水）补灌模式：一是集雨场+集水窖+地膜覆盖+农业技术配套措施。二是小流域集雨调配利用模式，即在小流域下部建设水库、塘坝拦蓄雨水，田头建设水窖储水，形成水源工程（小型水库、塘坝、涝池）+提水设备（水压泵、移动柴油机、电潜泵、离心泵）+调蓄水工程（蓄水池、水窖）+节水补灌技术（沟灌、微喷灌溉、移动式软管）的库、坝、池、窖联合高效利用模式。三是坡面集雨雨水叠加利用模式。此模式是在径流集中的坡面下部修建截流渠，拦截坡面径流，并通过引水渠，将其导引至一侧的水窖中储存，在补灌时利用手压泵、电潜泵、小型离心泵提水，通过水管分株点灌或用移动滴灌设备滴灌。四是道路路面集雨、引水渠导引、水窖蓄水节水补灌利用模式。五是开挖土圆井节水补灌利用模式。六是扬黄延伸工程补灌模式，即把节约下的黄河水引入旱作农业区，通过提升引入高位蓄水池，经二次沉淀后，利用高差，再流入地下管网，经过滤系统进入滴灌带，在需要时进行滴灌。不同生态类型区、不同作物可采用相应的补灌制度。在半干旱区马铃薯采用滴灌，在覆膜播种后、出苗后、初花期、盛花期补灌 4 次，每次滴灌 30~90 m^3/hm^2，较不补灌增产 42.9%~80.5%，以每次每公顷补灌 60 m^3、全生育期补灌 240 m^3 效果最好。在半干旱区马铃薯需水临界期一次性补灌，在每公顷补灌量 75~300 m^3 的范围内，以补灌量 300 m^3 产量最高，比不补灌增产 60.25%，商品薯率也高达 80.37%。通过建立产量与补灌量间的回归方程得出每公顷补灌 242.25 m^3 最佳，产值增加 60.1%，产投比达 6.4:1，水分利用效率最高达 238.5 kg/(mm·hm^2)。年降水量 277~300 mm 的地区，在马铃薯块茎形成期每株补灌 8~9 kg 较适宜，增产 39.3%~39.9%。玉米覆膜条件下在大喇叭口期补灌效果最好，每株补灌 4 kg，比苗期补灌增产 26.2%，比拔节期补灌增产 4.9%，比不补灌增产 28.2%，增效 48.6%。半干旱区向日葵在覆膜条件下补灌时期以现蕾期最佳，补灌量以每公顷 150 m^3 最适宜，比不补灌增产 64.7%，纯收入增加 161.4%。膜侧小麦在返青期、拔节期补灌增产效果最佳，返青期补灌增幅为 53.5%，拔节期补灌增幅为 63.9%，补灌量以 60~90 mm 最佳。

（五）以膜侧小麦为主体的农田微集水种植技术有了发展，有效提高了降水利用率，实现了密植作物抗旱栽培的重大突破

膜侧播种技术是将开沟起垄与垄上覆膜有机结合，利用覆膜后光滑的垄体产流，沟内集水，形成沟垄相间的作物集水种植带，使自然降水以最近的距离、最短的时间和最快的入渗速度充分被接纳，从而产生雨水富集叠加效应，变无效降水为有效利用，极大地提高了农田抗旱蓄水能力和水分转化利用效率。为了从根本上改变旱粮作物因干旱、田间蒸发量大、全年积温不足导致产量低而不稳的局面，解决冬小麦常规栽培技术水温调控能力差，春小麦出苗期长，分蘖期、幼穗分化期、籽粒灌浆期短，覆膜穴播后期早衰等问题，广大农业科技工作者从提升宁夏旱作农业区小麦生产水平乃至旱粮生产水平、发展旱作农业、提高降水利用率和水分利用效率目标出发，在借鉴山西小麦垄盖膜际条播技术的基础上，通过系统的研究、创新，逐步确立了与宁夏旱作农业区降水状况和农田水分供应条件相适应的具有宁夏特色的小麦膜侧栽培技术体系，有效地提高了宁夏旱作农业区冬小麦的越冬保苗率，改善了春小麦出苗期长及分蘖期、幼穗分化期、籽粒灌浆期短的生育缺陷，为提高小麦生产水平提供了突破性的技术措施。通过聚集雨水和抑制蒸发两条途径增强了水分调控能力，改善了土壤水分供应条件，大大提高了水分利用效率。旱耕地降水利用率由 28.7%提高到 59.9%，水分利用效率由 12 kg/(mm·hm^2)提高到 15.75 kg/(mm·hm^2)，补灌地可少灌 1~2 次水，节水 60~90 m^3/666.7 m^2，供水效率由 9.45 kg/(mm·hm^2)提高到16.65 kg/(mm·hm^2)，实现了旱作节水农业技术的重大突破，为抗旱减灾提供了有效的技术途径。该技术促进了宁夏旱作农业区冬小麦种植区的北移东扩，种植区域北界延伸了1 个纬度，为调整优化种植业结构、推动农业增长方式由数量型向质

量效益型转变找到了突破口，为宁夏旱作农业区抗旱减灾、稳定和提高粮食产量、保障粮食安全、增加农民收入、加快生态建设发挥了重要作用。同时开展了限量补灌效应及技术的研究，为膜侧小麦实行节水补灌提供了依据；根据小麦的生育特点和产量形成规律，最早提出对膜侧小麦应用多种制剂进行分阶段全程化控制的思路，成功解决了膜侧小麦普遍存在的倒伏、早衰等问题；创造性地提出了在地膜垄盖的基础上沟覆秸秆，通过实施全地面覆盖，最大限度地发挥保墒效果，实现农田种养结合；扩大膜侧小麦的垄间距，优化农田水生态环境，建立垄沟产流集水系统。

（六）建立了以肥调水为中心的土壤培肥施肥技术体系，特别是配方施肥技术的应用，实现了增肥、增效

据报道，影响宁夏旱作农业区旱地作物产量的各生态因子的效应分别为：温度效应 50.1%，水分效应 70.5%，肥力效应 14.7%，其中水分效应最大，温度次之。光、温、水是难变因子，肥则是易变因子，而土壤瘠薄使光能利用率下降最多，肥力限制会使可能实现的气候生产潜力下降约 85%。基于这一认识，增施肥料、培肥地力既能提高土壤的供肥能力，又能提高水分利用效率，增强作物的抗旱性能，达到以肥调水、稳产增产的目的。多年来，研究总结并推广实施的有机肥与无机肥结合、粮豆及粮草轮作培肥、留高茬及秸秆覆盖还田培肥、深耕培肥等措施起到了以肥调水的作用，提高了水分利用效率，实现了增产增收。据试验，有机肥与氮磷化肥配合施用，5 年后土壤有机质由原来的 9 g/kg 增加到 11.2 g/kg，全氮由0.65 g/kg 增加到 0.88 g/kg，全磷由 0.33 g/kg 增加到 1.66 g/kg，玉米产量比单施氮磷化肥增加 19.2%。豆→麦→麦→油 4 年轮作制，高产稳产性能突出，同麦→麦→油→秋粮轮作制相比，轮作周期整体水分利用效率提高 27.1%。以苜蓿为主体的牧草面积扩大，为实行草田轮作创造了条件。草木樨压青使土壤有机质增加 1.4~2.1 倍，全氮增加 46.5%，水解氮增加 19.8%~36%，速效磷增加 11%~23.6%，增产 65%~158%。两年生的苜蓿地有机质和全氮分别达到 10.2 g/kg 和 0.65 g/kg，三年生的苜蓿地有机质和全氮分别达到 10.7 g/kg 和 0.85 g/kg。研究实施了留高茬、秸秆还田培肥技术。小麦留高茬 20 cm 连续还田，3 年后比平茬土壤容重低 0.14 g/cm^3，孔隙度高 3.7 个百分点，土壤有机质、全氮、速效氮、全磷、速效磷、全钾、速效钾依次提高 9.19%、8.33%、5.22%、6.06%、56.7%、16.7%、22.4%，微生物总数增加 88.7%，作物增产 18.7%。秸秆覆盖还田 4 年定位试验结果显示，覆盖还田比空白区 0~10 cm 土壤容重低 0.24~0.33 g/cm^3，10~20 cm 土壤容重低 0.14~0.19 g/cm^3，0~20 cm 孔隙度高 6.5 个百分点；第三年测定有机质增加 2.5 g/kg，全氮增加 0.2 g/kg，全磷增加 0.23 g/kg，速效氮增加 18.7 mg/kg，速效磷增加 1.83 mg/kg。同时，改春施肥为秋施肥、改浅施肥为深施肥、改重氮轻磷为稳氮增磷，推广氮磷配合，改盲目经验施肥为配方施肥，将农家肥与化肥相结合，提高肥料利用率。

2005 年以来，开展了测土配方施肥技术的研究与推广，在摸清耕地养分家底的基础上，经过试验研究，建立了测土配方施肥专家推荐系统，研究制定出了主要作物小麦、玉米、马铃薯、谷子、糜子、莜麦、荞麦、蚕豆、向日葵、油菜、豌豆、胡麻、菊芋 13 种作物山地、川地不同产量的施肥配方，并研制了相应的配方肥，改变了宁夏旱作农业区施肥不规范、氮磷肥配比不协调、化肥施用水平低的状况，实现了增肥、增效的目的。

宁夏旱作农业区自推广以秋覆膜、全膜双垄覆盖垄侧播种技术为主的覆膜保墒栽培技术以来，由于覆膜面积逐年扩大，追肥依靠人工进行，用工成本太高；常规施肥后期易出现脱肥、早衰，直接影响覆膜技术效益的提高。为此，经过大量的试验研究，提出了一项以施用控释肥为主的测土配方施肥技术，该技术的核心是控释型的氮肥和磷、钾肥组合成控释配方肥，在覆膜前一次性基施，满足作物生育期对养分的需求，不仅解决了作物追肥的困难、节约了成本，而且提高了肥料利用率。通过 3 年的试验研究，筛选出了适合旱作

农业区玉米、马铃薯、谷子等作物的控释肥配方，证实将树脂包膜控释尿素为原料的配方肥一次基施，对作物种子十分安全，不影响出苗保苗；可一次性基施释放期 90 d 以上的控释肥或不同释放期组合的控释肥，后期不早衰，保产增产，玉米比常规施肥增产 3%~34.3%，覆膜马铃薯比常规施肥增产 8.24%~58.4%。在同一目标产量下，控释型配方肥中氮肥施用量与常规氮肥施用量相比减少 10%~20%，不会造成减产，化肥利用率明显提高。一次性施肥技术简化了农事操作环节，操作简单，可减少施肥劳动力投入，节约成本。

（七）立体种植模式多样，由立体种植向立体农业扩展，极大地提高了资源利用率，丰富了旱作农业的技术内容

在全国立体农业研究的推动下，从提高宁夏旱作农业区自然资源利用率、减灾保收、稳产增产的目的出发，依据光能利用、物质循环转化、生物互补、耗散结构原理，运用决策层次分析及农业系统工程方法，在半干旱偏旱区、半干旱区、半湿润偏旱区构建了夏作物与秋作物、高产作物与耐旱作物、耗地作物与养地作物、高秆作物与矮秆作物、喜光作物与耐阴作物、深耕作物与浅耕作物、粮与油、粮与菜相配合的立体种植模式，使组合群体能更有效地适应以旱为主的复杂气候条件，通过立体复合种植技术使充沛的光热、多样的作物、贫瘠的土地、有限的降水得以充分利用，取得了效益互补、趋利避害的效果，大大增加了作物收获的保险系数，起到了旱年减灾稳产保收、丰水年高产高效的作用。构建的 8 种立体复合种植模式，较相应的两种作物的单一种植系统经济、生态效益显著。8 种立体复合种植模式的总产值平均较 6 种作物单一种植系统增加 29.01%，经济效益增加 40.34%，生态效益中光能利用率平均较 6 种作物单一种植系统提高 22.45%，降水生产率平均较 6 种作物单一种植系统提高 13.36%。立体复合种植模式能量产出多，规模大，构建的 8 种模式平均生物能产出量、经济产品产出量分别比 6 种作物单一种植系统平均高 1.47 倍和 1.55 倍，为社会提供的可食性蛋白质和碳水化合物比 6 种作物单一种植系统平均增加 19.64%和 62.12%。

近年来随着地膜覆盖技术应用范围的扩大，特别是玉米、马铃薯全膜双垄覆盖垄侧播种技术的推广，全膜双垄覆盖条件下立体种植技术研究加快，构建了玉米套种马铃薯、马铃薯套种玉米、玉米套种油菜、玉米套种大豆、玉米套种白芸豆、玉米套种南瓜等多种立体复合种植模式。全膜条件下玉米套种大豆较单种玉米增产 11.2%，较单种大豆增产 3.3 倍，纯收入较单种玉米增加 22.07%，土地利用率提高 43%，水分利用效率较单种玉米提高 1.2 kg/(mm·hm^2)，较单种大豆提高 23.85 kg/(mm·hm^2)。

在立体复合种植技术研究应用取得可喜成绩的基础上，从立体种植向立体农业扩展，从种植业向农、林、牧、副、渔各业发展；从物质生产的时空利用向物质多级循环转化；从农田综合利用向田园、庭院间隙、日光温室、林间的立体开发延伸，实现了农牧、林牧、农林牧结合，形成了具有宁夏旱作农业区特色的立体农业六大类型，立体种植、立体农业的路子越走越宽阔。

（八）适应旱作农业蓄水保墒技术水平的作物品种引进、更新、推广速度加快

近年来随着蓄水保墒抗旱新技术特别是覆膜技术的不断深化，作物品种引进、更新速度加快，玉米实现了第五次更新，杂交玉米覆盖率达 100%，品种利用率达 85%，品种对产量的贡献率达 60%，长城 706、西蒙 6 号、富农 821 等主导品种占玉米种植面积的 30%，并实现了区域化布局；选出了适应各生态类型区的高产稳产品种，玉米每公顷产量大面积突破 10 500 kg，玉米生产水平跃上了一个新台阶；马铃薯实现了品种专用化、种薯脱毒化，成功引种了适应全膜双垄覆盖垄侧播种、起垄覆膜覆土技术的配套品种青薯 9 号、庄薯 3 号、冀张薯 8 号，使马铃薯比常规半膜栽培增产 30%，出现了每公顷产量 83 154 kg 的高产典型；冬小麦成功引种了兰天 28 号、兰天 32 号，使冬小麦全膜覆土穴播技术每公顷产量突破了 6 000 kg；谷子成功引种了适应全膜覆土穴播技术的大同 32 号、晋谷 29 号、张杂谷 3 号。

第七章　宁夏旱作农业的发展目标与措施

一、宁夏旱作农业的发展目标

为加快宁夏旱作农业发展，进一步提高自然降水利用率和水分利用效率，提高旱作农业区农业的综合发展能力，稳定增加农民收入，今后，宁夏旱作农业的发展目标是实现"一个促进、两个缓解、三个提高"（即促进粮食增产和农民增收；缓解农业生产缺水矛盾，缓解干旱对农业生产的威胁；提高水分生产力，提高农业抗旱减灾能力，提高耕地综合生产能力），使宁夏旱作农田的降水利用率提高5~10个百分点，水分利用效率提高20%以上，赶上目前全国平均水平，补水效益提高10%以上，力争把宁夏旱作农业区建成西北地区乃至全国现代旱作农业示范区。为此，应重点处理好5种关系：一是坚持"水"字当头。旱作农业技术要保证用好现有降水资源，截住天上水，拦住地表水，防止水土流失，实现有限水资源的高效利用，最大限度地提高水分利用效率。同时用好扬黄灌区节水及地下水。二是正确处理好旱作农业与补充灌溉农业的关系，促进旱作农业技术与补灌技术相结合。三是坚持传统旱作农业技术与现代科学技术相结合，建立旱作农业综合技术体系。四是树立旱作农业技术的综合性、系统性思想，以实现生态、经济、社会效益的统一。五是旱作农业技术的应用要因地制宜，依据不同旱作农业区的自然特点、经济特点和发展目标而确定，以防千篇一律。

二、实现旱作农业发展目标的对策

（一）优化农林牧结构，实施农牧结合，实现旱作农业由传统农业向生态农业、绿色农业转变

宁夏旱作农业区地形复杂，土地类型多样，生态脆弱，以旱为主的自然灾害发生频繁，土壤贫瘠，这都是发展旱作农业的威胁和障碍。地形地貌的多样性和自然条件的多样性要求该区域走农林牧综合发展的道路，以实现地尽其利、趋利避害、相互促进。要始终坚持"生态优先、草畜主导、特色种植、产业开发"的原则，使农业与林业、牧业有机结合，既为旱作农业创造良好的生态环境，形成良好的农田生态系统，又为农业提供充足的有机物质和必要的生产资金，这是实现旱作农业稳产高产的基础和长远之计。

（二）农田基本建设与培肥土壤并进，创造持续农业的良好基础

农田基本建设是促进降水就地入渗、减少水土流失、提高土壤保水保肥能力和增强作物抗旱能力的一项重大措施。在宁夏旱作农业区农田基本建设的重点是修建高标准梯田和小流域治理。据在西吉县观测，水平梯田可保土87 m^3/hm^2、保水270 m^3/hm^2，保肥16.8 kg/hm^2，减少水土流失量99.6%，平均可减少径流损失22.5~49.5 mm，还可一次拦蓄100 mm左右的暴雨，做到了水不出田、土不下坡，提高降水资源利用率。同时水平梯田有利于土壤培肥和熟化，土壤有机质含量比坡地高1~3.4倍。小流域治理突出生态环境建设和经济开发两个重点，实施山、水、田、林、路一次规划，梁、峁、沟、坡、洼综合治理，生物措施与工程措施并举，山上退耕还林还草，山坡修建基本农田，沟底筑堤打坝套栽沙棘、刺槐。农田建设集中连片，打

破地界，形成规模。林草生态建设封造结合，乔灌兼顾。道路建设主支联结，庄头田间互通。

培肥土壤更是一项长期任务，具体途径：一是建立合理的、科学的、稳定的轮作制度，重点解决地膜玉米连作时间太长、深层土壤水分亏缺的问题。半干旱区在作物布局秋大于夏的原则下，适当扩大养地作物（如小麦、豆类作物）面积，恢复豆→麦→麦→油或秋良性循环的培肥土壤的合理轮作制。在半干旱偏旱区适当扩大休闲轮作面积，逐步推行草田轮作，实现草—畜—肥—粮的良性循环。二是发展畜牧业，扩大有机肥施用面积及用量。三是推行秸秆覆盖还田、留高茬还田技术。四是合理耕作，培肥地力，扩大深松耕面积，建立三年深松一次的耕作制度。五是以无机促有机，将有机肥与无机肥相结合，推行秋施肥、深施肥技术。

（三）以旱作农业为主，将旱作农业与集雨（水）补灌相结合，促进旱作农业与节水灌溉农业协调发展

干旱制约了旱作农业的稳产高产，要做到丰水年高产、平水年稳产、旱年不减产，宁夏旱作农业区必须用好扬黄水及地下水、截住天上水、拦住地表水，积极利用当地有限的水资源发展集雨（水）补灌，补充雨水或土壤水分不足，使作物顺利度过苗期和产量形成关键期，以减少旱作农业的不稳定性，提高其可控性，获得较高的产量。

（四）持续巩固并创新以覆膜为主体的蓄水保墒技术体系

覆膜保墒技术在宁夏旱作农业区的应用切实增强了抗旱减灾能力，加快了农业供给侧结构性改革，有力地支撑了宁夏粮食生产的稳定性发展。2010—2016 年累计推广应用覆膜保墒技术 69 万 hm^2，累计粮食增产 99.39 万 t，6 年来旱作农业区粮食产量对全区的贡献份额由 32%提高到 40%，2016 年覆膜保墒集流技术带动每公顷增收 3 090 元，每公顷增加纯收益 2 010 元，带动受益农民人均增收 183.4 元。要进一步深化地膜覆盖技术，提高作物的降水利用率、水分利用效率及机械化水平。要做好残膜回收工作，减少白色污染，在做好地膜覆盖保墒技术推广的同时，积极研究秸秆覆盖等技术，丰富旱作农业的保墒技术。

（五）坚持农艺与农机高度结合，提高旱作农业的现代化水平

随着我国城镇化率的提高，农村劳动力向城市转移，农业劳动力缺乏，劳动成本上升，因此，必须提高农业机械化水平，使农艺与农机高度结合，以此提高经济效益。

（六）坚持生态效益与经济效益兼顾，发展特色种植，增加农民收入

宁夏旱作农业区生态类型多样，应在坚持生态效益与经济效益兼顾的条件下分层谋划，突出特点，发展特色种植。如西吉县可发挥气候冷凉的特点，建设马铃薯产业带，发展相关加工工业，突出产、加、销一体化；彭阳县可利用半干旱区的气候资源建设玉米产业带，实施农牧结合，发展养牛业，并带动玉米加工业的发展；隆德县可利用生态资源丰富的有利条件，推广林药间作，形成宁夏的中草药种植基地；同心县、盐池县充分利用旱作农业资源发展小杂粮，形成小杂粮产业基地。

下篇

宁夏旱作农业的实践与技术体系

第一章　构建高效利用降水资源的旱作农业避灾型区域优势特色种植结构

第一节　宁夏旱作农业区作物种植结构调整的背景、原则与依据

一、宁夏旱作农业区作物种植结构调整的背景

宁夏旱作农业区地处内陆，远离海洋，具有典型的大陆性气候特征，降雨有明显的年内分布不均和年际变化大的特征。降雨年内分布不均主要表现在：一年之中降雨主要集中在7—9月，占全年降水量的60%~65%，而3—6月降雨量只占全年降水量的30%，冬春干旱少雨。在欠水年，4—5月降雨量很少，6月初降雨量开始回升，降雨峰值出现在8月初。在这种年型下，夏作物在4—5月生长关键期受旱，6—7月降雨量回升对其作用明显较弱；而对秋作物来说，5月中旬至6月上旬是糜子的适宜播种期，只要能抢墒播种，随着雨季的到来，就能取得较好的收成。退一步，在糜子不能播种的情况下，在6月下旬雨季来临前播种荞麦是非常稳定的抗旱救灾措施。秋作物避开了全年中最易发生干旱的时段，对干旱的缓冲性较好，夏作物则对干旱的适应性较差。在丰水年，6月初和8月中旬有两个降雨峰值，6月初是小麦抽穗开花期，8月中旬是糜子、谷子、荞麦抽穗开花期，马铃薯块茎增长期，因而丰水年降雨峰值正好在夏秋作物需水临界期，在这种情况下，夏秋作物都能获得较好的收成。在平水年，降雨峰值在8月初，5月初降雨有一个小高峰。对秋作物来说，5月初的降雨增加有利于5月中旬糜子的播种，而8月初是糜子抽穗期，因而对糜子生产特别有利；对夏作物来说，5月初处于苗期，此时降雨增加有利于小麦的拔节、孕穗，但在6月抽穗开花期降雨量略有减少，影响产量，不能获得高产。上述气候条件使宁夏旱作农业区形成了秋大于夏的历史格局。20世纪50年代夏秋作物种植比例接近1:2，作物以小麦、秋杂粮为主。

1978年后特别是进入20世纪80年代，连续几年风调雨顺使宁夏粮食产量在一定时间内有较大幅度的回升，但受当地社会经济条件限制，宁夏旱作农业区的农业生产具有自给性，即种什么，吃什么。

随着生活水平的提高，在人们对细粮小麦的需求扩大的情况下，宁夏旱作农业区不考虑气候资源的可能性，盲目扩大小麦种植面积，推行“以豆代歇”，使夏秋作物种植比例由秋大于夏变为夏大于秋，比例由20世纪50年代的1:2降为1:1.1，后又降为1:0.9；80年代，西吉县夏秋作物的种植比例为1:0.46。

20世纪60年代至80年代，粮食作物内部结构变化的特点是：夏粮播种面积呈上升趋势，夏粮中小麦和夏杂粮面积有所增加，小麦和夏杂粮比例基本不变；秋粮播种面积呈下降趋势，秋粮中薯类作物面积有所增加；单产特点是秋粮高于夏粮，秋杂粮高于小麦，薯类作物最高，夏杂粮最低。

随着全球气候变暖，“厄尔尼诺”现象肆虐，旱灾发生频度加大，灾害程度逐渐增强。进入20世纪90年代，严重干旱年份增加，干旱程度加重，1991年、1992年、1994年、1995年、1997年和2000年发生严重

干旱，其中1995年、2000年最严重。严重干旱年都是春末初夏、伏秋连旱造成粮食严重减产，但秋粮发挥了对气候适应性强的优势，取得了较高产量，人们认识到只有压夏扩秋才能保持粮食产量的稳定性和高产性。

旱灾多季节发生，且类型多样化，不仅会增加农业生产的风险，而且要求提高抗旱技术以应对频繁发生的干旱，为此，广大科技工作者展开调查研究，并设点进行种植结构、作物布局等专项课题的试验。“七五”期间，西北农业大学（现西北农林科技大学，余同）、固原地区农科所在宁夏固原陶庄村旱作农业试验示范区已有研究工作的基础上，在半干旱偏旱区的海原县二道沟村设点，开展了“宁南半干旱偏旱区农业持续综合发展研究”，重点进行了“宁南旱区种植制度之优化研究”，提出了“压夏扩秋、压粮扩经、压粮扩草”的稳定型种植制度优化方案，认为宁夏旱作农业区半干旱区夏秋作物种植比例应由1:0.95调整到1:1.57，半干旱偏旱区夏秋作物比例应由1:1.02调整为1:1.65。西吉县农业技术推广服务中心研究认为西吉县最适宜的种植结构为夏粮（主要是小麦，占30%）占35%，秋粮占51%，油料作物占11%，蔬菜瓜果类占3%。在调研、试验、示范的基础上，宁夏农牧厅提出了“压夏扩秋”的种植结构调整指导意见，主张在宁夏旱作农业区扩大马铃薯、玉米种植面积。

二、作物布局调整的原则

种植制度是一个地区或生产单位的作物组成、空间配置、熟制及种植方式、种植顺序的综合技术体系，包括作物布局、种植模式和作物轮作等内容，是和当地农业资源、生产条件及养殖业、加工业相适应的技术体系，是农业生产系统的核心内容。

作物布局是一个地区或生产单位作物结构与配置的总称。作物结构指作物种类、品种、面积、比例等。作物配置是指作物在区域或田间上的分布。作物布局解决种什么作物、种多少与种在哪里的问题，是种植制度的主要内容与基础。一般作物布局包括区域型布局和单位型布局两种，前者是范围较大、时间较长、具有战略部署作用的地理布局，后者是生产单位内部范围小、时间短、具有战术灵活性的生产任务安排。

作物布局调整原则如下。

1. 服从作物生态适应性

生态适应性是指作物的生物学特性及其对生态条件的要求与当地实际外界环境相适应的程度。作物对当地自然环境适应程度高，则适应范围广、生产力水平高，容易获得高产。

2. 服从满足人类社会的需求

满足人类社会对农产品的需求是农业生产的主要动力和目的。因此，作物布局调整首先取决于社会对农产品的需求。社会对农产品的需求通常包括口粮、饲料、肥料、燃料、工业原料等方面。进行作物布局时应根据社会需求的农产品种类和数量确定相应的作物种类、品种和种植方式。

3. 要能获得较高的经济效益

农作物生产是一种经济社会活动，获得合理的经济效益是生产目标之一。在进行作物布局时，不仅要考虑作物的生态适应性，还必须兼顾经济效益，否则，这种作物布局方案是难以持久的。

4. 要随生产条件改善与经济发展促进作物布局不断调整

一个地区或生产单位的作物布局不是一成不变的。随着水利、肥料、机械等生产条件的逐渐改善和农业科学技术的不断进步，人类对生态环境因素的调控力度不断增强，这促使作物布局随之进行相应调整。

5. 要随商品经济的发展进行相应调整

应不断减少作物种类数目，扩大能发挥地域资源优势和具有市场竞争力的作物种植面积，提高农产品商品率，逐步形成较为明显的农作物生产地域分工，建立集中连片的商品性农作物基地。

三、宁夏旱作农业区作物布局调整的依据

（一）宁夏旱作农业区降水的特征

1. 降水规律

宁夏旱作农业区处于大陆性季风的控制之下，降水年际变化甚大，一年之内季节分布极不均匀，区域分布不均。降雨量由南向北递减，由六盘山的 668 mm 左右减少到罗山北麓的 250 mm。降雨年内分布极不均匀，除六盘山阴湿区外，大部分地区 3—4 月降雨占全年降雨量的 8%~8.5%，5—6 月占 22.2%~23.4%，7—9 月占 57.4%~58.1%，即降雨主要集中在 7—9 月，8 月是本区降雨的高峰期；降雨集中季节常出现暴雨，一次性暴雨占到全年降雨量的 30%~50%，造成洪涝灾害和水土流失。但降雨集中在 7—9 月有利于秋粮作物的生长发育。

2. 干旱特征

干旱是宁夏旱作农业区分布最广、发生次数最多、影响面积最大、危害最严重的气候灾害，其特征如下。

（1）频繁性。宁夏旱作农业区降水量少，且季节分布不均，年际变化大，相差可达 4 倍，加之蒸发量大，干旱发生频繁，尤其是春旱、夏旱几乎年年都有。群众中广泛流传着“三年两头旱，五年一小旱，十年一大旱”的说法。据文献记载，1470—1948 年的 479 年间，发生干旱 176 次，约三年一遇，其中大旱 50 次，约十年一遇。1950—1980 年的 31 年间，干旱仍然频繁发生，盐池、同心地区共发生 22 次，其中大旱 5 次，平均 6 年就发生 1 次。西海固地区发生干旱 21 次，其中大旱 4 次，平均 8 年发生 1 次。20 世纪 80 年代以来全球气候变暖，宁夏旱作农业区干旱明显加剧，特别是 90 年代旱灾发生概率较高。2011 年后，旱灾有所缓和。

（2）持续性。从历史资料可以看出，宁夏旱作农业区干旱具有持续几年（连续几年都出现干旱季）的特征，少则 2 年，多则 6 年。大旱年多出现在连旱数年之后，旱期越长，危害越大。

（3）周期性。董永祥、周仲显等人 1976—1977 年对贺兰山树木年轮和 500 年旱涝史料分析研究后认为，宁夏干旱和湿润交替出现，并无一直变干或变湿的趋势，存在 10 年、20 年、30 年、60 年的变化大周期。20 世纪 90 年代处于旱期，短期内干旱平均 2~3 年一遇。

（4）季节性。宁夏旱作农业区受降雨季节变化的影响，干旱发生的季节性十分明显。马文力对 1950—2000 年相关资料进行分析发现，50 年间共发生春旱 43 年，夏旱 37 年，秋旱 28 年。干旱以春旱为主，季节连旱以春夏连旱为主，多达 22 年，夏秋连旱 17 年，春夏秋连旱 14 年，对宁夏旱作农业区影响最大的季节连旱应属春夏秋连旱（或连续干旱 2~3 年）。又据有关资料介绍，春旱发生概率为 68%，夏旱发生概率为 73%，秋旱发生概率为 32%。季节连旱中春夏连旱发生概率为 64%，夏秋连旱发生概率为 27%，春夏秋连旱发生概率为23%。秋旱会引发连锁反应，严重影响翌年收成，1972 年和 1980 年发生较严重秋旱，第二年春季大旱造成农作物严重歉收。

（5）地域性。宁夏旱作农业区存在三大类型，即半干旱偏旱区、半干旱区、半湿润偏旱区。各区年降水量差异显著，因而干旱发生概率及程度存在明显差异。半干旱偏旱区干旱发生概率为 77%，约五年四遇；

半干旱区干旱发生概率为 64%,约三年二遇;半湿润偏旱区干旱发生概率为 27%,约四年一遇。

干旱对农业的影响还反映在农作物产量的波动性上,统计分析表明,宁夏半干旱偏旱区、半干旱区和半湿润偏旱区粮油产量的变异系数分别高达 44.7%~72%、36.9%~67.5%和 30.4%~54.5%。

由此可见,干旱是宁夏旱作农业区农业生产水平低而不稳的重要影响因素。因此,建立与干旱特点相适应的抗旱避灾种植制度和作物布局是宁夏旱作农业区农业持续发展的可靠保证。

3. 降水丰欠年份的划分

据西北农业大学、固原农科所研究,宁夏旱作农业区 5—6 月降水与各类作物产量的关系最密切,且与上年秋季(7—10 月)降水存在正相关关系,而与全年降水的关系不甚密切,据此提出将 5—6 月降水量作为降水丰欠年份划分标准,为宁夏旱作农业区作物布局应该秋大于夏提供了有力的佐证。

该研究指出,5—6 月降水的多少对全年作物的收成具有决定性作用,而上年 7—10 月的降水主要通过影响作物播种期的底墒和深层土壤贮水量来对作物生长发育发挥作用。

在欠水年型下,固原 3—4 月和 5—6 月降雨量占全年降雨量的比例要高于丰水年和平水年,甚至 5—6 月降雨绝对值(105.6 mm)也高于平水年(82 mm),与丰水年(108.3 mm)很接近,而秋季降雨量无论是占全年降雨量的比例还是绝对值都远低于平水年和丰水年,说明在固原,欠水年降雨提前了。海原县丰水年 5—6 月降雨量是 102.1 mm,高于平水年的 91.1 mm,也高于欠水年的 57.4 mm;从 5—6 月降雨量占全年降雨量的比例来说,平水年大于欠水年,欠水年大于丰水年,这同样说明在半干旱偏旱区的海原,欠水年降雨提前了(表 2-1-1)。欠水年降雨的提前对夏秋作物是有利的,因为 5—6 月是夏粮作物的抽穗开花期,即夏粮作物的需水临界期,而此期又是秋粮作物的播种、出苗期,此期降水的增加有利于秋粮作物按时播种;在因严重干旱夏粮作物不能播种的情况下,更有利于播种秋粮作物,缓解旱情。即使在欠水年,固原 5—6 月降雨量在 40~60 mm,海原在 30~50 mm,秋粮作物也可获得一定的收成。这说明秋粮是该地区较稳产的作物。

表 2-1-1　固原、海原根据年降水量划分的不同年型降水分布特征

地点	多年平均降水量/mm	年型	全年平均降水量/mm	3—4 月		5—6 月		7—9 月	
				平均降水量/mm	占全年平均降水量的比例/%	平均降水量/mm	占全年平均降水量的比例/%	平均降水量/mm	占全年平均降水量的比例/%
固原	448.0	丰水年	523.7	42.5	8.1	108.3	20.7	324.8	62.0
		平水年	413.7	36.5	8.8	82.0	19.8	235.0	56.8
		欠水年	332.7	30.4	9.1	105.6	31.7	161.1	48.4
		平均	436.3	37.1	8.5	102.3	23.4	250.8	57.5
海原	340.1	丰水年	475.8	39.5	8.3	102.1	21.5	291.0	61.2
		平水年	377.1	26.6	7.1	91.1	24.2	216.0	57.3
		欠水年	265.2	23.2	8.7	57.4	21.6	142.7	53.8
		平均	372.5	29.9	8.0	82.8	22.2	216.6	58.1

资料来源:西北农业大学、固原农科所《宁南旱区稳定型种植制度研究技术报告》。

所有作物均与 3—4 月降水呈正相关关系,但除海原的秋杂粮外,均未达到显著水平。这是因为3—4 月的春季雨水直接影响作物的播种与出苗，但此期降水在全年总降水中所占份额并不大。各类作物与7—9月降水的相关性表现不一，其中，夏粮作物呈弱的负相关关系，秋粮作物呈正相关关系，表明7—9月的降水对秋粮作物生长发育仍有一定的促进作用。

表2-1-2　固原、海原根据5—6月降水量划分的不同年型降水分布特征

地点	多年平均降水量/mm	年型	全年平均降水量/mm	3—4月		5—6月		7—9月	
				平均降水量/mm	占全年平均降水量的比例/%	平均降水量/mm	占全年平均降水量的比例/%	平均降水量/mm	占全年平均降水量的比例/%
固原	448.0	丰水年	448.7	34.4	7.7	149.7	33.4	225.1	50.2
		平水年	392.8	39.0	9.9	105.0	26.7	208.2	53.0
		欠水年	450.0	38.4	8.5	62.0	13.8	295.2	65.6
		平均	430.5	37.3	8.7	105.6	24.5	242.8	55.4
海原	340.1	丰水年	456.7	32.6	7.1	134.5	29.5	246.7	54.0
		平水年	333.2	30.8	9.2	81.9	24.6	190.9	57.3
		欠水年	339.6	26.8	7.9	39.5	11.6	216.5	63.8
		平均	372.5	30.0	8.1	85.3	22.9	218.0	58.5

资料来源：西北农业大学、固原农科所《宁南旱区稳定型种植制度研究技术报告》。

（二）宁夏旱作农业区土壤水分运动规律

宁夏旱作农业区土壤水分完全依靠天然降水，其变化受降水量和蒸发量的直接影响。按季节，土壤水分变化可划分为四个时期。

1. 土壤水分凝结阶段（11月到翌年1月）

11月至翌年1月，因气温低，蒸发量小，夏秋蓄积的冬前土壤水分比较充足，0~1 m土壤含水量在16%~19%，0~2 m土壤贮水量达360~421 mm。入冬后土壤水分自上而下凝结，因上层冻而下层未冻导致上层温度低、下层温度高，一部分下层水分以气态水形态凝结在土壤空隙内，水分损耗小于补给。

2. 土壤水分地面汽化阶段（2—4月）

2月以后气温渐高，土壤逐渐解冻，蒸发量逐渐增加，土壤水分主要以毛管水运动到表层而汽化（有时以气态水形态上升），使表土保持湿润，为春播创造极好的土壤水分条件。之后，由于春季干旱多风，土壤水分消耗很快，干土层逐渐加厚，到4月底土壤水分降至“黄墒”。

3. 土壤水分大量蒸发阶段（5月至7月初）

5月至7月初气温渐高，7月进入头伏，地表蒸发极为强烈，土壤水分由“黄墒”变为“白墒”，土壤含水量为9%左右，甚至不足7%。

4. 土壤水分大量蓄积阶段（7月下旬至10月）

7月中下旬以后降雨量逐渐增多，气温处于最高时期，蒸发量亦最大，水分形态为气态水、重力水、毛管水相互交替，土壤水分由“白墒”逐渐变为“黄墒”，含水量在11%左右。8月至9月底进入雨季，气温逐渐降低，土壤空隙常被重力水充满，气态水逐渐消失，土壤水分由“黄墒”逐渐变为“黑墒”，含水量由11%增加到16%~19%。

从图 2-1-1 可以看出,0~40 cm 为活跃层,土壤水分受气象因素和人为活动影响,含水量变化很大,高时可接近田间持水量(20%~24%),严重缺墒时低于凋萎湿度(小于 7%);40~100 cm 为次活跃层,此层受人为活动影响小,但由于降水的下渗补给和蒸发的损耗以及大多数作物的根系能延伸到此层,土壤含水量变化幅度仍较大,小麦田在 7%~22%;100~200 cm 为稳定层,此层受自然降水垂直下渗、蒸发作用和植物根系的影响均微弱,土壤含水量年际和季节性变化幅度较小,在 16%~19%。

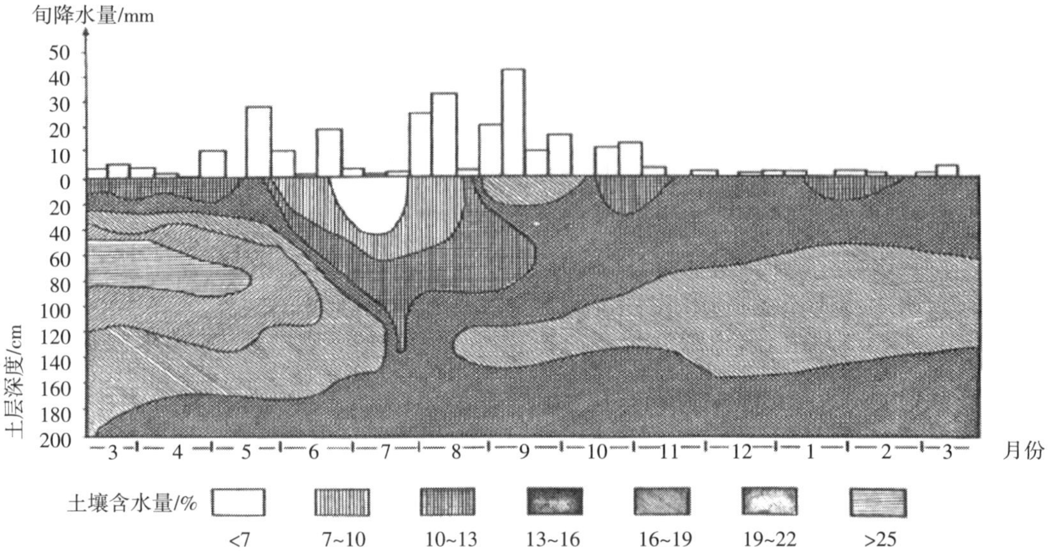

图 2-1-1 川旱地土壤含水量变化状况

(年段:1982—1983 年;测定地点:固原西郊鸦儿沟村春小麦地)

(三)宁夏旱作农业区主要作物对干旱、降水的适应性

1. 对干旱的适应性

宁夏旱作农业区生态环境脆弱,自然灾害频繁,旱灾尤为严重。因此,主要作物对以干旱为主的逆境的适应能力对旱作农业生产十分重要。中国科学院西北水土保持研究所曾在半干旱区固原市原州区试验分析丰水年、平水年、严重干旱年各种作物的产量差别,如果丰水年的产量为 100,各种作物在严重干旱年的产量顺序如下(括号内的数字为相当于正常年份的百分比)。

夏作物:黑麦(68)、扁豆(68)、豌豆(63)、春小麦(58)、冬小麦(56)。

秋作物:马铃薯(76)、莜麦(65)、荞麦(57)、糜子(55)、谷子(51)、玉米(39)。

马铃薯是一种适应性强的高产作物,其单产水平高于小麦和玉米,但对其抗旱性强弱有不同的看法。一些研究者认为,马铃薯需水量较大,平均值为 636 mm,对水分不足很敏感,往往在次正常的水分条件下也会明显降低产量和品质。其实,这只是一种相对比较,在不利条件下,其绝对产量仍然很高。宁夏旱作农业区有深厚、疏松的土壤及较冷凉的气候条件,这与马铃薯的生物学特性相适应,十分适合马铃薯栽培。本地自然灾害较多,在其他作物受灾减产或绝收的情况下,马铃薯仍能获得一定的收成,是宁夏旱作农业区一种主要的抗灾作物。马铃薯的另一优点是用块茎进行无性繁殖,其收获物在地下,虽然干旱抑制了地上部营养生长,但对地下部的影响相对小些,加之用块茎繁殖,播种至出苗主要靠芽块的水分,在严重干旱年其他作物缺苗的情况下,易出全苗,这就为后期生长和产量形成打下了基础。

谷子适应性广,耐瘠,蒸腾系数相对小,为 310,其根系主要分布在 50 cm 以内土层,最深可达 1.5 m 左右,前期干旱有利于蹲苗,可促使根系下扎,孕穗至抽穗期对干旱敏感,此期干旱对产量有较大影响,后期水分过多易造成贪青，增加秕粒。因此，谷子一生对水分的要求可以概括为“早期宜旱，中期宜湿，后期怕涝”。谷子是宁夏旱作农业区传统的抗旱备荒作物，在干旱条件下能获得比较稳定的收成，历史上就是宁夏旱作农业区主要的粮食来源。

糜子抗旱性很强，蒸腾系数低于谷子，为 293，可在年降水量 300 mm 或更少的地区种植，是典型的节水耐旱作物。其水分调节能力强，抗旱性优于谷子，在干旱条件下，糜子较谷子减产幅度小，但在水分适宜的条件下，谷子较糜子有较高的生产力。糜子根系不如谷子发达，入土深度 1 m 左右。同时糜子具有避旱的特性，很适合在热量较低和干旱风沙区种植。糜子不同品种生育期差别很大，短的 50 d 以下，长的 120 d 以上，是一种抗旱救灾的好作物，历史上宁夏旱作农业区清水河流域就以糜子种植为主，俗称“米粮川”。

小麦属于抗旱性较强的作物，在中等干旱条件下，小麦植株的物质运输基本不受影响，旗叶及穗部的光合速率无明显下降，渐进干旱条件下，叶片具有一定的渗透调节能力；根系可深入土层 3 m 左右，苗期和灌浆期干旱对产量影响较小。小麦在宁夏旱作农业区均能种植，还因为它基本上适应这一地区的降水特点和土壤条件，虽然这一地区小麦生育期的降水量只能满足耗水量的 1/3，但播前秋雨充沛和黄土土壤贮水能力强的特点对小麦特别是冬小麦生长发育十分有利。小麦具有发达的根系，故能充分吸收利用土壤深层水分，一般情况下，从 1 m 以下土壤中利用的水分相当于总耗水量的一半左右。小麦产量变化幅度小，较稳定，但 5—6 月干旱对其产量影响极大。

宁夏旱作农业区的豆类作物以扁豆、豌豆为主，其虽对逆境的反应敏感，但在轮作及食物构成中占有重要的地位，扁豆生育期短、个体小，但较豌豆耐寒性强，生长发育的可塑性大，适合在干旱、贫瘠的土地上种植。

玉米是公认的需水需肥较多的作物，其种植区域年降水量应在 600~1 000 mm，最低不低于 380 mm，即在半干旱区仍可适当种植。宁夏旱作农业区存在的主要问题是积温不足，使用地膜覆盖可扩大种植。玉米虽是需水需肥较多的作物，但仍有一定的抗旱能力。玉米虽然生理耐旱性不如高粱、谷子，但有较强的适应干旱的能力，即根系发达，能利用土壤深层贮水，能忍耐较长期的萎蔫。据观察，在严重干旱的情况下，多数田块 60%以上植株持续萎蔫达 1 个月之久，但绝大部分植株清晨能恢复膨压，一旦降雨充足或补水即可恢复正常生长，叶片具有长期萎蔫而不枯的特点。

胡麻是宁夏旱作农业区主要的油料作物，对逆境有较强的适应性，适合在无霜期短、气候冷凉的半湿润偏旱区、半干旱区种植，苗期具有较强的抗旱性、耐低温能力。

苜蓿是多年生豆科宿根草本植物，喜冷凉，耐酷暑，更耐干旱，其生物产量高，根系发达而庞大，主根伸展可达 15 m，能有效利用 2 m 以下的土壤贮水，在严重干旱年其他作物大幅度减产的情况下，苜蓿仍能正常生长，并获得较高的生物产量。

2. 对降水的适应性

（1）主要作物生育期与降水分布的适应性。作物生育期与降水分布的吻合程度是作物生态适应性的主要指标。如作物生育期正好处在一年降水高峰期，则生育期和降水同步，这对作物的生长发育最有利，说明这种作物对当地气候最适应，反之，则对当地气候不适应。由于作物各个生育阶段对水分的需求量不同，即使整个生育期降水总量能满足作物对水分的需求，但降水分布和各生育阶段的需水量不同步，作物也难稳产高产。因此，作物生育期与降水量的吻合性不仅表现为全生育期需水量的满足，而且要求各生育阶段需水量的满足。

在宁夏旱作农业区，秋粮在丰水年和欠水年，其生育期与降雨分布基本保持同步，而且秋粮的适宜播种期较长，对严重干旱的缓冲性很好，因而属于高产稳产作物。秋粮中马铃薯由于经济产量是无性生长的结果，对干旱反应迟钝，成为宁夏旱作农业区的高产稳产作物；荞麦因生育期较短，即使在欠水年，也不致因雨季的迟到明显减产，成为宁夏旱作农业区一种非常重要的抗旱救灾作物。夏粮生育期在丰水年与降雨分布虽然有较好的同步性，但在欠水年，在需水临界期受旱，导致产量低而不稳，因而夏粮对该区降水资源的适应性差。所以，扩种秋粮、压缩夏粮是增加当地粮食产量的重要途径。

（2）主要作物对降水的利用率。作物生长发育各阶段需水量与降水季节分配的吻合状况，对降水利用率有直接影响。在宁夏旱作农业区试验示范证实，降水的季节分配与作物生长发育各阶段需水量的吻合程度，薯类作物好于禾谷类作物，秋熟作物好于夏熟作物，多年生牧草好于一年生作物。不同作物的降水利用率，多年生牧草>薯类作物>禾谷类作物，秋熟作物>夏熟作物；按生产年度耗水量换算的水分利用效率，马铃薯>谷子>糜子>小麦>胡麻>豌豆>扁豆。

表 2-1-3　宁夏旱作农业区主要作物降水可能的利用率

地点	多年平均降水量/mm	作物	生育期间		休闲期间		休闲期间		降水可能的利用率/%
			降水量/mm	占多年平均降水量的比例/%	降水量/mm	占多年平均降水量的比例/%	蒸发量/mm	占休闲期间降水量的比例/%	
固原	448.0	春小麦	183.0	40.8	265.0	59.2	233.0	87.9	48.0
		糜子	327.5	73.1	120.5	26.9	89.3	74.1	80.1
		马铃薯	369.7	82.5	78.3	17.5	54.8	70.0	87.8
		苜蓿	404.0	90.2	44.0	9.8	20.5	46.6	95.4
海原	340.1	春小麦	112.2	33.0	227.9	67.0	212.4	93.2	37.5
		糜子	247.8	72.9	92.3	27.1	68.4	74.1	79.9
		马铃薯	274.8	80.8	65.3	19.2	52.4	80.2	84.6
		苜蓿	298.7	87.8	41.4	12.2	22.2	53.6	93.5

资料来源：西北农业大学、固原农科所《宁南旱区稳定型种植制度研究技术报告》。

（3）主要作物的降水生产潜力。降水生产潜力是指旱作农田在降水潜力存在的范围内，可能实现的最大生产能力。据资料介绍，春小麦的热量生产潜力较高，但由于生育期与降水季节吻合性差，水分满足率低，1993—1994 年（欠水年）水分满足率只有 11.3%，各年型平均值也只有 22.3%，降水生产潜力较小，丰水年为 3 174~7 237.5 kg/hm^2，干旱年为 1 399.5~1 596 kg/hm^2。糜子、谷子、马铃薯生育期与降水季节吻合性好，水分满足率在 40%以上，各年型平均值为 56.1%~57.6%，秋粮显著大于夏粮，降水生产潜力较大，马铃薯丰水年为 8 277~9 490.5 kg/hm^2，正常年为 4 806~8 931 kg/hm^2，干旱年为 2 292~3 075 kg/hm^2，谷子属秋熟禾谷类作物，其降水生产潜力处于春小麦与马铃薯之间。

又据《中国北方旱区农业》报道（表 2-1-4），宁夏旱作农业区春小麦、谷子、马铃薯 3 种作物降水生产潜力值马铃薯最高，平均值为 5 535 kg/hm^2，谷子次之，春小麦最低。

（四）生产条件的改善、农业技术水平的提高、商品经济的发展与市场需求

生产条件的改善、农业技术水平的提高、商品经济的发展与市场需求促进种植制度、作物布局不断调整。随着梯田建设、小流域治理、集雨补灌设施的大量修建、化肥施用量的增加、新的耕作技术及抗旱品种

表 2-1-4　宁夏旱作农业区小麦、谷子、马铃薯的热量生产潜力、降水生产潜力

单位:kg/hm²

作物	地点	热量生产潜力值(y_r)	降水生产潜力值(y_w)
冬小麦	固原	9 809	
	泾源	9 522	
	隆德	10 293	
	平均	9 875	
春小麦	同心	10 408	396
	盐池	10 052	655
	海原	10 172	2 081
	西吉	10 501	4 710
	固原	9 813	4 476
	平均	10 189	2 464
谷子	同心	9 350	1 982
	盐池	8 876	2 591
	海原	8 114	3 600
	西吉	7 136	4 228
	原州	7 676	5 044
	泾源	5 777	4 426
	隆德	5 817	3 882
	平均	7 535	3 679
马铃薯	同心	9 313	1 358
	海原	9 491	4 794
	盐池	9 216	2 017
	西吉	8 278	7 071
	原州	9 148	7 915
	泾源	7 807	7 724
	隆德	8 165	7 865
	平均	8 774	5 535

资料来源:《中国北方旱区农业》。

的推广、农业机械化水平的提高,人们对生态环境的调控能力不断增强,促使作物布局随之调整。市场的需求,商品经济的发展,促使具有竞争力的作物种植面积增加,作物布局相应予以调整。

玉米种植面积逐年增加就是一个较好的例证。宁夏旱作农业区种植玉米不仅降水不足,而且积温不够,致使种植面积很小,只能种植一些早熟品种。但由于地膜技术的应用,特别是全膜双垄覆盖垄侧播种技术的推广，地积温增加，土壤水分条件改善，使中晚熟品种落户半干旱区，加之畜牧业的发展及市场对玉米需求量的增加，玉米种植面积大幅度增加，成为宁夏旱作农业区的主要作物。

西北农业大学、中国科学院西北水土保持研究所、固原农科所、宁夏农业技术推广总站、宁夏旱作农业区9县(区)农业技术推广服务中心的研究、示范结果充分说明，应依据宁夏旱作农业区的生态条件，作物与生态环境的适应性，与社会经济发展需要的适应性，与农业技术水平逐步提高的适应性，与社会效益、经济效益、生态效益统一的适应性，建立合理永续的既能适应宁夏旱作农业区生态条件、合理利用开发当地自然资源、提高资源利用率，又能保证抗旱避灾的良性循环、稳定发展的种植制度下的作物布局。种植结构由“二元结构”向“三元结构”转变，作物布局实行“压夏扩秋、压麦扩经、压粮扩草”是可行的。

第二节　作物布局调整的重点与效果

一、作物布局调整的重点

(一)充分发挥马铃薯的生态适应性，根据市场需求，扩大种植规模

马铃薯生育期短，产量高，再生能力强，稳产系数高，喜冷凉气候，抗灾能力强，尤其是对春旱的抗御能力强。宁夏旱作农业区光照充足，气候温凉到温和，昼夜温差大，土层深厚，土质疏松且富含钾素，降水春季少，且60%~65%降雨集中于7—9月，这样的自然环境虽然极不利于小麦等夏粮作物的生长，但为喜凉喜光、耐旱耐寒、高产优质的马铃薯提供了得天独厚的生存空间。宁夏旱作农业区降雨集中期与马铃薯需水高峰期高度同步，适合马铃薯生长发育和干物质积累，是马铃薯最佳生产区，特别是六盘山区桃蚜迁飞少，植被、隔离条件好，土壤肥沃，具有建立脱毒种薯繁育基地的优越条件。这里区位优势明显，污染少，生产的马铃薯为天然无公害食品。

马铃薯不仅是粮食作物，也是经济作物、蔬菜作物，产量高，稳产性好，比较效益突出，增收潜力大，平均每公顷收入和纯收入分别为22 500元和15 000元，远高于小麦、豆类作物、胡麻。马铃薯市场前景好，国内消费、加工需求量大，供需偏紧，同时成本较低，市场竞争力强，外销潜力大，是最有发展潜力的优势特色农作物。宁夏旱作农业区利用优越的自然条件，建立了三级良种繁育体系。“八五”期间年平均种植面积为5万 hm^2，平均鲜薯产量为7.32 t/hm^2。“九五”期间前4年种植面积达到9.47万 hm^2，占同期粮食播种面积的17.61%，单产达13.12 t/hm^2，折主粮2.62 t/hm^2，较过去10年平均提高了1.16 t/hm^2，占同期总产量的29.49%；1999年种植面积增至12.54万 hm^2，鲜薯产量达13.22 t/hm^2。2008年种植面积增至25.47万 hm^2，之后面积有所减少，但至今稳定在21万 hm^2 左右。

(二)应用地膜覆盖技术，发展玉米生产，实施农牧结合

玉米是 C_4 作物，高产高效，增产潜力极大，呼吸作用消耗干物质少，光合效率比较高，净光合效率比小麦高出2~3倍，增产幅度大，并能持续增产。玉米是“饲料之王”，每百公斤饲用价值相当于燕麦118 kg、高粱110 kg、大麦115 kg、稻谷125 kg。100 kg青饲料玉米秸秆含有20个饲料单位和1:2可消化蛋白质，相当于20 kg精饲料的营养价值，为家畜的好饲料。玉米有较高的营养价值，是榨油、医药制造、食品加工的重要原料。因此，扩大玉米种植面积是发展畜牧业和旱作农业、保证粮食安全、延长产业链、增加农民收入的最佳结合点，也是发展农业循环经济的最好作物。玉米为养殖业提供精饲料和粗饲料，养殖业又为种植业提供优质的有机肥料，培肥土壤，为玉米生长发育提供良好的条件，保证玉米增产增收。同时玉米连作

数年可与马铃薯轮作，保证马铃薯产业的发展。玉米根系发达，水分利用效率高，是抗旱节水型作物。据对北方旱作农业区10个具有代表性的示范区7种粮食作物水分生产潜力、潜在水分利用效率、水分生产潜力适宜开发程度15年的研究，7种粮食作物中春玉米水分生产潜力最高，达6 300~10 800 kg/hm^2，潜在水分利用效率高达18.15~28.5 kg/(mm·hm^2)，水分生产潜力适宜开发程度最高达90%。

限制宁夏旱作农业区玉米发展的瓶颈，一是积温不足，二是干旱缺水，但半膜覆盖可使≥10℃积温增加200~300℃，采用全膜双垄覆盖垄侧播种技术可使土壤耕作层≥0℃的有效地积温较传统播期半膜平铺穴播技术增加423.4℃，使玉米提早成熟7~10 d，玉米适种海拔可升高200 m，从而扩大玉米适种区域。如秋季半膜覆盖0~20 cm土壤含水量比播期半膜覆盖提高1.98个百分点，0~20 cm土壤贮水量多33.5 mm；早春顶凌半膜覆盖0~20 cm土壤贮水量比播期半膜覆盖(4月20日)多14.9 mm。采用秋季全膜双垄覆盖、早春顶凌全膜双垄覆盖，播种期1 m内土壤贮水量分别较常规播期半膜覆盖增加27.2%、14.8%，这就有效解决了玉米由于播种时间处于4月中旬而受春旱影响，适时播种困难、难于全苗的问题。采用旱作农业综合配套技术能保证玉米产量在半膜覆盖条件下每公顷达到6 000 kg以上，比小麦增产3~5倍，产值可达8 000元，加之养殖业的增值，效果更可观。定点试验结果表明，在全膜双垄覆盖条件下，欠水年、平水年、丰水年3个降水年型玉米平均每公顷产量可达8 546.57 kg，比半膜覆盖增产29.7%，纯效益达12 116.7元/hm^2，比半膜覆盖增幅高47.2%。又据在半干旱偏旱区、半干旱区、半湿润偏旱区6县10点3年的试验结果，玉米秋季、早春、播期全膜双垄覆盖平均产量达7 546.4 kg/hm^2，比播期半膜覆盖增产37.1%。玉米市场需求旺盛，“八五”期间累计种植面积增加5.64倍，平均每公顷产量达7 000 kg。彭阳、隆德两县0.24万hm^{2}全膜双垄覆盖垄侧播种玉米示范田，平均每公顷产量达10 205.55 kg，彭阳县每公顷产量最高达11 458.5 kg。

(三)利用降水特点，分区发展小杂粮产业

宁夏旱作农业区海拔1 500~3 900 m，气候冷凉，降水时空分布不均，年降水量60%~65%集中于7—9月。降水的分布规律、作物的需水特点导致小杂粮荞麦、莜麦、糜子、谷子对水分的需求与降水的吻合程度高。据报道，其水分利用效率分别达6.15 kg/(mm·hm^2)、6.9 kg/(mm·hm^2)、5.25 kg/(mm·hm^2)、7.95 kg/(mm·hm^2)。小杂粮是很好的救灾作物，在调整作物布局中有明显的区位优势，同时具有抗旱、耐贫瘠、稳产、适应性广、抗逆性强等特点，投入少，效益好，管理简单，是发展优质、高产、高效农业，实现农民增收的重要途径。荞麦、豆类又能出口创汇，具有很大的开发潜力。此外，小杂粮为无公害绿色产品，市场需求量逐年增大。在发展布局上要因地制宜，彭阳县等地以荞麦为主，原州区以扁豆、糜子为主，隆德县、泾源县以蚕豆为主，西吉县以豌豆、糜子、谷子为主。

(四)充分利用苜蓿的生态适应性，趁退耕还林还草契机，大力扩种苜蓿

苜蓿为多年生豆科宿根草本植物，喜冷凉，耐酷暑，更耐干旱，根系发达，能有效利用2 m以下土壤的水分，主根伸展可达15 m，吸水力强。苜蓿虽需水量大，但耗水系数远低于其他栽培作物，降水生产潜力又远高于其他作物。苜蓿阶段需水量与降水季节性吻合程度高于其他一年生作物，加之其收获物为营养器官绿色体，而不是对水分敏感的有性生殖器官籽粒，因而成为高度耐旱作物，在严重干旱年代，在其他作物严重减产甚至绝产的情况下苜蓿仍能收获绿色体。

苜蓿产量高，自生能力强，耐刈割，一般每公顷产干草4 500~7 500 kg，富含蛋白质，是“牧草之王”，同时具有较强的固氮能力，在黄土丘陵区每公顷年固氮量可达172.5~349.5 kg，对土壤培肥和后作增产十分有利。因此，苜蓿是发展畜牧业、实施农牧结合、建立良性农田生态系统的最佳作物。

宁夏旱作农业区发展畜牧业急需饲草，又需培肥地力，政府把种草养畜作为农民脱贫致富的首选措施，大力实施退耕还林还牧政策，市场对苜蓿需求旺盛。因此，扩种苜蓿，组建苜蓿产业基地，对推动养殖业发展、农民脱贫致富有着现实意义和长远的战略意义。

（五）恢复胡麻生产，发展油葵、食用葵生产

西海固历史上是油料作物比较集中的产区，素有“油盆”之称。胡麻对逆境有较强的适应性，适合在无霜期短、气候冷凉和雨水较少的地区种植，特别是苗期具有较强的抗旱、耐低温能力，是宁夏旱作农业区主要的油料作物，也是农民致富的支柱产业之一，历年种植面积稳定在 5.3 万 hm^2。宁夏食用油品收购量的 78%来自宁夏旱作农业区，所以发展以胡麻为主的油料生产对宁夏旱作农业区乃至宁夏农业发展和经济发展有着举足轻重的作用。但进入 20 世纪 90 年代以来，由于气候变暖，干旱加剧，特别是春旱严重，胡麻难以播种，加之冻害、耕作粗放、市场萎靡，种植面积逐渐缩小，胡麻集中产区（半湿润偏旱区）也因夏旱严重而严重减产。在采取膜侧播种、全膜覆土穴播技术提高胡麻出苗率及单产，恢复胡麻生产的同时，在黄土丘陵区利用秋覆膜、早春覆膜及“一膜两年用”（即第一年覆膜种植西瓜、玉米，留膜护膜越冬，第二年种植油葵、食用葵）技术发展油葵、食用葵生产，以弥补油料生产的萎缩。油葵生育期短，种子顶土能力强，适播期较长，干旱条件下保苗率高，比较适应宁夏黄土丘陵区春旱频繁、夏末秋初降雨比较多的气候条件，同时油葵生育期耗水量相对较少，与玉米倒茬有利于维持旱地土壤水分的平衡，特别适合在西瓜、玉米留膜地上免耕种植，可以达到抗旱节本增效的目的。宁夏农林科学院土肥所在彭阳县的试验表明，玉米留膜免耕种植油葵，4 月上旬至 5 月下旬播种，保苗率 80%以上，同时能正常成熟，每公顷产量达 1 950~2 475 kg，产值可达 7 800~9 900 元。油葵生产符合国家食物安全发展战略，市场需求潜力大，发展前景十分广阔。运用秋覆膜技术种植食用葵，一般每公顷增产 750 kg，比露地种植增值 5 700 元/hm^2。

二、作物布局调整的效果

（一）试点调整效果（以西吉县试点调整结果为例）

1. 种植业调整现状

西吉县海拔1 688~2 633 m，总土地面积 3 144 km^2，耕地面积 79 218 hm^2，其中旱作面积占 91.27%，境内全年平均气温 5.3℃，≥10℃积温 1 669.6~2 450.8℃，无霜期 120~150 d，年日照时数 2 322.3 h，年均降水量 350~500 mm，大部分地区 400~450 mm，降水年际变幅大，时空分布不均，60%~70%的降水集中于 7—9 月，是典型的旱作农业区，农业以种植业为主。1986—1990 年粮食作物以夏粮为主，夏秋粮作物种植比例为 1:0.46，1991 年后开始进行粮食作物布局调整，至 1995 年，5 年平均夏秋粮作物种植比例调整为1:0.476，1996 年后加快调整步伐，至 1999 年，4 年平均夏秋粮作物种植比例调整为 1:1.2，1999 年达 1:2.48。1999 年全县实现农业总产值 28 940 万元，其中，种植业产值 23 465 万元，占农业总产值的 81.1%，农民收入绝大部分来自种植业。全县种植的夏粮作物主要有小麦、豌豆，秋粮作物主要有马铃薯、地膜玉米、谷子、荞麦、糜子、莜麦，经济作物主要有胡麻和蔬菜瓜果等。（表 2–1–5）

2. 种植结构调整效益分析

（1）粮食产量、生物产量、经济产量。表 2–1–6 显示，粮食产量以“九五”期间 4 年平均值最高，达 127 225 t，比“七五”期间平均值增长 96.3%，比“八五”期间平均值增长 61.8%，生物产量、经济产量也表现一致。

（2）生产力水平与物质投入—产出特点。表 2–1–6 显示，种植业产值以“九五”期间 4 年平均值最高，为20 207.31 万元，比“七五”期间平均值增长78.1%，比“八五”期间平均值增长 45.3%；种植业纯收入

表 2-1-5　西吉县 1986—1999 年主要作物种植比例变化

年份	总播种面积/hm²	夏粮作物比例		秋粮作物比例						油料作物比例/%	蔬菜瓜果比例/%
		春小麦/%	豆类作物/%	马铃薯/%	地膜玉米/%	谷子/%	荞麦/%	糜子/%	其他/%		
1986	72 368	44	19	11.0	0.2	0.2	3.0	1.8	7.8	10.0	3.0
1987	72 720	33	19	16.0	0.9	0.2	5.4	4.4	7.1	11.5	2.5
1988	72 597	38	20	15.0	1.4	0.2	3.1	1.5	5.8	13.0	2.0
1989	72 616	39	21	13.0	1.7	0.2	2.9	1.8	6.4	12.4	1.6
1990	72 753	40	21	13.0	1.9	0.2	3.0	1.8	6.1	12.0	1.0
1991	72 678	40	20	13.0	3.0	0.2	3.2	1.5	5.1	12.5	1.5
1992	80 868	36	17	13.4	1.7	0.2	5.4	4.4	7.9	12.3	1.7
1993	74 831	40	19	13.9	1.4	0.2	5.3	2.7	2.5	12.0	3.0
1994	79 818	41	20	13.5	1.4	0.3	3.1	1.8	2.9	11.6	4.4
1995	79 716	37	18	14.2	1.8	0.3	5.0	2.7	6.0	10.3	4.7
1996	73 942	35	17	18.0	6.8	0.3	3.3	2.7	2.9	11.9	2.1
1997	73 664	35	15	19.0	8.9	0.3	2.6	2.5	2.7	11.4	2.6
1998	78 373	27	8	35.0	8.8	0.2	2.7	2.0	2.3	10.5	3.5
1999	78 913	19	6	46.0	9.6	0.7	1.6	2.0	2.1	10.3	2.7

“九五”期间 4 年平均值为 13 955.12 万元，比“七五”期间平均值增长 76.2%，比“八五”期间平均值增长 42.6%。

（3）劳动生产率。表 2-1-6 显示，劳动生产率“九五”期间 4 年平均值最高，为14.91 元/工，比“七五”期间平均值高 58.1%，比“八五”期间平均值高 31.6%。

表 2-1-6　西吉县 1986—1999 年种植业经济效益

年份	粮食产量/t	经济产量/t	生物产量/万 t	产值/万元	成本/万元	纯收入/万元	劳动生产率/(元·工$^{-1}$)	成本利润率/%
1986	65 580	77 202	17.321	11 060.37	3 392.06	7 668.31	9.20	226
1987	46 382	58 501	12.990	8 304.50	2 533.61	5 770.89	6.77	228
1988	61 148	74 076	16.320	10 890.04	3 267.11	7 622.93	9.01	233
1989	62 811	76 561	16.764	11 065.95	3 323.84	7 742.11	9.16	233
1990	88 139	103 308	23.204	15 410.17	4 619.19	10 790.98	12.99	234
平均	64 812	77 930	17.319	11 346.21	3 427.16	7 919.04	9.43	231
1991	94 480	111 306	25.500	16 698.52	4 990.78	11 707.74	13.87	235
1992	60 697	77 055	16.820	10 876.29	3 293.52	7 582.77	8.07	230
1993	109 269	133 007	28.639	19 159.99	5 612.90	13 547.09	15.97	241

续表

年份	粮食产量/t	经济产量/t	生物产量/万 t	产值/万元	成本/万元	纯收入/万元	劳动生产率/(元·工$^{-1}$)	成本利润率/%
1994	83 426	101 284	22.675	15 387.31	4 561.77	10 825.54	13.19	237
1995	45 194	58 806	10.798	7 411.00	2 159.25	5 251.75	5.56	243
平均	78 613	96 292	20.886	13 906.62	4 123.64	9 782.98	11.33	237
1996	114 728	139 783	29.536	18 668.66	5 784.43	12 884.23	15.54	223
1997	104 560	132 282	27.323	16 255.24	5 203.69	11 051.55	12.52	212
1998	143 098	169 476	34.494	22 439.91	6 949.29	15 490.62	15.57	223
1999	146 514	174 480	34.318	23 465.42	7 071.34	16 394.08	15.99	232
平均	127 225	154 005	31.418	20 207.31	6 252.19	13 955.12	14.91	223

(4)投入能、产出能、能量转换分析。种植业生产的实质是利用绿色植物的光合作用,将太阳能转化为农产品潜在能,以满足人类对食物及其他物质的需求。产量的增加需增加能量的投入,在合理的范围内,投入能增加,产出能也相应增加。从表 2-1-7 可以看出,投入能"九五"期间 4 年平均值为 30.44×10^{13} J,比

表 2-1-7　西吉县 1986—1999 年光能利用率与经济效益

年份	总投入能	总产出能	年光能利用率/%
	/×10^{13} J		
1986	15.35	276.25	0.074
1987	10.92	206.49	0.055
1988	14.60	260.45	0.071
1989	14.90	267.54	0.073
1990	20.34	370.54	0.110
平均	15.22	276.25	0.077
1991	21.16	406.33	0.110
1992	14.80	267.91	0.065
1993	25.17	457.14	0.123
1994	19.55	361.81	0.101
1995	11.43	173.43	0.042
平均	18.42	333.32	0.088
1996	26.81	472.08	0.126
1997	24.78	436.03	0.117
1998	34.01	554.01	0.139
1999	36.14	553.11	0.138
平均	30.44	503.81	0.130

“七五”期间平均值增加 100%，比“八五”期间平均值增加 65.26%。产出能“九五”期间 4 年平均值为 503.81×10[13] J，比“七五”期间平均值增加 82.37%，比“八五”期间平均值增加 51.15%。作物生长发育时体现能量转化率的光能利用率开始增高，“九五”期间 4 年平均值为 0.13%，比“七五”期间平均值 0.077%高 0.053 个百分点，比“八五”期间平均值 0.088%高 0.042 个百分点。

（5）系统产出效益分析。从表 2-1-8 可以看出，系统产出效益指标“九五”期间 4 年平均值高于“七五”期间与“八五”期间平均值，能量产出分别高81.19%、51.15%，经济能产出分别高 94.64%、59.61%，可食性蛋白质产出分别高 51.33%、25.48%，可食性碳水化合物产出分别高 102.07%、65.57%，脂肪产出分别高 91.51%、58.82%。这充分证明由于合理调整种植结构，能量、经济能、可食性蛋白质、可食性碳水化合物产出都有较大提高。

表 2-1-8　西吉县 1986—1999 年系统产出效益分析

年份	能量产出/×10[15] J	经济能产出/×10[15] J	可食性蛋白质产出/t	可食性碳水化合物产出/t	脂肪产出/t
1986	276.25	125.76	11 078.70	46 465.43	3 102.23
1987	206.49	91.50	8 737.70	33 130.35	2 398.10
1988	260.45	119.77	10 947.27	44 196.49	3 228.35
1989	276.54	123.20	10 917.74	45 439.28	3 312.01
1990	370.54	170.51	15 498.59	63 222.31	4 398.89
平均	278.05	126.15	11 436.00	46 490.77	3 287.92
1991	406.33	182.94	17 126.00	66 860.36	4 575.08
1992	267.91	121.31	10 989.87	43 978.22	3 626.62
1993	457.14	211.67	18 876.00	78 401.09	4 782.16
1994	361.81	165.46	15 674.30	60 554.35	4 761.72
1995	173.43	87.80	6 295.20	33 904.26	2 077.51
平均	333.32	153.84	13 792.27	56 739.66	3 964.62
1996	472.08	222.01	17 079.96	83 250.09	5 539.35
1997	436.03	203.45	14 176.34	75 692.12	5 135.76
1998	554.01	273.66	18 714.42	105 813.01	6 758.44
1999	553.11	283.05	19 254.86	111 029.28	7 752.99
平均	503.81	245.54	17 306.40	93 946.13	6 296.64

3. 种植结构综合评价

（1）灰色关联分析综合评价。依据本地区人民生活最基本的需求确定粮食产量、可食性蛋白质产出、可食性碳水化合物产出、脂肪产出、经济能产出、能量产投比、年光能利用率、劳动生产率、成本利润率、纯收入 10 个评价指标，采用灰色关联分析综合评价，结果详见表 2-1-9。

从均值关联度、加权关联度的排序看，“九五”排位最前，综合表现最佳，其次为“八五”，“七五”居第 3 位；从 14 年分年度的排序看，1999 年、1998 年的关联度排位最前，分居第 1 位和第2 位，在 14 年中综合

表 2-1-9　西吉县 1986—1999 年种植结构与评价指标关联度及其排序

年份	均值关联度		加权关联度		综合满意度关联度	
	r^1	排序	r^2	排序	r^3	排序
1986	0.482 9	11	0.466 1	9	0.458 8	9
1987	0.485 0	9	0.457 4	12	0.412 2	13
1988	0.481 2	12	0.463 2	11	0.433 0	12
1989	0.484 0	10	0.466 1	10	0.435 6	10
1990	0.550 0	8	0.544 4	8	0.525 1	7
平均	0.496 6		0.479 4		0.452 9	
1991	0.578 8	5	0.576 1	5	0.549 8	5
1992	0.442 7	13	0.446 0	13	0.434 4	11
1993	0.625 4	3	0.633 5	3	0.594 2	3
1994	0.552 9	7	0.545 8	7	0.525 3	6
1995	0.436 9	14	0.415 5	14	0.393 2	14
平均	0.527 3		0.523 4		0.499 4	
1996	0.614 7	4	0.625 7	4	0.553 2	4
1997	0.564 1	6	0.565 9	6	0.507 7	8
1998	0.730 3	2	0.768 8	2	0.620 7	2
1999	0.782 9	1	0.835 0	1	0.665 4	1
平均	0.673 0		0.698 9		0.586 8	

表现最佳，1995 年为最后一位。从当地自然状况及人们生活水平来看，对小麦需求仍较大，筛选出的最优年份的夏秋作物种植比例不一定都很满意。因此，需赋予各年份一定的综合满意度系数。分析表明，1999 年、1998 年综合满意度关联度仍为第 1 位、第 2 位，分别为 r^3=0.665 4，r^3=0.620 7，充分说明不同种植结构的均值关联度、加权关联度、综合满意度关联度分析结果具有显著的一致性，即各年份间变化较小。

（2）种植结构特点与效益。

①粮食作物中夏秋粮比例得到调整。西吉县在种植结构调整中始终遵循适当调减夏粮面积、提高单产、稳定总产、大力发展区域优势作物的原则，全县粮食总产稳定增长，结构趋于优化。夏秋粮种植比例“七五”期间为 1:0.38，“八五”期间为 1:0.46，“九五”期间为 1:2.48。1999 年全县总播种面积7.89 万 hm^2，其中，粮食作物 6.87 万 hm^2，秋粮作物竟达 4.9 万 hm^2，比上年扩大 0.93 万 hm^2，夏秋粮比例由原来的夏粮占 70%、秋粮占 30%调整到夏粮占 40%、秋粮占 60%。夏粮作物中春小麦由 2.1 万 hm^2 调减到 2 万 hm^2，下降 4.8%；秋粮中马铃薯、地膜玉米、糜子、谷子等杂粮得到了较大发展，尤以马铃薯、地膜玉米发展较快，种植面积分别达到 3.66 万 hm^2 和 0.69 万 hm^2，实现总产 11 818.3 万 kg，占全县粮食总产14 651.4 万 kg 的80.7%。

②优质农产品比重增大。以脱毒薯为主的优质马铃薯和以日光温室生产的精细蔬菜等为代表的优质农产品比重大幅度上升。1999 年与 1998 年相比，优质马铃薯种植面积由 2.77 万 hm^2 扩大到3.66 万 hm^2，

增长 32.1%；优质油纤兼用亚麻种植面积由 0.67 万 hm^2 扩大到 0.82 万 hm^2，增长 22.4%；精细蔬菜由 0.1万 hm^2 扩大到 0.21 万 hm^2，增长 110%。

③区域化布局、基地化种植初具规模。多年来，西吉县依据当地农业资源的特点和区域优势，合理布局，先后建成西部黄土丘陵区优质小秋杂粮（莜麦、糜谷、荞麦等）作物基地、东北土石山区优质胡麻生产基地、葫芦河川道区商品粮生产基地；沿 309 国道、202 省道（中静线）建成高产、优质、高效加工薯生产基地，年均种植马铃薯 10 000 hm^2；建成城郊型优质蔬菜基地，其中仅莲花白面积 333.3 hm^2，平均单产 120 000 kg/hm^2，总产达 4 000 万 kg，创收 30 000 元/hm^2，除满足该县人民所需外，还远销西安、宝鸡、银川、平凉、固原等周边市，已成为优化种植结构的特色农产品。

④区域性立体复合种植发展较快。西吉县人多地少，当地作物一年一熟有余，为较好解决粮、经、饲争地问题，全县以“双千田”（产量、收入分别过千）为目标，千方百计地探索适合本县的高效立体复合种植模式，发展间作套种，提高复种指数，提高土地利用率和产出率。间作套种面积由 1996 年的 4 362.8 hm^2 扩大到 1999 年的 8 666.7 hm^2。创造并发展了粮经型、粮菜型、菜菜型、瓜菜型等多种结构和模式，其中，麦玉套种平均单产 11 406 kg/hm^2，比单作小麦 4 591.5 kg/hm^2 增产 148.4%，比单作玉米 7 744.5 kg/hm^2 增产 47.3%，纯收入 13 225.5 元/hm^2，产投比 4.32:1；薯豆套种平均单产 5 109 kg/hm^2（马铃薯折主粮计算），比单作豌豆967.5 kg/hm^2 增产 428.1%，比单作马铃薯4 541.5 kg/hm^2（折主粮）增产 12.5%，纯收入 4 950 元/hm^2，产投比 3.72:1；小麦套作甘蓝平均单产小麦 4 590 kg/hm^2，甘蓝 73 500 kg/hm^2，混合产值 16 920 元/hm^2，纯收入 11 529 元/hm^2；地膜玉米间作马铃薯（折主粮）平均单产马铃薯 2 667 kg/hm^2，玉米 4 744.5 kg/hm^2，混合单产 7 411.5 kg/hm^2，分别比单作地膜玉米和马铃薯增产 56.2%和 126.5%；西瓜套种大白菜平均单产西瓜60 300 kg/hm^2，大白菜 54 750 kg/hm^2，混合产值 29 040 元/hm^2，纯收入 24 015 元/hm^2，比单作西瓜增加产值 3 975 元/hm^2，增加种植纯收入 3 210 元/hm^2。区域性高产高效立体复合种植技术显著的增产增收效益证明结构调整同样可使农民致富。

从上述分析可以看出，西吉县最适宜的种植结构为夏粮（主要是小麦，占 30%）占 35%，秋粮（马铃薯占 40%、玉米占 9%）占 51%，油料作物占 11%，蔬菜瓜果占 3%。这样的种植结构才能取得最佳的社会、经济、生态效益。西吉县旱耕地面积占总面积的 95.2%，年降水量的 59%~66%集中在 7—9 月，降水规律与马铃薯、地膜玉米需水规律吻合程度高于本县其他作物，当地气候资源最有利于马铃薯、玉米等秋作物的生产。为此，在保障细粮安全供给和合理轮作需要的情况下要适当增加马铃薯、地膜玉米的种植面积。

（二）整体调整效果

在总结试点经验的基础上，从调整种植结构入手，在宁夏旱作农业区推行与降水资源相适应的、有助于提高水分利用效率的以压夏扩秋为主体的种植制度，从而充分挖掘旱作农业降水生产潜力，实现有限水土资源产量和效益的持续增长。

1. 粮食种植面积趋于稳定，单产、总产总体平稳上升

种植制度的调整在 1995—2000 年试点的基础上从 2001 年开始加快步伐，秋粮种植比例上升，由夏大于秋转变为秋大于夏，到 2014 年夏秋粮种植比例达到了 1:3.34。从 2004—2014 年的数据看，粮食作物播种面积一直在 50 万 hm^2 左右，2014 年夏粮播种面积为 10.625 万 hm^2，比 2004 年低 28 个百分点，秋粮播种面积达 37.74 万 hm^2，占粮食总播种面积的 78%，比 2003 年高 28 个百分点，夏秋粮种植比例达 1:3.55（2003 年为 1:0.63），其中小麦播种面积减少 18 个百分点，玉米播种面积增加 13.4 个百分点，马铃薯播种面积增加 14.1 个百分点。11 年间粮食单产呈持续上升趋势，2014 年粮食平均单产 3 387 kg/hm^2，比

2004 年增产 1 281 kg/hm²,增幅 60.8%,其中夏粮平均单产 2 145 kg/hm²,秋粮平均单产 3 738 kg/hm²;总产呈持续上升趋势,2014 年达 163.83 万 t, 比 2004 年增产 67.3 万 t, 增幅 69.8%, 其中夏粮总产比 2004 年减产 9.52 万 t,减幅 29.5%,秋粮总产比 2004 年增加 76.85 万 t,增幅 119.7%。2004—2014 年 11 年间单产增幅达 60.5%, 总产占宁夏粮食总产的比例由33.2%提高到 43.4%, 提高了10.2 个百分点(图 2-1-2、图2-1-3)。

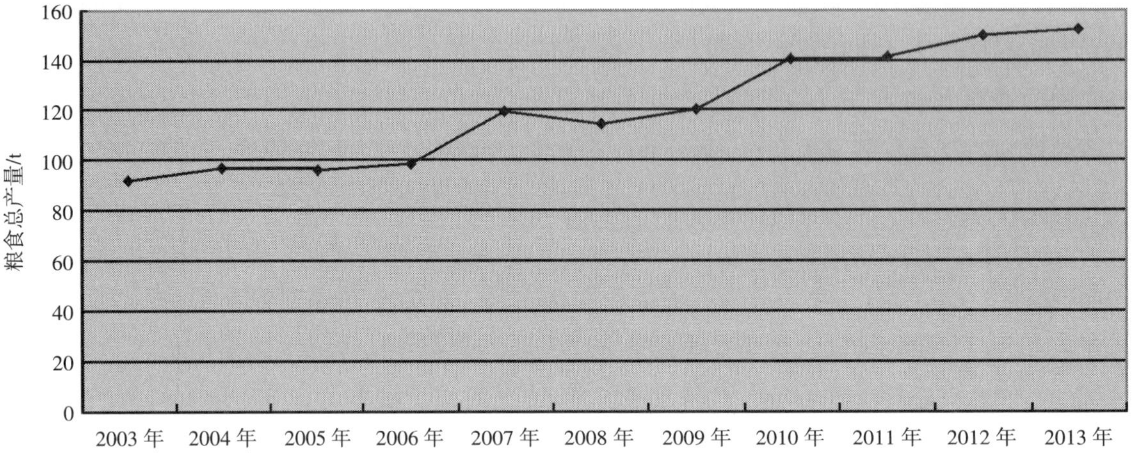

图 2-1-2 宁夏旱作农业区粮食总产量变化图

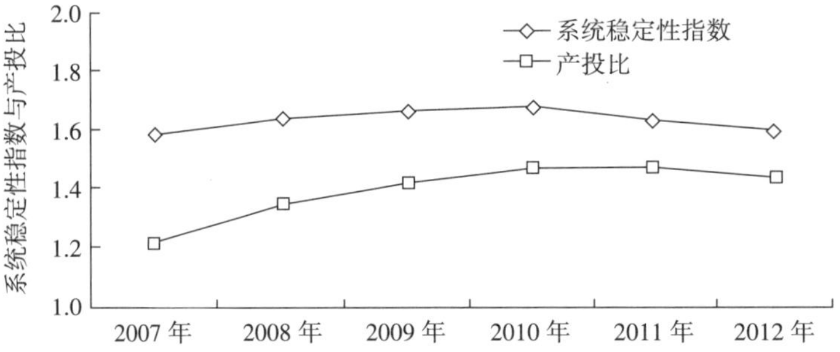

图 2-1-3 2007—2012 年种植业系统稳定性指数及产投比变化

资料来源:侯贤清、李荣、贾志宽、韩清芳《宁南旱区种植业结构分析与评价》。

2. 种植业系统稳定性总体在提高,抵御外界干扰的能力有所增强

据侯贤清等人调查研究,2007—2012 年宁夏旱作农业区种植业系统稳定性指数出现先上升后下降的趋势。系统稳定性指数维持在 1.59~1.64,表明宁夏旱作农业区种植业系统稳定性总体在提高,抵御外界干扰的能力有所增强。

3. 以粮食为主的一元结构逐渐转变为粮、经、饲三元结构,养殖业发展速度加快,农民收入增加

系统结构决定功能,结构不同,则功能、效应不同,只有优化结构,才能产生最佳的整体功能。种植业在调整中由于始终遵循适当压夏扩秋、大力发展特色优势作物、扩大牧草的原则,粮食总产稳定增长,结构趋于优化。2007 年以来,粮食作物种植面积有所减少,经济作物种植面积有一定的回升,特别是油料作物增长势头明显,由 2007 年的 3.95 万 hm² 上升至 2012 年的 7.12 万 hm²,增长 80.3%,饲料作物种植面积相对稳定。据有关报道,粮、经、饲比例由 2007 年的 1:0.23:0.12 调整为 2012 年的 1:0.31:0.12。退耕还牧种草,玉米种植面积的扩大,秸秆利用技术的提高,为畜禽提供了比较稳定的饲草饲料,促进了畜牧业的

发展。

4. 特色产业兴起，农业生产结构优化，促进了农业、农村经济的可持续发展

随着种植业结构的调整优化，农业生产结构调整提上日程，农业产业化兴起，宁夏充分发挥区域资源优势，创建了马铃薯、小杂粮、冷凉蔬菜产业基地，六盘山黄牛生产基地等。以西吉县为例，该县充分利用海拔高、气候冷凉、光照充足、昼夜温差大、土层深厚疏松（适合马铃薯生长）的自然环境条件，大力发展马铃薯产业，种植面积 2004 年达 4.09 万 hm^2，分别占全国、宁夏、固原市种植面积的 0.89%、33.3%和 40%，分别占全县同期农作物和秋粮作物种植面积的 51%和 84%，农村户均种植 0.47 hm^2，人均种植 0.09 hm^2，每公顷平均产量 22.5 t，总产值 26 503 万元，占种植业产值的 72.1%，实现增加值 13 251 万元，农民人均收入的 35%来自马铃薯产业，马铃薯产业成为稳定增收的主要来源，其产业链进一步延伸，由加工粉条到加工淀粉、食品等。

2014 年宁夏旱作农业区马铃薯种植面积达 17.735 万 hm^2，占粮食播种面积的 36.7%，比 1996 年增加 1.3 倍，比 2004 年增加 14.1 个百分点。在“生态优先、草畜主导、特色种植、产业开发”思路的指导下，扩大玉米种植面积，退耕还草，扩大苜蓿种植面积，形成粮—经—饲—畜多种高效生态农业模式，把六盘山区建成肉牛养殖基地，盐池县建成滩羊养殖基地。2013 年苜蓿种植面积达 40 万 hm^2（包括退耕还草及农田种植），牛饲养量达 865 万头，占全区牛饲养量的 55.7%，羊饲养量达 768.7 万只，占全区羊饲养量的 70.4%，肉类总产量达 13.7 万 t，占全区肉类总产量的 50%。

总之，种植业结构的调整不仅使种植业系统稳定性提高、抵御外界干扰的能力有所增强，而且使农业生产结构由单一粮食种植的一元结构向粮、经、饲三元结构转变，并向产业化方向发展，提升了农业发展水平。但种植业结构调整中也出现了一些值得重视的问题，一是小麦种植面积减少幅度较大，2014 年比 2004 年下降了 18%，这就给建立合理轮作制度带来了困难；二是玉米种植年限太长，特别是采用全膜双垄覆盖垄侧播种技术连作时间太长，必然造成土壤深层水分的亏缺，应适当缩短玉米种植年限。

第二章　深化地膜覆盖技术，增强旱作农业的稳定性

第一节　地膜覆盖技术在宁夏旱作农业区的应用、发展、成果与创新

一、宁夏旱作农业区地膜覆盖技术的发展历史与现状

地膜覆盖栽培技术是指在耕地表面加一层地膜种植作物的方法。研究和实践表明，把厚度为0.002~0.02 mm的聚乙烯塑料膜覆盖在地面可有效抑制土壤水分蒸发、增加地温、促进土壤微生物活动与养分释放、改善土壤物理性状、增加田间光照强度、抑制杂草、减少病虫害、防止径流损失、促进作物早熟高产。

地膜覆盖栽培技术是20世纪50年代初期随着塑料工业的兴起而发展起来的。一些工业发达国家如美国、日本、意大利、法国等从20世纪50年代开始试验和应用，60年代在经济作物生产中大面积推广应用，取得了显著效果。我国于1978年通过对外技术交流项目从日本引进地膜覆盖技术，1979年开始在华北、东北、西北及长江流域部分地区进行试验、示范、推广，棉花、小麦、水稻、玉米、花生、烟草、甘薯、马铃薯、甜菜以及瓜果等应用塑料薄膜覆盖，取得了显著的增产效果。以后地膜覆盖技术在我国飞速发展，截至目前，我国已是世界上地膜覆盖技术发展最快、应用面积最大的国家，并逐步形成了具有我国自己特点的地膜覆盖栽培技术体系。

宁夏旱作农业区于1983年引进地膜覆盖技术，经历了引进试验、示范推广、快速发展3个阶段。1983年在玉米、马铃薯、西瓜3种作物上开展试验研究，历时3年。针对宁夏旱作农业区无霜期短、积温不足、干旱少雨等限制玉米、马铃薯、西瓜等作物稳产高产的不利因素，开展了不同类型区域地膜覆盖效益及选地、品种、施肥、密度、田间管理等方面的试验研究，该阶段的主要成果如下。

一是明确了地膜覆盖技术在宁夏旱作农业区的生态、经济、社会效益，为示范推广提供了科学依据。试验研究结果表明，地膜覆盖技术不仅可以直接防止土壤蒸发造成的水分损失、有效地利用水资源，而且能使土壤中水、肥、气、热诸因素相互协调，较好地解决了作物生长发育与环境条件的某些矛盾，为作物生长发育创造了一个良好的生态环境，特别是对早春低温、有效积温不足的宁夏旱作农业区，在一定程度上弥补了热、水资源的不足。在玉米上观察，覆膜（半覆膜）比不覆膜≥10℃的有效积温在整个生育期增加了281℃，其中以苗期增加最多（达149℃），平均每天增加3.2℃。在马铃薯上观察，5~20 cm土层的温度覆膜比不覆膜增加1.8~3.4℃。保水效应亦好，尤以播种期至出苗期最明显，覆膜比不覆膜高2.5个百分点。保肥性能也好，土壤速效氮、速效磷含量增加，0~20 cm土层速效氮增加了46.8%，速效磷增加了9.31%。土壤理化性状改善，5~10 cm土壤容重降低了0.05 g/cm^3。地膜覆盖技术可有效促进作物生长发育，增加产量，玉米增产75.8%，马铃薯增产63.7%，西瓜增产72.9%~125%。

二是初步明确了半膜覆盖在宁夏旱作农业区的适宜推广区域。宁夏旱作农业区气候类型多样，必须

根据降水量、温度、海拔、土壤条件确定种植区域和品种布局。

据研究，宁夏旱作农业区7月份的降水对玉米产量影响最大，故把7月份的降水作为玉米种植气候区划的一级指标，即把7月份降水量90~110 mm、年降水量430 mm的雨养农业区定为玉米种植适宜区；把7月份降水量70~90 mm的地区定为玉米种植次适宜区，该区降水变率大，应选择有造墒条件的地块种植玉米（有水窖等补灌设施），干旱时进行补灌。

玉米是喜温作物，在整个生育期要求较高的温度。茎秆生长点的温度是起控制作用的因素，从播种到开花的发育速度，几乎完全取决于这一阶段生长点感受到的温度。5~10 cm土壤温度稳定在8~12℃才可播种，灌浆成熟平均最适温度为20~24℃，日平均气温16℃，灌浆速度极慢或停止灌浆。

玉米对积温的要求随熟期不同而异。依据在宁夏旱作农业区各生态类型区覆盖地膜后玉米全生育期累计增加≥10℃的积温200~300℃的效应，初步认为，≥10℃的有效积温在1 900℃以上的地区可以推广玉米地膜覆盖栽培技术，以2 200℃以上地区较稳妥。同心县有效积温大于2 800℃，是种植玉米的理想地区，但同心县降水条件差，需进行补水。宁夏旱作农业区由北向南海拔逐渐升高，海拔对热量和无霜期均有较大的影响，也影响玉米地膜覆盖栽培区域的垂直分布。在同纬度地区，海拔升高100 m，年有效积温减少140℃左右，无霜期减少5.5 d。据3年地膜玉米试验资料和宁夏旱作农业区生态条件综合分析，认为宁夏旱作农业区玉米地膜覆盖栽培垂直分布控制在海拔2 000 m以下，以海拔1 800 m以下较稳妥，是比较适宜的种植区域。海拔1 800~2 000 m与1 800 m以下相比，增产幅度、效益相对小些。地膜玉米生长旺盛，对地力消耗较大，必须选择地势平缓、土层深厚、土壤肥沃、供肥能力较强的川地、塬地、坝地、壕地、掌地、沟台地等地块种植。

三是提出了半膜覆盖条件下的品种布局，即依据海拔、≥10℃的积温、无霜期、水分条件、土壤肥力、现有品种及各气候类型区覆膜后作物生育期增温多少而定（如增温150℃，则选择比露地栽培玉米品种生育期长7.5 d的品种）。在六盘山两侧年降水量500 mm以上、海拔1 700~1 800 m、年平均气温5~6℃、无霜期120 d左右的地区地膜玉米应以酒单3号、宁单8号为主栽品种，搭配种植酒单2号等早熟品种；在无霜期135 d以上、气温较高、地势平坦、地力较好、海拔1 700 m以下、降水量400~450 mm和有补灌条件的红河流域、茹河流域、清水河下游黑城以北、葫芦河流域的玉桥村种植高产中熟品种中单2号，搭配种植掖单12号。

四是初步形成了具有宁夏特色的覆膜栽培技术体系，并在关键技术方面有了新的突破。如西瓜覆膜出苗后用细土封口易板结，死苗严重，后经试验采用细沙封口，有效地解决了板结死苗问题。

1986年开始，地膜覆盖栽培技术进入多点示范推广阶段，这一阶段的主要特点是：一方面通过建立示范点扩大示范推广范围，另一方面在3个不同类型区开展多项试验，继续探索配套技术，为大面积推广提供科学依据。以玉米为例，1986年多点示范11.4 hm^2，平均每公顷产量6 979.5 kg，比露地增产64.5%。1991年发展到7 506 hm^2，1986—1990年共示范推广1.9万 hm^2，平均每年0.38万 hm^2，平均每公顷产量6 933 kg，比露地种植增产104.2%。1991年种植面积扩大到0.75万 hm^2，1992年生产资料涨价，玉米价格较低，比较效益下降，加之出现秋冬、春夏连旱的特大旱灾，地膜玉米栽培面积缩小，1994年种植面积只有0.22万 hm^2。1995年宁夏把地膜玉米列入“温饱工程计划”加大支持力度，加之玉米价格上扬，种植面积开始回升，当年种植面积达0.377万 hm^2，每公顷产量达6 531 kg。1996年宁夏把玉米地膜覆盖技术列入全区重大推广项目，加大政府投入，使以玉米地膜覆盖为主的覆膜保墒技术出现较大的发展势头。1997年宁夏把地膜玉米列入宁夏粮食上台阶的“四个一”工程，要求到20世纪末发展地膜玉米33.3万 hm^2，有力地推动了宁夏旱作农业区以地膜玉米为主的地膜覆盖保墒技术的推广，提高了旱作玉米生产水平，为宁夏旱作农业区农业增产、农民增收、加快西海固地区脱贫致富发挥了重大作用，收到显著的生态、经济和社会效益。这一阶段，广大农业工作者不断深化研究地膜覆盖技术，1996 年从山西引进小麦垄盖膜际栽培技术进行消化、创新，取得了成功，比露地种植增产 8.32%~41.8%，1998—2000 年在宁夏旱作农业区各县多点示范推广，经 4 年的创新研究，形成了与宁夏旱作农业区降水相适应的具有宁夏特色的小麦膜侧栽培技术体系，制定了技术规程，并进行了“两元覆盖”、水分亏缺补偿、化学调控等技术内容的创新研究，丰富和深化了小麦膜侧栽培技术体系，累计示范推广 1.068 万 hm^2，在 2 年大旱的特定气候条件下，平均每公顷产量 2 390.4 kg，比露地种植 1 113 kg 增加 1.14 倍。这一技术也被延伸应用于胡麻、小杂粮，保水增产效果显著，丰富了宁夏旱作农业的技术内容。该技术的核心是通过起垄覆膜、膜侧播种、垄面形成集水场、垄沟形成集水窖，使雨水聚集叠加，变无效、微效降水为有效降水，增大单位面积的降水强度，同时抑制土壤水分蒸发，从而大大改善小麦的水分状况，提高降水利用率和水分利用效率。

进入 20 世纪 90 年代，宁夏旱作农业区干旱逐年加剧，第一场透雨来临时间逐年推迟，面对这一现状，宁夏农业技术推广总站于 2004—2008 年开始开展秋季覆膜技术的研究和示范，大旱年份，在玉米、西瓜、马铃薯、向日葵和中药材种植中获得成功，秋季覆半膜比播期覆膜玉米增产 22.3%、西瓜增产 33.1%、马铃薯增产 16.5%~30.5%、向日葵增产 21.9%、中药材增产 25.3%。这一技术的核心是有效抑制土壤水分蒸发、改善土壤水分状况，提引地墒，提高耕作层的贮水比例，打破了干旱土壤水分不足、出苗困难的瓶颈。针对宁夏旱作农业区冬春风大沙多、土层结构疏松、表土干燥松散、农田蒸发强烈(冬春 5 个月蒸发量占全年蒸发量的 39.6%、春季 3 个月蒸发量占全年蒸发量的 31.5%)、失墒严重、冬春干旱少雨、秋季降水集中、春旱发生频繁的特点，从 2002 年起试点采用覆膜玉米收后留膜留茬越冬、春季播前清理残膜、捡拾根茬、施肥整地再覆膜播种的保护性耕作技术，最大限度地保蓄了秋、冬、春三季因地表裸露而无效蒸发的土壤水分，使解冻后0~20 cm、20~40 cm 耕作层的土壤含水量相对提高了 24.6%、22%，0~60 cm 土壤平均含水量提高了 2.4 个百分点，相对提高 19.5%，后茬玉米播期 0~20 cm 耕作层的土壤含水量由 10.1%提高到 13%，0~20 cm 深层贮水量占 0~60 cm 深层贮水量的比例较翻耕区高 5.3 个百分点。土壤地积温增加 340℃，减少风蚀 68%，同时提高了土壤养分的有效性，改善了作物生长发育状况，增产显著，相比秋季耕翻，春季覆膜种植玉米籽粒增产 8.7%，秸秆增产 10.2%，耕作成本下降。2002—2004 年 3 年累计示范推广 3.1 万 hm^2。该技术实现了秋雨春用，为玉米出苗和前期生长提供了充足的水分储备，从而有效解决了 4—5 月因春旱而无法播种的问题，同时解决了秋季土壤黏重、耕作质量差、劳动力紧张、有机肥不足的问题，还减少了风蚀，保护了土壤。

2006 年从甘肃引进全膜双垄覆盖沟播技术，在彭阳县王洼镇山庄村示范种植玉米 0.16 hm^2，平均单产8 464.5 kg/hm^2，比常规半膜覆盖增产 1 327.5 kg/hm^2，增幅 18.6%；2007 年在宁夏旱作农业区各县设立示范点开展试验示范及栽培技术研究，3 年 10 个点次的试验结果加权平均，玉米采用秋季、早春顶凌、播期全膜双垄覆盖垄侧播种技术平均每公顷产量达 7 546.4 kg，比半膜覆盖增产 37.1%，马铃薯增产 30%，为第三阶段快速发展提供了技术保障。

2008—2015 年进入快速发展阶段，这一阶段的主要特点是种植面积迅速扩大，玉米种植海拔从 1 800 m 提高到了 2 000 m，技术更加完善，且趋于规范化，形成了具有宁夏特色的地膜覆盖技术体系，提高了旱作农业的可控性，实现了由对抗性农业向适应性农业的转变。地膜覆盖技术的迅速发展与宁夏党委、政府的大力支持密不可分，宁夏党委、政府做出了利用 5 年时间在宁夏旱作农业区建设“三个百万亩”(100 万亩温棚类设施农业、100 万亩扬黄高效节水农业、100 万亩集雨补灌旱作节水农业）的重大战略决策，于 2009 年制定出台了《宁夏中部干旱带和南部山区覆膜保墒集雨补灌旱作节水农业建设规划提要（2008—2012 年）》，在资金上大力支持，5 年累计推广以秋季覆膜和全膜双垄覆盖垄侧播种为主的覆膜保墒技术 41.46 万hm^2，其中 2008 年 3 万 hm^2，2009 年 7.06 万 hm^2，2010 年 8.69 万 hm^2，2011 年 9.51 万 hm^2，2012 年 13.2 万 hm^2。2008—2011 年在国家旱作农业项目的支持下、区县政府的高度重视下，增加投入，累计改造新建用于生产的蓄水窖 14 万眼、蓄水池 5.6 万座、集雨场 11 万个，配套水泵 2 360 台，累计推广集雨补灌面积 14 万 hm^2，有力地支撑了玉米、马铃薯等特色作物的种植，带动项目区每年增收 3 570 元/hm^2，受益农民人均增收 210 元。

二、地膜覆盖技术的成果创新与成效

（一）研究、示范成果

宁夏广大科技工作者针对传统地膜覆盖栽培方式存在的问题，围绕宁夏旱作农业区优势作物和主导产业，创新集成现代覆膜保墒集流技术体系，形成了秋季抢墒覆膜、早春顶凌覆膜、全膜双垄覆盖垄侧播种、全膜覆土穴播、起垄覆膜覆土种植、覆膜与保护性耕作相结合六大技术模式。

1. 秋季抢墒覆膜技术

秋季抢墒覆膜技术是指在前一年秋末冬前秋季降雨集中期结束后，在土壤墒情最好时抢墒覆膜，第二年春季播种的技术措施。

（1）技术效果（秋覆膜与播期覆膜比较）。

①保墒提墒，增加土壤贮水量，明显改善耕作层土壤水分供应。秋季抢墒覆膜可有效抑制冬春两季土壤水分的无效蒸发，最大限度地保存农田贮水，起到秋雨春用、春墒秋补、春旱秋抗的效果，解决因春旱无法覆膜、播种及苗期缺水的难题。10 月下旬抢墒覆膜，4 个月后的土壤解冻期测定，0~40 cm 土层含水量为 15.1%，比播期覆膜（露地对照）提高 3.8 个百分点，相对提高 33.6%；6 个月后的供试作物西瓜播种期测定，0~20 cm、20~40 cm 和 40~60 cm 土层含水量分别为 13.8%、15.3%和 14.8%，0~60 cm 土层平均含水量为 14.6%，依次比播期覆膜提高 5.2 个百分点、3.3 个百分点、2 个百分点和 3.5 个百分点，其中 0~60 cm 土层平均含水量相对提高 31.4%；0~20 cm 土层贮水量占 0~60 cm 土层贮水量的比例为 31.4%，较播期覆膜提高 5.7 个百分点，相对提高 21.7%；0~200 cm 土层贮水量达 450.1 mm，比播期覆膜增加 35.7 mm，增长 8.6%；在供试玉米生育期间，0~40 cm 土层含水量比播期覆膜提高 1.6~3.4 个百分点，相对提高 8.5%~24.7%。

②提高地温，提早土壤解冻期，实现作物适期早播。旱作农田实施秋覆膜后，翌年 3 月 5 日 30 cm 土层地温全天平均为 1.8℃，而露地对照仅为−3℃。秋覆膜农田春季地温较快回升可促使土壤提前解冻，耕作层土壤解冻期比露地对照提前 1 周左右。土壤提前解冻则为作物适期早播创造了条件。玉米全生育期≥0℃的地温秋覆膜（半膜）比播期覆膜高 150.51℃，有利于促进玉米早熟。

③提高水分利用效率，增强抗旱减灾能力。秋覆膜可改善土壤水分条件，尤其是耕作层土壤含水量显著提高，故种植玉米不需采取坐水点种，正常播种即可，玉米全生育期耗水量 172 mm，水分利用效率达 28.35 kg/（mm·hm^2），而播期覆膜则需要补水造墒才能够播种出苗，玉米全生育期耗水量167.3 mm，水分利用效率为 23.85 kg/（mm·hm^2）。两相比较，秋覆膜比播期覆膜水分利用效率提高 18.9%。

④保证适期播种，实现苗全苗齐。秋覆膜能够提高土壤墒情，有效解决因春旱无法播种的难题，从而保证作物适时播种和顺利出苗。据试验，每公顷补水 27 m^3，实行坐水点种的播期覆膜西瓜，播种至出苗天

数为 7 d，出苗率为 96%，而不补水直播的秋覆膜西瓜播种至出苗天数只有 5 d，出苗率也达到了 92%。秋覆膜马铃薯出苗率为 84.6%，而露地种植的马铃薯因土壤严重缺墒，播种至出苗天数长达 36 d，出苗率不足 60%。

⑤增产效果明显，经济效益显著。秋覆膜可有效提高土壤蓄水保墒能力，保证作物适期播种，同时提高地温，解决积温不足的难题，促进作物生长发育，因而增产效果明显，经济效益显著。西瓜秋覆膜（半膜）比播期覆膜（半膜）增产 33.1%，玉米秋覆膜（半膜）比播期覆膜（半膜）增产 22.2%，马铃薯秋覆膜（半膜）比播期覆膜（半膜）增产 16.58%。

（2）技术关键。最大限度地发挥秋覆膜增产效果，需把握好 4 项技术关键。一是要在秋季降雨集中期过后的 10 月中下旬至 11 月上旬适期覆膜；二是要在覆膜前一次性施足底肥，满足作物生长发育对养分的需求；三是要使用 0.01 mm 以上厚度的强力耐候地膜，以满足 10 个月以上覆盖时间对地膜耐老化、耐磨损性能的要求；四是要适地适覆，就宁夏旱作农业区而言，除冬春风沙多的盐池县、同心县北部风沙区和秋季降水频繁的南部半湿润偏旱区，其他地区均适合推广秋季覆膜技术。

2. 早春顶凌覆膜技术

早春顶凌覆膜技术是指在早春土壤昼消夜冻、土层解冻深度 10 cm 左右时，及早覆膜，为随后种植作物创造良好水分条件的一项覆膜保墒技术。

（1）技术效果。早春顶凌覆膜的保墒效果虽不如秋覆膜，但好于播期覆膜，能最大限度地保持土壤有效水分，明显减少早春土壤水分的无效蒸发，从而有效解决旱作农业区因春旱严重而影响播种的问题。

据测定，3 月 5 日早春覆膜（半膜），0~20 cm 耕作层土壤含水量在玉米播期的 4 月 25 日比播期覆膜（半膜）增加 3.3 个百分点，1 m 内土层贮水量高 10%以上，增幅达 22%；在玉米出苗期的 5 月 6 日增加 2.4 个百分点，增幅达 20%。早春覆膜（半膜）0~25 cm 土层地温在玉米播种前比露地提高近一倍，在玉米播种期比播期覆膜（半膜）提高 2.8℃，在玉米出苗期和拔节期比播期覆膜（半膜）分别提高 2.9℃和 1.2℃，≥0℃地积温全生育期早春覆膜（半膜）比播期覆膜（半膜）高 73.12℃。玉米早春覆膜比播期覆膜（半膜）出苗期提早 3~4 d，出苗率提高 3 个百分点，增产 12.4%；水分利用效率提高 1.95 kg/(mm·hm^2)，提高幅度达 17.1%。向日葵早春顶凌覆膜每公顷产量达 1 546.5 kg，比播期覆膜（半膜）每公顷增产 250.5 kg，增幅达 15.4%，纯收益达 4 146 kg/hm^2，比播期覆膜（半膜）增加 1 002 元/hm^2，增幅达 31.9%。

（2）技术关键。在宁夏旱作农业区，早春覆膜的适宜时期在 3 月上中旬，适合使用 0.008 mm 以上厚度的强力耐候地膜。为了防止地膜污染，便于回收残膜，目前均改用 0.01 mm 的地膜。

3. 全膜双垄覆盖垄侧播种技术

广大农业科技工作者在传统半膜覆盖膜面平种技术基础上，改半膜覆盖为全膜覆盖、改地膜平铺为起垄覆膜、改垄面穴播为垄侧播种，将覆膜抑蒸、膜面集流、雨水富集、垄侧播种、宽窄行播种等单项技术融为一体，创新集成覆膜保墒集流技术，形成秋季全膜双垄覆盖垄侧播种、早春顶凌全膜双垄覆盖垄侧播种、播期全膜双垄覆盖垄侧播种 3 种保水集雨型典型技术模式。

（1）技术效果。

①改善了土壤水分条件，增加了土壤贮水量，提高了降水利用率和水分利用效率。秋季全膜双垄覆盖在翌年玉米播期 0~20 cm、20~40 cm、40~60 cm 土层含水量分别达到 18.57%、17.8%和 16.37%，依次比秋季半膜平铺高 4.3 个百分点、4.14 个百分点和 3.04 个百分点；0~60 cm 土层平均含水量达到 17.6%，比秋季半膜平铺提高28.7%；0~100 cm 土壤贮水量达 228.7 mm，比秋季半膜平铺高 35.1 mm，增长 18.6%，比

播期半膜覆盖高 45 mm，增长 24.5%，相当于每 666.7 m^2 增加土壤供水 30 m^3。早春顶凌全膜双垄覆盖垄侧播种 0~100 cm 土壤贮水量仅次于秋季全膜双垄覆盖垄侧播种，达 209.7 mm，比播期半膜覆盖高 26 mm，增长 14.2%，相当于每 666.7 m^2 增加土壤供水 17.3 m^3。从播种期到大喇叭口期 1 m 内土壤贮水量全膜双垄覆盖垄侧播种均较播期半膜覆盖高 24.9~45.4 mm，相当于每 666.7 m^2 增加土壤供水 16.6~30 m^3。农田降水利用率秋季全膜双垄覆盖垄侧播种达到75.9%，比播期半膜覆盖高 16.9 个百分点，早春顶凌全膜双垄覆盖垄侧播种达到67.9%，比播期半膜覆盖高 8.9 个百分点。秋季、早春、播期 3 种全膜双垄覆盖覆膜期间平均降水利用率达到70%，比播期半膜覆盖高 11 个百分点，有效解决了因春旱严重影响播种、苗期缺水的问题，满足了早春干旱条件下作物对水分的需求。土壤水分条件的改善，促进了作物的生长发育。

水分利用效率相应提高：水分利用效率秋季全膜双垄覆盖春季垄侧播种玉米为 33.3 kg/(mm·hm^2)，早春顶凌全膜双垄覆盖春季垄侧播种玉米为 32.6 kg/(mm·hm^2)，播期全膜双垄覆盖垄侧播种玉米为29.6 kg/(mm·hm^2)，三个覆盖时期平均为 25.2 kg/(mm·hm^2)，较播期半膜平铺穴播玉米提高 25.2%。水分利用效率秋季全膜双垄覆盖春季垄侧穴播谷子为 13.2 kg/(mm·hm^2)，早春顶凌全膜双垄覆盖春季垄侧穴播谷子为 13.05 kg/(mm·hm^2)，播期全膜双垄覆盖垄侧穴播谷子为 12.3 kg/(mm·hm^2)，3 个覆盖时期平均为 12.9 kg/(mm·hm^2)，比露地种植增加4.95 kg/(mm·hm^2)，增幅达 62%。

②提高土壤温度，增加有效地积温。测定结果表明，土壤温度全膜双垄覆盖垄侧播种高于半膜平铺穴播，更高于露地种植。但比较土壤不同层次和作物不同生育时期的增温效果可以看出，随着土层加深和作物生育期延后，增温效果逐渐减弱以至消失。据在宁夏旱作农业区玉米主产区的彭阳县城阳乡涝池村3年定点观测，土壤耕层解冻期秋季全膜双垄覆盖垄侧播种比秋季半膜覆盖提早 2~4 d，比露地种植提早 4~9 d，0~20 cm 耕层地温玉米播种期比半膜覆盖提高 3.76℃，出苗期提高 7.85℃，拔节期提高 4.59℃，大喇叭口期提高 4.04℃，抽雄期提高 1.72℃，成熟期提高 2.79℃，全生育期平均提高 4.13℃。土壤耕层消融期早春全膜覆盖比同期半膜覆盖提早 1~3 d，比露地种植提早 5~7 d，0~20 cm 耕层地温玉米播种期比半膜覆盖提高 2.86℃，出苗期提高 6.26℃，拔节期提高 4.01℃，大喇叭口期提高 3.33℃，抽雄期提高 1.12℃，成熟期提高 2.48℃，全生育期平均提高 3.34℃。秋季全膜双垄覆盖垄侧播种、早春顶凌全膜双垄覆盖垄侧播种、播期全膜双垄覆盖垄侧播种玉米全生育期≥0℃地积温分别比播期半膜覆盖玉米增加 508.22℃、418.29℃和 343.7℃，平均增加 423.4℃。由于地温增加，玉米生育进程加快，生育期比播期半膜覆盖提早 7~10 d，比露地种植提早 15 d，可以减轻早霜冻的风险。更重要的是，应用全膜双垄覆盖垄侧播种技术较大幅度地增加了有效地积温，使一些高海拔冷凉地区种植玉米、谷子等喜温作物成为可能。

③增产增效显著。全膜双垄覆盖垄侧播种技术可大幅度提高降水利用率，增加有效地积温，变被动抗旱为主动抗旱，变单一抗旱技术为综合抗旱技术，变传统抗旱技术为现代抗旱技术，使水保型农业与集雨型农业有机结合，抗旱增产效果极其显著。3 年 10 个点次试验数据加权平均结果显示，秋季、早春、播期 3 种全膜双垄覆盖垄侧播种玉米平均每公顷产量分别为 8 126.9 kg、7 540.2 kg、6 972.5 kg，依次比播期半膜覆盖增产 47.6%、37%、26.7%，平均增产 37.1%，平均纯效益增幅达 47.2%。宁夏旱作农业区 5 县 6 点试验结果显示，秋季、早春、播期 3 种全膜双垄覆盖垄侧播种马铃薯，平均产量达 23 442 kg/hm^2，比播期半膜覆盖增产 5 410.8 kg/hm^2，增幅达 30%，秋季全膜双垄覆盖垄侧播种增产 7 415.1 kg/hm^2，增幅达 41.19%，纯效益比播期半膜覆盖提高59.8%。在半干旱偏旱区、半干旱区多点试验结果显示，秋季、早春、播期 3 种全膜双垄覆盖垄侧穴播谷子平均产量比播期半膜覆盖增加 23.8%，比露地种植增加63.7%。

(2)技术关键。

①选择适种作物。全膜双垄覆盖垄侧播种技术应用于旱作农业区,最适合种植玉米,也可在对播种方式进行适当改进后种植谷子、蚕豆、马铃薯、向日葵等其他作物。

②实行适地适种。按降水区域定位,全膜双垄覆盖垄侧播种技术适合在年降水量 250~550 mm 的半干旱偏旱区、半干旱区、半湿润偏旱区推广应用。按海拔定位,应用全膜双垄覆盖垄侧播种技术可使玉米成熟期提早 10~15 d,从而将玉米适种海拔提高 200 m 左右,达到 2 000 m,使一些中早熟玉米品种在宁夏旱作农业区海拔 1 900~2 000 m 区域种植成为可能。

③坚持技术标准。采用全膜双垄覆盖垄侧播种技术种植玉米,适合在田间起大小双垄,大垄底宽 70 cm、高 10~15 cm,小垄底宽 40 cm、高 15~20 cm,用幅宽 120 cm、厚度 0.01 mm 的地膜实行全地面覆盖,每公顷地膜用量约 127.5 kg,在大垄膜侧打孔播种。种植其他作物则应对该技术标准进行适当改进。

④选用适宜品种。多年多点试验示范结果表明,在宁夏旱作农业区采用全膜双垄覆盖垄侧播种技术种植玉米,应选用比传统半膜覆盖栽培生育期长约 15 d 的品种,改早熟品种为中早熟品种,改中熟品种为中晚熟品种,并提早播期 1 周左右,以最大限度地发挥增产潜力。

⑤合理增加种植密度。为了掌握全膜双垄覆盖垄侧播种技术的合理种植密度,广大农业工作者在宁夏旱作农业区开展了多年多点试验。结果表明,玉米的种植密度,年降水量 300~350 mm 的地区以 4.5 万~5.25 万株/hm^2 为宜,年降水量 350~400 mm 的地区以 5.25 万~6 万株/hm^2 为宜,年降水量 400~450 mm 的地区以 6 万~6.75 万株/hm^2 为宜,年降水量 450~500 mm 的地区以 6.75 万~7.5 万株/hm^2 为宜,即年降水量每增加 50 mm,每公顷增加7 500 株左右。

马铃薯的播种密度,年降水量 250~270 mm 的地区以 3 万~3.7 万株/hm^2 为宜,年降水量 350 mm 左右的地区以 4.5 万~5.25 万株/hm^2 为宜,年降水量 450 mm 左右的地区以 5.25 万~6 万株/hm^2 为宜,年降水量 500~600 mm 的地区以 6 万~6.75 万株/hm^2 为宜。谷子的最适密度为 45 万~52.5 万株/hm^2,杂交品种张杂谷 3 号最适密度为 30 万株/hm^2。

4. 全膜覆土穴播技术

全膜覆土穴播技术集垄上开穴播种、全膜覆盖、膜上覆土为一体,是覆膜保墒种植技术在密植作物上的适宜应用模式。

(1)技术效果。

①最大限度地减少了土壤水分蒸发。全膜覆土穴播技术实行全地面覆膜并在膜上覆土,可最大限度地减少土壤水分蒸发,显著增加土壤水分。试验测定,采用全膜覆土穴播技术种植冬小麦,小麦返青期 0~20 cm 土层含水量比露地对照增加 21.8%。0~40 cm 土层含水量返青期、拔节期、灌浆期比露地对照分别提高 19.4%、30%、26.5%,1 m 内土壤贮水量苗期、返青期、拔节期、灌浆期分别比露地对照多贮水 17.3 mm、17.13 mm、20.75 mm、21.2 mm,相当于每 666.7 m^2 增加土壤供水 11.4 m^3、11.6 m^3、13.8 m^3、14.1 m^3。

②提高了土壤温度,不仅促进了作物的生长发育,而且缓解了因秋收与冬小麦播种相重叠而导致的劳动力紧张的困难,解决了冬小麦因秋雨播期推迟、冬前生长发育不足的难题。

③显著改善了作物生长发育状况。典型试验表明,全膜覆土穴播因覆土固膜减少了错位,提高了出苗率和保苗率,冬小麦越冬保苗率达92.6%,返青期基本苗达 479.4 万株/hm^2,田间总茎数 1 246.5 万个/hm^2,单株平均存活分蘖 1.6 个,比露地冬小麦越冬保苗率高 8.4 个百分点,基本苗、田间总茎数和单株平均存活分蘖比露地冬小麦分别增加 22.8 万株/hm^2、205.5 万个/hm^2 和 0.31 个。小麦生长发育良好,苗齐苗壮,

穗大粒多，穗数增加 42.75 万穗/hm^2，穗粒数增加 2.4 粒，千粒重提高 4.2 g；平均每公顷增产2 745 kg，增幅58%；每公顷增加产值 6 862.5 元，扣除地膜等新增生产成本，每公顷增加纯收入 4 700.4 元。据在半干旱偏旱区、半干旱区、半湿润偏旱区 5 点次试验，小麦全膜覆土穴播平均产量达5 778.12 kg/hm^2，比露地条播增产 58.8%，大面积示范产量达 6 994.5 kg/hm^2，最高产量达 7 230 kg/hm^2。谷子全膜覆土穴播籽实产量平均达 4 935.8 kg/hm^2，比露地条播增产1 779 kg/hm^2，增幅达 68%，秸秆比露地条播增产 2 736.7 kg/hm^2，增幅达 79.2%。胡麻全膜覆土穴播籽实产量达 1 851 kg/hm^2，比露地条播增产 66.7%，麻茎比露地条播增产 65.4%。

（2）技术关键。

①选择适种作物。采用全膜覆土穴播技术不仅适合种植小麦，也可以种植胡麻、谷子等作物。

②明确主推区域。全膜覆土穴播技术适合在年降水量 350~600 mm 的地区推广应用。

③坚持技术标准。选用幅宽 120 cm 的白色地膜实行全地面覆盖，每公顷地膜用量约 127.5 km，在膜面上覆盖土层，用穴播机进行穴播。全膜覆盖后在膜面上盖土，可起到固定地膜及隔热作用，一方面地膜用以克服因播种时地膜松动发生的苗孔错位现象，另一方面用以避免覆膜旱作农田因土壤温度过高造成的作物早衰逼熟问题，所以要保证土层厚度，一般以覆盖 1 cm 左右细土为宜。

④推广"一膜两年用"。利用该项技术膜面上覆土、地膜保护完好的条件，尽量推广"一膜两年用"，实行小麦—小麦、小麦—胡麻、小麦—谷子、小麦—蚕豆等接茬种植方式，第二年在前一年所覆膜面上直接播种后茬作物，减少整地、购膜、铺膜等成本投入，带动节本增效。

5. 起垄覆膜覆土种植技术

起垄覆膜覆土种植技术是覆膜保墒种植技术在旱作农田马铃薯上的具体应用。该技术先用专门机具一次性完成开沟、施肥、播种、起垄、覆膜等作业工序，后于适宜时期在膜面上覆土。

（1）技术效果。

①对土壤水分的影响。试验结果表明，马铃薯现蕾期 0~100 cm 土壤含水量以起垄覆膜覆土处理最高，达到 17.8%，比起垄覆膜不覆土处理高 1.3 个百分点，比起垄露地处理高 2 个百分点；块茎膨大期、淀粉积累期、成熟期 0~100 cm 土壤含水量也以起垄覆膜覆土处理最高，依次达 11.7%、13.3%和 13.4%；收获期 0~200 cm 土壤含水量以起垄覆膜覆土处理最高，为 16.4%，起垄覆膜不覆土处理最低，为 15.8%。覆膜有抑蒸保墒作用，但土壤含水量有所降低，应该与覆膜马铃薯生长发育旺盛、对土壤水分消耗较多有关。

②对土壤温度的影响。试验结果表明，起垄覆膜不覆土处理，因垄面上有地膜覆盖，起到了提高地温、增加地积温的作用，从出苗、现蕾、块茎膨大、淀粉积累、成熟到收获的 6 个生育时期，0~30 cm 土层平均温度分别比起垄露地处理高 3.1℃、0.2℃、0.4℃、1.6℃、1.8℃和 1.3℃，全生育期平均提高 1.4℃。而起垄覆膜覆土处理，因膜面上有土层覆盖，降低了覆膜的增温效果，使地温比起垄覆膜不覆土处理低，但仍比起垄露地处理高，从出苗到收获的 6 个生育时期，0~30 cm 土层平均温度分别比起垄覆膜不覆土处理低 0.6℃、0.3℃、1℃、0.6℃、1.7℃和 0.6℃，全生育期平均降低 0.8℃。

③对马铃薯生长发育及产量形成的影响。田间试验测定，马铃薯全生育期总天数，覆膜覆土处理为 155 d，比露地处理多 2 d，而覆膜不覆土处理为 151 d，比露地处理少 2 d。马铃薯出苗率，覆膜覆土处理比露地处理低 2.7 个百分点，高于覆膜不覆土处理。马铃薯产量构成因素中的单株块茎数以覆膜覆土处理最高，为 4.8 个，比覆膜不覆土处理多 0.1 个，比露地处理多 0.5 个；单株块茎产量，覆膜覆土处理为 0.62 kg，比覆膜不覆土处理高 0.08 kg，比露地处理高 0.15 kg；商品薯率以覆膜覆土处理最高，达70%，比露地处理

高 2 个百分点。鲜薯产量，覆膜覆土处理为 30 798 kg/hm²，比露地处理增产 6 816 kg/hm²，增幅28.4%；覆膜不覆土处理为 29 748 kg/hm²，比露地处理增产 5 766 kg/hm²，增幅 24%；覆膜覆土处理比覆膜不覆土处理增产 1 050 kg/hm²，增幅 3.5%。

覆膜覆土处理在播种至出苗期间的适宜时期在膜面上覆土，一方面幼芽可自行破膜顶土出苗，保证出苗率，另一方面可避免生育期间地温过高，有利于薯块膨大，同时减少青头薯的发生，促进商品薯率提高。

④对经济效益的影响。覆膜覆土处理虽增加了覆膜、覆土等作业成本，但因增产幅度较大，产值增收部分在补偿新增成本后尚有盈余，比露地处理净产值增加 4 402.8 元/hm²，增幅 40.8%，比覆膜不覆土处理净产值增加 2 040 元/hm²，增幅 15.52%；覆膜不覆土处理比露地处理净产值增加 2 362.8 元/hm²，增幅 21.9%。

（2）技术关键。

①起垄覆膜。起垄规格：垄距 120 cm，垄底宽 70~80 cm，垄沟宽 40~50 cm；垄高半干旱区 15~20 cm，半湿润偏旱区 20~25 cm，垄面宽 50~55 cm。垄面播种，单垄双行，平均行距 55~60 cm，宽行距 80~90 cm，窄行距 30 cm，株距 26.9~30 cm，密度 6 万~6.75 万株/hm²，双行播种时呈三角形错开，播深 15~18 cm。播后覆膜，选用黑色地膜，要求地膜厚度 0.01 mm 以上，幅宽 120 cm。可选用适宜机具一次性完成开沟、施肥、播种、土壤施药、起垄、覆膜等多道工序。

②膜上覆土。马铃薯播种后 10~15 d 在膜面上覆土，厚度 3 cm 左右。选用适宜机具从垄沟取土，将土均匀覆盖到垄面。覆土作业时要避免踩压地膜，保证膜面完好。

6. 覆膜与保护性耕作相结合技术

覆膜与保护性耕作相结合技术是将覆膜技术与少耕、免耕技术相结合，以解决因春旱缺墒无法覆膜播种的难题。目前较好的模式是留膜留茬越冬与早春顶凌覆膜相结合的一体化技术、“一膜两年用”技术。

（1）留膜留茬越冬与早春顶凌覆膜相结合的一体化技术。该技术是在当季作物收获时不揭地膜、不清根茬、不整地，农田留膜留茬越冬，待下茬作物播前边揭旧膜、边整地、边覆新膜。该技术可使抑蒸、保墒、防风固土、节本增效的作用最大化。

①技术效果。在覆膜玉米上连续 3 年的定位试验结果表明，与传统翻耕方式相比，留膜留茬越冬保护性耕作以地膜覆盖代替休闲裸露，以少免耕代替铧式犁翻耕，保墒抑蒸效果好。翌年早春解冻后 0~60 cm 土层含水量比传统翻耕裸露越冬处理平均提高 2.4 个百分点，相对提高 19.5%；后茬玉米播期 0~20 cm 耕作层含水量由 10.1%提高到 13%。0~20 cm 耕作层贮水量占 0~60 cm 深层总贮水量的 34.8%，比常规翻耕裸露越冬处理高 5.3 个百分点。该技术可减少土壤风蚀 68%，起到固土作用；也可提高土壤温度，留膜留茬越冬与翻耕裸露休闲相比，0~25 cm 土层温度冬前 11 月 5 日平均提高 1.7℃，冬后3 月 8 日平均提高 2.1℃。据此计算，10 月初至翌年 3 月底留膜留茬期间，0~25 cm 耕作层可累计增加地积温 340℃。

留膜留茬越冬保护性耕作可改善土壤水分状况，集聚农田表墒，提高土壤温度，增强土壤养分有效性，从而促进作物出苗，改善其生长发育状况。该技术可使后茬玉米出苗期提早 1~3 d，出苗率提高 2.4~7.7 个百分点；拔节期株高增加 1.6 cm，单株叶面积扩大 16.9 cm²，单株干重增加 7.2 g，植株含水量提高 4.1 个百分点；大喇叭口期穗位叶面积扩大 4.2 cm²，茎粗增加 1.2 mm；成熟期单株生物产量增加 28.4 g，穗粒数和穗粒重分别增加 14 粒和 4.8 g。后茬玉米籽粒增产 727.5 kg/hm²，增幅 8.7%，秸秆增产 1 152 kg/hm²，增幅10.2%，耕作成本降低，每年每公顷节约生产成本 1 230 元；籽粒和秸秆增产带动每年每公顷增收

1 467.8 元/hm^2，节本增收总额 2 697.8 元/hm^2。

②技术关键。

一是精细护膜越冬。留膜留茬越冬保护性耕作条件下，留存于地表越冬的地膜经过一个作物生育期的覆盖已开始破损，应在膜面上盖土，避免人畜踩踏，加强地膜管护，以充分发挥其在冬春休闲期的保墒作用。

二是加强残膜回收。翌年作物播种前，要采取机械、人工等措施做好残膜回收工作，减少地膜残留，为下茬作物播种创造良好的苗床条件。

三是实施保护性耕作。留膜留茬越冬保护性耕作不等于免耕，为了给作物生长发育创造良好的土壤条件，要求在春季残膜回收后、作物播种前每 3 年深松 1 次，每年表土处理 1 次。

（2）"一膜两年用"技术。"一膜两年用"技术是指在前茬覆膜作物收获后不揭膜、不整地，保护好地膜，第二年在保留地膜上直接播种下茬作物的栽培技术。其主要功效是最大限度地抑制秋、冬、春三季土壤水分的无效蒸发；减少地膜投资和整地等费用，节本增效；从源头上减轻残膜污染。据试验，采用"一膜两年用"技术每公顷可减少地膜和劳动力投入 2 250 元/hm^2 左右，产量在施好追肥的基础上与当年覆新膜相当。

目前，宁夏旱作农业区"一膜两年用"的主要方式，一是全膜双垄覆盖垄侧播种玉米，后茬种植玉米、马铃薯、向日葵等多种作物；二是全膜覆土穴播小麦，后茬种植冬小麦、胡麻、谷子、油菜及其他经济作物。确保"一膜两年用"技术下产量的关键是覆膜前要一次性施足底肥，特别要增施农家肥，第二茬作物生育期间及时多次追肥。

（二）技术创新

1. 对传统地膜覆盖栽培方式实现了"四大革新"

试验研究、总结形成的秋季抢墒覆膜、早春顶凌覆膜、全膜双垄覆盖垄侧播种、全膜覆土穴播、起垄覆膜覆土种植、留膜留茬越冬等技术模式，共同组成了具有宁夏特色的现代覆膜保墒集流及降水高效利用技术体系，由此实现了对传统地膜覆盖栽培方式的"四大革新"：改播期覆膜为上年秋季或当年早春覆膜，改半膜覆盖为全膜覆盖，改平种穴播为沟垄、垄侧种植，改作物收获期揭膜翻耕整地为留膜留茬越冬保护性耕作。

2. 将所有旱地作物纳入地膜覆盖栽培领域

宁夏旱作农业区生态条件复杂，作物种类多样，有夏粮作物冬小麦、春小麦等，秋粮作物玉米、马铃薯等，杂粮作物豌豆、扁豆、蚕豆、白芸豆、莜麦、糜子、谷子、荞麦等，油料作物胡麻、向日葵等。按照各种作物的生长发育特性及其与自然降水的匹配程度，分别配置了相适应的栽培模式，如为以玉米为代表的稀植作物配置了全膜双垄覆盖垄侧播种技术，为以小麦为代表的密植作物配置了全膜覆土穴播技术，为马铃薯专门配置了起垄覆膜覆土技术，由此将所有旱地作物纳入地膜覆盖栽培领域。

3. 增强了旱作农田作物种植的区域适应性

借助各种覆膜保墒集流技术模式所具有的显著增温保墒效果，使一些高海拔冷凉地区和较干旱地区种植玉米成为可能，可使玉米适种海拔提高 200 m 左右，达到 2 000 m，一些短生育期品种在海拔 2 000 m 以上地区种植也能够正常成熟，增强了旱作农田作物种植的区域适应性。

4. 形成了综合技术体系，确立了关键技术参数

围绕秋季抢墒覆膜、早春顶凌覆膜、全膜双垄覆盖垄侧播种、全膜覆土穴播、起垄覆膜覆土种植、留

膜留茬越冬等技术模式，分别从种植规格、整地、选膜、覆膜、护膜、播种、施肥、田间管理、残膜回收等各环节进行组装集成，形成了综合技术体系，并确立了各种栽培模式的关键技术参数，最大限度地发挥了增产增收潜力。

5. 将旱地作物水分利用效率提高到一个新水平

根据有关资料和查新结果，我国旱地玉米水分利用效率目前最高值为 47.1 kg/(mm·hm^2)。在宁夏旱作农业区应用覆膜保墒集流技术，可使玉米降水利用率最高达到 75.9%，平均达到 70%，水分利用效率最高达到 49.8 kg/(mm·hm^2)，平均达到 33.75 kg/(mm·hm^2)；使马铃薯降水利用率最高达到 88%，平均达到 75%，水分利用效率最高达到 31.65 kg/(mm·hm^2)，平均达到 23.1 kg/(mm·hm^2)。

（三）技术成效

1. 切实增强了抗旱减灾能力

在春旱造成作物播种受阻、出苗困难的情况下，利用秋季抢墒覆膜、早春顶凌覆膜、留膜留茬覆盖垄侧播种越冬保护性耕作等技术的保墒效果，可大大改善土壤墒情，达到秋雨春用的效果，突破干旱制约，实现适期播种和逆境成苗；在作物生育期间遭受干旱威胁的情况下，利用全膜双垄覆盖垄侧播种、全膜覆土穴播、起垄覆膜覆土种植等技术的抑蒸集流效果，从根本上改善土壤水分条件，实现雨养农田水分的高效利用，最大限度地挖掘有限降水的生产潜力。覆膜保墒集流降水高效利用技术的推广应用，真正实现了大旱少减产、小旱保收成、不旱可丰收，切实增强了旱作农业的稳定性和可控性。2015 年，彭阳县中庄村旱作农业示范区 66.7 hm^2 秋季全膜双垄覆盖垄侧播种玉米平均每公顷产量达到 9 609 kg，降水利用率达到53.6%，水分利用效率达到 22.35 kg/(mm·hm^2)，分别比播期半膜覆盖种植玉米提高 30.3%、8.2 个百分点和27.7%。山庄村玉米秋季全膜双垄覆盖垄侧播种示范区平均每公顷产量达 10 312.6 kg，比半膜覆盖增产 35%。

2. 加快推进了农业供给侧结构性改革

覆膜保墒集流降水高效利用技术的示范推广，促使宁夏旱作农业区农业产业结构进一步优化升级，实现了由对抗性种植向适应性种植的转变，夏秋作物比例调幅加大，特色优势产业快速发展。低产小麦等夏粮作物大幅压缩，高产玉米、马铃薯等秋粮作物迅速扩大，作物秸秆大量增加，通过青贮氨化，为农区畜牧业提供了饲草料来源。宁夏旱作农业区以青贮饲用型、粮饲兼用型为主的高产玉米面积由 2010 年的约 3.3 万 hm^2 发展到 2016 年的 13.5 万 hm^2，马铃薯面积稳定在 17.3 万 hm^2；夏秋粮面积比例由 2010 年的 27:73 调整为 2016 年的 20:80，初步形成了“种植秋粮—秸秆养畜—发展沼气—沼液还田—促进种植”的循环农业模式。

3. 有力支撑了粮食生产稳定发展

覆膜保墒集流降水高效利用技术的大面积推广，一方面增强了种植业抗旱稳产增产性能，另一方面带动了秋粮播种面积的扩大，从而促使旱作农业区粮食生产水平稳步提高。目前，旱作农业已成为宁夏粮食生产新的增长点。据统计，2010—2016 年 7 年间，宁夏旱作农业区累计推广覆膜保墒集流技术69.07 万 hm^2，粮食累计增产 99.39 万 t；7 年来，旱作农业区粮食产量对全区粮食总产的贡献份额由 32%提高到 40%。

4. 有效带动了农民持续增收

全膜双垄覆盖垄侧播种玉米较半膜覆盖玉米增产 30%以上，起垄覆膜覆土种植马铃薯较露地种植马铃薯增产 30%左右，且商品薯率提高 10%以上。覆膜保墒集流技术充分挖掘了农业内部的增收潜力，拓展了农业外部的增收空间，破解了干旱地区农业增效难题，走出了一条农民持续增收之路。2016 年，覆膜保墒集流技术带动每公顷平均增收 3 090 元，每公顷平均增加纯收益 2 010 元，带动受益农民人均增收 183.4 元。

三、发展前景

覆膜保墒集流降水高效利用技术体系实现了对传统地膜覆盖栽培方式的"四大革新"，最大限度地增强了地表集流和土壤蓄水保墒能力，全面提高了旱作农田降水利用率和水分利用效率，从根本上缓解了干旱对农业生产的波动性影响，实现了从被动抗旱向主动避灾转变、从对抗性农业向适应性农业转变，为将宁夏旱作农业区打造成为全区粮食生产新的增长点提供了主推技术。

预计"十四五"末，覆膜保墒集流降水高效利用技术在宁夏旱作农业区推广面积将会扩大，降水利用率平均提高 5~10 个百分点，水分利用效率平均提高 20%。今后，应重点从以下两个方面强化措施，促进覆膜保墒集流降水高效利用技术加快推广，推动宁夏旱作农业区可持续发展。一是加快研制和开发与各种覆膜保墒集流技术模式相适应的作业机具，特别是能够一次性完成整地、施肥、起垄、覆膜、播种等多项工序的一体机，实现农艺、农机融合，减少劳动力投入，提高生产效率，控制生产成本，推动规模化发展。二是加大资金投入，强化技术支撑，建立健全回收利用机制，努力减少残膜污染。

第二节　秋覆膜技术

秋覆膜技术是秋季覆膜春季播种技术的简称，是在当年秋末冬前雨后，土壤墒情最好（土壤含水量最高）时抢墒覆膜，第二年再种植作物的一种保墒抗旱技术。

一、秋覆膜技术产生的背景

宁夏旱作农业区包括固原市 5 县（区）、海原县、同心县、盐池县、红寺堡区及中宁县、沙坡头区的部分山区，总面积达 4.85 万 km^2，占宁夏总面积的 73%，耕地 80 万 hm^2，占宁夏总耕地面积的 65%，其中旱耕地面积占耕地面积的 86.4%。因此，如何充分利用旱耕地发展农业生产一直是旱作农业工作的重点和难点。

宁夏旱作农业区位于黄土高原西北端，居黄河中游荒漠风沙区和黄土丘陵沟壑区，境内地下水位深，又很少有外来河流入境，地表水的来源几乎全部依赖于大气降水。目前这一地区的人均、亩均水资源占有量仅为全国平均水平的 1/28 和 1/8，是我国水资源极度短缺的地区和生态建设的重要区域。该地区降水总量偏少且季节分布不均，时效性差，年际间波动大，所以干旱，尤其是春旱、夏旱几乎年年皆有。干旱是宁夏旱作农业区发生次数最多、影响面积最广、危害最严重的气候灾害，对农业生产有着最直接的影响，是宁夏旱作农业区经济发展、区域特色产业带建设、农业可持续发展的根本障碍因子。

宁夏旱作农业区虽降雨量偏少，但仍有一定的降水资源，根据宁夏气象科学研究所对该区域 10 个观测站 38 年（1970—2007 年）的降雨资料统计，以年平均降水量 358.9 mm、总土地面积 4.85 万 km^2 计算，降水总量可达 174 亿 m^3，是当地地表水、地下水资源量的 9.8 倍。雨水是旱区农业生产主要或唯一的水分来源。从土壤水分运动规律来看，目前宁夏旱作农业区每年 60%~65%的降水主要集中在 7—9 月，7 月下旬至 10 月为土壤水分大量蓄积阶段，11 月至翌年 1 月为土壤水分凝结阶段，2—4 月为土壤地面水分汽化阶段，5—7 月初为土壤水分蒸发阶段。从干旱发生规律来看，宁夏旱作农业区旱灾发生概率为 64%，其中，春旱发生概率为 68%，夏旱发生概率为 73%，秋旱发生概率为 32%。总体来说，每年秋季的降水相对集中，干旱的概率也相对较小，解决春旱和夏旱最有效的办法就是利用各种技术措施把秋季降水蓄积起来，供第二年春播和作物生长使用。传统的播期地膜覆盖技术在抗旱保墒和增产增收方面发挥了重要作用，但是由于春旱发生频繁，往往无法按时覆膜，覆膜后也因土壤水分不足，不能保证正常出苗，使这一技术仍处于被动抗旱的地位，并且其配套技术还存在应用性的缺陷，如覆膜与微地形改造技术脱节、保墒与接纳雨水矛盾难以协调。在秋季土壤水分大量蓄积阶段覆膜，可延长地膜覆盖时间，减少水分蒸发损失，保证作物适时播种，减少春旱威胁，提高逆境成苗率。

二、秋覆膜的技术效应

1. 水分效应

（1）保墒提墒，增加耕作层土壤贮水量。秋覆膜最大限度地抑制了秋、冬、春三季土壤水分的无效蒸发。2004—2005 生产年度在半干旱偏旱区的试验表明，在 10 月 26 日 0~40 cm 土层含水量 12.9%、0~200 cm 土层贮水量 438.2 mm 时抢墒覆膜，4 个月后的土壤解冻期测定，0~40 cm 土层含水量为 15.1%，比播期覆膜处理高 3.8 个百分点；6 个月后的西瓜播期测定，0~20 cm、20~40 cm 和 40~60 cm 土层含水量分别为 13.8%、15.3%和 14.8%，依次比播期覆膜处理高 5.2 个百分点、3.3 个百分点和 2 个百分点；0~20 cm 土层贮水量占 0~60 cm 土层贮水量的比例为 31.4%，较播期覆膜处理高 5.7 个百分点，相对提高21.7%；0~200 cm 土层贮水量达 450.1 mm，比播期覆膜处理增加 35.7 mm，提高了 8.6%（表 2-2-1）。

表 2-2-1　2004—2005 生产年度不同覆膜技术的保墒提墒效果

处理	覆膜 4 个月后（翌年早春）	覆膜 6 个月后（后作西瓜播期）				
	0~40 cm 土层含水量/%	0~20 cm 土层含水量/%	20~40 cm 土层含水量/%	40~60 cm 土层含水量/%	0~20 cm 土层贮水量占0~60 cm 土层贮水量的比例/%	0~200 cm 土层贮水量/mm
秋覆膜	15.1	13.8	15.3	14.8	31.4	450.1
播期覆膜	11.3	8.6	12.0	12.8	25.7	414.4

2005—2006 生产年度试验结果表明，马铃薯播期，秋覆膜处理 0~20 cm 和 0~100 cm 土层含水量分别比播期覆膜处理高 6.5 个百分点和 0.7 个百分点；马铃薯生育前期，秋覆膜处理 0~40 cm 土层平均含水量比露地对照高 2.6~4.4 个百分点（表 2-2-2）。

表 2-2-2　2005—2006 生产年度不同覆膜技术的保墒提墒效果

单位：%

处理	5 月 2 日（后作马铃薯播期）		5 月 15 日	5 月 30 日	6 月 17 日
	0~20 cm 土层含水量	0~100 cm 土层含水量	0~40 cm 土层含水量	0~40 cm 土层含水量	0~40 cm 土层含水量
秋覆膜	12.7	10.5	11.8	9.2	9.7
播期覆膜	6.2	9.8	10.3	10.6	9.3
露地	6.2	9.8	7.4	6.6	7.0

在年降水量 277 mm 的宁夏同心县预旺镇旱作节水农业示范区开展马铃薯秋覆膜（半膜）技术水分

及增产效益试验，结果表明，播种期、苗期、现蕾期、块茎膨大期、成熟期，0~20 cm、20~40 cm、40~60 cm、60~80 cm、80~100 cm 土壤含水量均高于播期覆膜。播期、苗期、现蕾期、块茎膨大期 0~20 cm 土壤含水量较高，分别比播期覆膜高 1.98 个百分点、2.47 个百分点、2.32 个百分点、1.59 个百分点。1 m 内土层贮水量也是秋覆膜高于播期覆膜，播种期、苗期、现蕾期、块茎膨大期、成熟期分别高 25.4 mm、16.6 mm、13.2 mm、8.6 mm、8.5 mm，提高23.6%、16%、15%、7.9%、9.4%。播种时 1 m 内土壤贮水量比播期覆膜增加 25.4 mm，增幅为23.6%（表 2-2-3、表 2-2-4）。

表 2-2-3　不同覆膜方式下马铃薯不同生育期 0~100 cm 土壤含水量

单位：%

土层深度	处理	土壤含水量				
		播种期	苗期	现蕾期	块茎膨大期	成熟期
0~20 cm	秋季半膜平覆	11.30	8.96	6.89	9.91	8.91
	播期半膜平覆	9.32	6.49	4.57	8.32	7.55
20~40 cm	秋季半膜平覆	10.57	10.50	8.26	9.43	8.51
	播期半膜平覆	9.14	9.69	6.27	9.16	7.95
40~60 cm	秋季半膜平覆	10.46	9.42	8.11	9.08	7.64
	播期半膜平覆	8.28	8.24	7.71	9.16	6.77
60~80 cm	秋季半膜平覆	9.54	9.26	8.06	9.34	7.67
	播期半膜平覆	8.01	8.33	8.02	8.46	6.68
0~100 cm	秋季半膜平覆	11.39	9.91	9.08	9.14	6.78
	播期半膜平覆	8.40	8.65	8.56	8.37	7.15

表 2-2-4　不同覆膜方式下马铃薯不同生育期 1 m 内土壤贮水量

单位：mm

处理	1 m 内土壤贮水量					
	播种期	苗期	现蕾期	块茎膨大期	成熟期	合计
秋季半膜平覆	133.2	120.1	101.0	117.3	98.8	570.4
播期半膜平覆	107.8	103.5	87.8	108.7	90.3	498.1

以上结果说明，秋覆膜后地表在冬春休闲期有地膜覆盖，一方面抑制了土壤水分蒸发，改善了土壤水分状况，另一方面提引了地墒，提高了耕作层贮水率，从而达到了秋雨春用、底墒表聚的效果，有效解决了4—5 月份因干旱无法下种的问题，满足了苗期干旱条件下作物对水分的需要。

（2）降水利用率高，水分利用效率显著提高。秋覆膜技术由于实现了秋雨春用，农田降水利用率、水分利用效率明显提高。在半干旱区观测，玉米秋季半膜平覆的降水利用率达 65.8%，水分利用效率达28.1 kg/(mm·hm^2)，分别比播期半膜平覆高 4 个百分点、1.5 kg/(mm·hm^2)，增幅分别为 6.5%、5.6%。谷子秋季半膜平覆的降水利用率达 61.7%，水分利用效率达 14.1 kg/(mm·hm^2)，分别比播期半膜平覆高 4.3 个百分点、1.5 kg/(mm·hm^2)，增幅分别为 7.5%、11.9%（表 2-2-5、表 2-2-6）。

表 2-2-5 不同作物降水利用率和水分利用效率比较

作物	处理	播期 2 m 土壤贮水量/mm	收获期 2 m 土壤贮水量/mm	生育期降水量/mm	耗水量/mm	经济产量/($kg·hm^{-2}$)	年降水量/mm	降水利用率/%	水分利用效率/($kg·mm^{-1}·hm^{-2}$)
玉米	秋季半膜平覆	314.2	300.5	225.5	239.2	6 715.5	363.5	65.8	28.1
	播期半膜平覆	280.7	281.6	225.5	224.6	5 977.5	363.5	61.8	26.6
谷子	秋季半膜平覆	332.6	305.6	234.5	261.4	3 678.0	423.6	61.7	14.1
	播期半膜平覆	303.5	304.7	234.5	243.3	3 072.0	423.6	57.4	12.6

表 2-2-6 不同覆膜技术的水分利用效率

作物	处理	播期坐水点灌补水量/($m^3·hm^{-2}$)	受旱期点灌补水量/($m^3·hm^{-2}$)	全生育期降水量/mm	总耗水量[西瓜/($m^3·hm^{-2}$),玉米/mm]	产值或产量[西瓜/(元·hm^{-2}),玉米/($kg·hm^{-2}$)]	水分利用效率[西瓜/(元·m^{-3}),玉米/($kg·mm^{-1}·hm^{-2}$)]
西瓜	秋覆膜	4.95	15	136	1 257.45	8 736.0	6.95
	播期覆膜	25.05	15	136	1 259.55	6 333.3	5.03
玉米	播期覆膜	21.90	0	196	169.50	3 984.0	23.50
	秋覆膜	0	0	196	172.00	4 872.0	28.33

2006 年在年降水量 277 mm 的同心县预旺镇南塬村春旱严重的情况下对西瓜实施补水种植，秋覆膜西瓜播期补水 4.95 m^3/hm^2，受旱期补水 15 m^3/hm^2，全生育期降水量 136 mm，总耗水量 1 257.45 m^3/hm^2，水分利用效率为 6.95 元/m^3，比播期覆膜西瓜水分利用效率提高 1.91 元/m^3，提高 38%；播种时补灌量比播期覆膜显著减少。秋覆膜玉米不需采取坐水点种和补水点灌，总耗水量 172 mm，水分利用效率达 28.33 kg/($mm·hm^2$)，比播期覆膜玉米水分利用效率提高 20.6%，而播期覆膜每公顷需补水 21.9 m^3 才能保证出苗。

2. 温度效应

秋覆膜能提高地温，增加地积温，促进作物生长发育。以 2005 年秋覆膜（半膜）和露地对照，于 3 月 15 日测定土壤温度，露地 30 cm 土壤平均温度为清晨-3℃、午间-2.9℃、傍晚-3℃，而秋覆膜 30 cm 土壤平均温度为清晨 1.5℃、午间 2℃、傍晚 1.8℃，秋覆膜耕作层土壤温度明显高于露地土壤温度。宁夏旱作农业区 30 cm 土壤解冻期一般在 3 月 12 日至 15 日，可见秋覆膜能明显提高早春土壤温度，使土壤提前 10~15 d 解冻，从而促进作物适期早播及生长发育。2006 年在彭阳县玉米田开展秋覆膜（半膜）试验，结果表明，秋覆膜由于覆膜时间早，土壤温度上升快，增温效果明显，可加快玉米出苗和生长。玉米播期 0~20 cm 土层平均温度秋覆膜（半膜）比播期半膜平覆高 1.09℃，出苗期比播期半膜平覆高 2.18℃（表 2-2-7）。这为玉米及时出苗和生长发育提供了较好的温度条件。

表 2-2-7 不同覆膜方式下玉米不同生育期 0~20 cm 土层平均温度

单位：℃

处理	0~20 cm 土层平均温度					
	播种期	出苗期	拔节期	大喇叭口期	抽雄期	成熟期
秋季半膜平覆	15.80	19.22	22.85	27.32	25.62	9.66
播期半膜平覆	14.71	17.04	21.69	26.26	24.95	9.29

3. 生物学效应

(1)提高出苗率。秋覆膜能改善土壤水分状况,特别是能显著增加春季耕作层含水量,十分有利于作物适期播种和逆境成苗。2004—2005 生产年度试验结果显示,每公顷补水 27 m^3,实施坐水点种的播期覆膜西瓜,播种至出苗天数为 7 d,一次播种出苗率 96%,每公顷保苗 9 600 株;而不补水直播的秋覆膜西瓜出苗率也达到 92%,每公顷保苗 9 210 株,播种至出苗天数为 5 d。2005—2006 生产年度试验结果显示,每公顷坐水 4.95 m^3 点种的秋覆膜西瓜出苗率与每公顷坐水 25.05 m^3 点种的播期覆膜西瓜相当;不坐水直播的秋覆膜马铃薯出苗率为 84.6%, 每公顷坐水 23.4 m^3 点种的播期覆膜马铃薯出苗率也不过88.2%,而露地处理因土壤严重缺墒,同期播种的马铃薯播种至出苗天数长达 36 d,出苗率不足 50%;不坐水直播的秋覆膜玉米播种至出苗天数为 9 d,出苗率达 86.9%,每公顷保苗 25 425 株,比坐水 21.9 m^3/hm^2 点种的播期覆膜玉米出苗期提早 5 d,出苗率提高 2.6 个百分点,每公顷多保苗 765 株(表 2-2-8)。2006 年在前一年秋旱及当年春旱、春夏连旱严重的条件下,同心县预旺镇示范区秋覆膜种植的马铃薯适时播种,出苗率达到 100%,而播期覆膜马铃薯则采取坐水点种的方式,每公顷补水 150 m^3,才保证了出苗。2007 年大旱,在彭阳县新集乡丘陵山区进行大区试验,秋覆膜种植的马铃薯 5 月 16 日出苗,出苗率达到 98.2%,而同期播种的露地马铃薯 6 月30 日出苗,出苗率仅 76.5%。

表 2-2-8　秋覆膜与播期覆膜逆境出苗效果比较

项目	秋覆膜			播期覆膜		
	西瓜(坐水 4.95 m^3/hm^2)	马铃薯(不坐水直播)	玉米(不坐水直播)	西瓜(坐水 25.05 m^3/hm^2)	马铃薯(坐水 23.4 m^3/hm^2)	玉米(坐水 21.9 m^3/hm^2)
每公顷保苗/株	8 160		25 425	7 920		24 660
出苗率/%	97.8	84.6	86.9	95.0	88.2	84.3

(2)覆膜后土壤墒情好,能使西瓜等农作物适时播种,有效解决了因春旱无法播种的难题,为旱作农业区农业生产的顺利进行创造了条件。从 2006 年彭阳县秋覆膜技术在向日葵上的应用效果看,秋覆膜比播期覆膜、露地出苗情况好,以秋覆膜播种至出苗的历时最短。从生育进程及生育期看,秋覆膜分别较播期覆膜、露地出苗早 1 d、9 d(表 2-2-9),这主要是由于秋覆膜后地温高、土壤水分条件好,作物出苗早,生育进程提前。

表 2-2-9　不同处理下向日葵的生育期

处理	播种期	出苗期	现蕾期	开花期	成熟期
秋覆膜	4 月 26 日	5 月 3 日	7 月 10 日	7 月 28 日	9 月 16 日
播期覆膜	4 月 26 日	5 月 4 日	7 月 11 日	7 月 29 日	9 月 18 日
露地(对照)	4 月 26 日	5 月 12 日	7 月 12 日	7 月 30 日	9 月 20 日

4. 增产效应及经济效益

多点试验结果表明,运用秋覆膜技术种植西瓜,平均每公顷产瓜 31 200 kg,产值为 8 112 元,纯收入达 5 829.3 元,比播期覆膜西瓜每公顷增产 7 755 kg,增幅 33.1%,增加产值 2 016.3 元,增幅 33.1%。

在半膜覆盖条件下,秋覆膜玉米平均每公顷产量为籽粒 4 875 kg、秸秆 6 195 kg,产值 12 756 元,纯收入 9 644.25 元,比播期覆膜玉米每公顷籽粒增产 855 kg,增幅 21.3%,秸秆增产 456 kg,增幅 7.9%,产值增加 2 123.25 元，纯收入增加 1 776.9 元。

在半膜覆盖条件下，秋覆膜马铃薯比播期覆膜马铃薯每公顷增加鲜薯 2 355 kg，增幅 16.58%，大薯率高 11.8 个百分点，纯收入达 4 698 元，比播期覆膜高 1 837 元，增幅达 64.2%。秋覆膜最高产量可达 16 800 kg/hm^2，比播期覆膜增产 3 930 kg/hm^2，增幅30.5%（表 2-2-10、表 2-2-11）。

表 2-2-10 不同覆膜方式下马铃薯经济效益

处理	产出					投入			纯收入/（元·hm^{-2}）
	大薯产量/（kg·hm^{-2}）	大薯产值/（元·hm^{-2}）	中小薯产量/（kg·hm^{-2}）	中小薯产值/（元·hm^{-2}）	产值合计/（元·hm^{-2}）	劳动力/（元·hm^{-2}）	生产资料/（元·hm^{-2}）	合计/（元·hm^{-2}）	
秋季半膜平覆	11 603	7 426	4 956	1 487	8 913	1 500	2 715	4 215	4 698
播期半膜平覆	8 283	5 301	5 916	1 775	7 076	1 500	2 715	4 215	2 861

注：大薯价格 0.64 元/kg，每个工日 20 元（全膜 90 个工日/hm^2，半膜 75 个工日/hm^2），地膜价格 13 元/kg（全膜 135 kg/hm^2，半膜 90 kg/hm^2），肥料 645 元/hm^2，种子 675 元/hm^2。

表 2-2-11 不同覆膜方式对马铃薯单株薯重、大中小薯比例及产量的影响

处理	单株结薯数/个	单株薯重/kg	大薯比例/%	中薯比例/%	小薯比例/%	产量/（kg·hm^{-2}）
秋季半膜平覆	4.51	0.769	70.1	23.1	6.8	16 558.5
播期半膜平覆	3.95	0.792	58.3	32.6	9.1	14 203.5

把秋覆膜技术应用于中药材，每公顷产量达 8 700 kg，比播期覆膜增产 1 755 kg，增幅为 25.3%，产值 8 112 元，纯收入 5 829.3 元，比播期覆膜增加产值 2 016.3 元。

把秋覆膜技术运用于向日葵，每公顷产量可达 1 620 kg，比播期覆膜增产 25%，其经济效益以 2000 年价格计算，纯收入每公顷比播期覆膜增加 1 296 元，增幅为 41.2%（表 2-2-12、表 2-2-13）。

表 2-2-12 不同覆膜方式下向日葵产量构成因素及产量

处理	株数/（株·hm^{-2}）	株高/cm	茎粗/cm	花盘直径/cm	结实率/%	盘数/（盘·hm^{-2}）	盘粒数/粒	盘结实粒数/粒	百粒重/g	折合产量/（kg·hm^{-2}）	增产率/%
秋覆膜	25 605	263	8.5	17.0	0.87	20 925	685	596	13.5	1 620	25
播期覆膜	23 595	214	7.3	16.2	0.85	19 440	662	563	12.6	1 296	—

表 2-2-13 不同覆膜方式下向日葵经济效益比较

处理	产量/（kg·hm^{-2}）	产值/（元·hm^{-2}）	投入/（元·hm^{-2}）	纯收入/（元·hm^{-2}）	产投比
秋覆膜	1 620	6 480	2 040	4 440	3.18:1
播期覆膜	1 296	5 184	2 040	3 144	2.54:1

注：向日葵籽粒 4 元/kg，成本包括种子 150 元/hm^2，尿素 525 元/hm^2，地膜 1 365 元/hm^2。

在半干旱偏旱区春旱严重的年份，种植西瓜等经济作物需坐水点种才能保证出苗，而采用秋覆膜技术播种时不需坐水或坐水量少，较播期覆膜每公顷可节省坐水成本 697.8~819 元。二者相抵，秋覆膜不仅不会增加生产成本，还可比播期覆膜节省 84.5~350.25 元/hm^2。

三、秋覆膜的关键技术

1. 适宜区域

秋覆膜技术适合宁夏常年降水量 450 mm 以下、200 mm 以上的半干旱偏旱区及半干旱区。最适区域为 300 mm 降水线两侧，即盐池县的麻黄山、青龙山地区，同心县的罗山东麓、预旺镇、王团镇，海原县的李旺镇、关桥乡、甘盐池，400 mm 降水线沿兰宜公路两侧区域也可应用。半湿润偏旱区及盐池县、同心县北部风沙区切忌推广此项技术。

2. 选种作物

从表 2-2-14 可以看出，产值由高到低依次为中药材(生地黄)每公顷 20 917.49 元、西瓜每公顷 19 733.25 元、马铃薯每公顷 16 686.72 元、向日葵每公顷 6 261.3 元。投入分别为中药材(生地黄)每公顷 3 180 元、西瓜每公顷 2 520 元、马铃薯每公顷2 730 元、玉米每公顷 2 880 元、向日葵每公顷 2 430 元。每公顷纯收入中药材(生地黄)为 17 737.49 元、西瓜为17 213.25 元、马铃薯为 13 956.72 元、玉米为 6 369.75 元、向日葵为 3 831.3 元。产投比由高到低依次为西瓜 1∶7.83、中药材(生地黄)1∶6.58、马铃薯 1∶6.11、玉米 1∶1.6、向日葵 1∶2.58。

表 2-2-14　同心县预旺镇秋覆膜种植不同作物经济效益

作物	产量/($kg\cdot hm^{-2}$)	市场价/(元·kg^{-1})	产值/(元·hm^{-2})	每公顷投入/元	每公顷纯收入/元	产投比
西瓜	39 466.5	0.50	19 733.25	2 520	17 213.25	7.83∶1
玉米	6 166.5	1.50	9 249.75	2 880	6 369.75	3.21∶1
向日葵	2 319.0	2.70	6 261.30	2 430	3 831.30	2.58∶1
马铃薯	26 073.0	0.64	16 686.72	2 730	13 956.72	6.11∶1
中药材(生地黄)	3 304.5	6.33	20 917.49	3 180	17 737.49	6.58∶1

根据试验结果可知，秋覆膜最适宜种植的作物为西瓜、中药材(生地黄)、马铃薯。半干旱偏旱区最适宜种植的作物为马铃薯、西瓜、中药材。半干旱区最适宜种植的作物为玉米、马铃薯、向日葵、西瓜。

3. 栽培技术

(1)选地。秋覆膜应选择土地平整、地力较好的川地、塬地、梯田、坝地或缓坡地。前茬半干旱偏旱区以歇地、豆茬、小麦茬为好；半干旱区以豆茬、小麦茬为好，玉米茬也可以。应注意轮作倒茬，西瓜、马铃薯实行 3 年以上轮作，切忌重茬、迎茬。

(2)整地。夏茬地前作收后深耕 25~30 cm，充分晒土和接纳雨水，白露前后及时浅耕收耱。秋茬地前作收后及时耕翻收耱。做到土壤上虚下实，地面平整，无坷垃。

(3)造穴。在半干旱偏旱区、半干旱区覆膜前可造穴，即利用人工或造穴机具，对垄面造穴，形成微地形改造+秋覆膜+有限补灌+特色种植的技术体系，特别是利用造穴的微地形改造技术可克服常规降雨易随膜面流向两侧、不易集中于作物根际的弊病。此项综合技术在半干旱偏旱区集雨抗旱效果尤为显著，适合种植西瓜、玉米、马铃薯、向日葵。在覆膜前土壤水分相同的条件下，2004—2005 年度秋覆膜造穴窝内 0~20 cm 土壤含水量比平覆膜平均高 4.13 个百分点，20~40 cm 土壤含水量比平覆膜平均高 2.12 个百分点；2005—2006 年度秋覆膜造穴窝内 0~20 cm 土壤含水量比平覆膜平均高 3.9 个百分点，20~40 cm 土壤含水量比平覆膜平均高 2.14 个百分点；2006—2007 年度秋覆膜造穴窝内 0~20 cm 土壤含水量比平覆膜平均高 3.28 个百分点，20~40 cm 土壤含水量比平覆膜平均高 1.71 个百分点(表 2-2-15)。由此可见，秋覆膜造穴的保墒提墒效果比平覆膜好，这是因为，一方面覆膜造穴后温度差形成的热梯度促进土壤水分上升，受地膜阻隔，蒸发水汽在膜下凝结，向穴窝汇集，增加了穴内土壤水分，而平覆膜蒸发水汽在膜下凝结后向四周扩散，不能聚集；另一方面覆膜造穴可汇集降水后膜面形成的径流，使之通过穴孔渗入穴窝内，增加了穴内土壤水分，而平覆膜降水后膜面形成的径流只能流入膜的两侧。一般穴口径 30~40 cm，深 10~15 cm。穴间距、穴行距依播种密度而定。

表 2-2-15　秋覆膜微地形改造技术增墒提墒效果分析

单位：%

土层深度	冬闲期土壤含水量		播期土壤含水量		营养生长期土壤含水量		收获期土壤含水量	
	秋覆膜造穴	平覆膜	秋覆膜造穴	平覆膜	秋覆膜造穴	平覆膜	秋覆膜造穴	平覆膜
2004—2005 年度								
0~20 cm	10.42	4.45	10.16	4.43	9.48	6.90	10.60	8.36
20~40 cm	10.93	8.75	10.35	7.38	10.10	8.35	9.36	7.78
2005—2006 年度								
0~20 cm	11.22	6.16	10.50	6.14	8.26	5.28	9.45	6.23
20~40 cm	9.38	7.32	10.89	7.73	9.45	6.25	8.69	8.57
2006—2007 年度								
0~20 cm	11.29	7.53	11.35	6.62	7.71	3.95	12.25	11.39
20~40 cm	10.28	8.21	10.62	7.64	6.68	5.74	12.90	12.06

（4）施肥。秋覆膜前必须施足农家肥，以满足第二年种植作物对养分的需求，一般每公顷施优质农家肥 45 000~75 000 kg；化肥应实施配方施肥，施肥量依目标产量而定。马铃薯目标产量为 15 000~30 000 kg/hm^2，施 N 100.5~214.5 kg/hm^2、P_2O_5 46.5~99 kg/hm^2、K_2O 0~31.5 kg/hm^2，N 肥 2/3 基施、1/3 追施，磷钾肥全部基施。玉米目标产量为 6 000~7 500 kg/hm^2，施 N 145.5~186 kg/hm^2、P_2O_5 69~88.5 kg/hm^2、N 肥 2/3 基施、1/3 追施，磷肥全部基施。西瓜目标产量为 30 000 kg/hm^2，基施尿素 139.5 kg/hm^2、磷酸二铵 244.5 kg/hm^2、硫酸钾 114 kg/hm^2，追施尿素 93 kg/hm^2、磷酸二铵 163.5 kg/hm^2、硫酸钾 75 kg/hm^2。

施肥方法有穴施和条施两种。穴施结合造穴进行，适合翌年种植西瓜、马铃薯、玉米的田块，一般穴间距 100~110 cm，穴行距 100 cm，穴口径 30~40 cm，深 10~15 cm。条施结合整地进行，适合翌年种植马铃薯、向日葵等作物的田块。条施肥地块完成施肥后，如采用挖窝穴种方法，田间要挖出穴窝，马铃薯穴间距 60~70 cm、穴行距 100 cm，向日葵穴间距 80~90 cm、穴行距 100 cm，以备覆膜后按穴压土，形成集水坑。在 400~450 mm 降雨量的地区种植玉米、马铃薯，应按保苗 52 500~60 000 株的要求确定穴间距。

（5）选膜与覆膜。

①膜厚。秋覆膜在地面上滞留近 8 个月，比春覆膜长出约一个季度，而且半干旱偏旱区冬春风大沙多，很容易造成地膜机械损伤。因此，把好地膜质量关十分关键。采用 0.008 mm、0.01 mm、0.012 mm、0.014 mm 和 0.016 mm 5 种厚度的地膜进行试验，从投膜成本、破损情况、产量 3 个方面分析，5 种厚度的地膜秋覆膜后，到翌年 4 月 30 日（即西瓜播种期）均无破损；至 8 月 25 日（即西瓜采摘期），0.014 mm 和 0.016 mm 两种厚度的地膜仍无破损，其他 3 种厚度的地膜也只有很少的撕裂、孔洞，破损轻微。各种厚度

的地膜在整个覆盖期间均无明显破损，不会对增温保墒效果造成影响，最终各处理西瓜产量差异不明显。从地膜投入成本角度考虑，在宁夏，秋季半膜覆盖采用的地膜厚度达 0.01 mm 即可，该厚度的地膜每公顷用量一般为67.5 kg，投膜成本 870 元/hm²，比 0.014 mm 厚度的地膜节省投膜成本 432 元/hm²（表 2-2-16）。

表 2-2-16　秋覆膜不同厚度地膜对比试验结果

地膜厚度	投膜成本/(元·hm⁻²)	破损情况		西瓜产量/(kg·hm⁻²)
		4 月 30 日	8 月 25 日	
0.008 mm	668	无破损	轻微破损	50 775
0.010 mm	870	无破损	轻微破损	53 100
0.012 mm	1 068	无破损	轻微破损	51 270
0.014 mm	1 302	无破损	轻微破损	50 925
0.016 mm	1 473	无破损	轻微破损	53 340

②膜宽。地膜宽度因作物、因地区灵活选用。同心县、盐池县、海原县等半干旱偏旱区，秋覆膜的首要功能是抑蒸保墒，至于农田覆膜期间纳雨入渗的效能，因区域降水偏少而显得次要，在半膜覆盖条件下掌握适宜覆盖度，则可平衡抑蒸保墒和纳雨入渗的关系。试验结果表明，在宁夏半干旱偏旱区采用秋覆膜技术种植西瓜，地膜覆盖度为 80%~90%时，产量为 62 205~65 850 kg/hm²，比 50%~70%覆盖度处理增产 5 790~16 725 kg/hm²，增幅 10.3%~34%；比 100%覆盖度处理（全地面覆盖）增产 6 930~10 575 kg/hm²，增幅 12.5%~19.1%。这说明在这一区域农田秋覆膜的首要功能是保秋墒为春用，所以覆盖度为 80%~90%较合适，宜选用幅宽 160 cm 的地膜。在半干旱区降水量 400 mm 以上的彭阳县、原州区等地翌年种植玉米、向日葵等作物的田块，半膜覆盖条件下则应选用幅宽 80~90 cm 的地膜。

③膜色。试验结果显示，全生育期 0~25 cm 土壤温度黑色膜较白色膜平均低1.26℃，较露地高 0.65℃；0~10 cm 土壤温度黑色膜较白色膜平均低1.99℃，较露地高 1.05℃。马铃薯覆黑色膜比覆白色膜单株薯重增加 123 g，大薯重量增加 234 g，大薯比例高 9.6 个百分点；秋覆黑色膜马铃薯平均产量 26 476.5 kg/hm²，比覆白色膜增产 1 315.5 kg/hm²，商品薯率高 9.6 个百分点，收入增加 2 463 元/hm²（表 2-2-17）。试验结果还显示，不同膜色处理的玉米、西瓜产量变化趋势与马铃薯相反，玉米覆黑色膜比覆白色膜减产 2 281.5 kg/hm²，减幅达 46.8%，西瓜减产 6 390 kg/hm²，减幅 19.7%。这说明秋覆黑色膜种植马铃薯可以抑制地膜覆盖导致的地温增加对马铃薯生长发育产生的不利影响，促进马铃薯增产，同时秋覆黑色膜可以防止鸟类啄食膜下水珠，避免破膜跑墒。因此，喜温作物玉米、西瓜需选用白色膜，喜凉作物马铃薯需选用黑色膜。

表 2-2-17　不同地膜颜色对马铃薯单株结薯数和产量的影响

处理	单株结薯数/个	单株薯重/g	大薯		中薯		小薯		产量/(kg·hm⁻²)	商品薯率/%	收入/(元·hm⁻²)
			重量/g	比例/%	重量/g	比例/%	重量/g	比例/%			
覆白色膜	5.8	1 364	1 012	74.2	240	17.6	112	8.2	25 161.0	74.2	13 068
覆黑色膜	5.2	1 487	1 246	83.8	221	14.9	20	1.3	26 476.5	83.8	15 531

④覆膜时间。秋覆膜应把握在秋季土壤墒情较好时抢墒覆膜。从宁夏旱作农业区的降雨情况看，半

干旱偏旱区和半干旱区常年 7 月降雨量 47.1 mm，8 月 69.9 mm，9 月上、中、下旬依次为 21 mm、9.2 mm 和 11.3 mm，而 10 月上旬只有 5.6 mm，进入 10 月后集中降雨期基本结束。由此表明，秋覆膜的适宜时期应是 10 月上旬。就具体年度而言，0~50 cm 土壤含水量达到 10%以上为最佳覆膜时间。试验结果显示，11 月上旬覆膜的西瓜产量最高，故综合降雨分布及作物产量，覆膜时间以 10 月中下旬至 11 月上旬为宜。

⑤覆膜与膜后处理。秋覆膜一般采用平覆、造穴覆膜方式，覆膜前用造穴器或圆头铁锹按株行距造穴，穴口径 30~40 cm、深 10~15 cm 后覆膜，覆膜后按穴压土，每穴一锨土，并在穴底中央膜上打一小孔，以利于收集降水，为翌年播种创造良好的墒情条件。选用起垄半膜覆盖不造穴方式种植马铃薯、玉米、向日葵可用覆膜机覆膜，带宽 60 cm，垄高 10~15 cm，垄间距 40 cm，用 70~80 cm 宽的地膜覆盖，覆膜时要把膜拉紧压实，在膜面每隔 2 m 压一土腰带以防大风揭膜。同时要对牲畜加强管理，防止其践踏地膜。

⑥播种。

西瓜：早播田一般在 4 月中旬，晚播田在 5 月上旬。播种时在施肥穴向阳侧坡面上开一小孔，直径 2 cm，播 2 粒经催芽露白的种子，播深 2~4 cm。墒情足时不浇水，墒情差时坐水点种，以利于出苗，播后覆湿土 1.5 cm。半干旱偏旱区每公顷保苗 7 500~9 000 株，每穴定苗 1 株。半干旱区每公顷保苗 12 000 株。

马铃薯：半干旱偏旱区为 4 月中旬，半干旱区为 4 月下旬。用打孔器在穴底中央打一口径 5~8 cm、深 15 cm 的播种穴，每穴点种一块种薯切块，点种后用土封口。种植密度一般为年降水量 250~300 mm 的地区保苗 27 000~30 000 株/hm^2；年降水量 350 mm 左右的地区保苗 45 000~52 500 株/hm^2；年降水量 400~450 mm 的地区保苗 52 500~60 000 株/hm^2，未造穴的田块可用点播器在膜上按规定株行距打孔点播后封口，播深 18 cm。

玉米：造穴覆膜的玉米可撮种。4 月中下旬，在耕作层 5 cm 处土壤温度稳定达到 7~8℃时即可播种。用点播器在施肥穴周围按三角形开孔点种，播后用湿土覆盖。一般年降水量 250~300 mm 的地区保苗 30 000~33 000 株/hm^2。在半干旱区，选用半膜覆盖不造穴方式种植玉米，可用点播器破膜播种，播深 3~5 cm（依墒情调整），行距 35~40 cm，种植 2 行。年降水量 300~350 mm 的地区保苗 45 000~52 500 株/hm^2，年降水量 350~400 mm 的地区保苗 52 500~60 000 株/hm^2。

向日葵：4 月中下旬用打孔器在集水穴周围距穴中心 8~10 cm 处按三角形打孔，孔深 3~5 cm，每孔点种 2 粒，播后用土覆盖，保苗 30 000~33 000 株/hm^2。未造穴的，也可用点播器按各地适宜的密度、行穴距破膜点种，每穴点种 2 粒，定苗 1 株。

⑦田间管理。早播西瓜出苗后用一次性透明塑料碗、口杯覆盖或搭建微型拱棚（细竹子搭架，地膜覆盖，拱顶高 10 cm），可有效防止晚霜冻、蝗灾、鼠害；马铃薯要防止雨后集水穴周围土壤板结，出苗时应及时破板结放苗，在 7 月马铃薯块茎膨大期，要在膜面盖土以防高温抑制薯块生长；玉米、向日葵要及时放苗，在 4~5 片叶时开始间苗定苗，取小留大，造穴撮种的每孔留 1 株，每穴留 3 株；在玉米拔节期至大喇叭口前期追肥，以偏早为好，造穴的在穴中心用追肥枪施肥，未造穴的在 2 株中间用追肥枪按配方施肥规定的追肥量追肥；向日葵在现蕾期追肥；作物生长期间发生病虫害需及时防治，受旱时，有集雨条件的地方要及时补水。

⑧“一膜两年用”。秋覆膜西瓜、玉米等收获后，留膜留茬，膜上覆土 1~2 cm 越冬。第二年可在膜上继续打孔种植玉米、葵花等稀植作物，达到“一膜两年用”的目的。

第三节 早春覆膜技术

早春覆膜是针对宁夏旱作农业区降雨60%~65%集中于7—9月、蒸发量大、干旱发生频繁的特点，在早春土壤解冻10~15 cm时及早覆膜以达到保墒、提墒目的的一项抗旱技术。

一、早春覆膜的技术效应

(一)保墒提墒

宁夏旱作农业区降水少，干旱发生频繁，尤以春旱发生概率比较高。降水主要集中在7—9月，占年降水量的60%~65%，冬季12月至翌年2月降水量占年降水量的1.3%~1.5%，作物播种期3—5月降水量只占年降水量的15.6%~17.4%。这种降水特点对作物的播种和出苗极其不利，但从该地区土壤水分的运动规律来看，11月到翌年1月土壤水分处于凝结阶段，因气温低、蒸发量少，0~2 m内土壤贮水量较多，水分损耗小于补给，2—4月为土壤水分地面汽化阶段，2月以后气温渐高，土壤逐渐解冻，土壤水分主要以毛管水运动到表层而汽化(有时也以气态水形式上升)，使表土保持湿润，土壤含水量较高，为春播创造了极好的土壤水分条件，之后由于春季干旱多风，土壤水分消耗很快，干土层逐渐加厚，到4月底土壤含水量降至黄墒。在土壤水分地面汽化阶段选择适宜的时期提早覆膜，可切断土壤与大气间的水分和能量交换，有效地抑制土壤水分蒸发，因而水分散失较少。地膜覆盖可使水分垂直蒸发受到阻碍，迫使水分横向和放射状蒸发，蒸发速度相对减缓，总蒸发量大幅下降，水分较长时间贮存在土壤中，达到良好的保墒效果。同时覆膜加大了土壤热度差异，促使深层土壤水分上移量增加，受地膜的阻隔水分不能散失于大气，加上膜面温度低，水分在膜下形成小循环，即凝结(液化)—汽化—凝结—汽化，促使深层土壤水分向上移动集聚，起到提墒的作用。据测定，在半膜覆盖条件下，0~20 cm土壤水分，播种期、出苗期早春覆膜分别比播期覆膜高3.3个百分点、2.4个百分点，比露地种植分别高3.3个百分点、3.8个百分点。1 m内土壤贮水量播种期、出苗期、拔节期、大喇叭口期早春覆膜比播期覆膜分别高16.3 mm、14.5 mm、13.1 mm、12 mm，相当于每666.7 m^2土壤增加供水10.9 m^3、9.7 m^3、8.7 m^3、8 m^3，从而解决了作物播种、生长发育对水分的需求，出苗率比播期覆膜高7.5个百分点(表2-2-18)。

表2-2-18 不同覆膜时间0~20 cm土壤含水量、出苗率

单位:%

覆膜时间	土壤含水量					出苗率
	覆膜期	播种期	出苗期	拔节期	平均	
3月5日(早春覆膜)	22.1	18.3	14.4	9.2	16.0	96.3
4月25日(播期覆膜)	15.0	15.0	12.0	8.9	12.7	88.8
4月25日(露地)	15.0	15.0	10.6	5.4	11.5	73.8

(二)增温明显，作物生育加快

早春覆膜由于覆膜时间早，不仅抑制了土壤水分蒸发，而且减少了热量耗散。同时大量太阳辐射透过膜面被土壤吸收，加之膜内水滴对长波辐射的阻碍作用，地面辐射减少，净辐射增加，土壤积温增加，可保证作物适期早播、提早成熟，同时还可利用生育期较长的品种。

据彭阳县农业技术推广服务中心测定，玉米在半膜覆盖下 0~20 cm 土壤温度，早春覆膜比播期覆膜播种期高 0.6℃，出苗期高 0.86℃，拔节期高 0.5℃；出苗期提早 2 d，全生育期缩短 3 d(表 2–2–19、表 2–2–20)。在全膜双垄覆盖垄侧播种条件下全生育期土壤≥0℃有效总地积温，早春覆膜比播期覆膜高 95.6℃。播前有效地积温的增加为出苗创造了良好的土壤环境，可保证苗全、苗齐、苗壮，为稳产高产打下良好的基础。

表 2–2–19　不同覆膜方式下玉米不同生育期 0~20 cm 土壤平均温度

单位：℃

处理	0~20 cm 土壤平均温度					
	播种期	出苗期	拔节期	大喇叭口期	抽雄期	成熟期
早春半膜平覆	15.31	17.90	22.19	26.82	25.25	9.46
播期半膜平覆	14.71	17.04	21.69	26.26	24.95	9.29

表 2–2–20　不同覆膜时间的玉米生育期

覆膜时间	播种期	出苗期	拔节期	抽雄期	成熟期	全生育期/d
3 月 3 日	4 月 25 日	5 月 3 日	6 月 22 日	7 月 17 日	9 月 20 日	148
3 月 15 日	4 月 25 日	5 月 3 日	6 月 23 日	7 月 17 日	9 月 20 日	148
3 月 25 日	4 月 25 日	5 月 4 日	6 月 24 日	7 月 18 日	9 月 22 日	150
4 月 5 日	4 月 25 日	5 月 4 日	6 月 26 日	7 月 18 日	9 月 22 日	150
4 月 15 日	4 月 25 日	5 月 4 日	6 月 26 日	7 月 18 日	9 月 22 日	150
4 月 25 日(CK)	4 月 25 日	5 月 5 日	6 月 26 日	7 月 19 日	9 月 23 日	151
不覆膜	4 月 25 日	5 月 11 日	7 月 5 日	7 月 11 日	未成熟	—

注：测定地点为宁夏彭阳县城阳乡涝池村。

(三)提高作物产量

早春覆膜比播期覆膜增加了土壤含水量，提高了土壤温度，作物出苗整齐，生长发育良好，增产显著。据试验，玉米早春覆膜(半膜)每公顷产量达 4 767 kg，比播期覆膜每公顷增产 517.5 kg，增幅 12.18%；纯收入每公顷比播期覆膜增加 724.5 元，增幅 22.9%(表2–2–21、表 2–2–22)。多点平均，玉米早春覆膜(半膜)比播期覆膜(半膜)每公顷增产525 kg，增幅 12.4%。马铃薯早春覆膜比播期覆膜每公顷增产 2 009.7 kg，增幅 8.9%。谷子早春覆膜比播期覆膜每公顷增产 543 kg，增幅 18.6%。向日葵早春覆膜比播期覆膜增产 250.5 kg/hm²，增幅 19.3%；纯收入每公顷比播期覆膜增加 1 002 元，增幅 31.87%(表 2–2–23、表 2–2–24)。

表 2–2–21　不同覆膜方式下玉米产量构成因素及产量

处理	株高/cm	穗位高/cm	茎粗/cm	株数/(株·hm⁻²)	穗数/(穗·hm⁻²)	穗粒数/粒	百粒重/g	理论产量/(kg·hm⁻²)	折合产量/(kg·hm⁻²)	增产率/%
早春覆膜	169	60	6.7	50 010	50 010	398	25.6	5 095.5	4 767.0	12.18
播期覆膜	149	56	6.5	49 725	49 725	390	25.3	4 911.0	4 249.5	—

表 2-2-22　不同覆膜方式下玉米经济效益比较

处理	产量/(kg·hm⁻²)	产值/(元·hm⁻²)		投入/(元·hm⁻²)	纯收入/(元·hm⁻²)	产投比
		籽粒	秸秆			
早春覆膜	4 767.0	5 720.4	953.4	2 790	3 883.8	2.39:1
播期覆膜	4 249.5	5 099.4	849.9	2 790	3 159.3	2.13:1

注：玉米籽粒 1.2 元/kg、秸秆 0.2 元/kg，地膜 14 元/kg，掺混肥 73 元/袋(80 kg)，秋季旋耕 1 次 15 元/666.7 m^2。

表 2-2-23　不同覆膜方式下向日葵产量构成因素及产量

处理	株数/(株·hm⁻²)	株高/cm	茎粗/cm	花盘直径/cm	结实率/%	盘数/(盘·hm⁻²)	盘粒数/粒	盘结实粒数/粒	百粒重/g	折合产量/(kg·hm⁻²)	增产率/%
早春覆膜	24 990	228	8.0	16.3	0.86	20 685	678	583	13.2	1 546.5	19.3
播期覆膜	23 595	214	7.3	16.2	0.85	19 440	662	563	12.6	1 296.0	—

表 2-2-24　不同覆膜方式下向日葵经济效益比较

处理	产量/(kg·hm⁻²)	产值/(元·hm⁻²)	投入/(元·hm⁻²)	纯收入/(元·hm⁻²)	产投比
早春覆膜	1 546.5	6 186	2 040	4 146	3.03:1
播期覆膜	1 296.0	5 184	2 040	3 144	2.54:1

注：向日葵籽粒4 元/kg，地膜 14 元/kg，尿素 70 元/袋(40 kg)。成本包括种子 150 元/hm^2，化肥 525 元/hm^2，地膜 1 365 元/hm^2。

二、早春覆膜的关键技术

(一)适宜区域

适宜区域包括半干旱区、半干旱偏旱区及半湿润偏旱区。

(二)适宜作物

适合选用早春覆膜技术种植的作物有玉米、马铃薯、向日葵、中药材、小杂粮、蔬菜等。

(三)适墒耕作，精细整地

早春覆膜技术要求在日消夜冻、土壤解冻 10~15 cm 的条件下覆膜。土壤必须达到地表无根茬、无坷垃、上虚下实的要求，才能保证适时覆膜，覆膜时要保证覆膜质量，做到平、紧、实。因此，上年要适墒耕作，精细整地。夏茬地在前作收后早耕、深耕，耕深达到 25~30 cm，雨后及时耱地保墒，白露前后浅耕耙耱收墒，冬春季适时打磙镇压、碎土保墒。秋茬地收后适时边耕边耱，冬春季适时打磙保墒，马铃薯茬可以先拾蔓再灭茬深耕，玉米茬先转移秸秆，捡拾废膜、刨拾根茬后深翻，边耕边耱。结合最后一次耕地将农家肥、化肥施入，氮肥基施 2/3，磷、钾肥全部施入。

(四)适时覆膜

适时覆膜是充分发挥早春顶凌覆膜效应的保证。在半干旱区的彭阳县城阳乡涝池村试验，观察不同覆膜时间对土壤含水量与产量的影响，结果表明，覆膜早不仅当时的土壤含水量高，而且可有效抑制土壤水分蒸发，玉米播种期、出苗期、拔节期土壤含水量也高。各处理主要生育期的土壤含水量依覆膜时间的推迟而递减。3 月 5 日覆膜，0~20 cm 土壤含水量，播种期分别比 3 月 15 日、4 月 15 日、4 月 25 日覆膜高 1.3 个百分点、2.2 个百分点、3.3 个百分点，出苗期分别高0.9 个百分点、1.9 个百分点、2.4 个百分点。3 月 15 日覆膜,0~20 cm 土壤含水量播种期分别比 3 月 25 日、4 月 15 日、4 月 25 日覆膜高 0.8 个百分点、0.9 个百分点、2 个百分点,出苗期分别高 0.5 个百分点、1 个百分点、1.5 个百分点。覆膜期 3 月 5 日的土壤含水量比 3 月 15 日低,原因是此时土壤未完全解冻,下层土壤水分还未完全移动至土壤耕作层。土壤含水量的递减趋势也造成出苗率、产量相同的趋势。3 月 5 日覆膜的出苗率最高,达 96.3%,比4 月 25 日覆膜高 7.5 个百分点,比 4 月 15 日覆膜高 6.3 个百分点,比 3 月 15 日覆膜高 2.5 个百分点(表 2–2–25)。

表 2–2–25 不同覆膜时间0~20 cm 土壤含水量、出苗率

单位:%

覆膜时间	土壤含水量					出苗率
	覆膜期	播种期	出苗期	拔节期	平均	
3 月 5 日	22.1	18.3	14.4	9.2	16.0	96.3
3 月 15 日	24.6	17.0	13.5	9.0	16.0	93.8
3 月 25 日	22.4	16.2	13.0	8.9	15.1	92.5
4 月 5 日	16.4	16.2	12.7	9.0	13.6	90.0
4 月 15 日	16.2	16.1	12.5	8.8	13.4	90.0
4 月 25 日(CK)	15.0	15.0	12.0	8.9	12.7	88.8

玉米产量表现:3 月 5 日覆膜比 4 月 25 日覆膜增产 22.2%。3 月 15 日覆膜比 4 月 25 日覆膜增产 18.2%,比 4 月 15 日覆膜增产 13.7%;3 月 25 日覆膜比 4 月 25 日覆膜增产 15.3%,比 4 月15 日覆膜增产 10.9%;4 月 5 日覆膜比 4 月 25 日覆膜增产 10.8%, 比 4 月 15 日覆膜增产 6.6%(表 2–2–26)。由土壤水分、产量变化看,覆膜时间以 3 月中上旬为好,3 月上旬最佳。

表 2–2–26 不同覆膜(半膜)时间的玉米产量构成因素及产量

覆膜时间	穗长/cm	秃尖长/cm	穗粗/cm	穗行数/(行·穗$^{-1}$)	行粒数/(粒·行$^{-1}$)	百粒重/g	平均产量/(kg·hm^{-2})	较 CK 增产/%	产量位次
3 月 5 日	19.1	0.8	5.7	17.2	37.0	27.6	3 583.5	22.2	1
3 月 15 日	18.8	0.9	5.7	17.0	36.7	27.6	3 466.8	18.2	2
3 月 25 日	18.4	0.9	5.6	16.6	35.1	27.5	3 383.5	15.3	3
4 月 5 日	18.0	1.1	5.5	16.6	34.0	27.1	3 250.2	10.8	4
4 月 15 日	18.0	1.0	5.3	16.4	33.3	26.9	3 050.2	4.0	5
4 月 25 日(CK)	17.3	1.2	5.2	16.2	31.6	26.6	2 933.5	—	6

第四节 全膜双垄覆盖垄侧播种栽培技术

全膜双垄覆盖垄侧播种栽培技术是甘肃省农业技术推广总站探索出的一种全新的覆盖抑蒸、抗旱保墒技术模式。该技术从集雨和抑制土壤水分蒸发的原理出发,通过对大小垄面覆盖地膜,充分接纳作物生长期间的降水,特别是春季 5~10 mm 的微小降水,进而有效解决因春季干旱影响播种的问题,达到最大限度地蓄纳降水、抗旱保墒的效果。2006 年宁夏旱作农业区引入该技术,在玉米、马铃薯、谷子、大豆、蚕豆、向日葵等作物上开展了生态、经济效益试验及相关配套技术、综合技术研究。经过10年的消化创新，形成了具有宁夏特色的全膜双垄覆盖垄侧播种栽培技术体系，取得了显著的生态、经济、社会效益，为宁夏旱作农业区抗旱减灾、粮油增产提供了重要技术支撑，也为增加农业综合效益和提高科技水平积累了丰富的经验。

一、全膜双垄覆盖垄侧播种栽培技术的原理

（一）雨水富集叠加理论

改变地表微地形（起垄形成垄+沟+垄的地形），在微地形上覆盖地膜，形成作物种植区和非种植区（覆盖区），使非种植区的降雨叠加到作物种植区，存贮到土壤水库中，并通过优化产生径流的面积与接受径流的面积之比，使两部分面积的水集中到一起利用，从而使同等降雨条件下作物种植区的水分增加1倍以上，保障作物正常生长，使作物始终处在良好的水分供应环境，提高作物生产的水分满足率而获得理想的产量。

（二）雨水就地入渗理论

改变地表微地形下垫面，减缓地表径流水力坡度，降低径流速度，增加地表径流在一定区域内的滞留时间，就地拦蓄雨水，使之入渗土壤，并通过土壤水库的储蓄调节功能，达到雨水资源的高效利用。

（三）覆盖抑蒸理论

进入土壤中的水通过地表蒸发、植物有效蒸腾和土壤水库储备3个过程实现再分配。在半干旱区，土壤水分主要通过地表蒸发变为无效损耗，且蒸发量大，一般是降水量的3~4倍。有限的降水入渗土壤后，只有与覆盖措施结合起来，在土壤和大气间形成一个隔离层，阻断土壤中气体与大气的交换通道，才能减少土壤水分的蒸发损失，将降水保蓄在土壤中，供作物生长利用，达到雨水高效利用的目的。

二、全膜双垄覆盖垄侧播种栽培技术的优势与特点

全膜双垄覆盖垄侧播种栽培技术依据雨水富集叠加、雨水就地入渗、覆盖抑蒸三大理论，把膜面集雨、覆盖抑蒸、垄侧种植三大技术融为一体。其创新点：一是改变了地膜覆盖方式，将半膜平铺覆盖变为起垄全地面覆盖；二是将垄上种植变为垄侧种植。这一技术有效解决了天然降水的高效利用问题，是地膜覆盖栽培技术的又一次革命。

全膜双垄覆盖垄侧播种技术与半膜平铺技术相比，具有如下五个优势：

一是常规的半膜平铺技术地面覆盖率低，一般只有50%~60%，土壤水分大部分以无效蒸发的形式损失，保墒效果差；而全膜双垄覆盖垄侧播种技术全地面覆盖地膜后，形成了整个地面与大气间的隔离层，阻断了土壤中水分的蒸发，使降水全部保蓄在土壤水库，最大限度地抑制了因地表裸露而造成的水分大量无效蒸发，最大限度地发挥了保墒作用。

二是常规的半膜平铺技术对雨水的集蓄效果差，雨水利用率低；而全膜双垄覆盖垄侧播种技术通过田间微工程（垄+沟+垄）和全地面覆盖地膜，使整个田间形成沟垄相间的集雨场，能将作物生育期间农田的全部降雨拦截与汇集。

三是常规的半膜平铺技术只能集蓄作物种植区膜面的小部分雨水；而全膜双垄覆盖垄侧播种技术通过整个田间集雨场的拦截，使作物种植区和非种植区的降水都汇集到沟内，最后聚集到作物根部，成倍增加了作物根区的实际降雨量，实现了雨水的富集叠加利用。特别是能有效拦截春季10 mm以下的微小降

水，通过膜面汇集到沟内，能有效解决旱作农业区因干旱严重影响播种和苗期缺水的问题。

四是具有显著的增温效果，促进了农业结构调整。全膜覆盖与垄侧种植相结合，既能防止外界冷空气的袭击，又能减少地面热量向外散失。白天吸收的太阳能可以转化为热量，并贮存到深层土壤中，到夜晚地表辐射散热时又可从深层释放热量传至地表，延缓地表附近温度的降低，减轻低温、晚霜冻的危害，有利于保全苗，为丰产奠定基础。

有效地积温的增加，为扩大作物种植面积、提高产量提供了条件，可使玉米提早成熟 7~10 d，并使玉米的适种海拔提高 200 mm 左右，使原来不能种植玉米的地区可以种植玉米，并且扩大了中晚熟品种的种植区域，促进了农业结构的进一步调整。

五是具有一定的生态效益。全膜覆盖能有效抑制田间杂草，减少除草的劳动力投入，还能有效减轻地表土壤的风蚀和降雨冲刷，减少水土流失，有利于保护耕作区土壤及生态环境。可充分发挥水肥协同效应，提高抗旱能力、降水利用率和水分利用效率，节约水肥资源，减少污染，改善生态环境。

全膜双垄覆盖垄侧播种技术的特点：

一是效益高，效果稳。该技术成功地减小了作物产量波动的幅度，并将产量稳定在较高的水平上，与传统半膜覆盖方式相比，增产幅度在 25%~30%，且不同年景、地域，增产效果都十分稳定。

二是投资少，见效快。该技术与传统的旱作农业及灌溉农业相比投入少，每公顷仅需投入地膜 127.5 kg，农民有承受能力，且当年即可获得成倍收益。

三是易操作，适应广。该技术在传统地膜覆盖技术的基础上进行创新，大田操作简单，不受复杂的配套设备制约。

三、全膜双垄覆盖垄侧播种栽培技术在宁夏旱作农业区的现实表现

全膜双垄覆盖垄侧播种栽培技术被引进宁夏旱作农业区以来，经多年试验、示范证实，生态、经济、社会效益十分显著。

(一)显著提高了土壤水分效应，实现了秋雨春用，保证了作物出苗和前期对水分的需求

1. 土壤含水量增加

以玉米全膜双垄覆盖垄侧播种技术为例，0~20 cm、20~40 cm 土壤含水量 3 种全膜双垄覆盖(即秋季、早春、播期覆膜)与播期半膜覆盖比较，播种期高2.1 个百分点、2.09 个百分点，出苗期高 4.37 个百分点、4.14 个百分点，拔节期高2.99 个百分点、3.06 个百分点。其中秋季全膜双垄覆盖垄侧播种效果最好，3 年定点观测加权平均，秋季全膜双垄覆盖翌年玉米播期 0~20 cm、20~40 cm、40~60 cm 土层含水量分别达到 18.57%、17.87%和 16.37%，依次比秋季半膜平铺提高 4.37 个百分点、4.14 个百分点和 3.04 个百分点；0~60 cm 土层平均含水量达到 17.6%，比秋季半膜平铺提高 28.7%；0~100 cm 土层贮水量达到 228.7 mm，比秋季半膜平铺提高 24.5%；0~20 cm 土层贮水量占 0~200 cm 土层贮水量的比例为 14.7%，较秋季半膜平铺提高 4.6 个百分点，相对提高 45.5%。玉米全生育期，0~60 cm 土层平均含水量秋季全膜双垄覆盖为15.54%，而秋季半膜覆盖为 13.8%，增幅12.68%，比播期半膜覆盖高2.8 个百分点，增幅22%。这一技术有效地满足了作物出苗、生长前期对水分的需求，保证了全苗。

2. 1 m 内土壤贮水量增加

据 2009 年在玉米主产区彭阳县城阳乡涝池村测定，秋季全膜双垄覆盖 1 m 内土壤贮水量播种期、出苗期、拔节期分别比播期半膜平覆多贮水 63.2 mm、59.8 mm、56.8 mm，分别增加 39.47%、41.4%、45%。

3. 降水利用率大幅提高

经试验测定，玉米 3 种全膜双垄覆盖垄侧播种技术降水利用率平均达 70%，比播期半膜覆盖高 11 个百分点，其中秋季全膜双垄覆盖的降水利用率最高，达75.9%。马铃薯全膜双垄覆盖垄侧播种技术降水利用率较高，平均达 76.53%，比播期半膜覆盖高 7.82 个百分点，其中秋季全膜双垄覆盖最高，达 88.17%。谷子全膜双垄覆盖垄侧穴播技术降水利用率达 70%，比播期半膜覆盖高 4 个百分点，比露地种植高 6.3 个百分点。水分利用效率显著提高，玉米全膜双垄覆盖垄侧播种技术平均达 31.8 kg/(mm·hm^2)，比播期半膜覆盖高 5.23 kg/(mm·hm^2)，增幅为 19.7%，其中秋季全膜双垄覆盖最高，达 33.3 kg/(mm·hm^2)，比播期半膜覆盖高 6.7 kg/(mm·hm^2)，增幅达 25.2%；马铃薯水分利用效率达 80.59 kg/(mm·hm^2)，比播期半膜覆盖高 10.45 kg/(mm·hm^2)，增幅为 14.9%；谷子全膜双垄覆盖垄侧穴播水分利用效率达 14.12 kg/(mm·hm^2)，比播期半膜覆盖高 20%左右。向日葵全膜双垄覆盖垄侧播种降水利用率比播期半膜覆盖提高 18.37%。

（二）增加了地积温，有利于作物的生长发育，增强了作物的抗逆能力，特别是有利于作物中晚熟、晚熟品种种植区域的扩大

彭阳县农业技术推广服务中心在海拔 1 620 m、年降水量 450 mm 的彭阳县城阳乡涝池村连续 3 年（丰水年、平水年、旱年）观测，3 种全膜双垄覆盖垄侧播种方式下，玉米全生育期 0~20 cm 土层≥0℃有效地积温平均达 3 332.87℃，比播期半膜覆盖高423.4℃。原州区农业技术推广服务中心在海拔 1 750~1 800 m 的固原市南郊南塬地区观测，3 种全膜双垄覆盖方式下，玉米全生育期 0~25 cm 土层≥0℃有效地积温平均为 3 144.82℃，比播期半膜覆盖高 502℃，可满足玉米中晚熟品种所需≥0℃有效地积温的要求。隆德县农业技术推广服务中心在半湿润偏旱区海拔 1 870~1 900 m 的隆德县凤岭地区观测，全膜双垄覆盖方式下，玉米全生育期 0~20 cm 土层≥0℃有效地积温平均为 2 418.3℃，比播期半膜覆盖高 200℃以上，可满足玉米中早熟品种对温度的需求，为扩大地膜玉米种植区域和中早熟、中晚熟、晚熟品种种植区域提供了理论依据。马铃薯播种至出苗期 0~20 cm 耕作层地温全膜双垄覆盖比播期半膜覆盖增加22.86℃，出苗至现蕾期增加 43.7℃，由于地温升高，马铃薯出苗早、苗齐、苗壮，株高比播期半膜覆盖增加5 cm，分枝数增加 2 个，大中薯率提高 6.9 个百分点，单株薯重增加 0.12 kg。

地积温增加，明显加快了作物生育进程，使玉米成熟期提前，比播期半膜覆盖提前 7~10 d，减轻了早霜的危害，使宁夏旱作农业区玉米适种海拔由 1 800 m 提高到2 000 m，增加了 200 m；促进了高海拔地区种植结构的调整，扩大了玉米、谷子的种植面积，同时可将作物早熟品种改为中熟、中晚熟、晚熟品种，在不增加种植面积的情况下，较大幅度地提高粮食产量。

（三）有利于改善土壤结构

实施全膜双垄覆盖垄侧播种，能够抑制土壤水分蒸发，避免农田地表的风吹雨淋，减少田间机械耕作和农事作业对地表的直接踩压，从而有利于降低土壤容重，增加土壤孔隙度，改善土壤结构。试验结果表明，0~10 cm 土壤容重全膜双垄覆盖垄侧播种比露地平种降低 0.02 g/cm^3，10~20 cm 降低 0.03 g/cm^3；0~10 cm 土壤容重半膜覆盖平种比露地平种降低 0.018 g/cm^3，10~20 cm 降低 0.01 g/cm^3；全膜双垄覆盖垄侧播种比露地平种土壤耕作层孔隙度增加 9.72%，固相下降 7.13%，气相增加 3.12%，液相增加 34.1%。同时，目测覆膜农田表层土壤呈海绵状。

（四）促进作物生长发育，实现增产增收，改变了宁夏旱作农业区作物产量长期低而不稳的状态

全膜双垄覆盖垄侧播种由于水分、温度效应明显好于半膜覆盖，因而促进了作物的生长发育，增加干物质的制造和积累，显著改善了产量性状，单产高，经济效益大幅度增加，增产幅度在 22.4%~35.5%，

增效幅度在 10.9%~40.9%。玉米全膜双垄覆盖垄侧播种技术在半干旱偏旱区、半干旱区、半湿润偏旱区 3年10 个点次试验结果加权平均，秋覆膜、早春覆膜、播期覆膜3 种全膜双垄覆盖平均产量达 7 546.4 kg/hm^2，比播期半膜覆盖增产 2 042.41 kg/hm^2，增幅为 37.1%，其中秋季全膜双垄覆盖增幅最大，比播期半膜覆盖增加 47.6%。3 年定点监测分析结果显示，3 种全膜双垄覆盖垄侧播种栽培技术平均纯效益达 12 116.17 元/hm^2，比播期半膜覆盖增加 3 885.57 元/hm^2，增幅达 47.2%。

马铃薯在全膜双垄覆盖垄侧播种栽培技术条件下增产、增效也比较显著。据在宁夏旱作农业区 3 个类型区5 县 6 点次 3 年的试验资料统计，秋季全膜双垄覆盖、早春顶凌全膜双垄覆盖、播期全膜双垄覆盖比播期半膜覆盖平均增产 5 410.8 kg/hm^2，增幅 30%。其中，秋季全膜双垄覆盖增产最显著，比播期半膜覆盖平均增产 7 415.1 kg/hm^2，增幅 41.1%。纯效益比播期半膜覆盖提高 59.8%。

食用向日葵采用全膜双垄覆盖垄侧播种技术种植，增产、增效同样显著。全膜双垄覆盖垄侧播种比播期半膜覆盖增产 22.3%，经济效益提高 10.92%。谷子全膜双垄覆盖垄侧穴播（秋季、早春顶凌、播期全膜双垄覆盖垄侧穴播）平均产量达 4 107.7 kg/hm^2，比播期半膜覆盖增产 789.7 kg/hm^2，增幅 23.8%，比露地条播增产 1 474.6 kg/hm^2，增幅 56%，经济效益比播期半膜覆盖、露地条播分别提高 10.9%、61.98%。

（五）生态、社会效益显著，促进了旱作农业向生态农业转变

全膜双垄覆盖垄侧播种栽培技术大大提高了旱作农业的集约化水平和土地产出率，为改变广种薄收的局面创造了先决条件、奠定了物质基础。随着这一技术的推广，作物单产、总产大幅度提高，农民人均收入增加，退耕还林还草步伐加快，养殖业迅速发展，为实现农牧结合、优化生态环境、实现旱作农业向生态农业转变创造了前提条件。

四、全膜双垄覆盖垄侧播种栽培技术的覆膜技术

（一）覆膜时间

1. 秋季全膜双垄覆盖春季垄侧播种

秋季全膜双垄覆盖春季垄侧播种的核心是改春季播前起垄覆膜为秋季起垄覆膜，实现秋雨春用，适用于年降水量 250~500 mm 的半干旱区及半干旱偏旱区，具体包括彭阳县的红河、茹河流域及其北部，原州区东北部、城郊及清水河流域，西吉县葫芦河、滥泥河流域的川地、台地、塬地及梯田，海原县东南部及中部，同心县东南部，盐池县麻黄山一带。半湿润偏旱区及盐池县、同心县北部风沙地区不宜进行秋季覆膜，而应进行早春顶凌覆膜。该技术指在前作收获后及时整地施肥的基础上，于土壤封冻前（一般为 10 月中下旬至 11 月上旬）按大小双垄（双垄相间，总幅宽 110 cm，大垄底宽 70 cm、高 10~15 cm，小垄底宽 40 cm、高 15~20 cm，每个垄一大一小、一高一低形成两个集水垄面）在田间起垄，进行全地面覆膜。该技术可有效减少冬春季土壤水分的无效蒸发，最大限度地保蓄土壤水分，使土壤水分保持较高的水平，满足早春干旱条件下作物对水分的需求，真正实现秋雨春用。据测定，秋季全膜双垄覆盖 1 m 内土壤贮水量比播期半膜覆盖增加 63.2 mm，相当于每 666.7 m^2 增加 42.1 m^3 水，增幅为 39.47%。

2. 早春顶凌全膜双垄覆盖

早春顶凌全膜双垄覆盖是改播期覆膜为早春顶凌覆膜，即在早春土壤昼消夜冻时（一般为 3 月上中旬）及早整地，按大小双垄（双垄相间，总幅宽 110 cm，大垄底宽 70 cm、高 10~15 cm，小垄底宽 40 cm、高 15~20 cm；大小垄相接处为沟）在田间起垄，进行全地面覆膜。在早春土壤昼消夜冻时，土壤含水量较高，通过早春顶凌抢墒覆膜，能最大限度地保持土壤有效水分，可明显减少早春土壤水分的无效蒸发，使土壤水分

保持在较高水平，有效解决旱作农业区因春旱严重而影响播种的问题。据测定，早春顶凌全膜双垄覆盖播前 1 m 内土壤贮水量比播期半膜平铺增加 42.15 mm，相当于每 666.7 m^2 增加 28.1 m^3 水，增幅为 24.83%。

3. 播期全膜双垄覆盖

播期全膜双垄覆盖是指在播种时覆膜。在播前施肥整地的基础上按大小双垄（双垄相间，总幅宽 110 cm，大垄底宽 70 cm、高 10~15 cm，小垄底宽 40 cm、高 15~20 cm）在田间起垄，全地面覆盖地膜。据测定，播期全膜双垄覆盖玉米出苗期 1 m 内土壤贮水量比播期半膜平铺增加 5.5 mm，相当于每 666.7 m^2 增加 3.7 m^3 水。

4. 全膜双垄覆盖条件下作物收后留膜留茬越冬与播期全膜双垄覆盖结合

该技术以留膜留茬越冬代替休闲裸露、以免耕代替铧式犁翻耕，播前撕膜，刨取根茬，浅旋整地施肥，随即起垄覆膜、播种，可有效减轻冬春季土壤水分蒸发，使播前土壤含水量保持在较高水平。

（二）覆膜技术

1. 选地

选择地势平坦、土层深厚、土质疏松、肥力中上、土壤理化性状好、保水保肥能力强的川地、台地、塬地、梯田。切忌选用陡坡地、石砾地、沙土地。

2. 科学选茬，建立适合种植作物的轮作制度

3. 整地施肥

（1）要求进行 2 次整地：一是伏耕、秋耕，即在前茬作物收获后及时深耕灭茬，耕深达到 25~30 cm，夏茬地伏耕后遇雨要及时耙耱保墒，秋茬地随耕随耱。二是覆膜前浅耕，即在覆膜前浅耕整地，若采用机械起垄或机械覆膜，最好利用旋耕机耕地，做到上虚下实无根茬、地面平整无坷垃，为覆膜、播种、出苗创造良好的土壤条件。

（2）施肥。坚持增施农家肥、配施化肥、氮磷结合、合理配方的原则。农家肥全部基施。因宁夏旱作农业区生态类型多样，作物种类较复杂，应进行测土配方施肥。农家肥、磷钾化肥全部基施，氮肥根据作物需求，按配方施肥方案施肥。

4. 划行起垄

（1）制作划行器。用木材或钢筋按要求制作。全膜双垄覆盖需制作大行齿距 70 cm、小行齿距40 cm 的标准划行器。

（2）划行。用制作好的划行器划行，全膜双垄覆盖每带分大小两垄，总带宽 110 cm，大小垄在田间相间排列。划行时，首先距地边 35 cm 处划一边线，然后沿边线按照一小垄一大垄的顺序划完全田。

（3）起垄。要求川地、台地、塬地、梯田按作物种植走向开沟起垄，缓坡地按等高线开沟起垄。全膜双垄覆盖规格：大垄底宽 70 cm、高 10~15 cm，小垄底宽 40 cm、高 15~20 cm，每个垄沟对应一大一小、一高一低 2 个集雨垄面。要求垄和垄沟宽窄均匀，垄脊高低一致，垄面水平整洁。

起垄方式：若立地条件好、整地工作扎实、土壤疏松绵软，推荐使用由榆中县荣盛农机制造厂研制生产的1LFX（R）–40/80 小型施肥起垄机，用开沟器沿小垄划线开沟起垄，从实际应用情况看，这种机械简便实用，动力需求量小，且施肥、起垄一次完成，田间作业效率高，形成垄面质量好。也可用步犁开沟起垄，沿小垄划线来回向中间翻耕起小垄，将起垄时的犁臂落土用手耙刮至大垄中间形成垄面。用整形器整理垄面，使垄面隆起，防止凹陷而不利于集雨。需要注意的是不论采取哪种开沟起垄方式，都必须起垄、覆膜连

续作业，防止土壤风干和水分散失。

5. 土壤消毒

地下害虫为害严重的地块，整地起垄时每公顷用40%辛硫磷乳油7.5 kg加细沙土450 kg，拌成毒土撒施。

杂草危害严重的地块，整地起垄后用50%乙草胺乳油1 500 g/hm^{2}兑水750 kg/hm^2，全地面喷雾，然后覆盖地膜。在土壤湿度大、温度高的地区，用乙草胺乳油750~1 050 g/hm^{2}兑水450 kg/hm^{2}喷雾；冷凉地区用乙草胺乳油2 250~3 000 g/hm^{2}兑水600~750 kg/hm^{2}喷雾。

6. 及时覆膜

（1）选膜。

①膜厚。秋覆膜在地面上滞留近8个月，比春覆膜长出约一个季度，而且干旱地区冬春风大沙多，很容易造成地膜机械损伤。因此，把好地膜质量关十分关键。试验研究表明，要选择高密度、高强度、长寿、耐老化的优质地膜，厚度达到0.01 mm即可。为了减少地膜污染，早春、播期覆膜也选用高密度、高强度、长寿、耐老化的优质地膜，厚度达到0.01 mm。

②膜宽。膜宽以120 cm为宜，每公顷用量127.5 kg。

③膜色。喜温作物，宜选用白色膜。喜冷凉作物如马铃薯，宜选用黑色膜。

（2）覆膜方式。

①人工覆膜。全膜双垄覆盖选用幅宽120 cm的地膜。沿边线开5 cm深的浅沟，地膜展开后，靠边线的一边在浅沟内用土压实，另一边在大垄中间，沿地膜每隔1 m左右，用铁锹从膜边下取土原地固定，并每隔2~3 m横压土腰带；铺完第一幅膜后，将第二幅膜的一边与第一幅膜在大垄中间相接，膜与膜不重叠，从下一大垄垄侧取土压实，依次类推，铺完全田。覆膜时要将地膜拉展铺平，从垄面取土后随即整平。

②机械覆膜。采用专用起垄覆膜机械，一次性完成开沟、起垄、施肥、整地、喷药、铺膜等作业。其覆膜质量好，进度快，节省地膜，作业效率高。

7. 覆膜后管理

田间覆膜完成后，要切实抓好防护管理工作，严禁牲畜入地践踏、防止大风揭膜，要经常沿垄沟逐行检查，一旦发现破损，及时用土盖严。覆膜1周后要在垄沟内隔50 cm及时扎一直径3 mm的渗水孔，以便降水入渗。

第五节　玉米全膜双垄覆盖垄侧播种栽培技术

自20世纪80年代中期在宁夏旱作农业区推广玉米地膜覆盖技术以来，特别是2006年后从甘肃省引进全膜双垄覆盖沟播技术，经消化创新，形成了具有宁夏特色的玉米全膜双垄覆盖垄侧播种栽培技术体系，旱作玉米发展极快，覆膜面积2016年达14.46万hm^2，比2012年增长68%，其中全膜双垄覆盖垄侧播种栽培面积达3.6万hm^2，占覆膜面积的24.8%，现已普及。玉米已成为宁夏旱作农业区的主栽作物。

一、玉米在宁夏旱作农业区的地位

玉米在宁夏旱作农业区具有重要的战略地位，发展玉米是粮食增产、农业增效、农民增收新的增长点。

（一）玉米在宁夏旱作农业区是农牧结合的纽带，是草畜产业发展的支柱

玉米籽粒易消化，营养价值高，具有“饲料之王”的美誉，茎叶鲜嫩、多汁爽口，是上乘的青饲料和青贮饲料来源。因此，玉米既是优质的精饲料，又是优质的青饲料。

宁夏旱作农业区农业发展总的思路是“生态优先、草畜主导、特色种植、产业开发”，发展养殖业是增加农民收入的最佳选择。发展玉米可为养殖业提供精饲料、青饲料和青贮饲料，养殖业又为种植业提供肥料，培肥土壤，为玉米提供良好的生长发育条件，保证玉米丰产丰收。玉米连作数年，与马铃薯轮作，又可保证特色产业马铃薯的发展。所以玉米是农牧结合、发展畜牧业及农业循环经济最好的作物。

（二）玉米是保证宁夏旱作农业区粮食稳定增产新的增长点

玉米是 C_4 作物，增产潜力大。玉米呼吸作用消耗干物质少，而光合效率比较高，净光合效率比小麦高出 2~3 倍，增产速度快，并能持续增产。

玉米是需水较多的作物，但由于根系发达，能利用黄土高原土壤深层贮水，能忍耐较长期的萎蔫，是抗旱节水型作物，水分利用率高。在宁夏旱作农业区，覆膜可增加地积温，解决积温不足的问题，使玉米种植区域扩大，单产提高，总产增加，从而保证粮食安全。

（三）玉米是带动宁夏旱作农业区发展以玉米籽粒及其副产品为原料的加工工业的基础

玉米籽粒能量高，脂肪含量约 4%（高油玉米达 7%~10%），并且含有较高的维生素和矿物质。以玉米为原料可加工 100 多种美味主、副食品。玉米脂肪中富含亚油酸（50%以上），可减少胆固醇在血管中的沉积，防止高血压、心脏病的发生，并对糖尿病有积极的防治作用。同时玉米富含谷胱甘肽、谷氨酸、维生素E、硒和镁，这些营养元素对防癌、抗癌和延缓衰老有一定作用。据报道，以玉米籽粒及其副产品为原料加工的工业产品达 2 000 种，在人民生活、工农业生产中广泛应用。其中最主要的有玉米淀粉、玉米糖浆、玉米油、玉米酒精等。淀粉是食品、医药、化工等工业的重要原料。饲料加工更离不开玉米，随着深加工技术的发展，玉米工业用途将更广泛。玉米综合利用价值高，玉米淀粉工业的下脚料可以生产饲料、化学肥料等；玉米的秸秆可用作食用菌的培养基；玉米穗轴可用来生产电木、漆布、黑色火药、人造纤维等；玉米穗轴和秸秆是提取糠醛、制造尼龙和高级塑料的重要原料，还可以用来制造胶板、纸张、人造纤维等；玉米苞叶是编织精美手工艺品的良好原料。因此，发展玉米可带动宁夏旱作农业区地方工业的发展。

二、玉米生长发育对环境条件的要求

（一）玉米对温度的要求

玉米原产于中南美洲热带地区，在系统发育的过程中形成了喜温的特性，适宜温度是玉米获得高产的重要条件。据《宁夏玉米栽培》介绍，早熟品种需要≥10℃的积温 2 000~2 300℃，中熟品种需要≥10℃的积温 2 300~2 800℃，晚熟品种需要≥10℃的积温 2 800~3 000℃。一个品种一生所需的有效积温相对稳定，温度高时生育期缩短，相反，生育期延长。温度过高过低都会造成生理障碍，导致生长发育受阻。

玉米不同生育期对温度的要求不同，生产中地温 6~8℃时种子可以发芽，但发芽很慢，10~12℃时可以正常发芽，28~35℃时发芽最快。生产上把土壤表层 5~10 cm 温度稳定在 10℃以上的时期作为春播玉米的适宜播期。出苗适宜温度为 15~20℃，玉米苗期对低温有一定的抵抗能力，幼苗在-2~-3℃时虽然会受到

伤害，但及时加强管理，或低温持续时间短，气温回升快，植株还可恢复生长，对产量不会有很大影响。

春玉米在日平均温度达到18℃时开始拔节。拔节至抽雄期的生长速度在一定范围内与温度呈正相关。最适日温为24~28℃，最适夜温为16~18℃，低于14℃和大于32℃对生长发育不利。穗期在光照充足，水分、养分适宜的条件下，日平均温度为22~24℃时，既有利于植株生长，也有利于幼穗发育。

玉米花期要求最适日平均温度为26~27℃，此时空气湿度适宜，可使雄、雌花序开花协调，授粉良好。低于18℃时，不利于开花授粉。当温度高于32℃、空气湿度接近30%、土壤田间持水量低于70%时，雄穗开花持续时间缩短，雌穗抽丝期延迟，从而使雌、雄花序开花间隔时间延长，易造成花期不能相遇。同时由于高温干旱，花粉粒在散粉后1~2 d内即迅速失水（花粉含60%水分）甚至干枯，丧失发芽能力。花丝也会过早枯萎，寿命缩短，严重影响授粉，造成秃顶、缺粒。玉米籽粒形成和灌浆成熟期间，仍然要求有较高的温度，以促进同化作用。

受精后整个灌浆过程最适日温为20~24℃，最适夜温为16~18℃。玉米成熟后期，温度逐渐降低，有利于干物质的积累，此期最适合玉米生长的日平均温度为22~24℃。在此范围内，温度越高，干物质积累越快，穗粒重越大。当温度低于16℃或大于30℃时，玉米的光合效率降低，淀粉酶的活性受到抑制，影响淀粉合成、运输和积累，导致粒重降低，影响产量。

（二）玉米对光照的要求

光是玉米绿色叶片进行光合作用的主要能源，玉米生物产量的95%以上来自光能，矿物质元素只占5%。因此，采取各项技术措施都是为了直接或间接地利用光能，提高光能利用率。

玉米是C_4作物，属高光效作物，其光补偿点为300~1 800 lx，光饱和点在10万lx以上，在田间自然光照下无光饱和点，在正常的光量范围内，随光照强度的增加，玉米光合强度成比例增加。另外，玉米叶正面与叶背面照光后，光合强度无明显差异，紧凑型直立叶型品种叶片两面均能受光，因此，产量高于平展型品种。

玉米属短日照作物，一般要求播种至乳熟期日照时间每天至少7 h，乳熟至成熟期日照时间每天要大于8 h。玉米大多数品种的临界日照时间为14.5~15 h。

（三）玉米对水分的要求

玉米是高产作物，植株高大，需水较多。据资料介绍，一株发育正常的玉米，一生中需要耗水150 kg左右，超过自身体重的100倍（玉米的需水量也称耗水量，是指玉米生长期内所消耗的水量，包括玉米在一生中棵间蒸发和叶面蒸腾所消耗的水分）。玉米是C_4作物，需水系数较低，是用水比较经济的作物，水分利用率高，合成1 g干物质的需水量为371 g，小麦为540 g。玉米根系发达，入土深，在西北黄土高原能利用土壤深层储蓄水，能忍耐较长期的萎蔫，证明玉米仍有一定的抗旱能力。

玉米各生育阶段的蒸腾系数在250~500。因为玉米植株比较高大，一生制造的干物质比较多，而且生育期多处于高温季节，所以绝对耗水量很大。玉米全生育期需水量受产量、品种特性、栽培条件、气候等诸多因素的影响。一般来说，玉米的需水量在一定产量条件下，在一定区域内是个相对稳定的数值。玉米一生的总耗水量，春玉米为2 550~6 000 m^3/hm^2，需水高峰期为拔节至抽雄阶段。

玉米适宜的土壤含水量：播种期为田间最大持水量的65%~75%，低于55%出苗不齐，高于80%出苗率下降；出苗至拔节期为田间最大持水量的60%左右，拔节至抽雄期为田间最大持水量的70%~75%，抽雄至吐丝期为田间最大持水量的80%~85%，吐丝至乳熟期为田间最大持水量的75%~80%，完熟期为田间最大持水量的60%左右，低于上述指标则出现干旱。

据《作物栽培学各论》（北方本）玉米一章介绍，播种至拔节期耗水量约占总耗水量的18%，日平均耗水量 30 m^3/hm^2 左右。虽然该阶段耗水少，但春播区早春干旱多风，不易保墒。土壤墒情不足会导致出苗困难，苗数不足。水分过多，则易造成种子霉烂，影响正常发芽出苗。拔节至吐丝期植株生长速度加快，生长量急剧增加。此期气温高，叶面蒸腾作用强烈，生理代谢活动旺盛，耗水量加大，约占总耗水量的 38%，日平均耗水量达 45~60 m^3/hm^2。大喇叭口至开花期是决定有效穗数、受精花数的关键时期，也是玉米需水的临界期。此期水分不足会引起小花大量退化和花粉粒发育不健全，从而减少穗粒数。抽雄开花时干旱易造成授粉不良，影响结实率，有时造成雄穗抽出困难，俗称"卡脖旱"，严重影响产量。因此，满足玉米大喇叭口至抽雄开花期对土壤水分的要求，对增产尤为重要。吐丝至灌浆期水分条件对籽粒库容大小、籽粒败育数量及籽粒饱满程度都有影响。此期同化面积仍较大，耗水强度也比较高，日平均耗水量可达 45~60 m^3/hm^2，阶段耗水量占总耗水量的32%左右。在该阶段应保证土壤水分相对充足，为植株制造有机物质并顺利向籽粒运输、实现高产创造条件。灌浆至成熟期耗水较少，但玉米叶面积系数仍较高，光合作用也比较旺盛，日平均耗水量可达 36 m^3/hm^2，阶段耗水量占总耗水量的 10%~30%。生育后期适当保持土壤湿润，有利于防止植株早衰、延长灌浆持续期，同时也可提高灌浆强度，增加粒重。

（四）玉米对土壤的要求

玉米根层密，数量大，一株玉米根总长度达 1 000~2 000 m，垂直入土深度可达 1 m 以下，甚至 2 m，水平分布在 1 m 左右，主体根系主要分布在 0~40 cm 以内的土层中，在土壤中形成了一个强大而密集的根系群。因此，玉米需要土层深厚、土质疏松、空隙适宜、保水保肥能力强，水、肥、气、热诸因素协调，能满足生长发育要求的土壤。黏重土壤结构紧密，通气性较差，雨后容易板结，根系生长弱，幼苗发育不良。沙性土壤结构疏松，通气性好，保苗容易，但保水保肥能力差，不利于根系发育，后期容易脱肥早衰。盐渍地排水性能差，通气性不好，加之玉米耐盐碱能力低，不宜种植玉米。沙壤土种植玉米最好。

据《作物栽培学各论》（北方本）玉米一章介绍，玉米高产田土层厚度要在 80 cm 以上，耕作层具有疏松绵软、上虚下实的土体结构，土壤容量在 1.1~1.3 g/cm^3，土壤空气中含氧量在 10%~15%。熟化土层渗水快，心土保水性能好，抗涝、抗旱能力强。耕作层有机质和速效养分含量高，各地对每公顷产量 7 500 kg 的田块土壤分析结果显示，土壤有机质含量均在 10 g/kg 以上、碱解氮 60 mg/kg、P_2O_5 17 mg/kg、K_2O 100 mg/kg 以上，每公顷产量 11 250 kg 的高产田土壤有机质含量在 15 g/kg 以上、碱解氮 70 mg/kg、P_2O_5 25 mg/kg、K_2O 120 mg/kg 以上，土壤速效养分含量高且比例适当，养分转化快，并能持续均衡供应，玉米不出现脱肥和早衰。pH 以6.5~7 最好（玉米对 pH 的要求为 5~8）。

（五）玉米对肥料的要求

玉米生长发育所需的营养元素中，大量元素为氮、磷、钾，中量元素为钙、镁、硫，微量元素为铁、锰、铜、钼、硼等。玉米一生对矿物质元素吸收最多的是氮，其他依次为钾、磷、镁、硫、铁、锌、锰、硼、钼。据《作物栽培学各论》（北方本）玉米一章介绍（表 2-2-27），玉米生产 100 kg 籽粒需要大量元素的基本数量与比值为：$N:P_2O_5:K_2O$ 为 2.5（kg）:1.0（kg）:2.5（kg）。随着玉米产量的增加，单位面积玉米的 N、P_2O_5、K_2O 吸收总量随之增加，但形成 100 kg 籽粒所需的 N、P_2O_5、K_2O 减少，肥料利用率提高。相反，在低产水平条件下，形成100 kg 籽粒所需的矿物质元素增加。因此，确定玉米需肥量时应当考虑产量水平间的差异。

又据佟屏亚 1990 年综合全国 16 例玉米需肥规律研究报道，每生产 100 kg 籽粒，需吸收氮、磷、钾分别为 2.84 kg、1.22 kg 和 2.49 kg，其比例为 1:0.43:0.87，随着密度增大和产量增加，肥料利用率相对提高。据《作物栽培学各论》（北方本）介绍，玉米氮、磷、钾的吸收积累量从出苗至乳熟期随植株干重的增加而增加，而且钾的快速吸收期早于氮和磷（图 2-2-1）。

表 2-2-27 玉米不同产量对氮、磷、钾的吸收量

籽粒产量/(kg·hm^{-2})	N		P_2O_5		K_2O	
	吸收量/(kg·hm^{-2})	100 kg 籽粒吸收量/kg	吸收量/(kg·hm^{-2})	100 kg 籽粒吸收量/kg	吸收量/(kg·hm^{-2})	100 kg 籽粒吸收量/kg
1 699.5~3 000	37.50~96.00	2.21~3.85	13.05~54.00	0.77~1.80	17.55~91.50	0.99~2.44
3 000~6 000	90.00~234.00	1.79~4.43	37.50~90.00	0.78~1.73	60.00~199.70	1.38~3.41
6 000~9 000	154.10~241.50	2.14~3.74	49.95~96.30	0.77~1.44	109.95~271.05	1.61~3.66
9 000~12 000	187.10~264.00	1.97~2.76	60.00~94.50	0.63~1.03	190.50~448.50	1.42~3.83
12 000~15 000	228.00~273.00	1.70~1.87	73.50~132.90	0.50~0.99	256.50~310.80	1.75~2.32
15 000~18 966	385.95	2.03	160.50	0.85	445.65	2.35

注：本表为国内外不同条件下实验结果的汇集，引自《作物栽培学各论》(北方本)。

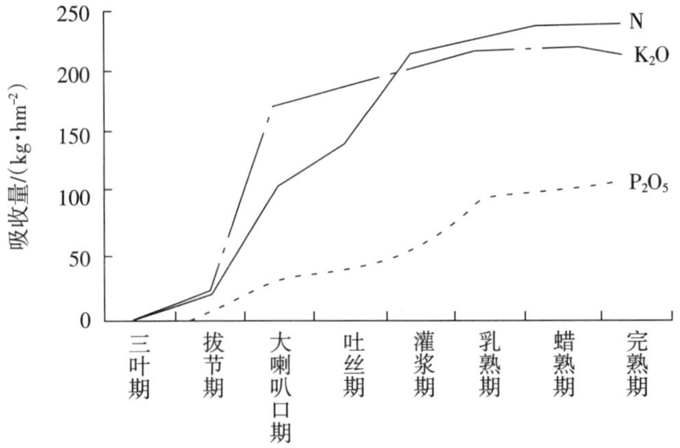

图 2-2-1 玉米对氮、磷、钾元素的吸收
(河北农业大学，1996)

不同时期玉米对三要素的吸收百分率不同，苗期 0.79%~0.9%，拔节期 4.3%~4.6%，大喇叭口期 34.8%~49%，抽雄期 49.5%~72.5%，授粉期 55.6%~79.4%，乳熟期 90.2%~100%。玉米抽雄以后吸收氮、磷的数量均占 50%左右。因此，要想获得玉米高产，除要重施穗肥外，还要重视粒肥的供应。

从玉米每日吸收养分百分率来看，氮、磷、钾吸收强度最大时期是拔节至抽雄期，即以大喇叭口期为中心的时期，日吸收量为一生吸收总量的 1.83%~2.79%。阶段吸收量，拔节至抽雄期吸收氮 46.5%，磷 44.9%，钾 68.2%。可见，此期重施穗肥、保证养分的充分供给是非常重要的。此外，在授粉至乳熟期，玉米对养分仍保持较高的吸收强度(日吸收量占一生吸收总量的 1.14%~2.03%)，这个时期是产量形成的关键期。

从籽粒中氮、磷、钾的来源分析，籽粒中三要素的积累总量约有 60%是由前期器官积累转移进来的，约有 40%是由后期根系吸收的。这进一步证明，玉米施肥不但要打好前期基础，也要保证后期养分的充分供应。

三、制约宁夏旱作农业区玉米发展的因素

(一)积温不足

据《宁夏气候与农业》介绍，宁夏旱作农业区玉米播种至成熟所需≥10℃积温值，极早熟品种 2 100℃、

早熟品种 2 400~2 500℃、中熟品种 2 500~2 600℃、晚熟品种 2 600~2 700℃。在半湿润偏旱区隆德县沙塘镇、凤岭乡、桃山乡、杨沟乡，7 月份的降水量大于110 mm，但≥10℃积温为 2 100~2 200℃，只适合种植极早熟品种。半干旱区≥10℃积温平均为 2 400℃，只能种早熟品种。红河、茹河流域≥10℃积温较高，为 2 600℃，年降水量在 500 mm 左右，7 月份的降雨量为 90~110 mm，也只能种中熟品种中单 2 号。原州区头营镇、彭堡镇、三营镇、黄铎堡镇、河川乡，西吉县兴隆镇，彭阳县孟塬乡、冯庄乡、古城镇、新集乡，7 月份降雨量在 70~90 mm，≥10℃积温为 2 300~2 500℃，只适合种植早熟品种，盐池县黄麻山乡、同心县预旺镇到海原原一线≥10℃积温在 2 392~2 492℃，同样只能种植早熟品种。早熟、中早熟品种产量低、效益差。

（二）干旱

宁夏旱作农业区地处我国黄土高原西北部，由于受大陆性气候影响，降水不足，大部分地区年降水量在 300~500 mm，境内地下水埋藏深，又很少有外来河流入境，致使旱作面积占总耕地面积的 86.4%，作物生产依赖天然降水，降水年际变幅大，干旱发生概率达 68%。降水分布与玉米的需水规律往往不能吻合。宁夏旱作农业区玉米生育期内易受春旱、伏旱和“卡脖旱”的危害。春旱指出现在 3—5 月份的干旱。春旱主要影响玉米的播种、出苗和苗期生长。宁夏旱作农业区属内陆地区，春季干燥多风，水分蒸发量大，遇冬春枯水年份，土壤易干旱，播种至出苗阶段，表层土壤水分亏缺，通常干土层达到 4~5 cm，最大达到 8~12 cm，种子处于干土层，不能发芽出苗，播种推迟，易造成缺苗；出苗的地块因干旱苗势较弱。苗期轻度水分胁迫对玉米生长发育影响较小。进入拔节期，植株生长旺盛，受旱玉米群体整齐度差，植株矮小，叶茎短窄，植株上部叶间距小。结实率低，构成产量的三要素大幅度下降，从而严重影响产量。干旱对玉米不同生育期产量构成因素及产量的影响不同。据固原市原州区农业技术推广服务中心研究，拔节期重度干旱可使穗粒减少 15.9%，减产 19.8%；抽雄至吐丝期重度水分亏缺导致单位面积有效穗数、穗粒数和穗粒重减少，可使减产幅度高达 40.4%；灌浆期干旱可导致籽粒干重和体积分别下降 33.4%和 31.9%。籽粒对水分胁迫敏感的时期从吐丝后 2~7 d 开始，吐丝后12~16 d 结束，吐丝后 12~16 d 水分胁迫造成粒重降低 50%。

宁夏旱作农业区从入伏到出伏（7 月上旬至 8 月中旬）出现较长时间的晴热少雨天气（即伏旱），其危害比春旱更严重，故有“春旱不算旱，夏旱减一半”的农谚。伏旱发生时期正是玉米由营养生长向生殖生长过渡并结束过渡的时期，叶面积指数和叶面积蒸腾均达到其一生的最高值，生殖生长和体内新陈代谢旺盛，同时进入开花、授粉阶段，为玉米需水的临界期和产量形成的关键需水期。受伏旱危害后植株矮化，叶茎由下向上干枯。干旱对玉米产量性状的影响与受旱时期有关，抽雄至吐丝期高温干旱影响授粉，秃尖较长，严重时出现空秆；籽粒形成初期受旱造成一部分籽粒败育；灌浆期受旱，果穗上部瘪粒严重。

“卡脖旱”是指玉米孕穗期受旱。玉米抽雄前 10~15 d 至抽雄后 20 d 是玉米一生中需水量最多、耗水量最大的时期，是水分临界期，对水特别敏感。此时缺水，雄穗处于密集的叶丛中，抽出困难，叶节间密集而短，直接影响雌穗的授粉，雄穗或雌穗抽不出来，似卡脖子。“卡脖旱”影响抽雄和小花分化，幼穗发育不好，果穗小，籽粒少，还会造成雄、雌穗间隔期太长，授粉不良。

表 2-2-28　宁夏农田土壤墒情及旱情评价指标（0~50 cm）

指标	墒情			旱情			
	湿润	正常	不足	轻度干旱	中度干旱	重度干旱	极度干旱
自然含水量/%	>20	16~20	<16	12~16	8~11	6~7	<6

表 2-2-29 玉米不同生育期适宜土壤含水量

生育期	土壤深度/cm	土壤相对含水量/%
播种期	0~20	60~70
苗期	0~20	55~60
拔节期	0~40	65~80
抽雄吐丝期	0~60	70~80
灌浆期	0~80	70~80
成熟期	0~80	60~70

表 2-2-30 宁夏旱作农业区玉米土壤旱情评价指标

生长时期	土层深度/cm	田间持水量/%	轻度干旱			中度干旱			重度干旱		
			土壤含水量/%	土壤饱和含水量/%	作物表现	土壤含水量/%	土壤饱和含水/%	作物表现	土壤含水量/%	土壤饱和含水/%	作物表现
出苗	0~20	25.3	15.2~17.7	60~70	出苗时间过长,出苗率下降,小苗不整齐	13.9~15.2	55~60	出苗缓慢,缺苗严重,常造成断条	<13.9	<55	出苗不足一半,小苗干枯,造成毁种
苗期	0~30	25.0	13.9~15.0	55~60	小苗生长较慢,颜色较淡	12.5~13.9	50~55	小苗发育受阻,中午时叶片会出现阶段性萎蔫	<12.5	<50	小苗发育基本停止,叶片卷曲,部分枯死
拔节期	0~50	24.8	16.1~17.4	65~70	植株生长缓慢,营养体发育不良	13.6~16.1	55~65	植株矮小,抽雄时间延长,出现空秆	<13.6	<55	植株矮瘦,出现阶段性叶片凋萎,空秆率增高
抽雄吐丝期	0~60	24.8	16.1~18.6	65~75	抽雄、吐丝间隔时间长,形成秃尖	13.6~16.1	55~65	小花败育,粒数减少,秃顶严重	<13.6	<55	秃尖、缺粒现象严重,抽出的雄穗易“晒花”,有的雄穗不能抽出,空秆率增高
灌浆期	0~80	24.6	16.0~17.2	65~70	灌浆速度减慢,粒重降低	13.5~16.0	55~65	粒重明显降低,粒数明显减少	<13.5	<55	灌浆速度极慢,籽粒成熟度极差,甚至枯死
成熟期	0~80	24.6	13.5~14.7	55~60	籽粒脱水加速,粒重略降低	12.3~13.5	50~55	植株易衰,粒重降低	<12.3	<50	植株早衰严重,籽粒成熟度极差,甚至枯死

资料来源:郭忠富、张树海主编《宁南山区覆膜保墒玉米高产栽培技术》。

(三)耕作层有机质与速效养分含量低

宁夏旱作农业区土壤肥力总的特点是二高(钾素和全磷含量高)、三低(有机质、氮素、速效磷含量低)、一个不协调(氮、磷比例不协调,氮少,磷更少)。

1. 土壤有机质含量偏低

土壤有机质是土壤肥力的重要指标，是作物养分的主要来源，它不仅能分解释放出作物所需要的氮、磷等营养元素，而且能创造土壤团粒结构，改善土壤物理性状，提高土壤保水保肥能力，为作物创造良好的生长发育条件。同全国大多数农田土壤相比，宁夏旱作农业区土壤有机质含量比较低，除南部半湿润偏旱区有机质含量较高外，大部分耕地有机质含量偏低。不同的土壤有机质含量又有一定的差异，如南部地区的灰褐土，有机质含量虽高达 25.67 g/kg，但由于气温低、土壤湿度大，有机质分解慢，造成作物生长前期养分供不应求，产量难以提高，而占总耕地面积 66.4%的黄绵土，有机质含量大部分在 10 g/kg 以下，常因结构疏松、通气条件好、地温高、湿度低，土壤有机质早期分解释放快，使作物发小苗而不发老苗，造成生育后期脱肥，产量很低。总之，土壤有机质含量偏低较大地影响了土壤肥力的提高。

2. 氮素含量极低

氮素是作物生长发育所需要的重要营养元素。土壤中氮素含量是衡量土壤肥力的主要标志之一。宁夏旱作农业区半干旱偏旱区全氮含量平均只有 0.63 g/kg，半干旱区也只有 0.93 g/kg，与全国大多数农田土壤相比，属于含氮量甚低的土壤，即使氮素含量较高的灰褐土，全氮含量也不过 1.2 g/kg。碱解氮含量更低，半干旱偏旱区平均值为 33.74 mg/kg、半干旱区为 55.14 mg/kg。

表 2-2-31　全国大多数农田土壤有机质与全氮含量

肥力级别	有机质含量/($g \cdot kg^{-1}$)	全氮含量/($g \cdot kg^{-1}$)
1	≤6	≤0.5
2	6~10	0.5~1.0
3	10~20	1.0~1.5
4	20~30	1.5~2.0
5	30~40	2.0~2.5
6	40~60	>3.0
7	>60	

表 2-2-32　宁夏旱作农业区土壤有机质与全氮含量

地区	有机质含量/($g \cdot kg^{-1}$)	全氮含量/($g \cdot kg^{-1}$)
半干旱偏旱区	6.70~8.91	0.63
半干旱区	10.62~12.60	0.93
半湿润偏旱区	16.70~22.47	1.14

3. 全磷含量较高，速效磷缺乏

宁夏旱作农业区土壤全磷相对贮量较高，但土壤属石灰性土壤，pH 均在 8 以上，有大量的游离石灰存在，因而土壤中磷以磷酸三钙形式存在为主，大多呈难溶性状态，限制了磷素的供应能力，使有效磷含量处于 13.89~18.41 mg/kg，供应水平低，不能满足高产的需求。

4. 速效钾含量高

宁夏旱作农业区速效钾含量在 200.23~206.11 mg/kg，处于全国速效钾含量标准的 4 级（全国分级标准：1 级≤50 mg/kg；2 级 50~100 mg/kg；3 级 100~150 mg/kg；4 级 200~250 mg/kg；5 级 250~300 mg/kg；6级>300 mg/kg），60%以上的耕地含钾量相当丰富。

5. 氮、磷比例不协调

宁夏旱作农业区土壤中全氮与全磷比例不同土壤差异很大，灰褐土小于 1，黑垆土、淡黑垆土 2 左右，而黑黄土和黄绵土均在 2 以上，故各种土壤中氮、磷营养元素处于不平衡状态，大部分土壤氮少、磷更少，氮、磷比例不协调，较大地影响了产量的提高。

根据调查和分析，宁夏旱作农业区土壤中水解氮与速效磷含量一般与产量呈正相关。特别是在高肥高产情况下，适当的氮、磷比例对高产作用很大，随着速效磷与水解氮比例降低，产量相应减少。土壤氮、磷含量不平衡、比例失调是造成低产的重要因素。

四、玉米全膜双垄覆盖垄侧播种栽培技术在宁夏旱作农业区的现实效应

玉米全膜双垄覆盖垄侧播种栽培技术被引进宁夏旱作农业区以来，经 10 年的试验、示范证实，生态、经济、社会效益十分显著。

（一）地积温增加，促进了玉米的生长发育，使玉米种植范围由海拔 1 800 m 以下提高到 2 000 m

玉米全膜双垄覆盖垄侧播种栽培技术极大地抑制了土壤水分蒸发，减少了热量耗散。同时，全地面覆盖使太阳辐射透过膜面被土壤吸收，提高了膜面的气密性及膜内水滴对长波辐射的阻隔作用，使得地面辐射减少，从而使净辐射增加，保温效果显著好于半膜覆盖。

据在海拔 1 620 m、平均年降水量 450 mm 的彭阳县城阳乡涝池村 3 年定点观测（表 2-2-33、表 2-2-34、表 2-2-35），秋季全膜双垄覆盖、早春全膜双垄覆盖、播期全膜双垄覆盖在全生育期内，0~20 cm 土层≥0℃有效地积温平均达到 3 332.87℃，比播期半膜覆盖增加 423.4℃，秋季全膜双垄覆盖比播期半膜

表 2-2-33　不同覆膜方式下玉米不同生育期 0~20 cm 土壤温度（彭阳县）

年份	覆膜方式	土层深度/cm	0~20 cm 土壤温度/℃					
			播种期	出苗期	拔节期	大喇叭口期	抽雄期	成熟期
2009	秋季全膜双垄覆盖	0	21.34	27.00	30.00	34.60	30.82	11.25
		5	20.17	27.20	28.00	32.00	28.70	11.50
		10	18.47	26.00	25.30	29.80	26.58	11.90
		15	16.78	23.50	24.30	27.90	24.50	12.50
		20	16.27	21.30	24.00	26.40	22.42	12.70
		平均	18.61	25.00	26.32	30.14	26.60	11.97
	早春全膜双垄覆盖	0	20.56	26.40	29.48	34.10	30.37	10.93
		5	19.32	25.80	27.49	31.20	28.00	11.26
		10	17.47	24.30	24.87	29.10	25.84	11.63
		15	15.60	21.50	23.51	27.20	24.00	12.17
		20	15.40	19.50	23.33	25.70	21.93	12.39
		平均	17.67	23.50	25.74	29.46	26.03	11.68

续表

年份	覆膜方式	土层深度/cm	0~20 cm 土壤温度/℃					
			播种期	出苗期	拔节期	大喇叭口期	抽雄期	成熟期
2009	播期全膜双垄覆盖	0	19.70	25.00	29.00	33.40	30.50	10.80
		5	18.50	24.10	26.95	30.30	28.42	11.04
		10	16.80	22.50	24.24	28.50	26.15	11.41
		15	15.00	20.10	23.06	26.60	24.22	11.91
		20	14.80	17.90	22.70	25.10	22.11	12.12
		平均	16.96	21.92	25.19	28.78	26.28	11.46
	播期半膜覆盖(CK)	0	17.76	19.80	25.23	30.30	29.32	8.33
		5	16.00	19.40	23.06	27.80	26.90	8.87
		10	14.24	18.00	20.80	25.90	24.78	9.33
		15	13.05	14.90	20.17	24.20	22.77	9.76
		20	12.50	13.10	19.17	23.10	21.00	10.17
		平均	14.71	17.04	21.69	26.26	24.95	9.29
	3 种全膜双垄覆盖平均		17.75	23.52	25.75	29.46	26.30	11.70
	播期半膜覆盖平均		14.71	17.04	21.69	26.26	24.95	9.29
2010	秋季全膜双垄覆盖	0	20.02	26.23	29.70	37.71	33.59	12.26
		5	18.92	25.76	27.72	34.88	31.28	12.54
		10	17.32	24.62	25.05	32.48	28.97	12.97
		15	15.74	22.25	24.06	30.41	26.71	13.63
		20	15.26	20.17	23.76	28.78	24.44	13.84
		平均	17.45	23.81	26.06	32.85	29.00	13.05
	早春全膜双垄覆盖	0	19.29	25.00	29.19	37.17	33.10	11.91
		5	18.12	24.43	27.22	34.01	30.52	12.27
		10	16.39	23.01	24.62	31.72	28.17	12.68
		15	14.63	20.36	23.27	29.65	26.16	13.27
		20	14.45	18.47	23.10	28.01	23.90	13.51
		平均	16.58	22.25	25.48	32.11	28.37	12.73
	播期全膜双垄覆盖	0	18.48	23.68	28.71	36.41	33.25	11.77
		5	17.35	22.82	26.68	33.03	30.98	12.03
		10	15.76	21.31	24.00	31.07	28.50	12.44
		15	14.07	19.03	22.83	28.99	26.40	12.98
		20	13.88	16.95	22.47	27.36	24.10	13.21
		平均	15.91	20.76	24.94	31.37	28.65	12.49

续表

年份	覆膜方式	土层深度/cm	0~20 cm 土壤温度/℃					
			播种期	出苗期	拔节期	大喇叭口期	抽雄期	成熟期
2010	播期半膜覆盖(CK)	0	16.66	18.75	24.98	33.03	31.96	9.08
		5	15.01	18.37	22.83	30.30	29.32	9.67
		10	13.36	17.05	20.59	28.23	27.01	10.17
		15	12.24	14.11	19.97	26.38	24.82	10.64
		20	11.73	12.41	18.98	25.18	22.89	11.09
		平均	13.80	16.14	21.47	28.62	27.20	10.13
	3 种全膜双垄覆盖平均		16.65	22.27	25.49	32.11	28.67	12.76
	播期半膜覆盖平均		13.80	16.14	21.47	28.62	27.20	10.13
2011	秋季全膜双垄覆盖	0	20.41	26.61	29.46	25.68	31.79	11.60
		5	19.29	26.14	27.50	33.01	29.60	11.86
		10	17.66	24.98	24.85	30.74	27.41	12.27
		15	16.05	22.58	23.87	28.78	25.27	12.90
		20	15.56	20.47	23.57	27.23	23.13	13.10
		平均	17.79	24.16	25.85	31.09	27.44	12.35
	早春全膜双垄覆盖	0	19.67	25.37	28.95	35.17	31.32	11.27
		5	18.48	24.79	27.00	32.18	28.88	11.61
		10	16.71	23.35	24.42	30.01	26.65	12.00
		15	14.92	20.66	23.09	28.06	24.75	12.55
		20	14.73	18.74	22.91	26.51	22.62	12.78
		平均	16.90	22.58	25.27	30.39	26.84	12.04
	播期全膜双垄覆盖	0	18.84	24.02	28.48	34.45	31.46	11.14
		5	17.69	23.16	26.47	31.25	29.31	11.39
		10	16.07	21.62	23.81	29.40	26.97	11.77
		15	14.35	19.31	22.65	27.43	24.98	12.28
		20	14.15	17.20	22.29	25.89	22.80	12.50
		平均	16.22	21.06	24.74	29.68	27.10	11.82
	播期半膜覆盖(CK)	0	16.99	19.02	24.78	31.25	30.24	8.59
		5	15.30	18.64	22.65	28.67	27.74	9.15
		10	13.62	17.30	20.43	26.71	25.56	9.62
		15	12.48	14.32	19.81	24.96	23.49	10.07
		20	11.96	12.59	18.83	23.83	21.66	10.49
		平均	14.07	16.37	21.30	27.08	25.74	9.58
	3 种全膜双垄覆盖平均		16.97	22.60	25.29	30.39	27.13	12.07
	播期半膜覆盖平均		14.07	16.37	21.30	27.08	25.74	9.58

表 2-2-34　不同覆膜方式下玉米不同生育期 0~20 cm 土壤温度三年观测平均结果(彭阳县)

单位:℃

年份	覆膜方式	0~20 cm 土壤温度					
		播种期	出苗期	拔节期	大喇叭口期	抽雄期	成熟期
2009	秋季全膜双垄覆盖	18.61	25.00	26.32	30.14	26.60	11.97
	早春全膜双垄覆盖	17.67	23.50	25.74	29.46	26.03	11.68
	播期全膜双垄覆盖	16.96	21.92	25.19	28.78	26.28	11.46
	播期半膜覆盖(CK)	14.71	17.04	21.69	26.26	24.95	9.29
2010	秋季全膜双垄覆盖	17.45	23.81	26.06	32.85	29.00	13.05
	早春全膜双垄覆盖	16.58	22.25	25.48	32.11	28.37	12.73
	播期全膜双垄覆盖	15.91	20.76	24.94	31.37	28.65	12.49
	播期半膜覆盖(CK)	13.80	16.14	21.47	28.62	27.20	10.13
2011	秋季全膜双垄覆盖	17.79	24.16	25.85	31.09	27.44	12.35
	早春全膜双垄覆盖	16.90	22.58	25.27	30.39	26.84	12.04
	播期全膜双垄覆盖	16.22	21.06	24.74	29.68	27.10	11.82
	播期半膜覆盖(CK)	14.07	16.37	21.30	27.08	25.74	9.58
3 年平均	全膜双垄覆盖	17.12	22.78	25.51	30.65	27.37	12.18
	播期半膜覆盖	14.19	16.52	21.49	27.32	25.96	9.67

表 2-2-35　不同覆膜方式下玉米不同生育期 0~20 cm 土壤≥0℃地积温(彭阳县)

单位:℃

年份	覆膜方式	0~20 cm 土壤≥0℃地积温					总地积温
		播种—出苗期	出苗—拔节期	拔节—大喇叭口期	大喇叭口—抽雄期	抽雄—成熟期	
2009	秋季全膜双垄覆盖	196.90	874.80	734.00	453.92	1 142.28	3 401.90
	早春全膜双垄覆盖	185.30	861.70	717.60	445.92	1 124.68	3 335.20
	播期全膜双垄覆盖	175.00	824.45	701.65	438.48	1 111.62	3 251.20
	播期半膜覆盖(CK)	174.60	755.25	647.35	409.68	993.52	2 980.40
2010	秋季全膜双垄覆盖	268.19	947.53	824.75	494.80	1 074.39	3 609.66
	早春全膜双垄覆盖	252.40	906.87	806.27	483.84	1 050.20	3 499.58
	播期全膜双垄覆盖	238.36	868.30	788.35	480.16	1 054.64	3 429.80
	播期半膜覆盖(CK)	194.61	714.59	701.27	446.56	968.29	3 025.32
2011	秋季全膜双垄覆盖	167.70	849.70	739.80	468.00	1 016.30	3 241.50
	早春全膜双垄覆盖	157.80	813.20	723.30	458.64	995.56	3 148.50
	播期全膜双垄覆盖	149.10	778.30	707.20	453.12	990.78	3 078.50
	播期半膜覆盖(CK)	121.70	640.20	628.70	422.32	909.78	2 722.70
3 年全膜双垄覆盖≥0℃地积温平均		198.97	858.32	749.21	464.10	1 062.27	3 332.87
3 年播期半膜覆盖≥0℃地积温平均		163.63	703.35	659.10	426.19	957.20	2 909.47

覆盖增加 508.22℃。0~20 cm 土壤温度，全膜双垄覆盖比播期半膜覆盖出苗期增加 6.26℃，拔节期增加 4.02℃,大喇叭口期增加 3.33℃,抽雄期增加 1.41℃,成熟期增加 2.51℃。

据在海拔 1 750~1 800 m、年降水量 428 mm 的固原市原州城南郊南塬地区多年的观测（表 2-2-36、表 2-2-37）,3 种全膜双垄覆盖垄侧播种模式下在玉米整个生育期内,0~25 cm 土层≥0℃有效地积温达到3 114.82℃,比播期半膜覆盖增加 502℃。

表 2-2-36　不同覆膜方式下玉米各生育期 0~25 cm 土壤温度(固原市原州城南郊南塬地区)

单位:℃

覆膜方式	0~25 cm 土壤温度					
	播种期	出苗期	拔节期	大喇叭口期	抽雄期	成熟期
秋季全膜双垄覆盖	16.36	24.32	25.62	28.45	25.37	11.22
早春全膜双垄覆盖	15.78	23.66	24.86	27.63	25.22	11.18
播期全膜双垄覆盖	14.96	22.87	24.21	27.12	24.83	11.06
3 种全膜双垄覆盖平均	15.70	23.62	24.90	27.73	25.14	11.15
播期半膜覆盖(CK)	13.18	17.52	20.65	25.12	23.37	9.80

表 2-2-37　不同覆膜方式下玉米不同生育期 0~25 cm 土壤≥0℃地积温(固原市原州城南郊南塬地区)

单位:℃

覆膜方式	0~25 cm土壤≥0℃地积温					总地积温
	播种—出苗期	出苗—拔节期	拔节—大喇叭口期	大喇叭口—抽雄期	抽雄—成熟期	
秋季全膜双垄覆盖	194.19	951.16	704.04	413.95	924.63	3 187.97
早春全膜双垄覆盖	187.31	925.34	683.15	402.02	919.83	3 117.65
播期全膜双垄覆盖	177.58	894.45	665.29	394.60	906.94	3 038.86
3 种全膜双垄覆盖平均	186.36	923.65	684.16	403.52	917.13	3 114.82
播期半膜覆盖(CK)	156.45	685.21	567.46	365.50	838.21	2 612.82

连续多年的试验研究表明,在 1 800 m 以下的旱作农业区全膜双垄覆盖垄侧播种栽培技术可满足玉米中晚熟品种所需土壤≥0℃有效地积温的要求。在半湿润偏旱区海拔 1 870~1 900 m 的隆德县凤岭地区测定,全膜双垄覆盖垄侧播种栽培技术模式下≥0℃地积温在玉米全生育期内达 2 418.3℃,比播期半膜覆盖高 200℃,可满足早熟品种对有效地积温的要求。

有效地积温的增加可使全膜双垄覆盖玉米比播期半膜覆盖提早成熟 7~10 d。有效地积温的增加不仅有利于玉米的生长发育和增产,而且可为中早熟、中晚熟、晚熟品种种植区域的扩大和宁夏旱作农业区地膜玉米种植区域的扩大提供理论依据和保证,使海拔 1 800~2 000 m 的区域能够种植地膜玉米。

(二)显著提高了土壤水分效应,实现了秋雨春用,有效解决了玉米出苗和前期对水分的需要

水分是制约玉米生长的关键因素之一,宁夏旱作农业区干旱发生概率高,年际变化大,而且一年内季节分配不均,据宁夏气象科学研究所对旱作农业区 10 个观测点 38 年(1970—2007 年)降水资料的统计

分析，作物播种期(3—4 月)的降水量只为年降水量的 8.14%，而 7—9 月降水量占年降水量的56.8%，因此对作物播种和出苗极为不利。

全膜双垄覆盖垄侧播种栽培技术下，全膜田间覆盖率高达 100%，比传统的播期半膜覆盖增加 40%，切断了与大气间的水分与能量交换，最大限度地抑制了土壤水分蒸发，保留了土壤水分，将占降水量 60%~65%的无效蒸发降到最低。覆盖还使土壤垂直蒸发受阻，迫使水分横向和放射状蒸发，蒸发速度相对减缓，总蒸发量大幅度下降。同时全膜覆盖加大了热梯度差异，促使深层土壤水分向上层移动量增加，又因受地膜阻隔而不能散失于大气，在膜下反复进行凝结(液化)—汽化—凝结—汽化，使表层土壤水分增加，起到了保墒作用。田间大小相间的垄面形成微集水面，使所有降水通过垄面集中于垄沟内，并沿播种孔、渗水孔下渗到作物周围，改善了农田的供水状况，为玉米出苗、生长发育提供了良好的水分条件，提高了玉米生长发育的水分满足率。

玉米全膜双垄覆盖垄侧播种栽培技术保墒效果显著高于播期半膜覆盖技术，据在半干旱区彭阳县城阳乡涝池村旱作农业示范点 3 年定点观测(2009—2011 年)，水分效应主要表现在以下几方面。

一是土壤含水量玉米各生育期全膜双垄覆盖垄侧播种栽培技术除成熟期与播期半膜覆盖相近外，其他生育期均高于播期半膜覆盖。播种期耕作层 0~20 cm 土壤含水量 3 种全膜双垄覆盖平均为 16.3%，比播期半膜覆盖增加 2.1 个百分点，增幅 14.79%，秋季全膜双垄覆盖最高(达 18.57%)，比播期半膜覆盖高 4.37 个百分点，增幅达 30.8%。20~40 cm 土壤含水量 3 种全膜双垄覆盖平均为 15.82%，比播期半膜覆盖高 2.09 个百分点，增幅达 15.2%，为玉米播种和出苗创造了良好的土壤水分条件，显示出较高的蓄水保墒、逆境成苗效果。

二是 1 m 内土壤贮水量，全膜双垄覆盖垄侧播种栽培玉米各生育期均高于播期半膜覆盖。据 3 年定点观测，3 种全膜双垄覆盖播种期 1 m 内土壤贮水量平均达 207.3 mm，比播期半膜覆盖多贮水 23.7 mm，增幅 12.91%；秋季全膜双垄覆盖最多(达 228.7 mm)，比播期半膜覆盖多 45.1 mm，增幅 24.56%；早春全膜双垄覆盖次之，比播期半膜覆盖多 26.1 mm，增幅 14.22%。

出苗期 1 m 内土壤贮水量，3 种全膜双垄覆盖平均为 193.7 mm，比播期半膜覆盖多 24.8 mm，增幅 14.68%；秋季全膜双垄覆盖最多(达 213.3 mm)，比播期半膜覆盖多 44.4 mm，增幅 26.29%；早春全膜双垄覆盖次之，较播期半膜覆盖多 27 mm，增幅 15.99%。

拔节期 1 m 内土壤贮水量，3 种全膜双垄覆盖平均为 183 mm，比播期半膜覆盖多贮水 41.8 mm，增幅 29.6%；秋季全膜双垄覆盖较播期半膜覆盖多贮水 64.2 mm，增幅 45.46%；早春全膜双垄覆盖较播期半膜覆盖多贮水 41.4 mm，增幅 29.32%；播期全膜双垄覆盖较播期半膜覆盖多贮水 19.7 mm，增幅 13.95%。

大喇叭口期 1 m 内土壤贮水量，3 种全膜双垄覆盖平均为 171.6 mm，比播期半膜覆盖多贮水 29.9 mm，增幅 21.1%；秋季全膜双垄覆盖比播期半膜覆盖多贮水 40.3 mm，增幅 28.4%；早春全膜双垄覆盖比播期半膜覆盖多贮水 31.9 mm，增幅 22.5%；播期全膜双垄覆盖比播期半膜覆盖多贮水17.6 mm，增幅 12.42%。

抽雄期 1 m 内土壤贮水量，3 种全膜双垄覆盖平均为 156.1 mm，比播期半膜覆盖多贮水 20 mm，增幅 14.7%。(表 2-2-38、表 2-2-39、表 2-2-40)

全膜双垄覆盖前期相对较高的土壤贮水量保证了玉米苗期和生长发育前期对水分的迫切需求，从而有效地解决了 4—5 月因干旱而无法播种出苗的瓶颈问题。

表 2-2-38　不同覆膜方式下玉米不同生育期 0~100 cm 土壤含水量

年份	覆膜方式	土层深度/cm	0~100 cm 土壤含水量/%					
			播种期	出苗期	拔节期	大喇叭口期	抽雄期	成熟期
2009	秋季全膜双垄覆盖	0~20	18.4	16.5	14.7	12.8	10.6	15.6
		20~40	17.8	16.2	14.4	12.6	10.5	15.3
		40~60	16.4	15.1	13.6	11.8	10.2	14.4
		60~80	15.7	14.5	13.1	11.4	10.0	13.5
		80~100	14.7	13.6	12.2	10.8	9.7	12.7
		平均	16.6	15.2	13.6	11.9	10.2	14.3
	早春全膜双垄覆盖	0~20	15.4	14.3	13.1	11.9	10.5	15.1
		20~40	15.3	13.9	12.6	11.6	10.2	14.6
		40~60	14.3	13.3	12.2	11.0	10.0	13.6
		60~80	14.0	12.9	11.7	10.7	9.7	12.6
		80~100	13.4	12.4	11.2	10.1	9.3	11.9
		平均	14.5	13.4	12.2	11.1	9.9	13.6
	播期全膜双垄覆盖	0~20	12.8	12.0	11.4	10.8	10.6	12.5
		20~40	12.4	11.5	10.8	10.0	9.2	11.9
		40~60	11.9	10.8	9.9	9.3	8.5	10.7
		60~80	11.6	10.4	9.5	8.8	7.9	10.0
		80~100	10.9	9.8	8.9	8.2	7.5	9.9
		平均	11.9	10.9	10.1	9.4	8.7	11.0
	播期半膜覆盖(CK)	0~20	12.8	11.7	10.6	9.8	9.5	15.3
		20~40	12.4	11.2	10.0	9.1	9.0	14.8
		40~60	11.9	10.7	9.2	8.5	8.5	13.6
		60~80	11.6	10.3	8.8	7.9	7.9	12.5
		80~100	10.9	9.8	8.2	7.7	7.4	11.9
		平均	11.9	10.7	9.4	8.6	8.5	13.6
2010	秋季全膜双垄覆盖	0~20	19.0	18.1	17.8	16.8	14.4	21.0
		20~40	18.2	17.3	17.5	15.7	14.3	19.8
		40~60	16.6	15.8	16.5	14.8	13.9	19.5
		60~80	15.8	15.0	15.9	13.8	13.6	17.8
		80~100	15.2	14.4	14.8	13.0	13.2	17.5
		平均	17.0	16.1	16.5	14.8	13.9	19.1

续表

年份	覆膜方式	土层深度/cm	0~100 cm 土壤含水量/%					
			播种期	出苗期	拔节期	大喇叭口期	抽雄期	成熟期
2010	早春全膜双垄覆盖	0~20	17.1	16.2	15.9	16.4	14.3	22.8
		20~40	16.7	15.9	15.3	15.0	13.9	21.5
		40~60	16.3	15.5	14.8	14.3	13.6	21.2
		60~80	15.7	14.9	14.2	13.5	13.2	19.3
		80~100	15.1	14.3	13.6	12.8	12.6	19.0
		平均	16.2	15.4	14.8	14.4	13.5	20.8
	播期全膜双垄覆盖	0~20	15.8	15.1	15.3	16.0	14.9	23.0
		20~40	15.3	14.6	14.5	13.8	13.0	21.6
		40~60	15.0	14.2	13.3	13.9	12.0	21.3
		60~80	14.6	13.9	12.7	13.4	11.1	19.3
		80~100	14.3	13.6	11.9	12.6	10.6	19.0
		平均	15.0	14.3	13.5	13.9	12.3	20.8
	播期半膜覆盖(CK)	0~20	15.8	14.8	12.8	13.8	12.9	22.2
		20~40	15.3	14.3	12.2	12.1	12.2	21.0
		40~60	15.0	14.0	11.1	12.0	11.6	20.7
		60~80	14.6	13.6	10.7	11.7	10.7	18.8
		80~100	14.3	13.3	10.0	11.2	10.1	18.6
		平均	15.0	14.0	11.4	12.2	11.5	20.3
2011	秋季全膜双垄覆盖	0~20	18.3	16.9	15.9	14.4	12.2	17.9
		20~40	17.6	16.3	15.6	13.8	12.1	17.1
		40~60	16.1	15.1	14.7	13.0	11.8	16.5
		60~80	15.4	14.4	14.2	12.3	11.5	15.3
		80~100	14.6	13.7	13.2	11.6	11.2	14.7
		平均	16.4	15.3	14.7	13.0	11.8	16.3
	早春全膜双垄覆盖	0~20	15.9	14.9	14.2	13.8	12.1	18.5
		20~40	15.6	14.5	13.6	13.0	11.8	17.6
		40~60	14.9	14.1	13.2	12.3	11.5	17.0
		60~80	14.5	13.6	12.6	11.8	11.2	15.6
		80~100	13.9	13.0	12.1	11.2	10.7	15.1
		平均	15.0	14.0	13.1	12.4	11.5	16.8

续表

年份	覆膜方式	土层深度/cm	0~100 cm 土壤含水量/%					
			播种期	出苗期	拔节期	大喇叭口期	抽雄期	成熟期
2011	播期全膜双垄覆盖	0~20	14.0	13.2	13.0	13.1	12.4	17.3
		20~40	13.5	12.7	12.3	11.6	10.8	16.3
		40~60	13.1	12.2	11.3	11.3	10.0	15.6
		60~80	12.8	11.9	10.8	10.8	9.3	14.3
		80~100	12.3	11.4	10.2	10.2	8.8	14.1
		平均	13.1	12.3	11.5	11.4	10.3	15.5
	播期半膜覆盖(CK)	0~20	14.0	12.9	11.4	11.5	10.9	18.3
		20~40	13.5	12.4	10.8	10.3	10.3	17.5
		40~60	13.1	12.1	9.9	10.0	9.8	16.7
		60~80	12.8	11.7	9.5	9.6	9.1	15.3
		80~100	12.3	11.3	8.9	9.2	8.5	14.9
		平均	13.1	12.1	10.1	10.1	9.7	16.5

表 2-2-39　不同覆膜方式下玉米不同生育期 0~100 cm 土壤含水量(三年平均)

覆膜方式	土层深度/cm	0~100 cm 土壤含水量/%					
		播种期	出苗期	拔节期	大喇叭口期	抽雄期	成熟期
播期半膜覆盖(CK)	0~20	14.20	13.13	11.60	11.70	11.10	18.60
	20~40	13.73	12.63	11.00	10.50	10.50	17.77
	40~60	13.33	12.27	10.07	10.17	9.97	17.00
	60~80	13.00	11.87	9.07	9.73	9.23	15.53
	80~100	12.50	11.70	9.47	9.70	9.07	15.67
秋季全膜双垄覆盖	0~20	18.57	17.17	16.13	14.67	12.40	18.17
	20~40	17.87	16.60	15.83	14.03	12.30	17.40
	40~60	16.37	15.33	14.93	13.20	11.97	16.80
	60~80	15.63	14.63	14.40	12.50	11.70	15.53
	80~100	14.83	13.90	13.40	11.80	11.37	14.97
早春全膜双垄覆盖	0~20	16.13	15.13	14.40	14.30	12.30	18.53
	20~40	15.87	14.77	13.83	13.20	11.97	17.90
	40~60	15.17	14.30	13.40	12.53	11.70	17.27
	60~80	14.73	13.80	12.83	12.00	11.37	15.83
	80~100	14.13	12.23	12.30	11.37	10.87	15.33

续表

覆膜方式	土层深度/cm	0~100 cm 土壤含水量/%					
		播种期	出苗期	拔节期	大喇叭口期	抽雄期	成熟期
播期全膜双垄覆盖	0~20	14.20	13.43	13.23	13.30	12.10	17.60
	20~40	13.73	12.93	12.53	11.80	11.00	16.60
	40~60	13.33	12.40	11.50	11.50	10.17	15.87
	60~80	13.00	12.07	11.00	11.00	9.43	14.53
	80~100	12.50	11.60	10.33	10.33	8.97	14.33
3 种全膜双垄覆盖平均	0~20	16.30	15.24	14.59	14.00	12.26	18.10
	20~40	15.82	14.76	14.06	13.01	11.70	17.30
	40~60	14.96	14.01	13.28	12.41	11.28	16.65
	60~80	14.45	13.50	12.74	11.83	10.83	15.30
	80~100	13.82	12.58	12.01	11.17	10.40	14.88

表 2-2-40　不同覆膜方式下玉米不同生育期 1 m 内土壤贮水量

单位：mm

年份	覆膜方式	1 m 内土壤贮水量					
		播种期	出苗期	拔节期	大喇叭口期	抽雄期	成熟期
2009	秋季全膜双垄覆盖	223.3	204.1	182.8	159.7	136.9	191.7
	早春全膜双垄覆盖	196.4	179.4	160.3	148.6	133.4	181.8
	播期全膜双垄覆盖	160.1	146.5	135.9	126.8	117.7	150.9
	播期半膜覆盖（CK）	160.1	144.3	126.0	115.7	113.8	183.3
2010	秋季全膜双垄覆盖	236.4	224.7	230.1	206.6	193.7	266.6
	早春全膜双垄覆盖	225.7	214.3	205.9	200.7	188.6	289.5
	播期全膜双垄覆盖	208.9	199.5	187.8	193.7	171.8	289.3
	播期半膜覆盖（CK）	208.9	195.3	158.3	169.5	160.3	282.5
2011	秋季全膜双垄覆盖	226.4	211.0	203.4	179.8	162.8	225.2
	早春全膜双垄覆盖	206.9	193.9	181.7	171.6	158.5	231.5
	播期全膜双垄覆盖	181.8	169.8	159.0	157.4	141.4	214.4
	播期半膜覆盖（CK）	181.8	167.1	139.4	139.8	134.2	228.5
3 年平均	秋季全膜双垄覆盖	228.7	213.3	205.4	182.0	164.5	227.8
	早春全膜双垄覆盖	209.7	195.9	182.6	173.6	160.2	234.3
	播期全膜双垄覆盖	183.6	171.9	160.9	159.3	143.6	218.2
	3 种全膜双垄覆盖平均	207.3	193.7	183.0	171.6	156.1	226.8
	播期半膜覆盖（CK）	183.6	168.9	141.2	141.7	136.1	231.4

三是降水利用率、水分利用效率提高。据2009年在彭阳县城阳乡涝池村定点观测(表2-2-41),3种全膜双垄覆盖平均降水利用率为70%,比播期半膜覆盖高11个百分点。水分利用效率达31.8 kg/(mm·hm^2),增加5.2 kg/(mm·hm^2),增幅19.5%。秋季全膜双垄覆盖降水利用率达75.9%,比播期半膜覆盖高16.9个百分点,水分利用效率达33.3 kg/(mm·hm^2),比播期半膜覆盖增加6.7 kg/(mm·hm^2),增幅25.2%。

表2-2-41　不同覆膜方式下玉米不同生育期降水利用率与水分利用效率

覆膜方式	2 m土壤贮水量/mm		生育期降水量/mm	耗水量/mm	经济产量/(kg·hm^{-2})	年降水量/mm	降水利用率/%	水分利用效率/(kg·mm^{-1}·hm^{-2})
	播前	收获						
秋季全膜双垄覆盖	357.3	306.9	225.5	275.9	9 205.5	363.5	75.9	33.3
早春全膜双垄覆盖	322.4	301.1	225.5	246.8	8 023.5	363.5	67.9	32.6
播期全膜双垄覆盖	280.7	265.8	225.5	240.4	7 096.5	363.5	66.1	29.6
播期半膜覆盖(CK)	280.7	281.6	225.5	224.6	5 977.5	363.5	59.0	26.6

四是产量增加,经济效益显著。玉米全膜双垄覆盖垄侧播种栽培技术较播期半膜覆盖技术可提高土壤的保墒蓄水能力,显著增加有效地积温,促进玉米生长发育,株高、茎粗、果穗长、果穗粗均优于播期半膜覆盖技术,植株健壮,籽粒饱满,粒数多,百粒重高,产量、效益大幅度增加(表2-2-42)。

表2-2-42　不同覆膜方式下玉米农艺性状表现(2001年)

覆膜方式	株高/cm	茎粗/cm	果穗长/cm	果穗粗/cm	穗粒数/粒	百粒重/g
秋季全膜双垄覆盖	234.0	2.92	21.40	5.60	530	34.7
早春全膜双垄覆盖	230.0	2.81	20.70	5.30	477	33.6
播期全膜双垄覆盖	227.0	2.76	19.80	5.20	430	32.9
全膜双垄覆盖平均	230.3	2.83	20.63	5.37	479	33.7
播期半膜覆盖(CK)	208.0	2.60	17.00	4.60	389	30.9

据在彭阳县城阳乡涝池村3年定点试验(表2-2-43),3种全膜双垄覆盖方式3年平均产量达8 546.57 kg/hm^2,比播期半膜覆盖增产1 949.97 kg,增幅29.6%,以秋季全膜双垄覆盖增产最多,每公顷增产2 799.97 kg,增幅达42.45%。经济效益十分显著,3种全膜双垄覆盖平均纯收入为12 116.17元/hm^2,比播期半膜覆盖增加3 885.57元/hm^2,增幅47.2%。

表2-2-43　不同覆膜方式下玉米经济效益

年份	覆膜方式	秸秆产量/(kg·hm^{-2})	籽粒产量/(kg·hm^{-2})	产值/(元·hm^{-2})		投入/(元·hm^{-2})		纯收入/(元·hm^{-2})
				副产物	主产物	物化劳动	活劳动	
2009	秋季全膜双垄覆盖	11 220.0	9 205.50	2 805.0	18 411.00	5 819.3	2 025	13 371.70
	早春全膜双垄覆盖	9 720.0	8 023.50	2 430.0	16 047.00	5 819.3	1 800	10 857.70
	播期全膜双垄覆盖	8 520.0	7 096.50	2 130.0	14 193.00	5 429.3	1 800	9 093.70
	播期半膜覆盖(CK)	7 020.0	5 977.50	1 755.0	11 955.00	4 739.3	1 800	7 170.70

续表

年份	覆膜方式	秸秆产量/(kg·hm⁻²)	籽粒产量/(kg·hm⁻²)	产值/(元·hm⁻²)		投入/(元·hm⁻²)		纯收入/(元·hm⁻²)
				副产物	主产物	物化劳动	活劳动	
2010	秋季全膜双垄覆盖	11 728.0	9 621.90	2 932.0	19 243.80	5 819.3	2 025	14 331.50
	早春全膜双垄覆盖	10 912.0	9 007.60	2 728.0	18 015.20	5 819.3	1 800	13 123.90
	播期全膜双垄覆盖	10 382.0	8 647.60	2 596.0	17 295.20	5 429.3	1 800	12 661.90
	播期半膜覆盖(CK)	8 608.0	7 329.40	2 152.0	14 658.80	4 739.3	1 800	10 271.50
2011	秋季全膜双垄覆盖	11 411.0	9 362.30	2 853.0	18 724.60	5 819.3	2 025	13 733.30
	早春全膜双垄覆盖	10 042.0	8 289.20	2 511.0	16 578.40	5 819.3	1 800	11 470.10
	播期全膜双垄覆盖	9 203.0	7 665.00	2 301.0	15 330.00	5 429.3	1 800	10 401.70
	播期半膜覆盖(CK)	7 613.0	6 482.90	1 903.0	12 965.80	5 819.3	1 800	7 249.50
3 年平均	秋季全膜双垄覆盖	11 453.0	9 396.57	2 863.3	18 793.13	5 819.3	2 025	13 812.17
	早春全膜双垄覆盖	10 224.7	8 440.10	2 556.3	16 880.20	5 819.3	1 800	11 817.23
	播期全膜双垄覆盖	9 368.3	7 803.03	2 342.3	15 606.10	5 429.3	1 800	10 719.10
	播期半膜覆盖(CK)	7 747.0	6 596.60	1 936.7	13 193.20	4 739.3	1 800	8 230.60
平均	全膜双垄覆盖	10 348.7	8 546.57	2 587.3	17 093.14	5 689.3	1 875	12 116.17
	播期半膜覆盖	7 747.0	6 596.60	1 936.7	13 193.20	4 739.3	1 800	8 230.60

注：物化劳动包括农家肥 0.03 元/kg、纯氮 4.7 元/kg、P_2O_5 3 元/kg、种子 18 元/kg(22.5 kg/hm²)、地膜 13 元/kg；机械费用为全膜双垄覆盖 13 500 元/hm²，半膜覆盖 9 000 元/hm²；活劳动包括人工 30 元/个；产值包括玉米籽粒 2 元/kg、茎秆 0.25 元/kg。

又据宁夏旱作农业区三大类型区 3 年 10 个点次的试验资料加权平均(表 2-2-44)，玉米秋季全膜双垄覆盖、早春全膜双垄覆盖、播期全膜双垄覆盖，平均每公顷产量分别为8 172.76 kg、7 627.5 kg、7 027.41 kg，依次比传统半膜覆盖增产 46.9%、37.1%、26.3%；3 种全膜双垄覆盖平均产量达 7 609.21 kg/hm²，比播期半膜覆盖每公顷增产 2 043.92 kg，增幅 36.7%。2012 年，彭阳、隆德 2 县 2 380 hm² 玉米全膜双垄覆盖垄侧播种栽培技术创高产，示范片平均产量达 10 205.59 kg/hm²，最高产量达 11 458.5 kg/hm²。

表 2-2-44　全膜双垄覆盖垄侧播种玉米产量

试验地点	年份	玉米产量/(kg·hm⁻²)					全膜比半膜增产/%
		秋季全膜双垄覆盖	早春全膜双垄覆盖	播期全膜双垄覆盖	3 种全膜双垄覆盖平均	播期半膜覆盖(CK)	
同心县预旺镇(年降水量 277 mm，海拔 1 700 m)	2009	4 974.00	4 465.5	4 126.50	4 522.00	3 106.50	45.57
	2010	7 807.50	7 521.0	7 063.50	7 464.00	5 767.50	29.41
海原县武塬村(年降水量 360 mm，海拔 1 800 m)	2010	6 150.00	5 850.0	5 500.50	5 833.50	3 831.00	52.27
固原市原州区开城镇深沟村(年降水量 428 mm，海拔 1 750 m)	2009	7 806.00	7 399.5	6 900.00	7 368.50	5 104.50	44.35
	2010	9 735.00	9 337.5	8 145.00	9 072.50	5 937.00	52.81
	2011	9 295.50	9 271.5	8 664.00	9 077.00	7 125.00	27.39

续表

试验地点	年份	玉米产量/($kg·hm^{-2}$)					全膜比半膜增产/%
		秋季全膜双垄覆盖	早春全膜双垄覆盖	播期全膜双垄覆盖	3种全膜双垄覆盖平均	播期半膜覆盖(CK)	
彭阳县城阳乡涝池村(年降水量450 mm,海拔1 620 m)	2009	9 205.50	8 023.5	7 096.50	8 108.50	5 977.50	35.65
	2010	9 621.90	9 007.6	8 647.60	9 092.37	7 329.40	24.05
	2011	9 362.30	8 289.2	7 665.00	8 438.83	6 482.90	30.17
泾源县大湾乡绿塬村(年降水量500~618 mm,海拔2 010 m)	2009	7 769.85	7 109.4	6 465.53	7 114.93	4 991.63	42.54
平均		8 172.76	7 627.5	7 027.41	7 609.21	5 565.29	36.70

五、玉米全膜双垄覆盖垄侧播种栽培技术

玉米全膜双垄覆盖垄侧播种栽培关键技术流程:选地整地→施肥→土壤消毒→起垄覆膜→覆膜后管理→种子准备→播种→苗期管理(出苗—拔节)→中期管理(拔节—抽雄)→后期管理(抽雄—成熟)→适时收获。

(一)选地

玉米株高叶大、根系发达、需肥需水多,全膜双垄覆盖垄侧播种栽培技术是高产高效栽培技术,需肥需水也多,因此,在选地时标准更应严格,要从4个方面考虑。

一要土层深厚。玉米是须根作物,根系密集,根量较大。要使玉米具有一个发育好、活力强的根系群,必须加厚活土层(活土层是指熟化的耕作层土壤)。活土层深厚,土质疏松,空隙适宜,水、肥、气、热诸因素协调,可以更好地满足玉米生长发育的需求。

二要疏松通气。玉米根部进行呼吸作用,需由土壤供给适宜的氧。玉米对土壤空气十分敏感,对空气的要求比小麦高,小麦最适的土壤气体容量为15%~20%,玉米为30%。土壤空气中含氧量在10%~15%时最适合玉米生长,充分说明玉米是需氧量较多的作物。土壤通气良好有利于根系下扎,有利于根系发育和茎叶生长。同时,土壤通气良好,可提高氮肥肥效。要重视深松整地,雨季注意排涝,以增加空气的供应,保证根系对氧气的需求。

三要渗水保水。玉米不同生育时期对水分有不同的要求,苗期耐旱怕涝;抽雄前后需水多,干旱影响抽雄;乳熟期、蜡熟期连续阴雨,土壤水分过多,影响根系活动,造成植株早死、粒重降低。因此,要求土壤上层能渗水,下层能保水。耕作层深厚,渗水快,不易形成涝灾;耕作层以下较紧实,保水好,尽管表土干燥,只要表层以下土壤常保持湿润状态,就具有较强的抗旱能力。

四要耕作层有机质和速效养分含量高。在玉米的生育过程中,提高土壤养分的供应能力,是获得高产的物质基础。玉米吸收的养分主要来源于土壤和肥料。其中,大约2/5来自肥料,3/5来自土壤,因此,土壤是玉米养分的主要来源。土壤的供肥能力主要取决于土壤有机质含量,增施有机肥,既能分解供给作物养分,又可不断培肥土壤,为玉米持续高产创造条件。从各地高产田的土壤分析情况看,7 500~11 250 kg/hm^2高产田的土壤有机质及速效养分含量较高,耕作层有机质在10~15 g/kg、速效氮在60~70 mg/kg、P_2O_5在7~25 mg/kg、速效钾在100~120 mg/kg。

根据上述原则,采用全膜双垄覆盖垄侧播种技术种植玉米,应选择土层深厚、土质疏松、肥力中上、土

壤理化性状好、保水保肥能力强的旱川地、旱台地、旱塬地、壕道地，不应选择陡坡地、石砾地、瘠薄地、漏沙地、风口旱地。玉米对茬口要求不严，可连作，可选马铃薯、糜谷等秋作物茬口地，但以豆类、麦等夏作物前茬最好。

（二）整地

1. “五墒耕作法”

“五墒耕作法”的内容为早耕深耕多蓄墒，过伏合口保底墒，雨后耙耱少耗墒，冬春打碾防跑墒，适期早播用冻墒，其核心是适墒耕作。

早耕深耕多蓄墒：早耕深耕是加速土壤熟化、定向培肥土壤的关键措施。夏茬作物收获后抢墒早耕深耕，通过早耕能疏松土壤，充分蓄积雨水。伏天早耕比迟耕土壤含水量高 4.6 个百分点，增产 10%~15%。早耕还能晒土，促进土壤养分的分解，据报道，秋耕地比不秋耕地每公斤土壤硝态氮含量增加 4.43 mg，同时能灭草，防止杂草消耗土壤水分和养分。

深耕能较好地解决土壤水、肥、气、热的矛盾，加速土壤熟化，促进作物生长，提高产量。深耕能促进雨水下渗到深层，减少蒸发。据测定，深耕 30 cm 可保蓄 130 mm 的水量。在大雨后测定，耕深 24 cm 比耕深 15 cm 农田 0~10 cm 土层含水量高 4.65 个百分点。深耕能够促进土壤培肥和熟化。据西北农业大学农学系 1986 年在宁夏旱作农业区固原县陶庄村测定，其他条件相同，耕深 20~28 cm 比耕深 12~15 cm 土壤容重降低 0.02~0.11 g/cm^3，孔隙度增加 2.7%~7.5%，液相增加 2.7%~7.5%；10~20 cm 土层含水量增加 1.4~1.5 个百分点，20~30 cm 土层含水量增加 4.6~10.3 个百分点，土壤速效氮、速效磷分别增加 27.8%~31.4% 和 32.6%~136.8%；地温升高 0.7~1℃；每克土壤微生物从 5.1 万个增加到 8.3 万个，增加 62.7%；作物产量显著提高。一般耕深以 24~36 cm 为宜。

过伏合口保底墒，雨后耙耱少耗墒，冬春打碾防跑墒：指通过耙、耱、压等措施压紧耕作层，疏松表土，减少蒸发，保住土中墒，以充分发挥土壤水库的蓄水作用。夏茬地耕后不耱，以晒土熟化，雨后及时收耱蓄墒；秋茬地边犁边耱，碎土保墒；白露时夏茬地边耕边耱，形成上松下实的土壤耕作层，减少土壤水分蒸发。冬春打碾镇压是利用重力作用于土壤表层的耕作措施，可碎土保墒，提墒润土。冬春地表常出现裂缝，水分很快从裂缝中蒸发，打碾镇压后，土壤由松变紧，土块变成细土，堵塞裂缝，防止土壤水分蒸发。早春解冻前及时碾压可以起到平地、碎土弥缝、均墒、保墒和提墒润土的作用。在同等地力条件下，经过冬春碾压，耕作层 5~10 cm 土层含水量提高 2.21 个百分点，5~20 cm 土层含水量提高 3.4 个百分点。打碾一次比未打碾0~10 cm 土层含水量增加 1.9 个百分点。

适期早播用冻墒：对地膜玉米种植来讲，为适期覆膜用冻墒。宁夏旱作农业区 2 月份以后气温回升，土壤逐渐解冻，蒸发量逐渐增加，土壤水分主要以毛管水运动到表层而汽化，使表土保持湿润。之后由于春季干旱多风，土壤水分消耗很快，干土层逐渐加厚。因此，秋季整地质量好，已秋施肥的地在 3 月上中旬土壤解冻 10~15 cm 时直接起垄覆膜。据在玉米播种期测定，早春顶凌全膜双垄覆盖比 4 月下旬播期全膜双垄覆盖 0~40 cm 土壤含水量高 2.75 个百分点，增产 14.5%。未施肥的地可用旋耕机旋耕，既可把肥施入土壤，又可平整地表，做到地面平整、无根茬、无坷垃，为覆膜播种创造良好的条件。

2. 全膜双垄覆盖玉米收后留膜留茬越冬

全膜双垄覆盖玉米收后留膜留茬越冬技术在覆膜种植区采用。其技术流程为：秋季收获玉米穗、秆→护膜越冬→春季播种前清理残膜、捡拾根茬→施肥→表土处理（浅旋耕）→起垄覆膜。

该技术的操作要点如下。

(1)护膜越冬。地膜的破损程度直接影响玉米的长势、产量和越冬至第二年覆膜前的土壤保墒效果。一是要选用抗老化、抗破损的高密度强力膜,厚度达到 0.01 mm,增强冬春休闲期土壤的保水保土能力。二是前茬玉米的田间管理中要尽量减少地膜的破损。三是冬春季保护好地膜。前茬玉米收后要小心清理秸秆,减少地膜破损,也可将玉米秸秆砍倒后与播种带垂直轻放以保护地膜,第二年播前再外运。四是玉米收后用土封堵地膜破损处。五是防止牲畜进地踩踏。

(2)适期揭膜。播前及时清除旧地膜。可用残膜回收机等农用工具清除废旧地膜。

(3)清除根茬及秸秆、整地施肥。玉米收后留膜留茬越冬,会给后茬作物播种、出苗带来两个方面的不利影响:一是地表紧实,根茬留存;二是地面不平整,播种深浅不一。为此,必须在玉米播前进行表土处理,以疏松土壤,平整地表,防除杂草,提高地温,为提高播种质量、获得理想出苗效果创造条件。

2002 年和 2003 年连续 2 年在彭阳县、原州区等地进行多点覆膜玉米留膜留茬越冬免耕地春季表土处理方式优选试验,结果表明,后茬玉米生育期 0~40 cm 土层贮水量浅松区比畜力翻耕区增加 5.8~10.7 mm,比旋耕区增加 7.5~12.7 mm。浅松区后茬玉米前期生长状况好于畜力翻耕区,中后期生长状况明显好于旋耕区,优于畜力翻耕区。到成熟期,玉米株高、茎粗、收获穗数、穗粒数、千粒重浅松区比畜力翻耕区分别增加 4.8 cm、0.7 mm、1 560 个/hm^2、23 粒和 3.8 g,增产 7.8%;比旋耕区分别增加 5.2 cm、0.4 mm、1 220 个/hm^2、42 粒和 3.8 g,增产 11.2%。耙耕区土壤水分条件、玉米生长发育状况及产量基本介于浅松区和畜力翻耕区。浅松、耙耕、旋耕、畜力翻耕 4 种表土作业方式的后茬玉米全生育期耗水量依次为 502.4 mm、504.1 mm、488.5 mm 和 491.9 mm,水分利用效率分别为 17.1 kg/(mm·hm^2)、15.15 kg/(mm·hm^2)、13.8 kg/(mm·hm^2)、14.4 kg/(mm·hm^2)。

以上试验结果说明,在旱作农业区土壤结构、质地和农田水分条件下,整地作业一般宜采用浅松和耙耕,也可实行旋耕。

采用装有碎土镇压轮的大箭铲式浅松机浅松表土,大箭铲在 5~8 cm 土层深处通过,附带的碎土镇压轮实现碎土。地表得到浅松处理后,地面平整度根本改善,可以明显提高播种质量;土壤紧实度较大幅度下降,能起到良好的除草效果,绝大部分杂草根系被切断而灭除。表土浅松作业要适时进行,一般以播前 1~2 d 为宜。

用缺口圆盘耙进行表土耙耕,在土壤墒情适宜条件下效果较好,但湿度过高或过低时,圆盘耙耙地会出现较大的坷垃,对后茬作物播种、出苗有不利影响。采用旋耕机浅旋,不仅可以使表土疏松、土粒细碎、地面平整,还能将根茬粉碎还田,从而在较短的时间内创造良好的播种条件。但是,旋耕作业粉碎能力强,对土壤团粒结构有破坏作用,细碎土粒中的水分在作业抛撒时易蒸发散失。同时,旋耕作业还会杀伤、损害蚯蚓等土壤生物。此外,旋耕地表过于松软,播种深度也不好掌握。因此,旋耕作业时要特别注意:一是表土旋耕要在播前完成,这是为了保证旋耕后土壤有足够的时间回实;二是作业深度要控制在 10 cm 以内,否则会出现播种深度无法控制和出苗后"吊根"的现象。

玉米全膜双垄覆盖收后留膜留茬越冬耕作模式因玉米连作时间长,每年均留膜留茬越冬,必然造成土壤紧实、孔隙度减少,所以一般需 3 年深松 1 次。深松深度可视耕作层厚度和犁底层深度而定,一般以 30 cm 左右为宜。为减少深松后地表可能出现的沟垄,可选用带翼铲的深松机。表土作业前先撒施农家肥和化肥,后整地。

(三)施肥

玉米是耗肥的高光效作物,株高、根大、产量高、吸收养分多,加之覆膜后地温增高,有机质转化加快,因此，应用全膜双垄覆盖垄侧播种栽培技术种植玉米要一次性施足底肥，增施农家肥，配方施用化肥。

玉米对氮、磷、钾的吸收总量，常随产量的增加而增多。玉米一生中吸收的主要养分，以氮最多，钾次之，磷最少。我国各地配方施肥参数研究表明，化肥当季利用率为氮 30%~35%、磷 10%~20%、钾 40%~50%。

2008 年以来，宁夏旱作农业区的农业技术推广工作者对全膜双垄覆盖垄侧播种条件下玉米化肥用量及氮肥基施、追肥比例进行了大量研究，提出适宜的测土配肥方案，根据目标产量优化方案、改进施肥方法和手段，即施足农家肥、足氮增磷、补钾配锌，农家肥和部分氮肥、磷钾肥结合秋季白露翻耕收糖整地或播前整地做基肥深施。目前生产水平下，一般每公顷施优质农家肥 4.5 万~7.5 万 kg，在农家肥不足的地方，应施商品有机肥。据 2015 年在固原市原州区河川乡试验，采用全膜双垄覆盖垄侧播种技术种植玉米，在氮、磷素一致的基础上，以商品有机肥为梯度处理，在 600~2 400 kg/hm^2 的范围内，随着商品有机肥施用量的增加，产量增加 453.2~2 764.5 kg/hm^2，效益增加 402~3 513 元/hm^2，施商品有机肥 2 400 kg/hm^2 时，产量和盈利表现最好，分别为 9 016.5 kg/hm^2 和 3 513 元/hm^2。化肥用量以目标产量而定，川旱地目标产量为 9 000~10 500 kg/hm^2，应施氮肥 238.5~283.5 kg/hm^2、P_2O_5 108~127.5 kg/hm^2、硫酸锌15 kg/hm^2；山旱地目标产量为 7 500~9 000 kg/hm^2，应施氮肥 213~261 kg/hm^2、P_2O_5 96~117 kg/hm^2、硫酸锌 15 kg/hm^2。因宁夏旱作农业区土壤含钾丰富，能满足目前产量水平对钾的需求，故不施钾肥。（表 2-2-45、表 2-2-46）

表 2-2-45　宁夏旱作农业区川旱地玉米配方施肥建议

单位：kg/666.7 m^2

目标产量	施养分总量			折实物肥料施用量						
				基肥						追肥
	N	P_2O_5	K_2O	配方肥		尿素（或碳酸氢铵）	磷酸二铵	重钙（或普钙）	硫酸钾	尿素（追 1 次）
				剂型	数量					
施用单质化肥及二元化肥										
500	13.0	5.9	0	方案 1		16.3（44）		12.8（49）	0	12.0
				方案 2		11.3（30）	12.8		0	12.0
600	15.9	7.2	0	方案 1		19.6		15.7（60）	0	15.0
				方案 2		13.4（36）	15.7		0	15.0
700	18.9	8.5	0	方案 1		22.8		18.5（71）	0	18.3
				方案 2		15.6（42）	18.5		0	18.3
基施配方肥+追施单质化肥										
500	13.0	5.9	0	A	28.8					12.0
600	15.9	7.2	0	A	34.6					15.0
700	18.9	8.5	0	A	40.4					18.3

注：1. 应坚持施用有机肥，在此基础上合理施用化肥。

2. 根据地力、降水、玉米长势等情况，表中建议施肥量可适量增减。

3. 肥料必须深施，基肥可采用撒肥后旋耕或犁翻、机械播施等方法；追肥用追肥枪施入土中。

4. 配方肥 A 为 47%（26-21-0）。

5. 可自配本表中的配方肥——按本表中基肥对应的各种化肥数量组合即成（自配配方肥不含有一般商品配方肥或复混肥中的辅料物质，配制时一般不宜采用碳酸氢铵）。应现配现用，防止物理性状变差。

表 2-2-46　宁夏旱作农业区山旱地玉米配方施肥建议

单位：kg/666.7 m²

目标产量	施养分总量			折实物肥料施用量						
				基肥						追肥
	N	P_2O_5	K_2O	配方肥		尿素（或碳酸氢铵）	磷酸二铵	重钙（或普钙）	硫酸钾	尿素（追 1 次）
				剂型	数量					
施用单质化肥及二元化肥										
400	11.1	5.0	0	方案 1		15.2(41)		10.9(53)	0	8.9
				方案 2		11.0(30)	10.9		0	8.9
500	14.2	6.4	0	方案 1		18.5(50)		13.9(53)	0	12.4
				方案 2		13.0(35)	13.9		0	12.4
600	17.4	7.8	0	方案 1		21.7		17.0(65)	0	16.1
				方案 2		15.1(41)	17.0		0	16.1
基施配方肥+追施单质化肥										
400	11.1	5.0	0	A	26.9					8.9
500	14.2	6.4	0	A	32.7					12.4
600	17.4	7.8	0	A	38.5					16.1

注：1. 应坚持施用有机肥，在此基础上合理施用化肥。
2. 根据地力、降水、玉米长势等情况，表中建议施肥量可适量增减。
3. 肥料必须深施，基肥可采用撒肥后旋耕或犁翻、机械播施等方法；追肥用追肥枪施入土中。
4. 配方肥 A 为 47%(26–21–0)。
5. 可自配本表中的配方肥——按本表中基肥对应的各种化肥数量组合即成(自配配方肥不含有一般商品配方肥或复混肥中的辅料物质，配制时一般不宜采用碳酸氢铵)。应现配现用，防止物理性状变差。

氮肥基追施比例：经在玉米地膜覆盖高度适宜区彭阳县长城塬试验(表 2–2–47)，基追施比例 3:7 产量最高，比 4:6、5:5、6:4、7:3 分别高 1.6%、2.4%、2.5%和 7.6%，3:7 与 4:6、5:5、6:4 差异较小。宁夏旱作农业区生态类型多样，降水、墒情、土壤肥力均有差异。因而，氮肥基追施比例应因地制宜，玉米高度适宜区应在 4:6~5:5 的范围内调控，其他区域为 6:4。

表 2–2–47　全膜双垄覆盖垄侧播种栽培条件下氮肥不同基追肥比例效益

基追肥比例	苗数/（株·hm⁻²）	收获株数/（株·hm⁻²）	穗数/（穗·hm⁻²）	穗粒数/粒	百粒重/g	产量/（kg·hm⁻²）	产量位次
基 30%追 70%	66 390	66 195	66 195	605.1	32.2	12 900.0	1
基 40%追 60%	66 705	66 420	66 420	599.6	31.9	12 700.5	2
基 50%追 50%	66 390	66 255	66 255	611.6	31.1	12 601.5	3
基 60%追 40%	66 090	66 015	66 015	613.1	31.1	12 586.5	4
基 70%追 30%	66 090	66 030	66 030	580.7	31.3	11 994.0	5

经研究，在宁夏旱作农业区玉米全膜双垄覆盖栽培中，控释肥不仅能使玉米稳产，而且能一次性施肥，减去人工追肥的用工，节省投入。多年试验表明，其比常规施肥增产 0.6%~34.3%(表 2–2–48)。应根据目标产量选择控释配方肥，川旱地目标产量为 7 500 kg/hm²，一次性基施 45%(30–15–0)配方的控释肥

表 2-2-48　施用不同控释肥玉米产量

地点	处理	平均产量/(kg·hm⁻²)	比⑤处理增产/(kg·hm⁻²)	增幅/%
西吉县	①	12 921.0	3 298.5	34.3
	②	11 292.0	1 669.5	17.3
	③	10 732.5	1 110.0	11.5
	④	11 589.0	1 966.5	20.4
	⑤	9 622.5	—	—
泾源县	①	6 505.5	325.5	5.3
	②	7 323.0	1 143.0	18.5
	③	7 909.5	1 729.5	28.0
	④	6 936.0	756.0	12.2
	⑤	6 180.0	—	—
隆德县	①	11 394.0	473.5	4.3
	②	11 215.5	295.0	2.7
	③	11 092.5	172.0	1.6
	④	10 990.5	70.0	0.6
	⑤	10 920.5	—	—
原州区	①	11 754.0	1 387.5	13.4
	②	13 107.0	2 740.5	26.4
	③	10 942.5	576.0	5.6
	④	12 432.0	2 065.5	19.9
	⑤	10 366.5	—	—
彭阳县	①	11 958.0	561.0	4.9
	②	11 556.0	159.0	1.4
	③	11 746.5	349.5	3.1
	④	11 493.0	96.0	0.8
	⑤	11 397.0	—	—

注:①、②、③、④均为不同比例组合型控释肥,⑤为常规肥料(见表 2-2-49)。

表 2-2-49　玉米控释肥肥效与全部基施试验处理方案

单位:kg/666.7 m²

处理编号	基肥量			追肥量	
	控释尿素	重钙	合计	控释尿素	普通尿素
①山玉控 1#	41.6	18.5	60.1		
②山玉控 2#	41.8	18.5	60.3		

续表

处理编号	基肥量			追肥量	
	控释尿素	重钙	合计	控释尿素	普通尿素
③山玉控 3#	41.8	18.5	60.3		
④山玉控 4#	20.9	18.5	39.4	20.9	
⑤山玉常 5#	12.0(普通尿素)	18.5(磷酸二铵)	30.5		20.0

注:山玉控 1# 由释放期为 45 d、60 d、90 d、120 d、150 d 的缓控尿素组合而成。山玉控 2# 由释放期为 90 d 和 150 d 的缓控尿素组合而成。山玉控 3# 指释放期为 150 d 的缓控释肥。山玉控 4# 指释放期为 90 d 的缓控释肥。山玉常 5# 指常规肥料。

585 kg/hm²;目标产量为 9 000 kg/hm²,一次性基施 45%(30–15–0)配方的控释肥 720 kg/hm²;目标产量为 10 500 kg/hm²,一次性基施 45%(30–15–0)配方的控释肥855 kg/hm²(表 2–2–50、表 2–2–51)。

施肥方法:农家肥、部分氮肥(指当地确定的氮肥基追施比例中基施氮肥的用量)、磷肥结合白露最后一次耕地秋施,耕后耙细耱平,起垄覆膜。人工起垄覆膜可在划行后将化肥混合均匀撒在小垄的垄带内,通过起垄将肥料集中翻入垄床底部 20 cm 左右。选用全膜双垄玉米覆膜机可一次性完成深施化肥、起垄、覆膜等田间作业,更节约成本,效率更高。早春顶凌覆膜的地块,结合覆膜前整地将农家肥、部分氮肥、磷肥施入。控释配方肥早春覆膜前撒施后旋耕或犁翻,或机械播施。

表 2–2–50 宁夏旱作农业区川旱地玉米控释配方肥施用建议

单位:kg/666.7 m²

目标产量	施养分总量			控释配方肥 A 施用量
	N	P_2O_5	K_2O	
500	11.8	5.9	0	39
600	14.4	7.2	0	48
700	17.0	8.5	0	57

注:1. 依据耕地常年产量选择相应施肥量,并视地力、降水等条件适量增减。
2. 控释肥应一次性基施,方法有:①撒施后旋耕或犁翻、机械播施等;②采用机械将种子与肥料间隔 8~10 cm 同播。
3. 配方肥 A 为 45%(30–15–0)。

表 2–2–51 宁夏旱作农业区山旱地覆膜玉米控释配方肥施用建议

单位:kg/666.7 m²

目标产量	施养分总量			控释配方肥 A 施用量
	N	P_2O_5	K_2O	
400	10.4	5.1	0	35
500	13.2	6.5	0	44
600	16.2	8.0	0	54

注:1. 依据耕地常年产量选择相应施肥量,并视地力、降水等条件适量增减。
2. 控释肥应一次性基施,方法有:①撒施后旋耕或犁翻、机械播施等;②采用机械将种子与肥料间隔 8~10 cm 同播。
3. 配方肥 A 为 45%(30–15–0)。

（四）土壤消毒

地下害虫为害严重的地块，起垄后每公顷用40%辛硫磷乳油7.5 kg加细沙土450 kg，拌成毒土撒施，或兑水750 kg喷施。

杂草危害严重的地块，起垄后每公顷用50%乙草胺乳油1 500 g兑水750 kg全地面喷施，每垄喷完后及时覆膜。

（五）起垄覆膜

起垄规格为大垄底宽70 cm、高10~15 cm，小垄底宽40 cm、高15~20 cm，每个垄沟对应一宽一窄、一高一低2个集雨垄面。一是选用专用机械一次性完成施肥、起垄、覆膜等作业，使田间形成大小垄相间的格局。二是利用人工、畜力，使用铧式步犁开沟起垄。用划行器划行，根据小垄位置，用铧式步犁开沟起垄，来回向中间翻耕形成小垄，两小垄中间整理形成大垄。不论采用哪种机具，都要求起垄作业后垄和沟宽窄均匀，垄脊高低一致，垄面水平整洁。起垄、覆膜需连续作业。覆膜要求于秋季或早春进行，秋季覆膜在秋末土壤封冻前含水量最高的时候进行，一般以10月中下旬至11月初为宜；早春覆膜（即顶凌覆膜）在早春土壤解冻后的3月上中旬进行。半湿润偏旱区可进行早春覆膜和播期覆膜。选用幅宽120 cm、厚度0.01 mm的白色强力耐候膜实施全地面覆盖。两幅地膜边缘紧密衔接在大垄面的中间，接缝处压一10 cm宽的土腰带固定地膜，膜面每隔2~3 m横压一土腰带，既可防止大风揭膜，又可拦截垄沟内的降水径流。

人工起垄覆膜后1周左右，地膜与地面贴紧时，在沟中间每隔50 cm处扎一直径3 mm的渗水孔，使垄沟的集雨入渗。田间覆膜后，严禁牲畜入地践踏。要经常沿垄沟逐行检查，一旦发现地膜破损，应及时用细土盖严，防止大风揭膜。

（六）播种

1. 品种布局与要求

（1）全膜双垄覆盖垄侧播种栽培条件下，选用玉米品种应遵循的原则。

①选择国审品种、宁夏回族自治区农作物品种审定委员会审定通过的品种。选择适应性强、耐旱、抗性（抗病、抗虫、抗逆性）强、品质优、产量高的品种。

②宁夏旱作农业区生态类型多样，地势地貌错综复杂，降水季节分布和地域分布不均，热量资源不足，需要选择适合不同生态区域种植的主栽品种和一定数量的搭配品种。

③全膜双垄覆盖条件下，有效地积温增加，应选择生育期较长的品种，以有效提高玉米产量。

（2）地膜玉米适宜种植区域的划分与相应品种布局。

界定地膜玉米适宜种植区域的依据如下。

一是需水量。

①年降水量。据有关研究，从玉米出苗到成熟，特早熟品种生育期<70 d，需降水量250~300 mm；早熟品种生育期80~100 d，需降水量300~400 mm；中熟品种生育期100~120 d，需降水量500~800 mm；晚熟品种生育期120~150 d，需降水量800 mm以上。宁夏旱作农业区降水量少，且时空分布不均，呈现两大特点：一是南多北少；二是年际变率大、年内分布不匀，降水量主要集中在7—9月，占全年降水总量的60%~65%。根据上述研究，从宁夏旱作农业区降水总量分析，大部分地区全年降水总量只能满足产量较低的特早熟和早熟品种，但这一研究结论是就露地栽培和无补充灌溉条件而言的。据资料介绍，在年降水量400~500 mm的条件下，覆膜栽培玉米增产幅度大，而宁夏旱作农业区大部分地区年降水量多年在300~500 mm，降水年际变率大，季节分配不均，全膜双垄覆盖比半膜覆盖玉米全生育期能多贮水60 mm，也可

通过补充灌溉技术、秋季全膜双垄覆盖垄侧播种栽培技术、早春顶凌全膜双垄覆盖垄侧播种栽培技术显著改善农田水分条件，满足和基本满足玉米中熟、中晚熟品种对土壤水分的需求。

②玉米生长关键期降水量。7 月份，大部分田块地膜玉米正处于大喇叭口至抽雄期，是需水需肥高峰期，玉米抽雄前 10 d 到抽雄后 20 d 是水分临界期，此期降水量对产量影响很大。据董永祥研究，宁夏旱作农业区降水量与产量的相关系数为 0.65~0.72。把 7 月份降水量 90~110 mm 的雨养农业区定为玉米种植适宜区，7 月份降水量 70~90 mm 区定为玉米种植次适宜区。宁夏旱作农业区大部分地区多年 6—8 月降水量 264.7 mm；7 月份平均降水量，大部分地区均大于 70 mm。部分区域存有补充灌溉条件，可应用秋季全膜双垄覆盖垄侧播种栽培技术和早春全膜双垄覆盖垄侧播种栽培技术，阻断土壤水分的无效蒸发，增加土壤贮水量，以满足该阶段玉米生长发育对水分的需求。

二是温度。

据《玉米高产原理与栽培新技术》一书介绍，春玉米从出苗到成熟，特早熟品种生育期小于 70 d，需≥10℃的积温 1 900~2 000℃；早熟品种生育期 70~100 d，需≥10℃的积温 2 000~2 200℃；中熟品种生育期 100~120 d，需≥10℃的积温 2 300~2 500℃；晚熟品种生育期 120~150 d，需≥10℃的积温 2 500~2 800℃。又据《宁夏气候与农业》一书介绍，宁夏旱作农业区不同品种玉米从播种至成熟所需≥10℃的积温为：极早熟品种 2 100℃，早熟品种 2 400~2 500℃，中熟品种 2 500~2 600℃，晚熟品种 2 600~2 700℃。杨祁峰等在《不同覆膜方式对粮饲兼用玉米田土壤温度的影响》一文中提出，在低海拔地区，玉米晚熟品种正常生长发育所需土壤≥0℃有效积温 2 700℃以上。甘肃省农业技术推广总站经试验发现，在海拔 1 700 m 以下区域，除不覆膜外，其他覆膜方式都能满足玉米晚熟品种所需≥0℃有效地积温 2 700℃以上的要求。玉米根系生长的最适宜温度为 20~28℃，地温过高或过低均会影响根系生长，当地温降到 4.5℃时，根系生长停止，地温超过 35℃，根系生长速度变缓。研究发现，秋季全膜双垄覆盖膜侧栽培技术和早春顶凌全膜双垄覆盖膜侧栽培技术下耕层地温最适合玉米根系生长，播前全膜双垄覆盖膜侧栽培、半膜平铺下耕层地温可以保证玉米根系正常生长。

玉米是喜温作物，在整个生育期要求较高的温度，5~10 cm 地温稳定通过 10℃即可播种。玉米出苗的适宜温度为 15~20℃，出苗到拔节的适宜温度为 20~24℃，拔节到开花的适宜温度为 25~26℃，吐丝至成熟的适宜温度为 22~24℃。此期≥20℃的日数越多，灌浆速度越快，积累的干物质越多，穗粒重和百粒重越高，产量也越高。这种日数增加 1 d，每公顷可增产 181.5 kg。若 16~20℃的日数较多，灌浆速度变慢，这种日数增加 1 d，每公顷仅增产 48.75 kg。如果<16℃的日数增加 1 d，每公顷减产 210 kg。

彭阳县农业技术推广服务中心在海拔 1 620 m、年降水量 450 mm 的彭阳县城阳乡涝池村连续 3 年（丰水年、平水年、旱年）观测，3 种全膜双垄覆盖垄侧播种方式下，玉米全生育期 0~20 cm 土层≥0℃有效地积温平均达 3 332.87℃，比播期半膜覆盖高423.4℃。固原市原州区农业技术推广服务中心在海拔 1 750~1 800 m 的固原市原州城南郊南塬地区观测，3 种全膜双垄覆盖方式下，玉米全生育期 0~25 cm 土层≥0℃有效地积温平均为 3 144.82℃，比播期半膜覆盖高 502℃，可满足玉米中晚熟品种所需≥0℃有效地积温的要求。隆德县农业技术推广服务中心在半湿润偏旱区海拔 1 870~1 900 m 的隆德县风岭地区观测，全膜双垄覆盖方式下，玉米全生育期 0~20 cm 土层≥0℃有效地积温平均为 2 418.3℃，比播期半膜覆盖高 200℃以上，可满足玉米中早熟品种对温度的需求，为扩大地膜玉米种植区域和中早熟、中晚熟、晚熟品种种植区域提供了理论依据。

三是海拔。

海拔对热量和无霜期有着较大的影响，决定了地膜玉米种植区域的垂直分布。在同纬度地区，海拔升高 100 m，年平均气温下降 0.5℃，年有效地积温减少 140℃左右，无霜期减少 5.5 d。据有关研究，在宁夏旱作农业区玉米半膜覆盖栽培条件下垂直分布应控制在海拔 1 800 m 以下，全膜双垄覆盖条件下可提升至海拔 2 000 m。

四是耕地地力。

耕地地力是耕地地形地貌，成土母质特征，水、肥、气、热诸因子丰欠程度与协调性及农田基础设施配套水平的综合体现。地膜玉米生长旺盛，产出量大，要求在肥力较高的田块种植。选地的基本要求：一是选择地势平坦、土层深厚、保水保肥性强的川地、坝地、梯田、河谷沟台地，土质为沙壤和中壤的地块种植，避免在陡坡地、梁峁地、风口地种植；二是耕作层厚度>30 cm；三是土壤有机质>10 g/kg、全氮>1 g/kg、碱解氮>50 mg/kg、有效磷>10 mg/kg。

五是无霜期。

终霜前和初霜后≥10℃积温对玉米的生长发育没有实际意义，因此，玉米地膜覆盖必须把积温和无霜期统筹考虑。玉米地膜覆盖增产的原因是增加了活动积温，保墒增墒效果显著，这样可种植生长期较长、产量较高的杂交种，采用全膜覆盖种植的玉米比半膜覆盖种植的玉米提前 10~15 d 成熟，故可提前 7~10 d 播种，有效利用无霜期，阻止冻害。以气温 2℃、地面温度 0℃为指标，确定霜冻的终期和初期，清水河河谷川道区无霜期 150~160 d，黄土丘陵区无霜期 135~150 d，土石山区部分区域无霜期 130~135 d，半湿润偏旱区 100~120 d。

根据海拔、有效积温、年降水量、7 月份降水量、耕地地力、无霜期 6 个因子，综合考量全膜覆盖后的增温、保墒效果，可将覆膜种植区划为高度适宜种植区、适宜种植区、次适宜种植区。

高度适宜种植区：海拔 1 800 m 以下，≥10℃有效积温>2 400℃，无霜期 140~160 d，年降水量 450 mm 左右，7 月份降水量 90~110 mm 或有补充灌溉条件。分布在清水河河谷川道区的头营、三营、黄铎堡、黑城和彭堡等乡镇；红河、茹河流域红河、新集、城阳、白阳、古城等乡镇的川道区及相邻塬区；葫芦河河谷川道区的玉桥、下范、下堡等村。

适宜种植区：海拔 1 800~1 900 m，≥10℃有效积温 2 100~2 300℃，无霜期>130 d，年降水量 400 mm 左右，7 月份降水量 70~90 mm 或有补充灌溉条件。主要分布在原州区河川乡、中河乡及城郊；彭阳县黄土丘陵区的孟塬、草庙、冯庄、王洼等乡镇；西吉县将台堡、兴隆、王民、苏堡等乡镇；隆德县联财、神林、温堡及西北部黄土丘陵区的张程等乡镇。

次适宜种植区：海拔 1 900~2 000 m，≥10℃有效积温>2 000℃，无霜期>120 d，此区年降水量>400 mm 的地区主要分布在原州区开城镇、泾源县大湾乡（年降水量 560 mm）、隆德县沙塘镇等，可选择早春全膜双垄覆盖膜侧栽培技术，选种早熟品种。年降水量<400 mm 的地区，7 月份降水量 70 mm 或有集雨（水）补充灌溉条件的原州区东部黄土丘陵区，可选择秋季全膜双垄覆盖膜侧栽培技术，以早熟品种为主，因地制宜地搭配中早熟品种。

根据区划选择相应的适宜品种。在高度适宜种植区内海拔 1 700 mm 以下、≥10℃有效积温2 500~3 000℃、年降水量 450~500 mm、无霜期 150~160 d，7 月份降水量 90~110 mm 或有补充灌溉条件、全膜双垄覆盖条件下 0~20 cm 土壤≥0℃地积温>3 000℃的彭阳县红河、茹河流域的川道区及相邻塬区，多年引种试验证实选用晚熟、中晚熟品种大丰 30、西蒙 6 号、先玉 335，每公顷产量均能稳定在 10 500 kg 以上，大丰 30、西蒙 6 号可达 12 000 kg 以上（表 2-2-52、表 2-2-53、表 2-2-54、表 2-2-55）。

表 2-2-52　2012 年不同海拔玉米品比试验生育期(彭阳县)

地点	海拔/m	品种	播种期	出苗期	拔节期	大喇叭口期	抽雄期	开花期	吐丝期	成熟期	全生育期/d
城阳乡涝池村	1 620	中单 5485	4 月 14 日	4 月 25 日	6 月 13 日	6 月 26 日	7 月 10 日	7 月 14 日	7 月 17 日	9 月 5 日	145
		登海 1 号	4 月 14 日	4 月 25 日	6 月 13 日	6 月 26 日	7 月 11 日	7 月 15 日	7 月 18 日	9 月 7 日	147
		长城 799	4 月 14 日	4 月 25 日	6 月 14 日	6 月 29 日	7 月 10 日	7 月 15 日	7 月 18 日	9 月 9 日	149
		五谷 704	4 月 14 日	4 月 25 日	6 月 13 日	6 月 26 日	7 月 13 日	7 月 17 日	7 月 20 日	9 月 16 日	156
		先玉 335	4 月 14 日	4 月 25 日	6 月 13 日	6 月 26 日	7 月 13 日	7 月 17 日	7 月 20 日	9 月 17 日	157
		长城 706(CK)	4 月 14 日	4 月 25 日	6 月 13 日	6 月 24 日	7 月 9 日	7 月 13 日	7 月 17 日	9 月 8 日	148
王洼镇山庄村	1 700	中单 5485	4 月 21 日	5 月 2 日	6 月 20 日	7 月 3 日	7 月 20 日	7 月 24 日	7 月 27 日	9 月 15 日	148
		登海 1 号	4 月 21 日	5 月 2 日	6 月 20 日	7 月 3 日	7 月 21 日	7 月 25 日	7 月 28 日	9 月 17 日	150
		长城 799	4 月 21 日	5 月 2 日	6 月 21 日	7 月 6 日	7 月 21 日	7 月 25 日	7 月 28 日	9 月 19 日	152
		五谷 704	4 月 21 日	5 月 2 日	6 月 20 日	7 月 3 日	7 月 23 日	7 月 27 日	7 月 30 日	9 月 26 日	159
		先玉 335	4 月 21 日	5 月 2 日	6 月 20 日	7 月 3 日	7 月 23 日	7 月 27 日	7 月 30 日	9 月 27 日	160
		长城 706(CK)	4 月 21 日	5 月 2 日	6 月 20 日	7 月 1 日	7 月 20 日	7 月 24 日	7 月 27 日	9 月 18 日	151
王洼镇路寨村	1 800	中单 5485	4 月 21 日	5 月 3 日	6 月 24 日	7 月 3 日	7 月 21 日	7 月 25 日	7 月 27 日	9 月 15 日	148
		登海 1 号	4 月 21 日	5 月 3 日	6 月 22 日	7 月 4 日	7 月 22 日	7 月 26 日	7 月 28 日	9 月 17 日	150
		长城 799	4 月 21 日	5 月 4 日	6 月 23 日	7 月 6 日	7 月 22 日	7 月 27 日	7 月 29 日	9 月 20 日	153
		五谷 704	4 月 21 日	5 月 3 日	6 月 22 日	7 月 4 日	7 月 25 日	7 月 30 日	7 月 20 日	9 月 30 日	163
		先玉 335	4 月 21 日	5 月 3 日	6 月 22 日	7 月 4 日	7 月 25 日	7 月 30 日	7 月 30 日	9 月 30 日	163
		长城 706(CK)	4 月 21 日	5 月 3 日	6 月 21 日	7 月 3 日	7 月 20 日	7 月 24 日	7 月 27 日	9 月 20 日	153

表 2-2-53　不同海拔玉米品种产量(彭阳县,2012 年)

品种	全生育期/d			产量/(kg·hm^{-2})			产量位次		
	1 800 m	1 700 m	1 620 m	1 800 m	1 700 m	1 620 m	1 800 m	1 700 m	1 620 m
中单 5485	148	148	145	8 613.6	9 363.6	9 750.0	4	4	4
登海 1 号	150	150	147	8 500.0	9 181.8	9 681.8	5	5	5
长城 799	153	152	149	7 909.1	8 545.5	9 000.6	6	6	6
五谷 704	163	159	156	9 613.6	10 409.1	10 954.5	2	2	2
先玉 335	163	160	157	9 931.8	10 659.1	11 409.1	1	1	1
长城 706(CK)	153	151	148	8 772.7	9 500.1	9 886.1	3	3	3

先玉 335 由铁岭先锋种子研究有限公司育成。该品种幼苗生长势强,早发性好,芽鞘紫色,叶片绿色,叶缘紫色。株型紧凑,株高 283 cm,茎粗 3.3 cm,穗长 18.1 cm,穗粗 4.67 cm,秃尖长 2.2 cm,穗行数 14~18 行,行粒数 35.2 粒,穗粒数 512.5 粒,单穗粒重 197 g,百粒重 30.12 g,出籽率 85.6%,籽粒半马齿形。属中晚熟品种,在全膜双垄覆盖垄侧播种条件下 4 月中下旬播种、9 月下旬成熟。籽粒容重 755 g/L,含粗蛋白

表 2-2-54 玉米 6 个品种生育期(海拔 1 620 m,彭阳县城阳乡涝池村)

品种	播种期	出苗期	拔节期	抽雄期	开花期	灌浆期	成熟期	收获期	生育期/d
大丰 30	4 月 22 日	5 月 3 日	6 月 25 日	7 月 26 日	7 月 29 日	8 月 11 日	9 月 25 日	10 月 23 日	146
先玉 335	4 月 22 日	5 月 3 日	6 月 25 日	7 月 26 日	7 月 29 日	8 月 11 日	9 月 25 日	10 月 23 日	146
先玉 698	4 月 22 日	5 月 3 日	6 月 25 日	7 月 26 日	7 月 29 日	8 月 11 日	9 月 25 日	10 月 23 日	146
西蒙 3358	4 月 22 日	5 月 3 日	6 月 25 日	7 月 26 日	7 月 29 日	8 月 11 日	9 月 25 日	10 月 23 日	146
先玉 508	4 月 22 日	5 月 3 日	6 月 27 日	7 月 28 日	7 月 31 日	8 月 14 日	9 月 29 日	10 月 23 日	150
西蒙 6 号	4 月 22 日	5 月 3 日	6 月 25 日	7 月 26 日	7 月 29 日	8 月 11 日	9 月 25 日	10 月 23 日	146

表 2-2-55 玉米 6 个品种农艺性状及产量

品种	株高/cm	穗位高/cm	穗长/cm	秃尖长/cm	穗粗/cm	穗行数/行	行粒数/粒	穗粒数/粒	芯重/g	出籽率/%	百粒重/g	双穗率/%	产量/(kg·hm^{-2})	比先玉 335 增产/%
大丰 30	269.0	72.7	19.1	1.9	5.09	17.1	35.5	608.7	38.35	85.0	31.66	0	12 610.5	26.8
先玉 508	298.3	110.0	19.3	2.0	4.97	14.9	38.1	567.3	35.78	83.8	30.84	0.2	11 395.5	14.6
西蒙 6 号	287.0	95.7	20.9	2.0	4.97	16.3	37.0	606.1	42.45	83.4	31.42	0	12 526.5	26.0
先玉 698	283.0	101.7	18.5	2.0	4.73	16.1	37.0	595.1	27.01	86.9	29.45	0	11 049.0	11.1
西蒙 3358	273.7	75.3	18.7	2.5	4.74	15.4	36.3	559.7	30.57	84.8	29.61	0	10 506.0	5.6
先玉 335(CK)	283.0	76.3	18.1	2.2	4.67	14.6	35.2	512.5	27.52	85.6	30.12	0	9 945.0	—

质 8.26%、粗脂肪 3.95%、粗淀粉 75.38%。中抗大斑病,抗小斑病,感矮化叶病,高感茎腐病,高抗丝黑穗病,感玉米螟。在全膜双垄覆盖条件下每公顷产量 9 931.8~12 082.5 kg。

大丰 30 由山西大丰种业有限公司育成。该品种株型紧凑,株高 269 cm,穗位高 72.7 cm,穗长 19.1 cm,秃尖长 1.9 cm,穗行数 17.1 行,行粒数 35.5 粒,百粒重 31.66 g,出籽率 85%,籽粒马齿形。4 月中下旬播种,9 月下旬成熟。籽粒容重 750 g/L,含粗蛋白质 9.59%、粗脂肪 3.6%、粗淀粉 75.33%。中抗小斑病,抗大斑病,感茎腐病、丝黑穗病,高感矮花叶病、玉米螟。该品种幼苗长势强,抗倒伏,丰产稳产,籽粒脱水快。在全膜双垄覆盖条件下每公顷产量达 12 610.5 kg。

西蒙 6 号,株型紧凑,株高 287 cm,穗位高 95.7 cm,穗长 20.9 cm,穗粗 4.97 cm,穗行数16.3 行,行粒数 37 粒,穗粒数 606.1 粒,单穗粒重 250 g,出籽率 83.4%,百粒重 34.12 g,籽粒马齿形。在宁夏旱作农业区彭阳县,4 月中下旬播种,9 月下旬成熟。籽粒容重 734 g/L,含粗蛋白质 9.91%、粗脂肪 4.34%、粗淀粉 73.95%。抗小斑病,中抗茎腐病,感丝黑穗病、矮花叶病,高感玉米螟。抗倒伏,丰产稳产,每公顷产量达 12 526.5 kg。

在高度适宜种植区内的其他地区,经引种试验证实,应选用中晚熟品种,包括长城 706、中单 5485、金穗 1 号、金穗 9 号等(表 2-2-56、表 2-2-57、表 2-2-58)。

金穗 9 号(金穗 2021)由甘肃省金穗种业有限公司选育,由宁夏农林科学院农作物研究所引入宁夏。该品种幼苗绿色,叶鞘紫色,叶下披,拱土力强,株型半紧凑,全株 16 片叶,株高 265.4 cm,叶茎张角 35°,穗位高 100.2 cm,花药紫色,雄穗分枝 10~12 个,花粉量大,雌穗花丝红色,果穗长锥形,穗轴红色,穗长 22.4 cm,穗粗 5 cm,秃尖长 0.3 cm,穗行数 14~16 行,穗粒数 629.4 粒,出籽率 86.2%,籽粒黄色、马齿形,

表 2-2-56　不同玉米品种生育期及产量(海拔 1 740 m,彭阳县王洼镇山庄村)

品种	播种期	出苗期	拔节期	大喇叭口期	抽雄期	开花期	吐丝期	成熟期	全生育期/d	折合产量/(kg·hm⁻²)
登海 1 号	4 月 21 日	5 月 2 日	6 月 20 日	7 月 3 日	7 月 21 日	7 月 25 日	7 月 28 日	9 月 15 日	148	9 181.8
中单 5485	4 月 21 日	5 月 2 日	6 月 20 日	7 月 3 日	7 月 20 日	7 月 24 日	7 月 27 日	9 月 17 日	150	9 363.6
长城 799	4 月 21 日	5 月 3 日	6 月 21 日	7 月 6 日	7 月 21 日	7 月 25 日	7 月 28 日	9 月 19 日	152	8 545.5
先玉 335	4 月 21 日	5 月 2 日	6 月 20 日	7 月 3 日	7 月 23 日	7 月 27 日	7 月 30 日	9 月 27 日	160	10 659.1
长城 706	4 月 21 日	5 月 2 日	6 月 20 日	7 月 1 日	7 月 20 日	7 月 24 日	7 月 27 日	9 月 18 日	151	9 590.1
五谷 704	4 月 21 日	5 月 2 日	6 月 20 日	7 月 3 日	7 月 23 日	7 月 27 日	7 月 30 日	9 月 26 日	159	10 409.1

表2-2-57　海拔小于 1 800 m 地区不同玉米品种农艺性状及产量(原州区)

品种	株高/cm	茎粗/cm	穗位高/cm	穗长/cm	秃尖长/cm	穗粒数/粒	百粒重/g	产量/(kg·hm⁻²)	较对照增产/%
长城 706(CK)	235.2	3.1	113.2	20.8	0.4	565.7	32.5	11 208.0	—
先玉 335	285.9	3.3	113.5	21.3	0.3	606.6	34.0	12 082.5	7.8
登海 3672	265.5	3.3	100.4	21.5	0.4	585.5	35.0	12 507.0	11.6
金穗 9 号	265.4	3.3	100.2	22.4	0.3	629.4	33.2	12 807.0	14.3
郑单 958	264.1	3.2	116.8	21.7	0.4	578.5	35.5	12 507.0	11.6
中单 5485	255.1	3.1	120.5	21.4	0.4	604.9	33.2	11 937.0	6.5
先锋 32D22	265.2	3.2	110.4	18.5	0.4	568.8	33.1	11 331.0	1.1

表 2-2-58　海拔小于 1 800 m 地区不同玉米品种产量(西吉县)

品种	百粒重/g	产量/(kg·hm⁻²)	较对照增产/%
中单 5485	35.8	8 850.0	30.4
登海 1 号	34.6	8 388.0	23.6
金穗 1 号	39.8	9 330.5	37.5
金穗 9 号	33.0	7 362.3	8.5
长城 706(CK)	30.1	6 784.5	—

百粒重 33.2 g。经农业部谷物品质监督检验测试中心测定,籽粒容重 740 g/L,含粗蛋白质 9.16%、粗脂肪 4.58%、粗淀粉 75.13%、赖氨酸 0.28%。在海拔 1 800 m 以下地区,全膜双垄覆盖垄侧播种栽培条件下,4 月中下旬播种,9 月下旬成熟,为中晚熟品种。活秆成熟,抗小斑病、矮花叶病,中抗大斑病,感丝黑穗病、玉米螟,中感茎腐病。在全膜双垄覆盖条件下每公顷产量为 7 362.3~12 807 kg。

金穗 1 号(金穗 2001)由甘肃省金穗种业有限责任公司和甘肃农业大学联合选育,由宁夏同心县种子公司引入宁夏。该品种幼苗叶鞘浅紫色,株型半紧凑,前期生长慢,后期生长快,株高 271 cm,穗位高 121 cm,穗行数 14~18 行,行粒数 37 粒,百粒重 39.2 g,籽粒红色、硬粒型,穗轴白色。经宁夏农林科学院分析测试中心测定,籽粒含粗蛋白质 8.71%、粗脂肪 4%、粗淀粉 75.88%、赖氨酸 0.27%。耐旱,抗病,抗倒伏,适应性强,活秆成熟。在全膜双垄覆盖条件下每公顷产量达 9 330.5 kg。

中单 5485 由中国农业科学院农作物研究所育成,由宁夏种子管理站引入宁夏。该品种幼苗绿色,叶鞘紫色，株型半紧凑，全株 19 片叶，株高 255.1 cm，穗位高 120.5 cm，雄穗主轴明显，分枝中等，枝条斜伸，护颖绿色，花药黄色，花粉最多。雌穗穗柄短，穗斜伸，果穗长筒形，花丝粉红色，穗长 21.4 cm，穗粗 5 cm，穗行数16~18 行，行粒数 37 粒，单穗粒重 172 g，籽粒黄色、半马齿形，穗轴红色，百粒重 33.2 g，出籽率 84.9%。品质较好；籽粒含粗蛋白质 7.43%，脂肪 3.56%，粗淀粉 74.75%，赖氨酸 0.22%。该品种为中熟、中秆、半紧凑大穗型杂交品种。抗霜霉病、大小斑病、茎腐病、纹枯病，轻感丝黑穗病、黑粉病，抗倒伏性强，耐瘠薄，耐密性好。在全膜双垄覆盖条件下每公顷产量达 8 850~11 937 kg。

登海 3672 由山东登海种业股份有限公司选育，由宁夏种子管理站引入宁夏。该品种叶片深绿色，株型紧凑，茎秆坚韧，株高 265.5 cm，穗位高 100.4 cm，雄穗分枝 8~10 个，颖壳绿色，花药黄绿色，花丝浅粉色，果穗筒形，穗长 21.5 cm，穗粗 5.3 cm，穗行数 16~20 行，行粒数 37 粒，穗粒数 585.5 粒，籽粒红色、半硬粒型，穗轴红色，百粒重 35 g，籽粒容重 682 g/L。籽粒含粗蛋白质 11.1%，粗脂肪 3.63%，粗淀粉 73.68%，赖氨酸 0.26%。活秆成熟，根系较发达，高抗病毒病和青枯病，抗倒伏性强。在全膜双垄覆盖条件下每公顷产量为 12 507 kg。

在适宜种植区，多年引种试验证实，在全膜双垄覆盖垄侧播种条件下以中熟、中熟偏早品种为主。在原州区适宜种植区以长城 706、榆单 88、超玉 1 号为主，生育期均在 142~144 d，4 月 15 日播种，9 月19 日至 21 日成熟；在西吉县适宜种植区以金穗 1 号、富农 1 号、长城 706 为主的 3 个品种均能正常成熟，每公顷产量可达6 112~7 953 kg，在隆德县适宜种植区以沈单 16 号、富农 1 号、长城 706 等中熟偏早的品种为主(表2-2-59、表 2-2-60、表 2-2-61、表 2-2-62)。

富农 1 号由甘肃富农高科技种业有限公司、甘肃农业大学农学院育成。该品种幼苗绿色，拱土力强。株型紧凑，全株 20~21 片叶，株高 244 cm，穗位高 113 cm；雄穗分枝 11~13 个，花药黄色，花粉量大；果穗筒形，花丝红色，穗长 21.5 cm，穗粗 5.3 cm，穗行数 18 行，行粒数 570.6 粒，穗轴红色，轴粗 2.8 cm；出籽率 82.1%；籽粒含粗淀粉 76.49%，粗脂肪 3.48%，赖氨酸 0.32%。活秆成熟，茎秆较粗，抗倒伏。高抗矮花叶病，抗红叶病、丝黑穗病和大斑病。在全膜双垄覆盖条件下每公顷产量达 7 251~8 904 kg。

榆单 88 由陕西大地种业有限公司育成。该品种幼苗叶色深绿，叶鞘紫色，长势强。株型紧凑，根系发达，秆硬，抗倒伏。株高 265.4 cm，穗位高 100.2 cm，全株 20 片叶。花药黄色，雌穗花丝红色。果穗筒形，穗

表 2-2-59 海拔 1 800~1 900 m 地区不同玉米品种生育期(原州区)

品种	播种期	出苗期	拔节期	抽雄期	吐丝期	成熟期	收获期	生育期/d
长城 706	4 月 15 日	5 月 1 日	6 月 12 日	7 月 10 日	7 月 13 日	9 月 19 日	9 月 25 日	142
超玉 1 号	4 月 15 日	5 月 1 日	6 月 10 日	7 月 8 日	7 月 10 日	9 月 14 日	9 月 25 日	137
德美亚 3 号	4 月 15 日	5 月 1 日	6 月 8 日	6 月 28 日	7 月 30 日	9 月 18 日	9 月 25 日	141
榆单 88	4 月 15 日	5 月 1 日	6 月 14 日	7 月 14 日	7 月 17 日	9 月 21 日	9 月 25 日	144
聊玉 616	4 月 15 日	5 月 1 日	6 月 14 日	7 月 12 日	7 月 14 日	9 月 20 日	9 月 25 日	143
NDW68	4 月 15 日	5 月 1 日	6 月 13 日	7 月 10 日	7 月 12 日	9 月 15 日	9 月 25 日	138
中单 909	4 月 15 日	5 月 1 日	6 月 15 日	7 月 17 日	7 月 20 日	9 月 25 日	9 月 25 日	148
强盛 16 号	4 月 15 日	5 月 1 日	6 月 15 日	7 月 15 日	7 月 18 日	9 月 22 日	9 月 25 日	145
长城 799	4 月 15 日	5 月 1 日	6 月 15 日	7 月 10 日	7 月 13 日	9 月 18 日	9 月 25 日	141

表 2-2-60　海拔 1 800~1 900 m 地区不同玉米品种农艺性状及产量(原州区)

品种	株高/cm	茎粗/cm	穗位高/cm	穗长/cm	秃尖长/cm	穗粒数/粒	百粒重/g	产量/(kg·hm⁻²)	产量位次	增产/%	
										较长城 706	较长城 799
长城 706	283.2	3.1	113.2	20.8	1.7	587.7	29.4	11 015	3	—	—
超玉 1 号	235.9	2.8	71.0	21.3	1.4	576.6	31.1	11 378	2	3.3	5.7
德美亚 3 号	233.5	2.8	84.5	17.2	0.4	501.5	30.3	9 687	9	−12.1	−10.0
榆单 88	265.4	3.3	100.2	22.1	1.3	592.1	32.3	12 185	1	10.6	13.2
聊玉 616	264.1	2.9	116.8	18.8	1.4	544.3	31.2	10 826	6	−1.7	0.5
NDW68	251.1	2.9	120.0	19.6	1.1	528.7	30.7	10 347	8	−6.1	−3.9
中单 909	260.8	3.1	123.2	18.8	1.7	550.3	31.2	10 946	5	−0.6	1.7
强盛 16 号	266.8	3.1	98.6	21.0	1.9	547.6	31.5	10 997	4	−0.2	2.1
长城 799	251.5	3.1	108.4	20.3	1.7	580.4	29.1	10 767	7	—	—

表 2-2-61　海拔 1 800~1 900 m 地区全膜覆盖条件下不同玉米品种产量(西吉县)

品种	百粒重/g	产量/(kg·hm⁻²)	较对照增产/%
金穗 1 号	38.6	7 953.96	39.1
富农 1 号	34.6	7 251.60	26.8
吉单 261	32.4	6 601.50	15.4
长城 706	30.3	6 112.50	6.9
中原单 32 号(CK)	29.5	5 718.20	—

表 2-2-62　海拔 1 830 m 地区不同玉米品种农艺性状及产量(隆德县)

品种	品种特性	株高/cm	茎粗/cm	穗长/cm	穗粗/cm	穗粒数/粒	百粒重/g	产量/(kg·hm⁻²)
中原单 32 号	中早熟	227	2.4	16.9	5.1	436.8	37.70	7 285.35
富农 1 号	中熟	244	2.6	21.5	5.3	570.6	35.85	8 904.45
沈单 16 号	中熟	228	2.7	20.6	4.9	550.0	34.65	10 358.25
吉单 261	中晚熟	221	2.3	21.1	5.0	508.0	39.90	8 508.75
承 A706	中晚熟	220	2.4	20.7	5.3	626.4	36.75	8 332.95
承单 20 号	中晚熟	214	2.6	21.5	5.4	627.2	36.15	8 601.3

长22.1 cm,穗粗 5.2 cm,穗行数 16~18 行,穗柄短,苞叶长度适中,穗轴红色。籽粒橙黄色,半马齿形,百粒重 32.3,出籽率 90%,籽粒容重 766 g/L。在全膜双垄覆盖条件下每公顷产量达 12 185 kg。

沈单 16 号由辽宁省沈阳市农林科学院农作物研究所选育,由宁夏种子管理站引入宁夏。该品种苗期整齐,生长势强,叶梢紫色,株高 228 cm,株型紧凑,花丝粉红色,花药粉色,果穗长筒形,穗长 20.6 cm,穗轴红色,穗粒数 550 粒,百粒重 34.65 g,籽粒硬粒型、黄红色。籽粒含粗蛋白质 10.48%,粗脂肪 3.42%,粗淀粉71.53%,赖氨酸 0.3%。抗大斑病,高抗小斑病、矮花叶病、茎腐病,中抗玉米螟,感丝黑穗病,抗倒伏性强。在全膜双垄覆盖条件下每公顷产量可达 10 358.25 kg。

在次适宜种植区，经多年引种及大面积种植证实，在全膜双垄覆盖条件下，品种以早熟品种为妥，中熟偏早品种在早霜推迟至 10 月初时也能成熟，但危险性大。在海拔 1 900 m 的隆德县沙塘镇清泉村观测，玉米在全膜双垄覆盖垄侧播种条件下，中熟品种在初霜来迟的情况下于 10 月 2 日成熟，每公顷产量达10 628.7 kg。多年试验和大面积种植证实，在原州区次适宜种植区以早熟品种超玉 1 号、德美亚 1 号、德美亚 3 号、酒单 3 号为宜，比长城 706 早熟 5~10 d，每公顷产量可突破 7 500 kg。在西吉县次适宜种植区选种早熟品种酒单 3 号、宁单 8 号。在海拔 1 950 m 的地区可选种长城 706，在隆德县次适宜种植区选种酒单 3 号，在海拔接近 1 900 m 的地区可种植长城 706。在泾源县次适宜种植区可选种中原单 32 号、垦玉 10 号，以早熟品种为主。（表 2-2-63、表2-2-64、表 2-2-65、表 2-2-66、表 2-2-67、表 2-2-68）

表 2-2-63　海拔1 900 m 以上地区不同玉米品种生育期（隆德县沙塘镇清泉村）

品种	播种期	出苗期	拔节期	抽雄期	开花期	吐丝期	乳熟期	成熟期	生育期/d
中单 5485	4 月 15 日	4 月 26 日	6 月 13 日	7 月 12 日	7 月 17 日	7 月 19 日	8 月 30 日	10 月 2 日	160
承单 20 号	4 月 15 日	4 月 27 日	6 月 15 日	7 月 14 日	7 月 18 日	7 月 20 日	9 月 3 日	10 月 3 日	160
长城 706	4 月 15 日	4 月 22 日	6 月 12 日	7 月 11 日	7 月 16 日	7 月 18 日	9 月 1 日	10 月 2 日	164
承 3359	4 月 15 日	4 月 24 日	6 月 17 日	7 月 16 日	7 月 20 日	7 月 22 日	9 月 3 日	10 月 4 日	164
长城 799	4 月 15 日	4 月 24 日	6 月 15 日	7 月 13 日	7 月 11 日	7 月 19 日	9 月 1 日	10 月 1 日	161
酒单 3 号（CK）	4 月 15 日	4 月 29 日	6 月 20 日	7 月 18 日	7 月 22 日	7 月 23 日	9 月 4 日	10 月 5 日	160

表 2-2-64　海拔 1 900 m 地区不同玉米品种农艺性状及产量（隆德县沙塘镇清泉村）

品种	株高/cm	茎粗/cm	穗长/cm	穗粗/cm	穗粒数/粒	百粒重/g	产量/（kg·hm^{-2}）
中单 5485	231.27	2.5	18.87	5.25	614.09	29.95	8 924.70
承单 20 号	226.73	2.4	19.62	5.09	505.35	30.08	7 853.55
长城 706	262.00	2.4	20.77	5.14	649.47	34.80	10 628.70
承 3359	258.83	2.6	24.46	4.15	498.46	30.97	7 982.40
长城 799	213.30	2.5	19.19	4.70	554.83	32.79	8 774.70
酒单 3 号（CK）	210.37	2.1	20.99	4.18	581.73	30.43	8 433.45

表 2-2-65　海拔 2 010 m玉米次适宜种植区不同品种农艺性状及产量（泾源县大湾乡绿源村）

品种	小区产量/（kg·52.8 m^{-2}）				折合产量/（kg·hm^{-2}）	较对照增产/%
	I	II	III	平均值		
垦玉 10 号	44.5	55.3	48.7	49.5	9 379.5	41.7
金穗 10 号	40.6	49.5	45.8	45.3	8 584.5	29.7
长城 799	37.3	46.3	41.2	41.6	7 873.5	18.9
秦龙 13 号	33.9	43.2	37.5	38.2	7 245.0	9.4
酒单 3 号（CK）	29.4	41.5	33.9	34.9	6 619.5	—
沈单 16 号	25.7	39.2	31.4	32.1	6 090.0	-8.0

表 2-2-66 海拔 1 900~2 000 m 玉米次适宜种植区不同品种产量(西吉县)

品种	百粒重/g	产量/(kg·hm^{-2})	较对照增产/%
长城 706	36.5	5 980.80	23.2
金穗 1 号	33.5	5 405.25	11.4
垦玉 10 号	31.0	4 429.05	-8.7
酒单 2 号	25.1	4 309.50	-11.2
酒单 3 号(CK)	32.8	4 852.80	—

表 2-2-67 海拔 2 000 m 地区玉米不同品种农艺性状(隆德县)

品种	株高/cm	茎粗/cm	穗长/cm	穗粗/cm	穗粒数/粒	百粒重/g
中单 5485	250	2.6	19.6	5.4	589.0	35.8
承单 20 号	257	2.5	21.0	5.3	485.6	30.1
长城 706	241	2.5	22.3	5.4	560.8	32.9
承 3359	267	2.7	28.0	4.5	485.6	31.6
长城 799	246	2.6	21.9	5.3	511.2	28.1
酒单 3 号	237	2.2	21.3	4.7	588.8	30.8

表 2-2-68 海拔 2 000 m 地区玉米不同品种产量(隆德县)

品种	小区产量/(kg·65.977 m^{-2})				折合产量/(kg·hm^{-2})
	I	II	III	平均	
中单 5485	49.35	41.37	44.73	45.15	6 844.35
承单 20 号	27.90	33.84	29.70	30.48	4 620.45
长城 706	42.90	45.50	44.20	44.20	6 700.35
承 3359	32.50	46.25	39.50	39.42	5 975.70
长城 799	22.40	30.40	26.40	26.40	4 002.00
酒单 3 号	30.40	35.15	32.68	32.74	4 963.05

注:试验年为 2010 年,初霜期比常年提早 11 d。

德美亚 1 号由黑龙江垦丰种业有限公司从德国 KWS 公司引进,2004 年由黑龙江农作物品种审定委员会审定推广。该品种为早熟品种,生育期 105~110 d,需活动积温 2 100℃。叶色深绿,抗倒伏,株高 270 cm,穗位高 100 cm,穗长 18~20 cm,穗行数 14~16 行,行粒数 38 粒。籽粒含粗蛋白质 9.085%,粗脂肪4.67%,粗淀粉 73.20%,赖氨酸 0.2654%。品质好,籽粒橙黄色,百粒重 30 g,籽粒容重 780 g/L,活秆成熟。在全膜双垄覆盖条件下每公顷产量为 8 700~9 000 kg,适合在宁夏旱作农业区海拔 1 900~2 000 m 区域种植。

德美亚 3 号,株型紧凑,茎秆坚韧,根系发达,抗倒伏,株高 233.5 cm,穗位高 84.5 cm,穗长 17.2 cm,穗粗 2.8 cm,穗行数 14~16 行,出籽率高达 95%。籽粒马齿形,品质好,穗轴白色,百粒重 30.3 g。抗丝黑穗病，中抗大斑病。在全膜双垄覆盖条件下每公顷产量为 9 687~10 500 kg，适合在宁夏旱作农业区海拔 1 900~2 000 m 区域种植。

中原单 32 号由中国农业科学院原子能利用研究所通过核辐射技术选育而成。该品种幼苗绿色，叶鞘紫色，株型半紧凑，全株 19 片叶，株高 227 cm，穗位高 82 cm，雄穗主轴明显，分枝中等，枝条斜伸，护颖绿色，花药黄色，花粉量多。雌穗穗柄短，穗斜伸，果穗长筒形，花丝粉红色，穗长 16.9 cm，穗粗 5.1 cm，穗行数16~18 行，行粒数 37 粒，籽粒半马齿形、黄色，穗轴红色，百粒重 37.7 g。籽粒含粗蛋白质 12.77%、粗脂肪4.28%、粗淀粉 68.12%、赖氨酸0.275%，含硒量高达 0.03 mg/kg，收获后秸秆每亩含粗蛋白质 53~72 kg、脂肪 1.49%、总糖 10.5%，出籽率84.9%。该品种属杂交品种。抗霜霉病、大小斑病、茎腐病、纹枯病，轻感丝黑穗病、黑粉病，抗倒伏性强，耐瘠薄，耐密性好。

宁单 8 号（张单 1825）由甘肃省张掖地区农业科学研究所选育，由宁夏固原市种子管理站引入宁夏。该品种芽鞘顶土能力强，幼苗生长势强，株高 200 cm，穗位高 69.9 cm，茎粗 2.3 cm，双穗率 59.2%，果穗圆锥形，穗长 18.8 cm，穗粗 5.2 cm，穗行数 15 行，行粒数 32.5 粒，百粒重 28.6 g，籽粒黄色、马齿形。籽粒含粗蛋白质 8.36%，粗淀粉 70.49%，粗脂肪 3.53%，赖氨酸 0.29%。该品种属中早熟品种。高抗丝黑穗病，感红叶病，中感大斑病。

2. 种子要求与准备

（1）种子要求。选择籽粒饱满均匀、纯度 98%、发芽率 90%、净度 98%、含水量≤13%的包衣种子。

（2）将病斑粒、虫蛀粒、破损粒、杂质及过大、过小的籽粒捡去。

（3）晒种。在播前 1 周选晴天将种子摊在干燥向阳的地上或席上晒 2~3 d，提高种子发芽率，杀死部分病原菌，减轻丝黑穗病的危害。

（4）种子包衣。种子原则上必须包衣。

（5）药剂拌种。如种子未包衣，可根据田间病虫害常年发生情况，有针对性地选择高效低毒无公害种衣剂播前拌种。在地下害虫轻、玉米丝黑穗病重的地区，干籽播种时，可选择 2%戊唑醇，按种子量的0.3%~0.4%拌种。在地下害虫重、玉米丝黑穗病也重（田间自然发病率大于 5%）的地区，可选用 2%戊唑醇，按种子量的 0.4%拌种。

3. 播种时期

在全膜双垄覆盖垄侧播种栽培条件下，土壤水、热、气条件发生较大改变，为玉米创造了良好的适期早播条件，当气温稳定通过 10℃时即可播种。

研究示范证实，在全膜双垄覆盖条件下，一般 4 月中旬播种，因海拔、积温、土壤水分差异，播期也有所区别。

表 2-2-69　宁夏旱作农业区玉米适宜播期

区域	玉米适宜播期	玉米最晚播种日期
海拔 1 700 m 以下	4 月 10 日至 20 日	5 月 10 日
海拔 1 700~1 800 m	4 月 15 日至 25 日	5 月 5 日
海拔 1 800~2 000 m	4 月 20 日至 30 日	5 月 5 日

4. 播种方法

采用玉米点播器或人力精量穴播机按规定的株距将种子破膜穴播在大垄两侧距沟底 3~5 cm 处，播深4~5 cm，应依土壤墒情而调整。点播后随即踩压播种孔，使种子与土壤紧贴，或用细沙土、牲畜粪等疏松物封严播种孔，防止播种期散墒和遇雨板结，影响出苗。

5. 合理密植

在全膜双垄覆盖条件下，玉米种植密度依降水量、土壤肥力、品种特性而定。

2013 年在年降水量 277 mm 的同心县预旺镇南塬村试验，采用全膜双垄覆盖垄侧播种技术种植玉米，保苗 40 500 株/hm^2，产量为 9 075 kg/hm^2；保苗 44 445 株/hm^2，产量为 8 790 kg/hm^2；保苗47 625 株/hm^2，产量为 8 160 kg/hm^2。

2014 年在同心县预旺镇南塬村试验，在全膜双垄（大垄底宽 70 cm、小垄底宽 40 cm）覆盖条件下，密度 2.25 万~5.25 万株/hm^2，产量以 5.25 万株/hm^2 最高。

2013 年在年降水量 360 mm 的海原县武塬村试验，保苗 60 000 株/hm^2 为最佳种植密度。

2014 年在海原县武塬村试验，在 4.5 万~6.75 万株/hm^2 范围内，以 4.5 万株/hm^2 产量最高。

综合两地试验结果分析，在年降水量 300~350 mm 地区，密度以 4.5 万~5.25 万株/hm^2 为宜。

在半干旱区年降水量 450 mm 的彭阳县城阳乡涝池村试验，密度在 3.75 万~7.5 万株/hm^2 范围内，随密度增加，产量增加，以 6 万株/hm^2 时产量最高，超过 6 万株/hm^2 时产量开始下降，6.75 万株/hm^2 时，产量比 6 万株/hm^2 时下降了 3.4%。对 2013 年在彭阳县的试验结果进行回归分析，建立了玉米产量（Y）与大垄宽度（X_1）、株距（X_2）间的回归模型：$\hat{Y}=1\ 012-28.33X_1+25.93X_2+0.30X_1^2-0.34X_2^2-0.067X_1X_2$。

通过方程求得：在大垄底宽 70 cm 和株距 31.67 cm 时产量最高为 12 270 kg/hm^2。综合分析后建议，在全县年降水量 400~450 mm 的旱作农业区，全膜双垄覆盖垄侧播种玉米的适宜种植密度为5.7 万~6.45 万株/hm^2，对应幅宽 110 cm，其中大垄底宽 70 cm，小垄底宽 40 cm，株距 28~32 cm。具体可按地块类型和肥力状况加以调整。

在年降水量 450 mm、海拔 1 800 m 的固原市南郊试点试验，密度在 3.75 万~7.5 万株/hm^2 范围内，以 6.75 万株/hm^2 产量最高，超过 6.75 万株/hm^2 时则下降，但 7.5 万株/hm^2 比 6.75 万株/hm^2 只下降了2.7%。两年试验结果说明，全膜双垄覆盖垄侧播种条件下保持 6.75 万株/hm^2 的留苗密度较适宜。

在年降水量 650 mm 的泾源县泾河源镇河北村试点试验，密度在 4.5 万~8.25 万株/hm^2 范围内，从 4.5 万株/hm^2 到 6.75 万株/hm^2，产量随密度增加而增加，超过 6.75 万株/hm^2 则下降。

表 2-2-70　玉米全膜双垄覆盖栽培密度试验结果

试验地点	产量/(kg·hm^{-2})								
	22 500 株/hm^2	30 000 株/hm^2	37 500 株/hm^2	45 000 株/hm^2	52 500 株/hm^2	60 000 株/hm^2	67 500 株/hm^2	75 000 株/hm^2	82 500 株/hm^2
海拔 1 800 m、年降水量 360 mm（海原县武塬村试点）				5 751.0	4 900.5	4 326.0	4 173.0		
海拔 1 700 m，年降水量277 mm（同心县预旺镇试点）	6 264.0	7 141.5	7 435.5	7 719.0	8 118.0				
海拔 1 620 m，年降水量 450 mm（彭阳县城阳乡涝池村试点）			7 454.5	8 818.2	9 727.3	10 545.5	10 181.8	9 568.2	9 000.0
年降水量 450 mm（固原市南郊试点）			6 750.0	7 425.0	7 944.0	8 917.5	9 567.0	9 027.0	
年降水量 650 mm（泾源县泾河源镇河北村试点）				7 882.5	9 006.0	9 853.5	10 057.5	8 343.0	8 086.5

综合上述试验结果，年降水量 300 mm 以下的地区，每公顷以保苗 3.75 万~4.5 万株为宜；年降水量 300~350 mm 的地区，每公顷以保苗 4.5 万~5.25 万株为宜；年降水量 350~400 mm 的地区，每公顷以保苗5.25 万~6 万株为宜；年降水量 400~450 mm 的地区，每公顷以保苗 6 万~6.75 万株为宜；年降水量 450~500 mm 的地区，每公顷以保苗 6.75 万~7.5 万株为宜；即年降水量每增加 50 mm，种植密度增加 7 500 株/hm^2，比传统半膜覆盖密度增加 10%。

在全膜覆盖条件下栽培，宽行 70 cm，窄行 40 cm 可保证玉米有足够的光照空间。随着耐密高产品种的引进，进一步适当增加种植密度成为宁夏旱作农业区玉米高产的有效途径。一般在海拔低、光热资源丰富、土壤肥力水平高又有补充灌溉条件的地区，每公顷种植密度可增加到 75 000 株（表 2-2-71）。

表 2-2-71　全膜双垄覆盖垄侧播种（宽、窄行：70 cm、40 cm）玉米种植密度与株距对照

密度/（株·hm^{-2}）	株距/cm	密度/（株·hm^{-2}）	株距/cm
45 000	40.0	67 500	26.9
52 500	34.6	75 000	24.2
60 000	30.3	82 500	22.0

（七）田间管理

玉米的田间管理是指根据玉米的生长发育规律，针对各生育期的特点，通过间苗、定苗、施肥、防治病虫害等措施，对玉米进行适当的促控，调整个体与群体、营养生长与生殖生长的矛盾，保证玉米健壮地生长发育，从而达到高产、优质、高效的目的。

1. 苗期管理

玉米出苗到拔节为苗期，在宁夏旱作农业区海拔 1 700 m 以下的地区大约经历 50 d。苗期玉米以根系生长为中心，其次是茎叶，属于营养生长阶段，从三叶期到拔节期，干物质增重速度地下部相当于地上部的1.1~1.5 倍，根系重量占植株总重量的 50%~60%。苗期的主要特性是耐旱、怕湿、怕草害。

苗期管理的主攻目标是培育壮苗，做到苗全、苗齐、苗匀、苗壮。苗壮的标准是根系发达、茎基偏宽、叶片宽厚、叶色深绿、新叶重叠、幼苗敦实。具体措施：

（1）破土引苗。播后遇雨，土壤容易板结，导致幼苗出土困难，出苗参差不齐或缺苗，故此时应及时破土引苗。

（2）查苗补苗。在苗期发现缺苗断垄要及时补苗移栽，在缺苗处补苗后，浇少量水，然后用细湿土封住孔眼。

（3）间苗、定苗。适时间苗、定苗可以避免幼苗拥挤、相互遮光，节省土壤水分和养分，有利于培育壮苗。间苗在 3~4 叶时进行，定苗在 5~6 叶时进行，应去弱留强，每穴一苗，按密度要求定苗，保留整齐一致的壮苗。遇缺穴，邻穴留双株。

（4）打杈。全膜双垄覆盖条件下玉米生长旺盛，常常产生大量分蘖（杈），消耗养分，定苗后至拔节期间，要勤查勤看，及时将分蘖彻底从基部掰掉。

（5）防治病虫害。

①地下害虫防治。防治金针虫、地老虎、蝼蛄、蛴螬等地下害虫，可于傍晚或清晨喷施康宽或高效氯氰菊酯或毒死蜱或辛硫磷等。

②茎叶害虫防治。防治蚜虫、黏虫等，可喷施吡虫啉或氯氰菊酯等药剂。

③苗期病害防治。苗期病害可采用药剂防治,主要有福美双或多菌灵或三唑酮等。

2. 中期管理

中期管理指拔节到抽雄期间的田间管理。宁夏旱作农业区玉米在全膜双垄覆盖垄侧播种栽培条件下,6月中旬进入拔节期,7月10日左右进入抽雄期。此期玉米的生育特点是从拔节开始,进入营养生长与生殖生长并进阶段,茎叶生长旺盛,雄穗、雌穗先后开始分化,干物质积累进入直线增长期,需水量、需肥量日渐增加。拔节时次生根一般已形成4~6层,随着地上部茎节逐次伸长,靠近地表的茎节也陆续出现支持根。此时根系不断向四周和纵深扩展,对水、肥的需求量增加,吸收能力也增强。从地上部生长来看,拔节后,茎叶迅速生长,大部分中上部叶片均在拔节至孕穗期出现和展开,植株茎秆也在此期间伸长和增重,内部的幼穗也迅速分化,体内新陈代谢旺盛,生长发育不断加速,因此,玉米单株干重迅速增加。大喇叭口期正值雄穗四分体期和雌穗小花分化期,是玉米的需水临界期,如外界条件适宜,水分和养分充足,就能增加有效果穗数、形成大穗和增加每穗粒数,为丰产打下基础。此期存在营养生长与生殖生长、个体生长发育所需营养与环境供应不足之矛盾。因此,中期管理的主攻目标应该是通过追肥等措施壮秆、促穗,使穗大粒多。具体措施:

(1)追肥。拔节至大喇叭口前期追肥,以偏早为好。其用量根据配方施肥方案及当地适宜的氮肥基追施比例而定。可采用玉米点播器或追肥枪从两株中间打孔施入,尽可能将肥料深施于地表12~16 cm以下。

(2)除去第三穗。玉米采用全膜双垄覆盖垄侧播种栽培技术种植,水热条件好,双穗率高,时常出现第三穗,应尽早掰除第三穗,减少养分消耗。

(3)防治病虫害。全膜双垄覆盖垄侧播种玉米由于增加了种植密度和施肥量,植株生长旺盛,田间通风透光条件变差,病虫害发生的概率增大。一旦发现病虫害,要及时采取物理或化学措施加以防控。

①玉米螟。大喇叭口始期,每公顷施1.5%辛硫磷颗粒剂15~30 kg或0.3%辛硫磷颗粒剂约150 kg于大喇叭口内。抽雄前后,每公顷用20%氰戊菊酯乳油4 000倍液,或2.5%溴氰菊酯乳油400~500倍液,或20%速灭杀丁乳油300 mL兑水450 kg进行喷雾,可兼防蚜虫、叶螨、黏虫等。

②瘤黑粉病。在拔节期后发生,早期可摘除病瘤深埋。

3. 后期管理

在全膜双垄覆盖垄侧播种栽培条件下,宁夏旱作农业区玉米从7月中旬抽雄到9月中下旬成熟约60 d。从抽雄开始,营养生长基本停止,进入生殖生长阶段,是开花、籽粒形成和增重的关键时期,即决定籽粒数和粒重的时期。玉米籽粒产量的80%~90%是在此期形成的,最后的实际产量取决于结实的籽粒数和籽粒的充实程度。后期管理的主攻目标是增加总结实粒数和百粒重,栽培中心环节是养根保叶,防止早衰,增加群体光合量,促进有机物质向籽粒运输。具体措施:

(1)叶面喷肥。为保持叶片的功能始终旺盛,防止早衰,可叶面喷施磷酸二氢钾,以制造更多的碳水化合物,促进籽粒形成,并使籽粒饱满、百粒重增加。抽雄期至吐丝期,用磷酸二氢钾7.5 kg/hm^2兑水1 500 kg于叶面喷施。

(2)若发现植株出现发黄等缺肥症状,应及时追施适量增粒肥。

(3)隔行去雄。每株玉米雄穗可产生2 500万~3 700万个花粉粒。对授粉来说,一株玉米的雄穗至少可满足3~6株玉米果穗花丝授粉的需要。花粉粒从形成到成熟需要大量的营养物质,为了减少植株营养物质的消耗,使之集中于雌穗发育,可在玉米抽雄穗始期(雄穗刚露出顶叶,尚未散粉之前)及时隔行去雄,从而增加果穗穗长和穗重,双穗率有所提高,植株相对变矮,田间通风透光条件得到改善,光合生产率提高，因而籽粒饱满，产量增加。

(4)防治病虫害。生长后期花粒期是各种叶斑病和果穗害虫为害的高峰期，可用机动喷雾机具喷药防治。

①红蜘蛛：灌浆初期及中期(7~8 月)，于叶片背面喷洒 15%哒螨灵乳油 1 500 倍液，或 1.8%阿维菌素乳油1 500~2 000 倍液，或 15%扫螨净等。严重地块可间隔 7~10 d 再防治 1~2 次。

②玉米大斑病：在玉米大喇叭口期用苯醚甲环唑·嘧菌酯或 40%丁香·戊唑醇+嘧菌酯等复配剂喷施 1~2 次。

六、适期收获、整地与秋覆膜

(一)适期收获

玉米以收获籽粒为目的，必须坚持在完熟期收获。标准是叶片变黄，苞叶由绿色变黄白色且松散，果穗尖端出现黑色霉状物，籽粒完全硬化，具有光泽，乳线消失，显出本品种固有色泽。收获过早，籽粒含水量高，干物质积累较少，影响产量。一般在 10 月上旬收获，果穗收后搭架或晾晒，防止淋雨受潮导致籽粒霉变，待含水量降至 14%以下后，脱粒贮藏或销售。果穗收后，秸秆应及时收获并青贮。

(二)及时抢墒、秋覆膜

在适合秋覆膜的区域，玉米收后应及时清除旧膜、施肥、整地、覆膜保墒。

(三)护膜越冬

在适合留膜留茬越冬的田块，秸秆不用于养殖的地区，果穗收获后，将秸秆砍倒平铺于膜上保护地膜；秸秆用于养殖的地区，及时将秸秆移出，用细土将地膜破损处封好。严禁牲畜进地破坏地膜，第二年早春清除旧膜及根茬，施肥整地后再覆膜。

第二年计划“一膜两年用”的地块，玉米收获时留高茬(10 cm)，尽量防止地膜破损；收获后用秸秆覆盖地膜，地膜破损处用细土封口，防止跑墒。第二年春季播前 1 周左右将秸秆运出，清扫残留茎叶，地膜破损处用细土封好，后直接播种。

第六节　马铃薯全膜双垄覆盖垄侧播种栽培技术

宁夏种植马铃薯历史悠久，据记载，宁夏在清乾隆年间已开始引种马铃薯，主要分布在宁夏旱作农业区，1990 年前种植面积约 4.67 万 hm^2，约占该区域粮食种植面积的 10%，1990 年后发展加快。为了提高宁夏旱作农业区马铃薯的产量，2006 年从甘肃引进了马铃薯全膜双垄覆盖沟播技术，经过 4 年的引进、消化、创新，形成了具有宁夏特色的马铃薯全膜双垄覆盖垄侧播种栽培技术体系，大大提高了马铃薯的单位面积产量。

一、马铃薯在宁夏旱作农业区的地位与作用

马铃薯营养丰富，是粮菜兼用作物，又是饲料作物，也是食品加工原料及工业原料，本身适应性、抗灾能力很强。因此，马铃薯在宁夏旱作农业区粮食生产、农民增收中占有十分重要的战略地位。

（一）马铃薯是保障宁夏旱作农业区粮食安全的重要作物

马铃薯在宁夏旱作农业区产量高而稳定，增产潜力大（相较于其他作物）。马铃薯在宁夏旱作农业区播种面积为 15.05 万 hm^2（2016 年），占宁夏旱作农业区粮食播种面积的 35.4%，占宁夏粮食播种面积的 24.2%，平均每公顷产鲜薯 10 905 kg，折主粮 2 181 kg，说明马铃薯在保证宁夏旱作农业区粮食安全方面占有极其重要的地位。

马铃薯在我国平均单产为 14 350.3 kg/hm^2，比世界平均水平 16 733.74 kg/hm^2 低 2 383.44 kg/hm^2，宁夏旱作农业区平均单产比全国平均水平低 3 445.3 kg/hm^2。据报道，马铃薯的理论产量可达 240 150 kg/hm^2，说明其增产潜力巨大。只要把现有品种潜力发挥 30%，就可以把我国马铃薯平均产量由 13 999.5 kg/hm^2 提高到 30 000 kg/hm^2。宁夏旱作农业区马铃薯单产多年平均在 10 000 kg/hm^2，但高产区已达 45 000 kg/hm^2，尤其是在全膜双垄覆盖栽培条件下增产幅度更大。2011 年西吉县红耀乡小庄村农民熊志忠采用全膜双垄覆盖技术种植马铃薯 0.4 hm^2，单产达 83 154 kg/hm^2，证明宁夏旱作农业区马铃薯增产潜力巨大。

马铃薯不仅高产，而且稳产，据中国科学院西北水土保持研究所在宁夏旱作农业区的研究，如果以丰水年的产量为 100%折算，各种作物在严重干旱年的产量分别为：春小麦 58%、冬小麦 56%、玉米 39%、马铃薯 76%、荞麦 57%、谷子55%、糜子 51%、豌豆 65%、扁豆 63%，马铃薯产量最高。又据王立祥教授在固原市的研究，马铃薯的光温生产力、降水生产力及水分满足系数均高于春小麦，春小麦的光温生产力为 9.8 t/hm^2，马铃薯则为 11.4 t/hm^2，春小麦的降水生产潜力为 3.64 t/hm^2，马铃薯折主粮则为 7.68 t/hm^2，是春小麦的 2.1 倍。马铃薯是光合效率高、高产稳产、抗旱耐寒作物，它对水分的利用率高，一般干旱情况下，不会出现绝产问题。

（二）马铃薯是救灾减灾、减少粮食损失的最优作物

马铃薯抗灾能力很强，遇到春旱灾，宁夏旱作农业区可将播种期延迟至 6 月初，受雹灾，恢复快，比其他作物损失少，同时有一部分早熟、极早熟品种，60 d 左右就可收获，而且在不同季节或土壤条件下都有收获物，与玉米、小麦、豌豆等作物可间作套种，如玉米、小麦、豌豆受旱，马铃薯可弥补其损失。

（三）马铃薯营养价值高，是粮食作物中含营养物质最全的作物，是质量最高的作物

马铃薯的营养成分比较齐全，含量也比较丰富，几乎可以说是“十全十美”的食品。马铃薯中蛋白质含量相当于小麦、水稻、玉米等禾谷类作物的 1.5~1.78 倍，质量与动物蛋白质相近，可与鸡蛋媲美，能很好地为人体所吸收。氨基酸含量丰富，有人体必需的 8 种氨基酸。碳水化合物含量也相当高，相当于主要禾谷类作物的 1.25~1.72 倍。所含淀粉兼有直链和支链结构特性，较禾谷类作物的淀粉易于吸收。脂肪含量少，仅相当于禾谷类作物的 14%~44%。维生素含量高于各种禾谷类作物，富含维生素 C，每 100 g 鲜马铃薯含维生素 C 高达 15.86 g，高于柑橘，比去皮的苹果高 50%，相当于胡萝卜的 2 倍、白菜的3 倍、西红柿的 4 倍，115 g 鲜薯所含维生素 C 可满足一个成年人一日所需的量。此外，还含有维生素 B_1、维生素 B_2、胡萝卜素以及矿物质如磷、钾、钠等。发热量较高，每 100 g 马铃薯发热量为 347 kJ，仅次于鸡蛋和牛奶，比胡萝卜高 1 倍，比西红柿高 2 倍。因此，马铃薯可以帮助人们改善膳食营养结构，在马铃薯主粮化的今天，作用更大。马铃薯也是最好的饲料，可以增加肉、蛋、奶的转化，据介绍，用 50 kg 马铃薯薯块喂猪可增肉 2.5 kg，喂奶牛可产奶 40 kg。

（四）马铃薯是宁夏旱作农业区农民增收的主要来源

宁夏旱作农业区是我国马铃薯生产的主要基地，生产的马铃薯长相好，品种多为中晚熟、晚熟的菜用型品种和淀粉加工型品种，加之当地空气、土壤、水无污染，生产的马铃薯是天然有机食品。种植的淀粉加

工型品种,淀粉含量在19%以上,接近德国、法国、美国水平。六盘山地区海拔2 000 m以上,气候阴湿冷凉,降水量一般650 mm以上,传毒媒介少、天然隔离好,是繁育马铃薯脱毒种薯的理想地区,繁殖生产的原种,一、二级脱毒薯质量好,在国内、国际市场具有较强的竞争优势。随着我国改革开放的深入发展、人们饮食结构的转变、马铃薯加工业的兴起,马铃薯成为宁夏的优势特色作物。宁夏政府把马铃薯当作支柱产业来抓,使马铃薯成为农民增收的来源。西吉县把马铃薯种植面积稳定在6.67万hm^2以上,单产提高到2.25万kg/hm^2以上,马铃薯的产值占该地区生产总值的42.8%,农民人均马铃薯收入占总收入的31.6%。马铃薯种植面积的扩大、单产的提高又带动了淀粉、食品加工工业的发展。

二、制约宁夏旱作农业区马铃薯产量的因素

(一)水资源匮缺,干旱发生频繁

宁夏旱作农业区气候冷凉,昼夜温差大,土层深厚,土质疏松,透气性好,土壤富含钾素,非常适合马铃薯生长。但该地区干旱发生频繁,并有持续干旱的特点,一年之中,降水季节变化大,季节分配不均,冬季降水量占全年降水量的1.3%~1.5%,春季(3—5月)占全年降水量的15.6%~17.4%,夏季(6—8月)占全年降水量的52.7%~56.8%,秋季(9—11月)占全年降水量的23%~27%。常发生季节性干旱,春旱发生概率为68%,夏旱发生概率为73%,季节连旱中春夏连旱发生概率为64%,常使马铃薯不能适期播种,播期推迟,造成减产。地域性干旱更加明显,半干旱偏旱区干旱发生概率为77%,半干旱区干旱发生概率为64%,干旱致使马铃薯产量长期处于低而不稳的状态。

(二)土壤瘠薄,有机肥施用量少而不足

宁夏旱作农业区土壤有机质含量低,大部分土壤氮少,缺磷,氮磷比例不协调,且宁夏旱作农业区种植马铃薯施用农家肥面积小(不足30%),施用量每公顷不足15 000 kg,大多数田块化肥施用水平低,加之重氮轻磷,故不能满足马铃薯对三要素的需求,尤其是对农家肥的需求。马铃薯对农家肥特别敏感,每生产0.5 kg鲜薯需1.5~2.4 kg土杂肥。

三、马铃薯全膜双垄覆盖垄侧播种栽培技术的效应

(一)水分效应

1. 土壤含水量

全膜覆盖后,土壤水分蒸发受到地膜的物理阻断,与大气的水分交换被切断,土壤水分的散失大幅度减少,因而土壤含水量高于半膜覆盖。在年降水量277 mm的同心县预旺镇南塬村旱作农业示范区测定(表2-2-72),0~20 cm土壤3种全膜双垄覆盖方式平均含水量,播种期比播期半膜覆盖高2.92个百分点,以秋季全膜双垄覆盖土壤含水量最高,比早春全膜双垄覆盖高1.83个百分点,比播期半膜覆盖高5.3个百分点。出苗期、现蕾期、块茎膨大期、成熟期0~20 cm土壤含水量全膜双垄覆盖高于播期半膜覆盖,仍以秋季全膜双垄覆盖最高。

20~40 cm、40~60 cm、60~80 cm、80~100 cm土壤含水量也表现出全膜双垄覆盖高于播期半膜覆盖、秋季全膜双垄覆盖高于早春全膜双垄覆盖、早春全膜双垄覆盖高于播期全膜双垄覆盖、播期全膜双垄覆盖高于播期半膜覆盖的趋势。

综上所述可得,马铃薯全膜双垄覆盖土壤含水量高于播期半膜覆盖,而3种全膜双垄覆盖方式中秋季全膜双垄覆盖土壤含水量最高,早春全膜双垄覆盖次之。土壤上层含水量较下层差异明显,尤其是0~

表 2-2-72　不同覆膜方式下马铃薯不同生育期 0~100 cm 土壤含水量(2008 年)

土层深度/cm	覆膜方式	土壤含水量/%				
		播种期	出苗期	现蕾期	块茎膨大期	成熟期
0~20	秋季全膜双垄覆盖	14.62	9.92	9.82	10.92	9.43
	早春全膜双垄覆盖	12.79	9.61	9.19	10.38	9.08
	播期全膜双垄覆盖	9.32	8.26	7.82	10.02	8.87
	3 种全膜双垄覆盖平均	12.24	9.26	8.94	10.44	9.13
	播期半膜覆盖	9.32	6.49	4.57	8.32	7.55
20~40	秋季全膜双垄覆盖	13.56	10.85	9.87	11.26	10.45
	早春全膜双垄覆盖	11.92	10.57	9.42	10.49	9.34
	播期全膜双垄覆盖	9.14	10.34	9.02	10.37	8.59
	3 种全膜双垄覆盖平均	11.54	10.58	9.44	10.71	9.46
	播期半膜覆盖	9.14	9.69	6.27	9.16	7.95
40~60	秋季全膜双垄覆盖	12.84	10.24	9.34	10.29	9.46
	早春全膜双垄覆盖	11.12	9.87	9.16	9.86	8.47
	播期全膜双垄覆盖	8.25	9.26	8.42	9.66	8.24
	3 种全膜双垄覆盖平均	10.74	9.29	8.97	9.94	8.72
	播期半膜覆盖	8.25	8.24	7.71	9.16	6.77
60~80	秋季全膜双垄覆盖	11.75	10.21	10.20	10.13	9.27
	早春全膜双垄覆盖	10.27	9.82	10.04	9.94	7.29
	播期全膜双垄覆盖	8.01	8.59	8.44	9.12	7.68
	3 种全膜双垄覆盖平均	10.01	9.54	9.56	9.73	8.08
	播期半膜覆盖	8.01	8.33	8.02	8.46	6.68
80~100	秋季全膜双垄覆盖	10.23	10.83	9.61	9.92	7.71
	早春全膜双垄覆盖	10.16	9.98	9.59	9.48	7.62
	播期全膜双垄覆盖	8.40	9.70	9.26	9.42	7.32
	3 种全膜双垄覆盖平均	9.60	10.17	9.49	9.61	7.55
	播期半膜覆盖	8.40	8.65	8.56	8.37	7.15

20 cm 土壤含水量差异最显著。秋季全膜双垄覆盖从播种至成熟几个关键时期平均土壤含水量比播期半膜覆盖高 3.69 个百分点，最高时期高 5.25 个百分点。早春全膜双垄覆盖几个关键生育期的平均土壤含水量比播期半膜覆盖高 2.96 个百分点，最高时期高 4.62 个百分点。播期全膜双垄覆盖几个关键生育期的平均土壤含水量比播期半膜覆盖高 1.608 个百分点。这充分表明，全膜双垄覆盖技术能显著增加播前和马铃薯生长期特别是播种期至现蕾期(即块茎形成期)的土壤水分含量，从而有效缓解春旱，保证马铃薯出苗和生长前期对土壤水分的需求。

表 2-2-73 显示，播种期 1 m 内土壤贮水量 3 种全膜覆盖方式平均为 135.3 mm，比播期半膜覆盖多贮水27.5 mm，增加 25.5%，以秋季全膜双垄覆盖最多（达 157.5 mm），比播期半膜覆盖多 49.7 mm，增加46.1%。早春全膜双垄覆盖比播期半膜覆盖贮水量多 32.9 mm，增加 30.5%。播期全膜双垄覆盖和播期半膜覆盖因刚覆膜，所以播种时土壤贮水量低。

表 2-2-73　不同覆膜方式下马铃薯不同生育期 1 m 内土壤贮水量（2008 年）

单位：mm

覆膜方式	土壤贮水量					
	播种期	出苗期	现蕾期	块茎膨大期	成熟期	合计
秋季全膜双垄覆盖	157.5	130.1	122.1	131.3	115.8	656.8
早春全膜双垄覆盖	140.7	124.6	118.5	125.9	104.5	614.2
播期全膜双垄覆盖	107.8	115.3	107.4	121.5	101.8	553.8
3 种全膜双垄覆盖平均	135.3	123.3	116.0	126.2	107.4	608.2
播期半膜覆盖	107.8	103.5	87.8	108.7	90.3	498.1

出苗期：1 m 内土壤贮水量的变化趋势与播种期相同。1 m 内土壤贮水量 3 种全膜双垄覆盖方式平均为 123.3 mm，比播期半膜覆盖多贮水 19.8 mm，增加 19.1%。

现蕾期：1 m 内土壤贮水量 3 种全膜双垄覆盖方式平均为 116 mm，比播期半膜覆盖多贮水 28.2 mm，增加 32.1%，以秋季全膜双垄覆盖最高（达 122.1 mm），比播期半膜覆盖高 34.3 mm，增加 39.1%。

块茎膨大期：1 m 内土壤贮水量 3 种全膜双垄覆盖方式平均为 126.2 mm，比播期半膜覆盖多贮水17.5 mm，增加 16.1%。

从上述 1 m 内土壤贮水量的分析结果可知，3 种全膜双垄覆盖方式从播种期到成熟期合计 1 m 内土壤贮水量平均达 608.2 mm，比播期半膜覆盖多 110.1 mm，增幅达 22.1%，尤以秋季全膜双垄覆盖最好，比播期半膜覆盖多贮水 158.7 mm，增幅达 31.86%；播期全膜双垄覆盖增加较少，也达 55.7 mm，增幅为11.18%。全膜双垄覆盖尤其是秋季、早春全膜双垄覆盖播种期、出苗期、现蕾期有较高的土壤贮水量，从而解决了春旱对出苗的影响，保证了马铃薯播种、出苗和块茎形成等需水关键期对水分的需求，促进了马铃薯生长发育，提高了大中薯率，秋季全膜双垄覆盖达 92.2%，比播期半膜覆盖高 1.3 个百分点，其中大薯率高23.8 个百分点，可保证旱年不减产，达到稳产，丰水年丰产。

表 2-2-74　不同覆膜方式对马铃薯单株产量性状的影响

覆膜方式	单株结薯数/个	单株薯重/kg	大薯比例/%	中薯比例/%	小薯比例/%
秋季全膜双垄覆盖	5.36	0.942	82.1	10.1	7.8
早春全膜双垄覆盖	5.13	0.886	85.3	11.2	3.5
播期全膜双垄覆盖	4.87	0.878	71.9	22.4	5.7
3 种全膜双垄覆盖平均	5.12	0.902	79.8	14.5	5.7
播期半膜覆盖	3.95	0.792	58.3	32.6	9.1

注：大薯>150 g，中薯 75~150 g，小薯<75 g。

2. 降水利用率、水分利用效率

在不同降水区测定,降水利用率 3 种全膜双垄覆盖垄侧播种技术平均达 76.53%,比播期半膜覆盖高8.28 个百分点,以秋季全膜双垄覆盖最高(达 78.18%),比播期半膜覆盖高 9.93 个百分点。水分利用效率3 种全膜双垄覆盖垄侧播种技术平均为 80.59 kg/(mm·hm^2), 比播期半膜覆盖高 9.98 kg/(mm·hm^2),增幅达 14.13%。

表 2-2-75 不同覆膜方式的降水利用率与水分利用效率

试验地点	覆膜方式	播前 2 m 土壤贮水量/mm	生育期降水量/mm	收获时 2 m 土壤贮水量/mm	耗水量/mm	经济产量/(kg·hm^{-2})	水分利用效率/(kg·mm^{-1}·hm^{-2})	年降水量/mm	降水利用率/%
同心县预旺镇南塬村	秋季全膜双垄覆盖	315.00	179.00	231.60	262.40	22 147.50	84.40	297.6	88.17
	早春全膜双垄覆盖	281.30	179.00	209.00	251.30	20 619.00	82.05	297.6	84.44
	播期全膜双垄覆盖	215.60	179.00	147.30	247.20	18 841.50	76.20	297.6	83.06
	3 种全膜双垄覆盖平均	270.60	179.00	195.97	253.60	20 536.00	80.98	297.6	85.20
	播期半膜覆盖	215.60	179.00	186.50	268.10	14 203.50	68.25	297.6	71.94
西吉县城郊万崖村	秋季全膜双垄覆盖	427.20	315.80	321.00	421.90	29 536.80	70.00	544.7	77.46
	早春全膜双垄覆盖	381.50	315.80	279.80	417.50	26 501.30	63.50	544.7	76.64
	播期全膜双垄覆盖	365.40	315.80	286.80	394.40	23 915.30	60.60	544.7	72.40
	3 种全膜双垄覆盖平均	391.37	315.80	295.87	411.27	26 651.10	64.80	544.7	75.50
	播期半膜覆盖	365.40	315.80	316.00	365.20	22 031.40	60.33	544.7	67.05
原州区彭堡镇别庄村	秋季全膜双垄覆盖	458.35	287.70	430.63	344.88	36 446.25	105.68	474.1	73.00
	早春全膜双垄覆盖	446.44	287.70	390.07	344.07	34 405.80	100.05	474.1	73.00
	播期全膜双垄覆盖	434.98	287.70	386.88	338.80	31 173.30	91.95	474.1	71.00
	3 种全膜双垄覆盖平均	446.59	287.70	402.53	342.58	34 008.45	99.30	474.1	72.30
	播期半膜覆盖	434.98	287.70	397.42	325.26	27 213.50	83.67	474.1	69.00
3 个试点的平均值	秋季全膜双垄覆盖	400.18	260.83	327.74	343.06	29 376.85	85.63	438.8	78.18
	早春全膜双垄覆盖	369.75	260.83	292.96	337.62	27 175.37	81.87	438.8	76.94
	播期全膜双垄覆盖	338.66	260.83	273.66	326.83	24 643.37	75.40	438.8	74.48
	3 种全膜双垄覆盖平均	369.53	260.83	298.12	335.84	27 065.19	80.59	438.8	76.53
	播期半膜覆盖	338.66	260.83	299.97	299.52	21 149.47	70.61	438.8	68.25

(二)温度效应

在半干旱冷凉区的固原市原州区开城镇寇庄村试点(海拔 1 800 m,年平均温度 6.5℃,年降水量 428 mm)测定,马铃薯播种期 0~20 cm 土壤温度,全膜双垄覆盖为 14.5℃,较播期半膜覆盖高4.2℃,较露地高 5.7℃。马铃薯全生育期 0~20 cm 平均土壤温度,全膜双垄覆盖为 18.7℃,播期半膜覆盖为15.3℃,露地为 11.4℃,全膜双垄覆盖较播期半膜覆盖增加 3.4℃,增幅达到 22.2%,较露地增加 7.3℃,增幅达 64%(表2-2-76)。据姚玉壁等《气候暖干化对甘肃马铃薯生产的影响》报道,马铃薯播种期至出苗期气温对马铃薯的产量为正贡献，且影响较大，气温升高 1℃，产量可增加 100 kg/hm² 以上。马铃薯出苗以后热量的影响逐渐减小，出苗至分枝前后是热量影响产量的最不敏感阶段，也是由正影响转向负影响的转折阶段。因此，全膜覆盖播种期至出苗期地温增加，有利于马铃薯早出苗，苗齐、苗壮、苗旺。

现蕾期马铃薯已封垄，太阳光无法直射到土面，地温开始下降。在气温冷凉、日差较大的宁夏旱作农业区尤其是半阴湿偏旱地区，8 月中旬后气温下降速度较快，热量处于欠缺状态，气温每升高 1℃，产量可增加 50~112 kg/hm²，有利于块茎膨大、大中薯率增高（表 2-2-77）。

表 2-2-76　不同处理下马铃薯各生育期 0~20 cm 土壤温度

单位：℃

处理	0~20 cm 土壤温度					
	播种期	出苗期	现蕾期	开花期	成熟期	平均
全膜双垄覆盖	14.50	16.90	23.50	26.90	11.58	18.70
播期半膜覆盖	10.30	14.10	19.54	22.50	10.40	15.30
露地	8.80	9.70	14.40	16.20	7.90	11.40

表 2-2-77　不同覆膜方式下马铃薯各生育期土壤≥0℃积温

单位：℃

覆膜方式	播种—出苗期积温	出苗—现蕾期积温	现蕾—开花期积温	开花—成熟期积温	总积温	平均积温
秋季全膜双垄覆盖	401.24	481.75	165.97	1 622.47	2 671.43	17.93
早春全膜双垄覆盖	389.76	463.25	159.25	1 582.42	2 594.68	17.41
播期全膜双垄覆盖	382.80	452.00	154.38	1 537.03	2 526.18	16.95
3 种全膜双垄覆盖平均	391.26	465.60	159.86	1 580.64	2 597.43	17.43
播期半膜覆盖	368.40	422.00	162.01	1 379.59	2 332.00	15.24

（三）显著提高养分有效性，抑制杂草

全膜双垄覆盖垄侧播种技术因具有控制土壤水分蒸发、调节地温的作用，可提高养分有效性、使马铃薯对氮、磷、钾的吸收量成倍增长，同时可抑制杂草生长，并杀死土壤中一些病原菌，促进马铃薯生长发育而获得高产。

（四）产量与效益

全膜双垄覆盖垄侧播种技术具有控制土壤水分蒸发、调节地温、提高养分有效性、保护土壤结构、抑制杂草生长和杀死土壤中一些病原菌等作用，优于播期半膜覆盖，该技术下马铃薯高产稳产，增产幅度大。据宁夏旱作农业区 5 县 6 点试验资料统计（表 2-2-78），3 种全膜双垄覆盖方式平均产量达 23 442.6 kg/hm²，比播期半膜覆盖增产 5 410.8 kg/hm²，增幅达 30%，其中秋季全膜双垄覆盖平均产量最高，比播期半膜覆盖增产 7 415.1 kg/hm²，增幅达 41.1%。

据半湿润偏旱区、半干旱区、半干旱偏旱区典型试验数据统一计算（表 2-2-79），全膜双垄覆盖（秋季全膜双垄覆盖、早春全膜双垄覆盖、播期全膜双垄覆盖的平均数）每公顷产出为21 298.5 元，纯收入 7 551 元，比播期半膜覆盖纯收入增加 2 825.67 元，增幅达 59.8%，增效显著。

表 2-2-78 全膜双垄覆盖垄侧播种技术下马铃薯产量

单位:kg/hm²

试验地点	马铃薯产量				
	秋季全膜双垄覆盖	早春全膜双垄覆盖	播期全膜双垄覆盖	3 种全膜双垄覆盖平均	播期半膜覆盖
同心县预旺镇(年均降水量 277 mm)	22 147.5	20 619.0	18 841.5	20 536.0	14 203.5
海原县武塬村(年均降水量 360 mm)	17 372.3	14 271.0	13 691.7	15 111.7	10 321.4
海原县武塬村(年均降水量 360 mm)	24 601.5	23 851.5	20 751.0	23 068.0	18 250.5
西吉县吉强镇(年均降水量 430 mm)	29 536.8	26 501.3	23 915.3	26 651.1	22 031.4
彭阳县城阳乡(年均降水量 450 mm)	23 460.0	21 706.5	21 027.0	22 064.5	18 312.0
泾源县大湾乡(年均降水量 560 mm)	35 563.5	33 579.0	30 531.0	33 224.5	25 072.5
6 点平均	25 446.9	23 421.4	21 459.6	23 442.6	18 031.9

表 2-2-79 不同覆膜方式下马铃薯经济效益

覆膜方式	投入/(元·hm^{-2})			产出/(元·hm^{-2})	纯收入/(元·hm^{-2})	产投比
	物化劳动	活劳动	合计			
全膜双垄覆盖	8 497.5	5 250	13 747.5	21 298.50	7 551.00	1.55:1
播期半膜覆盖	8 137.5	4 200	12 337.5	17 062.83	4 725.33	1.38:1

注:每千克鲜薯 0.9 元。

四、马铃薯全膜双垄覆盖垄侧播种栽培技术

1. 马铃薯的生长发育

马铃薯的生长发育过程分 6 个时期。

(1)发芽期(块茎萌发—出苗)。已打破休眠的块茎在适宜的条件下,块茎内养分源源不断地供给芽眼,幼芽便开始萌发。先形成明显的幼芽,顶部着生一些鳞片状小叶(即胚叶),随后在幼芽基部出现一些微型突起的白点,这就是初生根的原始体。幼根出现后,便以比幼芽生长快的速度在土壤中伸张扩展。该期以根系的形成和芽的生长为中心,同时进行叶和花原基的分化。所以这一时期是马铃薯扎根、壮苗、结薯的关键时期。以半干旱区为例,马铃薯从播种到出苗需经历 30~40 d,所需积温 260~300℃,大约 5 月底出苗。选用优良种薯、提高播种质量是这一时期的关键农业技术措施。

(2)幼苗期(出苗—孕蕾)。马铃薯在出苗前已经形成了一定数量的根系和胚叶,出苗后经 5~6 d,便有3~5 片叶展开。这时幼苗继续从种薯中得到营养,同时根系也不断从土壤中吸收营养。种薯的营养可供幼苗生长 30 d。此时地上主茎叶片生长很快,根系向深广扩展,匍匐茎向水平方向伸长。当主茎出现 7~13 片叶时,生长点孕育花蕾,匍匐茎顶端停止极性生长开始膨大。幼苗期以茎叶生长和根系发育为中心,同时伴随着匍匐茎的形成和伸长以及花芽的分化,是决定光合面积大小、根系吸收能力和块茎形成多少的时期。此期积累的干物质约占马铃薯一生总干物重的5%左右,对肥水要求不高,占全生育期的 15%。在栽培上应以壮苗促棵为中心,促进茎叶生长。出苗至孕蕾需经20 d。

(3)块茎形成期(孕蕾—开花初)。出苗后 20 d,主茎叶片分化完毕,顶部孕育花蕾。匍匐茎停止伸长,顶端开始膨大至绿豆大小时,表皮破裂形成周皮,块茎已具备雏形。这一时期马铃薯由单纯的营养生长转

向营养生长和生殖生长同时进行、由地上部茎叶生长为中心转向地上部茎叶生长和地下部块茎形成同时进行阶段。同一植株的块茎大都在该期内形成，此期是决定结薯多少的关键。一般地下主茎中部节位的块茎生长最迅速，形成较大的块茎；而最上部和最下部节位的块茎生长很慢，始终停留在早期阶段，形成较小的块茎。对块茎的形成和增长最为有利的气温是 16~18℃，这一时期对肥水的需求量不断增加，约占一生的20%，应保证有足够的肥水供应。一般此期约经历 10 d，追肥是该期的农业技术措施。

(4)块茎膨大期(盛花—茎叶衰老)。一般当主茎出现 9~17 片叶时，地下块茎的直径已达 3 cm 左右，开始进入块茎膨大期。此期以块茎的体积和重量增长为中心，也是马铃薯需肥水最多的时期，占一生的50%以上。干物质大部分是在这一时期内形成的。在适宜的条件下，一穴内的块茎每天可增重 20~50 g，最适的气温是 15~20℃，超过 21℃，块茎较少，如遇高温、干旱，植株生长严重受阻，光合作用降低。块茎的周皮木栓化并停止生长。若降雨或补水，植株可恢复生长，只是由于周皮组织限制了块茎的增长，只有顶芽和组织尚幼嫩的部分仍可继续生长，从而形成了各种畸形薯块，降低了产量和品质。该期需经历30 d 左右。叶面喷施液体肥料等是此期的田间管理措施。

(5)淀粉积累期(茎叶衰老—茎叶枯萎)。此期植株下部叶片开始变黄和枯萎，但茎叶中贮存的养分继续向块茎转移，虽块茎的体积基本不再增大，可重量继续增加，块茎内主要是淀粉的不断积累。此期以淀粉积累为中心，任务是防止茎叶早衰，增加光合时间，使块茎积累更多的有机养分。该期需经历大约 40 d。农业技术措施是人工拔除劣株，及早防治晚疫病，喷液体肥料。

(6)块茎休眠期。收获后的块茎，即使给予良好的发芽条件也不能很快萌发，必须经过一定的时间才能萌发，这就是马铃薯的休眠。休眠是一种生理上的自然现象，是对不良环境的适应。休眠期的长短，通常以在适宜发芽的条件下，从收获到块茎幼芽萌发的天数来表示。休眠期短的品种，需经过 1~2 个月；休眠期中等的品种，需经过 2~3 个月；休眠期长的品种，需经过 3 个月以上。马铃薯的休眠特性与生产和消费密切相关。人们食用时，要选择休眠期长的品种，避免发芽而降低品质。因此，必须对马铃薯的休眠进行人为控制，生产上人为打破休眠常用的方法是用 0.5~1 mg/kg GA3 溶液浸泡 10~15 min 或 0.1%高锰酸钾浸泡 10 min 等。脱毒薯生产中，用 0.33 mL/kg 的兰地特气体熏蒸 3 h 脱毒小薯，可打破休眠，提高发芽率和发芽势。

2. 马铃薯对环境条件的要求

(1)对温度的要求。马铃薯是喜冷凉气候的农作物，不耐高温。当 10 cm 土壤温度稳定在 5~7℃时，种薯的幼芽在土壤中就可以缓慢地萌发和生长。当气温上升至 10~12℃时幼芽生长健壮，并且长得很快。13~18℃是马铃薯幼芽生长最理想的温度。气温过高，超过 36℃，则不发芽，造成种薯腐烂；气温低于4℃，种薯也不能发芽。马铃薯幼苗不耐低温，-1℃时很快就会受冻，-4℃时就会冻死。苗期和发棵期是茎叶生长和进行光合作用制造营养的阶段。此期适宜的温度是 16~20℃。茎生长最适温度是 18℃，叶片生长最适温度是 12~14℃。如果气温过高，光照不足，叶片就会长得又大又薄，节间伸长变细，出现倒伏，影响产量。结薯期的温度对块茎形成和干物质积累影响很大，所以马铃薯在这个时期对温度要求比较严格，16~18℃的地温、18~21℃的气温对块茎的形成和增长最有利。如果气温超过21℃，马铃薯生长就会受到抑制，生长速度就会明显下降。日平均气温超过 24℃，块茎生长就严重受到抑制。日平均气温达到29℃，地温超过25℃，块茎便基本停止生长。同时，结薯期对昼夜温差的要求是越大越好。只有在夜间温度低的情况下，叶片制造的有机物才能由茎秆中的输导组织筛管运送到块茎。如果夜间温度不低于白天温度，或低得很少，有机营养向下输送的活动就会停止，块茎体积和重量也就不能很快增加。最适宜的夜间温度是

10~12℃。

(2)对水分的要求。马铃薯是需水较多的农作物,其茎叶含水量比较大,活植株中水分约占90%,块茎含水量也达80%左右。据测定,每形成1 kg干物质,需消耗掉400~600 L水。折成鲜薯,每生产1 kg鲜块茎,要消耗100~150 L水。按每666.7 m^2生产3 t块茎估算,在整个生育期中,不算地表直接蒸发的水分,每666.7 m^2马铃薯要消耗300~500 m^3水。若年降水量400~500 mm,且均匀分布在生长季节,就能满足马铃薯对水分的需求。

马铃薯在不同的生育期对水分的需求不同,总体可概括为苗期抗旱、中期喜水、后期怕湿。中期指块茎形成期、膨大期,后期指淀粉积累期。

发芽期:所需的水分基本靠种薯自身的水分来供给。据资料介绍,芽块重量如果达到30~40 g,就可以提供24~32 mL水供幼芽用。当芽眼根长出后,植株利用芽块供水的同时,根系开始吸收土壤中的水分,所以墒情一定要好才行,如果严重缺水,根系生长就会受到影响。

幼苗期:从出苗到初现蕾,因苗小、叶面积小、气温不高、蒸腾量小,所以需水较少,此期需水量只占总需水量的10%左右。

发棵期:幼苗期结束后,从现蕾到初花,块茎开始形成,地上茎叶逐渐旺盛生长,根系伸长,蒸腾量增加,植株需要充足的水分和养分建造各种器官,为增产打下基础。此期需水量占总需水量的30%。此期水分如果供应不足,植株生长迟缓,块茎数量减少,早期落蕾或花朵小。

块茎膨大期:发棵期结束,从开花至终花,块茎体积和重量加快增长,由以地上茎叶生长为主转为以地下块茎生长为主,是需水量最多的时期,占总需水量的50%以上,是需水的最敏感时期,绝对不能缺水。

干物质积累期:块茎膨大期结束,从终花至枯秧,转入大量干物质积累时期,需要适量的水分,保证营养吸收和光合作用产物向块茎转移,增加养分积累。此期的需水量占总需水量的10%。此期水分不宜过多,否则块茎皮孔开张,病菌侵入,易于腐烂。据资料介绍,在干物质积累期,土壤水分过多或田间积水超过4 h,块茎就开始出现腐烂;超过30 h,块茎将大部分腐烂;超过42 h,块茎将全部烂掉。

(3)对营养的要求。马铃薯生长发育需要各种营养元素(无机盐),一是大量元素氮、磷、钾,二是中量元素钙、镁、硫,三是微量元素铜、铁、锰、锌、硼、钼、氯等,还要从空气中、水中吸收碳、氢、氧等元素,总共需16种营养元素。马铃薯所吸收的"三大要素"中钾最多,氮次之,磷最少。据资料介绍,每生产1 000 kg马铃薯块茎,需要从土壤中吸收纯钾(K_2O)11 kg、纯氮(N)5 kg、纯磷(P_2O_5)2 kg。

马铃薯不同生育阶段对氮素的吸收水平不同。据资料介绍,马铃薯不同生育阶段吸收氮肥占总需氮肥的比例为:幼苗期18%,发棵期35%,块茎膨大期35%,干物质积累期12%。近年来我国马铃薯种植整体技术水平不断提高,单位面积产量提高的同时,需肥量也在增加。如果氮肥不足,就会使马铃薯植株矮小,长势弱,叶片小,叶色发灰,分枝少,开花早,下部叶片提早枯萎和凋落,产量降低。但是,如果氮肥过量,则又会引起植株疯长,叶片相互遮掩,光合效率受到严重影响,块茎产量和干物质含量降低,还易感染晚疫病,块茎易染病腐烂。

马铃薯不同生育阶段对磷素的吸收水平不同。据报道,马铃薯不同生育阶段吸收磷素占总需磷素的比例为:幼苗期14%,发棵期30%,块茎膨大期35%,干物质积累期21%。如果缺磷,马铃薯植株生长缓慢,茎秆矮,叶片小,老叶脉带紫红色,严重时叶片呈紫红色,叶片边缘有半月形坏死斑,下部叶片脱落;块茎内部出现褐色锈斑,煮熟时锈斑发脆,影响食用。若磷素过多,会影响马铃薯对锌、铁、钙等元素的吸收。

马铃薯整个生长过程吸收钾素最多。据报道,马铃薯不同生育阶段吸收钾素占总需钾素的比例为:幼苗期14%，发棵期29%，块茎膨大期43%，干物质积累期14%。如果缺钾，早期叶色不正常，叶片暗绿色、蓝绿色，叶片小，聚集到一起，卷曲，较老的叶片先变成青铜色，然后从边缘开始坏死；节间变短，植株矮小；主茎细弱弯曲；生长点受影响，有时会发生顶枯；根系发育受阻，匍匐茎变短，产量下降。有坏死叶片的植株的块茎脐端也会出现坏死、褐色的凹陷斑。块茎切开易褐变，煮熟后薯肉呈灰黑色。

因为马铃薯生长过程中吸收钾素最多，加上产量不断提高，所以从土壤中带走的钾素也最多，即使在土壤含钾量较高的地区种植马铃薯，也需要补充一定数量的钾素，才能满足马铃薯生长需要。

马铃薯生长发育过程中也需要中量元素钙、镁、硫。施钙能提高植株的抗病性，减少畸形块茎，增加干物质积累，提高容重，还能促进薯皮老化，增强块茎耐运、耐贮能力，减少烂薯。钙还能中和土壤的酸性，有利于马铃薯生长发育。缺钙则植株纤细，叶片小时上卷、皱缩、边缘褪色，之后叶片坏死，出现丛生状；根尖肿大变黑，分生组织停止生长。缺钙植株结的块茎，在脐部维管环里出现扩散状褐色坏死。宁夏旱作农业区大部分土壤为石灰性土壤，一般不缺钙。

镁是叶绿素的组成成分之一，叶绿素中有镁才能吸收阳光进行光合作用。镁又是多种酶的活化剂，影响呼吸过程和核酸、蛋白质等有机营养的合成与转移。满足马铃薯对镁元素的需求，光合效率就高，制造的有机营养的量就大，块茎的产量和质量就会提高。镁绝大部分存在于叶片中，块茎中的镁很少，后期还有所下降。缺镁症状一般出现在老叶片上，叶片发白、淡绿色，继续缺少，则叶尖、叶缘、叶脉间开始出现坏死。最严重时向叶心发展，叶片变厚、易破碎，叶片上卷；叶片垂挂在植株上或者脱落；根的发育受阻，吸收能力降低；光合作用受到严重影响，产量较低。

镁元素可以用作基肥，也可用作追肥，追肥采取叶面喷施效果较好，比土壤施用见效快。马铃薯大量吸收镁的时间在萌芽后15~75 d，如果通过叶片喷施可延迟到萌芽75 d之后。

马铃薯在生长发育过程中需要微量元素锌、锰、硼、铁、铜、氯等，这些元素是马铃薯生长发育过程中多种酶的组成和活化剂，能保证增产和改善品质，如缺少，则出现病状，影响产量和品质。

马铃薯生长发育过程中对中量元素和微量元素的吸收都较少，除特殊区域，一般情况下土壤和农家肥中自然含量就能满足其需要。但近年来由于栽培技术水平的提高，单位面积产量大大增加，产量带走的营养元素较多，加上马铃薯种植区域比较集中，轮作倒茬间隔时间不够，造成营养缺乏，但人们往往只注意补充大量元素，忽视了补充中量元素和微量元素。要想获得更高的产量，必须及时补充中量元素、微量元素，以满足马铃薯生长所需。

(4)对光照的要求。马铃薯是喜光作物。据报道，马铃薯光饱和点为3万~4万 lx，光照强度大，叶片光合强度高，块茎产量和淀粉产量均高。每日光照时数在11~13 h时，植株发育正常，块茎形成早，同化产物向块茎运转快，块茎产量高。每日光照时数超过15 h，茎叶生长繁茂，匍匐茎大量发生，但块茎延迟形成，产量降低。每日光照时数在10 h以下，块茎形成早，但茎叶生长不良，产量降低。早熟品种对日照反应不敏感，晚熟品种则必须在短日照条件下才能形成块茎。

光强与日照时间、温度三者有互作效应。高温促进茎伸长，不利于叶片和块茎的发育，在弱光下更显著，但高温的不利影响，短日照可以抵消，能使茎矮化、叶片肥大、块茎形成早。因此高温、短日照条件下，块茎的产量往往比在高温、长日照下高。高温、弱光、长日照，则茎叶徒长，块茎几乎不能形成，匍匐茎形成枝条。开花则需要强光、长日照和适当的高温。在不同的生长期，三者间互作效应不同，幼苗期短日照、强光和适当的高温，有利于发根壮苗和抗旱结薯；发棵期长日照、强光和适当的高温，有利于建立强大的同化系统；结薯期短日照、强光和较大的昼夜温差，有利于同化产物向块茎运转，促使块茎增产。

宁夏旱作农业区海拔高的地区，阳光充足、光照强、温差大的自然条件非常有利于马铃薯的生长。另外，光照对马铃薯幼芽有抑制作用，在光照充足的条件下幼芽生长很慢，又短又壮，颜色发紫，这样的幼芽种到地里就能长出健壮的植株，有利于增产。

（5）对土壤的要求。马铃薯要求土层深厚、结构疏松、富含有机质的土壤。轻壤土和沙壤土最适合马铃薯生长，在这两种土壤上马铃薯出苗齐、块茎形成早、薯块整齐、薯皮光滑、产量和淀粉含量高。沙性土壤保肥力差，应多施有机肥；黏性土壤保肥力强，但透气性差，薯块发育不良，易产生畸形薯，薯皮粗糙，质量差，且容易腐烂。

马铃薯要求微酸性土壤，最适合的 pH 为 5.5~6.5，但在 pH 5~8 的范围内均能良好生长。pH 在4.8 以下时，则植株叶色变淡，早衰减产。土壤含盐量达到 0.01%时，植株表现敏感，块茎产量随土壤中氯离子含量的增高而降低。

五、马铃薯全膜双垄覆盖垄侧播种栽培技术

（一）合理轮作

合理轮作是马铃薯全膜双垄覆盖垄侧播种栽培的核心技术之一，能起到蓄水保墒、充分合理地利用全年自然降水和土壤中贮存的水分、均衡地利用土壤养分、改善土壤理化性状、调节土壤肥力、防治和减轻病虫害、防除和减少田间杂草的作用，达到合理利用农业资源、提高经济效益的目的。

马铃薯忌连作、迎茬。马铃薯也不直接和其他茄科作物如烟草、茄子、辣椒、西红柿等换茬，甜菜等块根作物也不与马铃薯轮作。据报道，马铃薯连作 3 年或与茄科作物轮作，不论施肥与否，都减产 2/3 以上。迎茬种植即种 1 年隔 1 年，减产 15.3%。又据调查，连作 1 年减产 5%~10%，连作 2 年减产10%~15%，连作 3 年减产 20%以上。同时导致淀粉含量、商品率和品质降低。

连作造成马铃薯减产的主要原因如下。

一是农田肥力下降，养分失衡。马铃薯是喜肥作物，尤其对钾吸收比例高，数量大，年年种植马铃薯，必然造成土壤中这些元素的严重匮乏，使土壤中的养分比例严重失调，作物生长发育受阻，产量下降。据报道，种一年马铃薯、隔一年再种马铃薯比 3 年以上轮作 0~20 cm 土壤速效钾含量减少 36.8%。

二是土壤蓄水保墒能力下降。马铃薯根系发达，分布较深，是需水较多的作物，蒸腾系数达 400~600，即形成 1 kg 干物质消耗400~600 kg 水。马铃薯产量相对较高，其生物产量比麦类作物高 2.5~3 倍，单位面积的总耗水量大大超过了麦类作物。马铃薯块茎含水量高达 75%~80%，地上部分的含水量达 70%~90%，保持自身正常生理活动所需水分比禾谷类作物多，同时收获时从土壤中带走的水分比禾谷类作物多。据资料介绍，按每 666.7 m^2 产块茎1 000 kg 计算，其生物产量为 2 000 kg，其中，块茎干物质 200 kg，植株干物质 200 kg，干物质合计 400 kg，水分为 1 600 kg，即不包括地面蒸发，仅地上部分和块茎每 666.7 m^2 就要从土壤中带走水分 1 600 kg。从以上推算可以断定，在同一降水条件下，与禾谷类作物比较，马铃薯茬的土壤水分是较低的。因此连作会造成土壤水分难以得到恢复，遇到旱年更严重，致使减产。

三是马铃薯病虫害加重。连作能使危害马铃薯的病菌在土壤中的潜藏量越来越多，通过土壤和残株传播的病虫害加重。马铃薯环腐病、黑胫病、青枯病、早疫病等会大量发生；一些专食性或寡食性害虫，如线虫也会发生；一些伴生性和寄生性杂草危害加重，如狗尾草、菟丝子等与马铃薯争夺养分、水分、空间，恶化其生长环境。因此，连作时马铃薯产量锐减、品质下降，连作年限越长，减产速度越快。马铃薯与其他作物轮作，可更换其寄主，改变其生态环境和食物链组成，使之不利于某些病虫害的正常生长和繁衍，从

而达到减轻马铃薯病虫害和提高产量的目的。据资料介绍，连作 8 年的马铃薯，疮痂病的发病率为96%，接种一茬萝卜再种马铃薯时疮痂病的发病率显著降低，只有 28%。据介绍，某些障碍性病、虫、草害，特别是病害，即使应用最新型的农药也无济于事，唯有轮作才能有效地控制这类病害。

四是马铃薯根系有害物质增加。在马铃薯生长过程中，根系不仅从环境中摄取养分和水分，同时也向生长介质中分泌质子，释放无机离子，溢泌或分泌大量有机物。这些物质和根组织脱落物一起统称为马铃薯根分泌物，主要为含氮和不含氮的有机化合物，根分泌物组成和含量的变化是植物响应环境胁迫最直接、最明显的反应。连作使环境胁迫下土壤微生物种群、土壤酶活性发生变化，酶的活动性下降，根细胞内氧自由基大量积累并产生毒害作用，细胞的活性增强；细胞膜脂产生过氧化作用，膜结构遭到破坏，透性增强；连作也使还原性有毒物质积累增加，这些有毒物质对马铃薯根系生长有明显的负作用。马铃薯属茄科作物，因此不能直接和其他茄科作物换茬，因其他茄科作物在土壤中吸收营养物质种类与马铃薯大致相同，并有互相感染的共同病虫害。甜菜等块根作物不与马铃薯轮作，因与马铃薯同属喜钾作物，轮作后常导致土壤钾肥不足，同时有共同的病虫害疮痂病、线虫病。马铃薯与禾谷类、油料、豆类作物可以轮作，因为这些作物病虫害及杂草的危害与马铃薯不同，营养类型也不同。而且种过马铃薯的地土壤疏松又少杂草，是禾谷类、油料作物的良好前茬。如把收后的茎叶压入田间做绿肥，则对后作增产更有利。

根据马铃薯忌连作、迎茬的要求及宁夏旱作农业区生态气候类型多样的特点，应采取的轮作类型与方式如下。

1. 半干旱偏旱区的轮作类型与方式

（1）休闲轮作制：利用休闲期降水，熟化土壤，恢复地力。歇地比糜子地、荞麦地土壤含水量平均高30%，种马铃薯出苗率提高 40%，增产 80%至 1 倍。

轮作方式：歇地→地膜西瓜→马铃薯→糜子、谷子；歇地→小麦→马铃薯→糜子、谷子；歇地→马铃薯→糜子、谷子。

（2）半休闲轮作制：利用扁豆、豌豆代替歇地轮作方式。

轮作方式：豆类作物→马铃薯→地膜玉米→向日葵；豆类作物→小麦→马铃薯→糜子、谷子。

2. 半干旱区的轮作类型与方式

（1）换茬轮作：马铃薯与豆类、禾谷类作物轮作为好，既有较好的土壤水分、养分条件，又能减轻病虫害。

轮作方式：豆类作物→小麦→小麦→马铃薯；豆类作物→马铃薯→小麦→胡麻；豆类作物→小麦→小麦→玉米→马铃薯。

上述轮作制的优点：

一是豆类作物是典型的豆科作物，能恢复并提高土壤的肥力和蓄水能力。据测定，豆茬地比连作麦茬地有机质增加 2.3 g/kg，全氮增加 0.12 g/kg，速效氮增加 12.5 mg/kg，速效磷增加 1.77 mg/kg。春播前测定，0~200 cm 土层内土壤贮水量豆茬地比麦茬地多12.6 mm，比胡麻茬地多28.68 mm，为马铃薯的生长发育创造了良好的土壤条件。

二是小麦收获早，能伏耕晒垡蓄水，加速土壤养分的转化。据测定，连作 2 年的麦茬地，土壤有机质仅比豆茬地少 2.9 g/kg，比胡麻茬地多 3.6 g/kg；速效氮仅比豆茬地少4.18 mg/kg，比胡麻茬地多 20.5 mg/kg；速效磷比豆茬地少 8 mg/kg，比胡麻茬地多 5.29 mg/kg；土壤含水量比糜茬地高30%。同时杂草少、病虫害轻，因而可使马铃薯增产 30%。

三是玉米施肥量充足又是地膜栽培，留膜留茬过冬，早春清理残膜后，整地种植马铃薯，土壤含水量高，比秋耕地土壤含水量高 2.9 个百分点，而且杂草少、病虫害轻，同时适应了玉米面积扩大的现实。

（2）粮草轮作：将草木樨、苜蓿纳入轮作，恢复并提高地力。把草木樨纳入轮作，土壤有机质可增加 1.4~2.12 倍，全氮增加 46%，磷增加 11%~23.6%，速效氮增加 19.8%~36%，土壤水稳性团粒增加42%，容重低 0.28 g/cm^3，孔隙度增加 34%，抗旱保墒能力提高，增产幅度达 41.6%~164%。两年生的苜蓿地有机质和全氮分别增加 10.2 g/kg 和 0.58 g/kg，三年生的苜蓿地有机质和全氮分别增加 10.71 g/kg 和 0.648 g/kg，增产幅度达 50%至一倍。

轮作方式：草木樨（1~2 年）→春小麦→马铃薯；苜蓿（4~5 年）→糜子→马铃薯。

3. 半湿润偏旱区的轮作类型与方式

采取换茬轮作，即马铃薯与禾本科作物轮作。

轮作方式：小麦→小麦→小麦→马铃薯；豆类作物→小麦→小麦→马铃薯；地膜青贮玉米→地膜青贮玉米→地膜青贮玉米→马铃薯。

（二）选地

马铃薯是块茎作物，喜欢疏松深厚的耕作层和富含有机质、钾素丰富的土壤。最适合其生长的土壤为轻壤土，因这种土壤疏松、透气性好，地温易升高，马铃薯发芽快，生长整齐，有利于根系和块茎生长、淀粉含量增加。宁夏旱作农业区大部分耕地土层深厚，多为黄绵土、黑垆土，透气性好，土壤含钾丰富，更适合马铃薯种植。因此，采用全膜双垄覆盖垄侧播种技术种植马铃薯要选择地势平坦、耕作层深厚、肥力中上、土壤理化性状良好、保水保肥能力强的川地、塬地、梯田、壕道地。切忌选择在陡坡地、石砾地、黏性土壤上种植马铃薯。质地较黏的土壤，易板结，透气不良，会造成马铃薯根系发育不良，块茎膨大受阻，薯块畸形，薯皮不光滑和品质降低，甚至会造成块茎窒息腐烂，尤其是在多雨年份马铃薯块茎膨大期遇到大暴雨，排水不畅，更容易造成薯块腐烂而减产（表 2-2-80）。

表 2-2-80　不同土壤对马铃薯产量的影响

试验地点	土质	产量/(kg·hm^{-2})	较黏土增产/(kg·hm^{-2})	增幅/%	单株薯重/g
泾源县六盘山镇张堡村（半湿润偏旱区）	轻壤土	30 300	13 350	78.76	508
	中壤土	26 100	9 150	53.98	440
	黏土	16 950	—	—	348

马铃薯喜微酸性土壤，以 pH 5.5~6.5 最适宜，但在 pH 5~8 的范围内均能良好生长。抗盐碱能力不强，含盐量达 0.01%时就有反应，植株表现敏感，块茎产量随土壤氯离子含量的增加而降低。在碱性土壤上薯皮粗糙，易感疮痂病，因此不应选择盐碱地种植。

（三）整地

宁夏旱作农业区马铃薯集中产区大部分地区降雨量能满足马铃薯生长发育对水分的需求，但由于年降水分布不均，60%~65%的降水集中在 7—9 月，且降雨强度变率大，地表径流多，蒸发量大，马铃薯播种至块茎形成的 5 月至 7 月上旬往往少雨干旱，因此，应进行土壤耕作以蓄水保墒，从而达到秋雨春用的目的。

1. "五墒耕作法"

依照"五墒耕作法"的要求，重点抓好三个环节：一是在前作夏粮作物收获后立即伏耕，耕深 25~30 cm，充分接纳雨水；二是白露前后浅耕收耱；三是适时镇压保墒，在冬季封冻前，土壤早冻午消时镇压保墒，第二年在早春覆膜前镇压一次提墒，使土壤细绵，上虚下实，为覆膜播种做准备。

2. 休闲耕作

休闲又叫歇地，它既是传统的抗旱耕作方法，又是一种具有现代旱作农业技术特征的抗旱技术。这种耕作制度对因干旱造成的产量不稳定情况是一项有效的增加蓄水、实现稳产增产的措施，适用于宁夏半干旱偏旱区、半干旱区。它包括绝对(全年)休闲和半休闲。

歇地的优点：一是蓄水保墒效果好，歇地土壤含水量播前测定比麦茬地高 1.6~3 个百分点。二是田里积累养分多，据测定，半休闲地比不休闲地后作播前土壤硝态氮增加 15 mg/kg 左右，出苗率提高40%。三是防虫杀草效果好，一般歇地比不歇地杂草数量显著减少。四是节制作物呼吸蒸腾量。田地经过休息，土壤肥力提高，土壤溶液浓度变高，作物消耗的水量就相对减少。据研究，休闲地农作物生产0.5 kg 干物质需水量比不休闲地要减少 13.05%~76.71%，需水量减少就能使有限的降水发挥更大的增产作用。此外，休闲还有减少土壤侵蚀和能量消耗的作用。半休闲地耕作，前作扁豆、豌豆收后应早耕、深耕，耕深达到 25~30 cm，耕后不耱以晒土风化、蓄积雨水，降雨后及时收耱保墒，白露时浅耕收耱。冬春适时打碾，以碎土保墒、提墒润土，为早春覆膜播种创造良好的土壤条件。绝对休闲地耕作：一种方式是前作收后板茬过冬，第二年田间杂草发芽露出地面即深翻，耕深 25~30 cm，不耱以晒土蓄水，白露时浅耕收耱，冬春适时打碾，以碎土保墒提墒。另一种方式是前作收后板茬过冬，第二年 5 月中旬田间杂草发芽露出地面后及时深耕，耕深25~30 cm；进入伏天进行第二次耕翻，犁前趁雨耱平；最后一次在白露时进行，边犁边耱以碎土保墒，冬春适时打碾。冬前碾地在土壤夜冻午消、上虚下实时进行，春季打碾在早春覆膜前进行。

3. 保护性耕作

宁夏旱作农业区玉米、小麦地膜栽培面积逐渐扩大，玉米又可连作，小麦又是种植马铃薯的良好前作，经多年研究形成了以地膜栽培玉米、小麦为马铃薯前作的保护性耕作方式，适用于半干旱区、半湿润偏旱区前茬为覆膜玉米、后作覆膜种植马铃薯的田块。

操作流程：秋季收获玉米穗秆→留膜留茬越冬→春季清理残膜，捡拾耕茬，表土处理→施肥→覆膜播种。

全膜覆土穴播或膜侧种植小麦→收后留膜留茬过冬→春季清理残膜，表土处理+施肥→覆膜播种马铃薯。在操作过程中要注意护膜越冬；在 4 年轮作中应每隔 3 年深松 1 次，春季播前撕膜、捡拾耕茬后要用旋耕机做好表土处理，为覆膜播种创造良好的土壤环境。

(四)施肥

据报道，影响宁夏旱地作物产量的各生态因子的平均效应为：温度50.1%，水分 70.5%，肥力 14.7%。水分的产量效应最大，温度次之。光、温、水是难变因子，降水的多少人们难以改变，而肥是易变因子，发挥人的能动性的余地较大。土壤贫瘠使光能生产潜力下降最多，肥力限制能使可能实现的气候生产潜力下降约 85%，所以可通过增施肥料，提高土壤肥力，以肥调水，增强作物的抗旱性，达到稳产增产的目的。

马铃薯是喜肥作物，对肥料反应极敏感，在三要素中，对钾肥的需求量最大，其次是氮肥、磷肥。对农家肥需求量较大，尤其是采用全膜双垄覆盖垄侧播种后，产量增加较多，因此要增加施肥量，特别要增加有机肥的用量，化肥根据目标产量实施配方施肥并改进施肥方法，以充分发挥全膜双垄覆盖垄侧播种技术的效益。

如果在生育期间植株缺乏某些大量元素或微量元素，就会表现出一些特异症状，应根据植株的不同症状，及时补充营养，以免造成减产。

1. 肥料种类

(1)有机肥：有机肥种类很多，如人畜粪尿、秸秆堆肥、草炭堆肥、各种饼肥、草木灰以及各种农家杂肥

等均属农家有机肥。有机肥来源广、数量多,可以因地制宜,广开肥源,以增加施肥量。有机肥有以下作用:

一是有机肥是完全肥,含有马铃薯所必需的大量元素与微量元素,还含有一些具有刺激性的有益微生物,这些成分是单一的化学肥料不可比拟的。

二是有机肥含有大量有机质,在微生物的作用下矿质化,可以调节释放养分供马铃薯植株吸收;还可以产生腐殖质,使土壤疏松肥沃,有利于保水保肥,改善土壤水、肥、气、热条件,有利于块茎膨大,促使块茎形状规整、表皮光滑。

三是有机肥分解时产生腐殖酸等,可使土壤呈微酸性,有利于马铃薯生长,促使淀粉形成,对马铃薯的生育有良好的作用。

四是有机肥中含氮、钾较多,能够满足马铃薯对氮、钾的需求。

五是有机肥在分解过程中可以释放大量的 CO_2,提高近地面空气中的 CO_2 含量。据报道,每 666.7 m^2 产量为 3 250 kg 的马铃薯植株生长期间,每千克需要吸收 CO_2 2 000~2 500 kg,仅靠空气中的 CO_2(0.03%)远远不能满足马铃薯生长发育的需要,其主要来源为土壤中有机肥分解释放 CO_2。据资料介绍,在不施有机肥的情况下,每昼夜每 666.7 m^2 因土壤呼吸而释放的 CO_2 量为 67 g,每 666.7 m^2 施厩肥 500 kg 时,每昼夜每 666.7 m^2 释放 CO_2 量为 300 g,每 666.7 m^2 施厩肥 1 000 kg,则每昼夜每 666.7 m^2 释放 CO_2 量为 436 g。当 CO_2 浓度提高一倍时,500 m 烛光的光照条件下,即能达到正常 CO_2 浓度下 1 000 m 烛光时的光合强度。因此,增施大量的有机肥是改善土壤状况、补充CO_2、提高光合强度,从而获得马铃薯高产的一项极其有效的措施。

有机肥大多是迟效肥料,必须经过腐熟才能为植株所吸收利用,故多用作基肥。常用的有机肥所含的营养成分因地区不同而有所差异(表 2-2-81)。

表 2-2-81 有机肥营养成分

有机肥种类	含氮量/%	含磷量/%	含钾量/%	性质	用法
人粪尿	0.50~0.80	0.20~0.40	0.20~0.30	速效碱性	腐熟后用作底肥
猪粪	0.56	0.40	0.44	迟效碱性	腐熟后用作底肥
马粪	0.58	0.30	0.40	迟效碱性	腐熟后用作底肥
牛粪	0.32	0.25	0.16	迟效碱性	腐熟后用作底肥
羊粪	0.65	0.47	0.23	迟效碱性	腐熟后用作底肥
厩粪	0.87	1.14	1.82	迟效碱性	腐熟后用作底肥
鸡粪	1.63	1.54	0.85	速效碱性	与其他有机肥堆肥用作底肥
鸭粪	1.10	1.40	0.62	速效碱性	与其他有机肥堆肥用作底肥
鹅粪	0.55	1.50	0.95	速效碱性	与其他有机肥堆肥用作底肥
生骨粉	4.05	22.80	1.93	迟效碱性	与厩肥堆肥用作底肥
玉米秆	0.61	0.27	0.28	迟效微酸性	制成堆肥用作底肥
麦秆	0.50	0.20	0.60	迟效微酸性	制成堆肥用作底肥
堆肥	1.13	0.48	1.54	迟效微酸性	腐熟后用作底肥
草木灰		2.10	4.50	速效碱性	用作底肥

续表

有机肥种类	含氮量/%	含磷量/%	含钾量/%	性质	用法
炕土	0.08~0.58	0.09~0.73	0.26~1.34	速效碱性	用作底肥
塘泥	0.20	0.16	1.00	迟效中性	用作底肥
河泥	0.29	0.36	1.82	迟效中性	用作底肥
炉灰		0.29	0.25	微碱性	堆腐后用作底肥
熏土	0.08~0.18	0.13	0.14	速效熟性	用作底肥
土粪	0.12~0.58	0.12~0.68	0.12~1.53	迟效微碱性	用作底肥

资料来源:吴林科、郭志乾、王晓瑜主编《优质马铃薯生产技术》。

(2)化学肥料:化学肥料具有含量高、肥效快、易溶于水、使用量小、使用方便、便于计算等优点。在马铃薯栽培上常用的化肥有以下几种。

硫酸铵:简称硫铵,含氮 20%~21%,为白色晶体,生理酸性肥料,施入土壤不易流失,易被根系吸收,可配合有机肥用作基肥。

尿素:为白色结晶,含氮 46%,可用作基肥、追肥,亦可根外追肥,在马铃薯上应用,浓度为 0.4%~0.8%,每周喷洒 1 次,共 2~3 次。

碳酸氢铵:含氮 17%~18%,在马铃薯上施用效果很好,增产幅度大,但易挥发,宜用作基肥,如用作追肥,应深施。

过磷酸钙:为水溶性速效磷肥,含 P_2O_5 14%~15%,不应小于 12%,宜用作基肥,与有机肥混合施用可提高肥效。

马铃薯缓控释肥:根据马铃薯的需肥规律一次施入,逐步释放以延长肥效期,可满足马铃薯各生育期对养分的需求,提高肥料利用率,该肥料含有马铃薯所需要的大量元素。

硫酸钾:含钾 42%,为生理酸性肥料、速效肥料,在马铃薯上用作基肥。

磷酸二铵:含氮 18%,含 P_2O_5 46%,可用作基肥。

2. 施肥量

肥料的施用量应根据宁夏农业类型分区、目标产量、土壤肥力、气候、马铃薯对肥料三要素的需求量、多年配方施肥试验结果以及当地施肥经验等因素来确定。宁夏旱作农业区干旱发生频繁,降水的多少直接影响肥料的利用,而该区土壤中钾丰富、氮少、磷更缺,气候类型复杂,因而施肥水平差异较大。

马铃薯全膜双垄覆盖垄侧播种栽培技术应遵循施足基肥、及时追肥的原则,以农家肥为主,化肥实施配方施肥。

马铃薯是需肥较多的作物,特别是对有机肥的使用更敏感,每 1.5~2.4 kg 杂肥约可生产 0.5 kg 块茎。

据宁夏农业技术推广总站研究,在宁夏半干旱偏旱区实现每公顷产鲜薯高于 19 500 kg,需施农家肥 29 175~37 890 kg/hm^2;在半干旱区实现每公顷产鲜薯高于 30 000 kg,需施农家肥 47 700~50 955 kg。在肥料结构上,种植马铃薯必须增施农家肥,这是马铃薯增产的一项重大措施。农家肥含有大量的有机质,营养元素比较全面。增施农家肥,可提高水分利用率,提高农田的生态效益,起到以肥调水的作用,尤其是在旱作农田能使有限的降水生产出更多的鲜薯。在目前的生产水平下,应施农家肥 60 000~75 000 kg/hm^2,在农家肥不足的情况下,应施商品有机肥 1 500~2 250 kg/hm^2。

表 2-2-82 马铃薯肥料结构与产量效益比较

处理	高肥区(N15)			低肥区(N5)		
	产量/(kg·666.7 m^{-2})	耗水系数	每 500 g 氮素较 CK 增产/kg	产量/(kg·666.7 m^{-2})	耗水系数	每 500 g 氮素较 CK 增产/kg
空白(CK)	442.2	2.50	—	442.2	2.51	—
农家肥	1 191.4	1.14	49.8	516.2	1.85	14.8
化肥	947.8	1.44	33.6	460.4	2.30	3.6
农家肥、化肥各半	1 116.2	1.15	44.8	482.4	2.13	8.4
2/3 农家肥+1/3 化肥	1 100.6	1.23	43.8	463.2	2.20	4.2
1/3 农家肥+2/3 化肥	1 076.6	1.22	42.2	485.8	2.12	8.7

注:数据为原州区陶庄村 1983—1985 年三年数据平均。引自《粮食作物丰产栽培技术》。

化肥施用量应根据宁夏马铃薯各种植区的地力现状、配方施肥田间试验结果及目标产量确定,以土定产,以产定肥,配方施肥。

(1)半干旱区:川旱地目标产量为每公顷 30 000 kg 时,则每公顷施 N 214.5 kg(折每公顷基施尿素 261 kg 或碳酸氢铵 705 kg,现蕾期追施尿素 207 kg)、P_2O_5 99 kg(折每公顷基施普磷 825 kg)、K_2O 31.5 kg(折每公顷基施硫酸钾 63 kg);目标产量为每公顷 37 500 kg 时,则每公顷施 N 276 kg(折每公顷基施尿素 322.5 kg,现蕾期追施尿素 277.5 kg)、P_2O_5 126 kg(折每公顷基施普磷 1 050 kg)、K_2O 52.5 kg(折每公顷基施硫酸钾 105 kg); 目标产量为每公顷 45 000 kg 时, 则每公顷施 N 340.5 kg (折每公顷基施尿素 385.5 kg,追施尿素 355.5 kg)、P_2O_5 156 kg(折每公顷基施普磷 1 305 kg)、K_2O 78 kg(折每公顷基施硫酸钾 156 kg)(表 2-2-83)。

山旱地目标产量为每公顷 22 500 kg 时,则每公顷施 N 166.5 kg(折每公顷基施尿素 214.5 kg 或碳酸氢铵 585 kg,现蕾期追施尿素 147 kg)、P_2O_5 76.5 kg(折每公顷基施普磷 630 kg);目标产量为每公顷产 30 000 kg 时,则每公顷施 N 228 kg(折每公顷基施尿素 280.5 kg,追施尿素 214.5 kg)、P_2O_5 105 kg(折每公顷基施普磷 870 kg)、K_2O 33 kg(折每公顷基施硫酸钾 66 kg)(表 2-2-84)。

(2)半干旱偏旱区:川旱地目标产量为每公顷 22 500 kg 时,则每公顷施 N 156 kg(折每公顷基施尿素 202.5 kg 或碳酸氢铵 540 kg,追施尿素 136.5 kg)、P_2O_5 72 kg(折每公顷基施普磷 600 kg);目标产量为每公顷 30 000 kg 时,则每公顷施 N 214.5 kg(折每公顷基施尿素 261 kg 或碳酸氢铵 705 kg,追施尿素 207 kg)、P_2O_5 99 kg(折每公顷基施普磷 825 kg)、K_2O 31.5 kg(折每公顷基施硫酸钾 63 kg)。

山旱地目标产量为每公顷 15 000 kg 时,则每公顷施 N 108 kg(折每公顷基施尿素 150 kg 或碳酸氢铵 405 kg,追施尿素 85.5 kg)、P_2O_5 49.5 kg(折每公顷基施普磷 405 kg);目标产量为每公顷 22 500 kg 时,则每公顷施 N 166.5 kg(折每公顷基施尿素 214.5 kg,追施尿素 147 kg)、P_2O_5 76.5 kg(折每公顷基施普磷 630 kg)。

(3)半湿润偏旱区:川旱地目标产量为每公顷 45 000 kg 时,则每公顷施 N 340.5 kg(折每公顷基施尿素 391.5 kg,现蕾期追施尿素 334.5 kg)、P_2O_5 172.5 kg(折每公顷基施普钙 1 440 kg)、K_2O 78 kg(折每公顷基施硫酸钾 156 kg)(表 2-2-85)。

山旱地目标产量为每公顷 30 000 kg 时,则每公顷施 N 228 kg(折每公顷基施尿素 280.5 kg 或碳酸氢铵 750 kg,追施尿素 214.5 kg)、P_2O_5 127.5 kg(折每公顷基施普钙 1 065 kg)、K_2O 33 kg(折每公顷基施

表 2-2-83　半干旱区川旱地马铃薯配方施肥建议

单位:kg/666.7 m²

目标产量	施养分总量			折实物肥料施用量						
				基肥						追肥
	N	P_2O_5	K_2O	配方肥		尿素（或碳酸氢铵）	磷酸二铵	重钙（或普钙）	硫酸钾	尿素（现蕾期）
				剂型	数量					
施用化肥										
2 000	14.3	6.6	2.1	方案 1		17.4(47)		14.3(55)	4.2	13.8
				方案 2		11.8(32)	14.3		4.2	13.8
2 500	18.4	8.4	3.5	方案 1		21.5		18.3(70)	7.0	18.5
				方案 2		14.4(39)	18.3		7.0	18.5
3 000	22.7	10.4	5.2	方案 1		25.7		22.6(87)	10.4	23.7
				方案 2		16.8(45)	22.6		10.4	23.7
施用配方肥										
2 000	14.3	6.6	2.1	A	44.4					13.8
2 500	18.4	8.4	3.5	A	55.0					18.5
3 000	22.7	10.4	5.2	A	65.6				2.5	23.7

注:1. 应坚持施用有机肥,在此基础上合理施用化肥;

2. 根据降水及马铃薯长势等情况,表中建议施肥量可少量增减;

3. 肥料必须深施;

4. 配方肥 A 为 39%(18-15-6-HA0 或 HA5)-S。

表 2-2-84　半干旱区山旱地马铃薯配方施肥建议

单位:kg/666.7 m²

目标产量	施养分总量			折实物肥料施用量						
				基肥						追肥
	N	P_2O_5	K_2O	配方肥		尿素（或碳酸氢铵）	磷酸二铵	重钙（或普钙）	硫酸钾	尿素（现蕾期）
				剂型	数量					
施用化肥										
1 500	11.1	5.1	0	方案 1		14.3(39)		11.1(42)	0	9.8
				方案 2		10.0(27)	11.1		0	9.8
2 000	15.2	7.0	2.2	方案 1		18.7(50)		15.2(58)	4.4	14.3
				方案 2		12.7(34)	15.2		4.4	14.3
施用配方肥										
1 500	11.1	5.1	0	A	36.7					9.8
2 000	15.2	7.0	2.2	A	47.8					14.3

注:1. 应坚持施用有机肥,在此基础上合理施用化肥;

2. 根据降水及马铃薯长势等情况,表中建议施肥量可少量增减;

3. 肥料必须深施;

4. 配方肥 A 为 39%(18-15-6-HA0 或 HA5)-S。

表 2-2-85　半湿润偏旱区川旱地马铃薯配方施肥建议

单位:kg/666.7 m^2

目标产量	施养分总量			折实物肥料施用量						
				基肥						追肥
	N	P_2O_5	K_2O	配方肥		尿素（或碳酸氢铵）	磷酸二铵	重钙（或普钙）	硫酸钾	尿素（现蕾期）
				剂型	数量					
施用化肥										
2 500	18.4	9.3	3.5	方案 1		21.7		20.2(81)	7.0	18.3
				方案 2		13.8(37)	20.2			18.3
3 000	22.7	11.5	5.2	方案 1		26.1		25.0(96)	10.4	22.3
				方案 2		16.3(44)	25.0			22.3
施用配方肥										
2 500	17.8	9.3	3.5	A	58.8					18.3
3 000	22.1	11.5	5.2	A	70.6				3.3	22.3

注:1. 应坚持施用有机肥,在此基础上合理施用化肥;
2. 根据降水及马铃薯长势等情况,表中建议施肥量可少量增减;
3. 肥料必须深施:基肥深施有随犁沟溜施、撒肥后旋耕或犁翻、机械播施等方法;追肥施于两株马铃薯的中间;
4. 配方肥 A 为 38%(17-16-5-HA0 或 HA5)-S。

硫酸钾 66 kg)。

近年来,经多年多点试验,马铃薯控释肥已试验成功,为马铃薯全膜双垄覆盖垄侧播种栽培技术实现节本增效创出了一条新路。据在西吉县试验,控释肥比常规肥增产 8.24%~58.42%,经济效益除山薯控 4号外均高于常规肥(表2-2-86)。

表 2-2-86　不同处理对马铃薯产量的影响(西吉县)

处理	产量/($kg \cdot hm^{-2}$)	比处理⑤增产/%
①山薯控 1 号	37 201.65	58.42
②山薯控 2 号	33 077.53	40.86
③山薯控 3 号	36 696.60	56.27
④山薯控 4 号	25 418.40	8.24
⑤山薯常 5 号	23 482.50	—

注:山薯控 1 号,指由释放期为 45 d、60 d、90 d、120 d、150 d 组合而成的缓控释肥,施用量为 477 kg /hm^2,基施。山薯控 2 号,指由释放期为 90 d 和 150 d 组合而成的缓控释肥,施用量为 480 kg/hm^2,基施。山薯控 3 号,指释放期为 150 d 的缓控释肥,施用量为 450 kg/hm^2,基施。山薯控 4 号,指释放期为 90 d 的缓控释肥,每公顷用量为基施 240 kg,追施 240 kg。山薯常 5 号,指常规肥料,每公顷基施普通尿素 198 kg、磷酸二铵 262.5 kg,追施普通尿素 150 kg。各处理均基施普钙 1 006.5 kg、硫酸钾 90 kg。

控释肥施用量以目标产量而定。川旱地目标产量为每公顷 30 000 kg 时,施控释配方肥 46%(27-13-6)-S 750 kg/hm^2;目标产量为每公顷 37 500 kg 时,施控释配方肥 46%(27-13-6)-S 975 kg/hm^2;目标产量为每公顷 45 000 kg 时,施控释配方肥 46%(27-13-6)-S 1 200 kg/hm^2。山旱地目标产量为 22 500 kg/hm^2 时,施控释配方肥 46%(27-13-6)-S 615 kg/hm^2;目标产量为 30 000 kg/hm^2 时,施控释配方肥 46%(27-

13-6)-S 840 kg/hm²(表 2-2-87、表2-2-88)。

表 2-2-87　半湿润偏旱区川旱地马铃薯控释配方肥施用建议

单位:kg/666.7 m²

产量	施养分总量			控释配方肥A 施用量
	N	P_2O_5	K_2O	
2 000	13.6	6.6	2.1	50
2 500	17.5	8.4	3.5	65
3 000	21.6	10.4	5.2	80

注:1. 依据耕地常年产量选择相应施肥量,并可视地力与降水保证率等条件适量增减;
2. 控释配方肥应一次性基施,方法有撒施后旋耕、起垄、覆膜或施肥、起垄、覆膜一次完成;
3. 控释配方肥 A 为 46%(27-13-6)-S。

表 2-2-88　山旱地马铃薯控释配方肥建议施用方案

单位:kg/666.7 m²

产量	施养分总量			控释配方肥A 施用量
	N	P_2O_5	K_2O	
1 500	11.1	5.1	0	41
2 000	15.2	7.0	2.2	56

注:1. 依据耕地常年产量选择相应施肥量,并可视地力与降水保证率等条件适量增减;
2. 控释配方肥应一次性基施,方法有撒施后旋耕、起垄、覆膜或施肥、起垄、覆膜一次完成;
3. 控释配方肥 A 为 46%(27-13-6)-S。

3. 施肥方法

宁夏旱作农业区 60%~65%的天然降水集中于 7—9 月,春季多风干旱,为此,应改进施肥方法,减少水分消耗,提高水分利用率,以达到秋雨春用的目的,具体方法如下。

(1)秋施肥:秋施肥又叫隔年施肥,是一种在秋末雨季结束后,结合最后一次翻耕收耱将底肥(包括有机肥、化肥)施入农田的施肥方法。秋施肥是宁夏旱作农业区施肥制度上一项重要改革,也是顺应自然降水特点和耕作制度的科学施肥方法。它既解决了宁夏旱作农业区多春旱,早春土壤化冻浅,农家肥、化肥难以深施的问题,又达到了秋雨春用的目的,从而提高了降水利用率。据试验,氮磷化肥秋施的利用率分别可提高 11.3%和 14.2%,秋施肥由于培肥了土壤,起到了以肥调水的作用,作物根系发达,植株生长健壮,相对提高了植株抗旱能力,用水效率大大提高。农家肥秋施比春施增产 16%,秋施肥深度以 15 cm 为宜,结合白露收耱,把农家肥、磷钾肥及配方施肥方案所规定的氮肥撒于田间,边耕边耱。

(2)机械施肥。采用起垄覆膜一体机将基施化肥深施入田间。

(3)适时追肥。采用人工追肥枪将配方施肥方案规定的氮肥施于 2 株马铃薯中间。据试验,氮肥早施较好,在苗期追施增产 17%,现蕾期追施增产 12.4%,花期追施增产 9.4%。

4. 创造适宜的土壤水分条件,保证肥效的充分发挥

马铃薯既是抗旱、耐旱作物,也是需水较多的作物。马铃薯产量高,尤其是生物产量(地上部产量加块茎产量)比小麦高 2.5 倍,因而单位面积耗水量大大超过麦类作物。任何肥料施入土壤,要发挥肥效,都离不开水的溶解。只有在土壤水分条件适宜的情况下,才能肥水相济,肥借水势,水助肥威,充分发挥肥效。

在土壤严重干旱的情况下，肥料施多了，反而有害。因此，在大力推广测土配方施肥的同时，必须结合应用各类行之有效的增加土壤含水量的措施，如应用化学调控技术，减少叶面蒸腾。

（五）起垄覆膜

1. 选择耐老化的优质地膜

为便于回收残膜、减少污染，应选择 0.01 mm 厚的地膜。秋覆膜在地面上滞留 8 个月，比春覆膜长出约一个季度，而且冬春风大沙多，地膜很容易出现机械损伤，厚度应达到 0.01 mm。

地膜应选用黑色膜，研究证实，黑色膜种植马铃薯比白色膜好。

一是覆黑色膜比覆白色膜地温低，有利于马铃薯结薯和膨大。从试验结果看，马铃薯不同生育期 0~20 cm 土壤温度，覆膜较露地明显偏高，黑色膜较白色膜明显偏低。3 种全膜双垄覆盖平均地温，播种期黑色膜较白色膜低 0.53℃，较露地高 0.5℃；出苗期黑色膜较白色膜低0.85℃，较露地高 1.27℃；分枝期黑色膜较白色膜低 1.04℃，较露地高 0.21℃；现蕾期黑色膜较白色膜低 1.48℃，较露地高 0.4℃；开花期黑色膜较白色膜低1℃，较露地高 0.44℃（表 2-2-89）。

表 2-2-89 不同膜色、不同覆膜方式下马铃薯不同生育期0~20 cm 土壤平均温度

单位：℃

处理	0~20 cm 土壤平均温度					
	播种期	出苗期	分枝期	现蕾期	开花期	成熟期
秋季白色全膜双垄覆盖	12.92	21.44	23.62	26.64	22.92	25.60
早春白色全膜双垄覆盖	12.82	21.24	23.54	26.50	22.78	25.06
播期白色全膜双垄覆盖	12.22	21.04	22.96	26.08	22.22	23.44
3 种白色全膜双垄覆盖平均	12.65	21.24	23.37	26.40	22.64	24.70
秋季黑色全膜双垄覆盖	12.10	20.74	22.44	25.26	21.78	23.82
早春黑色全膜双垄覆盖	12.14	20.32	22.24	25.00	21.62	23.44
播期黑色全膜双垄覆盖	12.12	20.12	22.32	24.52	21.52	23.52
3 种黑色全膜双垄覆盖平均	12.12	20.39	22.33	24.92	21.64	23.59

二是土壤含水量黑色膜覆盖高于白色膜覆盖，在秋覆膜条件下播种期黑色膜覆盖比白色膜覆盖 1 m 内土壤贮水量多 12.45 mm。

三是出苗整齐，出苗率高，长势好。现蕾后，覆黑色膜种植的马铃薯较覆白色膜种植的马铃薯叶浓绿，生育进程基本相近。

表 2-2-90 秋覆膜不同膜色对马铃薯全苗及生育进程的影响

处理	播种期	出苗期	出苗率/%	现蕾期	开花期	成熟期	生育期/d
覆白色膜	5 月 4 日	5 月 25 日	91	6 月 28 日	7 月 5 日	10 月 3 日	130
覆黑色膜	5 月 4 日	5 月 28 日	98	6 月 30 日	7 月 7 日	10 月 7 日	131

四是覆黑色膜比覆白色膜种植的马铃薯大薯率高，增产显著。大中薯率高 2.3 个百分点，每公顷增产 2 050.6 kg，增幅 6.41%。

五是黑色膜比白色膜抑制杂草能力强，可减轻杂草与马铃薯争肥争水的矛盾。

六是黑色膜可防止鸟类啄食膜下水珠导致破膜吸墒。

2. 覆膜时间

从宁夏旱作农业区的实际情况看，常年 7 月份降水 47.1 mm，8 月底前 69.9 mm，9 月上、中、下旬依次为21.1 mm、9.2 mm、11.3 mm，而 10 月上旬只有 5.6 mm，进入 10 月份后，集中降水期基本结束，此时土壤含水量也较高。所以，秋覆膜应选在 10 月中旬至 11 月上旬；早春顶凌覆膜半干旱区、半干旱偏旱区应选在3 月上中旬，以3 月上旬最佳，半湿润偏旱区以土壤解冻 10~15 cm 时为宜，也可进行播期覆膜。

3. 起垄覆膜

（1）人工起垄覆膜。整地施肥工作结束后，用大行齿距 70 cm、小行齿距 40 cm 的木头或钢筋制作的划行器在距地边 35 cm 处开始划行，按照一小垄、一大垄的顺序划完全田，然后起垄。川台地按种植走向开沟起垄，缓坡地沿等高线开沟起垄，大垄底宽 70 cm、高 10~15 cm，小垄底宽 40 cm、高 15~20 cm。用步犁沿小垄划线来回向中间耕翻起小垄，将起垄时的犁臂落土用手耙刮至大垄中间，整理成底宽 70 cm、垄高10~15 cm 的大垄。在起垄时地下害虫危害严重的地块每公顷用 40%甲基异柳磷乳油 7.5 kg 加细土 225 kg 制成毒土后撒施。杂草多的地区应在起垄后喷施 50%乙草胺乳油进行防除；土壤湿度大、温度高的地区每公顷用 50%乙草胺乳油 750~1 050 g，兑水 450 kg 喷洒，寒冷地区每公顷用 2 250~3 000 g，兑水 600~750 kg 喷洒，以提高药效。起垄后用幅宽 120 cm 的黑色地膜覆盖。覆膜时先沿边线开 5 cm 深的浅沟，地膜展开后，靠边线的一边在浅沟内，用土压实，另一边在大垄中间，沿地膜每隔1 m 左右，用铁锹从膜下取土原地固定，每隔 2~3 m 横压一土腰带，覆完第一幅膜后，将第二幅膜的一边与第一幅膜在大垄中间相接，膜与膜不重叠，从下一大垄垄侧取土压实，依次类推，铺完全田，覆膜时要将地膜铺平，从垄面取土后应随即整平。

覆盖地膜 1 周后，地膜与地面贴紧时，在沟中间每隔 50 cm 处扎一直径 3 mm 的渗水孔，使垄沟内的集雨入渗于土壤中。同时要经常检查，一旦发现地膜破损，及时用细土盖严，防止大风揭膜。

（2）机械覆膜。选用专用机械一次性完成起垄、施肥、施药、覆膜等多项作业。

（六）播种

1. 选用优良品种

（1）选用优良品种应遵循的标准：一是块茎的产量高，如单株生产能力强，块茎个大，单株结薯个数中等。二是抗逆性和耐性强。在同样情况下，感病轻，少减产或不减产；对自然灾害的抵御能力强，能抗旱、抗涝、抗冻等；对不同土质、不同生态环境有一定的适应能力。三是块茎的形状良好。薯形好，芽眼浅，耐贮藏；干物质、淀粉含量高或适当，食用性好；大中薯率高，商品性好，能卖好价钱。四是有其他特殊优点，如薯形特殊，比如特别长，含还原糖低，非常适合油炸薯条用等。五是全膜双垄覆盖条件下水热条件改善，可使马铃薯成熟期提前，因此需要比露地种植品种生长期长的中晚熟、晚熟品种。六是市场需求，据此确定是种植菜用型马铃薯供应市场，还是种植加工型马铃薯供应加工厂。

（2）适合宁夏旱作农业区全膜双垄覆盖垄侧播种栽培技术的主要品种及布局。经多年试验，在全膜双垄覆盖垄侧播种栽培技术条件下应选择中晚熟、晚熟品种，以青薯 9 号、青薯 168、庄薯 3 号、青薯 2 号、冀张薯 8 号、晋薯 7 号为宜。

①青薯 9 号：属晚熟品种，生育期在全膜双垄覆盖垄侧播种栽培条件下从播种到成熟 148 d 左右。株高 97±10.4 cm，茎紫色，横断面呈三棱形，分枝多，粗壮，中后期生长势强。叶较大，深绿色，茸毛较多，叶缘平展。聚伞花序，花冠浅红色，天然结实少。块茎长椭圆形，表皮红色，有网纹，薯肉黄色，芽眼较浅，结薯集

中，较整齐，商品率高。休眠期较长，耐贮藏。植株生长整齐，长势强，丰产性好，抗旱性强，综合农艺性状优良。2005—2006年，青海省农作物品种审定委员会植保专家组对该品种的抗病性鉴定结果显示，植株高抗晚疫病，抗病毒病，且抗旱性表现突出。在宁夏进行品质分析，鲜薯含淀粉19.76%、干物质25.72%、维生素C 23.03 mg/100 g、还原糖0.253%，块茎鲜食品质好，适合加工全粉，是一个好的鲜食菜用型及外销型品种。

②青薯168：是典型的晚熟品种，在全膜双垄覆盖垄侧播种栽培条件下全生育期140 d以上。株型直立，株高90 cm左右，茎粗壮、红褐色，分枝2~3个。叶深绿色。花冠紫红色，天然结实少。块茎椭圆形，红皮黄肉，表皮光滑，芽眼浅。块茎大而整齐，结薯集中。块茎休眠期长，耐贮藏。块茎食用品质好，有薯香味，鲜薯含淀粉17.3%、粗蛋白质2.07%、维生素C 11.34 mg/100 g、还原糖0.68%。植株高抗晚疫病，抗逆性强，增产潜力大，是一个很好的鲜食菜用型和外销型品种。

③庄薯3号：是典型的晚熟、淀粉加工型品种。株丛繁茂，株型直立。分枝3~5个。株高82.5~95 cm。茎绿色，叶深绿色，复叶大小中等，小叶椭圆形。花淡蓝色，天然结实性差。结薯集中，薯块扁圆形，黄皮黄肉。芽眼淡紫色，表皮光滑。鲜薯含粗蛋白质3.04%、淀粉17.97%、维生素C 12.3 mg/100 g、还原糖0.5%。植株高抗晚疫病，中抗花叶病毒病。

④青薯2号：是淀粉加工型品种。株型直立，茎、叶深绿色，生长势强。花冠紫色，主茎1~2个，单株结薯4~6个。薯块大、扁圆形，白皮白肉，芽眼浅，薯皮光滑，商品薯率75%。经宁夏农林科学院分析测试中心化验分析，鲜薯含粗淀粉（干基）70.18%、粗蛋白质8.21%、还原糖1.22%、维生素C 30.01 mg/100 g。植株抗马铃薯卷叶病毒病、花叶病毒病、晚疫病、环腐病、黑胫病，抗旱性强，耐贮藏。

⑤冀张薯8号：属中晚熟、鲜食菜用型品种。株型直立，株高68.7 cm，茎、叶绿色，单株主茎3.5个。花冠白色，天然结实性中等。块茎椭圆形，淡黄色皮，乳白色肉，芽眼浅，薯皮光滑，单株结薯5.2个，商品薯率75.8%。植株高抗花叶病毒病，中感晚疫病。鲜薯含维生素C 16.4 mg/100 g、淀粉14.8%、干物质23.2%、还原糖0.28%、粗蛋白质2.25%；蒸食品质优。

⑥晋薯7号：是晚熟、淀粉加工型品种。株型直立，茎秆粗壮，株高60~90 cm，叶绿色，复叶大，侧小叶4对左右。花冠白色，能天然结实。块茎扁圆形，黄皮黄肉，表皮光滑，芽眼较深。结薯集中，块茎大而整齐。块茎休眠期较长，耐贮藏。食用品质好，鲜薯含淀粉17.5%、粗蛋白质2.51%、维生素C 14 mg/100 g。植株高抗晚疫病，轻感环腐病和卷叶病毒病，抗旱性强。

⑦陇薯3号：属中晚熟、淀粉加工型品种，生育期在半湿润偏旱区的隆德县，在全膜双垄覆盖垄侧播种栽培条件下全生育期142 d左右。株型半直立，茎绿色、粗壮。叶深绿色，复叶大。花冠白色，天然不易结实。块茎扁圆形或椭圆形，皮稍粗，块茎大而整齐，黄皮黄肉，芽眼较浅并呈淡紫红色，薯顶芽眼下凹。结薯集中，单株结薯5~7个。块茎休眠期较长，耐贮藏。食用品质优良，口感好，鲜薯淀粉含量高，平均21.2%，最高24.25%，含粗蛋白质1.88%、维生素C 26 mg/100 g、还原糖0.13%、龙葵素0.15 mg/100 g。植株抗晚疫病、花叶病毒病和卷叶病毒病。产量高。

品种布局依宁夏旱作农业区的气候生态特点而定，半湿润偏旱区以青薯9号为主，搭配种植青薯168、陇薯3号。在海拔2 010 m、年平均气温5.8℃、年降水量560 mm的泾源县大湾乡绿塬村试验区多年进行品种试验，青薯9号全生育期为149 d，大中薯率达98.6%，比青薯168高27.9个百分点，每公顷产量达69 019.5 kg，比青薯168增产30.82%，炒、煮、蒸，口感好。陇薯3号是淀粉加工型品种，薯形整齐，大中薯率为68.3%，食用品质优（表2–2–91、表2–2–92、表2–2–93、表2–2–94、表2–2–95、表2–2–96）。

表 2-2-91 不同品种马铃薯生育期(泾源县大湾乡)

品种	播种期	出苗期	分枝期	现蕾期	初花期	盛花期	茎叶衰老期	成熟期	全生育期/d
宁薯 12 号	4 月 28 日	5 月 28 日	6 月 11 日	6 月 24 日	6 月 27 日	7 月 12 日	9 月 10 日	9 月 13 日	139
青薯 9 号	4 月 28 日	5 月 30 日	6 月 13 日	6 月 26 日	6 月 29 日	7 月 13 日	9 月 20 日	9 月 23 日	149
青薯 2 号	4 月 28 日	5 月 30 日	6 月 12 日	6 月 25 日	6 月 28 日	7 月 12 日	9 月 12 日	9 月 15 日	141
陇薯 3 号	4 月 28 日	5 月 27 日	6 月 14 日	6 月 24 日	6 月 27 日	7 月 12 日	9 月 20 日	9 月 23 日	149
晋薯 7 号	4 月 28 日	5 月 28 日	6 月 13 日	6 月 26 日	6 月 29 日	7 月 12 日	9 月 11 日	9 月 15 日	141
青薯 168(CK)	4 月 28 日	5 月 27 日	6 月 13 日	6 月 24 日	6 月 27 日	7 月 12 日	9 月 18 日	9 月 20 日	146

表 2-2-92 不同品种马铃薯农艺性状(泾源县大湾乡)

品种	株高/cm	单株结薯数/个	单株薯重/g	单株大薯数量/个	单株中薯数量/个	单株小薯数量/个	大中薯率/%
宁薯 12 号	41.9	3.9	380.3	1.70	0.67	1.60	59.1
青薯 9 号	98.7	4.5	1 150.0	3.60	0.80	0.07	98.6
青薯 2 号	81.1	4.1	628.7	1.80	0.73	1.60	60.5
陇薯 3 号	98.9	4.6	1 045.7	2.30	1.00	0.90	68.3
晋薯 7 号	53.2	4.4	385.0	1.30	0.87	2.20	51.4
青薯 168(CK)	87.6	5.7	879.3	2.50	1.20	1.70	70.7

表 2-2-93 不同品种马铃薯产量(泾源县大湾乡)

品种	小区平均产量/($kg\cdot52.8\ m^{-2}$)	折合单产/($kg\cdot hm^{-2}$)
宁薯 12 号	120.4	22 816.5
青薯 9 号	364.3	69 019.5
青薯 2 号	199.1	37 720.5
陇薯 3 号	331.1	62 740.5
晋薯 7 号	141.7	23 100.0
青薯 168(CK)	278.4	52 758.0

表 2-2-94 不同品种马铃薯生育期(隆德县清泉村)

品种	播种期	出苗期	分枝期	现蕾期	初花期	盛花期	茎叶衰老期	成熟期	全生育期/d
冀张薯 8 号	4 月 25 日	6 月 1 日	6 月 15 日	6 月 21 日	6 月 25 日	7 月 5 日	9 月 13 日	9 月 16 日	145
青薯 9 号	4 月 25 日	6 月 2 日	6 月 16 日	6 月 23 日	6 月 28 日	7 月 8 日	9 月 8 日	9 月 11 日	140
青薯 2 号	4 月 25 日	6 月 4 日	6 月 20 日	6 月 25 日	6 月 30 日	7 月 9 日	9 月 5 日	9 月 8 日	137
陇薯 3 号	4 月 25 日	6 月 4 日	6 月 20 日	6 月 25 日	6 月 30 日	7 月 10 日	9 月 11 日	9 月 14 日	143
青薯 168(CK)	4 月 25 日	6 月 27 日	6 月 17 日	6 月 22 日	6 月 28 日	7 月 8 日	9 月 10 日	9 月 13 日	142

表 2-2-95　不同品种马铃薯农艺性状及产量(隆德县清泉村)

品种	株高/cm	单株结薯数/个	单株薯重/g	单株小薯数量/个	单株中薯数量/个	单株大薯数量/个	大中薯率/%	产量/(kg·hm⁻²)	产量位次
冀张薯 8 号	93.4	5.0	550	3.6	—	1.4	72.0	33 330.0	5
青薯 9 号	80.6	7.8	882	2.8	1.2	3.8	51.3	53 449.5	1
青薯 2 号	102.0	4.8	720	3.0	—	1.8	62.5	43 632.0	2
陇薯 3 号	83.8	4.8	600	2.4	0.2	2.2	54.1	36 360.0	4
青薯 168(CK)	93.8	5.6	690	2.2	2.0	1.4	75.0	41 814.0	3

表 2-2-96　不同品种马铃薯生育期和产量(西吉县吉强镇夏大路村)

品种	生育期/d	产量/(kg·hm⁻²)	产量位次
青薯 9 号	139	27 205.5	1
中联红	102	19 546.5	6
冀张薯 8 号	131	25 357.5	3
晋薯 7 号	125	23 509.5	4
青薯 168	123	25 566.0	2
宁薯 4 号(CK)	125	21 487.5	5

在年降水量 400 mm 左右的半干旱区,应选种青薯 9 号、青薯 168、冀张薯 8 号。据在西吉县海拔 1 892~1 927 mm、年降水量 400 mm 左右、年平均气温 5.2℃、无霜期 130 d 的旱作农业示范区试验,青薯 9 号产量最高,为 27 205.5 kg/hm^2,比对照宁薯 4 号增产 5 718 kg,增幅 26.61%;比青薯168 增产 1 639.5 kg/hm^2,增幅 6.4%;比冀张薯 8 号增产 1 848 kg/hm^2,增幅 7.3%。青薯 168 次之,比宁薯4 号增产 18.9%。冀张薯8号比宁薯 4 号增产 18.01%。

以各品种成熟期销售平均价格为起点,对各品种块茎的商品性进行评价,以株薯数、大薯率、性状与色泽(用分级打分法,以极差的 30 为起点,分极差、差、较差、中、较好、好、极好 7 级,每级加 10 分)3 种因素的平均数作为商品性系数进行评估。由表 2-2-97 可知,青薯 168 商品性系数最大,为 80.21,冀张薯8号次之,为 78.43,宁薯 4 号最次,为 53.18。系数越大,该品种的商品性越好,由此可知,青薯 168 商品性最好(图 2-2-2)。

表 2-2-97　不同品种马铃薯商品性评价(西吉县吉强镇夏大路村)

品种	商品性系数	大中薯率/%	10 株结薯数/个	性状与色泽
青薯 9 号	75.20	69.80	75.81	80
中联红	70.83	70.30	62.20	80
冀张薯 8 号	78.43	79.91	65.38	90
晋薯 7 号	69.98	78.00	61.94	70
青薯 168	80.21	86.36	64.27	90
宁薯 4 号	53.18	50.72	68.82	40

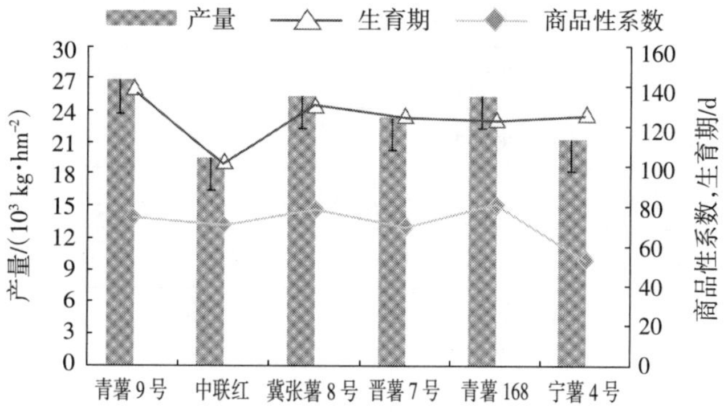

图 2-2-2　不同品种马铃薯综合评价

马铃薯各品种产量随着生育期的延长而增加，产量柱与生育期曲线呈正向变化趋势。商品性系数虽然有随产量的高低而变化的趋势，但产量柱与商品性系数曲线不呈正向变化趋势。但综合比较，青薯 9 号是首选品种，青薯 168 次之。

在年降水量 250~360 mm 的地区选种冀张薯 8 号、晋薯 7 号。经在年降水量 277 mm 的同心县预旺镇南塬村旱作农业示范区及年降水量 360 mm 的海原县武塬村旱作农业示范区试验，冀张薯 8 号、晋薯 7 号两个品种表现好。冀张薯 8 号薯形好，大中薯率高达 74%~98.8%，产量高，每公顷产量达20 209.5~33 660 kg，比对照(虎头)增产 5 845.5~16 398 kg/hm^2，增幅达 40.69%~94.99%，是较好的鲜食菜用型和外销型品种。晋薯 7 号结薯集中，块茎大而整齐，大中薯率达 71%~93.1%，抗旱性强，产量较高，每公顷产量达 19 909.5~25 759.5 kg，比对照(虎头)增产 5 542.5~8 497.5 kg/hm^2，增幅达 38.58%~49.23%(表 2-2-98、表 2-2-99、表 2-2-100、表 2-2-101)。

表 2-2-98　不同品种马铃薯生育期(同心县预旺镇南塬村)

品种	播种期	出苗期	出苗率/%	花序形成期	开花期	成熟期	全生育期/d
青薯 9 号	5 月 7 日	6 月 2 日	92.3	7 月 11 日	7 月 19 日	9 月 23 日	140
晋薯 7 号	5 月 7 日	6 月 5 日	91.5	7 月 10 日	7 月 20 日	9 月 28 日	145
宁薯 4 号	5 月 7 日	6 月 8 日	91.7	7 月 4 日	7 月 15 日	9 月 17 日	134
内薯 7 号	5 月 7 日	6 月 2 日	90.6	7 月 4 日	7 月 15 日	9 月 19 日	136
冀张薯 8 号	5 月 7 日	6 月 6 日	93.4	6 月 20 日	6 月 24 日	9 月 24 日	141
虎头(CK)	5 月 7 日	6 月 2 日	90.8	6 月 24 日	6 月 28 日	9 月 12 日	129

表 2-2-99　不同品种马铃薯农艺性状及产量(同心县预旺镇南塬村)

品种	株高/cm	单株结薯数/个	单株薯重/g	单株小薯		单株中薯		单株大薯		大中薯率/%	产量/(kg·hm^{-2})	较对照增产/%	产量位次
				数量/个	重量/g	数量/个	重量/g	数量/个	重量/g				
青薯 9 号	47.6	5.73	683.3	1.80	58.3	1.90	136.7	2.03	488.3	91.5	18 921.0	9.61	3
晋薯 7 号	51.3	5.88	938.4	1.72	65.0	1.63	158.4	2.53	715.0	93.1	25 759.5	49.23	2
宁薯 4 号	39.8	4.44	644.7	0.56	21.2	1.32	113.5	2.56	510.0	96.7	17 706.0	2.57	4
内薯 7 号	41.2	6.24	592.0	1.92	43.2	2.24	195.4	2.08	353.4	92.7	16 090.5	−6.79	6
冀张薯 8 号	47.6	5.92	1 201.3	0.50	15.0	1.84	149.8	3.58	1 036.5	98.8	33 660.0	94.99	1
虎头(CK)	33.5	4.60	633.7	1.42	62.0	1.31	108.3	1.87	463.4	90.2	17 262.0	—	5

表2-2-100 不同品种马铃薯生育期(海原县武塬村旱作农业示范区)

品种	播种期	出苗期	团棵期	现蕾期	开花期	成熟期	收获期	生育期/d
冀张薯 8 号	4 月 21 日	5 月 29 日	6 月 12 日	7 月 1 日	7 月 10 日	10 月 6 日	10 月 6 日	131
青薯 9 号	4 月 21 日	5 月 28 日	6 月 12 日	7 月 6 日	7 月 14 日	10 月 6 日	10 月 6 日	132
虎头(CK)	4 月 21 日	5 月 24 日	6 月 15 日	6 月 25 日	7 月 3 日	9 月 12 日	10 月 6 日	112
青薯 168	4 月 21 日	5 月 27 日	6 月 11 日	7 月 1 日	7 月 9 日	9 月 20 日	10 月 6 日	117
中联红	4 月 21 日	5 月 25 日	6 月 10 日	7 月 6 日	7 月 14 日	9 月 20 日	10 月 6 日	119
晋薯 7 号	4 月 21 日	5 月 30 日	6 月 14 日	7 月 5 日	7 月 12 日	9 月 26 日	10 月 6 日	120

表 2-2-101 不同品种马铃薯农艺性状及产量(海原县武塬村旱作农业示范区)

品种	株高/cm	单株结薯数/个	单株薯重/g	单株小薯		单株中薯		单株大薯		大中薯率/%	产量/(kg·hm^{-2})	较对照增产/%	产量位次
				数量/个	重量/g	数量/个	重量/g	数量/个	重量/g				
冀张薯 8 号	43	6.8	580	1.90	150.8	3.30	290.0	1.60	139.2	74	20 212.5	40.69	1
青薯 168	40	5.4	470	1.67	136.3	2.90	258.5	0.83	75.2	71	16 345.5	13.77	3
晋薯 7 号	52	5.2	600	1.17	126.0	2.70	318.0	1.33	156.0	79	19 909.5	38.58	2
青薯 9 号	49	5.0	430	1.43	116.1	2.40	210.7	1.17	103.2	73	15 117.0	5.20	4
虎头(CK)	42	4.2	390	1.35	109.2	2.05	210.6	0.70	70.2	72	14 367.0	—	5
中联红	37	3.8	300	1.66	99.0	1.62	153.0	0.52	48.0	67	11 812.5	−17.78	6

2. 选用优质种薯

(1)选用优质种薯应遵循的原则。

①种薯来源。通过马铃薯三级良繁体系繁育出来的一级脱毒种薯。

②种薯健康。种薯要不含有各种病毒病害和真菌、细菌病害,纯度要高。

③精心挑选优质种薯。要除去冻、烂、病、伤、萎蔫块茎,并将已长出纤细、丛生幼芽的种薯也予以剔除。要选取那些薯块整齐、符合本品种性状、薯皮光滑细腻、皮色新鲜的幼龄薯或壮龄薯。同时,剔除畸形、尖头、裂口、薯皮粗糙老化、皮色暗淡、芽眼突出的老龄薯。

(2)选用优质种薯的方法。具体操作过程中可通过"看、摸、按、闻"四个步骤剔除不健康种薯。看,就是看薯皮、薯形是否正常,是否与原品种特征相符;摸,就是摸种薯表面有无龟裂或突起;按,就是按种薯是否变软,内部是否形成空洞;闻,就是闻种薯有无异味。做到表面有伤痕、变色、斑块的不要;表皮有龟裂、突起或不符合原品种特征的不要;脐部周围变软的不要;薯块变软、手挤变形或有异味的不要;薯块异常、两端呈纺锤形和芽眼集中或突起的不要;已发芽或幼芽纤细的不要。

3. 种薯处理

种薯经过长期贮藏,生理机能因低温抑制而不活跃,处于被迫休眠状态,立即播种,出苗不整齐且缓慢。因此,种薯须进行播前处理,以促进其生理机能活化,有利于苗齐、苗全、苗壮。

种薯处理可采用晒种、困种和催芽 3 种方法,通过晒种、困种提高种薯温度,供给足够的氧气,促使解除休眠,促进发芽,以统一发芽进度,进一步淘汰病害薯块,使出苗整齐一致,不缺苗、出壮苗。困种和催芽通常多连称为困种催芽法。其实,困种是促使种薯尽快度过休眠期的措施;催芽虽然也可以起到同样的作用,但主要是使幼芽伸长到一定长度,以促进一系列物候期提前。

(1)晒种:播种前,把留种的种薯摊开为2~3层,摆放在光线充足的房间或日光温室内,使温度保持在10~15℃,在阳光下晾晒,并经常翻动,剔除病薯、烂薯、冻薯,当薯皮发绿、芽眼萌动时就可以切芽块播种。晒种的目的是杀死种薯表皮病菌和促其后熟,使播种后发芽健壮整齐。

(2)困种:将种薯从窖中取出并经挑选后,装在麻袋、塑料网袋里或用席、帘等物围起来,还可以堆放于空房子、日光温室和仓库等处,使温度维持在10~15℃,有散射光线即可,经过15 d左右当芽眼刚刚萌动见到小白芽时,即可切芽块播种。

(3)催芽:可促进种薯解除休眠,缩短出苗时间,加快生育进程,淘汰病薯。催芽常见的方法如下。

①种薯出窖时已萌发,白芽长至1 cm左右,将种薯取出窖外,平铺于光亮的室内,使之均匀见光,白芽变成绿色时,即可切块。

②种薯与湿沙或湿锯屑等物堆积于温床、火坑或木箱中。先铺沙3~6 cm,把已切好的芽块与湿沙分层堆积,上放一层种薯,再盖沙没过种薯,如此3~4层后,表面盖5 cm左右的沙,并适当浇水至湿润状态,保持10~15℃和一定湿度,促使幼芽萌发。当芽长到1~2 cm并出现幼根时取出播种,因芽与根系均柔嫩、易折断,故操作时应小心。

③播前将种薯置于明亮的室内、温室、塑料大棚的地上(避免日光直射)铺2~3层,并经常翻动,使之均匀见光,经过40 d左右,当芽长至1~1.5 cm、芽短而粗、节间缩短、色深发紫、基部有根点时,就可切芽块播种,但切时要小心,不要损伤幼芽。

经过催芽的种薯在播种时地温必须稳定在10℃以上,土壤墒情要好,否则遇到低温或干旱容易出现缺苗。

催芽除具有与困种相似的作用外,还有以下作用:凡是环腐病、黑胫病、晚疫病等病害轻微的块茎,一般因病菌的刺激萌芽较早,而感病严重的块茎则丧失了发芽力,多数不能萌芽。所以在催芽处理中把个别早期萌芽的种薯及芽上出现黑褐色条斑的种薯以及当催芽结束时一直不发芽的种薯全部淘汰掉,即可在很大程度上降低田间发病率。因幼芽提前发育,故植株的一系列物候期提前,成熟期可提前15 d左右,从而躲过晚疫病的危害或降低发病率;也可以躲过或减轻某些自然灾害(如旱、涝、霜冻等)。因品种不同,幼芽的性状也有所不同,故可利用催芽机会清除混杂品种,以纯化良种。

4. 切薯块

(1)切刀消毒。切块时应一人准备两把菜刀,凡接触过病毒的刀应消毒后再切薯块,以防病害传染。消毒的方法:一是用沸水煮切刀8~10 min。二是采用药剂消毒,用75%酒精浸泡8~10 min;或用1:200漂白粉溶液浸泡10 min;或用0.5%~1%高锰酸钾溶液浸泡8~10 min;或用5%来苏尔溶液浸泡5~10 min。

(2)切薯块。把种薯切为小块播种,可以节约种薯,降低生产成本。切薯块时首先应选用健康无病的种薯,其次是种薯大小适宜。切块不宜过小,以免切块中水分、养分不足,影响幼苗发育,而且切块过小不抗旱,易于缺苗。一般认为芽块的重量最好达到50 g,最小不低于30 g。

大芽块比小芽块抗旱能力强,出苗整齐,出苗壮。据资料介绍,一个50 g重的芽块含水量为40 g,播到地里即便遇到最干旱的土壤,这个芽块靠自身的水分也能出苗。相反一个10 g重的芽块含水量只有8 g,若遇到严重干旱,芽块的水分有可能被蒸发完,变成“薯干”。大芽块可出1.8~2.4个芽,而小芽块只有1~1.1个芽。据有关试验资料,用14 g重的芽块播种,每公顷产量达21 600 kg,而用56 g重的芽块播种,每公顷产量达 32 170 kg，增产 48.9%。用 30 g 重的芽块播种比用 10 g 重的芽块播种增产 32.6%。经研究，芽块不是越大越好，种薯切块的重量在一定范围内，产量随种薯切块重量的增加而增加，当种薯切块增加到一定大小后再增加，产量增加就很小，说明种薯切块大小超过一定限度后产量仅取决于它所处的空间综合条件，而与种薯切块大小无关。因此，无止境地增大种薯切块是没有意义的。

每个切块应带 1~2 个芽眼，便于控制密度，切时应切成立块，多带薯肉，不应切成薄片、细长条，或挖芽眼留薯肉。

具体切法：50 g 左右的薯块不用切；60~100 g 的种薯，可以从顶芽顺切 1 刀，切成2 块；110~150 g 的种薯，先从尾部切下 1/3，然后再从顶芽劈开，这样就切成 3 块；160~200 g 的种薯，先顺顶芽劈开后，再从中间横切 1 刀，共切成 4 块；更大的种薯，可先从尾部切下 1/4，然后将余下部分从顶芽顺切 1 刀，再在中间横切 1 刀，共切成 5 块。这种切法，芽块都能达到标准，而且省工，切得快，但不注意易出现没有芽眼的盲块。

所切的芽块要均匀一致，切忌切块大小不一，或切成薄片、细长条。

通过切芽块，还可进一步挑选种薯，发现老龄薯、畸形薯、不同肉色薯（杂薯），可随切随挑出去，病薯更应坚决去除。

切块时间以播前 2~3 d 为好，可以根据劳动力和用种量的多少来安排，应以不使切块堆置时间过长而造成腐烂或干缩为原则，切后应尽快播种，以免造成损失。

疑似带病的种薯、经催芽处理后仍未发芽的种薯、幼芽纤弱的种薯、选种时由于疏忽大意而漏选的老龄薯及畸形薯等，均应挑出不切，切勿切后再因病、烂而扔掉不用，以减少切刀污染的概率。

切块后用草木灰拌种，既能起到增施钾肥的作用，又能使切口愈合，切后将切块保持在 17~18℃和 80%~85%湿度的条件下使切口木栓化，避免播后烂块缺苗。切后堆放时间不宜过长，否则会造成芽块堆内发热，灼伤幼芽。马铃薯晚疫病严重的地区，150 kg 重的切块用 72%杜邦克露 50 g 或 25%甲霜灵 50 g 兑水 2~3 kg，用喷雾器均匀喷在芽块上，用麻袋或塑料布覆盖闷 12~24 h，边喷雾边用木锨翻拌，喷匀拌完后摊开晾干再播种。

（3）小整薯利用。利用小整薯播种，一是可避开切刀传病，特别是环腐病和晚疫病，有效降低发病率，使苗齐苗壮，且小整薯符合幼龄薯的要求，病毒含量低，生命力旺盛，生长势强，易获高产；二是可以发挥顶芽优势，有利于壮苗，出苗比切块薯早 3~5 d；三是小整薯芽眼多，可以保证苗全、苗壮；四是小整薯含水量高，养分充足，可提高抗旱抗寒能力，比切块薯出苗率提高 25.9%，增产 49.2%；五是节省切块劳力，便于机械化播种，降低成本。

表 2-2-102　小整薯与切块薯播种对比

单位：%

试验单位	小整薯			切块薯		
	发病率	出苗率	较切块薯增产	发病率	出苗率	产量（相对）
西安市农业科学研究所	4.0	77.2	17.2	16.0	58.3	100
杭州市农业科学研究院	2.5	89.0	8.3	17.0	55.0	100
长春市农业科学院	28.6	94.6	26.0	30.6	77.0	100
青海省农林科学院	7.2	98.0	100.0	36.5	91.0	100

5. 播种期

(1)确定播种期应遵循的原则。

第一,应把块茎形成期安排在适于块茎膨大的季节,即平均气温不超过 23℃、每天日照时数不超过 14 h,并有适量的雨水。所以应根据植株各个生育阶段所需的时间,把结薯时期安排在适宜的季节以确定播种适期。在宁夏旱作农业区马铃薯植株的生育阶段大体上是:从播种到出苗的萌芽期为 30±3 d;从出苗到团棵的幼苗期为 15±3 d;从团棵到开花的发棵期为 25±5 d;从开花到茎叶枯黄的结薯期为56±3 d,其中前 35±3 d 为结薯盛期,每天每公顷可增加 300~375 kg 块茎,后 20 d 为结薯末期,每天每公顷可增加块茎 375 kg 左右。

第二,应充分利用当地对出苗的有利条件,躲开不利条件,确定适宜的播种期。为了躲过春旱对出苗的不利影响,必须抢墒播种,以利于出苗。又如在半湿润偏旱区或低湿地块,如播种期过早则土湿地凉,不易发苗,应适当晚播。

第三,要根据品种和种薯情况确定播种期。如种薯采用催芽处理,则出苗较快,过早播种,幼苗出土后有遭受霜冻的危险,故应适当晚播;如种薯未经催芽处理,则可适当提早播种期。如用中晚熟品种,播种期宜稍晚,因中晚熟品种抗逆性较强,在高温长日照条件下易徒长,匍匐茎也易伸出土表,陆续形成的块茎大小不齐;如适当晚播,使结薯期相应后移到适于结薯的低温短日照条件下,可促使块茎迅速膨大,即相对缩短了结薯期,避免后期形成过多的小块茎,以提高产品的商品品质和经济价值。如用早熟品种,则应适当提早播种期,因早熟品种抗逆性弱,早播可以利用早春的墒情,做到齐苗保苗,躲过晚疫病的危害。

第四,依据当地气温而定,在当地晚霜期前 20~30 d,当气温稳定地通过 5~7℃时,或 10 cm 的地温达到6~7℃时,就是当地适宜的马铃薯播种期。

(2)因地制宜确定适宜播种期。根据多年试验,在全膜双垄覆盖条件下南部半湿润偏旱区以 4 月下旬至5 月上旬为适宜播种期。在半湿润偏旱区的泾源县六盘山镇张堡村的 2 年试验结果显示,播种期对产量的影响极大,第一年 5 月 10 日播种的,产量为 24 420 kg/hm^2,较4 月 10 日播种的净增鲜薯 2 865 kg/hm^2,增产 13.3%。4 月 20 日播种的较 4 月 10 日播种的净增鲜薯 1 875 kg/hm^2,增幅 8.7%,其余处理均较4 月 10 日播种的减产 3.4%~19.1%。第二年 5 月 5 日播种的产量最高,为 24 924.75 kg/hm^2;4 月25 日播种的次之,为 22 575 kg/hm^2,分别比 4 月 15 日播种的增产 15.9%、5%;其他处理均较 4 月 15 日播种的减产 21.3%~46.5%。

从 2 年的试验结果可以看出,在 5 月上旬播种的产量均高,4 月下旬播种的产量次之,2 年的情况基本一致,5 月中下旬到 6 月份播种的均减产。

在半干旱区冷凉区以 4 月中下旬为适宜播种期。据西吉县农业技术推广中心 2006 年在西吉县半干旱区试验,4 月 15 日播种的产量最高,每公顷达 24 543 kg,商品率高达 70.1%,每公顷产值达 16 699.2 元;4 月 25 日播种的产量次之,商品率为 54.8%,产值为 14 424 元;5 月 5 日播种的每公顷产量为 15 319.5 kg,商品率为 52.8%,产值为 9 363 元/hm^2;6 月 26 日播种的产量为每公顷 13 566 kg,比 4 月 15 日播种的减产 10 977 kg,减产幅度80.9%,商品率仅为 3.6%,比 4 月 15 日播种的下降了 66.5%,产值仅为 5 622 元,比 4 月 15 日播种的低 66.3%(表 2-2-103、表 2-2-104)。造成此种结果的原因,一是生育期缩短,比 4 月 15 日播种的全生育期缩短 40 d;二是商品率下降,小薯多。

表 2-2-103 不同播种期马铃薯产量、商品率、产值比较(西吉县)

播种期	产量/(kg·hm^{-2})	商品率/%	商品薯		小薯		总产值/(元·hm^{-2})
			产量/(kg·hm^{-2})	产值/(元·hm^{-2})	产量/(kg·hm^{-2})	产值/(元·hm^{-2})	
4月15日	24 543.0	70.1	17 205.0	13 764.0	7 338.0	2 935.2	16 699.2
4月25日	23 295.0	54.8	12 765.0	10 212.0	10 530.0	4 212.0	14 424.0
5月5日	15 319.5	52.8	8 088.0	6 471.0	7 231.5	2 892.0	9 363.0
6月26日	13 566.0	3.6	489.0	391.5	13 077.0	5 230.5	5 622.0

注:商品薯 0.8 元/kg,小薯 0.4 元/kg。

表 2-2-104 不同播种期马铃薯生育期及农艺性状(西吉县)

播种期	全生育期/d	基本苗数/(株·hm^{-2})	出苗率/%	单株结薯数/个	单株大薯数/个	单株产量/kg	产量/(kg·hm^{-2})
4月15日	149	54 960	91.6	2.64	1.85	0.45	24 543.0
4月25日	144	52 935	88.2	2.08	1.14	0.44	23 295.0
5月5日	141	33 000	55.0	1.57	0.83	0.46	15 319.5
6月26日	109	57 600	96.0	2.76	0.10	0.28	13 566.0

注:播种密度为60 000 株/hm^2。

又据在半干旱区温暖区的彭阳县城阳乡涝池村试验,马铃薯最适播种期为 4 月中下旬,商品薯率高达 85%左右,干物质含量23%左右,淀粉含量 17%左右(表 2-2-105)。

表 2-2-105 秋季全膜双垄覆盖条件下马铃薯不同播种期对产量的影响(彭阳县城阳乡涝池村,2008 年)

播种期	产量/(kg·hm^{-2})	商品率/%	干物质含量/%	淀粉含量/%
4月5日	29 280	83.0	22.447	16.680
4月15日	29 700	84.3	22.960	17.193
4月25日	29 850	85.3	23.063	17.295
5月5日	31 200	78.2	22.396	16.629
5月20日	29 430	75.4	21.984	16.217
6月1日	29 370	78.7	21.419	15.652

在年降水量 277 mm 的同心县预旺镇南塬村试验, 以 4 月 20 日为界提前、推迟播种产量都呈下降趋势。4 月 10 日至 5 月 20 日播种,产量都可达到 15 000 kg/hm^2,但以 4 月中旬为最佳播种期,产量最高(表 2-2-106)。

6. 播种密度

马铃薯的产量由单位面积上的株数和单株薯重构成,具体可用下列公式表示:

每公顷产量=每公顷株数×单株薯重(单株薯重=单株结薯数×平均薯块重)

密度是构成产量的基本因素。单位面积内,在一定范围内产量随着密度的增加而增加。因而在密度偏低的情况下,增加密度可有效地提高产量。但在密度过大时,单株性状过度被削弱,产量和商品率反而会降低。因此,合理密植既能发挥个体植株的生产潜力,又能形成合理的田间群体结构,从而获得单位面积

表 2-2-106　不同播种期对马铃薯产量的影响（同心县预旺镇南塬村，2008 年）

播种期	产量/($kg·hm^{-2}$)	耗水量/mm	水分利用效率/($kg·mm·hm^{-2}$)
3 月 20 日	7 737.0	120.9	64.00
3 月 30 日	9 771.0	127.3	76.76
4 月 10 日	15 508.5	118.7	130.65
4 月 20 日	18 943.5	112.3	168.69
4 月 30 日	17 275.5	117.3	147.28
5 月 10 日	16 845.0	116.2	144.97
5 月 20 日	16 620.0	116.8	142.29

上的最高产量。

马铃薯的适宜密度主要受 3 个因素的影响：一是品种生育期的长短，二是土壤肥力水平的高低，三是土壤水分条件是否能满足各生育期对水分的需求。植株矮小，分枝不多，结薯分散，密度可大一些；植株高大，分枝较多，结薯分散的晚熟品种，密度可小一些；降水量多的地区，密度可大一些；相对降水量少的地区，密度可小一些。

在高水肥条件下，马铃薯的密度受最大叶面积系数的限制。据《作物栽培学各论》马铃薯一章介绍，马铃薯在盛花期后最大叶面积系数以不超过 4 为宜。因每 666.7 m^2 马铃薯的干物质以叶面积系数 3~4 为最高，超过 4 又下降。因此，可把叶面积系数等于4 作为高限，根据单株叶面积来推算高水肥条件下的适宜密度。计算公式如下：

$$每\ 666.7\ m^2\ 株数=叶面积系数 \times 666.7/单株叶面积\ m^2$$

据教材介绍，中晚熟品种单株叶面积为 0.5~0.7 m^2。

宁夏旱作农业区气候、土壤、马铃薯品种多样，特别是年降水量差异较大，对产量影响极大，因此密度差异较大。

经试验，在全膜双垄覆盖垄侧播种栽培技术条件下，年降水量 300 mm 以下的地区密度小一些，以每公顷 30 000~37 500 株为宜。据在年降水量 277 mm 的同心县预旺镇南塬村试验（表 2-2-107、表 2-2-108、表 2-2-109），播种密度在 22 500~52 500 株/hm^2 范围内，随着密度的增加，马铃薯成熟期提前，生育期缩短，原因是密度增加，土壤水分、养分供给不足，导致成熟期提前，密度 52 500 株/hm^2 比 22 500 株/hm^2 提前了4 d。同时随着密度的增加，单株结薯数减少，单株薯重减轻，大薯数减少，大薯率相对较低。

表 2-2-107　全膜双垄覆盖垄侧播种技术条件下不同密度的马铃薯生育期

密度/(株·hm^{-2})	播种期	出苗期	现蕾期	开花期	成熟期
22 500	5 月 5 日	6 月 5 日	6 月 22 日	7 月 2 日	9 月 14 日
30 000	5 月 5 日	6 月 5 日	6 月 22 日	7 月 2 日	9 月 13 日
37 500	5 月 5 日	6 月 5 日	6 月 23 日	7 月 3 日	9 月 13 日
45 000	5 月 5 日	6 月 5 日	6 月 23 日	7 月 4 日	9 月 11 日
52 500	5 月 5 日	6 月 5 日	6 月 23 日	7 月 4 日	9 月 10 日

表 2-2-108 全膜双垄覆盖垄侧播种技术条件下不同密度的马铃薯农艺性状

密度/(株·hm^{-2})	单株结薯数/个	单株薯重/g	单株中薯		单株大薯		大薯率/%
			数量/个	重量/g	数量/个	重量/g	
22 500	4.87	572	1.17	83	3.40	481	84.09
30 000	4.42	546	1.06	72	2.90	452	84.78
37 500	4.07	408	1.73	83	1.80	315	77.21
45 000	4.03	332	1.10	86	1.43	230	69.28
52 500	4.10	281	1.17	87	1.20	183	65.12

表 2-2-109 全膜双垄覆盖垄侧播种技术条件下不同密度的马铃薯产量

密度/(株·hm^{-2})	小区产量/(kg·82.8 m^{-2})				折合产量/(kg·hm^{-2})
	Ⅰ	Ⅱ	Ⅲ	平均	
22 500	68.71	66.49	68.56	67.92	12 870.00
30 000	84.32	88.27	86.73	86.44	16 379.40
37 500	81.88	80.29	80.05	80.74	15 299.25
45 000	80.01	77.97	78.54	78.84	14 939.10
52 500	75.26	78.25	80.04	77.85	14 751.75

产量以 30 000 株/hm^2 最高，37 500 株/hm^2 次之。22 500~52 500 株/hm^2 范围内，产量呈正态分布，证明年降水量 300 mm 以下的地区播种密度以 30 000~37 500 株/hm^2 较为适宜。

在年降水量 400 mm 左右的地区播种密度为 52 500~60 000 株/hm^2，>400 mm 的地区以 60 000 株/hm^2 为宜，<400 mm 的地区以 52 500 株/hm^2 为宜。据在年降水量 360 mm 的海原县武塬村试验，播种密度以 52 500 株/hm^2 最佳，单株结薯 5.7 个，单株薯重 440 g，大中薯率达 84%，产量为 21 834.45 kg/hm^2(表 2-2-110、表 2-2-111、表 2-2-112)。

在海拔 1 892~2 021 m、年降水量 360~430 mm 的西吉县偏城乡试验，随着密度的增加，马铃薯生育期缩短，株高降低，小薯增加，大中薯率呈下降趋势。产量以52 500 株/hm^2 最高，达 25 816.5 kg/hm^2，60 000 株/hm^2 次之(表 2-2-113、表 2-2-114、表 2-2-115、表 2-2-116)。

在海拔 1 600 m、年降水量 450 mm 的彭阳县城阳乡涝池村试验，每公顷密度在 37 500~67 500 株内，以 52 500 株/hm^2 单株薯重最重、大中薯率最高，每公顷产量达 24 780 kg(表2-2-117、表 2-2-118)。

表 2-2-110 不同密度下马铃薯生育期(海原县武塬村)

密度/(株·hm^{-2})	播种期	出苗期	出苗率/%	苗期长势	整齐度	现蕾期	开花期	成熟期	收获期	生育期/d
37 500	4 月 20 日	5 月 21 日	99.0	好	齐	6 月 28 日	7 月 8 日	9 月 28 日	10 月 5 日	131
45 000	4 月 20 日	5 月 21 日	98.8	好	齐	6 月 27 日	7 月 8 日	9 月 25 日	10 月 5 日	128
52 500	4 月 20 日	5 月 21 日	98.9	好	齐	6 月 27 日	7 月 8 日	9 月 26 日	10 月 5 日	129
60 000	4 月 20 日	5 月 21 日	99.9	好	齐	6 月 29 日	7 月 10 日	9 月 25 日	10 月 5 日	128
67 500	4 月 20 日	5 月 21 日	98.3	弱	不齐	6 月 29 日	7 月 10 日	9 月 27 日	10 月 5 日	130

表 2-2-111　不同密度下马铃薯的农艺性状(海原县武塬村)

密度/(株·hm⁻²)	株高/cm	单株结薯数/个	单株薯重/g	单株小薯		单株中薯		单株大薯		大中薯率/%
				数量/个	重量/g	数量/个	重量/g	数量/个	重量/g	
37 500	50	4.7	330	1.38	82.5	2.16	158.4	1.16	89.1	75
45 000	49	4.9	330	1.35	92.4	2.74	188.1	0.72	49.5	72
52 500	37	5.7	440	1.27	69.7	3.10	258.1	1.33	112.7	84
60 000	42	3.8	317	1.31	86.7	1.54	147.4	0.95	82.9	73
67 500	32	3.1	230	1.30	86.5	1.32	113.4	0.48	30.1	62

表 2-2-112　不同密度下马铃薯的产量(海原县武塬村)

密度/(株·hm⁻²)	收获面积/m²	收获株数/株	单株结薯数/个	单薯重/kg	单株产量/kg	小区产量/kg	折合产量/(kg·hm⁻²)
37 500	52.8	199	4.7	0.07	0.32	63.68	12 061.21
45 000	52.8	230	4.9	0.06	0.33	75.90	14 375.70
52 500	52.8	262	5.7	0.08	0.44	115.28	21 834.45
60 000	52.8	309	3.8	0.08	0.32	98.88	18 728.21
67 500	52.8	359	3.1	0.07	0.21	75.39	14 278.50

表 2-2-113　不同密度下马铃薯的生育期(西吉县偏城乡)

密度/(株·hm⁻²)	播种期	出苗期	分枝期	花序形成期	盛花期	成熟期	全生育期/d
37 500	4 月 28 日	5 月 19 日	6 月 14 日	7 月 5 日	9 月 6 日	10 月 11 日	167
45 000	4 月 28 日	5 月 17 日	6 月 12 日	7 月 2 日	9 月 4 日	10 月 8 日	164
52 500	4 月 28 日	5 月 16 日	6 月 11 日	7 月 1 日	9 月 2 日	10 月 5 日	161
60 000	4 月 28 日	5 月 18 日	6 月 13 日	7 月 3 日	9 月 7 日	10 月 6 日	162
67 500	4 月 28 日	5 月 15 日	6 月 9 日	6 月 29 日	8 月 30 日	10 月 2 日	158

表2-2-114　不同密度下马铃薯的农艺性状(西吉县偏城乡)

密度/(株·hm⁻²)	株高/cm	单株小薯		单株中薯		单株大薯		大中薯率/%
		数量/个	重量/g	数量/个	重量/g	数量/个	重量/g	
37 500	65.8	1.47	26.9	1.35	93.7	2.18	234.6	92.4
45 000	61.9	1.68	29.4	1.29	92.6	2.07	213.5	91.2
52 500	64.3	1.74	32.6	1.32	94.8	1.95	208.7	90.3
60 000	60.1	1.92	37.8	1.21	86.5	1.77	195.3	88.2
67 500	59.2	2.03	39.3	1.16	83.4	1.37	184.8	87.2

表 2-2-115 不同密度下马铃薯的产量(西吉县偏城乡)

密度/(株·hm^{-2})	小区产量/(kg·66 m^{-2})				折合产量/(kg·hm^{-2})
	Ⅰ	Ⅱ	Ⅲ	平均	
37 500	131.2	132.6	124.4	129.4	19 606.5
45 000	166.3	135.8	136.2	146.1	22 147.5
52 500	185.7	158.0	167.1	170.3	25 816.5
60 000	165.0	163.8	152.2	160.3	24 300.0
67 500	136.2	140.8	133.2	136.7	20 713.5

表 2-2-116 不同密度对马铃薯产量、大中薯年产值的影响(西吉县偏城乡)

密度/(株·hm^{-2})	产量/(kg·hm^{-2})	大中薯		小薯		总产值/(元·hm^{-2})
		产量/(kg·hm^{-2})	产值/(元·hm^{-2})	产量/(kg·hm^{-2})	产值/(元·hm^{-2})	
37 500	19 606.5	13 842.0	19 378.8	5 764.5	3 458.7	22 837.5
45 000	22 147.5	14 772.0	20 680.8	7 375.5	4 425.3	25 106.1
52 500	25 816.5	16 858.5	23 601.9	8 958.0	5 374.8	28 976.7
60 000	24 300.0	14 775.0	20 685.0	9 525.0	5 715.0	26 400.0
67 500	20 713.5	11 496.0	16 094.4	9 217.5	5 530.5	21 624.9

注:大中薯单价按 1.4 元/kg 计算,小薯单价按 0.6 元/kg 计算。

表2-2-117 不同密度下马铃薯的农艺性状(彭阳县城阳乡涝池村)

密度/(株·hm^{-2})	株高/cm	单株结薯数/个	单株薯重/g	单株小薯		单株中薯		单株大薯		大中薯率/%
				数量/个	重量/g	数量/个	重量/g	数量/个	重量/g	
37 500	60.4	4.0	418	1.5	62	1.5	176	1.0	180	85.2
45 000	64.2	4.5	442	1.6	59	1.7	187	1.2	196	86.7
52 500	67.3	5.4	593	1.6	62	2.1	256	1.7	275	89.5
60 000	69.4	5.3	458	2.2	70	1.8	185	1.3	203	84.7
67 500	74.9	4.0	300	2.4	70	1.3	122	0.7	108	76.7

注:大薯>150 g、中薯为 75~150 g、小薯<75 g。

表2-2-118 不同密度下马铃薯产量及显著性分析(彭阳县城阳乡涝池村)

密度/(株·hm^{-2})	小区产量/(kg·44 m^{-2})				折合产量/(kg·hm^{-2})	产量位次
	Ⅰ	Ⅱ	Ⅲ	平均		
37 500	80.2	80.0	82.1	80.8	18 356	4
45 000	94.1	94.3	91.3	93.2	21 189	2
52 500	110.1	105.4	111.6	109.0	24 780	1
60 000	90.9	91.3	92.5	91.6	20 811	3
67 500	80.6	81.5	78.8	80.3	18 250	5

在半湿润偏旱区、年降水量 600 mm 左右的地区，最佳密度为每公顷 67 500 株。据在年降水量 650 mm 的泾源县兴盛乡下金村试验，播种密度以每公顷 67 500 株为宜，产量可达 36 723 kg/hm^2（表 2-2-119）。

综合各试验结果可知，年降水量 250~270 mm 的地区，密度以 30 000~37 500 株/hm^2 为宜；年降水量350 mm 左右的地区，密度以 45 000~52 500 株/hm^2 为宜；年降水量 450 mm 左右的地区，密度以52 500~60 000 株/hm^2 为宜；年降水量 500~600 mm 的地区，密度以 60 000~67 500 株/hm^2 为宜。

表2-2-119　不同密度下马铃薯的农艺性状及产量（泾源县兴盛乡下金村）

密度/（株·hm^{-2}）	株高/cm	单株结薯数/个	单株薯重/g	大中薯率/%	产量/（kg·hm^{-2}）
45 000	54.3	3.53	586.4	91.1	26 395.5
52 500	58.6	3.97	558.0	80.0	29 301.0
60 000	58.5	4.23	612.5	83.8	32 971.5
67 500	58.0	3.93	543.9	90.6	36 723.0
75 000	58.3	4.07	405.8	52.6	30 343.5
82 500	51.5	4.07	263.4	41.2	21 733.5

表 2-2-120　全膜双垄覆盖垄侧播种条件下马铃薯种植密度与株距对照表

密度/（株·hm^{-2}）	株距/cm	密度/（株·hm^{-2}）	株距/cm
30 000	60.6	60 000	30.3
37 500	48.4	67 500	26.9
45 000	40.4	75 000	24.2
52 500	34.6		

7. 播种深度与播种方法

马铃薯与禾谷类作物不同，它是利用块茎做种而繁殖，故播种深度以 15~18 cm 为宜。播种方法：依密度确定株距，把种薯切块点种在大垄膜侧距垄底 5 cm 处。先用点播器打开第一个播种孔，将土提出，孔内点籽，打第二个孔后，把第二个孔内的土壤提出放在第一个孔口，撑开手柄或用铲轻轻一磕，覆盖在第一个孔口。依次类推，这样地膜破损较少，膜面干净没有浮土，播种深度一致，出苗后整齐均匀，可提高功效。

（七）田间管理

1. 苗前管理

马铃薯从播种至出苗经 30 d 左右，这一阶段如播后遇雨，会在播种孔上形成板结，应及时破除板结，以利于出苗。

2. 苗期管理

苗基本出齐后，应及时查苗补苗，否则缺苗会造成减产。据报道，行内缺苗 1 株时，两侧相邻的植株可以补偿损失 50%（每株约补偿 25%）。如连续缺苗多株形成断条时，则对产量影响较大。大田缺苗在 10%以内，不仔细检查不易发现。据有关研究报道，缺苗 20%时减产 23.8%，缺苗 30%减产 24.3%，缺苗 40%减产36.8%，缺苗 60%减产 40.2%。检查缺苗时，应找出缺苗的原因。如薯块已腐烂，应把烂块连同周围的土壤全部挖除，以免感染新补栽的苗。

补苗时可将 1 穴多株的苗挖出，移栽到缺苗的地方。方法：拔时一手插入苗丛下部的穴中按住薯块，另一手顺茎下部向下插到根际，将欲拔之苗轻轻向外侧掰下，或用小手铲从苗丛中间垂直插下，将需要的一部分苗带土挖下，把原穴用湿土培好，取出的苗应立即栽到缺苗处，栽时要深挖坑，露出湿土，使幼根与湿土紧贴，然后加厚培土，使苗大部分埋入土中，仅留顶梢 2~3 片叶。补苗在阴雨天前进行，栽苗易于成活。如天气干旱，可浇水栽苗。补苗不宜过晚，苗龄过大，则栽后缓苗时间长，会影响产量。

为了补苗，播种时可在田块地头有意识地密种，专门用于移苗补栽，这样便于带土移苗补栽，有利于提高成活率，有利于抗旱，且与田间幼苗生育期一致，便于管理。

3. 生育期的田间管理

出苗后的田间管理应当密切结合植株生育情况进行，采取相应措施，使植株内部营养物质合理分配，使植株向丰产长相发展。

在宁夏旱作农业区马铃薯从播种到出苗经历 30~40 d，从出苗至现蕾需经 20 d，此时幼苗生长很快，以茎叶和根系发育为中心，在栽培上，以壮苗促棵为中心，苗矮茎粗，具有 6~8 片肥厚平展的叶片，叶色浓绿，叶背微紫色，为壮苗。块茎形成期是营养生长与生殖生长同时进行的时期，也是结薯多少的关键时期，田间管理以促为主，促地上带地下，通过追肥、防治地下害虫，形成茎秆粗壮且直立不倒、叶片肥厚润泽、叶色浓绿、不落蕾、开花繁茂、长势苗壮的丰产长相。块茎膨大期以块茎的体积和产量增长为中心，是马铃薯需水需肥最多的时期，该期一般经历 30 d 左右，管理措施以叶面喷肥为主，使地下块茎迅速膨大。淀粉积累期以淀粉积累为中心，约经 40 d，任务是防止茎叶早衰，增加光合时间，使块茎积累更多的养分，这个时期的田间管理是通过防治病虫害、叶面喷肥，使地下块茎积累更多的干物质。

具体措施：

（1）及时追肥。马铃薯对氮的吸收较早，块茎膨大期达到最高，对钾的吸收较迟，但一直到成熟期；对磷的吸收较慢、较少，加之早春气温较低，土壤中微生物不活跃，有机肥分解慢，追施化肥，尤其是追施氮肥，可使植株迅速生长，形成较大的同化面积，提高群体的光合生产率。据研究，苗期追肥增产17%，现蕾期追肥增产12.4%，而花期追肥仅增产 9.4%。追肥在块茎形成期进行，追肥量根据配方施肥方案确定，用追肥枪把氮肥施入 2 株间。

（2）叶面喷肥。

①叶面喷施膨大素。在马铃薯开花前 5~7 d 喷施膨大素能提高叶片制造营养的能力，提高光合效率，把较多的营养运送到薯块里去。它还能促进根系生长、增强抗旱能力。据试验，施用膨大素后可增产 10%~30%，大薯率提高 5%，切干率提高 0.2%~1%。施用方法：在马铃薯开花前 5~7 d，每公顷用 15 包膨大素（每包 10 g）兑水300~450 L，配成水溶液，用喷雾器均匀喷施。

②喷施多效唑。喷施多效唑可起到控地上、促地下的作用，能改善叶子的光合性能，增加叶绿素含量，提高光合效率，抑制和减缓叶片衰老，改变营养物质在植株各部位的分配，促进营养物质向块茎运转，提高产量，一般可增产10%~20%。施用方法：每公顷用 15%可湿性粉剂 360~480 g，25%乳油 216~288 mL，兑水 600 L，在现蕾期用喷雾器均匀喷在马铃薯茎叶上。

③叶面喷施磷酸二氢钾。马铃薯现蕾开花期、块茎膨大期叶面喷施磷酸二氢钾以补茎叶需肥，防早衰，每公顷 1.5 kg，加水300 kg，喷施后可增产 5.46%~19.5%。

④喷施农一清。农一清即高效农化素精合液肥，是一种新型农用化控调节专用液肥，集农作物所需的氮、磷、钾和锰、镁、铜、锌、硼等16种元素及抗旱剂于一体，具有抗旱、抗寒、抗倒伏、抗早衰、抗病虫、促早熟、节药、节肥、改良作物品质、增产增收幅度大的特效。西吉县农业技术推广服务中心在马铃薯上应用，效果显著，在苗期、现蕾期各喷1次(每公顷喷农一清原液7 500 mL，加水100倍)，可增产8.9%~10.5%。

(3)摘花去蕾。在现蕾开花期要及时摘去花蕾，以减少现蕾、开花、结铃对养分和水分的消耗。

(八)病虫防治

1. 晚疫病

宁夏旱作农业区马铃薯晚疫病6月下旬至7月上旬始见，8—9月份气候凉爽、降雨多，有利于病害的流行。目前，主栽的马铃薯品种大多数不抗病，多雨年份容易造成大流行，危害严重，为此，要及时进行药剂防治。

防治方法：利用晚疫病预警系统指导防治，中心病株出现前喷洒代森锰锌、丙森锌等保护性药剂进行预防，7~10 d 1次，连续2~3次。田间出现发病中心后要及时采用58%甲霜·锰锌可湿性粉剂1 500 g/hm^2、250 g/L醚菌酯悬浮剂900 mL/hm^2、18.7%烯酰·吡唑酯水分散粒剂1 200 g/hm^2、1 000亿芽孢/克枯草芽孢杆菌300 g/hm^{2}等具有内吸性、治疗作用的药剂兑水675 kg/hm^{2}喷雾防治，7~10 d 1次，轮换用药，连续防治2~3次。

2. 早疫病

早疫病是马铃薯生产中的重要病害之一，在宁夏旱作农业区发生早，田间发病普遍，局地危害重。一般年份造成的损失为5%~10%，重发生田块损失达30%以上。其危害仅次于马铃薯晚疫病，故应及时进行药剂防治。

防治方法：发病前和初期及早喷药保护。可选用75%百菌清可湿性粉剂600倍液，或80%代森锰锌可湿性粉剂800倍液，或64%噁霜灵·代森锰锌可湿性粉剂400倍液，或77%氢氧化铜微粒粉剂500倍液，或50%异菌脲可湿性粉剂1 000倍液等药剂进行防治，7~10 d 1次，连续2~3次。

3. 病毒病

马铃薯病毒病是马铃薯的主要病害，一般使马铃薯减产20%~50%，严重的达80%以上。

防治方法：一是及时防治蚜虫，每公顷用20%吡虫啉可溶液剂75~150 mL，或3%啶虫磷乳油150~225 mL，或45%高效氯氰菊酯乳油675 mL，兑水450 kg均匀喷雾。二是在发病初期喷洒1.5%植病灵2号乳剂1 000倍液，或20%病毒A 500倍液。

4. 蚜虫

危害马铃薯的蚜虫主要是桃蚜。据报道，该虫可传播植物病毒病达100种以上。

宁夏有翅蚜一般在5—6月份向马铃薯飞迁，温度25℃左右时发育最快，温度高于30℃或低于6℃时，蚜虫数量会减少。一般在秋末时，有翅蚜又飞回第一寄主桃树上产卵，并以卵越冬。春季卵孵化后再以有翅蚜飞迁至第二寄主为害。

防治方法：铲除地边杂草，有助于切断蚜虫中间寄主和栖息场所，消灭部分蚜虫；加强测报，抓住田间蚜虫点片发生阶段及时施药，药剂可选用50%抗蚜威可湿性粉剂2 000~3 000倍液，或10%吡虫啉可湿性粉剂2 000倍液，或5%啶虫脒800倍液，或2.5%氟氯氰菊酯乳油3 000倍液等，喷雾防治。黄板诱杀有翅蚜，在有翅蚜向薯田迁飞时，田间插上涂有黏胶的黄板诱杀有翅蚜，或在田间插杆挂银灰色反光膜驱避蚜虫。

5. 地老虎

危害马铃薯的主要有小地老虎、黄地老虎和大地老虎，主要以幼虫为害幼苗，1~2 龄幼虫咬食子叶、嫩叶，吃成孔洞或缺刻。3 龄以后幼虫咬断幼苗茎部，使植株枯死，造成缺苗断垄。幼虫还可钻入块茎为害，降低产量和质量。

防治方法：用黑光灯、糖醋液（糖 6 份、醋 3 份、白酒 1 份，水 10 份，农药适量）诱杀成虫；在小地老虎幼龄期，可用 48%毒死蜱乳油 2 000 倍液，或 50%辛硫磷乳油 1500 倍液，或 30%敌百虫乳油500 倍液喷雾或灌根防治；在虫龄较大、为害严重的田块，可用 80%敌敌畏乳油，或 50%辛硫磷乳油，或50%二嗪农乳油 1 000~1 500 倍液灌根。

6. 蝼蛄

蝼蛄为多食性害虫，其成虫和若虫在土中咬食刚播下的薯块幼芽，或将幼苗根、茎部咬断，使幼苗枯死，受害的根部呈乱麻状。蝼蛄在地下活动，将表土穿成许多隧道，使幼苗根部透风、与土壤分离，造成幼苗因失水干枯致死，缺苗断垄，严重的甚至毁种。

防治方法：灯光诱杀，在田边或村庄利用黑光灯、白炽灯诱杀成虫，以减少田间虫口密度。

人工捕杀，结合田间操作，对新拱起的蝼蛄隧道，人工挖洞捕杀虫、卵。

毒饵诱杀，常用的是敌百虫毒饵，先将麦麸、豆饼、秕谷、棉籽饼或玉米碎粒等炒香，再将 90%晶体敌百虫用少量温水溶解，按饵料重量 0.5%~1%的比例制成毒饵。根据饵料干湿程度加适量水，拌至用手一攥稍出水即成。每 666.7 m^2 施毒饵 1.5~2.5 kg，于傍晚撒在已出苗的田地。

7. 潜叶蝇

潜叶蝇是一种危害严重的马铃薯害虫。这种蝇体形小，幼虫在叶片内部钻出坑道，干燥以后将导致植株死亡。

防治方法：成虫可以用黏性黄色诱捕物诱捕，也可采用斑潜净防治。药剂稀释 1 000~2 000 倍，每公顷用量为 375~900 g。施药时间最好在清晨或傍晚，忌在晴天中午施药。施药间隔 5~7 d，连续用药 3~5次。

（九）适时收获

马铃薯植株生长停止、茎叶大部分枯黄时，块茎很容易与匍匐茎分离，周皮变硬，比重增加，干物质含量达最高限度，此时为食用块茎的最适收获期。种用块茎应提前 5~7 d 收获，以避免低温霜冻危害，提高种性。收获时应选择晴好天气，切忌在阴天收挖，以防受淋的薯块烂窖和破坏土壤结构，收获后清除废地膜并整地。

第七节　蚕豆全膜双垄覆盖垄侧播种栽培技术

蚕豆又称胡豆，我国已有 2 000 多年的栽培历史，相传由汉朝张骞出使西域引入中原。我国是世界上蚕豆主产国之一。宁夏旱作农业区属春蚕豆生产区，每年种植面积约 5 300 hm^2。蚕豆籽粒营养丰富，是人、畜蛋白质来源之一。干蚕豆粒含蛋白质 26%、脂肪1.6%、碳水化合物 47%、纤维11%，并含有赖氨酸 2.08%、苏氨酸 1.52%、亮氨酸 2.27%及缬氨酸等。

蚕豆籽粒含大量淀粉，可做粮食，也可加工成粉皮、粉丝、豆浆、酱油及五香豆、怪味豆等。青蚕豆是优良的新鲜蔬菜，新鲜的茎叶是良好的家畜青饲料和优质绿肥。蚕豆固氮能力比其他豆科绿肥强，蚕豆根瘤菌每年每公顷可固氮 210 kg。它的根扎得深，能吸收土壤深层的养分。做绿肥时还可采收部分嫩荚食用，收获干豆时，尚有 30%的根、叶等还田，所以是养地用地的好前作。

蚕豆是宁夏旱作农业区半湿润偏旱区的特色优势作物，不仅在轮作中占有重要的地位，而且是农民经济收入的重要来源。因主产区降水季节分布不均，常在播种期、花期受到干旱的威胁，致使产量下降。近几年将全膜双垄覆盖技术引入蚕豆栽培，增加了土壤蓄水保墒能力，蚕豆产量大幅增加。

一、蚕豆全膜双垄覆盖垄侧播种栽培技术效应

（一）水分效应

蚕豆全膜双垄覆盖垄侧播种采用大小垄相间的种植方式，全地面地膜覆盖后增加了集雨面积，可使有限的降水甚至是 5 mm 以下的无效降水，通过垄的集流作用、地膜的良好阻渗作用，汇集到种植沟，并沿播种孔入渗到作物根部，变成有效降水，大大提高了耕作层土壤水分含量，集雨效果远优于半膜覆盖方式。2012—2013 年在隆德县沙塘镇、陈靳乡开展蚕豆不同覆膜方式的田间试验，土壤水分测定结果表明，蚕豆早春全膜双垄覆盖垄侧播种栽培 0~10 cm 土壤含水量两年平均比早春起垄半膜覆盖栽培高 2.2 个百分点，比常规露地栽培高 3.11 个百分点；10~20 cm 土壤含水量早春全膜双垄覆盖垄侧播种栽培比早春起垄半膜覆盖栽培高 1.83 个百分点，比常规露地栽培高 3.7 个百分点；20~30 cm 土壤含水量早春全膜双垄覆盖垄侧播种栽培比早春起垄半膜覆盖栽培高 2.49 个百分点，比常规露地栽培高 4.77 个百分点（表 2–2–121），集雨保墒效果明显。

表 2–2–121　蚕豆不同处理土壤含水量

单位：%

处理	2012 年土壤含水量			2013 年土壤含水量		
	0~10 cm	10~20 cm	20~30 cm	0~10 cm	10~20 cm	20~30 cm
早春全膜双垄覆盖垄侧播种栽培	19.98	20.47	21.97	20.33	20.73	21.97
早春起垄半膜覆盖栽培	17.77	18.52	19.30	18.22	19.02	19.65
常规露地栽培	16.43	16.68	17.05	16.75	17.03	17.38

蚕豆全膜双垄覆盖垄侧播种技术集垄面集雨、覆膜抑蒸、垄侧种植为一体，土壤水分条件大大改善，满足了蚕豆对水分的需求，从而提高了降水利用率、水分利用效率。

测定结果表明，全膜双垄覆盖垄侧播种栽培技术使蚕豆降水利用率比常规露地栽培平均高 5 个百分点，达到 60%以上；水分利用效率比常规露地栽培平均提高 25%，达到 27 kg/(mm·hm^2)以上。

（二）增温效应

地面覆盖地膜后，地膜的强透光性可使土壤获得大量太阳辐射而升温，同时，全膜双垄覆盖垄侧播种技术采取了全地面覆盖地膜和大小垄相间的种植方式，增大了地表表面积，增加了土壤的太阳能，切断了水分向空间的汽化消耗，从而阻止了太阳能随水汽的散失。因此，可以显著提高土壤温度。经测定，蚕豆整个生育期，采用全膜双垄覆盖垄侧播种技术，膜内 5~25 cm 土层日平均地温比露地栽培高 3.4℃，比普通半膜覆盖栽培高 1.74℃；全生育期 5~20 cm 土壤≥0℃有效地积温全膜双垄覆盖垄侧播种栽培达 1 922.19℃，比半膜覆盖栽培高 139.03℃，比露地栽培高 366.32℃，增温效应明显（表 2–2–122）。同时，全膜

双垄覆盖垄侧播种，其特殊的垄、沟相间的曲面形地表改变了太阳光线的反射角度，从而改善了植株下部的光照条件，增加了基部叶片的光照强度，有效提高了群体的光合作用。

表 2-2-122　不同处理下蚕豆不同生育时期的土壤温度

处理	土层深度/cm	土壤温度/℃					5~20 cm 土壤≥0℃有效地积温/℃
		播种期	出苗期	现蕾期	开花期	成熟期	
早春全膜双垄覆盖垄侧播种栽培	5	19.5	23.5	24.5	19.0	24.5	1 922.19
	10	17.1	20.0	22.5	18.2	21.2	
	15	16.5	18.0	20.6	18.0	19.8	
	20	15.8	17.6	19.0	17.5	18.0	
	25	15.5	17.3	18.0	16.6	17.5	
早春起垄半膜覆盖栽培	5	18.0	21.0	21.4	17.5	23.0	1 783.16
	10	16.5	20.0	19.0	17.0	20.0	
	15	15.0	16.5	17.2	16.0	18.9	
	20	14.8	15.5	16.1	15.5	17.0	
	25	14.4	14.5	16.0	15.0	16.5	
常规露地栽培	5	16.6	18.1	20.3	16.0	20.0	1 555.87
	10	16.2	17.0	17.5	15.5	18.0	
	15	15.4	15.5	15.0	14.3	17.6	
	20	14.3	15.0	14.8	14.0	12.5	
	25	14.0	14.4	14.0	14.0	11.5	

（三）生物效应

测定结果表明，蚕豆全膜双垄覆盖垄侧播种栽培比露地栽培出苗期、分枝期、现蕾期、开花期、结荚期、成熟期分别提早 8 d、8 d、10 d、14 d、11 d、11 d，全生育期缩短 11 d 左右（表 2-2-123）。

表 2-2-123　不同处理下蚕豆生育进程

处理	播种期	出苗期	分枝期	现蕾期	开花期	结荚期	成熟期	全生育期/d
早春全膜双垄覆盖垄侧播种栽培	4 月 6 日	4 月 18 日	5 月 8 日	5 月 20 日	5 月 27 日	6 月 17 日	7 月 18 日	104
早春起垄半膜覆盖栽培	4 月 6 日	4 月 21 日	5 月 11 日	5 月 24 日	6 月 1 日	6 月 20 日	7 月 20 日	106
常规露地栽培	4 月 6 日	4 月 26 日	5 月 16 日	5 月 30 日	6 月 9 日	6 月 28 日	7 月 29 日	115

蚕豆全膜双垄覆盖垄侧播种栽培比半膜覆盖栽培株高增加 7.7 cm，比常规露地栽培增加 19.6 cm；单株分枝数比半膜覆盖栽培增加 0.18 个，比常规露地栽培增加 0.37 个；单株结荚数比半膜覆盖栽培增加 2.12 个，比常规露地栽培增加 1.56 个；每荚粒数比半膜覆盖栽培增加 0.01 个，比常规露地栽培增加 0.18 个；百粒重比半膜覆盖栽培增加 28.3 g，比常规露地栽培增加 29.3 g，田间生长势表现出明显的差异（表 2-2-124）。

表 2-2-124 不同处理下蚕豆农艺性状及产量

处理	株高/cm	单株分枝数/个	单株结荚数/个	每荚粒数/粒	百粒重/g	理论产量/($kg·hm^{-2}$)	实际产量/($kg·hm^{-2}$)
早春全膜双垄覆盖垄侧播种栽培	94.1	1.47	9.48	2.03	158.7	5 961.0	5 067.0
早春起垄半膜覆盖栽培	86.4	1.29	7.36	2.02	130.4	5 256.0	4 467.0
常规露地栽培	74.5	1.10	7.92	1.85	129.4	4 971.0	4 225.5

(四)增产效应

蚕豆全膜双垄覆盖垄侧播种实际测产结果显示,全膜双垄覆盖垄侧播种蚕豆产量为 5 067 kg/hm^2,比半膜覆盖栽培增产 600 kg/hm^2,增幅 13.4%;比常规露地栽培增产 841.5 kg/hm^2,增幅 19.9%(表2-2-124)。

分析计算结果表明,全膜双垄覆盖垄侧播种增加地膜成本 1 500 元/hm^2(全膜、半膜每千克均为 12.5 元),覆膜机械费投入约 750 元/hm^2,这两项投入合计 2 250 元/hm^2;半膜覆盖栽培地膜成本和机械费两项投入合计 1 687.5 元/hm^2。全膜双垄覆盖垄侧播种蚕豆比露地栽培蚕豆增产 841.5 kg/hm^2,折合收入 4 796.55 元/hm^2,比半膜覆盖栽培增产 600 kg/hm^2,折合收入3 420 元/hm^2,(蚕豆价格按 5.7 元/kg 计算),扣除新增成本,全膜双垄覆盖垄侧播种蚕豆比露地栽培蚕豆增加纯收入 2 546.55 元/hm^2,比半膜覆盖栽培蚕豆增加纯收入 1 732.50 元/hm^2。

(五)生态效应

蚕豆全膜双垄覆盖垄侧播种技术能有效抑制田间杂草,减少除草的田间投入,还能有效减轻地表土的风蚀和冲刷,减少水土流失,有利于保护土壤及生态环境,又能充分发挥水肥协同效应,提高抗旱能力和水分利用率,节约水肥资源,减少环境污染,有利于改善生态环境。

二、蚕豆全膜双垄覆盖垄侧播种栽培技术

(一)蚕豆对环境条件的要求

1. 光照

蚕豆是长日照作物,需要充分的光照,若开花结荚期植株密度过大,互相遮光严重,会造成大量落花、落荚,影响产量。因此,要采用合理的播种量和密度,保证通风和光照充足。

2. 温度

蚕豆喜凉爽 ,不耐暑热而较耐寒,但抗寒性不如小麦,属“冷季豆类”。全生育期要求的温度较低,在4℃左右开始发芽,出苗期最适宜的温度为 9~12℃,营养器官形成最适宜的温度为 14~16℃,生殖器官形成最适宜的温度为 16~20℃,结荚期为 16~22℃。气温高于 27℃时,即开始出现热害。

3. 水分

蚕豆生育期需要水分较多,以土壤水分为田间持水量的 70%~80%时最适合,要求种植地区年降水量在 500 mm 以上。蚕豆不同生育时期对水分的需求量也不同,种子发芽时要求有较多水分,而幼苗期比较耐旱。自现蕾开始,需水量逐渐增多,开花结荚期,需水量占整个生育期需水量的 65%,是蚕豆的需水临界期。

4. 养分

蚕豆是需肥较多的作物。每生产 100 kg 籽粒需要纯氮 6.4 kg、P_2O_5 2 kg、K_2O 5 kg。开花结荚期是需肥高峰期，蚕豆根系吸收磷素的能力很强。

5. 土壤

土层深厚、保水保肥能力强、有机质丰富的黏壤土最适合种植蚕豆，蚕豆适宜的 pH 为 7~8。

(二)蚕豆全膜双垄覆盖垄侧播种栽培技术

1. 选地整地

种植蚕豆要选择地势平坦、土层深厚、土质疏松、肥力中上、土壤理化性状良好、保水保肥能力强、坡度在 15°以下的地块，选择中性或微碱性土壤。蚕豆忌连作，连作会使根系分泌的有机酸大量积累，抑制根瘤菌的繁殖。另外，带病的蚕豆茎叶残留在土壤中，会引起第二年病害的加重。再者，连作的蚕豆植株矮小，结荚减少，产量降低。据报道，连作 2 年，减产 20%，连作 6 年，减产 100%。因此，必须实行 3 年以上的长周期轮作。前作以小麦、马铃薯为好，可建立蚕豆→小麦→小麦→马铃薯 4 年轮作制。种植蚕豆的地要土层疏松，有利于蚕豆根系的生长，整地时土壤相对要细。在前茬作物冬小麦收获后及时深耕灭茬，耕深达到25~30 cm，白露时浅耕收耱，冬春耱地保墒。秋作物马铃薯收后深耕 25~30 cm，随耕随耱，冬春耱地保墒。

2. 合理施肥

覆膜前必须一次性施足底肥。基施优质腐熟农家肥 3.75 万~6 万 kg/hm^2，化肥实施测土配方施肥，依目标产量而定(表 2–2–125)。

表 2–2–125　蚕豆配方施肥建议

单位：kg/hm^2

目标产量	施养分总量			折实物肥料施用量						
				基肥						追肥
	N	P_2O_5	K_2O	配方肥		尿素(或碳酸氢铵)	磷酸二铵	重钙(或普钙)	硫酸钾	尿素(现蕾—开花期)
				剂型	数量					
3 000	58.5	67.5	0	方案 1		78.0(210)		147.0(555)		49.5
				方案 2		21.0(60)	147.0			49.5
4 500	99.0	109.5	24	方案 1		124.5(330)		88.5(915)	48.0	91.5
				方案 2		31.5(90)	238.5		48.0	91.5

3. 土壤消毒

地下害虫危害严重的地块，每公顷用 40%辛硫磷乳油 7.5 kg 加细沙土 450 kg，拌成毒土撒施，或兑水 750 kg 喷施。杂草危害严重的地块，起垄后用 50%乙草胺乳油 1 500 g，兑水 750 kg 全地面喷施，喷完一垄后及时覆膜。

4. 适时起垄覆膜

蚕豆种植区处于半湿润偏旱区，适合实行早春顶凌覆膜，具体时间以早春土壤解冻 10~15 cm为宜。播期覆膜也可。按大垄底宽 70 cm、高 10~15 cm，小垄底宽 40 cm、高 15~20 cm 的规格，选用幅宽120 cm、厚度0.01 mm 的强力耐候白色地膜。覆膜作业用起垄覆膜机一次性完成。

5. 选用良种

经多年试验，在全膜双垄覆盖条件下应选用青海14号、青海13号、临蚕6号。该品种丰产性好，抗逆、抗病虫害，长势强，在全膜双垄覆盖垄侧播种栽培条件下每公顷产量可突破5 067 kg。

（1）青海14号：主茎始荚平均高24.5 cm，荚果半直立型，单株有效荚14.6个，荚长11.9 cm，荚宽2.3 cm，每荚粒数2.2粒。成熟荚黑色，种皮有光泽、半透明，种脐黑色。籽粒乳白色、中厚型，长2.6 cm、宽1.9 cm，脐端厚1 cm，粒端厚0.6 cm，百粒重225.5 g。在半湿润偏旱区，全膜双垄覆盖垄侧播种条件下每公顷产量为5 067 kg，中抗倒伏，中抗褐斑病、轮纹病和赤斑病。适合在海拔2 000~2 600 m的蚕豆种植区种植，从种植到收获需102 d左右。

（2）青海13号：幼苗直立，幼茎浅绿色。主茎绿色、方形。主茎粗0.92 cm，株高101.7 cm，主茎节数22.53节，节间长4.62 cm，单株有效分枝1.21个。初生叶卵圆形、绿色，托叶浅绿色。开花期中部叶片椭圆形，主茎第四层复叶长8.84 cm、宽4.21 cm，花白色，基部粉红色，旗瓣白色，脉纹浅褐色，翼瓣白色，中央有1黑色圆斑，龙骨瓣白绿色。主茎始荚高11.75 cm，主茎结荚19.37个，单株有效荚27.42个，荚长8.81 cm，荚宽1.58 cm。成熟荚黑色，种皮有光泽、半透明，种脐白色。粒乳白色、中厚型。单株粒数36.79粒，单株产量33.56 g，百粒重91.21 g。籽粒含粗蛋白质30.19%，淀粉46.49%，脂肪1.01%，粗纤维（干基）8.54%。生育期105 d，最高产量达4 446.75 kg/hm^2。

（3）临蚕6号：该品种属中熟大粒品种，春性强，生育期115 d左右。株高150 cm左右，有效分枝1~2个，茎粗1 cm，株型紧凑，幼茎绿色，叶片椭圆形、浅绿色，花浅绿色。主茎始荚高30 cm左右，坐荚集中在中下部，荚长且较厚，半直立型，单株荚数10~13个。每荚粒数2~3粒，单株粒数25粒左右，荚长10.5 cm、荚宽2.1 cm，百粒重180~200 g。种皮乳白色，种脐黑色，籽粒饱满整齐。耐根腐病，高抗叶部病害。籽料含蛋白质30.41%，赖氨酸1.77%，淀粉47.75%，脂肪2.0%，灰分2.94%，最高产量达4 584 kg/hm^2。

6. 种子处理

蚕豆种子大，播种前要进行筛选与粒选。应选择粒大饱满、无破损、无病虫、无皱纹的种子。选好的种子应在播前5~7 d，选晴天晒种，严禁在水泥地上晒种，以促使提高种子吸水能力和种皮透气能力，提高发芽率。在常发生烂种、死苗的地方，播种前要用药剂拌种，以防止蚕豆种子带菌下地，播种后可减少病菌的侵染。

据试验，蚕豆播种前用100 mg/kg钼酸铵水溶液浸种10 h，能提早结瘤，增加根瘤数，提高产量10%左右。

蚕豆种子大，皮厚，蛋白质多，要吸收本身重量1~1.5倍的水分才能正常萌发，在土壤里吸水时间较长。为争季节，如土壤水分充足可采用浸种催芽的办法，把种子在清水中浸2~3昼夜，捞出保温2~3 d，促使种子胚根露出即可播种，可争取早出苗，幼苗整齐健壮。但土壤水分不足的地，不宜浸种催芽。

7. 适时播种、合理密植

全膜双垄覆盖能够显著增加地温，为蚕豆适期早播创造有利条件。在宁夏旱作农业区，当气温稳定通过0~5℃、土壤解冻8~12 cm时（即3月下旬至4月上旬），要及时早播，有利于培育壮苗，增加有效分枝。播种量大粒蚕豆为每公顷300~375 kg，用人工点播器沿大垄两侧距垄沟底5 cm以上点种，宽行距70 cm，窄行距40 cm，穴距8~11 cm，一穴一粒，播种深度8~10 cm，每公顷保苗16.5万~22.7万株，按照统一行向种植。

8. 加强田间管理

(1)放苗:蚕豆播种 10~15 d 后要及时到田间观察,发现串苗、错位苗不能出膜的,要及时放苗,以免烧伤幼苗,破口要用细土封严,以保持膜内温度和湿度,并及时补苗。

(2)追肥:在蚕豆现蕾期至开花期用追肥枪按配方施肥方案规定的用量追施于两穴间,以补充养分的供应。在盛花期和结荚期,用磷酸二氢钾 3 kg/hm^2、尿素 3.75 kg/hm^2、硼酸 2.25 kg/hm^2 混合兑水 1 500 kg,进行叶面喷洒,每 10 天喷 1 次,共喷 2~3 次。

(3)摘心打顶:当蚕豆主茎长到 6~7 叶、基部有 1~2 个分枝芽时摘心,花开至 10~12 层时的盛花期打顶,减少养分的消耗,提高结荚率,促进豆粒饱满,使其成熟度一致。按照“打实不打空”的原则选择在晴天进行,以免雨水进入导致腐烂。

(4)病虫害防治:防治蚜虫和斑潜蝇,可用 4.5%高效氯氰菊酯或 3.5%啶虫脒 300 mL/hm^2,兑水 450 kg/hm^2,进行田间喷雾防治,间隔 10 d 用药 1 次,至少用药 2 次;防治蚕豆象,可用 4.5%高效氯氰菊酯1 000~1 500 倍液,或 90%敌百虫晶体 1 000 倍液,或 10%吡虫啉可湿粉剂 1 000 倍液,或 40%氧化乐果乳油 1 000 倍液进行防治,在结荚期连续用药 3 次,交替施药。

9. 适时收获

在田间 80%左右的植株底部 3~4 层变黑、叶片枯黄脱落时即可收获。收获后要严防雨淋霉变,以免影响蚕豆的品质和商品性。蚕豆收获后要机械回收地膜 ,减少对环境的污染。

第八节 大豆全膜双垄覆盖垄侧播种栽培技术

大豆富含蛋白质和脂肪,具有较高的营养价值,不仅是人类理想的食品,也是重要的食品工业原料,豆粕又是优质的饲料,还是其他禾本科作物优良的前茬。

宁夏旱作农业区地处黄土丘陵区,由于积温、降水不足,大豆种植面积不大,产量低而不稳,采用全膜双垄覆盖垄侧播种栽培技术,积温增加,满足了大豆喜温的要求,土壤保墒能力增强,土壤贮水量增加,满足了大豆生育期降水量不低于 400 mm 的需求,提高了大豆产量,促进了大豆种植面积的扩大。

一、大豆的价值及其在宁夏旱作农业区的发展前途

一是营养价值高。大豆籽粒约含蛋白质 40%、脂肪 20%、碳水化合物 30%。大豆可加工成多种多样的副食品。大豆营养价值很高,每千克大豆产热量 17 207.7 kJ。大豆蛋白是我国人民所需蛋白质的主要来源之一,含有人体必需的 8 种氨基酸,尤其是赖氨酸含量高,大豆蛋白是“全价蛋白”。近代医学研究表明,豆油不含胆固醇,吃豆油可预防动脉硬化。大豆含丰富的维生素 B_1、维生素 B_2、烟酸,可预防由于缺乏维生素引起的癞皮病、糙皮病、舌炎、唇炎、口角炎等。大豆的碳水化合物主要是乳糖、蔗糖和纤维素,淀粉含量极少,是糖尿病患者的理想食品。大豆还富含多种人体所需的矿物质。

二是重要的食品工业原料,可加工成大豆粉、组织蛋白、浓缩蛋白、分离蛋白。大豆蛋白已广泛应用于保健食品、调味品、冷饮、快餐食品等的生产。大豆还是制作油漆、印刷油墨、甘油、人造羊毛、人造纤维、电木、胶合板、胶卷、脂肪酸、卵磷脂等工业产品的原料。

三是重要的饲料作物,豆饼是牲畜和家禽的理想饲料。大豆蛋白质消化率一般比玉米、高粱、燕麦高

26%~28%,易被牲畜吸收利用。以大豆或豆饼做饲料,特别适合不能大量利用纤维素的单胃动物。大豆秸秆的营养成分高于麦秆、稻草、谷糠等,是牛、羊的好粗饲料。豆秸、豆秕磨碎可以喂猪,嫩植株可做青饲料。

四是在轮作制中占有重要的地位,大豆根瘤菌能固定空气中的游离氮素,在作物轮作制中适当安排种植大豆,可以把用地、养地结合起来,维持地力,使连年各季均衡增产。用根瘤菌固定空气中的氮素,既可节约生产化肥的能源消耗,又可减少化肥对环境的污染。

大豆在宁夏旱作农业区目前种植面积较小,但随着人民生活水平的提高、食品工业及畜牧业的发展,对大豆的需求量越来越大,加之全膜双垄覆盖技术满足了大豆喜温及对水分的需求,大豆又是与玉米、瓜菜实行间套作的良好作物,因而在宁夏旱作农业区有着较大的发展空间。

二、大豆全膜双垄覆盖垄侧播种栽培技术效益

全膜双垄覆盖技术集覆膜抑蒸、膜面集雨、垄侧播种为一体,增加了地积温,改善了土壤水分条件,从而满足了大豆喜温和需水较多的需求。经多年研究,大豆在全膜双垄覆盖垄侧播种条件下产量达 4 083 kg/hm^2, 比半膜覆盖增产 912 kg/hm^2, 增幅 28.8%, 比露地种植增产 1 794 kg/hm^2, 增幅高达 78.4%,纯收入每公顷达 12 237 元,比半膜覆盖增效 41.5%,比露地种植增效 105.9%,产投比达 3.09:1,五年连续示范累计种植 100 hm^2,平均单产达 3 834 kg/hm^2,最高单产达 4 350 kg/hm^2,较露地种植增产 1 870.5 kg/hm^2,增幅达 75.4%以上,产值达 19 050 元/hm^2,增产增收效果显著(表 2-2-126、表 2-2-127、表 2-2-128)。

表 2-2-126　不同种植方式下大豆农艺性状与产量

种植方式	株高/cm	单株荚数/个	单株粒数/粒	百粒重/g	产量/(kg·hm^{-2})	较露地增产/(kg·hm^{-2})	增产率/%
全膜双垄覆盖	96.3	28.3	65.1	23.1	4 083	1 794	78.4
半膜覆盖	95.5	22.9	52.5	21.5	3 171	882	38.5
露地	65.3	19.4	41.3	18.6	2 289	—	—

表 2-2-127　不同种植方式下大豆经济效益

种植方式	总产值/(元·hm^{-2})	生产成本/(元·hm^{-2})	纯收入/(元·hm^{-2})	产投比
全膜双垄覆盖	18 087.0	5 850	12 237.0	3.09:1
半膜覆盖	14 047.5	5 400	8 647.5	2.60:1
露地	10 140.0	4 200	5 940.0	2.41:1

表 2-2-128　2012—2016 年全膜双垄覆盖垄侧播种栽培条件下大豆农艺性状与产量

年份	株高/cm	单株荚数/个	单株粒数/粒	百粒重/g	产量/(kg·hm^{-2})
2012	102.5	26.4	61.3	22.4	3 823.5
2013	87.2	27.2	63.4	22.3	3 978.0
2014	94.3	28.3	65.1	23.1	4 083.0
2015	96.5	26.9	62.9	22.5	3 945.0
2016	65.3	25.4	51.8	20.2	3 340.5

三、大豆全膜双垄覆盖垄侧播种栽培技术

(一)大豆对环境条件的要求

1. 对温度的要求

大豆是喜温作物,在温暖的环境下生长良好。发芽最低温度在6~8℃,以10~12℃发芽正常,生育期间以15~25℃最适宜;大豆进入花芽分化以后温度低于15℃发育受阻,影响受精结实,后期温度降低到10~12℃时灌浆受影响。不同的品种在全生育期内要求的≥10℃活动积温相差很大,晚熟品种要求≥10℃积温3 200℃以上,而夏播早熟品种要求≥10℃积温1 600℃。大豆的幼苗对低温有一定的抵抗能力,一般在温度不低于-4℃时,大豆幼苗受害轻微,超过-5℃时幼苗可能被冻死。幼苗的抗寒力与幼苗生长状况有关,在真叶出现前抗寒力较强,真叶出现后抗寒力显著减弱。

2. 对光照和光周期的要求

大豆是喜光作物,据报道,光饱和点一般在30 000~40 000 lx,对光照条件好坏反应较敏感。由于大豆的花荚分布在植株上下部,因此上下部各位置叶片都要求得到充足的阳光,以利于叶片进行光合作用,从而将有机养分输送到各部位花荚。所以栽培过程中要保证大豆植株透光良好,每层叶片都能得到较好的光照,进行光合作用,从而提高产量。

大豆是短日照作物,光照时数在13~18 h范围内,缩短光照时间可促进生殖器官的发育,抑制营养体的生长。这种对长黑暗、短日照条件的要求,只在大豆生长发育的一定时期出现,即当大豆的第一片复叶出现时,就开始光周期反应。这种反应达到满足的标志,是花萼原基开始出现。从此之后即使在长日照条件下也能开花结实,光周期反应结束。大豆光周期反应这一特性,在大豆引种时应特别注意。品种所处的纬度不同,对日照反应也不同。高纬度地区品种生长在日照较长的环境下,对日照反应不很敏感,属中晚熟品种。

因此,由北向南引种会加速成熟,缩短生育期。半蔓型会变直立,植株变矮,结实减少。相反由南向北引种,会延长生育期,植株变高大,所以南北不宜大幅度调种。

3. 对水分的要求

大豆需水较多,据资料介绍,每形成1 g干物质,需水580~744 g。大豆对水分的要求在不同生育期是不同的。种子萌发时要求土壤有较多的水分,以满足种子吸水膨胀萌芽之需,这时吸收的水分相当于种子风干重的120%~140%。适宜的土壤最大持水量为50%~60%,土壤最大持水量低于45%,种子虽然能发芽,但出苗很困难。一般大粒种子需水较多,适合在降雨量充沛、土壤湿润地区种植;小粒种子需水较少,多在干旱地区种植。

大豆幼苗期地上部生长缓慢,根系生长较快,如果土壤水分偏多,根系入土则浅,根量也少,不利于形成强大根系。

从初花期到盛花期,大豆植株生长较快,需水量增大。初花期受旱,营养生长受影响,开花、结荚数减少,落花、落荚数增多。

从结荚到鼓粒仍需较多的水分,否则会造成幼荚脱落和秕粒、秕荚。大豆从开花期到鼓粒初期长达50多天的时间内,一直保持较高的吸水能力。

大豆成熟前要求水分稍少。气温高、阳光充足则能促进大豆籽粒充实饱满。

4. 对土壤、养分的要求

大豆对土壤适应能力较强,几乎所有的土壤均可生长,对土壤pH适应范围为6~7.5,以排水良好、富

含有机质、土层深厚、保水性强的壤土最适宜。据资料介绍，大豆在田间生长条件下，每生产50 kg 籽粒，需吸收氮素 3.6 kg、磷素(P_2O_5)0.6~0.75 kg、钾素(K_2O)1.25 kg。大豆不同阶段吸肥速度和数量与干物质积累相适应。初花期到鼓粒期，大豆一直保持较高的吸肥能力。分枝期到鼓粒期吸收氮素占全生育期吸收氮总量的 95%。这个时期吸收磷也最多，达全生育期吸收磷总量的 1/3，其次是苗期和分枝期，占吸收磷总量的 1/4。因此，在大豆栽培中除了播种前在土壤中增施磷肥外，在生育期间叶面喷磷肥，增产效果明显。对氮肥的供给则应以有机肥做底肥，并在始花期(大豆吸氮高峰开始时期)追施氮肥，增产效果显著。

(二)大豆全膜双垄覆盖垄侧播种栽培技术

1. 合理轮作

种植大豆忌重茬或迎茬，否则大豆生长缓慢，植株矮小，叶色黄绿，易感染病虫害，荚少、粒小，显著减产。一般重茬大豆减产 30%~50%，迎茬大豆减产 10%~15%。大豆也不宜种在其他豆类作物茬口上，最好与禾本科作物实行 3 年以上轮作。目前，宁夏旱作农业区玉米、马铃薯种植面积较大，因此大豆可与玉米、马铃薯实行 3 年以上轮作，以玉米→玉米(马铃薯)→大豆为好，也可采用冬小麦→玉米→大豆的轮作方式。

2. 选地整地

选择地势平坦、土层深厚、肥力中上的地块。前作为玉米或马铃薯，收后及时深耕晒垡，耕深25~30 cm，耕后耙耱收墒，达到深、松、平、净，土碎无坷垃，干净无杂物，冬春适时耱地保墒，使土层绵软疏松，为起垄覆膜创造良好的土壤条件。

3. 施肥

施肥量根据目标产量和土壤养分状况而定，目标产量为每公顷 2 250~3 000 kg 时，施肥标准应为每公顷施优质农家肥 4.5 万~6 万 kg、尿素 150~300 kg、磷酸二铵 150~225 kg、硫酸钾 120~150 kg。为提高化肥利用率，每公顷可施入生物钾肥或生物磷肥 7.5 kg。农家肥及大宗化肥氮、磷、钾一般用作底肥，结合整地一次性施入，可结合整地全田施入或起垄时集中施入窄行垄带内。

4. 土壤消毒

地下害虫危害严重的地块，起垄前先用 40%辛硫磷乳油 7.5 kg/hm^2 加细沙土 450 kg 拌成的毒土处理土壤，然后起垄覆膜。杂草危害严重的地块，起垄后每公顷用 50%乙草胺乳油 1 500 g 兑水 750 kg 全地面喷施，或采用 25%绿麦隆可湿性粉剂 1 000 倍液均匀喷洒地表。

5. 起垄覆膜

(1)覆膜时间。

①秋季覆膜：在 10 月中下旬至 11 月上旬起垄覆膜。此时覆膜能够有效阻止秋、冬、春三季水分的蒸发，最大限度地保蓄土壤水分。

②早春顶凌覆膜：3 月上中旬土壤消冻 10~15 cm 时起垄覆膜。此时覆膜可有效阻止春季水分的蒸发，提高地温，保墒增温效果好。

(2)起垄覆膜的方法。按小垄底宽 40 cm、高 15~20 cm，大垄底宽 70 cm、高 10~15 cm 的规格，选用厚 0.01 mm、宽 120 cm 的白色地膜。运用覆膜专用机械一次性完成起垄、施肥、施药、覆膜工作，速度快，成本低。

(3)覆膜后管理。田间覆膜完成后，切实抓好防护管理工作，严禁牲畜入地践踏，防止大风揭膜。要经常沿垄沟逐行检查，一旦发现破损，及时用细土盖严。覆膜后 1 周左右，地膜紧贴地面后，在垄沟内每隔

50 cm 扎一直径 3 mm 的渗水孔，使垄沟内的集水能及时渗入土中。

6. 选用良种和种子处理

（1）选用良种。选择株型紧凑、结荚密集、生长旺盛，耐旱、抗病性强的品种。生育期一般在 120~135 d，可选用中黄 30、晋豆 42 号、晋豆 19 号、垦丰 6 号、绥农 26 号、吉农 20 号。

中黄 30：该品种生育期 124 d，株高 63.8 cm，单株有效荚 48.1 个，百粒重 18.1 g。圆叶，紫花，有限结荚习性。种皮黄色，种脐褐色，籽粒圆形。经分析，籽粒含粗蛋白质 39.53%，粗脂肪 21.44%。

晋豆 19 号：春性，植株半直立，子叶绿色，长势强。株高 114 cm，主茎 2~6 个分枝，株型半开，茎粗适中。卵圆形叶，紫花，褐荚，棕毛，亚有限结荚习性。单株有效荚 54 个，每荚 2~3 粒，百粒重 20.7 g，种皮黄色，种脐褐色，籽粒椭圆形。经宁夏农林科学院分析测试中心化验分析，籽粒含粗蛋白质 38.29%，粗脂肪 19.91%。生育期132~143 d。未完熟粒少，耐阴性强，裂荚性中等，倒伏轻，病虫害轻。属中早熟、高产稳产型品种。

垦豆 95 号：早熟，无限结荚习性。株高 90 cm 左右，有分枝。尖叶，有灰色茸毛，花紫色。荚弯镰形，成熟时黄褐色；籽粒圆形，种皮淡黄色，种脐黄色，有光泽，百粒重 20 g 左右。

（2）种子处理。

①精选种子。将购买的种子进行人工精选，去除病斑粒、虫食粒、破损粒和杂质。把选出的粒大、饱满、没有虫食和杂质的豆粒做种备用，确保种子纯度和净度达到 90%，发芽率达到 85%以上，含水量不高于12%。

②晒种。在贮藏条件差或种子含水量较高的情况下，为了提高种子发芽率和发芽势，播种前应将种子晒2~3 d。晒种时应薄铺、勤翻，防止中午强烈的日光暴晒造成种皮裂开而导致病菌感染。晒种后，将种子摊开散热降温，再装入袋子备用。

③药剂拌种。一般采用包衣种子，也可用 35%多克福种衣剂，按药、种 1∶80 的比例均匀拌种，阴干备用。

7. 适期播种

（1）播种时间。当耕作层土壤日平均温度达 8~10℃时，为适宜播种期。据此，大豆适宜播种期为4 月中下旬至 5 月上旬。

（2）种植密度。种植密度应根据土壤肥力、年降水量、品种习性及热量条件确定。肥力高宜稀，肥力低宜密；降水量多宜稀，降水量少宜密；分枝多的晚熟品种宜稀，分枝较少的早熟品种宜密。经试验，在保苗 14.1 万~32.1 万株/hm^2 的范围内以 21.45 万株/hm^2 产量最高，达 5 131 kg/hm^2，25.65 万株/hm^2 次之，为 4 978 kg/hm^2，说明保苗密度以 21.45~25.65 万株/hm^2 为宜。每穴保苗 2 株。

（3）播种方法。用点播器按穴距 14.2~17 cm 在大垄两侧距沟底5 cm 处破膜穴播，播深 3~5 cm，播种深度要依据具体情况调整，土壤黏重、墒情好，种粒较小的要浅播；土壤墒情差、质地轻，种粒大的要深播。播种后立即按压播种孔，使种子与土壤贴紧。也可用细沙土或腐熟牲畜圈粪、草木灰等疏松物封住播种孔，并在地头覆膜播备用苗，用于移栽补苗。

8. 田间管理

幼苗期为幼苗出土到分枝出现的阶段，这一阶段的主攻目标是保证苗全、苗匀、苗壮，促进发根壮苗，早分枝，早开花，多开花。壮苗的特点是根系发达、茎秆粗壮、节间短、叶片肥厚浓绿。

（1）查苗、引苗。大豆出苗后及时查苗补苗。播种后遇降水时，要及时破除板结，破土引苗，即在大豆子叶破土之前压碎板结，把幼苗从膜孔引出。

(2)间苗、定苗。大豆宜在齐苗后,2~3 片真叶展开时间苗,间苗时,要注意去杂留纯,拔除弱苗、病苗和小苗。保留健壮、整齐一致的幼苗,每穴留苗 2 株。

(3)追肥。在初花期视苗情追肥,在花期叶面喷施磷酸二氢钾和硼、钼等微肥,一般连喷 2 次,每公顷用磷酸二氢钾1 500 g、钼酸铵 375 g、硼砂 1 500 g,先用少量温热水溶解,后加入 750 kg 清水均匀喷于植株茎叶上。始花期后 7 d 左右喷施多效唑,如长势好,可适当提早至始花期前施用,每公顷用 15%多效唑可湿性粉剂 750~1 500 g,加水 750 kg 稀释后均匀喷施叶片的正反面,以壮秆、矮化植株,防止倒伏。大豆鼓粒至成熟期每公顷用15 kg 尿素加 1.5 kg 磷酸二氢钾,兑水 750 kg 进行叶面喷洒。

(4)病虫防治。坚持"预防为主,综合防治"的原则,应以农业措施为主、化学防治为辅。

①蚜虫:点片发生并有 3%的叶片卷曲时,用 40%乐果乳油 800 倍液,或 40%氧化乐果乳油 1 000 倍液,或50%抗蚜威可湿性粉剂,每公顷 150 g 兑水 600~750 kg 喷雾。

②食心虫:用 2.5%功夫乳油或其他菊酯类杀虫剂,用背负式喷雾器将喷头朝上从大豆根部向上喷,使下部枝叶和顶部叶片背朝药。

③根蛆:成虫发生盛期可用 80%敌敌畏乳油 1 000 倍液喷雾防治,喷药量每公顷 600 kg。

④霜霉病:田间发病时可用 25%甲霜灵可湿性粉剂 800 倍液喷雾,喷药量为每公顷 600 kg。

⑤枯萎病:在田间发现零星病株时,应拔除病株,并喷洒 50%多菌灵可湿性粉剂 800~1 000 倍稀释液,保护健株不受侵染,重点喷植株根部。

⑥病毒病:蚜虫是大豆病毒的主要传播者,因此,及时用 5%吡虫啉乳油 1 000~1 500 倍液防治蚜虫。用 20%病毒 A 500 倍液或 1.5%植病灵 800~1 000 倍液防治病毒病。

9. 适时收获

在大豆叶片变黄、开始脱落,豆荚变褐色,籽粒变硬、有光泽时收获,收获时,尽量保护好地膜,防止地膜破损,达到"一膜两年用"或留膜留茬越冬。

第九节　谷子全膜双垄覆盖垄侧穴播、全膜覆土穴播栽培技术

谷子在我国已有 5 000~8 000 年的栽培历史,种植面积仅次于水稻、小麦、玉米、大豆,约占作物播种面积的 8%,以北方面积最大,占作物播种面积的 10%~15%。宁夏种植谷子主要集中在旱作农业区,历史上最高年份达到 5.3 万 hm^2,近年来因与马铃薯、玉米相比效益偏低,加之栽培技术落后,干旱发生频繁,种植面积逐年减少,年种植面积基本维持在1 万 hm^2。但宁夏旱作农业区的气候特点与谷子生长发育的需求基本相吻合,且无工业污染,光、热、水、土条件适合谷子发展,生产的谷子颗粒圆大、色泽金黄、黏糯爽口、清香四溢,品质不凡,在国内市场占有一定的份额,部分产品已出口到俄罗斯、蒙古等国,是宁夏旱作农业区的优势特色作物。全膜双垄覆盖垄侧播种、全膜覆土穴播等栽培技术的引进试验成功,有效地解决了因干旱产量低而不稳的问题,提高了谷子的生产能力,为恢复发展谷子生产提供了广阔的空间。

一、谷子在宁夏旱作农业中的地位

(一)谷子比较耐旱、抗旱

谷子的蒸腾系数低,据研究,蒸腾系数燕麦是 272~469,小麦是 237~424,黍是 151~251,而谷子仅

141。一是苗期耐旱性极强，能耐暂时的严重干旱，需水量仅占全生育期的1.5%。二是根系发达，入土较深，最深可达1.5 m，能从土壤深层吸收水分。三是叶面积小，叶脉密度大，叶片细胞原生质胶体亲水性能好，胞液浓度高，保水能力强。四是谷子能适应宁夏旱作农业区的气候特点。宁夏旱作农业区的气候特点是春旱年年有，且非常突出，夏旱相对春旱较少，秋旱发生概率最低，而谷子比小麦等作物更能适应这样的气候条件。宁夏旱作农业区谷子一般在4月下旬播种，虽常遇春旱，但这时气温刚开始升高，蒸发量刚开始加大，耕作层墒情尚可，加之种子发芽需水量仅相当于种子重量的25%，比小麦、玉米、高粱需水量少14%~30%，只需播种后镇压保墒，较易保证全苗。翌年谷子的收成，常取决于上一年土地耕翻打糖保墒质量。谷子出苗后有1个月的蹲苗阶段，正值5—6月少雨期，这时旱情对其他作物不利，对谷子蹲苗却有利，能促使谷子在土壤深层形成强大的根系，6月中旬以后降雨量增多，7—9月大量降雨季节，正是谷子拔节、孕穗、抽穗、开花灌浆需水量较多的阶段，降雨能满足需要。谷子的生育特性正与宁夏旱作农业区降雨特点相吻合，所以种谷子易获高产，谷子是宁夏旱作农业区的重要抗旱作物。

(二)谷子耐瘠

谷子耐瘠，较其他作物耐病、抗病，更适合在氮少、磷缺、氮磷比例不协调、土壤肥力瘠薄的黄土丘陵沟壑区种植。

(三)谷子是实施农牧结合、发展养殖业的优质饲料

谷子是粮草兼用的高效作物，粮草比为1:1~1:3。谷草、谷糠是家畜家禽的好饲草、好饲料。谷草含有丰富的蛋白质和钙、磷等物质，其中，可消化蛋白质比麦秸、稻草高0.2%~0.6%，可消化养分总量比麦秸、稻草高9.2%~16.9%，饲料价值接近牧草(表2-2-129)。谷粒、谷糠是良好的家禽饲料，完整的标准谷穗是昂贵的鸟食。

表 2-2-129　禾谷类作物秸秆营养成分含量

单位:%

秸秆种类	营养成分含量							
	水分	粗蛋白质	粗脂肪	纤维素	无氮浸出物	灰分	钙	磷
谷草	10.80	3.16	1.35	31.50	44.30	9.02	0.32	0.14
麦秸	8.60	2.48	1.64	35.16	43.07	8.50	0.21	0.36
稻草	12.60	3.07	1.65	22.90	44.20	15.6	0.18	0.09
豆秸	11.50	9.36	1.72	31.90	28.50	5.75	0.15	0.10

实施农牧结合、发展养殖业是宁夏旱作农业区农民增收的重要措施，发展谷子，扩大谷子种植面积，对解决半干旱偏旱区、半干旱区饲草缺乏有着十分重要的作用。

(四)谷子营养丰富，是天然的有机食品

谷子营养丰富，营养价值高。根据中国医学科学院1976年资料介绍，每百克小米产热量1 515 kJ，含蛋白质9.7%、脂肪3.5%(表2-2-130)。根据中国农业科学院1979年分析，小米含蛋白质11.42%、脂肪4.28%，与大米、小麦粉、玉米、高粱米相比，营养成分含量比较高。小米中钙、磷、铁、胡萝卜素、维生素等成分的含量也很丰富，而这些矿物盐和维生素都是人体活动所不可缺少的物质。

小米中所含的氨基酸也很丰富，特别是人体所必需的蛋氨酸、色氨酸、赖氨酸、苏氨酸的含量均高于大米、玉米、小麦粉、高粱米，是一种很好的营养品(表2-2-131)。由于营养价值高，群众常作为滋补品食用。

表 2-2-130　小米和几种主要粮食营养成分含量

粮食名称	营养成分含量											
	水分/(g·100 g^{-1})	蛋白质/(g·100 g^{-1})	脂肪/(g·100 g^{-1})	碳水化合物/(g·100 g^{-1})	热量/kJ	钙/(mg·100 g^{-1})	磷/(mg·100 g^{-1})	铁/(mg·100 g^{-1})	胡萝卜素/(mg·100 g^{-1})	硫胺素/(mg·100 g^{-1})	核黄素/(mg·100 g^{-1})	尼克素/(mg·100 g^{-1})
小米	11.0	9.7	3.5	72.8	1 515	29	240	4.7	0.19	0.57	0.12	0.16
大米	13.0	8.3	2.5	74.2	1 477	14	285		0.34	0.07	2.50	
小麦粉	12.3	9.4	1.9	7.09	1 565	43	330	5.9	0.10	4.00		
玉米	12.0	8.5	4.3	72.2	1 515	22	210	1.6	0.10	0.34	0.10	2.30
高粱米	12.0	8.4	2.7	75.2	1 507	35	940	20.5	1.80	0.45	7.50	

注:根据中国医学科学院 1976 年资料。

表 2-2-131　小米和几种主要粮食氨基酸含量

单位:mg/100 g

粮食名称	蛋氨酸含量	色氨酸含量	赖氨酸含量	苏氨酸含量	苯胺酸含量
小米	297	194	334	463	546
大米	132	120	250	272	328
小麦粉	157	68	254	372	412
玉米	180	123	274	347	527
高粱米	160	100	236	419	574

河南省农业科学院张子寅等 1982 年撰文提出蛋白质互补的建议，认为小米品质的可贵之处在于蛋白质中蛋氨酸的比例较高,配合白面等食用,可有效提高蛋白质的营养价值。

(五)谷子开发利用前途广阔,市场前景好

优质小米色泽金黄、香味浓郁、透明发亮,已作为高级滋补品进入市场。作为轻工原料,可酿酒、酿醋、制糖。山西米醋闻名全国,糯小米酿制的黄酒是一种很好的调味品。小米还可入药,明代李时珍在《本草纲目》中指出粟米“养肾气,去脾胃中热,益气。陈者苦寒,治胃热消渴,利小便”。《素问·灵枢》里有半夏秫米汤一方,其中,秫米就是黏粟,对治疗消化不良、妇女带下等症有良好的疗效。谷糠还是制造谷维素的原料。

宁夏旱作农业区年日照时数 2 276~2 975 h,光照时间长、光照充足,年平均气温 6~9.7℃,无霜期 100~150 d,年降水量大部分地区在 300~500 mm,且 60%~65%的降水量集中在 7—9 月,雨、光、热同步,为谷子生产提供了良好的气候资源条件。加之工矿企业少,无工业污染,空气、土壤、水质清洁,主产区大多分布在远离城市的黄土丘陵区域,具有天然的隔离条件,农民种谷施用农家肥较多,化肥、农药施用量少,生产的谷子颗粒圆大饱满,色泽纯正金黄,黏糯爽口、清香四溢,是天然食品,市场前景好,具有一定的比较优势,是主产区农民增收的主要来源。

(六)降水生产潜力尚存,发展空间大

降水生产潜力是指旱作农田在降水转化的条件下,应予实现的生产力。中国农业科学院农业气象研究所“七五”期间研究宁夏固原谷子降水生产潜力为 4 218 kg/hm^2,现实生产水平为 696 kg/hm^2,开发程度仅为16.5%。近年来随着旱作农业技术水平的提高,特别是全膜覆盖技术的推广应用,谷子产量大幅提升,年降水量 277 mm 的同心县预旺镇全膜穴播谷子每公顷产量突破了 4 500 kg，年降水量 400 mm 的西吉县震湖乡全膜双垄覆盖垄侧播种谷子平均每公顷产量达到 6 345 kg，均说明谷子的生产潜力大。在宁夏旱作农业区作物布局调整中谷子将占有一定比例，随着市场需求量的增加及价格的上扬，宁夏旱作农业区的谷子生产规模不仅可以恢复，而且会有一个大的发展。

二、谷子全膜双垄覆盖垄侧穴播、全膜覆土穴播栽培技术的效应

（一）水分效应

谷子虽耐旱性强，但宁夏谷子生产区降水量少，年降水量在 300~400 mm 或更少，春夏连旱现象经常发生，致使谷子不能及时播种，谷子抽穗期又易发生"卡脖旱"而不能正常抽穗，造成严重减产。采用全膜双垄覆盖垄侧穴播、全膜覆土穴播栽培技术显著提高了谷子播种期和生长前期及整个生育期的土壤含水量、土壤贮水量，有效地解决了因春旱、春夏连旱严重无法下种和"卡脖旱"的问题，提高了降水利用率和水分利用效率。

据在半干旱区的固原城郊观测，在全膜双垄覆盖垄侧穴播条件下，3 种全膜双垄覆盖方式平均 0~20 cm 土壤含水量，在播种期、出苗期、拔节期、抽穗期分别比播期半膜覆盖高 2.98 个百分点、2.6 个百分点、2.23 个百分点、2.6 个百分点，比露地种植高3.28 个百分点、3.1 个百分点、2.43 个百分点、3.7 个百分点（表 2–2–132）；1 m 内土壤贮水量，在播种期、出苗期、拔节期、抽穗期分别比播期半膜覆盖多 31.91 mm、32.21 mm、40.57 mm、34.25 mm，比露地种植多 40.12 mm、36.62 mm、43.66 mm、43.35 mm（表 2–2–133）。在年平均降水量 277 mm 的同心县预旺镇南塬村观测（表 2–2–134），当年谷子全生育期降水量 282.6 mm 的情况下1 m 内土壤贮水量，在播种期、出苗期、拔节期、灌浆期、成熟期 3 种全膜覆盖方式平均比播期半膜覆盖多 12.98 mm、24.6 mm、45.04 mm、7.33 mm、17.08 mm，比露地种植多12.98 mm、33.85 mm、53.87 mm、8.82 mm、12.64 mm，秋季全膜双垄覆盖效果更佳。

在固原城郊观测（表 2–2–132），0~20 cm 土壤含水量，播种期、出苗期、拔节期、抽穗期全膜覆土穴播比播期半膜覆盖分别高3 个百分点、2.5 个百分点、2.8 个百分点、1.5 个百分点，比露地种植分别高 3.3 个百分点、3 个百分点、3 个百分点、2.6 个百分点；1 m 内土壤贮水量，播种期、出苗期、拔节期、抽穗期全膜覆土穴播比播期半膜覆盖分别高 31.06 mm、35.52 mm、38.92 mm、33.72 mm，比露地种植分别多 39.27 mm、39.93 mm、42.01 mm、42.82 mm（表 2–2–133）。在同心县预旺镇南塬村观测（表2–2–134），1 m 内土壤贮水量，秋季全膜覆土春季穴播在播种期、拔节期、抽穗期、灌浆期比播期半膜覆盖多 22.45 mm、15.23 mm、16.32 mm、2.93 mm，比露地种植多 22.45 mm、24.92 mm、25.15 mm、4.42 mm，与秋季全膜双垄覆盖春季垄侧播种栽培技术基本接近，充分证明全膜覆土穴播栽培技术蓄水保墒能力甚好，可保证谷子播种、出苗及生长发育对水分的需求。

土壤水分条件的改善，特别是土壤贮水量的增加，提高了土壤的供水能力，增加了作物耗水来源，使降水利用率提高。据多点观测，谷子在全膜双垄覆盖垄侧播种栽培条件下，降水利用率达 70%以上，比播期半膜覆盖高 4 个百分点，比露地种植高 6.3 个百分点，水分利用效率达 14.12 kg/(mm·hm^2)，比播期半膜覆盖提高2.43 kg/(mm·hm^2)，增幅为 20.8%，比露地栽培提高 4.97 kg/(mm·hm^2)，增幅达 54.3%。全膜覆土穴播栽培技术降水利用率达 62.41%，比播期半膜覆盖高 3 个百分点，比露地种植高 5.1 个百分点，水分利用效率达13.87 kg/(mm·hm^2)，比播期半膜覆盖提高 2.17 kg/(mm·hm^2)，增幅达 18.55%，比露地种植提高4.72 kg/(mm·hm^2)，增幅达 51.6%。

表 2-2-132　不同覆膜方式下谷子不同生育期 0~100 cm 土壤含水量（固原城郊，海拔 1 750 m，年平均降水量 430 mm）

覆膜方式	土层深度/cm	0~100 cm 土壤含水量/%				
		播种期	出苗期	拔节期	抽穗期	成熟期
秋季全膜双垄覆盖垄侧穴播	0~20	19.84	18.40	15.70	14.80	16.60
	20~40	20.74	17.80	15.40	13.60	16.30
	40~60	18.45	16.40	14.80	12.80	16.40
	60~80	16.26	15.70	14.30	12.40	14.50
	80~100	16.03	13.60	13.20	11.80	13.70
	平均	18.30	16.40	14.70	13.10	15.30
早春全膜双垄覆盖垄侧穴播	0~20	19.20	17.30	15.30	13.10	16.10
	20~40	18.20	16.20	14.90	12.60	15.60
	40~60	17.60	15.20	14.30	12.20	14.60
	60~80	15.80	14.30	13.90	11.80	13.60
	80~100	15.50	13.40	13.40	11.40	12.90
	平均	17.30	15.30	14.40	12.20	14.60
播期全膜双垄覆盖垄侧穴播	0~20	17.30	16.50	13.80	12.30	13.50
	20~40	16.90	15.30	13.90	11.80	12.90
	40~60	15.50	14.20	12.50	11.40	10.70
	60~80	14.80	13.30	12.20	10.60	11.40
	80~100	14.80	12.90	11.80	9.80	10.90
	平均	16.10	14.40	12.80	11.20	13.10
3 种全膜双垄覆盖垄侧穴播方式平均	0~20	18.78	17.40	14.93	13.40	15.40
	20~40	18.61	16.43	14.73	12.67	14.93
	40~60	17.18	15.27	13.87	12.13	13.90
	60~80	15.62	14.43	13.47	11.60	13.17
	80~100	15.44	13.36	12.80	11.00	12.50
	平均	17.13	15.37	13.96	12.16	13.98
播期半膜覆盖	0~20	15.80	14.80	12.70	10.80	16.30
	20~40	16.80	15.40	12.20	10.10	15.80
	40~60	14.90	13.90	11.70	9.50	14.60
	60~80	14.30	12.60	11.30	8.90	13.50
	80~100	14.30	12.90	10.80	8.80	12.90
	平均	15.20	13.90	11.70	9.60	14.60

续表

覆膜方式	土层深度/cm	0~100 cm 土壤含水量/%				
		播种期	出苗期	拔节期	抽穗期	成熟期
露地种植	0~20	15.50	14.30	12.50	9.70	15.40
	20~40	16.70	13.80	12.10	8.60	14.20
	40~60	14.30	13.60	11.30	8.30	13.80
	60~80	14.30	13.40	11.30	8.40	12.70
	80~100	13.30	12.60	9.90	8.90	12.60
	平均	14.80	13.50	11.40	13.50	13.80
全膜覆土穴播	0~20	18.80	17.30	15.50	12.30	16.60
	20~40	18.70	16.50	15.60	12.20	15.40
	40~60	16.20	15.10	14.10	11.50	14.70
	60~80	15.30	14.30	13.50	11.10	13.20
	80~100	14.80	13.20	13.20	12.10	12.80
	平均	16.80	15.10	14.40	11.84	14.50

表 2-2-133　不同覆膜方式下谷子不同生育期 0~100 cm 土壤贮水量

单位：mm

观测地点	覆膜方式	0~100 cm 土壤贮水量				
		播种期	出苗期	拔节期	抽穗期	成熟期
半干旱区固原城郊（海拔 1 750 m，年平均气温 6.5℃，年降水量 430 mm）	秋季全膜双垄覆盖	220.39	204.66	197.80	176.09	208.82
	早春全膜双垄覆盖	204.65	193.55	185.44	164.70	196.04
	播期全膜双垄覆盖	194.34	172.98	169.32	150.55	159.90
	3 种全膜覆盖方式平均	206.46	190.40	184.19	163.78	188.25
	播期半膜覆盖	174.55	158.19	143.62	129.53	196.80
	秋季全膜覆土春季穴播	205.61	193.71	182.54	163.25	195.67
	露地种植（CK）	166.34	153.78	140.53	120.43	185.03

表 2-2-134　不同覆膜方式下谷子不同生育期 0~100 cm 土壤贮水量

单位：mm

观测地点	覆膜方式	0~100 cm 土壤贮水量				
		播种期	出苗期	拔节期	灌浆期	成熟期
同心县预旺镇南塬村（海拔 1 730 m，年降水量 277 mm）	秋季全膜双垄覆盖	160.76	117.32	122.92	101.48	71.60
	早春全膜双垄覆盖	137.82	109.63	115.13	92.39	64.63
	播期全膜双垄覆盖	129.82	105.97	104.86	89.74	50.50
	3 种全膜双垄覆盖覆盖方式平均	142.80	110.97	114.30	94.54	62.24
	播期半膜覆盖	129.82	86.81	69.26	87.21	45.16
	秋季全膜覆土春季穴播	152.27	102.04	85.58	90.14	50.94
	露地种植（CK）	129.82	77.12	60.43	85.72	49.60

（二）温度效应

谷子是喜温作物，生育期需要积温 1 600~3 000℃。宁夏旱作农业区谷子种植分为两大区域，即南部早熟区和中北部中熟区。主产区南部早熟区包括原州区、西吉县和彭阳县。该区气温较低，多数地方年平均气温5~7℃，气温稳定通过 10℃的持续期为 120~140 d，活动气温为 1 900~2 500℃。年降水量在 450 mm 左右，属南温带半干旱区和半湿润偏旱区。谷子一般在 4 月 20 日前后播种，9 月 20 日早霜来临前后收获。品种以早熟类型为主。中北部中熟区包括固原市北部以及海原县、盐池县、同心县及中宁县的部分山区。该区气温相对较高，降水量少，年降水量在 300 mm 左右或更少，春夏连旱现象经常发生。年平均气温 7~8.5℃，气温稳定通过10℃的持续期为 170 d，活动气温为 3 100~3 300℃，属中温带半干旱偏旱区，品种以中熟类型为主。谷子采用全膜双垄覆盖垄侧播种技术后，在南部早熟区海拔 1 800 m 的固原市南郊大堡村试验田测定 5~25 cm 土壤≥0℃有效地积温，3 种全膜双垄覆盖方式平均比播期半膜覆盖增加了 330.37℃，成熟期提前 2 d，比露地种植≥0℃有效地积温增加 605.67℃，成熟提前 10 d（表 2–2–135）。温度的增加使适种海拔提高了 100 m 左右，并为种植品种由早熟类型改为中熟、中晚熟类型及适期早播创造了条件，产量大幅度增加。

在全膜覆土穴播条件下，虽然地温低于全膜双垄覆盖垄侧穴播，但仍然使≥0℃地积温高于播期半膜覆盖和露地。从播种至成熟比露地种植高 291.46℃，能满足中晚熟品种对积温的需求，使之提前6 d 成熟。

表 2–2–135　不同覆膜方式下谷子不同生育期土壤日平均温度及播种至成熟≥0℃有效地积温

单位：℃

覆膜方式	土壤日平均温度					播种至成熟≥0℃有效地积温
	播种期	出苗期	拔节期	抽穗期	成熟期	
秋季全膜双垄覆盖	12.16	16.66	26.22	26.50	14.98	2 779.57
早春全膜双垄覆盖	11.18	16.14	25.34	25.89	14.55	2 696.24
播期全膜双垄覆盖	10.96	15.72	24.89	25.68	14.19	2 651.41
3 种全膜双垄覆盖平均	11.43	16.17	25.48	26.02	14.57	2 709.07
播期半膜覆盖	10.26	14.40	21.69	24.33	13.32	2 378.70
全膜覆土穴播	9.72	14.12	19.64	23.10	13.02	2 394.86
露地种植（CK）	9.36	13.76	16.54	18.30	11.50	2 103.40

（三）产量及经济效益

谷子全膜双垄覆盖垄侧穴播栽培技术使土壤、水、肥、气、热条件大幅度改善，满足了谷子生长发育对水热条件的要求，促进了谷子的生长发育，从而充分发挥了谷子的增产作用。在年降水量 277 mm 的同心县预旺镇南塬村测定（表 2–2–136），秋季全膜双垄覆盖垄侧穴播谷子与露地对照相比，株高由 132.16 cm 增加到164.33 cm，穗长由 17.67 cm 增加到 21.67 cm，穗数由 35.85 万穗/hm^2 增加到 47.55 万穗/hm^2，单穗小穗数由 82.3 个增加到111.3 个，秕谷率由 12.3%下降到 9.2%，千粒重由 3.07 g 增加到 3.52 g，谷秆比（干重）由 1:1.95 降低为 1:1.67。

经济效益十分显著，据对同心县预旺镇南塬村的试验结果分析（表 2–2–137），谷子在全膜双垄覆盖垄侧穴播条件下，3 种全膜双垄覆盖垄侧穴播平均纯收入比播期半膜覆盖提高 10.81%，比露地种植提高 61.86%。全膜覆土穴播纯收入比播期半膜覆盖提高 10.9%，比露地种植提高 61.99%，比秋季全膜双垄覆盖垄侧穴播低 2.8%，但微高于 3 种全膜双垄覆盖垄侧穴播的平均纯收入。

据在 3 个试点的试验结果平均（表 2-2-138），3 种谷子全膜双垄覆盖垄侧穴播方式，每公顷平均籽粒产量达 4 107.66 kg/hm^2，比半膜覆盖增产 789.71 kg/hm^2，增幅 23.8%，比露地种植增产 1 474.52 kg/hm^2，增幅 56%；茎秆产量每公顷达 5 711.95 kg/hm^2，比半膜覆盖增产 1 307.27 kg/hm^2，增幅 29.68%，比露地种植增产2 222.32 kg，增幅 63.71%。以秋季全膜覆盖增幅最大，籽实产量比半膜覆盖增产 31.8%，比露地种植增产 66%。全膜覆土穴播二点平均籽粒产量达 4 395.8 kg/hm^2，比半膜覆盖增产 1 077.85 kg/hm^2，增幅 32.49%，比露地种植增产 1 762.66 kg/hm^2，增幅 66.94%。茎秆产量比半膜覆盖增加 1 785.82 kg，增幅40.54%，比露地种植增加 2 700.87 kg/hm^2，增幅 77.4%。

据多点大面积示范，谷子采用全膜双垄覆盖垄侧穴播栽培技术种植，增产、增效与多点试验结果相符，增产十分显著。西吉县 2010 年在海拔 1 925~2 100 m 的马建乡马建村、西滩乡黑虎沟村各示范种植 4 hm^2，平均单产为 5 406.1 kg/hm^2，谷草 11 142 kg/hm^2，比露地种植增产 68.6%、44.9%。露地种植的谷子 60%被晚霜冻死，而采用全膜双垄覆盖垄侧穴播种植的谷子死苗率只为 2%~3%。2011 年在海拔 1 950~

表 2-2-136　不同覆膜方式下谷子的农艺性状（同心县预旺镇南塬村）

覆膜方式	株高/cm	茎粗/cm	穗长/cm	穗数/（万穗·hm^{-2}）	单穗小穗数/个	秕谷率/%	千粒重/g
秋季全膜双垄覆盖	164.33	1.27	21.67	47.55	111.3	9.2	3.52
早春全膜双垄覆盖	163.17	1.11	28.50	42.75	105.7	9.7	3.42
播期全膜双垄覆盖	162.67	1.07	25.50	38.25	104.0	9.7	3.42
播期半膜覆盖	145.17	0.90	23.67	39.00	93.7	11.3	3.22
秋季全膜覆土穴播	163.12	1.16	30.17	46.65	109.0	9.5	3.43
露地种植	132.16	0.75	17.67	35.85	82.3	12.3	3.07
膜侧种植	141.22	0.85	20.50	38.10	86.3	11.4	3.11

表 2-2-137　不同覆膜方式下谷子的经济效益（同心县预旺镇南塬村）

单位：元/hm^2

覆膜方式	投入			产值		纯收入
	物化劳动	活劳动	合计	主产物	副产物	
秋季全膜双垄覆盖垄侧穴播	2 790	2 400	5 190	11 760	6 780	13 350
早春全膜双垄覆盖垄侧穴播	2 160	2 400	4 560	11 085	6 420	12 945
播期全膜双垄覆盖垄侧穴播	2 010	2 400	4 560	10 710	6 300	12 600
3 种全膜双垄覆盖垄侧穴播平均	2 320	2 400	4 720	11 185	6 500	12 965
播期半膜覆盖	1 530	2 400	3 330	9 525	5 505	11 700
秋覆全膜覆土春季穴播	2 790	2 400	5 190	11 430	6 735	12 975
露地种植	900	1 200	2 100	6 495	3 615	8 010

注：投入中物化劳动包括肥料（农家肥与化肥）、农药、种子、地膜和机械费用，活劳动包括人工、畜力，产值包括籽粒产值及茎秆产值（籽粒 2.4 元/kg，茎秆1 元/kg）。

表 2-2-138　谷子全膜双垄覆盖垄侧穴播、全膜覆土穴播技术产量效应

试验地点	秋季全膜双垄覆盖		早春全膜双垄覆盖		播期全膜双垄覆盖		3 种全膜双垄覆盖平均		半膜覆盖		露地种植		全膜双垄覆盖比半膜覆盖增产		全膜双垄覆盖比露地种植增产		全膜覆土穴播		全膜覆土穴播比半膜覆盖增产		全膜覆土穴播比露地种植增产	
	籽粒产量/(kg·hm^{-2})	茎秆产量/(kg·hm^{-2})	籽粒产量/(kg·hm^{-2})	茎秆产量/(kg·hm^{-2})	籽粒产量/(kg·hm^{-2})	茎秆产量/(kg·hm^{-2})	籽粒产量/(kg·hm^{-2})	茎秆产量/(kg·hm^{-2})	籽粒产量/(kg·hm^{-2})	茎秆产量/(kg·hm^{-2})	籽粒产量/(kg·hm^{-2})	茎秆产量/(kg·hm^{-2})	籽粒增幅/%	茎秆增幅/%	籽粒增幅/%	茎秆增幅/%	籽粒产量/(kg·hm^{-2})	茎秆产量/(kg·hm^{-2})	籽粒增幅/%	茎秆增幅/%	籽粒增幅/%	茎秆增幅/%
同心县预旺镇南塬村（海拔 1 730 m，年平均降水量 270 mm）	4 897.50	6 780.00	4 617.00	6 420.00	4 461.00	6 300.00	4 658.50	6 500.00	3 970.50	5 505.00	2 706.00	3 615.00	17.32	18.07	72.15	79.80	4 761.0	6 735.0	19.9	22.34	75.94	86.30
海原县海城镇武塬村（海拔 1 800 m，年平均降水量 360 mm）	3 909.09	5 411.67	3 713.64	5 163.87	3 322.73	4 692.50	3 648.49	5 089.35	2 911.36	4 037.04	2 665.91	3 561.40	25.30	26.07	36.86	42.90						
固原市原州区城郊大堡村（海拔 1 750 m，年平均降水量 430 mm）	4 311.00	6 036.00	4 015.50	5 637.00	3 721.50	4 966.50	4 016.00	5 546.50	3 072.00	3 672.00	2 527.50	3 292.50	30.73	51.00	58.89	68.45	4 030.5	5 646.0	31.2	53.76	59.47	71.48
平均	4 372.53	6 075.89	4 115.38	5 740.29	3 835.08	5 319.67	4 107.66	5 711.95	3 317.95	4 404.68	2 633.14	3 489.63	23.80	29.68	56.00	63.71	4 395.8	6 190.5	32.49	40.54	66.94	77.40

2 032 m 的平峰镇焦湾村、吉强镇大路村各示范种植 4 hm²,平均单产为 4 113 kg/hm²,比露地种植增产 64.1%。2012 年在海拔 1 890~1 976 m 的将台乡西坪村、吉强镇马营村、马莲乡新堡村示范种植 387.3 hm²,平均单产为3 851.3 kg/hm²,其中将台乡西坪村示范种植的 4 hm² 平均单产达 7 705.5 kg/hm²,比露地种植增产 96.4%。

三、谷子全膜双垄覆盖垄侧穴播、全膜覆土穴播栽培技术

(一)对环境条件的要求

1. 温度

谷子是喜温作物,生育期间要求积温 1 600~3 000℃。谷子在不同的生育期对温度的要求不同。种子发芽最低温度为 6~8℃,最适宜的温度为 15~25℃。24~25℃ 时发芽最快。幼苗不耐低温,在1~2℃下易受冻害,甚至死亡。从出苗至分蘖适宜的温度为 20℃。拔节至抽穗是营养生长与生殖生长并进阶段,要求较高的温度,适宜温度为 22~25℃。从受精到籽粒成熟需要充足的阳光,适宜温度为 20~22℃。阳光充足、昼夜温差较大的气候条件,有利于干物质积累。低于 20℃或高于 23℃,对灌浆不利,特别是在阴天、低温和多雨的情况下,延迟成熟,秕谷增多。

2. 水分

谷子比较耐旱,蒸腾系数为 142~271,低于高粱(322)、玉米(368)和小麦(513)。苗期耐旱性很强,能忍受暂时的严重干旱,据报道,需水量仅占全生育期总需水量的 1.5%左右。干旱有利于促进根系发育。拔节至抽穗期是谷子需水量最多的时期,占全生育期总需水量的 50%~70%,此时是保证穗大粒多的关键时期。在幼穗分化初期遇到干旱即“胎里旱”,会影响 3 级枝梗和小穗、小花分化,减少小穗、小花数目;穗分化后期,花粉母细胞减数分裂的四分体时期遇到干旱,则会使花粉发育不良或抽不出穗,产生大量空壳、秕谷。从受精到籽粒成熟阶段,需水量占全生育期总需水量的 30%~40%,是决定穗重和粒重的关键时期。此时如遇干旱则影响灌浆,秕谷增多,严重减产。

3. 光照

谷子为短日照作物。日照缩短会促进发育,提早抽穗;日照延长则延缓发育,推迟抽穗。谷子一般在出苗后5~7 d 进入光照阶段,在 8~10 h 的短日照条件下,经过 10 d 即可完成光照阶段。不同品种对日照反应不同,一般春播品种较夏播品种反应敏感,红绿苗品种较黄绿苗品种反应敏感。

谷子是 C_4 作物,净光合强度较高,一般为 25~26 mg/dm²·h,超过小麦,二氧化碳补偿点和光呼吸都比较低。

4. 养分

据《作物栽培学各论》谷子一章介绍,每生产籽粒 100 kg,一般需要从土壤中吸收氮素 2.5~3 kg、磷素 1.2~1.4 kg、钾素 2~3.8 kg,氮、磷、钾比例大致为 1:0.5:0.8。不同生育阶段对氮、磷、钾三要素的需求量不同。出苗至拔节期需氮量较少,占全生育期需氮量的 4%~6%;拔节至抽穗期需氮量最多,占全生育期需氮量的 45%~50%;灌浆期需氮量减少,占全生育期需氮量的 30%以上。据李东辉应用 ^{32}P 对谷子吸磷规律的研究,磷素在生育周期内极为活跃,不同生育时期对磷的吸收与分配不同。叶原基分化期,磷素主要分配在新生的心叶,其脉冲数占全株总数的 19.6%;生长锥伸长期,主要分配在生长锥、幼茎,占全株总量的10%;枝梗分化与小穗分化期是需磷的高峰期,主要分配在幼穗,占全株总量的 20.95%。此后,抽穗期、开花期、乳熟期,磷素在植株各器官呈均匀分布状态。例如,抽穗阶段,^{32}P 分布在叶片为 3%~8.7%、叶鞘为3.4%~4.9%、茎

为4.1%~4.6%、穗为4.5%。幼苗期吸收钾素较少，拔节至抽穗前是吸钾高峰期，抽穗后又逐渐减少。

5. 土壤

谷子适应性强、耐瘠薄，对土壤要求不甚严格。黏土、沙土都可种植，但以土层深厚、结构良好、有机质含量较丰富的沙质壤土或黏质壤土最适宜。谷子喜干燥、怕涝，尤其是在生育后期，土壤水分过多，容易发生烂根，造成早枯，应及时排水。谷子适合在微酸性和中性土壤上生长。

（二）谷子全膜双垄覆盖垄侧播种栽培技术

1. 轮作倒茬

谷子不宜连作，原因为：一是病害严重，特别是谷子白发病，重茬的发病率是倒茬的3~5倍，综合发病率可达到20%以上。二是杂草严重，“一年谷，三年草”，谷地伴生的谷莠草易造成草荒。三是谷子根系发达，吸肥力强，连作会大量消耗土壤中同一营养元素，致使土壤养分失调。覆全膜后土壤水分、温度条件改善，植株生长发育更加强势，要求更好的土壤条件。而合理的轮作倒茬既能调节土壤养分，恢复地力，减少病虫害，又能达到在有限条件下持续增产的目的，前茬以豆类作物最佳，小麦、马铃薯、玉米亦是较好的前茬。其轮作方式为：豆类作物→小麦→谷子；豆类作物→小麦→马铃薯→谷子；豆类作物→小麦→玉米→谷子。

在半干旱偏旱区可将谷子种在歇地上，产量更高。

在合理轮作、选好前茬的同时，要重视选地，把选茬选地有机结合起来。要选择地势平坦、土层深厚、质地疏松、肥力中上等的地块，才能充分发挥全膜双垄覆盖垄侧穴播技术、全膜覆土穴播技术的效能。

2. 整地保墒

谷子根系发达，需要土层深厚、质地疏松的土壤。实施全膜双垄覆盖垄侧穴播、全膜覆土穴播栽培的区域干旱少雨，需充分接纳雨水，增强蓄水保墒能力，为覆膜创造良好的土壤条件。因而，需要整好地。应遵循的整地原则是：耕深耕透，保证根系下扎，打绵糖细，保住地中墒，达到深、细、绵、实（不暄）。

早耕能疏松土壤，充分蓄积雨水，深耕能较好地解决土壤水、肥、气、热的矛盾，加速土壤熟化，改良土壤结构，增强土壤保水能力，利于谷子根系下扎，使植株生长健壮，从而提高产量。深耕要做到夏茬地不过伏，下雨后及时收耱蓄墒，白露时边耕边耱，使之形成上虚下实的耕作层。秋茬地边耕边耱，碎土保墒，减少土壤水分蒸发，做到地面平整、土块细碎。冬春及时打磙、碎土弥缝，匀墒、保墒和提墒，播前浅耕或旋耕，耙细耱平，并结合施肥。

3. 增施肥料

谷子吸肥力强，产量增加需多增施肥料，这既是谷子高产的保证，也是提高谷子品质的重要物质基础。

施肥要做到增施农家肥，依目标产量施用配方肥。

基肥包括农家肥和化肥。农家肥以圈粪、土粪为主。化肥可用尿素、普通过磷酸钙、磷酸二铵、硫酸钾及配方肥。据有关资料报道，每公顷施肥0~112 500 kg，随施肥量的增加，产量相应增加（表2-2-139）。

根据宁夏农业技术推广总站研究，谷子每公顷产量大于3 750 kg，需施农家肥32 970~40 005 kg。化肥实施配方施肥，川旱地每公顷产量达到6 000 kg，应施优质农家肥40 t以上，化肥基施尿素171 kg、磷酸二铵270 kg，拔节期追施尿素199.5 kg（表2-2-140、表2-2-141）。

基肥秋施，结合最后一次耕地施入。这样既可达到深施的目的，又有利于土肥相融，养分转化好，可防止化肥挥发损失。春施在早春覆膜前进行，将肥料撒施于田面，用旋耕机整地施入。追肥于拔节期用追肥枪施入。

化肥也可采用控释肥一次施入，节省追肥用工。在采用早春顶凌全膜双垄覆盖垄侧穴播、播期全膜双

表 2-2-139　施肥量对谷子产量的影响

施肥量(厩肥)/($kg·hm^{-2}$)	谷子产量/($kg·hm^{-2}$)	较 CK 增产/%	每 1 000 kg 肥谷子增产/kg
0(CK)	2 946.0	—	—
15 000	3 949.5	34.0	66.9
22 500	4 233.0	43.7	57.2
75 000	5 985.0	103.2	40.5
112 500	7 218.0	145.0	38.0
187 500	5 500.5	186.7	13.6

资料来源:内蒙古凉城县 1959 年资料。

表 2-2-140　川旱地谷子配方施肥建议

单位:kg/666.7 m^2

目标产量	施养分总量			折实物肥料施用量							
				基肥						种肥	追肥
	N	P_2O_5	K_2O	配方肥		尿素(或碳酸氢铵)	磷酸二铵	重钙(或普钙)	硫酸钾	磷酸二铵	尿素(拔节期)
				剂型	数量						
应用单质化肥及二元化肥											
300	10.9	6.4	0	方案 1		14.6(39)				0	9.1
				方案 2		9.1(25)	13.9			0	9.1
				方案 3		9.1(25)	10.4			3.5	9.1
				方案 4		13.2(36)		10.4(40)		3.5	9.1
400	14.6	8.3	0	方案 1		18.5(50)		18.0(69)		0	13.3
				方案 2		11.4(31)	18.0			0	13.3
				方案 3		11.4(31)	14.5			3.5	13.3
				方案 4		17.1(46)		14.5		3.5	13.3
基施配方肥+追施单质化肥											
300	10.9	6.4	0	A	38.3					0	9.1
				B	30.4					3.5	9.1
400	14.6	8.3	0	A	47.2					0	13.3
				B	39.4			1.7(7)		3.5	13.3

注:1. 应坚持施用有机肥,在此基础上合理施用化肥。
2. 根据地力、降水、谷子长势等情况,表中建议施肥量可少量增减。
3. 肥料必须深施,基肥可采用撒肥后旋耕或犁翻、机械播施等方法(不采用撒肥后耙耱的方式);追肥要用追肥枪施于两穴间,也可借雨撒施。
4. 配方肥 A 为 35%(18-17-0),B(带种肥时)为 35%(20-15-0)。
5. 可自配本表中的配方肥——按本表中基肥对应的各种化肥数量组合即成(自配配方肥不含有一般商品配方肥或复混肥中的辅料物质;配制时一般不宜采用碳酸氢铵)。应现配现用,防止物理性状变差。

表 2-2-141　山旱地谷子配方施肥建议

单位：kg/666.7 m^2

目标产量	施养分总量			折实物肥料施用量							
				基肥						种肥	追肥
	N	P_2O_5	K_2O	配方肥		尿素（或碳酸氢铵）	磷酸二铵	重钙（或普钙）	硫酸钾	磷酸二铵	尿素（拔节期）
				剂型	数量						
应用单质化肥及二元化肥											
250	9.6	5.6	0	方案 1		13.0(35)		12.2(47)		0	7.8
				方案 2		8.3(22)	9.3			0	7.8
				方案 3		8.3(22)	6.3			3.0	7.8
				方案 4		11.9(32)		6.3(24)		3.0	7.8
350	13.6	7.6	0	方案 1		17.4(47)		16.5(63)		0	12.1
				方案 2		10.9(30)	16.5			0	12.1
				方案 3		10.9(30)	13.5			3.0	12.1
				方案 4		16.2(44)		13.5(52)		3.0	12.1
基施配方肥+追施单质化肥											
250	9.6	5.6	0	A	33.3					0	7.8
				B	27.3					3.0	7.8
350	13.6	7.6	0	A	44.4					0	12.1
				B	37.3					3.0	12.1

注：1. 应坚持施用有机肥，在此基础上合理施用化肥。
2. 根据地力、降水、谷子长势等情况，表中建议施肥量可少量增减。
3. 肥料必须深施，基肥可采用撒肥后旋耕或犁翻、机械播施等方法（不采用撒肥后耙耱的方式）；追肥要用追肥枪施于两穴间，也可借雨撒施。
4. 配方肥 A 为 35%(18–17–0)，B(带种肥时)为 35%(20–15–0)。
5. 可自配本表中的配方肥——按本表中基肥对应的各种化肥数量组合即成（自配配方肥不含有一般商品配方肥或复混肥中的辅料物质；配制时一般不宜采用碳酸氢铵）。应现配现用，防止物理性状变差。

垄覆盖垄侧穴播、全膜覆土穴播技术条件下，可将控释肥撒施后旋耕，其用量依目标产量而定，每公顷产量达到 6 000 kg，需施 44%(27–17–0)–S 795 kg；每公顷产量达到 6 750 kg，需施 46%(26–15–5)–S 900 kg；每公顷产量达到 7 500 kg，需施 46%(26–15–5)–S 1 020 kg；每公顷产量达到 8 250 kg，需施46%(26–15–5)–S 1 125 kg(表 2–2–142、表 2–2–143)。

4. 适时起垄覆膜

(1)覆膜时间。秋覆膜在当年 10 月中下旬、早春顶凌覆膜在早春耕作层土壤解冻后(一般 3 月上中旬土壤解冻 10~15 cm)进行。前茬为全膜双垄覆盖垄侧播种的玉米、马铃薯，可在收获后留膜留茬过冬，播前揭膜，刨去根茬，施肥并旋耕整地后覆膜。

(2)土壤处理。地下害虫严重的地块用 40%辛硫磷乳油 7.5 kg/hm^2 加细沙土 450 kg/hm^2 拌成毒土撒施，或兑水750 kg/hm^2 喷施。杂草严重的地块用 50%乙草胺乳油 1 500 g/hm^2 兑水 750 kg/hm^2 起垄后全地

表 2-2-142　覆膜高产谷子控释配方肥建议施用方案一

单位：kg/666.7 m^2

产量	施养分总量			控释配方肥 A 施用量
	N	P_2O_5	K_2O	
300	10.4	6.4		40
400	13.9	8.3		53

注：1. 依据耕地常年产量水平选择相应施肥量，并视地力与降水保证率等条件适量增减；
2. 控释配方肥应一次性基施，方法有撒施后旋耕或犁翻等；
3. 控释配方肥 A 为 44%(27-17-0)-S。

表 2-2-143　覆膜高产谷子控释配方肥建议施用方案二

单位：kg/666.7 m^2

产量	施养分总量			控释配方肥 A 施用量
	N	P_2O_5	K_2O	
450	15.7	9.1	2.7	60
500	17.6	10.0	3.9	68
550	19.4	10.8	5.5	75

注：1. 依据耕地常年产量水平选择相应施肥量，并视地力与补水或降水保证率等条件适量增减；
2. 控释配方肥应一次性基施，方法有撒施后旋耕或犁翻等；
3. 控释配方肥 A 为 46%(26-15-5)-S。

面喷施，喷完及时覆膜。

(3)覆膜。

①全膜双垄覆盖技术。

起垄覆膜规格：总带宽 110 cm，大垄底宽 70 cm、高 10~15 cm，小垄底宽 40 cm、高 15~20 cm。选用厚 0.01 mm、幅宽 120 cm 的白色耐候膜及符合国家质量标准的农用白色地膜覆盖。

起垄覆膜方法：采用专用机械一次完成起垄、施肥、施药、覆膜等工序。

②全膜覆土穴播技术。

人工覆膜覆土：选用厚 0.01 mm、幅宽 120 cm 的白色抗老化地膜全地面平铺，下一幅膜与前一幅膜紧接，膜与膜间不留空隙，不重叠。覆膜要做到铺平、铺正、拉紧、压严，膜紧贴地面。用方头铁锨在膜侧就地取少量土，均匀撒于膜面，取土时尽量不要挖坑，边取边整平。膜上覆土必须是细绵土，切勿将土块或土疙瘩撒在膜面上，以免影响播种质量。膜上覆土要均匀，厚度 1 cm 左右，覆土不留空白，地膜不能外漏。

机械覆膜覆土：覆膜覆土机一次性可完成旋耕、镇压、覆膜、覆土及平整作业，具有作业速度快、覆土均匀、覆膜平整、镇压提墒、苗床平实、减轻劳动强度、有效防止地膜风化和苗孔错位等优点。要求覆土厚度 1 cm，两幅膜间不留空隙，膜上覆土均匀度达到 90%，≤1 cm 的土块达到 85%以上。

5. 选用良种和种子处理

选择抗旱、耐病、耐瘠薄、优质和丰产性好的中晚熟品种，一般比露地种植的品种晚熟 7~10 d。经多点试验，在全膜双垄覆盖垄侧穴播及全膜覆土穴播栽培条件下，大同 32 号、晋谷 29 号、张杂谷 3 号表现较好(表 2-2-144)。

表 2-2-144　全膜双垄覆盖垄侧穴播条件下谷子品比试验产量结果

品种	各试点产量/(kg·hm⁻²)						平均产量/(kg·hm⁻²)	产量位次
	盐池县	同心县	海原县	原州区	西吉县	彭阳县		
大同 29 号	1 993.5	3 613.5	4 900.5	3 891.0	6 894.0	4 971.0	4 377.3	4
大同 32 号	2 641.5	3 724.5	5 845.5	3 808.5	6 834.0	6 136.5	4 831.8	2
晋谷 9 号	1 639.5	3 891.0	4 320.0	3 820.5	7 038.0	4 372.5	4 180.3	6
晋谷 29 号	1 806.0	5 002.5	4 596.0	4 014.0	6 897.0	4 005.0	4 386.8	3
张杂谷 3 号	2 487.0	5 280.0	6 208.5	4 569.0	7 341.0	6 165.0	5 341.8	1
陇谷 11 号	2 352.0	4 324.5	5 347.5	4 330.5	3 634.0	5 227.5	4 202.7	5
陇谷 6 号	2 122.5	4 168.5	5 533.5	3 630.0	3 634.0	4 261.5	3 891.7	7

注：盐池县、同心县为半干旱偏旱区，彭阳县为半干旱温暖区，原州区、西吉县、海原县为半干旱温凉区。

①晋谷 29 号：由山西省农业科学院经济作物研究所育成。幼苗绿色，株高 130 cm，穗长 20 cm，穗粒重 15.5~18 g，出谷率 77.8%，穗长筒形，松紧度适中，刚毛短。籽粒白色，米黄色，米质粳性，谷粒圆而较小，千粒重 3 g。黄色度 36.5，比晋谷 20 号高 7.4。小米含蛋白质 13.39%、脂肪 5.04%、赖氨酸 0.37%、直链淀粉 12.2%，胶稠度 14.4 mm，碱硝指数 3.2。生育期 120 d 左右，属中晚熟品种。

②大同 29 号：由山西省农业科学院高寒区作物研究所育成。幼苗绿色，生育期 123 d，株高 126.3 cm，穗长 22.5 cm，穗重 19.9 g，穗纺锤形，穗码稍紧，穗粒重 17.2 g，出谷率 84.5%，千粒重 3.97 g，黄谷黄米。该品种抗逆性较强，抗倒伏性为 1 级，1 级耐旱，对谷锈病、谷瘟病、纹枯病的抗性为 0 级，对白发病、线虫病抗性强，发病率为 0，黑穗病发病率为 2.34%，红叶病发病率为 0.25%，虫株率为 0.5%。该品种综合性状较好，结实性好，出谷率高，抗病、抗倒、耐旱，熟相较好，丰产稳产，适应性较强。

③大同 32 号：由山西省农业科学院高寒区作物研究所育成。生育期 126 d，幼苗叶片绿色，叶鞘浅紫色，茎基部无分蘖。茎高 142.1 cm 左右，主茎节数 16 节，叶绿色。穗长鞭形，穗码较紧，刚毛长度中等，穗长 25.4 cm，穗粒重 19 g 左右，千粒重 3.6 g，黄谷黄米，出谷率 81%，出米率 80%。米质粳性，含粗蛋白质（干基）10.54%、粗脂肪（干基）3.74%、赖氨酸（干基）0.22%。

④张杂谷 3 号：由河北省张家口市农业科学院育成。生育期 115 d，单株有效分蘖 0~2 个，茎高 122.4 cm，茎粗 0.63 cm，穗长 26.4 cm，穗粗 2.7 cm，穗棍棒形。穗粒重 16 g，千粒重 3.23 g，出谷率 82%，谷草比为 1:1.02，黄谷黄米。抗逆性较强，高抗谷锈病、谷瘟病、纹枯病、白发病、线虫病。抗旱、抗病、抗倒，适应性强，高产稳产，米质优，适口性好。成熟时青枝绿叶，茎秆是良好饲草。

⑤张杂谷 5 号：由河北省张家口市农业科学院育成。生育期 125 d，单秆无蘖。成株茎高 178.7 cm，穗长 32 cm，穗粗 2.0 cm，穗棍棒形。穗粒重 29.1 g，千粒重 3.1 g，出谷率 74.8%，谷草比为 1:1.51，白谷黄米。抗逆性较强，高抗白发病、线虫病。耐旱、抗倒，适应性强，高产稳产，米质优，适口性好。

⑥陇谷 6 号：由甘肃省农业科学院粮食作物研究所育成。幼苗浅绿色，叶片绿色，无分蘖。成株叶片深绿色，叶鞘浅紫色，茎高 100.7 cm，穗长棒形，刚毛长度中等，浅紫色。穗长 26.9 cm，穗粒重 14.9 g，出谷率 81.9%，出米率 78%，千粒重 3.45 g，黄谷黄米，米质粳性，含粗蛋白质 14.56%、赖氨酸 0.33%、粗脂肪 9.47%、淀粉72.4%。谷草比为 1:1.06，生育期 130~135 d。抗旱性强，抗白发病和谷瘟病，轻感黑穗病。

⑦陇谷 11 号：由甘肃省农业科学院粮食作物研究所育成。成株绿色，株高 127.8 cm，茎粗 1.15 cm，主

茎节数 12.5 节。穗长棒形，穗码较紧，刚毛短。穗长 26.9 cm，穗粒重 26.2 g，千粒重 4.1 g，单株草重 32 g，出谷率 79.6%。黄谷黄米，米质粳性，含粗蛋白质 1.61%、粗脂肪4.64%、赖氨酸 0.36%。抗旱性较强，抗倒伏，抗黑穗病，生育期 125~130 d。

宁夏旱作农业区生态类型复杂多样，选用品种存在一定的差异，但采用全膜双垄覆盖垄侧穴播技术后，谷子从播种到成熟≥0℃地积温均在 2 700℃以上，可选择生育期 120 d 以上的中熟、中晚熟品种。半干旱偏旱区可选种大同 32 号、张杂谷 3 号、晋谷 29 号、陇谷 11 号，每公顷产量可突破4 500 kg 以上；半干旱区的彭阳县、原州区可选种张杂谷 3 号、陇谷 11 号、大同 32 号，每公顷产量可突破 5 250 kg；半干旱区的西吉县可选种张杂谷 3 号、晋谷 9 号、晋谷 29 号、大同 29 号、大同 32 号，每公顷产量可突破 6 000 kg。张杂谷 3 号籽粒、茎秆产量高，但系杂交种，可作为粮饲兼用品种种植。黄金谷、红谷品质优良，市场需求旺盛，价格高，但产量较晋谷 29 号、大同 32 号低，也应搭配种植。

种子处理。首先晒种，把种子摊在席上，厚度 2~3 cm，翻晒 2~3 d，可提高种子的发芽势和发芽率，然后进行发芽试验，发芽率应在 90%以上。其次选种和浸种，播前 3~5 d 选择籽粒饱满、纯度和净度≥98%的种子放在浓度 10%盐水内，捞出漂在水面上的秕谷、草粒和杂质，然后将下沉籽粒捞出，用清水冲洗 2~3 遍，洗去附着在种子表面的盐分和泥浆，最后用磷酸二氢钾 500 倍液浸种 12 h 后晾干。为防止病虫害，盐水选种后，用清水冲洗 2~3 遍后，用 35%瑞毒霉按种子重量的 0.3%~0.5%拌种，防治白发病，或用50%多菌灵按种子重量的 0.5%拌种，防治黑穗病，或用辛硫磷按种子重量的 0.1%~0.2%闷种3~4 h，防治地下害虫。

6. 适时播种

适时播种是谷子获得高产的重要环节之一。播种过早则出苗缓慢不整齐，易遭晚霜危害，病虫害发生较重，生育期提前，拔节至孕穗期在雨季之前进行，常因干旱造成“胎里旱”“卡脖子旱”，影响穗粒发育，形成空壳和秕谷。播种过晚，生育后期易受低温危害。因而适宜的播种期应根据品种生育期和当地气候特点灵活掌握。原则是：播种时的气温能保证谷子的正常发芽出苗，一般土壤耕作层 10 cm 地温稳定在 15℃以上。苗期处于干旱少雨季节，有利于根系生长；拔节期处于雨季开始，有利于幼穗分化；抽穗期处于降雨高峰期；灌浆期处于雨季之后，日照充足，昼夜温差大，有利于干物质积累；成熟前期赶在降温霜冻之前。半干旱区、半干旱偏旱区晚霜期一般出现在 5 月上中旬，早霜期出现在 9 月下旬至 10 月上旬，降雨集中在7—9 月。全膜双垄覆盖垄侧播种技术、全膜覆土穴播技术选用中晚熟品种，故播种期以 4 月中下旬为宜，一般在 4 月 20 日左右播种。

播种密度。采用精量穴播，播量为每公顷 3.75~4.5 kg，常规品种每公顷保苗 45~52.5 万株，以 45 万株最佳；杂交品种每公顷保苗以 30 万株为宜。

播种深度：谷种细小，不能播得太深，以保证种子种到湿土上为前提，一般 4~6 cm。

播种方法：全膜双垄覆盖垄侧播种选用人力精量穴播机，在大垄两侧距沟底 4~5 cm 处破膜穴播，宽行距70 cm，窄行距 40 cm，种植常规品种，穴距 8~10 cm，每公顷 18~22.5 万穴。种植杂交品种，穴距 12 cm，每公顷15.2 万穴，在大垄两侧距沟底 4~6 cm 处破膜穴播，播深 4~6 cm。播种后人穿布鞋顺播种行踩踏，压实土壤，保蓄水分，争取全苗。

全膜覆土穴播，行距 40 cm、宽 120 cm 的带幅播 3 行，穴距 16 cm，播深 4~6 cm，每公顷 15.62 万穴。播种时穴播机在同一方向播种，即所铺的相邻两膜去时在前膜上播种，回时在第二幅膜上播种，第 2 次去时又在第一幅膜上播种，回时又在第二幅膜上播种，以减轻种植穴和地膜孔错位现象，减少放苗次数。播种时要随时检查播种孔，严禁倒推，防止播种孔堵塞造成缺苗断垄。行走速度要均匀适中，以保证穴距均匀和防止损坏地膜。雨后要待膜面水干后播种，以防堵塞播种孔。播种后在播种行上用脚轻踩1遍，使种子与土壤贴实，以利于出苗和减轻杂草危害。采用覆膜播种一体机一次性可完成松土、镇压、覆膜、覆土、穴播及平整作业。

7. 田间管理

（1）查苗、补苗。播种后7~10 d要及时补压膜孔，防止串风扯膜，防止人畜践踏地膜，确保地膜完整，充分发挥地膜的增温保墒作用。出苗后要及时检查，发现压苗要及时放苗，放苗在无风的晴天进行。发现缺苗断垄及时补苗，当发现缺苗断垄15~20 cm的行段时，采用相同的谷子品种浸种补种，墒情差的地块要坐水补种，务必做到全田谷苗均匀，以保苗全苗齐。

（2）间苗、定苗。当谷子幼苗长出3~4片叶时间苗，间苗应该去杂留纯，杜绝留大去小的现象。当长出5~7片叶时定苗。缺苗处要在邻穴多留苗，定苗后及时封住播种孔。

全膜覆土穴播条件下的定苗密度，据在年降水量378~400 mm、海拔1 930 m的西吉县震湖乡试验，常规品种陇谷6号设计密度为30万~75万株/hm^2，在30万~45万株/hm^{2}范围内，随着密度的增加，产量亦增加，45万株/hm^{2}后出现拐点，随密度的增加而产量降低，说明45万株/hm^{2}为最佳密度，适宜密度为45万~52.5万株/hm^2（表2-2-145）。在年降水量360 mm的海原县武塬村试验，常规品种陇谷6号密度在30万~75万株/hm^{2}范围内，以45万株/hm^{2}产量最高，52.5万株/hm^{2}次之（表2-2-146）。在年降水量

表2-2-145　全膜覆土穴播条件下谷子不同密度对产量的影响

（西吉县震湖乡，年降水量378~400 mn，陇谷6号）

密度/(万株·hm^{-2})	产量/(kg·hm^{-2})
30.0	3 075.00
37.5	3 393.75
45.0	5 782.50
52.5	5 591.25
60.0	5 070.00
67.5	4 893.75
75.0	4 337.50

表2-2-146　全膜覆土穴播条件下谷子不同密度对产量的影响

（海原县武塬村，年降水量360 mm，陇谷6号）

密度/(万株·hm^{-2})	产量/(kg·hm^{-2})
30.0	2 934.00
37.5	3 435.00
45.0	4 957.50
52.5	4 689.75
60.0	4 482.00
67.5	4 147.55
75.0	3 744.90

277 mm 的同心县预旺镇试验，品种张杂谷 3 号密度为 30 万株/hm^2 时产量最高，为 3 350.4 kg/hm^2（表 2-2-147）。上述试验结果说明，全膜覆土穴播条件下的定苗密度，常规品种以 45 万~52.5 万株/hm^2 为宜，45 万株/hm^2 最佳；杂交谷以 30 万株/hm^2 为宜（图 2-2-3）。

表 2-2-147　全膜覆土穴播条件下谷子不同密度对产量的影响

（同心县预旺镇南塬村，年降水量 277 mm，张杂谷 3 号）

密度/(万株·hm^{-2})	千粒重/g	秕谷率/%	籽粒产量/(kg·hm^{-2})	谷草产量/(kg·hm^{-2})
30.0	3.2	10	3 350.40	7 003.50
37.5	3.1	20	2 874.60	7 203.60
45.0	3.1	30	2 838.60	7 803.90
52.5	2.9	11	2 721.30	8 504.25
60.0	2.9	28	2 549.25	8 504.25
67.5	2.9	25	2 459.85	7 003.50
75.0	2.8	27	2 415.90	7 303.65

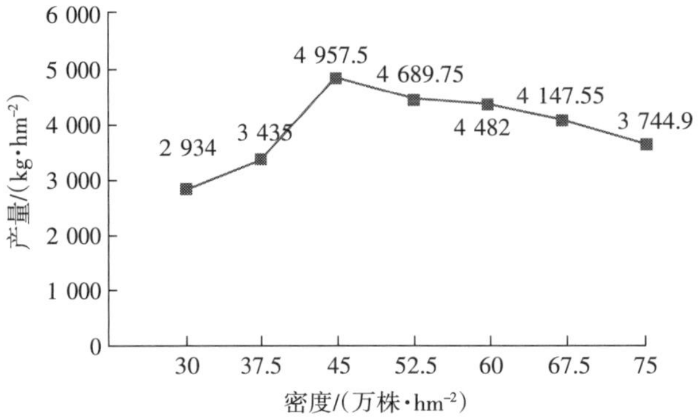

图 2-2-3　全膜覆土穴播条件下谷子不同密度对产量的影响曲线

定苗后要及时密封地膜上的种植孔，以利于增温保墒，促进次生根形成，防止后期倒伏。

（3）化控促壮。对群体偏大或长势偏旺的谷田，于谷子拔节期用 20%壮丰安乳剂 450~600 mL/hm^2 兑水 300~450 kg 叶面喷施。

（4）防治杂草。地膜覆盖后仍有部分杂草从播种穴长出或在膜下生长，要及时人工拔除；膜下杂草可采取膜上压土人工踩踏、密封地膜方式进行处理，也可采用化学药剂防治。

（5）追肥。谷子拔节以后茎叶生长迅速，幼穗开始分化，植株进入第一个需肥高峰，要根据配方施肥方案规定的追肥量将肥料用追肥枪追施或随降水追施。抽穗后和开花初期分别用磷酸二氢钾 2.25 kg/hm^2 兑水 600 kg 叶面喷施 2~3 次，用硼酸 450 g/hm^2 兑水 750 kg 分别在谷子抽穗期、灌浆期喷施，可起到增粒重、防早衰的作用。

（6）防治病虫害。危害谷子的病虫害主要有地下害虫、玉米螟、黏虫、谷瘟病和谷锈病，成熟期易遭麻雀危害，应及时防治。

①病害防治：谷瘟病可用 6%春雷霉素可湿性粉剂，每公顷喷药液 750~1 125 L，或用 40%敌瘟磷乳油500~800 倍液，每公顷喷药液 750~1 125 L。一般叶瘟始发期喷 1 次，抽穗前喷 1 次，齐穗期喷 1 次，均

可收到较好的效果。

谷锈病用25%三唑酮(粉锈宁)可湿性粉剂800~1 000倍液喷施,或用15%三唑醇(羟锈宁)可湿性粉剂1 000倍液喷施。

②虫害防治:谷子苗期和拔节抽穗期易受玉米螟、钻心虫和地下害虫危害。玉米螟可用50%乙硫磷乳油1 000倍液,或50%马拉硫磷乳油800倍液喷雾防治;钻心虫可用25%杀灭菊酯乳油2 000~2 500倍液喷雾防治;黏虫可用40%辛硫磷乳油1 000~2 000倍液,或4.5%高效氯氰菊酯乳油800~1 200倍液喷雾防治。喷药时力求均匀、周到,田间地头、路边的杂草都要喷到。蚜虫选用2.5%敌杀死、20%速灭杀丁稀释1 500~2 000倍液防治,安全间隔期10 d。谷子在成熟过程中要确定专人看护,驱赶麻雀以减少损失。

(7)适时收获。当籽粒变硬、谷穗达到本品种成熟时固有颜色即可收获。带秆收割后,拉回晒场悬挂或堆放后熟10~20 d,使茎叶中的有机物连续向籽粒转移,然后脱粒,以提高千粒重。

(8)废膜回收。谷子收获后要及时清除田间废膜,防止造成土壤污染。

第十节　向日葵全膜双垄覆盖垄侧播种栽培技术

我国种植向日葵历史悠久,据文献记载,向日葵传入我国大约在16世纪末或17世纪初。1949年后向日葵发展很快,1980年比1949年增加了40倍,以黑龙江、辽宁、吉林、内蒙古4省区种植面积最大,占全国向日葵总种植面积的40%。宁夏旱作农业区各县均有种植。

一、向日葵的经济价值与用途

向日葵籽实含油率高,油用种含油率40%~50%,食用种含油率20%~30%。向日葵油稳定性好,气味芳香,并耐贮藏,亚油酸含量较豆油、菜籽油、花生油高,长期食用,有降低人体内胆固醇、防治心血管系统疾病的作用。向日葵油还含有丰富的维生素A、维生素D、维生素E和类胡萝卜素等物质,食用后有利于人体的发育和代谢。向日葵油是重要的轻工业原料,是肥皂、香皂和各种食用器具洗涤剂的原料,是制造各种油漆的原料,用它制造的油漆保色性能好,不反黄,还可以加工为润滑油,纺织工业、造纸工业也都需要向日葵油。

向日葵的花、花盘、茎秆、皮壳都可以综合利用。花为筒状小花,有发达的蜜腺,是重要的蜜源,可以发展养蜂业。花盘营养丰富,适口性好,其糖分含量比大麦、燕麦高2倍,总的营养价值近于精饲料。皮壳占籽实重量的30%左右,可制作活性炭、硫酸钾和提取糠醛。茎秆中含有大量的纤维,是造纸和压制纤维板的原料。向日葵适应性广,抗逆性强,对温度、光照不敏感,适于在各种自然条件下种植。对干旱、盐碱、瘠薄都有一定的耐性,在土壤含盐量0.4%的盐碱地上也能获得一定收成,是开发盐碱地的先锋作物。

二、向日葵全膜双垄覆盖垄侧播种栽培技术效益

(一)水分效应

向日葵全膜双垄覆盖垄侧播种栽培技术集沟垄相间、垄面集水、覆膜抑蒸保水为一体,极大地改善了土壤水分条件,解决了因干旱覆膜难、出苗及苗期生长发育对水分的需求问题,保证了苗全、苗壮。整个生育期土壤蓄水能力增加,可获得高产高效。

水分效应主要表现在土壤含水量特别是耕作层含水量增加，土壤贮水量增加，降水利用率、水分利用效率提高。据彭阳县农业技术推广服务中心 2010 年试验（表 2-2-148），向日葵不同生育期 1 m 内土壤含水量全膜双垄覆盖均高于播期半膜覆盖，尤以耕作层 0~20 cm、20~40 cm 明显，0~20 cm 土壤含水量 3 种全膜双垄覆盖平均比播期半膜覆盖高 2.3 个百分点，20~40 cm 土壤含水量高 1.63 个百分点，其中，播种期 0~20 cm 土壤含水量 3 种全膜双垄覆盖平均较播期半膜覆盖高 2.2 个百分点，20~40 cm 土壤含水量高 2.07 个百分点；出苗期0~20 cm 土壤含水量较播期半膜覆盖高 1.87 个百分点。

表 2-2-148　全膜双垄覆盖栽培条件下油葵不同生育期0~100 cm 土壤含水量（彭阳县）

覆膜方式	土层深度/cm	土壤含水量/%			
		播种期	出苗期	花序形成期	成熟期
秋季全膜双垄覆盖	0~20	18.8	17.5	17.5	17.0
	20~40	18.0	16.4	16.7	16.7
	40~60	16.3	15.4	15.6	16.0
	60~80	15.6	14.4	14.6	15.5
	80~100	15.0	13.5	13.7	14.8
	平均	16.7	15.4	15.6	16.0
早春全膜双垄覆盖	0~20	16.0	17.1	16.6	16.3
	20~40	15.6	15.6	15.5	15.6
	40~60	15.3	14.9	15.0	14.8
	60~80	14.7	14.1	13.8	14.1
	80~100	14.1	13.3	13.0	13.7
	平均	15.1	15.0	14.8	14.9
播期全膜双垄覆盖	0~20	14.1	16.7	15.9	14.5
	20~40	13.7	14.4	14.9	13.2
	40~60	13.3	14.5	14.3	12.5
	60~80	12.9	14.0	13.3	12.3
	80~100	12.6	13.1	12.4	14.9
	平均	13.3	14.5	14.2	13.5
播期半膜覆盖	0~20	14.1	15.4	13.9	14.8
	20~40	13.7	13.6	13.8	14.5
	40~60	13.3	13.5	13.4	14.3
	60~80	12.9	13.2	13.0	13.5
	80~100	12.6	12.7	12.2	13.3
	平均	13.3	13.7	13.3	14.1

1 m 内土壤贮水量 3 种全膜双垄覆盖平均较播期半膜覆盖增加 65.4 mm，其中播种期增加21.28 mm，出苗期增加 15.71 mm。秋季全膜双垄覆盖播种期 1 m 内土壤贮水量达到 207.08 mm，较播期半膜覆盖增加42.16 mm（表2–2–149）。

表 2–2–149　油葵全膜双垄覆盖条件下 1 m内土壤贮水量（彭阳县）

单位：mm

覆膜方式	1 m内土壤贮水量			
	播种期	出苗期	花序形成期	成熟期
秋季全膜双垄覆盖	207.08	190.96	193.44	198.40
早春全膜双垄覆盖	187.24	186.00	183.52	184.76
播期全膜双垄覆盖	164.29	179.80	176.00	167.40
3 种全膜双垄覆盖平均	186.20	185.59	184.32	183.52
播期半膜覆盖	164.92	169.88	164.92	174.84

土壤水分的增加，促进了向日葵的生长发育，从而提高了降水利用率和水分利用效率。降水利用率油葵全膜双垄覆盖比播期半膜覆盖高 3.85 个百分点，水分利用效率 3 种全膜双垄覆盖方式平均比播期半膜覆盖提高了 18.37%（表 2–2–150）。

表 2–2–150　油葵全膜双垄覆盖条件下水分利用效率（彭阳县）

覆膜方式	播前 2 m 内土壤贮水量/mm	收获时 2 m 内土壤贮水量/mm	生育期降水量/mm	耗水量/mm	经济产量/（kg·hm^{-2}）	水分利用效率/（kg·mm^{-1}·hm^{-2}）
秋季全膜双垄覆盖	358.8	229.6	401.2	530.4	3 060	5.77
早春全膜双垄覆盖	335.3	214.2	401.2	522.5	2 924	5.60
播期全膜双垄覆盖	303.0	195.8	401.2	508.4	2 864	5.63
播期半膜覆盖	303.0	201.6	401.2	502.6	2 409	4.79

（二）温度效应

向日葵在全膜双垄覆盖条件下，增温极为明显，全生育期≥0℃有效地积温3 种全膜双垄覆盖平均 3 080.13℃，比播期半膜覆盖增加 551.76℃（表 2–2–151，表 2–2–152），满足了中晚熟、晚熟品种对温度的要求，改变了品种布局，发挥了品种的增产作用。同时增温多有利于出苗，植株生长发育快、秆粗、盘大、抗倒伏，为增产奠定了良好的基础。

表 2–2–151　全膜双垄覆盖条件下油葵各生育期 0~20 cm 土壤平均温度（彭阳县城阳乡涝池村）

单位：℃

覆膜方式	0~20 cm 土壤平均温度					
	播种期	出苗期	二对真叶期	花序形成期	开花期	成熟期
秋季全膜双垄覆盖	17.19	18.56	24.03	26.94	27.44	13.02
早春全膜双垄覆盖	16.35	17.65	22.47	26.34	26.81	12.70
播期全膜双垄覆盖	15.65	16.90	20.96	25.78	26.11	12.47
3 种全膜双垄覆盖平均	16.39	17.70	24.49	26.35	26.79	12.73
播期半膜覆盖	13.89	15.00	16.29	22.20	23.65	10.07

表 2-2-152 油葵全膜双垄覆盖条件下土壤≥0℃有效地积温(彭阳县城阳乡涝池村)

单位:℃

覆膜方式	≥0℃有效地积温					全生育期≥0℃有效地积温
	播种—出苗期	出苗—二对真叶期	二对真叶—花序形成期	花序形成—开花期	开花—成熟期	
秋季全膜双垄覆盖	107.25	298.13	1 325.22	486.42	974.04	3 191.06
早春全膜双垄覆盖	102.00	280.84	1 269.06	478.35	948.24	3 078.49
播期全膜双垄覆盖	97.65	265.02	1 215.24	467.01	925.92	2 970.84
3 种全膜双垄覆盖平均	102.30	281.33	1 269.84	478.26	948.40	3 080.13
播期半膜覆盖	86.67	219.03	1 000.74	412.65	809.28	2 528.37

(三)产量及经济效益

在全膜双垄覆盖垄侧播种条件下,土壤水热条件改善,向日葵栽培品种由早熟调整为中熟、中熟调整为中晚熟,农艺性状好,茎粗盘大,盘粒数、千粒重比播期半膜覆盖增加,产量提高。油葵在全膜双垄覆盖条件下每公顷产量达 2 949 kg,比播期半膜覆盖增产 540 kg/hm^2,增幅达 22.4%,增效 15.74%(表 2-2-153、表 2-2-154)。

表 2-2-153 全膜双垄覆盖条件下油葵农艺性状及产量(彭阳县城阳乡涝池村)

覆膜方式	株高/cm	茎粗/cm	盘径/cm	盘粒数/(粒·盘$^{-1}$)	千粒重/g	产量/(kg·hm^{-2})
秋季全膜双垄覆盖	209	3.12	19.9	1 243	51.6	3 060
早春全膜双垄覆盖	202	2.85	19.3	1 193	50.9	2 924
播期全膜双垄覆盖	198	2.74	19.0	1 170	50.6	2 864
3 种全膜双垄覆盖平均	203	2.90	19.4	1 202	51.0	2 949
播期半膜覆盖	183	2.30	17.7	1 006	49.9	2 409

表 2-2-154 全膜双垄覆盖条件下油葵经济效益(彭阳县城阳乡涝池村)

单位:元/hm^2

覆膜方式	投入			产值		纯收入
	物化劳动	活劳动	合计	主产物	副产物	
秋季全膜双垄覆盖	5 429	1 800	7 229	9 180	0	1 951
早春全膜双垄覆盖	5 039	1 575	6 614	8 772	0	2 158
播期全膜双垄覆盖	5 039	1 575	6 614	8 592	0	1 978
3 种全膜双垄覆盖平均	5 169	1 650	6 819	8 847	0	2 028
播期半膜覆盖	4 349	1 125	5 474	7 227	0	1 753

注:投入中物化劳动包括农家肥、化肥、种子、地膜、农药、机械费用;活劳动包括人工。油葵籽粒 3 元/kg。

食用葵在全膜双垄覆盖垄侧播种栽培条件下,经在年降水量 360 mm、海拔 1 800 m 的海原县武塬村和年降水量 400 mm、海拔 1 701 m 的原州区彭堡镇别庄村 2 点试验(表 2-2-155),3 种全膜双垄覆盖方式,平均产量达 3 981.5 kg/hm^2,比播期半膜覆盖增产725.8 kg/hm^2,增幅22.3%。其中原州区试点食用葵全膜双垄覆盖比播期半膜覆盖株高高 20 cm、茎粗粗0.35 cm、叶片多 2.2 片、盘径大 0.57cm、千粒重高 4.6 g、空秕率低 0.89%、产量高 475.65 kg/hm^2，增幅9.8%，经济效益增加10.92%(表 2-2-156、表 2-2-157)。

表 2-2-155　全膜双垄覆盖垄侧播种条件下食用葵产量

单位：kg/hm^2

试验地点	产量				
	秋季全膜双垄覆盖	早春全膜双垄覆盖	播期全膜双垄覆盖	3 种全膜双垄覆盖平均	播期半膜覆盖
海原县武塬村(海拔 1 800 m，年降水量 360 mm，塬地)	2 925.0	2 700.000	2 253.00	2 626.0	1 650.000
原州区彭堡镇别庄村(海拔 1 701 m，年降水量 400 mm，川地)	5 437.2	5 331.150	5 242.65	5 337.0	4 861.350
两地平均	4 181.1	4 015.575	3 747.83	3 981.5	3 255.675

表 2-2-156　全膜双垄覆盖条件下食用葵农艺性状及产量(原州区彭堡镇别庄村)

覆膜方式	株高/cm	茎粗/cm	叶片数/片	盘径/cm	千粒重/g	空秕率/%	单株盘粒重/g	苗数/(株·hm^{-2})	理论籽粒产量/(kg·hm^{-2})	实际籽粒产量/(kg·hm^{-2})	茎秆产量(干重)/(kg·hm^{-2})	粒秆比
秋季全膜双垄覆盖	176.3	3.45	37.4	20.87	161.1	6.33	165	35 700	5 890.5	5 437.20	11 566.8	1:2.13
早春全膜双垄覆盖	171.7	3.45	37.7	20.90	160.1	7.23	162	35 700	5 783.4	5 331.15	11 245.5	1:2.11
播期全膜双垄覆盖	171.7	3.35	38.1	20.80	157.8	7.47	161	35 700	5 747.7	5 242.65	10 852.5	1:2.07
3 种全膜双垄覆盖平均	173.2	3.42	37.7	20.87	159.7	7.01	163	35 700	5 807.2	5 337.00	11 221.7	1:2.10
播期半膜覆盖	153.2	3.07	35.5	20.30	155.1	7.90	153	35 700	5 462.1	4 861.35	8 639.4	1:1.78

表 2-2-157　全膜双垄覆盖条件下食用葵经济效益(原州区彭堡镇别庄村)

单位：元/hm^2

覆膜方式	投入			产值			纯收入
	物化劳动	活劳动	合计	主产物	副产物	合计	
秋季全膜双垄覆盖	5 700	3 450	9 150	39 147.84	1 156.65	40 304.49	31 154.49
早春全膜双垄覆盖	5 700	3 450	9 150	38 384.28	1 124.55	39 508.83	30 358.83
播期全膜双垄覆盖	5 700	3 450	9 150	37 747.08	1 085.25	38 832.33	29 628.33
3 种全膜双垄覆盖平均	5 700	3 450	9 150	38 426.40	1 122.17	39 548.57	30 398.57
播期半膜覆盖	5 460	3 000	8 460	35 001.75	864.00	35 865.75	27 405.75

三、宁夏旱作农业区向日葵生产存在的问题

宁夏旱作农业区近年来向日葵生产有了长足发展，但生产水平仍处于低而不稳的状态。生产中存在的主要问题：一是干旱。宁夏旱作农业区大部分地处我国黄土高原西北部，为温带大陆性气候，降水偏少，向日葵生产区域年降水量在 277~480 mm。降水季节分布不均，3—4 月占全年降水量的 8%~8.5%，5—6 月占全年降水量的22%~23%，7—9 月占全年降水量的 57.4%~58.1%，降雨主要集中在 7—9 月，常常以暴雨出现，占年降水量的 30%~50%。降水年际变幅大，相对变率在 16%~29%，干旱发生频繁。适合向日葵生长的旱作农业区的中北部，干旱发生概率达 67.7%~70.9%，特别是春旱、春夏连旱发生概率较高。年蒸发

量大，是降水量的3~10倍，致使向日葵不能适时播种、出苗。在生长关键期降水仅占全年降水量的23%~27%，常因干旱而减产。二是土壤瘠薄。向日葵种植区域土壤中全氮、碱解氮、有效磷含量低，有机质含量为10.2 g/kg、全氮为0.63 g/kg、碱解氮为54.93 mg/kg、有效磷为6.67 mg/kg。三是栽培技术落后，表现为抗旱耕作覆膜保墒技术水平低，品种老化、混杂，抗病、抗旱性差。品质不优，商品性不好，市场竞争能力不强。四是加工水平落后，效益偏低，销售网络不全，流通滞后。

四、向日葵全膜双垄覆盖垄侧播种栽培技术

(一)向日葵对环境条件的要求

向日葵是喜温作物，又耐低温，对不同的气候条件有很强的适应性。

1. 温度

向日葵的种子能在低温下萌发，幼苗期抗低温能力比玉米、高粱强，向日葵种子在地温2℃时就可以萌动，5℃时就可以发芽出土，6~8℃时能完全满足发芽出苗对温度的要求。一般温度低，出苗时间长，温度适宜，出苗快且整齐。据资料介绍，在3~7℃时播种到出苗需要22~30 d，12~14℃时需要9~11 d，当温度升高到16℃时只需要7 d。向日葵幼苗可耐-6℃的低温，也能忍耐短时间-7~-8℃的低温。它能在25~30℃的高温下生长，也能在13~17℃的较低温度下正常生长，但在低温条件下开花期和成熟期延迟，成熟期如遇-1℃的低温，叶片就会脱落。

向日葵从出苗到成熟需要≥5℃活动积温，一般早熟品种为2 000~2 200℃，中熟品种为2 200~2 400℃，中晚熟品种为2 400~2 600℃，晚熟品种为2 600℃以上。

2. 水分

向日葵是抗旱性较强的作物，蒸腾系数为469~569。其抗旱性较强的原因主要有：一是它具有强大的根系，入土深，分布广，能够吸收土壤深层的水分。二是茎秆上密生白茸毛，可降低茎秆表面的温度，减少水分蒸发，茎秆中充满海绵状髓，能贮存很多水分。三是叶面有一层蜡质层，能减少水分蒸发。因此在土壤和大气干旱时，植株有顽强的忍耐能力，不至于死亡。

据报道，向日葵播种后种子吸收自身重量56%的水分就能萌动发芽。出苗到现蕾期是向日葵比较抗旱的时期，适当的干旱能促进根系发育，使植株健壮，有蹲苗作用。这一时期的需水量占整个生育期总需水量的19%左右。现蕾到开花期是向日葵一生中生长速度最快的时期，也是对水分需求最多的阶段，此时期需水量约占整个生育期总需水量的43%。这一时期是花盘发育、籽粒形成的关键时期，如果水分不足，花盘小，百粒重就会下降，产量和含油率也会降低。据介绍，土壤持水量在17.5%时，籽粒含油率为45.1%；土壤持水量在22.5%时，籽粒含油率为51.1%；土壤持水量在32.5%时，籽粒含油率为55.9%。

据有关研究报道，花原基形成到收获时期缺水会造成减产。在花器形成到种子完全成熟这40天缺水，减产更严重。如缺水，授粉不好，受精种子少，造成秕粒。

3. 光照

向日葵是喜光作物，它的幼苗、叶片和花盘都有很强的向阳(日)性。叶和花盘随太阳转动在地球上纬度不同地区是有差别的。在高纬度地区花盘转动方向是早晨向东，中午向南，傍晚向西。品种不同，向阳性的强弱也不同。这种现象在大部分小花完成授粉以后就停止了。这是因为小花受精后，籽实逐渐形成，花盘越来越重，向下的重力超过了横向的转动力，因此，花盘下垂就不再转动。停止转动后，90%以上的花盘向东或略向东偏南倾斜。

向日葵属短日照作物。一般品种对光照的反应不敏感，特别是早熟品种。但日照对向日葵的生长发育仍有很大作用。生育前期日照充足，能促进茎叶生长、开花授粉，花盘发育正常；生育后期则有利于养分制造和贮运，保证籽粒饱满。

4. 土壤

向日葵对土壤要求不严格，从沙壤土到重黏土，从偏酸性土壤到盐渍土壤都可以栽培。它最突出的特点是耐盐碱能力比其他作物强，一般在含盐量0.4%以下的盐碱地上能正常生长，耐盐性比玉米高1倍，比小麦高60%。

向日葵虽对土壤要求不严，但种植在肥力较高、结构良好的中性土壤上，籽实产量和含油量均比种植在瘠薄地上显著增加。种植在含盐量过高的土壤上不仅出苗率降低，出苗速度延缓，出苗所需天数延长，而且生长发育也会受到影响和抑制，甚至致死（表2-2-158）。

表2-2-158 不同全盐量的盐碱地对向日葵出苗率和出苗天数的影响

全盐量/%	出苗率/%	出苗天数/d	全盐量/%	出苗率/%	出苗天数/d
0.2	91.0	9	0.8	10.5	25
0.3	86.7	9	0.9	2.1	17
0.4	63.6	13	1	3.4	25
0.5	56.8	13	1.1	3.4	25
0.6	35.8	21	1.2	0	
0.7	8.4	25			

5. 养分

向日葵虽是耐瘠薄作物，但对养分的需求量较大，特别是对氮、磷、钾需求量较多。据辽宁省农业科学院研究，每生产食用型籽实100 kg，需N 6.22 kg、P_2O_5 1.33 kg、K_2O 14.6 kg；每生产油用型籽实100 kg，需N 7.44 kg、P_2O_5 1.86 kg、K_2O 16.6 kg。

向日葵需钾较多，氮次之，磷较少。现蕾到开花期特别是花盘形成到开花期，是向日葵养分吸收的关键时期。出苗至花盘形成期间需磷较多，花盘形成至开花末期需氮较多，而花盘形成至蜡熟期吸收钾较多。

氮素对向日葵生命活动起着重要作用。在构成活细胞原生质的主要成分的蛋白质、核酸、磷脂中都含有氮素。氮素参与酶的合成，保证向日葵光合作用、呼吸作用的进行，同时，氮素又是叶绿素的组成元素之一，因此合理施用氮肥，能使向日葵生长旺盛、叶色浓绿、光合效率提高。如氮肥不足，苗期生长缓慢，茎细叶黄；生育中期缺氮，下部叶片早期变黄，花盘较小，单产降低。但氮肥施用过多，苗期易造成茎叶徒长，后期贪青晚熟，还会影响油分的积累和形成。据资料介绍，向日葵从出苗到现蕾消耗的氮素占全生育期氮素总消耗量的35%左右，现蕾到开花占32%，开花到成熟占33%。

磷素在向日葵一生中起着非常重要的作用。种子胚中含磷量最多，它能促进细胞分裂并使原生质提高黏滞性，增强保水能力，有利于根的呼吸，增强对干旱、倒伏的抵抗能力，使植株生长健壮、叶片肥大、小花增多、籽粒饱满，提高单株生产力。磷肥对油分的形成和积累有良好的作用。磷肥不足就会影响细胞增殖，植株生长就会受到抑制，还会使碳水化合物和蛋白质的合成受阻。所以栽培向日葵绝不可忽视磷肥。据报道，磷素在向日葵出苗到现蕾期的消耗量占总消耗量的21%左右，现蕾到开花期的消耗量占总消耗量的33%，开花到成熟期消耗较多，占总消耗量的 46%左右。

钾素是向日葵植株中含量最高的元素。钾素在体内能促进多种代谢反应，对光合作用、光能利用及光合产物的输送、蛋白质合成、水分利用、作物抗病、抗低温、抗倒伏以及耐干旱、耐盐碱等性能都有一定的促进作用。钾素不足时，植株生长缓慢，叶黄绿色或黄色，含油量下降，抗逆性和抗病性减弱。严重缺钾时，细胞将严重脱水，造成整个细胞死亡。因此，在栽培中应供给充足的钾素。据报道，钾肥在向日葵出苗到现蕾期消耗较多，占总消耗量的 40%左右，现蕾到开花期的消耗量占总消耗量的 26%，开花到成熟期的消耗量占总消耗量的 34%左右。钾素在植株体内各部位的含量是：花盘 6.24%，叶片 5.9%，茎秆 5%，种子含钾量很少，只占 2.52%。

向日葵对微量元素需求量虽然不多，但其也是不可缺少的营养元素。向日葵需硼较多，硼可促进花器发育，有利于授粉，能提高结实率 4.2%~6.2%。硼还可以提高种子含油率。缺硼将导致花粉发育不良，并引起花盘畸形。锰参与向日葵光合作用，对油分形成过程有促进作用。铜可以改善向日葵体内蛋白质和碳水化合物的代谢，提高种子含油率。据资料介绍，施硼 4.95 kg/hm^2 可使葵花籽增产 332.25 kg/hm^2，施锰 4.95 kg/hm^2 可使葵花籽增产 300 kg/hm^2，施钴 3.45 kg/hm^2、施锌1.05 kg/hm^2 均可使葵花籽增产 240 kg/hm^2。由此可见，施用微量元素仍然是一项不可忽视的增产措施。

（二）向日葵全膜双垄覆盖垄侧播种栽培技术

1. 选地及合理轮作倒茬

向日葵虽耐瘠薄、耐干旱、对土壤适应性强，但在全膜双垄覆盖条件下应选择土层深厚、有机质含量高、结构好、保水保肥能力强、酸碱度中等（pH 6~8）、肥力中上、营养丰富的土壤，以川地、塬地、梯田为好，能使根系发达、入土深，容易满足向日葵对水分、养分的需求，产量高而稳定，品质优，收入颇丰。

向日葵忌连作、重茬、迎茬。连作会使土壤养分特别是钾素过度消耗，地力难以恢复；也会为病虫和杂草创造孳生繁殖的条件，病害如菌核病、锈病、褐斑病、霜霉病、叶枯病以及虫害葵螟、蛴螬、小地老虎等，都会因连作而扩大蔓延，为害加剧，造成严重减产。据资料介绍，向日葵重茬比玉米茬减产 9.7%，比春小麦茬减产 10.6%，比马铃薯茬减产 11.6%，向日葵重茬 3 年减产74.7%（表 2–2–159）。

表 2–2–159 向日葵重茬对籽实产量的影响

前茬作物	向日葵产量/(kg·hm^{-2})	重茬较其他茬减产/%
向日葵	1779.75	—
春小麦	1989.75	–10.6
玉米	1970.25	–9.7
马铃薯	2013.75	–11.6

注：数据来自《油料作物丰产栽培技术》。

前作以禾谷类作物为好，轮作 4~5 年，如有列当寄生则实行 8~10 年轮作。豆茬和麦茬是向日葵的理想前茬，因为豆科作物的根瘤菌可以固定空气中的氮素，除自身消耗外可提供下茬作物吸收利用。小麦茬收获早、耕地早，土壤肥力高，给向日葵遗留的养分和水分较多，能给向日葵提供优良的土壤条件。半干旱偏旱区以休闲歇地较好，既能提供良好的水分条件，又能提供充足的营养条件。深根性牧草不宜做向日葵的前茬，因为这些作物均为深根系作物，都要大量消耗土壤深层中的水分和养分，影响向日葵对水肥的需求而不能高产（表 2–2–160）。

表 2-2-160 前茬对向日葵产量的影响

前茬作物	向日葵产量/(kg·hm^{-2})
豌豆	2 630.25
小麦	2 460.00
玉米	25 80.00

注:数据来自《油料作物丰产栽培技术》。

2. 整地保墒、合理施肥

向日葵整个生育期需水需肥较多,其根系大部分集中在 40 cm 耕作层内,侧根可斜向伸到 80 cm 以外,因此种植向日葵的地块应进行伏耕、秋耕或深松、深耕及覆膜前整地。

深耕能加深耕作层、打破犁底层,不仅能增强土壤蓄水保墒能力,提高降雨利用率,还能改善土壤结构,促进根系发育,扩大根系分布范围,增强作物利用土壤深层贮水的能力,提高作物的抗旱性。据原州区农业技术推广服务中心在降雨后测定,深耕 24 cm 比浅耕 15 cm,0~10 cm 土壤水分高 4.65 个百分点,深耕 30 cm 渗水贮水能力更强。因此,种植向日葵的田块进行深耕尤为重要。据调查,目前固原市土壤18 cm 处普遍形成犁底层,深耕势必要打破犁底层,使土壤深层水、肥、气、热等因素得到改善,以满足向日葵根系发育所需要的条件,耕深一般以 25~30 cm 为宜。

深松就是用机引深松铲取代有壁犁,对土壤只松不翻。深松 30~40 cm,可将传统耕作历年所造成的犁底层打破。据李顺昌研究,深松 30 cm 后 0~50 cm 土壤固相、气相、液相比例得到改善,特别是犁底层以下,30~60 cm 土壤的有效贮水量比传统耕作法增加 8.6%~30.08%。深松还能提高土壤温度,加快土壤养分的转化,促进作物早出苗。深松对向日葵生长发育十分有利,一般3 年1 次。

前茬为麦茬,在伏深耕的基础上白露时及时浅耕收耱,冬春应适时采取耱地、镇压保墒防旱措施,为覆膜播种打下良好的土壤基础。

合理施肥是向日葵高产的关键,根据向日葵的营养特点和需肥规律,必须做到基肥与追肥、农家肥与化肥相结合。实践证明,向日葵基肥应以农家肥为主,特别是牲畜圈粪,养分齐全,含量高,肥效时间长,施用后对土壤肥力和向日葵产量都有良好作用。据试验,施圈肥15 000~18 750 kg/hm^2 比不施增产 225~450 kg/hm^2。基肥应结合秋耕施入或播前整地施入(表 2-2-161、表 2-2-162)。

表 2-2-161 油葵配方施肥建议

单位:kg/666.7 m^2

目标产量	施养分总量			折实物肥料施用量						
	氮	磷	钾	基肥						追肥
				配方肥		尿素(或碳酸氢铵)	磷酸二铵	重钙(或普钙)	硫酸钾	尿素(现蕾期)
				剂型	数量					
应用单质化肥及二元化肥										
100	6.7	3.0	0	方案 1		9.1(25)		6.5(25)	0	5.4
				方案 2		6.6(18)	6.5		0	5.4
150	10.0	4.6	0	方案 1		13.7(37)		10.0(38)	0	8.7
				方案 2		9.8(26)	10.0		0	8.7

续表

目标产量	施养分总量			折实物肥料施用量						
				基肥						追肥
	氮	磷	钾	配方肥		尿素（或碳酸氢铵）	磷酸二铵	重钙（或普钙）	硫酸钾	尿素（现蕾期）
				剂型	数量					
200	14.0	6.3	3	方案 1		18.3(49)		13.7(52)	5.6	12.4
				方案 2		12.9(35)	13.7		5.6	12.4
基施配方肥+追施单质化肥										
100	6.7	3.0	0	A	24.7					5.4
150	10.0	4.6	0	A	37.1					8.7
200	14.0	6.3	3	A	49.4					12.4

注：1. 应坚持施用有机肥，在此基础上合理施用化肥；
2. 根据向日葵长势及降雨等情况，表中建议施肥量可少量增减；
3. 肥料必须深施；
4. 配方肥 A 为 36%(17-12-7)-S；
5. 可自己配制配方肥，按本表中基肥对应的各种化肥数量组合即可（一般不宜用碳酸氢铵），应现配现用，防止物理性质变差。

表 2-2-162　食用葵施肥指标体系

单位：kg/666.7 m²

目标产量	施肥总量			基施量			现蕾期追施量
	氮	磷	钾	氮	磷	钾	氮
200~250	13.2~16.7	4.7~6.1	2.6~4.7	7.9~10.0	4.7~6.1	2.6~4.7	5.3~6.7
250~300	16.7~20.5	6.1~8.4	4.7~6.2	10.0~12.3	6.1~8.4	4.7~6.2	6.7~8.2
300~350	20.5~24.3	8.4~10.1	6.2~9.3	12.3~14.6	8.4~10.1	6.2~9.3	8.2~9.7
>350	>24.3	>10.1	>9.3	>14.6	>10.1	>9.3	>9.7

全膜双垄覆盖垄侧播种技术使向日葵生长发育环境改善，产量增加，故应增加施肥量，农家肥施用量达到45 000~60 000 kg/hm²。化肥依目标产量而定，油葵产量 3 000 kg/hm²，施 N 210 kg/hm²、P_2O_5 94.5 kg/hm²、K_2O 45 kg/hm²，氮肥 60%基施、40%追施，磷、钾肥全部基施。

食用葵化肥用量多于油葵，目标产量 4 500 kg/hm²，施 N 307.5 kg/hm²、P_2O_5 126 kg/hm²、K_2O 93 kg/hm²。氮肥 60%基施，40%追施。

3. 土壤消毒，防治虫害草害

地下害虫为害严重的地块，结合播前整地，用 40%辛硫磷乳油 7.5 kg/hm²，加细沙土 450 kg/hm² 拌成毒土撒施，或兑水 750 kg 喷施。杂草危害严重的地块，起垄后用 50%乙草胺乳油 1.5 kg 兑水 750 kg 全地面喷施，每垄喷完后及时覆膜。

4. 适时抢墒起垄覆膜

（1）覆膜时间。

秋季覆膜：在10月中下旬至11月上旬起垄覆膜。此时覆膜能够有效阻止秋、冬、春三季土壤水分的蒸发，最大限度地保蓄土壤水分，但是地膜在田间保留时间长，要加强冬季管理，秸秆富余的地区可用秸秆覆盖护膜。

早春顶凌覆膜：3月上中旬土壤消冻10~15 cm时起垄覆膜。此时覆膜可有效阻止春季土壤水分的蒸发，提高地温，保墒增温效果好。

(2)起垄覆膜方法。按带宽110 cm，大垄底宽70 cm、高10~15 cm，小垄底宽40 cm、高15~20 cm的规格，选用厚0.01 mm、宽120 cm的白色地膜。选用全膜双垄覆盖专用机械一次完成开沟、起垄、施肥、整形、喷药、铺膜工作。

田间覆膜完成后，切实抓好防护管理工作，严禁牲畜入地践踏，防止大风揭膜。要经常沿垄沟逐行检查，一旦发现破损，及时用细土盖严。覆膜后1周左右，地膜紧贴垄面时，在垄沟内每隔50 cm扎一直径3 mm的渗水孔，使沟内的集水能及时渗入土中。

5. 选用良种，精细播种

全膜双垄覆盖垄侧播种技术使土壤水、热、气条件得以改善，选用的品种不仅要产量高、品质佳、商品性好，而且要抗叶斑病、耐菌核病、空瘪率低。

(1)选用适合全膜双垄覆盖垄侧播种的优良品种。经多年多点引种试验，食用葵应选种HF5009、LD5009、777C、RH6009、黑白边等抗逆性强、感病率低、出籽率高、商品性好、生育期相对较长的中晚熟、晚熟品种。在年降水量250~300 mm的地区，应选种RH6009、黑白边、三道眉、星火。在盐池县麻黄山乡试验(表2-2-163)，RH6009、黑白边2个品种表现好。RH6009生育期为119 d，株高167.6 cm，黑白边生育期为134 d，株高276.8 cm，抗倒伏性强、产量高。RH6009产量达2 418 kg/hm^2，比对照黑大片增产424.5 kg，增幅21.3%；黑白边产量为2 442.0 kg/hm^2，比对照黑大片增产448.5 kg，增幅22.5%。

表2-2-163　向日葵不同品种产量(盐池县麻黄山乡)

品种	产量/(kg·hm^{-2})	较对照增产/(kg·hm^{-2})	增产率/%
黑大片(CK)	1 993.5	—	—
三道眉	2 154.0	220.5	11.4
星火	2 160.0	226.5	11.7
RH6009	2 418.0	424.5	21.3
黑白边	2 442.0	448.5	22.5
先瑞9号	2 077.5	144.0	7.4

在常规农家品种中三道眉、星火2个品种较好。三道眉株高2.36 m，花盘大而扁平，千粒重115 g、籽实含油率32%，抗旱、耐寒。在盐池县麻黄山乡，产量达2 154 kg/hm^2，比对照黑大片增产8%。星火花盘大，千粒重达152.6 g，比对照黑大片增产8.4%，株高3.17 m，抗倒伏性较三道眉弱。

在年降水量450 mm、海拔1 600 m的彭阳县城阳乡涝池村试验，F2008表现较好(表2-2-164)，株高178 cm，茎粗3 cm，盘径适中，为19.1 cm，空秕率低，为6.6%。籽粒大，千粒重199.1 g，比对照矮大头高21 g，产量3 551.1 kg/hm^2，比对照矮大头增产284 kg/hm^2，增幅8.7%。

在海拔1 700 m、≥10℃有效地积温2 500℃、年降水量400 mm的原州区彭堡镇别庄村试验，杂交品种HF5009、LD5009、777C 表现较好(表 2-2-165)。

表 2-2-164 向日葵不同品种产量及显著性分析(彭阳县城阳乡涝池村)

品种	小区产量/(kg·35.2 m^{-2})				折合产量/(kg·hm^{-2})	较对照增产/%	产量位次
	Ⅰ	Ⅱ	Ⅲ	平均			
SH815	9.1	9.8	8.1	9.0	2 556.8	-21.7	6
F2008	13.9	12.2	11.3	12.5	3 551.1	8.7	1
3135	11.5	13.4	12.0	12.3	3 494.3	7.0	2
X9696	10.7	9.7	10.9	10.4	2 954.6	-9.6	4
R113146	9.2	10.9	10.4	10.2	2 897.7	-11.3	5
矮大头(CK)	12.3	11.6	10.5	11.5	3 267.1	—	3

表 2-2-165 食用向日葵不同品种产量(原州区彭堡镇别庄村)

品种	籽实产量/(kg·hm^{-2})	籽实产量位次	秸秆产量/(kg·hm^{-2})	粒秆比
LD5009(CK)	3 700.20	2	9 379	1:2.53
HF5009	3 721.35	1	9 480	1:2.55
777C	3 696.15	3	9 477	1:2.56
139	2 931.45	6	7 846	1:2.68
L-826	3 290.10	5	8 244	1:2.51
HF60	3 664.80	4	7 872	1:1.92

HF5009 抗逆性强,中抗菌核病,生长势强,叶片上举,利于田间通风透光,增加光合强度。在全膜双垄覆盖条件下,生育期 117 d。中秆,盘径大(18 cm 左右),千粒重高,产量高达 3 721.35 kg/hm^2。LD5009 产量仅次于 HF5009,为 3 700.2 kg/hm^2。777C 生育期 120 d,植株田间生长旺盛,盘径大,最大可达 32 cm,粒多粒重,最高可达 1 134 粒/盘,千粒重 170.6 g,籽粒宽扁,中抗菌核病,产量 3 696.15 kg/hm^2。

油葵在海拔 1 700 m、年降水量 300 mm 左右的地区选种 AK50、AK17、S31,均比 G101 增产 16.16%~42.12%(表 2-2-166)。

AK50 生育期 110 d,株高 177.2 cm,茎粗 2.91 cm,盘径 24.2 cm,盘粒数 1 851 粒,千粒重 66.4 g,产量达 3 244.5 kg/hm^2,比 G101 增产 42.12%。

S31 生育期 107 d,株高 182.1 cm,茎粗 2.71 cm,盘径 20.1 cm,盘粒数 1 561 粒,产量 2 740.5 kg/hm^2,比 G101 增产 20.04%。

AK17 生育期 100 d,株高 153.5 cm,茎粗 3.04 cm,盘径 23.5 cm,盘粒数 1 628 粒,千粒重 61.7 g,产量 2 652 kg/hm^2,比 G101 增产 16.16%。

在海拔 1 620 m、年降水量 400~450 mm、≥10℃年积温 2 400℃的彭阳县长城塬一带选种先瑞 11 号、天葵 206(表 2-2-167)。

表 2-2-166　油葵不同品种农艺性状及产量(同心县预旺镇南塬村)

品种	株高/cm	茎粗/cm	盘径/cm	盘粒数/粒	千粒重/g	产量/(kg·hm^{-2})
白杂葵 95	126.4	2.12	18.2	1 039	79.1	2 170.5
S31	182.1	2.71	20.1	1 561	66.5	2 740.5
天葵 206	155.3	2.31	19.7	955	82.5	2 079.0
先瑞 11 号	172.4	2.49	22.1	1 257	63.4	2 104.5
富葵 1 号	183.9	2.22	22.5	1 338	68.6	2 422.5
AK17	153.5	3.04	23.5	1 628	61.7	2 652.0
AK50	177.2	2.91	24.2	1 851	66.4	3 244.5
G101(CK)	154.7	2.13	18.8	1 092	79.2	2 283.0

表 2-2-167　油葵不同品种农艺性状及产量(彭阳县城阳乡涝池村)

品种	株高/cm	茎粗/cm	盘径/cm	空秕率/%	盘粒数/粒	千粒重/g	产量/(kg·hm^{-2})
天葵 1208	224	3.0	20.4	17.1	1 053	49.1	2 159
富葵 1 号	205	2.8	19.4	11.6	1 000	53.7	2 379
S31	262	3.0	17.2	9.3	768	58.8	2 068
天葵 206	173	2.8	19.0	3.9	936	75.1	3 409
先瑞 11 号	196	2.3	22.2	4.7	1 220	62.9	3 689
G101(CK)	199	2.8	21.8	7.5	1 208	50.8	2 871

先瑞 11 号,株高 196 cm,茎粗 2.3 cm,盘径大,为 22.2 cm,空秕率低,为 4.7%,盘粒数1 220 粒,千粒重 62.9 g,产量达 3 689 kg/hm^2,比 G101 增产 28.5%。

天葵 206,株高 173 cm,茎粗 2.8 cm,盘径 19 cm,空秕率低,为 3.9%,盘粒数 936 粒,千粒重 75.1 g,产量 3 409 kg/hm^2,比 G101 增产 18.7%。

(2)精选种子。选择籽粒饱满、色泽一致的种子作为播种用种。据报道,千粒重 85 g 比 67 g 的种子可增产 150 kg/hm^2。同一品种种粒小,生长势弱,出苗 10 d 后根重 1 g、地上茎重 3 g,而大粒种子根重 2.2 g、地上茎重 6 g。同时大粒种子植株发育早,提前形成强大的根系,初花期可提早 2~5 d,对提高产量有明显的作用。采用筛选、风选的方法,除去秕粒、杂质,并在播种前晒种 2~3 d。

(3)适期早播。在全膜双垄覆盖条件下,土壤耕作层的微环境(水、气、热)发生了较大变化,为作物创造了良好的可适期早播的条件。在宁夏旱作农业区半干旱偏旱区多年研究试验示范证明,当 5~10 cm 土层温度连续 5 d 稳定在 8~10℃时即可播种,较常规露地种植提早 5~7 d,即可在 4 月上中旬播种,半干旱区在 4 月中下旬播种。杂交品种生育期大于 105 d,一般播种期为 4 月中旬;生育期小于 105 d,一般播种期为 4 月下旬。

(4)种植密度。密度试验结果表明,在半干旱区全膜双垄覆盖垄侧播种条件下,食用葵密度在2.4 万~3.75 万株/hm^2 范围内(表 2-2-168),随着密度的增加产量增加,从而形成了以 3.75 万株/hm^2 为拐点的抛物线。这表明食用葵种植 3.75 万株/hm^2 较为理想,产量达到 2 875.8 kg/hm^2,较习惯种植 2.7 万株/hm^2

增产26.6%。

表 2-2-168 不同种植密度下食用葵农艺性状及产量

密度/（万株·hm^{-2}）	株高/cm	茎粗/cm	叶片数/片	盘径/cm	千粒重/g	空秕率/%	单株盘粒重/g	盘数/（盘·hm^{-2}）	理论产量/（kg·hm^{-2}）	实际产量/（kg·hm^{-2}）	茎秆产量/（kg·hm^{-2}）	产量位次
2.40	147.7	2.6	34	18.3	136.3	6.6	96.7	24 000	2 320.80	2 050.05	4 287.75	6
2.70	143.2	2.6	34	17.6	125.7	7.2	90.0	27 000	2 430.00	2 272.35	4 520.25	5
3.30	142.3	2.5	36	17.5	125.4	7.0	88.7	33 000	2 927.10	2 832.75	5 600.25	2
3.75	143.8	2.5	36	17.5	125.1	7.9	87.3	37 500	3 273.75	2 875.80	6 060.30	1
4.20	136.5	2.3	36	15.6	114.6	8.9	68.8	42 000	2 889.60	2 555.10	5 382.75	3
4.80	135.7	2.3	36	15.3	109.1	9.7	55.9	48 000	2 683.20	2 381.10	4 915.20	4

在海拔 1 700 m、年降水量 277 mm 的同心县预旺镇南塬村试验证明（表 2-2-169），油葵密度在 2.25 万~5.25 万株/hm^2 的范围内，随着密度增加生育期缩短，株高、茎粗、盘径、盘粒数、千粒重随之降低。密度在 2.25 万~3.75 万株/hm^2 的范围内，随着密度增加产量增加，达到 3.75 万株/hm^2 时产量最高。超过 3.75 万株/hm^2 时，随着密度增加产量降低，从而形成了以 3.75 万株/hm^2 为拐点的抛物线。这表明在海拔1 700 m、年降水量 277~300 mm 的地区，油葵密度以 3.75 万株/hm^2 最佳，产量达 2 989.5 kg/hm^2，比习惯密度 3.2 万株/hm^2 增产 16.4%。因此，年降水量 300 mm 左右地区油葵最适宜的密度应为 3.75万株/hm^2。

表 2-2-169 不同种植密度下油葵农艺性状及产量

密度/（万株·hm^{-2}）	生育期/d	株高/cm	茎粗/cm	盘径/cm	盘粒数/粒	千粒重/g	产量/（kg·hm^{-2}）	产量位次
2.25	103	153.4	3.02	21.7	1 575	70.55	2 146.0	5
3.20	102	150.1	2.66	19.8	1 527	67.55	2 568.0	2
3.75	101	143.6	2.37	19.6	1 513	65.85	2 989.5	1
4.50	100	141.2	2.18	18.4	1 176	61.55	2 443.5	3
5.25	98	139.4	1.87	18.1	1 057	58.15	2 290.5	4

在海拔 1 600 m、年降水量 400~450 mm 的彭阳县城阳乡涝池村试验证明（表 2-2-170），在全膜双垄覆盖垄侧播种条件下，油葵密度在 3.75 万~7.5 万株/hm^2 的范围内，随着密度的增加，茎粗、盘径、盘粒数、千粒重降低。密度大于 5.25 万株/hm^2，茎秆纤细，后期倒伏，秕粒多；密度等于、小于 5.25 万株/hm^2，茎秆较粗壮，花盘大，粒多粒重，抗倒伏。密度在 3.75 万~5.25 万株/hm^2 的范围内，随着密度增加，产量增加，由 2 591 kg/hm^2 增加到 2 977 kg/hm^2。超过 5.25 万株/hm^2 时则降低，从而形成了以 5.25 万株/hm^2 为拐点的抛物线。这表明在年降水量 400 mm 左右的地区油葵密度以 5.25 万株/hm^2 较适宜。

播种方法：用点播器按株距在大垄两侧距沟底 3~5 cm 处破膜穴播，每穴 2 粒，油葵每公顷播量 3.75~7.5 kg，食用葵每公顷播量 30 kg，播深 3~5 cm，播种后立即按压播种孔，使种子与土壤贴紧。

表 2-2-170　不同种植密度下油葵农艺性状及产量(彭阳县城阳乡涝池村)

密度/(万株·hm^{-2})	株高/cm	茎粗/cm	盘径/cm	盘粒数/粒	千粒重/g	折合产量/(kg·hm^{-2})
3.75	202	3.24	21.9	1 367	52.9	2 591
4.50	202	3.21	21.1	1 276	52.2	2 841
5.25	201	3.10	20.3	1 146	51.9	2 977
6.00	201	2.83	18.7	1 003	50.7	2 750
6.75	199	2.67	17.9	910	50.2	2 614
7.50	199	2.49	17.2	822	50.1	2 500

表 2-2-171　全膜双垄覆盖垄侧播种条件下向日葵种植密度与株距对照表

密度/(株·hm^{-2})	株距/cm	密度/(株·hm^{-2})	株距/cm
30 000	60.6	45 000	40.4
37 500	48.5	52 500	34.6

6. 加强田间管理

(1)播种后破除板结。播种后如遇降雨要及时破除播种孔处板结,以利于出苗,保证全苗。

(2)查苗补苗。向日葵出苗后,应及时检查苗情。对缺苗的地块要及时补栽或补种。一般补栽的比补种的好,因向日葵根系发达,特别是苗期根系发育较快,幼苗又有抗旱的生理机能,移栽后成活率可达90%以上,移栽以具 1 对真叶的幼苗为好。移栽时带土浇水,缺苗较多且有补灌条件的地块可先挖穴、后浇水、再栽苗,以在早晨进行为宜。补种应先浸种催芽后播种,催芽时用 45~50℃的温水浸种 3~4 h,捞出摊开放在 12~18℃的室内,上面用麻袋盖上,24 h 露出白尖,即可播种。

(3)间苗定苗。向日葵出苗后必须早间苗、适时定苗,以培育壮苗。实践证明,不同时期进行间苗、定苗,产量差异很大。据山西定襄县试验,同一品种在相同栽培条件下,当向日葵出现 2 对真叶时间苗,3对真叶时定苗,每个花盘形成 1 200~1 500 朵小花,而在 6~10 对真叶时间苗,只能形成 500~700 朵小花,产量减少 70%。由此可见,只有早间苗、早管理,才不至于影响花盘发育和小花数量。间苗时应根据应留苗数,选留壮苗,间去弱苗、病苗。全膜双垄覆盖垄侧种植向日葵苗期生长快,发育早,为防止幼苗拥挤、徒长,当幼苗出现 1 对真叶时应间苗,同时以幼苗颜色区分间去杂株,当出现 2 对真叶时就应定苗。病虫害严重的地方,定苗可稍晚些,但最晚也不宜在 3 对真叶出现之后。每穴留 1 株健壮苗,用湿土封严穴孔。

(4)追肥。追肥应在花盘原始体分化阶段即孕蕾初期进行,按配方施肥方案要求的追肥量,采用追肥枪在 2 穴间追施尿素。在出苗至现蕾期喷施叶面肥,分别喷施 0.2%~0.5%硫酸锌溶液或 0.1%~0.2%硼砂溶液 2~3 次,在开花至灌浆期喷施 0.2%~0.3%磷酸二氢钾溶液加 0.5%~1%尿素溶液以防衰保叶。

(5)打杈。向日葵一般很少分杈,但在水、肥充足的条件下,有些品种也会分杈。食用葵分杈较甚,多者每个叶腋都可以长出一个枝杈。分杈虽然都能形成花盘和籽实,但由于养分分散,主花盘显著变小,空秕率增高,影响主花盘的籽实产量。为了避免分杈造成的营养消耗,促进主花盘增大、籽粒饱满,应及时打杈,而且打得越早、越彻底越好。在现蕾后 10 d 应进行田间检查,发现分杈立即打掉。以后每隔 10 d 进行1 次,需进行 2~3 次,打杈时要打掉侧枝、老叶、黄叶、病叶。

(6)人工辅助授粉。向日葵是虫媒异花授粉作物。在一般情况下成粒率为60%~70%,秕粒和空壳占30%~40%。秕粒主要由营养不足和干旱缺水等原因造成,空壳主要由授不上粉造成。在自然条件下,向日葵主要靠蜜蜂和昆虫传粉完成授粉结实,自花授粉率仅有0.36%~1.43%,利用蜜蜂授粉是减少向日葵空壳、提高产量的经济有效的措施。据报道,一般0.33 hm^2 向日葵放蜂1箱,便可增产10%~20%,同时可以产蜂蜜30~35 kg。

在蜂源不足的情况下,采用人工辅助授粉,也可保证向日葵的授粉结实,一般人工辅助授粉2~3次比没有授粉的可增产17.4%~19.7%。

表 2-2-172 向日葵人工辅助授粉次数与增产效果

授粉次数	空壳率/%	产量/($kg \cdot hm^{-2}$)	较不授粉增产/%
0	20.1	1 626.00	—
1	16.8	1 850.25	13.8
2	16.1	1 909.50	17.4
3	10.9	1 947.00	19.7

注:数据引自《油料作物丰产栽培技术》。

向日葵未经授粉的柱头,一般保持授粉能力10 d左右,其中2~3 d能力最强。1 d之内在早晨露水干后9:00~11:00时授粉最佳,15:00时以后授粉亦好。授粉方法:一种是粉扑授粉法,即用硬纸剪成略小于花盘的圆片,上面放上棉花或纱布,再用纱布包住,背后扎紧,呈凸起形状,即成授粉时用的花粉拍子,授粉时在花盘上轻轻拍打,便可完成授粉。另一种是花盘接触法,即相近的2个花盘面对面轻轻摩擦即可。这种方法简便,但操作不仔细,容易损伤柱头,造成人为减产。

7. 病虫害防治

在向日葵生产过程中,应及时防治病虫害,做好向日葵的保护工作,这是保证向日葵正常生育、高产稳产的重要环节。

向日葵病虫害种类很多,为害较重。据文献记载,病害有90多种,虫害有60多种。目前,国内外向日葵主要病害有菌核病、锈病、褐斑病、黑斑病、黄萎病、灰霉病、露菌病等,虫害以地下害虫、蚜虫为主。

(1)菌核病。菌核病在向日葵整个生育期间都可发生,主要为害茎秆和花盘。受害植株逐渐凋谢至干枯,花盘腐烂。

防治方法:拔除病株,清除病残体。发病初期,将病株带土挖出深埋,尽可能减少病株、健株间接触传染的机会。收获后,及时清除田间杂草和残根落叶,破坏菌核的越冬场所。

化学防治:在发病初期用50%速克灵可湿性粉剂500倍液或40%菌核净可湿性粉剂500倍液逐株灌根防治,每穴100~150 g药液,每隔7~10 d灌防1次,至少2次。或用70%甲基托布津可湿性粉剂800~1 000倍液喷雾防治。

(2)锈病。锈病发生较为普遍,是宁夏旱作农业区向日葵产区的主要病害之一。

防治方法:发病初期喷洒粉尘剂(硫黄尘剂)或烟雾剂,用25%萎锈灵可湿性粉剂2 000倍液喷雾防治,每7~10 d喷1次,共2~3次。或用20%三唑酮粉剂或乳剂500~600倍液喷雾防治,连喷2~3次,间隔7 d喷1次。

(3)褐斑病。又名斑枯病,是一种发生面广、为害严重的病害。前期可造成幼苗死亡,后期常造成叶片过早枯死，对产量影响很大。

防治方法：在向日葵发病初期，每隔 10 天喷 1 次 50%托布津 1 000 倍液或波尔多液（硫酸铜、石灰、水的配比为 1:1:200），连续喷 2~3 次效果较好。也可用 65%代森锌 500~700 倍液进行防治，以减轻病害，保护叶片，促进增产。

此外，向日葵的其他病害，如白粉病、黄萎病、轮纹病、叶枯病等，也应引起重视，适时进行防治。

（4）向日葵主要害虫。主要害虫有蝼蛄、蛴螬、金龟子、金针虫、蚜虫等，以黑绒金龟甲危害最重，该虫以成虫取食向日葵叶片，造成叶片破碎，重者将叶片吃光，咬掉生长点或咬断幼茎，造成断条缺苗。

防治方法：采用毒饵诱杀。每公顷用 50%辛硫磷乳油 750~1 500 g，拌饵料 45~60 kg，撒于田间，可收到良好的防治效果。

此外，向日葵播种后常有黄鼠危害，黄鼠常将土扒开盗食播下的种子，到向日葵成熟阶段，黄鼠沿茎秆爬上花盘危害籽实，造成严重减产，因此防治鼠害也是一个不可忽视的环节。一般可采用药剂毒杀，使用毒性药物必须注意安全，防止发生事故。

8. 适时收获

（1）收获。向日葵的收获时期比其他作物要求严格，只有适时收获，才能丰产丰收。收获过早，千粒重低，皮壳率高，含油率下降；适当晚收对产量、品质有益，但收获过晚，种子干燥，如遇风吹雨打，掉粒严重。茎秆变黄，上部叶片变成黄绿色，下部叶片枯黄下垂，花盘背面变成黄色，边缘 2 cm 变为褐色，舌状花朵干枯脱落，苞叶枯黄并变成本品种特有颜色，种子皮壳变硬，种仁里没有过多水分，此时收获最理想（表 2-2-173）。

（2）脱粒晾晒。收回的花盘应立即摊开晾晒，定时翻动，晴天晾晒 2~3 d，当花盘上的种仁松动脱落，即可脱粒。用机械、木棒或连枷敲打，机械脱粒可能造成碎籽或脱色等。脱粒产品经过晾晒、风扬后，杂质在2%以下，食用葵水分在 10%~12%，油葵降到 7%，即种皮坚硬，用手指按压较易裂开，种仁用手碾磨易破碎，便可装贮，装贮时需分级包装，严禁与其他品种向日葵种仁混装，分级出售，可明显增加效益。

表 2-2-173　不同收获期对向日葵籽实品质的影响

种子品质指标	花盘成熟度	8 月 23 日收获	8 月 30 日收获	9 月 5 日收获	9 月 12 日收获	9 月 19 日收获	9 月 30 日收获
千粒重/g	黄绿色	46.7	50.6	55.2	57.2		
	黄色	51.5	55.3	65.1	62.9	66.2	72.0
	褐色					66.1	68.4
皮壳率/%	黄绿色	46.9	45.8	36.1	36.8		
	黄色	40.7	38.9	33.3	31.7	32.1	33.2
	褐色					30.5	31.8
籽实含油率/%	黄绿色	57.3	53.9	58.5	59.4		
	黄色	61.8	58.3	58.9	59.5	59.5	57.5
	褐色					57.8	58.0

注：数据引自《油料作物丰产栽培技术》。

葵花收获后应注意贮藏条件，应在低温、干燥、通风环境下贮放，做到防潮隔湿、通风防漏等。

（3）及时清除残膜。收获后及时清除残膜，深翻，防止土壤污染。

第十一节　青贮玉米全膜双垄覆盖垄侧播种栽培技术

青贮玉米是指将灌浆到一定程度的玉米全株，包括秆、叶、穗，全部收割、粉碎加工、封闭贮藏，经厌氧发酵，调制成家畜饲料。研究表明，青贮玉米营养丰富，可利用能量相当于普通籽实玉米的50%~60%，其产量相当于普通玉米的4~5倍，具有更高的经济价值。青贮玉米每公顷产6 750个饲料单位，高于甜菜、苜蓿、饲用大麦、三叶草等作物。青贮玉米比燕麦籽粒的饲料单位多1倍，可消化蛋白质和钙比燕麦籽粒多1倍，胡萝卜素是燕麦籽粒的60倍。美国先锋种子公司进行饲养试验，用高品质青贮玉米饲喂的肉牛比用普通饲料饲喂的肉牛日增重超过8%，饲喂效率超过10%。

青贮玉米具有节水效果显著、适应性强、连作危害小、易于机械化作业、生产投入少、单位面积产量高等优点。青贮玉米可促进种、加、养共同发展，实现农业由数量型增长向优质高效方向的转变。尤其是在宁夏旱作农业区，发展青贮玉米对支撑草畜产业发展、增加农民收入具有重大的战略意义。

长期以来我国人畜共粮、粮饲共用，在20世纪80年代前我国没有青贮玉米品种，全株玉米青贮量极少，生产上大都用普通玉米品种青贮，产量低，质量差。随着畜牧养殖业的日益发展和一些高产优质青贮玉米品种的出现，青贮玉米生产才有了明显改观。2014年，我国专用青贮玉米品种种植面积已达133万hm^2（2 000多万亩）。

宁夏旱作农业区具有发展养殖业的传统和地域优势，但20世纪90年代以前宁夏主要以枯黄的玉米秸秆、麦草作为家畜冬春季节的主要粗饲料，优质饲草短缺已成为限制养殖业发展的主要障碍。特别是2003年宁夏全面实施退耕还林（草）、封山禁牧和舍饲养殖政策，养殖业饲草料短缺、质量不高的问题更加突出。宁夏旱作农业区积温不足，干旱发生频繁，青贮玉米产量不高，限制了青贮玉米的发展，但自2006年以来，全膜双垄覆盖垄侧播种技术的引进创新为加大发展青贮玉米创造了良好的栽培条件，促进了青贮玉米的发展。

一、青贮玉米全膜双垄覆盖垄侧播种栽培条件下的技术效应

（一）温度效应

全膜双垄覆盖垄侧播种具有明显的增温效果。连续3年试验研究表明，青贮玉米田不同覆膜方式的土壤平均温度差异显著，具体为：早春顶凌全膜双垄覆盖>播期全膜双垄覆盖>早春顶凌半膜覆盖>播期半膜覆盖。播种期、出苗期、拔节期，0~20 cm土壤平均温度，早春顶凌全膜双垄覆盖较播期半膜覆盖分别高3.1℃、2℃、1.8℃；出苗期0~20 cm土壤平均温度早春顶凌全膜双垄覆盖比播期全膜双垄覆盖高0.5℃、比早春顶凌半膜覆盖高1.1℃，比播期半膜覆盖高2℃；拔节期0~20 cm土壤平均温度早春顶凌全膜双垄覆盖比播期全膜双垄覆盖高1.1℃，比早春顶凌半膜覆盖高1.5℃，比播期半膜覆盖高1.8℃（表2-2-174）。综观4种覆膜方式，全膜双垄覆盖比半膜覆盖增温明显，早春顶凌全膜双垄覆盖增温最多，不仅有利于玉米的生长发育和增产，而且为选用中熟品种、中晚熟品种提供了保证。

表 2-2-174　不同覆膜方式下青贮玉米不同生育时期0~20 cm 土壤平均温度(泾源县泾河源镇河北村)

单位:℃

覆膜方式	0~20 cm 土壤平均温度					
	播种期	出苗期	拔节期	大喇叭口期	抽雄期	刈割期
早春顶凌全膜双垄覆盖	16.2	19.6	24.6	28.1	24.2	12.1
播期全膜双垄覆盖	15.4	19.1	23.5	27.6	27.8	12.4
早春顶凌半膜覆盖	13.4	18.5	23.1	26.0	26.3	10.8
播期半膜覆盖	13.1	17.6	22.8	25.8	25.5	10.7

(二)水分效应

1. 土壤含水量明显增加

全膜双垄覆盖垄侧播种具有明显蓄水保墒作用。从试验结果可以看出,青贮玉米生育前期土壤水分含量都表现为早春顶凌全膜双垄覆盖高于播期全膜双垄覆盖、播期全膜双垄覆盖高于播期半膜覆盖,而且玉米拔节以前这种趋势比较明显。青贮玉米播种和生长前期,不同深度土壤含水量均表现为早春顶凌全膜双垄覆盖>播期全膜双垄覆盖>播期半膜覆盖,上层比下层差异更加明显,生育前期比生育后期也更加明显,尤其是播种、出苗到拔节期 (此时是玉米生育期降雨量最少的时期) 0~20 cm 土壤含水量,早春顶凌全膜双垄覆盖较播期半膜覆盖高 4.2 个百分点、3.4 个百分点、3.6 个百分点,播期全膜双垄覆盖较播期半膜覆盖高 1 个百分点、0.2 个百分点、0.9 个百分点(表 2-2-175)。全膜双垄覆盖垄侧播种技术能显著增加土壤水分含量,从而有效缓解春旱,满足玉米生长前期对水分的需求。

表 2-2-175　不同覆膜方式下青贮玉米生育期 0~40 cm 土壤含水量(泾源县泾河源镇河北村)

覆膜方式	土层深度/cm	0~40 cm 土壤含水量/%					
		播种期	出苗期	拔节期	大喇叭口期	抽雄期	刈割期
早春顶凌全膜双垄覆盖	0~20	20.1	19.6	17.9	15.6	13.1	24.6
	20~40	19.5	18.9	17.1	17.2	12.6	24.2
播期全膜双垄覆盖	0~20	16.9	16.4	15.2	14.2	12.9	24.5
	20~40	16.2	16.1	15.0	13.4	11.3	24.2
播期半膜覆盖	0~20	15.9	16.2	14.3	12.7	10.1	24.2
	20~40	16.2	15.4	13.5	11.2	9.4	24.2

2. 降水利用率提高

青贮玉米全膜双垄覆盖垄侧播种技术条件下降水利用率显著提高。其中,早春顶凌全膜双垄覆盖降水利用率最高,为 73.0%;播期全膜双垄覆盖降水利用率次之,为 71.4%;播期半膜覆盖降水利用率为 68.6%。早春顶凌全膜双垄覆盖降水利用率较播期全膜双垄覆盖高 1.6 个百分点, 比播期半膜覆盖高 4.4 个百分点。水分利用效率早春顶凌全膜双垄覆盖比播期全膜双垄覆盖多 46.5 kg/(mm·hm^2),增幅达 18.12%,比播期半膜覆盖高 63 kg/(mm·hm^2),增幅达 26.25% (表2-2-176)。

表 2-2-176　不同覆膜方式下青贮玉米降水利用率与水分利用效率(泾源县泾河源镇河北村)

覆膜方式	播前 2 m 土壤贮水量/mm	收获时 2 m 土壤贮水量/mm	生育期降水量/mm	耗水量/mm	生物产量/($kg·hm^{-2}$)	年降水量/mm	降水利用率/%	水分利用效率/($kg·mm^{-1}·hm^{-2}$)
早春顶凌全膜双垄覆盖	392.3	362.4	408.7	438.6	132 907.5	600.9	73.0	303.0
播期全膜双垄覆盖	341.4	321.3	408.7	428.8	110 475.0	600.9	71.4	256.5
播期半膜覆盖(CK)	316.1	312.5	408.7	412.3	99 562.5	600.9	68.6	240.0

(三)产量和效益

2012—2015 年连续 3 年试验，早春顶凌全膜双垄覆盖垄侧播种条件下青贮玉米每公顷生物产量达 132 907.5 kg,比播期半膜覆盖增产 33 345 kg/hm^2,增幅达 33.49%。播期全膜双垄覆盖比播期半膜覆盖增产 10 912.5 kg/hm^2,增幅为 10.96%。经济效益以泾源县多点平均,以每公顷生物产量 96 626.5 kg、当年青贮玉米收购价格 0.3 元/kg 计算,每公顷产值 28 988 元,每公顷纯收入 16 508 元,播期半膜覆盖每公顷生物产量 82 992.5 kg,每公顷产值达 24 897.8 元,每公顷纯收入 12 417.8 元(表2-2-177),青贮玉米全膜双垄覆盖垄侧播种比播期半膜覆盖纯经济效益增加 4 090.2 元/hm^2,增幅为32.9%。

表2-2-177　不同覆膜方式下青贮玉米经济效益

覆膜方式	投入/(元·hm^{-2})			产量/($kg·hm^{-2}$)	产值/(元·hm^{-2})	纯收入/(元·hm^{-2})
	物化劳动	活劳动	合计			
全膜双垄覆盖	5 580	6 900	12 480	96 626.5	28 988.0	16 508.0
播期半膜覆盖	5 580	6 900	12 480	82 992.5	24 897.8	12 417.8

注:物化劳动包括玉米种子、地膜、化肥。

(四)生态效益

青贮玉米全膜双垄覆盖垄侧播种由于采取全膜覆盖,土壤风蚀和土壤表层水土流失减少,同时生物产量高,保证了养殖业对饲料的需求,有力推动了农牧结合,形成了良性循环。

二、青贮玉米全膜双垄覆盖垄侧播种栽培技术

(一)青贮玉米的分类与品质特性

青贮玉米按植株类型分为分枝多穗型和单秆大穗型两种。分枝多穗型的青贮玉米分蘖力强,茎叶丛生,单株生物产量高,并且多穗,可以使植株的青穗比例增加,蛋白质含量提高。单秆大穗型的青贮玉米基本上无分蘖,一般植株高大,叶片繁茂,茎秆粗壮,着生 1~2 个果穗,单位面积产量主要通过增加种植密度来实现。

青贮玉米按用途分为青贮专用型玉米、粮饲通用型玉米和粮饲兼用型玉米。青贮专用型玉米是指专门用于青贮的玉米品种,在乳熟期至蜡熟期,收获包括玉米果穗在内的整株玉米。粮饲通用型玉米是指该玉米品种既可作为普通玉米品种,在成熟期收获籽粒,也可作为青贮玉米品种,在乳熟期至蜡熟期收获玉米全株,用作青贮饲料。粮饲兼用型玉米是指在玉米籽粒成熟期先收获玉米籽粒,然后收获青绿的秸秆用于青贮。

与普通玉米相比,青贮玉米的生物产量高、饲用品质好、生长迅速。据测定,适期收获的青贮玉米含水

分68.6%,碳水化合物 20.1%,粗蛋白质 2.6%,粗脂肪 0.8%,矿物质 2%。青贮玉米经贮藏发酵后,茎、叶软化,富含蛋白质和多种维生素,营养价值高,容易消化。经微生物的发酵作用,部分碳水化合物转化为乳酸、醋酸、琥珀酸、醇类化合物及一定量的芳香族化合物,具有酒香味,柔软多汁,适口性好,所含营养物质易吸收。

(二)青贮玉米全膜双垄覆盖垄侧播种栽培技术

1. 选地

青贮玉米虽对前茬要求不严格,但其根系发达、植株高大,要从土壤中吸收大量水分和养分,加之宁夏旱作农业区春旱发生频繁,降水季节分布不均,青贮玉米生长发育对水分的需求往往与降水不能同步,因而土壤的保墒能力对青贮玉米的产量影响很大,所以应选择地势平坦、土层深厚、质地疏松、肥力中上的旱川地、旱台地、旱塬地、壕道地、水平梯田,切忌在瘠薄、漏沙、风口、陡坡地种植。前茬可选择豆茬、麦茬、马铃薯茬,也可连作,但连作年限不宜太长。

2. 精细整地、蓄水保墒

半干旱区,前茬为夏作物,收获后立即进行深耕灭茬,耕深 25~30 cm,白露时浅耕收耱,平整地表,冬春适时打碾保墒。秋作物收后及时边耕边耱,冬春适时打碾保墒。半湿润偏旱区,秋作物收获后及时深耕耱地保墒。早春覆膜前选用旋耕机整地,使田面平整,无根茬,无土坷垃,为覆膜播种创造良好土壤条件。

3. 依青贮玉米生育特点,实施配方施肥

青贮玉米与籽粒玉米相比生育期较短, 肥料投入宜前重后轻,60%的氮肥结合秋耕地深施于地表 20 cm 左右,或在早春覆膜前结合整地施入,农家肥每公顷 4.5 万~6 万 kg,化肥依目标产量而定(表 2-2-178、表 2-2-179、表 2-2-180)。

表 2-2-178 宁夏旱作农业区川旱地青贮玉米配方施肥建议

单位:kg/666.7 m²

目标产量	施养分总量			折实物肥料施用量								
				基肥						追肥(尿素)		
	N	P_2O_5	K_2O	配方肥		尿素(或碳酸氢铵)	磷酸二铵	重钙(或普钙)	硫酸钾	追 1 次(拔节期)	追 2 次	
				剂型	数量						拔节期	大喇叭口期
施用单质化肥及二元化肥												
5 000	18.9	5.8	0	方案 1		27.2		12.6(48)	0	13.9	9.0	4.9
				方案 2		22.2	12.6		0	13.9	9.0	4.9
6 000	23.1	7.1	2.3	方案 1		29.3		15.4(59)	4.6	20.9	13.6	7.3
				方案 2		23.3	15.4		4.6	20.9	13.6	7.3
7 000	27.5	8.5	3.9	方案 1		31.5		18.5(71)	7.8	28.3	18.4	9.9
				方案 2		24.3	18.5		7.8	28.3	18.4	9.9
7 500	29.7	9.2	5.0	方案 1		32.6		20.0(77)	10.0	32.0	20.8	11.2
				方案 2		24.8	20.0		10.0	32.0	20.8	11.2
基施配方肥+追施单质化肥												
5 000	18.9	5.8	0	A	48.1					13.9	9.0	4.9

续表

目标产量	施养分总量			折实物肥料施用量								
				基肥						追肥(尿素)		
	N	P_2O_5	K_2O	配方肥		尿素(或碳酸氢铵)	磷酸二铵	重钙(或普钙)	硫酸钾	追1次(拔节期)	追2次	
				剂型	数量						拔节期	大喇叭口期
6 000	23.1	7.1	2.3	A	51.9					20.9	13.6	7.3
7 000	27.5	8.5	3.9	A	55.8					28.3	18.4	9.9
7 500	29.7	9.2	5.0	A	57.7					32.0	20.8	11.2

注:1. 应坚持施用有机肥,在此基础上合理施用化肥;
2. 根据降水及玉米长势等情况,表中建议施肥量可适量增减;
3. 肥料必须深施,基肥深施有撒肥后旋耕或犁翻、机械播施等方法;追肥采用追肥枪施入土中;
4. 配方肥 A 为 48%(26–15–7)–S;
5. 可自配本表中的配方肥——按本表中基肥对应的各种化肥数量组合即成(自配配方肥不含有一般商品配方肥或复混肥中的辅料物质,配制时一般不宜采用碳酸氢铵)。应现配现用,防止物理性状变差。

表 2–2–179 宁夏旱作农业区山旱地青贮玉米配方施肥建议

单位:kg/666.7 m²

目标产量	施养分总量			折实物肥料施用量								
				基肥						追肥(尿素)		
	N	P_2O_5	K_2O	配方肥		尿素(或碳酸氢铵)	磷酸二铵	重钙(或普钙)	硫酸钾	追1次(拔节期)	追2次	
				剂型	数量						拔节期	大喇叭口期
施用单质化肥及二元化肥												
4 500	18.4	5.7	0	方案 1		22.8		12.4(48)	0	17.2	11.2	6.0
				方案 2		18.0	12.4		0	17.2	11.2	6.0
5 000	20.6	6.4	0	方案 1		25.0		13.9(53)	0	19.8	12.9	6.9
				方案 2		19.6	13.9		0	19.8	12.9	6.9
5 500	22.9	7.1	1.8	方案 1		27.2		15.4(59)	3.6	22.6	14.7	7.9
				方案 2		21.1	15.4		3.6	22.6	14.7	7.9
6 000	25.2	7.8	2.5	方案 1		29.3		17.0(65)	5.0	25.4	16.5	8.9
				方案 2		22.7	17.0		5.0	25.4	16.5	8.9
基施配方肥+追施单质化肥												
4 500	18.4	5.7	0	A	40.4					17.2	11.2	6.0
5 000	20.6	6.4	0	A	44.2					19.8	12.9	6.9
5 500	22.9	7.1	1.8	A	48.1					22.6	14.7	7.9
6 000	25.2	7.8	2.5	A	51.9					25.4	16.5	8.9

注:1. 应坚持施用有机肥,在此基础上合理施用化肥;
2. 根据降水及玉米长势等情况,表中建议施肥量可适量增减;
3. 肥料必须深施,基肥深施有撒肥后旋耕或犁翻、机械播施等方法;追肥采用追肥枪施入土中;
4. 配方肥 A 为 48%(26–15–7)–S;
5. 可自配本表中的配方肥——按本表中基肥对应的各种化肥数量组合即成(自配配方肥不含有一般商品配方肥或复混肥中的辅料物质,配制时一般不宜采用碳酸氢铵)。应现配现用,防止物理性状变差。

表 2-2-180　青贮玉米控释配方肥施用建议

生物产量/（万 kg·hm^{-2}）	施养分总量/(kg·hm^{-2})			控释配方肥施用量/(kg·hm^{-2})	
	N	P_2O_5	K_2O	A	B
4.5	106.5	51.0	0	555	495
6.0	219.0	69.0	0	750	690
7.5	279.0	87.0	0	960	870
9.0	342.0	106.5	34.5	1 185	1 065
10.5	406.5	127.5	58.5	1 395	1 275

注:1. 依据耕地常年产量水平选择相应施肥量,并视地力、降水保证率等条件适量增减。
2. 控释配方肥应一次性基施,方法有二:①撒施后旋耕或犁翻等;②采用机械将种子与肥料间隔 5 cm 以上同播。
3. 控释配方肥 A 为 42%(29–9–4),B 为 47%(32–10–5)。

4. 提高覆膜质量,做到规范化

提高覆膜质量、做到规范化是提高全膜覆盖增温保墒能力的主要措施。半干旱偏旱区、半干旱区以秋季覆膜、早春顶凌覆膜为主,半湿润偏旱区以早春覆膜、播期覆膜为宜。采用全膜双垄覆盖专用机械,选用幅宽 1.2 m、厚 0.01 mm 的白色优质地膜,按大垄底宽 70 cm、高 10~15 cm,小垄底宽 40 cm、高15~20 cm 的规格起垄覆膜,形成一大一小、一高一低 2 个垄面的田间布局,覆膜时要保证 2 幅地膜相接于大垄中间,垄和垄沟宽窄均匀,垄脊高低一致。垄面每隔 2 m 压一土腰带,覆膜后一周在沟内每隔50 cm 扎一直径 3 mm 的渗水孔,使水渗入土中。在地下害虫为害严重的地块整地时每公顷用 40%甲基异柳磷乳油 7.5 kg,加细土 225 kg,制成毒土撒施。杂草严重的地块用 50%乙草胺乳油全地面均匀喷雾,每公顷用量为乙草胺乳油 1 500 g 兑水 750 kg(起垄覆膜机械配有专用喷药装置)。

5. 因地制宜,选用良种

(1)品种选择原则。青贮玉米以收获全株玉米为目标,重要的是提高全株营养品质和生物产量。因此,在品种选择上主要坚持以下原则。

①生育期适中,生长发育快,能正常成熟。

②株高 2.5 m 以上,保绿性好,蜡熟前期绿叶 13~15 片,枯叶 2~3 片,穗大粒多。

③茎秆健壮,抗倒伏性强。

④果穗粗大,苞叶浅绿色,籽粒排列整齐,灌浆程度好。

⑤全株生物产量 90 t/hm^2 以上,干物质产量 30 t/hm^2 以上。

⑥全株营养价值高,一般全株粗蛋白质含量不低于 7%,淀粉含量不低于 15%,粗脂肪含量不低于 2%,中性洗涤纤维含量低于 55%,酸性洗涤纤维含量低于 30%,消化率大于 55%。

普通玉米中性洗涤纤维和酸性洗涤纤维含量偏高,消化率低,全株粗蛋白质、粗脂肪含量低,生物产量和营养价值均无法与专用青贮玉米相比。因此,选用优质专用青贮玉米品种,不但具有较高的生物产量,同时具有较高的营养价值。

(2)选用适合在全膜双垄覆盖垄侧播种条件下种植的品种。全膜双垄覆盖垄侧播种条件下玉米全生育期增温较多,半干旱区玉米全生育期≥0℃有效地积温2 700℃以上,能满足中晚熟青贮玉米品种对温度的需求,半湿润偏旱区 2 400℃以上,能满足中早熟、中熟青贮玉米品种对温度的需求。近年来引种试验表明,表现较好的青贮玉米品种有金刚青贮 50、屯玉 168、桂青贮 1 号,粮饲兼用型品种有长城

706、中原单 32 号、正大12。半干旱区应选择金刚青贮 50、屯玉 168、正大 12。4 月 20 日播种，8 月下旬收割，全生育期128~133 d，产量达 75 664.5~86 254.5 kg/hm²(表 2-2-181)。半湿润偏旱区应选择中原单 32 号、长城706、桂青贮 1 号。在泾源县中原单 32 号产量达 96 627 kg/hm²，屯玉 168 虽生育期较长，但产量较高，达110 461.5 kg/hm²，4 月下旬播种，9 月中下旬收割青贮(表 2-2-182、表 2-2-183、表 2-2-184)。

表 2-2-181 半干旱区全膜双垄覆盖条件下青贮玉米不同品种农艺性状与生物产量(原州区)

品种	籽粒成熟期	绿叶数/片	枯叶数/片	10 株/kg			株高/cm	穗位高/cm	茎粗/cm	生物产量/(kg·hm⁻²)	生育期/d
				叶片重	茎秆重	果穗重					
中夏玉 4 号	蜡熟后	6	9	1.32	5.13	4.15	210	80	2.8	74 374.5	128
正大 12	乳熟末期	10	6	1.74	5.44	3.61	248	110	2.7	75 664.5	133
屯玉 168	乳熟末期	11	5	2.01	5.75	3.37	267	115	2.8	77 137.5	133
张玉 1355	乳熟末期	13	6	1.52	4.87	3.55	252	120	2.8	72 754.5	133
银玉 180N	乳熟末期	12	4	1.63	3.89	3.59	242	110	2.5	63 883.5	130
银玉 181	乳熟末期	13	4	1.62	4.44	3.51	248	135	2.5	67 110.0	130
BC	乳熟末期	15	4	1.93	5.62	3.58	265	128	2.5	75 394.5	129
C1522/DN	蜡熟期	13	6	1.86	4.82	3.18	240	130	2.5	69 144.0	129
JR1028	蜡熟期	13	5	1.94	4.32	3.22	255	130	2.5	66 478.5	129
金刚青贮 50	乳熟末期	15	4	2.53	5.86	3.91	278	134	3.0	86 254.5	133

表 2-2-182 全膜双垄覆盖条件下青贮玉米不同品种生育时期及产量(隆德县沙塘镇和平村)

品种	生育时期/d		生物产量/(kg·hm⁻²)
	出苗—乳熟期	出苗—蜡熟期	
桂青贮 1 号(CK)	92	122	65 404.50
郑青贮 1 号	89	110	62 841.30
平安 134	91	108	60 472.65
北农青贮 208	91	117	56 203.20
平安 194	87	107	55 163.40
平安 1169	88	110	53 993.55

表 2-2-183 半湿润偏旱区青贮玉米不同品种农艺性状及产量(泾源县泾河源镇河北村)

品种	株高/cm	茎粗/cm	叶片数/片	单株重/kg	生物产量/(kg·hm⁻²)	生育期/d
富农 821	239.6	2.67	11.5	1.170	82 993.5	127
强盛 30	289.2	2.48	12.7	1.150	81 253.5	127
陕单 2002	258.7	2.99	12.9	1.120	79 759.5	114
屯玉 188	205.9	2.10	9.1	0.685	49 630.5	130
屯玉 168	312.4	3.09	15.6	1.550	110 461.5	135
中原单 32 号(CK)	252.9	2.97	13.7	1.350	96 627.0	124

表 2-2-184　青贮玉米不同品种经济效益(泾源县泾河源镇河北村)

品种	投入/(元·hm^{-2})			产量/(kg·hm^{-2})	产值/(元·hm^{-2})	纯收入/(元·hm^{-2})
	物化劳动	活劳动	合计			
富农 821	5 580	6 900	12 480	82 993.5	24 898.1	12 418.1
强盛 30	5 580	6 900	12 480	81 253.5	24 376.1	11 896.1
陕单 2002	5 580	6 900	12 480	79 759.5	23 928.0	11 448.0
屯玉 188	5 580	6 900	12 480	49 630.5	14 889.0	2 409.0
屯玉 168	5 580	6 900	12 480	110 461.5	33 138.0	20 658.0
中原单 32 号(CK)	5 580	6 900	12 480	96 627.0	28 987.5	16 507.5

①金刚青贮 50:该品种在半干旱区 2016 年 4~6 月上旬降雨量 241.2 mm、6—8 月上旬无降雨的情况下,植株高大,株高 278 cm,茎秆粗壮,茎粗 3 cm,绿叶多达 15 片,枯叶 4 片,保绿性好,8 月下旬末至9 月初即可达最佳收获期,每公顷生物产量达 86 254.5 kg,比中夏玉 4 号增产 15.97%,抗性强。经中国农业科学院作物科学研究所 2 年接种鉴定,抗丝黑穗病和矮花叶病,中抗小斑病和纹枯病,感大斑病,品质好。经中国农业大学 2 年品质测定,中性洗涤纤维含量 49.71%~50.03%,酸性洗涤纤维含量19.29%~23.63%,粗蛋白质含量 8.61%~9.92%,适合在半干旱区种植。

②屯玉 168:株型紧凑,植株整齐,在半干旱区 2016 年严重干旱的情况下,株高 267 cm,茎粗 2.8 cm,穗位高115 cm,刈割时绿叶 11 片,枯叶 5 片,属晚熟杂交品种,在干旱的 2016 年从出苗至乳熟末期为 133 d。高抗大斑病、茎腐病,中抗丝黑穗病,抗小斑病,高感矮花叶病,感玉米螟。该品种抗旱,抗倒伏,抗青枯,适应性强,稳产性好,后期保绿性好,可活秆成熟,产量较高,在干旱情况下每公顷生物产量达 77 137.5 kg,比中夏玉 4 号增产 3.7%,适合在半干旱区种植,在半湿润偏旱区的泾源县生物产量可达 110 461.5 kg/hm^2,比中原单 32 号增产 14.3%,经 5 年试验,表现较好。

③正大 12:为粮饲兼用型玉米品种,在 2016 年严重干旱的情况下,在半干旱区种植,株高 248 cm,茎粗2.7 cm,穗位高 110 cm,在大旱情况下从出苗至乳熟末期为 133 d,每公顷生物产量达 75 664.5 kg。该品种抗矮花叶病、大小斑病,抗倒伏,稳产性好。据报道,品质达到国家饲料用玉米一等标准。

④桂青贮 1 号:在宁夏旱作农业区海拔 1 883 m、年降水量 488.5 mm 的隆德县沙塘镇川地试验,出苗至乳熟期为92 d,出苗至蜡熟期为 122 d,幼苗叶鞘紫色,叶片绿色,叶缘紫色。花药黄色,颖壳紫色。株型平展,株高267.7 cm,茎粗 2.84 cm。据中国农业科学院作物科学研究所 2 年接种鉴定,高抗矮花叶病,抗大斑病、丝黑穗病、纹枯病,高感小斑病。经中国农业大学 2 年品质测定,中性洗涤纤维含量 48.82%~54.38%,酸性洗涤纤维含量 21.16%~26.94%,粗蛋白质含量 9.27%~9.93%,在参试的 6 个品种中,生物产量占据首位,每公顷生物产量达 65 404.5 kg,适合在半干旱区、半湿润偏旱区种植。

⑤中原单 32 号:株型半紧凑,在半湿润偏旱区株高 219~252 cm,叶色浓绿,总叶片数 13 片。果穗锥形,不秃尖,穗长 18~22 cm,穗行 14~16 行,穗轴红色;籽粒橘黄色,硬质型,百粒重 30~38 g;茎秆韧性强,根系发达,综合抗性强,高抗矮花叶病、粗缩病,抗大小斑病、青枯病、穗腐病、粒腐病、丝黑穗病。耐旱、耐阴雨、耐高温、耐冷害、耐密,光合效率高,抗倒伏,耐瘠薄。绿叶活秆成熟,可直接青贮,也可在收籽粒后,秸秆青贮。属中熟偏早品种,在半湿润偏旱区 4 月下旬播种,9 月上中旬即可刈割,从出苗到刈割期为 124~126 d,每公顷生物产量可达 93 553.5~96 627 kg。据报道,籽粒含粗蛋白质12.77%、脂肪4.28%、粗淀粉

68.12%、赖氨酸 0.275%，含硒量高达 0.03 mg/kg，收获后每 666.7 m^2 秸秆含粗蛋白质 53~72 kg、脂肪 1.49%、总糖10.5%，出籽率 84.9%，适合在半湿润偏旱区种植。

⑥长城 706：幼苗叶鞘浅紫色，叶缘绿色，成株叶色绿，在泾源县青贮玉米品比试验中株高 242.9 cm，比中原单 32 号高 23.1 cm，茎粗 2.7 cm，比中原单 32 号粗 2 mm，叶片数 15.4 片，比中原单 32 号多 2.4 片，出苗至刈割期为 132 d。每公顷生物产量达 104 467.5 kg，比中原单 32 号增产 11.7%。该品种适应性广，抗霜霉病、大小斑病、茎腐病、纹枯病，抗倒伏，耐瘠薄，适合在半湿润偏旱区种植。

表 2-2-185　半湿润偏旱区青贮玉米不同品种农艺性状、产量

品种	株高/cm	茎粗/cm	叶片数/片	单株重/kg	生物产量/($kg \cdot hm^{-2}$)	生育期/d
西蒙青贮 707	230.2	3.0	14.0	1.32	102 909.0	133
长城 706	242.9	2.7	15.4	1.34	104 467.5	132
强盛 30	221.6	3.0	13.1	1.10	98 230.5	128
桂青贮 1 号	232.0	2.7	14.5	1.26	85 756.5	129
昊青贮 68	215.4	2.4	13.4	0.95	70 625.0	135
中原单 32 号(CK)	219.8	2.5	13.0	1.20	93 553.5	126

6. 适时播种，合理密植

宁夏旱作农业区生态类型多样，加之 5 月初晚霜及 9 月下旬早霜危害发生概率较高，因此应适时播种，当5~10 cm 地温稳定在 7~8℃时即可播种，半干旱区应掌握在 4 月中旬，半湿润偏旱区应掌握在4 月下旬。

合理密植是保证青贮玉米个体发育，建立整齐一致、高效利用光能的群体结构的主要措施。青贮玉米以收获较高产量绿色体为目标，刈割时其营养含量要达到最佳水平，因此，比普通籽实玉米要适当增加密度。据试验，在 6.75 万~10.5 万株/hm^2 范围内，密度达到 8.25 万株/hm^2 时产量最高，出现拐点之后，随密度增加产量降低(表 2-2-186、图 2-2-4、表 2-2-187)。

表 2-2-186　不同密度下青贮玉米生物产量(泾源县泾河源镇河北村)

密度/(万株·hm^{-2})	生物产量/($kg \cdot hm^{-2}$)	密度/(万株·hm^{-2})	生物产量/($kg \cdot hm^{-2}$)
10.50	76 309.5	8.25	96 072.0
9.75	77 571.0	7.50	85 999.5
9.00	83 385.0	6.75(CK)	85 489.5

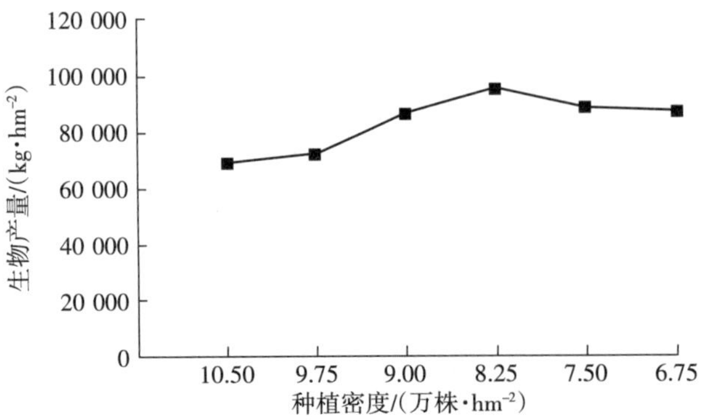

图 2-2-4　青贮玉米密度与生物产量的关系

表 2-2-187　不同密度下青贮玉米经济效益(泾源县泾河源镇河北村)

密度/(万株·hm^{-2})	投入/(元·hm^{-2})			产量/(kg·hm^{-2})	产值/(元·hm^{-2})	纯收入/(元·hm^{-2})
	物化劳动	活劳动	合计			
10.50	5 580	6 900	12 480	76 309.5	22 893.0	10 413.0
9.75	5 580	6 900	12 480	77 571.0	23 271.0	10 791.0
9.00	5 580	6 900	12 480	83 385.0	25 015.5	12 535.5
8.25	5 580	6 900	12 480	96 072.0	28 821.1	16 341.1
7.50	5 580	6 900	12 480	85 999.5	25 800.0	13 320.0
6.75(CK)	5 580	6 900	12 480	85 489.5	25 650.0	13 170.0

根据田间试验和生产实践，青贮玉米种植密度以 6.75 万~8.25 万株/hm^2 为宜，其中半干旱区以 6.75 万~7.5 万株/hm^2 为宜，株距 24.2~26.9 cm(根据年降水量适当变更)，半湿润偏旱区以 8.25 万株/hm^2 为宜，株距 22 cm，播种采用玉米人工点播器或人力精量穴播机，按规定株距将种子破膜穴播在大垄两侧距沟底 3~5 cm 处，播深 3~5 cm，点播后随即踩压播种孔，使种子与土壤紧贴，或用细沙土、牲畜圈粪等疏松物封严播种孔，防止播种孔散墒和遇雨板结。

7. 加强田间管理，确保苗全、苗壮、黄叶少、不早衰

(1)破土引苗：遇雨板结后要及时破土引苗。

(2)查苗、补苗：在出苗期要随时到田间查看，发现缺苗断垄要及时移栽和补种，补苗后，浇少量水，然后用细土封住孔眼。

(3)早间苗：早间苗能提高肥料利用率，促进群体和个体协调发育，在出苗后 4~6 叶时一次性间苗、定株，去弱留强。每穴定苗 1 株。

(4)适时追肥：拔节至大喇叭口前期追肥，以偏早为好，按配方施肥建议规定的氮肥追肥用量应用追肥枪从 2 株玉米中间打孔施入。

(5)防治病虫害：青贮玉米苗期主要防治地下和地上害虫。地下害虫有金针虫、地老虎、蝼蛄、蛴螬等，可于傍晚或清晨喷施康宽、高效氯氰菊酯、毒死蜱、辛硫磷等。地上害虫有蚜虫、黏虫等，可喷施吡虫啉、氯氰菊酯等药剂。穗期主要防治玉米螟，在大喇叭口期可将 1.5%辛硫磷颗粒剂或 0.3%辛硫磷颗粒剂施入大喇叭口内。抽雄前后用 20%氰戊菊酯乳油 4 000 倍液，或 2.5%溴氰菊酯乳油 400~500 倍液，或20%速灭杀丁乳油，每公顷 300 mL 兑水 450 kg 喷雾，可兼防蚜虫、叶螨和黏虫。花期是各种叶斑病和果穗害虫的为害高峰期，可用机动喷雾机具防治，此期重点防治红蜘蛛和玉米大斑病。叶螨即红蜘蛛，春季在田间杂草上生活，后逐渐转移到玉米叶上取食，叶螨主要在玉米叶片背面活动，先为害下部叶片，逐渐向上部叶片蔓延，防治不及时很容易造成叶片枯死，影响青贮玉米品质和产量，可于叶片背面喷施15%哒螨灵乳油1 500 倍液，或 1.8%阿维菌素乳油 1 500~2 000 倍液，或 15%扫螨净等，严重的田块 7~10 d 再喷 1 次。玉米大斑病，在大喇叭口期用苯醚甲环唑·嘧菌酯或 40%丁香·戊唑醇·嘧菌酯等配制剂喷施 1~2 次。

8. 适时收获，确保青贮质量

青贮玉米收获时期对产量和营养影响很大，收获时期过早造成加工水分过大，收获太晚枯叶增多，穗轴和基部秸秆木质化程度偏高。青贮玉米全株生物产量最高时期在乳熟中期，此时收获种植户受益，但植

株水分过大,加工企业受损。

青贮玉米发育的过程是一个营养和产量转化的过程。玉米在乳熟期鲜重最重,在完熟期干物质最多,而从单位面积所生产的饲料单位来看,以乳熟末期最高。乳熟末期收获由于增加了营养价值高的籽实,单位面积可消化养分总量显著增加,饲用效益最大。乳熟末期全株鲜重开始下降,籽粒开始收浆(蜡熟),但尚未完全变硬,绿叶数没有明显减少,植株含水量正适合青贮发酵,因此是青贮加工质量最好的时期。青贮玉米籽粒在乳熟末期至蜡熟前期为最佳收获期,从生育天数推算为授粉结束后 40~50 d。此时籽粒灌浆至 1/2~3/4 乳线,籽粒中无乳状汁液,但尚未变硬,用指甲易挤破。全株含水量在 65%~75%,适合青贮加工、贮藏发酵。全株干物质综合营养价值较高,其中粗蛋白质 7%,粗脂肪 2%,无氮浸出物 58%,粗纤维≤25%,粗灰分 5%。一般应在 8 月下旬至 9 月上旬早霜到来之前收割,尽可能使籽粒灌浆到最大程度,青贮玉米收割部位应为基部距地面 5 cm 以上。靠近基部茎节比较坚硬,即使青贮发酵后奶牛仍难以消化,适当抬高收割部位也可以防止收割时植株夹带泥土。收后及时清除残膜,防止土壤污染。

第十二节　菊芋全膜双垄覆盖垄侧播种栽培技术

菊芋又名洋姜、鬼子姜,是一种多年宿根性草本植物。高 1~3 m,有块状的地下茎及纤维状根。茎直立,有分枝,茎上密生白色短糙毛或刚毛。叶通常对生,有叶柄,但上部叶互生,下部叶卵圆形或卵状椭圆形。头状花序较大,单生于枝端,有 1~2 个线状披针形苞叶,直立。舌状花通常 12~20 朵,舌片黄色,开展,长椭圆形,管状花花冠黄色,长 6 mm。瘦果小,楔形,上端有 2~4 个有毛的锥状扁芒。花期 8—9 月。

菊芋地下块茎富含淀粉、菊糖等,可以煮食或熬粥,腌制咸菜,晒制菊芋干,或做制取淀粉和酒精的原料。宅舍附近种植兼有美化作用。菊芋被联合国粮食及农业组织称为“21 世纪人畜共用作物”。菊芋是近年来发展较快的新型经济作物,可生产菊粉,还可通过菊粉酶进一步生产低聚果糖和高果糖浆等产品,其生理功能引起了医学、食品、生物技术等领域的广泛关注。目前,利用其生产燃料乙醇和生物柴油的工艺研究也已取得阶段性进展。菊芋枝叶繁茂,是优质的牧草饲料,具有很高的营养价值,是绿色无公害蔬菜。菊芋根系发达,生态适应能力极强,耐寒、耐旱、抗风沙、耐盐碱,对土壤要求不严。块茎在土壤中能忍受-15~-30℃的低温。繁殖能力极强,增长速度快。同时,栽培管理粗放简便,收益较高。

目前,菊芋种植面积逐年增加,青海、甘肃、宁夏以及江苏、辽宁等省区均已开始进行菊芋的规模化种植。然而,菊芋长期以来均零星栽培,并未形成相应的栽培技术体系,生产上施肥管理多以马铃薯作为参照,种植技术研究跟不上产业发展的步伐。根据菊芋的这些特性,近年来,宁夏在半湿润偏旱区对菊芋种植开展试验,特别是把全膜双垄覆盖垄侧播种技术应用于菊芋种植,取得了较好的经济、生态效益。

一、菊芋全膜双垄覆盖垄侧播种技术效应

(一)生态效益

1. 水分效应

采用全膜双垄覆盖垄侧播种技术种植菊芋,就是在地表起大小双垄后,用地膜全覆盖,在距垄沟底 3~5 cm 的垄侧播种菊芋。覆膜后增加了集雨面积,可使有限的降水,甚至 5 mm 以下的无效降水,通过垄的集流作用、地膜的阻渗作用,汇集到种植沟,并沿播种孔、渗水孔直接渗到菊芋根部,变成有效降水,把

覆盖抑蒸、膜面集雨、垄侧种植三项技术有机地融合为一体，大大提高了耕作层土壤水分含量，最大限度地提高了自然降水利用率，保证了菊芋的生长发育。据测定，全膜双垄覆盖垄侧播种栽培的菊芋，播种期0~20 cm 土层含水量比常规露地栽培高 4.6 个百分点，20~40 cm 土层含水量比常规露地栽培高 6.2 个百分点；出苗期 0~20 cm 土层含水量比常规露地栽培高 2.88 个百分点，20~40 cm 土层含水量比常规露地栽培高 2.18 个百分点；块茎膨大期 0~20 cm 土层含水量比常规露地栽培高 3.2 个百分点，20~40 cm 土层含水量比常规露地栽培高 3.2 个百分点(表 2-2-188)。地膜覆盖明显起到了抑制土壤水分蒸发、保墒抗旱的作用，真正实现了“蓄住天上水，保住地中墒”的目标，使菊芋能在旱作农业区稳产、高产。

表 2-2-188　菊芋不同处理土壤含水量

处理	土层深度/cm	土壤含水量/%			
		播种期	出苗期	现蕾期	块茎膨大期
常规露地栽培	0~20	13.55	19.86	20.64	14.90
	20~40	12.35	20.64	20.71	15.10
全膜双垄覆盖垄侧播种	0~20	18.15	22.74	20.74	18.10
	20~40	18.55	22.82	20.75	18.30

2. 增温效应

双膜双垄覆盖垄侧播种采取了全地面覆盖地膜和大小垄相间的种植方式，增大了地表表面积，增加了土壤的太阳能，基本切断了水分向空间的汽化消耗，从而阻止了太阳能随水汽的散失，因此可以显著提高土壤温度。同时，特殊的垄、沟相间的曲面形地表，改变了太阳光线的反射角度，从而改善了植株下部的光照条件，增加了基部叶片的光照强度，有效提高了群体的光合作用，提高了土壤温度。对菊芋不同生育期 5~20 cm 土壤温度测定结果表明，播种期全膜双垄覆盖垄侧播种 5~20 cm 土壤平均温度比常规露地栽培高 2.8℃；出苗期全膜双垄覆盖垄侧播种 5~20 cm 土壤平均温度比常规露地栽培高 2.3℃；块茎膨大期全膜双垄覆盖垄侧播种 5~20 cm 土壤平均温度比常规露地栽培高 2.9℃。播种至成熟期≥0℃有效地积温全膜双垄覆盖垄侧播种 2 264.9℃，比常规露地栽培高 314.4℃，增温效应明显(表 2-2-189)。

表 2-2-189　不同处理下菊芋各生育期土壤温度(隆德县陈靳乡，海拔 2 023 m)

处理	土层深度/cm	土壤温度/℃			5~20 cm 土壤≥0℃有效地积温/℃
		播种期	出苗期	块茎膨大期	
常规露地栽培	5	17.0	19.0	18.5	1 950.5
	10	14.5	16.5	19.0	
	15	13.1	15.0	18.5	
	20	12.6	14.8	17.0	
全膜双垄覆盖垄侧播种	5	19.5	21.0	21.9	2 264.9
	10	17.1	18.6	21.8	
	15	16.0	17.5	21.8	
	20	15.8	17.3	21.0	

3. 有效地控制了杂草和水土流失

全膜覆盖能有效抑制田间杂草，减少杂草对土壤水分的消耗。田间的沟、垄结构阻断了强降雨后的地表径流，有效减轻了风、水对地表土的侵蚀，减少了水土流失。同时，全膜覆盖改善了土壤的水、温、气条件，加强了土壤微生物活动，一方面提高了作物根系等有机残体的分解速度，另一方面又阻滞了因分解挥发而导致的土壤养分损失，对提高土壤肥力十分有利，产生了较好的生态效益。

（二）增产效应

隆德县陈靳乡新兴村菊芋试验田实际测产结果显示，全膜双垄覆盖垄侧播种菊芋平均产量为26 112 kg/hm²，常规露地种植菊芋产量为18 244.5 kg/hm²，全膜双垄覆盖垄侧播种比常规露地种植增产7 867.5 kg/hm²，增幅43.12%，全膜双垄覆盖垄侧播种最高产量可达37 309.95 kg/hm²，增产效应十分明显（表2–2–190）。

表2–2–190　不同处理下菊芋农艺性状及产量

处理	株高/cm	株数/(株·hm²)	单株产量/(kg·株⁻¹)	折实际产量/(kg·hm⁻²)
常规露地种植	231	44 715	0.480	18 244.5
全膜双垄覆盖垄侧播种	251	44 655	0.688	26 112.0

二、菊芋全膜双垄覆盖垄侧播种技术

（一）菊芋对环境条件的要求

菊芋喜清凉而干燥的气候，耐寒、耐旱，块茎在6~7℃时即发芽，8~10℃时就可出苗，由于菊芋的地下块茎能在–25~–30℃的土层内安全越冬，翌年萌发新株，故常被误认为多年生作物。其幼苗能耐1~2℃的低温。18~22℃、日照12 h的条件，有利于块茎形成。对土壤的适应性很强，在肥沃、疏松的土壤中栽培能取得很高的产量。

（二）菊芋全膜双垄覆盖垄侧播种栽培配套技术

1. 选地与选茬

菊芋喜疏松、肥沃的土壤，宜选择在地势平坦、排水方便、耕作层深厚、肥力较好、中性或微碱性土壤的川地、塬地和梯田种植，以壤土及沙壤土较好。前茬作物以小麦、豆类、玉米或蔬菜为好，避免与菊科或薯芋类作物连作。

2. 整地施肥

前茬为夏作物，在作物收获后要及时深翻25~30 cm，熟化土壤，纳雨增墒，消灭杂草。白露时及时浅耕收耱，冬春适时耱地保墒，达到地面平整、土块细碎、无坷垃、无根茬。前茬为秋作物，应随耕随耱，冬春适时耱地保墒。菊芋虽耐瘠薄，但增施肥料可较大幅度地提高其产量和品质。结合秋耕或春季覆膜前整地，每公顷施腐熟农家肥30 000~45 000 kg，化肥以目标产量实施配方施肥（表2–2–191、表2–2–192）。

在地下害虫危害严重的地块，整地时每公顷用40%甲基异柳磷乳油7.5 kg，加细土225 kg，制成毒土撒施。杂草严重的地块用50%乙草胺乳油全地面均匀喷雾，每公顷用量为乙草胺乳油1 500 g兑水750 kg（起垄覆膜机械配有专用喷药装置）。

3. 起垄覆膜

宁夏旱作农业区菊芋种植区一般适合采用早春顶凌覆膜，具体时间以早春土壤解冻10~15 cm为

表 2-2-191 隆德县山旱地菊芋配方施肥建议

单位：kg/666.7 m^2

目标产量	施养分总量			折实物肥料施用量						
				基肥						追肥
	N	P_2O_5	K_2O	配方肥		尿素（或碳酸氢铵）	磷酸二铵	重钙（或普钙）	硫酸钾	尿素
				剂型	数量					
应用单质化肥及二元化肥										
1 000	7.9	6.9	0	方案 1		17.2(46)		15.0(58)		0
				方案 2		11.3(31)	15.0			0
1 200	9.4	7.9	0	方案 1		20.4		17.2(66)		0
				方案 2		13.7(37)	17.2			0
1 500	11.6	9.1	0	方案 1		25.2		19.8(76)		0
				方案 2		17.5(47)	19.8			0
应用配方肥										
1 000	7.9	6.9	0	A	39.5			2.1(8)		0
1 200	9.4	7.9	0	A	47.0					0
1 500	11.6	9.1	0	A	58.0					0

注：1. 一般一次性施足基肥，不再追肥，基施方法采用蓄力开沟人工穴施或随机耕同时机播施入；增施有机肥可适当减少施肥量。

2. 配方肥 A 为 35%(20-15-0)。

3. 可自配本表中配方肥——按表中基肥对应的各种化肥数量组合即成（自配配方肥不含有一般商品配方肥中的辅料物质，一般不宜用碳酸氢铵）。应现配现用，防止物理性状变差。

表 2-2-192 隆德县川旱地菊芋配方施肥建议

单位：kg/666.7 m^2

目标产量	施养分总量			折实物肥料施用量						
				基肥						追肥
	N	P_2O_5	K_2O	配方肥		尿素（或碳酸氢铵）	磷酸二铵	重钙（或普钙）	硫酸钾	尿素
				剂型	数量					
应用单质化肥及二元化肥										
1 200	8.8	7.4	0	方案 1		19.1(52)		16.1(62)		
				方案 2		10.6(29)	16.1			
1 500	10.9	8.6	0	方案 1		23.7		18.7(72)		0
				方案 2		16.4(44)	18.7			0
1 800	12.8	9.5	1.7	方案 1		27.8		20.7(79)	3.4	0
				方案 2		19.7	20.7		3.4	0

续表

目标产量	施养分总量			折实物肥料施用量							
				基肥							追肥
	N	P_2O_5	K_2O	配方肥		尿素（或碳酸氢铵）	磷酸二铵	重钙（或普钙）	硫酸钾	尿素
				剂型	数量					
2 000	14.1	10.0	2.0	方案 1		30.7		21.7(83)	2.0	0
				方案 2		22.2	21.7		2.0	0
应用配方肥										
1 200	8.8	7.4	0	A	44.0					0
1 500	10.9	8.6	0	A	54.5					0
1 800	12.8	9.5	1.7	A	64.0				3.4	0
2 000	14.1	10.0	2.0	A	70.5				4.0	0

注：1. 一般一次性施足基肥，不再追肥，基施方法采用蓄力开沟人工穴施或随机耕同时机播施入；增施有机肥可适当减少施肥量。

2. 配方肥 A 为 35%(20–15–0)。

3. 可自配本表中配方肥——按表中基肥对应的各种化肥数量组合即成（自配配方肥不含有一般商品配方肥中的辅料物质，一般不宜用碳酸氢铵）。应现配现用，防止物理性状变差。

宜。播期覆膜也可。规格为大垄底宽 70 cm、高 10~15 cm，小垄底宽 40 cm、高 15~20 cm，选用幅宽 120 cm、厚度0.01 mm 的强力耐候膜，两幅地膜相接于大垄中间。采用专用机械一次完成起垄覆膜。田间覆膜后，严禁牲畜入地践踏造成地膜破损。要经常沿垄沟逐行检查，一旦发现破损，及时用细土盖严，防止大风揭膜。覆盖地膜后 1 周左右，地膜与地面贴紧时，在沟中间每隔 50 cm 扎一直径 3 mm 的渗水孔，使沟内的集水渗入土中。

4. 精选良种

选用高产优质、适应性强、菊糖含量高、易于加工、能够提高附加值的品种。应选择种植青芋2 号、青芋 3 号(紫皮)、定芋 1 号(紫红皮)、定芋 2 号(白皮)，这些品种在海拔 2 200 m 以下的地区均可栽培。在全膜双垄覆盖垄侧播种条件下每公顷产量可达 37 309.95 kg。

(1)青芋 2 号：具有耐贫瘠、耐寒、耐旱、适应性强的特点，在冷凉、昼夜温差大、阳光充足的地区易获高产，是很好的菊粉生产原料。种植青芋 2 号成本低、易管理、收益高，很受农民欢迎。

该品种株高 2~3 m，上部多分枝，茎上密生短粗糙毛或刚毛。基生叶对生或轮生，上部叶呈螺旋状排列，卵形、长圆状卵形或卵状椭圆形，边缘有锯齿，上面粗糙，下面有毛，叶柄上部具狭翅，头状花序数个，生于枝端，直径 5~9 cm，总苞片披针形开展，舌状花淡黄色。块茎棒形、纺锤形、楔形或不规则瘤形。

影响青芋 2 号块茎形成的主要因素是温度和光照，块茎形成的最适温度为 18~22℃，过高过低对块茎的生长都不利；块茎形成还需要黑暗条件，光对块茎的形成有强烈的抑制作用。块茎主要是在开花以后形成的，此时具有块茎生长的温度条件，同时植株基本停止了营养生长，大部分光合产物向下运输贮存于块茎中，块茎增大。

(2)定芋 1 号：生育期 160 d 左右。茎直立，扁圆形，浅绿色带紫色，株高 210~220 cm，主茎 1~4 个，分枝18~20 个。叶片互生、卵圆形，多具茸毛，叶苗期浅绿色，后期深绿色。块茎短梭形和瘤形，外皮浅紫色，肉白色，芽眼外突，结薯集中且较浅。单株块茎 20~30 个，单薯重 60~80 g，单株产量 1.6~2.7 kg。块茎含粗蛋白质 12.44%，总糖36.73%，粗脂肪 0.7%，粗纤维 2.45%，还原糖 3.07%。适合在年降水量 300 mm 以上、海拔3 000 m 以下的地区种植。

(3)定芋 2 号：熟性适中偏早，生育期一般 156~166 d。主茎 1~4 个，苗期丛立，分枝 18~24 个，多者可达60 多个。株高 186~193 cm，花期封顶，最大直径 2.2 cm，秆绿色带紫，直立，扁圆形，有不规则突起；叶深绿色，具茸毛，叶片数 50~68 片，根系发达；块茎瘤形和短梭形，外皮白色，肉白色，芽眼外突，结薯集中，整体性好，单株块茎 19~32 个，多者可达 60 多个，单薯重 56~77 g，其中大于 30 g 的占 88%以上，最大的块茎可达 408 g；单株产量 1.65~2.38 kg，每公顷产量 40 890~73 995 kg，高产田达到 76 500 kg 以上。块茎可在-30℃的冻土层内安全越冬。

5. 种薯处理及播种量

菊芋用块茎进行无性繁殖，种子选择新鲜小整薯最好，切块种植以单重 35~40 g 为好。每公顷播种量 1 200 kg 左右，切块用 0.8%高锰酸钾水溶液浸种消毒 4 min，随后捞出晾干待播。

6. 播种

播种在 3 月下旬至 4 月中旬进行，用人工点播器按穴距 34.6~40.4 cm 将种薯块播在大垄两侧距沟底 5 cm 处，每公顷保苗 4.5 万~5.25 万株。株距 34.6~40.4 cm，播深 10~15 cm。播种后用细土封住播种孔。

7. 田间管理

(1)放苗：在菊芋出苗期应经常进行田间检查，发现地膜破损和有裂口，用湿土封严，防止破损和裂口扩大或地膜被风吹起。雨后板结要及时破除，发现有窝苗情况要及时放苗，缺苗时及时补苗。

(2)现蕾初期摘蕾、摘花，以减少养分消耗，促使块茎膨大。

(3)在块茎迅速膨大时叶面追施 0.3%~0.5%磷酸二氢钾溶液 1~2 次，并摘除植株中下部发出的侧枝，保持通风透光。

(4)病虫害防治：菊芋一般病害少，但在田间管理期间要经常观察。菊芋的常见病害为菌核病，真菌性病害危害菊芋的茎。病菌在病株残体或块茎上越冬。发病初期，茎的中下部出现水渍状病斑，后逐渐变为灰白色。在潮湿的条件下，发病部位呈软腐状，同时表面产生白色霉层。发病后期，发病部位的皮层霉烂呈撕裂状，内有鼠粪状黑色菌核。在干燥的条件下，病菌在土壤中可长期存活。

防治方法：发病初期用 50%扑海因可湿性粉剂 1 000~2 000 倍液，或 40%菌核净可湿性粉剂 1 000~1 500 倍液，或 50%多菌灵可湿性粉剂 500 倍液。每 10~15 d 喷 1 次，连续 3~4 次。

8. 收获

菊芋的抗寒性非常强，一般情况下不会发生冻害，可以根据市场需求收获。通常在 10 月中旬左右，当田间植株 90%以上的茎叶干时，割除地上部的茎叶，然后采用人工或机械收获，防止损伤。收获后分拣，在背阴处晾晒 2~3 d 运输或贮藏。菊芋包装可选用塑料编织袋，既保湿，又通气，易于运输。收后及时清除残膜，防止土壤污染。

第十三节 冬小麦全膜覆土穴播、全膜微垄穴播栽培技术

冬小麦是宁夏旱作农业区的主要粮食作物，种植历史悠久，明嘉靖年间在今彭阳县就开始种植。中华

人民共和国成立初期面积达 1.3 万 hm^2，后来面积不断扩大，到 20 世纪 90 年代，随着宁夏旱作农业区冬小麦北移东扩，播种面积扩大到 6.7 万 hm^2 以上，单产由每公顷 537.9 kg 提高到 1 344 kg，2000 年播种面积达 8.5 万 hm^2，占宁夏旱作农业区农作物播种面积的 14.5%。近年来，因种植结构调整，播种面积有所减小。

冬小麦虽是一种比较高产稳产的作物，但在宁夏旱作农业区，受干旱制约，产量波动下降，20 世纪 50 年代平均产量为 569.7 kg/hm^2，60 年代为 603.75 kg/hm^2，70 年代为 765 kg/hm^2，80 年代为 939 kg/hm^2，90年代为 1 344 kg/hm^2，每公顷产量超不过 1 500 kg。为此，宁夏农业科技工作者于 90 年代中期从山西引进冬小麦膜侧栽培技术，使冬小麦产量得到大幅提高，大面积示范田平均每公顷产量达 2 578.5 kg，后又引进全膜穴播技术，虽产量比膜侧栽培技术增加，但因错位严重、放苗十分费工而放弃。2011 年从甘肃引进全膜覆土穴播技术，6 年的试验示范结果显示，该技术优于膜侧栽培及全膜穴播，抗旱保墒、增产增效显著，最高产量可达 6 540 kg/hm^2，比膜侧栽培增产 11.7%，比露地条播增产 51.82%，为冬小麦大幅度增产提供了新的栽培技术。

一、冬小麦在宁夏旱作农业生产中的作用

（一）冬小麦是宁夏旱作农业区人民赖以生存的主要粮食作物

小麦品质好，营养价值高，又是细粮作物。小麦籽实中含有丰富的淀粉、脂肪和蛋白质，同时含有矿物质及各种维生素，是禾谷类作物中蛋白质含量最高的作物，一般在 12%左右，高的可达 15%~20%，脂肪含量1.5%~2%，矿物质含量 1.5%~2%。就营养价值来说，小麦高于大米。小麦籽粒中的含氮物和无氮物的组成比例很适合人体生理上的需要。小麦籽粒含有丰富的谷蛋白和麦胶蛋白（也叫面筋），能制成松软多孔、易于消化的馒头、面包及各种点心和面条等，这是其他禾谷类作物所不及的。因此，小麦是宁夏旱作农业区人民最喜爱的细粮作物。

（二）冬小麦是宁夏旱作农业区农业生产中具有支撑作用的作物

（1）冬小麦耐寒耐旱，适应性强，是高产稳产作物。其根系发达，株矮叶小，比玉米等作物耐寒、耐旱性强，其耐寒力在越冬作物中仅次于黑麦（洋麦），而高于其他粮食作物，在冬季积雪的条件下，能忍耐-30℃的低温而不致冻死，而且能够充分利用低温期进行生产。冬小麦适应性很强，在宁夏旱作农业区，从南部的泾源县到北部的盐池县、同心县均能种植。不但在风调雨顺的年份能大幅度增产，就是在冬春比较干旱的年份，经过努力仍能够获得高产稳产。

（2）冬小麦在轮作中是承上启下的主要作物，同时，它又是夏收作物，可为其他禾谷类作物、油料作物、块茎类作物创造良好的土壤条件，是合理轮作离不开的作物。

（3）冬小麦是夏收作物，可与其他作物间作、套种和复种，有利于提高复种指数，增加作物单位面积产量和总产量，对促进“两高一优”农业的发展起着积极的支撑作用和骨干作用。

（三）冬小麦是宁夏旱作农业区发展养殖业良好的饲料、饲草，能推动畜牧业发展

冬小麦产草量高，饲草易贮存、保质期长，秸秆内含有大量牲畜需要的微量元素，牲畜食用后在补充所需微量元素的同时也可以帮助它们消化食物，是家畜的良好饲草。冬小麦加工面粉的副产品麦麸是优良的精饲料。

（四）冬小麦为宁夏旱作农业区发展工业提供可靠的原料，促进地方工业的发展

冬小麦的籽实是轻工业、食品加工业、酿造业及医药工业的主要原料，麦秸是造纸业及编织业的最好

原料，因此，发展冬小麦对宁夏旱作农业区发展轻工业、食品加工业、医药工业有十分重要的意义。

二、冬小麦全膜覆土穴播、全膜微垄穴播栽培技术效应

（一）冬小麦全膜覆土穴播栽培技术效应

冬小麦全膜覆土穴播技术集全膜覆盖抑蒸、膜上覆土防止播种孔错位、开穴精量播种、多茬种植为一体，是对传统小麦全膜覆盖穴播技术的创新和发展，生态、经济、社会效益显著。

1. 水分效应

冬小麦全膜覆土穴播技术因全膜覆盖又覆土，因而提高了抑蒸能力。土壤含水量、贮水量、水分利用效率比膜侧栽培、露地条播高。

据试验观测，全膜覆土穴播 0~40 cm 土壤含水量在出苗期、返青期、拔节期、灌浆期比膜侧种植分别高 1.51 个百分点、0.97 个百分点、1.36 个百分点、0.54 个百分点，比露地条播分别高 1.52 个百分点、1.67 个百分点、2.11 个百分点、1.94 个百分点（表 2–2–193）。

表 2–2–193　不同处理下冬小麦不同生育期 0~40 cm 土壤含水量（同心县下马关镇五里墩村）

单位：%

处理	0~40 cm 土壤含水量			
	出苗期	返青期	拔节期	灌浆期
全膜覆土穴播	11.62	10.26	8.94	9.26
膜侧栽培	10.11	9.29	7.58	8.72
露地条播	10.10	8.59	6.83	7.32

表 2–2–194　不同处理下冬小麦不同生育期 0~100 cm 土壤含水量（同心县下马关镇五里墩村）

处理	土层深度/cm	土壤含水量/%					
		播种期	出苗期	返青期	拔节期	灌浆期	成熟期
全膜覆土穴播	0~10	12.46	10.93	10.78	7.43	9.22	6.18
	10~20	13.55	12.18	9.56	8.91	9.34	5.19
	20~40	12.59	11.75	10.45	10.19	9.21	5.93
	40~60	11.81	11.83	10.78	10.21	8.55	5.49
	60~80	10.33	10.04	10.44	10.3	8.57	6.85
	80~100	10.21	9.48	10.49	10.44	8.71	6.82
膜侧栽培	0~10	12.46	9.65	8.63	6.35	8.83	5.81
	10~20	13.55	9.77	9.26	7.12	8.68	5.99
	20~40	12.59	10.91	9.98	9.27	8.66	7.00
	40~60	11.81	9.60	9.34	10.31	7.07	6.61
	60~80	10.33	9.99	9.75	10.78	7.79	6.58
	80~100	10.21	11.76	9.68	10.79	8.76	6.11

续表

处理	土层深度/cm	土壤含水量/%					
		播种期	出苗期	返青期	拔节期	灌浆期	成熟期
露地条播	0~10	12.46	9.94	8.58	6.06	7.70	4.55
	10~20	13.55	9.93	8.12	6.18	8.12	7.73
	20~40	12.59	10.44	9.07	8.25	6.15	7.88
	40~60	11.81	8.90	9.51	8.70	7.04	7.86
	60~80	10.33	9.11	9.57	9.43	6.42	6.46
	80~100	10.21	10.12	9.98	9.57	8.68	6.71
常规全膜穴播	0~10	12.46	11.08	8.56	6.16	8.94	5.78
	10~20	13.55	10.81	8.17	8.29	8.14	5.71
	20~40	12.59	10.31	10.11	9.80	7.78	6.01
	40~60	11.81	10.91	11.80	10.26	7.90	6.18
	60~80	10.33	10.24	10.13	10.96	9.98	7.16
	80~100	10.21	10.06	8.95	11.02	8.05	6.89

1 m 内土壤贮水量全膜覆土穴播均高于常规全膜穴播、膜侧栽培和露地条播。在年降水量 270 mm 的同心县下马关镇五里墩村试验点观测，1 m 内土壤贮水量全膜覆土穴播比常规全膜穴播出苗期、返青期、拔节期、灌浆期分别高 6.25 mm、10.67 mm、2.21 mm、6.28 mm；比膜侧栽培出苗期、返青期、拔节期、灌浆期分别高 10.12 mm、13.08 mm、6.39 mm、8.51 mm；比露地条播出苗期、返青期、拔节期、灌浆期分别高 17.35 mm、17.13 mm、20.75 mm、21.2 mm（表 2-2-195）。

表 2-2-195　不同处理下冬小麦不同生育期 1 m 内土壤贮水量（同心县下马关镇五里墩村）

单位：mm

处理	1 m 内土壤贮水量					
	播种期	出苗期	返青期	拔节期	灌浆期	成熟期
全膜覆土穴播	158.46	147.87	139.58	128.37	119.71	81.43
常规全膜穴播	158.46	141.62	128.91	126.16	113.43	84.26
膜侧栽培	158.46	137.75	126.50	121.98	111.20	85.09
露地条播	158.46	130.52	122.45	107.62	98.51	91.99

2. 温度效应

据在冬小麦主产区彭阳县城阳乡涝池村旱作农业示范区定点观测，在生育期内全膜覆土穴播比露地条播 0~20 cm 土壤日平均温度增加 1.26℃，增温 350℃，而常规全膜穴播比露地条播日平均温度增加 1.94℃，增温 540℃，膜侧栽培 0~20 cm 土壤日平均温度比露地条播增加 1.14℃，增温 320℃，全膜覆土穴播低于常规全膜穴播，但高于膜侧栽培。又据在年降水量 270 mm 的同心县下马关镇五里墩村返青至灌浆期观测 4 次，0~25 cm 土壤平均温度全膜覆土穴播比常规全膜穴播低 0.73℃，比膜侧栽培高 0.91℃，比露地条播高 1.29℃，特别是返青期(3 月 20 日)比常规全膜穴播低 1.36℃，比膜侧栽培高 1.92℃，比露地条播高 3.52℃(表 2–2–196)。由于全膜覆土穴播土壤墒情较好、土壤温度高于露地条播，因而冬小麦生育进程加快。

表 2–2–196　不同处理下冬小麦不同时期的地温(同心县下马关镇五里墩村)

处理	土层深度/cm	地温/℃				
		3 月 20 日	4 月 20 日	5 月 20 日	6 月 20 日	平均
全膜覆土穴播	5	9.40	20.40	26.50	24.60	20.23
	10	8.20	17.60	20.80	24.20	17.70
	15	7.30	16.10	18.50	24.60	16.63
	20	7.50	14.30	18.40	24.20	16.10
	25	7.70	11.90	17.20	23.30	15.03
	平均	8.02	16.06	20.28	24.18	17.14
常规全膜穴播	5	11.30	23.10	29.50	25.40	22.33
	10	10.60	17.70	21.70	24.80	18.70
	15	8.50	16.20	18.60	23.50	16.70
	20	8.20	13.10	18.40	24.60	16.08
	25	8.30	12.20	18.50	23.10	15.53
	平均	9.38	16.46	21.34	24.28	17.87
膜侧栽培	5	6.40	19.70	25.30	24.10	18.88
	10	5.60	16.40	19.20	23.60	16.20
	15	5.80	15.60	17.70	23.60	15.68
	20	6.40	13.70	18.50	24.50	15.78
	25	6.30	11.20	17.40	23.50	14.60
	平均	6.10	15.32	19.60	23.86	16.23
露地条播	5	5.50	18.60	23.70	23.40	17.80
	10	4.80	16.30	20.50	23.50	16.28
	15	5.70	15.40	16.50	23.70	15.33
	20	5.40	13.70	18.30	24.60	15.50
	25	5.50	10.80	17.50	23.70	14.38
	平均	5.38	14.96	19.30	23.78	15.85

3. 产量效应

冬小麦全膜覆土穴播栽培技术保墒、蓄墒效果好，对土壤的水分利用效率较高，加之地温增加，播种至出苗时间缩短，出苗快，又因膜上覆土较好地解决了常规全膜穴播播种孔错位的难题，因而为苗齐、苗壮、农艺性状好、产量增加创造了良好的条件。以年降水量 270 mm 的同心县下马关镇五里墩村试验资料分析，全膜覆土穴播冬小麦出苗快，比露地条播播种至出苗时间短 6 d，比常规全膜穴播迟 1 d，比膜侧栽培早 3 d，而成熟期比露地条播晚 3 d；返青、拔节、抽穗、开花较露地条播提前。农艺性状好于常规全膜穴播、膜侧栽培及露地条播，产量最高。全膜覆土穴播比露地条播株高高 12.2 cm，穗长增加1.28 cm，千粒重增加 4.11 g，产量增幅达 38.3%，比常规全膜穴播增产 11.3%，比膜侧栽培增产 20%（表 2-2-197、表 2-2-198）。

表 2-2-197　不同处理下冬小麦生育期（同心县下马关镇五里墩村）

处理	播种期	出苗期	返青期	拔节期	抽穗期	开花期	灌浆期	成熟期
全膜覆土穴播	10 月 1 日	10 月 8 日	3 月 18 日	4 月 29 日	5 月 25 日	5 月 31 日	6 月 7 日	6 月 30 日
常规全膜穴播	10 月 1 日	10 月 7 日	3 月 16 日	4 月 29 日	5 月 26 日	5 月 29 日	6 月 7 日	6 月 28 日
膜侧栽培	10 月 1 日	10 月 11 日	3 月 20 日	4 月 30 日	5 月 28 日	6 月 2 日	6 月 8 日	6 月 28 日
露地条播	9 月 23 日	10 月 5 日	3 月 23 日	5 月 2 日	5 月 30 日	6 月 4 日	6 月 10 日	6 月 27 日

表 2-2-198　不同处理下冬小麦农艺性状及产量（同心县下马关镇五里墩村）

处理	株高/cm	穗数/（万穗·hm^{-2}）	穗长/cm	单穗小穗数/个	穗粒数/（粒·$穗^{-1}$）	千粒重/g	产量/（kg·hm^{-2}）	较露地条播增产/%
全膜覆土穴播	96.8	206.5	8.06	11.54	42.71	32.60	2 296.5	38.3
常规全膜穴播	91.0	203.6	7.61	11.22	39.82	31.11	2 064.0	11.3
膜侧栽培	89.9	199.1	7.33	11.10	38.97	30.87	1 914.0	20.0
露地条播	84.6	195.4	6.78	10.95	37.34	28.49	1 660.5	—

在 5 个地区的试验结果显示，全膜覆土穴播下冬小麦平均产量达 5 278.12 kg/hm^2，比膜侧栽培增产 24.59%，比露地条播增产 58.8%。大面积示范也证实全膜覆土穴播冬小麦增产幅度大，示范田每公顷平均产量 6 994.5 kg，最高产量达 7 230 kg/hm^2（表 2-2-199）。同时，由于地温高、出苗快，可推迟播种 7 d 左右，有效地缓解了因秋雨等原因不能适时播种的困难。

表 2-2-199　不同年降水量下冬小麦产量

年降水量	产量/（kg·hm^{-2}）			全膜覆土穴播比膜侧栽培增产/%	全膜覆土穴播比露地条播增产/%
	全膜覆土穴播	膜侧栽培	露地条播		
270 mm	2 296.50	1 914.00	1 660.50	15.30	38.50
450 mm	6 548.00	5 863.00	4 313.00	11.68	51.82
450 mm	6 733.50	5 388.00	3 126.00	24.97	115.40
400 mm	4 863.60	2 800.20		73.60	
500 mm	5 949.00	5 217.00	4 195.50	14.03	41.79
平均	5 278.120	4 236.44	3 323.75	24.59	58.80

（二）冬小麦全膜微垄穴播栽培技术效应

冬小麦全膜微垄穴播栽培技术是在小麦全膜覆盖穴播及小麦全膜覆土穴播栽培技术的基础上创新而成的，是适合密植作物的一项旱作农业技术。该技术依据膜面集水、雨水就地入渗、覆盖保墒等旱作农业理论，通过改变田垄结构，将全膜平铺覆盖变为微垄覆盖，以充分接纳自然降水，提高降水利用率。相对小麦全膜覆土穴播技术而言，膜面透明无覆土，能够最大限度地接受太阳能，增加土壤的有效积温，促进作物生长发育，缩短生育期。膜上撒土后，自然落在小垄沟内，起到了防止穴播错位的问题。

据试验观测，全膜微垄穴播田间 2 m 内土壤贮水量、水分利用效率高于全膜覆土穴播（表 2-2-200、表 2-2-201）。

表 2-2-200　不同处理下冬小麦不同生育期2 m 内土壤贮水量

单位：mm

处理	2 m 内土壤贮水量					
	出苗期	返青期	拔节期	抽穗期	开花期	灌浆期
全膜微垄穴播	233.6	222.6	219.6	213.2	227.8	237.6
全膜覆土穴播	231.9	222.4	218.8	213.1	227.5	235.8

表 2-2-201　不同处理下冬小麦水分利用效率

处理	播前 2 m 内土壤贮水量/mm	收获后 2 m 内土壤贮水量/mm	生育期降水量/mm	耗水量/mm	籽粒产量/（$kg·hm^{-2}$）	水分利用效率/［$kg·(mm^{-1}·hm^{-2})$］
全膜微垄穴播	335.84	276.00	127.1	186.94	6 361.2	34.03
全膜覆土穴播	335.84	310.63	127.1	152.34	4 863.6	31.93

全膜微垄穴播增加了土壤有效积温，提高了土壤蓄水保墒能力，因而出苗率高、返青早、越冬保苗率高，苗壮、穗大、粒多、产量高，比全膜覆土穴播返青苗多 13.9%、株高高 5.4 cm、收获穗数多 10.6%、穗粒数多 5.5 粒、单株粒重高 0.08 g，千粒重虽比全膜覆土穴播低 1.94 g，但收获穗数多、穗粒数多、单株粒重高，因而单产高，比全膜覆土穴播增产 30.79%（表 2-2-202、表 2-2-203）。

表 2-2-202　不同处理下冬小麦 0~25 cm 土壤温度

单位：℃

处理	0~25 cm 土壤温度									
	出苗期	分蘖期	拔节期	孕穗期	抽穗期	开花期	灌浆期	乳熟期	成熟期	平均
全膜微垄穴播	14.41	19.05	17.96	17.41	20.89	27.04	26.89	26.04	28.01	21.96
全膜覆土穴播	12.41	17.50	15.53	15.39	19.30	25.87	25.40	23.71	28.42	20.39

表 2-2-203　不同处理下冬小麦产量构成因素比较

处理	冬前苗数/(万株·hm^{-2})	冬前茎数/(万株·hm^{-2})	返青苗数/(万株·hm^{-2})	返青茎数/(万株·hm^{-2})	株高/cm	穗长/cm	小穗数/个		收获穗数/(万穗·hm^{-2})	穗粒数/粒	单株粒重/g	单株分蘖/个	单株成穗/个	分蘖成穗率/%	千粒重/g	理论产量/(kg·hm^{-2})	实际产量/(kg·hm^{-2})
							结实	不实									
全膜微垄穴播	583.05	693.15	481.80	617.40	78.7	8.4	17.5	3.1	532.95	46.6	1.54	1.41	0.79	56.37	29.82	7 406.25	6 361.2
全膜覆土穴播	578.25	680.40	423.15	619.50	73.3	8.0	15.6	3.2	481.80	41.1	1.46	1.43	1.12	77.96	31.76	6 289.05	4 863.6

三、冬小麦全膜覆土穴播、全膜微垄穴播栽培技术

(一)对环境条件的要求

1. 对水分的要求

据资料介绍,在冬小麦一生中,每 666.7 m^2 生产 250~300 kg,需耗水300 m^3 左右,即 450 mm 左右。也就是说,每生产 50 kg 籽粒,约耗水 60 m^3 左右,其中土壤蒸发占 30%~40%,叶面蒸腾占 60%~70%。在宁夏旱作农业区,冬小麦生育期间降水量尚不能满足其对水分的需求,而且降水分布极不均匀。为使冬小麦正常生长发育,必须采取有效措施,增加土壤的保墒蓄水能力,建设蓄水设施,在关键生育期进行补灌,以补偿小麦对水分的需求。

在冬小麦一生中,不同的生育时期需水量不同。最多的时期是返青至抽穗阶段,以拔节至抽穗期需水量最多。

水分对冬小麦的生长发育影响极大,因此,在冬小麦生产中要及时掌握冬小麦生理需水规律,适时补给水分,以满足其生长发育的需求,促进产量增加。

2. 对温度的要求

冬小麦在不同的发育阶段和器官形成的不同时期,对温度的要求也不同,发芽和出苗的最适温度为 12~16℃。分蘖的最低温度为 2~4℃,6~13℃下分蘖缓慢,幼苗比较健壮,大于 14℃分蘖加快,但幼苗健壮程度较差,大于 18℃分蘖受抑。幼穗分化过程中,温度在 10℃以下可延缓分化进程、延长分化时间,有利于形成大穗,因此,春季气温回升慢的年份易形成多粒大穗。籽粒形成和灌浆最适温度为 20~22℃,高于 25℃和低于 12℃均不利于灌浆。宁夏旱作农业区的冬小麦产区地形复杂,气候多变,灾害性天气频繁,常受冻害的危害。在冬小麦灌浆成熟期,常伴有高温和干旱风(俗称"火南风""热干风"),导致蒸腾加强、细胞脱水,造成植株青枯早衰,籽粒空瘪不实,千粒重下降。因此,在热干风来临之前,喷施磷酸二氢钾,可以大大减轻影响。

3. 对营养条件的要求

冬小麦对营养条件的要求,主要是对氮、磷、钾三要素的要求。在冬小麦生长发育的不同时期,对三要素的吸收量有所不同。研究资料表明,每生产 50 kg 籽粒,大约需要吸收氮 1.5 kg、P_2O_5 0.75 kg、K_2O 1.5~2 kg。

(1)对氮素的要求:出苗到越冬期间,冬小麦对氮的吸收绝对量较少,越冬期间,几乎停止对氮的吸收。冬小麦返青后,随着植株生长旺盛,对氮的吸收量迅速增大,拔节至孕穗、开花至乳熟两个阶段,冬小麦对氮的吸收绝对量最多。

(2)对磷素的要求:冬小麦在越冬前对磷的吸收绝对量最少,但由于磷酸对分生组织的分化、生长影响最大,即与生根、分蘖的增加有密切关系,因此在越冬前不能以吸收的绝对量来衡量磷肥的重要性。从小麦拔节到开花的近 1 个月时间中,吸收磷酸的数量最多,到开花时几乎吸收完所应吸入的全部量。

磷的施用时期以生育初期最重要,小麦分蘖期是磷肥吸收最重要的时期,因此磷肥做基肥是最有利的。

(3)对钾素的要求:钾在蛋白质代谢、碳水化合物代谢及呼吸作用中具有重要的作用。同时钾对增强抗寒、抗倒伏性有显著效果。因此,钾肥一般应做基肥施用。

冬小麦在整个生育期间都需要钾肥,返青以后,对钾的吸收量迅速增加,至开花期几乎吸收完应吸入的总量。但并不能据此认为开花以后钾肥是不重要的,相反,为保证冬小麦健壮生长,全生育期间对钾的吸收都是必要的。

4. 对土壤的要求

宁夏旱作农业区冬小麦分布在各种土壤上，就土壤质地来说，冬小麦宜种植于质地适中的壤土或偏黏的土壤。据河南省农业科学院研究，随土壤质地由砂变黏，冬小麦籽粒中蛋白质含量由10.4%提高到14.91%，如质地进一步变黏，蛋白质含量又有所下降。

（二）冬小麦全膜覆土穴播、全膜微垄穴播栽培技术

1. 选地、轮作与整地

（1）选地：冬小麦对土壤的适应性较强，但耕作层深厚、结构良好、有机质丰富、养分充足、通气性与保水性良好的土壤，是小麦高产稳产的基础。适宜的土壤条件为土壤容重1.28 g/cm^{3}左右，孔隙度50%~55%，有机质含量10 g/kg以上，土壤pH 6.8~7，土壤中氮、磷、钾营养元素丰富，且有效供肥能力强。采用地膜覆盖栽培技术后土壤水、气、热条件改善，产量大幅度提高，因此所需要的土壤养分、水分也多，所以实施全膜覆土穴播、全膜微垄穴播要选择地势平缓、土层深厚、土质疏松、理化性状好、保水保肥能力强、具有中上等肥力条件的台地、塬地、壕地及梯田，杜绝选择陡坡地、石砾地等瘠薄地。

（2）轮作：实施合理的轮作制、建立良好的农田生态系统是发挥全膜覆土穴播、全膜微垄穴播技术增产优势的主要措施。

实行粮豆轮作：豆类（豌豆、扁豆、蚕豆）作物是宁夏旱作农业区的主要养地作物，是小麦的良好前茬，在种植制度中安排适当比例的豆类作物是一项简单易行、投资少、收益大的培肥增产措施。据研究，20 cm土层内有机质、全氮、全磷、速效氮、速效磷豆茬地比连作麦茬地分别提高2.7%、2.3%、8.7%、7.4%、37.9%。土壤蓄水保墒能力增强，200 cm内土壤贮水量比连作麦茬地多12.6 mm，比胡麻茬地多28.68 mm，水分利用效率提高30.7%~60.8%，比重茬1年小麦增产34.31%，比重茬2年小麦增产66.67%。因此，豆类作物在轮作制中占有极其重要的地位。针对宁夏旱作农业区十年九旱、土壤肥力不足、类型多样的特点，在轮作中安排冬小麦重茬1年，是因为冬小麦收获早，能伏耕晒垄蓄水，加速土壤养分的转化。据测定，重茬麦地有机质仅比豆茬地低2.9 g/kg，速效氮低4.18 mg/kg，速效磷低8 mg/kg；比胡麻茬地有机质高3.6 g/kg，速效氮高20.5 mg/kg，速效磷高5.29 mg/kg，土壤含水量比糜茬地高30%。应在半干旱区、半湿润偏旱区建立豆→麦→麦→油（或秋粮）的4年轮作制，在半干旱偏旱区建立豆→麦→油（或秋粮）的3年轮作制，保证25%~30%的小麦种在豆茬地上，为全膜覆土穴播、全膜微垄穴播小麦增产创造良好的环境条件。

在地膜玉米逐年扩大的现实情况下，可在冬小麦主产区彭阳县将玉米作为冬小麦的前茬，建立玉米→玉米→小麦→小麦的4年轮作制。因玉米施肥水平高，加之该区域土壤肥力较高，玉米均采用全膜双垄覆盖垄侧播种栽培，成熟收获较早，全膜覆土穴播又较露地条播播种期迟1周，有较充分的冬小麦播前整地时间。

（3）整地。

一是早耕深耕蓄水。早耕、深耕是蓄水保墒、熟化土壤、促进土壤养分转化、提高小麦产量的主要基础性措施。冬小麦收后应立即深耕，耕深达25~30 cm。深耕应实施早耕，据固原市农业科学研究所梅松林计算，伏天早耕3 d，15 cm深的土壤水分每公顷增加17.25 t；秋季早耕13 d，土壤水分每公顷增加52.5 t。伏天早耕比迟耕增产10%~15%。深耕30 cm可保蓄土壤水分130 mm。据西吉县农业技术推广服务中心研究，把原耕深10~20 cm的活土层加深至30~40 cm，可比常年耕深15 cm的土壤容重降低0.15 g/cm^3，孔隙度增加6.8%，最大持水量增加2.7%，每公顷增加蓄水量160.1 m^3，相当于一次中等降雨量。耕深25 cm比耕深15 cm播前0~10 cm土层含水量提高4.6%，10~20 cm土层含水量提高6.9%，小麦增产24.8%。

二是过伏合口保底墒。雨后及时耙耱少耗墒是小麦保墒抗旱的关键措施。夏茬地深翻后应于 8 月上旬遇雨及时耙耱,合口保墒,使蓄水与保墒有机结合,实现“伏雨春用”。

三是播前精细整地,做到细、净、实、平。土壤中没有明暗坷垃,无杂草,上虚下实,地面平整,为覆膜播种奠定良好的土壤条件,以提高播种质量。

2. 施肥

肥料是冬小麦高产的基础。在一定的产量范围内,随着冬小麦产量的提高,冬小麦吸收氮、磷、钾总量相应增加。

据《作物栽培学各论》(北方本)小麦一章介绍,冬小麦每生产 100 kg 籽粒需氮 3.1±1.1 kg、磷(P_2O_5) 1.1±0.3 kg、钾(K_2O) 3.2±0.6 kg,三者比例为 2.8:1:3,但随着产量水平的提高,氮的相对吸收量减少,钾的相对吸收量增加,磷的相对吸收量基本稳定。宁夏旱作农业区土壤含钾丰富,能满足冬小麦对钾肥的需求。因此应重视增氮、氮磷配合。

全膜覆土穴播、全膜微垄穴播增产幅度大,消耗的土壤水分、需要的营养物质也多,因此要运用以肥调水技术来满足小麦生长发育对水分、养分的需求。在肥料结构上坚持增施有机肥、以产定肥(化肥)、配方施肥,肥料要深施,以基肥为主。据阎世理、蒋纪云研究,每公顷生产小麦 3 750~4 500 kg,需优质土肥6 万~7 万 kg。化肥以目标产量而定(表 2-2-204、表 2-2-205),每公顷产量 5 250 kg,则应施 N 258 kg/hm^2(相当于基施尿素 342 kg/hm^2,追施尿素 219 kg/hm^2),P_2O_5 90 kg(相当于基施普钙 750 kg/hm^2);每公顷产量6 000 kg,应施 N 295.5 kg/hm^2(相当于基施尿素 391.5 kg/hm^2,追施尿素 250.5 kg/hm^2),P_2O_5 102 kg/hm^2(相当于基施普钙 855 kg/hm^2),结合播前整地施入。

表 2-2-204 川旱地冬小麦配方施肥建议

单位:kg/666.7 m^2

目标产量	施养分总量			折实物肥料施用量				
				基肥				追肥
	N	P_2O_5	K_2O	尿素(或碳酸氢铵)	磷酸二铵	重钙(或普钙)	硫酸钾	尿素
200	9.7	3.4	0	13.0(35)		7.4(2.8)		8.0
				10.1(27)	7.4			8.0
250	12.2	4.2	0	16.3(44)		9.1(35)		10.2
				12.7(34)	9.1			10.2
300	14.7	5.1	0	19.6(53)		11.1(42)		12.4
				15.2(41)	11.1			12.4
350	17.2	6.0	0	22.8(62)		13.0(50)		14.6
				17.7(48)	13.1			14.6
400	19.7	6.8	0	26.1(71)		14.8(57)		16.7
				11.3(31)	14.8			16.7

表 2-2-205　山旱地冬小麦配方施肥建议

单位：kg/666.7 m^2

目标产量	施养分总量			折实物肥料施用量				
				基肥				追肥
	N	P_2O_5	K_2O	尿素（或碳酸氢铵）	磷酸二铵	重钙（或普钙）	硫酸钾	尿素
150	7.6	2.6	0	10.8（29）		5.7（22）		5.8
				8.5（23）	5.7			5.8
200	10.2	3.5	0	14.3（39）		7.6（29）		7.8
				11.4（31）	7.6			7.8

3. 覆膜覆土

（1）土壤处理：地下害虫危害严重的地块，播前结合整地用 40%辛硫磷乳油 7.5 kg/hm^2，加细沙土 450 kg/hm^2 拌成毒土撒施，或兑水 750 kg/hm^2 喷施于地表；或用 3%辛硫磷颗粒剂 60 kg/hm^2 或 5%辛硫磷颗粒剂 30 kg/hm^2 加细土或细沙 450 kg/hm^2 拌成毒土，均匀撒施在地表，随整地翻入耕作层。杂草危害严重的地块，用 50%乙草胺乳油每公顷 1 500 g 兑水 750 kg，全地面喷施，喷完后及时覆膜。

（2）冬小麦覆膜覆土方法。

①人工覆膜覆土：选用幅宽 1.2 m、厚 0.01 mm 的白色地膜，全地面平铺，不开沟压膜，下一幅膜与前一幅膜要紧接，膜与膜间不留空隙、不重叠，地膜要紧贴地面，膜上覆土厚度 1 cm 左右，即以基本看不见地膜为宜。覆膜用土必须是细绵土，不能将土块或土疙瘩覆在膜上，以免影响播种质量；膜上覆土要均匀，薄厚要一致，覆土不留空白，地膜不能外露。

②机械覆膜覆土：采用专用覆膜覆土一体机一次性完成旋耕、镇压、覆膜及平整作业，具有作业速度快、覆土均匀、覆膜平整、镇压提墒、苗床平实、减轻劳动强度、有效防止地膜风化和苗孔错位等优点，要求覆土厚度 1 cm，两幅膜间不留空隙，膜上覆土均匀度达到 90%，覆土厚度≤1 cm 的土壤达到 85%以上。每台每天可完成 2 hm^2 左右作业量，作业效率较人工提高20 倍以上。

（3）冬小麦全膜微垄穴播栽培技术起垄覆膜方法：选用多功能起垄机（起垄、覆膜、施药、打渗水孔一体机）起垄覆膜。垄幅 100 cm，每幅分 5 个相同的微垄，垄宽 20 cm，垄高 8~12 cm。选择厚0.01 mm、宽 120 cm 的高强度白色地膜全地面覆盖。先在地边画基线，起垄机的一边前平衡轮沿基线行走，人工顺基线用地边表土压实膜边，另一边每隔 1.5~2 m 用表土固定地膜，并在膜上撒土（厚 1 cm），顺地膜固定点压土腰带（防止大风揭膜和拦截垄沟内的降水径流），即完成第 1 个作业幅。第 2 个作业幅作业时，起垄机一边前平衡轮与第 1 个作业幅起垄机后平衡轮压印相接，用表土压实地膜搭接处，再在垄面撒上表土，自然落在垄沟内；另一边顺第 1 个作业幅垄上的固定点和土腰带仍用表土固定地膜，并继续压土腰带，依次类推，完成全田作业。

4. 选用优良品种及种子处理

选用适合全膜覆土穴播、全膜微垄穴播栽培条件的优良品种是发挥全膜覆土穴播、全膜微垄穴播技术增产优势的最经济有效的措施。应选择耐旱、耐寒、抗锈病、抗红矮病、分蘖率和成穗率高、稳产、高产的品种。

经多年试验，冬小麦最适宜种植区彭阳县适合全膜覆土穴播、全膜微垄穴播的品种为兰天28 号、兰天 32 号、陇育 4 号。

兰天 28 号：由甘肃省农业科学院小麦研究所育成，经彭阳县农业技术推广服务中心引入，经 2 年试验表现良好，全生育期 260 d，幼苗匍匐，叶深绿色，叶片较宽，株型紧凑，株高 100.8 cm，越冬率 96.5%，穗长7.2 cm，每穗 40.1 粒，籽粒红色、卵圆形，千粒重 42.1 g，比西峰 26 号高 7.2 g，每公顷产量达 7 401 kg，比西峰 26 号增产 25.4%，抗性较强，抗旱性、抗寒性、越冬保苗率、分蘖成穗率高于西峰 26 号，抗条锈病和白粉病。

兰天 32 号：由甘肃省农业科学院小麦研究所用兰天 16 号、陇原 031 杂交后系选而成，经彭阳县农业技术推广服务中心引入，经 2 年试验表现良好，幼苗半匍匐，叶淡绿色，株型紧凑，株高 99.3 cm，越冬率 94.9%，穗长方形，长芒，白壳，护颖长方形、斜肩，颖嘴锐形、无齿，每穗 39.8 粒，籽粒红色、卵圆形、角质，千粒重 41.2 g。2013 年农业部谷物及制品质量监督检验测试中心（哈尔滨）测定，籽粒容重 760 g/L，粗蛋白质含量（干基）14.6%，降落值 199 s，湿面筋 32.1%，沉降值 39.5 mL，吸水率 59.7%，面团形成时间 5.8 min，面团稳定时间 4 min，粉质质量指数 78 mm，弱化度 138 FU，评价值 57，最大拉伸阻力 180 EU，延伸性 173 mm，R/E 比值 1.04。

冬性，全生育期 260 d，属中早熟品种。田间高抗条锈病、白粉病。该品种分蘖力强，达 80.1%，成穗数较多，抗旱、抗寒、抗青干，熟相好，籽粒饱满但易落粒。产量较高，每公顷达 6 801 kg，比西峰 26 号增产 15.3%（表 2–2–206）。

表 2–2–206　不同品种冬小麦产量构成因素对比及实际产量

品种	株高/cm	穗长/cm	小穗数/个		穗粒数/粒	成穗数/(万穗·hm^{-2})	穗粒重/g	千粒重/g	秸秆产量/(kg·hm^{-2})	理论产量/(kg·hm^{-2})	实际产量/(kg·hm^{-2})
			结实小穗	不实小穗							
兰天 28 号	100.8	7.2	13.5	1.0	40.1	492.0	1.3	42.1	17 175	8 305.5	7 401.0
兰天 32 号	99.3	7.0	13.3	1.1	39.8	486.0	1.3	41.2	15 555	7 969.5	6 801.0
陇育 4 号	97.2	6.5	12.4	1.4	39.2	481.5	1.2	40.1	15 435	7 569.0	6 400.5
陇育 5 号	97.4	6.2	11.9	1.1	30.3	462.0	1.4	37.3	10 785	5 221.5	6 100.5
宁麦 5 号	72.4	6.1	12.1	0.3	30.1	457.5	1.2	33.8	10 410	4 654.5	5 710.5
西峰 26 号(CK)	68.5	5.6	11.8	1.6	30.2	460.5	1.4	34.9	11 790	4 854.0	5 901.0

陇育 4 号：由彭阳县农业技术推广服务中心从庆阳地区引入，经 2 年试验表现较好，株高 97.2 cm，越冬率 95%，穗长 6.5 cm，穗粒数 39.2 粒，千粒重 40.1 g，每公顷产量为 6 400.5 kg，比西峰 26 号增产 8.5%，属中早熟品种，抗性较强，抗旱、抗寒、抗条锈病。

在冬小麦适宜种植区隆德县、泾源县可选种兰天 32 号、宁冬 14 号、中引 6 号。经 2 年区域试验，兰天32 号平均每公顷产量达 5 671.5 kg，比中引 6 号增产 7%。2019—2010 年生产试验，平均每公顷产量达 5 537.25 kg，比中引 6 号增产 18.32%。

宁冬 14 号：由宁夏丰禾种苗有限公司和固原市种子管理站以 8517 做母本、7202 做父本杂交、定向选育而成。该品种幼苗半匍匐，叶淡绿色，叶宽中等，株高 81 cm，穗纺锤形，穗长 7.5 cm，长芒，白壳，每穗 30 粒，千粒重 38.5 g，籽粒卵圆形、红色、角质。经农业部谷物及制品质量监督检验测试中心（哈尔滨）测定，籽粒容重 758 g/L，粗蛋白质含量（干基）13.87%，降落值 267 s，湿面筋 28.28%，沉降值 29.5 mL，吸水率64.1%，面团形成时间 2.5 min，面团稳定时间 1.8 min，弱化度 168 FU，最大拉伸阻力110 EU，延伸性 179 mm。

冬性，全生育期 274 d，较对照中引 6 号早熟 6 d，属中早熟品种。田间高抗条锈病、抗黄矮病。该品种生长势、分蘖力强，抗旱、抗寒、抗青干，熟相好，籽粒饱满但易落粒。经 2 年区域试验，平均每公顷产量5 428.8 kg，比中引 6 号增产 12.1%。2009—2010 年生产试验，平均每公顷产量 4 719.75 kg，较对照中引 6 号增产 9.09%。

5. 播种

（1）播种密度：在冬小麦适宜区彭阳县城阳乡涝池村试验，播种密度在 256.8 万粒/hm^2（32.1 万穴/hm^2，每穴 8 粒）至 667.2 万粒/hm^2（83.4 万穴/hm^2，每穴 8 粒）的范围内，产量先随密度的增加而上升，密度增加至 370.8 万粒/hm^2（行距 18 cm，穴距 12 cm，46.35 万穴/hm^2）时，产量最高，达 6 667 kg/hm^2，出现拐点，后随密度增加而下降。播种密度 476.4 万粒/hm^2 次之（表2-2-207）。

表 2-2-207　不同密度下冬小麦产量及其构成要素（彭阳县城阳乡涝池村）

处理	基本苗/（万株·hm^{-2}）	冬前总茎数/（万株·hm^{-2}）	最高总茎数/（万株·hm^{-2}）	穗数/（万穗·hm^{-2}）	穗蘖/（万穗·hm^{-2}）	穗长/cm	穗粒数/粒	千粒重/g	产量/（kg·hm^{-2}）
行距 10 cm、穴距 12 cm、每穴 8 粒、83.40 万穴/hm^2、667.2 万粒/hm^2（321 kg/hm^2）	592	1 007	1 895	565	89	6.4	30	35.3	4 815
行距 14 cm、穴距 12 cm、每穴 8 粒、59.55 万穴/hm^2、476.4 万粒/hm^2（229 kg/hm^2）	423	719	1 353	657	234	6.9	34	35.8	6 494
行距 18 cm、穴距 12 cm、每穴 8 粒、46.35 万穴/hm^2、370.8 万粒/hm^2（178 kg/hm^2）	329	559	1 053	601	272	6.9	38	36.2	6 667
行距 22 cm、穴距 12 cm、每穴 8 粒、37.95 万穴/hm^2、303 万粒/hm^2（146 kg/hm^2）	269	458	862	499	230	7.2	40	36.5	5 827
行距 26 cm、穴距 12 cm、每穴 8 粒、32.10 万穴/hm^2、256.8 万粒/hm^2（124 kg/hm^2）	228	387	387	425	197	7.2	45	36.9	5 222

从上述试验结果可以看到，彭阳县冬小麦区在行距 14~18 cm、穴距 12 cm、每穴 8 粒、每公顷 46.35 万~59.55 万穴、370.8 万~476.4 万粒的情况下，成穗 601 万~657 万穗/hm^2，产量最好，为 6 494~6 667 kg/hm^2。为此，依据试验结果，结合多年大田示范及生产实践经验，彭阳县冬小麦区冬小麦播种密度应为行距 14~18 cm、穴距 12 cm、每公顷 46.35 万~59.55 万穴、每穴8 粒，播量每公顷 178~229 kg。

在半湿润偏旱区的隆德县沙塘镇清泉村试验，5 个处理中在行距 18 cm、穴距 12 cm、46.35 万穴/hm^2、每穴 12 粒、556.2 万粒/hm^2（222.48 kg/hm^2）的情况下产量最高，达 6 268.5 kg/hm^2；行距14 cm，穴距 12 cm，每穴 12 粒，每公顷播量 285.84 kg，产量次之，为 5 920.5 kg（表 2-2-208）。

试验与示范结果显示，在半湿润偏旱区播种密度以行距 14~18 cm、穴距 12 cm、46.35~59.55 万穴/hm^2、每穴12 粒、556.2 万~714.6 万粒/hm^2（222.48~285.84 kg/hm^2）较为适宜。

表 2-2-208 半湿润偏旱区(隆德县)全膜覆土穴播条件下冬小麦农艺性状及产量

处理	基本苗/(万株·hm^{-2})	冬前总茎数/(万茎·hm^{-2})	越冬后总茎数/(万茎·hm^{-2})	越冬率/%	株高/cm	穗长/cm	穗数/(万穗·hm^{-2})	穗粒数/粒	千粒重/g	理论产量/(kg·hm^{-2})	实际产量/(kg·hm^{-2})
行距 10 cm、穴距 12 cm、83.40 万穴/hm^2、每穴 12 粒、1 000.8 万粒/hm^2(400.32 kg/hm^2)	831.0	1 587.0	1 528.5	96.3	123.8	8.8	610.5	32.5	34.5	6 844.5	5 818.5
行距 14 cm、穴距 12 cm、59.55 万穴/hm^2、每穴 12 粒、714.6 万粒/hm^2(285.84 kg/hm^2)	594.0	1 434.0	1 392.0	97.1	119.0	9.7	580.5	33.8	35.5	6 964.5	5 920.5
行距 18 cm、穴距 12 cm、46.35 万穴/hm^2、每穴 12 粒、556.2 万粒/hm^2(222.48 kg/hm^2)	462.0	1 335.0	1 278.0	95.7	116.2	9.5	546.0	34.2	39.5	7 375.5	6 268.5
行距 22 cm、穴距 12 cm、37.95 万穴/hm^2、每穴 12 粒、455.4 万粒/hm^2(182.11 kg/hm^2)	379.5	1 209.0	1 200.0	99.3	109.9	9.4	478.5	34.0	35.4	5 758.5	4 894.5
行距 26 cm、穴距 12 cm、32.10 万穴/hm^2、每穴 12 粒、385.2 万粒/hm^2(154.08 kg/hm^2)	319.5	1 162.5	1 141.5	98.2	111.0	9.1	456.0	32.1	35.0	5 122.5	4 354.5

在年降水量 270 mm 的同心县东部冬小麦区试验，5 个处理中在行距 18 cm、穴距 12 cm、46.35 万穴/hm^2、每穴7 粒、324.1 万粒/hm^2(113.5 kg/hm^2)的情况下产量最高，为 2 119.2 kg/hm^2，证明该区域在全膜覆土穴播条件下，播量以 113.5 kg/hm^2 为宜(表 2-2-209)。

表 2-2-209 同心县东部冬小麦区覆土穴播条件下冬小麦农艺性状与产量(品种榆八号)

处理	株高/cm	穗长/cm	单穗小穗数/个	穗粒数/(粒·穗$^{-1}$)	穗数/(万穗·hm^{-2})	千粒重/g	产量/(kg·hm^{-2})
行距 10 cm、穴距 12 cm、83.30 万穴/hm^2、每穴 7 粒、583.1 万粒/hm^2(204.1 kg/hm^2)	78.3	6.17	8.98	30.26	263.20	29.98	1 846.35
行距 14 cm、穴距 12 cm、59.53 万穴/hm^2、每穴 7 粒、416.7 万粒/hm^2(145.8 kg/hm^2)	83.4	6.78	9.37	34.59	233.98	34.50	1 891.80
行距 18 cm、穴距 12 cm、46.35 万穴/hm^2、每穴 7 粒、324.1 万粒/hm^2(113.5 kg/hm^2)	88.6	8.11	11.30	41.18	212.40	41.48	2 119.20
行距 24 cm、穴距 12 cm、34.72 万穴/hm^2、每穴 7 粒、243.0 万粒/hm^2(85.1 kg/hm^2)	93.5	8.19	11.77	43.62	170.70	43.62	1 864.50
行距 26 cm、穴距 12 cm、32.10 万穴/hm^2、每穴 7 粒、224.7 万粒/hm^2(78.65 kg/hm^2)	95.4	8.34	12.39	44.68	140.80	44.68	1 623.60

(2)种子处理。

①精选种子。冬小麦种子不仅要选用大粒，而且籽粒大小应一致。为了达到全苗和壮苗，播种前应先把备用的种子检查一下，看有没有虫蛀、发霉等现象。因此，播种前的发芽试验是一项很重要的工作。一般冬小麦种子的发芽率要求达到 90%以上，否则就得考虑换种或加大播种量。

种子需要筛选，以选出粒大饱满的种子，淘汰瘦小、虫蛀、破碎的种子并除去各种混杂物。常用的方法有筛选、风选等。

②晒种，提高种子发芽力。一般在伏天阳光好的天气下，每天晒 5~6 h，连续晒 4~5 d，这样可以促使种子完成其后熟作用，提高种子的生命力，加速种子发芽。

③药剂拌种。选用 6%戊唑醇悬浮种衣剂 30~45 g、2.5%咯菌腈悬浮种衣剂 200~300 g、3%苯醚甲环唑200~300 g 拌种 100 kg，可防治小麦条锈病、白粉病、全蚀病、黑穗病的发生。选用60%吡虫啉悬浮种衣剂600~700 g 拌种 100 kg，可防治小麦蚜虫。选用 50%辛硫磷乳油或48%毒死稗乳油 100 mL 拌种50 kg，可防治地下害虫和害鼠。

（3）播种期：选择适宜的播种期是获得壮苗、安全越冬、获得高产的主要措施。具体播种时间以保证冬前麦苗主茎叶片达到 4 叶 1 心至 5 叶 1 心，麦苗生长既不旺也不弱，分蘖适量，达到 2 个以上，次生根达到2~4 条为宜。露地条播在宁夏冬小麦主产区彭阳县冬小麦区最适播期为 9 月 15 日至 25 日，最佳播期为 9 月 20 日；王洼镇冬小麦区最适播期为9 月 9 日至 19 日，最佳播期为 9 月 15 日；半湿润偏旱区的隆德县冬小麦区最适播期为 9 月 13 日至 23 日，最佳播期为9 月 16 日至 20 日；半干旱偏旱区的盐池县、同心县冬小麦区最适播期为 9 月上旬至 9 月中旬，即白露前后。全膜覆土后地温增加，冬小麦出苗快，播种至出苗时间缩短，因而播种期应适当推迟，比露地条播最适播期推迟 5~7 d。半干旱区的彭阳县冬小麦区可推迟到 9 月下旬至 10 月上旬播种；半湿润偏旱区的隆德县冬小麦区可于9 月下旬播种；盐池县、同心县冬小麦区于 9 月中旬播种。

（4）播种方法。

全膜覆土穴播：一是采用小麦穴播机播种，运用同行同向播种法，即在相邻的两膜上，去时在第一幅膜上播种，回时在第二幅膜上播种；依次类推，在两幅膜上播种，播种深度 5 cm。播种时速度要均匀，严禁将小麦穴播机倒退，并随时检查播种孔，防止播种孔堵塞，造成缺苗断垄。二是采用专用机械一次性完成施肥、取土、镇压、覆膜、覆土、穴播及平整作业。

全膜微垄穴播：一种是人力推动单行穴播机在微垄上播种，行走时速度要均匀，在同一幅上来回行走，按照先边后内的顺序播种，最后种中间行，依次类推，播完全田。如地较硬，可在穴播机上加土袋，防止播种太浅；如遇上土壤太湿，要勤检查穴播机上鸭嘴，防止堵塞而影响出苗。另一种是选用专用机械一次性完成起垄、覆膜、撒土、垄上穴播作业，省工节本，速度快。

6. 田间管理

（1）苗期管理。出苗后勤检查，发现缺苗时及时人工补种，如遇穴苗错位造成膜下压苗，应及时放苗，并立即封口，保证全苗。随时拔除膜上钻出的杂草。

（2）中后期管理。

①追肥：根据冬小麦生长情况和天气状况追肥，结合降雨于拔节期追施尿素，全膜覆土穴播撒在膜面，全膜微垄穴播撒施在沟内，随自然降水由播种穴、渗水孔渗入土内。

②叶面喷施：用磷酸二氢钾、多元微肥及尿素进行叶面喷肥，增强抗旱能力，促进灌浆，增加粒重，提高产量。

③化学防控：对生长过密过旺的田块，可用矮壮素 2.25 kg/hm^2 兑水 1 125 kg/hm^2 于拔节期喷施，可有效矮化植株，防止倒伏。

④病虫害防治：小麦病虫害种类繁多，主要有条锈病、白粉病、红矮病、黄矮病、全蚀病，麦蚜、小麦红蜘蛛、中华鼢鼠等，要及时防治。

小麦红矮病、黄矮病用 50%乐果乳油 1.25~1.5 kg/hm^2，或用 40%速灭杀丁乳油 300 mL/hm^2，兑水 750 kg 喷雾防治，间隔 5~7 d 喷 1 次，连喷 2~3 次。喷药防治病虫害的同时，可在药液中加入磷酸二氢钾溶液和天大 2116。

小麦条锈病、白粉病每公顷可用20%粉锈宁乳油750~900 mL,兑水225~300 kg喷雾防治。

小麦红蜘蛛可用20%哒螨灵可湿性粉剂1 000~1 500倍液或螨克净2 000倍液喷雾。麦蚜可用50%抗蚜威可湿性粉剂4 000倍液或10%吡虫啉可湿性粉剂1 000倍液喷雾防治。

中华鼢鼠选用鼢鼠灵诱杀或弓箭射杀。

7. 适时收获

当小麦进入蜡熟末期籽粒变硬时即可收获。收获时要低茬收获,保护好地膜。

8. 留膜免耕,多茬种植

前茬小麦收获后,保护好地膜,休闲期除草(人工或化学除草均可),适时播种下茬作物。多茬种植形式有冬小麦→冬小麦、冬小麦→胡麻、冬小麦→谷子等。可按气象预报雨前追施肥料。

留膜穴播冬小麦:留膜种植二茬冬小麦,播种时播穴要与前茬错开,其他栽培技术与前相同。

留膜复种冬油菜:当一茬或二茬小麦收获后,可复种冬油菜。播种方法:每公顷将细筛筛过的炕灰1 500 kg,与7.5 kg油菜籽混匀,装入穴播机穴播,每120 cm播幅播4行,其他田间管理措施与冬油菜露地栽培技术相同。

留膜第二年种植谷子或胡麻或黄豆:小麦收获后保护好地膜,休闲期及时防除杂草,第二年播种时补施肥料,适时播种谷子或胡麻或黄豆。

第十四节　胡麻全膜覆土穴播栽培技术

亚麻通常按植株性状分成纤维用亚麻、油用亚麻和油纤兼用亚麻。人们一般习惯上把纤维用亚麻叫作亚麻,把油用亚麻和油纤兼用亚麻叫作胡麻,宁夏旱作农业区群众称胡麻为“净子”。

胡麻在我国栽培有文献记载的历史较短,约600年。最初在山西、云南两省种植较多,称为山西胡麻。近百年来,我国油用胡麻已广泛栽培于北方广大地区,成为植物油的主要来源,在油料作物中仅次于油菜、花生、大豆,居第4位。

据有关报道,20世纪50年代末期,我国胡麻种植面积接近66.7×10^4 hm^2,以后下降到40×10^4~46.7×10^4 hm^2,80年代种植面积增加,达到70×10^4~85×10^4 hm^2。之后面积有所下降,2004年为52.8×10^4 hm^2。

我国胡麻主要分布在华北、西北等地高寒、干旱地区,以内蒙古、山西、甘肃、河北、新疆、宁夏等省(区)的种植面积较大,陕西、天津、青海、四川、云南、辽宁等省(市)也有少量种植。20世纪80年代,全国胡麻种植面积最大的是内蒙古,达15.9×10^4 hm^2,占全国种植总面积的26%;产量最高的是青海省,单产682.5 kg/hm^2,比全国平均单产高270 kg/hm^2。进入21世纪,新疆、甘肃种植面积最大,宁夏、河北次之。

胡麻在宁夏主要分布在旱作农业区的原州区、西吉县、隆德县、泾源县、彭阳县、海原县、盐池县、同心县一带。20世纪80年代种植面积最大,达10×10^4 hm^2。近年来,随着农业结构的调整,种植面积有所减少。

宁夏旱作农业区素有“油盆”之称,是宁夏胡麻的传统集中产区,占全区胡麻种植面积的88.4%,其提供的油品占全区的78%。近年来引进了全膜覆土穴播技术,为提高胡麻单产、振兴胡麻产业增添了一项突破性的农艺技术。

一、胡麻在宁夏旱作农业区的地位

（一）胡麻抗旱、耐寒、耐瘠薄，适应性强，与宁夏旱作农业区的气候、土壤条件相吻合

宁夏旱作农业区干旱少雨，而胡麻耐旱、省水，在生育期间比小麦需水少。胡麻在整个生育过程中，对温度的要求不严格，喜欢凉爽的气候条件，在全生育期间要求积温 1 400~2 200℃，幼苗具有一定的耐寒能力，对土壤要求不太严格，种植范围广。

（二）胡麻营养价值高，既是宁夏旱作农业区人民食用油品的主要来源，又是农民主要的收入来源

胡麻是我国 5 种主要油料作物之一。胡麻用途广，经济效益高。种子含油量达 38%~48%，胡麻油气味芳香，油品质量好，营养价值高，是宁夏旱作农业区乃至华北、西北一带的主要食用油。胡麻油富含 α–亚麻酸、EPA 和 DHA，具有降血脂、抗血小板聚集、延缓血栓形成、防止动脉粥样硬化引起的血栓形成的作用，同时可增强免疫力。

胡麻细胞质中存在木酚素前体，其进入人体胃肠后在酶的作用下转化成木酚素，属于植物性激素，能够阻碍激素依赖型癌细胞的形成和生长。木酚素对雌激素具有调节作用，因而能降低乳腺癌、结肠癌和前列腺癌的发病率，木酚素抗癌作用已被国外医学界证明。胡麻籽中木酚素含量较其他禾谷类作物高 100~800 倍，常吃胡麻籽油的人，血、尿、大便中木酚素明显增多，因而胡麻籽是人和哺乳动物摄取木酚素的最佳来源渠道。宁夏旱作农业区种植的胡麻，除少量满足自用外，大部分出售，是生产区农民的主要经济来源，每公顷可收入 11 846.4 元。

（三）胡麻蛋白质和脂肪含量高，是发展养殖业的饲料来源，可促进宁夏旱作农业区农牧结合、畜牧业发展及生态农业形成

胡麻蛋白质和脂肪含量高，有望成为配合饲料的新资源。胡麻籽脂肪中 α–亚麻酸含量特别高，用胡麻籽做饲料，首先可以提高蛋、乳、肉等畜产品中 ω_3 脂肪酸含量，提高食品的营养价值，造福人类；其次是动物摄取含有胡麻籽的饲料能够提高自身健康水平。

胡麻种子榨油后的油渣（饼）含蛋白质 33.5%、脂肪 8.6%、粗纤维 8.7%、无氮渗出物 31.7%，每千克油渣含 1.15 个饲料单位和 260 g 可消化粗蛋白质，是喂养牲畜、家禽的优质饲料。

胡麻脱粒后的果壳还可以作为养猪的好饲料。据有关单位化验，果壳中含蛋白质 9.56%、脂肪1.48%、粗纤维 22.5%、无氮渗出物 29%。胡麻果壳作为饲料，猪爱吃，易长膘。油渣经过沤制发酵后又是一种优质的有机肥料，养分全面，含氮 4%~5%、磷 1.5%~2%、钾 1%~1.5%，在胡麻田中施 1 kg 油渣相当于施 23 kg 农家肥。

（四）发展胡麻，能推动宁夏旱作农业区工业发展

胡麻不仅是人们日常生活中不可缺少的物资，也是国防、化工、轻工业的主要原料，胡麻种子和纤维有着良好的工艺品质，副产品也有经济价值。

胡麻种子含油率高，是油脂加工业的重要原料，在工业上是一种含有丰富不饱和脂肪酸、碘价很高的干性油，广泛用于油漆及涂料工业、电器工业、皮革工业、橡胶工业、制药工业等，还可以制造高级油墨、肥皂、人造橡胶等产品。

胡麻的种皮内含有 6%~10%的胡麻胶，是一种良好的黏合剂，可以代替其他植物胶用于国防、制革工业及医药行业。

胡麻秆可以剥制纤维，群众称之为“胡麻毛”，胡麻纤维品质和经济价值仅次于苎麻纤维，具有其他纤维不可代替的一些理化性状，如拉力强，吸水、散水快，膨胀率高，抗腐烂性好，光泽好，能导电，易散热，耐

酸碱，易着色等。因此，适合纺纱织布，制作各种生活用品和军用品。短麻、粗麻是制造高级纸的好原料，剥麻后的麻屑用来制造麻屑板，可以节约大量的木材。因此，发展胡麻，提高其产量，可满足发展地方工业对原料的需求，促进宁夏旱作农业区的经济发展。

二、胡麻全膜覆土穴播效益

胡麻全膜覆土穴播技术是一项集全膜覆盖、膜上覆土、开穴播种为一体的覆膜保墒种植模式。经多年试验，保墒、抗旱、增产效果显著，有效地解决了覆膜穴播播种孔错位、出苗率低的难题，保苗率比覆膜穴播提高 5.2%，又解决了人工放苗、投入增加、成本高的问题，达到了节本增效的目的。全膜覆土穴播 5~25 cm 地温从出苗到成熟，比露地条播高 1.68℃，但比全膜穴播低 0.78℃，仍符合胡麻喜欢凉爽气候的要求。由于膜上覆土地温较不覆土低，因而杂草减少，不易破膜而出。据 2 年试验，全膜覆土穴播的籽粒产量为 1 851 kg/hm²，比露地条播增产 66.7%，麻茎产量达到 4 257.3 kg/hm²，比露地条播增产 65.4%(表 2-2-210)。

表 2-2-210　不同种植方式对胡麻产量的影响

种植方式	株数/(株·km^{-2})	籽粒		麻茎	
		产量/(kg·hm^{-2})	较露地条播增产/%	产量/(kg·hm^{-2})	较露地条播增产/%
全膜覆土穴播	600×10^4	1 851.0	66.7	4 257.3	65.4
露地条播	395×10^4	1 110.5	—	2 574.2	—

三、胡麻全膜覆土穴播栽培技术

(一)胡麻生长发育对环境条件的要求

1. 温度

胡麻全生育期 80~120 d，要求积温 1 400~2 200℃，生育期间要求温度缓慢上升，从播种到出苗需要的有效积温为 147.4~193.6℃。胡麻种子发芽最低温度为 1~3℃，最适温度为 20~25℃，在土壤水分适宜的情况下，出苗快慢取决于温度的高低。温度高，发芽出苗快，反之，发芽出苗慢。据河北省张家口市坝上农业科学研究所试验，在平均气温 7.5℃时，出苗需 24 d，平均气温 7.9℃时，出苗需 14 d，平均气温12.9℃时，出苗只需 10 d。胡麻种子具有在较低温度下发芽的特点，有利于趁墒早播和保苗，还可以减少种子内部脂肪的消耗。据资料介绍，胡麻在较低的温度下能缓慢地通过光照阶段，营养生长良好，可增加有效分枝 1.5%，增加蒴果 3.1%，增加粒数 7.3%，增加容重 6.2%。因此，要提倡适时早播。

胡麻出苗以后真叶未出现前，幼苗具有一定的耐寒能力。当气温短时间下降到-2~-4℃时，一般不受冻害；当气温短时间下降到-6~-7℃时，受冻率达 5%~32.6%。当幼苗长出 2~3 对真叶后，其抗寒能力大大加强。

出苗至开花期间，日平均温度 10.6~18℃较适宜。开花后，麻茎的伸长几乎停止，进入蒴果发育与种子形成期，此时要求最适温度为 18~22℃。如气温升到 25℃以上，则蒴果发育不良，产量降低。

2. 日照

胡麻是长日照作物，全生育期要求日照时数 1 300~1 500 h。日照时数的长短直接影响种子的产量和品质。据资料介绍，胡麻在 8 h 的短日照处理下，分枝增多，枝叶繁茂，但始终不能现蕾开花；日照时数大于 8 h(10、12、16、24 h)时，胡麻随日照时数的增加，依次提早进入现蕾期。胡麻在生育期间，日照时数越长，光照强度越强，胡麻生长日期越短；反之，日照时数越短，光照强度越弱，胡麻生长日期越长。胡麻从开花到成熟，对光照较为敏感。在同样条件下，光照充足，花、果、粒显著增多；阴雨天多，开花结实不良，蒴果减少，还会产生倒伏，降低产量。

3. 水分

胡麻在生育期间比小麦需水少。纤维用亚麻生育期间，每生成 1 g 干物质需水 400~430 g，小麦则需水 513 g；油用亚麻又比纤维用亚麻耐旱、省水。因此，在干旱地区种植胡麻，一般都能获得一定的产量。

胡麻种子发芽时的吸水量较其他作物少，常为种子本身重量的 107%~152.7%，据资料介绍，种子发芽时最适宜的土壤（0~10 cm）含水量为 10%以上，最高不超过 15%。如土壤含水量超过 20%，种子易霉烂变质。

胡麻苗期生长缓慢，根系发育快，对水分要求较少。一般出苗至枞形期间，耗水量约占全生育期耗水量的 8.0%。如水分过多，不仅根系发育不良，而且易得立枯病。

现蕾至开花期间，地上部的营养体生长很快。同时，生殖生长（开花结实）也比较旺盛，对水分需求最多，约占全生育期耗水量的 60%，这一时期土壤持水量应保持在 80%左右。

开花末期至成熟期间，蒴果和种子的发育迅速，胡麻对水分的需求逐渐减少，约占全生育期耗水量的 30%，以土壤持水量 40%~60%最适宜。这一时期必须有晴朗而又温暖的干燥天气。如阴雨天多，则容易使胡麻贪青倒伏，甚至延迟成熟，降低产量和影响种子品质。

4. 土壤

胡麻对土壤要求不太严格，黏土、沙土都可以种植，但以有机质含量高、土层深厚的沙壤土最为适宜。胡麻对土壤酸碱度的适应范围，以微酸性至微碱性土壤比较合适，土壤含盐量不超过 0.2%，不影响胡麻生长。

5. 营养

胡麻是需肥较多的作物，内蒙古农牧业科学院对胡麻吸收氮素规律及合理施肥技术的研究表明，生产50 kg 胡麻籽实大约从土壤中吸收氮 3.13 kg、磷（P_2O_5）0.91 kg、氧化钾 2.12 kg，氮、磷、钾的吸收比例为 1:0.3:0.67。不同胡麻品种生产 50 kg 籽实从土壤中吸收的氮素数量不同，变动区间在 1.83~2.11 kg，平均 1.96 kg，与禾本科作物相比高 30.1%~56.8%。

胡麻对氮素的吸收进度与植株营养体的增长速度有密切的关系。据报道，胡麻前期对氮素的吸收速度较慢，枞形期以后才明显加快。如以胡麻全生育期的氮素吸收量为 100%，通过快速生长期进入现蕾期氮素的吸收量已占总吸收量的 56.3%，至开花期已占总吸收量的 83.4%。在整个生育期胡麻吸收氮素有两个高峰，呈“双驼峰”形，第一个吸收氮素的高峰在出苗后 35~45 d，正值植株地上部快速生长期，平均每天吸收氮素 1 807.5 g/hm^2，是苗期的 5 倍多；第二个吸收氮素的高峰在出苗后 52~62 d，正值植株地上部开花初期，平均每天吸收氮素 2 047.5 g/hm^2，为苗期的 7 倍左右。在 2 个吸收氮素高峰的中间，即胡麻出苗后 45~52 d，氮素吸收量略偏低，平均每天吸收氮素 1 635.5 g/hm^2。胡麻吸收氮素的特点说明，形成籽实所需的氮素大部分来自前期植株营养体所积累的氮素。吸收氮素的顶峰正是胡麻植株地上部干物质积累速度最快的时期，营养体积累的氮素满足了结实的需要。开花期胡麻植株所积累的氮素大部分转移到籽实中。因此，促进胡麻开花期以前地上部干物质的大量积累，对提高胡麻产量具有重要作用。

胡麻对氮素的利用率与施肥时期有密切的关系。内蒙古农牧业科学院盆栽试验结果显示，胡麻对氮素的利用率为 16.2%~49.3%，平均为 39%。总的趋势是前期施肥、适期施肥能提高氮素利用率。

不同施肥时期施氮肥均表现增产，但以出苗后 50 d 内追施氮肥的效果比较显著，出苗后 60~70 d 追施的效果明显下降。结合胡麻"双驼峰"的吸肥特点来看，可以认为出苗后 50 d 左右（即现蕾期）是氮素营养的临界期。

胡麻对磷素的吸收前期比较缓慢，到枞形期磷素的吸收量仅占全生育期总吸收量的 8.3%，以后吸收速度逐渐加快，现蕾至开花期是需磷最多的时期，以后逐渐减少。

为了提高磷肥的利用率和经济效益，氮磷比例一定要适宜，以 1:0.75 为宜。

钾主要以离子状态存在于植物细胞，是植物体内许多种酶的活化剂，在代谢过程中起重要作用，可以促进氮的代谢，同时可以促进光合作用，并促进脂肪和蛋白质的合成。另外，碳水化合物的代谢和运输也需要钾的参与。

钾对维持细胞膨压有重要作用，能促进植株生长。钾能增强植株对低温、干旱、盐碱和病虫害等的抗性，还能增强植株的抗倒伏性。

钾肥有利于根系发育，使茎秆生长良好、纤维品质提高。据有关报道，生产 50 kg 胡麻籽粒从土壤中吸收的钾素比禾谷类作物多 21%左右。现蕾至开花期需钾最多，因此，要注意补充钾素，以满足胡麻对钾素的需求，施钾多少应按照土壤含量而定。据资料介绍，播前 0~20 cm 耕作层土壤有效钾含量在 100 mg/kg 以下时，施用钾肥效果较好；高于 100 mg/kg 时，施用钾肥效果稍差些；高于 240 mg/kg 时，没有表现出增产效果。

（二）胡麻全膜覆土穴播栽培技术

1. 选地选茬，合理轮作

（1）选地选茬：胡麻的根系细弱，对养分的需求量较大，因此，种植胡麻必须选择土层深厚、疏松、养分含量较高、保水保肥能力强、没有杂草的土壤，为胡麻生长发育提供一个良好的土壤基础。种植胡麻应选择黑垆土，这种土壤结构良好，肥力较高，保水性强，据调查，黑垆土种植胡麻比黄绵土种植胡麻株高增加 10.95 cm，籽实增产30%左右。

胡麻对前茬的反应比较敏感，不同的前茬对胡麻的生长发育和产量有很大的影响。胡麻切忌连作和照茬（隔年种植），胡麻连作与照茬，一是病害加重，据调查，胡麻连作发病率高达 60%，照茬发病率高达 36.7%。二是杂草蔓延，可为菟丝子提供寄主，使其蔓延，严重时可颗粒无收。三是营养失调。胡麻需氮素较多，连年种植会造成土壤中氮素贫乏、植株营养生长不良、产量下降。实践证明，小麦茬、豆茬是种植胡麻的良好前茬，因为小麦、豆类作物收获后能及早翻耕晒土，消灭杂草、积蓄雨水、恢复地力。据调查，小麦茬和豆茬种植胡麻比重茬和照茬分别增产 104.3%~144.4%和 23.9%~48.2%，比莜麦茬增产 9.2%~30.6%（表2-2-211）。

表 2-2-211 不同前茬对胡麻产量的影响

前茬	籽实产量/($kg\cdot hm^{-2}$)	较连作增产/%	较照茬增产/%	较莜麦茬增产/%	备注
蚕豆	627	144.4	48.2	30.6	
小麦	524	104.3	23.9	9.2	
莜麦	480	87.1	13.5		
莜麦	423	64.9			隔年种植
胡麻	256.5				

(2)建立合理的轮作制度:建立良好的轮作制度是发挥全膜覆土穴播栽培技术增产作用的重要措施。经多年试验,以豆类作物—小麦—小麦—胡麻 4 年轮作制较好。

据原州区农业技术推广服务中心测定,豆—麦—麦—油(胡麻)轮作比豆—麦—麦—麦轮作经济效益提高 31.1%,豆茬比连作麦茬土壤有机质增加 2.3 g/kg,全氮增加 0.12 g/kg,速效氮增加 12.53 mg/kg,速效钾增加 1.77 mg/kg。又据固原市农业科学研究所试验,小麦—小麦(复种豌豆)—小麦—胡麻轮作比小麦—小麦—小麦—小麦连作,小麦增产 18.56%,胡麻增产12.3%,经济效益增加12.42%,土壤有机质增加0.2 g/kg,全氮增加 0.05 mg/kg。按照上述 4 年轮作方式,小麦茬种植胡麻,分别比照茬和重茬增产 3.4%和33.2%。

2. 整地、蓄水保墒

宁夏旱作农业区胡麻产区年降水量季节分布不均,60%~65%的降水量集中在 7—9 月,且降水变率大,地表径流多,蒸发量大,胡麻播种出苗到快速生长的 4—6 月,往往少雨干旱,因此进行土壤耕作的中心环节是蓄水保墒,达到秋雨春用的目的。

蓄水保墒耕作就是伏秋早耕、深耕,疏松土壤,防止径流,充分蓄积秋雨,增加土壤贮水量。早耕的作用:一是提早接纳雨水,提高土壤含水量。据测定,7 月中旬早耕地比 8 月中旬迟耕地 0~50 cm 土壤含水量高 1.23%(表 2-2-212)。秋耕地比未耕地土壤含水量增加 2.44%~7.06%。根据梅松林计算,伏天早耕 3 d,15 cm 深的土壤水分增加 17 250 kg/hm^2,秋季早耕 18 d,土壤水分增加 52 500 kg/hm^2。二是充分晒土。伏秋温度较高,日照较强,早耕能充分翻晒土壤,促进土壤养分的分解,满足胡麻生长发育的需求。三是及时灭草。伏秋高温多雨,地面裸露,杂草丛生,早耕能够在多种杂草未结籽前将其翻入土中,减少杂草蔓延,防止杂草消耗养分和水分。四是保苗增产。提早伏耕时间,胡麻产量可提高 89.3%,秋耕地比未秋耕地增产 48%~71%。

表 2-2-212　耕地时间与土壤含水量的关系

单位:%

耕地时间	土壤含水量				
	0~10 cm	11~20 cm	21~30 cm	31~40 cm	0~50 cm
7 月中旬	5.60	13.30	16.92	18.85	13.67
8 月中旬	4.68	12.82	13.94	18.32	12.44

深耕是蓄水保墒耕作的主要环节,伏秋深耕可较好地解决土壤水、肥、气、热的矛盾,加速土壤熟化。深耕的作用主要是蓄水保墒,深耕后能使雨水下渗到深层,耕深 30 cm 可保蓄 130 mm 的水量。据甘肃省农业科学院作物研究所在定西测定,深耕比未深耕 0~30 cm 土壤含水量川地增加 1.28%,山地增加 1.97%。伏秋深耕还能改善土壤的物理性状,增加土壤中微生物数量,通过微生物的活动,起到改土培肥的效果。又据甘肃省农业科学院测定,深耕地比未深耕地 0~20 cm 土壤容重降低0.1~0.24 g/cm^3,孔隙度增加 0.3%~0.91%。深耕地比浅耕地全氮增加 1.04%~7.46%,速效磷增加 26.94%~48.98%,速效钾增加 71.37%~173.85%。深耕还能促进根系发育,增强植株的抗旱能力。深耕又能起到灭草的作用,据观察,深耕 30 cm 比浅耕 12 cm 田间杂草出现时间要晚 15 d 左右,杂草数量减少,长势弱,从而减轻对幼苗的危害。

伏秋早耕、深耕是宁夏旱作农业区长期以来抗旱防旱的主要耕作措施,为了发挥早耕、深耕的作用,应做到夏茬地不过伏,秋茬地不过冬。不论采取哪种耕作方法,都要保持土层不乱,当年深翻,当年见效。

保墒耕作包括耙、耱、压等措施,目的是疏松表土,压紧深层土,减少蒸发,保住底墒,以充分发挥土壤水库的作用。

耙耱是旱作农业区保墒耕作的一项主要措施。夏茬地伏耕后不耱，让土壤充分暴晒熟化，接纳雨水，下雨后及时耱地蓄墒。秋茬地秋耕时边耕边耱，碎土保墒。夏茬地在白露前后也要边耕边耱，减少土壤水分蒸发，群众称“收耱”。土壤解冻前后，土壤板结严重，应趁雨雪后地皮松软时，用闭口耱重耱1~2 次，或用钉齿耙耙后再耱，切断毛细管，打破板结层，防止水分蒸发。根据西吉县试验，早春耱地 2 次比 1 次耕作层水分含量相对提高 13.4%，土块减少 64.5%；耱地 1 次比不耱地耕作层水分含量相对提高 17.6%，土块减少 61.9%。

打磙镇压可以碎土保墒，提墒润土。冬春地表常出现裂缝，土壤水分以气态方式大量蒸发，打磙镇压，土壤由松变紧，土块变成细土，细土堵塞裂缝，即可防止土壤水分蒸发。据西吉县农业技术推广服务中心调查，经过冬春打磙的田块，耕作层 5~10 cm 土壤含水量高 2.24 个百分点，5~20 cm 土壤含水量高 3.4 个百分点。经过磙压，土地平整，土壤紧实，播深一致，出苗早而齐，扎根快，幼苗齐。因此，打磙镇压是旱作农业区抗旱保苗的有效措施。

打磙镇压可在冬季和春季进行。冬季磙地在土壤早冻午消、上虚下实时最好。春季磙地在播前进行。胡麻播种前风大，土壤水分蒸发量也大，干土层较厚，播前磙地，一方面可以减少土壤气态水散失，另一方面可使土壤下层水分上升，起到提墒润土的作用，为胡麻播种后种子吸水萌动、顺利出苗创造了良好的土壤条件。

打磙镇压要根据具体情况灵活运用，阴湿多雨区不宜镇压，半干旱区应适时冬春打磙，保墒提墒。

3. 施足底肥，合理施用化肥

胡麻需肥多，加之生育期短，根系柔弱，吸肥能力差，因此种植胡麻必须一次性施足底肥，多施有机肥，以使胡麻在较短的时间内从土壤中吸收足够的养分，完成生长发育过程，达到高产目的。

增施有机肥不仅能够满足胡麻全生育期吸肥的需要，而且能够改善土壤结构，培肥地力，增强土壤保墒、保温、抗旱的能力。据试验，随着有机肥使用量的增加，胡麻产量增加，每 100 kg 有机肥的增产量以每公顷 37 500 kg 最高（表 2–2–213），因此，在全膜覆土穴播栽培条件下，有机肥的使用量在目前生产条件下应达到每公顷 45 000 kg。

表 2–2–213　不同施肥量与胡麻产量的关系

施肥量/($kg·hm^{-2}$)	产量/($kg·hm^{-2}$)	较不施肥增产/%	每 100 kg 有机肥增产/%
0	409.50	—	—
15 000	586.10	43.16	1.18
22 500	642.75	56.96	1.04
30 000	900.00	109.89	1.64
37 500	1 131.00	176.19	1.92
75 000	1 350.00	229.67	1.25

有机肥秋施较好。秋季土壤水分充足，秋施农家有机肥作为底肥，经过较长时间的分解，便于胡麻的吸收利用，胡麻产量显著提高。试验证明，同样数量的有机肥，秋施比春施，0~30 cm 土壤含水量播种前提高 9.95%，出苗期提高 3.17%，出苗率提高 13.67%，胡麻产量增加 12.3%（表 2–2–214、表 2–2–215）。

宁夏旱作农业区土壤普遍缺氮少磷，钾丰富，因此，增施化肥应重视氮磷配合，实施配方施肥，施用量根据目标产量确定。每公顷产量达到 2 700 kg 应每公顷基施尿素 231 kg、磷酸二铵 199.5 kg，追施尿

表 2-2-214 秋施肥与春施肥土壤水分变化与胡麻出苗的关系

单位:%

处理	播种前土壤含水量				出苗期土壤含水量				出苗率
	0~10 cm	11~20 cm	21~30 cm	0~30 cm	0~10 cm	11~20 cm	21~30 cm	0~30 cm	
秋施肥	9.32	14.70	14.45	12.82	13.35	15.54	17.02	15.30	42.00
春施肥	8.92	12.19	13.87	11.66	12.49	15.26	16.75	14.83	36.95

表 2-2-215 施肥时间对胡麻产量的影响

处理	籽粒产量/($kg \cdot hm^{-2}$)	增产/%	
		较不施肥增产	秋施肥较春施肥增产
不施肥	340.95	—	—
秋施土肥 22 500 kg/hm^2	591.75	73.56	12.30
春施土肥 22 500 kg/hm^2	526.95	54.58	—

素 189 kg;每公顷产量达到 3 000 kg 应每公顷基施尿素 246 kg、磷酸二铵 208.5 kg,追施尿素 198 kg(表 2-2-216)。

表 2-2-216 旱地胡麻配方施肥建议

单位:kg/666.7 m^2

目标产量	施养分总量			折实物肥料施用量(基施)		
	N	P_2O_5	K_2O	尿素	磷酸二铵	硫酸钾
100	5.5	5.3	0	7.4	11.5	0
130	6.9	5.8	0	10.1	12.6	0
160	8.2	6.2	0	12.5	13.7	0

化肥、有机肥一起基施,基施时期以秋施最好。据原州区农业技术推广服务中心试验,氮磷化肥做基肥秋施,其利用率分别可提高 11.3%和 14.2%,每秋施0.5 kg 等于春施 0.75 kg 的肥效。

可结合白露耕翻地先把有机肥、化肥撒于地表后耕翻入土,也可先将有机肥撒于地表,耕翻时,化肥顺犁沟溜入土中,后耙耱。尿素、磷酸二铵用分层施肥播种机施入效果更好。可采用覆膜覆土施肥播种机将化肥施入,既方便,又节本增效。化肥深施是提高肥料利用率的有效途径。据中国科学院南京土壤研究所、原州区农业技术推广服务中心试验,尿素深施6 cm,19 d 后损失 3.2%,表施 19 d 后损失7.6%;碳酸氢铵和硫酸铵 1 d 内损失 20%和15%,5 d内损失20%和15%,而深施 6 cm,19 d 后损失 0.5%和0.6%。又据在固原试验,尿素表施不仅影响胡麻出苗,而且会造成胡麻产量下降,深施比表施出苗率提高21.11%,增产 21.14%。

4. 覆膜前土壤处理

地下害虫为害严重的地块,用 40%辛硫磷乳油 7.5 kg/hm^2 兑水 750 kg 喷施,或加细沙土 450 kg 制成毒土结合播前整地施入。杂草严重的地块,结合播前整地,用 50%乙草胺乳油 1 500 g 兑水 750 kg 全地面喷施,喷完后及时覆膜。

5. 覆膜覆土

地膜选择厚 0.01 mm、幅宽 120 cm 的抗老化耐候地膜。

覆膜与膜上覆土一次性完成。覆膜时间依据土壤墒情而定，墒情好时可提前覆膜、适时播种，墒情差时则应等雨抢墒、适时播种。覆膜后要防止人畜践踏，以延长地膜使用寿命，提高保墒效果。

人工覆膜覆土：全地面平铺地膜，不开沟压膜，下一幅膜与前一幅膜要紧接，膜与膜间不留空隙、不重叠，地膜要紧贴地面。膜上覆土厚度 1 cm 左右，即以基本看不见地膜为宜。覆膜用土必须是细绵土，不能将土块或土疙瘩覆在膜上，以免影响播种质量；膜上覆土要均匀，薄厚要一致，覆土不留空白，地膜不能外露。

机械覆膜覆土：采用覆膜覆土一体机一次性完成旋耕、镇压、覆膜、覆土及平整作业，具有作业速度快、覆土均匀、覆膜平整、镇压提墒、苗床平实、减轻劳动强度、有效防止地膜风化和苗孔错位等优点，要求覆土厚度 1 cm 左右，两幅膜间不留空隙，膜上覆土均匀度达到90%，≤1 cm 的土块达到 85%以下。每台每天可完成 2 hm^2 左右作业量，作业效率较人工提高20 倍以上。

6. 播种

（1）选用良种：应选择抗旱、抗病、抗倒伏、丰产性好的品种，经试验研究，在全膜覆土条件下应选择种植宁亚 11 号、宁亚 15 号、宁亚 14 号、宁亚 16 号、宁亚 17 号等。

宁亚 11 号：该品种子叶稍大，叶色浓绿，叶片较宽，株型紧凑，直立，基部一般不分枝，苗期生长迅速，株高 55~70 cm，工艺长度 45~55 cm，单株有效分枝数 4.5 个，花蓝色，蒴果较大，单株有效结果数 9.5 个，每果 7.5 粒，种皮褐色，千粒重 8.1 g。种子含油率 43.3%，出油率 35.3%。生育期 95 d，属早熟、油纤兼用型品种。抗寒性和抗倒伏性较强，较耐肥，抗立枯病和枯萎病，轻感白粉病，每公顷产量最高可突破 3 000 kg。适合在半湿润偏旱区种植。

宁亚 15 号：该品种株高 65.4 cm，工艺长度 50 cm，单株有效分枝数 4.5 个，花蓝色，单株有效结果数 10 个，每果 6.7 粒，千粒重 7.9 g，成熟后不裂果，籽粒卵圆形，种皮浅褐色。幼苗直立，叶片中等宽度，叶密度较大，叶色浓绿，株型紧凑，结果集中，基本无分茎。生育期 92~112 d，属中早熟、油纤兼用型品种，幼苗生长缓慢，耐旱性强，高产，抗枯萎病。每公顷产量可达 2 250 kg 以上，适合在半湿润偏旱区、半干旱区种植。

宁亚 16 号：该品种株高 55.13 cm，工艺长度 41.21 cm，植株紧凑，结果集中，单株有效分枝数 6.99 个，单株有效结果数 8.1 个，每果 7.9 粒，千粒重 8.01 g，籽粒浅褐色。生育期 95~98 d，属中早熟、油纤兼用型品种。丰产性好，适应性广，高抗枯萎病。适合在半湿润偏旱区、半干旱区种植。

宁亚 17 号：该品种株高 52.9 cm，工艺长度 37.1 cm，植株紧凑，结果集中，单株有效分枝数 6.7 个，单株有效结果数 10.5 个，每果 7.8 粒，千粒重 7.3~8.4 g，籽粒浅褐色。生育期 90~105 d，属中早熟、油纤兼用型品种。耐旱，高抗枯萎病。适合在半干旱区种植。

（2）精选种子，药剂拌种。

①精选种子。种子质量的好坏关系到胡麻的全苗、壮苗，在播种前要精选种子，保证其质量。精选的要求：一是除去破损、发霉、变质、成熟不良的劣籽。据内蒙古农牧业科学院测定，种子受潮后失去光泽，发芽率仅为 24.1%，比有光泽的种子降低 71.9%。二是除去混杂在种子中的草籽，特别是菟丝子等杂草种子。三是除去混杂在种子中的其他油料作物种子，如油菜籽、云芥籽等。经过精选的种子应该籽粒饱满、光泽好、无草籽，发芽率达到 90%以上，清洁度达到 95%以上。

精选种子最好采用专用种子精选机，广大农村通常采用筛选与风选，也可达到精选的效果。

②晒种。晒种可以利用紫外线杀死附着在种子表皮上的病菌，减少病源，减轻病害，也可增强种皮的通透性和吸水性，增强种子的生活能力，促进种子发芽，提高种子发芽率和发芽势。据试验，经晒种处理的种子比未晒种的增产 15.5%。晒种简单易行，是一种经济有效的增产技术，一般胡麻播前 5 d，选择晴天，将种子暴晒 2~3 d 即可。

③发芽试验。胡麻种子的生活能力较强，可保持 3~4 年，一般的胡麻种子保存 4 年后发芽势、发芽率迅速下降，不能做种。因此，凡是做种用的种子播前都应做发芽试验，确定发芽势、发芽率，以便确定种子的应用价值。

④药剂拌种。胡麻病害种类繁多，药剂拌种可以杜绝种子带菌，一般以用种量千分之三的利克菌或炭疽福美拌种，可有效防止立枯病、炭疽病的发生。由于胡麻种皮光滑，拌种时药与种子要充分拌匀，种子用量少时可用铁锨搅拌，种子用量较多时可用拌种机搅拌，搅拌过的种子要妥善保管，防止受潮。

（3）播种：胡麻的播种技术是保证全苗的关键。播种期、播种量、播种深度的确定，既要符合胡麻生长发育要求，又要适应气候、土壤等自然条件的变化规律，在有利的条件下，使种子顺利萌发出土、生长旺盛。

①适期早播，抢墒播种：覆膜覆土后地温升高快，同时胡麻又能在较低的温度下发芽，适期早播可使胡麻正常生长，根系发育良好，抗旱能力提高，获得高产。胡麻播种过晚，前期生长过程加快，影响胡麻的正常生长发育，导致产量下降。因此，适期早播是增加胡麻产量的重要措施。

胡麻适期早播有很多好处：一是有利于保全苗。适期早播可以充分利用逆境出苗，还可以躲过晚霜对刚出土幼苗的危害。二是有利于培育壮苗。适期早播能使胡麻在较低温度下缓慢通过光照阶段，营养生长良好，增加干物质积累，形成壮苗壮株。三是能够早熟。在半阴湿偏旱区胡麻生长后期阴雨较多，往往影响种子产量和质量，适期早播可使胡麻生育期缩短，可避免成熟期阴雨的危害。四是能增强植株抗病虫害能

表 2-2-217　气温与地温对胡麻出苗的影响

播种期	播种至出苗期/℃			出苗期	出苗率/%	保苗率/%
	气温	地温	≥5℃积温			
3 月 20 日	2.3~13.0	3.6~13.6	139.5	4 月 16 日	42.9	33.2
3 月 27 日	5.5~12.6	4.3~14.9	171.3	4 月 17 日	46.8	52.5
4 月 7 日	10.7~15.4	9.9~15.9	136.0	4 月 21 日	79.9	58.9
4 月 17 日	12.6~14.3	14.9~14.8	121.0	4 月 30 日	76.7	63.4
4 月 27 日	14.3~18.7	14.8~15.1	118.3	5 月 8 日	76.9	53.9
5 月 7 日	18.7~21.5	15.1~24.3	128.5	5 月 16 日	79.2	64.0

表 2-2-218　不同播种期胡麻幼苗霜冻死苗情况

播种期	霜冻日期	霜冻死苗率/%
4 月 9 日	5 月 5 日、5 月 17 日	0
4 月 13 日	5 月 5 日、5 月 17 日	0
4 月 27 日	5 月 5 日、5 月 17 日	2.46
4 月 28 日	5 月 5 日、5 月 17 日	2.84

力。据观察,3 月 31 日播种,漏油虫危害率为 2.22%;4 月 20 日播种,危害率为4.89%;5 月11 日播种,危害率为 6.47%。早播胡麻茎秆木质化较早,可以防止黏虫危害,但过早播种易染褐斑病。五是产量高、品质好。适期早播能有效地增加种子产量和油分积累。

全膜覆土条件下,土壤温度显著增高,但宁夏旱作农业区气候类型差异较大,播种期不能强求一致,应当根据当地全膜覆土后有效积温增加的多少和当年的具体气候、晚霜情况而定。当土壤 5 cm 土层温度稳定在 5~8℃时即可播种。河谷川道区可提早到 3 月下旬至 4 月上旬,半干旱区可在4 月上旬播种,半湿润偏旱区宜在 4 月中旬播种。

②合理密植:胡麻比其他作物种植密度大,农谚有“针扎的胡麻”之说。合理密植就是既要保证单位面积有足够的株数,又要保证单株有一定的营养面积,使个体与群体协调发展,从而达到增产的目的。

胡麻单位面积上的株数是由播种量确定的。因此,掌握适宜的播种量是达到合理密植的重要手段。在全膜覆土条件下,每公顷播种量以 52.5~60 kg 为宜,播深 2~4 cm,依墒情调整,每公顷保苗 375 万~450 万株。降水较少的区域宜稀些,降水多的区域宜密些。

播种方法:一是采用人力穴播机播种,行距 15~20 cm,穴距 12 cm,播种前将草木灰过筛后,与相应面积播种量的胡麻籽混合均匀,装入穴播机,以两幅膜为 1 个作业带,先从一幅地膜一侧同一方向播种,再从另一幅膜向返回方向播种,同一幅膜只能向同一方向播种。在同一幅膜上先播两边,由外向里播种,既可控制地膜不移动,又便于控制每幅行数,播深 2~4 cm。播种时要随时检查播种孔,严禁倒退,防止播种孔堵塞造成缺苗断垄,行走速度要均匀适中,以保证穴距均匀和防止损坏地膜。雨后要待膜面水干后播种,以防止堵塞播种孔,播种后在播种行上轻轻踩 1 遍,使种子与土壤充分接触,以利于出苗和减少杂草危害。二是选用专用机械一次完成施肥、覆膜覆土穴播及平整作业,效率更高。也可采用人力精量穴播机,行距 15~20 cm,穴距 12 cm,效率高、省工。

7. 田间管理

加强田间管理是促进胡麻增产的重要措施,主要措施如下。

(1)遇雨破除板结,出苗时及时放苗:胡麻播种后遇雨应及时破除板结,出苗后及时观察,发现有压在地膜穴孔下不能及时出苗的要放苗,保证苗齐、苗全。如有杂草钻出地膜,应人工清除。

(2)叶面追肥:现蕾至开花期可喷 0.5%磷酸二氢钾加其他微肥。枞形期喷多效唑或矮壮素,防止倒伏,增强抗旱能力,促进灌浆,增加粒重,提高产量。

8. 病虫草害防治

胡麻病害种类较多,最常见的危害严重的病虫就有数十种。危害严重的年份和地方往往造成毁灭性的灾害。病虫害是影响胡麻高产稳产的重要因素,及时防治是保证丰产的重要环节。

(1)主要病虫害及其防治。

①立枯病。立枯病是胡麻最常见、危害最严重的病害之一,可在胡麻整个生育期间侵染,对幼苗危害较大。

防治方法:一是用 35%百菌清可湿性粉剂 800 倍液或 70%代森锰锌可湿性粉剂 800 倍液防治。二是发现病株立即拔除。

②炭疽病。炭疽病是胡麻比较常见的病害,对胡麻幼苗危害较大。

防治方法:用 70%多菌灵可湿性粉剂、70%甲基托布津可湿性粉剂 1 000 倍液喷雾防治。

③枯萎病。枯萎病又名镰刀菌枯萎病,在胡麻整个生育期均可发生,以开花期病症较为明显。幼苗染

病后，幼茎很快萎凋倒伏。成株期发病，顶部萎蔫下垂，叶片凋萎，茎变褐色，茎基部和根上部腐烂。

防治方法：用75%百菌清可湿性粉剂500~800倍液，或70%代森锰锌可湿性粉剂800倍液，或70%多菌灵可湿性粉剂、70%甲基托布津可湿性粉剂1 000倍液喷雾防治。

（2）主要虫害及其防治。

①黑绒金龟甲。黑绒金龟甲又名东方金龟甲、天鹅绒金龟甲，群众叫“铁跑牛”“麦牛”。1980年以来在旱作农业区普遍发生，每年都有危害。此虫食性极广，危害植物多达45科149种，偏嗜双子叶植物，主要危害胡麻的幼苗和叶片。晚春初夏危害最盛，轻则部分幼苗受害，严重时可造成全田毁灭。

防治方法：一是利用该虫喜食杨树、柳树、榆树嫩枝的习性，将树枝用75%辛硫磷100倍液浸3 h后放在田埂诱杀。二是苗期用40%久效磷水剂喷雾防治。据在固原市试验，久效磷防治效果达100%，甲敌粉防治效果达96.2%。

②胡麻漏油虫。胡麻漏油虫又名胡麻小蠹蛾，在宁夏旱作农业区每年都有发生，一般危害率5%~13%，个别严重的达50%。幼虫蛀食蒴果和种子，为害期从蒴果形成到种子形成，被害蒴果轻则籽粒残缺，重则全果被蛀食一空，仅剩果壳，壳内充满虫粪，致使籽粒完全失去经济价值。

防治方法：在成虫产卵期用4.5%高效氯氰菊酯乳油500倍液或24%溴氰菊酯乳油1 500倍液喷雾防治。

9. 收获

胡麻最佳收获期为黄熟后期。当胡麻茎秆由绿色变成杏黄色、籽粒变硬、下部叶片变黄、部分叶片脱落、50%~60%的蒴果发黄并个别变成褐色、少数籽粒微有黏感时即可收获，收获后茎秆充分干燥时便可脱粒。为了利用其纤维，可采用脱粒机或平铺于地面打梢脱粒。脱粒后的茎秆在秋分前浸入水中沤制7 d左右，取出晒干后用压麻机或石磙碾压，即可抖出纤维。每100 kg茎秆可剥麻10~20 kg。

（三）留膜免耕，多茬种植

胡麻收获后应保护好地膜，休闲期除草（人工或化学除草），用穴播机追施肥料，适时播种下茬作物。全膜覆土穴播胡麻收获较早（一般8月上旬收获），留膜免耕二茬、三茬以种植白菜、油菜、冬小麦等作物为宜，作物生育期最好追施氮肥。

第十五节　谷子机械化覆膜覆土精量穴播栽培技术

谷子营养丰富，医食同源，是重要的小杂粮作物，同时耐旱、耐瘠薄、高产。在宁夏旱作农业区尤其是在半干旱偏旱区、半干旱区的种植系统中占有重要的地位，能起到避灾、抗灾、增收的作用。特别是近年来，随着人们保健意识的增强，杂粮消费已成为一种时尚，消费量不断增加，小杂粮市场价格不断上涨，种植面积逐渐扩大。机械化覆膜覆土精量穴播栽培技术的试验、示范和推广，实现了谷子种植全程机械化，单产增加，为谷子的发展开拓了一条新途径。

一、谷子机械化覆膜覆土精量穴播栽培技术的效益

谷子机械化覆膜覆土精量穴播栽培技术，既保墒，又增温，满足了谷子“喜墒怕干”“喜壮怕荒”（草荒）、“喜晒怕涝”的要求，产量效益大增。

（一）产量效益

经 4 年在海拔 1 700 m、年降水量 277 mm 的同心县预旺镇南塬村试验示范，平均每公顷产量 4 036.13 kg，比露地种植增产 1 724.25 kg/hm²，增幅达 74.58%（表 2-2-219）。

表 2-2-219　2012—2015 年谷子机械化覆膜覆土精量穴播的产量效益

处理	2012 年		2013 年		2014 年		2015 年		平均	
	产量/（kg·hm⁻²）	比露地种植增产/%	产量/（kg·hm⁻²）	比露地种植增产/%	产量/（kg·hm⁻²）	比露地种植增产/%	产量/（kg·hm⁻²）	比露地种植增产/%	产量/（kg·hm⁻²）	比露地种植增产/%
全膜覆土穴播	4 761.0	75.94	4 336.5	43.33	4 756.5	53.63	2 290.5	445.36	4 036.13	74.58
膜侧种植	3 244.5	19.90								
露地种植	2 706.0	—	3 025.5	—	3 096.0	—	420.0	—	2 311.88	—

（二）经济效益

以 4 年平均产量计算，每公顷纯收入达14 096.12 元，比露地种植增收 5 893.72 元/hm²，增幅达 71.85%（表 2-2-220）。

表 2-2-220　谷子机械化覆膜覆土精量穴播的经济效益

处理	产量/（kg·hm⁻²）		收入/（元·hm⁻²）			投入/（元·hm⁻²）			纯收入/（元·hm⁻²）
	籽粒产量	秸秆产量	籽粒产值	秸秆产值	合计	物化劳动	活劳动	合计	
全膜覆土穴播	4 036.13	5 586.00	16 144.52	3 351.60	19 496.12	3 000	2 400	5 400	14 096.12
露地种植	2 311.88	3 074.80	9 247.52	1 844.88	11 092.40	1 290	1 600	2 890	8 202.40

注：投入中物化劳动包括化肥750 元/hm²、农药 90 元/hm²、种子 300 元/hm²、地膜 1 560 元/hm²，机械费用覆膜穴播 300 元/hm²、露地种植 150 元/hm²；活劳动指人工，其中覆膜穴播 2 400 元/hm²、露地种植 1 600 元/hm²；产值包括籽粒产值及茎秆产值，按 4 年平均计算（籽粒4 元/kg，茎秆 0.6 元/kg）。

（三）生态效益

覆膜能有效增加土壤含水量，解决了早春干旱发生频繁、难以保苗的问题。地温增加不仅能满足谷子喜温的要求，而且能做到适期早播，使一些中晚熟品种能够成熟，从而增加了单产。同时，地膜覆盖抑制了杂草的危害。

年降水量 300 mm 左右的地区强降雨发生概率相对较高，径流强度大，而覆膜覆土精量穴播在两幅地膜中间留有 20~25 cm 的间距，从而加快了降雨的渗透，有利于保墒，同时春季风大沙多，覆膜后可有效地控制表层土壤被风吹蚀。

二、谷子机械化覆膜覆土精量穴播栽培技术

（一）播前准备

1. 选地

谷子粒小，芽弱，顶土能力差，加之实施覆膜覆土穴播种植，因此，要选择地势平坦、土层深厚、疏松、背风向阳、肥力中上的地块，切忌在陡坡、沙化、瘠薄、杂草丛生的地块种植。谷子最忌连作、迎茬，连作消耗土壤养分、水分多，病害重，故应合理轮作，实行 3 年以上轮作倒茬，即选择 2 年没有种过粟类作物的地

块，前作以歇地、豆类作物或者小麦为好。

2. 整地

宁夏半干旱偏旱区、半干旱区春季少雨，易发生春旱，冬季缺雪，降雨主要集中在7—9月，因此整地采取五墒耕作法。前作豆类作物、小麦收后早耕，耕深25~30 cm，以熟化土壤、接纳雨水，雨后及时收耱，合口保墒，减少土壤水分损失，白露时浅耕收耱，形成上虚下实的土壤耕作层。冬春适时打碾以碎土保墒，尤其是早春播种前打碾能起到提墒润土的作用，为覆膜播种创造良好的土壤条件。

歇地是宁夏旱作农业区降水量350 mm以下的地区蓄水保墒效果最好的抗旱耕作方法，头年作物收获后留茬过冬，第二年田间杂草发芽露出地面时深耕，耕深25~30 cm，不耱，以晒土蓄墒，白露时浅耕收耱，冬春适时打碾以碎土保墒、提墒。

3. 施肥

基施优质农家肥45 000~60 000 kg/hm^2，可秋施，结合白露最后一次耕地施入；未秋施的地块，可在覆膜前将肥料撒施于田面，随旋耕机整地施入。化肥选用控释配方肥，用量依目标产量而定。目标产量4 500 kg/hm^2，施44%（27-17-0）-S控释配方肥600 kg/hm^2；目标产量6 000 kg/hm^2，施44%（27-17-0）-S控释配方肥795 kg/hm^2；目标产量6 750 kg/hm^2，施46%（26-15-5）-S控释配方肥900 kg/hm^2；目标产量7 500 kg/hm^2，施46%（26-15-5）-S控释配方肥1 020 kg/hm^2。一次性基施，方法为撒施后旋耕。

4. 选用良种和种子处理

（1）选用良种：应选择抗旱、抗病、耐瘠薄、优质、丰产性好的中晚熟品种，一般比露地种植的品种晚熟7~10 d，生育期115~120 d。经3年在年降水量277 mm的同心县预旺镇引种筛选，张杂谷3号、陇谷11号表现较好，籽粒产量张杂谷3号3年平均为4 611.9 kg/hm^2，陇谷11号3年平均为3 703.6 kg/hm^2，2015年张杂谷3号籽粒产量达5 290.5 kg/hm^2、陇谷11号籽粒产量达4 270 kg/hm^2。谷草产量陇谷11号平均为7 854 kg/hm^2，张杂谷3号平均为11 005.5 kg/hm^2（表2-2-221、表2-2-222、表2-2-223）。

表2-2-221　覆膜覆土穴播条件下不同品种谷子的产量（2013年）

（同心县预旺镇南塬村，年降水量277 mm）

品种	产量/（kg·hm^{-2}）	产量位次	较陇谷11号增产/%
大同32号	3 724.5	5	10.65
晋谷9号	3 889.5	4	-6.69
陇谷11号	4 168.5	3	—
大同29号	3 613.5	6	-13.31
晋谷29号	5 002.5	2	20.01
张杂谷3号	5 260.0	1	26.66

表2-2-222　覆膜覆土穴播条件下不同品种谷子的产量（2015年）

（同心县预旺镇南塬村，年降水量277 mm）

品种	产量/（kg·hm^{-2}）		品种	产量/（kg·hm^{-2}）	
	籽粒产量	谷草产量		籽粒产量	谷草产量
小黄谷	2 814.0	6 303.0	大同29号	2 397.0	10 305.2
黑谷子	2 389.5	9 004.5	晋谷13号	4 869.0	7 005.0

续表

品种	产量/(kg·hm⁻²)		品种	产量/(kg·hm⁻²)	
	籽粒产量	谷草产量		籽粒产量	谷草产量
朝谷 14 号	3 105.5	6 304.5	晋谷 22 号	3 786.0	9 404.7
九枝谷	4 162.8	12 672.5	晋谷 25 号	2 691.0	8 004.0
黄金谷	2 677.5	7 003.5	晋谷 29 号	5 733.6	7 804.5
长农 36 号	2 967.0	11 005.5	晋谷 40 号	4 099.5	10 839.0
陇谷 11 号	4 270.0	10 705.5	张杂谷 3 号	5 290.5	12 006.0
陇谷 13 号	4 747.5	10 711.5	黄八叉	3 538.8	11 705.9
济谷 12 号	5 661.0	9 672.0			

表 2-2-223 覆膜覆土穴播条件下不同品种谷子的产量(2016 年)

(同心县预旺镇南塬村,大旱年)

品种	千粒重/g	秕谷率/%	籽粒产量/(kg·hm⁻²)	谷草产量/(kg·hm⁻²)
济谷 12 号	3.4	24	2 040.5	14 007.0
张杂谷 3 号	3.1	27	3 285.7	10 005.0
晋谷 29 号	3.4	27	2 865.6	10 005.0
DH2	3.0	25	3 131.4	5 002.5
陇谷 11 号	3.6	28	2 672.3	5 002.5
晋谷 40 号	3.1	26	2 645.5	19 009.5

(2)种子处理。

①晒种:播种前 15 d 左右选晴天,将种子摊放在席上,厚度 2~3 cm,翻晒 2~3 d,激活种子生理活性,提高种子发芽势和发芽率。

②去秕粒:首先把种子倒入清水中搅拌,漂去秕谷、草籽和杂质,然后捞出下沉的谷子倒入 10%的盐水中,捞去漂在水面上的秕粒、半秕粒,最后用清水冲洗 2~3 遍,除去种子表面上的盐分,将其摊在席上或编织袋上晾干。

③药剂拌种:采用 55℃的温水浸泡 10 min,也可采用低毒的 50%多菌灵可湿性粉剂按种子重量的 0.2%~0.3%拌种,或经过盐水漂秕,用清水冲洗 2~3 遍,再用 500 倍的磷酸二氢钾浸泡12 h,晾半干时,用 25%瑞毒霉和 50%辛硫磷乳油按种子重量的 0.2%~0.3%拌种,或将瑞毒霉、辛硫磷混合在种衣剂中进行种子包衣,防治谷子白发病和地下害虫。

5. 播种

(1)播种期:据在同心县预旺镇南塬村试验,4 月 10 日至 5 月 30 日,每 10 d 播 1 期,共6 期,以 5 月 10 日播种的籽粒产量最高,达 6 264.75 kg/hm²(每 666.7 m² 为 417.65 kg),之后产量下降,4 月 20 日至 5月30 日播种产量均超过 4 500 kg/hm²,随播种期推迟,生育期缩短,成熟推迟,5 月 10 日、5 月 20 日两期虽产量较高,但受早霜危害风险较大(表 2-2-224、表 2-2-225、图 2-2-5)。

表 2-2-224　覆膜覆土穴播条件下谷子不同播种期对产量的影响

播种期	籽粒产量/(kg·hm⁻²)	谷草产量/(kg·hm⁻²)
4 月 10 日	4 370.25	8 004.0
4 月 20 日	4 969.20	7 168.0
4 月 30 日	5 915.25	7 003.5
5 月 10 日	6 264.75	6 670.0
5 月 20 日	6 111.00	8 004.0
5 月 30 日	5 535.45	6 670.0

表 2-2-225　覆膜覆土穴播条件下谷子不同播种期、生育期

播种期	出苗期	拔节期	抽穗期	开花期	灌浆期	成熟期
4 月 10 日	4 月 15 日	5 月 18 日	6 月 13 日	6 月 23 日	7 月 1 日	9 月 12 日
4 月 20 日	4 月 23 日	5 月 27 日	6 月 20 日	7 月 1 日	7 月 8 日	9 月 18 日
4 月 30 日	5 月 7 日	6 月 12 日	6 月 28 日	7 月 8 日	7 月 15 日	9 月 27 日
5 月 10 日	5 月 18 日	6 月 19 日	7 月 7 日	7 月 15 日	7 月 21 日	10 月 5 日
5 月 20 日	5 月 27 日	6 月 27 日	7 月 16 日	7 月 22 日	7 月 28 日	10 月 10 日
5 月 30 日	6 月 8 日	7 月 7 日	7 月 26 日	8 月 4 日	8 月 10 日	10 月 16 日

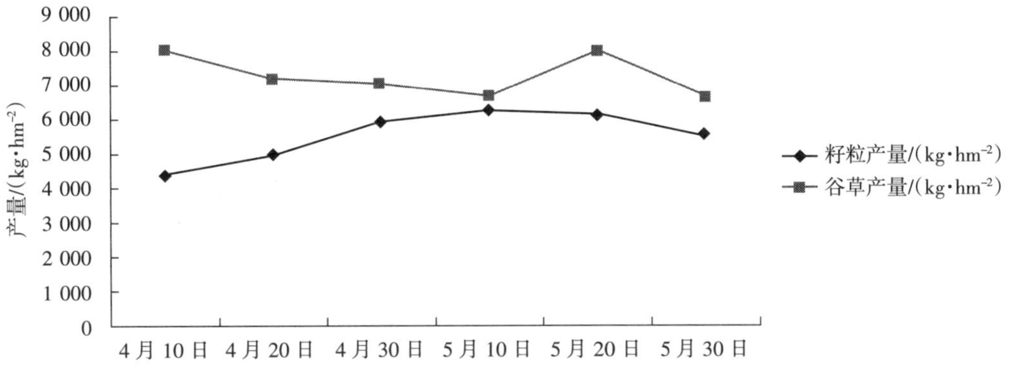

图 2-2-5　覆膜覆土穴播条件下谷子不同播种期对产量的影响曲线

覆膜增加了地温，为谷子适期早播创造了良好的条件。根据试验资料及气象资料分析，在年降水量 300 mm 左右的地区，当地表 5 cm 温度稳定在 15℃以上即可播种，以在 4 月中下旬至 5 月上旬播种为宜。

(2)覆膜覆土精量穴播。

①选膜：选用幅宽 120 cm、厚 0.01 mm 的强力耐候白色地膜。

②覆膜覆土穴播：选用 2MB-1/4 型机械式精量覆膜穴播机，用 254 型或者 304 型四轮拖拉机作为动力，一次性完成覆膜、覆土、穴播、镇压等作业。膜间距可根据拖拉机轮胎宽度确定，一般 25 cm，膜面 100 cm。每膜种植 3 行，行距 40 cm，穴距 21 cm，每公顷 12 万穴。播种量3.75 kg/hm²，穴直径 4 cm，播种深度4~5 cm，每穴播种 6~8 粒，保苗 48 万株/hm²。

6. 田间管理

(1)护膜：宁夏半干旱偏旱区、半干旱区春季大风天气较多，播种后要经常检查，对大风吹起的地膜和

膜上较大的破孔，要及时压土固膜。

（2）早间苗、合理间苗促壮苗：谷子早间苗可避免谷苗拥挤，改善光、热、水、肥等环境条件，有利于根系发育和形成壮苗，时间以 3~5 片叶时为好。

（3）依品种特性合理定苗，发挥单株生产力：谷子留苗密度因品种特性不同而存在差异，张杂谷 3 号系大穗型杂交种，穗长可达 40 cm，且分蘖率较高，因此要侧重发挥个体优势，掌握宜稀不宜密的原则。常规品种每穴定苗 4 株。

（4）防除杂草：谷子长到 5~6 片叶时进行膜间除草，每公顷使用 72% 2，4-D 丁酯乳油 600~750 mL，兑水 300~450 kg 喷雾，可有效防止田旋花等阔叶杂草，从播种孔长出的杂草要及时拔除。

（5）叶面喷肥：在拔节至抽穗期叶面喷施 0.3%磷酸二氢钾溶液 750~900 kg/hm^2，在扬花初期叶面喷施 0.3%~0.4%硼酸溶液 1 500 kg/hm^2，晴天可选择在 10 时前、16 时后喷施，阴天可整天喷施，雨天不喷施，有晨露不喷施。施肥可以提高结实率，增加千粒重。

（6）病虫鸟害防治：生育期间的虫害主要有粟灰螟、黏虫和蚜虫，粟灰螟在成虫产卵盛期至幼虫蛀茎危害前可用 4.5%高效氯氰菊酯乳油 2 000 倍液对茎秆部位喷雾防治；黏虫可用 90%敌百虫原药或80%敌敌畏乳油 800 倍液或 20%氰戊菊酯乳油 2 500 倍液喷雾防治，每公顷用药液 600 kg；或使用黄板或灭虫灯，以减少农药用量。病害有白发病、谷瘟病等，白发病可用 35%甲霜灵可湿性粉剂 1 000 倍液喷雾防治，谷瘟病可用 40%克瘟散乳油 500~800 倍液喷雾防治。谷子灌浆后要特别注意防治鸟害和防止倒伏，使用黏鸟网防治麻雀等鸟害。

（7）收获：覆膜覆土穴播谷子较常规种植谷子提早 7~10 d 成熟，成熟后要及时收获，即谷子颖壳变黄、籽粒变硬时即可收获，避免风摩鸟啄。收获后不要立即脱粒，堆放晾晒 1 周以上，可提高后熟产量。

（8）回收残膜：收获后要及时回收残膜，防止土壤污染。

第十六节　中药材银柴胡机械化覆膜覆土精量穴播栽培技术

银柴胡喜温耐旱，适合在宁夏旱作农业区半干旱偏旱区、半干旱区种植，但该区域干旱发生频繁，尤其是春旱、春夏连旱发生概率较高，致使土壤水分不足，不能适时覆膜播种。近年来试验成功的秋季覆膜覆土精量穴播栽培技术较大地提高了出苗率，增产显著，比露地种植每公顷增产 200 kg（鲜货）/hm^2，增幅达 31.5%。

一、银柴胡对环境条件的要求

银柴胡喜温暖、湿润的气候，具有耐旱、耐寒、喜光、忌水渍的特性。多生于海拔 1 200 m 左右的荒漠草原或灌丛及天然林地。

二、银柴胡机械化覆膜覆土精量穴播栽培技术

（一）选地

应选择在土层深厚、透水性良好的松沙土或沙壤土种植，前作以小麦、豆类作物为好，或歇地。

（二）整地

前作豆类作物、小麦收后应及时伏耕，耕深 25~30 cm，晒田熟土，接纳雨水，遇雨及时收耱，合口保墒，白露浅耕收耱，冬春适时打碾以碎土保墒，为春季覆膜播种创造良好的土壤条件。

歇地耕作：头年作物收获后留茬过冬，第二年田间杂草发芽露出地面时深耕，耕深 25~30 cm，不耱，以晒土蓄水，8 月大雨后用旋耕机浅旋以除草碎土保墒，白露浅耕收耱，冬春适时打碾以保墒提墒，为春季覆膜播种创造良好的土壤条件。

秋季播种地，头年秋季深耕，耕深 25~30 cm，第二年田间杂草发芽露出地面时再深耕 1 次，雨后适时收耱，合口保墒，使土壤平整、上虚下实，为秋季覆膜播种创造良好的土壤条件。

（三）施肥

当年前作收获后结合秋季深耕施足底肥，以有机肥为主，配以适量化肥。一般每公顷撒施优质农家肥 30 000 kg 左右、磷酸二铵 150~225 kg，肥料撒施应均匀一致，每个作业行程接趟，保证不漏、不重。

（四）覆膜覆土播种

1. 选膜

选用 0.01 mm 以上厚度的强力耐候黑色地膜，虽黑色地膜保温增温效果比白色地膜差，但抑制杂草生长效果比白色地膜好，更有利于中药材的生长。幅宽以 120 cm 为宜。

2. 种子处理

采用温水浸种。先将种子放在大盆内，倒入 40~50℃的热水，以水淹过种子 10~15 cm 为宜，不断搅动待水温降至常温时，再浸泡 4~5 h，然后沥干水分，晒种 24 h 即可。

3. 覆膜覆土穴播

春秋二季均可播种。秋季覆膜覆土穴播更适合年降水量 300 mm 左右地区，其优点：一是在杂草种子发芽露出地面时翻耕，可以有效防止田间杂草危害；二是结合三伏天翻地，可以晒死虫卵、真菌孢子及杂草，减少病虫草害的发生；三是 7 月进入雨季，深翻后的土壤能充分接纳雨水，蓄水保墒效果好，易保证出苗，植株苗期发育好。选用 2MB–1/4 型机械式精量覆膜穴播机，一次性完成覆膜覆土穴播作业，膜间距可根据拖拉机轮胎宽度确定，一般 25 cm，膜面 100 cm。每膜种植 5 行，行距 25 cm，穴距 15 cm，每公顷 24 万穴，每公顷保苗 69 万~75 万株，每公顷用种子 12 kg，穴直径 4 cm，播种深度 2~3 cm，每穴点种 3~5粒。覆膜后在膜面上每隔 2 m 压一土腰带，以防大风揭膜。秋播于 8 月中下旬播种，春播于 4 月中旬播种。

（五）田间管理

1. 护膜

宁夏半干旱偏旱区、半干旱区大风天气较多，播种后要经常检查，对大风吹起的地膜和膜上较大的破孔，要及时压土固膜。

2. 间苗、定苗

当株高 7~8 cm 时，按每穴留苗 2~3 株进行间苗，地上植株封垄前，及时拔除从播种孔长出的杂草。

3. 除草追肥

翌年 3 月下旬至 4 月上旬银柴胡返青。6 月中旬应人工除草或采用机械喷施高效低毒低残留除草剂进行田间除草，花期和气象部门对接以借雨追肥，追施磷酸二铵 150 kg/hm^2、尿素 75 kg/hm^2；8 月下旬至 9月上旬采收银柴胡种子。第三年重复第二年 3 月至 9 月上旬技术措施，10 月中旬机械采挖。

（六）采种与收根

1. 采种

9 月中旬至 10 月下旬，植株地上部分开始枯黄，种子成熟，于晨间有露水时割取地上部分，晒干，打下种子，除去未成熟种子。第一年一般产种子 150 kg/hm^2，以后每年可产种子 300~450 kg/hm^2。

2. 收根

种植后第三年 10 月下旬（白露前后）种子收获后或第四年 3 月底至 4 月初收根。利用机械收根，挖掘深度达到 45~50 cm；保证采挖成品率达到 68%、起净率达到72.2%；采挖时，土壤不宜过干或过湿，建议在早晨或雨后 2~3 d 采挖。

第十七节　垄盖地膜集雨膜侧沟播抗旱技术（沟垄集雨技术）

垄盖地膜集雨膜侧沟播技术将开沟起垄与垄上覆膜有机结合，利用覆膜后光滑的垄体产流，沟内集水，形成沟垄相间的微集水种植带，使自然降水以最近的距离、最短的时间和最快的入渗速度充分被接纳，从而产生水分叠加富集效应，变无效降水为有效利用，将有限的降水聚蓄于沟中根系密集带，提高农田抗旱蓄水作用和水分转化利用效率。

一、垄盖地膜集雨膜侧沟播抗旱技术的特点及效应

（一）集雨蓄水效果显著

据测定，该技术每种 666.7 m^2 作物，可使当季作物比传统种植方式多集蓄有效降水 50~70 m^3，全年多集水117.9 m^3，相当于投资修建 2 眼50 m^3 土园井集雨对作物的补灌效应。

（二）增温效果明显

垄盖地膜集雨膜侧沟播技术比露地条播 0~25 cm 土层冬小麦全生育期日平均增温 1.07℃，共增加积温 300.7℃。

（三）提高田间出苗率

垄盖地膜集雨膜侧沟播技术使土壤水分、温度条件改善，较大地提高了田间出苗率，在 2007 年春夏连旱的情况下，在半干旱偏旱区的同心县预旺镇南塬村种植的马铃薯比常规种植马铃薯出苗率高 8.7 个百分点。

（四）改善田间小气候

垄盖地膜集雨膜侧沟播技术可明显改善田间小气候，促进作物的光合作用，加快同化物的制造与积累。

对采用垄盖地膜集雨膜侧沟播技术种植冬小麦于灌浆前后多次测定，植株行间平均透光率达38.25%，风速 0.076 m/s，相对湿度 81.39%，分别比露地条播增加 8.72 个百分点、0.024 m/s 和 2.96 个百分点。对采用垄盖地膜集雨膜侧沟播技术种植春小麦于灌浆期在株高 80 cm 处测定，透光率比露地条播增加 11.7 个百分点，气温高 0.5℃，叶温高 0.7℃，二氧化碳浓度高 3×10^{-6}，良好的光照条件，适宜的温度、湿度，充足的二氧化碳，促进了小麦的光合作用，加快了同化物的制造和积累。

（五）增产幅度大，水分利用效率高，增收效益明显

垄盖地膜集雨膜侧沟播技术与常规种植相比，马铃薯增产 20%~40%，胡麻增产 30%~82.6%，大豆增

产36%，谷子增产 45%~82.3%，冬小麦增产 38.32%，水分利用效率提高 30.9%，达 15.75 kg/(mm·hm^2)，干旱年份，增产幅度更大，产量可以翻倍。采用此法，一般密植作物可节约种子 30%左右，在其他生产投入与传统种植技术完全一致的情况下，扣除地膜、机具成本后，一般种植马铃薯、胡麻、谷子和苜蓿，每公顷净收益在 1 500~2 250 元，种植冬小麦纯收入增加 1 500 元以上。

(六)适应范围广，操作简单

垄盖地膜集雨膜侧沟播技术在年降水量 300~400 mm 的地区均可应用，适用于多种作物。

二、垄盖地膜集雨膜侧沟播(垄沟种植)抗旱技术的关键技术

(一)适用范围及适宜作物

适合在年降水量 300~400 mm 地区的水平梯田或缓坡地大面积推广应用。适合种植的作物为小麦、谷子、糜子、胡麻、马铃薯、向日葵、苜蓿及其他高产饲草作物。

(二)垄沟集水带型比及种植作物

不同年降水量及生态类型区，适用的垄沟集水带型不尽相同。固原市农业科学研究所根据多年对多种作物在不同年降水量类型区的比较试验，认为适应不同年降水量类型区的垄沟集水带型比如下。

1. 年降水量 300~400 mm 的地区适宜的垄沟集水带型比

(1)60:60，谷子、糜子、小麦、豌豆、胡麻和苜蓿等密植作物，沟内种植 4 行；马铃薯沟内种植 2 行。

(2)60:40，谷子、糜子、小麦、豌豆、胡麻、苜蓿等密植作物，沟内种植 4 行；马铃薯沟内种植 2 行。

2. 年降水量 400 mm 以上的地区适宜的垄沟集水带型比

(1)60:60，种植作物及播种行数同上。

(2)90:60，谷子、糜子、小麦、豌豆、胡麻、苜蓿等密植作物，沟内种植 6 行，干旱年份沟垄集水带型比以 60:60 为宜。

(3)60:40，马铃薯沟内种植 2 行，干旱年份沟垄集水带型比以 60:60 为宜。

(三)施足基肥

每公顷基施有机肥 4.5 万~7.5 万 kg，化肥用量依配方施肥方案，结合整地施入，基肥春施、秋施均可。

(四)起垄覆膜

起垄以高出沟面 15~18 cm 为宜，垄上覆微膜，沟内种植作物，形成垄沟相间的带状耕作带。覆膜时要注意使垄沟形成一定坡面的高度落差，这样有利于降雨由垄面向沟内流动，产生径流集水作用。

地膜应选择高密、抗拉、不易破损的膜，厚度为 0.005~0.009 mm，宽度可根据带型确定。由于采用微膜，地膜用量大大减少，一般每公顷用量为 30~37.5 kg。覆膜时膜侧用土压实，不露边，膜上每隔 2~3 m 压一土腰带，防止大风揭膜，同时严防人畜踩踏地膜。

(五)播种与田间管理

1. 播种密度

垄盖地膜集雨膜侧沟播抗旱技术要控制播种密度。半干旱区，马铃薯 5.25 万株/hm^2 左右，葵花4.05 万株/hm^2 左右，其他经济作物种植密度根据具体情况确定。

2. 品种选择

选择中晚熟品种，半干旱区谷子应选择大同 14 号、张杂谷 3 号，马铃薯选择晋薯 7 号、冀张薯8 号、青薯 9 号、宁薯 15 号、宁薯 16 号，冬小麦选择兰天 28 号、中引 6 号等。尽量采用包衣种子，未包衣的种子

要用微肥、植物生长调节剂进行种子处理。

3. 适期播种

一般较露地种植提早 3~5 d 播种。墒情足时施肥、覆膜、播种可一次完成，出苗后要及时放苗。如果土壤墒情差，播种时可实行坐水点播。播种量视土壤墒情而定。冬小麦播种期比常规露地栽培推迟 5~7 d。

4. 加强田间管理

覆膜后要经常检查，发现地膜被风吹起或者破损，应及时加固封严，同时清除田间杂草。遇降雨形成板结应及时破除板结，发现缺苗断垄应及时补种或催芽点播，保证全苗，及时间苗和定苗。掌握苗情适时追肥和防治病虫害。

5. 垄上覆膜与沟内覆盖相结合

据固原市农业科学研究所李永平、刘世新试验，采用垄上覆膜+沟内覆盖微膜、作物秸秆、生物降解膜、液态地膜等不同保墒组合，增产效果好，水分利用效率高。增产效果以沟内覆盖微膜或生物降解膜最好，其次为沟内覆盖液态地膜、作物秸秆。如沟内覆盖微膜和生物降解膜分别较垄上覆膜+沟内不覆膜和平膜覆盖增产 18.9%和 7.66%；沟内覆盖作物秸秆，增产幅度最小。水分利用效率，垄上覆膜+沟内覆盖新型环保材料能够大幅度提高自然降水资源利用效率。垄上覆膜+沟内覆盖微膜、生物降解膜、液态地膜、作物秸秆的水分利用效率分别比沟内不覆盖提高 31.06%、26.52%、17.7%和 13.64%，分别较平膜覆盖提高 18.49%、14.38%、8.22%和2.74%。液态地膜富含大量腐殖酸，喷施于地面后形成微膜隔离层，可抑制土壤水分蒸发，持续50~60 d 产生保墒作用，对缓解苗期干旱胁迫有利，分解后又能够增加土壤有机质含量，达到高效调控土壤水分与培肥地力双重作用，本质上不会造成对土壤的二次污染，是发展现代旱作农业理想的新型环保产品。

三、应用前景

垄盖地膜集雨膜侧沟播抗旱技术能大幅度提高旱作农田多种作物的生产力，应用前景非常广阔。这一技术已经在宁夏旱作农业区进行了大面积生产示范，使农民看到了实实在在的增产增收效果。同时该项技术与当地支柱产业和特色种植业结合紧密，既适合在旱作农田大面积种植马铃薯、油料作物、小杂粮和牧草，又可以在水资源短缺的库、井补灌区优势产业带结合特色种植进行推广。

第十八节　小麦膜侧栽培技术

膜侧栽培技术是一种垄盖地膜、膜侧种植作物的栽培模式，通过聚集叠加降水和抑制蒸发两条途径，提高土壤含水量，增加土壤贮水量，从而大幅度提高降水利用率和水分利用效率。

一、小麦膜侧栽培技术引入宁夏旱作农业区并开展创新研究的背景

宁夏旱作农业区位于黄土高原西北部，旱地占耕地面积的 86.4%。宁夏旱作农业区降水、光温增产潜力很大，但该区域属黄土丘陵沟壑区，是一个水资源极缺的地区，地表水资源仅为黄河流域的 1/5 和全国平均水平的 1/26，地下水更缺，大气降水年均仅为 243.7~650.2 mm，60%~65%的降水量集中在 7—9 月，分布极不均衡，年际间降水更不均衡，致使季节性干旱、年际干旱发生频繁。20 世纪 80 年代以来随着全

球气候变暖，厄尔尼诺现象出现增多，灾害骤增，尤其是干旱逐年加剧，直接威胁着宁夏旱作农业区粮食安全生产。与此同时，因旱作农业技术体系不够健全，降水利用率和水分利用效率较低，在人口剧增、土地严重"超载"等特殊条件下，急需在抗旱栽培技术方面有重大突破，以大幅度提高降水利用率和水分利用效率，推动宁夏旱作农业区农业的可持续发展。

小麦是宁夏旱作农业区的主要粮食作物，每年播种面积达 17.3 万 hm^2，是重要的细粮作物。春小麦受水分及本身"一长三短"（即播种至出苗期长，分蘖期、幼穗分化期、灌浆期短）生育缺陷的影响，冬小麦受水分亏缺、越冬保苗率不高及灌浆期短等制约，产量低而不稳。1995 年宁夏引进了覆膜穴播栽培技术，大幅度降低了小麦生育期内土壤水分的无效蒸发，缓解了干旱的威胁。然而，该项技术在应用过程中遇到了出苗率低、群体结构不尽合理、放苗费工、后期早衰等诸多问题，影响了生产效益的发挥。为此，必须寻找一种既能利用覆膜穴播保墒增温的优点，又能克服覆膜穴播小麦成穗不足、后期早衰及投入成本高的弊病，操作简便，农民乐于接受的技术。广大农业工作者根据宁夏旱作农业区降水状况，选择了小麦膜侧栽培技术并开展了配套技术的研究，形成了具有宁夏特色的小麦膜侧栽培技术体系。

二、小麦膜侧栽培技术的生态、经济效应

（一）小麦膜侧栽培的生态效应

1. 集水保水，提高降水利用率和水分利用效率

膜侧栽培通过集流蓄水和抑制蒸发，提高和稳定了土壤水分。1998—1999 年对长达 179 d（10 月20 日至翌年 4 月 18 日）无效降雨条件下的冬小麦主产区彭阳县进行测定，膜侧条播田 0~10 cm 土壤含水量比露地条播田高 1.5~4 个百分点，平均高 2.6 个百分点。小麦拔节期以前 0~40 cm 土壤含水量膜侧条播田比露地条播田高 1~3 个百分点，平均高 1.7 个百分点。据 3 月 18 日降雨 4.5 mm 后观测，露地条播田湿土层厚度只有 2.7 cm（干土层已达 11 cm），而膜侧条播田墒情较好。0~40 cm 土壤含水量膜侧条播田为 13.9%，露地条播田为 11.1%，增幅 25.2%；田间贮水量膜侧条播田为 70.61 mm，露地条播田为56.83 mm，增加24.2%，小麦拔节前膜侧条播田比露地条播田 0~40 cm 土壤贮水量始终增加 5.1~16.7 mm，增幅 10.6%~29.3%。膜侧栽培不仅具有良好的保水效果，而且有独特的聚集雨水作用。土壤含水量总体趋势表现为小麦苗期干旱少雨季节膜侧条播田比露地条播田增加明显，拔节后尽管降水量增加，但两种栽培方式土壤含水量均有下降趋势，且膜侧条播田下降幅度最大，土壤含水量低于露地条播田，表明膜侧栽培方式下植株蒸腾作用增强。例如，5 月 14 日至 17 日降雨量 43.5 mm，3 d 后 0~40 cm 土壤含水量膜侧条播田为 19.3%，露地条播田为 17.4%，10 d 后膜侧条播田为 11%，露地条播田为 11.6%，膜侧条播田水分利用效率比露地条播田提高了30.9%，降水利用率提高了 30%（表 2–2–226）。

表 2–2–226　不同栽培方式耗水量、耗水系数、水分利用效率

栽培方式	耗水量/mm	耗水系数/($mm \cdot kg^{-1} \cdot hm^{-2}$)	水分利用效率/($kg \cdot mm^{-1} \cdot hm^{-2}$)
膜侧条播	264.4	0.063	15.79
覆膜穴播	260.9	0.071	14.00
露地条播	257.3	0.083	12.06

在春小麦膜侧栽培条件下多次对土壤水分剧变的 0~40 cm 土层含水量进行测定，膜侧条播田比露地条播田高 0.85~4.11 个百分点，折合增加贮水量 4.1~19.8 mm；比覆膜穴播田高 0.51~3.24 个百分点，折合

增加贮水量 2.4~15.3 mm。膜侧条播小麦发达的根系促进了其对土壤水分特别是对深层土壤水分的吸收，较大的叶面积系数增大了蒸腾耗水，从而使耗水量增加。从播种到收获，膜侧条播小麦在 0~200 cm 土层内的耗水量为 212.4 mm，比露地条播增加 9.2 mm，比覆膜穴播增加 3.7 mm。膜侧条播小麦总耗水量的增加和有效蒸腾效率的提高，带动其水分利用效率由露地条播的 15.9 kg/(mm·hm^2)提高到18.8 kg/(mm·hm^2)，提高 18.24%。小麦膜侧栽培较大幅度地增加和稳定了土壤含水量，提高了水分利用效率。

2. 提高地温，增加地积温，促进小麦生长发育

据在冬小麦各生育期前后 5 d 对地温的测定，膜侧小麦全生育期均有增温效果，膜侧条播比露地条播0~25 cm 土层全生育期平均增温 1.07℃，共增加地积温 300.7℃；在春小麦生育期测定，膜侧条播土壤温度高于露地条播，但低于覆膜穴播。膜侧条播小麦出苗期地表 5 cm、10 cm、15 cm 和 20 cm 土层地温比露地条播依次升高 4.3℃、3.6℃、2.7℃、1.9℃和 1.4℃，拔节期依次升高 3.5℃、3.7℃、2.1℃、1.5℃和1.1℃，抽穗期依次升高2.4℃、2.2℃、1.8℃、1.1℃和 0.7℃，灌浆期依次升高 1.8℃、1.8℃、1.2℃、0.8℃和0.4℃。膜侧条播田增温效应有两个特点：一是增温幅度与气温成反比，随小麦生育进程而降低。二是增温效应随土层加深逐渐减弱。土壤温度的提高和地积温的增加，使小麦出苗提早、生育进程加快，促进了冬小麦冬前分蘖发生和根系生长，培育了壮苗，提高了冬小麦越冬期的抗旱耐寒性能，提高了越冬保苗率；延长了小麦幼穗分化和籽粒灌浆时间，保证了穗大、粒多、粒重。

3. 改善田间小气候，促进光合作用，为加快干物质的积累提供有利条件

冬小麦灌浆前后 15 d、每天 4 次测定田间风速发现，膜侧条播田风速比露地条播田提高 46.2%，但二者绝对风速比较小，田间风速只有空气中风速的 10%~15%。膜侧条播田透光率比露地条播田高 8.72%，湿度比露地条播田高 2.96%，表明膜侧条播田植株蒸散量较大（表 2-2-227）。膜侧条播田通风透光条件明显改善，为促进光合作用、加快干物质积累创造了更为有利的条件。

表 2-2-227　不同处理下田间小气候状况

处理	风速/(m·s^{-1})	透光率/%	干球温度/℃	湿球温度/℃	干湿球温度差/℃	相对湿度/%
膜侧条播	0.076	38.25	18.42	16.67	1.75	81.39
覆膜穴播	0.057	33.16	18.17	15.79	2.38	78.48
露地条播	0.052	29.53	18.06	15.69	2.39	78.43
空气中	0.780	100.00	19.86	15.73	4.13	67.54

据 1998 年 7 月 4 日在固原试点测定，膜侧条播田行间 80 cm 株高处透光率为 37.4%，10 cm 株高处为 8.7%，分别比露地条播田相应测点高 11.7 个百分点和 4.3 个百分点。由于光照条件存在差别，田间受热状况也有差异。膜侧条播田行间 80 cm 株高处气温 28.7℃，叶温 29℃，比露地条播田分别高 0.5℃和 0.7℃。膜侧条播小麦实施宽窄行种植，引起田间空气小尺度旋涡状运动和株间乱流扩散加大，导致田间 CO_2 补给量增加，浓度提高。测定当时大气 CO_2 为 281×10^{-6}，膜侧条播田行间 80 cm 株高处为 276×10^{-6}，而露地条播田相应测点为 273×10^{-6}。膜侧条播田良好的光照、充足的 CO_2 补给，促进了小麦的光合作用，加快了同化物的制造、积累。

（二）小麦膜侧栽培的生物学效应

1. 田间出苗率、越冬返青率显著提高

据在彭阳县冬小麦主产区观测，尽管播种期土壤水分偏低，膜侧条播小麦出苗率仍达到 76.5%，基本

苗522.9 万株/hm²,比露地条播高 7.3 个百分点,基本苗增加 51 万株/hm²。覆膜穴播小麦出苗率为 70.7%,基本苗 483.19 万株/hm²,露地条播出苗率为 69.2%,基本苗 472.93 万株/hm²。越冬率膜侧条播 100%,覆膜穴播97.8%,露地条播 81.4%,膜侧条播比覆膜穴播和露地条播高 2.2 个百分点和 18.6 个百分点。6 个示范点调查结果相吻合,冬小麦膜侧条播表现出良好的越冬保苗效果。据 1998 年在固原试点春小麦上观测,膜侧条播小麦出苗率比露地条播高 3.41 个百分点。

2. 生育期及幼穗分化期延长,促进了小穗数增加,提高了结实率

据在彭阳县冬小麦主产区定期观测(表2-2-228、表2-2-229),膜侧条播和覆膜穴播小麦比露地条播小麦提前 2 d 出苗,越冬期延迟 6 d,返青期提前 7 d,成熟期提前 3 d 和 6 d,因而膜侧条播小麦有效生育期比覆膜穴播和露地条播小麦延长 3 d 和11 d。膜侧条播小麦出苗后第 26 天开始幼穗分化,4 月30 日前后结束,整个分化过程历时 180~200 d,幼穗分化的有效时间延长了 8 d 左右,其中单棱期至小花分化期延长了 5 d,小花分化期至四分体时期延长了3 d,从而促进了小穗数的增加,有效防止了小花退化,明显提高了结实率。在春小麦上观察,膜侧条播小麦比露地条播小麦提前 3 d 出苗,分蘖至开花期间的各个生育时期提早 1~4 d,开花期后,膜侧条播小麦由于通风透光和水肥条件优越,生育进程延缓,结果与露地条播小麦同期灌浆、成熟,最终两种栽培处理小麦全生育期均为 123 d。膜侧条播小麦比覆膜穴播小麦推迟 2 d 出苗,分蘖至灌浆期间的各个生育时期推迟 1~4 d,成熟期推迟 5 d,最终整个生育期延长 5 d。覆膜穴播小麦由于前期生长发育过快,营养生长过旺,后期早衰,影响产量。膜侧条播小麦于出苗后第 16 天开始幼穗分化,整个过程历经 37 d。与露地条播小麦相比,开始日期提早 5 d,历经天数延长 5 d,其中决定小穗数多少的单棱期和二棱期延长了 3 d,影响花粉粒形成进而影响结实率的花粉母细胞减数分裂期延长了 2 d;与覆膜穴播相比,开始日期推迟 4 d,历经天数延长 4 d。膜侧条播小麦幼穗分化历经天数的延长,特别是单棱期、二棱期、花粉母细胞减数分裂期等关键分化时期的延长,为最终的穗大、粒多奠定了基础。

表 2-2-228　不同栽培方式下冬小麦生育进程(彭阳试点)

栽培方式	播种期	出苗期	分蘖期	越冬期	返青期	拔节期	抽穗期	开花期	灌浆期	成熟期	全生育期/d
膜侧条播	9月28日	10月6日	10月27日	11月16日	3月13日	4月15日	5月14日	5月19日	6月3日	7月4日	280
覆膜穴播	9月28日	10月6日	10月27日	11月16日	3月13日	4月15日	5月12日	5月17日	6月1日	7月1日	277
露地条播	9月28日	10月8日	10月30日	11月10日	3月20日	4月21日	5月17日	5月21日	6月7日	7月7日	283

表 2-2-229　不同栽培方式下春小麦生育进程(固原试点)

栽培方式	播种期	出苗期	分蘖期	拔节期	孕穗期	抽穗期	开花期	灌浆期	成熟期	全生育期/d
露地条播	3月25日	4月13日	4月29日	5月16日	5月29日	6月8日	6月15日	6月27日	7月25日	123
覆膜穴播	3月25日	4月8日	4月24日	5月11日	5月25日	6月6日	6月12日	6月23日	7月20日	118
膜侧条播	3月25日	4月10日	4月25日	5月14日	5月27日	6月7日	6月13日	6月27日	7月25日	123

3. 个体与群体发育协调,灌浆全过程快而平稳

膜侧条播小麦在抽穗前始终比露地条播小麦提前一个叶龄以上,单株分蘖增加 2 个,返青后株高增加10~20 cm。膜侧条播小麦叶面积系数始终高于露地条播小麦 0.12~0.83,提高 14.8%~37.6%(表 2-2-230),覆膜穴播小麦苗期叶面积系数高于膜侧条播和露地条播小麦,但由于其个体与群体矛盾突出,

分蘖力较弱，拔节期以后叶面积系数逐渐下降，到灌浆期以后反而比露地条播小麦低，而膜侧条播恰好解决了这一问题。膜侧条播、覆膜穴播、露地条播小麦分蘖率分别为93.46%、78.72%、78.63%；单株平均分蘖3.74个、2.65个、2.18个；拔节期单株次生根5.94条、5.36条、4.47条；单株成穗率分别为121.4%、96.8%、113.2%。膜侧条播有利于植株均衡发育，形成壮苗，进而提高田间成穗率，每公顷成穗510.15万穗，比覆膜穴播和露地条播分别增加27.45万穗和63.3万穗，增幅5.7%和14.2%。覆膜穴播由于撮苗种植，分蘖力下降，成穗不足，这是其产量上不去的主要原因。膜侧条播小麦在整个生育期内单株鲜重、干重均明显高于露地条播，尤其是拔节期以前增加较大；覆膜穴播小麦在拔节期以前单株鲜重、干重均高于膜侧条播，但拔节期以后增加逐渐减少且低于膜侧条播，到了生育后期干物质积累量与露地条播差异不明显(表2-2-231)。这表明覆膜穴播小麦生育前期增温保湿效果好，田间生长速度快，但生育后期有明显的早衰问题。

表2-2-230　不同栽培方式下小麦叶面积系数动态

栽培方式	叶面积系数						
	分蘖期	起身期	拔节期	抽穗期	开花期	灌浆期	蜡熟期
膜侧条播	0.66	1.01	1.90	3.19	3.15	3.04	2.15
覆膜穴播	0.64	1.05	1.91	2.86	2.78	2.23	1.26
露地条播	0.57	0.88	1.48	2.36	2.32	2.21	1.97

表2-2-231　不同栽培方式下小麦干物质积累动态

单位：g/株

栽培方式		不同观测时间干物质积累								
		10月27日	11月12日	3月20日	4月12日	4月28日	5月13日	5月26日	6月16日	7月6日
膜侧条播	鲜重	0.37	0.65	0.92	1.85	2.41	3.93	4.96	5.30	4.63
	干重	0.09	0.16	0.24	0.55	0.73	1.38	1.94	2.21	2.31
覆膜穴播	鲜重	0.43	0.70	1.01	1.93	2.28	3.27	4.72	4.96	4.32
	干重	0.11	0.17	0.26	0.58	0.67	1.26	1.80	1.95	1.99
露地条播	鲜重	0.31	0.59	0.70	0.88	1.30	2.63	2.63	4.68	4.14
	干重	0.07	0.14	0.17	0.26	0.46	0.74	0.74	1.93	1.98

据在春小麦拔节、孕穗前后及成熟期测定，拔节期单株次生根条数、根干重、地上部干重，孕穗期单株叶片数、单株叶面积，成熟期株高，膜侧条播比露地条播依次增加1.3~1.7条、4~5.8 g、48.3~63.3 g、0.2~0.6片、6.38~14.16 cm^2和8.1~8.8 cm。膜侧条播小麦的器官发育速度快于露地条播小麦，但滞后于覆膜穴播小麦，而营养生长量大于露地条播小麦，也大于覆膜穴播小麦。膜侧条播小麦个体与群体发育十分协调，群体密度适宜，通风透光良好，水肥条件优越，灌浆全过程快而平稳，解决了覆膜穴播灌浆前期旺盛、后期缓慢，脱肥脱水及膜内高温灼烧根系造成生理早衰，露地条播灌浆前期平稳而不快的问题。据对籽粒灌浆过程每5天1次的全程观察，膜侧条播小麦籽粒灌浆开始于6月18日，结束于7月28日，整个过程历时40 d。整个灌浆过程中，千粒鲜重日增量平均2.14 g，千粒干重日增量平均1.43 g，与露地条播相比千粒

鲜重日增量增加 0.28 g，千粒干重日增量增加0.17 g。与覆膜穴播相比，灌浆推迟 5 d 开始，灌浆过程延长 7 d，千粒鲜重日增量增加 0.15 g，千粒干重日增量增加0.14 g。

（三）小麦膜侧栽培技术的产量效益及经济效益

1. 产量效益

试验结果表明，膜侧条播冬小麦较露地条播冬小麦成穗数增加 63.3 万穗/hm²，穗长增加 0.38 cm，结实小穗数增加0.7 个，不孕小穗数减少 0.3 个，穗粒数增加 3.5 粒，穗粒重增加 0.17 g，千粒重增加 1.28 g，实收籽粒产量增加1 071 kg/hm²，增幅 34.51%，实收生物产量增加 2 950.8 kg/hm²，增幅 34.77%；较覆膜穴播冬小麦成穗数增加 27.45 万穗/hm²，穗长增加 0.36 cm，结实小穗数增加 0.4 个，不孕小穗数减少0.1 个，穗粒数增加 2 粒，穗粒重增加 0.12 g，千粒重增加 1.33 g，实收籽实产量增加 520.5 kg/hm²，增幅14.24%，实收生物产量增加 1 535.9 kg/hm²，增幅 15.51%（表 2–2–232）。

表 2–2–232　不同栽培方式下冬小麦产量及其构成要素

栽培方式	株高/cm	穗长/cm	结实小穗数/个	不孕小穗数/个	穗粒数/粒	穗粒重/g	千粒重/g	成穗数/（万穗·hm⁻²）	理论生物产量/（kg·hm⁻²）	理论籽粒产量/（kg·hm⁻²）	实收生物产量/（kg·hm⁻²）	实收籽粒产量/（kg·hm⁻²）
膜侧条播	95.5	6.06	11.1	2.6	24.4	0.88	35.35	510.15	12 057.7	4 400.2	11 438.2	4 174.5
覆膜穴播	94.7	5.70	10.7	2.7	22.4	0.76	34.02	482.70	10 001.3	3 678.4	9 902.3	3 654.0
露地条播	82.6	5.68	10.4	2.9	20.9	0.71	34.07	446.85	8 637.3	3 181.2	8 487.4	3 103.5

据试验，膜侧条播春小麦较露地条播春小麦增产 1 057.5 kg/hm²，增幅 34.8%，产量构成要素中，成穗数少 23.02 万穗/hm²，穗粒数多8.5 粒，千粒重高 2.5 g；比覆膜穴播春小麦增产 777 kg/hm²，增幅 20.29%，产量构成要素中，成穗数多30.07 万穗/hm²，穗粒数多 1.3 粒，千粒重高 0.9 g。

以上结果说明，膜侧条播冬小麦的增产作用是通过产量构成要素综合性状的改善来实现的；膜侧条播春小麦相对于露地条播春小麦，增产作用是在保持成穗数基本没有减少的基础上，通过增加穗粒数、提高千粒重来实现的；而覆膜穴播春小麦，其增产作用则是通过产量构成要素综合性状的改善来实现的。

2. 经济效益

试验结果显示，膜侧条播冬小麦产值 7 272 元/hm²，较露地条播增加 1 870.56 元/hm²，新增产值中扣除地膜等新增生产成本 587.4 元/hm²，实际新增纯收入 1 283.16 元/hm²，增幅 45.97%；比覆膜穴播增加 939.63 元/hm²，加上节约的生产成本 132.6 元/hm²，实际新增纯收益 1 072.23 元/hm²，增幅 35.72%（表 2–2–233）。春小麦膜侧条播和露地条播产值分别为 5 571.57 元/hm² 和 3 939.35 元/hm²，膜侧条播较露地条播增加 1 632.22 元/hm²，扣除地膜等新增生产成本，最后纯收入增加 1 211.82 元/hm²。

表 2–2–233　不同栽培方式下冬小麦经济效益比较（2001 年）

栽培方式	总产值/（元·hm⁻²）			投入成本/（元·hm⁻²）			纯收入/（元·hm²）	总成本产值率/（元·hm²）	劳动生产率/（元·工日⁻¹）	劳动净产值率/（元·工日⁻¹）	小麦生产成本/（元·kg⁻¹）
	主产品	副产品	合计	物质费	人工	合计					
膜侧条播	5 092.89	2 179.11	7 272.00	1 937.30	1 260.00	3 197.70	4 074.30	2.27	23.19	29.64	0.77
覆膜穴播	4 457.88	1 874.49	6 332.37	1 965.30	1 365.00	3 330.30	3 002.07	1.90	22.86	22.40	0.91
露地条播	3 783.27	1 615.17	5 401.44	1 455.30	1 155.00	2 610.30	2 791.14	2.07	22.95	23.92	0.84

3. 多点示范及大面积推广证实，小麦膜侧栽培的产量效益及经济效益与试验研究结果一致，增产增效显著

在 1998 年、1999 年、2000 年连续大旱的特殊气象条件下膜侧栽培小麦大幅度增产，1999 年示范种植 381.98 hm^2，膜侧栽培小麦平均单产 2 746.5 kg/hm^2，比露地条播增产 1 246.5 kg/hm^2，增幅 83.1%，增加纯收入 975.15 元/hm^2，其中冬小麦 183.18 hm^2，平均产量 2 995.5 kg/hm^2，增产 1 351.5 kg/hm^2，增幅达 82.21%，最高产量达 5 325 kg/hm^2。春小麦膜侧栽培 198.8 hm^2，平均产量 1 998 kg/hm^2，增产 1 149 kg/hm^2，增幅 135.3%。

1999 年秋播，宁夏旱作农业区 8 县推广冬小麦膜侧栽培 0.862 万 hm^2，2000 年春播，示范推广春小麦膜侧栽培 0.168 万 hm^2，合计 1.03 万 hm^2。在持续 3 个季度、9 个月无有效降水并伴随冬春气温较高、多风扬沙天气的特大干旱条件下，膜侧栽培小麦通过聚集叠加雨水和抑制蒸发两条途径改善了水分供应条件，缓解了干旱威胁，显示出强大的抗旱保苗和生长能力，取得了极为显著的增产增收效果。1.03 万 hm^2 膜侧栽培小麦平均产量 2 386.5 kg，较露地条播增产 979.5 kg/hm^2，增幅 69.61%；平均产值 2 839.5 元/hm^2，增值 1 159.35 元/hm^2，平均纯收入 1 617.9 元/hm^2，增收 726.75 元/hm^2，增幅 81.55%；累计新增总产量 1 008.9 万 kg，新增总产值 1 194.13 万元，新增纯收入 748.53 万元。其中，0.862 万 hm^2 膜侧栽培冬小麦平均产量 2 565 kg/hm^2，增产 988.5 kg/hm^2，增幅 62.76%；产值 2 821.5 元/hm^2，纯收入 1 584 元/hm^2，每公顷增加产值 1 186.2 元，增加纯收入 751.2 元，增幅 68.96%。0.168 万 hm^2 膜侧栽培春小麦平均产量1 468.5 kg，增产 928.5 kg/hm^2，增幅 171.94%；产值 1 615.35 元/hm^2，纯收入 475.35 元/hm^2，每公顷增加产值1 021.35元，增加纯收入 601.35 元（对照露地条播由于产量过低，收不抵支）。2000—2001 年推广膜侧栽培小麦 1.827万 hm^2，每公顷增产 1 100.4 kg；2001—2002 年推广膜侧栽培小麦 0.7 万 hm^2，每公顷增产 1 375.05 kg。三年共推广膜侧栽培小麦 3.56 万 hm^2，每公顷增产 1 119 kg，增幅 54.7%。

（四）小麦膜侧栽培技术的社会效益

1. 提高小麦生产水平

小麦是宁夏旱作农业区的主要粮食作物，发展小麦生产在当地粮食生产中占有举足轻重的地位。长期以来，小麦由于缺乏像杂交玉米、脱毒马铃薯那样大幅度的增产措施，单产提高一直很慢。小麦膜侧栽培技术能够提高冬小麦越冬保苗率，改善春小麦出苗期长及分蘖期、幼穗分化期、籽粒灌浆期短的“一长三短”生育缺陷，从而为大幅度提高小麦产量提供了突破性技术措施。

2. 推动旱作农业发展

宁夏旱作农业区土地资源丰富，光热资源充沛，但水资源严重短缺，成为制约当地农业生产发展的主要因素。境内年降水量只有 243.7~650 mm，加上时空分布不均衡和开发利用不尽合理，形成“十年九旱”的局面。因此，宁夏旱作农业区发展农业生产必须大幅度提高降水利用率和水分利用效率，从而缓解干旱威胁，提高单位面积产量。小麦膜侧栽培能够通过聚集叠加雨水和抑制蒸发两条途径改善水分供应条件，实现了小麦抗旱栽培的重大突破。膜侧栽培技术引进和拓展应用到豌豆、谷子、胡麻等其他旱粮密植作物，能取得与小麦相当甚至更大的增产增收效果。因此，以小麦为主的旱粮作物膜侧栽培技术的推广应用，将对旱作农业的发展发挥重要的现实作用，并产生深远的历史影响。

3. 促进冬小麦北移扩种，调整优化种植结构

宁夏旱作农业区历史上长期是冬小麦、春小麦混交区。进入 20 世纪 90 年代，春小麦由于遭遇春旱威胁，播种和出苗受到严重影响，小麦产量低而不稳。而冬小麦因能充分利用秋季土壤墒情，又能躲避春末

夏初干旱，具有高产、稳产优势，加之冬季气候变暖和强冬性品种育成，冬小麦呈现北移扩种之势。膜侧栽培技术提高了冬小麦越冬保苗率，进一步促进了冬小麦的北移扩种。

4. 加快生态建设步伐

小麦膜侧栽培技术的推广稳定和提高了粮食产量，有效地保障了粮食安全，从而为退耕还林还草、加快生态环境建设步伐创造了有利条件，同时也有利于农田生态平衡的巩固。

三、小麦膜侧栽培技术

（一）小麦膜侧栽培技术适宜推广区域

以年降水量为基本参数，并依据膜侧栽培小麦在各生态类型区表现的增产效果及综合效益，分析确定小麦膜侧栽培技术的适宜推广区域。宁夏旱作农业区的半干旱区、半湿润偏旱区、半干旱偏旱区为膜侧栽培技术的适宜推广区域，作物以冬小麦为主。在底墒充足、春墒较好和具备集雨（水）补灌条件的情况下，可应用于春小麦。

（二）小麦膜侧栽培技术

1. 建立实行豆→麦→麦→油（或玉米、马铃薯等秋作物）的 4 年轮作制。

合理轮作是提高土壤基础肥力的重要措施，适宜的轮作方式为：豆类作物→冬小麦→冬小麦→玉米、豆类作物→冬小麦→冬小麦→油料作物（胡麻）、豆类作物→冬小麦→冬小麦→马铃薯、玉米→玉米→冬小麦→冬小麦。

2. 因地制宜采用保墒耕作技术

宁夏旱作农业区自然降水量的 60%~65%集中分布在 7—9 月的小麦休闲期，旱作小麦需水量的 50%左右靠土壤贮水满足中后期小麦生长发育的需求。因此，最大限度地保蓄小麦休闲期的自然降水就成为小麦高产的关键。前茬为豆类作物、小麦的地区实施“三墒耕作法”，其技术要点：一是深耕，耕深25~30 cm；二是早耕，在伏天耕作，疏松土壤，蓄积秋雨；三是雨后及时耙耱保墒。种植春小麦的地区实施“五墒耕作法”，其技术要点：一是早耕，在伏天早耕；二是深耕，耕深 25~30 cm；三是雨后耙耱蓄墒，白露时边耕边耱，碎土保墒；四是冬春打碾镇压，碎土保墒，提墒润土；五是在春小麦适期播种范围内趁土壤返浆及时早播，约3 月 10 日。

3. 推行测土配方施肥，满足膜侧栽培条件下小麦对营养的需求，保证后期不脱肥、不早衰

据报道，每生产 100 kg 小麦籽粒，需氮 3.1±1.1 kg、P_2O_5 1.1±0.3 kg、K_2O 3.2±0.6 kg，三者比例为2.8:1:3。冬小麦生育期长，播种前一次性施肥的麦田易出现前期生长过旺而后期脱肥的现象，因此在每公顷基施农家肥 46 万 kg 的基础上依目标产量实施测土配方施肥，化肥应以一次性底施、种施为主，并在土壤解冻 3~4 cm、麦苗开始返青并长出叶片时依配方施肥方案实施旱追肥（表 2-2-234、表 2-2-235）。

春小麦可采用秋施底肥、施好种肥、借雨追施氮肥、后期叶面喷肥的方法，满足春小麦对营养的需求，防止早衰。

4. 建立优化带型结构，提高集水保水能力，保证有足够的基本苗、总茎数，形成更为合理的群体结构

经 2 年试验，在半干旱区干旱的 1999 年，单株分蘖数、单株次生根、总茎数、单株成穗率、每公顷总穗数、每公顷产量，带宽 40 m 比带宽 60 cm 多 0.9 个、0.8 条、169 万个/hm^2、13.8%、39.45 万穗/hm^2、547.5 kg/hm^2，增产13.7%；带宽 50 cm 比带宽 60 cm 多 0.7 个、1.1 条、123 万个/hm^2、12.4%、25.5 万穗/hm^2、765 kg/hm^2，增产 51%。在特大干旱的2000 年，带宽 40~60 cm 范围内随着带宽的缩小，单株成穗率和每公顷总穗数

表 2-2-234 宁夏旱作农业区川旱地小麦配方施肥建议

单位:kg/666.7 m^2

目标产量	施养分总量			折实物肥料施用量							
				基肥						种肥	追肥
	N	P_2O_5	K_2O	配方肥		尿素（或碳酸氢铵）	磷酸二铵	重钙（普钙）	硫酸钾	磷酸二铵	尿素
				剂型	数量						
应用单质化肥及二元化肥											
200	9.7	3.4	0	方案 1		13.0(35)		7.4(28)		0	8.0
				方案 2		10.1(27)	7.4			0	8.0
				方案 3		10.1(27)	3.4			4.0	8.0
				方案 4		11.5(31)		3.4(13)		4.0	8.0
250	12.2	4.2	0	方案 1		16.3(44)		9.1(35)		0	10.2
				方案 2		12.7(34)	9.1			0	10.2
				方案 3		12.7(34)	5.1			4.0	10.2
				方案 4		14.7(40)		5.1(20)		4.0	10.2
300	14.7	5.1	0	方案 1		19.6		11.1(42)		0	12.4
				方案 2		15.2(41)	11.1			0	12.4
				方案 3		15.2(41)	7.1			4.0	12.4
				方案 4		18.0(49)		7.1(27)		4.0	12.4
基施配方肥+追施单质化肥											
200	9.7	3.3	0	A	25.0					0	8.0
				B	19.6					4.0	8.0
250	12.2	4.2	0	A	31.3					0	10.2
				B	25.1					4.0	10.2
300	14.7	5.1	0	A	37.5					0	12.4
				B	30.7			1.7(6)		4.0	12.4

注:1. 应坚持施用有机肥,在此基础上合理施用化肥;
2. 根据降水及小麦长势等情况,表中建议施肥量可少量增减;
3. 基肥必须深施(7~15 cm);
4. 配方肥 A 为 37%(24-13-0),B(带种肥时)为 35%(27-8-0);
5. 可自己配制配方肥。按“应用单质化肥及二元化肥”方案中各种常用化肥数量组合即成(一般不宜用碳酸氢铵)。应现配现用,防止物理性状变差。

呈增加趋势,但粒数以带宽 50 cm 最高,为 22.1 粒,比带宽60 cm 多 2.2 粒,比带宽 45 cm 多 1.7 粒;千粒重带宽 50 cm 比带宽 60 cm 高1.08g,比40 cm 带宽高 0.81g;每公顷产量带宽 50 cm 比带宽 60 cm 增产33.8%,比带宽 55 cm 增产22.6%,比带宽 45 cm 增产 6.9%。2 年的试验结果证实,在半干旱区带宽以 50 cm 为宜,垄底宽25 cm,垄高 10 cm,垄顶呈圆弧形,垄间距 25 cm,每垄两侧膜边各种 1 行小麦。在干

表 2-2-235 宁夏旱作农业区山旱地小麦配方施肥建议

单位：kg/666.7 m^2

目标产量	施养分总量			折实物肥料施用量							
				基肥						种肥	追肥
	N	P_2O_5	K_2O	配方肥		尿素（或碳酸氢铵）	磷酸二铵	重钙（普钙）	硫酸钾	磷酸二铵	尿素
				剂型	数量						
应用单质化肥及二元化肥											
150	7.6	2.6	0	方案 1		10.8（29）		5.7（22）		0	5.8
				方案 2		8.5（23）	5.7			0	5.8
				方案 3		8.5（23）	2.7			3	5.8
				方案 4		9.6（26）		2.7（10）		3	5.8
200	10.2	3.5	0	方案 1		14.3（39）		7.6（29）		0	7.8
				方案 2		11.4（31）	7.6			0	7.8
				方案 3		11.4（31）	4.6			3	7.8
				方案 4		13.2（36）		4.6（18）		3	7.8
基施配方肥+追施单质化肥											
150	7.6	2.6	0	A	20.6					0	5.8
				B	16.3					3	5.8
200	10.2	3.5	0	A	27.5					0	7.8
				B	22.4					3	7.8

注：1. 应坚持施用有机肥，在此基础上合理施用化肥；
2. 根据降水及小麦长势等情况，表中建议施肥量可少量增减；
3. 基肥必须深施（7~15 cm）；
4. 配方肥 A 为 37%（24-13-0），B（带种肥时）为 35%（27-8-0）；
5. 可自己配制配方肥。按“应用单质化肥及二元化肥”方案中各种常用化肥数量组合即成（一般不宜用碳酸氢铵）。应现配现用，防止物理性状变差。

旱年份，固原市以北地区带宽以 60 cm 为宜，垄底宽 30 cm，垄高 10 cm，垄顶呈圆弧形，垄间距 30 cm。

5. 选好地膜与机具，提高播种质量

经 2 年试验，选出了抗拉强度为国家标准 3 倍、断裂伸长率为国家标准 4 倍，保证延伸长度，70 cm 幅宽为 300 m/kg、80 cm 幅宽为 260 m/kg、140 cm 幅宽为 150 m/kg，破碎度近似普通地膜而优于微膜，保温效果接近普通地膜而优于 0.007 mm 微膜，用量少，每公顷比普通地膜少 61.05 kg、比 0.007 mm 微膜少 15 kg，平均成本 420 元，经济效益可达 1:3.1 的北京高登牌 0.005 mm 超薄强力膜。通过测试，选择了陕西省眉县机电配件厂生产的机引 2BFMY-2/4 型施肥覆膜播种机和山西省永和县通达农业机械有限责任公司生产的畜力2BM-1/2 型铺膜播种机，从而保证了播种质量。

6. 选用适合膜侧栽培技术的优良品种，充分发挥良种的增产潜力

依照膜侧栽培小麦品种选用的原则，即抗旱丰产、品质优良、株高适中、分蘖成穗率高、大穗、大粒的要求，通过多点次试验，从中选出目前适合各生态类型区较为理想的品种。冬小麦在半干旱区宜选用陇鉴

127、陇原934、兰天7号、西峰32号、兰天4号,较对照品种西峰23号增产14.78%~55.92%,这些品种在特大干旱年株高均在58.8~76.4 cm,穗粒数在30粒左右,千粒重在32.4~34.9 g;半湿润偏旱区以中引6号为主,搭配种植秦麦4号。春小麦在半干旱区选用晋2148、定西35号等,半湿润偏旱区以高原60为主栽品种。

7. 选择适宜的播期,保证既能获得壮苗,又能安全越冬

膜侧栽培冬小麦管理的主攻目标是培育苗龄适宜的壮苗,冬前主茎叶片数达到4叶1心至5叶1心,麦苗生长既不旺也不弱,分蘖适量,达到1~2个,次生根发达,达到2~4条,播种至越冬≥0℃积温达到400℃以上。小麦膜侧栽培由于增温作用,播期较露地条播应适当推迟。根据多年试验,膜侧栽培适宜播期应比露地条播适宜播期推迟5~7 d。1999年、2000年两年试验结果表明,在半干旱区的彭阳县冬小麦区膜侧栽培冬小麦最佳播期为9月27日,较露地条播最佳播期9月20日推后7 d。在膜侧栽培条件下,9月27日播种的冬小麦,冬前≥0℃积温为314.1℃,主茎叶龄4叶1心到5叶1心,比9月17日播种的主茎叶片少2~3片,比9月22日播种的少1~2片,比10月2日播种的多1片;单株分蘖达2.3个,比9月22日播种的少1.4个,比9月17日播种的少3.3个,比10月2日播种的多1.2个,比10月7日播种的多2.3个;单株次生根比9月22日播种的少1.3条,比9月17日播种的少2.8条,比10月2日、10月7日播种的分别多1.1条和2条;越冬率达99.2%,分别比9月17日、9月22日、10月2日、10月7日播种的多5.2%、0.8%、1.6%、4%;穗粒数分别比9月17日、10月7日播种的多6.35粒和4.16粒;千粒重分别比9月17日、10月7日播种的高3.6 g和2.1 g,每666.7 m^2穗数比9月17日播种的多4.2万穗;产量分别比9月17日、9月22日、10月2日、10月7日增产33.4%、8.2%、5.1%和19.3%。半干旱区的彭阳县冬小麦区膜侧栽培小麦适宜播期为9月22日至10月2日,最佳播期为9月25日至28日;王洼镇冬小麦区最适播期为9月15日至25日,最佳播期为9月18日至22日。半湿润偏旱区的隆德县冬小麦区膜侧栽培小麦9月25日播种的增产最显著,比9月15日、9月20日、9月30日、10月5日播种的分别增产29.5%、8.5%、10.7%和18.5%,9月25日播种的同9月20日、9月30日播种的产量差异不明显,故适宜播期以9月20日至30日为宜,最佳播期为9月23日至27日。(表2-2-236、表2-2-237、表2-2-238)

表2-2-236 膜侧栽培冬小麦不同播期越冬前苗情对比(彭阳县)

播期	主茎叶片数	单株分蘖数/个	单株次生根/条	越冬率/%	播种至越冬≥0℃积温/℃	历年同期≥0℃积温/℃
9月17日	6~7叶	5.6	5.2	94.0	467.1	511.6
9月22日	5~6叶	3.7	3.7	98.4	378.5	428.9
9月27日	4叶1心~5叶1心	2.3	2.4	99.2	314.1	355.4
10月2日	3叶1心~4叶1心	1.1	1.3	97.6	251.7	288.8
10月7日	3叶1心	0	0.4	95.2	197.4	238.8

两年试验及多点示范结果表明,膜侧栽培冬小麦比露地条播冬小麦越冬期延长7~10 d,返青期提前6~9 d,进入晚秋后,日平均温度下降幅度较大,因此,膜侧栽培冬小麦播种期应比露地条播冬小麦播种期推迟5~7 d。膜侧栽培春小麦应适期早播。同时为保证冬小麦安全越冬,应注意播种深度。据试验,播深4~4.5 cm,越冬率为45.2%;播深5.5~6 cm,越冬率为71.1%;播深6.5~7 cm,越冬率为100%。因此,播种深度以6~8 cm为宜。春小麦正常播深3.5~5 cm,干土层较厚时采取探墒播种。

表 2-2-237　膜侧栽培冬小麦不同播期产量对比(彭阳县)

播期	株高/cm	穗粒数/粒	穗粒重/g	千粒重/g	穗数/(万穗·hm^{-2})	产量/(kg·hm^{-2})
9月17日	57.5	27.87	0.81	28.3	264.0	1 609.65
9月22日	54.7	30.36	1.07	32.2	324.0	1 985.85
9月27日	58.9	34.22	1.12	31.9	327.0	2 147.70
10月2日	56.8	33.52	1.09	30.4	310.5	2 043.00
10月7日	57.7	30.06	0.98	29.8	322.5	1 800.00

表 2-2-238　膜侧栽培冬小麦不同播期产量对比(隆德县)

播期	穗数/(万穗·hm^{-2})	穗粒数/粒	千粒重/g	实际产量/(kg·hm^{-2})
9月15日	534.0	17.9	44.77	3 754
9月20日	598.5	20.7	40.16	4 482
9月25日	603.0	20.9	41.87	4 863
9月30日	571.5	19.6	40.07	4 392
10月5日	528.0	22.1	39.00	4 104

8. 确立适宜播量,提高分蘖成穗能力,减少种子投入

小麦膜侧栽培条件下,土壤水分、温度条件改善,越冬保苗率、分蘖成穗率提高,因而播种密度不能过大,以保证个体、群体发育良好,总产提高。两年试验结果表明,膜侧栽培冬小麦的播量比露地条播最佳播量 525 万粒/hm^2 减少 10%~50%,因田间出苗率、单株分蘖率、单株成穗率呈明显增高趋势,单株次生根略有增加。播量为露地条播最佳播量的 100%、90%、80%、70%时田间最高茎蘖数基本接近,播量为露地条播最佳播量的 60%、50%时田间最高茎蘖数明显偏低, 每公顷穗数依次为 526.2 万穗、508.05 万穗、506.85 万穗、474.6 万穗、403.5 万穗、348.75 万穗, 播量为露地条播最佳播量的 80%以上, 穗数均在 495 万穗以上,播量为露地条播最佳播量的 80%以下时,随播量的减少,每公顷穗数明显减少;穗粒数、穗粒重、千粒重以露地条播最佳播量的 90%、80%最高,因而产量也高,比露地条播最佳播量增产 36%~44%,故膜侧栽培冬小麦应适当降低播量,以露地条播最佳播量的 80%~85%为宜。春小麦以主茎成穗为主,分蘖成穗率极低,播量必须接近露地条播的最佳播量。

9. 采用化控技术,促进壮苗形成

相对于露地条播小麦,膜侧栽培小麦由于土壤水、热等条件的改善,出苗提早,出苗率提高,生育过程加快,分蘖力增强,群体增大,叶面积增加,干物质积累加快,冠层扩大,株高增加,幼穗分化始期提前,持续时间延长,穗粒数增多,穗粒重增加,单位面积容纳的穗粒数和承载的穗粒重明显增加,最终表现出显著的增产效果。但膜侧栽培加剧了小麦群体内植株间和同一植株茎蘖间竞争的激烈程度,同化物的分配表现出有利于茎秆纵向伸长的特性,增大了生育中后期发生倒伏的可能性。而目前的小麦化控技术,主要是利用生长延缓剂来抑制茎秆的纵向伸长,从而在一定程度上提高幼穗发育和茎秆生育的质量,起到增加穗粒数、减少后期倒伏危险的作用。因此,从化学调控的角度看,膜侧栽培小麦更适合化控技术。

经试验,膜侧栽培冬小麦运用 20%壮丰安乳剂 0.5 mL 拌种 1 kg,能有效地控制苗期叶片生长,明显

促进分蘖形成和根系发育，有利于增强植株的抗旱、耐寒能力，提高越冬保苗率。单株分蘖数比对照增加0.3个，单株次生根增加0.5条，越冬保苗率提高13.9%。拌种、喷施均有明显的降秆效应，可使第一节间长度降低1.1~2.7 cm，第二节间长度降低0.6~2.5 cm，增强植株抗倒伏性。同时，有利于提高幼穗发育质量，显著改善穗部性状。20%壮丰安乳剂0.5 mL拌种1 kg，穗长、结实小穗数、穗粒数较对照分别增加0.2 cm、1.8穗、6.8粒，增产16.42%，达5%显著水平。返青期每公顷喷20%壮丰安乳剂150 mL，比对照穗长增加0.3 cm，结实小穗数增加1个，穗粒数增加3.3粒。每公顷喷20%壮丰安乳剂600 mL，穗粒数较对照增加2.9粒，增产12.37%。（表2-2-239、表2-2-240）

表2-2-239 壮丰安对小麦的降秆效应

处理	主茎长/cm	节间长度/cm				
		第一节间	第二节间	第三节间	第四节间	第五节间
0.5 mL/kg拌种	63.4	2.3	7.1	10.5	15.6	28.1
0.75 mL/kg拌种	63.0	2.7	6.5	10.6	15.3	27.9
1 mL/kg拌种	61.4	2.2	6.3	10.2	15.7	27.0
150 mL/hm^{2}喷施	61.6	2.2	7.1	10.1	14.6	27.6
600 mL/hm^{2}喷施	58.9	1.1	5.3	10.0	15.5	27.0
1 050 mL/hm^{2}喷施	56.9	1.4	5.2	9.7	15.1	25.5
CK	66.0	3.8	7.7	11.0	15.6	27.9

注：CK为每千克种子用促丰宝3 g加水25 mL拌种。喷施处理返青期用壮丰安按设计剂量加水450 kg/hm^{2}叶面喷施，其他处理同时喷清水。

表2-2-240 壮丰安对膜侧栽培小麦产量及其构成因素的影响

处理	最高茎蘖数/(万个·hm^{-2})	穗数/(万穗·hm^{-2})	穗长/cm	结实小穗数/个	穗粒数/粒	千粒重/g	单茎重/g	穗粒重/g	粒茎比	籽粒产量/(kg·hm^{-2})	生物产量/(kg·hm^{-2})	经济系数
CK	1 764.15	458.4	6.4	14.4	32.9	32.8	0.71	1.12	1.58	3 516.0	10 654.5	0.33
0.5 mL/kg拌种	2 364.45	429.0	6.6	16.2	39.7	32.3	0.69	1.24	1.80	4 093.5	10 107.0	0.41
0.75 mL/kg拌种	2 453.25	418.2	6.9	15.8	36.4	32.0	0.72	1.18	1.64	3 432.0	9 729.0	0.35
1 mL/kg拌种	2 429.85	455.4	6.6	14.7	34.1	31.7	0.65	1.09	1.68	3 321.0	9 489.0	0.35
150 mL/hm^{2}喷施	2 064.00	466.8	6.7	15.4	36.2	31.8	0.71	1.17	1.65	3 831.0	9 915.0	0.39
600 mL/hm^{2}喷施	2 103.15	466.8	6.4	15.1	35.8	31.6	0.67	1.10	1.64	3 951.0	9 817.0	0.40
1 050 mL/hm^{2}喷施	2 129.40	447.3	6.4	14.7	30.2	31.2	0.64	1.02	1.59	3 174.0	9 483.0	0.33

按器官建成和化控技术对产量构成因素的作用，小麦一生可分为幼苗期（从出苗至起身）、器官建成期（从起身至开花）和籽粒形成期（从开花至成熟）3个阶段。冬小麦幼苗期管理目标的核心是培育足根足蘖壮苗，增强植株越冬抗旱、耐寒能力。这一阶段使用壮丰安拌种能促进分蘖的形成和根系的发育，有利于壮苗的形成，可提高植株抗寒、耐寒能力，提高越冬保苗率。从应用的角度来看，壮丰安拌种以0.5 mL/kg的剂量较为适宜，继续加大会造成不利影响。争取适期早播则是化控栽培技术体系的重要配套内容，因为适期早播不仅能弥补拌种后出苗较晚的不利影响，还能延长单棱期和二棱期的分化时间，有利于大穗的

形成。另外，使用壮丰安拌种时应适当增加播量，以补偿田间出苗率下降的影响；如果土壤紧实黏重，可能发生拌种后因胚芽鞘增粗而导致的出苗障碍，可用出苗后喷施来替代拌种，能取得相同的调控效应。冬小麦器官建成期管理目标的核心是形成大穗和壮秆。由于小穗数在幼苗期已经确定，因此增加小花分化数和减少小花退化数（即提高幼穗发育质量）是形成大穗（实际为多粒）的关键。培育壮秆的关键是控制基部节间的伸长。壮丰安拌种和适宜剂量的返青期喷施都能明显增加穗粒数和抑制基部节间的伸长。从应用的角度来看，越冬后是否继续喷施壮丰安可根据苗情来确定，如果群体偏大或长势偏旺应继续喷施，群体适中则可省略。返青期喷施时，剂量不宜过大，应控制在 600 mL/hm^2 以下。冬小麦籽粒形成期管理目标的核心是提高粒重。使用壮丰安拌种和喷施都会在一定程度上推迟籽粒灌浆的起始时间和抑制起始速度，并引起产量构成因素间的失衡，以至影响粒重的稳定和提高，因此，如何用其他化控技术来促进灌浆速度应是化控栽培技术的重要内容。研究结果和实际应用表明，灌浆期喷施促丰宝和磷酸二氢钾等化控制剂，能在一定程度上促进同化物的转运，从而起到加快灌浆速度和增加粒重的作用，可作为化控栽培技术体系的重要补充措施。

10. 小麦关键生育期节水补灌，充分发挥低量水分补偿的高效性，增强抗旱性，提高水分利用效率

宁夏旱作农业区冬小麦在冬前分蘖期、春季返青至拔节期等需水关键时段，降水满足率只有 20%~40%。有集水条件的地区在需水关键期适量补灌，能够达到节水、增产的目的。在酷旱的 1999—2000 生产年度多点次试验结果表明，膜侧栽培小麦在关键生育期低量水分补偿有明显的高效性。在固原试点，越冬、返青、拔节、孕穗、抽穗 5 期补灌平均籽粒产量达 3 266.6 kg/hm^2，较不补灌增产1 036.1 kg/hm^2，增幅 46.45%。在彭阳试点，5 期补灌平均籽粒产量 2 904.2 kg/hm^2，较不补灌增产 570.8 kg/hm^2，增幅24.46%。在冬小麦不同生育期补灌，返青期、拔节期补灌增产效果最佳，增产幅度最大，其次为越冬期，而孕穗期和抽穗期补灌增产较少。拔节期补灌，固原试点增产 1 945.5 kg/hm^2，增幅 87.22%；彭阳试点增产 946.1 kg/hm^2，增幅 40.55%。返青期补灌，两试点平均增产 1 217.3 kg/hm^2，增幅 53.34%。越冬期补灌，两试点平均增产 741.7 kg/hm^2，增幅 32.5%。拔节、返青、越冬 3 个时期补灌的增产效果在两试点均达极显著水平。孕穗期和抽穗期补灌，固原试点增产 10%~25%。水分利用效率以拔节期补灌最高，依次为拔节期、返青期、越冬期、孕穗期、抽穗期，拔节期补灌比不补灌提高 70.75%。（表 2-2-241、表 2-2-242）

运用多元积分回归方法分析降水对产量的影响，积分回归函数的最大影响值出现在 3 月中旬至 4 月

表 2-2-241　膜侧栽培小麦不同时期补灌的增产效果

补灌时期	固原试点								彭阳试点		
	穗数/(万穗·hm^{-2})	穗粒数/粒	千粒重/g	籽粒产量/(kg·hm^{-2})	差异显著性		生物产量/(kg·hm^{-2})	经济系数	籽粒产量/(kg·hm^{-2})	差异显著性	
					5%	1%				5%	1%
不补灌	352.1	23.4	34.8	2 230.5	e	c	6 195.5	0.36	2 333.4	c	b
越冬期	410.0	26.6	32.3	3 118.5	c	b	7 796.0	0.40	2 928.8	b	a
返青期	477.5	25.6	33.8	3 763.5	b	a	8 961.0	0.42	3 235.1	a	a
拔节期	505.7	28.2	32.3	4 176.0	a	a	9 943.0	0.42	3 279.5	a	a
孕穗期	362.6	24.7	35.4	2 783.7	cd	bc	7 953.0	0.35	2 515.4	c	b
抽穗期	376.7	22.1	34.6	2 491.5	de	c	6 556.0	0.38	2 562.0	c	b

表 2-2-242　膜侧栽培小麦不同时期补灌的水分效应(固原试点)

补灌时期	播种期 2 m 土层贮水量/mm	收获期 2 m 土层贮水量/mm	土壤供水量/mm	生育期降水量/mm	补灌量/mm	耗水量/mm	水分利用效率/($kg \cdot mm^{-1} \cdot hm^{-2}$)	供水效率/($kg \cdot mm^{-1} \cdot hm^{-2}$)
不补灌	459.8	218.4	241.4	221.6	0	463.0	4.82	
越冬期	459.8	249.6	210.2	221.6	90	521.8	5.98	9.87
返青期	459.8	268.8	191.0	221.6	90	502.0	7.49	17.03
拔节期	459.8	264.0	195.8	221.6	90	507.4	8.23	21.62
孕穗期	459.8	288.2	171.6	221.6	90	483.2	5.76	6.15
抽穗期	459.8	249.0	165.8	221.6	90	477.4	5.22	2.90

中旬,此时为冬小麦返青至拔节期,水量增加,增产十分显著,每毫米降水增产 16~17 kg/hm^2。10 月下旬至 11 月中旬的冬前降水对产量的影响虽次于春季,但此期降水有利于植株盘根保蘖和安全越冬,增产效果也相当明显,每毫米降水增产 10~12 kg/hm^2。6 月中旬以后的降水对产量产生负效应,这是因为降雨、寡日照导致穗发芽,造成晚熟。因此,宁夏旱作农业区膜侧栽培冬小麦应在越冬和翌年春季返青至拔节期进行补灌,在只能补灌一次时应抓好返青至拔节期的补灌。

补灌量试验:在最佳补灌期一次供水 30 mm、60 mm、90 mm、120 mm,产量分别为 2 881 kg/hm^2、3 444 kg/hm^2、3 855 kg/hm^2、3 983.5 kg/hm^2,较不补灌增产 22.57%、46.52%、64%和 69.47%。新复极差分析显示,30 mm 补灌量较不补灌显著增产, 而 60 mm、90 mm 和 120 mm 补灌量均比不补灌极显著增产,90 mm 和 120 mm 补灌量之间的产量差异不显著。生育期降水和补灌水在富集叠加后供小麦耗用,其耗水量相应增加。不补灌时,其耗水量为442.5 mm,补灌 30 mm、60 mm、90 mm 和 120 mm时,耗水量依次增加到 460.3 mm、457.1 mm、456.1 mm 和 465.9 mm。补灌量在90 mm 范围内,膜侧栽培小麦水分利用效率提高 0.92~3.14 $kg/(mm \cdot hm^2)$,相对提高 17.89%~59.13%,继续增加补灌量至 120 mm,水分利用效率不再提高。膜侧栽培小麦补灌 30 mm,供水效率达17.68 $kg/(mm \cdot hm^2)$,补灌量增加到 60 mm 时,供水效率提高到 18.23 $kg/(mm \cdot hm^2)$。在 60 mm 基础上继续增加补灌量, 供水效率开始下降,90 mm 较 60 mm 下降 1.51 $kg/(mm \cdot hm^2)$,120 mm 较 90 mm 下降3.11 $kg/(mm \cdot hm^2)$。在 30 mm、60 mm、90 mm 和 120 mm 四级补灌量中,同时满足小麦籽粒产量最大和水分利用效率最高的补灌量为 90 mm,补灌量 90 mm 的籽粒产量和水分利用效率分别较 60 mm 提高11.93%和 12.22%, 而补灌量 120 mm 比 90 mm 籽粒产量仅增加 3.33%,水分利用效率只提高 0.1 $kg/(mm \cdot hm^2)$;补灌量 90 mm 的供水效率反比 60 mm 下降 1.51 $kg/(mm \cdot hm^2)$(表2-2-243)。因此,膜侧小麦在需水关键期以 60~90 mm 的适宜水量进行补灌,能够达到节水、增产目的,实现补偿供水的高效利用。

11. 实施垄盖地膜沟覆秸秆耕作法

垄盖地膜沟覆秸秆的二元覆盖方式,能进一步调控土壤供水,使小麦苗期耗水量减少,需水关键期耗水量增加,农田水分供需状况趋于协调,从而提高水分利用效率。2000 年特大干旱年在彭阳县冬小麦区试验,垄盖地膜沟覆秸秆比膜侧条播、露地条播集水保水能力强,小麦拔节期以前 0~40 cm 土壤含水量比膜侧条播、露地条播分别高 1.9 个百分点和 1.6 个百分点,土壤贮水量增加 6~18 mm 和 5~16 mm,土壤含水量总体趋势表现为小麦苗期垄盖地膜沟覆秸秆比露地条播增幅明显, 小麦拔节以后尽管降水量增加,

表 2-2-243　膜侧栽培小麦不同补灌量的增产效果与水分效应(彭阳试点)

补灌量/mm	增产效果							水分效应				
	穗数/(万穗·hm⁻²)	穗粒数/粒	千粒重/g	籽粒产量/(kg·hm⁻²)	差异显著性		生物产量/(kg·hm⁻²)	土壤供水量/mm	降水量/mm	耗水量/mm	水分利用效率/(kg·mm⁻¹·hm⁻²)	供水效率/(kg·mm⁻¹·hm⁻²)
					5%	1%						
0	377.7	24.2	37.3	2 350.5	d	c	6 529.5	207.8	244.7	442.5	5.31	
30	461.7	26.4	37.1	2 881.0	c	bc	8 836.5	185.6	244.7	460.3	6.26	17.68
60	451.6	27.1	36.4	3 444.0	b	ab	8 830.0	152.4	244.7	457.1	7.53	18.23
90	513.5	26.2	36.8	3 855.0	a	a	9 178.5	121.4	244.7	456.1	8.45	16.72
120	526.5	25.8	36.4	3 983.5	a	a	9 485.0	101.2	244.7	465.9	8.55	13.61

但田间含水量下降,植株蒸腾利于增产,耗水量增加,降水利用率、水分利用效率提高。膜侧覆秸秆降水利用率达64.1%,比露地条播高 35.4%,比膜侧条播高 4.2%,耗水量膜侧覆秸秆比露地条播提高28.9%,比膜侧条播提高 5.2%,水分利用效率达 14.79 kg/(mm·hm²),比露地条播提高 133.3%,比膜侧条播提高 1.16%。沟内覆秸秆后 0~25 cm 地温比露地条播日增温 0.73℃,比膜侧条播日增温 0.66℃,从而保证了小麦安全越冬及根系发育,促进了小麦个体和群体协调发展,有效生长期延长 14 d,幼穗分化期延长7~9 d。小麦生育期膜侧沟覆秸秆比露地条播增加积温 194.5℃,比膜侧条播增加积温 18.76℃,小麦生育后期耕作层日均地温比露地条播低,有利于防御干热风对小麦的危害,减少地面水分蒸发,增产十分显著,膜侧覆秸秆比露地条播增产 2 倍,比膜侧条播增产 6.48%;经济效益更佳,产值比露地条播提高 2 倍,比膜侧条播提高6.48%,纯收入比膜侧条播提高 14%(表 2-2-244、表 2-2-245、表 2-2-246、表 2-2-247)。

表 2-2-244　不同栽培方式下冬小麦 0~40 cm 土壤含水量

单位:%

栽培方式	0~40 cm 土壤含水量									
	播种期	出苗期	分蘖期	越冬期	返青期	拔节期	抽穗期	灌浆期	成熟期	平均
膜侧覆秸秆	12.6	15.8	14.7	12.8	9.1	8.6	8.9	8.2	16.8	11.9
膜侧条播	12.6	15.6	14.4	12.5	8.8	8.3	9.0	8.3	16.9	11.8
露地沟播	12.6	13.4	13.1	10.7	8.0	7.1	9.2	8.7	17.5	11.1
露地条播	12.6	13.3	12.9	10.5	7.7	6.9	9.2	8.8	17.8	11.1

表 2-2-245　不同栽培方式下冬小麦降水利用率及水分利用效率

栽培方式	降水量/mm	耗水量/mm	耗水系数/(mm·kg·hm⁻²)	水分利用效率/(kg·mm⁻¹·hm⁻²)	耗水率/%	降水利用率/%
膜侧覆秸秆	164.6	190.6	0.068	14.79	115.8	64.1
膜侧条播	164.6	181.1	0.068	14.62	110.0	59.9
露地沟播	164.6	156.3	0.105	9.51	95.0	35.4
露地条播	164.6	147.9	0.158	6.34	89.9	28.7

注:降水量指小麦生育期内的降水量。

表 2-2-246 不同栽培方式下冬小麦产量对比

栽培方式	小区产量/kg				折合产量/（kg·hm⁻²）	产量位次
	I	II	III	平均		
膜侧覆秸秆	5.94	5.41	6.42	5.92	2 819.25	1
膜侧条播	5.76	4.99	5.94	5.56	2 647.80	2
露地沟播	3.04	3.50	2.81	3.12	1 485.75	3
露地条播	1.89	2.18	1.34	1.97	938.10	4

表 2-2-247 不同栽培方式下冬小麦经济效益对比

栽培方式	产量/($kg \cdot hm^{-2}$)		产值/(元·hm^{-2})			投入成本/(元·hm^{-2})			纯收入/(元·hm^{-2})
	主产品	副产品	主产品	副产品	合计	物质费	人工	合计	
膜侧覆秸秆	2 819.25	5 356.78	3 101.18	1 607.03	4 708.21	1 486.5	1 260.0	2 746.5	1 961.71
膜侧条播	2 647.80	5 030.32	2 912.58	1 509.10	4 421.68	1 441.5	1 260.0	2 701.5	1 720.18
露地沟播	1 485.75	2 802.93	1 634.32	840.88	2 475.20	1 246.5	1 155.0	2 401.5	73.70
露地条播	938.10	1 762.49	1 031.91	528.75	1 560.66	1 246.5	1 155.0	2 401.5	−840.84

12. 优化田间管理制度，防治病虫草害

根据小麦生长发育进程实施“两个主攻”（主攻提高越冬保苗率，促进穗大粒多）、“一个协调”（协调生长发育的矛盾）、“三防治”（防治蚜虫、锈病、红矮病）的田间管理措施。具体管理措施包括：播种后膜侧用土压严，不露边，膜上每隔 2~3 m 横压一土腰带，防止大风揭膜；遇雨土壤板结，及时中耕破除板结；缺苗断垄 20 cm 以上的行段催芽补种，有丛撮苗的行段在四叶期前后疏苗；冬小麦起身期前和春小麦苗期以护膜为中心，严防人畜踩踏和大风揭膜；尽可能开辟各种水源，在冬小麦起身期和抽穗期等需水临界期或遭受干旱胁迫的关键期，采用喷灌、管道输水、限量控灌等节水灌溉技术，进行补充灌溉，改善水分供应条件；对群体偏大或长势偏旺的麦田，冬小麦于返青至起身期、春小麦于分蘖期，用壮丰安乳剂加水叶面喷施，控长促壮；对垄间杂草进行人工拔除或化学防治；加强对红（黄）矮病、全蚀病、黏虫、蚜虫等病虫害的预测预报，及时防治；灌浆期喷施促丰宝、磷酸二氢钾等叶肥，防止早衰，增加粒重；收获时及时清除地膜，防止污染土壤。

第十九节 莜麦膜侧栽培技术

莜麦属禾本科燕麦属一年生草本植物，主要分布在北半球的温带地区，我国主要分布在内蒙古阴山南北，河北阴山、燕山地区，山西太行山、吕梁地区，陕、甘、宁、青以及滇、贵、川等省区。

莜麦食味和适口性好，是我国高寒山区人民的主要粮食。用莜麦制成的麦片是航空人员、婴儿和久病者食用的高级营养品。

莜麦秸秆不但可以造纸，而且是牲畜的好饲草。莜麦的叶和秸秆多汁柔嫩，适口性好，含有丰富而易消化的营养物质。据《家畜饲养学》报道，莜麦秸秆中含粗蛋白质 5.2%、粗脂肪 2.2%、无氮浸出物 44.6%，均比谷草、麦草、玉米秆高；含难以消化的纤维 28.2%，比麦草、玉米秆低 4.9%~16.4%，是最好的饲草之一。其籽实是饲养家畜家禽的优质饲料。用莜麦籽实饲喂幼畜、老畜、弱畜和重役畜，是增强牲畜体质、恢复牲畜膘情的重要措施。据试验，用莜麦秸秆饲养的种马不但膘好，而且耐力和拉力都明显提高。用莜麦秸秆饲养猪、羊等，可提高瘦肉率及肉质。因此，发展莜麦对畜牧业的发展具有重要意义。

随着生活水平的提高，人们开始关注饮食结构，追求食物营养成为人们对食物选择的首要条件，而莜麦是公认的理想的健康食物源。

莜麦在宁夏集中分布于旱作农业区，是宁夏的传统农作物之一，种植历史悠久。20 世纪六七十年代莜麦是宁夏旱作农业区农民的主粮之一，80 年代是主要备荒作物，90 年代初由于干旱发生频繁，产量低而不稳，种植面积有所减少。90 年代后期，尤其是最近几年，当地采取有效措施发展莜麦生产，莜麦已成为当地主要优势特色作物之一，种植区域不断扩大，种植面积逐年增加。广大农业工作者把小麦膜侧栽培技术应用于莜麦生产，莜麦产量增加，在半干旱区的西吉县马建乡示范点 2016—2017 年干旱的情况下，莜麦膜侧栽培试验平均单产为 3 932.25 kg/hm^2，比露地条播增产 845.85 kg/hm^2，增幅 27.4%，2016 年西吉县示范种植 0.4 万 hm^2，平均单产 4 844.44 kg/hm^2。

一、莜麦膜侧栽培技术

（一）莜麦对环境条件的要求

1. 温度

莜麦喜凉爽、湿润环境，适合在气候凉爽、雨水充足的地区种植。与其他禾谷类作物相比需温度较低，生育期需≥10℃积温 1 500~1 900℃，整个生育期对所需温度表现为前期低、中期高、后期低。发芽最低温度为 3~4℃、最高温度为 30℃，适宜温度为 15~25℃。幼苗耐−2~−4℃的低温，拔节至抽穗的适宜温度为 15~17℃。开花的适宜温度为 20~24℃，如遇到 13℃以下的温度就会延迟开花，遇到 35℃以上的高温又会破坏受精过程而影响结实。在籽粒灌浆期，高温干旱影响更大，常造成籽粒皱缩和空壳秕粒，若气温降到 10℃以下，籽粒灌浆完全停止。

2. 水分

莜麦是喜湿性作物，整个生育期需水较多，如果严重缺水，莜麦就呈萎蔫状，甚至停止生长而死亡。因此，水分的多少与莜麦生长发育关系较大。据研究，春作莜麦最理想的土壤相对湿度为 34%，湿润的土层为 80 cm，每增加 10 cm 可提高产量 100.5 kg/hm^2。实践证明，分蘖至抽穗期耗水量占全生育期耗水量的 70%，苗期只占 9%，灌浆和成熟期占 20%。需水的关键期是拔节至抽穗期，特别是抽穗前 10~15 d，如果在关键期缺水，就会造成严重减产。莜麦发芽时要求水分较多，吸水量达本身重量的 60%~65%才能萌发，比谷子（25%）、小麦（50%）多，但比玉米（70%）、高粱（75%）少。因此，播种时，对土壤湿度的要求比谷子和小麦高。莜麦发芽除水分外，还要求一定的温度和空气（氧气）。水分过多，温度降低，氧气缺乏，对发芽不利。播种后土壤中含水量不低于 9%~12%即可正常出苗。

莜麦蒸腾系数为 474，低于小麦（513），高于大麦（403）。叶面蒸发量比较大，但在干旱情况下，调节水分的能力很强，可以忍耐较长时间的干旱。

莜麦从分蘖到抽穗阶段是最怕干旱的。如果分蘖到拔节阶段遇到干旱，即使后期需水量得到满足，对穗长、小穗数和小花数的影响也是难以弥补的。拔节到抽穗期是莜麦一生中需水量最大、最迫切的时期，莜麦的小穗数和穗粒数大都是在这个时期确定的。若水分缺乏，结实器官的形成就要受到阻碍。

开花灌浆期是决定籽粒饱满与否的关键时期。它和前两个阶段相比，需水量少了些，但由于营养物质的合成、输送和籽粒形成，仍然必须有一定的水分。缺水直接影响籽粒饱满，增加空壳秕粒。

灌浆后期至成熟期，莜麦对水分的需求量减少。这一阶段的特点是喜晒怕涝。日照充足，利于灌浆和早熟。若多雨或者阴雨连绵，对莜麦成熟不利，往往造成贪青晚熟。连绵阴雨后烈日暴晒，地面温度骤高，水分蒸腾强烈，就会造成生理干旱，出现"火烧"现象。所以，农谚说"淋出秕来，晒出米来"。

研究莜麦的需水规律，对莜麦生产有重要意义。在目前还不能控制自然降雨的情况下，懂得了莜麦的需水规律，就可采用相应的抗旱耕作措施，保蓄自然降水。

3. 光照

莜麦是一种春化阶段较短、光照阶段较长的作物，必须有充足的日照，才能充分进行光合作用，制造营养物质，满足生长发育的需求。但莜麦还有其特殊性，即莜麦是长日照、短日期作物，对光照时间反应非常敏感。莜麦在营养生长阶段，特别是拔节以前，如果每天日照 15 h 以上，就可一直继续营养生长。如果这一时期日照时间太短，每天为 12 h，在它的营养器官还未充分发育之前，就会迅速进入生殖生长阶段，这种情况会造成大量减产。合适的光照，就是既要保证一定的营养生长时期，又要给开花、灌浆到成熟留下足够的时间。

在抽穗前 12 d，花粉母细胞四分体分化时，对光照强度非常敏感。此时光照强度不够，就会影响花粉的分化，降低花粉的受精能力。

明确了莜麦对光照的要求，在生产实践中就可以采取措施，改善光照条件，提高光合强度，使莜麦高产稳产。如在苗期及早中耕、锄草，可以避免杂草与苗争光、争肥、争水的矛盾；合理密植，使个体和群体都得到良好发育。在高水肥地区，应控制植株生长过旺、分蘖过盛，减少株间荫蔽。合理调节播期，使莜麦营养生长在日照时间最长的条件下进行。以后日照时间逐渐缩短，光照强度逐渐加大，由营养生长转向生殖生长，很快形成结实器官。随着凉爽的秋季到来，日照时间渐短（14 h 以下），而光照强度较大，有利于光合作用的进行，为灌浆提供充足的营养物质，保证籽粒饱满。

4. 养分

莜麦在良好的营养条件下增产潜力大。据报道，每公顷产量 3 750 kg 的情况下，籽粒中含氮素88.5 kg、磷素 27 kg、钾素 22.5 kg，茎秆中含氮素 39 kg、磷素 16.5 kg、钾素 139.5 kg，可以看出，莜麦在籽粒形成阶段需要较多氮素，秸秆生产需要较多钾素。又据资料介绍，产籽粒 3 000 kg/hm^2 和秸秆 3 750 kg/hm^2 时，收获物中含氮素 90 kg、磷素 30 kg、钾素 75 kg。

宁夏旱作农业区莜麦耕作层土壤大多缺氮素，但莜麦又是喜氮作物，故生产中应增施氮肥。莜麦前期生长慢，需氮较少，分蘖到抽穗期需氮较多，此时期氮肥充足，则莜麦穗大、叶片深绿色、光合作用强、粒多，抽穗后需氮肥量减少。

磷能促进根发育，增加分蘖，促进籽粒饱满、提前成熟，是提高产量的主要元素。有磷则根系发达、植株健壮；缺磷则苗小、苗瘦、生长缓慢。磷可促进莜麦植株对氮元素的吸收，所以氮磷配合，更有利于莜麦对氮、磷的吸收利用。宁夏旱作农业区氮少、磷缺，氮磷比例不协调，更应重视磷肥的施用，基施或种施磷肥可促进幼苗生长，并能在抽穗期起作用，参与抽穗后穗部的生理活动。

钾是构成莜麦茎秆和籽粒的主要元素，缺钾，则植株矮小，底叶发黄，茎秆软弱，不抗病，不抗倒伏。莜麦需钾时期是拔节后与抽穗前，抽穗后逐渐减少。宁夏旱作农业区土壤中含钾丰富，加之施用有机肥，一般不需施用钾肥，但随着莜麦产量的提高，也应增施适量的钾肥。

5. 土壤

莜麦对土壤的适应性很强，除干燥的沙土外，在黏土、壤土上都能种植，在有机质丰富的黏壤土上生长良好。在宁夏旱作农业区的黑垆土、黄绵土区域内均可种植。莜麦要求在 pH 5.5~6.5 的酸性土壤中种植，在 pH 7~8 的土壤中也生长良好。

（二）莜麦膜侧栽培技术

宁夏莜麦产区年平均气温为 5.5~8.4℃，≥10℃的有效积温 1 850~2 800℃，无霜期 126~160 d，年降水量350~650.2 mm。宁夏旱作农业区自然条件极适合莜麦生长，莜麦对水分的需求与降水的吻合程度也高于夏粮中的豌豆、小麦及油料作物中的胡麻，加之适应性广，抗寒、耐旱性强，所以，种好莜麦是改变宁夏旱作农业区粮食产量长期低而不稳的主要措施之一，膜侧栽培技术则可进一步提高莜麦单产。

1. 选地选茬

选择土层深厚、土质疏松、肥力中上、坡度 15°以下的川地、塬地、坝地、梯田，茬口选豆茬、麦茬、马铃薯茬或歇地等。

2. 合理轮作

莜麦忌连作。连作的危害，一是病害多而重，特别是坚黑穗病的危害，严重时发病率可达 15% 以上；二是杂草多，莜麦苗期生长慢，容易被杂草危害，特别是野燕麦增多，严重影响莜麦的生长；三是肥力下降，养分不足，特别是氮素严重缺乏。因此，前茬以豆类作物、小麦、玉米、马铃薯为好，要建立合理的稳定的轮作制度。轮作方式：豌豆→小麦→马铃薯→莜麦→胡麻 5 年轮作制。还可建立草田轮作制，即草田→莜麦→豆类作物或马铃薯→莜麦→草田。

3. 精细整地、保墒

莜麦需水较多，整地主要是做好深耕蓄墒和春季整地，使土壤平整细碎，从而保全苗。

深耕是莜麦产区抗旱增产的一项基础措施。据试验，深耕 30 cm 比浅耕 15 cm 增产 24.8%，深耕25 cm 比浅耕 15 cm 增产 16.6%，因而耕深以 25~30 cm 为宜。在宁夏旱作农业区，莜麦产区位于半湿润偏旱区、半湿润偏旱区与半干旱区交界地区、半干旱区，因各地生态条件的差异，因而整地也存在一定的差异。在年降水量 400 mm 的半干旱区，豆类作物、小麦收获较早，力争早深耕，以灭茬、晒土、蓄墒，雨后适时耱地保墒，白露前后浅耕收耱，冬春及时镇压、消灭坷垃、弥合裂缝，以减少水分蒸发。覆膜前用旋耕机浅耕、整地、施肥，然后平整地面，做到上虚下实，无耕茬，地面平整无坷垃。半湿润偏旱区前作收获较迟，故应抓紧时间做好秋深耕，耕后适时耙耱收墒，播种前用旋耕机浅耕、整地、施肥。

4. 科学施肥

宁夏旱作农业区土壤瘠薄，缺氮又少磷，对莜麦施用化肥水平低。莜麦栽培改露地种植为膜侧种植后，土壤水、温等条件改善，产量提高。因此，增施肥料、培肥地力显得更为重要。

首先，要增施农家肥。农家肥不仅肥效持久，而且可使土壤形成团粒结构，使土壤疏松透气，有利于土壤中微生物活动。在农家肥种类选用上，半湿润偏旱区、背阴地多施有机肥（如骡粪、马粪和羊粪），一般施腐熟的农家肥 30~75 t/hm^2。

其次，在增施农家肥的基础上，科学施用化肥。据《作物栽培学各论》燕麦一节，在华北地区栗钙土上，每形成100 kg 籽粒需吸收 N 3.2 kg、P_2O_5 0.8 kg、K_2O 2.3 kg；又据《宁夏小杂粮》介绍，以莜麦单产3 000 kg/hm^2 计算，需要吸收 N 90 kg/hm^2、磷 30 kg/hm^2、钾 75 kg/hm^2。莜麦是喜氮作物，宁夏旱作农业区土壤缺氮、少磷、钾丰富。因此应重视氮、磷肥的施用，其用量根据近几年测土配方试验结果，以目标产量而确定，目标产量 4 500 kg/hm^2 时，施氮 147 kg/hm^2、磷(P_2O_5)90 kg/hm^2；折合成实物量，基施尿素 153 kg/hm^2、磷酸二铵 88.5 kg/hm^2，种施磷酸二铵 75 kg/hm^2，追施尿素 90 kg/hm^2。目标产量 5 250 kg/hm^2 时，施氮 172.5 kg/hm^2、P_2O_5 105 kg/hm^2；折合成实物量，基施尿素 189 kg/hm^2、磷酸二铵 228 kg/hm^2，追施尿素 97.5 kg/hm^2（表 2-2-248）。

表 2-2-248 宁夏旱作农业区旱地莜麦配方施肥建议

单位：kg/666.7 m^2

目标产量	施养分总量			配方肥方案	折实物肥料施用量					
					基肥				种肥	追肥
	N	P_2O_5	K_2O		尿素（或碳酸氢铵）	磷酸二铵	重钙（或普钙）	硫酸钾	磷酸二铵	尿素（拔节期）
200	6.6	4	0	方案 1	9.35(25.3)		8.7(33.3)		0	5.0
				方案 2	5.94(16.1)	8.7			0	5.0
				方案 3	5.94(16.1)	4.7			4	5.0
				方案 4	7.80(21.1)		4.7(18.0)		4	5.0
250	8.2	5	0	方案 1	12.30(33.4)		10.9(41.7)		0	5.5
				方案 2	8.10(21.8)	10.9			0	5.5
				方案 3	8.10(21.8)	5.9			5	5.5
				方案 4	10.40(28.1)		5.9(22.5)		5	5.5
300	9.8	6	0	方案 1	15.30(44.4)		13.0(50.0)		0	6.0
				方案 2	10.20(27.6)	13.0			0	6.0
				方案 3	10.20(27.7)	8.0			5	6.0
				方案 4	13.30(36.1)		8.0(30.8)		5	6.0
350	11.5	7	0	方案 1	18.50(50.0)		15.2(58.3)		0	6.5
				方案 2	12.60(34.0)	15.2			0	6.5
				方案 3	12.60(34.0)	10.2			5	6.5
				方案 4	20.00(54.1)		10.2(39.2)		5	6.5

注：1. 坚持无机、有机相结合的原则，在施用有机肥的基础上合理施用化肥；
2. 表中建议的是化肥平均用量，应根据土壤墒情（降水）、土壤肥力高低、施用有机肥的质量和数量以及作物长势等情况灵活掌握，可少量增减。

施用方法：农家肥、磷肥及应基施氮肥结合秋耕或播前整地施入，以秋施较好。化肥中磷肥如选用普通过磷酸钙，可与农家肥混合腐熟一齐基施，如选磷酸二铵可部分基施，部分种施。据试验，运用磷酸二铵做种肥，每 0.5 kg 可增产 2.7 kg。氮肥选用尿素可按配方施肥方案大部分基施，部分在拔节期借雨追施。

5. 起垄覆膜

(1)土壤处理：覆膜前对杂草发生严重的地块，用 50%乙草胺乳油 1 500 g/hm^2，兑水 750 kg 喷施地面进行防治。

(2)适时覆膜。

①覆膜规格:垄底宽 30 cm,高 10 cm,垄沟宽 30 cm,垄顶呈圆弧形,选用幅宽 40 cm、厚 0.01 mm 的白色抗老化耐候地膜覆盖,每隔 2~3 m 在垄上压土腰带防止大风揭膜,垄整好后整平垄沟。

②覆膜时间。早春顶凌覆膜:3 月上中旬,土壤昼消夜冻,白天消冻 15 cm 时起垄覆膜。解冻后采用旋耕机进行浅耕、施肥等作业,起垄后在垄上覆膜。

播期覆膜:播种时整地施肥,起垄、覆膜、播种一次完成。

秋覆膜:半干旱区可在 10 月中下旬至 11 月上旬,结合最后一次浅耕、施肥、整地覆膜,翌年春天播种。

6. 品种选择与种子处理

(1)品种选择:应选择矮秆、抗旱、抗病、抗倒伏、丰产性好的品种。经多年试验示范,应选择宁莜 1 号、燕科 1 号等中晚熟品种(表 2-2-249、表 2-2-250、表 2-2-251)。

表 2-2-249 膜侧栽培条件下莜麦各品种生育期

品种	播种期	出苗期	分蘖期	拔节期	抽穗期	成熟期	全生育期/d
宁莜 1 号	4 月 24 日	5 月 9 日	5 月 29 日	6 月 20 日	7 月 21 日	8 月 20 日	119
白燕 4 号	4 月 24 日	5 月 9 日	5 月 29 日	6 月 22 日	7 月 23 日	8 月 25 日	124
燕科 1 号	4 月 24 日	5 月 9 日	5 月 27 日	6 月 18 日	7 月 19 日	8 月 18 日	117
内燕 5 号	4 月 24 日	5 月 9 日	5 月 29 日	6 月 22 日	7 月 23 日	8 月 25 日	124
当家品种(CK)	4 月 24 日	5 月 6 日	5 月 24 日	6 月 15 日	7 月 10 日	8 月 12 日	111

表 2-2-250 膜侧栽培条件下莜麦各品种农艺性状及产量

品种	株高/cm	分蘖数/个	穗长/cm	穗粒数/粒	穗粒重/g	千粒重/g	产量/(kg·hm^{-2})	产量位次
宁莜 1 号	107.6	2.18	23.6	50.60	1.07	21.2	3 942.30	1
白燕 4 号	109.5	1.82	21.4	46.40	0.93	20.1	3 231.60	3
燕科 1 号	106.6	2.03	20.7	47.23	0.98	20.8	3 521.85	2
内燕 5 号	110.2	1.40	21.4	45.26	0.92	20.3	3 142.20	4
当家品种(CK)	95.3	1.31	17.3	40.35	0.74	18.3	2 625.00	5

表 2-2-251 膜侧栽培条件下莜麦各品种抗逆性表现

品种	苗数/(万株·hm^{-2})	出苗率/%	病害率/%			收获穗数/(万穗·hm^{-2})	抗旱性
			黑穗病	红叶病	锈病		
宁莜 1 号	345.0	94.4	1.25	0.70	0.86	367.5	中
白燕 4 号	336.0	89.6	1.51	0.68	0.92	346.5	中
燕科 1 号	346.5	92.4	1.57	0.75	0.97	358.5	中
内燕 5 号	340.5	90.8	1.53	0.65	1.20	342.0	中
当家品种(CK)	337.5	90.4	3.70	2.40	2.16	355.5	

宁莜 1 号：幼苗直立，深绿色，叶片上举，株型紧凑、直立，籽粒白色，在宁夏半干旱区全生育期 118 d，株高 107.6 cm，分蘖数 2.18 个。穗长 23.6 cm，单株穗粒数 50.6 粒、穗粒重 1.07 g；千粒重 21.2 g，籽粒含粗蛋白质 15.88%、脂肪 5.94%、粗淀粉 46.55%，每公顷产量 3 942.3 kg，比对照当家品种增产 50.18%。该品种全生育期较当家品种长 8 d，分蘖力中上，单株性状好，结实小穗数、穗粒数、穗粒重均好于所有参试品种，抗旱、抗寒、抗倒伏，田间生长整齐、长势强、稳产性好。中抗锈病。黑穗病、锈病发病率低于所有参试品种。

燕科 1 号：幼苗直立，深绿色，生长势强，株型紧凑，成穗率高，群体结构好。在半干旱区株高 106.6 cm，分蘖数 2.03 个，侧散穗型，穗长 20.7 cm，穗粒重 0.98 g，千粒重 20.8 g，籽粒含蛋白质 21.3%、粗脂肪 6.05%、粗淀粉 54.35%、粗纤维 2.55%、灰粉 2.22%、水分 10.1%、氨基酸 21.18%。全生育期比宁莜 1 号短 2 d，属中晚熟品种，分蘖力中上，单株性状好，结实小穗数、穗粒数、穗粒重仅次于宁莜 1 号，根系发达，抗旱、抗寒、抗倒伏，成熟落黄好，稳产性状好，适应性广，品质好。中抗锈病。平均产量达 3 521.85 kg/hm^2，在参试品种中处于第 2 位，比对照增产 34.17%，比宁莜 1 号低 10.7%。

（2）种子处理。

①选种。所选品种，种子应为其头一年收获时经田间穗选而来的种子，播种前再将种子进行风选或筛选。因莜麦是圆锥花序，小穗与小穗间、粒与粒间发育不均衡，小穗以顶部发育较好，粒以小穗基部发育较好，所以，应通过风选或筛选，选出粒大而饱满的种子，供播种使用。

②晒种。播种前几天，选择晴朗无风的天气，将种子摊在席子上晒 4~5 d。其目的，一是打破种子休眠期；二是利用阳光中的紫外线杀死附着在种子表皮上的病菌，减少菌源，减轻病害；三是种子经过冬季库存，温度较低，通过晒种使种子内部发热，提高其活力，促进早发芽，提高发芽率，并提早 3~4 d 出苗。

③发芽试验。播种前应做好发芽试验，发芽率应达到 98%以上，如发芽率在 90%以下，要适当增加播种量，发芽率在 50%以下者不宜做种子。

④拌种。用 40%拌种双，按种子重量的 0.2%拌种，防治黑穗病。

7. 适期播种

（1）播期：播期的确定，一是考虑莜麦喜凉怕热的特点，使各生育期与当地气候特点相适应；二是考虑膜侧栽培条件下土壤温度高于露地栽培；三是气温稳定通过 5℃，土层温度达到 5~9℃。根据这 3 个条件和多年实践，在膜侧栽培条件下宁夏旱作农业区 3 月中旬至 4 月上旬由北向南播种。

（2）播种密度：要做到合理密植，使籽粒产量与秸秆产量达到 1:1，同时要适应膜侧栽培条件。所选用的品种为中晚熟品种，故播量应接近露地常规播种的最佳播量，每公顷播量为 120~150 kg，保苗 450 万~525 万株/hm^2。

（3）播种方法：秋覆膜、早春顶凌覆膜，可用畜力三行播种机，去掉中间一行播种器，调好行距，即可播种，也可采用人工穴播机播种；播期覆膜可用专用机械，起垄、覆膜、播种一次性完成。无论采用哪种方法，都应把种子播在膜际，两侧各种 1 行，播深 5 cm 左右。

8. 田间管理

（1）苗前管理：出苗前遇雨要及时破除板结，以保证全苗。

（2）苗期管理。

①查苗补苗：当发现缺苗断垄 20 cm 以上的行段时要催芽补种，有撮苗的行段要疏苗。

②中耕锄草：宁夏旱作农业区莜麦产区春季干旱，莜麦生长缓慢，杂草容易混生，因而第一次中耕要

旱。中耕不仅有松土锄草、提高地温、切断土壤表层毛细管以减少水分蒸发、防旱保墒的作用,而且能达到调节土壤水分、温度和空气,促进根系发育,加强根系吸水与新陈代谢的作用。具体应用上,在干旱情况下要浅锄,切断毛细管,保墒防旱;在雨涝情况下要深锄晾墒,促进土壤水分蒸发。通过锄地保证莜麦生长发育有一个适宜的土壤环境,达到苗齐、苗壮,植株短粗茁壮,单株秆圆、叶绿、根深的目的。

(3)中期管理:指分蘖至抽穗期的田间管理,目标是壮株、抽大穗,促进穗分化,保证有效花的形成,其主要管理措施如下。

①早追肥:在施足底肥、用好种肥的基础上,在拔节前后按配方施肥方案借雨追施尿素,满足莜麦后期生长阶段对肥料的需求。

②深中耕:莜麦根系的生长规律是前期深扎、后期浅铺,如果浅铺根扎得早了,盘踞于表层,则不利于根系深扎,浅铺根容易早死,致使叶片早枯,发生秕粒现象。为了解决上述问题,并避免水分和养分的不必要消耗,应在莜麦拔节前中耕 2 遍,把莜麦垄间杂草彻底清除,第二次中耕最好在分蘖阶段,此时正是营养生长和生殖生长及根系伸长的主要时期,所以必须深中耕。拉断盘踞在地表的毛根,促进新根生长和向下深扎,使根系吸收水、肥范围扩大,增强莜麦的抗旱、抗倒伏能力,有利于克服叶片早枯现象,同时增加小穗数。

③叶面喷施微肥:在拔节期、孕穗初期连续 2 次叶面喷施微肥,磷酸二氢钾每公顷 3 kg 兑水 1 000 倍后喷施。硼、锰、锌浓度为 0.02%,用药液量为 1 125 kg/hm^2,能较好地延长叶片功能期,为植株提供充足的营养,减少不孕小穗数,增加穗粒数,提高粒重,增加莜麦产量。

据西吉县农业技术推广服务中心试验,在莜麦拔节期和孕穗初期,连续 2 次叶面喷施微肥可促进莜麦生长发育。从表 2-2-252 可以看出,叶面喷施微肥比对照株高增加 1~4.7 cm,分蘖数增加 0.7~1.1 个,穗粒数增加 2.4~7.1 粒,单株粒重增加 0.09~1.19g,千粒重增加 1.0~3.7 g,尤以喷施磷酸二氢钾+尿素和喷施硼肥 2 个处理显著。

表 2-2-252　莜麦叶面喷施微肥对植株经济性状和产量的影响

处理	株高/cm	分蘖数/个	穗粒数/粒	单株粒重/g	千粒重/g
磷酸二氢钾+尿素	92.7	2.6	41.0	0.71	18.0
硼肥	91.3	2.5	39.8	0.65	16.8
磷酸二氢钾	90.1	2.4	38.4	0.63	16.1
尿素	90.0	2.3	37.6	0.64	16.6
锰肥	89.6	2.4	37.5	0.63	16.5
锌肥	89.0	2.2	36.3	0.61	15.3
清水(CK)	88.0	1.5	33.9	0.52	14.3

注:数据来自马尚明《区域旱作特色农业实践与思考》,下表同。

叶面喷施微肥增产效果也好,6 种微肥喷施处理与对照的差异均达到极显著水平,以磷酸二氢钾+尿素混喷效果最好,硼肥次之,分别比对照增产 9.53%、8.31%(表 2-2-253)。

喷施硼肥浓度应控制在 0.01%~0.02%,喷施时间最好在无风天的早晨 8 时至 10 时或下午4 时至7时,喷施要全面,顾及叶片的上下两面,以提高喷施效果。

(4)后期管理:指开花到成熟期的管理,这一时期的管理目标是防止叶片早衰,提高光合效率,使之

表 2-2-253　莜麦叶面喷施不同微肥的产量

处理	单产/($kg \cdot hm^{-2}$)	较 CK 增产/($kg \cdot hm^{-2}$)	增幅/%	产量位次
磷酸二氢钾+尿素	2 689.5	234.0	9.53	1
硼肥	2 659.5	204.0	8.31	2
磷酸二氢钾	2 586.0	130.5	5.32	3
尿素	2 580.0	124.5	5.10	4
锰肥	2 545.5	90.0	3.67	5
锌肥	2 496.0	40.5	1.65	6
清水(CK)	2 455.5	—	—	7

注：硼肥($Na_2B_4O_7 \cdot 10H_2O$)含 B 11.3%；锌肥($ZnSO_4 \cdot 7H_2O$)含 Zn 24%；锰肥($MnSO_4 \cdot 3H_2O$)含 Mn 26%~28%，均系工业品；硼、锰、锌的浓度为 0.02%，用药液量均为 1 125 kg/hm²；磷酸二氢钾用量为 3 kg/hm²，尿素为 22.5 kg/hm²。拔节期、孕穗初期各喷 1 次。

能正常进行同化作用，促进营养物质的转移积累，提高结实率，增加千粒重，保证正常成熟。具体措施是“一攻”(攻饱粒)和“三防”(防病、防倒、防贪青)。此期可叶面喷施过磷酸钙 300~400 倍液 1 125~1 500 kg/hm²，或磷酸二氢钾 3 kg/hm² 加水 600~750 kg 叶面喷施，促进光合作用，加快养分的贮存，促进籽粒正常成熟，增加粒重，提高产量。

9. 病虫防治

(1)病害防治。

①坚黑穗病：坚黑穗病是由种子上厚垣孢子侵染引起的。种子和土壤中的病菌孢子在莜麦种子萌发后，侵入幼苗，并随植株的生长发育而蔓延到全株，最后侵入穗部产生孢子，形成黑穗，为下年传病来源。该病在土壤湿度大而温度低的时候发病重。一般减产 15%~25%，个别达到 30%以上。

苗期发现病情，每公顷用甲基硫菌灵 900~1 050 g 兑水稀释 500 倍后喷雾防治，每 7 d 防 1 次，喷2~3 次。

②红叶病：该病是由蚜虫、蓟马等害虫传播的一种病毒病。这种病毒体不由种子和土壤传播。病毒体传播到健康植株上，3~15 d 症状出现，初次侵染来源都是有翅蚜从其他越冬寄主上吸入的病毒。防治办法：及时喷药灭蚜控制传毒，用 40%乐果乳油 2 000~3 000 倍液或 50%辛硫磷乳油2 000 倍液喷雾防治，效果达 87.7%。

③锈病：由地块外杂草寄主上产生的锈孢子传染而发病。在适合时，从病斑产生大量的夏孢子，借助雨水、昆虫、风等传染。在低洼湿地、沟地、坡度大、通风不良、氮肥使用过多、植株贪青徒长等情况下发病重，一般减产 15%~18%。防治办法：发病后喷药剂防治。用 25%粉锈宁乳油 1 000~1 500 倍液喷雾；或用 12.5%速保利可湿性粉剂 180~480 g/hm²，于感病前或发病初期，兑水 1 125 L 喷雾；或用 12.5%粉唑醇乳油502.5~750 mL/hm²，在锈病发生盛期兑水喷雾；或用 20%萎锈灵乳油 2 000 倍液喷雾。

(2)地下害虫防治：地下害虫主要是蝼蛄、蛴螬、金针虫等，用 3%辛硫磷颗粒剂 30 kg/hm² 或 20%除虫菊酯 2 000 倍液与沙土混合，撒施在田里防治。

(3)地上害虫防治：地上害虫主要是蚜虫、黏虫。蚜虫在莜麦整个生育期内都能发生危害，以孕穗期和抽穗期最重。被害叶出现黄色斑点，逐步扩大为条纹状，严重时全叶皱缩枯黄，以致全株枯死，麦穗受害，造成空穗或秕穗，严重影响产量，因而要适时防治。当蚜虫数量达到防治指标后，用 40%乐果乳油 2 000~

3 000 倍液，或用 50%辛硫磷乳油 2 000 倍液，或用 40%乐斯本乳油，兑水 750~1 050 kg/hm^2 喷雾；或用 20%速灭杀丁乳油 3 300~5 000 倍液喷雾；或用 50%避蚜雾可湿性粉剂 15 kg/hm^2 兑水 750~900 kg/hm^2 喷雾。黏虫食性杂，成虫有很强的迁飞能力。通常 7 月上中旬或 7 月下旬，第一代黏虫的幼虫大量咬食叶片，5~6 龄为暴食期，危害较重，可将莜麦吃成光秆，故为毁灭性害虫，要早防，把幼虫消灭在 3 龄以前。

黏虫的防治方法：

①用糖醋诱杀。

②药剂防治。可用 2.5%敌百虫粉剂22.5~30 kg/hm^2 喷粉；或用50%辛硫磷乳油 500 mL 兑水 1 000 kg 配成 1 500 倍药液喷雾，用量为 600 kg/hm^2。

③挖沟封隔，防止迁移，集中消灭。

④生物防治：用放鸡的办法消灭。

10. 适时收获，及时清理残膜

莜麦成熟期很不一致，故当麦穗由绿变黄，茎叶变白，穗中上部籽粒进入蜡熟末期、穗下部籽粒进入蜡熟期变硬，表现出本品种籽粒正常大小和色泽时，应及时收获。收获后，及时清理残膜，防止土壤污染。

第二十节 糜子膜侧栽培技术

糜子在我国栽培历史悠久，有关资料证明已有 7 000 多年的栽培历史，北起黑龙江的嫩江，南至广东，东起浙江，西至新疆的阿图什，低自海拔几十米的沿海平原，高至 3 000 m 的昌都地区都有种植。宁夏主要分布在旱作农业区的半干旱区和半干旱偏旱区，是宁夏旱作农业区的主要抗旱作物，常年播种面积在4 万 hm^2 左右，产量每公顷约 1 500 kg，高者达 4 500 kg。但自 20 世纪 90 年代以来，宁夏春夏连旱频繁，糜子产量下降，为了缓解干旱的威胁，农技推广人员将小麦膜侧栽培技术应用于糜子栽培中，极大地提高了糜子保苗率及产量，促进了糜子生产的发展。

一、糜子在宁夏旱作农业区的地位

（一）糜子是宁夏旱作农业区群众的主要粮食作物之一

宁夏旱作农业区过去有“吃饭靠糜子，穿衣靠皮子”的说法，充分说明糜子的重要地位。糜子营养价值很高，据《中国荞麦》一书介绍，黄米含蛋白质 11.3%，仅次于15%的莜麦，高于 9.9%的麦粉、6.8%~7.8%的大米、9.7%的小米、10.6%的荞面、8.9%的玉米粉、7.5%的高粱粉、8.1%的糌粑等。糜子主要养分、纤维素、必需的氨基酸等含量都比较高，但由于纤维素含量在 1%左右，所以适口性不如大米、小麦粉。

（二）糜子是宁夏旱作农业区主要的抗旱作物，也是主要的救灾作物

糜子是禾谷类作物中最能经济用水的作物，其蒸腾系数为 268~341，平均为 304。如果糜子耗水量为 100，则谷子为 107，高粱为 114，玉米为 131，小麦为 209。

糜子也是宁夏旱作农业区主要的救灾作物。糜子生育期短，生育期可塑性大，正茬播种较晚，灾后抢种可获得较好的收成。所以在灾害频繁的宁夏旱作农业区，春旱严重、夏粮无法播种时，扩种糜子可以以秋补夏；当夏粮遭受风、雹灾时，可播种早熟糜子。

（三）发展糜子生产、提高糜子产量，可促进宁夏旱作农业区畜牧业的发展

糜子耐旱、抗旱，在旱地产草量高。一般情况下，籽草比例为 1:1 或 1:2，即每公顷产 1 500 kg 糜子籽粒，可产草 1 500~3 000 kg。糜草适口性好，营养丰富，饲料价值高，可为宁夏旱作农业区稳定发展畜牧业提供优质牧草。

（四）发展糜子生产可为工业、饮食业、医疗业等提供原料，促进宁夏旱作农业区工业的发展

糜子可用来酿酒、制糖、制革；糜子原粮出口，黄米在沿海城市销售，价格十分可观；黄米可用来制作炒米、软糕等风味小吃；医用方面可用来制造褥垫，对疟疮有明显的疗效。糜子富含维生素 B、维生素 E 等，资料表明其有防癌、防衰老、防克山病的作用。今后广泛地研究开发利用糜子，将会提高糜子的商品价值，进一步促进糜子生产的发展，促进宁夏旱作农业区工业的发展。

二、糜子膜侧栽培技术的效益

糜子由于采用膜侧栽培技术，土壤水分、温度等条件改善，特别是土壤含水量增加，抵御干旱的能力提高，产量增加。2010—2016 年 7 年的糜子膜侧栽培试验和示范发现，采用膜侧栽培技术种植的糜子比露地条播的糜子株高、分蘖数、穗长、穗粒重和千粒重分别增加 11.2 cm、0.8 个、5.6 cm、0.6 g 和 0.42 g；平均产量为 2 918.1 kg/hm^2，较露地条播增产 36.8%，最高产量可达 3 900 kg/hm^2。

三、糜子膜侧栽培技术

（一）糜子的生物学特点

糜子的主要特性是生育期短而可塑性大；抗逆性强，适应性广；稳产性好，比较高产。

1. 生育期

糜子品种类型多样，品种间生育期差异很大。在同一地区，不同季节可以播种不同类型的品种，从这个意义上讲，糜子的播种期很长。宁夏旱作农业区，5 月份的地温已能满足糜子发芽对温度的要求，只要土壤水分适宜，即可播种生育期较长的糜子。宁糜 8 号等早熟、特早熟品种，在某些地区 7 月上中旬播种仍可正常成熟。但就糜子某一品种的绝对生育天数讲，属于生育期较短的作物。宁夏旱作农业区的粮食作物，除荞麦外，糜子是最晚播种的作物。在整个作物布局中，糜子是晚播作物。糜子还有一个其他作物很少具备的特征，就是同一品种不同时间播种，生育期差异很大，即早播生育期延长，晚播生育期明显缩短，这是短日性和喜温性共同决定的（表 2-2-254）。

表 2-2-254　大黄糜子分期播种时生育期变化

播种期	出苗期	拔节期	抽穗期	成熟期	全生育期/d
5 月 1 日	5 月 24 日	7 月 5 日	7 月 26 日	9 月 5 日	127
5 月 8 日	5 月 23 日	7 月 5 日	7 月 27 日	9 月 5 日	120
5 月 15 日	5 月 31 日	7 月 10 日	7 月 29 日	9 月 5 日	113
5 月 23 日	6 月 8 日	7 月 10 日	7 月 27 日	9 月 5 日	106

糜子生育期短，可塑性大，播期长，在半干旱偏旱区、半干旱区农业中具有极为重要的作用。在宁夏旱作农业区，3 月初开始种扁豆，随后种春小麦、玉米、糜子、荞麦，前后有 130 多天可以播种各种作物，而这期间 60%的时间（70~80 d）可以播种糜子。

2. 抗旱性

①生物学耐旱性。糜子的耐旱性表现在三个方面:第一,吸水能力强。发芽试验显示,土壤水分保持在8%糜子即可发芽出苗,12%则出苗整齐。有人认为,“糜子能吸收土壤中几乎不能被吸收的水分”“富含亲水胶体的木质细胞壁有较大的衬质势,也可能更利于吸收土壤中水势低的少量水分”。第二,用水经济。有人将主要禾谷类作物的蒸腾系数排序,假如糜子为100,则谷子为107,高粱为114,玉米为131,大麦为194,小麦为209,燕麦为218。第三,耗水慢。糜子气孔小,多生于叶背,遇旱可自动关闭。干旱造成叶片含水量降低,但不论是在适宜水分条件下,还是在干旱条件下,糜子的叶片总含水量和相对含水量都高于谷子。束缚水含量也是糜子高于谷子。

②物候学抗旱性。糜子的需水规律与宁夏旱作农业区的降水规律比较吻合,糜子的耐旱阶段正值贫雨阶段,需水高峰正值雨季,灌浆成熟期则正好遇到天高气爽的天气。

3. 稳产性

与玉米等高产作物相比,糜子不是高产作物,但在半干旱偏旱区、半干旱区,与同等条件下适合种植的作物比较是一种高产作物。宁夏旱作农业区22年的生产资料显示,糜子面积变幅较大,说明面积不稳定,但产量变异系数为面积变异系数的1.8倍,小于其他粮食作物的2.2倍,说明糜子产量比较稳定。资料证明,糜子在半干旱偏旱区、半干旱区以其自身面积的不稳定性保证了粮食总面积的相对稳定,同时,又以自身的高产稳产性调节着粮食总产保持相对稳定。

(二)糜子对环境条件的要求

1. 温度

糜子生育期短,属喜温作物,全生育期需要1 800~2 200℃的积温。种子在8~10℃开始发芽,适宜的发芽温度为20~30℃。糜子发芽所需要的时间随着温度的增加而缩短,在8℃条件下,10~15 d发芽;在15℃条件下,4~5 d发芽;在25℃条件下,3 d可发芽。在高温40℃以上和低温0℃以下不发芽。

糜子具有较强的抗热性,当温度在38~40℃时,糜子叶片上的气孔在48 h内不张开。同时糜子对低温反应很敏感,当温度降至1~2℃时幼苗可遭冻害,在-2~-3℃时,幼苗全部死亡。糜子在抽穗期极易受冻害,在成熟期如遇0℃以下的霜冻,植株就会死亡。

2.日照

糜子属短日照作物,对日照时间的长短反应敏感。一天中有12~14 h的日照对糜子的生长发育最为适宜。在高温短日照条件下糜子易提早抽穗。日照时间延长,成熟延迟,生产潜力增大;日照时间缩短,发育加速,生产潜力降低。如果将北部纬度较高地区的糜子引到南方种植,糜子很快抽穗,提早成熟,植株矮小,产量低;如果将南方的糜子引到北方种植,糜子延迟成熟,或不成熟。所以,在糜子生产上引种最好选用纬度相差不大地区的品种。

糜子是喜光作物,光照强度对糜子的光合作用有很大的影响,在晴天多、温度适宜、光照充足的情况下,植株生长健壮,可获得好收成,但在温度较低、阴天和降雨多的情况下,成熟期延长,灌浆不良,产量降低。

3. 水分

糜子根系发达,叶片气孔直径小,是耐旱性强的一种作物,耗水少,蒸腾系数低。当水分不足时,叶片卷曲,生长暂时停止,水分条件改善后,又能恢复生长。

糜子不同生育期需水量不同。发芽到分蘖期需水量占糜子全生育期需水总量的18%~24%,分蘖至拔节期占15%~18%,拔节至抽穗期占35%~40%,抽穗至成熟期占30%。糜子拔节至抽穗期为糜子需水关键期。根据当地气候特点，调节播种期，使糜子用水关键期恰好处于当地雨季，对糜子丰产具有重要意义。

4. 养分

糜子比其他禾谷类作物能更经济地利用养分，且具有较强的耐瘠性。据资料介绍，每生产 50 kg 籽粒需从土壤中吸收氮素 0.9~1 kg、磷素 0.4~0.5 kg、钾素 0.6~0.9 kg。

糜子在各生长发育阶段对养分吸收差异大，需肥量在整个生育期“两头小中间大”。幼苗期需肥少，拔节至抽穗期需肥多，抽穗后减少。尤其是抽穗前后、灌浆期，如能及时供给养分和水分，可显著提高产量。

5. 土壤

糜子对土壤要求不严，适应范围广，除低洼易涝地外，多种土壤均可种植。糜子还具有较强的抗盐碱性。糜子苗期生长缓慢，对杂草反应敏感，如果苗期杂草多，就会影响幼苗生长和分蘖的正常进行。

（三）糜子膜侧栽培技术

1. 选地选茬、合理轮作

采用膜侧栽培技术种植糜子，应选择土壤肥沃、土质疏松、肥力中上、坡度在 15°以下的川地、塬地、梯田、沟坝地。糜子切忌连作和照茬。连作一是杂草危害加重，二是土壤肥力下降，三是土壤水分条件变差，四是产量降低。据调查，糜子重茬 2 年一般减产 17.2%~24.8%，糜子前茬以豆类作物、小麦、马铃薯较好。据西吉县农业技术推广服务中心试验，小麦茬比糜子茬种糜子增产 22.4%，荞麦茬比重茬种糜子增产 17.9%，马铃薯茬比谷茬种糜子增产 39.3%，苜蓿茬比豆茬种糜子增产 44.7%。因此，保证糜子在膜侧栽培条件下获得高产，应建立稳定的轮作制度，其轮作方式如下。

①半干旱区：豆类作物→小麦→小麦→糜子；小麦→玉米→马铃薯→糜子；草木樨（1~2 年）或苜蓿（多年）→糜子。

②半干旱偏旱区以休闲轮作制为最佳，把糜子种在歇地上。

2. 深耕整地、蓄水保墒

春播糜子发芽出苗和后期生长所需水分主要来自上年秋季降雨。因此，在前作收后应立即深耕灭茬，疏松土壤，遇雨耱地蓄墒，白露时浅耕收耱，秋茬地随耕随耱。耕作深度以 25~30 cm 为宜。试验表明，深耕与浅耕相比较，土壤容重降低 0.11~0.6 g/cm^3，固相减少 0.16%~2.7%，液相增加 0.44%~1.13%，气相增加 1.24%~2.71%；在 30~60 cm 土层内有效贮水增加 10%~20%；速效氮、速效磷、速效钾分别增加10.65%、9.02%、28.7%，根量增加 89.81%，增产 26.1%。另外，应做好冬春镇压保墒和播前提墒。测定结果表明，播种前用石磙碾压表土，可使土壤干土层厚度减少 2~3 cm，耕作层中大孔隙减少 8.3%，地表层含水量增加 1.2 个百分点，可促进糜子提前出苗 1~3 d；出苗率增加 20%~40%。

3. 重施基肥，配方施用化肥

据资料介绍，糜子每生产 100 kg 籽粒，需氮 2.1 kg、磷 1 kg、钾 1.8 kg，氮、磷、钾比例大约为 2:1:2。不同生育期对各元素的需求量不尽相同，开花前约需一生中的氮 70%、磷 50%、钾 100%，出苗至分蘖需一生中的氮 8%、磷 4%、钾 7%。只氮、磷而言，前期需氮多，后期需磷多。根据糜子需肥特点，施肥应重施基肥，以目标产量配方施用化肥。

基肥应以羊粪、坑土、厩肥等农家肥为主，也可将油渣用作基肥。膜侧栽培条件下，每公顷施优质农家肥30 000~45 000 kg，基施农家肥应与化肥相结合。据试验，基施农家肥 37 500 kg/hm^2、尿素150 kg/hm^2，与单施农家肥 37 500 kg/hm^2 相比，株高增加 12 cm，穗长增加 3.2 cm，穗粒数增加 45.6 粒，单株结实率提高6.6%，单产达 3 478.5 kg/hm^2，增产 105.4%。又据试验，结合播种施尿素 37.5 kg/hm^2，与对照未施相比籽粒产量增加29.7%，生物产量增加 14.5%。

化肥应氮磷配合，用量以目标产量而定。目标产量 3 000 kg/hm²，应基施尿素 100.5 kg/hm² 或碳酸氢铵 270 kg/hm²、磷酸二铵 108 kg/hm²，种施磷酸二铵 52.5 kg/hm²、追施尿素 75 kg/hm²；目标产量 4 500 kg/hm²，应基施尿素 105.45 kg/hm² 或碳酸氢氨 409.5 kg/hm²、磷酸二铵 162 kg/hm²，种施磷酸二铵 82.5 kg/hm²，追施尿素 112.5 kg/hm²。基肥以秋施为好，结合白露收糖地时耕地施入，追肥借雨撒施。种肥磷酸二铵可与种子混合，随拌随播，最好采用机械分层播种，种肥分离，以防烧苗（表 2-2-255）。化肥也可选用糜子专用控释配方肥 52%[N(29)-P_2O_5(17)-K_2O(6)]，一次施入土壤 600 kg/hm²，使产量达到 3 750 kg/hm²。

表 2-2-255　宁夏旱作农业区旱地糜子配方施肥建议

单位：kg/666.7 m²

目标产量	施养分总量			配方肥方案	折实物肥料施用量					
					基肥				种肥	追肥
	N	P_2O_5	K_2O		尿素（或碳酸氢铵）	磷酸二铵	重钙（或普钙）	硫酸钾	磷酸二铵	拔节期（尿素）
200	7.3	4.9	0	方案 1	10.90（29.0）		10.7（41.0）		0	5.0
				方案 2	6.70（18.0）	10.7			0	5.0
				方案 3	6.70（18.0）	7.2			3.5	5.0
				方案 4	9.50（26.0）		7.2（28.0）		3.5	5.0
230	8.5	5.4	0	方案 1	12.30（33.0）		11.7（45.0）		0	6.3
				方案 2	7.60（21.0）	11.7			0	6.3
				方案 3	7.60（21.0）	8.2			3.5	6.3
				方案 4	10.80（29.0）		8.2（31.0）		3.5	6.3
250	9.2	6.3	0	方案 1	13.00（35.2）		13.7（52.5）		0	7.0
				方案 2	7.64（20.7）	13.7			0	7.0
				方案 3	7.64（20.8）	9.2			4.5	7.0
				方案 4	10.80（29.0）		9.2（35.3）		4.5	7.0
300	11.0	7.5	0	方案 1	16.20（44.4）		16.3（62.5）		0	7.5
				方案 2	10.03（27.2）	16.3			0	7.5
				方案 3	10.03（27.3）	10.8			5.5	7.5
				方案 4	14.30（38.6）		10.8（41.4）		5.5	7.5

注：1. 坚持无机、有机相结合原则，在施用有机肥的基础上合理施用化肥；
2. 表中建议的是化肥平均用量，应根据土壤墒情（降水）、土壤肥力高低、施用有机肥的质量和数量、作物长势等情况灵活掌握，可少量增减。

4. 选用良种、精选种子

（1）选用良种：糜子采用膜侧栽培技术后生育期提前，所以应选用中晚熟品种，经多年试验应选种宁糜 15 号、固糜 21 号，产量高（表 2-2-256、表 2-2-257）。

宁糜 15 号：由固原市农业科学研究所培育而成。黍属，糯性，中熟，株高 140 cm，主茎直径 0.6 cm，主

表 2-2-256　膜侧栽培条件下不同糜子品种比较试验产量

品种	产量/(kg·hm^{-2})								产量位次
	2010 年	2011 年	2012 年	2013 年	2014 年	2015 年	2016 年	平均	
宁糜 15 号	2 535.5	2 553.3	2 405.0	2 570.1	2 493.6	2 539.1	2 368.2	2 494.95	2
宁糜 17 号	1 854.0	1 998.3	1 948.2	1 798.2	1 914.9	2 067.6	1 916.6	1 928.25	5
榆糜 2 号	2 583.2	2 457.2	2 405.6	2 435.0	2 368.1	2 350.1	2 538.3	2 448.15	3
固糜 21 号	2 796.6	2 689.8	2 703.3	2 620.1	2 688.2	2 705.1	2 606.6	2 687.10	1
宁糜 14 号(CK)	2 133.2	2 081.1	2 103.5	1 947.8	1 960.1	2 223.3	2 254.1	2 100.45	4

表 2-2-257　膜侧栽培条件下不同糜子品种生育期

品种	播种期	出苗期	拔节期	抽穗期	成熟期	全生育期/d
宁糜 15 号	5 月 24 日	6 月 3 日	7 月 1 日	8 月 13 日	10 月 3 日	133
宁糜 17 号	5 月 24 日	6 月 3 日	7 月 4 日	8 月 21 日	10 月 11 日	141
榆糜 2 号	5 月 24 日	6 月 5 日	7 月 7 日	8 月 24 日	10 月 13 日	143
固糜 21 号	5 月 24 日	6 月 5 日	7 月 17 日	8 月 24 日	10 月 13 日	143
宁糜 14 号(CK)	5 月 24 日	6 月 2 日	6 月 28 日	8 月 7 日	9 月 23 日	123

茎节数 7~8 节，有分蘖。幼苗叶鞘、叶片绿色，花序紫色，叶下披，茸毛较多。侧穗型，穗长 30.2 cm，单株粒重 5.4 g，千粒重 7.1 g，籽粒红色、米淡黄色，出苗率 82%。苗期耐旱性较强，抗倒伏，落粒轻。籽粒含粗蛋白质12.74%、粗脂肪 3.85%、粗淀粉 58.56%。在半干旱区的西吉县，经 7 年试验，平均产量为 2 494.95 kg/hm^2，比对照宁糜 14 号增产 18.78%。

固糜 21 号：由固原市农业科学研究所培育而成。粳性，中晚熟，茎、叶、花序、颖绿色，有短茸毛，株高 133~137 cm、主茎节数 6.9~7.3 节。侧穗型，主穗长 33~38.4 cm，穗重 4.4~6.9 g，单株粒重 6.6~10.5 g，千粒重 6.5~6.7 g，籽粒白色，底有红点，饱满有光泽，含碳水化合物 74.5%、脂肪 3.74%、蛋白质 13.1%。在半干旱区的西吉县经 7 年试验，平均产量为 2 687.1 kg/hm^2，比对照宁糜 14 号增产 27.93%。

（2）精选种子与种子处理：在选用良种的基础上精选种子，提高种子质量，使种子纯度、净度达到 98% 以上，发芽率大于 90%。

①留种：在收获前可田间穗选留种，提高种子质量。

②晒种：播种前 7~10 d，选晴朗天气，将种子摊放在苇席上晾晒 2~3 d。

③选种：播种前 3~5 d，用 10%盐水浸泡，捞出漂在水面上的秕粒、草籽等，将下沉的饱满籽实捞出，用清水洗净，晾干待种。

④浸种：播种前用 35℃的温水浸种 15 min，以提高发芽率，同时用 2%磷酸二氢钾溶液浸种，以液面高出种子 1 cm 左右为好，浸泡 2 h 捞出晾干后播种。

⑤药剂拌种。用种子重量 0.2%~0.3%的 40%拌种双拌种，防治糜子黑穗病。

5. 适期早播，培育壮苗

（1）播种期：一是考虑地温稳定在 12℃以上；二是孕穗至抽穗期应与当地降水期、高温期相吻合；三是按品种特性掌握播种期，生育期长的晚熟品种一般宜早播，迟播会在生育后期遇到低温或早霜，植株不能正常成熟而降低产量和品质；四是播种方法。根据上述原则，宁夏旱作农业区5月中旬地温已稳定在12℃，7—9月气温较高，降水集中的季节与糜子的生育期相吻合，采用膜侧栽培地温较露地高，选用中晚熟品种宁糜15号、固糜21号，分别于7月1日至7日拔节，8月12日至24日孕穗，抽穗期正值宁夏旱作农业区的多雨季节，雨热同期。故播种期应适当早于露地条播，于5月上中旬播种，播深4~6 cm。

（2）播量：糜子分蘖力极强，对群体有很强的自我调节能力。在膜侧栽培条件下土壤水分、温度条件较好，经多年实践证明，播量以22.5 kg/hm^{2}为宜，保苗90万~120万/hm^{2}比较适合。

（3）种植规格：选用专用机械起垄覆膜播种，以60 cm为一带幅，垄底宽30 cm，垄高10 cm，垄顶呈圆弧形，采用幅宽40 cm、厚0.01 mm的耐候地膜覆盖，垄间距30 cm，每垄两侧膜边各种一行糜子，行距30 cm。

6. 田间管理

（1）破除板结，保证全苗。糜子顶土能力弱，在出苗时遇雨容易板结，应及时破除板结，保证出苗。出苗时要勤检查，发现缺苗应及时补种。

（2）适时间苗、定苗。当糜子3片叶时间苗，5片叶时定苗，以保证合理的群体结构。

（3）中耕松土除草，培育壮苗。生育期中耕除草3次，第一次在苗期进行，要浅锄、碎土，清除杂草，严防土壤压苗；第二次在拔节期进行，做到除草、松土和培土，以促进次生根的生长；第三次在封垄前即孕穗期进行，注意浅锄，防止伤根。

（4）追肥。拔节至孕穗期结合降雨或中耕按配方施肥要求追施尿素。进入拔节期可叶面喷肥，每公顷用磷酸二氢钾2 250 g，兑水600~750 kg，均匀喷于上部叶片上，延长叶片寿命，以保证根系有旺盛的活力，提高粒重。

7. 病虫鸟害防治

（1）病害：糜子的主要病害是黑穗病、红叶病。

①黑穗病：主要由种子带病传染，种子上附有黑粉状病菌，种子发芽后病菌孢子侵入植株。另外，病菌在土壤里越冬，第二年侵入。

病株上部叶片短小，穗部呈细长苞，由白膜包住，长成瘤状，伸出叶鞘，外膜破裂后，有黑色粉状孢子散出，剩下的呈丝状。

防治方法：抽穗后发现病株立即拔除。

②红叶病；该病是由蚜虫传染的病毒病。病株节间缩短变矮，能结实，但都是秕粒，有的不抽穗。有的品种感病后叶片变深紫色，有的呈不正常的黄色。

防治方法：消灭蚜虫，控制传毒，可选用40%乐果乳油2 000~3 000倍液；红叶病发病时可用50%多菌灵可湿性粉剂600~800倍液喷洒植株叶片。

（2）虫害：糜子主要虫害为钻心虫、粟凹胫跳甲、二化螟、地下害虫。

①粟凹胫跳甲：出苗后发现，及时喷施农药粉剂或用农药粉剂制成毒土施于幼苗基部；当达到防治指标时可选用5%高效氯氰菊酯乳油1 000倍液喷雾防治；清除地边杂草，间苗时拔除虫株、空心株等后集中处理。

②二化螟：幼虫蛀茎较早者，危害时间长，植株受害严重。植株抽穗之前就枯心死亡，造成枯心苗；或穗已抽出但不能灌浆成熟，造成白穗株。幼虫蛀茎较晚者，虽然能正常抽穗，也能灌浆，但是籽粒不饱满，千粒重下降，影响产量。可根据虫情预报采用辛硫磷药剂拌土撒施防治。

③钻心虫：是对糜子危害十分严重的害虫，一定要在幼虫初期防治。虫害严重的地块，在糜子出苗达

到 60%时,即可用 50%辛硫磷乳剂 300 倍液喷雾防治。

④糜子吸浆虫。在抽穗后开花前,即成虫大批羽化时,每公顷喷林丹粉 22.5 kg 左右防治。

⑤黏虫、蚜虫:当蚜虫、二代黏虫危害达到防治指标时,可选用 20%氰戊菊酯乳油 2 500 倍液喷雾防治。

⑥地下害虫主要有蝼蛄、地老虎和金针虫。前期若发生地老虎、蝼蛄危害,可每公顷用 50%辛硫磷乳油 3 750~4 500 mL 加适量水,或 40%甲基异柳磷乳油 3 750 mL 或 2%甲基异柳磷粉 30~45 kg,拌细土 300 kg,撒施地表后浅锄,即能杀死地下害虫,又能兼治潜伏在土中的其他害虫。

(3)雀害:糜子抽穗后,麻雀危害严重,应采取措施驱赶以减少损失,可人工驱赶,或利用天敌鹞子驱逐,或在田间分散布置飘带驱赶,或架设防鸟网。

8. 适时收获

糜子成熟期很不一致,穗上部先成熟,中下部后成熟,主穗与分蘖穗成熟时间相差大,加之落粒性较强,收获过晚容易损失,故一定要适时收获。适时收获不仅可防止过度成熟而“折腰”,也可减少落粒的损失,以获得丰产丰收。95%的植株进入蜡熟期,糜穗呈现本品种固有的色泽,穗基部籽粒用指甲可以划破,即为最佳收获期,应在无风天早晚收割,力争短期收完,以防止落粒损失。收获后要及时脱粒,晾晒入库。收获后及时清除残膜,防止土壤污染。

第二十一节　马铃薯起垄覆膜覆土种植技术

马铃薯起垄覆膜覆土种植技术是指在马铃薯种植过程中,先采用机械一次性完成整地、施肥、起垄、播种、覆膜作业,后于适宜时期在膜上覆土。

一、马铃薯起垄覆膜覆土种植技术的特点与效益

(一)技术特点

1. 大垄覆膜

垄底宽 75~80 cm,垄面宽 55~60 cm,垄沟宽 40 cm,半湿润偏旱区垄高 20~25 cm、半干旱区垄高 15~20 cm,采取幅宽 120 cm、厚 0.01 mm 以上的抗老化耐候地膜覆盖,为马铃薯生长发育,特别是为马铃薯膨大创造更有利的土壤环境。

2. 覆盖黑色地膜

经研究,黑色地膜种植马铃薯比白色地膜好。主要表现:一是黑色地膜覆盖比白色地膜覆盖土壤温度低,有利于马铃薯结薯和膨大。据测定,马铃薯不同生育期 0~25 cm 土壤温度,出苗至现蕾期黑色地膜比白色地膜平均低 1~1.6℃;现蕾至开花期黑色地膜比白色地膜平均低 1.5℃;全生育期黑色地膜比白色地膜平均低 1.26℃。二是出苗整齐,出苗率高,现蕾后黑色地膜覆盖比白色地膜覆盖的马铃薯叶色浓绿,生育进程基本相同。三是黑色地膜覆盖比白色地膜覆盖马铃薯大薯比例高,小薯比例低,商品率较高。四是在起垄覆膜覆土栽培条件下,覆黑色地膜比覆白色地膜增产 2.7%。

3. 播后膜上覆土

播种后出苗前,在地膜上覆盖适当厚度的土,让幼苗自行穿破地膜出苗,出苗整齐,青头率降低,省工,产量增加,节本增效。经 3 年试验,于马铃薯播种后 10~15 d(约马铃薯顶芽距地表 2 cm 时)在地膜上

覆土3 cm,可有效提高马铃薯出苗率,出苗整齐,青头率低,商品率高,产量高,效益高。

(二)技术效果

为了掌握起垄覆膜覆土种植方式的技术效果，2013—2016 年在宁夏马铃薯产区进行了多点(次)试验,获得了较为系统、翔实的结果。其中，2015 年在原州区张易镇的对比试验共设 3 个处理:(1)起垄覆膜种植,膜面覆土;(2)起垄覆膜种植,膜面不覆土;(3)起垄露地种植。试验结果如下。

1. 对土壤水分的影响

由表 2-2-258 可以看出,马铃薯现蕾期 0~100 cm 土壤含水量,起垄覆膜覆土处理最高,达到17.8%,比起垄覆膜不覆土处理高 1.3 个百分点,比起垄露地处理高 2 个百分点;块茎膨大期、淀粉积累期、成熟期0~100 cm 土壤含水量,也是起垄覆膜覆土处理最高,依次达 11.7%、13.3%和 13.4%,较其他两个处理高 0.1~1.9 个百分点;马铃薯收获期 0~200 cm 土壤含水量,起垄覆膜覆土处理最高,为16.4%,起垄覆膜不覆土处理最低,为 15.8%。覆膜后有抑蒸保墒作用,但土壤含水量有所降低,应该与覆膜后马铃薯生长发育旺盛、对土壤水分消耗较多有关系。

表 2-2-258　马铃薯不同种植方式土壤含水量变化

单位:%

种植方式	土壤含水量				
	现蕾期(0~100 cm)	块茎膨大期(0~100 cm)	淀粉积累期(0~100 cm)	成熟期(0~100 cm)	收获期(0~200 cm)
(1)	17.8	11.7	13.3	13.4	16.4
(2)	16.5	12.2	12.5	12.3	15.8
(3)	15.8	11.7	11.4	12.4	16.1

2. 对土壤温度的影响

表 2-2-259 表明,起垄覆膜不覆土处理,因垄面有地膜覆盖,地温升高、积温增加,从出苗到收获的 6 个生育时期,0~30 cm 土层平均温度分别比起垄露地处理高 3.1℃、0.2℃、0.4℃、1.6℃、1.8℃ 和 1.3℃,全生育期平均高 1.4℃。而起垄覆膜覆土处理,因膜面上有土层覆盖,降低了覆膜的增温效果,使地温比起垄覆膜不覆土处理低,但仍比起垄露地处理高,从出苗到收获的 6 个生育时期,0~30 cm 土层平均温度分别比起垄覆膜不覆土处理低 0.6℃、0.3℃、1℃、0.6℃、1.7℃和0.6℃,全生育期平均低0.8℃。

表 2-2-259　马铃薯不同种植方式土壤温度变化

单位:℃

种植方式	0~30 cm 土壤温度					
	出苗期	现蕾期	块茎膨大期	淀粉积累期	成熟期	收获期
(1)	16.6	16.9	17.1	16.7	13.1	8.1
(2)	17.2	17.2	18.1	17.3	14.8	8.7
(3)	14.1	17.0	17.7	15.7	13.0	7.4

3. 对马铃薯生长发育及产量形成的影响

表 2-2-260 表明,马铃薯全生育期总天数覆膜覆土处理为 155 d,比起垄露地处理多 2 d,而覆膜不覆土处理为 151 d,比起垄露地处理少 2 d。马铃薯出苗率覆膜覆土处理比起垄露地处理低 2.7 个百分点,

而高于覆膜不覆土处理。马铃薯产量构成因素中的单株块茎数覆膜覆土处理最高(4.8 个),比覆膜不覆土处理多 0.1 个,比起垄露地处理多0.5 个。商品薯率以覆膜覆土处理最高(达 70%),比起垄露地处理高 2 个百分点。单株块茎重覆膜覆土处理为 0.62 kg ,高于覆膜不覆土处理 0.08 kg,比起垄露地处理高 0.15 kg。鲜薯产量覆膜覆土处理为 30 798 kg/hm^2,比起垄露地处理增产 6 816 kg/hm^2, 增幅 28.4%;鲜薯产量覆膜不覆土处理为 29 748 kg/hm^2,比起垄露地处理增产 5 766 kg/hm^2, 增幅 24%;覆膜覆土处理比覆膜不覆土处理增产 1 050 kg/hm^2, 增幅 3.5%。

表 2-2-260 不同种植方式对马铃薯生长发育及产量的影响

种植方式	全生育期/d	单株块茎数/个	单株块茎重/kg	鲜薯产量/(kg·hm^{-2})
(1)	155	4.8	0.62	30 798
(2)	151	4.7	0.54	29 748
(3)	153	4.3	0.47	23 982

覆膜覆土处理在播种(覆膜)至出苗期间的适宜时期在膜面上覆土,利用土层的压实、遮光和隔热作用,一方面不需人工放苗,幼芽即可破膜顶土出苗,保证了出苗率,另一方面避免了生育期间地温过高,有利于薯块膨大,同时减少了青头薯,促进了商品薯率提高。此外,解决了在黑色地膜覆盖条件下需人工破膜点播需要增加投入的问题。所以,覆膜覆土处理正好克服和弥补了覆膜不覆土处理的弱点,起到了节本增效的作用。

4. 对经济效益的影响

从表 2-2-261 可以看出,覆膜覆土处理虽增加了覆膜、覆土等物化和作业成本,但因其能节省劳动力成本,实现机械化,增效幅度较大,故产值增收部分在补偿新增成本后尚有盈余。覆膜不覆土净产值达8 018.4 元/hm^2,比覆膜不覆土处理净产值增加 2 640 元/hm^2,增幅 49%,产投比达 1.48:1。

表 2-2-261 马铃薯不同种植方式对经济效益的影响(2016 年)

种植方式	鲜薯产量/(kg·hm^{-2})	产值/(元·hm^{-2})	成本投入/(元·hm^{-2})	净产值/(元·hm^{-2})	产投比	备注
(1)	30 798	24 638.4	16 620	8 018.4	1.48:1	
(2)	29 748	23 798.4	18 420	5 378.4	1.29:1	因覆黑色地膜,需人工破膜点种
(3)	23 982	19 185.6	16 650	2 535.6	1.15:1	

二、马铃薯起垄覆膜覆土种植技术

(一)选地选茬

选择具有一定规模、有利于机械化作业、土地平整、土壤疏松、肥力中上的地块,前茬以豆茬、麦茬、玉米茬为宜,严禁连作,避免迎茬。

(二)整地

夏作物收获后适时深耕 25~30 cm,雨后及时耱地蓄墒,白露时浅耕耱地保墒,秋作物收后边耕边耱;半干旱区冬春适时打碾保墒,半湿润偏旱区秋季深耕后及时耙耱收墒,冬春耱地保墒。播种前浅耕,并耱平耙碎土坷垃,使土表达到细、匀、松、绵,创造良好的土壤条件,并结合整地施入农家肥 45 000 kg/hm^2。留膜留茬越冬的田块播种前耕翻施肥后,耱碎整平田面,之后起垄播种覆膜。

（三）品种选择

选择适合机械化种植、市场需要的中晚熟一级脱毒种薯。半湿润偏旱区选择青薯 9 号、青薯 168、庄薯 3 号，半干旱区选择青薯 9 号、冀张薯 8 号、晋薯 7 号。

（四）种薯处理

1. 晒种

播种前 10 d 左右选择健康、无病害侵染、表皮完整、无损伤的种薯，摊放在避风向阳场所，在散射光条件下晒种催芽 5~7 d。

2. 切种

晒种后，把大薯切成 50 g 左右的切块，每块种薯至少有一个芽眼。切刀用 5%高锰酸钾溶液或 75%酒精溶液或 0.1%敌克松溶液浸泡。准备两把刀，一把刀浸泡于溶液中，一把刀切种，一薯一换。

3. 拌种

将切好的种薯及时用化学药剂进行拌种处理，经晾晒后包装，保存待用。每 100 kg 种薯用 58%甲霜灵·锰锌可湿性粉剂 100 g，或 25%咯菌氰种衣剂 10 g，或 25%嘧菌酯悬乳剂 20 g，加 72%农用链霉素 10 g，加 500 g 滑石粉配制成药粉干拌，或加水制成 200 倍溶液喷洒。

（五）起垄、播种、覆膜

1. 地膜、化肥选用

（1）地膜：选用幅宽 120 cm、厚 0.01 mm 以上的抗老化黑色耐候膜。

（2）化肥：化肥用量依据目标产量而定（表 2–2–262）。

表 2–2–262　马铃薯起垄覆膜覆土种植配方施肥建议方案

单位：kg/666.7 m²

目标产量	施养分总量			折实物肥料施用量				
				基肥				追肥
	N	P_2O_5	K_2O	尿素（或碳酸氢铵）	磷酸二铵	重过磷酸钙（或普通过磷酸钙）	硫酸钾	尿素（现蕾期）
1 500	10.4	4.8	0	13.5（36）		10.4（40）	0	9.1
				9.4（25）	10.4		0	9.1
2 000	14.3	6.6	2.1	17.4（47）		14.3（55）	4.2	13.8
				11.8（32）	14.3		4.2	13.8
2 500	18.4	8.4	3.5	21.5		18.3（70）	7.0	18.5
				14.4（39）	18.3		7.0	18.5
3 000	22.7	10.4	5.2	25.7		22.6（87）	10.4	23.7
				16.8（45）	22.6		10.4	23.7
3 500	25.5	10.9	7.0	27.2		23.7（91）	14.0	28.3
				17.9（48）	23.7		14.0	28.3

注：1. 应坚持施用有机肥，在此基础上合理施用化肥；
2. 根据降水、马铃薯长势等情况，表中建议施肥量可少量增减；
3. 肥料必须深施，基肥深施有随犁沟溜施、撒施后旋耕或犁翻、机械播施等方法；追肥用追肥枪施于两株马铃薯间。

氮肥可选用尿素、碳酸氢铵，磷肥可选用普通过磷酸钙、重过磷酸钙，钾肥可选用硫酸钾。

2. 播种

（1）播种期：当土壤10 cm的地温稳定达到7~8℃时即可播种。适宜播种期在4月20日至5月10日。

（2）起垄、播种要求。

起垄规格：垄距120 cm，垄底宽70~80 cm，半湿润偏旱区垄高20~25 cm、半干旱区垄高15~20 cm，垄面宽50~55 cm，垄沟宽40~50 cm。每垄播2行马铃薯，平均行距55~60 cm，窄行距30 cm，宽行距80~90 cm，株距26.9~30.3 cm。保苗6万~6.75万株/hm^2，播种深度15~18 cm。

播种：选用机械动力22~30 kW、轮距1.1~1.2 m的轮式拖拉机，携带能一次性完成开沟、施肥、播种、起垄、覆膜、压膜等复式作业的马铃薯播种机（同时该机械能撒播杀虫剂、喷施除草剂），按照作业要求播种。

（六）田间管理

1. 膜上覆土

3年田间试验证明（表2-2-263、表2-2-264、表2-2-265、表2-2-266、表2-2-267），以播种后10~15 d覆土、覆土厚度2~3 cm，出苗率高、出苗整齐、商品率高、产量高。依综合农艺性状、产量及4月风多风大的特点，覆土厚度应以3 cm为宜。覆土作业时要保护好地膜，防止机械或人工踩踏。

表2-2-263　不同覆土时间对马铃薯经济性状的影响

覆土时间	出苗率/%	株高/cm	茎粗/cm	分茎数/个	单株结薯数/个	单株薯重/kg	商品率/%
播种后当天	88.3	78.3	1.3	1.1	5.8	0.58	79.8
播种后5 d	90.6	83.0	1.2	0.7	5.2	0.57	82.2
播种后10 d	95.7	125.7	1.3	1.0	3.8	0.85	85.6
播种后15 d	95.1	97.0	1.3	0.8	5.3	0.73	83.1
播种后20 d	73.5	79.5	1.2	1.0	6.7	0.79	72.4
播种后25 d	62.1	80.3	1.2	1.0	8.0	0.58	69.3

注：试验地点设在原州区张易镇毛庄村，品种为青薯9号。表2-2-264数据来源相同。

表2-2-264　不同覆土时间对马铃薯产量的影响

覆土时间	小区产量（小区面积33 kg·hm^{-2}）					折合产量/（kg·hm^{-2}）	较播种当天增产/%
	Ⅰ	Ⅱ	Ⅲ	合计	平均		
播种后当天	66.1	70.9	67.4	204.4	68.13	20 656.8	—
播种后5 d	67.6	79.2	69.8	216.6	72.20	21 889.7	6.0
播种后10 d	76.0	83.1	73.7	232.8	77.60	23 526.9	13.9
播种后15 d	72.6	73.9	80.2	226.7	75.57	22 910.4	10.9
播种后20 d	62.1	70.1	69.1	201.3	67.10	20 343.5	-1.5
播种后25 d	56.4	54.1	47.5	158.0	52.67	15 967.6	-22.8

表 2–2–265　不同覆土厚度对马铃薯生育期的影响

覆土厚度	播种期	出苗期	现蕾期	初花期	盛花期	成熟期
覆土 1 cm	5 月 7 日	5 月 25 日	6 月 27 日	7 月 2 日	7 月 7 日	9 月 27 日
覆土 2 cm	5 月 7 日	5 月 28 日	6 月 27 日	7 月 3 日	7 月 8 日	9 月 28 日
覆土 3 cm	5 月 7 日	5 月 29 日	6 月 27 日	7 月 3 日	7 月 8 日	9 月 28 日
覆土 4 cm	5 月 7 日	6 月 1 日	7 月 2 日	7 月 5 日	7 月 10 日	9 月 30 日
覆土 5 cm	5 月 7 日	6 月 3 日	7 月 2 日	7 月 7 日	7 月 10 日	9 月 30 日

注：播种后 15 d 膜面统一覆土。试验地点设在原州区张易镇毛庄村。表 2–2–266、表 2–2–267 数据来源相同。

表 2–2–266　不同覆土厚度对马铃薯农艺及经济性状的影响

覆土厚度	出苗率/%	株高/cm	茎粗/cm	分茎数/个	单株结薯数/个	单株薯重/kg	商品率/%
覆土 1 cm	75.5	83.8	1.1	0.9	5.9	0.56	79.7
覆土 2 cm	96.1	84.7	1.2	1.3	7.0	0.67	86.5
覆土 3 cm	95.4	89.2	1.3	1.1	5.2	0.65	82.8
覆土 4 cm	94.8	78.0	1.1	1.0	7.4	0.68	74.4
覆土 5 cm	94.6	68.6	1.1	0.9	5.3	0.60	73.2

表 2–2–267　不同覆土厚度对马铃薯产量的影响

单位：kg/hm²

覆土厚度	小区产量（小区面积 33 m²）					折合产量
	Ⅰ	Ⅱ	Ⅲ	合计	平均	
覆土 1 cm	56.0	55.9	63.6	175.5	58.5	17 736.1
覆土 2 cm	71.8	69.6	73.0	214.4	71.5	21 677.5
覆土 3 cm	66.8	69.2	75.9	211.9	70.6	21 404.6
覆土 4 cm	53.0	52.5	53.8	159.3	53.1	16 099.0
覆土 5 cm	51.4	56.7	50.5	158.6	52.9	16 038.3

2. 中耕除草、追肥

当苗高 10 cm 左右时，利用机具进行中耕，结合中耕铲除垄沟杂草。在现蕾初期追肥，将配方施肥方案规定的氮肥采用追肥枪穴施于 2 株间。在开花期或块茎膨大期，结合病虫害防治，用磷酸二氢钾3 kg/hm² 配成水溶液 1 125 kg/hm² 叶面喷施。

3. 主要病虫害防治

（1）地下害虫防治：地下害虫主要有金针虫、地老虎、蛴螬，应秋季深翻地，破坏其越冬环境，减少越冬数量，减轻下年危害；清除田间、田埂、地头等处的杂草和杂物，以减少幼虫和虫卵数量；利用地下害虫成虫对糖醋、灯光、马粪等的趋性，分别诱杀成虫，减少成虫产卵数量。

土壤处理：播种时用 5%辛硫磷颗粒 22.5~30 kg/hm² 拌 750 kg 细土或沙土，播种时施入土壤。

（2）晚疫病防治：根据预测预报，及时进行药剂防治。发病前可选择 80%代森锰锌可湿性粉剂1.8~

2.25 kg/hm^2 或70%丙森锌可湿性粉剂 1.8 kg/hm^2 等保护性药剂，兑水 450~675 kg/hm^2 喷雾预防。发病初期选用250 g/L 嘧菌酯悬乳剂 600~900 mL/hm^2，或 50%烯酰吗啉水分散粒剂 1.5~1.8 kg/hm^2 等内吸性治疗剂，兑水 450~675 kg/hm^2 喷雾防治。

（3）蚜虫、蓟马防治：在虫害发生初期，选择 70%噻虫嗪水分散粒剂 150 g/hm^2 或 70%吡虫啉水分散粒剂 150 g/hm^2 与 4.5%高效氯氰菊酯乳油 600 g/hm^2 或 250 g/L 高效氯氟氰菊酯乳油 600 g/hm^2 等药剂交替使用。

（七）适时收获

马铃薯植株生长停止，大部分茎叶自然枯黄，根茎易与匍匐茎分离，薯皮变硬，比重增加，干物质含量达到最大，即达到生理成熟期，为食用薯最适收获期。收获前提前 1 周杀秧。杀秧、收获机械选用与种植机械作业幅宽相同、性能稳定、作业质量高的机械。杀秧时，地上部植株全部被粉碎并抛撒均匀，茎茬不高于 10 cm。收获时应防止机械损伤，避免冻伤和感病。

（八）残膜回收

收获结束后，用弹齿式残膜捡拾机拣拾田间残膜。

第三章　以肥调水技术体系

第一节　以肥调水技术的理论依据

一、以肥调水理论

水分与养分是影响作物生长的两大因素，二者具有协同效应。在农业生产中，要合理匹配水肥因子，利用水分和养分间的耦合效应，以肥调水、以水促肥，在高产、高效、保护环境的同时，真正做到可持续发展。

(一)增强土壤蓄水保水能力

培肥农田，特别是增加有机质含量，改善土壤结构，能增强土壤的蓄水保水能力。李玉山对旱塬不同地带小麦水分利用效率的分析表明，水分利用效率的高低和土壤肥力的高低相一致，同一地区水分利用效率之所以相差很大，主要在于土壤肥力高低的不同(李玉山，1983)。Jamison(1953)发现，沙质土的保水能力与土壤有机质含量间存在高度正相关关系。张绍元等(1982)报道，每公顷施 75 t 有机肥的旱作麦田，比同类瘠薄地 2 m 土层中多贮 44.7 mm 的降水。马耀华等(1984)对旱作土壤培肥的研究表明，有机肥和化肥合理配施，能提高土壤有机碳含量，促进土壤有机无机复合胶体的形成，有助于改良土壤结构，增强土壤保水能力，增加土壤养分，改善作物营养状况，增强作物对深层土壤水分的利用，提高作物的水分利用效率。

施肥还可提高土壤水势，特别是低含水量和作物生育中前期的土壤水势，使原来一部分对植物“无效”的水变得“有效”(赵立等，1991)。Unger(1975)用多元回归方法证明，土壤有机质含量每增加 1%，植物可利用的土壤水分(体积含水量)增加 1.8%。赵立新等(1991)测定了不同处理下冬小麦各生育期土壤水势的变化，发现土壤含水量较低时，1~14 cm 土层的土壤水势有随施肥量增加而增大的趋势，土壤含水量高时，则无这种差别。冬小麦整个生育期，中肥和高肥处理的土壤水势和含水量大多高于对照，而接近成熟期和收获期时，出现相反趋势。

(二)促进根系发育

自 20 世纪 30 年代 Weaver(1926)提出“要科学地理解作物生产，就必须全面地认识作物根系发育、根群分布、不同生育时期根系吸收水分与养分的活力以及不同环境下作物根系的变化”问题以来，国内外学者已普遍认识到，作为地下部分的根系已与作物赖以生存的土壤环境及其密切联结的水、肥、气、热、微生物等至关重要的生态因子构成根土系统，根系构型、容积、生长动态等直接关系着地上部分作物群体结构与经济产量。因而，在重视作物地上部分“光—叶系统”调控的同时，也要重视对作物地下部分根区的调控，这对干旱、半干旱地区作物抗旱丰产技术的实施具有特别重要的指导意义(杨建设等，1997)。

在众多的根区调控措施中，改善土壤肥力是最直接、最经济有效的办法之一，而施用肥料是提高土壤肥力的有效措施(张喜英，1994，1999；Davidson，1969；Coale & Grove，1986)。施肥对作物根系生长发育的影响已有许多研究。李生秀等(1994)研究了氮肥对促进旱地作物利用土壤水分的作用机理和效果后认为，根系的发育程度对作物的生产力，尤其是对旱地作物的生产力，有着特别重大的意义。根系不仅在吸收养分中有着巨大的不可替代的作用，而且在吸收可移动的水分中也有巨大的不可替代的作用，施肥可促使作物根系发育、扩大作物利用土壤水分范围，这是其促进作物利用土壤水分和养分的前提。杜建军等(1995)研究表明，根系对吸收水分和养分有着特别重要的作用，合理施用氮肥和磷肥能促进作物根系发育，扩大作物觅取水分和养分的土壤空间，从而促进作物对土壤水分和养分的利用。赵立新等(1991)认为施肥可以改善土壤养分状况，促进根系发育，提高根系从深层土壤吸收水分的能力。史奕和邹邦基等(1995)的研究表明，不同施肥处理使小麦根系的长度、质量和体积均有不同程度的增加，并使小麦根系活力增强，同时加大了小麦对土壤水分的利用，提高了水分利用效率，显示了以肥调水的效果。

Russell(1973)指出，肥料对根系的影响取决于土壤肥力。土壤养分缺乏，适当施用有机肥或化肥会促使作物根系发育，提高根系的穿透能力，可使其穿过较紧实的土层。Taylor(1963)认为土壤容重大、内聚力强时会严重扭曲正常根系的生长模式，降低根系的延伸速度，而施用有机肥有改善土壤结构、减少容重、增大孔隙度之效，因而有利于根系穿过紧实的土层。Smith(1954)指出，旱作农田施肥可促进植物生长，使根系较快进入深层，从而有效地吸收休闲期贮积在深层土壤中的水分。如生长在贫瘠矿质土壤上的玉米，不施肥只能从 120 cm 以上土层中吸取水分，施肥后则能从 150 cm 土层深处吸取水分(Russell，1973)。Brown(1972)发现，小麦植株对土壤水分的吸取深度，不施氮肥时仅局限在 91 cm 土层以内，施用氮肥后，深度增加 1 倍，水分利用效率显著提高。李立科等(1983)在旱塬进行的试验表明，磷肥可促进小麦根系发育，加强对深层土壤水分的吸收利用。不施肥、施氮、施磷时的根系深度分别为 1.4 m、1.45 m 和 2.7 m；不施肥和施氮肥，收获前 8 天，140~200 cm 土层含水量分别为 17.4%和 18.2%；施磷肥，0~200 cm 土层几乎已无可被小麦吸收利用的水分。磷肥虽然可增加根系长度，但如氮素不足，根系的生长量增加并不明显(王同朝，李凤民，1998)。合适的氮磷配合，既能促进根系延伸，也能增加根系的密度和生长量，特别有利于作物吸收利用深层土壤水分(Gregory，1998)，这已为大量的试验所证明。Gregory(1988)的试验显示，施磷仅能增加表层土壤中的根长，而氮磷配合施用会增加整个土壤剖面内的根系。Brown 等人(1987)的试验结果也同样表明，氮、磷混施能增加整个生根深度内的根长，特别是表层和深层土壤中的根系生长量。

确定适宜的施肥量和最佳施肥时期对促进根系生长也是十分重要的。杜建军等(1995)研究表明，在比较缺磷的土壤上施用磷肥可显著地促进冬小麦根系的生长，而氮肥施用不当会抑制根系生长，氮、磷合理配合则会减轻氮肥对根系的不良影响，使地上部、地下部干重明显增加。史奕等(1995)研究了不同施肥处理对小麦根系生长发育的影响，结果表明，旱地条件下，适当施肥可扩大根系延伸范围，增强根系活力，显著提高根系吸水能力和水分利用效率，确实起到以肥调水的作用，但过量施肥则适得其反。Comfort 等(1990)的试验表明，高氮抑制深层土壤的根系生长，从而减少对深层土壤 NO_3^--N 和水分的利用。潘庆民等(1998)的研究表明，追氮时期由起身期推迟到拔节期，可以提高小麦开花后的根系活力，增强根系活性氧的清除能力，减轻根系膜质过氧化作用，特别是可延迟中、下层根系活力和 SOD(超氧化物歧化酶)活性迅速下降及 MDA(丙二醛)含量迅速上升的始期。拔节期追氮较起身期追氮可以增加根系 iPAs 含量，延迟下层根 iPAs 迅速降解的始期；减轻根系 ABA(脱落酸)的积累，推迟下层根 ABA 含量迅速上升的始期。刘殿英等(1993)研究认为，冬前至孕穗期不同生育期追施肥水对根系的影响不同。追施肥水可提高根系活力，早施，根系活力最大值出现得早，后期根系活力降低得也快。开花、灌浆期的根系活力均以拔节、孕穗期追施肥水为高。赵爱芬等（1993）的试验表明，施氮量高可以促进地上部生物量的增加，但使地下部生物量减少。

杜建军等（1995）对施肥促进根系发育、增加作物觅水空间的作用进行了试验。该试验采用尼龙袋限制根系生长和在自然条件下让根系自由生长两种措施来研究根系对作物吸收水分的作用以及施肥对根系的效果，研究结果表明，在不限制根系生长条件下，根系可以自由伸长，生长量大；限制以后，根系的生长受到严重抑制，表现为春玉米根系重量是不限制根系的45%、冬小麦是44%。施肥对根系的影响因肥料种类和用量不同而异。磷肥显著促进根系发育；合理施用氮肥也能促进根系发育，但用量过多，则抑制根系发育；氮磷配合能有效地促进根系生长。由于根系生长量增加，作物摄取了更多的养分和水分，产量随之提高（表2-3-1）。大田试验表明，小麦产量（y）与单株根重（x）间有密切的线性关系：$y=5.04+1\ 359.65x$，$r=0.873$（$n=30$）。

表2-3-1　氮磷配合对冬小麦根系和产量的影响

处理	盆栽试验		大田试验	
	地上干重/(g·盆$^{-1}$)	根系干重/(g·盆$^{-1}$)	单株根重/g	籽粒产量/(kg·hm^{-2})
无肥	2.56	1.32	0.092	1 662.0
氮	2.37	1.10	0.108	1 857.0
磷	4.40	3.00	0.125	2 728.5
氮+磷	5.60	2.28	0.178	3 841.5

资料来源：马耀光等编著《旱地农业节水技术》。

（三）提高作物对土壤水分的吸取、转运、利用能力

施肥的一个主要作用是提高作物吸取、转运、利用土壤水分的能力。与不施氮相比，施氮后作物不但根系发达，而且具有较强的吸收和转运水分及养分的能力。施肥能促进根系发育，增强根系活性，故能促进半干旱条件下作物对深层土壤水分的利用。Brown（1972）在冬小麦上进行的氮肥试验表明，每公顷施氮0、67 kg、268 kg，产量分别为1 610 kg、3 090 kg、3 630 kg，摄取的土壤水分分别为61 mm、112 mm、155 mm。Bamig等（1963）发现，施氮后小麦从2 m土层中多吸收25~50 mm水分。山仑（1983）在甘肃天水的调查表明，高肥地玉米0~300 cm土层吸收的水分比一般地多60 mm，约等于一般地玉米全生育期耗水量的1/4；在宁夏固原的调查表明，培肥好的土壤每生产1 kg粮食耗水2.99 mm，而肥力差者则需5.5 mm。马耀华等（1984）的试验表明，施肥冬小麦从0~180 cm土层吸收的水分较不施肥多21~77 mm，水分利用率提高40%~126%，耗水系数由无肥区的6.06 mm /kg下降为2.78~4.3 mm/kg。

（四）提高作物蒸腾，减少蒸发

蒸腾作用的强弱是植物水分代谢的重要生理指标。李世清（1995）的研究表明，施肥以后蒸腾损失的水分增加，而蒸发损失的水分减少，蒸腾与蒸散所消耗的水分比值明显增大，原因在于施肥后，作物长势强，能较多地利用土壤水分，使蒸发损失减少，同时较大的叶面荫蔽地面，又降低了土壤温度，降低了蒸发速率。

（五）增强光合作用，提高光合效率

许多研究表明，施肥可以增强作物的光合作用，从而促进干物质的形成和积累，增加产量。徐强

(1999)研究了宁夏春小麦缺氮导致减产的生理机制,发现不施氮或少施氮都可使叶片光合速率下降,且下降速度快,还可使叶片较早地丧失光合能力,从小麦叶片光合性能的总体水平看,不施氮或者少施氮普遍低于正常施氮处理。杨昌建等(1996)的研究表明,不同土壤水分状况下氮素对作物光合速率和气孔导度的影响不尽相同。在土水势为0和-30 kPa两种土壤水分状况下,中氮和高氮处理的叶片光合速率均较低氮处理显著提高;当土水势为-60 kPa时,中氮处理显著提高了叶片的光合速率,高氮处理则降低了叶片的光合速率;气孔导度与光合速率的趋势一致。李秧秧等研究表明,施肥有助于提高作物的净光合速率,氮、磷、钾均有此作用,但施肥提高作物净光合速率的程度依赖于作物受到土壤水分胁迫的程度。如在轻度和中度水分胁迫下,氮水平较高的叶片,光合速率也较高;但在严重水分胁迫下,不同氮水平间的光合速率差异不大,在25%的土壤相对含水量下,低氮叶片的光合速率甚至高于高氮叶片。

(六)提高作物产量和水分利用效率

旱地降水有季节性变异,同一季节内降水也不一定规律,因而引起的干旱胁迫是散见性的,土壤水分有时多,有时少。在这种情况下,植物的生长发育过程往往是一个“干”“湿”交替过程。不同的“干”“湿”交替条件导致了肥料效果的巨大差别。李玉山等(1991)在旱塬进行的6年水肥双因子试验结果表明,无论是欠水年、平水年还是丰水年,施肥均能增加作物产量,但丰水年施肥的增产作用明显大于欠水年,而且在旱作条件下,年降水量超过500 mm时,有利于肥效的充分发挥,年降水量低于400 mm,则肥效受较大抑制。Garabet等人分别在小麦全生育期降水量323 mm和275 mm的1991—1992年和1992—1993年,考查了冬小麦产量与灌水量的关系,结果表明,灌溉和氮肥都能增加小麦产量,但1991—1992年相对湿润,氮的效应更大,而1992—1993年相对干旱,灌溉的效应更大。在雨养条件下,湿润年份,低氮对小麦籽粒产量具有显著的影响;干旱年份,即使是中氮,对小麦籽粒产量也无多大影响,且高氮还可引起小麦籽粒产量的明显降低,这反映了在干旱条件下施氮量与籽粒产量具有负效应。因此,在土壤干旱程度轻时,增施氮肥可明显增加产量,“以肥调水”作用明显;在土壤干旱程度较重时,“以肥调水”的效应减小,特别是高氮水平下,“以肥调水”作用不明显。

二、地力是宁夏旱作农业区生产潜力开发的限制因子

大量研究结果与生产实践表明,旱作农业区各地主要作物水分生产潜力值、田间获得的高产纪录值与大田现实产量悬殊,既展现出旱作农业区农业发展的广阔前景,也表明开发水分生产潜力的现实性。对此,有必要采取系统分析的方法,探查农作物生产过程中的障碍因素,揭示农田产量低而不稳的症结,从而“对症下药”,确立相应的水分生产潜力开发途径。种植业生产作为一个自然再生产与社会再生产的复合体,其实质是:农作物在一定温度下,通过绿色植物特殊的生命活动方式——光合作用,把空气中的CO_2和从土壤中所吸收的养分、水分转化为有机化合物。农作物的产量是光、热、水、气、矿质营养等5个植物生活要素间协同性状况的实际表现。英国学者Blackman基于植物生活要素同等重要与不可替代原则,于1905年提出“限制因子定律”。该定律认为:在农作物的生长发育过程中,各种生活要素间有着相互联系、相互制约的关系,若由于其中一个因素的数量不足,制约了其他因素作用的发挥,进而影响作物最终产量,则该因素被视为农业生产的限制因素。因而,研究农业技术,指导生产实践,其工作实质就是考察和处理影响农作物生长发育的要素,建立要素间的优化组合,重点在于揭示限制因素,确立适宜的开发途径,提高水分转化效率,使旱作农业区农业得以持续发展。

（一）宁夏旱作农业区农田水分满足现状

现阶段的农业科学技术虽难对光照、热量以及 CO_2 等植物生活要素实施有效调控，但这些因素的存在是足量的，远未成为产量增加的制约因素。宁夏旱作农业区经常因为降水不足或者降水季节分配与作物生长发育阶段对水分需求不相吻合等原因，阻碍光热应予实现的生产潜力的开发。

通常把有限的降水应能实现的生产潜力视为旱作农田对光热资源的可能开发程度。而降水生产潜力（Y_W）与光温生产潜力（Y_T）的比值，称为水分满足系数（E_W），其表达式为：

$$E_W=Y_W/Y_T$$

E_W 的值域为[0,1]，E_W 值越大，则表示降水生产潜力值与光温生产潜力值间的贴近度越高，即水分满足程度越高；反之，E_W 值越小，则水分满足程度越低。当降水量少到无法维持作物生长发育全过程时，E_W 值为 0。当作物各生长发育阶段对水分的需求得到充分满足，且不至于造成渍涝危害时，E_W 值为 1，此时的降水生产潜力值与光温生产潜力值相等。

由表 2-3-2 可知，旱作农田的水分满足系数由半干旱区向半干旱偏旱区呈规律性减小。就小麦而言，半干旱区固原的水分满足系数为 37.1%，半干旱偏旱区同心为 16.8%，即两类地区受水分条件的制约，光温生产潜力分别下降了 63%和83%。

表 2-3-2 宁夏旱作农业区农田作物光温及降水生产潜力、水分满足系数

试验地点	小麦			谷子			薯类作物		
	光温生产潜力/(kg·hm^{-2})	降水生产潜力/(kg·hm^{-2})	水分满足系数/%	光温生产潜力/(kg·hm^{-2})	降水生产潜力/(kg·hm^{-2})	水分满足系数/%	光温生产潜力/(kg·hm^{-2})	降水生产潜力/(kg·hm^{-2})	水分满足系数/%
半干旱区固原	9 813.0	3 636.0	37.1	7 293.0	4 218.0	57.8	11 434.5	11 163.0	77.3
半干旱偏旱区同心	10 257.0	1 750.5	16.8	10 252.5	4 404.0	43.0	11 641.5	3 780.0	32.5

现阶段的旱作农田作物产量随着降水量及其季节分配的差异，表现出显著的不同。一般来说，在其他生产条件相同时，因水分条件不同会出现以下 3 种情况。

（1）同一地区，丰水年产量高于常年产量，而常年产量又高于干旱年产量。

（2）不同地区，作物产量按照半干旱区、半干旱偏旱区的次序，因降水量的减少呈递减趋势。

（3）在降水总量等同的条件下，作物在需水关键期水分供应充足的年份（或地区），产量高于在需水关键期降水变率大、供水状况差的年份（或地区）。在目前的生产条件下，年际间农业生产的波动性主要取决于降水因素，作物产量的高低与降水量及其季节分配有着密切相关性。

旱作农业区的降水量虽然有限，但有限降水应能显现的生产潜力大大高于现今农田的实际生产水平。例如固原的旱作农田，在现有（1993 年）降水范围内，粮食作物的生产潜力达 2 677.5 kg/hm^2，而现实产量只有 868.5 kg/hm^2，后者仅相当于前者的 32.4%。可见，即使扣除农田径流导致的水分损失，尚有 67.6%的降水潜力未转化成现实生产力。

降水生产潜力值与光温生产潜力值间差距的存在，说明农作物对水分的需求未能充分满足，但这是针对理想状态下的作物生长发育而言的。旱地作物与水地作物在植物外部形态和内部生理生化机制等方面均有很大差异。大量研究表明，旱作农业区 300~600 mm 的常年降水量，基本上可以满足主要旱地作物一季生长发育对水分的需求。年平均 535 mm 的降水量中，径流和渗漏占 17%，即 91 mm，约 83%的降水入渗农田土壤，即 444 mm 降水为植物蒸腾和土壤蒸发所耗用。按照旱地粮食平均每公顷产量 1 875 kg、每毫米降水生产粮食 10.05 kg(水分生产潜力一般为每毫米降水生产 22.5 kg)的标准估算,现在实际只利用了 186 mm 的降水,即农作物的有效蒸腾仅占年降水量的 35%。土壤蒸发达 258 mm,占年降水量的 48%。

因此,旱作农业低产的直接原因并不完全在于干旱少雨或灌溉水源短缺,而在相当程度上是因为水分利用率太低,有限的水资源远未被充分利用。增加农作物产量应着眼于提高有限水分的利用效率,使有限降水应予实现的生产力逐步而又充分地转化为现实生产力,这是旱区农业持续发展的基础。

(二)宁夏旱作农业区土壤肥力状况

宁夏旱作农业区耕地面积占宁夏耕地总面积的 65%,其中旱耕地占该区域耕地面积的 86.4%,以旱作农业为主。种植作物以马铃薯、玉米、冬小麦、小杂粮及油料作物等为主。主要土壤类型有黑垆土、黄绵土、灰钙土、潮土、新积土等。20 世纪 80 年代以来大力推行普及以肥调水为中心的土壤培肥措施,宁夏旱作农业区的土壤肥力有了显著的提高,保证了粮食产量的稳定增加。从近年来 50 000 多个土样测试结果及耕地质量长期监测点的数据来看,与 1982 年土壤普查相比,宁夏旱作农业区耕地土壤肥力总体呈上升趋势,土壤有机质增加了 2.27%、全氮增加了 6.85%、有效磷增加了 27.58%~90.3%、速效钾增加了 3.54%。化肥施用趋于科学合理,土壤容重总体呈平稳趋于减少的趋势,土壤总孔隙度略有增加,土壤通透性平稳且略有增强,土壤理化性状向好的方向发展,种植水平普遍提高,各种作物产量呈增加趋势,但与全国耕地质量水平相比还存在一定差距,有机质、氮、磷、钾含量还处于较低水平,也存在重化肥轻有机肥、重用地轻养地、种植业结构不够合理等情况。

(1)宁夏旱作农业区土壤中有机质含量变化范围为 5.66~21.28 g/kg,平均为 11.27 g/kg。有机质是土壤中各种营养元素特别是氮、磷的重要来源,使土壤具有保肥力和缓冲性,可改善土壤的物理性质,它也是土壤微生物不可缺少的碳源和能源。因此,土壤有机质含量的多少是土壤肥力高低的一个重要指标。要增施有机肥和种植绿肥作物,保持土壤肥力的持久性,使农业可持续发展。

(2)宁夏旱作农业区土壤中碱解氮含量变化范围为 31.32~104.85 mg/kg,平均为 56.31 mg/kg。应增施有机肥,增加种植绿肥作物,改进农田耕作制度,适时适量施用氮肥。

表 2-3-3 宁夏各县区土壤(0~20 cm)养分含量(2016 年)

县区		pH	养分含量							
			全盐/($g \cdot kg^{-1}$)	有机质/($g \cdot kg^{-1}$)	全氮/($g \cdot kg^{-1}$)	碱解氮/($mg \cdot kg^{-1}$)	全磷/($g \cdot kg^{-1}$)	全钾/($g \cdot kg^{-1}$)	有效磷/($mg \cdot kg^{-1}$)	速效钾/($mg \cdot kg^{-1}$)
半干旱偏旱区	同心县	8.74	0.23	7.41	0.56	35.53	0.44	17.20	14.25	173.65
	盐池县	8.82	0.26	6.54	0.49	31.32	0.42	16.93	8.42	138.43
	红寺堡区	8.82	0.27	5.66	0.54	34.26	0.42	17.86	10.73	90.03
半干旱区	海原县	8.53	0.40	9.82	0.63	52.85	0.61	19.40	10.56	187.15
	原州区	8.52	0.31	12.26	0.85	63.24	0.51	18.00	12.07	187.80
	西吉县	8.57	0.35	12.80	0.88	55.74			14.94	205.62
	彭阳县	8.54	0.34	10.33	0.79	55.16	0.57	18.15	11.32	162.30
半湿润偏旱区	隆德县	8.40	0.25	15.32	1.04	73.83	0.61	19.00	21.69	177.04
	泾源县	7.96	0.32	21.28	1.25	104.85	0.98	22.80	9.07	147.49
旱作农业区		8.54	0.30	11.27	0.78	56.31	0.57	18.67	12.56	163.28

(3)宁夏旱作农业区土壤中有效磷含量变化范围为 8.42~21.69 mg/kg,平均为 12.56 mg/kg。土壤中磷素含量普遍偏低,应酌情加大磷肥施用量。

(4)宁夏旱作农业区土壤中速效钾含量变化范围为 90.03~205.62 mg/kg,平均为 163.28 mg/kg。部分土壤中钾素比较缺乏,要合理增加钾肥施用量,特别是需钾作物更应增施钾肥。

(5)宁夏旱作农业区土壤 pH 变化范围为 7.96~8.82,平均为 8.54,属于偏碱性土壤,在农业生产中应该注意土壤的酸碱度,积极采取措施调节。

典型案例:

位于彭阳县白阳镇任湾村的耕地监测点,典型种植作物为玉米,土壤类型为黄绵土,年降水量为 507 mm。从图 2-3-1 可以看出,随着全膜双垄覆盖垄侧播种和秸秆粉碎还田技术在宁夏旱作农业区的大面积推广应用,玉米种植面积快速扩大,玉米施肥水平也随着新技术、新品种的应用急速提升。2009—2016 年宁夏旱作农业区玉米化肥施用量整体呈增长趋势, 2016 年氮肥(纯氮)施用量较 2009 年增加 94.5 kg/hm^2,增幅为 41.4%;磷肥(P_2O_5)施用量较 2009 年增加 86.25 kg/hm^2,增幅为 143.75%。玉米产量较 2009 年增加 3 672 kg/hm^2,增幅为 48.3%,这说明覆膜保墒旱作农业技术和测土配方施肥技术在宁夏旱作农业区技术贡献率持续增长,特别是覆膜保墒技术结合测土配方施肥技术深度推进了宁夏旱作农业区玉米生产发展。

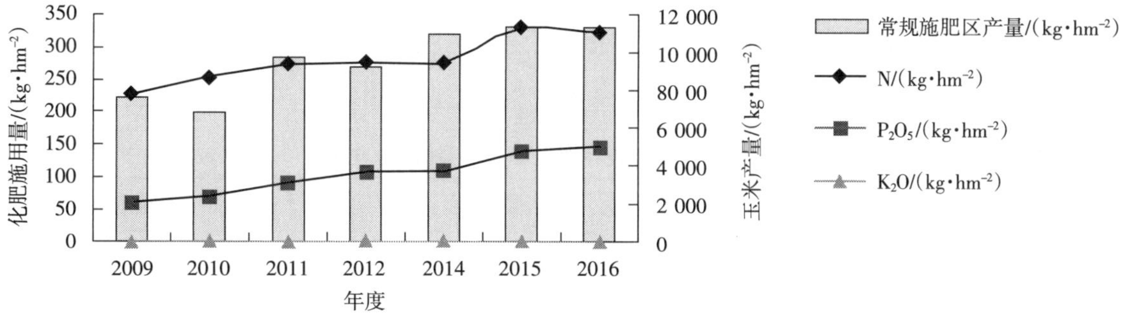

图 2-3-1　彭阳县耕地监测点施肥量与产量的关系

西吉县将台乡保林村耕地监测点,土壤类型为黑垆土,年降水量为 471.4 mm。从图 2-3-2 可以看出,马铃薯施肥水平明显低于玉米,但也呈持续增长的趋势。2011—2015 年宁夏旱作农业区马铃薯化肥施用量整体增长趋缓, 2015 年氮肥(纯氮)施用量较 2011 年增加 81.6 kg/hm^2,增幅为 48.75%;磷肥(P_2O_5)施用量较 2011 年增加 85.5 kg/hm^2,钾肥(K_2O)施用量较 2011 年增加 112.5 kg/hm^2。这表明随着测土配方施肥技术在宁夏旱作农业区的广泛运用,马铃薯施肥结构日趋优化,施肥水平持续提高。西吉县监测点常规施肥区马铃薯产量整体呈增长趋势,2015 年马铃薯鲜重较 2011 年增加 12 000 kg/hm^2,增幅为 55.2%,马铃薯产量 7 年翻了 1 倍,表明旱作农业技术、一次性施肥技术及高垄栽培技术等对马铃薯生产贡献较大,

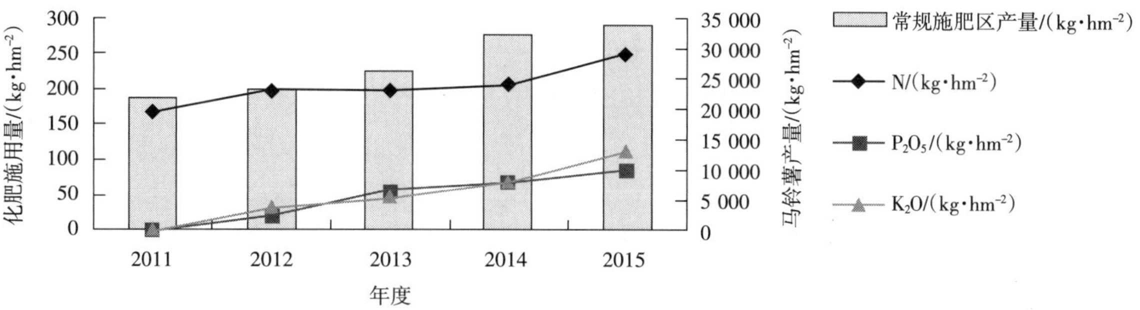

图 2-3-2　西吉县耕地监测点施肥量与产量的关系

对推进全区马铃薯产业健康稳定发展起到了重要作用。

(三)地力与土壤水分、产量的关系

土壤养分和水分是作物生长发育必需的两个物质条件,二者关系极为密切,水分可提高土壤养分的效用,土壤供肥能力又能提高水分的有效利用率,增强作物的抗旱性能,达到以肥调水、增产稳产的目的。

据陈国良、刘笃慧《旱作农业的潜力及其增产途径的系统分析》一文介绍,影响固原旱地作物产量的各生态因子的产量效应分别为:温度效应 50.1%,水分效应 70.5%,肥力效应 14.7%。水分的产量效应最大,温度次之。光、温、水是难变因子,而肥则是易变因子,发挥人的能动性的余地较大。

土壤肥力不同,播前土壤水分、耗水量、产量、水分利用效率、收后土壤水分差异极为明显。据试验,在春小麦生长期间降水 344.8 mm 的条件下,低肥地产量 1 050 kg/hm^2,春小麦一生总耗水量为 311.1 mm,水分利用效率为 3.38 kg/(mm·hm^2); 每公顷产 1 800 kg 的中肥地,水分利用效率为 5.63 kg/(mm·hm^2); 每公顷产 2 883 kg 的高肥地,小麦一生总耗水量达 368.3 mm,水分利用效率为 7.8 kg/(mm·hm^2)。由于肥力不同,作物对水的利用效率显著不同,小麦每公顷产量由 1 050 kg 增加到 2 883 kg,耗水量只增加了 57.2 mm,水分利用效率则提高了 1.31 倍。

据测定,高肥力田 0~50 cm 土层平均自然含水量明显高于中、低肥力田,且水分多集中在 20 cm 左右土层中,极利于春小麦播种、出苗及幼苗根系吸收利用。小麦收获时 0~2 m 土层高肥力田的自然含水量低于低肥力田。施肥可提高土壤肥力,促进小麦根系向深层扩展,从而有效利用深层水,显著提高春小麦的抗旱能力及水分生产率,使收获时土壤水分显著低于少肥的低产田。

表 2-3-4 小麦收获期土壤含水量(1983 年)

土层深度/cm	高肥地土壤含水量/%	低肥地土壤含水量/%
0~50	6.3	7.5
50~100	9.2	11.8
100~150	10.4	12.6
150~200	11.6	12.5

试验证明,在土壤供肥能力强的情况下虽遇干旱,但作物仍会获得较好的收成。1984 年秋天翻压的绿肥地土壤水分状况虽不如半休闲地,但前者因土壤养分条件好,小麦产量 1 655 kg/hm^2,后者只有1 289.25 kg/hm^2,前者比后者增产 28.37%。提高土壤肥力是提高土壤水分利用率的有效途径,随着施肥量的增加和管理水平的提高,产量和耗水量增加,耗水系数下降,水分利用率相应提高。地处固原西郊乡的鸦儿沟村和饮马河村是 2 个相邻的村,自然条件类似,鸦儿沟村施肥水平和管理水平都显著高于饮马河村,因而鸦儿沟村每毫米降水生产粮食 0.167 kg,饮马河村仅为 0.091 kg。据研究,在固原旱地不断培肥地力的农田,产量变动的影响因素中,农业技术措施占 47%,天气占 53%。而长期广种薄收、进行掠夺式经营的农田,农业技术措施只占 15%,天气则占 85%。

从形成春小麦产量的养分来源分析,来自土壤、化肥、农家肥的增产效应分别为 53%~72.4%、7.9%~26.9%、20.2%~27.6%,土壤本身的增产效应大于当年施用化肥、农家肥的增产效应(表 2-3-5)。

上述资料充分说明,土壤肥力是影响旱作物产量的主导因素,培肥土壤、以肥调水是提高旱地作物产量的重要途径。

表 2-3-5　来自土壤、化肥、农家肥的增产效应

处理	产量/（$kg \cdot hm^{-2}$）	较对照增产/（$kg \cdot hm^{-2}$）	增产率/%	产量来自土壤的比例/%	产量来自化肥的比例/%	产量来自农家肥的比例/%
N 0+P 0+M 0(CK)	1 650.0	—	—			
N 0+P 0+M 30 000	2 278.5	628.5	38.1	72.4		27.6
N 0+P 60+M 30 000	2 511.0	861.0	52.2	65.7	9.3	25.0
N 30+P 60+M 30 000	2 643.0	993.0	60.2	62.4	13.8	23.8
N 60+P 60+M 30 000	2 956.5	1 306.5	79.2	55.8	22.9	21.3
N 90+P 60+M 30 000	3 076.5	1 426.5	86.5	53.6	26.0	20.4
N 60+P 0+M 30 000	2 728.5	1 078.5	65.4	60.6	16.4	23.0
N 60+P 30+M 30 000	2 808.0	1 158.0	70.2	53.8	23.9	22.3
N 60+P 90+M 30 000	3 019.5	1 369.5	83.0	54.6	24.5	20.9
N 90+P 90+M 30 000	3 112.5	1 462.5	88.6	53.0	26.8	20.2
N 30+P 30+M 30 000	2 473.5	823.5	49.9	66.7	7.9	25.4

注：①N、P 为纯氮、纯磷。②M 表示农家肥，指示作物为春小麦。③施肥量以每公顷千克计。

1. 地力与作物生产力的关系

土壤是一个开放的非均匀的、多相的、以不可逆过程为特征的非平衡的热力学系统，它不断地与外界进行物质和能量的交换，并以一定的形式向植物（以及微生物）传递物质和能量，从而维持自身组织的有序结构，其功能的强弱表现在肥力水平上。

生产实践证明，同样的降水条件下，不同地块的产量差异显著。造成这种差异的内在原因，主要归结于土壤可供给农作物生长发育的养分数量存在差异。如在旱坡地上的同一地块中，粪底盘（即农田中堆放粪的地方）的作物从长相到产量都显著好于四周，这种差异越是遇到旱年越明显。有数据表明，粪底盘与四周农田相比，小麦增产 170.6%，莜麦增产 149.7%。

大量田间试验也证明，肥力对旱地作物生产力有决定作用。黄泽等研究表明，不论在旱年还是丰水年，凡是绿肥茬和施用化肥的处理区，产量均显著高于不施肥处理区，而且年际间变化幅度小。黄泽等 4 年（1979—1982 年）试验发现，经翻压绿肥及化肥培肥的处理区，小麦产量变化范围为694.5~1 299 kg/hm^2，平均值为 1 017 kg/hm^2，变异系数为 0.16；而对照区产量只有 334.5~1 089 kg/hm^2，平均值为 529.5 kg/hm^2，变异系数高达 0.47。这一试验结果既说明了培肥地力的增产作用，也反映了其稳产性能。

研究表明，在一定范围内，地力与作物产量呈显著正相关，与耗水系数呈显著负相关（表 2-3-6）。统计分析显示，地力与产量间呈显著二次曲线关系（表 2-3-7）。农田营养物质亏缺率越大，施用肥料的增产效果越明显；当施肥量达到一定水平时，虽然产量仍有所增加，但增产速率趋于减缓，边际产量下降，若其他农业资源要素的构成不进行相应调整，则会出现肥料报酬递减现象。此时，再次增加肥料投入量，产量曲线进入平稳阶段；当肥料过量时，产量反而下降。当品种、土壤耕作措施、病虫害防治和盐渍化治理等均能控制在最佳状态时，则平稳阶段中的最高点所对应的产量坐标值，可视为该作物在当地应予实现的水分生产潜力值。鉴于现阶段旱作农业区农田养分供应不足现象十分普遍，因而除极少数地方外，旱作农田的生产水平尚处在产量曲线急速上升阶段的前期，少量的肥料投入即可带来较大幅度的增产。

表 2-3-6　地力水平与作物产量及耗水系数的关系

地点	作物	年份	地力与作物产量		地力与耗水系数	
			产量变动范围/($kg·hm^{-2}$)	相关系数(r_1)	耗水系数范围/($mm·kg^{-1}·hm^{-2}$)	相关系数(r_2)
固原市陶庄村	春小麦	1984	583.5~2 971.5	0.912 3	0.712~0.160	−0.920 5
	谷子	1984	1200.0~4 830.0	0.898 7	0.527~0.147	−0.931 7
	马铃薯	1984	3 504.0~7 650.0	0.938 6	0.200~0.089	−0.893 4
海原县杨堡村	春小麦	1984	568.5~1 887.0	0.872 8	0.577~0.172	−0.890 3
	糜子	1984	514.5~2 986.5	0.941 7	0.747~0.157	−0.923 5
	马铃薯	1984	1 411.5~4 953.0	0.968 7	0.348~0.099	−0.935 0

表 2-3-7　旱作农田主要作物生产力与施肥水平的回归关系(固原市)

作物	年份	回归方程	相关系数(r)
春小麦	1984,1988,1989	Y=803.964 0+13.661 4 X−0.032 62 X^2	0.997 2
谷子	1984,1987—1989	Y=1 916.934 0+16.332 9 X−0.033 742 X^2	0.995 2
马铃薯	1984	Y=3 220.071 0+47.330 0 X−0.138 25 X^2	0.987 0
荞麦	1988	Y=1401.714 0+13.212 9 X−0.039 93 X^2	0.998 2

注:表中Y为作物产量,X为纯氮量(P_2O_5用量为纯氮量的 1/2),单位为 kg/hm^2。

2. 地力与水分利用效率的关系

“薄旱相连”是旱作农业区的一种普遍规律,土壤瘠薄导致植物提早受旱,而气候干旱又容易加剧作物营养不良状态。增加水分供应可以提高肥料的增产效果,同时改善土壤的供肥条件,增强作物抗旱性能,提高有限水分的利用效率。

当前的旱地作物产量之所以与降水多寡密切相关,根本原因在于土壤瘠薄,根系伸展范围小。当土壤供水量减少时,作物无法将有限的水分吸收利用,使之参与有机合成,故低产。所以旱灾不仅是因为缺水,更与缺肥有关,二者共同作用加重了干旱的危害程度。正是由于这种原因,目前旱作农业生产表现为有旱就减产、大旱大减产、风调雨顺亦难相应增产的低而不稳的局面。黄土高原耕地类型区的农田具有土层深厚、质地疏松、持水度和孔隙度高的特点,有着很强的贮存和调节水分的功能。如果作物利用深度以 2 m 计,可蓄存水分 500~650 mm,相当于半湿润偏旱区的全年降水量。当前,旱地作物长势弱、产量不高,其直接原因往往不完全取决于土壤水分含量的多少,而在很大程度上是由土壤肥力不足、根系不能充分下扎、利用土壤深层贮水的能力太差造成的。

鉴于水分不足是旱作农业区农业自然条件的基本特色,现阶段,立足天然降水,提高有限水资源的利用效率,是发展旱作农业的根本途径。张镜清等(1990)对旱地玉米的研究表明,水分利用效率与肥料施用量的关系可用多元一次关系式表达为:

$$Y_{水}=9.928\ 5+0.019\ 6\ N+0.017\ 2\ P+0.001\ 56\ M$$

式中:N为氮肥,P为磷肥,M为有机肥,$Y_{水}$为水分利用效率。

显而易见,在当地土壤基础生产力(无肥区)的条件下,每毫米水分可生产玉米 9.928 5 kg/($mm·hm^2$)。每千克氮素化肥可使每毫米水分生产玉米增产 0.019 6 kg,每千克磷素化肥可使每毫米水分生产玉米增产 0.017 2 kg，每担(折合 15 kg)有机肥可使水分利用效率提高 0.023 4 kg/(mm·hm^2)。这一试验结果恰好从另一侧面证明肥力在水分利用中的重要作用，而培肥地力可以有效地提高水分利用效率。

第二节　以肥调水技术途径

根据以肥调水的论点，依照旱作农业区目前生产水平低下、土壤瘠薄、有限的自然降水的作用未能充分发挥、水分生产潜力大的特点，应采取如下培肥土壤、以肥调水的具体措施。

一、实行科学合理的轮作制，建立良好的农田生态系统

建立科学的轮作制度有利于恢复土壤肥力，培肥地力，提高土壤蓄水保墒能力，减少杂草及病虫危害。

经多年研究，宁夏旱作农业区最适宜的轮作制度为粮豆、粮粮互利互补的轮作制(严禁马铃薯、西瓜重茬与迎茬)，即豆类作物→小麦→小麦→油料作物(胡麻)、豆类作物→玉米→玉米→马铃薯、小麦→玉米→玉米→马铃薯、豆类作物→小麦→玉米→马铃薯、西瓜→玉米→玉米→马铃薯 4 年轮作。

(一)粮豆轮作

粮豆轮作的优点：一是恢复和提高土壤肥力。豆类作物(豌豆、扁豆、蚕豆)是旱作农业区的主要养地作物，是小麦及其他作物的良好前作，在种植制度中安排适当比例的豆类作物是一项简单易行、投资少、收益大的培肥增产措施。

据测定(表 2-3-8)，20 cm 耕作层内有机质含量种豆后比种豆前增加 0.66 g/kg，每 666.7 m^2 增加有机质 100.05 kg，豆茬比连作麦茬高 0.29 g/kg，按每 666.7 m^2 20 cm 耕作层内土壤 15 万 kg计算，每 666.7 m^2 增加有机质43.5 kg，相当于 1 000 kg 优质农家肥的有机质含量。全氮含量种豆后比种豆前增加 0.13 g/kg，比连作麦茬高 0.02 g/kg，折合每 666.7 m^2 增加纯氮 3.06 kg。在施肥条件下豆茬的全氮含量增加 0.93 g/kg，比连作麦茬同等施肥条件下的全氮含量高 0.08 g/kg，折合每 666.7 m^2 增加纯氮 11.82 kg。豆茬碱解氮含量比种豆前增加 24.72 mg/kg，比连作麦茬高 4.18 mg/kg。豆茬全磷含量由种豆前胡麻茬的 1.55 g/kg 增加到种豆后的 1.77 g/kg，增加了 0.22 g/kg，折合每 666.7 m^2 增加磷素 34.31 kg。速效磷含量由种豆前胡麻茬的23.25 mg/kg 增加到种豆后的 32.87 mg/kg，比连作麦茬高 7.86 mg/kg。

表 2-3-8　豆茬对土壤养分的影响

年份	种豆前土壤养分含量					豆茬土壤养分含量					连作麦茬土壤养分含量				
	有机质/(g·kg^{-1})	全氮/(g·kg^{-1})	全磷/(g·kg^{-1})	碱解氮/(mg·kg^{-1})	速效磷/(mg·kg^{-1})	有机质/(g·kg^{-1})	全氮/(g·kg^{-1})	全磷/(g·kg^{-1})	碱解氮/(mg·kg^{-1})	速效磷/(mg·kg^{-1})	有机质/(g·kg^{-1})	全氮/(g·kg^{-1})	全磷/(g·kg^{-1})	碱解氮/(mg·kg^{-1})	速效磷/(mg·kg^{-1})
1984	9.67	0.69				11.45	0.82		55.77	24.22	11.01	0.78		53.03	21.65
1985	11.54	0.78	1.55	35.39	23.25	11.67	0.88	1.77	64.45	32.87	11.46	0.87	1.63	58.83	19.72
1986	11.69	0.88				11.78	1.02				11.55	1.01			
平均	10.97	0.78				11.63	0.91		60.11	28.55	11.34	0.89		55.93	20.69

二是增强土壤蓄水保墒能力，提高水分利用效率。旱作农业的耕作技术中心在于培肥土壤，以肥调水，提高水分利用效率，使有限的自然降水发挥更大的作用。种植豆类作物不仅可增加表土养分含量，而

且可增加土壤贮水量，提高耕作层和播种层土壤含水量，从而既提高保苗率，又提高水分利用效率。

豌豆生育期较短，收获较早，土壤水分消耗较少，接纳降水时间较长，且种豆后土壤肥力提高，土壤保水供水能力增强。于翌年春播前测定 0~200 cm 土层内土壤贮水量，豆茬比麦茬多 12.6 mm，每公顷多贮水 126 m^3；豆茬比胡麻茬多 28.68 mm，每公顷多贮水 286.8 m^3。

春播缺墒历来是旱作农业生产的主要威胁之一，而种豆对提高翌年播种层土壤含水量有着明显的作用。经测定，播种层 10 cm 处的土壤含水量，豆茬比麦茬高 0.58 个百分点，豆茬比胡麻茬高1.47 个百分点。在 1986 年春旱条件下调查，豆茬种春小麦田间出苗率达76.6%，比麦茬田间出苗率（74.3%）高 2.3%，比小麦连作 2 年田间出苗率（72.6%）高 4%。

种豆后土壤肥力提高，后作用水效率相应提高，豆茬麦比连作麦耗水量增加，耗水系数减小，水分利用效率提高 30.7%~60.8%（表 2-3-9）。

表 2-3-9　豆茬麦不同年份的水分利用效率

年份	处理		产量/（kg·hm^{-2}）	播前土壤贮水量/mm	生长期间降水量/mm	收后土壤贮水量/mm	耗水量/mm	耗水系数	水分利用效率/（kg·mm^{-1}·hm^{-2}）
1984	施肥区	豆茬麦	2 110.50	376.80	344.80	341.28	380.32	0.18	5.55
		连作麦（两年）	1 372.88	370.08	344.80	402.00	317.88	0.23	4.32
	不施肥区	豆茬麦	1 886.25	375.12	344.80	354.00	365.92	0.19	5.15
		连作麦（两年）	1 248.38	358.80	344.80	380.40	323.20	0.26	3.86
	平均	豆茬麦	1 998.38	375.96	344.80	347.64	373.12	0.19	5.35
		连作麦（两年）	1 310.63	364.44	344.80	391.20	320.54	0.25	4.09
1985	施肥区	豆茬麦	2 499.75	382.40	254.00	298.08	338.32	0.14	7.38
		连作麦（两年）	1 613.25	369.60	253.70	327.12	296.18	0.18	5.45
	不施肥区	豆茬麦	2 038.13	384.00	254.00	295.20	342.80	0.17	5.95
		连作麦（两年）	1 257.38	374.40	253.70	320.88	307.22	0.24	4.09
	平均	豆茬麦	2 268.94	383.20	254.00	296.64	340.76	0.15	6.66
		连作麦（两年）	1 435.32	372.00	253.70	324.00	301.70	0.21	4.77

（二）休闲轮作

休闲又叫歇地，休闲不是让土地荒芜，而是让其“休养生息”，用地、养地相结合来提升和巩固粮食生产力。休闲期间同样要注意耕地管理与保护，增强农业发展后劲，实现真正的“藏粮于地”。

休闲轮作作为一种抗旱增产措施，具有以下优点：

一是蓄水保墒效果好。休闲地在雨季以前有充分的时间耕翻、晒土，因而能充分蓄积雨水。据测定，春播前歇地土壤含水量要比麦茬地高 1.6~3 个百分点。

二是积累养分多。中国农业科学院土壤肥料研究所试验结果表明，半休闲比不休闲的复种玉米地，在小麦播种前，硝态氮增加 15 mg/kg，出苗率提高 40%。

三是防虫杀草效果高。茬地因为种有作物，无法早耕，故不能有效地消灭杂草。歇地有充分时间耕作，既能消灭地上生长的杂草，又能清除土壤中感染的草籽。歇地还能防治病虫害，如小麦种在歇地上，能防治金针虫和蝼蛄，亚麻种在半歇地上能防治立枯病。

四是减少作物蒸腾量。土地经过休息，土壤就变肥，土壤溶液就变浓，作物消耗的水量就相对减少。需水量减少，就能使有限的雨水发挥更大的增产作用。

五是增产显著。经多年调查，歇地种植各种作物能增产 11.1%~85.7%，到第三年还能增产，能使轮作周期的总产量增加 6.6%以上，还能改善作物品质。

(三)草田轮作

宁夏旱作农业区耕地面积大，地力水平低，种植绿肥作物，实行草田轮作制，既可实现农牧结合、兴牧促农，又可培肥地力，增加作物产量。其方式，一是作物带种苜蓿(4~5 年后翻压)、草木樨(第一年带种，第二年翻压)形成草田轮作。二是在年降水量 400~500 mm 的半干旱温暖区发展麦后复种绿肥作物。

绿肥作物有机质丰富，含有氮、磷、钾和多种微量元素等养分，能改善土壤结构，提高土壤的保水保肥和供肥能力。绿肥作物翻压后能增加土壤有机质及氮、磷等养分含量，改善土壤的物理性状。

据测定，草木樨生长期间，根系的机械作用和生理活动使土壤物理性状得到改善，土壤水稳性团粒含量增加。草木樨压青田比对照田有机质增加 207.5%，全氮增加 45.7%，全磷增加 107%，碱解氮增加 37.5%，多点测定增产幅度 41.6%~164.2%(表 2-3-10)。

表 2-3-10　草木樨翻压后 0~20 cm 土壤养分变化(1978—1980 年)

处理	有机质含量/($g \cdot kg^{-1}$)	全氮含量/($g \cdot kg^{-1}$)	全磷含量/($g \cdot kg^{-1}$)	碱解氮含量/($mg \cdot kg^{-1}$)	速效磷含量/($mg \cdot kg^{-1}$)
对照田(CK)	3.35	0.46	0.86	66.10	12.50
压青田	10.30	0.67	1.78	90.90	42.00

注:对照田为小麦茬地。

二、科学施肥

按照“调整肥料施用结构、改进施肥方式、扩大施用有机肥、培肥地力、实施有机肥与无机肥相结合、提高肥水利用率、减量控污”的技术路径，推广测土配方、种肥分层播、机械深施等科学施肥技术。

(一)调整肥料施用结构，增施有机肥，配方施用化肥，有机肥和无机肥相结合

1. 增施有机肥

宁夏旱作农业区靠农作系统内部返回的有限有机肥是无法培肥地力的，必须通过外部投入提高作物对辐射能和二氧化碳的利用率，改善农田生态环境，增加有机质，扩大氮、磷和其他营养物质的来源。近年来，随着耕地质量提升项目的实施，宁夏在推动粪肥腐熟还田的基础上，加大资金补贴，加快有机肥部分替代化肥绿色生产示范县和绿色标准化生产示范区建设，强化有机肥替代化肥技术示范，集成推广“有机肥+配方肥”“有机肥+水肥一体化”等施肥技术模式。

据 2015 年在固原市原州区河川乡试验，全膜双垄覆盖垄侧播种玉米(表 2-3-11)，在氮、磷素一致的基础上，对商品有机肥进行梯度处理，随着商品有机肥施用量的增加，产量增加 453~2 764.5 kg/hm^2，盈利402~3 513 元/hm^2，施商品有机肥 2 400 kg/hm^2 时，产量和盈利表现最好，分别为 9 018 kg/hm^2 和 3 513 元/hm^2。又据在同心县试验，随着商品有机肥施用量的增加，玉米后期成熟度变好，施商品有机肥 2 400 kg/hm^2 时产量和经济效益表现最好，产量均在 13 050 kg/hm^2 以上，施商品有机肥 1 800 kg/hm^2 以下时增产作用不明显。据此确定玉米商品有机肥适宜用量为 1 800~2 400 kg/hm^2。

表 2-3-11　玉米全膜双垄覆盖垄侧播种条件下商品有机肥的增产效应(原州区)

处理	产量/(kg·hm⁻²)	较不施有机肥增产/(kg·hm⁻²)	经济效益		
			增值/(元·hm⁻²)	成本/(元·hm⁻²)	盈利/(元·hm⁻²)
不施有机肥	6 253.5	—			
施 600 kg/hm² 有机肥	6 706.5	453.0	906.0	504.0	402.0
施 1 200 kg/hm² 有机肥	7 204.5	966.0	1 932.0	1 008.0	924.0
施 1 800 kg/hm² 有机肥	8 187.0	1 933.5	3 867.0	1 512.0	2 355.0
施 2 400 kg/hm² 有机肥	9 018.0	2 764.5	5 529.0	2 016.0	3 513.0

注:有机肥 0.84 元/kg,玉米 2.00 元/kg。

小麦试验结果表明,不同商品有机肥用量小麦群体构成相差不大,用量 1 800 kg/hm² 以上时,小麦晚熟,收获期推迟,收获品质下降,蚜虫、白粉病发生较重;用量 1 500 kg/hm² 时,小麦长势优良,产量最高,较全量化肥增产 430.5~712.5 kg/hm²,平均增产 496.95 kg/hm²;用量 1 050 kg/hm² 时,较全量化肥增产 279~513 kg/hm²,平均增产 310.5 kg/hm²;用量 1 050 kg/hm² 以下时,增产作用不明显。据此确定小麦商品有机肥适宜用量为 1 050~1 500 kg/hm²。

2. 测土配方施肥,调整肥料结构

测土配方施肥是指调整肥料结构,实施测、配、产、供、施一体化,以土壤测试和肥料田间试验为基础,根据作物需肥规律、土壤供肥性能和肥料效应,在合理施用有机肥的基础上,提出氮、磷、钾及中量、微量元素等肥料的施用数量、施肥时期和施用方法。测土配方施肥技术的核心是调节和解决作物需肥与土壤供肥间的矛盾。同时有针对性地补充作物所需的营养元素,作物缺什么元素就补充什么元素,需要多少补充多少,实现各种养分平衡供应,满足作物的需求,达到提高肥料利用率和减少用量、增加作物产量、改善农产品品质、节省劳力、节支增收的目的。

(1)半干旱偏旱区。半干旱偏旱区多为缓坡丘陵或黄土丘陵,主要土壤类型为灰钙土、黄绵土、新积土等,主要种植马铃薯及小杂粮等作物。耕地有效铜含量丰富,土壤有效硼含量中等,土壤有机质、全氮、碱解氮、有效磷,有效铁、锌、锰含量缺乏。根据本区域种植的粮食作物的需肥特性及土壤养分现状,施肥总方案是增施有机肥、调氮增磷补钾、玉米增施锌肥、合理施用中微量元素肥料。

(2)半干旱区。半干旱区主要为黄土丘陵,主要土壤类型为黄绵土、黑垆土、新积土等,主要种植马铃薯、玉米、小麦及小杂粮等作物。耕地土壤有机质、全氮、有效铜、有效硼含量中等,速效钾含量较为丰富,速效氮、速效磷含量缺乏,有效铁、锌、锰含量缺乏。根据本区域种植的粮食作物的需肥特性及土壤养分现状,施肥总方案是增施有机肥、增氮补磷、合理施用钾肥和中微量元素肥料。

(二)改进施肥方式方法,减少水分消耗,提高水分利用效率

1. 改春施肥为秋施肥

秋施肥又叫隔年施肥,是在秋末雨季结束后,结合最后一次耕翻收耱将底肥(包括有机肥、化肥)施入土壤中,此时是一年中土壤水分含量最高的时期,有利于有机肥的腐熟分解和化肥的充分溶解,可使土肥相融。铵态氮肥溶解后能为土壤颗粒所吸附,秋施肥的施肥部位不仅土壤含水量较高,比表层稳定,而且是作物根系分布的主要层次。因此,可为肥料的转化及分解、作物根系的吸收利用和减少挥发、防止风蚀提供良好的条件。它适用于春播的各种作物和各种类型的农田。秋施肥既解决了早春土壤化冻浅、农家肥

及化肥难以深施、土壤消冻时大量施肥易烧种烧芽的弊病，还具有减少春季用工量、调节畜力及机械忙闲、保证春季抢墒早播等优点，可达到秋雨春用的目的，从而提高水分利用效率。

据试验，氮、磷化肥底施，利用率分别可提高 11.3%和 14.2%。据测算，种植胡麻每秋施 0.5 kg 肥料等于春施 0.57 kg 肥料的肥效。又据海原县农业技术推广服务中心试验，同量的有机肥秋施，经一段时间腐熟后，于小麦播前测定 0~20 cm 土层里全氮含量比春施肥高 0.28 g/kg。又据试验，春小麦秋施肥处理比春施肥处理田间出苗率提高 14.35%，在拔节期、孕穗期 2 次测定，比春施肥叶片数多 0.4 片和 0.25 片，种子根多 0.15 条，次生根多 0.45 条和 1.75 条。同时叶面积增大，叶面积系数增大 0.47 倍和 1 倍，光合生产率提高 0.22 $g/m^2 \cdot d$、0.74 $g/m^2 \cdot d$，从而使水分利用效率提高 12%，起到了以肥养土、肥土促苗、苗壮根深、以根调水的作用。

秋施有机肥可增加土壤有机质，改善土壤结构，从而提高土壤的蓄水保墒能力。据测定，20 cm 土层含水量秋施有机肥比春施有机肥高 1.29 个百分点。

秋施肥由于提高了肥料利用率和土壤保水能力，因而苗全苗壮，根系发达，抗旱性增强，增产显著。据原州区农业技术推广服务中心试验，春小麦秋施化肥比春施化肥增产 16%，经济效益提高 129%。小麦秋施农家肥比春施农家肥增产 16%。又据中国科学院西北水土保持研究所在固原试验，每公顷秋施纯氮、纯磷各 30 kg 比等量肥春施，春小麦、糜子、谷子分别增产 23.4%、49%、58.3%。

2. 化肥深施

化肥深施不仅可以减少化肥挥发损失，提高肥料利用率，有利于作物更好地吸收利用，还能减轻环境污染，达到增产增收的效果。据试验，氮肥深施后平均利用率可由 30%提高到 40%，磷钾肥深施可减少风蚀的损失，促进作物吸收，延长肥效，增产率一般可达 5%~15%。

底肥深施：一是先撒肥后耕翻；二是边耕翻边将化肥施于犁沟内，化肥深施深度以 15~20 cm 为宜。

种肥深施：种肥深施时要求种、肥间能形成一定的土层厚度，一般 3 cm 以上，以满足作物苗期生长对养分的需求，可避免烧种、烧苗现象的发生。

追肥深施：在作物距株、行两侧 8~10 cm 处，开小沟条施或穴施，深度为6~10 cm，肥带宽 3 cm 以上，施肥后尽快覆土。

3. 一次性施肥技术

2012 年先后在宁夏旱作农业区原州区、彭阳县、西吉县、同心县开展玉米、马铃薯等粮食作物的控释配方肥一次性施肥技术试验示范。多点试验示范证明，一次性基施控释配方肥对作物种子或移栽幼苗十分安全(即使基施 N 达到 450 kg/hm^2)，作物生育后期不脱肥，稳产并略有增产；在同一目标产量前提下，控释配方肥氮肥施用量在常规肥料建议氮肥用量基础上减少 10%~20%，不会造成作物减产，化肥利用率明显提高；在适用作物上，参试的粮食作物均显示出控释配方肥一次性施肥技术是可行的；在施肥方法上并无特殊讲究，控释配方肥最好做基肥施用，方法有撒施后旋耕或犁翻、机械播施、种子肥料机械同播(种子、肥料分开)等；从农户应用的角度看，一次性施肥技术操作简单，可减少施肥劳动投入，施肥更趋智能化和傻瓜化，受益范围广。经过多点、多种施肥方法 4 年试验、2 年示范，该技术可使每公顷生产用工减至 15~30 个，玉米平均产量 9 615 kg/hm^2，纯收益 5 415 元/hm^2，比当地常规施肥增收 661.5 元/hm^2。

(1)一次性施肥技术的关键环节。一是控释配方肥的养分释放必须与作物吸肥规律匹配，控释配方肥的养分释放必须与作物生育期匹配，在关键节点期控释配方肥释放的养分量要与作物养分吸收量匹配，这需要适宜的控释氮肥结构来保证。二是控释配方肥一次施用必须安全，全生育期不缺肥、不脱肥。

(2)施肥方案。

①覆膜玉米施肥推荐配方:45%(30-15-0)或相近配方。

根据玉米目标产量,选择原料符合 HG/T 4215—2011、GB/T 23348—2009、NY/T 496—2010 等要求的玉米专用控释配方肥。该配方肥是根据玉米养分吸收规律、土壤供肥能力和测土配方技术,将释放期 45~150 d 的控释尿素和磷、钾肥按一定比例混合而成的满足玉米全生育期氮、磷、钾养分需求的复(掺)混肥料。施肥方法:将控释配方肥均匀撒施在土壤表层,然后旋耕耙耱;或划行后将控释配方肥均匀撒在小垄的垄带内;或采用施肥、覆膜一体机将玉米专用控释配方肥全部施入土壤,施肥、覆膜同时完成。施肥建议:于覆膜前一次性基施。目标产量 10 500 kg/hm^2 以上,配方(缓控释)肥推荐用量 840~885 kg/hm^2;目标产量 9 000~10 500 kg/hm^2,推荐用量 765~810 kg/hm^2;目标产量 7 500~9 000 kg/hm^2,推荐用量 630~660 kg/hm^2;目标产量 6 000 kg/hm^2 以下,推荐用量 495~525 kg/hm^2。

②马铃薯施肥推荐配方:39%(18-15-6)-S 或相近配方。

该配方肥是根据马铃薯养分吸收规律、土壤供肥能力和测土配方技术,将释放期 45~120 d 的控释尿素和磷、钾肥按一定比例混合而成的满足马铃薯全生育期氮、磷、钾养分需求的复(掺)混肥料。肥料一次性基施,采用撒肥旋耕或肥料机播等方法,施肥深度 10~15 cm。也可结合播种,空行侧施或播种沟种薯间点施。避免化肥与种薯直接接触。施肥建议:于播种前一次性基施。目标产量 30 000 kg/hm^2 以上,配方(缓控释)肥推荐用量 1 245 kg/hm^2;目标产量 22 500~30 000 kg/hm^2,推荐用量 915~1 245 kg/hm^2;目标产量 15 000~22 500 kg/hm^2, 推荐用量 600~915 kg/hm^2; 目标产量 12 000 kg/hm^2 以下, 推荐用量 474 kg/hm^2 以下。

三、改进作物收割方式,增加根茬、秸秆还田

农作物秸秆是重要的有机肥料,通过多种途径还田,可以增加土壤养分,改善土壤理化性状。

(一)春小麦留高茬还田对土壤肥力的影响

在收获时改进作物收割方式,推行留高茬,实行根茬还田是增加土壤有机质的一项投资少、效益高、农民易于接受的土壤培肥措施。据原州区农业技术推广服务中心测定, 春小麦留茬 5 cm, 可还田秸秆 430.05 kg/hm^2;留茬 10 cm,可还田秸秆 818.4 kg/hm^2;留茬 15 cm,可还田秸秆1 156.2 kg/hm^2;留茬 20 cm,可还田秸秆 1 603.2 kg/hm^2;留茬 25 cm,可还田秸秆 2 224.95 kg/hm^2。还田秸秆 750 kg/hm^2 可使土壤有机质增加 0.1 g/kg。据试验,春小麦 3 年连续收割时留高茬 15~20 cm,耕翻后春小麦平均产量比平茬田(留茬 5 cm)增产 12%~18%,土壤有机质含量增加 1.7 g/kg。

(二)玉米秸秆粉碎直接还田对土壤肥力的影响

同心县 2013—2016 年连续 3 年定位试验(在有补灌条件下)显示,随着秸秆还田量的增加,出苗率下降,不施秸秆出苗率最高,达到 95.8%,秸秆还田量 12 000 kg/hm^2 时玉米基本苗明显减少,较其他处理出苗率低 5 个百分点;从收获穗看,随着秸秆还田量的增加,玉米收获穗呈下降趋势,秸秆还田量 12 000 kg/hm^2 时较秸秆不还田减少 246 穗,降幅为 4.7%;从产量看,秸秆还田量 9 000 kg/hm^2 时产量最高;从秸秆还田成本看,秸秆还田量 9 000 kg/hm^2 以上,成本增加,产量下降,说明玉米秸秆还田量在 9 000 kg/hm^2 以下是适宜的,还能提高后茬作物产量。

从玉米秸秆还田后土壤容重的数据分析 (表 2-3-12),0~20 cm 土壤容重平均值随着还田秸秆量增加而呈降低趋势,以秸秆还田量 9 000 kg/hm^2 时土壤容重最小(1.29 g/cm^3),较 2014 年秸秆不还田土壤容

重(1.38 g/cm³)减少 0.09 g/cm³,减少幅度最大,秸秆还田量 12 000 kg/hm² 时土壤容重平均为 1.3 g/cm³,土壤容重未达到最小值,这与秸秆腐熟度有关,取样测试中可以清楚地看到这个现象。从 0~20 cm 耕作层土壤容重变化情况看,秸秆还田量 9 000 kg/hm² 表现最优。从 0~20 cm 各层土壤含水量变化来看,随着秸秆还田量增加,土壤含水量呈增加趋势,秸秆还田量 12 000 kg/hm² 时土壤平均含水量最大(19.68%),秸秆不还田土壤含水量最小(18.43%),说明土壤中施入秸秆能起到保蓄水分的作用。

表 2-3-12　玉米秸秆还田量对土壤容重和有机质的影响

秸秆还田量/(kg·hm⁻²)	2014 年		2015 年		2016 年		平均	
	容重/(g·cm⁻³)	有机质/(g·kg⁻¹)	容重/(g·cm⁻³)	有机质/(g·kg⁻¹)	容重/(g·cm⁻³)	有机质/(g·kg⁻¹)	容重/(g·cm⁻³)	有机质/(g·kg⁻¹)
0	1.38	6.78	1.38	9.37	1.37		1.38	8.08
3 000	1.37	6.79	1.36	9.40	1.36		1.36	8.10
6 000	1.35	7.63	1.33	9.57	1.32		1.33	8.60
9 000	1.31	7.81	1.29	10.20	1.28		1.29	9.00
12 000	1.31	7.85	1.30	10.25	1.28		1.30	9.05

注:同心县试验点。

从不同年度土壤有机质含量分析,随着秸秆还田量的增加,有机质呈增加趋势。玉米秸秆还田量 9 000~12 000 kg/hm² 时,土壤 0~20 cm 有机质含量达最大值(10.2~10.25 g/kg)。玉米最佳秸秆还田量为 9 000 kg/hm²。

玉米机械收获的同时秸秆被粉碎,均匀平铺于田间,用秸秆腐熟剂30~45 kg/hm² 拌 45~120 kg/hm² 尿素均匀撒施,机械翻耕。

四、深耕培肥土壤

深耕是改良土壤、培肥地力的一项重要措施,深耕能较好地解决土壤水、肥、气、热的矛盾,加速土壤熟化,促进作物生长,提高产量。

一是深耕可以蓄水保墒。深耕能加速雨水下渗到深层,减少蒸发。据测定,耕深 30 cm 可保蓄 130 cm 的水量。又据西吉县农业技术推广服务中心 1995 年测定,0~10 cm 土壤含水量耕深 25 cm 比耕深 15 cm 高 4.6%。10~20 cm 土壤含水量耕深 25 cm 为 15.2%,而耕深 15 cm 只有 8.3%,深耕比浅耕土壤含水量高 6.9 个百分点,小麦增产 24.8%。二是加速土壤培肥和熟化过程。据在固原市陶庄村试验测定,在其他条件相同的情况下,深耕 20~28 cm 比浅耕 12~15 cm 土壤容重降低0.02~0.11 g/cm³,孔隙度增加 2.7%~7.5%,10~20 cm 土壤含水量增加 1.4~1.5 个百分点,20~30 cm 土壤含水量增加 4.6~10.3 个百分点, 土壤碱解氮、有效磷分别增加 27.8%~31.4%、32.6%~136.8%,地温升高 0.7~1℃,小麦产量增加 11.2%。三是能消灭多年生杂草。据调查,深耕 27 cm 比浅耕 12 cm 芦苇出现时间晚15 d 左右,数量减少,生长也弱。四是扩大根系分布。据调查,深耕 30 cm 比浅耕 18 cm 的小麦根加深 16 cm,而且在 90 cm 深的土层内根系增加 106 条/200 cm²,既提高了抗旱能力,又防止了倒伏。

为了发挥深耕的增产作用,应该适墒耕作,并与其他耕作措施相结合,使土块细碎、疏松绵软,巩固和提高深耕效果。

第四章　农田集雨增墒工程技术

第一节　农田集雨增墒工程的作用和类型

一、建设农田集雨增墒工程的作用

土地是农业的主要生产资料，既是各类农作物生命活动的场所，又是其主要的营养源泉，土地质量对农业生产起着绝对的制约作用。多年的实践证明，坚持不懈地开展农田基本建设，以兴修高标准的基本农田为基础，把平整土地拦水与深耕深翻蓄水、增施肥料调水和保护性耕作保水结合起来，把工程措施、生物措施和耕作结合起来，增加农业投入，是彻底改变农业生产条件和生态环境、增强抗灾能力、保持农业长期稳定的重要措施。

（一）建设农田集雨增墒工程是宁夏旱作农业区粮食增产、农业增效、农民增收、保持农业持续发展的基础

一方面，宁夏旱作农业区水资源匮乏，干旱少雨，蒸发强烈，降雨集中于7—9月，与农作物需水期极不协调，常常造成严重的旱灾，特别是春旱发生频繁，农作物产量低而不稳。另一方面，地形破碎，沟壑纵横，导致水土流失，这是宁夏旱作农业区农作物产量低而不稳的主要原因之一。新中国成立以来，宁夏党委、政府始终把农田基本建设作为提高宁夏旱作农业区综合生产能力的一项重要措施常抓不懈，使旱作农业区的生态生产面貌有了巨大的改观。

农田基本建设可蓄水拦泥，变“三跑田”（跑土、跑水、跑肥）为“三保田”（保水、保土、保肥），因而较坡地大幅度增产。地形直接影响降水的再分配及肥力状况，坡顶、坡中、坡脚土壤肥力、渗水贮水能力差异甚大。据安塞水土保持综合试验站在西向坡面上观测，旱季，在坡中部，土壤湿度最大，2 m土层内贮水量为388.2 mm，相当于田间持水量的85.8%；在坡顶土壤湿度最小，2 m土层内贮水量为323.7 mm，相当于田间持水量的71.5%；在坡脚（靠近沟缘），2 m土层内贮水量为372.5 mm，相当于田间持水量的82.3%，略少于坡中部。雨季末期，则出现自坡顶至坡脚土壤湿度次第增大的趋势，在坡顶，2 m土层内贮水量为354.4 mm，比坡脚减少17.5%，比坡中部减少9.4%。由此说明，应在坡地上修建水平梯田等水土保持工程，拦截洪流，调控降水在坡面上的再分配。

坡耕地低产出的主要原因是水土流失严重。据天水水土保持科学试验站的观测，在相同土质、坡长及耕作施肥条件下，4°左右的坡耕地与17°~18°的坡耕地相比，年平均粮食产量高34.7%，土壤冲刷量少258%。因此，要控制水土流失，必须减小坡度，截短坡长，增加土壤入渗，削弱降水在坡面上的汇流和再分配，将坡耕地修成水平梯田（或条田），即可显现出减水减沙效益。

坡地修平后，水土流失得到控制，为土壤养分积累创造了条件，在正常情况下，土壤肥力逐年提高，理

化性质逐年改善，土壤深层贮水量增加，作物根系发达，保墒抗旱能力增强，产量增加。据《西海固扶贫攻坚战——“三西”建设30周年纪念》一书介绍，西海固地区基本农田与相同自然条件下的缓坡地相比，粮食平均每公顷增产1 500~2 250 kg。据在隆德县12个粮食产量监测点调查，2004年梯田粮食平均产量2 995.5 kg/hm²，比坡耕地多1 095 kg/hm²，高出57.6%。其中冬小麦梯田平均产量3 090 kg/hm²，比坡耕地多1 212 kg/hm²，高出64.5%；玉米梯田平均产量3 930 kg/hm²，高出坡耕地33%；薯类作物梯田平均产量3 855 kg/hm²（鲜重5 kg折干重1 kg），高出坡耕地45.2%；蚕豆梯田平均产量2 760 kg/hm²，高出坡耕地40.5%；豌豆梯田平均产量2 460 kg/hm²，高出坡耕地45.1%。可见，与坡耕地相比，梯田由于具有很强的保水、保土、保肥功效，粮食产出水平明显较高，种植在梯田上的各种粮食作物产量均高于坡耕地。坝地、洪漫地同水平梯田一样普遍增产。洪漫地比未漫地增产1倍以上。隆德县温堡乡大岔村生产条件很差，1974年前粮食产量只有650.25 kg/hm²，人均有粮不足140 kg，从1974年开始坚持兴修水平梯田，到1988年底共修建水平梯田56.53 hm²，占耕地总面积的59.1%，全村粮食产量平均单产增加近2倍，人均有粮增加1.5倍。

基本农田建设使粮食稳产增产，农民人均纯收入也相应明显增加。梯田作为农民家庭生产经营最基本的生产要素，对农民收入增长的影响既直接又间接。从直接影响来说，通过增加耕地产出，增加收入；从间接影响来看，通过梯田与其他生产要素的高效配置和产出结构的优化组合，促进收入增加。

（二）修建基本农田是加快退耕还林还草、实现生态环境良性循环的重要保障措施

宁夏旱作农业区人口超载，超过了联合国1978年防治沙漠化会议的界定（在干旱和半干旱区人口密度的临界值为7~20人/km²），按该地区2000年4.8万km²、238.4万人计算，人口密度每平方公里为50人左右，由于基本农田少，坡地产量低，只得靠单一的粮食生产来维持较低的生活水平，长期摆脱不了广种薄收、恶性循环的被动局面。粮食生产与林、牧业争地，使退耕还林还草的目标很难实现，即使暂时退下来，也很难巩固。许多事例证明，退耕还林还草，实现生态环境良性循环的目标必须随着农、林、牧业争地矛盾的解决逐步实现。办法只能是走“以改土夺高产，以高产保退耕，以退耕促林草，以林草兴农牧”的路子。1983年后宁夏加快了农田基本建设的步伐，到1996年建成高标准基本农田22万hm²，保证了退耕还林还草的进程，截至2010年完成退耕还林面积84.8万hm²，森林覆盖率也由2000年的8.4%提高到11.4%，截至2021年底固原地区森林覆盖率达27.28%，西海固地区水土治理程度达80%，有效地控制和减轻了水土流失。

（三）修建基本农田是落实各项旱作农业技术、推进现代旱作农业发展的基础措施

宁夏旱作农业区农业生产的主要限制因子是水和肥。兴修基本农田既可变“三跑田”为“三保田”，最大限度地调节和利用宝贵的降水资源，还可以拦截利用坡面产生的径流，变害为利，增强土壤抗旱保墒能力，这就为增强作物抗旱保墒能力、应用先进的旱作农业技术奠定了基础，推动了农业机械化进程，保证了持续稳产增产。实践证明，在梯田、坝地采用综合现代旱作农业技术，增产效益十分可观。据在西吉县马建乡调查，由于修建了基本农田，水、肥流失得到控制，为养分的积累和地力的提高创造了条件。又采用深耕、配方施肥、选用良种等现代旱作农业技术，随着耕种年限的延长，产量稳步增长，1984年修成的梯田，1985年增产38.5%，1986年则增产52.9%。

（四）修建基本农田是建设高效能水土保持综合防护体系、发展生态经济的主体工程

在水土流失区域，垦殖指数大都达到30%~50%，坡耕地成为产沙产径流的主要策源地，所以，治理坡耕地、建设“三田”就成了水土保持综合治理的重点。20世纪80年代以来，固原地区的水土保持工作进入

了以小流域为单元、建立水土保持综合防护体系的阶段，对园河、筛子河、中河、小河、烂泥河五大河流的106条小流域实行全面规划、综合治理、集中治理。截至1988年，治理面积达852.8 km^2，占小流域面积的34.8%，这些流域已初步形成了较高效能的水土保持综合防护体系，其中，梯田、条田占治理面积的1/3，是防护体系的关键。

基本农田建设改善了当地生态环境，不仅农业增产，农民增收，也为农业的持续发展奠定了稳固的基础。

二、宁夏旱作农业区基本农田的类型

宁夏旱作农业区基本农田指旱作基本农田。各地由于地形、地貌和年降水量的不同，应遵照因地制宜的原则，坚持从实际出发，顺应自然规律和条件，分别修建不同种类的旱作基本农田，其主要类型如下。

1. 水平梯田

指在坡耕地上，沿等高线修筑规整的田坎，使相邻两坎间保持水平的田块。主要修筑在15°以下、土层深厚、年降水量大于300 mm的地区。

2. 隔坡梯田

指在两台水平梯田间留有一定宽度的坡地，一坡一台相间组成的田块。主要修筑在人少、地多、劳力缺乏，或年降水量300~400 mm的地区。

3. 洪漫地

指采取导、引、截、拦等各种引洪方式，利用洪水漫灌的耕地。主要修建在盐池县、同心县、海原县北部，中宁县喊叫水乡、徐套乡，中卫市兴仁镇、蒿川乡等有洪漫条件的地区。

4. 淤地坝

在沟道筑坝，拦蓄径流泥沙。

第二节　主要基本农田的效益及其修建技术要点

一、水平梯田

（一）水平梯田的效益

1. 控制水土流失，保水、保土、保肥

坡耕地修成梯田后，可以达到蓄水、保土、保肥的目的。水平梯田可减少径流50%~80%，减少土壤冲刷60%~90%，一般拦洪蓄水均在90%以上，每666.7 m^2 比坡耕地多拦雨水40~50 m^3，多拦泥土3~4 t。据黄河水利委员会绥德水土保持科学试验站在韭园沟乡王茂庄观测，1961年一次降雨134.3 mm，每公顷坡地产生径流38 mm，冲刷土壤337 t，而每公顷水平梯田仅产生径流7.8 mm，冲刷土壤2.97 t，分别比坡地减少79.5%和99.1%。宁夏水利科学研究院2016年在彭阳县李寨村监测到产生径流3次，降雨量为96.4 mm，经计算坡地年度土壤流失量为18.86 t/km^2，而梯田监测区在监测期间未产生径流，全部就地渗入。

2. 培肥地力，稳产高产

坡地修成梯田后，蓄水保土能力增强，致使土壤水分、养分、理化性状大大改善，土壤肥力逐年提高。据西吉县农业技术推广服务中心测定，5—11月，0~50 cm土层含水量比坡耕地高17%。根据在陕西延

安市安塞的试验，一般坡地修成梯田后，1 m 内土壤含水量增加 4%~12%，有的达 20%以上。又据黄河水利委员会绥德水土保持科学试验站在同块梯田上观测，1961—1981 年的 21 年间，土壤全氮含量由 0.12 g/kg 上升到0.3 g/kg，有机质含量由2.8 g/kg 上升到 5.15 g/kg。由于梯田的拦蓄作用，土壤养分积累很快。与坡地相比，20 年的老梯田比坡地 0~25 cm 土层氮含量高 0.06 g/kg，有机质含量高 1.81 g/kg，硝态氮含量高3.7 mg/kg，铵态氮含量高 2.2 mg/kg，有效磷含量高 7.3 mg/kg。

梯田土壤水分、养分优于坡地，因此作物稳产高产。据宁夏水利科学研究院监测，修成梯田第五年测定，梯田种植小麦比坡耕地增产 37.62%，种植马铃薯比坡耕地增产 26.01%。又据《黄土高原旱地农业的理论与实践》一书介绍，20 世纪 50 年代末 60 年代初修成的梯田在典型村比坡地的产量要高 40%~100%，平均高 65%。到 70 年代和 80 年代，那些 50 年代和 60 年代修筑的老梯田，经过长期的培肥地力，产量较坡地高 1 倍多。据宁夏西吉县 1995—1999 年调查，8 种农作物种植在梯田上较种植在坡地上增产 52.1%~94.5%。隆德县从 1973 年开始修建梯田，到 2004 年建成梯田 3.58 万 hm^2，占耕地面积的 85.9%，坡地梯田化率达93.1%，2004 年与 1990 年相比，粮食播种面积减少了 20.1%，总产增加了 35.9%，人均有粮达 454 kg。

3. 促进综合治理，推动农业现代化进程

梯田的大量修建，使作物单产、总产大幅度提高，不仅解决了农民的温饱和增收问题，而且有力地推进了农业现代化进程。梯田宽、大、平，便于机械化操作，从耕种、收割到运输等生产环节均可广泛使用小型甚至大型农业机械，实施现代旱作农业技术，从而加快了农业现代化进程。

（二）水平梯田的修建技术

依照宁夏水利厅水土保持局、固原市水利勘测设计院 2017 年修订的《小流域水土流失综合治理技术规范　第二部分：工程措施技术》，水平梯田按全区统一标准建设，主要内容如下。

1. 梯田规划原则

（1）梯田建设应在土地利用规划指导下，以行政区域或流域为单元，根据土地资源和人口资源合理确定梯田的类型、分布、数量等。

（2）梯田建设应坚持先近后远、先易后难、先缓坡后陡坡、与当地人口匹配、均衡受益、相对集中连片的原则。

2. 梯田规划内容

（1）梯田应在 15°以下的坡地上修筑；人口密度大于 150 人/km^2 的地区，经县级以上人民政府批准可以适当放宽到 20°。

（2）梯田建设内容应包括梯田、田间道路、生产道路、地埂造林、坡面水系工程等，实行统一布置，同步实施。

（3）土层深厚、年降水量大于 300 mm 的地区，宜一次性修成水平梯田。

（4）人少地多、劳力缺乏，或年降水量 300~400 mm 的地区，可修建隔坡梯田。

（5）年降水量 300 mm 以下的地区及土石山区土层相对较薄的地区，不宜修筑梯田。

3. 梯田设计

（1）梯田设计标准。梯田防御暴雨标准：一次拦蓄 20 年一遇 3~6 h 最大降雨径流。

（2）梯田布设。

①梯田田块应沿等高线布设，大弯就势，小弯取直，地埂水平，便于耕作。

②田面横向应外高内低，田面坡度应控制在 1/100。

③田面纵向应保持水平，田面不均匀高差应小于 0.1 m。

④田块长度应随地形而定，为防止径流冲刷，沿纵向每 30~50 m 应修横向软埂，埂顶应低于地埂高度。

⑤田块宽度，应根据地面坡度、土层厚度、机械耕作要求等因素合理确定。原地面坡度在 3°~5°，修筑梯田田面宽度一般不小于 18 m；5°~15°，修筑梯田田面宽度一般不小于 10 m，具体参照表 2-4-1。

表 2-4-1　黄土丘陵区水平梯田断面要素设计标准

地面坡度 α/°	田坎高度 H/m	田坎侧坡 θ/°	田面宽度 B/m	斜坡长度 L/m	占地			每亩参考土方量 V/m³
					坎 b/m	埂 D/m	面积损失/%	
3	1.04	75	20	20.0	0.27	0.69	4.8	85.4
	1.57	75	30	30.0	0.42	0.69	3.7	128.9
5	1.40	75	18	16.1	0.38	0.69	6.6	113.9
	1.58	75	20	18.1	0.42	0.69	6.1	123.6
7	1.72	75	14	14.1	0.46	0.69	8.2	138.6
	2.21	70	16	16.1	0.80	0.72	9.4	173.0
10	1.76	75	10	10.2	0.47	0.69	11.4	139.7
	2.12	70	12	12.2	0.77	0.72	12.2	165.3
	2.47	70	14	14.2	0.90	0.72	11.4	192.6
13	2.31	70	10	10.3	0.84	0.72	15.1	176.3
	2.77	70	12	12.3	1.01	0.72	14.1	211.4
15	2.68	70	10	10.4	0.98	0.72	16.3	203.4
	3.22	70	12	12.4	1.17	0.72	15.2	241.9
20	2.91	70	8	3.5	1.06	0.72	20.9	210.4

⑥田埂顶宽度（d）一般取 0.3~0.4 m。

⑦田间道路。田间道路为土质路面，路面宽度不小于 3 m，布设密度为 60~90 m/hm²。生产道路应为砂砾石路面，路面宽度 4~6 m，路面铺设厚度不小于 0.1 m，根据需要适当设置截排水沟并砌护。此外，应有梯田埂坎造林种草设计、坡面水系工程设计。

4. 梯田的修筑方法

目前修筑梯田以机修梯田为主，其施工工序包括测量定线、修筑梯田、筑埂等。

（1）梯田定线。集中连片的区域修筑梯田应采用同一个高程控制基准点进行施工放线，在同一条等高线上的田块田面保持同一个高程。梯田施工定线程序：

①基线控制。在选择修筑地块中央沿垂直等高线方向确定基线，地形变化大或建设区域大时，可分设数条基线来控制。

②测定地面坡度。确定田面宽度及斜面宽度、田坎高、田坎占地宽，定出田坎位置。

③沿等高线确定梯田边埂线。

④按照挖填土方相等的原则，确定挖填界限，一般为田面宽的中心线。

（2）田坎施工。田坎清基深度 0.25~0.3 m。清基后夯实底层再筑坎，筑坎应尽可能采用生土，分层夯实，每层铺土厚度不得大于 0.3 m。梯田埂坎修筑，应采用人机结合夯实等方法，要求收坡均匀，坎顶水平。

（3）修筑梯田。机械修筑梯田在确定开挖线后，从田块的一端开始，呈扇形从上一块田埂底部向本田块地埂边缘运土。在田面基本修平时，可采用人机结合的形式边平整田面，边修筑田埂，或田面修平后，及时修筑田埂，以避免土壤湿度不够、田埂拍打不实。机修梯田田坎不应直立，坡度应在 70°~75°，既可保证田埂的稳定性，又可便于田埂的综合利用。

5. 梯田的培肥增产措施

修筑梯田，改善了农业生产基本条件，但由于施工过程中大量翻动土体，造成表土深埋，生土裸露，土层坚硬，土壤物理性状发生变化，养分亏缺，作物生长不良，造成当年减产，甚至几年减产。为此，必须加强梯田的管理，采用相应的培肥措施，保证梯田增产。

（1）深翻，镇压，耙耱，中耕，改良土壤的物理性状。新修梯田土层被打乱，表土被翻压到底下，生土层在地表，生土块大，空隙大，通风透气跑墒。因此，必须深耕，并结合镇压、耙耱以保墒。梯田修成后，结合平整土地，用拖拉机普遍深翻 25 cm，并镇压土壤，耙耱 2~3 次，使土层上虚下实，利于保水保墒，并利于作物根系深扎，充分吸收土壤深层的水分和养分。据宁夏水利科学研究院在海原县监测，深耕 25 cm 后土壤干容重 0~20 cm 由 1.29 g/cm^3 下降为 1.13 g/cm^3，20~40 cm 由 1.4 g/cm^3 下降为 1.125 g/cm^3，种植马铃薯增产 2.9%。据有关试验报道，深翻 24 cm 较深翻 12 cm 增产幅度在 8.7%~12%。

（2）增施肥料。新修梯田与原坡地相比，各项土壤肥力指标均较低，其中速效氮含量降低0.52%，速效磷含量降低 5.9%，速效钾含量降低 2.78%，全磷含量降低 3.95%，全氮含量降低 38.8%，有机质含量降低 5.9%。因此，必须增加肥料投入，每公顷应增施有机肥 4.5 万~7.5 万 kg、普磷 750 kg、尿素450 kg，而且要对挖方部位偏施肥，施肥量占 60%~70%，填方部位占 30%~40%，并连年培肥，迅速提高土壤肥力。

宁夏水利科学研究院新修梯田培肥试验共设置 4 种培肥技术处理，即深耕（25 cm）、深耕+复合肥（600 kg/hm^2）、深耕+复合肥（600 kg/hm^2）+农家肥（3.75 万 kg/hm^2）、深耕+复合肥（600 kg/hm^2）+农家肥（3.75 万 kg/hm^2）+生物菌肥（1 500 kg/hm^2）。试验结果显示，4 种培肥技术处理土壤养分的各项指标除全磷外，其他均高于对照。4 种培肥技术中，深耕+复合肥+农家肥+生物菌肥的效果最好，比单纯深耕马铃薯增产 62.6%，玉米增产36.9%，深耕+复合肥+农家肥次之（表 2-4-2、表 2-4-3）。

表 2-4-2　土壤培肥示范展示田土壤肥力指标（西吉县）

处理	全氮含量/(g·kg^{-1})	全磷含量/(g·kg^{-1})	速效氮含量/(mg·kg^{-1})	速效磷含量/(mg·kg^{-1})	速效钾含量/(mg·kg^{-1})	有机质含量/(g·kg^{-1})
深耕(F_1)	0.57	0.58	34.00	4.30	274.12	6.29
深耕+复合肥(F_2)	0.31	0.78	35.80	3.10	256.00	5.54
深耕+复合肥+农家肥(F_3)	0.41	0.67	38.90	7.90	216.22	7.90
深耕+复合肥+农家肥+生物菌肥(F_4)	0.87	0.97	59.30	9.70	358.13	14.43
CK	0.22	0.71	21.60	1.90	172.00	3.50

（3）实行草田轮作和绿肥压青。草田轮作和绿肥压青是新修梯田最佳的培肥方式。据原州区农业技术推广服务中心研究，草木樨压青比对照有机质增加 207%，全氮增加 46%，磷增加 106.9%，碱解氮增加 37.5%，后作小麦增产 41.6%~164.2%。又据黄河水利委员会绥德水土保持科学试验站试验，在新修梯田上

表 2-4-3　不同培肥技术作物产量(海原试点 1966 年、1967 年两年产量平均)

单位：kg/hm^2

培肥技术	马铃薯产量	玉米产量
深耕	10 725.0	5 248.5
深耕+复合肥	15 055.5	5 698.5
深耕+复合肥+农家肥	16 560.0	6 535.5
深耕+复合肥+农家肥+生物菌肥	17 440.5	7 185.0

种草木樨，0~40 cm 土层内每公顷残留的根量，一年生草木樨为 984 kg，两年生草木樨为 3 106.5 kg，为糜谷类作物残留根量（499.5 kg/hm^2）的 1.97 倍和 6.22 倍。草茬种植作物，第一年种小麦，比一般农田高 1 倍；第二年种谷子，比一般农田高 1.5 倍；第三年种糜子，比一般农田高 2 倍以上。

（4）选种适生作物，充分发挥梯田的潜力。据经验，新修梯田第一年种豆类作物、马铃薯相对有把握，胡麻、糜子、谷子、小麦次之。但要因地制宜，如表土处理不好，墒情差，肥料少，阴坡光温条件差，最好种马铃薯、豆类等适生作物，反之种谷子、玉米，以经济合理地利用土地。在施肥相同条件下，种马铃薯比种玉米要增产 46%~58%。

二、隔坡梯田

隔坡梯田是根据拦蓄径流的要求，在一个坡面上每修水平梯田一台，上方留出一定面积的原坡不修，坡面产生的径流蓄于下方的水平田面上。

（一）隔坡梯田的优点

（1）隔坡梯田有利于实施径流农业。隔坡梯田除能蓄积自身部分的雨水外，还能拦蓄上方坡地来水和泥沙，拦泥、蓄水、保肥效果显著。据延安市水土保持科学研究所 1981 年的调查，隔坡梯田拦泥效益在94.1%以上。又据径流小区试验观测，1982 年汛期降雨量 355.5 mm，坡耕地小区产生径流 3 次，径流量 4.6 mm，冲刷量 413 t/km^2，而平坡比 1:1、1:2、1:3 三种不同断面的隔坡梯田径流小区均未产生径流。1983 年汛期降雨量 642.4 mm，坡耕地小区产生径流 6 次，径流量 53.2 mm，冲刷量 19 660.3 t/km^2，而平坡比 1:1、1:2、1:3 不同断面的隔坡梯田径流量分别为 4.4 mm、4.52 mm、12.05 mm，冲刷量分别为 19 t/km^2、11.5 t/km^2、5.5 t/km^2，径流量少 77.3%~91.7%，冲刷量少 97.4%~99.9%。隔坡梯田水平田面由于拦蓄坡地来水，土壤水分增加。据尹传逊测定，隔坡梯田 1 m 内土壤水分含量较坡地增加 3.2%~12.2%。正因如此，隔坡梯田水平田面上，糜谷单产比坡耕地增加 30%~111%。又据兰州市水土保持工作站观测，平坡比为 1:3 的隔坡梯田水平田面上，小麦产量比水平梯田增加13.3%~104%，比坡耕地增加 91.9%~133.3%。

（2）隔坡梯田修筑省工。据尹传逊等人试验，不同田面宽度的隔坡梯田平均每 666.7 m^2 水平田面用工 23 个，田面宽度在 6~8 m 时每 666.7 m^2 用工 34 个，比同样宽度的连台水平梯田每 666.7 m^2 用工（48.5 个）少 30%。

（二）隔坡梯田的修建

隔坡梯田按 2017 年宁夏水利厅水土保持局、固原市水利勘测设计院制定的《小流域水土流失综合治理技术规范第二部分：工程技术措施》中隔坡梯田的断面设计要求修建。结合本地实际确定蓄水埂高度，一般选 0.3~0.35 m。隔坡比即产流面积与承流面积之比，经验值一般选 2~4，年降水量小于 350 mm 的地区，一般应大于4。

表 2–4–4 陕北黄土丘陵区隔坡梯田断面规格参考值

地面坡度/°	第一种情况				第二种情况			
	水平梯田面宽/m	隔坡长度/m	平坡比	蓄水埂高度/m	水平梯田面宽/m	隔坡长度/m	平坡比	蓄水埂高度/m
5	18.0	54.0	1:3	0.3	18.0	27.0	1:1.5	0.3
10	12.0	36.0	1:3	0.3	12.0	13.5	1:1.5	0.3
15	8.5	25.5	1:3	0.3	8.5	12.8	1:1.5	0.3
20	6.5	16.3	1:2.5	0.3	6.5	6.5	1:1	0.3
25	5.0	12.5	1:2.5	0.3	5.0	5.0	1:1	0.3

资料来源：山仑、陈国良主编《黄土高原旱地农业的理论与实践》。

三、洪漫地

（一）引洪漫地的效益

1. 增强抗旱能力

引洪漫地可增加土壤水分，增强深层土壤的贮水能力。据在 0~30 mm 土层中测定，洪漫地土壤含水量比未漫地在小麦播种前高 4.4 个百分点，到小麦拔节期高 2.8 个百分点，可以防御一般春旱（表2–4–5）。

表 2–4–5 洪漫地与未漫地土壤含水量对比

单位：%

农田类别	小麦播种期土壤含水量				小麦拔节期土壤含水量			
	0~10 cm	10~20 cm	20~30 cm	0~30 cm	0~10 cm	10~20 cm	20~30 cm	0~30 cm
洪漫地	13.4	21.3	19.6	18.1	11.5	12.8	12.9	12.4
未漫地	11.2	14.1	15.7	13.7	7.5	10.6	10.7	9.6

2. 肥力增加

由于洪水中含有肥土、牛羊粪便和腐殖质，土壤肥力增加。据测定，未施肥的洪漫地比施肥 6 000 kg/hm^2 的未漫地，0~30 cm 土层中氮含量高 0.175 g/kg，0~50 cm 土层中氮含量高 0.136 g/kg（表 2–4–6）。

表 2–4–6 洪漫地（未施肥）与未漫地（施肥 6 000 kg/hm^2）氮及有机质含量

单位：g/kg

农田类别	氮含量						有机质含量					
	0~10 cm	10~20 cm	20~30 cm	30~50 cm	0~30 cm	0~50 cm	0~10 cm	10~20 cm	20~30 cm	30~50 cm	0~30 cm	0~50 cm
洪漫地	1.021	0.755	0.709	0.715	0.828	0.783	19.57	16.41		14.31	17.99	16.10
未漫地	0.740	0.608	0.612	0.628	0.653	0.647	13.33	13.04	10.94	8.52	12.44	10.87

据测定，未施肥的洪漫地比施肥 6 000 kg/hm^2 的未漫地，0~30 cm 土层中有机质含量高 5.55 g/kg，0~50 cm 土层中有机质含量高 5.23 g/kg，为土壤形成团粒结构创造了条件。据化验，每 666.7 m^2 地淤 1 m 厚的泥，相当于施用硫酸铵 63 kg、硫酸钾 97 kg、牛马粪 145 kg。

3. 增产显著

引洪漫地后，一般台地梯田比未漫地的同等地小麦增产 1 倍以上，秋作物玉米、糜谷增产 50%以上。

4. 化害为利

引洪漫地，可免除洪害，化害为利，保持水土，分散水流，减弱水势，同时把对下游有害的泥沙变为对农业有利的土壤，做到“既为当地兴利，又为下游减沙”。

(二)洪漫地的类别

依洪水来源，洪漫地可分为四类。

1. 引沟洪

下雨后沟中有充足的洪水，通过修堤坝和导流工程，把洪水引出漫灌两侧的沟台地或附近的川台地。

2. 引坡洪

修建截流土埂和环山渠道，截流坡面洪水，漫灌梯田和川道平地。

3. 引路洪

根据地形修筑土门槛等工程，引道路洪水漫灌农田。

4. 引河洪

在洪源多、引水量少时，直接在河岸开口，可设闸门；引部分洪水时，在河床上修导流堤分水入渠；引河中大部分洪水时，在河床上修拦洪堤、引水渠。

(三)引洪漫地工程修建技术

引洪漫地工程是比较大的水利工程，应先设计后施工，应依照宁夏水利厅水土保持局、固原市水利勘测设计院 2017 年修订的《小流域水土流失综合治理技术规范　第 2 部分：工程措施技术》中引洪漫地相关技术规范修建。

1. 漫地条件

在沟道中下游有位置较低的成片沟台地或在沟以外附近有成片的川台地，当沟中洪水含有一定泥沙量，通过修建引洪工程和拦洪工程可以控制引洪量满足漫地要求。

2. 规划设计

引洪漫地工程包括引洪渠首工程、引洪渠系、洪漫区田间工程。

(1)引洪渠首工程：在沟道较低，沟洪不能自流进入渠道时，采用有坝引洪，在沟道中修建控制性土坝，抬高水位，坝的一端或两端设引洪闸，将沟洪有计划地引入渠中；沟道较高，沟洪能自流引入渠道，采取无坝引洪，在适宜位置设导流堤，将全部或部分沟洪导入引洪闸。

(2)引洪渠系由引洪干渠、支渠、斗渠三级组成，应能控制整个洪漫区面积，输水应迅速均匀；干渠走向大致高于洪漫区；沿干渠按设计设支渠，与干渠正交，沿支渠按设计设斗渠，宜与支渠正交，斗渠直接控制一个洪漫小区，向地块进水口输水漫灌；干渠向支渠分水处应设分水闸，支渠向斗渠分水处应设斗门；当采用串联式洪漫时，三级渠系可合并为一级渠系，由上游地块逐级向下游地块洪漫。

(3)洪漫区田间工程包括洪漫埂、进水口、出水口。

3. 田间管理

洪漫地的田间管理与一般旱作农田有一定的差异。

(1)耕作管理。洪漫地灌水后土壤易板结，且带入杂草种子多，田间杂草数量增加。因此，农地洪漫后要适时中耕除草；休闲地洪漫后要适时耕翻，疏松表土，耙耱保墒，防止板结龟裂；盐碱滩地洪漫泥层较薄时，不应立即排走清水，应让积水下渗，通过排渗渠泄走。

(2)栽培技术。一是选择适宜的种植作物。选种早熟、高秆、抗倒伏作物。二是漫水。出苗时不应漫水，以防因漫水淤幼苗，造成严重缺苗；头水不漫，因头水草籽多，并带有沙石，要等水稍放去一部分后再放入，水深 12~15 cm，天晴水澄清后，把清水放出。三是要重视轮作倒茬及施肥。洪漫地有上下之分。上水地较肥，洪水中带的粪肥、肥土大多沉积在这里，下水地漫的是清水，肥力较差。因此，轮作倒茬及施肥上应有所区别。上水地可以多年耕种，轮歇较少，可采用小麦后复种荞麦→小麦、小麦→小麦的轮作方式。下水地施行豆类作物→小麦或糜子、谷子轮作比较好，应增加农家肥、有机生物肥和化肥。四是播种时要适当增加播量。一般比不漫地小麦播量增加 25%，播种深度增加 1.2~2 cm。五是加强田间管理。洪漫地在春雨后易板结，必须耙耱松土以利出苗。秋作物洪漫时，如果能锄地就要及时松土以防龟裂。洪漫时因带来较多的杂草种子，田间杂草较多，要多锄，还可用除草剂适时喷施除草。

4. 工程管理

（1）每年汛前汛后，应及时检查引洪渠首和渠系建筑物，发现问题，应及时整修处理。

（2）引洪过程中，应始终有专人管理，并按设计要求给各渠系和地块放水，防止引洪淤漫水量过多或不足。

（3）全部渠系应是不冲不淤，每次淤漫后如发现有冲淤现象，应及时研究处理。

四、淤地坝

淤地坝具有拦截泥沙、削减洪峰、增地增粮、抗旱保收、稳定沟坡、减轻沟蚀、聚集洪流、发展水利的重大作用。

淤地坝是大型水利工程，应依照宁夏水利厅水土保持局、固原市水利勘测设计院 2017 年修订的《小流域水土流失综合治理技术规范　第 2 部分：工程措施技术》中修建淤地坝的技术规范，按统一标准设计修建。

（一）坝系规划及其实施顺序

1. 坝系规划

坝系规划包括有蓄水要求的小型水利设施、拦泥淤地的淤地坝及生产坝、具备控制作用的水保治沟骨干工程以及排水渠和生产道路等附属设施。坝系规划从支沟到主沟，从上游到下游，根据不同沟段地形比降、建坝条件，系统地布设大、中、小型淤地坝，同时在适当位置布设塘坝、治沟骨干工程，各类工程统筹规划，形成体系，相互配合，联合运用。沟道中已有零星分布的坝库布局不合理时，应通过规划调整功能和改建。根据洪水、泥沙、泉眼和长流水分布状况，有的淤地坝需建成塘坝，有的大、中型淤地坝提高标准改建成水保治沟骨干工程，以达到合理布局。

表2-4-7　淤地坝等级分类

项目类别	控制面积/km^2	坝高/m	库容/万 m^3	淤地面积/hm^2	布设地点
小型	<1	5~15	1~10	0.2~2	小支沟口、大支沟上游
中型	1~3	15~25	10~50	2~7	大支沟下游、主沟中上游
大型	3~30	>25	50~100	>7	主沟中上游、大支沟下游

2. 坝系规划实施顺序

集水面积 1 km^2 以下的小支沟应先从沟口或下游开始，修建第一座坝，淤平种地时再修其上第二座，在拦泥淤地过程中可保持第一座坝安全生产，依次向上类推；控制面积 3~5 km^2 或较大支沟的淤地坝从上游向中、下游依次修坝,其设计标准、坝高、库容等技术指标应按区间控制面积计算,并在适当位置修建水保治沟骨干工程,作为防洪控制工程;集水面积 10~20 km^2 或更大面积的主沟,应先在适当的位置修建水保治沟骨干工程,作为防洪控制工程,淤地坝一般应在其上游和两岸支沟各坝建成以后,再建中、下游的淤地坝;沟中有泉眼、长流水时,在适当位置修建塘坝蓄水灌溉,同时在上游修建淤地坝,拦洪蓄清,为下游塘坝提供水量。

(二)淤地坝设计内容

淤地坝主要设计内容包括:一是坝址选择。二是淤地坝工程布置,包括土坝、放水建筑物、溢洪道布置。三是水文计算。按水文计算公式、历史水文资料、设计标准计算出洪水总量、洪峰流量、洪水泥沙量等数据,确定库容。四是淤地坝设计,具体包括坝型选择、坝高及坝顶宽度确定、坝坡坡率确定、溢洪道和防汛抢险道路设计、坝基处理等(表 2-4-8、表 2-4-9、表 2-4-10、表 2-4-11)。

表 2-4-8　淤地坝设计洪水标准与淤积年

项目		小型淤地坝类型	中型淤地坝类型
库容/万 m^3		1~10	10~50
洪水重现期/年	设计	10~20	10~20
	校核	30	30~50
淤积年限/年		5	5~10

表 2-4-9　淤地坝安全超高

坝高/m	<10	10~20	>20
安全超高△H/m	0.5~1.0	1.0~1.5	1.5~2.0

表 2-4-10　均质土坝坝顶宽度

坝高/m	<20	20~30	30~40
坝顶宽/m	3~4	4~5	5~6

表 2-4-11　坝坡比率

坝坡部位	坝高/m		
	10	20	30
上游	1:1.5	1:2.0	1:2.5
下游	1:1.25	1:1.50	1:2.00

(三)工程施工

按技术规范要求,在做好施工准备的前提下,做好土坝的清基、削坡、碾压回填,反滤排水设施的铺筑,护坡工程、放水工程、溢洪道工程的施工。

(四)工程管护

要建立健全工程管护体系和制度,明确管护主体,签订管护合同,落实管护责任,制定管护细则,从而确保工程安全运行,充分发挥效益。

（五）控制运用

淤地坝在设计水位情况下，必须确保安全运用。对超标准洪水应制定安全运用对策，保护工程安全，将损失降到最低程度。当建筑物出现严重险情或设备发生故障时，必须尽快泄空坝内蓄水，进行检查抢修。对病险淤地坝，必须空坝运行，及时除险加固。

淤地坝未淤满前，一般采用缓洪、拦泥、淤地运用方式，保持足够的滞洪库容；淤积面达到设计高程后，应空坝运行，并及时采取修建防洪排水设施、防治盐碱和改良土壤等措施，充分利用坝地发展生产。

第三节　小流域综合治理

一、小流域综合治理的概念

小流域综合治理是以小流域为单元，山、水、田、林、路统一规划、综合治理。按照"山顶林草戴帽子，山腰梯田系带子，沟头库坝穿靴子"的治理模式和合理布局、集中连片治理的原则，一面坡、一条沟、一片区域连续修建，把水土保持、生态治理、生态经济建设有机结合起来。

二、小流域综合治理关键技术

小流域综合治理的关键技术是以小流域为单元，先坡面、后沟道，先支沟、后干沟，先上游、后下游，进行山、水、田、林、草、路全面规划，建成完整的防御体系，以流域的小治理带动区域的大治理。在宜农的坡耕地上配置梯田，对15°以上要求退耕的坡耕地，及时退耕。宜林宜草的荒地上造林种草和封山育林、封坡育草，并根据需要配置各类提高水资源利用率的小型水保工程，在各级沟道配置各项治沟措施，做到治坡与治沟、林草与经济产业合理配置，协调发展。

（1）山顶、梁峁顶是流域水土流失产生的源头，其特点是土壤水分条件较差、受气候影响程度较大。该区域主要采取的措施为种草、造林、整地等，从源头上控制水土流失的产生。对高度相对较低、坡度较小的梁峁顶也可建设水平梯田。

（2）坡面是拦蓄利用降雨径流的主要区域，具有承上启下的作用，也是水土流失产生的主要区域。一般情况下，对地面坡度小于10°、坡面相对连续完整的区域修建水平梯田或隔坡梯田，截断降雨径流流动的线路，减少水土流失；对地面坡度较大、坡面相对破碎的区域进行整地，建设水保林或经济林。在水保林或经济林的建设中，还要根据坡向确定造林类型。

（3）沟坡的土壤水分条件较好、受气候影响程度相对较小，该区域主要种植经济林或用材林，充分利用区域优势。

（4）沟道是降雨径流汇集的区域，也是水土流失产生的重点区域。该区域应先在沟头建设沟头防护工程，防止或减轻径流对沟头的破坏，保护耕地；沟道内根据地形建设谷坊、淤地坝等拦洪淤泥工程；沟岸种植用材林，减轻沟道下切侵蚀和沟岸崩塌侵蚀；建设扬水设施，对沟道拦蓄工程蓄积的水资源进行高效利用。

（5）在流域中，庭院区域由于房屋场院的建设，增加了降雨径流，但同时使降雨径流更集中，水土流失现象也相对严重。该区域宜根据降雨径流相对较多、管理相对方便的特点，重点建设水窖、种植经济林等，发展庭院经济，防治水土流失，增加经济收入。

(6)对流域中距离居民点相对较远、立地条件相对较差、治理投资较大的区域,宜采取封育措施,减少地面扰动,利用大自然的生态自我修复功能恢复植被,减少水土流失。

三、宁夏小流域治理的发展方向与措施

(一)宁夏小流域治理的发展方向

宁夏小流域治理经历了通过种树种草、建谷坊、打坝、挖涝池、培地埂、修简易梯田、修建小型水库等措施单纯地以蓄水保土为主的治理阶段,以山、水、田、林、路综合治理为主的生态型小流域治理阶段,以水资源高效利用和提高治理效益为主要内容的生态农业型小流域治理阶段,现进入了以生态经济为主的小流域治理阶段。

生态经济流域建设是小流域综合治理的一种形式,是对生态型小流域的进一步深化与创新,是在水土流失和生态环境治理完善稳定的基础上,重点利用小流域已形成的自然资源,引进科技与资金,发展经济产业,注重经济效益。生态经济流域建设要求流域具有较好的生态环境和自然资源;生态经济流域的经济以规模性经济产业为主,而不是纯农业、原始的、一家一户小规模的经济发展模式。生态经济流域建设需多部门、多学科联合。

(二)生态经济流域的发展措施

发展流域经济是生态经济流域建设的主要目标之一,建设生态经济流域一方面必须进一步提高流域水保措施的经济效益,另一方面必须结合流域气候、自然特点和资源情况大力开展经济建设。

1. 提高流域治理措施自身效益

传统农业经济和小流域治理措施自身效益是小流域经济发展的基础。因此,提高流域治理措施自身效益是建设生态经济流域的基础。

常规的小流域治理水保措施主要有水平梯田、水窖、道路防护林、退耕还林还草、坡面生态林、经济林、生态封育修复、沟道用材林、沟道防护工程等。在提高水保措施自身经济效益方面,主要采取的措施和途径如下。

(1)建设高标准水平梯田。

一是提高建设标准。按照“宽、大、平”的要求,建设宽度达到 10~20 m,以便于机械化耕作,应用高效旱作节水农业技术,提高劳动效率及生态经济效益。

二是通过增施农家肥、生物有机肥、化肥及秸秆还田、合理轮作、扩大豆科作物种植、种植绿肥作物、深松耕等培肥土壤,迅速恢复因修整梯田引起的土壤肥力下降问题。

三是按照降水规律和作物需水特点,因地制宜地调整农业种植结构,重点种植马铃薯、玉米、小杂粮以高效利用天然降水,提高经济效益。

四是完善新建集雨(水)补灌体系。对原存的集水窖、集水场、塘坝,蓄水、提水、供水设施进行维修并根据需要扩大,以发展集雨(水)补灌农业。

五是加快良种和先进耕作种植技术的应用。重点推广应用全膜双垄覆盖垄侧播种技术、全膜覆土穴播技术、马铃薯大垄覆膜覆土技术、深松耕技术、集雨(水)补灌技术。

六是合理利用地埂。据有关资料介绍,水平梯田的地埂一般占到梯田总面积的 10%左右,所以合理利用地埂不仅可以强化水土保持功能,而且可以增加经济收入。

(2)正确处理退耕还林还草工程。对原来的退耕还林还草工程要认真处理。处理好当前利益和长远利

益的关系，既要加快建设、积极保护，又要合理开发。目前退耕还林工程的林木品种以山杏、山桃为主，是嫁接的良好砧木，应引进优质林果品种，逐步对山桃、山杏等进行嫁接改良，培育新的经济增长点，为经济林产业开发奠定基础。同时要加强生态封育修复、生态水保林的更新和保护工作，改变过去以灌木树种为主的状况，适当种植云杉、油松、侧柏等常青树种。对草地要逐步更新。

(3)更新改造经济林。目前原有经济林种植多年，品种老化、管理粗放、产量不高，经济效益低下，需进行更新改造。一是引进新品种，对原有经济林进行嫁接改造，提高林果品质及经济效益。二是可以利用流域治理的水窖、塘坝等水源工程，配套滴灌等先进的节水灌溉设施，改善林木生长条件，从而提高经济效益，为后期经济效益的发挥打好基础。

(4)维护利用沟道防护工程。沟道防护工程一方面可以减少沟道水土流失，另一方面能拦蓄水资源，但拦蓄的多为季节性水资源。为提高水资源利用率和经济效益，可以采用"库坝池窖"水资源联合调度、节水灌溉等技术，配套相应的设备，对沟道防护工程拦蓄的季节性水资源进行调蓄贮存，全部实施节水灌溉，就近灌溉水源附近的经济林和农作物，实现"秋水春用、低水高用"，在缓解水资源短缺和水土流失并存问题的同时，有效提高降水资源的利用率和经济效益。

2. 因地制宜，大力发展特色农业经济

小流域分别处于半干旱偏旱区、半干旱区、半湿润偏旱区，生态条件各异，因此，应因地制宜，发展特色农业经济。

(1)发展特色种植产业。处于半湿润偏旱区内的小流域，应利用海拔较高、气候冷凉、土壤肥沃的有利条件，发展马铃薯种薯繁殖产业、覆膜青贮玉米产业以及中草药产业。处于半干旱区内的小流域，充分利用光、热、土、水资源较为丰富的优势，大力发展粮饲兼用玉米产业及菜用型、加工型马铃薯产业，满足市场需要，同时兼顾发展市场需求逐年增加的糜子、谷子、荞麦等小杂粮产业。处于半干旱偏旱区内的小流域，一是发展抗旱、抗灾、高产的马铃薯产业。二是在盐池县、同心县东部的小流域治理区内发展以甘草、黄芪、柴胡为主的中草药产业及以荞麦、谷子为主的小杂粮产业。

(2)充分利用已建成的水源工程，大力发展现代设施农业及庭院经济。现代设施农业以大型日光温室、塑料大棚、育苗温室为主。种植作物以蔬菜为主，兼顾马铃薯原原种及原种繁殖、林果等。采用水肥一体化等先进技术以达到高产、高效。

(3)大力发展现代畜牧业。畜牧业是生态经济流域的主导产业。发展畜牧业，一是建设现代化的养殖棚舍，实现圈养。二是要品种优先、技术配套，有一定的规模，以达到扩量、提产、高效的目的。半湿润偏旱区、半干旱区以养牛为主，半干旱偏旱区以养羊为主。三是配置先进的饲料加工机械，建好秸秆"三贮一化"及防疫设施，同时配好防疫人员。四是扩大饲草、饲料种植面积，满足畜牧业发展的需要。五是在较大的生态经济流域内建设相应的加工厂和交易市场，以提升流域经济的发展水平。

(4)恢复发展特色林果业。半干旱偏旱区、半干旱区历来具有发展林果业的传统和优势，目前林果品种多为杏、李，品种老化、管理粗放、产量低而不稳。为此，应采取一定的措施以提高经济效益。一是合理布局，处于半干旱区的彭阳县可发展红梅杏、苹果，半干旱偏旱区的同心县东部丘陵区、中卫市兴仁镇可发展枸杞、文冠果。二是对老果树实施嫁接改良。三是提高种植管理水平，特别要进行施肥、补灌、防虫及修剪，同时培育和引进企业对果品进行深加工，延长产业链，使经济效益最大化。

(5)发展林下经济。小流域内水保林、经果林有一定的面积。因此，要充分利用林木空间发展立体农业，主要发展林下养鸡、林药间作。

(6)创造条件通过招商引商、组建农村合作社等办法发展后续的农副产品加工、冷藏、保鲜、运输业，组建电商平台、创新品牌，逐渐实现农、牧、果生产加工、销售一体化，以提高流域经济的增值能力。

(7)紧密结合生态资源，发展生态旅游业。小流域治理已形成美丽的生态景观，随着新农村房屋、道路、农家乐的建设以及休闲游、乡村旅游的兴起，要把握时机，把生态经济流域建设与发展旅游业结合起来，逐步充实景观内容，如种植中药芍药、油菜、花卉，建设农耕文化展示区等，逐步形成稳定的经济发展方向和措施。

四、小流域综合治理的典型经验与效益

(一)西吉县聂家河流域治理经验与效益

西吉县聂家河流域位于黄土丘陵沟壑区，流域面积 5.74 km^2，农业用地占流域总面积的 87.4%，农民收入较低。20 世纪 90 年代以来，采取山顶种林草保持水土、山腰修梯田稳口粮、沟坡造林防塌岸、沟道打坝蓄水源、高效利用促发展五大措施，连续进行水土保持小流域综合治理，截至 2012 年流域内共修建水平梯田 270 hm^2，比 2002 年的 60.2 hm^2 增加了近 3.5 倍，使占农业用地的比例由 2002 年的 10.3%提高到 90%以上，人均梯田达 0.375 hm^2。造林 135 hm^2，其中种植冷凉型水果 6 hm^2，育苗 2 hm^2。建设各种淤地坝 4 座，蓄水池 7 座，水窖 257 眼，实施库、坝、池、窖联用，流域治理程度达到 88.8%。大力发展畜牧业、养殖业及中草药，利用蓄水调蓄工程发展补灌农业，到 2012 年流域年经济收入达 350 万元，人均收入增加 3.7 倍，人均有粮由 369.1 kg 增加至 708 kg，取得了良好的经济、生态、社会效益。农、林、牧用地的比例由 2002 年的 9.39∶2.81∶1 调整到 2012 年的 2∶2∶1，形成一个稳定的生态系统。

(二)彭阳县小虎洼流域治理经验与效益

小虎洼流域位于彭阳县城以北 35 km 处，辖草庙乡周庄村、丑畔村和孟塬乡椿树岔村、白杨庄村，流域面积 29.8 km^2，原有耕地面积 1 712.8 hm^2，其中基本农田 139.8 hm^2、坡耕地 1 573 hm^2。林地面积 1 265.3 hm^2、草地面积 73 hm^2、荒山荒沟面积 933.3 hm^2。全流域水土流失面积达 28.31 km^2，占总面积的 95%，属典型的黄土丘陵沟壑区，农业生产基础条件差，严重制约了当地经济社会的发展。

2002 年开始，在小虎洼流域综合治理中，突出了“生态环境建设”和“扶贫开发”两个重点，实行资金捆绑使用，山、水、田、林、路一次规划，梁、峁、沟、坡、洼综合治理，生物措施与工程措施并举，山上退耕还林还草，山坡修建基本农田，沟底筑堤打坝套栽沙棘、刺槐。农田建设集中连片，打破地界，形成规模；林草建设封造结合，乔灌兼顾；道路建设主支连接，庄头田间互通；扶贫开发采取变“输血”为“造血”的方式，提高了群众抵御自然灾害的能力，生态效益、经济效益和社会效益逐步显现。经过治理建设，建成机修梯田 480 hm^2，建成沟头防护工程 12 处，谷坊 260 座，涝池 45 座，水窖 1 100 眼，累计建集水场 11 万 m^2。在坚持荒山造林和退耕还林(草)相结合的同时，按照“上退下推沟底栽”的模式共完成荒山造林 933.3 hm^2，退耕还林还草 333.3 hm^2，发展庭院经济林 75.3 hm^2。道路建设以流域主干道为主轴，新修砂砾路主干道 32 km、村组便道 67 km，并配栽了柳、槐、山桃等树种，四通八达的村组道路如同血管遍布小虎洼流域，方便了群众出行。

在抓工程建设的同时积极调整农业结构。在种植业结构上，以地膜玉米为突破口，围绕畜牧养殖业的发展进行结构调整，改变过去种粮“一头沉”现象，将粮、经、饲种植比例由原来的 78∶16∶6 逐步调整为 43∶38∶29。在保证口粮田面积的同时，扩大地膜玉米和小杂粮面积，并间作黄花菜、药材等经济作物。治理以来，共种植地膜玉米 443.4 hm^2、药材 66.5 hm^2、地埂黄花菜 78.5 hm^2。种植业结构调整为农民带来了巨

大实惠，种植业每年为群众带来的收入较种植业结构调整前高 45 个百分点。

在实施封山禁牧和退耕还林(草)工程时，始终把发展畜牧业、养殖业作为后续产业进行重点培育、引导和支持，狠抓良种体系、基础设施、饲草料供应体系建设。一是引进优良品种，形成多元化的牛、羊、猪、禽改良和供种网络。黄牛改良向肉用型发展，羊只改良向肉毛兼用型发展，通过引进小尾寒羊、优质肉用萨福克、陶赛特种公羊进行二元、三元杂交以改良当地土种绵羊，全面提高其生产性能。已建黄牛冷配点 2 处，引进适龄母牛 425 头、母羊 1 374 只。二是按照“小群体、大规模”的饲养模式，积极争取贷款，共建暖棚圈舍 424 栋、氨化池 246 个，购买铡草机 72 台。建成养牛示范园 1 处(占地0.8 hm^2，暖棚 8栋)，牛的饲养量由治理前的 124 头增加至 521 头，羊的饲养量由 2 695 只增加至 3 548 只，鸡的饲养量由 3 482 只增加至 13 294 只。随着基础条件的改善和政府的引导，达到了调整畜禽结构、增加农民收入的目的。三是紧紧抓住退耕还林(草)的良好机遇，种植多年生优质牧草及当年生禾草，增强畜牧养殖业的发展后劲，累计紫花苜蓿留床面积 336.6 hm^2，仅此容畜量可达 5 000 多个羊单位。

通过 2 年小流域治理，生态环境明显改善，效益逐步显现，流域内治理程度由 12%提高到 88.2%；林草覆盖率由 6.7%提高到 60.3%，基本达到了“水不下山，泥不出沟”，保土、保水效益分别达到 50.3%和 67.2%。经济效益大幅增长，通过畜禽养殖和农业种植结构调整，项目区群众经济收入增长，人均纯收入增加 46.6%，高于全县平均水平。社会效益显著提高，通过流域治理，流域生态条件改善，土地利用率和水资源利用率提高，各业协调发展，单位人口承载力提高，环境容量增加，为保持发展打下了稳固的基础。

实践证明，小虎洼流域的生态环境建设与扶贫开发既符合当地的实际情况，又集中体现了科学的发展观。治理中始终坚持“农田建设先行开路，林草措施镶嵌配套，水保工程截流补充，扶贫开发保障供给”的原则，通过实施以农田建设为主的基础工程，以林草为主的生态工程，以打窖为主的治水工程，以通路为主的通道工程，以提高人的素质为主的科技培训工程，产业结构趋于合理，扶贫开发成果显现。小虎洼流域项目的实施，开辟了生态环境建设与扶贫开发的新路子，探索出了山、水、田、林、路、草综合治理的新模式，开创了农田增收的新途径。

(三)原州区河川沟流域治理经验与效果

河川沟流域位于固原市原州区东部，流域面积 279.48 km^2。该流域位于黄土丘陵沟壑区，水土流失区位于黄土高原丘陵沟壑区第二副区，因流水侵蚀，沟壑纵横，梁峁相间，地形支离破碎，沟壑密度 1.81 km/km^2。水土流失面积 254.4 km^2，占土地总面积的 91%，其中侵蚀模数大于 2 500 $t/km^2 \cdot a$ 的中度以上侵蚀面积占侵蚀面积的 70%以上。

该区域位于中温带气候区，气候特点是冬长夏短，春秋温凉，温差较大。流域内多年年均降水量 433 mm，7—9 月份降水量占全年降水量的 60%；流域多年平均径流深 38 mm，年径流量 1 062 万 m^3；年平均风速 2.7 m/s，≥10°积温 2 550.8℃，无霜期 140 d；年日照时数 2 593.8 h，总辐射量 356.8 kJ/cm^2。

流域内分布的土壤类型有黄绵土、黑垆土、红黏土、新积土、粗骨土、灰褐土等，土壤肥力中等偏下。流域植被区划属森林草原向典型草原的过渡带。

全流域农业总产值为 2 089.35 万元，农、林、牧、副各业产值占总产值的比例分别为 57.12%、7.47%、23.82%、11.59%。流域产业结构不合理，土地生产率低，工副业、林果业和水产业较为薄弱。

20 世纪 90 年代以来，河川沟流域在各级政府的支持以及水利水保部门的技术指导下，进行小流域综合治理。根据河川沟流域所处的区域特点以及流域特点，在水土流失综合治理过程中，以坡耕地改造为主，改善生产条件；以沟壑治理为目的，建设淤地坝、谷坊等水沙拦蓄工程；以拦蓄地表径流为目的，修建水窖、涝池和塘坝等辅助性工程；以发展经济为目的，建设经果林（果菜结合型园区）、隔坡梯田和沟道坝系，治理开发模式灵活多样。

1. 梁峁坡上部大力开展生态建设

在梁峁坡上部区域，流域治理主要为生态建设，主要通过封山育林和疏林补植，以水平沟、带子田、鱼鳞坑等不同的整地措施营造人工草地和灌木林，为生态环境建设和畜牧业发展奠定坚实的基础。

2. 梁峁坡中部大力发展生态农业

在梁峁坡中部和离村庄较近的缓坡地上，流域治理主要为发展生态农业，重点以坡耕地为突破口，通过连台梯田与隔坡梯田的相嵌配套，田园、村庄、道路的合理布局，形成和谐的农村生态景观。同时，充分利用梯田地埂和隔坡带发展草产业，为流域养殖业提供饲草资源，为当地生态农业建设奠定坚实的基础。

3. 梁峁坡下部和沟台地大力发展经济林.

梁峁坡下部和沟台地立地条件较好，流域治理主要为生态经济建设，是发展流域经济的主要区域。治理措施上，主要采取经济林与人工种草相结合的方式，通过果牧、果粮等间作模式，发展林果业和草产业；林果经济建设以发展高效的果园经济为主，栽植早酥梨、红梅杏等经果林，充分利用水库、井、窖等水源，采取滴灌、微灌等节水措施，果菜、果苗、果粮等间作模式，提高土地产出率，实现高效集约化经营。

4. 沟道大力开展坝系建设

在沟道，以治沟骨干工程为主，配套建设小型淤地坝，形成沟道防洪体系，在稳定沟岸的同时，建设稳产高产的基本农田，实现坝系的可持续发展。

经过多年治理，流域共建成水平梯田 4 717.32 hm^2；林草面积 8 100.7 hm^2，其中水保林 5 945.7 hm^2，经济林 2 005 hm^2，果园 150 hm^2；人工种草 4 092.76 hm^2；治沟骨干工程 13 座，淤坝地 46 座，小型水保工程 742 座。治理面积 169.1 km^2，治理程度达到 66.5%。

流域经济建设重点围绕经果林、草畜产业和经济林种质资源库建设及复合开发进行。

一是建设梯田隔坡带，种植人工饲草，大力发展草畜产业。布局时，一般在隔坡带上下边各种1.5~2 m灌木林带（柠条放牧带），中间播种苜蓿或禾草（饲草带）；同时，对田园、村庄、道路合理布局，充分利用梯田地埂和隔坡带发展草产业。在此基础上，充分利用当地群众会养殖、善经商的特点，发展30 家农户作为养牛示范户，并从外地引进 200 头优良食用牛，建起 300 多栋高标准牛舍。截至 2006 年，原州区河川沟流域修建隔坡梯田 300 hm^2，种植苜蓿、禾草2 884 hm^2，养殖种牛 197 头、羊 30 000 多只，饲草全部来自梯田地埂和隔坡梯田种植的饲草（料），形成了一个稳定的梯田隔坡带草畜产业链。流域内养殖业有了明显的起色，年养殖纯收入达 450 万元。同时，畜牧的粪便也可以增加土壤肥力，为农作物生长和增产创造有利条件，也为当地生态农业建设奠定坚实的基础。

二是引进新技术和新品种，大力发展果菜结合型流域经济。从 2002 年开始，原州区河川沟流域从中国科学院西北水土保持研究所引进优质果树品种早酥梨和红梅杏，发展果园经济和高效农业，建设经果林 154 hm^2，充分利用水库、井、窖等水源，采取滴灌、微灌等节水措施及果菜、果草、果粮等间作模式，果树行间套种蔬菜如西红柿、红萝卜（果菜结合型），或套种紫花苜蓿（果牧结合型），同时建立红梅杏采穗圃 15 hm^2，向流域和固原市各县提供红梅杏嫁接枝条以及种苗，实现年收入 600 多万元。

第五章　宁夏旱作农业区农田蓄水保墒耕作技术体系

土壤耕作技术就是利用农机具的机械力量作业于土壤，调整土壤耕作层和土壤表面状况，以调节土壤水分、空气、温度与肥力的关系，为作物播种、出苗和生长发育提供适宜的土壤环境的农业技术措施。农田保墒耕作技术是指在干旱缺水的地区，通过耕、耙、耱、锄、压、覆盖等一整套有效的土壤耕作技术，改善土壤耕作层结构，更好地蓄积雨水，最大限度地减少土壤蒸发及其他非生产性水分消耗，创造一个水、肥、气、热相协调的土壤环境。农田保墒耕作技术包括蓄墒、收墒、保墒 3 种农艺技术，配套措施包括抗旱良种选择、科学施肥、合理轮作等技术。土壤耕作是农业生产活动的主要内容，是稳产、高产和持续增产的需要。在农业生产劳动量中约有 60%从事土壤耕作，农业生产资金中约有 1/3 投入到土壤耕作上。因此，研究应用适宜的土壤耕作技术，对减少劳动力、节约能源、增加经济效益具有重要的意义。

第一节　宁夏旱作农业区农田土壤水分状况及土壤耕作原理

宁夏旱作农业区涉及宁夏 3 市 11 个县（区），现有耕地面积 80 万 hm^2，占宁夏总耕地面积的 65%，其中旱地占耕地面积的 86.4%。该区域年降水量 243.7~650.2 mm，年蒸发量 1 318.8~2 415.3 mm。人均水资源占有量 190 m^3，是全国平均值的 1/28。自然降水为宁夏旱作农业区最主要的可利用水资源，但主要集中在 7—9 月，与作物生长发育需水期错位，从而严重影响了作物产量。因此，通过不断研究改进旱作农业区土壤耕作技术，提高土壤蓄水保墒能力，是宁夏旱作农业区科技人员长期的主要工作，对增加当地农民收入和促进社会发展意义重大。

一、宁夏旱作农业区农田土壤水分状况

（一）降水时空分布

宁夏旱作农业区年降水量 243.7~650.2 mm，大部分地区在 300~500 mm，7—9 月的降水量占全年降水量的 60%~65%，不能满足作物一年一熟的需求。按照一年四季划分，以原州区 1950—2008 年共59 年的降水量变化为例，59 年间原州区平均降水量 445 mm（变幅 228~849 mm），其中，春季（3—5 月）平均降水量 78 mm（变幅 29~167 mm），占全年的 17.5%；夏季（6—8 月）平均降水量 251 mm（变幅 96~527 mm），占全年的 56.4%；秋季（9—11 月）平均降水量 107 mm（变幅 27~273 mm），占全年的 24%；冬季（12 月至翌年 2 月）平均降水量 9 mm（变幅 1~22 mm），占全年的 2%。59 年降水量呈减少趋势，其中春季和夏季明显减少，秋季降水量明显增加。按照空间划分，宁夏旱作农业区由北向南分为半干旱偏旱区、半干旱区、半湿润偏旱区，降水量由南向北逐渐减少。半干旱偏旱区作物以秋杂粮为主；半干旱区夏粮以小

麦、豆类作物为主，秋粮以玉米、马铃薯、糜、谷为主；半湿润偏旱区夏粮以冬小麦、豆类为主，秋粮以马铃薯、玉米、莜麦为主。半干旱偏旱区和半干旱区降水变率大，旱灾、雹灾频繁，半湿润偏旱区雨水较充沛，能满足作物一年一熟的需求，但雹灾、冻灾多，对农业生产仍不利。

（二）土壤蓄水性能

宁夏位于我国半荒漠和荒漠地区，其土壤类型主要为灰钙土（北部、中部）、灌淤土（黄河沿线）、黄绵土（南部）、灰褐土（南部少量）、栗钙土（南部少量）。宁夏旱作农业区的土壤主要为黄绵土、黑垆土、灰钙土和少量新积土。黄绵土是由黄土母质发育而成的始成土，土层深厚、质地疏松、通透性和耕性良好，适合种植各种作物，但是水蚀、风蚀严重，保水、保肥性能差。黑垆土由多年耕作的黄绵土和草甸土发育而成，土壤结构好、有机质含量高，是旱作农业区肥力最高的土壤，保水、保肥性能好。灰钙土成土母质以第三系红土母质为主，土壤含盐量较高，土质较粗，保水、保肥性能差。新积土土层深浅不一，肥力变化较大，保水、保肥性能不一。

（三）农田水分盈亏特征

宁夏旱作农业区农田水分盈亏特征是：春旱严重，缺水 150~300 mm，夏旱主要集中在 6 月，7 月、8 月降水空间变幅较大，缺水 150~300 mm，秋季半干旱偏旱区缺水 150 mm 左右，半湿润偏旱区降水能盈余 50~100 mm。

按照作物生长季节需水量划分，夏粮作物播种期在 3 月，需水关键期在 4—5 月，此时正是宁夏旱作农业区降水最缺的时期，水分亏缺大；秋粮作物播种期在 4—5 月，需水关键期在 6—7 月，此时虽然有一定量的降水，但由于温度偏高，地面蒸发量和植株蒸腾量加大，水分亏缺依然较大；进入 8 月以后，夏粮作物已收获，而秋粮作物大多处于灌浆期，此时的降水量基本能满足作物需求，半湿润偏旱区由于降水量多，水分有盈余。

宁夏旱作农业区由于年际间降水量变化大，水分盈亏量的年际变化剧烈，其中春季变化较小，夏、秋季变化剧烈。

二、土壤耕作的原理

（一）土壤耕作的目的与任务

土壤耕作是根据植物对土壤的要求和土壤特性，采用机械或非机械方法改善土壤耕作层结构和理化性状，为达到调节土壤水、肥、气、热状况，提高肥力、消灭病虫杂草为目的而采取的一系列技术措施。土壤耕作的目的与任务如下。

1. 改善土壤结构

土壤结构是由土壤中固、液、气的三相比所决定的，对协调土壤中水分、养分、空气、温度等因素具有重要作用。作物根系生长与三相比密切相关。气候、土壤、季节不同，作物对三相比的要求有所区别。如雨季需要非毛管孔隙多一些，以利于雨水入渗，而旱季则需要毛管孔隙多一些，以便提高土壤保墒性能。因此，要根据具体情况选用相应的耕作措施。

2. 创造深厚的耕作层和适宜的播床

作物地上部生长发育与地下部生长关系极大，耕作层越厚，根系分布越深，吸收水分、养分范围越广，越有利于地上部生长发育。

在作物播种前，土壤耕作的任务是精细整地，为作物播种和种子发芽出苗创造适宜的土壤环境。一般要求播种区域地面平整，土壤适度松碎，无大土块，表土层上虚下实，可使种子播在稳定而不再下沉的土层中，种子上部又能覆盖一层松碎的土，促进毛细管水分不断流向种子处。整平地面可使播种深浅一致，保证出苗整齐均匀。

3. 翻埋残茬和肥料，清除杂草和病虫

作物收获后，田间常留有一定数量的残茬、落叶及杂草，为了便于播种并施肥，清除杂草，需要通过深翻将其翻入土壤，并通过耙、旋、耱等措施，使土肥相融，同时切断杂草根系，减轻杂草危害。深翻可将作物病菌及害虫虫卵深埋于土中，使其窒息而死；也可将地下害虫暴露于地表而死亡。

4. 利于补灌、排水或减少土壤侵蚀

将地表整平或筑成某种形状（如开沟、作畦、起垄、筑埂等），在利于种植的同时，又便于补灌、排水，减少土壤侵蚀。

5. 改良土壤

深耕可将质地不同的土壤易位。例如将含盐碱较重的上层移到下层，或使上、中、下三层中的一层或两层易位以改良土壤。

6. 清除田间石块、灌木根或其他杂物

（二）土壤耕作的原则

土壤耕作在一定的时间和空间里进行，在不同的时间、气候、土壤等条件下实施同一种耕作措施，效果会大不相同，甚至截然相反。因此，正确运用耕作措施和方法，以求达到耕作质量高、工效高、成本低，就必须遵循以下几项基本原则。

1. 与气候条件相适应

宁夏旱作农业区属于大陆性季风气候，冬季寒冷干燥，春季大风频繁，降水季节分布不均，主要集中在7~9月份。结合这一基本的气候特点，宁夏旱作农业区传统的土壤耕作措施为：夏秋季深翻以最大限度接纳雨水，春季顶凌耙耱以保墒、减少土壤蒸发。

宁夏旱作农业区降雨从每年7月份开始增多，但多为阵雨，常有大暴雨，其特点是时间短、降雨量大，形成地面径流，导致土壤蓄积的雨水不够，特别是坡地上几乎没有蓄积水分，还因径流造成水土流失。针对这一情况，传统农艺措施有“三犁三耱”，近年来则采取机械深松技术，即在夏末秋初，对土壤进行深松耙耱，破除犁底层，增大土壤孔隙度，有效接纳降雨。

宁夏旱作农业区春季风大，持续时间长，个别地方有“一年一场风，从春吹到冬”之说。春季土壤水分损失途径是大风加剧了土壤水蒸气向大气层的挥发，表层土壤中水蒸气蒸发后，土壤表层与下层出现水势差，下层水分通过毛细管迅速向上输送，输至表层又迅速蒸发，直至土壤水分损失殆尽。春季顶凌耙耱是指当春季土壤开始消融时通过耙耱对土壤表面进行作业，其作用是切断土壤表层的毛细管，阻止土壤下层水分向表层输送，达到减少水分损失的目的。

春季切忌深耕，因为深耕后整个耕作层土壤较为疏松，大孔隙多，容易与空气形成对流，造成水分大量流失。“春耕宜浅”是古代劳动人民的经验总结，在今天也同样适用。

2. 与地势相结合

根据地形可将耕地分为平地、洼地、缓坡地、梯田。每种耕地各有其特点，在进行土壤耕作时技术要求相应不同。

平地是最容易耕作的土地。

洼地最大的问题是容易积水，特别是土壤通透性差的地块，更易水淹，故洼地耕作时多采用垄作。

缓坡地：宁夏旱作农业区实施平田整地和退耕还林还草，15°以上坡地退耕，现种植的坡地多为小于15°的缓坡地。缓坡地的主要问题是容易产生地表径流，造成水土流失，损失大量养分。等高线耕作法是缓坡地耕作采用的主要方式，即沿同一高程进行弧形耕作，犁沟与坡面平行，使每一条犁沟成为阻碍径流的屏障，可以有效减少水蚀。在作物种植上，配套采用水平沟种植法、垄沟种植法、丰产沟种植法，作物多播种在垄沟内。

梯田是在坡地上分段沿等高线建造的阶梯式农田，是治理坡耕地水土流失的有效措施，蓄水、保土、增产作用十分显著。梯田的通风透光条件较好，有利于作物生长和营养物质的积累。梯田按田面坡度不同而有水平梯田、坡式梯田、复式梯田等。梯田的宽度根据地面坡度大小、土层厚薄、耕作方式、劳力多少和经济条件而定，和灌排系统、交通道路统一规划。修筑梯田时宜保留表土，梯田修成后，配合深翻、增施有机肥、种植适当的先锋作物等农业耕作措施，加速土壤熟化，提高土壤肥力。梯田要注意防止侵蚀，即雨水沿山坡冲走土壤。大多数梯田边缘都筑有坚实的土墙，同时在梯田的边缘种植柠条、黑刺李等灌木，以防止水土流失。宁夏旱作农业区一般将缓坡地（一般小于15°）改成水平的台阶式梯田，也有改造成田面微向内倾斜形成3°~5°反坡的梯田，反坡梯田蓄水保土能力更强。

3. 与土壤耕性相结合

影响土壤耕作难易和耕作质量的土壤属性称为土壤耕性。土壤耕性是土壤物理机械特性（包括结持度、黏着性和可塑性等）在耕作时的综合表现。土壤耕作应在土壤宜耕期内进行。土壤宜耕期判断标准为：土壤表面干湿相间，脚踢土粒易碎，在地表5~10 cm处抓一把土，能手握成团，但不出水，手无湿印，落地即散。决定土壤耕性的主要因素有土壤质地、土壤含盐量、土壤有机质含量和土壤水分含量等。不同质地的土壤宜耕期不同，黏土宜耕期短、沙土宜耕期长。当黏土、壤土、沙土均需耕作时，应优先安排黏土，其次安排壤土，最后安排沙土。如因各种原因无法在宜耕期内耕作时，应掌握“宁燥勿湿”的原则，即宁可在稍干时耕作也不要在湿时耕作。干时耕作虽起坷垃，但遇水易破碎；湿时耕作土体变成“湿条”，极难破碎。

轻度盐渍化土壤，耕作原则是深耕、晒田、养坷垃。深耕宜在秋天进行，可切断毛细管，抑制返盐；晒田可促进土壤熟化；养坷垃可避免土壤过分细碎，削弱毛管作用，保墒隔盐。盐渍化土壤耕作深度应视具体情况而定，剖面上下含盐量一致的土壤可耕深一些，含盐量上轻下重时，不宜深耕。

在土层深厚的地区，耕作可深些，以收熟化土壤之效，但应忌一次性翻土过深，使大量底层生土覆盖耕作层。在坡地等土层较浅的地方，耕作宜浅，避免将碎石翻到上层。

常年耕作的田块，耕作层下往往形成一层较坚硬的土层，叫犁底层，犁底层的存在是影响土壤蓄水能力的重要因素。耕作深度适宜的标准就是打破犁底层。

4. 配合有关农业技术的需求

农业生产的其他技术措施也要求有不同的土壤耕作措施相配套，这样才能发挥最大效益。例如，作物施肥数量、时期、种类不同，耕作方法和深度都应不同。基肥施入后需要翻耕，或者结合播种进行翻压，而追肥一般结合中耕进行；农家肥用量大，必须深翻，而化肥用量少，可结合播种、中耕施入。又如，地膜覆盖种植技术中多采用“一膜两年用”，在第二年种植作物时，通常在原膜面上播种，不需要耕作；豆茬地土壤肥力较好，收获后耕深可适当浅些；糜、谷等秋杂粮作物地土壤肥力较差，收获后必须深耕，以熟化土壤，减少土壤蒸发。

第二节　农田蓄水保墒耕作技术

宁夏旱作农业区耕地面积占全区总耕地面积的2/3以上,其中旱地面积占宁夏旱作农业区耕地面积的86.4%。年降水量大部分地区在300~500 mm,且7—9月的降水量占全年降水量的60%~65%。水分亏缺是制约宁夏旱作农业区农业生产的主要因素,因此农田耕作的主要任务就是把宝贵的降水尽可能多地蓄纳于土壤之中,以供作物利用。适宜的土壤耕作技术,对蓄积自然降水、减轻土壤水分蒸发具有独特的作用。宁夏旱作农业区经过多年研究与实践,总结出一整套农田蓄水保墒耕作技术,并将其广泛应用于农业生产中。

一、农田蓄水耕作技术

(一)深松耕技术

深松耕是以无壁犁、深松铲、凿形铲对农田进行全田或间隔深松土,形成纵向虚实并存耕作层的耕作方法。无壁犁用于全田深松,深松铲和凿形铲用于间隔深松。深松深度一般为30~40 cm,最深可达50 cm。

1. 深松的作用

(1)改善土壤三相比例,增强土壤蓄水能力。深松可打破土壤犁底层,耕作层加深后,0~50 cm土壤固相、液相、气相比例得到改善,容重降低,固相减少,总孔隙度增大。犁底层被打破后,土壤降雨下渗速度加快,地面径流减少。每次降雨后土壤水分明显增加,特别是犁底层以下30~60 cm的有效贮水增加8.6%~30.8%(表2–5–1)。

表2–5–1　深松对土壤三相比例的影响

测定日期	处理	容重/($g \cdot cm^{-3}$)	固相/%	液相/%	气相/%	总孔隙度/%	备注
1980年7月15日	对照	1.28	48.20	15.92	35.88	51.80	表中数据为0~50 cm土层平均值
	深松	1.27	47.92	15.29	36.79	52.08	
1981年10月11日	对照	1.34	50.57	16.05	33.38	49.43	
	深松	1.29	48.30	15.61	36.09	51.70	
1982年7月18日	对照	1.26	47.55	18.24	34.21	52.45	
	深松	1.20	45.29	19.37	35.34	54.71	

注:引自李顺昌等《固原干旱地区少耕法试验初报》。

(2)加速土壤养分的有效化。深松可改善土壤的通透性,提高土壤温度,从而促进土壤熟化和好气性微生物的活动,加强矿化作用,使速效养分增加。据测定,深松耕的土壤中水解氮、速效磷、速效钾含量分别为45.5~61.7 mg/kg、19.2~19.7 mg/kg、69~93.2 mg/kg, 比对照分别提高1.34%~12.91%、2.13%~32.21%、2.07%~28.02%。

(3)增加土壤温度。深松可使土壤总孔隙度增大,通透性增强,微生物与酶的活动旺盛,对外界热、干、湿的影响有一定的自我调节能力,有利于提高土壤温度。据报道,深松一般可使土壤温度增加0.4~1.5℃,最高增加2.8℃,对种子萌发、出苗及苗期光合作用有利,对减轻病虫害也有一定作用。

(4)促进作物根系发育。作物抗旱能力的大小和根系分布呈正相关,扩大根系分布范围,对增强作物利用深层贮水的能力作用极大。深松可打破犁底层,使作物根系向深层延伸,耕作层根系量显著增加(表2-5-2)。

表 2-5-2 深松与作物根系的关系

单位:g/(0.25 m²·m)

测定年份	作物	处理	根系量					根系量合计
			0~10 cm	10~20 cm	20~30 cm	30~40 cm	40~50 cm	
1980	小麦	对照	4.30	1.95	1.25	0.35	0.85	8.70
		深松	4.80	3.41	3.10	0.60	1.05	12.96
	谷子	对照	8.65	3.05	1.20	0.75	0.45	14.10
		深松	8.65	3.25	1.80	1.00	0.55	15.25
1981	小麦	对照	3.48	1.43	0.80			5.71
		深松	4.96	2.53	2.06			9.55
	谷子	对照	8.65	3.05	1.20			12.90
		深松	7.55	3.68	2.40			13.63
1982	小麦	对照	2.26	2.18	0.80	0.46	0.46	6.16
		深松	2.50	2.50	1.31	0.68	0.57	7.56

注:测定时段为作物成熟期,根系量为干根重(g)/0.25 m²×深度;引自李顺昌等《固原干旱地区少耕法试验初报》。

(6)提高降水效益,增加生物产量。深松可改善土壤理化性状,提高土壤贮水能力,减缓旱作农业区水分的制约,使土壤肥力及施入肥料效能得到较充分地发挥,促进作物的生长发育,使生物产量显著增加。深松减少了土壤耕作次数,作业后田间没有垄沟和凸起,可省去地面平整耙耱作业,节约成本。

李顺昌等人 1980—1982 年在固原进行的深松耕研究表明,深松耕后平均每 5.4 mm 自然降雨生产 1 kg 粮食,比传统耕作平均 6.65 mm 自然降雨生产 1 kg 粮食减少水分消耗18.8%,比平均 10 mm 自然降雨生产 1 kg 粮食减少水分消耗 46%。

山西省晋东南地区 1982—1984 年在旱地麦田进行的深松试验表明,深松耕降低了底层土壤容重,增大了孔隙度,增加了降水入渗量,深松耕比翻耕小麦根量增加 11%~22%,产量增加 5.9%~29.6%。东北地区多年试验表明,深松耕比翻耕禾谷类作物产量增加 10%~20%,马铃薯产量增加 20%~30%。

2. 配套技术

(1)农机具。传统深松机为联合耕作机,有前后 2 个深松铲,通用铲宽 7 cm,前铲深度 10 cm,后铲深度 30 cm,铲距根据需要可调整。从2015 年开始,宁夏全面启动农机深松整地作业补助项目,每年深松农田 10 万 hm²。采用1204 型四轮拖拉机作为动力机械,牵引全方位深松机,进行农田深松作业。全方位深松机前面 1 个、后面2 个深松铲,铲深统一调整为 30 cm 以上,最深可达 50 cm。全方位深松机安装有 GPS 深松检测仪,采用卫星遥感技术,可对田间作业面积进行准确测定,对田间作业质量进行评价。

(2)作业方法。深松耕适用于平地和水平梯田,一般纵向作业。在垄作情况下,垄沟、垄台、垄帮均可进行局部深松,消除部分犁底层。为适应不同作物、气候和土壤的要求及特点,可采用多种耕作法,形成多种虚实比例的耕作层结构。

全方位深松标准为深松铲触地面积达到 80%，深度 30 cm 以上。

（二）浅翻深松耕技术

浅翻深松耕是指浅翻 18 cm，深松 12 cm，用大型履带拖拉机牵引犁与深松铲一次完成作业，与传统耕作（三犁三耱）相比具有如下优点。

（1）改善土壤物理性状。传统耕作由于翻耕深度长期一致，土壤耕作层底部受机械压力和犁底摩擦，形成坚硬的犁底层，严重影响耕作层水、气交换和水、肥、气、热的动态平衡，阻碍作物根系下扎。浅翻深松耕可加深耕作层，打破犁底层，改善耕作层结构及物理性状。浅翻深松耕后，20~40 cm 的土壤容重明显降低，为 1.39 g/cm^3，比传统耕作低 0.05 g/cm^3，土壤孔隙度为 47.94%，比传统耕作高 1.87 个百分点。

（2）增强土壤蓄水能力。浅翻深松耕可改善土壤物理性状，从而增强土壤蓄水能力，起到抗旱保墒作用。出苗期测定，浅翻深松耕比传统耕作 0~50 cm 的土层内土壤含水量高 1.4 个百分点。

（3）促进作物生长发育，增加产量。浅翻深松耕对作物生长发育具有显著的影响。经在小麦苗期同一时间测定，浅翻深松耕比传统耕作株高增加 1.8 cm，种子根增加 0.1 条，次生根增加 0.1 条，分蘖增加 0.2个，叶面积指数大 0.29，光合面积增大，地上部干重增加 0.02~0.15 g，光合生产率提高 0.73 $g/cm^2 \cdot d$，为作物产量增加奠定一定基础（表 2–5–3、表 2–5–4）。

表 2–5–3　不同耕作法对小麦生长发育的影响（1981 年测定）

处理	株高/cm	种子根数/条	次生根数/条	分蘖/个	叶龄
传统耕作	26.2	5.0	2.3	1.6	5.8
浅翻深松耕	28.0	5.1	2.4	1.8	5.8

表 2–5–4　不同耕作法对小麦干物质积累的影响（1981 年测定）

处理	日期	叶面积指数	地上部重量/g		光合生产率/（$g \cdot cm^{-2} \cdot d^{-1}$）
			鲜重	干重	
传统耕作	5 月 21 日	1.77	1.28	0.32	4.30
	6 月 12 日	1.58	2.74	0.72	
浅翻深松耕	5 月 21 日	2.06	1.49	0.34	5.03
	6 月 12 日	1.87	3.13	0.87	

在小麦上测定，浅翻深松耕较传统耕作株高、穗长、穗粒数、千粒重等明显增加，春小麦增产10.1%，谷子增产 8.3%（表 2–5–5）。

表 2–5–5　不同耕作法对作物产量的影响（1981 年测定）

处理	春小麦							谷子	
	株高/cm	穗长/cm	穗粒数/粒	单株重/g	千粒重/g	产量/（$kg \cdot hm^{-2}$）	较传统耕作增产/%	产量/（$kg \cdot hm^{-2}$）	较传统耕作增产/%
传统耕作	77.84	6.28	18.2	0.70	36.2	1 224.00	—	3 233.25	—
浅翻深松耕	80.41	6.64	19.2	0.75	36.5	1 347.75	10.1	3 500.25	8.3

二、农田保墒耕作技术

在旱作农田中，不同土壤耕作层水分含量决定着旱地作物收成的丰歉，而品种选用、栽培技术、农艺措施等与土壤水分有极大的关联性，主要表现在以下两个方面。一是自然降水的再分配。降水在土壤耕作层中的主要运动方向是下渗，其下渗速率随土层加厚而递减。降水多少影响下渗速率和深度。作物叶面蒸腾和裸露地表蒸发是水分散失的主要途径，前者是作物生长发育所必需的，后者则是地表热量运动所散失的水分。二是土壤水分的有效性。农田土壤水分存在的状况很多，并非所有的水分都能为作物所利用，例如吸附水活性差，不能被作物利用，而重力水则易形成径流渗漏，难以被作物根系吸收。因此，旱地土壤水分系统中，介于凋萎湿度（即当作物出现永久性萎蔫时的土壤含水量）与田间持水量（即土壤保持毛管悬着水的最大数量）间的土壤水分称为有效水。有效水因土壤类型、土壤质地、土壤容重等不同而异。例如沙壤土凋萎湿度一般为3%~4%，有效水范围为13%~14%；壤土凋萎湿度一般为5%~8%，有效水范围为14%~15%。另外，土壤容重发生变化，土壤水分也发生变化，容重降低，有效水范围增大。农业生产中采取的各种耕作技术，核心就是扩大有效水范围和减少土壤水分蒸发。

（一）中耕耙耱、镇压保墒耕作技术

1. 耙耱保墒

耙耱是耙地与耱地的总称，耙地是利用钉齿耙或圆盘耙在犁耕后、收获后、播种前进行表土耕作的措施之一；耱地是利用耱子（灌木编制或铁件焊制）在耕翻之后或耙地之后碎土，进行表土耕作的措施之一。耙地和耱地常常联合进行，具有碎土、平地和轻度镇压功能，可在表土形成极薄的干土层，保墒效果非常明显。

耕地后土壤表面起伏不平，土壤松碎不均，坷垃满地，与空气接触表面积大，土壤孔隙度大，空气对流加剧，跑墒严重。因此，耕地后应采取先耙后耱或耙耱连续的措施，耙地可平整表土、盖平犁沟、粉碎坷垃、切断土壤毛细管；耱地可压紧耕作层，减小土壤表层孔隙度，使表土细碎平整，减少土壤水分蒸发，达到保墒的目的（表2-5-6）。

表2-5-6　秋耕后耙耱与不耙耱的对比

处理	核桃大以上的坷垃数/(个·m^{-2})	干土层深度/cm
耙耱	12	5
未耙耱	79	8

宁夏旱作农业区一般以耱地作业为主，第一种是雨后、犁地后耱地，夏粮作物收获后及时深耕不耱，以纳雨、晒垡、熟化土壤，雨后及时耱地收墒，白露时（9月上旬）浅耕耱地收墒，从而形成上虚下实的土壤耕作层，减少土壤蒸发；秋粮作物收获后，必须及时深耕，边耕边耱，最大限度减少土壤蒸发。第二种是冻前消后耱地，是在土壤解冻前、消冻后趁地皮松软时，用闭口耱重耱一两次，以提高土壤含水量。消后耱地是在土壤表层夜冻昼消时耱地，土壤解冻深度3~5 cm，下层尚有冰凌，故又称"顶凌耙耱"，此时是保墒的关键时期，通过耙耱，在土表形成保护层，切断毛管水的运行，防止土壤蒸发。据观测，连续在春季进行3次顶凌耙耱，10~16 cm土壤含水量比未耙耱的土地增加9%~28%。第三种是播后耱地，以碎土保墒。第四种是出苗前后耱地，小麦出苗前遇雨及时耱地，以破除板结，碎土保墒、保苗。据调查，春小麦出苗前耱地，比不耱地出苗率高8个百分点，增产7%。

2. 镇压提墒

镇压提墒是利用镇压机械产生的机械压力，压紧耕作层及压碎土粒的表土耕作措施，是在表土失墒而底墒充足的情况下采用的措施，具有促进下层土壤水分向上层移动、提高上层土壤水分含量、平整地面、增加种子与土壤接触面积、防止地面水分蒸发的作用。

该耕作措施常在春季播种时采用，一种是在作物播种前用石磙镇压，使土壤紧实，下层毛管水上升，把底墒提上来，增加播种土层水分含量，然后播种。此法一般可提高播种土层土壤含水量1%~3%，提高作物出苗率 4%~27%。另一种是在作物播种后采用小磙或人工进行镇压，具有保墒、防风蚀、防冻的作用。据原州区农业技术推广服务中心调查，春季镇压一次田块比未镇压田块，0~10 cm 土壤含水量高 1.9 个百分点，保苗率提高 4.4%，增产 3.3%。据西吉县农业技术推广服务中心测定，播前镇压 2 次0~10 cm 土壤含水量比未镇压高 2.24 个百分点，10~20 cm 土壤含水量比未镇压高 3.41 个百分点（表 2-5-7）。

表 2-5-7　播前镇压对土壤容重、土壤含水量和春小麦出苗的影响（西吉县）

处理	土壤含水量较未镇压增加/%		土壤容重/($g·cm^{-2}$)		田间出苗率较未镇压提高/%
	0~10 cm	10~20 cm	0~10 cm	10~20 cm	
播前石磙镇压 2 次	2.24	3.41	1.17	1.25	49
播前石磙镇压 1 次	1.13	1.24	1.10	1.19	27

要注意镇压一般在土壤水分适宜时进行，土壤过干或过湿均不宜镇压；沙土地不宜镇压，因为沙土地压不实，反而越压越松；盐碱地和黏重质地的土壤不宜镇压，否则会造成返盐和板结。

3. 中耕保墒

中耕是指从作物出苗到封垄前采取的除草、松土等耕作措施。中耕的作用在于疏松表土，切断毛管水上升通道，减少土壤蒸发，并破除板结，增加土壤表面粗糙度，接纳雨水渗入土壤；提高地温，加速土壤养分转换，利于作物生长发育；消灭杂草，减轻病害的发生，阻止杂草对土壤养分、水分的非生产性消耗。中耕结合培土，还可以防止倒伏，提高作物产量和质量。

（二）秸秆覆盖保墒耕作技术

秸秆覆盖保墒耕作技术是指以农业生产副产物（茎秆、落叶、糠皮）或绿肥为材料覆盖农田的技术，因其成本低、效果好，土壤培肥及保护作用明显，故在旱作农业区具有特殊意义。1989—1992 年在原固原县 4 年的定位主试验及年度副试验表明，秸秆覆盖还田具有蓄水保墒、平抑地温、保持水土、抑制杂草等覆盖效应和改善土壤结构、提高土壤有机质与矿物质水平、增强土壤生物活性等培肥效应。4 500 kg/hm² 秸秆配施 1.1%氮素覆盖还田，4 年粮油总产量增加 29.84%。覆盖方式、覆盖期、还田量、氮磷化肥配施构成秸秆覆盖保墒耕作技术的主体。

该研究设在具备宁夏旱作农业区典型气候特征的原州区开城镇冯庄村，以小麦—小麦—小麦—亚麻为供试作物，从 1989 年开始，到 1992 年进行了连续 4 年 4 季定位试验。试验采用裂区设计，主处理为秸秆覆盖还田量，设 0 kg/hm²、3 000 kg/hm²、4 500 kg/hm²、6 000 kg/hm²、7 500 kg/hm² 5 个水平，副处理为调整碳/氮（每 1 000 kg 秸秆加尿素 11 kg）、不调整碳/氮，0 水平处理为施氮（以尿素施入，用量相当于调整 4 500 kg/hm² 秸秆碳/氮所需量）与不施氮。小区面积 20 cm²，随机排列，重复 3 次。于 1989 年小麦三叶期时，将长约 10 cm 的秸秆按设计要求均匀铺于小麦行间，使之在土壤表层滞留一季，于小麦收获后（8 月上旬）翻耕入土，如此重复 2 年，到第 4 年种亚麻时不再覆盖秸秆。副处理所用尿素在每年翻耕地时施入。

副试验包括坡地秸秆覆盖的人工径流试验和小麦田秸秆覆盖的适宜时期选择试验 2 组。前者于 1991 年在固原庙台村 8°的坡耕地上进行，于小麦三叶期覆盖 6 000 kg/hm^2 麦秸，以空白做对照，径流区面积 100 m^2(20 m × 5 m)。后者于 1992 年在固原南郊大堡村进行，处理为播后未出苗覆盖(播后覆盖)、一叶期覆盖、三叶期覆盖、五叶期覆盖和对照(不覆盖)，其中播后覆盖采用长麦秸，其他处理采用10 cm 左右的短麦秸，用量均为 4 500 kg/hm^2。

1. 秸秆覆盖保墒耕作技术的效应

(1)对土壤含水量的影响：3 年不定期测定表明，农田覆盖秸秆后，在阴雨天能够强化降水入渗，在晴天能够减少土壤水分蒸发，从而使作物生长期间土壤含水量显著增加。0~20 cm 土壤含水量增加 0.52~3.91 个百分点，表现为秸秆覆盖量越大，土壤含水量增加越多。

(2)对土壤温度的影响：1990—1991 年测定结果表明(表 2-5-8)，秸秆覆盖能够平抑地温，缩小昼夜温差；因秸秆覆盖能阻挡阳光对地面的直接照射，所以不论是上午、中午或下午，也不论是哪一土层，地温均明显低于不覆盖。一般上午深层差值较小，中午、下午浅层差值较大。同时，地温又有随覆盖量增加而明显降低的趋势。

表 2-5-8 秸秆覆盖对昼夜地温的影响

单位：℃

观测时间	土层深度/cm	不覆盖下地温		3 000 kg/hm^2 覆盖量下地温		4 500 kg/hm^2 覆盖量下地温		6 000 kg/hm^2 覆盖量下地温		7 500 kg/hm^2 覆盖量下地温	
		1990 年	1991 年	1990 年	1991 年	1990 年	1991 年	1990 年	1991 年	1990 年	1991 年
10 时	5	18.6	15.0	18.1	14.2	18.0	14.0	17.9	13.0	17.0	12.0
	15	16.7	11.8	16.4	11.4	16.3	10.7	16.2	10.4	16.1	10.3
14 时	5	31.0	29.0	31.0	23.7	30.5	24.0	27.0	22.5	24.5	18.9
	15	22.9	17.0	20.7	15.2	19.2	14.3	19.2	14.5	19.1	14.0
18 时	5	23.0	29.0	22.9	22.0	21.8	23.3	21.5	21.1	21.0	19.3
	15	21.0	20.5	20.9	17.2	19.8	16.4	19.6	16.0	19.8	15.0
24 时	5	8.1		10.0		10.1		10.6		11.0	
	15	11.0		12.0		12.0		12.0		12.0	

注：1990 年数据系 7 月 1 日至 5 日平均值，1991 年数据系 5 月 29 日至 6 月 3 日平均值。

昼间地温的降低，能够减少土壤水分蒸发，防止夏季烈日暴晒而灼烧作物浅层根系。夜间地温则随覆盖量的增加相应升高，说明秸秆覆盖在夜间具有一定的保温防冻作用。

(3)对农田水土保持性能的影响：秸秆覆盖层一方面可承接降雨，另一方面能吸持达本身重量 2.9 倍的水分，因而可免除暴雨对地面的直接冲击，减弱地表降雨强度，减少地表径流和土壤流失，在降雨量 27 mm、平均雨强 32.4 mm/h 的情况下，覆盖小区径流量 0.51 m^3，输沙量 10.4 kg；未覆盖小区径流量 0.73 m^3，输沙量 16.74 kg。覆盖的削洪效益达 30.14%，减沙效益达 37.87%。此外，秸秆对土壤形成保护层，可以避免风吹而带走表土，同样产生保土作用。

(4)对田间杂草滋生的影响：秸秆覆盖农田后，因遮住了地面光照，所以能够抑制杂草滋生。据 1990

年调查，覆盖量为 3 000 kg/hm^2、4 500 kg/hm^2、6 000 kg/hm^2、7 500 kg/hm^2，每平方米杂草数量分别为 71 株、34 株、39 株、28 株，依次较不覆盖减少 2.74%、53.42%、46.58%、61.64%；杂草鲜重分别为 22.55 g、13.48 g、13.85 g、14.50 g，依次较不覆盖减轻 29.52%、22.57%、20.45%、16.71%。

(5)对土壤物理性状的影响：秸秆覆盖农田可减轻雨水对表土的冲刷，避免雨后阳光暴晒引起的表土硬结龟裂，更重要的是覆盖的秸秆还田后增加了土壤有机质，土壤中腐殖质与团粒结构的比重增加，从而使土壤结构得以改善。据第 3 年小麦播种期测定，覆盖还田区比空白区 0~10 cm 土壤容重低 0.24~0.33 g/cm^3，10~20 cm 土壤容重低 0.14~0.19 g/cm^3，0~20 cm 土壤孔隙度高 6.5 个百分点。

(6)对土壤化学性质的影响：研究表明(表 2–5–9)，秸秆覆盖还田 1 年区，土壤有机质、全氮、全磷均比空白区有所增加，而碱解氮和速效磷比空白区减少，这可能是覆盖后昼间土壤温度低，影响了土壤矿化作用所致。秸秆覆盖还田 2 年区和 3 年区，各项肥力指标均明显高于空白区，且有随覆盖还田量增加而提高的趋势。

表 2–5–9　秸秆覆盖还田对土壤养分含量的影响

覆盖量/(kg·hm^{-2})	1990 年土壤养分含量					1991 年土壤养分含量					1992 年土壤养分含量				
	有机质	全氮	碱解氮	全磷	速效磷	有机质	全氮	碱解氮	全磷	速效磷	有机质	全氮	碱解氮	全磷	速效磷
0	15.80	0.95	79.42	0.99	7.22	16.20	0.87	84.32	0.87	7.23	15.70	0.92	85.40	0.91	7.11
3 000	16.10	0.96	74.68	1.11	6.66	17.60	0.89	93.96	1.13	8.27	17.40	1.02	102.30	1.23	9.96
4 500	17.20	0.87	73.63	1.19	7.23	17.70	1.00	87.66	1.12	8.29	18.20	1.08	104.10	1.14	8.94
6 000	16.10	0.98	74.15	1.00	6.12	18.20	0.94	98.40	1.14	9.15	18.40	1.12	107.60	0.81	10.11
7 500	17.40	1.05	72.44	1.24	5.14	18.70	1.22	101.18	1.00	9.79	19.60	1.02	99.00	1.23	10.25

注：计量单位，有机质、全氮、全磷为 g/kg，碱解氮、速效磷为 mg/kg。

秸秆覆盖还田对旱作农田土壤化学性质的正向影响明显，主要是因为秸秆在土壤表面滞留期间已有部分腐解和半腐解，翻压后即使土壤含水量相对较低，也能较快地全部腐解而参与物质循环。1990 年 8 月 2 日将覆盖于小麦田达 1 季的麦秸埋入 20 cm 深土层中，测定其腐解率。7 个月后(3 月 15 日)腐解率为72.3%，12 个月后(8 月 4 日)为 88.7%，比同期直接还田的等量新鲜粉碎麦秸高 13.6 个百分点和 4.7 个百分点，比留高茬还田的等量麦茬高 20.6 个百分点和 11.5 个百分点，说明秸秆以覆盖形式还田比直接粉碎或留高茬还田容易腐解。

(7)对土壤生物活性的影响：于第 3 年小麦孕穗期取麦行中间 0~20 cm 耕作层土样测定生物活性，结果表明，秸秆覆盖还田后，无论是三大类群微生物、参与土壤碳素和氮素转化的主要微生物生理群，还是被普遍认为可以作为评价土壤肥力指标的 4 种土壤酶的活性，均有所提高，其中以增加细菌数量和亚硝酸细菌数量、提高转化酶活性最明显。

(8)对田间 CO_2 浓度的影响：秸秆在腐解过程中释放出大量 CO_2，能够提高田间 CO_2 浓度。据1991 年 6 月 1 日测定，4 500 kg/hm^2 秸秆覆盖还田区小麦株高 30 cm 处，CO_2 浓度比空白区提高 16.29%。

(9)对作物产量的影响：覆盖秸秆 3 000~7 500 g/hm^2，第 1 年受当年秸秆覆盖效应的影响，增产6.74%~17.04%；第 2、3 年受当年秸秆覆盖效应和上年秸秆培肥效应的双重影响，总体表现为增产，尤以调整碳/氮副区增产显著。以 4 500 kg/m^2 调整碳/氮副区为例，其较 0 水平不施氮副区2 年平均增产37.76%，其中来自秸秆覆盖还田效应的增产部分为 24.76%，来自配施尿素的增产部分为 13%。就各水平调整碳/氮副区 4 年的总产量来看，以 4 500 kg/hm² 覆盖量产量最高，依次比 3 000 kg/hm² 覆盖量、6 000 kg/hm² 覆盖量、7 000 kg/hm² 覆盖量增产 12.2%、1.21%、9.74%。而第 3 年覆盖的秸秆不经碳/氮调整直接还田后，则显著降低了后作亚麻的产量，并呈还田量越多产量降低越多之趋势（表 2-5-10）。

表 2-5-10 秸秆覆盖还田对作物产量的影响

单位：kg/hm²

作物	0 水平下产量		3 000 kg/hm² 覆盖量下产量		4 500 kg/hm² 覆盖量下产量		6 000 kg/hm² 覆盖量下产量		7 500 kg/hm² 覆盖量下产量	
	不施氮	施氮	不调整碳/氮	调整碳/氮	不调整碳/氮	调整碳/氮	不调整碳/氮	调整碳/氮	不调整碳/氮	调整碳/氮
1989 年小麦	3 079.5	3 171.0	3 436.5	3 235.5	3 531.0	3 657.0	3 616.5	3 699.0	3 408.0	3 322.5
1990 年小麦	3 546.4	3 943.9	3 727.5	4 188.2	3 924.6	4 810.7	3 904.3	4 987.5	3 387.8	4 387.5
1991 年小麦	2 331.4	2 676.4	2 535.0	2 908.5	2 608.9	3 286.5	2 509.3	3 006.4	2 409.6	3 268.9
1992 年亚麻	1 131.4	1 206.4	964.3	1 342.5	997.5	1 344.6	936.4	1 249.3	637.5	955.7

2. 秸秆覆盖保墒耕作技术的系列化技术

（1）覆盖时期：宁夏旱作农业区春、秋、冬三季风多风大，加之土壤矿质养分的分解释放主要依赖于夏闲期耕翻晒田来加速，故农田秸秆覆盖不宜在夏伏、秋冬和早春进行，以免覆盖的秸秆被大风吹走和影响土壤矿质养分的分解释放；同时也不宜在播后未出苗时覆盖，以免保苗困难的旱作农田出苗率更低。小麦秸秆覆盖时期的选择试验表明，适宜的覆盖时期为苗期末封行前，即三叶期。

（2）覆盖材料：一般来说，各种作物秸秆和糠均可作为覆盖材料，但因宁夏旱作农业区麦秸丰富，有机质和矿质元素含量较高，故应以麦秸作为覆盖材料。覆盖时麦秸应截短到 10 cm 左右。

（3）秸秆覆盖量：试验结果表明，小麦田秸秆覆盖量以 4 500~6 000 kg/hm² 为宜。

（4）配施化肥：秸秆覆盖期间，昼间地温降低，一般会减缓速效养分的分解与释放，故秸秆覆盖田一定要底施足量氮磷化肥，以保证当季作物对养分的需求。另外，秸秆还田后会刺激土壤微生物迅速繁殖，导致土壤有效氮被暂时固定。因此，秸秆还田时应配施一定数量的氮肥。例如，宁夏旱作农业区一般农田产出的麦秸含碳 40%、氮 0.5%，碳/氮为 80，要保证其还田后腐解速率不受缺氮的影响，需要将碳/氮调整到 25，即每 1 000 kg 麦秸至少加入 11 kg 纯氮。小区试验结果表明，这一措施可使 4 500 kg/hm² 秸秆的 3 年覆盖还田增产效应由不配施氮的 11.29%提高到 22.39%（剔除配施氮肥增产部分），1 年间腐解率由不配施氮的 79.6%提高到 88.7%。此外，秸秆覆盖还田后，同时会发生速效磷固定现象，因此在配施氮肥时还需配施磷肥，用量以 P_2O_5 占还田秸秆量的 1%为宜。

（三）地膜覆盖保墒耕作技术

地膜覆盖是指在土壤表面设置一层不透气的、以聚乙烯为主要原料制成的、厚度 0.008~0.012 mm 的塑料薄膜作为物理阻隔层，直接阻挡土壤水分垂直蒸发，达到保墒的作用。同时地膜覆盖能使土壤中水、肥、气、热等诸因子互相协调，较好地解决了作物生长发育与环境条件的某些矛盾。地膜覆盖面积越大，保墒效果越好。

1. 地膜种类

根据不同用途，地膜种类较多，宁夏旱作农业区常用的有无色透明膜、黑色膜两种。其中无色透明膜在玉米、小麦等粮食作物上普遍使用，黑色膜主要用于蔬菜、马铃薯等作物上。近年来，为了便于回收，减少环境污染,地膜厚度由 0.005 mm 增加到 0.01~0.012 mm。

(1)无色透明膜:这是在生产上应用最普遍的聚乙烯透明薄膜。覆盖这种膜,土壤增温效果好,一般可使土壤耕作层温度升高 2~4℃。

(2)黑色膜:黑色膜是在聚乙烯树脂中加入 2%~3%炭黑制成的。这种膜太阳光的透光率较低,热量不容易传给土壤,因而防止土壤水分蒸发的性能比无色透明膜强,能显著抑制杂草生长。

(3)绿色膜:绿色膜能明显抑制杂草生长,但绿色染料对膜有一定破坏作用,缩短了膜的使用寿命。

(4)黑白双面膜:它一面是乳白色,另一面是黑色。覆膜时乳白色的一面向上,可以反射阳光降低膜温,黑色的一面向下,可抑制杂草生长。

(5)杀草膜:这是利用含有除草剂的树脂加工而成的一种特殊薄膜。覆盖这种膜能升高地温 2~5℃。这种膜的杀草效果很明显,在覆膜 1 个月后调查杂草生长情况是:没有覆盖含有除草剂地膜的地面,每平方米有杂草 415 株,而覆盖含有除草剂地膜的地面,每平方米只有杂草 31株。

(6)防虫膜:这是一种用于预防草莓、蔬菜病虫害的地膜。这种薄膜在制造时没有添加任何农药成分,以透明膜或黑色膜为底基,沿着纵长方向均匀排列银色宽条。它是利用昆虫对色彩的反应原理而设计制造的。银色对菜蚜有刺激作用,可使有翅蚜不飞向草莓田,因而可以预防蚜虫传播草莓病毒病。除了蚜虫外,这种膜对其他害虫也有预防效果。这种带有银条的薄膜,提高地温和抑制杂草等效果与一般透明膜或黑色膜相同。

(7)蓝色膜:这种膜的主要特点是保温性能好。在弱光照射条件下,透光率高于普通膜,在强光照射条件下,透光率低于普通膜。这种膜用于水稻育苗,苗壮、根多、成苗率高;用于蔬菜、草莓等作物,具有明显的增产和提高品质的作用。

(8)银灰色膜:这种膜具有反射紫外线、驱避蚜虫的作用,对由蚜虫迁飞传染病毒有积极的防治作用,还有保持水土和除草的作用。其对土壤的增温效果介于透明膜和黑色膜间,主要适用于春季或夏季防病、抗热栽培。

(9)红色膜:美国农业科研人员研究了彩色地膜对草莓、番茄及其他作物的增产效果,研究发现,红色膜比黑色膜更能刺激作物生长,植物会利用更多的能量进行地上部分的光合作用。

(10)红外膜:这种膜是由日本研制而成的。这种膜在聚乙烯树脂中加入透红外线助剂,使薄膜能透过更多的红外线,增温效果可以提高 20%左右。

(11)光降解膜:这种膜使用到一定时期就会自行粉碎,与土壤融为一起,可以避免废旧薄膜对土壤的污染。

2. 地膜覆盖保墒耕作技术的效应

(1)改变了土壤环境条件。

保墒:地膜覆盖直接阻隔了土壤水分的蒸发,保持了土壤水分,提高了作物抗旱能力。据测定,玉米覆膜比不覆膜 0~40 cm 土层中水分含量高 5~10 个百分点。覆膜 28 d 后 0~10 cm 土壤含水量为 10%,10~20 cm 土壤含水量为 12.9%,20~30 cm 土壤含水量为 13.7%,30~40 cm 土壤含水量为 18.4%,分别比不覆膜的相同土层含水量高 5.7 个百分点、0.8 个百分点、1.1 个百分点、3.4 个百分点。覆膜马铃薯在播前及播后 20 d 测定 2 次,覆膜含水量比不覆膜含水量高 2.5 个百分点。

增温:无色透明膜是宁夏旱作农业区最常用的地膜,由于其透光不透气,导热系数小,覆盖后可以有效地将太阳能转化为土壤热能。据测定,种植玉米覆膜(半膜)比不覆膜≥10℃的有效积温在整个生育期增加 281℃，其中以苗期增加最多，达到 149℃，平均每天增加 3.2℃，拔节至抽雄期增加最少，为 17.9℃，平均每天增加 0.6℃。种植马铃薯，5~20 cm 土壤温度覆膜比不覆膜增加 1.8~3.4℃。种植西瓜覆盖无色透明膜与传统压砂（锈砂）地相比，5 月份各土层日平均增温：5 cm 处为 3.1~3.5℃、10 cm 处为 2.7~3.4℃、15 cm 处为 2.7℃、20 cm 处为 3.1~3.5℃；6—8 月上旬各土层日平均增温：5 cm 处为 2.6~3.5℃、10 cm 处为 2.9~5.3℃、15 cm 处为 3.5~4.2℃、20 cm 处为 3~3.7℃；在 7 月中旬温度最高的时间段，覆膜比压砂 0~20 cm 土层日平均增温 2.5~4.2℃。增温日变幅上层大于下层，上层温度变化大，下层温度变化小。在 1 天内，中午增温较大，早、晚增温较小。

保肥：地膜覆盖由于保持了土壤水分和增加了土壤温度，使土壤环境条件得到改善，进而促进了土壤微生物的活性，有助于土壤有机质的分解、土壤速效养分含量的增加，同时也使作物吸收养分量增加，提高了养分利用率，0~20 cm 土层速效氮含量提高了 46.8%，速效磷含量提高了 9.31%。

改善土壤理化性状：地膜覆盖种植农作物整个生育期间，减少了土壤水分蒸发和风蚀、雨蚀，也免除了中耕除草和人工、机械践踏，使土壤不易板结，土壤理化性状较好。据测定，5~10 cm 土壤容重覆膜比不覆膜降低 0.05 g/cm^3。

（2）促进了作物生长发育。覆膜改善了土壤理化性状，并且提高了土壤温度、水分，为作物生长发育创造了良好的土壤环境。具体表现为根系发达且数量增加，吸收土壤养分能力增强，地上部枝叶生长茂盛，光合作用强，干物质积累多，成熟提前。

在马铃薯苗期、开花期观测，覆膜马铃薯比露地不覆膜马铃薯株高增加 17.7 cm、20 cm，叶片数增加3 片、2 片，侧根数增加 8.8 条、18 条，侧根长度增加 2.4 cm、18.5 cm，提早成熟 17 d（表 2-5-11）。

表 2-5-11　覆膜对马铃薯生长发育的影响（原州区）

观测项目	苗期			开花期		
	覆膜	对照	增加值	覆膜	对照	增加值
株高/cm	30.0	12.3	17.7	72.0	52.0	20.0
叶片宽/cm	1.7	1.1	0.6	8.3	7.0	1.3
叶片长/cm	5.2	3.5	1.7	12.2	10.9	1.3
叶片数/片	6	3	3	17	15	2
侧根数/条	27.0	18.2	8.8	64.0	46.0	18.0
侧根长度/cm	4.5	2.1	2.4	28.4	9.9	18.5

玉米在覆膜条件下比不覆膜出苗期提前 5 d，节根轮数分别为 5.4 轮和 3.8 轮，增加 1.6 轮；次生根条数分别为 25.5 条和 14.2 条，增加 11.3 条；提早成熟 13 d。

覆膜种植西瓜出苗期比不覆膜缩短 2~4 d，出苗迅速整齐；出苗至抽蔓时间提前 12 d，覆膜西瓜比露地西瓜蔓长 114.4 cm，总叶片数多 29 片；从播种到坐瓜所需时间，覆膜西瓜为 72 d，露地西瓜为 98 d，提前 26 d；从播种到成熟全生育期，覆膜西瓜为 103 d，露地西瓜为 151 d，提前 48 d 成熟。

（3）提高了产量，增加了效益。覆膜后由于创造了良好的土壤环境条件，植株生长健壮，光合作用强，积累物质多，作物成熟早、产量高。据测定，覆盖黑色膜种植马铃薯比露地增产 62.4%，产值增加 114%（表 2-5-12）。

表 2-5-12　覆膜对马铃薯产量的影响(原州区)

处理	产量/($kg \cdot hm^{-2}$)	较露地增产/%	产值/(元$\cdot hm^{-2}$)	净产值/(元$\cdot hm^{-2}$)	产值较露地增加/%
覆黑色膜	34 725.0	62.4	27 780	17 340	114
露地	21 382.5	—	17 106	8 106	—

据调查,1987 年彭阳县半膜覆盖种植玉米平均产量达到 7 368.75 kg/hm^2,而露地种植玉米产量只有 4 190.25 kg/hm^2,增产 75.85%(表2-5-13)。

表 2-5-13　覆膜对玉米产量的影响(彭阳县)

处理	株高/cm	穗长/cm	穗粒数/粒	千粒重/g	产量/($kg \cdot hm^{-2}$)	较露地增产/%
覆膜	220.8	24	706.8	242.2	7 368.75	75.85
露地	202.5	25	658.2	162.8	4 190.25	—

覆膜西瓜比压砂(锈砂)瓜增产 72.9%~125.6%,4 年平均增产 93.1%,经济效益提高 87.9%~162.4%,平均增加 115.5%(表 2-5-14)。

表 2-5-14　覆膜对西瓜产量的影响(原州区)

年份	处理	平均产量/($kg \cdot hm^{-2}$)	较压砂增产/%	产值/(元$\cdot hm^{-2}$)	净产值/(元$\cdot hm^{-2}$)	净产值较压砂增加/%
1983	覆膜	26 340.0	84.3	4 056.00	3 531.0	107.2
	压砂	14 293.5	—	2 004.00	1 704.0	—
1984	覆膜	38 220.0	121.6	4 381.50	3 739.5	87.9
	压砂	17 250.0	—	2 455.50	1 990.5	—
1985	覆膜	34 603.5	96.9	4 752.00	4 152.0	162.4
	压砂	17 578.5	—	1 882.50	1 582.5	—
1986	覆膜	37 168.5	72.9	4 675.50	3 583.5	112.5
	压砂	21 495.0	—	2 136.00	1 686.0	—
平均	覆膜	34 083.0	93.1	4 466.25	3 751.5	115.5
	压砂	17 654.3	—	2 119.50	1 740.8	—

注:砂为锈砂。

3. 地膜覆盖种植方法

种植作物不同、种植区域不同,采用的地膜覆盖种植方法不同。在宁夏半干旱偏旱区和半干旱区,种植方法一般为半膜平覆种植方法和全膜双垄覆盖垄侧播种方法,在半干旱区平地和半湿润偏旱区,种植马铃薯常采用起垄覆膜、覆膜覆土等种植方法。种植方法不同,选用地膜宽度也不同。

(1)半膜平覆种植方法。在平整好的农田上,采用幅宽 80 cm 的地膜,用手扶拖拉机或四轮拖拉机携带简易的覆膜机进行田间覆膜作业(也可采用人工进行),地膜紧贴地表,形成一条宽 60 cm 的覆膜带,膜带间距 30~40 cm,膜两侧压土 10 cm,同时人工辅助每隔 10 m 压一条土腰带,防止大风揭膜。该方法常用于玉米种植。

（2）半膜垄作种植方法。在平整好的农田上，采用幅宽 80~100 cm 的地膜，用 29.42 kW 四轮拖拉机携带起垄覆膜机进行田间作业（也可采用人工进行），地膜紧贴垄面，形成一条垄底宽 40~50 cm、垄面宽25~30 cm、垄高15~20 cm 的覆膜垄，垄间距 30~40 cm，垄底两侧压土 10 cm，同时人工辅助每隔 10 m 在垄面压一条土腰带，防止大风揭膜。该方法常用于马铃薯、蔬菜种植。

（3）膜侧种植方法。在平整好的农田上，采用幅宽 35~40 cm 的地膜，用手扶拖拉机或四轮拖拉机携带覆膜播种一体机进行田间作业。地膜紧贴垄面，形成一条垄底宽 25~30 cm、垄高 10 cm 的圆垄，垄间距25~30 cm，作物种植在垄侧膜际处。覆膜的作用是在保墒的基础上，形成小垄作为集雨面，使自然降水顺垄面直接流到下部作物上，通过聚集叠加降水，变无效、微效降水为有效降水。该方法常用于小麦、胡麻等密植作物种植。

（4）全膜大垄种植方法。在平整好的农田上，选用幅宽 120 cm 的地膜，采用人工或机械起垄，形成一条垄底宽 70 cm、垄面宽40 cm、垄高 20 cm 的覆膜垄，垄间距 30~40 cm，两膜结合处在垄沟中间，互相重叠 10 cm，同时人工辅助每隔 2~3 m 在垄面压一条土腰带，防止大风揭膜。作物种植在大垄垄侧高于垄底10 cm 处，也可根据需要种植在垄面上。该方法地膜 100%覆盖于田间，如果采用黑色膜，田间杂草基本上得到抑制，常用于马铃薯、蔬菜种植。

（5）全膜双垄覆盖垄侧播种种植方法。在平整好的农田上，采用幅宽 120 cm 的地膜，选用 11.03 kW 以上、有后动力输出的四轮拖拉机携带全膜覆盖机进行田间作业；也可用人工或步犁开沟起垄。田间形成大小垄，大垄底宽 70 cm、垄高 10~15 cm，小垄底宽 40 cm、垄高 15~20 cm，大小垄总幅宽 110 cm。两膜结合处在大垄中间，结合处用土压实。覆完膜后 1 周，在沟内每隔 50 cm 扎一深 3 mm 的渗水孔，以便把膜面汇集的降水从小孔入渗，拦截垄沟内的径流，充分接纳降水。每隔 2~3 m 在垄面压一土腰带，防止大风揭膜。该种植方法地膜 100%覆盖于田间，使土壤蒸发减少到最低程度；同时形成大小垄，作物种植在大垄垄侧，形成的集雨面更大，可使自然降水全部下渗到垄沟中，使无效降水全部转化为有效降水，促进降水利用率的提高。该方法常用于玉米、向日葵、马铃薯等稀植作物种植。

（6）冬小麦全膜微垄穴播种植方法。冬小麦全膜微垄穴播种植方法是选用多功能微垄起垄机，起垄、覆膜、覆土、施肥、打渗水孔、播种一次完成。垄幅 100 cm，每幅分 5 个相同的微垄，垄宽 20 cm，垄高 8~12 cm，选用幅宽 120 cm、厚 0.01 mm 的白色膜，全地膜覆盖，将种子播在微垄上。

（7）覆膜覆土穴播种植方法。在平整好的农田上，选用幅宽 80~120 cm、厚度 0.01 mm 的白色膜覆盖，两幅膜相接处不重叠。后膜面均匀覆盖厚约 1 cm 的土层，再用穴播机播种。也可用专用一体机，整地、施肥、覆膜、覆土、播种一次完成。这种种植方法主要用于小麦、胡麻、糜、谷等密植作物。覆土的目的是防止风力导致覆膜后播种穴错位，影响出苗。

4. 地膜覆盖时间

传统地膜覆盖多在作物播种前进行，自 2006 年从甘肃引进秋季全膜覆盖双垄沟播种植技术后，宁夏也开展了相关研究工作，初步形成了半干旱偏旱区和半干旱区以秋季覆膜为主、南部半湿润偏旱区以早春顶凌覆膜为主的模式。同时根据种植作物和土壤肥力要求，因地制宜确定覆膜时间：玉米以秋季覆膜为主，半湿润偏旱区种植玉米在早春进行顶凌覆膜。马铃薯覆膜覆土技术中，起垄、播种、覆膜需全程机械操作，因而采用播期覆膜。冬小麦随着播种在秋季播期覆膜，胡麻、糜、谷覆膜播种多为一体化操作，常在播期覆膜；蔬菜根据种植需要，一般采用播期覆膜。

三、农田蓄水保墒综合耕作技术

（一）“五墒耕作法”

“五墒耕作法”是宁夏旱作农业区广大人民在长期和自然灾害斗争过程中积累的宝贵的耕作经验，科技人员将其总结为“早耕深耕多蓄墒，过伏合口保底墒，雨后耙耱少耗墒，冬春打碾防跑墒，适时早播用冻墒”，其核心是适墒耕作，在生产上运用收到了良好的蓄水保墒效果。

1. 早耕深耕多蓄墒

早耕、深耕是指在夏作物（小麦、豌豆、扁豆等）收获后（一般在当年 7 月中下旬）进行的土壤耕作措施，也称为伏耕。早耕、深耕是加速熟化土壤、定向培肥土壤的关键措施。早耕能疏松土壤，充分蓄积雨水。据观测，伏天早耕比迟耕春小麦增产 10%~15%；1963 年 9 月 13 日降雨 21.8 mm 后，9 月 14 日测定雨水入渗程度，结果为伏耕田雨水下渗 15.3 cm 深，而根茬地只下渗了 10.5 cm 深。据梅松龄计算，伏天早耕 3 d，15 cm 深土壤水分增加 17 250 kg/hm^2；秋耕早 18 d，土壤水分增加 52 500 kg/hm^2。早耕还能晒土，促进土壤养分分解。据报道，秋耕比不秋耕土壤硝态氮含量增加 4.43 mg/kg，同时还能灭草，防止杂草消耗水分和养分。

实行早耕的关键技术是适墒耕作，即在地墒最适合耕作时进行，这样就能防止形成大土坷垃，保证耕作质量。特别是收糖时更要注意适时作业，如不适时耕作，就会造成大量跑墒，严重影响来年春播质量，导致出苗率下降。

深耕能较好地解决土壤水、肥、气、热的矛盾，加速土壤熟化，促进作物生长，提高产量。具体作用为：一是蓄水保墒。深耕能加速雨水下渗到深层，减少蒸发。据测定，深耕 30 cm 可保蓄 130 mm 的水量；深耕 24 cm 比浅耕 15 cm，0~10 cm 土层含水量高 4.65 个百分点；深翻 21 cm 的农田土壤含水量为 17.69%，而深耕 12 cm 的农田土壤含水量为 13.4%，深耕比浅耕土壤含水量高 4.29 个百分点。二是加速土壤培肥和熟化。据西北农业大学 1986 年在固原测定，在其他条件一致的情况下，深耕 20~28 cm 比浅耕 12~15 cm 土壤容重降低 0.02~0.11 g/cm^3，孔隙度增加 2.7%~7.5%，液相增加 2.7%~7.5%，10~20 cm 土壤含水量增加 1.4~1.5 个百分点，20~30 cm 土壤含水量增加 4.6~10.3 个百分点，土壤速效氮增加 27.8%~31.4%、速效磷增加 32.6%~136.8%，地温升高 0.7~1℃，土壤微生物数量从 5.1 万个/g 增加到 8.3 万个/g，增加 62.7%，产量显著增加，小麦、糜子产量分别增加 11.2%和 14.6%。又据西吉县农业技术推广服务中心研究，把原耕深 10~20 cm 的活土层加深至 30~40 cm，可比常年耕深 15 cm 的土壤容重降低 0.15 g/cm^3，孔隙度增加 68%，最大持水量增加 2.7%，每公顷蓄水量增加 160.1 m^3，相当于一次中等降雨量。深耕增产效果也十分明显，耕深 35 cm 比耕深 15 cm 小麦增产 448.8 kg/hm^2，增幅为 24.8%；豌豆增产 392.4 kg/hm^2，增幅为 27.2%（表 2-5-15）。三是消灭多年生杂草。据在原州区头营镇观测调查，深耕 27 cm 比浅耕 12 cm 芦苇出现时间晚 15 d 左右，数量减少，生长也弱。四是扩大了作物根系分布。据调查，深耕 30 cm 比浅耕 18 cm 的小麦根加深 16 cm，而且在 90 cm深的土层内根系增加 106 条/200 cm^2，既提高了抗旱能力，又防止了倒伏。

为了发挥深耕的增产作用，要做到适墒耕作，保证耕作质量。宁夏旱作农业区大部分农田在土层 18 cm 深处普遍形成犁底层，因此必须深耕以打破犁底层，耕深以25~40 cm 为宜。肥沃的土壤、土层深厚的土壤可以耕深一些，瘠薄的土壤、土层薄的土壤可适当浅一些。深耕最好 3 年 1 次，要细耕犁通。深耕要和增施有机肥、碾地、耙耱地、锄地及平田整地相结合，从而有效地改变土壤理化性状，提高土壤肥力，达到蓄水保墒、增产增收的作用。

表 2–5–15　耕深对土壤容重、播前含水量及作物产量的影响

耕深/cm	容重/($g·cm^{-3}$)		播前含水量/%		小麦		豌豆	
	0~10 cm	10~20 cm	0~10 cm	10~20 cm	产量/($kg·hm^{-2}$)	较 CK 增产/%	产量/($kg·hm^{-2}$)	较 CK 增产/%
35	1.12	1.03	11.7	15.2	2 257.5	24.8	1 836.1	27.2
30	1.20	1.04	10.7	13.9	2 172.3	20.1	1 684.5	16.6
25	1.15	1.06	10.2	11.4	2 110.0	16.6	1 654.5	14.6
20	1.17	1.09	9.6	10.7	1 929.5	6.7	1 594.5	10.4
15(CK)	1.23	1.20	7.1	8.3	1 808.7	—	1 443.7	—

2. 过伏合口，雨后耙耱，冬季打磙，保住土中墒

过伏合口保底墒，雨后耙耱少耗墒，冬春打磙防跑墒，都是通过耙、耱、压等措施压紧耕作层，疏松表土，减少蒸发，保住土中墒，以充分发挥土壤水库的蓄水作用。

(1)耙耱地。耙耱地是宁夏旱作农业区保墒耕作的一项主要措施，20 世纪耙地较少，以耱地为主。进入 21 世纪，随着机械化程度的提高，机械耙地、耱地一次性完成。其作业方式：第一种是夏茬地深耕不耙耱，以晒土熟化，促进土壤养分分解，下雨后及时耙耱地保墒。秋茬地边深耕边耱，碎土保墒。9 月上旬白露时夏茬地再次耕翻，边耕边耱，使其形成上松下实的耕作层，减少土壤水分蒸发。第二种是冻前消后耱地，即在封冻前和消冻后趁表土松软时，用闭口耱重耱 1~2 次以保墒，提高出苗率。第三种是播后耱地。大多数地区作物播种后均需收耱，固原市三营以北地区种植的胡麻、谷子播后不需收耱，因为该区域土壤含水量较低，播种较深，如果播后收耱，易导致出苗困难，反而影响产量。第四种是出苗前后耱地。作物出苗前，遇雨及时耱地可破除板结，以碎土保墒、保苗。据调查，春小麦播后出苗前耱地比不耱地18 cm 深土层中水分高 0.93 个百分点，出苗率提高 8%，增产 7%。另据测定，早春耱地 2 次比 1 次耕作层中水分含量相对提高 13.43%，土坷垃减少64.5%；耱地 1 次比不耱地耕作层中水分含量相对提高 17.6%，土坷垃减少 61.9%。耱地应采用对角耱，与犁向、耧沟保持一定角度，不要平行作业，其碎土、平地、镇压效果更好。

(2)冬春打磙。冬春打磙是利用重力作用于土壤表层的耕作措施，其作用是碎土保墒、提墒润土。冬春地表常出现裂缝，土壤水很快从裂缝中蒸发，通过打磙镇压，土壤由松变紧，土坷垃由粗变细，细土填充裂缝，可防止土壤水蒸发。据在固原市彭阳县调查，冬春打磙的冬小麦田早春土壤表层含水量为13.5%，冬小麦越冬率为 67.4%，未打磙的冬小麦田土壤表层含水量为 10%，冬小麦越冬率为 57.1%。据西吉县农业技术推广服务中心调查，在同等地力条件下，经过冬春打磙，耕作层 5~10 cm 土壤含水量增加 2.24 个百分点，5~20 cm 土壤含水量增加 3.4 个百分点； 打磙 1 次比未打磙 0~10 cm 土壤含水量增加 1.9 个百分点，春小麦保苗率提高 4.4%，666.7 m^2 成穗增加 5.1%，增产 3.3%。打磙使现犁现种的农田土壤变紧实，可防止作物吊苗，保证全苗，减轻病害。糜子在苗期镇压，能防止钻心虫的危害。

打磙的效果取决于打磙的时间、次数、农具和方法四个环节。一是时间，据宁夏农林科学院固原分院试验，冬小麦 10 月 27 日打磙比不打磙增产 10.83%，2 月 22 日打磙比不打磙只增产 1.24%。夏作物播种前打磙，第一次在冬前土壤早冻午消时进行最好，第二次在春播前。生产中打磙时间常和作物种类、土质、土壤墒情等因素有关。秋作物种植地打磙应在犁后播前进行。磙青苗在苗期进行，能起到蹲苗促壮苗的作用。糜子播后遇雨易板结，破板结打磙应在苗快出土时进行。不同区域、土质打磙顺序为先川后塬，先黏后

沙。二是次数，一般打碾 1 次，当严重干旱时就需打碾 2 次。据西吉县农业技术推广服务中心调查，播前镇压 2 次比镇压 1 次 0~10 cm 土壤含水量高 1.11 个百分点，10~20 cm 土壤含水量高 2.17 个百分点，田间出苗率提高 17.3%。三是农机具。传统的打碾农机具由石碾、碌碡、水泥磙、棱磙组成，配套机械有 V 形镇压器、环形镇压器及旋耕机后配套的镇压轮。深耕后用旋耕机平整土地和镇压保墒，浅耕后、碾青苗和秋作物播期打碾要用重量轻的中小型石碾。沙性土壤用圆碾，黏性土壤、干燥土壤用棱磙；干旱严重时用碌碡。四是方法。镇压和耙耱结合进行，效果最好。

3. 适时早播用冻墒

宁夏旱作农业区一般 2 月份气温开始回升，土壤逐渐解冻，蒸发量逐渐增多，土壤水分主要以毛管水运动到表层而汽化，使表层土壤保持湿润，这种现象通俗地称为"返潮"。此时土壤表层含水量较高，之后由于春季天气干燥、风力大，土壤水分消耗很快，干土层逐渐加厚，因此春小麦、豆类等夏粮作物在适宜播期内要趁土壤返潮及时播种，播种时表土消融 5~10 cm，种子播在冻土上，也叫"顶凌播种"。据调查，原州区春小麦 3 月 10 日播种比 3 月 20 日播种增产 5%。

（二）合理休闲蓄水保墒耕作技术

休闲又叫歇地，它既是传统的抗旱耕作方法，又是一种具有现代旱作农业技术特征的保墒抗旱技术。歇地是针对因干旱造成的生产不稳定而采取的一项有效地增加土壤蓄水以达到稳产增产目标的措施，适合宁夏旱作农业区年降水量 350 mm 以下的半干旱偏旱区、半干旱区。

目前，已实现农业现代化的国家，休闲地占干旱区粮食播种面积的 40%~50%。俄罗斯旱区冬作物和春小麦都种在休闲地上，休闲地约占耕地总面积的 20%。我国北方，休闲比较普遍，20 世纪 70 年代内蒙古西部旱区轮歇压青地占 20%~35%，甘肃中部旱区耕地每隔三四年轮歇 1 次，青海省约有 13 万 hm^2 歇地。宁夏旱作农业区歇地曾占总耕地面积的 20%，1972 年固原地区总耕地面积 52.5 万 hm^2，其中歇地占 12.6%，达 6.6 万 hm^2，后随历史的推移面积越来越少。2016 年提出"休闲轮作"，为在旱作农业区恢复地力、发展生产指明了一条可行之路。

1. 休闲的作用

（1）蓄水保墒。休闲地在雨季以前有充足的时间犁地，因而能充分蓄积雨水。据测定，春播前歇地土壤含水量要比麦茬地高 1.6~3 个百分点，如按 666.7 m^2、1 m 深的土层内干土重 87.5 万 kg 计算，歇地比不歇地每 666.7 m^2 土壤水分增加 13 737.5~17 673 kg。

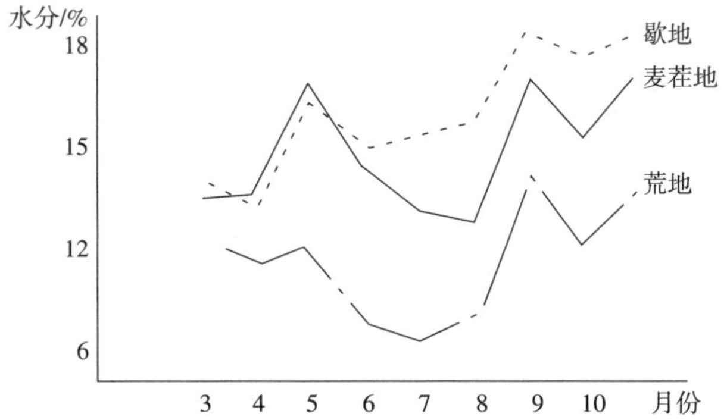

图 2-5-1　宁夏原固原县头营农田土壤水分动态

资料来源：梅松龄《抗旱农经》。

（2）恢复地力，积累养分。据中国农业科学院土壤肥料研究所试验，半休闲地比不休闲复种玉米地，在小麦播种前，硝态氮增加 15 mg/kg 左右，出苗率提高 40%。

（3）防虫杀草。歇地有充分的时间耕作，既能消灭地上生长的杂草，又能消除土壤中感染的草籽。据在原州区头营镇调查，歇地在头耕前田里生长 13 种杂草，没有一种结籽；半休闲地头耕前，29 种杂草仅4 种结籽；而秋茬地耕作前，几乎全部杂草已结籽繁殖。因此，休闲地通过耕作能有效地防止杂草种子对土壤的感染，来年播种地上杂草显著减少，一般歇地比不歇地杂草数量减少 86.7%~91.6%。歇地还能防治病虫害，如小麦种在歇地上，能防治金针虫和蝼蛄，亚麻种在半歇地上能防治立枯病（表 2–5–16）。

表 2–5–16 休闲对杂草的影响（固原市三营镇）

前茬	亚麻田杂草数量/(株·m^{-2})	糜子田杂草数量/(株·m^{-2})
歇地	12	16
糜茬	144	121

（4）减少作物蒸腾量。田地经过休息，土壤就变肥，土壤溶液就变浓，作物消耗的水量就相对减少。据报道，休闲地农作物生产 0.5 kg 干物质的需水量比不休闲地要减少 13.05%~76.71%，需水量减少能使有限的降水发挥更大的增产效果。此外，休闲地留茬过冬可有效减少土壤侵蚀，一年不种作物可减少能量消耗，使土地得到休养生息。

（5）增产显著，改善产品品质。休闲地由于休养生息，地力恢复好，蓄水保墒能力增强，因而种植作物产量增加，不但当年增产，而且能增加轮作周期的总产量，改善产品品质。据《抗旱农经》一书介绍，各种作物种在歇地上能增产 11.11%~85.71%，增产后效也长，到第三年还能增产，能使轮作周期的总产量增加 6.6%。依据试验，种豆后实施半年休闲比小麦重茬 1 年增产 34.31%，比重茬 2 年增产 66.07%。歇地收的小麦、糜子、谷子皮薄、粒饱、出粉率高。据调查，每 50 kg 歇地糜子比茬地糜子要多出米 2.5~5 kg；歇地种的马铃薯食用品质好、耐贮藏；歇地亚麻出油率为 30%，而荞麦茬亚麻出油率只有 20%。

2. 休闲的种类

休闲可分三类，即半休闲、全休闲、多年休闲。休闲种类不同，增产效果和适用地区也就不同。

（1）半休闲，即扁豆、豌豆和小麦地休闲。一般在 6 月下旬到 7 月收割豆、麦后，休闲半年，并耕作。半干旱区的川旱地，种扁豆比较适宜，平常每公顷可收 300~450 kg，好时可收 600 kg。豌豆需水肥较多，适于靠近大山、降雨量较多的地方种植，平常每公顷可收 600~750 kg，好时能收 1 500 kg。据在固原市城阳、三营、头营等地调查，半干旱区的川旱地种植豆类作物，半休闲比全休闲每个轮作周期总产量增加 225~375 kg/hm^2，比小麦连作总产量增加 69%~85%。因此，半休闲适合在半干旱区年降水量 400 mm 左右地区采用。

（2）全休闲。又叫歇地，国外叫绝对休闲。一般休闲 1 年不种农作物，只耕作。半干旱偏旱区和半干旱区的山塬地，地力较差，雨水稀少，除个别地块、个别年份种扁豆每公顷可收 225~300 kg，一般只收 75 kg 左右，扣去种子，只能收获 30~37.5 kg，因此，豆类作物半休闲反而不如全休闲作用大。

（3）多年休闲。在地广人稀的半干旱偏旱区，过分瘠薄的地，让其自然恢复地力，撂荒五六年后，再继续种植。

3. 休闲地的耕作技术

半休闲地耕作：前作扁豆、豌豆收后应实施早耕、深耕，耕深达到 25~30 cm，耕后不耱以晒土熟化、蓄积雨水，降雨后及时收耱保墒，白露时浅耕收耱。冬春适时打碾，以碎土保墒、提墒润土，为适期早播或早春覆膜创造良好的土壤条件。

绝对休闲地耕作：一种方式是前作收后板茬过冬，第二年田间杂草发芽露出地面后及时深翻，耕深25~30 cm，耕后不耱以晒土蓄水，白露时浅耕收耱，冬春适时打磙以碎土保墒提墒，为适期早播或覆膜播种创造良好的土壤条件。另一种方式是前作收后板茬过冬，第二年5月中旬田间杂草发芽露出地面后及时深耕，耕深25~30 cm；进入伏天进行第二次耕翻，犁前趁雨耱平；最后一次在白露时进行，边犁边耱以碎土保墒。冬春适时打磙，第一次在冬前土壤夜冻午消、上虚下实时进行，第二次可在播前进行。

4. 休闲地的适宜比例

宁夏旱作农业区特别是半干旱偏旱区干旱少雨，农业生产条件较为严酷，作物产量年际变化较大，因此，建立稳定的休闲耕作制度是保证该地区生产发展的主要技术措施。据梅松龄研究，歇地比例与产量的关系在半干旱偏旱区更为密切。20世纪50年代梅松龄对海原县歇地比例与产量的关系进行调查分析，发现3个现象：

（1）歇地比例从1956年的25.36%降到1957年的2.85%，降低了88.8%，则粮食单产从1956年的922.5 kg/hm^{2}下降到1957年的337.5 kg/hm^2，减产173.3%。

（2）歇地比例从1957年的2.85%上升到1958的32.78%，增加10.5倍，则粮食单产从1957年的337.5 kg/hm^{2}上升到1958年的645 kg/hm^2，增产91.1%。

（3）歇地比例从1958年的32.78%下降到1959年的19.05%，降低41.9%，则粮食单产从1958年的645 kg/hm^{2}上升到1959年的780 kg/hm^2，增产约20.9%（表2-5-17）。

表2-5-17 海原县历年歇地比例和粮食单产比较（1954—1959年）

年份	歇地比例/%	单产/(kg·hm^{-2})	年份	歇地比例/%	单产/(kg·hm^{-2})
1954	44.87	646.5	1957	2.85	337.5
1955	33.27	547.5	1958	32.78	645.0
1956	25.36	922.5	1959	19.05	780.0

以上现象说明对待歇地必须防止两种倾向：一是取消歇地或过多压缩。1957年春夏并不太旱，但是粮食单产比严重干旱的1955年要降低1/3以上，主要原因是1957年播种在歇地上的粮食作物面积要比1955年低91.4%。1957年歇地少的原因是1956年春雨绵绵，当年3—6月的雨水比历年平均将近高1倍，比干旱的1955年要高4.7倍，因而播种面积迅速扩大，比历年平均要高23.86%，种得多，留得就少。再加上当时有些地方提出“消灭歇地”，所以1956年留的歇地很少。1957年大多作物播种在茬地上，茬地的抗旱力差，即使遇上1957年那样不太旱的年份，产量也大大降低。因此，取消歇地或过多压缩歇地是错误的。二是扩大歇地。适当调整歇地比例，对农业增产有利。如1959年海原县歇地比例虽然比1958年降低41.9%，但粮食单产依旧上升，增产20.9%。相反，如果过多扩大歇地，势必会减少当年播种面积，从而降低当年总产量，因此也是错误的。此外，休闲周期的长短也直接影响休闲的经济效果。周期过长，虽然每年播种面积增多，但每个劳动日的绝对生产值比休闲周期短的有所降低。据梅松龄调查，5年1歇每666.7 m^{2}用工比4年1歇高24.82%，产量减少4.39%，每个劳动日生产值降低20.49%。

歇地多少合适主要根据以下两个因素确定：

（1）地区类型。宁夏半湿润偏旱区依地力现状按需确定轮歇比例，半干旱区以半休闲地为主，全休闲地、半休闲地比例以15%~20%为宜，半干旱偏旱区以全休闲地为主，全休闲地、半休闲地比例以20%~

25%为宜。

(2)春夏雨水。在多雨年份,适当缩小歇地比例,扩大播种面积,是利用自然实现增产的一条重要经验。国外也有相同的经验,如加拿大常用土钻测定土壤含水量。春天,如果湿土不到 60 cm,就不种小麦,而留作歇地;如果碰到多雨年份,就扩大小麦和其他作物的播种面积,缩小歇地。但是播种面积过多扩大,对下年生产就有影响,宁夏旱作农业区历史上是有教训的。1956 年多雨,西吉、海原、固原 3 县不但减少歇地 5 万 hm^2,而且减少豌豆、扁豆半歇地 0.75 万 hm^2,有些地区几乎全部取消歇地,如炭山乡南坪村,1955 年种豌豆、扁豆 136 hm^2,到 1956 年只剩下 6.3 hm^2,减少 95.4%,这就给以后几年倒茬恢复地力造成严重困难,1956 年总产量虽有所增加,但以后几年大大减产。事实也是如此,1956 年固原粮食单产平均每公顷 1 944.15 kg,1957 年减少到 1 072.5 kg。通过这次可以总结出两条重要的教训:一是多雨年份歇地比例应适当缩小,但不能过多压缩;二是在缩小歇地的同时,应相对扩大豌豆、扁豆等半歇地面积。

歇地的保墒抗旱效果除了取决于轮歇周期外,还和覆盖、除草、耕作等因子有关。据报道,覆盖休闲地可保持 37%的降水量,而裸露休闲地只能保持 16%的降水量。在休闲地上采用除草剂和中耕除草等措施十分重要。耕作方法更是影响休闲效果的主要因素,良好的耕作方法能使休闲地具有显著的抗旱增产作用。

第六章　集雨(水)集流补灌农业技术体系

第一节　集雨(水)集流补灌农业技术产生的背景、作用与理论基础

一、背景

(一)水资源背景

宁夏旱作农业区水资源十分紧缺,大部分地区年降水量在 300~500 mm,折合耕地平均降水量 3 000~5 000 m^3/hm^2,不到全国平均水平的 10%,水资源占有量仅为 750 m^3/hm^2,分别为黄河流域和全国平均值的 1/6 和 1/8。自然降水是本地区旱作农业唯一可利用的潜在水资源,但降水量有限,且时空分布不均,降水年际变幅大,季节分布不均。7—9 月的降水量占全年降水量的 60%~65%,并多以暴雨形式出现,常与作物需水期错位。一方面,7—8 月降水高峰期常与 5—6 月土壤水分含量的低值槽期交替出现,作物生长处于一种不良的土壤供水环境中,使已接近旱作农业下限的现有旱作农业技术潜力的进一步开发受到极大的限制,水的问题日益尖锐化。另一方面,雨季高峰在 8 月,这时夏作物已收获,秋作物已接近成熟,需水较少。这种矛盾导致作物降水利用率、水分利用效率低,致使干旱成为常见的自然灾害。

宁夏旱作农业区水资源虽短缺,但仍有一定的潜力,若根据宁夏气象科学研究所对宁夏旱作农业区 10 个观测站 1970—2007 年 38 年的降水资料统计,以年平均降水量 358.9 mm 计算,该地区降水可达 174亿 m^3,是当地地表水、地下水资源量的 9.8 倍,如将降水径流量的 1/10 收集起来,就有 17.4 亿 m^3,相当于该地区大型扬水工程提水量的 2.61 倍。用于补灌,可大大缓解水分亏缺,显著提高作物产量。

(二)集流技术产生的背景

传统旱作农业研究有一个明确的界定,即旱作农业指降雨有限且季节分布不均、年际变化较大的半干旱区和半湿润偏旱区的“雨养农业”(或非灌溉农业),前提是“不进行灌溉”和“没有灌溉条件”。

在旱作农业定义界定下,人们为解决旱作农田产出低、产量不稳定、投入效益差三大问题,进行了坚持不懈且广泛深入的研究。我国经过几千年旱作农田的生产实践和长时间的多方位研究,特别是中华人民共和国成立后,加大了对旱作农业的研究力度,使旱作农业制度得以形成和完善,并对轮作耕作制、施肥制和选用耐旱作物、抗旱丰产品种进行了深入研究。如对施肥制的研究,涉及轮作周期,各作物施肥数量、时期、品种配合,丰水年、欠水年的施肥控制,不同区域分异规律,施肥与土壤培肥等,还涉及土壤侵蚀、保水与用水、农业气象、土壤肥力与施肥、覆盖与土地表面管理,以及病虫害防治等,这些对提高旱作农业生产力和稳定农田环境起到了积极作用。降水具有随机性、不准确性和难预测性,作物需水的关键期常与土壤水分含量低值槽期相吻合,降水高峰期与土壤水分蒸发期同步,导致作物产量不稳定,遇旱减产,大旱大减产。研究工作者迫于此种现实,提出了“旱地产量波动性规律”,这既表现出在传统旱作农业

定义界定下旱作农业研究的有效性和有限性，也表现出农业研究工作者对旱作农业的兴叹，证明这种界定已成为旱作农业研究实现新突破的一种束缚。20 世纪 60 年代，工程技术的加入，使旱作农业发展到一个新阶段，即水保型旱作农业阶段。旱作农田条田、梯田运用，以“自然降雨全部就地拦截入渗利用”为技术路线，与以前相比较，半干旱区每 666.7 m^2 地可多贮存相当于降水总量 15%左右的水分，使旱作农业区农作物具有 30%~50%的增产潜力。但随着时间的推移，水保型农业的潜力已经得到较高程度的挖掘，再次出现效能的有限性。生产事实表明，水保型农业仍然解决不了旱作生产存在的三大问题，“旱地产量波动性规律”亦是客观事实，不同的是，以前旱作生产是在低产出水平下波动，水保型农业是在相对较高水平上跳动，表明水保型农业仍然受制于天。干旱使土壤水分严重亏缺是进一步提高作物产量的主要限制因素。

分析旱作农业研究工作的现实，也证明原有“以丰补歉”指导思想具有局限性，旱作农业发展亟待在思路上有新突破。当时土地人口承载力有限的呼声在国际国内愈来愈高，多数人认为应不超过 20 人/km^2，而我国这类地区多数超过 100 人/km^2，个别地方达 300 人/km^2，宁夏旱作农业区达 67.3 人/km^2。研究工作者普遍认为半干旱区是农业生态环境脆弱带，一旦人口超载，造成环境恶化，逆转相当困难，更有人把这里说成是农业生态环境危机带。这些研究工作至少说明一个现实，即当前土地生产力水平难以支撑人口增长对粮食的需求，这势必导致对生态环境的掠夺性开发，最终造成环境危机，且难以逆转。就我国的情况看，单靠减少人口以解决半干旱区的问题是不现实的，在提高土地生产力的同时保护生态环境的办法更为现实。靠这种办法遇到的首要问题就是水资源匮乏。而这类地区多数地方靠外源水和地下水进行灌溉基本没有可能，其唯一的水资源就是当地的自然降水。据马天恩、高世铭《集水高效农业》一书介绍，自然降水的再分配以当地年降水量为基数，径流占 10%~15%，地面蒸发占 60%~65%，作物利用占 25%~30%。按小流域核定，平均径流量为 20%。若按 10%算，300 mm 降水区（辖 250~350 mm）为 30 m^3/666.7 m^2，400 mm 降水区为 40 m^3/666.7 m^2，500 mm 降水区为 50 m^3/666.7 m^2，600 mm 降水区为 60 m^3/666.7 m^2。不同雨量段土地垦殖指数不同，各雨量段若能把这些水贮存 80%，则可保证每 666.7 m^2 农田在接受原降雨量基础上，从高雨量段到低雨量段每 666.7 m^2 有 50~100 m^3 补充灌溉用水，这就相当于人们有可能掌握 75~150 mm 雨量。实际上在较短时期内人工掌握 60 mm 雨量，即相当于 3 次透雨量的水分是可以办到的。有 3 次相当于透雨量的降水可实现时间上的自由安排，再加上当季自然降水，人们可做到对干旱的基本控制，从而解决降水的供需错位问题，保证农作物稳产丰产。人们通过研究和总结实践经验发现，充分利用当地降水资源，实现对自然降水中一定份额的控制与分配使用，可做到稳产丰产，这就引起了一些研究工作者对“主动抗旱”问题的思考，促使人们在旱路走不通时另找出路。

另外，国内外集雨技术已有较好的发展，澳大利亚西部于 20 世纪 70 年代建成 240 hm^2 沥青混凝土集水区，为 32 个小城镇供水，并认为是花钱最少的一种办法。1986 年印度发明洪水集蓄技术，并开始应用于农业生产。我国利用雨水历史悠久，如春秋时期黄土高原地区的引洪漫地技术，600 年前的水窖。甘肃省水利厅于 20 世纪 80 年代后期开始对传统旱作农业区水窖技术进行改造，以蓄存降雨，解决人畜饮水问题，全国各地塘、堤、小水库等的修建技术日臻成熟。

在上述历史背景下，1988 年甘肃省农业科学院旱作农业研究所提出了集水农业的概念，进行了旱地作物有限补充供水补偿效应的研究，从旱地作物生产力和水分利用效率方面研究旱地作物有限补充供水的补偿效应，证明有限供水具有补偿、超补偿效应。甘肃省把旱作农业区集水农业技术体系列为主攻方向，分别进行了 400 mm 降水地区和 500 mm 降水地区集流补灌技术体系研究，有力地推进了甘肃省集水农业的研究。在甘肃省经验的指导下，宁夏经过多年研究，探索集成了6种集雨(水)补灌模式，使宁夏旱作农业区补灌农业有了长足发展。

二、集雨(水)集流补灌农业的理论基础

集雨(水)集流补灌农业的基本目标是利用天时，实现主动抗旱。据马天恩、高世铭《集水高效农业》一书介绍，其主要理论如下。

(一)微生境效应

农业生境基本分为两个部分：一是区域自然生境，与作物有直接关联的为区域光、温、水、土资源总和，由于土壤作为植物与气候的联通介质存在，故需研究其水、肥、气、热的和谐程度。二是微生境，指有机体种植地段(地点)对植物作用的环境因子总和，包括根际附近的水、肥、气、热条件，接近植物体表面的光、温、湿状况等。

在半干旱区生境异常(如高温、冰雹、霜冻、狂风等破坏性气候)出现概率很小，且强度有限，故植物生长发育状况及经济产量的高低主要取决于微生境的优劣。也就是说不管区域生境制约因子的多少及强度的大小，只要植物体周围的微生境得到改善或满足其生理需求，就能实现很高的生产力，此即微生境效应。

研究表明，区域生境是由地理位置、大气环流、海拔高度等决定的，是相对稳定的，也是人们难以改变的，至少在一个相当长的历史阶段是这样的，如区域干旱生境，人们不可能让当前年降水量300 mm地区降水600 mm，这种历史现实今后仍然如此，这成为被动防旱的一种经典根据，它的问题是没能看到人们可以利用现代技术，按照降水可移动又叠加富集原理，人工按需求巧妙安排300 mm降水的使用时间与空间，提高降水利用效率，使作物种植区的条件与作物生理需求相吻合，从而实现水分亏缺区农田产量的大提高。

(二)水分第一要素原理

(1)绿色植物体水分含量多数超过90%，养分吸收、物质合成及其运输积累均以水分为媒介，水分是植物得以生存、进而生长发育、取得经济产量的基础要素，水分亏缺超过一定限度，植物将趋于灭绝，更谈不上获取绿色植物产品。可以说，“水是农业的命脉”。

(2)土壤营养元素效能的发挥以一定的土壤水分含量为转移。据研究，田间持水量在60%~85%时，各种营养元素的效能可良好发挥，而当田间持水量低于40%时，施用氮素则无增产效能。因此，旱作农业生产必须以千方百计把土壤水分含量提高到适于作物生长发育的适宜范围为先决条件。

(3)土壤水划分为无效水及有效水两种。萎蔫系数以下的土壤水分(约相当于田间持水量的35%~40%)为无效水，超过田间持水量40%的那一部分水分可称为有效水，但有效水是累加在无效水之上的那部分水量，人们不可能消除无效水，只能设法增加土壤水分，使其超过无效水额定值，而增大有效水的份额，才能发挥增产效能。半干旱区常年土壤含水量均在无效水额定值之上，补加的水分均为有效水，故旱作农业区作物生育关键阶段供水具有高效性。这也是集水高效农业得以确立的基本原因。

(4)发挥水对肥作用更重要。甘肃省农业科学院在年降水量550 mm的镇原试验区，于1992—1994年对冬小麦水肥耦合效应进行模拟研究证实，在生育期间同等供水、施肥条件下，因土壤底墒不同，冬小麦产量有明显差别。试验结果表明，底墒充足情况下水分的增产作用是增氮的9.93倍，底墒差的情况下水分的增产作用是增氮的10.02倍，证明水分对冬小麦的增产作用很大。

研究表明,供水条件会对其他措施可发挥的效应产生抑制或激活作用。在水分供给适当的条件下,将出现正连应效应。从水肥耦合关系来说,氮肥效能的发挥以相应的供水条件为转移,这就是说二者间存在相互制约、相互促进的关系。土壤水分条件的改善将大大促进相关农业措施效应的发挥,而且这种效应遵循非加和原理,有成倍增长的可能。

(三)有效淡水资源可增益原理

当前,我国特别是北方地区淡水资源匮乏,淡水资源的有限性与社会发展对淡水需求量的增加形成了一对尖锐矛盾,部分地方入不敷出,淡水告急,必须选择一种经济有效的解决办法。当前,南水北调不失为办法之一,它的实施解决了部分地区的燃眉之急。在干旱区投资建设大型水利工程,实施现代节水灌溉技术,对农业发展会有很大的价值,但在半干旱、半湿润地区,特别是山地及沟壑地区目前还困难较多,而解决的途径在于充分利用降水资源。自然降水落于地面,在下垫面的综合影响下,形成陆地对自然降水的再分配,径流和地下水是其再分配的一种表现形式,以有形水为基本特征。因此,可以把有形淡水资源看成降水资源的一部分,在现代技术支持下,人们几乎可以把全部降水转化为有形水加以利用。旱作农业区农田的补偿供水也可以靠雨水的直接利用解决。

据马天恩、高世铭编著的《集水高效农业》介绍,在旱作农业区,按小流域(10 km^{2}左右)计算,在 300~600 mm 雨量带,年径流量相当于当地年降水总量的 16.8%~26.6%,平均值约为20%,这部分径流在传统概念下因自然流出,对当地是无效的。若采用适当的工程措施把这一部分径流就地蓄存起来,则每 666.7 m^2 农田有 100 m^3 以上的高质量、低价淡水可供补偿灌溉应用,这仅是按自然径流量计算,当因各种原因,径流资源不能满足农田等供水需要时,可以建人工集流面增加有形水量。

三、集雨(水)补灌在宁夏旱作农业中的地位和作用

宁夏旱作农业区降水量较少,干旱发生频繁,年降水量大部分地区在 300~500 mm。降雨时间分布不均,降雨期常常与作物需水期错位。且降雨多为暴雨,土壤蓄集可供作物利用的水分不够,60%~65%的降水多以地面径流和无效蒸发损失,降水利用率、水分利用效率低,干旱成为制约当地农业发展的最大因素。20 世纪 80 年代以来,国家投巨资在宁夏建设扬水工程,受益区人均投资 0.66 万元,水地平均投资 2 000 元/666.7 m^2(2000 年),但只解决了部分地区的干旱缺水问题,从长远讲一时不可能建设大型水利骨干工程,加之当地无客水利用,可开发利用的水资源量仅为 3.02 亿 m^3,利用难度较大。但宁夏旱作农业区仍有一定的降水资源,以宁夏气象科学研究所 10 个观测站 1970—2007 年 38 年的降水观测资料统计,按年平均降水量 358.9 mm 计算,降水总量达 174 亿 m^3,是当地地表水、地下水总量的 9.8 倍。由此可见,宁夏旱作农业区降水资源潜力尚存,且具备降水聚集利用、发展高效农业的条件。集雨水窖工程符合该区域农民收入较低的特点,国家补一点,农民筹一点,就可建设,再与家庭联产承包责任制相结合,集责、权、利于一体,农民自建、自管、自用,运行费用低,具有广泛的群众基础;且建设技术难度小,易掌握,建设期短,见效快,寿命长,群众又有建设传统土水窖的基础和经验,易于推广。

多年研究和实践证明,合理的供水和栽培管理,可显著提高雨水利用率,能实现干旱年份保产量、丰水年份创高产,补灌粮食作物一般增产 1~2 倍,经济作物水效益可达 30~50 元/m^3,果树增产 20%。据在年平均降水量 413.94 mm 的王洼镇试验,玉米生育期每公顷补灌 300 m^3,比不补灌增产 63.6%,水效益达 7.88 元/m^3。2007 年在同心县预旺镇南塬村试验,在覆膜条件下马铃薯生育期每公顷补灌 90 m^3,产量达 24 484.95 kg/hm^2,比常规种植不补灌增产 105.8%。又据在半干旱区试验,马铃薯生长期滴灌 4 次,每次补

灌 60 m^3/hm^2,总补灌 240 m^3/hm^2,比不补灌增产 80.5%。向日葵在全膜覆盖条件下,现蕾期每公顷补灌 150 m^3,比不补灌增产 60.7%,水效益达 76.5 元/m^3。

20 世纪 90 年代初宁夏农业技术推广总站在七营镇倪家壕沟每户建两口水窖，每窖可蓄水60 m^3,成本 200 元,每窖可灌枸杞 0.1 hm^2,增产 50~70 kg,年增收 500~700 元;灌西瓜 0.13 hm^2,增产 600~1 200 kg;灌玉米 0.13 hm^2,增产 150~240 kg,增产效益非常显著。2007 年春夏宁夏遭遇特大干旱,在同心县预旺镇旱作农业示范区利用集雨场+蓄水窖+集雨补灌+特色种植技术,补水量 150~255 m^3/hm^2,种植的马铃薯、西瓜等作物每公顷纯收入平均在 9 000 元，而示范区外根本无法下种，勉强种植的各类作物收入多在 900~1 500 元/hm^2。集雨(水)补灌技术应用于设施农业(大棚、温室),效益更加可观。

开展雨水集蓄利用,还有利于保护生态环境,帮助农民增收,促进半干旱偏旱区、半干旱区资源的开发利用。宁夏旱作农业区一方面水资源奇缺,但另一方面经常遭受汛期暴雨径流的冲刷,致使水土流失,土壤肥力下降。开展集雨补灌,发展优质高效农业,可提高当地粮食、果品、蔬菜等农产品的供应保障能力,也可促进其工业发展。因此,开展集雨补灌,充分利用当地雨水,对保证宁夏粮油安全、发展特色产业、促进农民增收和地区经济发展具有十分重要的作用,而且对治理水土流失、改善生态环境亦有十分重要的作用,是减少水土流失和提高旱作农业区农业生产力的一个结合点。

雨水是旱作农业区农业生产的主要或唯一水源,雨水利用是一项古老而有巨大潜力的技术,我国人民在长期的农业生产实践中积累了丰富的雨水利用经验。近年来,随着全球性干旱问题的加剧,国际上十分重视雨水利用,以色列、澳大利亚、美国、印度等国已将雨水利用作为面向未来的战略选择。中国北方一些省区雨水利用进展很快,甘肃、宁夏、内蒙古、山西和陕西五省区仅 1996—1999 年新增水窖 100 多万眼,已形成具有一定区域特色的旱作补灌模式。

宁夏回族自治区党委、政府于 2008 年及时做出了在宁夏旱作农业区建设“三个百万亩”(100 万亩温棚类设施农业,100 万亩扬黄高效节水农业,100 万亩集雨补灌旱作节水农业)的重大战略决策并制订出台了《宁夏中部干旱带和南部山区覆膜保墒集雨补灌旱作节水农业建设规划提要(2008—2012 年)》,累计改造新建用于生产的蓄水窖 14 万眼、蓄水池 5.6 万座、集水场 11 万个(1 650 万 m^2),配套水泵 2 360 台,累计推广集雨补灌面积 14 万 hm^2。近年来,宁夏节水农业发展步伐进一步加快,转变观念实施扬黄灌区节水灌溉,再造扬黄补水灌区,使得集雨(水)补灌面积进一步扩大。

第二节　宁夏旱作农业区集雨(水)补灌技术体系的构成与模式

一、集雨(水)补灌技术体系的基本构成

集雨(水)补灌技术体系基本包括集、贮、供、管四个方面。

(一)集

集就是收集雨水,包括修梯田、条田等保证降雨贮存于土壤之中,不致形成径流而流失;将径流存贮于适当部位,包括自然径流面(如荒山坡地、道路)、人工集流面(如混凝土集水场、固化剂集水场、土工布、塑膜等)。

(二)贮

贮就是建设适当的贮水器把收集起来的雨水贮存起来备用,一般采用塘、池、窖多种形式。

(三)供

供就是把贮存起来的水,在作物生育期的旱段和需水关键期,采用高效供水技术(滴灌、渗灌等)进行补充灌溉,达到以较少的供水实现增产的目标。

(四)管

管就是管好集水供水设施,充分发挥其效益,延长其使用寿命,降低投入成本。

二、集雨(水)补灌技术的配套技术

(一)作物种植结构调整

以区域气候、水资源、土壤、地形、地貌、种植方式、人口、产业结构为基础,确定区域特色作物的种植类型。半干旱区以马铃薯、玉米、冷凉蔬菜、中药材为主。半干旱偏旱区以西瓜、甜瓜、马铃薯、向日葵、中药材为主。

(二)覆盖技术

选用地膜覆盖、秸秆覆盖、麦草+地膜二元覆盖技术。

(三)耕作技术

采用机械深松耕、镇压保墒等耕作技术熟化土壤,并采用膜侧栽培、全膜双垄覆盖垄侧播种、全膜覆土穴播等集雨技术,提高雨水利用效率。

(四)选择抗旱作物品种

重点选择玉米、向日葵、马铃薯、西瓜的抗旱优良品种,以实现集雨(水)补灌技术效益的最大化。

(五)化学抗旱技术

选用旱地宝、吸水剂、FA 旱地龙,采用拌种、包衣、移栽蘸根与营养土混用的方法,提高作物的抗旱节水能力。

三、集雨(水)补灌技术模式

(一)集水场+集水窖+地膜覆盖+特色作物+配套农艺技术模式

一是建设人工集水场。人工集水场主要有混凝土集水场、固化剂集水场、土工布、玻璃纤维布、塑膜等。混凝土集水场、固化剂集水场具有投资低、施工技术简单、工业技术成熟、使用寿命长、集水效率高等优点。据资料介绍,混凝土集水场集水效率为 80%~85%,固化剂集水场集水效率为 61%~73%。从长远考虑,以建设高标准的混凝土集水场为主,在年降水量 300 mm 的情况下,建一座 275 m^2 的集水场可集水 50 m^3。二是修建水窖,把拦蓄的雨水贮存起来,配上提水、输水、灌水设备及配套农艺技术就可利用有限的水资源种植特色作物。三是与地膜覆盖、特色作物相结合。实践证明,户均有 2 眼水窖,发展庭院经济 1 333.4 m^2,可实现人均增加产值 300 元(2000 年)。用来坐水点种,一个 75 m^3 的窖集水 50 m^3 可供 0.67 hm^2 西瓜地坐水点种。用来补灌辣椒,每公顷用水 100.5 m^3,产量达 37 500 kg,水分利用效率达 84.15 kg/(mm·hm^2),比不补灌高 22.5 kg/(mm·hm^2)。用来补灌玉米,每公顷用水 120 m^3,产量达 8 025 kg,每公顷增加 2 025 kg,增幅达 33.75%;水分利用效率达 12.75 kg/(mm·hm^2),供水效率达 112.5 kg/(mm·hm^2),水分补偿作用非常明显。

(二)小流域集雨,库、坝、池、窖、田联合利用模式

在小流域治理工程中,流域下部建设小水库、塘、坝、涝池等蓄集雨水,通过提水、输水工程将水引入水

池、水窖或直接抽水补灌，在沟台地种植特色作物。西吉县聂家河流域经过治理形成了由水源工程（小型水库、塘、坝、涝池）+提水设施（手压泵、移动柴油机、电潜泵、离心泵）+调蓄水工程（蓄水池、水窖）+节水补灌技术（沟灌、微喷灌、移动式软管等）组成的库、坝、池、窖联合高效利用雨水资源模式。利用此模式，宁夏水利科学研究所在聂家河流域示范推广种植地膜玉米 95.75 hm^2，在地膜玉米生育期补灌 300 m^3/hm^2，平均产量达 6 750 kg/hm^2，比不补灌的地膜玉米增产 2 625 kg/hm^2，增幅 63.6%。供水效率达 8.75 kg/(mm·hm^2)，按当时0.9 元/kg 的价格计算，除去运行费 1 198.5 元/hm^2，净增值达 4 876.5 元/hm^2，加上其他作物产量和收入，流域内人均粮食占有量由 2001 年的 369.1 kg 提高到 2004 年的 708 kg，增加 91.82%，人均纯收入增加了 1.8 倍。该模式中也可用移动补灌设备进行补灌，1 台移动补灌设备 1 次可灌 1.33 hm^2，1 个轮灌周期 15 d，可灌 4~6.7 hm^2，相当于有效降雨 13~15 mm。

（三）坡面集雨与退耕还林还草建设雨水叠加利用模式

该模式是在降水径流集中的坡面下部修建截流渠，拦截坡面降水径流，并通过引水渠，将其导引至一侧的水窖中贮存，在作物需水时利用手压泵、电潜泵、小型离心泵提水，采用水管浇灌或微喷灌。据资料介绍，退耕草地坡面集流效率为 10%~20%，天然草地坡面集流效率为 8%~11%，林地坡面集流效率为 6%~11%。

（四）道路路面集雨导引渠导引、水窖蓄水补灌利用模式

该模式是利用道路路面做集水场，通过沿路布设的渠道集中拦蓄降水径流，将导引渠拦截的径流输送至水窖贮存，利用小型电潜泵、PVC 管、微灌设备提水，发展集雨补灌农业。据资料介绍，沥青路面集流效率在 70%左右，土路面集流效率为 30%~40%，砂石路面集流效率为 20%~35%。

（五）开挖土园井补灌利用模式

降水经土壤入渗转化为地下水，在部分沟道地下水埋藏较浅，可开挖土圆井就地利用，发展集雨补灌农业。该模式打井工艺简单，农民易掌握，通常采用石砌，砼滤砂管加固，防止漏沙层坍塌，一般井径 1.2 m，井深 10 m，日出水量 15~20 m^3，可补灌 0.06~0.13 hm^2。

四、补水技术

尽量将有限的贮水优化分配在经济价值高的特色作物和生产潜力大的作物上，如西（甜）瓜、蔬菜、玉米、马铃薯、向日葵、中药材。

（一）坐水点种技术

坐水点种是旱作农业中一种结合播种、在种子穴内灌水以保证种子出苗和幼苗早期正常生长的补灌水方法。坐水点种技术适用于半干旱偏旱区和半干旱区，该地区春播时常因春旱出不了苗或出苗不齐，为保全苗，采用机械拉水，适用于穴播点种的作物，如玉米、西瓜、葵花等。

1. 坐水点种技术的优缺点

优点：坐水点种最大的特点是随播种随灌水，一次注水入种穴后围绕种子形成一个湿土团，在其上再覆盖一层干松浮土，这样湿土团能较长时间保持水分。采用这种方法播种，播种时用水量仅 45~75 m^3/hm^2，土壤含水量可以在 25~40 d 保持在适宜范围内，从而保证出苗和幼苗正常生长，出苗率可达95%，比不坐水播种出苗率高 22 个百分点，0~20 cm 土层体积含水量高 7.4 个百分点，投资少、简单易行，在特大干旱年份可增产 60%~70%。根据试验调查，采取坐水点种技术，作物的增产幅度一般在15%~20%。

缺点：灌水速度慢，使用劳力多，费时费工，劳动强度大。

2. 坐水点种的技术内容

(1)技术要点。坐水点种是在种子穴中注入一定量的水,以满足种子发芽、出苗对水分的需求,其方法是连续完成开沟(或挖穴)、注水、下种、施肥、覆土、镇压和覆膜等一系列作业程序,使播下的种子能在一定的水、肥条件下出苗生长。

(2)技术参数。坐水点种的技术参数主要指坐水量、注水深度、抗旱天数。

坐水量:坐水量大小与灌水方法和当年的气象情况有关。据宁夏水利科学研究所《宁夏雨水积蓄利用技术规程》介绍,采用人工点浇方法 1 hm^2 地坐水种的用水量为 45~75 m^3;用穴灌覆膜点播机每穴灌水 0.5 kg,1 hm^2 灌水 30~75 m^3。重旱年的坐水量应比一般干旱年增加 3 倍左右,为了在出苗后 40 d 内维持幼苗生长,坐水量应为 45~60 m^3。坐水量与土壤含水量有着密切的关系,据宁夏水利科学研究院研究,当土壤含水量低于 18%(占干土重)时需要浇水补充水分,使种粒周围形成一个直径 10~20 cm 的椭圆形湿土体;土壤含水量 5%时,一般每穴补水 2 kg;土壤含水量 7%时,一般每穴补水 1.5 kg;土壤含水量 10%时,一般每穴补水 1.3 kg;土壤含水量 13%时,一般每穴补水 1 kg。

注水深度:一方面要考虑播种深度,另一方面要考虑干土层的厚度,一般播种深度为 5 cm 左右,注水深度宜在此深度以下,以利于与底墒相连接,增强抗旱能力,局部灌溉水深可达 3~5 cm。

抗旱天数:抗旱天数是对坐水点种技术提出的抗旱标准,各地自然条件不同,抗旱天数也有差别。一般以抗旱天数为依据来确定坐水量,在开沟坐水条件下抗旱天数以 40 d 为标准,确定的坐水量为 45~75 m^3/hm^2。坐水种注水后要覆土,要轻压,以防风保墒;为使作物在最佳播期内播完,运水距离以不超过 500 m 为宜;利用机具进行注水灌溉时,应按产品说明书进行。

3. 坐水点种的方法

坐水点种的方法有人工坐水点种、机具坐水点种两种。

人工坐水点种:指在播种的同时,在种子穴内用水壶等容器浇水,或手持从蓄水工程中引出的软管浇水,其程序如下。

准备工作:浸种、拌种或种子包衣。在半干旱偏旱区,特别是遇到春旱不能正常播种的地区,为了保证出苗,可以先浸种,使种子吸足水,然后播种;也可以用保水剂、抗旱剂处理种子以加快种子的吸水萌发速度,提高出苗率,保证提早出苗。

挖坑或开沟:在田块上根据种植作物的不同要求,用锄或铁锹等工具开挖种植坑,也可以同时在坑中施底肥。

坐水:在每个种植坑中灌水 2 kg 左右(称坐水),如按每穴 2.5 kg 算则相当于 10 mm 降水量,加上覆盖地膜,可抗旱 30 d 左右。

播种、覆土:将浸好的种子逐坑点种或按行播种,随即覆盖 2~3 cm 厚的土,如需用地膜覆盖,在播种后按常规方法覆盖地膜。

人工坐水点种方式除运水外,其余作业即挖坑、施肥、注水、点种和覆土等全靠人工来完成,全部作业程序需要 5~7 人,日播种面积 0.3~0.4 hm^2,效率较低。

机具坐水点种:注水和播种作业分开进行,先用拖拉机牵引水车,在开沟的同时向沟中注水,待水渗入土壤后,再用播种机进行播种作业。

近年来各地研制的组合机具可一次性完成开沟、坐水、施肥、播种、镇压、覆膜等操作,也可以进行某个单项作业,这种组合机具以中型拖拉机作为牵引动力,装置水箱或蓄水袋,有的还配有增压泵。有的组合机具可以把水注入种子位置以下的一定深度，土面不湿，不板结；有的还可以控制施肥位置，使肥与种子间隔有一定厚度的土层，不烧种。组合机具的注水量和施肥量都可以按照需要进行调整。机械注水方式又可分为明式注水和暗式注水两种。明式注水由拖拉机牵引水车，在开沟的同时向沟内注水，待水渗入土壤之后，利用播种机进行播种、施肥和覆土等作业。为使上述作业连续进行，在第一条垄上开沟注水时播种机空行，在第二条垄开沟注水的同时，播种机在第一条垄上开始作业，这样依次类推，田间作业效率显著提高。暗式注水利用注水播种机来实现，这种方式的特点是水在播种位置以下，水不含泥，土不板结，整个作业由 2 个人操作完成，效率大大提高，每天可播种 1 hm^2 以上。

（二）根际土壤注射补水技术

根际土壤注射补水技术是从水窖中抽出具有一定压力的水，通过输水软管与注水器相连进行注射补灌。注水器的数量根据抽水量的大小确定，一套设备可移动使用，每天可灌 0.27 hm^2。据宁夏水利科学研究所试验，在连续大旱情况下，西瓜全生育期注射灌水 3~4 次，灌水定额 30 m^3/hm^2，灌溉定额 90~120 m^3/hm^2，西瓜产量达 30 000~45 000 kg/hm^2。在连续 7 个月未下雨的情况下，玉米注射灌水 5 次，灌溉定额 315 m^3/hm^2，玉米长势良好，产量在 5 250 kg/hm^2 以上。通过试验，总结出玉米不同生育期 4 个灌水量值，即苗期 22.5 m^3/hm^2，五叶期 45 m^3/hm^2，七叶期 67.5 m^3/hm^2，抽雄和孕穗期 90 m^3/hm^2，同时在抽雄期、穗膨大期结合灌水追施肥料，增产效果好。

根际土壤注射补水可将灌水、施肥、施药一次性完成；地表面基本没有水，可减少土壤表面的水分蒸发；只灌庄稼不灌地，用水量少；设备简单、易于操作；适用于瓜类、玉米、马铃薯等稀植作物灌关键水。缺点是较费劳力，易形成局部板结，一般补灌面积较小。目前可采用宁夏农林科学院荒漠化治理研究所发明的 8BS-Z50A 型旱地人力移动式增压补水机进行补水，该补水机采用注水器于作物根际补水，单人作业，能形成类似渗灌的微环境，不产生任何地面径流和深层渗漏，可有效减少地表无效蒸发，显著提高水资源利用率，达到极限节水目的。该补水机结构简单，轻便灵活，无需燃料，经济适用，拆装和使用都很方便，不受耕地平整、土壤松软、作物生育期和作物高低的限制，各种作物全生育期均可随时灵活安排补水作业，可基本解决旱作补水与农机碾压农田的矛盾，每台可满足 1.3 hm^2 左右的补水需求，可连续使用 5 年以上，成本价格仅为 450 元左右。此外，可把旱地龙等抗旱药剂、生理调节剂制成溶液后喷施，扩大使用范围，充分发挥 1+1>2 的使用效果。该设备还可随补水作业将化肥、农药注入作物根部，有效解决了旱作追肥烧苗的矛盾。此设备在马铃薯水分临界期补水 1~2 次就增产 15%~30%，每公顷增收 2 250 元以上，可实现当年购置当年收回成本的目标，经济及社会效益十分显著。

（三）分株点灌补水技术

分株点灌补水技术适用于稀植作物玉米、马铃薯、向日葵。该技术节水，但费工。

表 2-6-1 显示，4 个时期补灌均比对照增产，4 个时期补灌处理平均产量 23 319.75 kg/hm^2，较对照增产 3 174.75 kg/hm^2，增幅 15.76%。单株结薯数、大薯率均高于对照。其中块茎形成期、块茎膨大期补灌处理，单株结薯数、大薯率和产量均超过其他处理，增产效果最显著，分别增产 23.54%和 20.51%，和对照差异达到了 99%的极显著水平。淀粉积累期补灌处理的鲜薯产量不及其他 3 个时期的补灌处理，但较对照增产 8.23%，差异达 95%以上显著水平。

不同生育期补灌的水分效应基本依产量的变化而变化（表 2-6-2）。块茎形成期补灌产量最高，水分效应最大，水分利用效率为 101.44 $kg/(mm·hm^2)$，较不补灌提高 20%，供水效率达 620 $kg/(mm·hm^2)$；块茎膨大期补灌次之，水分利用效率为 99.07 $kg/(mm·hm^2)$，供水效率为 540 $kg/(mm·hm^2)$，比不补灌水分

表 2-6-1　马铃薯不同生育时期分株点灌的增产效果

（同心县预旺镇南塬村，海拔1 730 m，年平均降水量 277 mm）

处理	单株结薯		大薯率/%（≥150 g）	产量/（kg·hm^{-2}）	较 CK 增产/%	差异显著性	
	个数/个	薯重/kg				5%	1%
幼苗期点灌	4.21	0.875	85.10	22 312.5	10.76	b	B
块茎形成期点灌	5.02	0.976	90.67	24 888.0	23.54	a	A
块茎膨大期点灌	5.31	0.952	85.27	24 276.0	20.51	a	A
淀粉积累期点灌	5.14	0.855	84.10	21 802.5	8.23	b	C
不补灌（CK）	5.34	0.790	80.85	20 145.0	—	c	C

表 2-6-2　马铃薯不同生育时期补灌的水分效应

处理	播种期 2 m 土层贮水量/mm	收获期 2 m 土层贮水量/mm	土壤供水量/mm	生育期降水量/mm	补灌量/mm	耗水量/mm	水分利用效率/（kg·mm^{-1}·hm^{-2}）	供水效率/（kg·mm^{-1}·hm^{-2}）
幼苗期补灌	245.8	186.8	59.0	179	7.65	245.65	90.83	283.3
块茎形成期补灌	245.8	187.1	58.7	179	7.65	245.35	101.44	620.0
块茎膨大期补灌	245.8	187.4	58.4	179	7.65	245.05	99.07	540.0
淀粉积累期补灌	245.8	190.7	55.1	179	7.65	241.75	90.19	216.7
不补灌（CK）	245.8	186.4	62.4	179		238.40	84.50	

注：补灌量 7.65 mm 是按单株补水 3 kg 的标准制定的。

利用效率提高 17.24%，比块茎形成期补灌水分利用效率降低 2.3%，供水效率降低 12.9%；淀粉积累期补灌的水分利用效率在各期补灌处理中最低，为 90.19 kg/(mm·hm^2)，仅比不补灌处理提高 6.73%，供水效率只为块茎形成期补灌处理的 34.95%。总体而言，各处理的水分利用效率和供水效率的排序为：块茎形成期>块茎膨大期>幼苗期>淀粉积累期>不补灌。由以上分析可知，在同时满足产量最高、水分利用效率最高和供水效率最高的前提下，马铃薯适宜的补水时期为块茎形成期。

再从马铃薯不同补灌量的增产效益、水分效应与经济效益分析，随着补灌量的增加，各处理单株结薯数、单株薯重、≥150 g 的商品薯率均增高且都超过了不补灌，单株薯重、商品薯率、产量基本随着补灌量增加而增加，增产幅度为 12.4%~39.9%，以补灌 22.95 mm 产量最高，达 24 381 kg/hm^2，比不补灌增产 39.9%。方差分析表明，除 2.55 mm 的补灌量处理较不补灌增产不显著外，其他各补灌处理较不补灌极显著增产（表 2-6-3）。

各处理的水分效益均比对照高；水分利用效率随补灌量的增加而提高，与产量表现一致，但供水效率则随补灌量的增加而下降（表 2-6-4）。

从表 2-6-5 可知，经济效益以补灌量 7.65 mm 最高，每公顷纯收入为 5 884.11 元，比对照增加 11.18%。

从上述试验可以看出，马铃薯对补灌时期的反应极为敏感，以块茎形成期补灌的产量最高，水分利用效率和供水效率也最高，分别达 24 888 kg/hm^2、101.44 kg/(mm·hm^2)和 620 kg/(mm·hm^2)。由此证明，马铃薯最佳补灌时期为块茎形成期，其次为块茎膨大期。在最佳时期按不同水量实施补灌，马铃薯产量及水

表 2-6-3　全膜双垄覆盖条件下马铃薯不同补灌量的增产效益

补灌量/mm	单株结薯		≥150 g 的商品薯率/%	产量/(kg·hm⁻²)	较 CK 增产/%	差异显著性	
	个数/个	薯重/kg				5%	1%
2.55	4.75	0.768	80.5	19 588.5	12.4	d	C
5.10	5.12	0.813	81.5	20 721.0	18.9	c	B
7.65	5.30	0.849	88.4	21 661.5	24.3	cb	A
10.20	5.43	0.856	88.7	21 835.5	25.3	b	A
12.75	5.44	0.869	89.4	22 149.0	27.1	b	A
15.30	5.48	0.902	90.2	23 020.5	32.1	ab	A
17.85	5.51	0.950	90.4	24 102.0	38.3	a	A
20.40	5.52	0.952	90.3	24 276.0	39.3	a	A
22.95	5.13	0.956	90.7	24 381.0	39.9	a	A
25.50	4.89	0.942	89.6	24 015.0	37.8	a	A
0(CK)	4.11	0.683	78.8	17 427.0	—	e	CD

注：补水量 2.55 mm、5.1 mm、7.65 mm、10.2 mm、12.75 mm、15.3 mm、17.85 mm、20.4 mm、22.95 mm、25.5 mm 是按单株补水 1 kg、2 kg、3 kg、4 kg、5 kg、6 kg、7 kg、8 kg、9 kg、10 kg 的标准制定的。

表 2-6-4　全膜双垄覆盖条件下马铃薯不同补灌量的水分效应

补灌量/mm	播种期 0~2 m 土层贮水量/mm	收获期 0~2 m 土层贮水量/mm	生育期降水量/mm	耗水量/mm	水分利用效率/(kg·mm⁻¹·hm⁻²)	供水效率/(kg·mm⁻¹·hm⁻²)
2.55	245.8	187.4	179	239.95	81.64	847.64
5.10	245.8	187.4	179	242.50	85.45	645.88
7.65	245.8	187.6	179	244.85	88.47	553.53
10.20	245.8	187.8	179	247.20	88.33	432.21
12.75	245.8	191.5	179	246.05	90.02	370.35
15.30	245.8	194.9	179	245.20	93.88	365.58
17.85	245.8	198.1	179	244.55	98.56	373.95
20.40	245.8	199.1	179	246.10	98.64	335.74
22.95	245.8	201.6	179	246.15	99.05	303.01
25.50	245.8	202.4	179	247.90	96.87	258.35
0(CK)	245.8	186.6	179	238.20	73.16	

分利用效率随补灌量呈抛物线变化，在 22.95 mm 补灌量水平上，鲜薯产量和水分利用效率最高，分别为 24 381 kg/hm² 和 99.05 kg/(mm·hm²)。为了兼顾马铃薯产量和经济效益，同时考虑到旱作农田补水能力有限，马铃薯补灌量以 20.39~22.94 mm 为宜，即折合每株 8~9 kg，增产效果显著。在最佳补灌时期适量补水，能够达到节水和高效补偿供水的目的。

上述试验结果说明，在有水源的条件下对马铃薯进行补灌是保证丰产的重要措施。

表 2-6-5 马铃薯不同补灌量经济效益

补灌量/mm	产出					投入/(元·hm⁻²)			纯收入/(元·hm⁻²)
	大薯		中小薯		收益合计/(元·hm⁻²)	劳动力	生产资料	合计	
	产量/(kg·hm⁻²)	收益/(元·hm⁻²)	产量/(kg·hm⁻²)	收益/(元·hm⁻²)					
2.55	15 769.5	10 092.48	3 819.0	1 145.70	11 238.18	2 100	3 750	5 850	5 388.18
5.10	16 887.0	10 807.68	3 834.0	1 150.20	11 957.88	2 100	4 380	6 480	5 477.88
7.65	19 149.0	12 255.36	2 512.5	753.75	13 009.11	2 100	5 025	7 125	5 884.11
10.20	19 368.0	12 395.52	2 467.5	740.25	13 135.77	2 100	5 655	7 755	5 380.77
12.75	19 801.5	12 672.96	2 347.5	704.25	13 377.21	2 100	6 300	8 400	4 977.21
15.30	20 764.5	13 289.28	2 256.0	676.80	13 966.08	2 100	6 930	9 030	4 936.00
17.85	21 787.5	13 944.00	2 314.5	694.35	14 638.35	2 100	7 575	9 675	4 863.35
20.40	21 921.0	14 029.44	2 355.0	706.50	14 735.94	2 100	8 205	10 305	4 430.94
22.95	22 113.0	14 152.32	2 268.0	680.40	14 832.72	2 100	8 850	10 950	3 882.72
25.50	21 517.5	13 771.20	2 497.5	749.25	14 520.45	2 100	9 480	11 580	2 940.45
0(CK)	13 732.5	8 788.80	3 694.5	1 108.35	9 897.15	1 500	3 105	4 605	5 292.15

注：大薯价格 0.64 元/kg，中小薯价格 0.3 元/kg；劳动力投入，补灌处理每公顷用工 105 个，不补灌处理每公顷用工 75 个，每个工日 20 元；地膜价格 13 元/kg，每公顷投入 120 kg；肥料投入每公顷 645 元，种子投入每公顷 675 元，水费(含拉运费)每立方米 25 元。

(四)膜侧沟补灌技术

膜侧沟补灌技术是利用起垄覆膜技术，沿垄沟进行补灌。灌溉水在流动过程中主要借重力作用和毛细管作用从垄沟底部和垄沟两侧入渗，以湿润垄沟周围土壤。膜侧沟补灌适用于小麦、马铃薯等作物。2008 年在年均降水量 350~400 mm 的西吉县田坪乡旱作农业示范区，对马铃薯在现蕾期利用单相小水泵从地头集水窖中抽水进行补灌试验，补灌量以每公顷 255~300 m³ 效益较好。补灌量在 75~300 m³/hm² 的范围内，随补灌量的增加，产量增加；补灌量在 300~450 m³/hm² 的范围内，随补灌量的增加，产量下降。以补灌量 300 m³/hm² 产量最高，达 47 740.5 kg/hm²，比不补灌增产 60.09%；商品薯率也最高，达 80.37%；最佳补灌量为242.25 m³/hm²，产值增加60.1%，产投比达 6.4:1，水分利用效率最高，达 238.5 kg/(mm·hm²)；补灌 225 m³/hm² 次之。经方差分析，在 R=0.05 水平上，补灌 300 m³/hm² 与补灌225 m³/hm² 无显著差异，但与不补灌及补灌 150 m³/hm²、375 m³/hm²、225 m³/hm² 有显著差异；在 R=0.01 水平上，补灌 300 m³/hm²、225 m³/hm²、375 m³/hm²、150 m³/hm² 有极显著差异。通过建立产量与补灌量间的回归方程得出每公顷补灌量 242.5 m³ 时产量最高，达 42 514.5 kg/hm²，以后随着补灌量的逐渐增加，产量呈下降趋势。补灌量 150 m³/hm²，每补灌 1 m³ 水可增加马铃薯鲜薯 36.4 kg；补灌量 225 m³/hm²，补灌 1 m³ 水可增加马铃薯鲜薯61.6 kg；补灌量 300 m³/hm²，每补灌 1 m³ 水增加鲜薯 59.7 kg；补灌量 375 m³/hm²，每补灌 1 m³ 水增加鲜薯 13.0 kg；补灌量 450 m³/hm²，每补灌 1 m³ 水增加鲜薯 5.29 kg。这充分说明补灌量在 225~300 m³/hm² 范围内最适宜。

宁夏旱作农业区冬小麦在冬前分蘖期、春季返青至拔节期等需水关键时段，降水满足率只有 20%~

40%。需水关键期进行适量补灌，能够达到节水、增产和高效补偿供水的目的。在酷旱的1999—2000生产年度多点次试验结果表明（表2-6-6、表2-6-7），在膜侧小麦关键生育期进行低量水分补偿有明显的高效性。在固原试点，越冬、返青、拔节、孕穗、抽穗五期补灌，平均籽粒产量达3 266.6 kg/hm²，较不补灌增产1 036.1 kg/hm²，增幅46.45%。彭阳试点，五期补灌平均籽粒产量为2 904.2 kg/hm²，较不补灌增产570.81 kg/hm²，增幅24.46%。在冬小麦不同生育期补灌的试验表明，返青期、拔节期补灌增产效果最佳，增产幅度最大，其次为越冬期，孕穗期和抽穗期补灌增产较少。拔节期补灌，固原试点增产1 945.5 kg/hm²，增幅87.2%；彭阳试点增产946.1 kg/hm²，增幅40.55%。返青期补灌，两试点平均增产1 217.3 kg/hm²，增幅53.34%。越冬期补灌，两试点平均增产741.7 kg/hm²，增幅32.5%。拔节、返青、越冬3个时期补灌的增产效果在两试点均达极显著水平。孕穗期和抽穗期补灌，固原试点分别增产25%、12%。水分利用效率以拔节期补灌最高，依次为拔节期>返青期>越冬期>孕穗期>抽穗期，拔节期补灌比不补灌水分利用效率提高70.75%。

表2-6-6　膜侧小麦不同时期补灌的增产效果

补灌时期	固原试点						彭阳试点
	穗数/（万穗·hm⁻²）	穗粒数/粒	千粒重/g	籽粒产量/（kg·hm⁻²）	生物产量/（kg·hm⁻²）	经济系数	籽粒产量/（kg·hm⁻²）
不补灌	352.1	23.4	34.8	2 230.5	6 195.9	0.36	2 333.4
越冬期	410.0	26.6	32.3	3 118.5	7 796.0	0.40	2 928.8
返青期	477.5	25.6	33.8	3 763.5	8 961.0	0.42	3 235.1
拔节期	505.7	28.2	32.3	4 176.0	9 943.0	0.42	3 279.5
孕穗期	362.6	24.7	35.4	2 783.7	7 953.0	0.35	2 515.4
抽穗期	376.7	22.1	34.6	2 491.5	6 556.5	0.38	2 562.0

表2-6-7　膜侧小麦不同时期补灌的水分效应（固原试点）

补灌时期	播种期2 m土层贮水量/mm	收获期2 m土层贮水量/mm	土壤供水量/mm	生育期降水量/mm	补灌量/mm	耗水量/mm	水分利用效率/（kg·mm⁻¹·hm⁻²）	供水效率/（kg·mm⁻¹·hm⁻²）
不补灌	459.8	218.4	241.4	221.6	0	463.0	4.82	
越冬期	459.8	249.6	210.2	221.6	90	521.8	5.98	9.87
返青期	459.8	268.8	191.0	221.6	90	502.6	7.49	17.03
拔节期	459.8	264.0	195.8	221.6	90	507.4	8.23	21.62
孕穗期	459.8	288.2	171.6	221.6	90	483.2	5.76	6.15
抽穗期	459.8	249.0	165.8	221.6	90	477.4	5.22	2.90

在最佳补灌期一次供水30 mm、60 mm、90 mm、120 mm（表2-6-8），小麦产量分别为2 881 kg/hm²、3 444 kg/hm²、3 855 kg/hm²、3 983.5 kg/hm²，较不补灌分别增产22.57%、46.52%、64.01%和69.47%，不同补灌量的产量差异达极显著水平；新复极差分析表明，30 mm补灌量较不补灌显著增产，而60 mm、90 mm和120 mm补灌量均比不补灌极显著增产，90 mm和120 mm补灌量间的产量差异不显著。补灌量在90 mm范围内，膜侧小麦水分利用效率提高0.95~3.14 kg/（mm·hm²），相对提高17.89%~59.13%，继续增

加补灌量至120 mm，水分利用效率不再提高。膜侧小麦补灌 30 mm，供水效率达 17.68 kg/(mm·hm²)，补灌量增加到 60 mm 时，供水效率提高到 18.23 kg/(mm·hm²)。在 60 mm 基础上继续增加补灌量，供水效率开始下降，90 mm 较60 mm 下降1.51 kg/(mm·hm²)，120 mm 较90 mm 下降 3.11 kg/(mm·hm²)。在 30 mm、60 mm、90 mm 和 120 mm 四级补灌量中，同时满足小麦籽粒产量最大和水分利用效率最高的补灌量为 90 mm，补灌量 90 mm 的籽粒产量和水分利用效率分别较 60 mm 提高11.93%和 12.22%，而补灌量 120 mm 比 90 mm 籽粒产量仅增加 3.33%，水分利用效率只提高 0.1 kg/(mm·hm²)；补灌量 90 mm 时的供水效率反比 60 mm 下降 1.51 kg/(mm·hm²)。因此，膜侧小麦在需水关键期以60~90 mm 的适宜水量进行有限补充灌溉，能够达到节水、增产目的，实现补偿供水的高效利用。

表 2-6-8 膜侧小麦不同补灌量的增产效益与水分效应

补灌量/mm	增产效益							水分效应				
	穗数/(万穗·hm⁻²)	穗粒数/粒	千粒重/g	籽粒产量/(kg·hm⁻²)	差异显著性 5%	差异显著性 1%	生物产量/(kg·hm⁻²)	土壤供水量/mm	降水量/mm	耗水量/mm	水分利用效率/(kg·mm⁻¹·hm⁻²)	供水效率/(kg·mm⁻¹·hm⁻²)
0	377.7	24.3	37.3	2 350.5	d	c	6 529.5	197.8	244.7	442.5	5.31	
30	461.7	26.4	37.1	2 881.1	c	bc	8 836.5	185.6	244.7	460.3	6.26	17.68
60	451.6	27.1	36.4	3 444.0	b	ab	8 830.0	152.4	244.7	457.1	7.53	18.23
90	513.5	26.2	36.8	3 855.0	a	a	9 178.5	121.4	244.7	456.1	8.45	16.72
120	526.5	25.8	36.4	3 983.5	a	a	9 485.0	101.2	244.7	465.9	8.55	13.61

运用积分回归方法分析降水对小麦产量的影响，降水对产量影响的最大值出现在 3 月中旬至 4 月中旬，此时为冬小麦返青至拔节期，每毫米降水使小麦增产 16~17 kg/hm²。10 月下旬至 11 月中旬的冬前降水对产量的影响虽次于春季，但此期降水有利于植株盘根保蘖和安全越冬，增产效果也相当明显，每毫米降水使小麦增产 10~12 kg/hm²；6 月中旬以后的降水对产量产生负效应，这是因为降水多、寡日照导致穗发芽、贪青晚熟。因此，宁夏旱作农业区膜侧冬小麦应在越冬期和翌年春季返青至拔节期进行补灌，只能补灌一次时应抓好返青至拔节期的补灌，适宜补灌量为 60~90 mm。

（五）滴灌技术

滴灌是一种新型的、先进的节水灌溉技术，指通过低压管道与安装在末级管道上的滴管带及滴头按照作物需水要求以较小的流量（2~200 L/h）均匀、准确地直接输送到作物根区附近的土壤表面或者土层中。

1. 滴灌的优点

一是节水。按照作物需水要求进行滴灌，仅湿润作物根区附近土壤，蒸发损失少，而且由于灌水流量小，不易发生地表径流和深层渗漏，可有效减少灌溉水的损失和浪费。同时滴灌能比较精确地控制水量，可适时适量地按作物生产需要供水，水的利用率高。因此，滴灌比地面灌溉节水 50%以上，比喷灌节水 15%~25%。据宁夏水利科学研究所研究，用一套全移动滴灌设备控制 4 眼窖可滴灌 0.53 hm² 地。

二是节能。滴灌的灌水器在低压条件下运行，工作压力一般为 50~150 kPa；又因其节水、灌水利用率高，对提水灌溉来说就意味着减少了能耗。

三是灌水均匀。滴灌系统能够有效地、较准确地控制各个灌水器（滴头）的出水流量，灌水均匀度高，一般可达 80%~90%。

四是省工。滴灌灌溉水量小，运行费用相对减少。且滴灌不需平整土地，装有自动运行设备，劳动力费用也随之减少。另外，滴灌田块大部分土壤表面保持干燥，方便田间作业，且杂草减少，相应清除杂草的劳力和除草剂的费用减少。滴灌时肥料、杀虫剂等已注入灌溉水中随灌溉施入田间，不需要另外费劳力进行喷施，从而大大节省了劳动力。

五是增产。滴灌能适时适量地向作物根区供水、供肥，且不破坏土壤结构，土壤中的养分也不易淋溶流失，这为作物生长提供了良好的条件，有利于实现高产，提高产品质量。滴灌较其他灌溉方式增产 30% 以上。宁夏农林科学院农业资源与环境研究所罗昀、王世荣、王长军等人采用户用型移动式滴灌装置，在马铃薯播后、出苗后、初花期、盛花期滴灌 4 次，每次每公顷 30 m^3，能明显提高土壤含水量。滴灌后的土壤含水量最高可达 190 g/kg，而未补灌的均在 100 g/kg 以下。试验还证实一次补灌能保证马铃薯正常生长 10 d 以上。在天气干旱的情况下，从第一次（4 月 23 日）滴灌效果看，土壤含水量高于 120 g/kg 的时间可持续 10 d 左右。每次滴灌 90 m^3/hm^2 较滴灌 60 m^3/hm^2、30 m^3/hm^2 持续时间要长 20 d 左右。据田间剖面观测，滴灌后地面形成一个湿润带，滴灌量越大，湿润带越宽，马铃薯根系分布的主要区域基本全部湿润，达到了滴灌目的。滴灌后第二天的水分入渗深度为 35~40 cm，宽度为 30~36 cm，滴灌量越大，湿润面积越大，并能与深层水分相连接，由于马铃薯根系主要分布在 10~30 cm 深的土层，故能满足干旱季节马铃薯对水分的需求，有利于块茎膨大，明显提高大中薯率，从而大幅度地提高产量和效益。滴灌 30~90 m^3/hm^2 较不补灌增产 42.9%~80.5%，其中以每次补灌 60 m^3/hm^2 的效果最好，产量可达32 889 kg/hm^2，增产 80.5%，纯收入增加 9 732 元/hm^2。

六是对土壤和地形的适应性强。滴灌的灌水强度可以根据土壤入渗能力进行调节，即选择不同型号的灌水器，使作物根区保持适宜的土壤水分而不产生地表径流和深层渗漏，造成水资源浪费。滴灌是用压力管道输水，故适用于不同的地形条件。

2. 滴灌的不足之处

一是堵塞。滴灌对水质要求较高，一般需对水进行过滤。

二是盐分积累。滴灌可能造成盐在湿润表层的边缘积聚起来，并且少量的降水可能将这些盐冲到作物根区而引起盐害。因此，当积盐达到一定程度后，在雨水不足时应继续灌水，以使盐被冲到根区以下，避免伤害作物。

三是限制根系的发展等其他危害。由于滴灌仅湿润作物根区附近的部分土壤，根系的向水性使作物根系集中向湿润区发展，故在规划设计滴灌系统时应正确布置灌水器，保证作物生长的均衡性。另外，由于作物只能从相当小的湿润土体中吸取水分、养分，一旦灌水器出现故障，作物会很快受到伤害。因此，必须注意滴灌系统的维修保养，保证其正常工作。

四是成本高。滴灌需要大量的管道，用于水的输送和过滤等，所以一次性投资比较高。

3. 滴灌系统

一是水源工程。可在扬黄补灌区修建高位蓄水池、小型水库、塘坝、机井、水窖，只要水质符合要求，均可作为滴灌的水源。为了利用这些水源，有时需要修建引水、蓄水、提水工程和相应的输配电工程等。

二是首部枢纽工程。包括机泵、控制阀门、水质净化装置、施肥装置、量测和保护设备等。

三是输水管及管道接件。

四是灌水器。包括滴头、滴管带。

4. 滴灌在宁夏旱作农业区的利用方式

滴灌在宁夏旱作农业区的利用方式有两种，一种是固定式滴灌，另一种是移动式滴灌。

移动式滴灌使用的滴灌系统采用缠绕式微管滴头，流道直径 0.95 mm，田间出水量大，不易堵塞。滴头间距 40 mm，毛管总长 58.2 m，其中辅助毛管（不安装滴头）长 8.2 m，每条毛管控制灌溉面积 666.7 m^2（毛管可用配套卷管器收放），1 套滴灌系统 1 次灌溉 1.3 hm^2，由于毛管数量少，因而成本低。工作压力主要由 1.47 kW 柴油提水机组或 1.1 kW 微型机电泵提供（为便于田间移动，可在机架上安装行走轮和扶手）。移动式滴灌采用人工移动毛管，毛管用量减少 97%，大幅度节省了原材料，降低了建设成本，单位面积建设投资不到国外同类技术的 1/10。移动式滴灌比普通喷灌节能80%~90%。

针对地块、种植作物和持续干旱的严重程度，按实际需求灵活安排补灌时间和补灌次数。目前滴灌主要适合在旱地西瓜、籽瓜、玉米、马铃薯等稀植作物上应用。盐池县农业技术推广服务中心经多年研究，认为旱地种植西瓜可用农用三轮车碾压形成沟垄，种植籽瓜可人工在垄中央开沟，沟深 5~8 cm，然后在沟两侧挖穴坐水点种，注意播种穴要靠近沟，便于在沟内放毛管，以提高滴灌效果，节省水量。采用机械覆膜，要在垄面上预留滴水沟。人工覆膜，幅宽 90~140 mm，厚度 0.008~0.01 mm。一般在伸蔓期和果实膨大初期各移动补灌 1 次，每次灌水 60~75 m^3/hm^2。由于补灌次数有限，地膜西瓜、籽瓜种植密度应分别控制在 9 000~10 500 株/hm^2、30 000 株/hm^2 左右。经试验，在坐水点种基础上，籽瓜在生育期补灌 50~250 m^3/hm^2 的范围内，以补灌量 150~200 m^3/hm^2 产量最高，比补灌量 50~100m^3/hm^2 增产 71.6%，产值增加 51.97%。

旱地地膜玉米可采用配套机械开沟起垄、覆膜，在沟内放毛管滴灌。一般在起身拔节期补灌 75~90 m^3/hm^2、抽雄初期补灌 120~150 m^3/hm^2。

（六）膜上补灌技术

膜上补灌技术是指在全膜双垄覆盖垄侧播种、全膜覆土穴播栽培条件下，在受到干旱胁迫下，引水至膜上，通过播种孔和渗水孔将水渗入作物根部土壤中。

膜上补灌技术的优点：

一是节水，一般节水 30%~50%。补灌水在膜上流动，降低了沟畦田面糙率，促使膜上水流速度加快，从而减少深层渗漏水量，且全膜覆盖阻止了农田土壤蒸发损失，增强了土壤保墒作用，同时补灌水通过膜孔仅渗入作物根区土壤内，能被作物充分而有效地利用，所以水的利用率较高。

二是不破坏土壤结构。补灌水在地膜上流动或存蓄，不会冲刷膜下土壤，也不会破坏土壤结构，同时补灌水通过渗水孔和苗孔向土壤内渗入，可保持土壤疏松，不易板结。

三是作物生态环境得到改善。全膜覆盖与膜上补灌技术相结合，可改善田间土壤水、肥、气、热等条件。膜上补灌对作物生长发育环境的影响主要表现为地膜的增湿、增热效应。据有关资料报道，膜上补灌可使作物苗期地温平均提高1~1.5℃，作物全生育期的土壤积温也增加，从而促进作物根系对养分的吸收和作物的生长发育，使作物提前成熟。此外，膜上补灌不会冲刷表土，深层渗漏水量减少，从而大大减少了土壤肥料的损失，再加上土壤结构疏松，通气性良好，因此采用膜上补灌技术可为提高土壤肥力创造有利条件。

四是增产显著。膜上补灌可改善田间作物生长环境，促进作物生长发育，因而增产效果显著。据在原州区彭堡镇别庄村试验，向日葵全膜双垄覆盖垄侧播种栽培条件下，在需水关键期进行补灌，增产效果显著。试验发现（表 2-6-9、表 2-6-10），向日葵现蕾期补灌 150 m^3/hm^2 比不补灌增产 866.7 kg/hm^2，增幅达60.7%，水分利用效率提高 4.05 kg/(mm·hm²)，水分利用效益增加 17.25 元/(mm·hm²)。补灌时期以现蕾期最佳，现蕾期补灌 150 m³/hm² 比开花期补灌 150 m³/hm² 增产440.1 kg/hm²，增幅23.7%，水分利用效益增加 9.75 元/(mm·hm²)。现蕾期补灌 150 m³/hm² 比补灌 105 m³/hm² 增产286.8 kg/hm²，增幅 14.3%，水分利用效益增加 5.25 元/(mm·hm²)。现蕾期一次性补灌 150 m³/hm² 比现蕾期、开花期分2次(各 75 m³/hm²)补灌效益好，增产 420 kg/hm²，增幅 22.4%，水分利用效益增加 9.6 元/(mm·hm²)。

表 2-6-9　不同补水处理下食用向日葵产量构成因素的变化

处理	株高/cm	茎粗/cm	叶片数/片	盘径/cm	千粒重/g	空秕率/%	单株重/kg	盘数/(盘·hm⁻²)	理论产量/(kg·hm⁻²)	实际产量/(kg·hm⁻²)	产量位次
不补灌	160.2	2.09	38.6	15.1	101.1	14.41	0.086	29 745	2 046.45	1 426.80	7
现蕾期补灌 105 m³/hm²	172.2	2.34	46.9	16.7	119.2	8.96	0.102	31 665	2 583.90	2 006.70	2
现蕾期补灌 150 m³/hm²	174.9	2.41	48.3	17.1	123.0	7.63	0.106	31 650	2 683.95	2 293.50	1
开花期补灌 105 m³/hm²	170.5	2.25	47.3	15.9	113.5	12.46	0.098	29 880	2 342.55	1 780.05	5
开花期补灌 150 m³/hm²	171.6	2.30	45.2	16.0	115.0	12.21	0.099	30 840	2 442.60	1 853.40	4
现蕾期、开花期各补灌 52.5 m³/hm²	167.6	2.23	42.1	15.9	112.7	12.78	0.096	29 850	2 292.45	1 526.70	6
现蕾期、开花期各补灌 75 m³/hm²	172.2	2.32	46.9	16.3	117.8	9.92	0.101	31 350	2 535.45	1 873.50	3

表 2-6-10　不同补水处理下食用向日葵产量、产值、水分利用效率、水分利用效益的变化

处理	播前2 m土层贮水量/mm	收后2 m土层贮水量/mm	产量/(kg·hm⁻²)	产值/(元·hm⁻²)	生产成本/(元·hm⁻²)			水分利用效率/(kg·mm⁻¹·hm⁻²)	水分利用效益/(元·mm⁻¹·hm⁻²)
					物化劳动	劳动力	合计		
不补灌	306.9	391.60	1 426.80	7 134.00	2 754.0	2 625.0	5 379.0	5.10	3.75
现蕾期补灌 105 m³/hm²	306.9	344.77	2 006.70	10 033.50	3 504.0	2 940.0	6 444.0	8.25	15.75
现蕾期补灌 150 m³/hm²	306.9	346.44	2 293.50	11 467.50	3 804.0	3 075.0	6 879.0	9.15	21.00
开花期补灌 105 m³/hm²	306.9	363.26	1 780.05	8 900.25	3 504.0	2 940.0	6 444.0	6.75	11.10
开花期补灌 150 m³/hm²	306.9	355.25	1 853.40	9 267.00	3 804.0	3 075.0	6 879.0	7.20	11.25
现蕾期、开花期各补灌 52.5 m³/hm²	306.9	375.20	1 526.70	7 633.50	3 504.0	2 940.0	6 444.0	5.55	5.85
现蕾期、开花期各补灌 75 m³/hm²	306.9	338.67	1 873.50	9 367.5	3 804.0	3 075.0	6 879.0	7.80	11.40

又据原州区农业技术推广服务中心在胡麻全膜覆土穴播栽培条件下连续两年试验，于胡麻枞形后期和现蕾初期进行补灌，增产十分明显。补灌量为 450 m³/hm²，籽粒产量为 1 256.25 kg/hm² 和 1 692.45 kg/hm²，较不补灌增产 45%和 43%；补灌量为 300 m³/hm²，籽粒产量为 1 104.45 kg/hm² 和 1 592.1 kg/hm²，较不补灌增产 27.5%和 34.6%。

第三节 扬黄延伸补灌技术

一、扬黄延伸补灌的思路

宁夏旱作农业区干旱发生频繁，半干旱偏旱区更严重，常因作物生长发育需水与降雨不同步而出现"卡脖旱"，造成作物大幅度减产。面对这一现实问题，宁夏转变思路，最大限度地扩大水资源配置范围、提高水资源利用率。一是统筹区域水资源配置，将现有的扬黄工程和宁东供水、太阳山供水等7项重点人饮工程，水库、塘坝、机井工程连成水网，实现黄河水、地下水、地表水联合调度，生态、生活、工业、农业用水统筹配置。二是开源与节流并举，以节水为先。节流方面，做好现有灌区的节水改造与农业结构调整，最大限度地节约老灌区用水量，提高水资源利用率。开源方面，在不增加扬黄水量的情况下，利用老灌区节约水量，在扬黄灌区周边新建一批骨干水源工程，最大限度地扩大供水范围。三是转变用水、供水结构，变单一的农业用水结构为设施农业、人饮、工业和城镇综合用水结构；变单一的泵站提水、渠道输水的供水结构为管道输水、蓄水池调节、供水点配水、群众拉水相结合的多形式供水结构；变大田渠灌为田间小畦灌、拉水点灌、穴灌、管灌及滴灌等高效节水灌溉。

在扬黄灌区周边的雨养农业区实行扬黄延伸补灌，即扬黄灌区节水，把节约下的水输送到雨养农业区发展特色农业。2007年宁夏出台了《高效节水补灌工程规划》。按规划要求利用补灌工程发展高效节水补灌7.7万 hm^2，使补灌工程灌溉水利用系数达到0.8以上，水分生产效率达到3 kg/(mm·hm^2)，种植马铃薯、红枣等6.7万 hm^2，推广设施农业1万 hm^2。大田作物以节水滴灌、坐水点种、分株点浇、拉水补灌为主。设施农业利用微灌、滴灌等节水技术。补灌配水定额枣瓜间作为300 m^3/hm^2，马铃薯为300 m^3/hm^2，其他特色作物为750 m^3/hm^2；设施农业日光温室为4 500 m^3/hm^2，拱棚为1 800 m^3/hm^2。

二、扬黄延伸补灌利用模式

扬黄延伸补灌有坐水点种、分株点浇、膜下滴灌等多种模式，是把扬黄灌区节约的黄河水通过输水管道提升引入高位蓄水池，经二次沉淀后，利用高差再流入地下管网过滤系统进入滴灌带，需要时进行滴灌。目前该技术滴灌面积最大，效果最好。据海原县科学技术局、固原市农业科学研究所试验，滴灌定额225 m^3/hm^2，分5次补灌，马铃薯鲜薯产量20 304 kg/hm^2，比不补灌增产45.6%；滴灌定额375 m^3/hm^2，分5次补灌，马铃薯鲜薯产量22 984.51 kg/hm^2，比不补灌增产64.82%；滴灌定额525 m^3/hm^2，分4次补灌，马铃薯鲜薯产量25 440.15 kg/hm^2，增产82.43%；而只靠天然降雨的马铃薯，产量非常低，鲜薯产量只有13 944 kg/hm^2，这说明土壤水分状况是马铃薯产量形成的基础，补灌是马铃薯高产稳产的重要条件。

滴灌属局部灌溉，水分多集中于马铃薯根部，马铃薯根系周围土壤湿润、疏松，有利于块茎膨大，从而明显降低小薯率、提高大薯率和中薯率，且随着滴灌量的增加，大、中薯比例也逐渐增高，特别是大薯率明显增高，马铃薯鲜薯商品性提高，薯大。与未滴灌相比，不同滴灌量马铃薯单株鲜薯重755.3~1 065.8 g，增产75.8~386.3 g；大、中薯率83.43%~91.44%，提高25.65%~33.67%；供水效率、水分利用效率增高。试验结果表明，滴灌供水效率10.1~18.8 kg/(mm·hm^2)，水分利用效率63.8~76.3 kg/(mm·hm^2)，比未滴灌水分利用效率增加14.1~26.6 kg/(mm·hm^2)，提高28.37%~53.52%。马铃薯不同滴灌量每公顷纯收入为7 573.5~12 100.5元。其中，滴灌量525 m^3/hm^2、补灌4次，纯收入最高，为12 100.5元/hm^2，水分利用效益

6.87 元/(mm·hm^2)，产投比 2.12:1；滴灌量 375 m^3/hm^2、补灌 5 次，纯收入为 10 309.5 元/hm^2，水分利用效益 6.5 元/(mm·hm^2)，产投比 1.99:1；滴灌量 225 m^3/hm^2、补灌 5 次，纯收入为 8 419.5 元/hm^2，水分利用效益 6.02 元/(mm·hm^2)，产投比 1.85:1。

利用扬黄延伸工程将水引入高位蓄水池，采用滴灌系统对半膜覆盖玉米进行补灌（一条滴灌带管 2 行玉米），在滴灌量 75~135 mm 的范围内，以滴灌量 135 mm 产量最高，达9 927 kg/hm^2，比不补灌增产 3 925.5 kg/hm^2，增幅 65.4%，水分利用效率达 19.35 kg/(mm·hm^2)，比不补灌提高 29%（表 2-6-11）。

表 2-6-11　不同滴灌量玉米产量及水分利用效率（盐池县）

滴灌量/mm	经济产量/(kg·hm^{-2})	播种期 1 m 土层贮水量/mm	收获期 1 m 土层贮水量/mm	生育期降水量/mm	作物耗水量/mm	水分利用效率/(kg·mm^{-1}·hm^{-2})
75	8 583.0	191.1	83.5	299.3	481.9	17.85
105	8 832.0	191.6	96.4	299.3	499.5	17.70
135	9 927.0	190.3	111.2	299.3	513.4	19.35
0(CK)	6 001.5	177.4	75.7	299.3	401.0	15.00

第七章　立体农业、立体复合种植技术

第一节　立体农业、立体复合种植的概念

一、立体农业的概念

“立体农业”这一名词是在20世纪50年代初由中国农业科技人员从丘陵山区不同海拔垂直梯度的资源立体开发利用中提出来的。中国农业科技人员和农民群众经过广泛的研究和实践，认为立体农业是研究农业生物在时间、空间上的配置及其相互关系的应用科学。具体来说，立体农业是相对于单一种植或养殖的平面农业而言的，它是指在一定的单位面积土地（或水域）上，根据各种植物、动物、微生物的生物学特性，充分利用时间、空间及光、热、水、土等自然资源潜力，运用现代科学技术，把种植业、养殖业乃至相关的加工业有机结合，建立多物种共处、多层次配置、多级质能循环利用的立体种植、立体养殖、立体种养的高产、高效、集约的生产形式及其配套技术，可高效利用自然资源，提高土壤肥力，减少环境污染，保持生态平衡，促进经济、生态和社会效益统一，使农业生产处于长周期的良性循环之中。其主要模式为：丘陵山地立体综合利用模式，农田立体综合利用模式，水体立体农业综合利用模式，庭院立体农业综合利用模式。

上述概念包括了四个要点：

一是立体农业必须是单位面积上立面空间资源的开发利用，它有同基面和异基面两种主体利用形式。同基面资源开发利用是指单位平面土地（或水域）上立面空间的资源开发利用，异基面资源开发利用是指丘陵山地不同垂直梯度上复合立面空间的资源开发利用。

二是立体农业必须是多种农业生物组合在一起，多物种组合，多层次配置，形成多级质能循环转化的农业生产体系（或模式）。

三是立体农业必须以最大经济效益为目标，实现经济、生态、社会三大效益的统一，体现集约、高效、持续、安全。集约是指集约经营土地，体现出技术、劳力、物质、资金等综合效益。高效是指充分挖掘土地、光能、水源、热量等自然资源，同时提高人工辅助能利用效率。持续是指减少有害物质的残留，提高农业环境和生态环境的质量，不断提高土地的生产力，增强农业发展的后劲。安全是指产品和环境的安全，在利用多物种组合提高土地生产力的同时，完成污染土壤的修复和农业发展，实现经济效益与环境效益的统一。

四是立体农业发展到一定阶段，必须形成种、养、加结合的多产业结构。加是指相关产品的初级加工，目的是增加立体种养模式内部的物质转化层次，延长产业链，提高立体农业的物质转化率。通过引入加工环节，引导人们依靠科技进步，走内涵式发展的道路，在有限的土地面积上，向生产的深度与广度进军。

二、立体复合种植的概念

立体复合种植是指在单位面积上根据不同作物种类的不同生长特征，充分利用其生长过程中的空间差和时间差，合理进行多种配套，形成多物种、多层次的立体田间结构，充分利用时间、空间，提高水、气、土、温的利用率，用较少的投入获得最大的产出和综合效益。

立体种植实际是间种、混种、套种、复种等的总称，它也包括山地、丘陵、河谷地带不同作物沿垂直高度形成梯度分层带状组合。

第二节 立体农业的发展历史

一、国外有关立体农业的概念和研究

据《中国立体农业概论》介绍，国外对立体农业有三种解释。

第一种为多层间作。多层间作是根据作物间的疏密程度和高矮层次搭配形成的立体种植，是从农作物传统的混合种植、间作、套种发展而来的。如在美国很广泛的向日葵、玉米、高粱等高秆作物和大豆、菜豆、甜菜等矮秆作物间作；亚洲一些国家的水稻和甘薯、南瓜和谷子套作，一般仅限于一年生农作物间的间作套种。Dustane（1973）曾把多层间作称为多层栽培，并将其定义为一种种植制度。他指出："其目的在于在单位时间内、单位面积上获得最高的产量。即在同一地块内从不同的空间收获到相互适应的各植物的经济产量。"印度则称为多层耕作，这个定义的核心是多层，很接近中国的立体农业，但它仅局限于种植业，故称"多层间作"或"多层栽培"。

第二种为混林农业。混林农业又称农用林业，是将多年生木本植物与农作物置于同一土地单位，具体表现主要为农田防护林网、林粮间作等。这种农林结合生产方式几乎遍及世界各国，如北非和地中海沿岸国家普遍将油橄榄、柑橘、葡萄等与水稻、小麦、玉米间作；拉丁美洲大力推广破布木、桃花心木或果树等乔木与香蕉、可可、咖啡、胡椒等间作，除了收获农产品外，每公顷还可以采伐到 210 m^3 的杂木。

第三种为立体农业。20 世纪初美国哥伦比亚大学史密斯教授在其所著的《立体农业》一书中提出，立体农业是"植物农业与畜牧业、加工业有机联系的综合性农业经营方式"。日本学者久宗壮看了这本书后认为："对于人多地少、山地占 85%的日本，立体农业是维持众多人口食物需求的重要途径。"

综上所述，国外立体农业似乎也经历过混作（或套作、间作）—多层间作（或多层耕作、多层栽培）—混农林（牧）业—立体农业的过程。尽管在实践中各有所指，但基本内容还是从充分利用单位面积土地的农业资源出发，进行多层次立体利用、种养加多产业结合。

二、我国立体农业的发展历史与趋势

我国立体农业是在传统农田间套复种耕作制度的基础上发展起来的，历史悠久。实行间作套种，桑（蔬、果）基鱼塘多层次种养方式已有 2 000 多年历史，在这个过程中，劳动人民积累了许多宝贵的经验，包括根据不同的地形、地势，因地制宜地进行立体种植和养殖，针对不同地区的光热资源特点，把种植业、养殖业和微生物产业联系起来安排，促进物质循环利用；用地与养地相结合，在多层次种植中强调增进土壤肥力的重要性等。

根据史料记载，从战国以后，我国农业即开始走向精耕细作的道路，就有关于复种的记载。《荀子·富

国》记载“今是土之生五谷也，人善治之，则亩数盆，一岁而再获之”。汉代以后，较普遍地实行连作。魏晋南北朝轮作、复种形成制度。唐宋时期出现了间作套种，明清时期各种间套形式迅速发展，有“麦棉间作”（《农政全书》），“麦、豆、稻连环套种”（《多稼集》），在汉中地区已有了“一岁数收之法”（《修齐直指评》）。那时，由于人口剧增，间套混种成了“人多地少，扶贫救急”的重要措施。《汉书·食货志》记述“种谷必杂五种，以备灾害”。《农书·六种之宜》记述“种莳之事，各有攸序。能知时宜，不违先后之序，则相继以生成，相资以利用，种无虚日，收无虚月”。《齐民要术》种葱篇中记载“可于麻子地间，散芜菁子”“葱中亦种胡荽”；养牛篇中记载“种大豆一顷，杂谷并草留之”，用作饲料。这些是我国最早的蔬菜间作和大豆谷子混作的类型。《齐民要术》种葵篇中还记载“一岁之中，凡得三辈”，是指一种作物一年内可以重复种、收 3 次。

我国古代农民在占有耕地不多的状况下，开始较为普遍地进行林粮间套，唐朝诗歌记载了当时桑麦间作的方法，如韩愈《过南阳》“南阳郭门外，桑下麦青青”，梅尧臣《和孙端叟蚕首十五首其三桑原》“原上种良桑，桑下种茂麦”，现在江苏、安徽一带仍有桑麦间作种植方式。范成大《香山》“采香径里木兰舟，嚼蕊吹芳烂熳游。落日青山都好在，桑间荞麦满芳洲”，说的是桑、荞麦间作。

历代产生的立体农业不仅包括植物栽培和耕作，而且涉及生物防治和农牧结合方面。

明清时期，蝗害是最严重的自然灾害之一，养鸭治蝗是明代人的一大创造，用这种方法治蝗，既可节省人力而又无药害，又能收到节省养鸭饲料的效果。

种植业与养殖业（包括渔业与畜牧业）的多层次、多级质能循环利用的立体种养，也在古代农业生产中出现过。其中稻田养鱼主要集中在浙江、江西、四川、贵州、广西、福建等省区，距今已有 1 700 多年的历史。《魏武四时食制》记载“郫县子鱼，黄鳞赤尾，出稻田，可以为酱”，黄鳞赤尾即鲤鱼。《齐民要术》养鱼篇中记述了鱼鳖混养的技术，说明人们已初步认识到生物界相互制约、相互依存的关系。太湖流域和珠江流域，人们创造并发展了蚕、桑、鱼、畜有机结合、综合经营的农业，从而形成了地力不衰、农牧副渔各业兴旺的局面。珠江三角洲的桑基鱼塘盛行于明代以后，基塘区地势低洼，只有立体种养、水陆两用，才能充分利用土地，发展生产。《高明县志》载有“基种桑，塘养鱼，桑叶饲蚕，蚕屎饲鱼，两利俱全，十倍禾稼”，这就是农牧结合，利用动植物间的互养关系，以农养牧、以牧促农，保持农业生态系统平衡。长江下游的太湖流域是历史上著名的鱼米之乡，自唐宋时农业中心南移以后，种植业的多层次利用和农、牧、渔结合就逐步形成，利用水网化条件，种桑、种果、种菜、养猪、养鸭、养鱼等以发展塘基立体种养，创造了一整套多级质能循环利用技术。

中华人民共和国成立以后，特别是改革开放以来，随着我国人口日益增长、耕地不断减少，农产品供需矛盾日益尖锐，为了缓解这一矛盾，广大农业科技工作者和农民群众在实践中不断总结和发展多层种植、养殖经验，使传统农业技术和现代农业技术相结合，在注重合理利用资源和保护生态环境的同时，千方百计地挖掘单位面积土地（水域）和一定区域范围内的时间、空间、气候等资源的潜力，提高农产品质量和经济效益，从而形成了被各级领导重视、农民群众接受的立体农业生产技术体系，并在全国各地蓬勃发展。

早在 20 世纪 50 年代初，云南省的农业科技工作者就提出了不同基面的立体农业概念，在丘陵山区根据不同海拔、不同气候资源采取不同的种植方式，开展垂直梯度的立体开发利用。

立体种植的发展大致经历了由粮粮间套向粮菜、粮经间套发展、由旱田立体种植向水田立体种植延伸、由春夏季作物间套混种向秋冬季作物间套混种发展、由两种作物的间套混种向多种作物的复合间套混种发展、由简单的间套形式向分带（垄）轮作的间套种发展的阶段，使间套混种技术更加科学化、条理化和规范化。据报道，间作种类已有 61 种，混作种类已有 23 种，共计 84 种。20 世纪 70 年代中后期以来，间套混种发展更快，农村实行以农户为经营单位的家庭联产承包责任制后，农民挖掘土地生产潜力的积极性空前高涨，间套混种的面积不断扩大，种类更加多样。长江以北各省区普遍把套种作为争取季节、解决茬口矛盾的措施，在小麦玉米二熟制种植面积中，约有75%是套种的。东北几省玉米大豆间作面积占玉米播种面积的一半，南方各省区推广应用间套混种的种类更多，发展速度更快，普遍将其作为提高复种指数、实现增产增收的措施。据专家估计，全国约有 3/4 的粮食和 1/2 的棉花是依靠间套复种获得的。

到 20 世纪 70 年代末，福建省农业科学院成功地开展了稻、萍、鱼及甘蔗田、香蕉园养鱼养鸡等立体种养模式的研究，提出了立体农业对传统间作套种的四个发展，即物种的增加、层次的加厚、产业的延伸和功能的放大等，认为立体农业是从中国传统的间作套种技术发展起来的一种综合性农作方式和技术，后经专家们的大量试验、研究和综合分析，对立体农业进行了初步的理论概括，基本确定了立体农业概念的两个层次（单位面积上立面空间的利用和区域性立体综合开发）、四个要点（以最大的经济效益和生态效益为目标，多物种、多层次开发，种植、养殖加工相结合，提高土壤肥力）、五种结构（物种、空间、时间、食物链和技术结构）、三大效应原理（光能利用效应、物质转换效应和生物相生相克效应）等。在研究方法上，根据立体农业多学科、多产业的特点引进了栽培学、土壤学、生物学、生态学、农业工程学及其他有关学科，组合运用，奠定了立体农业的理论基础和技术基础，对开展立体农业技术的宣传与普及、促进全国立体农业的发展起到了积极的指导作用。

1984 年四川省科学技术协会、四川省计划经济委员会在四川省米易县率先进行了以县为单元的立体农业综合开发试点，经过 5 年的努力，试点获得成功。米易县立体农业综合开发试点成果于1991 年获得全国“星火计划”二等奖。1993—1994 年，从四川省五大类农业自然经济区域中选出了 61 个县（市、区）64 个试点乡实施了立体农业综合开发金桥工程，示范推广农户 33.77 万户，累计示范面积 5.48 万 hm^2，粮食产量增加 4 608.7 万 kg，纯收入增加 3.78 亿元，取得了显著的经济、社会、生态效益。

20 世纪 80 年代末到 90 年代中期，中国农学会组织了以著名农业科学家卢良恕院士为首的高层次农业专家多次深入四川省米易县以及江西、山东、广西、河南、辽宁、福建、海南、云南、甘肃、江苏和新疆等省区农村进行调查研究，总结交流各地发展立体农业的经验，并不断深入探索立体农业发展的内在规律。1993 年由卢良恕院士主编、河南科学技术出版社出版的《中国立体农业模式》系统地介绍了全国各地 300 多种立体农业模式的技术，深受科技人员的欢迎，推动了全国立体农业的发展。国家把立体农业作为“科教兴农”的主要内容和农业发展的战略措施，提倡发展立体农业，各省（市）把发展立体农业作为发展农业的重要措施。福建省针对本省地理、自然气候和社会经济特点，把立体农业作为实现大念“山海经”、大抓“山海田”的重要措施，大力发展稻田、蔗田立体农业和山地立体综合开发等项目。山东省筛选出粮、棉、菜、果、蔬等 100 多种，以棉、油、烟为主体作物，有瓜、果、菜、菌、药等高效益经济作物参与的优化组合模式。据中国农学会 1998 年的不完全统计，全国已有 23 个省（自治区、直辖市）的 1 000 多个县（市、区）进行了不同规模（以县、乡、村为单位）的试点，大力推广了近百种类型和近千种优化的立体农业模式，仅以粮食为主的立体种植模式的面积就达 0.33 亿 hm^2，每公顷新增粮食 750~1 500 kg，新增经济效益 1 500~3 000 元。如四川、云南、贵州、江西、福建等丘陵山区进行农、林、牧、果、渔不同海拔的垂直梯度综合开发；福建、湖南、四川、广西、广东、贵州等南方稻区实行稻田养鱼、稻萍鱼立体种养；海南、云南、广西、福建等热带和亚热带地区进行胶、茶、药、果、咖啡、胡椒等多层次种植；吉林等寒温带地区推广林参、林药立体种植。总之，立体农业在充分利用自然资源和社会资源、提高单位面积产量、增加经济效益等方面发挥了独特的作用，展示了强大的生命力。

中国立体农业在继承传统间作套种技术的基础上经历30多年的发展，取得了丰硕的成果，主要有：一是以间作套种为主的多层次、多熟制立体种植有较大的发展。二是农林间作、稻鱼立体种养更上一层楼。三是滩涂和低洼盐碱地立体开发初见成效。四是庭院立体农业、设施立体农业有了一定的发展。五是丘陵山区立体农业综合开发全面启动，效果显著。

当前，中国立体农业的发展趋势是：从种植业内部向农、林、牧、副、渔各业扩展；从物质生产的时空利用向物质多级循环转化；从农田综合利用向山坡、水面、荒地、庭院、隙地立体开发延伸。立体农业已逐步发展成为一种多产业、多学科、多种技术综合协调发展的现代先进农业技术。

三、宁夏立体农业发展的历史与特点

宁夏回族自治区位于我国西北内陆，居黄河中上游，总面积6.64万 km^2。北部为黄河冲积而成的宁夏平原，从秦汉开始，历经2 000多年的垦殖已成"塞上江南"，是国家商品粮基地之一。南部为黄土丘陵沟壑区，自西周以来以牧为主，后由半农半牧区演变为农业区，近年来遵循"生态优先、草畜主导、特色种植、产业开发"的思路，因地制宜地转变发展模式，由自给型种植业向生态型农牧业转变，农业得到长足发展。随着全区农业结构的调整、生态建设的发展，农民增收压力加大，立体农业模式也发生了变化。

近代宁夏立体农业的发展大体可划分为三个阶段：

第一阶段为自发阶段，时间跨度大，约在20世纪70年代以前。宁夏平原最早的立体农业雏形始于1933年，其模式为小麦套种扁豆、大麦套种豌豆、大麦套种蚕豆、胡麻套种蚕豆，面积甚小。宁夏旱作农业区最早的立体农业雏形始于民国时期，从抗逆、稳产、保收目标出发，小麦套种胡麻（油用）、胡麻与芸芥混种，以抵御自然灾害，达到减灾保收的目的。

第二阶段为发展阶段，时间为20世纪70年代末到90年代中期，立体农业由雏形向完善方向发展，立体种植模式由粮、粮一元结构向粮、经二元结构转变。起始于20世纪70年代末期的宁夏引黄灌区小麦套种玉米立体种植技术，经过80年代的示范，90年代初的优化配套，栽培技术日益完善，种植面积不断扩大，单产、总产不断提高，面积从1981年的0.992万 hm^2 扩大到1995年的8.2万 hm^2，增长7.27倍，总产由6.84万t增长到87.82万t，占宁夏引黄灌区粮食总产的53.8%，占宁夏粮食总产的43.3%，到2002年面积稳定在8.2万 hm^2，为宁夏实现粮食自给有余立下了汗马功劳。在小麦套种玉米立体种植技术的带动下，随着人口的增长、工业的发展，特别是制糖业的兴起，粮经、粮菜等争地矛盾日益突出，宁夏开始试验、示范推广小麦/甜菜、小麦/蔬菜、胡麻/甜菜、瓜/菜等粮糖、粮菜、油糖、瓜菜等立体复合种植，面积达0.786万 hm^2。宁夏旱作农业区位于黄土高原西北部，总土地面积4.85万 km^2，占宁夏总面积的73%，有耕地80万 hm^2，约占宁夏耕地面积的65%。旱作农业区存在的问题是旱灾发生频繁，其中春旱发生概率高，秋旱发生概率相对较低，干旱使作物长期处于低产状态。旱作农业区种植一季作物光热资源有余，种植两季作物则光热资源不足。建成的扬黄、库井灌区水资源有限而宝贵，但也为发展立体复合种植创造了条件。为了减轻干旱威胁，达到旱年减灾稳产保收、丰水年高产高效的目的，20世纪80年代初开始依据旱作农业区的气候特点及干旱发生规律，运用光能利用、物质循环转化、生物互补、气候生态学、生态位、耗散结构原理，采用最新修订的立体复合种植作物组合积温、需水量界限求算公式，广泛参阅国内试验确定的参数，对旱作农业区发展作物立体复合种植的热量、水分等气候条件和社会经济条件进行可行性分析，经过10年的研究证实，按照气候可能性选择构建适宜的立体复合种植模式不仅理论上可行，而且实际上

可行，并建立了6类20多种立体复合种植模式。

第三阶段为提高阶段，时间为20世纪90年代中期至今。这一阶段立体农业发展的特点如下。

（1）随着农业结构的调整、畜牧业的发展，宁夏引黄灌区立体种植模式由麦套玉米粮粮型传统模式向农牧结合、粮经饲三元结合种植模式转变。宁夏引黄灌区是宁夏农业的精华之地，它既要保障全区粮食生产的平衡，又要保障畜牧业大发展和禁牧带对饲料、饲草的需求，还要增加农民收入。种植业结构调整及立体种植模式既不能过分压缩传统的春小麦套种玉米的粮粮套种模式，以满足全区粮食需要，同时还要增加饲料作物的生产量。宁夏的农业技术推广工作者从提高土地利用率和自然资源利用率、改革传统的立体种植模式和新种植模式入手，把饲用甜菜、饲用玉米纳入立体种植中，把传统的麦带宽120~150 cm，玉米带宽90~100 cm，在小麦、玉米两侧各种大豆或在小麦行中种植3~5行苏子的种植方式，改为麦带宽240~260 cm，种植20行小麦，玉米带宽90~100 cm，种植3行玉米，或玉米带宽120 cm，种植4行玉米，小麦收后种植青贮玉米。截至2002年底，农牧结合立体种植模式推广面积达2万多hm^2，既稳定了粮食生产，又解决了畜牧业对饲料、饲草的需求，促进了农区畜牧业的发展。

（2）宁夏旱作农业区立体种植模式向避灾高效立体种植模式转变。宁夏旱作农业区旱灾频繁，生态环境脆弱，经济水平较低，为了寻求生存与发展，农业技术推广工作者在以往立体种植研究示范的基础上不断探索，针对平均气温逐年升高（20世纪90年代固原市为6.8℃，较历年平均高0.5℃，比70年代高1℃，比80年代高0.4℃），≥0℃的积温、≥10℃的积温增加，干旱加剧，特别是4—6月严重缺雨，而7—9月降雨相对较多的气候资源特点，以高产增效为核心，以避灾、耐旱互补、稳产保收为目标，提出了优势作物和地膜覆盖相结合、夏秋互补、粮经互补、时空上充分利用自然资源的高效立体种植模式，即以抗旱稳产特色作物马铃薯为主体的马铃薯间种蚕豆、马铃薯套种豌豆、马铃薯套种小麦模式；以地膜玉米为纽带的玉米套种马铃薯、玉米套种白芸豆、玉米套种大豆、玉米套种冬油菜、玉米套种南瓜等模式。

（3）适应生态建设需要，林农、林牧复合立体种植面积逐年扩大，既加快了宁夏退耕还林还草的步伐，改善了生态环境，又保证了退耕还林还草的成果能稳得住、不反弹。主要模式为林药间作、林草间作（面积达5.32万hm^2）以及林下养鸡等。同时以小流域治理为主的国土资源立体开发也蓬勃发展。

（4）以人为本的设施立体农业的科技水平提高。全区已建三位、四位一体日光温室28 000座。“四位一体”即种、养、沼气池、厕所为一体。“三位一体”即种、养、沼气池为一体。在日光温室内将沼气池、猪舍（或鸡舍）和农户的厕所有机结合，形成利用太阳能、沼气及其发酵后的残余物与种植、养殖相互依存的整体，这种立体农业模式既可解决沼气池的安全越冬问题，使之常年产气，供农户生活之用，又可在冬季促进猪的生长发育，缩短育肥出栏周期，节约饲料，提高养殖的产出效益，同时还能使日光温室的作物常年生产，沼气发酵后的残余物可作为猪饲料，也可为作物提供充分的二氧化碳气肥和有机肥，降低养殖成本，提高农作物的产量和品质，提高农民的经济收入，同时为农民提供清洁的能源，改善其居住环境。

第三节　宁夏旱作农业区立体农业的类型及效益

一、宁夏旱作农业区立体农业的类型

（一）抗旱避灾型立体复合种植

宁夏旱作农业区耕地以旱地为主，占耕地面积的86.4%，存在的突出问题是自然灾害频繁发生，尤以

旱灾发生概率最高，达64%，其中春旱发生概率为68%，夏旱发生概率为73%，秋旱发生概率为32%。该地区的气候特点是：日照充足，光能资源丰富，光能利用潜力大，7—9月雨热基本同期，气温偏低，热量不足，但能保证喜凉和喜温作物的正常发育。一年种植一季作物光热资源有余，种植两季又嫌不足。应依其气候特点和作物习性，科学运用时空差把夏作物与秋作物、高产作物与耐旱作物、高秆作物与矮秆作物、耗地作物与养地作物、喜光作物与耐阴作物、深根作物与浅根作物、粮与油、粮与菜、菜与瓜，通过立体复合种植，使充沛的光热、多样的作物、瘠薄的土地、有限的水分得以充分利用，适应以旱为主的复杂气候条件，以期夏秋互补、扬长避短、趋利避害，充分利用光、热、水、土资源，增加作物收获的保险系数，实现旱年减灾稳产保收、丰水年高产增收。

1. 粮粮复合型

在宁夏旱作农业区利用马铃薯矮秆、耐阴、喜凉、耐旱、抗灾、高产的特性，以其为纽带，与小麦、玉米、蚕豆等高秆、喜光、养地作物及矮秆养地作物豌豆构建了小麦/马铃薯、豌豆/马铃薯、玉米//马铃薯（玉米地膜覆盖）、马铃薯//蚕豆（“/”表示套种，“//”表示间种，下同）4种间套种模式。其中，马铃薯//蚕豆、小麦/马铃薯、玉米//马铃薯在气候阴湿冷凉、土壤有机质富足、适合马铃薯生长的半湿润偏旱区与半干旱区交界地带种植最适宜。豌豆/马铃薯是一种利用豌豆株高适中、根瘤固氮、落叶归田、生育期短、喜磷等特性和马铃薯喜凉耐旱、生育期长、喜钾等特性，共生互补，用地与养地结合，适应干旱、瘠薄条件下种植的双保险复合栽培技术，适合在半干旱区和半干旱偏旱区推行。

2. 粮油复合型

以胡麻、向日葵两大油料作物为主体，以缓解粮油争地矛盾、实现两作高产为目的，构建的胡麻/马铃薯模式，宜在半湿润偏旱区推行，向日葵/马铃薯、玉米/大豆（全膜双垄覆盖栽培条件下）宜在半干旱区推行。

3. 粮菜（经）复合型

在投入水平高的地区，以全膜双垄覆盖垄侧播种玉米为纽带，构建了玉米/茭瓜，玉米/南瓜模式。

（二）农林复合立体种植

1. 林果粮（油）复合型结构

指有目的地把林木与农作物进行空间上的组合，将乔木与果树及农作物间作，形成多层次结构。

2. 果粮（油）复合型结构

果粮（油）间作，可保证20%~80%的粮（油）产量，而单位面积上纯效益得到大幅度提高，资源利用率也得到提高。

3. 林草复合型结构

在退耕还林的土地上，把林与草进行空间上的组合，既可减少土壤水分蒸发，提高植被覆盖率，又可增加经济收入。

（三）农、牧、能源一体化立体农业模式

1. “四位一体”农、牧、能源一体化立体农业模式

“四位一体”农、牧、能源一体化立体农业模式是一种以农户田园和庭院为基础，以太阳能为动力，以沼气建设为纽带，把沼气技术、种植技术和养殖技术有机结合起来，形成沼气池、畜舍、厕所、蔬菜日光温室“四位一体”，能流、物流良性循环，太阳能、生物质能高效利用，综合效益明显的立体农业模式。

2. “三位一体”农、牧、能源一体化立体农业模式

“三位一体”农、牧、能源一体化立体农业模式有两种，一种是种植、养殖、沼气能源为一体，在日光温

棚内建沼气池，在沼气池上建猪舍或羊舍；一种是在沼气池上建太阳能畜舍，紧靠沼气池建卫生厕所。

3. 牧（养殖）—沼—果模式

该模式以一户为基本单位，利用庭院房前屋后和果园建成牧、果、能源结合型模式，在平面布局上要求在庭院内建 4 间猪舍共 70 m^2，在猪舍下建一口 8 m^3 的沼气池，在庭院内或房前屋后种植 60~120 m^2 的果树，在果树进入花期、果实膨大期喷施沼液。

4. "六个一"立体农业模式

"六个一"立体农业模式是以农户为基本单元，以农村庭院为依托，以沼气池为纽带，以水窖或土园井为条件，以太阳能为动力，以种植和养殖为重点，以增加农民收入为目的，以改善农村生活环境和保护生态平衡为目标，围绕农户居住的院落修建一口沼气池，在沼气池上建一个养殖圈，在院内或房前屋后空地打一眼水窖，建一座日光温室、一个果园、一个"三贮一化"饲料池，形成生物种群间相互共生、食物链结构健全的农、牧、能源一体化的立体农业模式。

（四）庭院立体农业模式

1. 庭院种植型

主栽果树、瓜菜，利用空间进行立体种植，兼养 10~30 只良种鸡、1~3 头育肥猪，四旁种杨柳树。按主栽树种不同又分两种。

（1）杏果庭院种植型：房前屋后主栽杏树，搭配少量梨树等。

（2）经果庭院种植型：房前种核桃树，房后种杏树。

布局：院内外种深根性果树，并间作浅根性瓜菜或经济作物。

2. 庭院养殖型

以养殖为主，进行适度规模饲养，即养 100~300 只良种鸡、2~4 头猪。院内建鸡舍实行笼养，或院外建棚实行笼养、散养相结合。此外，在院外建猪舍，其余空地主栽红梅杏及少量梨等，同时间作各类瓜菜。

3. 庭院种养并重型

院内主栽杏树，养 30~100 只良种鸡及少量兔子、中蜂或鸽子。院外主栽梨树，并建羊舍、猪圈，养 5~10 只羊、2~3 头猪，同时繁育羔羊及仔猪。利用空地建小拱棚或大棚种菜。

（五）黄土丘陵区国土资源开发立体农业模式

宁夏旱作农业区黄土丘陵区梁峁起伏，沟壑纵横，植被较少，水土流失与干旱并存。针对此类状况，采取"三田四坝两结合"的模式发展农业。"三田"即自上而下修建水平梯田、缓坡梯田、反坡梯田；"四坝"即涝池、支毛沟的谷坊、壕掌地的淤地坝、主沟道的骨干拦洪坝；"两结合"即工程与生物措施相结合，治理与生产相结合。按照"山峁种草，坡面灌木，梯田农作物，乔木进沟道"的生物立体配置利用原则，使农林牧用地比例为 24%、20%、56%，即 1:1:3 结构，控制水土流失，以农促牧、促林，使农林牧综合发展。

（六）林牧结合、林药间作立体农业模式

1. 林牧结合（即林下养殖型）立体农业

利用林地，养殖生态鸡。

2. 林药间作立体农业

利用退耕还林土地，依据树种的高矮、树冠的大小及特性搭配适宜的药材品种，合理安排株行距，改善通风透光条件，减少植株间争水、争光等矛盾，创造树木与药材适宜的生长环境，从而解决粮药、林药争地的矛盾，发展退耕还林还草后续产业，改善生存环境，增加农民收入。

二、宁夏旱作农业区立体农业的效益

宁夏旱作农业区已形成规范的六大立体农业类型，经多年试验示范、推广，证实经济、社会、生态效益十分显著。

(一)宁夏旱作农业区抗旱避灾型立体复合种植效益

经多年研究、示范证实，宁夏旱作农业区以抗旱优势作物马铃薯、玉米为纽带的立体复合种植模式能起到趋利避害的作用，融经济、生态、社会效益于一体。

1. 生态效益

据研究分析，光能利用率 8 种立体复合种植模式平均为 0.739 7%，比 6 种单一种植系统平均高 0.105 个百分点，提高 16.5%。积温生产率 8 种立体复合种植模式平均比 6 种单一种植系统平均提高 17.1%。降水生产率，8 种立体复合种植模式平均为 33.1 kg/(mm·hm^2)，比 6 种单一种植系统平均提高 13.36%；马铃薯//蚕豆最高，玉米//马铃薯次之。不同作物立体复合种植模式的能量产投比差异亦较大，但都高于单一种植系统，在 8 种立体复合种植模式中马铃薯//蚕豆最高，胡麻/马铃薯次之。在假定茎、叶全部归还农田的条件下，干物质归还量除胡麻/马铃薯，其他 7 种立体复合种植模式较相应两种作物单一种植系统增加的平均值为 1 922.24 kg/hm^2，增幅最大的是豌豆/玉米，比两种作物单一种植平均增加 3 290.79 kg/hm^2。

从表 2-7-1 可知，由光能利用率、积温生产率、降水生产率、能量产投比和干物质理论归还量5 项指标组成的生态效益期望值，除胡麻/马铃薯外，其他立体复合种植模式普遍大于相应作物的单一种植系统。其生态效益的期望值排序为：胡麻/玉米>小麦/玉米>玉米//马铃薯>豌豆/玉米>马铃薯//蚕豆>小麦/马铃薯>胡麻/马铃薯>豌豆/马铃薯。

表 2-7-1 宁夏雨养农业区作物立体复合种植与单一种植生态效益试验值(K)与期望值(E)(1994 年)

种植模式或系统	光能利用率		积温生产率		降水生产率		能量产投比		干物质理论归还量		生态效益 E_2
	K_{21} /%	E_{21}	K_{22} /(10^7 kJ·100℃·hm^{-2})	E_{22}	K_{23} /(kg·mm^{-1}·hm^{-2})	E_{23}	K_{24}	E_{24}	K_{25} /(kg·hm^{-2})	E_{25}	
豌豆/马铃薯	0.595 1	0.03	0.731 1	0.008	25.53	2.58	3.88	0.042	5 380.79	134.21	139.87
小麦/马铃薯	0.714 8	0.04	0.893 4	0.010	30.41	3.07	3.96	0.043	799.099	203.77	203.93
胡麻/马铃薯	0.630 8	0.03	0.767 4	0.008	28.68	2.90	4.25	0.046	6 183.83	157.69	160.67
豌豆/玉米	0.764 6	0.04	0.945 6	0.010	33.40	3.37	3.01	0.033	10 190.63	259.86	263.31
小麦/玉米	0.464 2	0.04	0.961 9	0.010	33.21	3.55	2.75	0.030	11 198.12	285.55	288.98
胡麻/玉米	0.740 0	0.04	0.906 1	0.010	33.52	3.39	2.82	0.031	12 124.23	309.17	321.64
马铃薯//蚕豆	1.003 1	0.05	1.166 9	0.013	40.44	4.08	5.49	0.060	8 263.17	210.71	214.90
玉米//马铃薯	1.004 6	0.05	1.163 9	0.013	39.63	4.00	3.03	0.033	10 462.25	266.79	270.89
豌豆	0.341 6	0.02	0.511 9	0.006	23.09	2.33	1.68	0.018	2 749.15	70.10	72.47
小麦	0.600 6	0.03	0.876 0	0.010	33.90	3.42	2.46	0.027	7 159.12	182.56	186.05
胡麻	0.355 0	0.02	0.472 2	0.005	23.52	2.38	2.23	0.024	7 266.38	185.29	187.72
马铃薯	0.941 9	0.05	1.086 7	0.012	24.02	2.43	2.81	0.031	6 387.01	162.87	165.39
玉米	0.971 2	0.05	1.131 2	0.012	38.79	3.92	2.76	0.030	11 050.53	281.79	285.80
蚕豆	0.597 6	0.03	0.748 3	0.008	31.87	3.22	3.26	0.036	7 476.00	190.64	193.93

2. 经济效益

从表 2-7-2 可知，8 种立体复合种植模式中，经济总产值以豌豆/玉米最高，达 4 906.2 元/hm^2，其次是马铃薯//蚕豆、胡麻/玉米和小麦/玉米，分别为 4 833.45 元/hm^2、4 795.95 元/hm^2 元和 4 698.3 元/hm^2，小麦/马铃薯、胡麻/马铃薯、玉米//马铃薯相近，为 4 365.3~4 450.95 元/hm^2，8 种立体复合种植平均经济总产值为 4 529.31 元/hm^2，较 6 种作物单一种植平均增加 1 018.41 元/hm^2，增幅 29.01%。从经济纯收入看，8 种立体复合种植模式平均较 6 种作物单一种植系统增加 898.73 元/hm^2，增幅 40.54%。诸模式立体复合种植较相应两种作物单一种植，经济纯收入增加幅度以豌豆/玉米最高，增加 1 470 元/hm^2，增幅 77.76%，8 种立体复合种植模式中经济纯收入以马铃薯//蚕豆居首，为 3 605.85 元/hm^2；豌豆/玉米、胡麻/马铃薯、胡麻/玉米、小麦/马铃薯居中，均达 3 000 元/hm^2 以上；产值成本率胡麻/马铃薯最高，其他依次为马铃薯//蚕豆、豌豆/马铃薯、小麦/马铃薯、豌豆/玉米、胡麻/玉米、小麦/玉米、玉米//马铃薯。8 种立体复合种植模式中劳动盈利率的排序为：马铃薯//蚕豆、胡麻/马铃薯、小麦/马铃薯、豌豆/马铃薯、豌豆/玉米、胡麻/玉米、小麦/玉米、玉米//马铃薯。

表 2-7-2　宁夏雨养农业区作物立体复合种植与单一种植经济效益试验值(K)与期望值(E)(1994 年)

种植模式或系统	经济总产值		经济纯收入		成本产值率		劳动盈利率		经济效益
	K_{11}/(元·hm^{-2})	E_{11}	K_{12}/(元·hm^{-2})	E_{12}	K_{13}/(元·元$^{-1}$)	K_{13}	K_{14}/(元·工日$^{-1}$)	E_{14}	E_1
豌豆/马铃薯	3 793.95	277.34	2 752.50	921.26	3.64	0.12	13.11	2.07	1 200.79
小麦/马铃薯	4 365.30	319.10	3 162.75	1 058.57	3.63	0.12	13.18	2.08	1 379.87
胡麻/马铃薯	4 390.35	320.93	3 292.80	1 102.10	4.00	0.14	15.68	2.48	1 425.65
豌豆/玉米	4 906.20	358.64	3 360.55	1 124.78	3.14	0.11	12.45	1.97	1 485.50
小麦/玉米	4 698.30	343.45	2 955.08	989.07	2.70	0.09	9.38	1.48	1 334.09
胡麻/玉米	4 795.95	350.58	3 166.50	1 059.83	2.94	0.10	11.11	1.76	1 412.27
马铃薯//蚕豆	4 833.45	353.33	3 605.85	1 206.88	3.94	0.13	16.03	2.53	1 562.27
玉米//马铃薯	4 450.95	325.36	2 627.55	879.44	2.44	0.08	7.96	1.26	1 206.14
豌豆	2 542.80	185.88	1 456.35	487.44	2.34	0.08	10.79	1.70	675.10
小麦	3 148.35	230.14	1 993.70	667.29	2.73	0.09	12.08	1.91	899.43
胡麻	3 610.35	263.92	2 519.80	843.38	3.31	0.11	15.27	2.14	1 109.82
马铃薯	3 711.45	271.31	2 490.05	833.42	3.04	0.10	9.22	1.46	1 106.29
玉米	4 371.75	319.57	2 324.75	784.45	2.16	0.07	6.51	1.03	1 105.12
蚕豆	3 680.70	269.06	2 515.65	841.99	3.24	0.11	12.90	2.04	1 113.20

比较上述 4 项指标构成的经济效益期望值，作物立体复合种植明显高于单一种植，诸立体复合种植模式较相应两种作物单一种植系统平均提高的幅度介于 9.08%~66.78%，平均为 34.81%，说明立体复合种植大大提高了农田的经济效益。8 种立体复合种植模式的经济效益期望值排序为：马铃薯//蚕豆>豌豆/玉米>胡麻/马铃薯>胡麻/玉米>小麦/马铃薯>小麦/玉米>玉米//马铃薯>豌豆/马铃薯。

3. 社会效益

从表 2–7–3 可知，作物立体复合种植能量产出多，规模大。8 种立体复合种植模式平均生物能产出为 24.599 3×10^7 kJ/hm^2，经济产品能产出为 11.982 2×10^7 kJ/hm^2，分别为 6 种作物单一种植系统平均高 1.47 倍和 1.65 倍。8 种立体复合种植模式相互比较，生物能和经济产品能的产出均以马铃薯//蚕豆为首，玉米//马铃薯次之。为社会提供的可食性蛋白和可食性碳水化合物，8 种立体复合种植模式平均为 659.98 kg/hm^2 和 4 423.33 kg/hm^2，分别比 6 种作物单一种植系统平均提高 19.71%和 62.12%。8 种立体复合种植模式中，可食性蛋白产出处于前 3 位的依次是马铃薯//蚕豆、豌豆/玉米、小麦/马铃薯；可食性碳水化合物产出处于前 3 位的则是马铃薯//蚕豆、玉米//马铃薯、小麦/马铃薯。

由对社会效益期望值比较和分析可知，作物单一种植系统社会效益期望值较低，6 种作物平均为 85.21，改作物单一种植为立体复合种植后，社会效益期望值显著提高，诸模式较相应两种作物单一种植系统平均提高的范畴介于 4.66%~60.92%，平均为 23.19%。8 种立体复合种植模式的社会效益期望值排序为：马铃薯//蚕豆>玉米//马铃薯>小麦/马铃薯>豌豆/马铃薯>豌豆/玉米>小麦/玉米>胡麻/马铃薯>胡麻/玉米。

根据经济效益期望值、生态效益期望值、社会效益期望值，按照综合效益期望值（表 2–7–3）的大小，得出 8 种立体复合种植模式综合效益均高于单一种植系统，顺序为马铃薯//蚕豆>豌豆/玉米>胡麻/玉米>小麦/玉米>小麦/马铃薯>玉米//马铃薯>胡麻/马铃薯>豌豆/马铃薯。

依据综合效益评价和示范、生产实践，目前宁夏旱作农业区以马铃薯为纽带的立体复合种植模式，综

表 2–7–3　宁夏雨养农业区作物立体复合种植与单一种植社会效益试验值（K）与期望值（E）（1994 年）

种植模式或系统	生物能产出		经济产品能产出		粗蛋白质产出		可食性蛋白产出		可食性碳水化合物产出		土地等价值		社会效益	综合效益
	K_{31}/(10^7 kJ·hm^{-2})	K_{31}	K_{32}/(10^7kJ·hm^{-2})	K_{32}	K_{33}/(kg·hm^{-2})	K_{33}	K_{34}/(kg·hm^{-2})	K_{34}	K_{35}/(kg·hm^{-2})	K_{35}	K_{36}/(kg·hm^{-2})	E_{36}	E_3	E
豌豆/马铃薯	19.518 8	0.93	11.184 6	1.01	1 284.79	14.00	655.94	14.82	3 999.90	90.40	1.207	0.007	121.17	1 461.84
小麦/马铃薯	24.342 6	1.16	12.796 6	1.16	1 159.09	12.63	676.20	15.21	4 835.85	190.29	1.310	0.008	139.46	1 726.28
胡麻/马铃薯	20.349 5	0.97	10.555 6	0.96	1 165.78	12.71	590.07	13.34	3 408.45	77.03	1.187	0.007	105.02	1 619.32
豌豆/玉米	24.423 0	1.16	10.280 0	0.93	1 265.46	13.79	677.30	15.31	3 974.25	89.82	1.412	0.008	121.02	1 869.83
小麦/玉米	25.373 0	1.21	10.320 8	0.93	913.47	9.96	601.93	13.60	4 173.00	94.31	1.324	0.008	120.02	1 743.09
胡麻/玉米	23.239 4	1.11	8.379 1	0.76	939.45	10.24	509.32	11.51	2 932.80	66.28	1.167	0.007	89.91	1 814.80
马铃薯//蚕豆	30.021 9	1.43	18.234 7	1.65	1 848.42	20.15	982.20	22.20	6 507.45	147.07	1.319	0.008	192.91	1 970.29
玉米//马铃薯	29.525 8	1.41	14.105 9	1.28	1 142.53	12.45	586.86	13.26	5 554.95	125.54	1.067	0.006	153.95	1 630.98
豌豆	7.051 5	0.34	3.664 7	0.33	704.26	7.68	459.27	10.38	1 194.45	26.99	1.000	0.006	45.73	793.30
小麦	14.368 5	0.68	5.684 4	0.51	576.22	6.28	428.07	9.67	2 261.70	51.11	1.000	0.006	68.26	1 153.76
胡麻	9.142 6	0.44	2.987 8	0.27	622.25	6.78	374.44	8.46	403.05	9.11	1.000	0.006	25.07	1 322.60
马铃薯	27.345 0	1.30	13.453 1	1.49	943.46	10.28	523.49	11.83	6 031.50	136.31	1.000	0.006	161.22	1 432.90
玉米	27.711 4	1.32	11.824 0	1.07	873.64	9.52	505.02	11.41	4 850.85	109.63	1.000	0.006	132.96	1 523.89
蚕豆	14.600 9	0.70	5.916 8	0.54	1 556.80	16.97	1 017.51	23.00	1 629.30	36.82	1.000	0.006	78.04	1 385.15

合效益以马铃薯//蚕豆最优，其次为小麦/马铃薯和豌豆/马铃薯；以玉米为纽带的立体复合种植模式，综合效益以豌豆/玉米最优，其次为胡麻/玉米。马铃薯//蚕豆综合效益最好，是因为马铃薯是耐旱高产作物，蚕豆是高产养地作物，两种作物间种在雨养农业区，特别是在半湿润偏旱区推行，具有广阔的前景。豌豆套种马铃薯，在丰水年可发挥豌豆的增产优势，耐旱的马铃薯也增产，可实现双丰收；在干旱年豌豆受灾减产，但耐旱的马铃薯仍有相当高的产量，增加了收获的保险系数。

（二）宁夏旱作农业区农林复合立体种植效益

1. 生态效益

（1）对风速的调节：农林复合生态系统中，5 月初新疆杨、果树展叶不茂，降低风速的作用较小，到 6 月中旬至 10 月中旬，降低风速的作用增加到 8.14%~20.6%。降低风速的效应和风力大小有关，风力越大，效应越明显。

（2）对相对湿度的调节：此系统中农田有乔木和果树、农作物覆盖，空气相对湿度比宽旷农田高，相对湿度在干旱季节比对照提高 9.6%。

（3）对土壤温度的调节：此系统 5 月中旬前，树冠叶量小，耕作层地温与对照相差无几；5—7 月叶量增加，遮阴程度增大，土壤温度降低，平均比对照降低 1.08~2.33℃。

（4）对土壤含水量及养分含量的调节：据测定，0~30 cm 耕作层内土壤含水量比对照增加 18.64%。由于林、果木吸收深层土壤养分，落叶归田，农田实行复合种植，生物还田量增加，土壤有机质、碱解氮、速效钾、全磷分别比对照高 31.01%、4.9%、25.75%、8.26%。

2. 经济效益

（1）乔木的经济效益：1995 年调查，地埂上种植的新疆杨五年生单株材积 0.02 m^3，15.6 hm^2 有树 4 176 株，合 83.52 m^3，按每立方米 650 元计价，共 54 288 元，平均每公顷 3 480 元，则每 666.7 m^2 的产值为 232 元，每年的产值为46.4 元。

（2）果树的经济效益：试验区果树为林农复合生态系统中第二层结构，每株苹果可产果 27 kg，按每千克 4 元计算，平均每 666.7 m^2 苹果收入 2 160 元。

（3）农作物和经济作物的经济效益：农林复合生态系统中，农作物和经济作物是第三层结构。按当年粮食、蔬菜价格计算，复合农田总体产值平均较对照每 666.7 m^2 增收 148.46~177.01 元（1993—1994 年），增幅 28.93%~38.84%。

（4）林药（草）立体种植的经济效益：林药立体种植，以种大黄为例，2~3 年后摘收，每 666.7 m^2 产干药 600 kg，收入达 1 200 元。林草立体种植，以种紫花苜蓿为例，2 年后每 666.7 m^2 产鲜草 1 800 kg。

（三）农、牧、能源一体化立体农业效益

1. 生态效益

发展农、牧、能源一体化立体农业，体现了“生态优先、草畜主导、特色种植、产业开发”的发展思路，可使养殖业、种植业、生态、新农村建设有机结合，培育有特色的草畜产业，更好地发展畜牧业和高效种植业。利用沼气池将院中的厕所、畜舍有机结合起来，使畜舍、厕所的粪便流入沼池进行发酵处理，可将粪便中的大部分寄生虫杀死，减少蚊蝇滋生和疫病传染，据资料显示，仅苍蝇密度就减少了 93%。同时用沼气代替煤炭，消除了燃煤产生的大量烟尘和煤渣，减少了垃圾的处理和对环境造成的污染。据有关资料介绍，运用沼气做燃料与使用煤炭做燃料相比较，室内一氧化碳、飘尘、二氧化碳、硫化氢浓度显著降低。农民家有一个“四位一体”或“三位一体”的温棚，其中沼气池 8~10 m^3，全年产沼气 400 m^3，可解决 3~5 口人炊事所需燃料，在节煤 2 t、节电 200 kW 时，可节约燃料费 400 元。一个 8 m^3 的沼气池，年所产沼气的能量相当于 0.2 hm^2 薪炭林一年的产能量或 10 hm^2 干旱草地的地表生物量。建一个 8 m^3 的沼气池相当于新建 0.2 hm^2 薪炭林，可解决山区能源紧缺问题，减少林木过樵、草原破坏，保护植被，减少水土流失，恢复和重建生态环境。

2. 经济效益

据宁夏农村能源部门测算（2008 年），"三位一体"模式建沼气池、畜（猪）舍及厕所需投入 2 500 元，加建一个 333.35 m^2 的日光温室费用为 0.8 万元。其中容积为 8 m^3 的沼气池，常温下池容产气 0.15~0.2 m^3，可满足农户 9 个月的需求。沼气的收益按全年用煤所消耗能源费用的 9/12 计算，即 9 个月为 371.25 元，沼渣、沼液可用作绿色蔬菜的农药和有机肥料，年节约化肥及农药 350~600 元，按 350 元算，沼气池的年收益达 721.25 元。温室内养猪生长速度快，用沼液做添加剂养的猪增重快，猪舍可存养 5~6 头生猪（取 5 头），年出栏 2.5 批，约 13 头，饲养 1 头猪可获得净收益 110~120 元（取110 元），养生猪年收益为 1 430 元。日光温室可种植反季节蔬菜，而且利用太阳能及沼液、沼渣种植的蔬菜是完全绿色蔬菜，其价格比普通蔬菜高，并且沼气的燃烧和猪的呼吸会提高温室中的二氧化碳浓度，可使农作物的产量比大田提高 15%，提高复种指数。一般一个 333.35 m^2 的日光温室年纯收入在 4 000 元。"四位一体"模式中日光温室蔬菜的增产效果比一般温室好，按 5%计算为200 元，"四位一体"模式年纯收入则为 6 306.25 元，以宁夏旱作农业区 2005 年农民人均收入 1 687 元计算，相当于 3.74 人的收入，以一家 4 口人计算，仅此一项人均收入可达 1 576.6 元。"三位一体"模式沼气、沼渣、沼液的收入加上养猪年收入可达 2 151.25 元，如加上庭院菜园、果园比普通菜园、果园收入多 50 元，则可达 2 201.25 元。

3. 社会效益

农、牧、能源一体化立体农业可延长食物链，实现能源循环利用。人畜粪便、作物秸秆通过沼气池发酵产生沼气，供人用作炊事能源，产生的沼液、沼渣作为肥料和饲料添加剂，供温棚蔬菜、养殖之用，从而使动物、植物，养殖、种植有机结合起来，形成"养殖→沼气→种植"之良性循环体系，解决资源危机，同时改变脏、乱、差的生活环境。

（四）庭院立体农业的效益

庭院立体农业模式以庭院为基础，把立体种植、立体养殖、沼气生产、果园种植、贮藏加工、庭院美化有机结合起来，实现资源配置优势互补、循环利用功能总体提升。据 2006 年张学琪、李龙成对宁夏隆德县神林乡阎庄村农户杨林庭院立体农业效益调查，75 m^2 的太阳能牛棚年存栏 5 头牛，采用快速养牛出栏法、降本节支增效法、三贮一化池氨化饲料喂养法等科学饲养方法，年出栏 2 次，共销售2 头牛，纯收入 4 400 元；粪便为沼气池提供发酵原料；沼气池正常运行，年节约生活用能开支 760 元；年生产沼液、沼渣 3 600 kg，为日光温室、果园提供肥料，节约化肥、农药开支 240 元；日光温室正常利用，年蔬菜收入 2 500 元；太阳灶烧水年节约用电开支 150 元；院内有小土园井 1 眼（30 m^3），安有供水管道，可饮牛、浇灌蔬菜及果林，节约买水开支 200 元；果木园年收入 500 元。各项共计增收节支 8 750 元，实现了庭院清洁化、产品无害化和生活小康化。

（五）黄土丘陵区国土资源开发立体农业的效益

宁夏旱作农业区自 1982 年起进行国土资源综合治理开发，取得显著的生态、经济、社会效益。西吉县马建乡黄家二岔原是一个梁峁起伏、沟壑纵横、水土流失严重、年侵蚀模数达 7 357 t/km^2、人均占有粮食 240 kg、人均纯收入只有 152 元的贫困村。从 1982 年起进行了 8 年的小流域综合治理，有效地控制了水土流失，年流失总量比1982年减少95%，草、灌木、粮油、林呈梯度配置，农、林、牧结构趋于合理。1990年粮食总产达到35.16万kg，比1982年增加2.32倍，人均占有粮食达到645.1 kg。家畜、家禽存栏数由1982年的458头（只）增加到4 733头（只）。1990年农、林、牧净产值达到28.6万元，比1982年增加7.7倍；人均纯收入比1982年提高3.87倍。

第四节　宁夏旱作农业区主要立体复合种植模式及其配套技术

一、豌豆与马铃薯立体复合种植技术

（一）豌豆与马铃薯立体复合种植的效益

1. 生态效益

（1）充分利用生长季节，提高光、热、水资源利用率。变豌豆、马铃薯单种为套种，实现了作物熟制的改变（变一熟制为二熟制），从而使当地丰足的光照资源和有限的水、热资源得到充分利用。经统计，豌豆套种马铃薯比单种豌豆全生育期延长64 d，≥10℃积温、日照、降水消耗量分别增加1 043.4℃、400.7 h和188.8 mm；对相应气候资源全年总量的利用率依次提高33.5个百分点、15.92个百分点和39.48个百分点（表2-7-4）。

表2-7-4　豌豆套种马铃薯与豌豆单种生育期及气候资源利用比较

种植方式	播种—收获期	全生育期/d	气候资源利用					
			≥10℃积温		日照		降水	
			消耗量/℃	占全年总量的比例/%	消耗量/h	占全年总量的比例/%	消耗量/mm	占全年总量的比例/%
豌豆/马铃薯	4月15日至9月30日	169	2 546.2	100.0	1 225.0	48.65	406.0	84.90
豌豆单种	4月15日至7月28日	105	1 502.8	66.5	824.3	32.73	217.2	45.42

（2）改善作物田间结构，有利于发挥边行优势的增产效应。豌豆与马铃薯套种后，豌豆5月下旬进入生长旺期，因有预留薯带，豌豆群体内温度、湿度适宜，通风透光条件优越，CO_2供给水平较高，有利于充分发挥边行优势的增产效应。据测定及调查（表2-7-5、表2-7-6），套种豌豆边行与单作内行相比，距地面30 cm处温度升高1.4℃，湿度降低1.4个百分点，透光率增加8.4个百分点，风速加大0.13 m/s，CO_2浓度提高109.4 mg/m^3。植株分枝数增加0.3个，单株结荚数增加3.2个，单荚粒数增加1.9粒，百粒重增加4.5 g，单株籽粒产量增加2.2 g。田间小气候的改善使得马铃薯生育中后期也能较充分地发挥边行优势的增产效应，一般单株结薯数比单种多0.36个，大中薯率提高5.7个百分点，单株鲜薯产量增加28.7 g。

表2-7-5　豌豆套种与单种田间小气候比较（1992年7月2日）

种植方式	测定时间	测定部位	温度/℃	湿度/%	透光率/%	风速/（m·s^{-1}）	CO_2浓度/（mg·m^{-3}）
豌豆/马铃薯	10时	边行株间，距地面30 cm处	19.7	55.3	29.6	0.55	511.3
豌豆单种	10时	内行株间，距地面30 cm处	18.3	56.7	21.2	0.42	401.9

表 2–7–6 豌豆套种马铃薯与豌豆单种产量构成因素比较

种植方式	豌豆					马铃薯			
	分枝数/个	单株结荚数/个	单荚粒数/粒	百粒重/g	单株籽粒产量/g	单株结薯数			单株鲜薯产量/g
						总数/个	大中薯数/个	大中薯率/%	
豌豆/马铃薯	1.4	7.6	5.7	19.2	5.01	8.72	6.85	78.6	560.0
豌豆单种	1.1	4.4	3.8	14.7	2.81	8.36	6.09	72.9	531.3

(3)提高能量转化效率。豌豆套种马铃薯能量转化效率的提高，首先体现为光能利用率的提高，经计算，该套种模式光能利用率达 0.5%，比豌豆单种的 0.33%提高 51.52%；其次体现为人工辅助能投入效率的提高，以总产出能与总人工辅助能投入之比来表达的投能转化效率，豌豆套种马铃薯为 3.12:1，豌豆单种仅为 1.74:1(表 2–7–7)。

表 2–7–7 豌豆套种马铃薯与豌豆单种能量转化效率比较

种植方式	产出能/(10^6 kJ·666.7 m^{-2})			投入能/(10^6 kJ·666.7 m^{-2})			光能		投能转化效率/%
	籽粒、薯块能	秸秆能	合计	有机能	无机能	合计	辐射能/(10^6 kJ·666.7 m^{-2})	利用率/%	
豌豆/马铃薯	6.665 5	3.793 9	10.459 4	2.698 4	0.654 8	3.353 2	2 095.458 7	0.50	3.12
豌豆单种	2.752 7	2.113 1	4.865 8	2.281 0	0.517 1	2.798 1	1 466.290 6	0.33	1.74

(4)扩大养分循环通量。由表 2–7–8 可知，豌豆与马铃薯套种每产出单位 N、P_2O_5、K_2O 养分，至少投入的对应养分单位数分别为 1.15、1.79 和 0.68，表现为 N、P_2O_5 表观利用率为 86.96%和 55.87%，比单种豌豆分别高 18.06 个百分点和 26.45 个百分点。

表 2–7–8 豌豆套种马铃薯与豌豆单种田间养分平衡分析

种植方式	投入/(kg·666.7 m^{-2})			移出/(kg·666.7 m^{-2})						投入/移出			表观利用率/%	
	N	P_2O_5	K_2O	N		P_2O_5		K_2O		N	P_2O_5	K_2O	N	P_2O_5
				籽粒、块茎	茎叶	籽粒、块茎	茎叶	籽粒、块茎	茎叶					
豌豆/马铃薯	8.40	4.93	5.07	5.63	1.68	2.21	0.55	5.75	1.71	1.15	1.79	0.68	86.96	55.87
豌豆单种	5.80	5.88	3.02	2.98	1.02	1.30	0.48	1.56	1.46	1.45	3.40	1.00	68.90	29.42

(5)充分利用土壤，提高土地利用率。豌豆与马铃薯根系种类有别，二者吸收土壤水分、养分的部位、时间、种类、数量不尽一致，将二者套种，能更大限度地利用土壤养分和水分，进而提高土地利用率。经计算，反映土地利用率的土地当量比，豌豆套种马铃薯为 1.13，表明该套种模式使土地利用率提高了13%。

(6)发挥豌豆的茬口优势，实现土地的用养结合和农田的带状轮作。据报道，籽粒产量 3 000 kg/hm^2 的豌豆，根瘤固氮量为 112.5 kg/hm^2，约相当于 525 kg 的标准氮肥，且豌豆因叶、花凋落，农田归还率较高，将之纳入套种的两熟制农田生态系统中，发挥其肥田效应和茬口优势，能够有效地实现土地的用养结合和农田的短中期带状轮作。

2. 经济效益

1992 年固原开城镇冯庄村的小区试验结果(表 2–7–9)表明,豌豆套种马铃薯因集约化程度较高,物质投入量大,劳动力密集,致生产成本较高,比豌豆单种增加 138 元/hm²。即使如此,也因豌豆套种马铃薯的总产值高达 4 092.3 元/hm²,最终使反映经济效益的主要指标净产值、投资产值率、劳动生产率等依次比豌豆单种增加 1 748.7 元/hm²、1.24 元/元和 4.8 元/个。同年固原市原州区建立的52.07 hm² 生产示范田,平均主粮产量、总产值、净产值分别达 2 568 kg/hm²(豌豆 724.5 kg,马铃薯以 5:1 折合 1 843.5 kg)、2 068.95 元/hm² 和 1 027.5 元/hm²,依次比单种豌豆增加 1 438.5 kg/hm²、1 142.7 元/hm² 和888.15 元/hm²,增产(值)率达 127.36%、123.37%和 637.35%。

表 2–7–9　豌豆套种马铃薯与豌豆单种经济效益比较

种植方式	籽粒、薯块产量/(kg·hm⁻²)		茎叶产量/(kg·hm⁻²)		生产成本/(元·hm⁻²)	总产值/(元·hm⁻²)	净产值/(元·hm⁻²)	劳动力投入/个	投资产值率/(元·元⁻¹)	劳动生产率/(元·个⁻¹)
	豌豆	马铃薯	豌豆	马铃薯						
豌豆/马铃薯	1 597.5	1 237.35	1 522.5	2 361	1 321.5	4 092.3	2 770.8	240	3.10	17.05
豌豆单种	2 320.5		2 163.0		1 183.5	2 205.6	1 022.1	180	1.86	12.25

3. 社会效益

(1)豌豆套种马铃薯,使两作的丰产性和抗灾性较好地结合起来,在丰水年发挥了豌豆的增产优势,耐旱的马铃薯也高产,可实现双丰收;在干旱年份,豌豆虽受灾减产,但耐旱的马铃薯仍有相当高产量,增加了收获的保险系数。

(2)豌豆套种马铃薯以高产出的豌豆秸秆和马铃薯薯块为畜牧业的发展提供了优质的饲料,通过畜牧业的发展,不仅提高了农产品商品化率,而且为种植业的发展提供了足够的有机肥料。因此,豌豆套种马铃薯也是促进大农业生态系统良性循环的主要途径之一。

(3)在宁夏旱作农业区,豌豆既是主要的粮食作物,又是重要的经济作物,马铃薯更是粮、经、饲兼用作物,将二者套种,不仅为农民提供了生活用粮,也为增加农村经济收入开拓了一条途径。

(二)豌豆套种马铃薯的栽培技术

1. 奠定土壤基础

(1)选择茬口。以小麦、胡麻等夏作物为前茬较好,不宜与薯类和豆类作物连茬,以避免马铃薯晚疫病、豌豆根腐病等病害的土传侵染。如以该模式的套种田为茬口,应实行两作就地带状轮作。

(2)精细整地。前作收后,夏闲期深耕 1~2 次,晒垡蓄水;临近白露时浅耕耙耱,合口越冬;早春镇压打碾,保墒提墒。

(3)施足秋肥。结合冬前最后一次耕翻,每公顷基施优质农家肥 60 000~75 000 kg,条施尿素 75~150 kg、普通过磷酸钙 225~375 kg。

2. 提高播种质量

(1)确立带型。以豆为主、兼顾马铃薯,宜采用 96(7):48(1)型,即在 1.44 m 带幅内,种植 7 行豌豆、1 行马铃薯,豌豆行距 16 cm,马铃薯距豌豆 24 cm,豌豆占地 66.7%;豆薯兼顾型宜采用 96(7):88(2)型,即在1.84 m 带幅内,种植 7 行豌豆、2 行马铃薯,豌豆行距及两作间距同上,马铃薯行距 40 cm,豌豆占地52.2%;以薯为主、兼顾豌豆,则采用 96(7):128(3)型,即在 2.24 m 带幅内,种植 7 行豌豆、3 行马铃薯,两作行距、间距同上,马铃薯占地 57.1%。

(2)选用良种。豌豆要选择早熟、矮秆、直立品种,着眼于丰产、创汇性能,以北京 5 号(株高 35~45 cm,生育期95~105 d,粒色浅黄、粒型正圆)为主,搭配 99-1、北京 4 号、A404 等;当地农家白豌豆或其他高秆蔓生品种不宜选用。马铃薯应选用经脱毒的中晚熟、丰产性好、淀粉含量高、感病轻的品种,以青薯 168、青薯9 号等为主。

(3)核定密度。豌豆以 7 行构成播带种植,以北京 5 号为代表的品种播量以 180 kg/hm^2 为宜;马铃薯不论播带行数多少,保苗均为 67 500~75 000 株/hm^2,株(丛)距 35 cm。豌豆用 7 行播种机播种,马铃薯采用机械播种或人工挖穴定植,并使穴位在相邻行间呈“品”字形。

(4)确定播期。一是分期播种。3 月下旬适时早播豌豆并预留薯带,于 5 月中旬豌豆株高 10 cm 左右时在空带内栽植马铃薯。二是同期播种。据试验,在适宜的播期范围内同期播种豌豆与马铃薯的群体产量较高。分期播种,早播豌豆产量高,但决定群体产量高低的主要因素是马铃薯产量,因而同期播种较分期播种群体产量高(表 2-7-10)。

表 2-7-10　豌豆套种马铃薯播期对产量、淀粉含量的影响

播期		1994 年				1995 年				两年平均值			
豌豆	马铃薯	豌豆产量/($kg \cdot hm^2$)	马铃薯产量/($kg \cdot hm^2$)	合计/($kg \cdot hm^2$)	淀粉含量/%	豌豆产量/($kg \cdot hm^2$)	马铃薯产量/($kg \cdot hm^2$)	合计/($kg \cdot hm^2$)	淀粉含量/%	豌豆产量/($kg \cdot hm^2$)	马铃薯产量/($kg \cdot hm^2$)	合计/($kg \cdot hm^2$)	淀粉含量/%
3 月 20 日	5 月 15 日	1 500.00	3 181.50	4 681.50	16.49	1 444.50	3 264.00	4 708.50	11.25	1 472.25	3 222.75	4 695.00	13.87
3 月 27 日	5 月 8 日	1 540.50	3 411.00	4 951.50	17.36	1 476.00	4 008.00	5 484.00	12.62	1 508.25	3 709.50	5 217.75	14.99
4 月 3 日	4 月 3 日	1 474.50	3 636.00	5 110.50	19.04	1 443.00	5 004.00	6 447.00	14.97	1 458.75	4 320.00	5 778.75	17.01
4 月 10 日	4 月 10 日	1 392.00	3 780.00	5 172.00	19.21	1 401.00	5 358.00	6 759.00	15.19	1 396.50	4 569.00	5 965.50	17.20
4 月 17 日	4 月 17 日	1 261.50	3 807.00	5 068.50	19.14	1 251.00	5 302.50	6 553.50	15.07	1 256.25	4 554.75	5 811.00	17.11
4 月 24 日	4 月 24 日	1 110.00	3 757.50	4 867.50	18.69	1 056.00	5 017.50	6 073.50	14.57	1 083.00	4 387.50	5 470.50	16.63
5 月 1 日	5 月 1 日	949.50	3 625.50	4 575.00	18.11	822.00	4 555.50	5 377.50	13.77	885.75	4 090.50	4 976.25	15.94
$\overline{X}$		1 318.35	3 599.79	4 918.14	18.29	1 270.50	4 644.15	5 914.71	13.92	1 294.50	4 122.00	5 416.50	16.11
F 值		47.71	5.45	5.47	19.14	75.14	19.57	20.18	28.56	61.43	25.08	17.82	32.28
显著性		0.01	0.01	0.01	0.01	0.01	0.01	0.01	0.01	0.01	0.01	0.01	0.01

注:$F_{0.05}$=3,$F_{0.01}$=4.82。

据试验,用新复极差法多重比较分析播期与豌豆产量的关系,结果表明(表 2-7-11),3 月 27 日、3 月 20 日、4 月 3 日播种差异不显著,平均每公顷产量 1 479.75 kg,但与 4 月 10 日以后各播期均存在显著性差异。将播期与对应的豌豆产量及有关气象因子绘成图发现,随着播期的推迟,豌豆产量急剧下降,产量与日平均气温、日平均地温呈负效应,即随着播期的推迟,日平均气温、日平均地温不断增加,豌豆产量不断下降。因此,豌豆早播有利于产量的提高。3 月 27 日播种,豌豆产量最高,此时的日平均气温为5℃,日平均地温为 1.25℃,产量可达到 1 508.25 kg/km^2。

用新复极差法多重比较分析播期与马铃薯产量的关系,结果表明(表 2-7-12),4 月 3 日、4 月 10 日、4 月 17 日、4 月 24 日播种差异不显著,4 月 24 日、5 月 1 日、4 月 3 日播种差异不显著,上述播期与 5 月 8 日及 5 月 15 日播种相比差异极显著。将播期与对应的马铃薯产量及有关气象因子绘成图发现,4 月 3 日

表2–7–11　不同播期豌豆产量多重比较

播期	平均产量/(kg·hm^{-2})	差异显著性	
		$F_{0.05}$	$F_{0.01}$
3 月 27 日	1 508.25	a	A
3 月 20 日	1 472.25	a	A
4 月 3 日	1 458.75	a	AB
4 月 10 日	1 396.50	b	B
4 月 17 日	1 256.25	c	C
4 月 24 日	1 083.00	d	D
5 月 1 日	885.75	e	E

至 24 日随着播期的推迟，产量曲线变化比较平稳；4 月 10 日左右播种，马铃薯产量比较高，5 月 1 日以后播种，产量急剧下降；随着日平均气温和日平均地温的增高，马铃薯产量呈下降趋势。在其他条件适宜的情况下，马铃薯在日平均气温 8~9℃、日平均地温 6~7℃时播种产量较高。

表 2–7–12　不同播期马铃薯产量多重比较

播期	平均产量/(kg·hm^{-2})	差异显著性	
		$F_{0.05}$	$F_{0.01}$
4 月 10 日	4 569.00	a	A
4 月 17 日	4 554.75	a	A
4 月 24 日	4 387.50	ab	AB
4 月 3 日	4 320.00	ab	AB
5 月 1 日	4 090.50	b	B
5 月 8 日	3 709.50	c	B
5 月 15 日	3 222.75	d	C

用新复极差法多重比较分析播期与群体产量的关系（豌豆、马铃薯复合种植的群体产量是豌豆、马铃薯两作的合计产量），结果表明（表 2–7–13），4 月 10 日、4 月 3 日、4 月 17 日同期播种豌豆、马铃薯群体产量差异不显著，但与 4 月 24 日、5 月 1 日同期播种及豌豆 3 月 20 日、马铃薯 5 月 15 日，豌豆 3 月 27 日、马铃薯 5 月 8 日分期播种间均存在显著性差异。从播期与群体产量的效应曲线分析，早播豌豆，特别是 4 月 3 日至 4 月 17 日与马铃薯同期早播产量比分期播种高。分析原因，主要是：旱作农田同期播种仅耕翻 1 次，失墒轻；分期播种要耕翻 2 次，失墒重，不利于马铃薯的生长发育。分期播种虽然豌豆产量较高，但决定群体产量高低的主要因素是马铃薯产量，因此提高马铃薯产量是提高豌豆、马铃薯复合种植群体产量的主要途径。

用多重比较法分析播期对马铃薯淀粉含量的影响，结果表明（表 2–7–14），4 月 3 日至 4 月 24 日播种马铃薯淀粉含量差异不显著，平均为 16.99%；5 月 1 日、5 月 8 日、5 月 15 日播种马铃薯，淀粉含量逐渐降低，分别为 15.94%、14.99%和 13.87%，与 4 月 3 日至 4 月 24 日播种相比，淀粉含量分别降低了 6.18%、11.77%和 18.36%，表明早播有利于改善马铃薯品质，提高淀粉含量，增加产出。

表 2-7-13　豌豆、马铃薯立体复合种植群体产量多重比较

播期		平均产量/（kg·hm^{-2}）	差异显著性	
豌豆	马铃薯		$F_{0.05}$	$F_{0.01}$
4 月 10 日	4 月 10 日	5 956.50	a	A
4 月 17 日	4 月 17 日	5 811.00	ab	A
4 月 3 日	4 月 3 日	5 778.75	ab	A
4 月 24 日	4 月 24 日	5 470.50	bc	AB
3 月 27 日	5 月 8 日	5 217.75	cd	BC
5 月 1 日	5 月 1 日	4 975.25	de	CD
3 月 20 日	5 月 15 日	1 695.00	e	D

表 2-7-14　马铃薯淀粉含量多重比较

播期		淀粉含量/%	差异显著性	
豌豆	马铃薯		$F_{0.05}$	$F_{0.01}$
4 月 10 日	4 月 10 日	17.20	a	A
4 月 17 日	4 月 17 日	17.11	a	A
4 月 3 日	4 月 3 日	17.01	a	A
4 月 24 日	4 月 24 日	16.63	a	A
5 月 1 日	5 月 1 日	15.94	b	B
3 月 27 日	5 月 8 日	14.99	c	C
3 月 20 日	5 月 15 日	13.87	d	D

将同期播种结果与分期播种结果分类汇总，结果表明，同期播种产量可达到 5 600.4 kg/hm^2，比早播豌豆、迟播马铃薯的分期播种平均产量 4 956.45 kg/hm^2 增加 12.99%；在同期播种中，4 月 3 日至 4 月 17 日播种，平均产量可达到 5 851.8 kg/hm^2，比 4 月 24 日以后播种增产 12.03%；4 月 10 日为最适播种期，较豌豆单种播期推迟 15 d，较马铃薯单种播期提前 17 d。

对 1994 年和 1995 年 2 年豌豆和马铃薯立体复合种植不同播种方式的示范结果进行统计，结果表明（表 2-7-15），4 月 10 日左右豌豆、马铃薯同期播种，群体产量平均为 5 670.8 kg/hm^2，与 4 月 24 日左右播种豌豆、5 月 10 日左右播种马铃薯的分期播种平均产量 4 712.13 kg/hm^2 相比增产 20.34%。西吉县 1994 年豌豆、马铃薯立体复合种植 3 533.3 hm^2，采用同期播种，豌豆平均产量为 1 036.5 kg/hm^2，马铃薯平均产量为2 040 kg/hm^2，合计 3 076.5 kg/hm^2，比豌豆单种增产 1.7 倍，比马铃薯单种增产65.27%。四季连旱的 1995 年采用同期播种方式种植 3 266.6 hm^2，豌豆、马铃薯立体复合种植田平均产量 2 220 kg/hm^2，比豌豆单种增产 21.4 倍，比马铃薯单种增产 28%，高产示范田平均产量 5 430 kg/hm^2，产值达到 11 340 元/hm^2，产投比达到 8.1:1，效果极显著。

（5）施好种肥。豌豆套种马铃薯田应重视农家肥，突出磷肥、慎施氮肥。在秋施肥的基础上，豌豆带（346 m^2）在播种时沿沟条施农家肥 800 kg、普通过磷酸钙 13 kg，钼酸铵 5 g 兑水拌种，尿素（不施或种

表 2-7-15　豌豆、马铃薯立体复合种植不同播种方式的示范结果

年份	示范点	播期		播种方式	示范面积/hm²	豌豆产量/(kg·hm⁻²)	马铃薯产量/(kg·hm⁻²)	群体产量/(kg·hm⁻²)
		豌豆	马铃薯					
1994	马营	4月7日	4月7日	同期	1.370	1 315.5	4 281.0	5 596.5
	马营	4月10日	4月10日	同期	6.450	1 480.5	3 476.5	4 957.0
	马营	4月13日	4月13日	同期	0.613	1 540.5	4 573.5	6 114.0
	大滩	4月10日	4月10日	同期	3.840	1 479.0	4 480.5	5 959.5
	孟湾	4月12日	4月12日	同期	2.300	1 450.5	4 341.0	5 791.5
	马营	3月20日	5月14日	分期	0.150	1 497.0	3 414.0	4 911.0
	大滩	3月24日	5月10日	分期	0.340	1 654.5	3 126.0	4 780.5
1995	马营	4月10日	4月10日	同期	0.710	841.5	5 019.0	5 860.5
	大滩	4月11日	4月11日	同期	1.170	928.5	4 525.0	5 453.5
	陈滩	4月13日	4月13日	同期	1.940	723.0	4 911.0	5 634.0
	马营	3月24日	5月9日	分期	0.070	740.5	3 738.0	4 478.5
	大滩	3月25日	5月5日	分期	0.190	751.5	3 927.0	4 678.5

下5 cm深施)3 kg；马铃薯带(320 m²)于播种时条施或穴施农家肥1 000 kg、碳酸氢铵6 kg、普通过磷酸钙5 kg、硫酸钾4 kg。

(6)加强田间管理。豌豆：苗期拔除田间野燕麦和阔叶杂草，用50%辛硫磷乳油1 000倍液防治黑绒金龟甲。花期行间趁雨每公顷撒施尿素45 kg。运用内吸性杀虫剂防止潜叶绳。7月中旬成熟后及时收获，以防破荚落粒。马铃薯：团棵期低培土，现蕾时结合高培土(培土高度应达25 cm以上)，植株周围每公顷追施尿素75~150 kg，后期每公顷用磷酸二氢钾2 250 g兑水750 kg叶面喷雾，以补磷钾。蚜虫每公顷用乐果750 g加水750 kg叶面喷雾防治，晚疫病可用58%甲霜·锰锌可湿性粉剂防治。

(7)适时收获 。豌豆豆荚成熟时间不一致，当绝大多数呈黄色时，便可收获。马铃薯植株大部分茎叶枯萎、块茎易与匍匐茎分离、周皮变厚、块茎干物质含量达到最大值时，为食用和加工用块茎的最适收获期，种用块茎应提前5~7 d收获，以避免低温霜冻危害，提高种性。

二、马铃薯与蚕豆立体复合种植

长期以来，占粮食播种面积30%的马铃薯和蚕豆，在半干旱区和半湿润偏旱区实行一年一熟的单作。马铃薯和蚕豆在单作条件下，不仅农田覆盖度低，光、热资源不能充分利用，而且难以适应以干旱频繁发生为特征的复杂气候条件，因而长期以来产量低而不稳，甚至种不保收。为了充分利用单位空间光、热资源，提高土地生产力，同时实现稳产保收，20世纪80年代后期开始，农业科技人员依据马铃薯和蚕豆的生物学特性及该区旱地生态条件，在大量试验示范的基础上，构建了马铃薯与蚕豆间种复合群体，并研究出了成熟的配套栽培技术。马铃薯与蚕豆立体复合种植模式目前已在半干旱区和半湿润偏旱区的旱作农田应用推广。研究和大面积示范结果表明，这一模式确能提高对单位空间光、热、水、土资源的利用率，并适应干旱频繁的气候条件，实现旱年以薯补豆、稳产保收，丰水年薯豆双增产，提高土地生产力。

（一）马铃薯与蚕豆立体复合种植模式的构建依据

马铃薯播种密度稀疏，植株空间较大，将播期相同的蚕豆插入其中种植，形成复合群体后，矮秆的马铃薯可利用近地面的太阳能，高秆的蚕豆可有效利用空间光能，进而提高种植系统光热资源的利用率；马铃薯对土壤氮素吸收较多，对钾素需求量最大，蚕豆则对磷素敏感，将二者同田种植，可均衡地吸收土壤中氮、磷、钾，提高肥料利用率及土地利用率；在半干旱区和半湿润偏旱区，马铃薯是抗旱作物，更是高产作物，蚕豆则是典型的豆科高产作物，二者搭配种植后，丰水年可发挥蚕豆的增产优势，马铃薯也可增产，实现双丰收；在干旱年份，蚕豆虽受灾减产，但占比较大的耐旱马铃薯仍有相当高产量，可达到以薯补豆目的，即马铃薯间种蚕豆将作物的丰产性和抗灾性有机结合起来。作物间种相对单种消耗土壤肥力更甚，间种农田如没有相应的培肥措施做保障，将对农田形成掠夺式经营，而将蚕豆纳入间种体系后，可利用其根瘤固氮和落物（叶、花、根）还田的习性，使土壤得以培肥、养分得以补偿。

（二）马铃薯与蚕豆立体复合种植的效益

1. 生态效益

（1）光照效应。光照是作物生长发育的必需能量来源。研究结果表明，马铃薯与蚕豆不同种植模式的透光率不同，马铃薯单种系统，窄行行间株高 30 cm 处的透光率由 10 时的 28.3%下降到 16 时的 22.4%；蚕豆单种系统，窄行行间株高 50 cm 处的透光率由 10 时的 19.5%提高到 16 时的 19.7%；而马铃薯间种蚕豆系统相同部位的透光率，薯带窄行由 10 时的 25.7%下降到 16 时的 20.8%，豆带窄行由 10 时的 22.4%下降到 16 时的 12.7%。这说明马铃薯采用宽窄行种植并在宽行内间种蚕豆形成间种复合生态系统后，虽然单位面积上物种增多，密度增加，但相对于相应作物的单种田，不仅对薯带的光照未见明显削弱，并且明显提高了豆带透光率。

（2）湿度效应。马铃薯与蚕豆不同种植模式的湿度状况也不同。10 时马铃薯单种田窄行行间湿度为 40.7%，比蚕豆单种田窄行行间湿度低 0.8 个百分点，比马铃薯间种蚕豆田的薯带行间和豆带行间湿度分别低 0.6 个百分点和 1.4 个百分点；16 时马铃薯单种田窄行行间湿度为 33.8%，比蚕豆单种田窄行行间湿度低 1.6 个百分点，比马铃薯间种蚕豆田的薯带行间和豆带行间湿度分别低 4.8 个百分点和 5.2 个百分点，说明马铃薯与蚕豆间种后，田间活动层相对湿度一般比单种田高，原因在于，不同模式的种植田田间密度不等，蒸腾量、蒸发量也不同，单种田因植株稀疏，空白地与大气接触面积大，蒸腾量特别是蒸发量比间种田要大，结果单种田的相对湿度就较低。

（3）温度效应。马铃薯与蚕豆不同种植模式下，光照和湿度的差异影响到温度效应。薯带窄行株高 30 cm 处的最大活动层温度，单种田比间种田 10 时高 1.3℃（26.2~24.9℃），16 时高 0.6℃（31.2~30.6℃）；豆带窄行株高 50 cm 处的最大活动层温度则表现出相反的变化，单种田比间种田 10 时低 1.5℃（27.7~26.2℃），16 时低 1.2℃（32.6~31.4℃）。将马铃薯与蚕豆单种田温度与两作间种田相应播带相比，马铃薯表现为单种高于间种，蚕豆则是单种低于间种，并且这一结果与测定时间无关。

（4）透风效应。马铃薯与蚕豆间种后，薯带透风状况稍劣于马铃薯单种田，豆带透风状况则优于蚕豆单种田。如 10 时和 16 时间种田薯带风速分别为 0.53 m/s 和 1.09 m/s，比单种田低 0.18 m/s 和 0.27 m/s；间种田豆带风速分别为 0.35 m/s 和 0.77 m/s，较单种田高 0.11 m/s 和 0.17 m/s。

2. 生产力效应

（1）作物生育效应。试验结果（表 2-7-16）表明，马铃薯间种蚕豆构成的复合群体相对于马铃薯单种群体，马铃薯生长的地上、地下空间缩小，无疑和蚕豆植株产生争水、争肥、争光的矛盾，但对马铃薯的生长发育并未见明显影响，主要表现在单株结薯数、商品薯率及单株薯重没有明显降低。

表 2-7-16　马铃薯间种蚕豆的作物生育效应

种植方式	马铃薯				蚕豆				
	株高/cm	单株结薯数/个	商品薯率/%	单株薯重/g	单株分枝数/个	单株结荚数/个	单株粒数/粒	百粒重/g	单株粒重/g
马铃薯//蚕豆	55.3	4.0	72.3	457	1.80	9.4	22.1	101.2	24.1
单种	55.0	4.1	78.5	530	1.23	8.8	18.4	92.5	16.4

通风透光及温度条件的改善，造成间种蚕豆正向生育效应。据试验测定，间种蚕豆比单种蚕豆单株分枝数多 0.57 个，单株结荚数多 0.6 个，单株粒数多 3.7 粒，百粒重高 8.7 g，单株粒重高 7.7 g。

（2）生物产量效应。生物产量包括籽粒产量和叶茎产量。从表 2-7-17 可以看出，马铃薯间种蚕豆，两作合计主粮产量（马铃薯块茎产量按 5:1 折算）达 7 251 kg/hm^2，较马铃薯单种增加 684 kg/hm^2，比蚕豆单种增加2 835 kg/hm^2，增幅分别为 10.42%和46.2%。

表 2-7-17　马铃薯间种蚕豆的生物产量效应（1992 年）

单位：kg/hm^2

种植方式	主粮产量			茎叶产量	
	马铃薯	蚕豆	合计	马铃薯	蚕豆
马铃薯//蚕豆	5 934.0	1 317.0	7 251.0	3 055.5	1 071.0
马铃薯单种	6 567.0		6 567.0	3 373.5	
蚕豆单种		4 416.0	4 416.0		3 760.5

（3）能量转换效益。作物种植系统能量转换效益包括自然光能利用率和人工辅助能转换效率。从表 2-7-18 可以看出，马铃薯间种蚕豆光能利用率达 0.96%，比两作单种分别高0.06 个百分点和 0.46 个百分点，分别提高 6.67%和 92%。马铃薯间种蚕豆与两作单种相比，投入能虽增加 208.46 MJ/666.7 m^{2}和642.95 MJ/666.7 m^2，但产出能增加更多，比马铃薯单种增加1 115.95 MJ/666.7 m^2，比蚕豆单种增加 8 156.55 MJ/666.7 m^2，从而使马铃薯间种蚕豆种植系统净增能比马铃薯单种系统增加907.49 MJ/666.7 m^2，比蚕豆单种系统增加 7 513.6 MJ/666.7 m^2。

表 2-7-18　马铃薯间种蚕豆能量转换效益

种植方式	投入能/（MJ·666.7 m^{-2}）	产出能/（MJ·666.7 m^{-2}）	净增能/（MJ·666.7 m^{-2}）	能量产投比	光能利用率/%
马铃薯//蚕豆	3 645.46	17 066.97	13 421.51	1:4.68	0.96
马铃薯单种	3 437.00	15 951.02	12 514.02	1:4.64	0.90
蚕豆单种	3 002.51	8 910.42	5 907.91	1:2.97	0.50

（4）养分循环效应。马铃薯间种蚕豆与两作单种养分循环及其效益见表 2-7-19。间种田投入 N 13.4 kg/666.7 m^2，P_2O_5 4.76 kg/666.7 m^2，N:P_2O_5 为 1:0.36。3 种方式的种植系统N 和 P_2O_5 均呈正平衡，而且间种田盈余量高于两作单种田。间种由 N 产投比（生产性输出/生产性输入）为 0.87:1，P_2O_5 为 0.93:1，分别比马铃薯单种提高 12.99%和 9.41%，比蚕豆单种提高29.85%和60.34%。

表 2-7-19 马铃薯间种蚕豆养分循环及其效益

种植方式	N				P_2O_5			
	生产性输入/(kg·666.7 m^{-2})	生产性输出/(kg·666.7 m^{-2})	产投比	主粮生产率/%	生产性输入/(kg·666.7 m^{-2})	生产性输出/(kg·666.7 m^{-2})	产投比	主粮生产率/%
马铃薯//蚕豆	13.40	11.60	0.87:1	36.07	4.76	4.45	0.93:1	101.62
马铃薯单种	11.04	8.50	0.77:1	39.66	4.02	3.42	0.85:1	108.91
蚕豆单种	9.72	6.51	0.67:1	30.29	4.53	2.62	0.58:1	64.99

(5)经济效益。由表 2-7-20 可知,间种田较两作单种田投入增加 74.55 元/hm^2 和 184.2 元/hm^2,总产值增加 946.2 元/hm^2 和2 215.2/hm^2,两项指标相比,因总产值增加幅度更大,从而使间种田纯收入比两作单种田增加 872.85 元/hm^2 和 2 031 元/hm^2,投资产值率提高 2.98 元/元和 3.57 元/元。间种田劳动生产率同样有所提高,比马铃薯单种田提高 0.88 元/工日,比蚕豆单种田提高 3.14 元/工日。

表 2-7-20 马铃薯间种蚕豆的经济效益(1992 年)

种植方式	总产值/(元·hm^{-2})	生产成本/(元·hm^{-2})	投工日/个	纯收入/(元·hm^{-2})	投资产值率/(元·元$^{-1}$)	劳动生产率/(元·工日$^{-1}$)
马铃薯//蚕豆	7 514.4	945.30	330	6 119.10	7.95	22.77
马铃薯单种	6 568.2	1 320.75	300	5 247.45	4.97	21.89
蚕豆单种	5 299.2	1 211.10	270	4 088.10	4.38	19.63

(三)马铃薯间种蚕豆栽培技术

1. 合理轮种

在半干旱区和半湿润偏旱区实行马铃薯间种蚕豆后,应建立起马铃薯间种蚕豆→小麦→胡麻的轮作倒茬方式。

2. 精细整地

前作收后对农田立即进行深耕并及时耙耱接纳雨水,白露时收耱,出现春旱时及时打磙保墒,使之形成上虚下实的良好播床。

3. 施足基肥

播前每公顷基施农家肥 5.7 万~6 万 kg、N 82.5~97.5 kg、P_2O_5 82.5~97.5kg,氮肥选用尿素,磷肥选用三料过磷酸钙或普钙,浅耕入土并及时耙耱。

4. 优化作物田间配置

马铃薯采用宽窄行种植,宽行行距 60 cm,窄行行距 20 cm,株距 42~37 cm,密度 6 万~6.75 万株/hm^2, 后在每一马铃薯宽行内间种 1 行或行距为 20 cm 的 2 行蚕豆, 使间种田内蚕豆保苗 12 万~12.75 万株/hm^2。

5. 选用良种

适合间种的马铃薯品种应具备分枝角度小、株型紧凑、适于密植、抗病、高产、耐旱、质优等特性。符合上述特性的品种目前有青薯 168、青薯 9 号,对选定的品种,采用脱毒小整薯或一级脱毒薯切块做种。蚕豆品种则要求抗旱保花、籽粒饱满、早熟、高产,据观察,以临夏大蚕、青海 3 号、曲农白皮蚕豆较为理想。

6. 适期播种

相对单种条件下的最适播期，马铃薯间种蚕豆两作同期播种，将使蚕豆播期推迟，而马铃薯播期得以提前。所以，马铃薯间种蚕豆田的播期应调节在两作单种适播期的中间，在半干旱区一般于 4 月下旬至 5 月初播种，半湿润偏旱区则适当推迟至 5 月中旬。

7. 适施种肥

在种肥的施用上，应采取薯带氮、磷配合，豆带以磷突破的技术路线，每 666.7 m^2 间种田内，运用沿播种沟条施的方法，薯带施用 N 2.2 kg 和 P_2O_5 2.7 kg，实物形态以磷酸二铵、尿素和三料过磷酸钙较好；豆带施用含有 P_2O_5 3.5~4.5 kg 的普通磷酸钙或三料过磷酸钙。

8. 加强管理

对薯带应进行 2 次以上的中耕培土，第 1 次在苗期，以中耕为主，结合浅培土；第 2 次在现蕾期，高培土，培土高度 25 cm 以上，并追施尿素 3.2~5.5 kg/666.7 m^2。

薯带发现晚疫病中心病株时，及时用 0.1%硫酸铜液进行喷雾防治；豆带发生蚜虫则每 666.7 m^2 用 40%乐果乳油 50 g 兑水 50~100 kg 喷雾防治。

9. 适时收获

蚕豆当叶子凋落、中下部豆荚变黑、干燥、充分成熟时收获。收获后，最好连茎秆一起晒干，使豆粒成熟，可保持粒色鲜艳并提高品质。湿脱后暴晒豆粒会影响粒色和品质，降低商品等级。马铃薯当大部分茎叶枯萎、块茎易与匍匐茎分离、周皮变厚、块茎干物质含量达到最大值时，为食用和加工用块茎最适收获期，种用块茎提前 5~7 d 收获，以避免低温霜冻危害，提高种性。

三、地膜玉米与豌豆立体复合种植技术

（一）增产机理

1. 提高光、热、水资源的利用率

试验所处区域全年太阳总辐射量 5 121.81 MJ/m^2，生理辐射量 2 596.9 MJ/m^2，日照时数 2 322.3 h，降水量 427.9 mm；作物生长季太阳总辐射量 3 672.25 MJ/m^2，生理辐射量 1 853.08 MJ/m^2，≥5℃活动积温 2 511.5℃，≥10℃活动积温 2 064.4℃，日照时数 1 421.08 h，降水量 388.77 mm。

经试验，套种田作物生长季（4—9 月）的太阳总辐射利用率可达 89.92%，比地膜玉米单种和豌豆单种分别高 14.34 个百分点和 28.73 个百分点；≥10℃活动积温利用率达到 100%，比豌豆单种高 47.84 个百分点，≥5℃活动积温、日照时数、降水利用率也较地膜玉米和豌豆单种高（表 2–7–21）。

2. 改善农田生态环境，促进作物生长发育

地膜玉米与豌豆套种，由于高度差，田间形成通风透光的“走廊”，改善了田间的透光性、温湿条件，加大了风速，提高了 CO_2 浓度，促进了作物的生长发育，提高了单株产量。

套种田玉米单株叶面积比地膜玉米单种增加 0.025 m^2，穗粒数、百粒重、单株粒重分别增加 67.35 粒、0.8 g 和 19.34 g（表 2–7–22）。

3. 提高土地利用率

地膜玉米套种豌豆，充分利用了作物生长的时间差，使土地生产时间比地膜玉米单种增加 31 d，比豌豆单种增加 67 d，土地当量比达到 1.42，土地利用率提高 42%。

表 2-7-21　套种田与单种田光、热、水资源利用比较

模式	太阳总辐射			太阳生理辐射			≥5℃活动积温	
	总量/(MJ·m⁻²)	占全年的比例/%	占作物生长季节的比例/%	总量/(MJ·m⁻²)	占全年的比例/%	占作物生长季节的比例/%	总量/℃	占作物生长季节的比例/%
豌豆单种	2 243.20	43.80	61.09	1 132.70	43.62	61.13	1 278.90	50.91
地膜玉米单种	2 771.87	54.12	75.48	1 390.12	53.53	75.02	2 255.20	89.79
地膜玉米/豌豆	3 298.45	64.40	89.82	1 661.78	64.00	89.67	2 282.30	90.89

模式	≥10℃活动积温		日照时数			降水量		
	总量/℃	占作物生长季节的比例/%	总量/h	占全年的比例/%	占作物生长季节的比例/%	总量/mm	占全年的比例/%	占作物生长季节的比例/%
豌豆单种	1 076.90	52.16	840.00	36.17	59.11	168.28	32.32	35.57
地膜玉米单种	2 064.40	100.00	1 049.00	45.17	73.02	337.00	78.75	26.68
地膜玉米/豌豆	2 064.40	100.00	1 251.68	53.89	88.08	357.95	83.65	92.07

表 2-7-22　套种玉米与单种玉米田间小气候及单株性状比较

种植方式		田间小气候					单株性状						
		光照		风速/(m·s⁻¹)	温度/℃	相对湿度/%	单株叶面积/m²	株高/m	茎粗/cm	单株干重/g	穗粒数/粒	百粒重/g	单株粒重/g
		光合有效辐射量/(MJ·m⁻²)	漏光率/%										
地膜玉米单种	1990 年	267.89	50.10	0.38	25.2	52.1	0.600	2.60	2.51	253.31	336.6	30.1	101.32
	1991 年	238.59	47.31	0.30	26.5	61.4	0.614	2.72	2.63	288.60	412.3	28.0	115.44
地膜玉米/豌豆	1900 年	301.38	75.45	0.61	27.5	79.2	0.621	3.40	2.77	331.50	452.2	31.2	132.60
	1991 年	355.80	79.13	0.53	26.9	75.2	0.643	3.40	2.81	307.10	431.4	28.5	122.84

注：田间小气候于玉米抽雄期上午 9~10 时在株高 2/3 处测定。

4. 提高投能效益

试验结果表明（表 2-7-23），投能效益地膜玉米套种豌豆较地膜玉米单种和豌豆单种显著提高。经计算，每 666.7 m^2 套种田比地膜玉米单种田产出能增加 2 462.51 MJ/m^2，光能利用率高 0.14 个百分点。

表 2-7-23　套种田与单种田投能效益比较

种植方式		生物产量/(kg·666.7 m⁻²)	产出能/(MJ·666.7 m⁻²)	投入能/(MJ·666.7 m⁻²)			能量产投比	光能利用率/%
				有机能	无机能	合计		
豌豆单种		274.86	4 297.92	1 102.97	92.93	1 195.90	3.59:1	0.29
地膜玉米单种		1 388.89	21 304.54	1 608.62	1 975.72	3 584.34	5.94:1	1.15
地膜玉米/豌豆	豌豆	104.54	1 634.19	603.18	73.67	676.85	2.41:1	0.10
	玉米	1 442.89	22 132.73	1 051.07	1 791.13	2 842.20	7.78:1	1.19
	合计	1 547.43	23 767.05	1 654.25	1 864.80	3 519.03	6.75:1	1.29

5. 提高肥料投入效益

试验结果表明(表 2–7–24),地膜玉米套种豌豆,肥料投入效益显著提高,套种田与地膜玉米单种田相比,每千克 N 多产籽粒 4.77 kg,每千克 P_2O_5 多产籽粒 7.43 kg,氮肥的投入效果达到 92%,磷肥的投入效果达到84%。

表 2–7–24　套种田与地膜玉米单种田的肥料投入效益比较

种植方式	产量/(kg·666.7 m^{-2})		投入肥料/(kg·666.7 m^{-2})						每千克N生产籽粒/kg	每千克P_2O_5生产籽粒/kg	生物产品产出/kg		N效能	P效能
			施 N 量			施 P_2O_5 量								
	籽粒	秸秆	有机肥	无机肥	总量	有机肥	无机肥	总量			N	P_2O_5		
地膜玉米单种	653.50	763.89	1.625	15.562	17.187	0.539 2	6.335 0	6.874 2	36.36	90.91	13.820	5.278 0	0.80	0.84
地膜玉米/豌豆	685.89	861.54	1.287	15.578	16.865	0.426 9	6.512 9	6.939 8	41.13	98.34	15.282	5.838 4	0.92	0.84

6. 防止玉米早衰

试验结果表明(表 2–7–25),豌豆收后 25~30 d,套种田的玉米比单种玉米单株叶面积增加 0.25 m^2,单株粒重增加 20.74 g,增幅 13.1%。

表 2–7–25　套种与地膜玉米单种后期单株性状比较

种植方式	株高/cm	茎粗/cm	灌浆期有效叶片数/片	单株叶面积/m^2	穗行数/行	穗粒数/粒	百粒重/g	单株粒重/g
地膜玉米/豌豆	3.10	2.9	13.5	6.45	14	41	31.2	179.08
地膜玉米单种	3.25	2.7	12.5	6.20	14	39	29.0	158.34

(二)经济效益

地膜玉米套种豌豆，平均每公顷籽粒产量 10 288.35 kg，比地膜玉米单种增产 913.35 kg，增幅 9.74%；比豌豆单种每公顷增产 8 845.35 kg，增幅 6.13 倍。纯收入套种田比地膜玉米单种每公顷增加 554.85 元,套种田效益显著高于单种田(表 2–7–26)。

表 2–7–26　地膜玉米套种豌豆与单种效益比较(1989 年)

处理		产量/(kg·hm^{-2})			产值/(元·hm^{-2})			投入/(元·hm^{-2})			纯收入/(元·hm^{-2})	经济产投比(物资投入/主产品产值)
		籽粒	秸秆	合计	主产品	副产品	合计	物资投入	活劳动投入	合计		
套种田	玉米	9 739.50	11 903.35	21 643.35	4 382.85	1 428.45	5 811.30	1 321.20	462.00	1 783.20	4 028.10	2.91:1
	豌豆	548.85	1 019.25	1 568.10	439.05	122.25	561.30	337.20	210.00	547.20	14.10	
	合计	10 288.35	12 922.60	23 211.45	4 821.90	1 550.70	6 372.60	1 658.40	672.00	2 330.40	4 042.20	
地膜玉米单种		9 375.00	11 458.35	20 833.35	4 218.75	1 375.05	5 593.80	1 644.45	462.00	2 106.45	3 487.35	2.57:1
豌豆单种		1 443.00	2 679.90	4 122.90	1 154.40	321.60	1 476.00	535.95	294.00	829.95	646.05	2.15:1

(三)栽培技术

1. 选择适宜的套种品种

经试验,地膜玉米与豌豆套种,玉米品种以 1825 为主,搭配户单 1 号,豌豆品种以矮秆、早熟、丰产性好的北京5号为主，搭配A404。

2. 配置合理的用地比例

当玉米带宽为70 cm时，在豌豆带宽30 m、50 cm、70 cm的试验中，以50 cm宽时两作合计产量最高，每公顷产量达到11 387.25 kg，比30 cm、70 cm的带宽分别增产4.55%和23.1%。

3. 建立科学的施肥制度

根据禾本科作物和豆科作物需肥互补的规律，当每公顷产量在8 250~9 375 kg（玉米7 500~8 250 kg，豌豆750~1 125 kg）时，在每公顷施45 000 kg农家肥的基础上，应施N 250.5~268.5 kg、P_2O_5 100.5~129 kg；在肥料分配上，玉米以施氮为主，豌豆以施磷为主，氮肥基施70%、追施30%，磷肥基施90%、追施10%。

4. 合理密植

试验表明，套种田玉米适宜密度为5.7万~6万株/hm^2，此时可收7.5万穗；豌豆保苗60万~67.5万株/hm^2，应播种子150~157.5 kg/hm^2。

5. 田间管理

玉米：主要抓定苗、防虫和追肥。根据设计密度，缺苗的田块应移栽，苗多的田块应拔除；防虫主要防治黏虫，每公顷用2.5%敌杀死120~150 mL兑水195~210 kg喷雾；追肥在玉米拔节期至大喇叭口前期进行，以偏早为好。豌豆：主要抓松土、防虫和喷肥。在幼苗期通过松土提高地温，促进作物生长；每公顷用敌杀死150 mL防治潜叶蝇和黑绒金龟甲1~2次；在豌豆吐丝和结荚期，每公顷喷0.2%磷酸二氢钾溶液420~630 kg，提高结荚率和粒重。

6. 适时收获

玉米在蜡熟末期收获，豌豆当叶片凋落、中下部豆荚变黑、干燥、充分成熟时收获。豌豆收获后和茎秆一起晒干，使豆粒后熟并保持粒色鲜艳，以提高品质。

四、全膜双垄覆盖垄侧播种栽培条件下玉米与大豆立体复合种植技术

全膜双垄覆盖垄侧播种栽培技术是一项集垄面集雨、覆盖抑蒸、垄侧播种为一体的覆膜保墒技术，该技术的应用，使地膜玉米田间布局发生了变化。覆盖方式由过去的平面覆膜变为沟垄覆膜，大小垄相间，集雨保墒、增温效果更好，在玉米生育期≥0℃的有效地积温全膜双垄覆盖垄侧播种栽培模式比半膜覆盖高400~500℃，1 m内土壤贮水量多76 mm，不仅为实施立体复合种植提供了良好的水分、温度条件，而且提供了较大的立体空间。

（一）全膜双垄覆盖垄侧播种栽培条件下玉米与大豆立体复合种植的依据

全膜双垄覆盖垄侧播种条件下玉米种植于大垄膜侧，大垄底宽70 cm，小垄底宽40 cm，种植空间较大，将播种期基本相同、共生期较短的大豆插入大垄中间种植，形成复合群体后，矮秆的大豆可利用近地面的太阳能，高秆的玉米则能有效地利用空间光能，进而提高种植系统光热资源的利用率；玉米对土壤氮素吸收较多，而大豆对磷素敏感，同时大豆根系着生大量的根瘤菌，可固氮。在同一块田套种这两种作物，可均衡地吸收土壤中的氮、磷、钾；在半干旱区，玉米是高产高效作物，大豆则是典型豆科作物，套种既可发挥大豆的增产优势，又可促进玉米增产，实现双丰收；相对于单种，土地利用率大幅提高，充分发挥了土地的生产潜力。

（二）全膜双垄覆盖垄侧播种栽培条件下玉米与大豆立体复合种植的效益

1. 生态效益

（1）作物生育效应。全膜双垄覆盖垄侧播种条件下，玉米套种大豆构成的群体相对于单种玉米群体，

玉米生长的地上、地下空间缩小，无疑会和大豆产生争水、争肥、争光的矛盾，但经观察，套种大豆对玉米的生长发育未见明显影响，且群体结构良好，主要表现在株高、茎粗、穗长、秃尖长、穗行数、穗粒数、百粒重、产量等没有太大的变化。通风透光及温度、湿度条件的改善，造成套种大豆正向生长发育效应，据测定，套种大豆比单种大豆的农艺性状、产量构成因素等指标略有提高，套种大豆比单种大豆株高增加3.1 cm，单株分枝数多0.44个，单株结荚数多0.7个，单株粒数增加0.9粒，百粒重增加0.7 g（表2–7–27）。

表2–7–27　全膜双垄覆盖垄侧播种栽培条件下玉米套种大豆生育效应

种植方式	玉米					大豆				
	株高/cm	茎粗/cm	秃尖长/cm	穗粒数/穗	百粒重/g	株高/cm	单株分枝数/个	单株结荚数/个	单株粒数/粒	百粒重/g
套种	260	3.2	0.6	586.4	31.2	58.5	2.88	35.4	64.3	22.9
单种	260	3.2	0.6	585.7	31.2	55.4	2.44	34.7	63.4	22.2

（2）光热效应。玉米采用全膜双垄覆盖垄侧播种技术种植并在宽行内间种大豆形成立体复合种植系统后，虽然物种增多，密度增加，但相对于单种田，不仅对玉米带的光照未见明显削弱，且明显增强了豆带的透光性，同时套种田相对湿度比单种田高，单种田植株密度相对稀疏，空白地与大气接触面积较大，蒸发量比套种田大。

（3）水分效应。由试验结果可知（表2–7–28），玉米套种大豆水分利用效率最高，为32.4 kg/（mm·hm^2），单种玉米为31.2 kg/（mm·hm^2），单种大豆为8.55 kg/（mm·hm^2），套种较单种玉米提高1.2 kg/（mm·hm^2），较单种大豆提高23.85 kg/（mm·hm^2），降水利用率分别高5.2个百分点、10.3个百分点。

表2–7–28　全膜双垄覆盖垄侧播种条件下玉米套种大豆水分利用效率与降水利用率

种植方式	播前贮水量/mm	收后贮水量/mm	生育期降水量/mm	耗水量/mm	经济产量/（kg·hm^{-2}）	年降水量/mm	降水利用率/%	水分利用效率/（kg·mm^{-1}·hm^{-2}）
玉米/大豆	197.45	198.80	325.4	324	10 482.0	414.7	78.1	32.4
单种玉米	197.45	220.40	325.4	302	9 129.0	414.7	72.9	31.2
单种大豆	197.45	241.66	325.4	281	2 424.0	414.7	67.8	8.55

（4）提高土地利用率，发挥土地生产力。玉米套种大豆种植系统的土地利用率可用土地当量比来反映。其计算公式为：土地当量比=套种A产量/单种A产量+套种B产量/单种B产量（均采用籽粒产量）。经计算，在全膜双垄覆盖下玉米套种大豆的土地当量比为1.43，说明玉米与大豆套种使土地利用率提高43%，使全膜覆盖大垄闲置的空间得以充分利用，大大提高了土地利用率，同时能更大限度地利用土壤养分和水分。

（5）发挥大豆的茬口优势，实现土地的用养结合和农田的带状轮作。据资料介绍，籽粒产量1 500 kg/hm^{2}的大豆，根瘤固氮量为56.25 kg，约相当于262.5 kg的标准氮肥，且大豆的农田归还率较高，将其纳入套种田生态系统中，可发挥其肥田效应，能够实现土地的用养结合和农田的短中期带状轮作。

2. 产量、经济效益

生物产量包括籽粒产量和副产品产量，经试验得知（表2–7–29），玉米套种大豆籽粒产量合计10 482 kg/hm^2，较单种玉米增产1 053 kg/hm^2，较单种大豆增产8 058 kg/hm^2，增幅分别为11.2%和332.4%；副产品产量为23 792.7 kg/hm^2，分别比单种玉米、单种大豆增加9.7%、390.8%。

表 2-7-29 全膜双垄覆盖垄侧播种栽培条件下玉米套种大豆生物产量效益

单位:kg/hm²

种植方式	折合籽粒产量			副产品产量		
	玉米	大豆	合计	玉米	大豆	合计
玉米/大豆	9 429	1 053	10 482	21 687	2 106	23 793
单种玉米	9 429		9 429	21 687		21 687
单种大豆		2 424	2 424		4 848	4 848

套种田玉米产量与单种玉米产量相等,即套种对玉米产量不构成影响,大豆产量相当于单种大豆产量的43.44%,实现了玉米、大豆的双高产。

玉米套种大豆总产值、纯收入、产投比均较单种高，较单种玉米总产值增加 5 686.2 元/hm²，增幅 28.31%,纯收入增加 4 961.2 元/hm²,增幅 40.39%;较大豆单种总产值增加 12 680.34 元/hm²,增幅 96.87%,纯收入增加 9 405.34 元/hm²,增幅 119.97%(表 2-7-30)。

表 2-7-30 全膜双垄覆盖垄侧播种玉米套种大豆经济效益

种植方式	总产值/(元·hm⁻²)	生产成本/(元·hm⁻²)	纯收入/(元·hm⁻²)	产投比
玉米/大豆	25 769.97	8 525	17 244.97	3.02:1
单种玉米	20 083.77	7 800	12 283.77	2.57:1
单种大豆	13 089.63	5 250	7 839.63	2.49:1

在半干旱温暖区彭阳县连续 3 年的大区展示及大田示范结果显示,全膜双垄覆盖垄侧播种条件下玉米套种大豆增产增效非常显著(表 2-7-31)。玉米套作大豆,玉米籽粒产量 10 191 kg/hm²,大豆籽粒产量 938 kg/hm²,合计11 129 kg/hm²,较单种玉米增产 809 kg/hm²,增幅 7.8%,纯收入增加 4 187 元/hm²,增幅 25.7%。这表明玉米套作大豆,在不影响主栽作物玉米产量的情况下多收一茬大豆,效益非常明显。单种大豆籽粒产量 2 663 kg/hm²,产值和纯收入明显低于玉米套种大豆。

表 2-7-31 不同种植方式下各作物产量及效益比较

种植方式	籽粒产量/(kg·hm⁻²)	秸秆产量/(kg·hm⁻²)	产值/(元·hm⁻²)	投入/(元·hm⁻²)			纯收入/(元·hm⁻²)	产投比
				物化	劳动力	合计		
单种玉米	10 320	15 067	24 407	5 870	2 250	8 120	16 287	3.01:1
玉米/大豆	10 191/938	14 879/1 369	29 134	5 960	2 700	8 660	20 474	3.36:1
单种大豆	2 663	4 207	14 367	5 852	1 800	7 652	6 715	1.88:1

注:物化投入包括农家肥 0.03 元/kg、纯氮 4.5 元/kg、P_2O_5 2.9 元/kg、大豆种子 6 元/kg、玉米种子 2 元/kg、地膜 13 元/kg、机械费用 1 200 元/hm²。劳动力投入主要指人工 30 元/个(单种玉米 75 个/hm²,玉米套种大豆 90 个/hm²、单种大豆 60 个/hm²);产值包括玉米籽粒 2 元/kg、大豆籽粒 5元/kg、茎秆 0.25 元/kg。

连续 3 年 18 次重复大区对比展示结果(表 2-7-32)显示,玉米套种大豆,玉米籽粒产量 9 920 kg/hm²,大豆籽粒产量 876 kg/hm²,合计产量 10 796 kg/hm²,比单种玉米籽粒产量增加 724 kg/hm²,增幅7.2%,纯收入增加 3 901 元/hm²,增幅 25.2%。单种大豆籽粒产量 2 412 kg/hm²,产量、产值和纯收入明显低于玉米套种大豆和单种玉米。单种玉米产投比 2.90:1,玉米套种大豆产投比 3.23:1,单种大豆产投比1.69:1,差异十分明显。

表 2-7-32 2010—2012 年大区对比展示作物产量及效益比较

年份	处理	产量/(kg·hm⁻²)		产值/(元·hm⁻²)	投入/(元·hm⁻²)	纯收入/(元·hm⁻²)	产投比
		籽粒	秸秆				
2010	单种玉米	10 549	13 819	24 553	8 120	16 433	3.02:1
	玉米/大豆	10 243/949	13 828/1 584	29 084	8 660	20 424	3.36:1
	单种大豆	2 655	4 115	14 303	7 652	6 651	1.87:1
2011	单种玉米	9 499	13 868	22 465	8 150	14 315	2.76:1
	玉米/大豆	9 085/803	13 809/1 437	25 996	8 690	17 306	2.99:1
	单种大豆	2 151	3 527	11 636	7 672	3 964	1.52:1
2012	单种玉米	10 168	13 930	23 818	8 190	15 628	2.91:1
	玉米/大豆	10 431/875	13 768/1 566	29 070	8 730	20 340	3.33:1
	单种大豆	2 431	3 112	12 933	7 702	5 231	1.68:1
平均	单种玉米	10 072	13 873	23 612	8 153	15 459	2.90:1
	玉米/大豆	9 920/876	13 802/1 529	28 053	8 693	19 360	3.23:1
	单种大豆	2 412	3 585	12 956	7 675	5 281	1.69:1

再从 3 年 10 个乡镇大田推广产量结果(表 2-7-33)看,玉米套种大豆,玉米籽粒产量 9 978 kg/hm²,大豆籽粒产量864 kg/hm²,合计 10 842 kg/hm²,比单种玉米籽粒产量增加 781 kg/hm²,增幅7.8%,纯收入增加 4 003 元/hm²,增幅 26.1%。玉米套种大豆投入产出比 1:3.22,单种玉米投入产出比 1:2.88,差异十分明显。

表 2-7-33 2010—2012 年大田推广产量及效益比较

年份	处理	产量/(kg·hm⁻²)		产值/(元·hm⁻²)	投入/(元·hm⁻²)	纯收入/(元·hm⁻²)	产投比
		籽粒	秸秆				
2010	单种玉米	10 101	13 636	23 611	8 120	15 491	2.91:1
	玉米/大豆	10 023/882	13 331/1 499	28 163	8 660	19 503	3.25:1
2011	单种玉米	9 624	12 511	22 376	8 150	14 226	2.75:1
	玉米/大豆	9 576/806	12 927/1 435	26 772	8 690	18 082	3.08:1
2012	单种玉米	10 458	14 118	24 445	8 190	16 255	2.98:1
	玉米/大豆	10 336/904	13 953/1 600	29 080	8 730	20 350	3.33:1
平均	单种玉米	10 061	13 422	23 478	8 153	15 325	2.88:1
	玉米/大豆	9 978/864	13 470/1 511	28 021	8 693	19 328	3.22:1

（三）全膜双垄覆盖垄侧播种栽培条件下玉米套种大豆的栽培技术

1. 奠定土壤基础

（1）选地：选择地势平坦、土层深厚、土质疏松、土壤理化性状良好、保水保肥能力强、肥力中上的川地、洪漫坝地、塬地、梯田，不宜选择陡坡地、瘠薄地和石砾地。前茬以小麦、马铃薯、玉米为好。

（2）精细整地：前作为夏茬，收后要适时早耕、深耕，耕深 25~30 cm，过伏雨后适时耙耱保墒，白露前后浅耕耙耱、合口越冬，冬春适时镇压打碾，保墒提墒。前作为秋茬，收后要及时深耕，耕深 25~30 cm，耕后及时耙耱，并在早春及时镇压，保墒提墒。早春覆膜的地块要在覆膜前采用旋耕机旋耕，做到田面平整、上虚下实、无根茬、无土块，为覆膜播种创造良好的土壤条件。

（3）增施农家肥，合理施用配方肥：结合秋季或早春覆膜前整地，在每公顷基施腐熟农家肥 6 万~7.5 万 kg 的基础上，施用玉米专用配方肥，基施 36%（22-14-0）配方肥 600 kg/hm^2，追施 35%（26-9-0）基追施通用型配方肥 300 kg/hm^2。

（4）及时进行土壤消毒，防治虫害、杂草危害：地下害虫为害严重的地块，起垄后每公顷用 40%辛硫磷乳油 7.5 kg 加细沙土 450 kg，拌成毒土撒施，或兑水 750 kg 喷施。杂草危害严重的地块，起垄后每公顷用 50%乙草胺乳油 1 500 g 兑水 750 kg 全地面喷施，每垄喷完后及时覆膜。

2. 起垄覆膜

（1）划行起垄：每带宽 110 cm，分大小 2 垄，大垄底宽 70 cm、高 10~15 cm，小垄底宽 40 cm、高 15~20 cm。用木材或钢筋制成大行距 70 cm、小行距 40 cm 的划行器，一次划完一带幅。划行时，首先在距地边 35 cm 处划一边线，然后按照一小垄一大垄的顺序划完全田。

划行后，按作物种植走向起垄，缓坡地沿等高线开沟起垄。使用起垄机沿小垄划线开沟起垄；或用步犁开沟起垄，沿小垄划线来回向中间翻耕，培起底宽 40 cm、高 15~20 cm 的小垄，将起垄时的犁臂落土用手耙刮至大垄中间形成垄面，用整形器整理垄面，使垄面隆起形成底宽 70c m、高 10~15 cm 的大垄。垄起好后喷施除草剂，然后覆膜，起垄、覆膜连续进行。

（2）覆膜。

①覆膜时间：

秋季覆膜。前茬作物收获后，及时深耕整地，在 10 月中下旬起垄覆膜。此时覆膜能够有效阻止秋、冬、春三季土壤水分的蒸发，最大限度地保蓄土壤水分，但是地膜在田间保留时间长，要加强冬季管理。

早春顶凌覆膜。3 月上中旬土壤昼消夜冻、消冻 10~15 cm 时，起垄覆膜。此时覆膜可有效阻止春季土壤水分的蒸发，提高地温，保墒增温效果好。

②覆膜方法：选用厚度 0.01 mm、宽 120 cm 的高密度、高强度、耐老化、白色地膜覆盖。采用人工覆膜，要沿边线开 5 cm 深的浅沟，地膜展开后，靠边线的一边在浅沟内用土压实，另一边在大垄中间，沿地膜每隔 1 m 左右，用铁锹从膜边下取土原地固定，并每隔 2~3 m 横压土腰带。覆完第一幅膜后，将第二幅膜的一边与第一幅膜在大垄中间相接，膜与膜不重叠，从下一大垄垄侧取土压实，依次类推，铺完全田。覆膜时要将地膜拉展铺平，从垄面取土后，应随即整平。采用机械覆膜，可一次性完成开沟、起垄、施肥、整形、喷药、覆膜多项作业，起垄覆膜质量好。

③覆膜后管理：覆膜后 1 周左右，当地膜与地面贴紧时，在沟中间每隔 50 cm 处打一直径 3 mm 的渗水孔，使垄沟的集雨入渗。田间覆膜后，严禁牲畜入地践踏地膜。要经常沿垄沟逐行检查，一旦发现地膜破损，及时用细土盖严，防止大风揭膜。

3. 选用良种

玉米选择株型紧凑、抗病性强的品种，如长城 706、先玉 335、沈单 16 号等；大豆选择熟期适中、分枝较少、茎秆直立、耐阴性强、不宜裂荚落粒、丰产性好的抗病虫优良品种，如晋豆 42 号 、晋豆 19 号 、中黄 30、KF6 等。玉米种子统一使用包衣种子，对于少数未经包衣的种子，播前必须进行药剂拌种。防治地下害虫，用 50%辛硫磷乳油按种子重量的 0.1%~0.2%拌种。防治瘤黑粉病等病害，用 20%粉锈宁粉剂或 70%甲基托布津乳油 150~200 g 兑水 1.5~2.5 kg，拌种 50 kg。

4. 播种

（1）玉米播种的时间、方法与密度。

①播种时间。当地表 5 cm 地温稳定通过 10℃时为玉米适宜播期，各地可结合当地气候特点确定具体播种时间，一般在 4 月中下旬，适宜播期内若降雨要抢墒播种。

②播种方式。采用点播器按规定的株距破膜穴播，将种子播在大垄两侧距沟底 3~5 cm 处，播深3~5 cm，点播后随之按压播种孔，使种子与土壤紧贴，防止吊苗、粉籽现象发生。或用细沙土、牲畜圈粪、草木灰等疏松物封严播种孔，防止播种孔大量散墒和遇雨板结而影响出苗。

③种植密度。种植密度应根据降水量、土地肥力、立地条件、选用品种特性和实践生产经验等因素综合考虑、合理确定。年降水量 350~400 mm 的地区以每公顷 5.25 万~6 万株、株距 30.3~34.6 cm 为宜，年降水量 400~450 mm 的地区以每公顷 6 万~6.75 万株、株距 26.9~30.3 cm 为宜。各地应按当地小气候特点灵活掌握。

（2）大豆播种的方法与密度：玉米播种结束后马上播种大豆，当气温通过 8℃时即可播种，一般在 4 月下旬至 5 月上旬，播期最迟不能超过 5 月 10 日。播种方法：用点播器在大垄上穴播 2 行，行距 30 cm，株距 20~24 cm，播深 3~5 cm，播后立即按压播种孔，使种子与土壤紧贴，播种要深浅一致，以保证出苗整齐均匀，密度以每公顷保苗 7.57 万~9.09 万株、每穴保苗 1 株为宜，也可在大垄上距中间线 35 cm 处开穴播种。

5. 加强田间管理

（1）玉米的田间管理。

①苗期管理：苗期管理的重点是保全苗、促壮苗，田间管理应围绕幼苗生长展开。

破土引苗。播后遇雨容易形成板结，如不及时破除板结，易导致幼苗难以出土或出苗有先有后、参差不齐，影响整齐度，进而影响产量，所以要及时破土引苗。破土就是破板结，做法是在玉米胚芽鞘破土而出之前，打破板结；引苗就是人工把幼苗从膜孔引出来，有些幼苗钻入播种孔旁的膜内，紧贴地面不能出土，极易造成烧苗，要用手将苗引出膜孔，壅土扶正，促其正常生长。

查苗、补苗。出苗期要随时到田间查看，发现缺苗断垄要及时移栽（播种时，最好在地头覆膜点播预备用苗，用于移栽补苗）。方法是在缺苗处挖一小孔，将幼苗放入小孔中，浇少量水，然后用细湿土封住孔眼。

间苗、定苗。玉米应坚持“3 叶间、5 叶定”的原则，即出苗后 2~3 片叶展开时开始间苗，除去病苗、弱苗、杂苗；4~5 片叶展开时即可定苗，每穴留苗 1 株，保留生长健壮、整齐一致的壮苗。

及时打杈。全膜双垄覆盖玉米生长旺盛，常常产生大量分蘖，这些分蘖不能形成果穗，只能消耗养分。因此，定苗后至拔节期间，要勤查勤看，及时将无效分蘖掰掉或割除。

②中期管理：中期管理（拔节至抽雄期）的重点是促壮秆、增大穗，田间管理应以追肥为主。在拔节至大喇叭口前期追肥，以偏早为好，一般使用追肥枪按施肥方案规定的追肥量从 2 株玉米中间打孔，深施肥

料。同时注意施用锌肥，在拔节至抽雄期每公顷用0.05%~0.1%硫酸锌溶液750 kg进行叶面喷施，全生育期喷2次。另外，此期要注意防治玉米顶腐病、瘤黑粉病、玉米螟等病虫害。全膜双垄覆盖垄侧播种玉米水肥条件好，双棒率高，时常出现第三穗，应及早掰除第三穗，减少养分消耗。

③后期管理(抽穗至成熟期)：玉米生育后期管理的重点是防早衰、增粒重、防治病虫害。若发现植株发黄、叶色变淡等缺肥症状，应追施增粒肥。玉米应按照无公害农产品生产技术要求，采取综合措施，合理选用农药，及时防治各类病虫害，将灾害损失降到最低限度。

(2)大豆的田间管理。

①间苗、定苗：大豆第一个三出复叶展开前，一次性间苗、定苗，每穴留1株健壮苗。

②追肥：玉米可在初花期视苗情追肥。大豆花期是“促—控—促”栽培技术的关键时期，此时如能为大豆植株提供充足的水分、养分，有利于促进植株后期的生长。花期叶面喷施磷酸二氢钾和硼、钼等微肥，一般连喷2次，每公顷用磷酸二氢钾1 500 g、钼酸铵375 g、硼砂1 500 g，先用少量温热水溶解，后加入750 kg清水，于叶片正反面均匀喷施。为防止植株徒长、倒伏，始花期7 d左右喷施多效唑，长势好时提早至始花期前，每公顷用15%多效唑可湿性粉剂750~1 500 g加水750 kg稀释后，均匀喷施于叶片正反面。大豆鼓粒至成熟期每公顷用15 kg尿素加1.5 kg磷酸二氢钾，兑水750 kg喷洒叶面。

③病虫害防治。

蚜虫：点片发生并有3%的叶片卷曲时，用40%乐果乳油800倍液，或40%氧化乐果乳油1 000倍液，或50%抗蚜威可湿性粉剂，每公顷150 g兑水600~750 kg喷雾。

食心虫：用2.5%功夫乳油或其他菊酯类杀虫剂，用背负式喷雾器将喷头朝上从植株根部向上喷，使下部枝叶和顶部叶片背朝着药。

霜霉病：田间发病时可用25%甲霜灵可湿性粉剂800倍液喷雾，用药液量为每公顷600 kg。

枯萎病：枯萎病发病时全株枯萎，主要以预防为主，在田间发现零星病株时，应拔除病株，并喷洒50%多菌灵可湿性粉剂800~1 000倍液，保护健株不受侵染，重点喷植株根部。

6. 适时收获

当玉米苞叶变黄、籽粒乳线消失、籽粒变硬且有光泽时收获。果穗收后搭架或晾晒，防止淋雨受潮导致籽粒霉变，待水分含量降至14%以下后，脱粒贮藏或销售；果穗收后，秸秆应及时收获并青贮。

当大豆叶变黄、开始脱落，豆荚变褐色，籽粒变硬、有光泽时收获。

五、全膜双垄覆盖垄侧播种栽培条件下马铃薯与大豆立体复合种植技术

全膜双垄覆盖垄侧播种栽培条件下马铃薯与大豆立体复合种植技术是将马铃薯和大豆间种，在丰水年发挥大豆的增产优势，同时促进马铃薯增产，实现双丰收，在干旱年份，大豆虽受灾减产，但占比例较大的耐旱马铃薯仍有相当高的产量，实现以薯补豆。马铃薯套种大豆可将作物的丰产性和抗灾性有机结合起来。

(一)全膜双垄覆盖垄侧播种条件下马铃薯间种大豆的效益

1. 生态效益

以晋薯7号和FK6为对象，考察全膜双垄覆盖垄侧播种马铃薯间种大豆的效益。

(1)水分利用效率。据试验研究，马铃薯间种大豆(折合主粮)水分利用效率最高为15.45 kg/(mm·hm^2)，较单种马铃薯提高2.4 kg/(mm·hm^2)，较单种大豆提高9.15 kg/(mm·hm^2)，增幅分别为18.4%、145.2%。

(2)光热效应。马铃薯采用宽窄行种植并在宽行内间种大豆形成复合种植系统后，虽然物种增多，密度增加，但相较于对应作物的单种田，不仅对薯带的光照未见明显削弱，并且明显增强了豆带的透光性。与间种田相比，单种田植株密度稀疏，空白地与大气接触面积大，蒸发量大。

(3)土地利用率。马铃薯间种大豆种植系统的土地利用率可用土地当量比来反映。经计算，在全膜双垄覆盖条件下马铃薯间种大豆的土地当量比为 1.36，说明马铃薯与大豆间种使土地利用率提高了 36%。

(4)肥田效应。据研究报道，籽粒产量 1 500 kg/hm^2 的大豆根瘤固氮量为 56.25 kg，约相当于262.5 kg 的标准氮肥，且大豆的农田归还率较高，将其纳入间种的农田生态系统中，可发挥其肥田效应，能够实现土地的用养结合和农田的短中期带状轮作。

2. 生产力效应

(1)作物生育效应。全膜双垄覆盖条件下，马铃薯间种大豆构成的群体相对于单种马铃薯群体，马铃薯生长的地上、地下空间缩小，无疑会和大豆产生争水、争肥、争光的矛盾，但经观察，套种大豆对马铃薯的生长发育未见明显影响，主要表现在单株结薯数、商品薯率及单株薯重没有明显降低。通风透光及温度、湿度条件的改善，造成间种大豆正向生育效应，据试验测定，间种大豆比单种大豆单株分枝数多 0.47 个，单株结荚数多 0.5 个，百粒重高 1.3 g，单株粒重高 3.3 g(表 2-7-34)。

表 2-7-34　全膜双垄覆盖条件下马铃薯间种大豆生育效应

种植方式	马铃薯				大豆				
	株高/cm	单株结薯数/个	商品薯率/%	单株薯重/g	单株分枝数/个	单株结荚数/个	单株粒数/粒	百粒重/g	单株粒重/g
间种	85.3	3.7	86.2	532.8	2.96	35.2	60.3	23.3	20.1
单种	85.0	3.5	82.6	515.6	2.49	34.7	63.7	22.0	16.8

(2)生物产量效应。由表 2-7-35 可以看出，马铃薯间种大豆主粮产量(马铃薯块茎产量按 5:1 折算)合计 6 375.3 kg/hm^2，较单种马铃薯增产 556.5 kg/hm^2，较单种大豆增产 4 000.5 kg/hm^2，增幅分别为 9.6% 和 168.6%。间种田马铃薯产量(薯块)相当于单种马铃薯产量的 91.65%，实现了马铃薯间种大豆的双高产。间种田大豆产量(籽粒)相当于单种大豆产量的 43.93%。茎叶产量间种比单种大豆增加 82.03%。

表 2-7-35　全膜双垄覆盖条件下马铃薯间种大豆生物产量效应

单位：kg/hm^2

种植方式	主粮产量			茎叶产量	
	马铃薯	大豆	合计	马铃薯	大豆
马铃薯//大豆	5 331.0	1 042.5	6 373.5	2 719.5	865.5
单种马铃薯	5 817.0		5 817.0	3 082.5	
单种大豆		2 373.0	2 373.0		1 969.5

3. 经济效益

研究与生产实践证明，合理的种植制度能够获得最大的收益。在全膜双垄覆盖条件下，马铃薯间种大豆经济效益显著。

由表 2-7-36 可知，马铃薯间种大豆较单种马铃薯总产值增加 3 268.5 元/hm^2，增幅 14%，纯收入增加 2 818.5 元/hm^2，增幅 25%；较单种大豆总产值增加 14 649 元/hm^2，增幅 123.23%，纯收入增加 7 449 元/hm^2，增幅 112.23%。

表 2-7-36 全膜双垄覆盖条件下马铃薯间种大豆的经济效益

种植方式	总产值/(元·hm^{-2})	生产成本/(元·hm^{-2})	纯收入/(元·hm^{-2})	产投比
马铃薯//大豆	26 536.5	12 450.0	14 086.5	2.13:1
单种马铃薯	23 268.0	12 000.0	11 268.0	1.94:1
单种大豆	11 887.5	5 250.0	6 637.5	2.26:1

(二)全膜双垄覆盖垄侧播种栽培条件下马铃薯间种大豆的栽培技术

1. 注意选地、精细整地

选择地势平坦、土层深厚、土质疏松、土壤理化性状好、保水保肥能力强、肥力中上的川地、塬地，不宜选择陡坡地、瘠薄地。前作以小麦、玉米为好，切忌与马铃薯连作和迎茬。

前作为夏茬，收后适时早耕、深耕，耕深 25~30 cm，过伏雨后适时耙耱保墒，白露前后浅耕耙耱、合口越冬，冬春镇压打碾、碎土弥缝，保墒提墒。播前采用旋耕机整地，使田面平整、上虚下实、无坷垃。前作为秋茬，边耕边耱，冬春适时镇压，保墒提墒，为覆膜播种创造良好的土壤条件。

2. 增施农家肥，实施配方施肥

马铃薯是喜肥作物，对农家肥的需求量较多，每公顷施用腐熟农家肥 4.5 万~6 万 kg。对肥料三要素的需求，以钾最多，氮次之，磷最少，因而要重视施用化肥。

大豆出苗后即从土壤中吸收氮素，此期根瘤菌固氮能力弱，如氮素不足，则幼苗生长不良，分枝期至开花结荚期，虽固氮能力很强，也必须施肥来补充不足，所以氮肥施用要合理。大豆对磷的吸收以苗期至开花期最敏感。钾肥前期和氮一起有促进营养生长的作用，后期与磷配合能使茎秆强韧，增强抗倒伏性。为此，在与马铃薯间作时既要保证主作物马铃薯的需肥量，又要重视大豆的需肥特点。化肥用量：每公顷基施纯氮 75 kg、P_2O_5 150 kg、K_2O 75 kg。以秋施为好，在最后一次浅耕收耱时顺犁沟施入；春施结合播前整地施入。

3. 及时起垄，精细覆膜

起垄覆膜时间。秋覆膜于 10 月上旬至 11 月上旬进行，春覆膜于 3 月上中旬土壤夜冻昼消时进行。整地后及时起垄，用齿距窄行 40 cm、宽行 70 cm 的划行器，首先于距地边 35 cm 处划一边线，然后沿边线按照一小垄一大垄的顺序划完全田；每带分为大小双垄，总带宽 110 cm，大垄底宽70 cm、高 10~15 cm，小垄底宽 40 cm、高15~20 cm，可采用人工、畜力、机械起垄覆膜。地下害虫严重的地块，起垄时每公顷用 40%辛硫磷乳油7.5 kg，加细沙土 450 kg 拌成毒土撒施，或兑水 750 kg 喷施。杂草危害严重的地块，起垄后每公顷用 50%乙草胺乳油 1 500 g，兑水 750 kg 地面喷雾，然后覆膜。

采用幅宽 120 cm、厚 0.01 mm 的高密度、耐老化地膜覆盖，膜与膜间不留空隙，两幅地膜相接于大垄中间，用下一垄沟或大垄面的表土压实，地膜与垄面、垄沟紧贴，每隔 2~3 m 压一土腰带，防止大风揭膜。覆膜后要防止人践踏并经常检查，如发现地膜破损，及时用细土盖实。覆膜后 1 周，在沟内每隔 50 cm 打一直径 3 mm 的渗水孔，使垄沟内的集雨渗入土壤。

4. 选用良种，适期播种

马铃薯选用具备分枝角度小、株型紧凑、适合密植、抗病、耐旱、质优等特性的品种，如青薯9 号，青薯

168、晋薯7号、冀张薯8号等经过脱毒的一级种薯，播前应摊开晒种2~3 d。用75%酒精消毒过的切刀切薯块，薯块大小以50 g为宜，每个切块应带1~2个芽眼，切后用草木灰拌种。大豆要选择抗旱、早熟、高产的品种，如KF6、中黄30、晋豆42、宁豆4号等。大豆播前要精选，使纯度、净度达到98%，发芽率达到85%以上，含水量不高于12%。为防止大豆根瘤病，可用50%多菌灵拌种，用药量为种子重量的0.3%。

当气温通过5~7℃或10 cm地温达到6~7℃时就是当地马铃薯的适宜播种期，而当气温通过8℃时，春播大豆即可播种，因此，马铃薯与大豆在宁夏旱作农业区的半干旱区可同期于4月下旬播种。

5. 合理密植，保证全苗

用点播器打第一个播种孔将土提出，孔内点籽，打第二个孔后将土提出放在第一个孔口，撑开手柄或用铲子轻轻一磕，盖住第一个孔口，依次类推，将马铃薯种子点播在大垄两侧距垄底5 cm处，播深18 cm。苗期要经常查苗，发现缺苗断垄要及时补苗，力求全苗，补苗后将膜孔用土封严。穴距30.3~34.6 cm，密度5.25万~6万株/hm^2。大豆用点播器播种于大垄上，每垄种植2行，行距30 cm，穴株距15~20 cm，播深3~5 cm，播后用细土封口并踩压播种孔，使种子与湿土紧贴，每公顷保苗9.09~12.1万株，每穴定苗1株。

6. 加强田间管理

（1）马铃薯现蕾初期用追肥枪在2株中间追施尿素75 kg/hm^2；在开花期和结薯期可叶面喷施磷酸二氢钾，一般每隔7 d喷1次，共喷2~3次。大豆追肥视苗情而定。

（2）马铃薯现蕾期及时摘除花蕾，节约养分，供块茎膨大。

（3）适时防治病虫害。马铃薯要重点做好晚疫病和蚜虫的防治。晚疫病防治：中心病株出现晚疫病前喷洒80%代森锰锌可湿性粉剂等保护性药剂进行预防，7~10 d喷1次，连续喷2~3次。田间出现发病中心后要及时用58%甲霜灵·锰锌可湿性粉剂1 500 g/hm^{2}兑水675 kg/hm^{2}喷雾防治，或90%三乙磷酸铝可湿性粉剂400倍液等具有内吸性、治疗作用的药剂进行防治，7~10 d喷1次，连续喷2~3次。

蚜虫防治：要根据测报，抓住田间蚜虫点片发生阶段及时施药，每666.7 m^{2}用40%乐果乳油100 g兑水20 kg喷雾，或3%啶虫脒乳油15~20 mL兑水20 kg喷雾。

大豆食心虫的防治：用2.5%功夫乳油或其他菊酯类杀虫剂，用背负式喷雾器将喷头朝上从植株根部向上喷，使下部枝叶和顶部叶片背朝着药。

7. 适时收获，清除残膜

马铃薯：当大部分茎叶枯萎、块茎与匍匐茎易分离、周皮变厚、块茎干物质含量达到最大值时，为食用和加工用块茎的最适收获期，种用块茎提前5~7 d收获，以避免低温、霜冻危害，提高种性。收获应选晴朗干燥的天气进行，收前1~2 d割掉茎叶和清除田间残苗的枝叶，以免病菌侵染块茎，尽量减少机械损伤。

大豆：茎叶呈棕黄色、少数呈杏黄色、有7%~10%叶片尚未落尽时，是人工收获的最好时机。叶片全部落尽、籽粒已归圆时，是机械收获的适宜时期。

两作收获后及时用残膜回收机或人工清理残膜，减少污染。

六、地膜覆盖西瓜套种大豆栽培技术

地膜覆盖西瓜套种大豆栽培技术是将大豆种植于西瓜垄间，形成复合群体后，矮秆的西瓜可利用近地面的太阳能，相对高秆的大豆则能有效利用空间光能，进而提高种植系统光热资源的利用率，提高土地利用率。在同一块田套种两种作物,可均衡地吸收土壤中的氮、磷、钾等元素。

(一)整地、施肥与覆膜

选择前茬为小麦、土层深厚肥沃的沙质壤土种植西瓜,切忌重茬与迎茬。前作收后耕地,耕深 25~30 cm,雨后合口保墒,白露时浅耕收耱,冬春适时打磙以保墒提墒。播前先施肥,后用旋耕机整地,之后造穴播种,最后覆膜。每公顷施农家肥 6 万~7.5 万 kg、磷酸二铵 450 kg、硫酸钾 300 kg、尿素 225 kg。整地后起垄,垄宽 80~120 cm,垄高 10~15 cm,垄距 40 cm。选择幅宽 90~140 cm、厚 0.01 mm 的地膜,沿垄边覆膜,每隔 5~8 m 压一土腰带,防止大风揭膜。

(二)西瓜的栽培技术

1. 品种选择

西瓜应选择高产、抗病、耐旱、糖分含量高、不易裂果、市场走俏、耐贮的中早熟品种,如丰抗 88、西农 8 号、黑美人、宝冠、京欣 1 号、新兰、鲁青一号等。

2. 播种时间

西瓜采用无土穴盘育苗,播种时间为 3 月上旬,4 月上中旬定植;直播播种时间为 4 月下旬,采用暖窝坐水直播。

3. 播量

西瓜每公顷用种量为 1 125~1 500 g(千粒重 60~140 g)。

4. 育苗

(1)浸种催芽。育苗移栽、直播都要浸种催芽。用 55℃的温水浸种,并不断搅拌,待水温下降到 30℃以下时停止搅拌,浸种 10 h 后捞出放在湿毛巾上 25~30℃催芽,每隔 2~4 h 用 30℃温水淘洗 1~2 次,搓洗掉种子表皮的黏液,2~3 d 时零星顶白,开始播种。

(2)育苗方式。采用 72 孔穴盘育苗,基质选用壮苗 1 号,该基质轻、保水、保肥、疏松、透气、无病菌、操作方便,幼苗生长快,根系发育良好,可培育优质壮苗。播前将基质装盘(或营养钵)、压穴,穴深 1 cm。

播种后将穴盘置于日光温室内,要求苗床平整,浇水使基质湿透,然后加扣小拱棚。

出苗前气温控制在白天 28~32℃,夜间 18~20℃,以利于出苗;出苗后白天气温控制在 20~28℃,防止高脚苗,小拱棚早揭晚盖;第一片真叶出现后白天温度控制在 20~22℃,基质的含水量控制在 60%上下,浇水过多,根系黄化,浇水过少,易使植株生长弱。壮苗 1 号基质使用中易缺氮,且基质中又忌混入氮肥,故最好在真叶出现后,每盘浇入 15 g 尿素水,10~15 d 1 次。第 7 天喷 1 次叶绿精(800 倍液)。定植前 1 周白天温度控制在 20~25℃,低温炼苗。苗期注意防治猝倒病、白粉虱、潜叶蝇。可用代森锰锌、移栽灵等药剂防治猝倒病。

5. 定植

株距 60~80 cm,每垄种植 1 行,每公顷定植 9 000~12 000 株,确保每穴保苗 1 株。定植在晚霜后,土壤温度不低于 15℃,空气温度不低于 18℃,选择晴天进行。先挖好定植穴,定植深度以营养钵土表面埋入田土1 cm 为宜,移栽后及时浇水,并覆土。

6. 直播

直播采用暖窝坐水技术,穴口直径 30~40 cm,深 10~15 cm,每窝施农家肥一锨,磷酸二铵 5 g、硫酸钾 3 g,拌匀后浇水点种,要求土肥分开。播种时在暖窝向阳侧坡开一小孔,直径 2 cm,播 2 粒经催芽露白的种子,播深2~4 cm。播后覆湿土 1.5 cm。直播可先暖窝、播种,再覆膜;也可在 10 月中下旬至 11 月上旬整地、施肥，起垄后造穴覆膜，并扎渗水孔以便雨、雪后水分渗入，第二年播种。

7. 田间管理

（1）放苗、封窝。出苗后及时放苗、封窝，每穴留 1 株健壮的幼苗。采用锈沙封窝，不易板结。出苗后覆一次性透明塑料碗或搭建微型拱棚，可有效防止晚霜冻和鼠害。

（2）整枝。双蔓整枝：主蔓结瓜后在瓜前留 5~6 片叶摘心，在主蔓外 5~7 节叶腋处留一健壮侧蔓以供给养分，其余支蔓全部摘心，待瓜坐住后，可停止摘除侧枝，因西瓜以果实为生长中心，茎蔓长势减弱，保留部分侧蔓可增加叶面积而提高产量和品质。一般是第二、第三雌花留果，在主蔓的 7~8 节处。因为第一雌花结的瓜多畸形、个小、皮厚、商品性差，而第四雌花以后结的瓜距根系太远，养分输送远，容易出现偏头。

（3）压蔓。压蔓的作用有三个：一是固定蔓到一定位置，增加光合面积。二是防止风起时吹折蔓。三是产生不定根。

（4）人工授粉。雌花期如遇阴雨天气要人工辅助授粉，一朵雄花可授粉 2~3 朵雌花。如是无籽西瓜，隔行种植有籽西瓜，以便授粉，比例为 4:1。

（5）及时除草，基肥充足可不追肥，在封窝的时候要留蓄水窝，以收集天然降水。

（6）病虫害防治。

枯萎病：重茬地易发生，发病时中下部叶片开始萎蔫，中午蔓蔫，晚上恢复。用敌克松灌根，施用西瓜重茬剂防治。

疫病：叶片和茎秆上出现不规则褐色黑斑，茎秆上出现后继续扩展，茎秆折断，直接死亡。采用霜疫清、杀毒矾、代森锰锌等杀菌剂防治。

细菌性角斑病：发病初期叶片上出现褐色圆形小斑点，后病斑变成黑褐色，潮湿时叶背面有乳白色发亮的菌膜，后病斑开裂穿孔，叶片脱落。采用 DT-杀菌剂、农用链霉素、可杀得、春雷霉素、新植霉素防治。

白粉病：一般在瓜成熟时发生，早期也可发生，且非常顽固，发病时叶片正反面都可产生白色粉斑，这些白色粉斑为病菌的分生孢子，发病后期，白色粉斑因菌丝老熟呈灰白色，并在病斑上产生成堆的黄褐色或黑色小粉点，温度高、湿度大、种植密度过密、光照不足、通风不良等均有利于病情发展。可采用多硫悬浮剂 800 倍液、混杀硫、硫悬浮剂等防治。

虫害以蚜虫为主，每隔 5~7 d 防治 1 次，用 0.3%苦生素 1 000 倍液防治。

8. 及时采收

当果实出现本品种固有的皮色和网纹或条纹，瓜皮纹路清楚、深浅分明；瓜柄与瓜顶略有收缩；瓜皮有光泽，表面茸毛消失；与地面接触的瓜皮由白变黄（未经过翻瓜的果实）；用手摸瓜皮，手感光滑，用手指轻弹瓜皮时，有砰砰低哑浊音时，可采摘。

（三）大豆的栽培技术

1. 品种选择

选择高产、抗病、耐旱、分枝较少、植株直立的品种，如中黄 30 号、晋豆 19 号、KF6。

2. 播前精选种子

精选做种的大豆，除去病粒、虫食粒、破烂粒和杂质，选用粒大、饱满的豆粒做种，纯度、净度达到 98%，发芽率达到 85%，含水量不高于 12%。播前晒种 2~3 d，晒种后将种子摊开散热降温，再装入袋内备用。

3. 拌种

一般采用包衣种子；也可用35%多克福种衣剂，按药、种1:80的比例均匀拌种。

4. 适时播种

播期根据温度、墒情而定，耕作层土壤温度达8~10℃时为适宜播期，宁夏旱作农业区的半干旱区以4月中下旬为宜，最迟不超过5月10日。在西瓜垄间种植2行大豆，距垄膜10 cm，用点播器播种，行距20 cm，株距10.5~18.5 cm，播深4~5 cm，播后按压播种孔，使种子与土壤紧贴，播种要深浅一致，以保证出苗整齐均匀，每公顷播量为22.5 kg，每公顷保苗9万~12万株。

5. 田间管理

（1）播后遇雨，要及时破除板结，大豆出苗后要及时间苗，2~3片真叶展开时间苗，去弱留强。

（2）追肥。初花期视苗情而定，用追肥枪在2株间打孔，每公顷追施尿素75 kg、过磷酸钙112.5~225 kg；花期叶面喷施磷酸二氢钾和硼、钼等微肥，一般连喷2次，每公顷用磷酸二氢钾1 500 g、钼酸铵375 g、硼砂1 500 g，先用少量温热水溶解，后加入750 kg清水，均匀喷施于植株茎叶上。

间套种易导致植株徒长，故应于始花后7 d左右喷施多效唑，长势好时适当提早至始花前，每公顷用15%多效唑可湿性粉剂750~1 500 g，兑水750 kg稀释后，均匀喷施于叶片正反面，以壮秆矮化植株，防止倒伏。大豆鼓粒时，每公顷用15 kg尿素加1.5 kg磷酸二氢钾，兑水750 kg喷洒叶面。

（3）病虫害防治。

①蚜虫。点片发生并有3%的叶片卷曲时，用40%乐果乳油800倍液，或40%氧化乐果乳油1 000倍液，或50%抗蚜威可湿性粉剂，每公顷150 g兑水600~750 kg喷雾。

②食心虫。用2.5%功夫乳油或其他菊酯类杀虫剂，用背负式喷雾器将喷头朝上从植株根部向上喷，使下部枝叶和顶部叶片背朝着药。

③霜霉病。田间发病时可用25%甲霜灵可湿性粉剂800倍液喷雾，用药液量为每公顷600 kg。

④枯萎病。在田间发现零星病株时，应拔除病株，并喷洒50%多菌灵可湿性粉剂800~1 000倍液，保护健株不受侵染，重点喷植株根部。

6. 适时收获

大豆茎叶呈棕黄色、少数呈杏黄色、有7%~10%的黄叶尚未落尽时，是人工收获的适宜时期。

七、全膜双垄覆盖栽培条件下玉米与马铃薯立体复合种植技术

全膜双垄覆盖栽培条件下，玉米与马铃薯立体复合种植是以玉米为主的两种高产作物的组合。玉米是高秆作物，马铃薯是矮秆作物，二者对光、热、水、肥的要求差异显著，有互利互补的作用。

玉米一生喜温、耐高温，苗期环境温度相对较低，地上部生长发育缓慢，主要为根系生长发育。拔节至抽雄期的生长速度在一定范围内与温度成正相关，授粉到成熟期仍要求较高的温度。马铃薯一生喜凉、不耐高温，尤其是块茎形成至迅速膨大阶段，喜冷凉，怕高温，苗期耐低温。

玉米属C_4作物，一生喜光照，尤其是建成营养器官、分化建成结实器官的生育中期既需要水肥充足，又需要强光照，为形成大穗奠定基础；而生育中期的马铃薯，在地上部开花至终花期（地下部块茎形成至迅速膨大阶段），要求短日照和环境温度冷凉，这样有利于马铃薯结实器官建成与干物质转化。

玉米是高秆稀植作物，植株较高，地上部分对光竞争（即冠层竞争）势强，光照充足，正好满足玉米对

光照的生理需求。马铃薯是矮秆大叶稀植作物，植株较玉米矮得多，地上部光照竞争势弱，尤其是在块茎形成至迅速膨大阶段，地下部生长发育更喜冷凉遮阴的环境。从群体作物需要的肥水因素看，玉米喜肥喜水，每生产百千克籽粒需 N 2.5 kg、P_2O_5 1 kg、K_2O 2.5 kg；马铃薯喜钾肥，每生产 500 kg 块茎需 N 2.5 kg、P_2O_5 1 kg、K_2O 5.5 kg。

因此，玉米、马铃薯立体复合种植可行，旱年马铃薯可弥补玉米因旱而减产，丰水年可双双增产，互利互补作用非常显著。

（一）种植规格与经济效益

1. 种植规格

在大垄面中间种植一行马铃薯，株距 30~35 cm，马铃薯距玉米 35 cm，每公顷保苗 25 500~27 000 株。

2. 经济效益

在半湿润偏旱区 3 年试验证实，玉米套种马铃薯（1 行）比单种玉米，每公顷增产 2 707.8 kg，增幅 34%，纯收入增加 51.7%（表2–7–37）。

表 2–7–37　玉米全膜双垄覆盖垄侧播种条件下套种马铃薯的投入及产出情况（2012 年泾源）

模式	投入/(元·hm^{-2})			单产/(kg·hm^{-2})		产值/(元·hm^{-2})				纯收入/(元·hm^{-2})
	物化	活劳动	合计	玉米	套种作物	主产物		副产物	合计	
						玉米	套种作物			
玉米/马铃薯	8 172.0	11 910.0	20 082.0	7 743.0	14 604.0	16 724.88	16 356.48	3 716.64	36 798.00	16 716.00
单种玉米	4 104.0	5 880.0	9 984.0	7 956.0		17 184.96		3 818.88	21 003.84	11 019.84

注：投入中物化主要指种子、肥料、地膜、农机具等。产品价格，玉米为 2.16 元/kg，马铃薯为 1.12 元/kg；生产资料价格，地膜为 11.8 元/kg，尿素为 2.45 元/kg，磷酸二铵为 4.2 元/kg，硫酸钾为 1.25 元/kg，玉米种子为 18 元/kg，马铃薯种子为 2.2 元/kg，人工费为 60 元/个；谷草比按 1∶2 计算，草单价按 0.24 元/kg 计算。

（二）栽培技术

1. 选地、轮作与整地

选择地势平坦、土层深厚、土质疏松、肥力中上的川地、台地、梯田，切忌选择陡坡地。马铃薯忌连作和迎茬，应选择麦茬、豆茬、玉米茬。

前作为夏作物，收后立即深耕灭茬，耕深 25~30 cm。雨后及时耙耱保墒，白露时浅耕，适时收墒，冬春季适时打碾耱地，弥合土壤裂缝，保墒提墒；前作为秋作物，收后适时深耕，耱地保墒。

2. 施肥

施肥可结合秋季最后一次整地进行，也可结合播前整地进行。每公顷基施优质农家肥 60 000~75 000 kg，化肥尿素 244.5~294 kg、普钙 735~900 kg、硫酸钾 60 kg。

3. 起垄覆膜

（1）起垄覆膜时间。

秋季覆膜：半干旱偏旱区、半干旱区在 10 月中下旬至 11 月上旬起垄覆膜。

早春覆膜：在 3 月上中旬、土壤消冻 10~15 cm 时起垄覆膜。

（2）起垄覆膜的方法：选用专用机械或人工、畜力起垄覆膜，形成大垄底宽 70 cm、高 10~15 cm，小垄底宽 40 cm、高 15~20 cm，大小垄相间的田间排列格局。对地下害虫危害严重的地块，起垄前每公顷用

40%辛硫磷乳油 7.5 kg，加细土 450 kg，拌成毒土撒施。杂草危害严重的地块，整地起垄后每公顷用 50%乙草胺乳油1 500 g，兑水 750 kg，全地面喷洒。选用幅宽 120 cm、厚 0.01 mm 的白色地膜覆盖，两幅地膜相接于大垄中间，每隔 2 m 横压一土腰带。

（3）覆膜后管理：覆膜后 1 周左右，地膜与地面贴紧时，在沟中间每隔 50 cm 处打一直径 3 mm 的渗水孔，以使垄沟的集雨入渗。田间覆膜后，严禁牲畜入地践踏造成地膜破坏。要经常沿垄沟逐行检查，一旦发现地膜破损，及时用细土盖严，防止大风揭膜。

4. 播种

（1）选用良种：玉米选择株型紧凑、抗病性强的品种，半干旱区选用长城 706、先玉 335、郑单 958、沈单 16 号等；半湿润偏旱区选用中原单 32 号、长城 706。马铃薯选择熟期适中、分枝较少、茎秆直立、丰产性好的抗旱、抗病虫优良品种，如晋薯 7 号、陇薯 3 号、青薯 9 号等。

（2）播种时间：玉米当 5 cm 地温稳定通过 10℃时即可播种，马铃薯当气温稳定在5~7℃、10 cm 地温达到 6~7℃时即可播种，各地可结合当地气候特点确定播种时间，半干旱区在 4 月中下旬，半湿润偏旱区在 4 月下旬至 5 月上旬。

（3）播种方法与密度。

①玉米播种方法与密度。用点播器按规定的株距将种子破膜穴播在大垄两侧距沟底 3~5 cm 处，播深 3~5 cm，点播后随即踩压播种孔，使种子与土壤紧贴，或用细沙土、牲畜圈粪等疏松物封严播种孔，防止播种孔散墒和遇雨板结而影响出苗。

密度：依据土壤肥力状况、降雨条件和品种特性确定种植密度。年降水量 350~450 mm 的区域以 5.25 万~6 万株/hm^2 为宜，株距为 30.3~34.6 cm；年降水量 400~450 mm 的区域以 6 万~6.75 万株/hm^2 为宜，株距为 26.9~30.3 cm；年降水量 450 mm 以上的地区以 6.75 万~7.5 万株/hm^2 为宜，株距为 24.2~26.9 cm。

②马铃薯播种方法。用点播器或小铲在距大垄中间线 35 cm 处播种，打第一个播种孔，将土提出，于孔深 18 cm 处点种种薯切块，然后打第二个孔，将第二个孔的土提出放在第一个孔内，撑开手柄或用铲子轻轻一磕，覆盖住第一个孔口，依次类推，每个大垄种植1 行，穴株距 30~35 cm，每公顷保苗 2.6 万~3.03 万株，每穴保苗 1 株；也可在距大垄中间 35 cm 处“品”字形种植。

5. 田间管理

（1）苗期管理。

①破土引苗。不论是玉米还是马铃薯，播后遇雨，播种孔处覆土容易板结，导致幼苗出土困难，出苗参差不齐或缺苗，所以在播后出苗时要破土引苗。

②查苗补苗。苗期要随时到田间查看，发现缺苗断垄要及时移栽，在缺苗处补苗后，浇少量水，然后用细湿土封住播种孔。

③定苗。玉米幼苗长出 4~5 片叶时即可定苗，每穴留苗 1 株，除去病苗、弱苗、杂苗，保留生长整齐一致的壮苗。

④打杈。全膜双垄覆盖垄侧播种的玉米生长旺盛，常常产生大量分蘖（杈），消耗养分，定苗后至拔节期间要勤查勤看，及时将分蘖彻底从基部掰掉，增大马铃薯生长空间。

此期要注意防治玉米顶腐病、白化苗及虫害。

(2)中后期管理。

①玉米中期管理。在玉米拔节至大喇叭口前期追肥,以偏早为好,每公顷追施尿素 180~225 kg,可采用追肥枪在 2 株玉米中间打孔施肥。玉米在全膜双垄覆盖垄侧播种条件下,水、肥、热条件好,双穗率高,还时常出现第三穗,应尽早掰除第三穗,减少养分消耗。此期要注意防治玉米顶腐病、瘤黑粉病及玉米螟等。

②玉米后期管理。玉米后期管理的重点是防早衰、增粒重、防病虫。要保护好叶片,提高光合强度,延长光合作用时间,促进粒多、粒重。肥力高的地块一般不追肥以防贪青;若发现植株出现发黄等缺肥症状时,应视苗情及时追肥。

③马铃薯中后期管理。马铃薯封垄前,依长势决定是否追肥,一般每公顷追施尿素 150 kg。追肥要视墒情而定,干旱时少追或不追,墒情好、雨水充足时适量加大。追肥运用追肥枪在 2 株中间打孔追施。在开花期将花蕾摘去,减少养分消耗。

马铃薯块茎形成期气温较高,在套种条件下,玉米植株高大遮阴,为马铃薯块茎膨大创造了阴凉的气候条件,有利于块茎膨大。同时,由于玉米植株的遮阴,加之降雨增多,田间湿度较大,马铃薯早疫病、晚疫病易发生,因此,要注意病害的防治。

晚疫病。在植株花期前后和雨水偏多时发生严重,主要症状是叶片边缘出现暗绿色病斑,潮湿条件下病斑迅速发展,蔓延至全叶,病叶边缘向上卷曲干枯以后叶背病斑组织边缘产生白色霉毛。应及早用 25%瑞毒霉或甲霜灵 800 倍液,或 40%疫霉灵 200 倍液,或 50%甲基托布津500 倍液,每隔 7 d 喷 1 次,连喷 2~3 次。

早疫病。发病初期在小叶上出现褐色同心轮纹并干枯,也可为卵圆形或多角形,病斑周围有黄色晕圈。一般植株下部叶片先发病,逐渐向上蔓延,严重时叶片全部干枯,然后在干叶上产生黑色绒毛状霉状物。化学防治以铜制剂较好。

6. 适时收获

当玉米苞叶变黄、籽粒乳线消失、籽粒变硬且有光泽时收获。果穗收后搭架或晾晒,防止淋雨受潮导致籽粒霉变,待水分含量降至 14%以下后,脱粒贮藏或销售;果穗收后,秸秆应及时收获并青贮。

马铃薯植株生长停止、茎叶大部分枯黄时,块茎很容易与匍匐茎分离,周皮变硬,干物质含量达最高限度,此时为食用块茎的最适收获期。收获时应选择晴天,切忌在阴天收挖,以防受淋的薯块烂窖和对土壤结构造成破坏。

八、全膜双垄覆盖垄侧播种栽培条件下青贮玉米套种南瓜的效益及配套技术

青贮玉米全膜双垄覆盖垄侧播种栽培技术有效提高了地温、土壤蓄水保墒能力,产生了较好的经济、社会和生态效益。为了充分挖掘增产潜力,进一步提高土地光、热、水资源及地膜利用率,多年来在全膜双垄覆盖垄侧播种条件下进行玉米套种南瓜试验,取得了一定成效。青贮玉米全膜双垄覆盖垄侧播种条件下套种南瓜在节本增效、提高单位面积产量、增加经济收入方面效益显著。

(一)青贮玉米全膜双垄覆盖垄侧播种条件下套种南瓜的效益

1. 经济效益

通过 3 年对不同套种模式投入及产出数据的分析发现(表 2-7-38),青贮玉米套种马铃薯单位面积投入最高,达 20 082 元/hm²;青贮玉米套种南瓜投入为 13 825.5 元/hm²;单种青贮玉米投入最少,为

9 984 元/hm²。青贮玉米套种南瓜产出青贮玉米 98 973 kg/hm²,南瓜 5 841 kg/hm²,产值 40 205.7 元/hm²、纯收入 26 380.2 元/hm²,比单种玉米增效达 33.1%,位居第一;青贮玉米套种马铃薯产出青贮玉米 98 576 kg/hm²、马铃薯 14 604 kg/hm²,产值 45 929.3 元/hm²、纯收入 25 847.3 元/hm²,比单种青贮玉米增效达 30.4%,位居第二;青贮玉米单种产量 99 333 kg/hm²,产值 29 799.9 元/hm²、纯收入 19 815.9 元/hm²。从效益来看,不同套种模式确实能提高单位面积的产量,经济效益明显。

表2-7-38　不同套种模式经济效益

处理	投入/(元·hm⁻²)			单产/(kg·hm⁻²)		产值/(元·hm⁻²)			纯收入/(元·hm⁻²)
	物化	活劳动	合计	青贮玉米	套种作物	青贮玉米	套种作物	合计	
青贮玉米/南瓜	5 785.5	8 040	13 825.5	98 973	5 841	29 691.9	10 513.8	40 205.7	26 380.2
青贮玉米/马铃薯	8 172.0	11 910	20 082.0	98 576	14 604	29 572.8	16 356.5	45 929.3	25 847.3
单种青贮玉米	4 104.0	5 880	9 984.0	99 333		29 799.9		29 799.9	19 815.9

注:投入中物化主要指种子、肥料、地膜、农机具等。产品价格,青贮玉米为 0.3 元/kg、马铃薯为 1.12 元/kg、南瓜为 1.8 元/kg;生产资料价格,地膜为 11.8 元/kg、尿素为 2.45 元/kg、磷酸二铵为 4.2 元/kg、硫酸钾为 1.25 元/kg、玉米种子为 18 元/kg;人工费为 80 元/个。

2. 生态效益

(1)有效提高光热资源利用率。试验、示范所在地泾源县地处宁夏六盘山半湿润偏旱区,气候阴湿冷凉,倒春寒现象严重,无霜期 120~130 d,年平均气温 5.9℃,日照时数 2 666~3 000 h,≥10℃有效积温 2 300℃,海拔 1 700~2 300 m,早春气温偏低限制了青贮玉米生产,采用全膜双垄覆盖垄侧播种青贮玉米套种南瓜技术,解决了积温不足对青贮玉米的影响,提高了光热资源利用率,大幅度提高了产量。全膜双垄覆盖垄侧播种玉米,大垄面空间较大,将播种期基本相同、共生期较短的南瓜插入大垄中间,形成复合群体布局后,瓜蔓可利用近地面的太阳能,高秆的玉米则能有效利用空间光能,进而提高种植系统光热资源利用率。

(2)有效提高土地利用率。在宁夏六盘山半湿润偏旱区,青贮玉米是高产高效作物,南瓜则是典型的高产经济作物,套种模式下可发挥南瓜的增产优势,同时促进玉米增产,从而实现双丰收,大大提高土地利用率。

(二)全膜双垄覆盖垄侧播种条件下青贮玉米套种南瓜的栽培技术

1. 整地

一是深耕,即在前茬作物收获后及时深耕灭茬,耕深达到 25~30 cm,白露时及时浅耕耙耱收墒,冬春季适时耱地保墒;二是覆膜前浅耕或旋耕,平整地表,做到上虚下实无根茬、地面平整无坷垃,要求地不平不种、地整不好不种,为覆膜、播种创造良好的土壤条件。

2. 施肥

全膜双垄覆盖垄侧播种条件下青贮玉米套种南瓜立体复合种植模式经多年试验示范,应在覆膜前结合整地基施农家肥 60 000~67 500 kg/hm²、尿素 349.5 kg/hm²、磷酸二铵 231 kg/hm²、硫酸钾 69 kg/hm²;追施尿素 313.5 kg/hm²。

3. 品种选择

青贮玉米全膜双垄覆盖垄侧播种栽培较常规半膜覆盖栽培有效积温增加多，应选择生育期较长、株型紧凑、抗逆性强、适应性广、品质优良、增产潜力大的品种。经多年试验示范，在半湿润偏旱区的泾源县玉米选用中原单32号，南瓜选用绿珍宝，产量和效益较好。

4. 种子处理

南瓜种子用50℃温水浸泡20 min，捞出晾干后催芽播种；还可以用次氯酸钙300倍液浸种2 h或100万单位硫酸链霉素500倍液浸种2 h，冲洗干净后催芽播种。

5. 覆膜播种

于早春土壤解冻10~15 cm时，选用专用机械起垄覆膜，半湿润偏旱区播期覆膜也可。选用厚度0.01 mm、宽1.2 m的白色地膜覆盖，带宽1.1 m，大垄底宽70 cm、高10~15 cm，小垄底宽40 cm、高15~20 cm。覆膜1周左右，在沟中间每隔50 cm处扎一直径3 mm的渗水孔。当地表5 cm地温稳定通过10℃以上时，即为玉米适宜播种期，一般在4月中下旬，泾源县在4月下旬至5月初。播种方法：在大垄两侧距沟底3~5 cm处破膜开穴，播种玉米，播深3~5 cm，种植密度6万~6.75万株/hm^2，株距26.9~30.3 cm；同时在大垄面中间种植南瓜1行，每穴下籽1~2粒，播深3~5 cm，株距100 cm，播种后随即用土将播种孔封严。

6. 田间管理

（1）查苗补苗，适时追肥。播种后遇雨及时破除板结；出苗前后要及时到田间查看，发现缺苗断垄及时移栽、补苗，当玉米幼苗长出4~5片叶时，即可定苗，每穴留健壮苗1株；在拔节至大喇叭口前期对玉米追肥，以偏早为好。南瓜每穴留健壮的幼苗1株。

（2）病虫害防治。玉米主要虫害是玉米螟和蚜虫，可选用10%氯氰菊酯450 mL/hm^2兑水300 kg或1.8%阿维菌素乳油3 000倍液、10%吡虫啉可湿性粉剂1 500倍液，喷雾防治。

南瓜主要病害为细菌性缘枯病和白粉病。

①细菌性缘枯病：该病病原为边缘假单胞菌，南瓜的叶、叶柄、茎、卷须和果实均可受害，初在气孔附近产生水浸状小斑点，后扩大为淡褐色不规则斑，周围有晕圈。严重的产生大型水浸状病斑，由叶缘向叶中间扩展呈楔形，叶柄、茎等上面的病斑亦呈水浸状，褐色。果实染病先在果柄上形成水浸状病斑，后变褐色，果实黄化凋萎，脱水后呈木乃伊状。湿度大时病部溢出菌脓。该病的发生主要受降雨引起的湿度变化及叶面结露影响。当湿度上升到70%以上或饱和达6~8 h即可发病，结露时间越长，发病越重。防治方法：加强田间管理，及时清除病叶。在发病初期或蔓延开始期可选用50%甲霜铜可湿性粉剂600倍液或72%农用链霉素4 000倍液喷雾防治。

②白粉病：该病以菌丝或分生孢子在寄主上越冬或越夏，成为翌年初侵染源。分生孢子借气流或雨水传播并落在寄主叶片上，分生孢子先端产生芽管和吸器从叶片表皮侵入，菌丝体附着在叶片表面，从萌发到侵入需24 h，5 d后在侵染处形成白色菌丝丛状病斑，经7 d成熟形成分生孢子，进行再侵染。白粉病能否流行取决于湿度和寄主的长势，一般湿度大有利于其流行。防治方法：发病初期，喷洒15%三唑酮可湿性粉剂1 500倍液或多硫悬浮剂500~600倍液。

7. 适时收获

青贮玉米要适时刈割，过早收割由于干物质积累较少导致产量不高，推迟收割则由于绿叶数减少、水分蒸发等因素导致鲜重下降，太迟易受霜冻危害，故应在乳熟末期至蜡熟初期刈割。

九、全膜双垄覆盖栽培条件下冬油菜套种青贮玉米的效益及配套技术

(一)冬油菜套种青贮玉米的效益

1. 经济效益显著

冬油菜套种青贮玉米每公顷可产油菜籽 2 220 kg，青贮玉米 51 600 kg，产值达 28 800 元/hm²，较单种青贮玉米提高 50%，纯收入达 11 985 元/hm²，较单种青贮玉米提高 112%，产投比 1.7:1，经济效益十分显著(表2-7-39)。

表 2-7-39 冬油菜套种青贮玉米的效益

处理	产量/(kg·hm⁻²)		总收入/(元·hm⁻²)	总成本/(元·hm⁻²)	纯收入/(元·hm⁻²)	产投比
	玉米生物产量	油菜籽粒产量				
冬油菜/青贮玉米	51 600	2 220	28 800	16 815	11 985	1.7:1
单种青贮玉米	63 990		19 200	13 545	5 655	1.4:1

注：冬油菜 6 元/kg；青贮玉米 300 元/t；冬油菜套种青贮玉米投入 16 815 元/hm²(其中地膜、种子 2 250 元/hm²；化肥：尿素 1 146 元/hm²，磷肥 1 130 元/hm²，钾肥 130 元/hm²；农药 309 元/hm²；人工机械投入 11 850 元/hm²)。

2. 充分利用自然资源，变一年一熟为一年两熟

宁夏旱作农业区尤其是半湿润偏旱区光照充足，但积温不足，种植的冬油菜当年 8 月下旬播种，来年 6 月中下旬收获，两年只能收获一季。4 月下旬种植玉米，9 月中下旬收获，每年只能种植一季。采用冬油菜与青贮玉米套种可充分利用当地的自然资源，变一年一熟为一年二熟。冬油菜 5 月 10 日至 5 月 20 日进入结荚期，6 月 20 日收获。青贮玉米 4 月 22 日播种，5 月 5 日出苗，7 月 1 日拔节，冬油菜并不影响青贮玉米的生长发育(表 2-7-40、表 2-7-41)。

表 2-7-40 冬油菜套种青贮玉米栽培条件下冬油菜的生育期

播种期	出苗期	越冬期	返青期	抽薹期	现蕾期	开花期	结荚期	收获期
8 月 18 日	9 月 1 日	11 月 1 日	3 月 15 日	4 月 15 日	4 月 25 日	5 月 10 日	5 月 20 日	6 月 20 日

表 2-7-41 冬油菜套种青贮玉米栽培条件下青贮玉米的生育期

播种期	出苗期	拔节期	大喇叭口期	抽雄期	开花期	吐丝期	乳熟期	收获期
4 月 22 日	5 月 5 日	7 月 1 日	7 月 20 日	8 月 20 日	8 月 25 日	8 月 25 日	9 月 20 日	9 月 25 日

3. 有利于生态环境保护

冬油菜 8 月下旬播种，翌年 6 月中下旬收获，玉米 4 月下旬播种，9 月下旬收获，土地四季处于植被覆盖下，有效地减少了土壤水分蒸发、水土流失及沙尘，改善了生态环境条件，使农业生产与生态环境保护有机结合起来。

4. 促进相关产业发展

(1)解决了油饲争地矛盾，促进了养殖业的发展。油饲套种既保证了食用油的需求，又为畜牧业的发展提供了充足的饲料。菜籽饼含蛋白质 35%~47%以及各种氨基酸，还含有粗脂肪、纤维素、矿物质和多种维生素；油菜籽饼粕除去硫苷后，是家畜的优质饲料；油菜的角壳每千克含有 14 g 粗蛋白质及大量纤维素，加工后可做鸡、猪饲料；油菜的秸秆粉碎以后可做牛、羊等家畜的饲料。青贮玉米产量高而营养丰富，是制作青贮饲料的优质原料。

(2)促进了养蜂业的发展。油菜枝多叶茂,开花多,花期长,是良好的蜜源作物,有利于养蜂业的发展,从而促进农村经济的发展。

(3)促进了景观农业的发展。宁夏旱作农业区春季绿色植被少,显花植物尤其罕见。冬油菜3月中旬返青,4月下旬现蕾,5月上旬开花,是春季开花最早的作物,很容易形成规模。油饲套种既延长绿色植物和显花植物的覆盖时间,又使冬油菜与生态建设、畜牧业、旅游业、养蜂业的发展有机结合起来,美化了环境,增加了农民收入。

5. 改良土壤

油菜是一种养地作物,生产过程中的落叶、落花、根茬等,可供给土壤大量的有机物质和氮、磷、钾等营养元素;油菜的根系能分泌某些有机酸,溶解土壤中难溶性磷,以供给作物吸收利用;菜籽饼含氮4.6%、磷2.5%、钾1.4%以及多种营养元素,是很好的肥料,对培肥地力有良好的作用,也有利于后茬作物的增产增收。

(二)冬油菜套种青贮玉米的栽培技术

1. 品种选择

经试验,冬油菜与青贮玉米套种,青贮玉米以中原单32号、屯玉168为主,冬油菜以陇油6号、陇油8号为主,所用种子播前均应进行包衣处理。

2. 选好前茬,重视土壤耕作和施肥

冬油菜、青贮玉米均是需肥较多的作物,尤其是对氮肥需求量大而敏感,冬油菜又忌连作和迎茬,8月中下旬播种,收获较早,故应选择良好的前茬,以麦茬、豆茬为宜。麦类、豆类作物收获后有近1个月的歇地时间,方便土壤耕作,有利于土壤晒垡熟化、灭茬除草,为播种做准备。前作收后要及时耕翻灭茬,耕深25~30 cm,做到上虚下实、地面无土块。播前半个月,结合整地,重施基肥,要求施农家肥6万~7.5万kg/hm^2、尿素316.5 kg/hm^2、磷酸二铵231 kg/hm^2、硫酸钾54 kg/hm^2。结合整地用15%阿维·毒或50%辛硫磷乳油3 750 mL/hm^{2}拌毒土600~750 kg/hm^{2}或5.2%阿维·毒颗粒剂30~45 kg/hm^{2}撒入土中进行土壤处理,兼治象甲类害虫和地下害虫。

3. 起垄覆膜

选用幅宽120 cm、厚0.01 mm的白色耐候地膜,采用专用机械一次性完成施肥、起垄、覆膜作业,形成大垄底宽70 cm、高10~15 cm,小垄底宽40 cm、高15~20 cm,大小垄相间的田间排列格局。覆膜后7 d,在沟中间每隔50 cm打一直径3 mm的渗水孔。经常检查,发现地膜破损,及时用细土盖严,以防大风揭膜。

4. 适期播种、合理密植

据研究,气温稳定在18~22℃、冬前≥0℃积温950~1 000℃时为冬油菜的适播期,一般以8月中旬为宜,在全膜双垄覆盖条件下可适当推迟,近两年在半湿润偏旱区的泾源县试验,以8月20日左右播种为好,半干旱区如彭阳县,可比露地播种推迟10 d左右;播种可采用点播器穴播于小垄两侧,穴距6~7 cm,每穴播3粒,播深3~4 cm,每公顷保苗26万~30万株。青贮玉米于翌年4月中下旬播种,在大垄两侧距沟底5 cm左右用玉米点种器播种,播深3~5 cm,半干旱区每公顷保苗6万~6.75万株,株距26.9~30.3 cm,半湿润偏旱区每公顷保苗6.75万~7.5万株,株距24.2~26.9 cm,播后随即踩压播种孔,并用细沙土封严播种孔,以防播种孔散墒和遇雨板结影响出苗。

5. 加强田间管理

玉米出苗期要及时检查,土壤如遇雨板结,要及时破土引苗。发现缺苗断垄要及时坐水移栽,然后用细湿土封住孔眼。当幼苗长出4~5片叶时及时定苗，每穴留健壮苗1株。在拔节期至大喇叭口前期追肥，以偏早为好，用追肥枪在2株玉米中间追施尿素225 kg/hm^2。

冬油菜出苗前后要及时查苗，如发现空穴，及时将同品种种子浸种催芽后播种，以保证全苗。在油菜二叶期时，如发现压在膜下的幼苗要及时掏出，并用湿土封住穴口，以防失墒。在油菜三叶期时间苗。油菜苗期要注意护膜保苗，防止牲畜践踏损坏地膜与伤苗。油菜进入初花期时可用2%尿素、3%过磷酸钙、0.18%硼砂混合液喷雾，增花、增角，提高结实率，增加果粒数、千粒重和含油量，每6~8 d喷1次，连续喷2次。

6. 及时防治病虫害

冬油菜在全膜覆盖条件下的主要病害为根腐病，主要虫害为根蛆、黑缝油菜叶甲和油菜茎象甲等。

(1)根腐病。发病初期喷72%农用硫酸链霉素可湿性粉剂3 000~4 000倍液，或每666.7 m^{2}用40%菌核净可湿性粉剂1 000~1 500倍液100 kg喷施，隔7~10 d喷1次，连续防治2~3次。

(2)根蛆。出苗后发现根蛆为害，可用40%乐果乳油1 000~1 500倍液灌根杀灭。

(3)黑缝油菜叶甲。于返青后立即用氰戊·马拉硫磷1 500~2 000倍液喷雾防治。

(4)油菜茎象甲。油菜茎象甲成虫期防治是关键，以化学防治为主。返青时用2.5%敌百虫粉剂或1.5%乐果粉剂，每666.7 m^{2}喷施1.5~2 kg；或用90%敌百虫晶体1 000倍液，每666.7 m^{2}喷施60~70 kg。

进入花期后会发生潜叶蝇、小菜蛾等害虫危害，可选用80%敌敌畏、25%氧乐菊酯1 000~1 500倍液喷雾防治。生长后期易遭蚜虫危害，可用40%乐果乳剂1 000~1 500倍液喷雾防治。

青贮玉米的主要虫害为玉米螟、玉米叶螨和蚜虫，可选用10%氯氰菊酯450 mL/hm^2，兑水300 kg，或1.8%阿维菌素乳油3 000倍液，或10%吡虫啉可湿性粉剂1 500倍液，喷雾防治。

7. 适时收获

青贮玉米要适时收割，过早收割由于干物质积累较少而产量不高，推迟收割则由于绿叶数减少、水分蒸发等因素导致鲜重下降，太迟则受霜冻危害，故应在乳熟末期至蜡熟初期收割。

油菜为无限花序，开花延续时间长，角果成熟期很不一致，应掌握在全田70%~80%植株角果呈现淡黄色到蜡黄色时收获，防止裂果落粒，影响产量。

十、全膜双垄覆盖垄侧播种条件下玉米套种白芸豆的效益及配套技术

(一)选择套种白芸豆的依据

1. 白芸豆的功效好

白芸豆以幼嫩的豆荚鲜食为主，也可加工成酱腌菜食用，是一种食味好、老少皆宜的蔬菜。其蛋白质、钙、铁、B族维生素的含量远远高于鸡肉，可见其营养之丰富。白芸豆颗粒饱满，色泽鲜明，营养丰富，可煮可炖，不但是制作糕点、豆馅、甜汤的优质原料，而且药用价值很高，是一种难得的高钾、高镁、低钠食品，尤其适合心脏病、动脉硬化、高血脂、低血钾症和忌盐患者食用。

多食白芸豆可以加快肌肤的新陈代谢，促进机体排毒。白芸豆中的皂苷类物质能降低脂肪吸收功能，促进脂肪代谢，而膳食纤维则可以缩短食物通过肠道的时间，因此能达到减肥的目的。白芸豆含有皂苷、尿毒酶和多种球蛋白等成分，能提高人体免疫力，增强抗病能力，对肿瘤细胞的发展起到抑制作用，还对肝性昏迷患者有很好的效果。此外，白芸豆可刺激骨髓的造血功能，诱导成骨细胞增殖，促进骨折愈合。

白芸豆不仅有健脾利水的作用，还对脾胃不适、水肿、肿瘤等具有不错的辅助治疗作用，用途广泛，市场销路好。

2. 白芸豆与玉米套种互补性好

白芸豆相对于玉米属矮秆作物，可利用近地面的太阳能，玉米属高秆作物，可有效利用空间光能，在大垄中插入白芸豆可提高种植系统的光热资源利用率。玉米吸收氮素较多，而白芸豆属豆科作物，对磷素敏感，根部又着生大量根瘤菌，根瘤菌可固氮。在同一块田中套种，可均衡吸收土壤中氮、磷、钾，既可发挥白芸豆的增产作用，又可促进玉米增产，实现双丰收，较单种土地利用率大幅度提高，进而提高土地的增产潜力，故在全膜双垄覆盖条件下玉米套种白芸豆生态、经济、社会效益好。

（二）全膜双垄覆盖条件下玉米套种白芸豆的种植规格与效益

1. 种植规格

在大垄面中间种植 1 行白芸豆，穴距 15~20 cm。

2. 效益

（1）经济效益。玉米套种白芸豆经济效益显著，主要表现为在主作物玉米产量基本不减的情况下，白芸豆的收入可抵消地膜投入，能起到“以豆换膜”的作用。据试验、示范，套种田平均产量为 7 632 kg/hm^2，其中玉米 6 784.5 kg/hm^2，白芸豆 847.5 kg/hm^2，每公顷产值 16 918.2 元（玉米产值 10 855.2 元，白芸豆产值 2 034 元，秸秆产值 4 029 元），投入仅增加 1 000 元/hm^2，纯收入可达 15 918.2 元/hm^2。

（2）生态效益。全膜双垄覆盖条件下玉米套种白芸豆，大大提高了农业自然资源的利用率，优化了农田小气候，显著提高了光照、热量、水分、肥料、土地利用率和水分利用效率。该种植技术具有高产出的特点，所以较大幅度地增加了地上部生物量（籽粒、秸秆）和地下部根茬量，直接或间接地增加了土壤有机质。玉米和白芸豆套种互补性好，可均衡地吸收土壤中的氮、磷、钾，从而在保持高产出的情况下不致土壤肥力衰减，实现了农田用养结合和可持续利用。同时，由于延长了田间作物生长期，地面覆盖度增加，有利于保护生态环境。

（3）社会效益。全膜双垄覆盖条件下玉米套种白芸豆，干旱年可减灾稳产保收，丰水年可高产增收，是旱作农业区抗旱减灾、稳定和提高粮食产量的有效措施，同时为种植业节本增效、发展优质高产高效农业、增加农民收入提供了现实途径。

（三）全膜双垄覆盖条件下玉米套种白芸豆的栽培技术

1. 选好地、选好茬

应选择地势平坦、土层深厚、土质疏松、土壤理化性状良好、保水保肥能力强、肥力中上的川地、塬地、梯田，不应选择陡坡地、瘠薄地和石砾地。前茬以小麦、马铃薯、玉米为好。

2. 精细整地

前作为夏茬，收后要适时早耕深耕，耕深 25~30 cm，过伏雨后适时耙耱保墒，白露前后浅耕收耱，早春镇压打磙以保墒提墒。前作为秋茬，收后及时深耕，耕深 25~30 cm，耕后及时耙耱，并在早春及时镇压以保墒提墒。早春覆膜的地块要在覆膜前采用旋耕机旋耕，做到田面平整、上虚下实、无根茬、无土块，为覆膜播种创造良好的土壤条件。

3. 增施农家肥，合理施用化肥

结合整地基施腐熟农家肥 6 万~7.5 万 kg/hm^2，化肥尿素 181.5 kg/hm^2、磷酸二铵 235.5 kg/hm^2。农家肥、化肥结合最后一次整地施入，以秋施较好。

4. 土壤消毒,防治虫害、杂草危害

地下害虫为害严重的地块，起垄后每公顷用40%辛硫磷乳油7.5 kg加细沙土450 kg，拌成毒土撒施,或兑水750 kg喷施。杂草危害严重的地块,起垄后用50%乙草胺乳油1.5 kg,兑水750 kg,全地面喷施,喷完后及时覆膜。

5. 起垄覆膜

(1)起垄覆膜时间。

①秋季起垄覆膜。前茬作物收获后,及时深耕整地,在10月中下旬起垄覆膜。此时覆膜能够有效阻止秋末、冬、春三季土壤水分的蒸发,最大限度地保蓄土壤水分,但是地膜在田间保留时间长,要加强冬季管理,秸秆富余的地区可用秸秆覆盖护膜。

②早春顶凌覆膜。3月上中旬土壤昼消夜冻、土壤消冻10~15 cm时起垄覆膜。此时覆膜可有效阻止春季土壤水分的蒸发,提高地温,保墒增温效果好。

(2)起垄覆膜方法。

①起垄覆膜规格。大垄底宽70 cm、高10~15 cm,小垄底宽40 cm、高15~20 cm。选用厚度0.01 mm、幅宽120 cm的高密度、高强度、耐老化的白色地膜覆盖。

②起垄覆膜方法。

人工起垄覆膜:先按起垄规格划行,后用步犁沿小垄划线,来回向中间翻耕成小垄,将起垄时犁臂落土用耙刮至大垄中间形成垄面,用整形器整理垄面,使垄面隆起,防止凹陷。覆膜前要沿边线开5 cm深的浅沟,地膜展开后,靠边线的一边在浅沟内,用土压实,另一边在大垄中间,沿地膜每隔1 m左右用铁锹从膜边下取土原地固定,并每隔2~3 m横压土腰带。覆完第一幅膜后,将第二幅膜的一边与第一幅膜在大垄中间相接,膜与膜不重叠,从下一大垄垄侧取土压实,依次类推,铺完全田。覆膜时要将地膜拉展铺平,从垄面取土后,应随即整平。

机械覆膜:可选用专用机械一次性完成开沟、起垄、施肥、整形、喷药、覆膜多项作业,其起垄覆膜质量好、速度快。

③覆膜后管理。覆膜1周左右,地膜与地面贴紧实,在沟中间每隔50 cm处打一直径3 mm的渗水孔,使垄沟的集雨入渗。田间覆膜后,严禁牲畜入地践踏造成地膜破损。要经常沿垄沟逐行检查,一旦发现地膜破损,及时用细土盖严,防止大风揭膜。

6. 选择适宜品种

玉米应选择株型紧凑、抗病性强的品种,如长城706、先玉335、沈单16号等;白芸豆应选择熟期适中、分枝较少、茎秆直立、耐阴性强、不易裂荚落粒、丰产性好、抗病虫的优良品种。玉米种子统一使用包衣种子,未经包衣的种子,播前必须进行药剂拌种。用50%辛硫磷乳油,按种子重量的0.1%~0.2%拌种,防治地下害虫;或用20%粉绣宁粉剂或70%甲基托布津乳油150~200 g兑水1.5~2.5 kg,拌种50 kg,防治瘤黑粉病。白芸豆种子播前通过风选、拣选淘汰疫粒、秕粒、空粒和杂粒,确保种子的纯度和发芽率。

7. 播种

(1)玉米的播种方法与密度。播种时间:当地表5 cm地温稳定通过10℃时为玉米适宜播期,各地可结合当地气候特点确定播种时间,一般在4月中下旬,适宜播期内若降雨要抢墒播种。

播种方法:采用点播器按规定的株距破膜穴播,将种子播在大垄垄侧距沟底3~5 cm处,播深3~5 cm,点播后随即按压播种孔，使种子与土壤紧贴，防止吊苗、粉籽现象发生，并用湿土、细沙或牲畜粪、草木灰等疏松物封严播种孔，防止播种孔大量散墒和遇雨板结而影响出苗。

种植密度：应按照降水量、土地肥力、立地条件、选用品种特性和实践生产经验等因素综合考虑、合理确定。年降水量 350~400 mm 的地区以每公顷 5.25 万~6 万株、株距 30.3~34.6 cm 为宜，年降水量 400~450 mm 的地区以每公顷 6 万~6.75 万株、株距 26.9~30.3 cm 为宜。各地应按当地小气候特点灵活掌握。

（2）白芸豆的播种方法与密度。玉米出苗后播种白芸豆。在距大垄中间线 35 cm 处用点播器播种白芸豆，穴距15~20 cm，播深 3~5 cm，播后立即按压播种孔，使种子与土壤紧贴，播种要深浅一致，以保证出苗整齐均匀，每公顷保苗以 4.5 万~6 万株为宜。

8. 加强田间管理

（1）玉米的田间管理。苗期管理：出苗时及时检查，如发现串苗，在下午用铁丝及时从膜下钩出；多数幼苗出土后，及时对缺苗穴催芽补种或移栽补种；4~5 叶期定苗，双苗穴拔弱留壮，拔叶片与垄沟平行苗，留叶片与垄沟垂直苗，每穴留苗 1 株；6~7 叶期掰除分蘖。在拔节至大喇叭口前期追肥，以偏早为好，一般使用追肥枪从 2株中间打孔，深施肥料，每公顷追施尿素 222 kg，同时注意施用锌肥；在拔节至抽雄期每公顷用 0.05%~0.1%硫酸锌溶液 750 kg 进行叶面喷肥，全生育期喷 2 次。另外，此期要注意防治玉米顶腐病、玉米螟等病虫害。全膜双垄覆盖垄侧播种玉米由于水肥条件好，双棒率高，时常出现第三穗，应及早掰除第三穗，减少养分消耗。

后期（抽穗至成熟期）管理：玉米生育后期管理的重点是防早衰、增粒重、防治病虫害，若发现植株发黄、叶色变淡等缺肥症状，应追施增粒肥，玉米应按照无公害农产品生产技术要求，采取综合措施，合理选用农药、科学对症用药，及时防治各类病虫害，将灾害损失率降到最低限度。

（2）白芸豆的田间管理。

①播后遇雨应适时破除板结，出苗时勤检查，发现缺苗及时补种。

②叶面追肥。白芸豆花期是“促—控—促”栽培技术的关键时期，此时如能为白芸豆植株提供充足的水分、养分，有利于促进植株后期的生长。花期叶面喷施磷酸二氢钾和硼、钼等微肥，一般连喷 2 次，每公顷用磷酸二氢钾 1 500 g、钼酸铵 375 g、硼砂 1 500 g，先用少量温热水溶解，后加入 750 kg 清水，于叶片正反面均匀喷施。为防止植株徒长、倒伏，始花期 7 d 左右喷施多效唑，长势好时提早至始花期前，每公顷用 15%多效唑可湿性粉剂 750~1 500 g 加水 750 kg 稀释后均匀喷施于叶片正反面。白芸豆鼓粒期每公顷用 15 kg 尿素加 1.5 kg 磷酸二氢钾，兑水 750 kg 喷洒叶面。

（3）病虫害防治。

蚜虫：点片发生并有 3%的叶片卷曲时，用 40%乐果乳油 800 倍液，或 40%氧化乐果乳油 1 000 倍液，或50%抗蚜威可湿性粉剂，每公顷 150 g 兑水 600~750 kg 喷雾。

霜霉病：田间发病时可用 25%甲霜灵可湿性粉剂 800 倍液喷雾，用药液量为每公顷 600 kg。

枯萎病：发病时全株枯萎，主要以预防为主，在田间发现零星病株时，应拔除病株，并喷洒 50%多菌灵可湿性粉剂 800~1 000 倍液，保护健株不受侵染，重点喷植株根部。

（4）摘心打顶。白芸豆盛花期后应摘心打顶，以减少养分消耗。

9. 适时收获

当玉米苞叶变黄、籽粒乳线消失、籽粒变硬且有光泽时收获。果穗收后搭架或晾晒，防止淋雨受潮导致籽粒霉变，待水分含量降至14%以下后，脱粒贮藏或销售；果穗收后，秸秆应及时收获并青贮。

当白芸豆叶变黄、开始脱落，豆荚变褐色、籽粒变硬且有光泽时收获。

第五节　宁夏旱作农业区发展立体农业的前景及措施

一、宁夏旱作农业区发展立体农业的前景

宁夏旱作农业区发展立体农业的前景十分广阔，理由如下。

一是自然条件有利于发展立体农业。宁夏旱作农业区大部分地区光热资源丰富，太阳辐射总量为513~623 kJ/(cm²·a)，年均气温6~9.7℃，≥10℃活动积温1 973.1~3 322.9℃，年日照时间2 276~2 975 h，无霜期120~150 d，适合多种作物生长，雨热基本同期，种植一季作物光热资源有余，种植两季作物又嫌不足，而发展立体种植，可科学地利用时空差，提高资源利用率、土地利用率及生产力，使农业生态系统内物种增加、生产力提高，从而使这一地区成为今后宁夏商品粮和多种经济作物高产优质高效的生产基地。

二是人增地减的矛盾不可逆转，需要发展立体农业。近年来宁夏旱作农业区生态建设提速，在大力发展草畜产业的情况下，既要保证粮、油等主要农产品的有效供给，保证粮食安全，又要进行农业结构调整，增加农民收入。为此，有计划地进行农业资源的综合开发利用，特别是土地资源的综合开发利用，显得格外重要，而发展立体农业可有效地开发利用农业资源，缓解人增地减的矛盾，提高土地资源利用率，进一步促进农业持续稳定地发展。

三是旱作农业立体种植，农牧、林牧、农林结合立体农业已有较丰富的技术贮备，模式达40多种，有些模式不仅粮食增产，可以保持在人口增长、退耕还林(草)条件下粮食有效供给，而且能大幅度提高经济效益，增加农民收入，深受农民欢迎。

四是立体农业潜力巨大。宁夏旱作农业区有耕地80万hm²，地膜覆盖面积近13.3万hm²，其用于立体复合种植的面积不足5%，根据当地旱灾频繁、7—9月降水较多、雨热同期的特点，从避灾减灾、稳产保收的目的出发，推广已经研究证实了的抗旱减灾的立体种植模式前景更为广阔。随着社会进步、农村居住条件进一步改善，“四位一体”“三位一体”生态温室发展潜力尚存。固原市5县(区)已退耕还林17.73万hm²，林药间作只有0.67万hm²，仅占3.78%，农牧结合、林药间作及林下养鸡发展潜力更大。果粮间作技术仅处于研究、示范阶段，宁夏旱作农业区应根据市场需求发展果粮(油)间作技术，提高农田产出收益，促进农村经济发展。庭院立体农业，无论是庭院养殖或种植，还是种养结合，都有一定发展空间，只要解决好技术、规范化经营、强化市场信息服务、扩大规模，就能提高整体效益。

二、立体农业的发展目标、任务与措施

(一)目标

围绕实现全面建成小康社会、农业现代化的目标，深化优化立体农业，做好立体农业的生态转型，在持续利用农业生态资源的基础上调整人与自然间的关系，促进农业经营理念、产业经营方式从传统农业小农经济向现代生产业转型，即知识型、服务型、网络型和规模型。

(二)任务

一是旱作农业区资源立体开发。二是农林、林牧、林药复合型立体农业的深化与发展。三是立体复合

种植模式的再优化。

（三）措施

1. 注重优化设计

立体农业使生物个体与群体协调，达到高度的生物密集，形成最优的生物组织模式，使生物发挥出最大潜力、提高产出量，以实现巨大的经济效益。立体种植要探索与机械化相适应的最佳模式，实现高效、节本、增值。

2. 注重综合开发

立体农业并不局限于种植业和养殖业对耕地等资源的立体利用，而是着眼于农业资源的总体利用，力求实现生产、加工、运销等多产业的有机统一，并且使农业内部各产业协调与匹配，从而形成最优产业模式的组合。一方面可以延长农业生产的环节，增加农业的增值环节，进一步提高立体农业的经济效益。另一方面可以形成种植业、养殖业、加工业一体化，产供销一条龙的整体大循环。同时应多层多级综合利用农业人力资源，实现农业人力资源的集约，消化农业富余人员，从而实现立体农业的社会效益。

3. 建设“三个体系”

一是建立健全科技创新及推广体系。立体农业是一个综合系统，是一个统一整体，为实现整体的最优化，必须科学、巧妙地对农业生物进行优化组合，实现整体效益。同时，要注意系统整体功能的一致性。只有注意农业系统的平衡，建立合理的结构，才能实现经济、生态、社会效益的统一。随着时间的推移，自然及经济社会条件的变化、科学技术的进步，要求不断探索新的立体农业模式，这就需要建立创新体系。同时要完善技术推广体系，让农民、生产者有技术依靠，有保障。通过示范技术培训，让先进的技术掌握在生产者手中，做好立体农业的产前、产中服务。二是建立政策服务体系，在资金、信贷、税费减免、产品等方面提供配套服务。三是建立符合农业产业化的经营体系。促进立体农业系统优化、功能完善，并建立产供销一条龙、农工商一体化且符合农业产业化的多层经营体系，保证立体农业持续、经济生态社会效益统一。

第八章　宁夏旱作农业区特色保护性耕作技术体系

第一节　保护性耕作概述

一、保护性耕作的概念

保护性耕作是指通过少耕、免耕、微地形改造及地表覆盖、合理种植等综合配套措施，减少农田土壤侵蚀，保护农田生态环境，并使生态效益、经济效益及社会效益协调发展的农业技术。其核心是以机械化作业为主要手段，将耕作减少到只要能保证种子发芽即可，包括少耕、免耕、缓坡地等高耕作、沟垄耕作、残茬覆盖耕作、地膜覆盖、秸秆覆盖等农田耕作技术及其配套的专用机具等，尽可能避免对土壤耕作层的翻动，减少对地面残茬的破坏，保持地表覆盖，以实现农业可持续发展。配套技术包括绿色种植、作物轮作、带状种植、多作种植、合理密植、沙化草地恢复以及农田防护林建设等。该耕作技术有利于保水保土，所以称为保护性耕作。

二、保护性耕作的效益

据研究报道，保护性耕作具有保护农田，减轻土壤风蚀和水蚀，减少地表土粒运移和飞扬，抑制沙尘暴，防止水土流失；提高土壤蓄水保墒能力，改善土壤水分状况，增强植株抗旱节水性能；保持和提高土壤肥力，改善养分供应；减少能源消耗和节约生产成本；提高作物产量，促进农业增效和农民增收等显著效果。中国农业大学在山西 10 年的系统试验表明，保护性耕作与传统翻耕相比，可分别减少地表径流、土壤流失、农田水分蒸发 60%、80%和 9.1%，减少农田大风扬尘 50%~60%；增加农田休闲期贮水量 16%~19%，提高水分利用效率 12%~16%；耕作层土壤有机质含量每年增加 0.03%~0.06%，水解氮和速效钾含量每年分别增加 1.2%和 0.8%，耕作层蚯蚓数量增加 3~5 条/m^2；减少耕作次数、降低作业强度，节约生产成本 10%~15%，增加作物产量 15%~17%，提高种植业效益 20%~30%。国内外的实践经验表明，保护性耕作是具有改善生态环境和促进农业可持续发展双重效果的旱地农业耕作先进技术。

三、保护性耕作的技术关键

常规和通用意义上，保护性耕作的技术关键可以用 4 句话来概括：秸秆覆盖，以松代翻，表土处理，免耕播种。保护性耕作强调用农作物秸秆残茬覆盖地表，其首要目的是加强对地表的保护。至于覆盖形式，可以是秸秆粉碎后铺放于地表，也可以是留高茬及秸秆直立或压倒覆盖等。但无论是何种覆盖形式，都必须保证地表的适宜覆盖度，覆盖度过低不足以发挥保水保土作用，覆盖度过高则影响后茬作物播种和秸秆正常腐烂分解。以松代翻就是用各式专用机具疏松深层土壤来代替传统铧式犁翻耕，能够打破犁底层，疏松耕作层，促进土壤中气体交换和水分下渗孔隙，提高降水入渗率，增加土壤含水量。保护性耕作对深松作业的要求是尽可能减少对土壤的翻动，减少对地面植物覆盖层的破坏。深松的深度不必太深，只要大于耕作层厚度、能破除犁底层即可。另外，深松不必每年进行，提倡在实施保护性耕作的第一年进行普遍深松，其后根据田间机械作业的多寡和土壤紧实程度每隔 3~5 年深松 1 次。表土处理相对于深松、翻耕等深层作业而言，目的在于碎土、平田、破茬和除草，为播种、出苗创造条件。作业方式包括浅松、浅耙和浅旋 3 种。在实行少耕、免耕并且地表有秸秆覆盖的保护性耕作农田，地表条件复杂，常规播种机无法顺利正常作业，必须使用免耕播种机。免耕播种机除要有常规播种机的开沟、下种、下肥（少量）、覆土、镇压等功能外，一般还必须具有清草排堵、破茬入土、种肥分施和地面仿形四大功能。

四、保护性耕作的起源与发展

保护性耕作是人们经历严重水土流失和风沙危害的惨痛教训之后，逐渐研究和发展起来的一种新型土壤耕作模式。20 世纪二三十年代，美国利用大型机械大面积、多频次翻耕农田，由于气候干旱，土地沙化严重，发生了震惊世界的“黑风暴”，毁掉耕地 300 多万 hm^2，冬小麦减产 510 万 t。1935 年美国成立土壤保护局，组织土壤、农学、农机等方面专家，开始研究改良传统翻耕方法，研制深松犁、凿式铲等不翻土的农机具，推广少耕、免耕等保护性耕作技术。50~70 年代许多地区通过研究及实践证实保护性耕作对减少土壤侵蚀有显著效果，但也因技术使用不当导致作物减产，使保护性耕作技术推广较缓慢。80 年代以来，随着耕作机械改进、除草剂商业化生产以及作物种植结构调整，保护性耕作技术应用步伐加快，目前美国有近 60%的土地实行各种类型的保护性耕作，其中作物残茬覆盖耕作方式占 53%，免耕方式占 44%。

从 20 世纪 60 年代开始，苏联、加拿大、澳大利亚、巴西、墨西哥、阿根廷等国家纷纷学习美国的保护性耕作技术，在半干旱地区广泛推广应用。其中澳大利亚从 80 年代开始大规模示范推广覆盖耕作（深松、表土处理、机械除草）、少耕（深松、表土处理、化学除草）、免耕（免耕、化学除草）等保护性耕作技术，全面取消铧式犁翻耕作业方式。加拿大从 60 年代引进保护性耕作技术，80 年代开始大面积推广，目前已有 80%的耕地采取留高茬、少免耕等保护性耕作技术。以巴西、阿根廷为代表的南美洲保护性耕作技术应用面积超过 70%，主要是为了降低生产成本和提高农民收入。2001 年 10 月初，FAO（联合国粮食及农业组织）与欧洲保护性农业联合会在西班牙召开第一届世界保护性农业大会，提出全面推进保护性农业发展的倡议。目前，保护性耕作技术在世界上的推广应用面积达到 1.69 亿 hm^2，显示了良好的生态效益、经济效益和发展前景。

当前，保护性耕作技术正由发达国家向发展中国家扩展，发展的重点是建立更加合理的保护性耕作制度，研制新型保护性耕作机具，研究高效环保的病虫草害防治技术，提高资源利用效率，进一步降低生产成本，保护生态环境，提高保护性耕作的综合效益。

五、我国保护性耕作技术的现状与发展

20 世纪 70 年代末，我国开始引进和试验、示范少耕、免耕、深松、秸秆覆盖、地膜覆盖等单项保护性耕作技术，先后提出了陕北丘陵沟壑区坡地水土保持耕作、山西旱地玉米秸秆全程覆盖耕作、华北夏玉米免耕覆盖耕作、南方稻区稻田自然免耕等技术，取得了显著的抗旱增产效果。但受技术、机具及社会发展水平等因素限制，这些技术只是在部分地区进行小规模试验、示范，推广面积不大。90 年代以来，随着现代农业技术的进步，保护性耕作研究与示范推广工作发展速度加快。在西北旱作农业区，以少耕、免耕和

地表覆盖为主体的保护性耕作技术得到大面积推广应用；在华北一年两熟灌溉区，小麦秸秆还田和玉米免耕覆盖耕作技术得到了大力发展；在东北一年一熟旱作区，玉米垄作少耕和留茬覆盖耕作技术开始一定规模的示范应用；在南方稻麦两熟区和双季稻区，也开展了以免耕覆盖轻型栽培为主要形式的保护性耕作技术示范工作。

20 世纪 90 年代以来，中国农业大学与山西省、中国农业科学院、澳大利亚昆士兰大学合作，在山西开始了农艺、农机相结合的保护性耕作系统试验。经过 10 年试验，完成了保护性耕作在我国的适应性研究，回答了“保护性耕作在我国是否可行”的问题；通过引进和自主开发，提出了与当地气候、土壤和作物种植制度相适应的保护性耕作技术体系，完成了配套机具开发，解决了我国旱作农业区实施保护性耕作的途径、手段和机具问题，使山西省成为我国保护性耕作试验示范基地，全省保护性耕作技术示范推广到 30 多个县、64.7 万 hm^2 耕地上。河北、内蒙古、辽宁、陕西、甘肃、新疆、黑龙江等省区也先后开展了保护性耕作试验示范，总面积近 33.3 万 hm^2。

六、宁夏旱作农业区保护性耕作技术的现状与发展

为了抗旱增产、节本增收、保护生态环境、实现宁夏旱作农业可持续发展，20 世纪 80 年代固原农科所进行了深松耕技术的研究，90 年代初原固原县农业技术推广服务中心进行了保护性耕作技术的探索，创立了“一膜两年用”技术模式，即第一年覆膜种植西瓜，收后覆土护膜越冬，第二年种植玉米，收后清除残膜、根茬，秋耕整地，第三年种植马铃薯。90 年代后期，宁夏组织旱作农业区各县农业技术推广部门，开展了以保水保土为目标的保护性耕作单项农艺技术试验研究，取得了积极成效。2002 年起，以保护性耕作技术为内容之一的“旱作农业新技术引进示范”项目被列入宁夏“8613 农业科技工程”的示范推广计划。在宁夏科技厅的管理下和科技兴农资金的支持下，宁夏农业技术推广总站组织宁夏旱作农业区各县农业技术推广部门在消化吸收国内外技术、总结提炼农民经验和参考借鉴生产实践的基础上，深入系统地进行了以禁止农田冬春裸露为关键、以保墒固土为核心、以农艺农机结合为特征的保护性耕作技术的自主试验和创新研究。经过前后 7 年的协作攻关，完成了保护性耕作在宁夏旱作农业区的适应性研究，明确了其经济效益和生态效益，形成了一批适应不同气候、土壤条件和种植制度的保护性耕作典型技术模式，引进了相应的配套耕作机具，建立了具有宁夏特色的保墒抗旱和防风固土型保护性耕作技术体系。保护性耕作技术发挥了促进旱作农业可持续发展和保护生态环境的双重效果，表现出广阔的应用前景。

第二节　宁夏旱作农业区保护性耕作技术的效益目标及其技术途径

一、宁夏旱作农业区的生态特点

（一）宁夏旱作农业区的气候生态特点

宁夏旱作农业区位于黄土高原西北部，地形支离破碎，丘陵、残塬、沟壑纵横；降水量偏少，且多以阵雨出现，季节分配不均，年际波动较大；积温不足，冬季寒冷，春季气温回升慢；冬春风多风大；土壤类型多为黄土母质发育的黄绵土、黑垆土，土层深厚但结构疏松，表土干燥松散，有机质含量低，基础肥力差；农田蒸发强烈，土壤失墒严重。境内年降水量在 243.7~650.2 mm，大部分地区在 300~500 mm，其中，60%~

65%的降水集中在7—9月，全年有明显的雨季和旱季之分，冬春干旱少雨，秋季降水集中，年均气温6~9.7℃，≥10℃积温1 973.1~3 222.9℃，旬平均气温<0℃的时期从11月中旬直到3月上旬，长达120 d，其中12月份和1月份平均气温分别低至-6.4℃和-8.3℃，春季4月上旬平均气温仍只有5.5℃；全年无霜期120~150 d，容易发生晚霜和早霜冻害；全年平均风速2.7 m/s，其中，冬春季各月（1—5月份）平均风速依次为2.7 m/s、2.7 m/s、3.1 m/s、3.3 m/s和3.1 m/s；全年风速≥17 m/s（即8级以上）大风日数10~47 d，平均21.9 d，其中，平均大风日数在冬、春季5个月依次为1.9 d、1.6 d、2.6 d、4.1 d和3.4 d；年均沙尘暴日数为4 d，最多年份达10 d；全年蒸发量1 318.8~2 415.3 mm，其中，农田休闲裸露的冬、春季5个月蒸发量分别为59.4 mm、88.3 mm、139.1 mm、226.7 mm和225.2 mm。

（二）宁夏旱作农业区主要农业气象灾害

宁夏旱作农业区气候生态特点导致干旱频繁，成为对农业生产最不利的气象灾害，其次为水蚀、风蚀。宁夏旱作农业区冬春季尤其是春季容易产生农田扬尘，发生沙尘暴，危害大，波及范围广。

（三）宁夏旱作农业区作物种植制度

宁夏旱作农业区主要农作物有冬小麦、春小麦、马铃薯、玉米、豆类和小杂粮，主体熟制为一年一熟，通常采用豆—麦—麦—秋、小麦—玉米—马铃薯或玉米连作等轮作方式，水热条件较好的地方一般麦后复种糜子、荞麦等杂粮作物。

二、宁夏旱作农业区保护性耕作的效益目标

（1）抑制农田蒸发，减少地表径流，提高土壤蓄水保墒能力，改善土壤水分状况，抵御春夏干旱，提高农作物生长发育和产量形成的水分保证率。

（2）减少土壤风蚀，减少农田扬沙起尘，抑制沙尘天气和沙尘暴，改善旱作农业区生态环境。

（3）抑制土壤水蚀，减轻水土流失，减少农田冲刷，保水、保土、保肥。

（4）尽量减少对农田耕作层的翻耕、扰动、压实，改善土壤结构，避免土壤生物的机械性损伤，保持和提高土壤肥力。

（5）减少农田耕作次数，简化作业工序，节约生产成本。

三、宁夏旱作农业区保护性耕作的技术途径

围绕保护性耕作在宁夏旱作农业区要实现的效益目标，应采取的技术途径是：以地表覆盖代替传统裸露休闲，以少免耕代替传统铧式犁翻耕，尤其要严格禁止农田冬春季裸露。同时，宁夏旱作农业区发展保护性耕作，不必过多注重农田杂草防治，只要技术措施得当，完全能够达到寓除草于耕作的目的。

第三节　宁夏旱作农业区保护性耕作的模式及效应

一、宁夏旱作农业区保护性耕作典型技术模式

宁夏旱作农业区有其特殊的气候、生态、农业生产和社会经济条件，发展保护性耕作不能照搬和沿用国内外其他地区的技术模式，必须走自主试验和创新研究的路子，建立具有自己特色的保护性耕作技术

体系。经过近20年的努力，在消化吸收国内外技术、总结提炼农民经验和参考借鉴生产实践的基础上，经过大量深入的试验研究和示范熟化，最终形成了一批针对宁夏旱作农业区气候生态特点、适应作物种植和轮作制度的保护性耕作典型技术模式：覆膜玉米茬地留膜留茬越冬、膜侧小麦茬地留膜留茬越冬、“一膜两年用”、秋覆膜春播种、冬小麦免耕沟播、露地密植作物根茬固土越冬等。

二、宁夏旱作农业区保护性耕作的类型与效应

（一）覆膜玉米茬地留膜留茬越冬保护性耕作技术

覆膜玉米茬地留膜留茬越冬保护性耕作技术是指覆膜玉米收获后，不翻耕、耙耱，保留玉米根茬及残膜越冬，翌年春季再翻耕、耙耱的一种技术。该技术的最大优点是利用残茬、残膜保护土壤，减少冬季地面蒸发和风蚀。

1. 操作流程

秋季收获玉米果穗、秸秆→保留残膜和玉米残茬越冬→春季清理残膜，拣拾根茬，整地、施肥→准备或覆盖新膜播种。保护性耕作第一年深松1次，以后每隔3年深松1次。

2. 效应

（1）改善土壤水分状况。据测定（表2–8–1），前茬覆膜玉米秋收后开始实施保护性耕作，翌年早春解冻后0~20 cm、20~40 cm、40~60 cm土层含水量较传统翻耕分别高3个百分点、2.7个百分点、1.4个百分点，相对提高24.6%、22%和11.3%，0~60 cm土层含水量较传统翻耕高2.4个百分点，相对提高19.4%；后茬玉米播期0~20 cm土层含水量由10.1%提高到13%，相当于耕作层增加贮水量6.96万kg/hm^2，按播种密度6.75万株/hm^{2}计算，每株玉米幼苗可增加供水量1.03 kg，在春旱的关键时段，每株玉米幼苗增加这些供水量，对提高抗旱保苗能力和改善苗期生长状况无疑具有重要意义。

表2–8–1 覆膜玉米茬地留膜留茬越冬保护性耕作技术保墒、提墒效果

耕作方式	翌年早春解冻期土壤水分状况				翌年后茬玉米播期土壤水分状况			
	0~20 cm土层含水量/%	20~40 cm土层含水量/%	40~60 cm土层含水量/%	0~60 cm土层含水量/%	0~20 cm土层含水量/%	0~20 cm土层贮水量/mm	0~60 cm土层贮水量/mm	0~20 cm土层贮水量占0~60 cm土层贮水量的比例/%
保护性耕作	15.2	15.0	14.1	14.8	13.0	31.2	89.7	34.8
传统翻耕	12.2	12.3	12.7	12.4	10.1	24.2	82.1	29.5

（2）改变土壤墒情的垂直分布。土壤表层墒情对作物播种、出苗和前期生长生育的影响比中、下层更为直接。在后茬玉米播期，覆膜玉米茬地留膜留茬越冬区0~20 cm土层贮水量占到0~60 cm土层总贮水量的34.8%，而翻耕裸露越冬区仅占29.5%。地表留膜覆盖增加了表层土壤墒情。

（3）减轻土壤风蚀。留膜留茬越冬保护性耕作由于地表有残膜残茬保护，冬春季节农田表土剥蚀量由翻耕裸露越冬区的5 820 kg/hm^{2}减少到1 860 kg/hm^2，减少土壤风蚀68%。

（4）提高土壤温度。试验第一年冬前11月5日全天0~25 cm土层平均温度升高1.7℃，冬后3月8日平均升高2.1℃。据此计算，10月初至翌年3月底覆膜玉米茬地留膜期间，0~25 cm土层可累计增加地积温340℃。

（5）改善土壤结构。据研究（表2–8–2），留膜留茬越冬区在翌年春季深松后，玉米播期0~20 cm耕作

层与翻耕裸露越冬区相比较，土壤容重由 1.28 g/cm³ 下降为 1.16 g/cm³，土壤孔隙度由 51.8%增加到 56.3%，第三年玉米播前 3 月 17 日测定，耕翻区 0~20 cm 耕作层土壤容重和孔隙度分别为 1.23 g/cm³ 和 53.6%，而保护性耕作区分别为 1.3 g/cm³ 和 48.7%。这说明连续几年的少免耕使耕作层土壤结构逐渐变得紧实，需 3 年深松 1 次。

表 2-8-2　覆膜玉米茬地留膜留茬越冬保护性耕作对土壤结构的影响

耕作方式	第二年春季深松后后茬玉米播期 0~20 cm 耕作层		第三年玉米播前 0~20 cm 耕作层	
	容重/(g·cm⁻³)	孔隙度/%	容重/(g·cm⁻³)	孔隙度/%
保护性耕作	1.16	56.3	1.30	48.7
传统翻耕	1.28	51.8	1.23	53.6

（6）提高土壤养分有效性。留膜留茬越冬区土壤湿度的增加和温度的提高，增强了土壤微生物活性，加快了土壤有机质分解，提高了土壤速效养分含量。据测定（表 2-8-3），后三茬玉米播期 0~20 cm 耕作层土壤有机质含量由三年前开始实行保护性耕作的 12.3 g/kg 下降为11.5 g/kg，而碱解氮、有效磷和速效钾的含量则分别由 60.9 mg/kg、5.1 mg/kg 和 138 mg/kg 增加到 77.7 mg/kg、6.81 mg/kg 和156 mg/kg。

表 2-8-3　覆膜玉米茬地留膜留茬越冬保护性耕作对土壤有效养分的影响

耕作方式	第一年耕作层土壤养分含量				第三年耕作层土壤养分含量			
	有机质/(g·kg⁻¹)	碱解氮/(mg·kg⁻¹)	有效磷/(mg·kg⁻¹)	速效钾/(mg·kg⁻¹)	有机质/(g·kg⁻¹)	碱解氮/(mg·kg⁻¹)	有效磷/(mg·kg⁻¹)	速效钾/(mg·kg⁻¹)
保护性耕作	12.3	60.9	5.1	138	11.5	77.7	6.81	156
传统翻耕					12.8	64.1	4.22	116

（7）改善作物生长发育状况。后茬玉米拔节期株高增加 1.6 cm，单株叶面积扩大 16.9 cm²，单株干重增加 7.2 g，植株含水量提高 4.1 个百分点；大喇叭口期穗位叶面积扩大 4.2 cm²，茎粗增加 1.2 mm；成熟期单株生物产量增加 28.4 g，穗粒数和穗粒重分别增加 14 粒和 4.8 g。

（8）增产效果显著。后茬玉米籽粒增产 727.5 kg/hm²，增幅 8.7%；秸秆增产 1 152 kg/hm²，增幅10.2%。

（9）提高水分利用效率。留膜留茬越冬区后茬玉米全生育期 0~200 cm 土层耗水量为487.5 mm，水分利用效率达到18.6 kg/(mm·hm²)，比翻耕裸露越冬区耗水量减少 8.2%，水分利用效率提高 18.1%。

（10）降低耕作成本。以每 3 年为一个周期，留膜留茬越冬保护性耕作春季深松 1 次，表土处理 3 次，耕作成本共约 5 400 元/hm²。而传统翻耕方式需翻耕 3 次，耙耱 3 次，冬春镇压 6 次，耕作成本累计 9 075 元/hm²。留膜留茬越冬保护性耕作比传统翻耕每年节约耕作成本 1 225 元/ hm²。

（11）节本增收、增产效果显著。保护性耕作通过减少耕作次数，简化农田作业，每年每公顷节约耕作成本 1 225 元。籽粒和茎秆增产带动每年每公顷增收 1 467.75 元，节本增收总额 2 692.75 元。

（二）"一膜两年用"保护性耕作技术

宁夏旱作农业区"一膜两年用"保护性耕作技术又称"一膜两季"免耕栽培技术，是把覆膜栽培、农田免耕与轮作方式有机结合的一种抗旱、保墒、保肥、防风蚀的新技术措施，具有蓄水保墒、提高地温、抑制杂草及病虫害、节本增效等优点，是半干旱偏旱区、半干旱区农业增产、农民增收的有效技术之一。

1. 操作流程

第一年一次性施足基肥→覆膜栽培瓜、菜、玉米等稀植作物→作物收获→留膜留茬越冬→第二年在旧膜上播种玉米、向日葵、马铃薯等稀植作物。

2. 效应

(1)抑制秋、冬、春三季土壤水分蒸发,具有显著的蓄水保墒作用。

"一膜两年用"保护性耕作技术由于第一茬作物收获后,精细保护地膜越冬,在地膜的覆盖下,土壤水分的蒸发散失受到抑制,因而土壤含水量较高。据在原州区和泾源县测定(表 2-8-4),全膜双垄覆盖条件下,"一膜两年用"处理第二年玉米播期 0~60 cm 土壤含水量两点平均为 18.38%,比全膜双垄覆盖(春揭春覆)高 1.2 个百分点,比常规覆膜(播期半膜)高 4.06 个百分点。"一膜两年用"处理土壤水分条件好,因而作物出苗早、出苗率高,生育期提前。"一膜两年用"比常规覆膜出苗早 2 d,出苗率高 7.6 个百分点,生育期提前 3 d。

表 2-8-4 不同覆膜方式对耕作层土壤含水量的影响

试验地点	土层深度/cm	土壤含水量/%		
		"一膜两年用"	全膜双垄覆盖(春揭春覆)	常规覆膜(播期半膜)
原州区	0~20	18.30	17.20	14.10
	20~40	17.50	16.10	13.60
	40~60	15.90	14.30	12.10
	平均	17.23	15.87	13.27
泾源县	0~20	20.36	18.54	14.32
	20~40	18.89	18.40	15.27
	40~60	19.32	18.56	16.55
	平均	19.52	18.50	15.38
两点平均		18.38	17.18	14.32

根据在海拔 1 892 m、年均降水量 430 mm 的西吉县偏城乡白庄村旱作农业示范区的试验结果(表 2-8-5),在全膜双垄覆盖条件下,前作玉米收获后留膜留茬越冬实施"一膜两年用"种植马铃薯与前作玉

表 2-8-5 不同处理下马铃薯各生育期土壤含水量

单位:%

处理	土壤含水量						
	播种期	出苗期	分枝期	花序形成期	盛花期	成熟期	平均
"一膜两年用"	16.18	18.29	17.14	16.81	13.89	17.20	16.59
全膜双垄覆盖(春揭春覆)	15.96	17.58	17.83	16.90	12.92	17.55	16.46
常规半膜覆盖(春揭春覆)	16.51	16.13	15.37	15.18	11.05	15.23	14.91
露地种植(春季揭膜后露地种植)	16.10	14.65	14.48	14.01	10.77	13.88	13.82

注:表内播种期、成熟期土壤含水量是 0~100 cm 每 10 cm 为 1 个层次、100~200 cm 每 20 cm 为 1 个层次测定各层土壤含水量算出平均数,出苗期、花序形成期、盛花期土壤含水量是 0~100 cm 每 10 cm 为 1 个层次测定各层土壤含水量算出平均数。

米收获后留膜留茬越冬、播前清理残膜整地再覆新膜种植马铃薯各生育期平均含水量差异不大，分别为16.59%和16.46%，但比前作玉米收获后留膜留茬越冬、播前清理残膜整地实施半膜常规覆盖及前作玉米收获后留膜留茬越冬、播前清理残膜整地实施露地种植相对提高11.3%和20%。均为留膜留茬越冬，播种期土壤水分差异较小，从出苗到成熟“一膜两年用”处理与全膜双垄覆盖处理差异较小，而与常规半膜覆盖、露地种植差异较大，充分说明“一膜两年用”技术蓄水保墒性能好，不仅能满足作物对水分的需求，而且可使各种形态的养分活性增强，便于作物更好地吸收利用，使作物积累的物质增多，最终产量增加。

(2)增温效果好，有利于作物的生长发育，可充分发挥中晚熟品种高产增收性能。经原州区农业技术推广服务中心在半干旱区固原市城郊定点观测(表2-8-6)，在全膜双垄覆盖条件下，“一膜两年用”保护性耕作技术增温效果明显，玉米全生育期0~25 cm≥0℃有效地积温达2 787.6℃，比常规半膜覆盖高323.4℃，从而保证了中晚熟品种的正常成熟。

表2-8-6 不同处理下土壤温度变化

单位：℃

处理	播种—出苗期土壤温度	出苗—拔节期土壤温度	拔节—大喇叭口期土壤温度	大喇叭口—抽雄期土壤温度	抽雄—成熟期土壤温度	总地积温
“一膜两年用”	143.2	685.1	610.5	207.3	1 141.5	2 787.6
常规半膜覆盖	135.5	609.1	551.9	181.1	1 023.7	2 464.2

(3)有利于作物的生长发育，为获得较高的产量奠定了良好的基础。“一膜两年用”保护性耕作技术由于减少了因田间作业、地表裸露等因素导致的土壤水分耗散，保持了土壤水分，加之具有增温、减少风蚀和水蚀等优点，因而作物农艺性状优于露地种植，而接近秋揭春覆膜种植方式。在全膜双垄覆盖条件下，实施“一膜两年用”保护性耕作技术，作物生长发育、农艺性状均优于常规半膜覆盖种植。

据在海拔1 730 m、年均降水量270 mm的同心县预旺镇南塬村旱作农业示范区试验观测(表2-8-7至表2-8-12)，玉米采取“一膜两年用”保护性耕作技术栽培，与露地种植相比，植株营养生长阶段缩短，而在生殖生长阶段则延长了开花期、缩短了成熟期，使成熟速度加快，有效地保证了玉米正常成熟采收，其植株

表2-8-7 不同处理下玉米生育期

处理	播种期	出苗期	拔节期	大喇叭口期	抽雄期	开花期	成熟期	全生育期/d
“一膜两年用”	4月29日	5月11日	6月13日	7月9日	7月20日	7月28日	9月22日	147
播期覆膜	4月29日	5月9日	6月10日	7月7日	7月18日	7月25日	9月20日	145
露地种植	4月29日	5月13日	6月18日	7月15日	7月27日	8月3日	10月2日	157

注：数据来自金龙、李海洋《宁夏中部干旱带旱地农田覆膜免耕对玉米生长发育的影响》。表2-8-8至表2-8-12数据来源同表2-8-7。

表2-8-8 不同处理下玉米各生育期茎粗

单位：cm

处理	拔节期茎粗	大喇叭口期茎粗	抽雄期茎粗	灌浆期茎粗	成熟期茎粗
“一膜两年用”	1.62	1.87	2.11	2.43	2.45
播期覆膜	1.88	2.2	2.36	2.52	2.56
露地种植	1.15	1.51	1.84	2.19	2.23

表 2-8-9　不同处理下玉米各生育期株高

单位:cm

处理	拔节期株高	大喇叭口期株高	抽雄期株高	灌浆期株高	成熟期株高
“一膜两年用”	19.5	58.2	141.4	171.7	179.8
播期覆膜	21.2	61.2	142.9	175.5	185.2
露地种植	18.4	54.9	129.2	156.8	165.2

表 2-8-10　不同处理下玉米各生育期叶面积

单位:cm^2

处理	苗期叶面积	拔节期叶面积	大喇叭口期叶面积	抽雄期叶面积	灌浆期叶面积
“一膜两年用”	167.50	954.86	3 410.45	4 340.04	4 562.70
播期覆膜	178.53	954.02	3 748.63	4 431.07	4 764.70
露地种植	157.08	727.30	2 627.80	3 323.10	4 094.95

表 2-8-11　不同处理下玉米大喇叭口期的光合特性

处理	光合速率/($\mu mol \cdot m^{-2} \cdot s^{-1}$)	蒸腾速率/($mmol \cdot m^{-2} \cdot s^{-1}$)	气孔导度/($mol\ H_2O \cdot m^{-2} \cdot s^{-1}$)	单叶水分利用效率/($\mu mol \cdot mmol^{-1}$)
“一膜两年用”	32.16	7.98	0.13	4.03
播期覆膜	32.24	8.01	0.14	4.02
露地种植	21.36	6.19	0.10	3.45

表 2-8-12　不同处理下玉米农艺性状及产量

处理	穗长/cm	秃尖长/cm	行粒数/粒	百粒重/g	穗粒重/g
“一膜两年用”	19.51	1.1	47.0	31.80	220.88
播期覆膜	19.87	0.7	47.3	32.30	221.57
露地种植	18.32	2.1	41.0	26.12	113.37

茎粗、株高优于露地种植而次于播期覆膜,拔节期叶面积高于其他处理,且光合速率、蒸腾速率和气孔导度等光合特性均高于露地种植而低于播期覆膜,但差异较小;穗部性状优于露地种植,产量较露地种植增加达 72.48%,这与覆膜免耕增加农田土壤含水量、提高作物苗期土壤温度有关。

据西吉县农业技术推广服务中心观测研究,“一膜两年用”处理马铃薯株高高于常规半膜覆盖和露地种植,说明植株生长旺盛;大中薯率高,说明产量高、效益好,比常规半膜覆盖高 9.47 个百分点,与全膜双垄覆盖差异较小(表 2-8-13)。

又据原州区农业技术推广服务中心观测研究,在全膜双垄覆盖条件下,“一膜两年用”处理玉米株高、茎粗、果穗长、穗粒数、百粒重分别高于播期半膜覆盖 15 cm、0.5 cm、2.4 cm、99.7 粒、1.8 g,与全膜双垄覆盖基本相当(表 2-8-14)。

(4)有利于改良土壤和提高土壤肥力。“一膜两年用”保护性耕作技术下根茬直接留在土壤中,增加了土壤有机质含量,从而改良了土壤,提高了土壤肥力。采用“一膜两年用”保护性耕作技术种植玉米,播种

表 2-8-13　不同处理下马铃薯农艺性状

处理	株高/cm	单株小薯		单株中薯		单株大薯		大中薯率/%
		数量/个	平均薯重/g	数量/个	平均薯重/g	数量/个	平均薯重/g	
“一膜两年用”	84.2	1.96	38.5	1.12	86.1	2.09	214.8	62.09
全膜双垄覆盖	87.1	2.08	30.4	1.36	85.8	2.47	233.3	64.81
常规半膜覆盖	79.0	2.80	32.6	1.27	93.1	1.84	210.5	52.62
露地种植	76.8	2.91	34.9	1.40	82.2	2.03	198.7	54.10

表 2-8-14　不同处理下玉米农艺性状

处理	出苗率/%	株高/cm	茎粗/cm	果穗长/cm	穗粒数/粒	百粒重/g
“一膜两年用”	100.0	230	3.1	20.7	554.2	30.7
全膜双垄覆盖	100.0	230	3.1	19.5	548.4	30.4
播期半膜覆盖	92.4	215	2.6	17.1	454.5	28.9

时测定0~15 cm、15~30 cm 土壤有机质含量平均为5.96 g/kg，收获时为 6.02 g/kg，增加了 0.06 g/kg，提高了 1%，而露地种植降低了 0.12 g/kg。

（5）有效减轻了土壤风蚀和水蚀，有利于保护环境。秋揭春覆新膜致使冬春季土壤裸露，风蚀和水蚀造成水土流失 ，而“一膜两年用”保护性耕作技术下地表被地膜周年覆盖，能有效减轻土壤风蚀和水蚀，有利于保护环境。

（6）节本增效效果显著。“一膜两年用”保护性耕作相对于秋揭春覆新膜或春揭春覆新膜减少了清理残膜及根茬、翻耕整地、覆盖新膜的投入成本，因而经济效益十分显著。

在全膜双垄覆盖模式下，经多点、多作物试验（表 2-8-15），“一膜两年用”保护性耕作产量低于全膜双垄覆盖、高于常规半膜覆盖；效益高于全膜双垄覆盖、常规半膜覆盖。种植玉米比全膜双垄覆盖产量低 8.2%，纯收入增加 14.8%，比常规半膜覆盖增产 5.4%，纯收入增加20.9%。种植马铃薯比全膜双垄覆盖产

表 2-8-15　“一膜两年用”保护性耕作技术效益

处理	作物	试验地点	籽粒或鲜薯产量/（$kg·hm^{-2}$）	投入/（元·hm^{-2}）	产值/（元·hm^{-2}）	纯收入/（元·hm^{-2}）
“一膜两年用”	玉米	彭阳县	8 641.4	4 965.0	20 147.4	15 182.4
全膜双垄覆盖（春揭春覆）			9 414.1	8 775.0	21 996.0	13 221.0
常规半膜覆盖（春覆膜）			8 197.0	6 390.0	18 947.4	12 557.4
“一膜两年用”	向日葵（油葵）	彭阳县	2 676.8	4 706.6	13 384.0	8 677.4
全膜双垄覆盖（春揭春覆）			2 888.9	8 516.6	14 444.5	5 927.9
常规半膜覆盖（春覆膜）			2 363.6	6 131.6	11 818.0	5 686.4
“一膜两年用”	马铃薯	西吉县	27 652.5	9 525.0	30 417.8	20 892.8
全膜双垄覆盖（春揭春覆）			30 342.0	15 450.0	33 376.2	17 926.2
常规半膜覆盖（春覆膜）			26 023.5	14 400.0	28 625.9	14 225.9

量低 8.7%，纯收入增加 16.5%，比常规半膜覆盖增产 6.3%，纯效入增加 46.9%。种植向日葵比全膜双垄覆盖产量低7.3%，纯收入增加46.4%，比常规半膜覆盖增产 13.3%，纯收入增加 52.6%。

据在年降水量 277 mm 的同心县预旺镇南源村旱作农业示范区试验，"一膜两年用"处理玉米籽粒产量虽比播期覆膜低 3.6%，但纯收入增加 64%，比露地种植增产 72.5%，纯收入增加 94.8%（表 2–8–16）。

表 2–8–16　不同处理下玉米产量及经济效益

处理	茎秆产量/（kg·hm^{-2}）	玉米芯产量/（kg·hm^{-2}）	生物产量/（kg·hm^{-2}）	籽粒产量/（kg·hm^{-2}）	投入/(元·hm^{-2})			产值/（元·hm^{-2}）	纯收入/（元·hm^{-2}）
					物化劳动	活劳动	合计		
"一膜两年用"	4 109	1 095.15	10 285.50	5 081.40	900	1 200	2 100	4 245.7	2 145.7
播期覆膜	4 353	1 101.90	10 723.95	5 269.02	1 960	1 200	3 160	4 468.5	1 308.5
露地种植	2 963	1 069.35	8 178.45	2 946.15	900	1 200	2 100	3 201.4	1 101.4

注：1. 物化劳动包括肥料（农家肥与化肥）、农药、种子、地膜和机械费用，活劳动包括人工、畜力，产值包括籽粒产值及茎秆产值（籽粒 2 元/kg、茎秆 0.3 元/kg、玉米芯 0.5 元/kg）。
2. 数据来自金龙、李海洋《宁夏中部干旱带旱地农田覆膜免耕对玉米生长发育的影响》。

在多点试验中也出现了"一膜两年用"保护性耕作与全膜双垄覆盖保墒效果、籽粒产量、水分利用效率基本相当的结果。原州区农业技术推广服务中心 2011—2012 年定位研究发现（表 2–8–17），玉米播种至拔节期，"一膜两年用"保护性耕作和全膜双垄覆盖土壤含水量基本接近，为 16.34%，均较半膜种植增加 3.8 个百分点；玉米拔节至抽雄期，"一膜两年用"保护性耕作和全膜双垄覆盖土壤含水量差异不显著，二者较半膜种植增加 3 个百分点；当玉米进入抽雄期后（7 月中下旬），土壤含水量最低，但随着当地雨季的来临，降雨量逐渐增加，降雨能够充分满足玉米后期生长发育对水分的需求，即作物需水关键期与降雨期相吻合。纵观玉米整个生育期土壤含水量的变化，"一膜两年用"保护性耕作减少了因田间作业、地表裸露等因素导致的土壤水分耗散，保蓄了土壤水分，使土壤含水量相当稳定，含水量高。

"一膜两年用"、全膜双垄覆盖和半膜覆盖水分利用效率分别为 29.63 kg/(mm·hm^2)、29.7 kg/(mm·hm^2)、23.92 kg/(mm·hm^2)（表 2–8–17），说明"一膜两年用"与全膜双垄覆盖保墒效果基本相当，但较半膜覆盖具

表 2–8–17　不同处理下玉米水分利用效率

年份	处理	贮水量/mm		生育期降水量/mm	耗水量/mm	经济产量/（kg·hm^{-2}）	年降水量/mm	水分利用效率/[kg·(mm^{-1}·hm^{-2})]
		播期	收获后					
2011	"一膜两年用"	400.60	305.50	219.6	314.7	9 337.5	411.4	29.70
	全膜双垄覆盖	388.70	298.50		309.8	9 225.0		29.85
	半膜覆盖	366.50	278.40		307.7	7 200.0		23.40
2012	"一膜两年用"	398.60	310.60	235.4	323.4	9 576.0	423.5	29.55
	全膜双垄覆盖	387.10	301.90		320.6	9 525.0		29.70
	半膜覆盖	358.40	289.70		304.1	7 425.0		24.45
两年平均	"一膜两年用"	399.60	308.05	227.5	319.1	9 457.5	417.4	29.63
	全膜双垄覆盖	387.90	300.20		315.2	9 375.0		29.70
	半膜覆盖	362.45	284.05		305.9	7 321.5		23.92

有明显优势。此试验可以进一步说明"一膜两年用"保护性耕作技术不仅保墒效果好，而且在节本增效方面有较大的空间。

"一膜两年用"虽然减少了一年的地膜投入，但存在施肥难、地温回升慢的问题。

3. 宁夏旱作农业区目前"一膜两年用"保护性耕作模式

（1）第一年前茬为豆茬，一次性施足基肥→覆膜种植西瓜→留膜留茬越冬→第二年在旧膜上种植玉米→秋季玉米收获后清除残膜、根茬并进行秋季整地→第三年种植马铃薯，形成了豆类作物—西瓜—玉米—马铃薯 4 年轮作方式。该方式适合在年降水量 350~400 mm 的地区应用。据在原州区头营镇路梁村测定，"一膜两年用"处理前茬西瓜收获后撒铺细土 0.3~0.5 cm 保护地膜，后茬玉米播期基本上没有干土层，0~40 cm 土壤含水量达到 12.6%，0~200 cm 土壤贮水量为 419.8 mm；而作为对照的秋揭（旧膜）春覆（新膜）处理，同期干土层厚度为 12 cm，0~40 cm 土壤含水量只有 9.7%，0~200 cm 土壤贮水量为 402.5 mm，比"一膜两年用"处理含水量低 2.9 个百分点，0~200 cm 土壤贮水量少 17.3 mm。"一膜两年用"处理水分条件改善，为提高后作玉米的播种质量、出苗效果和苗期生长状况创造了有利条件，玉米提早出苗 1~3 d，一次播种保苗率提高 5.2 个百分点，苗期株高、单株鲜重分别增加 1.4 cm 和 6.7 g。西瓜运用暖窝种植，施肥比较集中，因而比传统秋揭春覆处理增产 10%以上。"一膜两年用"处理减少了清理残膜、翻耕收耱、镇压打磙和覆盖新膜等成本投入，节约生产成本 1 950 元/hm^2。从大面积示范效果看，"一膜两年用"增产效果比较显著，据 1998—2000 年原州区农业技术推广服务中心在路梁村示范 15 hm^2，当年西瓜单产 5.7 万 kg/hm^2。第一年西瓜收后，第二年种植玉米，表现出显著的增产优势，比传统秋揭春覆处理增产 10.5%。2001 年在原州区部分乡镇大面积推广，玉米平均单产 6 432 kg/hm^2，比对照（5 799.5 kg/hm^2）增产 632.5 kg/hm^2，增幅为 10.9%，自然降雨利用率由 30%提高到 45%，水分利用效率由 10.5 kg/（mm·hm^2）提高到 18.6 kg/（mm·hm^2），节约成本 1 950 元/hm^2，增收 675 元/hm^2，节支增收合计 2 625 元/hm^2。

（2）前作小麦收获后伏耕深翻，秋耕地时，一次性施足基肥→采用秋季全膜双垄覆盖技术（或早春全膜双垄覆盖）种植玉米→秋收后留膜留茬越冬，保护好地膜→第二年在旧膜上错穴种植玉米（或向日葵）。此种模式的优点是：一是通过冬季和春季地膜全地面覆盖，减少冬春季土壤水分蒸发，大小双垄汇集早春微量降雨，可增加土壤水分，为播种创造良好的条件，有效解决春旱严重影响播种的问题，保证玉米正常出苗；二是投资减少，单位面积减少投资 1 950 元/hm^2；三是操作简单；四是玉米可以连作种植。

（3）第一年采用全膜双垄覆盖技术种植玉米→秋季留膜留茬越冬→第二年在旧膜上种植马铃薯→秋季马铃薯收获后，回收地膜、整地施肥，秋覆膜或翌年早春覆膜。此种模式的优点为：一是减少冬春季土壤水分蒸发，第二年播期土壤水分较高；二是减轻水蚀和风蚀，防止水土流失；三是能提高地温，利于出苗，同时能种植中晚熟品种，延长生育期，发挥中晚熟品种的生产潜力，节本增效显著；四是玉米与马铃薯轮作，可养分互补（玉米吸收氮肥较多，而马铃薯吸收钾肥多）。玉米施肥量大，遗留给后作的养分较多，可形成良性循环。

（4）第一年采用全膜双垄覆盖技术种植玉米或马铃薯→秋季收获后留膜留茬越冬→第二年在旧膜上种植油葵或谷子等农作物。

（三）冬小麦免耕沟播技术

冬小麦免耕沟播技术是指针对宁夏旱作农业区冬小麦产量低而不稳的制约因素干旱，采用 2BMFS-5/10 型免耕施肥播种机，实施旋耕破茬、开沟播种、集中施肥、镇压一体联合作业，达到保水、保土、保肥、省工、省力、省能、增产、增收、增效的目的。该技术把保护性耕作技术与水土保持耕作技术融为一体，集水保墒效果好、节本增收效果显著。

1. 操作流程

作物收获后留茬→夏闲期免耕或深松(第一年深松后,每隔三年深松一次)→休闲期化学除草→冬小麦带状旋耕、施肥、播种→病虫草害防治→小麦收获。

2. 效应

(1)显著提高麦田土壤水分含量。据测定,出苗期 0~40 cm 土壤含水量比常规种植高 1.7 个百分点,返青期高 1.3 个百分点(表 2-8-18)。这说明免耕沟播技术具有良好的保水、聚水作用。

表 2-8-18 冬小麦不同栽培方式0~40 cm 土壤含水量

单位:%

栽培方式	0~40 cm 土壤含水量					
	播种期	出苗期	越冬期	返青期	拔节期	灌浆期
常规种植	16.6	15.1	13.8	12.4	9.9	7.8
免耕沟播	18.2	16.8	15.5	13.7	10.2	8.2

(2)提高地温。免耕沟播由于沟埂可作为屏障,沟内避风,温度明显升高。据测定,在越冬期,免耕沟播冬小麦沟内温度升高 0.7~2.1℃,不仅有利于冬小麦的生长发育,而且可减轻低温对冬小麦的危害,提高越冬保苗率。

(3)实现集中施肥。肥料集中沟施,使长效肥料和速效肥料相结合,可避免氮素损失,并减少磷素被土壤固定,从而达到提高肥效的目的。

(4)节本增收效果显著。免耕沟播与常规种植相比,增产 5.96%,成本降低 1 095 元/hm^2,节本增收 1 530 元/hm^2(表 2-8-19)。

表 2-8-19 冬小麦不同栽培方式效益比较

栽培方式	产量/($kg·hm^{-2}$)	总产值/(元·hm^{-2})	投入成本/(元·hm^{-2})							纯收入/(元·hm^{-2})	较常规种植节本增收/(元·hm^{-2})
			化肥	农药	种子	耕地	播种	人工	合计		
常规种植	4 559.55	6 839.25	825	105	600	450	225	1 800	4 005	2 834.25	—
免耕沟播	4 831.50	7 274.25	825	105	480	0	375	1 125	2 910	4 364.25	1 530

(四)膜侧小麦茬地留膜留茬越冬技术

1. 操作流程

小麦夏收→休闲期留膜留茬→翌年春季清理残膜;保护性耕作第一年深松 1 次,以后每隔 3 年深松 1次;表土处理→后茬作物播种。

2. 效应

试验结果显示,膜侧小麦茬地留膜留茬越冬保护性耕作相对于传统翻耕方式,翌年早春0~20 cm 耕作层土壤含水量由 12.7%提高到 14.8%,同期干土层厚度,保护性耕作处理覆膜垄面处为 2~3 cm,裸露垄沟处为5 cm,而传统翻耕处理达 7~9 cm;后茬玉米播期 0~20 cm、20~40 cm、40~60 cm 土层含水量分别由 8.8%、10.7%、11.4%提高到 11.2%、12.5%和 12.8%, 仅 0~20 cm 土层增加的贮水量就可对每株玉米幼苗增加供水量 0.91 kg(表 2-8-20)。早春地表解冻后,5 cm、10 cm、15 cm、20 cm 和 25 cm 土层地温依次升高 3.8℃、3.4℃、2.7℃、1.9℃、1.4℃和 0.8℃，0~25 cm 土层地温平均升高 2.3℃。后茬玉米播期耕作层土壤有机质含量由 11.8 g/kg 下降为 10.2 g/kg，水解氮和速效磷含量由 87 mg/kg 和4.14 mg/kg 增加到 93.2 mg/kg 和 4.81 mg/kg。玉米生长发育状况有所改善，拔节期株高增加 2.1 cm，成熟期单株生物干重增加 31.2 g，穗粒数增加 21 粒，穗粒重增加 5.9 g，每公顷籽粒产量增加 814.5 kg，秸秆产量增加 1 075.5 kg，增幅为 12.3%和 9.1%（表 2–8–21）。以每 3 年为一个耕作周期，留膜留茬越冬保护性耕作春季深松 1 次，表土处理 3 次，耕作成本共约 900 元/hm^2，而传统翻耕方式需夏深翻 3 次，秋浅翻 3 次，秋收耱 3 次，耕作成本累计 2 250 元/hm^2，前者比后者每年节约耕作成本 450 元/hm^2。综上表明，膜侧小麦茬地留膜留茬越冬保护性耕作每公顷节支增收近 1 500 元。

表 2–8–20　膜侧小麦茬地留膜留茬越冬保护性耕作的保墒效果（2004 年）

耕作方式	翌年早春		后作玉米播期			
	0~20 cm 土层含水量/%	干土层厚度/cm	土层含水量/%			耕作层供水量/（kg·株$^{-1}$）
			0~20 cm	20~40 cm	40~60 cm	
保护性耕作	14.8	覆膜垄面处 2~3 cm，裸露垄沟处 5 cm	11.2	12.5	12.8	4.09
传统翻耕	12.7	7~9 cm	8.8	10.7	11.4	3.18

表 2–8–21　膜侧小麦茬地留膜留茬越冬保护性耕作对后作玉米生长发育的影响

耕作方式	拔节期株高/cm	成熟期				
		单株生物干重/g	穗粒数/粒	穗粒重/g	籽粒产量/（kg·hm^{-2}）	秸秆产量/（kg·hm^{-2}）
保护性耕作	34.5	192.0	640	184.8	7 437.0	12 894.0
传统翻耕	32.4	160.8	619	178.9	6 622.5	11 818.5

（五）秋覆膜春播种技术（半膜覆盖）

1. 操作流程

晚秋抢墒覆膜→护膜越冬→春季打孔播种。

2. 效应

相较于春覆膜春播种，秋覆膜春播种保护性耕作技术将农田覆膜时间由通常的作物春播期提前到上年秋季，减少了农田冬春休闲裸露期的水分蒸发，保蓄了土壤水分，提引了地墒，明显增加了耕作层含水量；抑制了土壤风蚀，减轻了农田扬沙起尘；提高了土壤温度，增加了地积温；促进了土壤有机质分解，提高了土壤养分有效性。土壤水、热和养分条件的改善，必然增强春播作物的抗旱保苗性能，改善其生长发育状况，最终达到增产增收效果。试验结果显示，秋覆膜 4 个月后即早春土壤解冻期，0~40 cm 土层含水量为 15.1%，比春覆膜春播种高 3.8 个百分点。覆膜 6 个月后即后茬玉米播期，0~20 cm、20~40 cm 和 40~60 cm 土层含水量分别为 13.8%、15.3%、14.8%，比春覆膜春播种高 5.2 个百分点、3.3 个百分点、2.1 个百分点。0~20 cm 土层贮水量占 0~60 cm 土层贮水量的比例为 31.4%，比春覆膜春播种高 5.6 个百分点，0~200 cm 土层贮水量达 450.1 mm，比春覆膜春播种多 36 mm（表 2–8–22）。地表 0~15 cm 土层平均温度升高 3℃。耕作层（0~20 cm）有机质含量为 13.2 g/kg，比春覆膜春播种多 0.8 g/kg，水解氮和速效磷含量分别为 76 mg/g 和 4.2 mg/g，比春覆膜春播种多 12 mg/g 和 0.3 mg/g。

表 2-8-22 秋覆膜春播种保护性耕作土壤水分效应

耕作方式	秋覆膜 4 个月后	秋覆膜 6 个月后(后作玉米播期)				
	0~40 cm 土层含水量/%	土层含水量/%			0~20 cm 土层贮水量占 0~60 cm 土层贮水量的比例/%	0~200 cm 土层贮水量/mm
		0~20 cm	20~40 cm	40~60 cm		
秋覆膜春播种	15.1	13.8	15.3	14.8	31.4	450.1
春覆膜春播种	11.3	8.6	12.0	12.7	25.8	414.1

秋覆膜春播种玉米比春覆膜春播种玉米,齐苗期约早 2 d,一次播种保苗率高 6.4 个百分点。三叶期株高增加 0.8 cm,单株干重和鲜重分别增加 2.3 g 和 5.6 g;拔节期株高增加 2.4 cm,单株根条数增加 0.9 条,茎粗增加 0.32 cm;成熟期单株干重增加 17.6 g,穗粒数增加 27 粒,百粒重增加 1.8 g,穗粒重增加 7.7 g,籽粒增产 1 038 kg/hm^2,增幅 16.8%,秸秆增产 1 299 kg/hm^2,增幅 14.7%(表2-8-23)。玉米全生育期 0~200 cm 土层耗水量由 439.5 mm 增加到 458.1 mm,水分利用效率由 14.1 kg/(mm·hm^2)提高到 15.75 kg/(mm·hm^2)。

表 2-8-23 秋覆膜春播种保护性耕作对后作玉米生长发育的影响

耕作方式	保苗率/%	三叶期		拔节期		成熟期				
		株高/cm	单株干重/g	株高/cm	单株根条数/条	单株干重/g	穗粒数/粒	百粒重/g	籽粒产量/(kg·hm^{-2})	秸秆产量/(kg·hm^{-2})
秋覆膜春播种	97.0	13.2	21.4	37.7	6.8	164.6	610	30.5	7 216.5	10 135.5
春覆膜春播种	90.6	12.4	19.1	35.3	5.9	147.0	583	28.7	6 178.5	8 836.5

(六)露地密植作物根茬固土越冬技术

1. 操作流程

露地密植作物(小麦、莜麦、糜子、谷子、荞麦等)收获→夏秋休闲期免耕或深松(第一年深松后,每隔三年深松一次)→根茬固土越冬→春季表土处理→后茬作物播种。

2. 效应

(1)改善生态环境。翻耕裸露地冬春休闲期土壤干燥疏松,很容易"土随风起",而根茬固土越冬保护性耕作能在很大程度上抑制土壤风蚀,是减少农田扬尘、遏制沙尘暴危害、改善生态环境的有效措施。

(2)提高土壤蓄水保墒能力,改善作物生长发育状况。旱作农田取消铧式犁翻耕,代之深松少耕,能够打破犁底层,切断土壤毛细管,从而提高土壤纳雨蓄墒、抑蒸保墒能力。以春小麦茬地为例,夏闲期深松少耕比传统铧式犁翻耕,翌年早春 0~20 cm、20~40 cm 和 40~60 cm 土层贮水量分别增加 4.1 mm、5.4 mm 和 6.5 mm;后茬胡麻播种期 0~200 cm 土层贮水量增加 23.5 mm。土壤含水量的增加为提高作物播种质量、增强抗旱保苗能力、促进植株生长发育创造了有利条件,深松地比翻耕地胡麻出苗期提早 1~2 d,出苗率高 6.8 个百分点,基本苗增加 30.3 万株/hm^2,成熟期株高增加 1.5 cm,工艺长度增加 0.7 cm,单株分枝增加 0.35 个,单株蒴果数增加 1.3 个,单果着粒数增加 0.46 粒,增产 183 kg/hm^2,增幅 11.1%。

(3)节约耕作成本。根茬固土越冬保护性耕作模式的配套耕作作业包括夏秋休闲期深松 1 次和后茬作物播前表土处理 1 次,耕作成本合计 525 元/hm^2;传统耕作方式则包括夏秋休闲期翻耕 1~2 次,收耱 1 次,冬春季镇压打碾 1~2 次,耕作成本合计 450~750 元/hm^2。保护性耕作与传统翻耕相比,每年节约耕作成本 75~225 元/hm^2。

第四节 宁夏旱作农业区保墒抗旱防风固土型保护性耕作的关键技术及机具

一、宁夏旱作农业区保墒抗旱防风固土型保护性耕作的关键技术

保护性耕作是一种不同于铧式犁翻耕的新型耕作技术。每一种保护性耕作技术模式都是将多项农艺、农机技术集合而成的综合技术体系，都要从前茬作物的收获开始，按程序确定各环节的作业内容、作业工艺、作业方法及配套作业机具。总结归纳宁夏旱作农业区保墒抗旱防风固土型保护性耕作的关键技术内容，可以概括为四句话：地膜覆盖，土壤深松，表土处理，免耕播种。

（一）地膜覆盖

地膜覆盖是宁夏旱作农业区保墒抗旱防风固土型保护性耕作技术的核心内容，是建立与宁夏旱作农业区气候生态特点和产业结构相适应的保护性耕作技术模式的必然选择，是禁止农田冬春裸露、保水保土的根本途径。

世界各国改革传统耕作方法，积极促进保护性耕作技术体系的形成和发展，目的无不在于减少土壤风蚀、水蚀，提高土壤肥力和抗旱能力。为此，用作物秸秆残茬覆盖地表代替传统裸露休闲便成为国内外保护性耕作技术几乎一致的核心内容。而宁夏旱作农业区干旱冷凉，冬春风沙大，除割茬以外，其他方式覆盖的秸秆都可能被风吹走，即使不被吹走，还田后也因为土壤水热条件的限制而不易分解，何况宁夏旱作农业区是我国重要的畜牧业生产基地，地方政府正在坚定不移地实施“生态优先、草畜主导、特色种植”的发展战略，种植业的基本功能之一就是“为养而种”，大部分作物秸秆要用作饲草，秸秆还田实际上也有困难。宁夏广大农业工作者立足于建立既有利于旱作农业区保水保土、保护环境、增产增收，又在宁夏旱作农业区具有推广价值和应用前景的保护性耕作技术体系，在消化吸收国内外技术、总结提炼农民经验和参考借鉴生产实践的基础上，通过自主试验和创新研究，逐步形成了以地膜覆盖为核心的宁夏旱作农业区保护性耕作技术体系。

宁夏旱作农业区不同保护性耕作技术模式的地膜覆盖作业程序、方法各不相同，有的是覆膜作物茬地留膜越冬、春季拣膜，有的是 1 次覆膜、2 年续用，还有的是秋季覆膜、春季播种。但不管是哪种方式，都是将一般意义上的地膜在作物生长期覆盖改变为周年连续覆盖，以地膜覆盖地表代替传统裸露休闲。相比秸秆覆盖，地膜覆盖不仅保水保土效果没有任何弱化，而且避免了秸秆覆盖影响春季地温回升和土壤速效养分释放、农田杂草滋生和病虫害加重等问题。

保护性耕作地膜覆盖的基本要求与一般地膜覆盖一致，此外，还须注意以下几点：一是提高地膜覆盖度，增强冬春休闲期保水保土功效，一般情况下地膜覆盖度要达到 75%~80%，以全膜覆盖保墒增温效果最好。二是选用抗老化、抗破损的高密度强力膜，尽量使厚度达到 0.01 mm 以上。三是覆膜垄行最好沿南北风向。四是越冬护膜，也可在第一季作物生产过程中精细操作，严防损坏地膜，收割时保护好地膜。如果种植玉米，及时将玉米秸秆覆盖在地膜上，不要划破地膜，发现有破损及时用土封堵；严禁人畜踩踏。如为“一膜两年用”，应在播种前 7 d 将玉米秸秆运出地块，扫净残留茎叶，用细土封好地膜破损处；翌年续用旧膜全膜面盖土，封严膜孔；秋覆新膜压紧膜边，以防大风撕膜、揭膜。五是改进施肥方法。“一膜两年用”模式要配套实行“一肥两年用”，第一年覆膜前一次性施足腐熟的农家肥，既要满足当年作物的需要，又要

保证第二年作物对农家肥的需要，以便翌年能充分发挥该模式的增产优势；化肥按目标产量要求，磷肥、钾肥及部分氮肥于播种期或苗期用追肥枪施入，追肥在水肥关键期用追肥枪施入。秋覆膜春播种要改春施肥为秋施肥，秋季覆膜前施好底肥。

此外，建立科学的轮作制度有利于培肥地力，提高土壤蓄水保墒能力，减少杂草及病虫危害。应建立豆类作物—玉米—玉米—马铃薯、小麦—玉米—马铃薯、豆类作物—小麦—玉米—马铃薯、西瓜—玉米—马铃薯3 年或 4 年轮作制，严禁马铃薯、西瓜重茬与迎茬。

（二）土壤深松

保护性耕作与传统耕作的最大区别之一就是取消铧式犁翻耕，但取消翻耕并不意味着放弃耕作，而是要改进耕作方法，具体途径就是以松代翻。深松是指疏松土层而不翻转土层的土壤耕作技术。与翻耕相比，深松有利于打破农田犁底层，增加降雨入渗量，切断土壤毛细管，抑制耕作层以下土壤水分蒸发损耗，从而提高土壤蓄水保墒能力；对土壤扰动小，残茬大部分留在地表，有利于防止土壤风蚀和水蚀；能够避免翻耕法翻耕土壤过程中水分大量散失的弊端。

据 2003 年测定，试验地在前茬小麦收获时 0~200 cm 土层贮水量为 356.3 mm。经过 7 月12 日至 9 月 21 日整个夏闲期 231.9 mm 降水量的入渗补充，传统翻耕区和深松区 0~200 cm 土层贮水量分别增加到 431.2 mm 和 449.2 mm。即少耕深松对夏闲期降水在 0~200 cm 土层的保蓄总量为 92.9 mm，保蓄率为 40.1%，传统翻耕的对应值为 74.9 mm 和 32.3%，深松比翻耕降水保蓄率高 7.8 个百分点。进一步分析各层次土壤贮水量增量可以看出，在 0~30 cm 土层，传统翻耕的增加量高于深松少耕 3.4 mm，这是因为翻耕后不耙耱，地表粗糙，对降水吸纳多。但随着土层深度的增加，深松少耕贮水量增量逐渐高出传统翻耕，特别是 50~100 cm 土层，深松区贮水量增量达 37.1 mm，而翻耕区仅为 20.7 mm（表 2-8-24）。深松少耕有利于提高降水保蓄率，特别是能够显著增加土壤深层贮水量，这与深松打破犁底层、降低土壤容重、增加土壤孔隙度有密切关系。后茬冬小麦返青期测定，深松区比翻耕区 0~200 cm 土层贮水量增加 31.2 mm，其中 20~60 cm 土层增加 11.7 mm。

表 2-8-24 小麦茬地深松对夏闲期降雨保蓄的影响

耕作方式	0~200 cm 土层贮水量					不同土层贮水量增量/mm			
	前茬小麦收获期/mm	后茬小麦播种期/mm	夏闲期增量/mm	夏闲期降雨量/mm	降水保蓄率/%	0~30 cm	30~50 cm	50~100 cm	100~200 cm
深松	356.3	449.2	92.9	231.9	40.1	13.8	12.6	37.1	29.4
翻耕	356.3	431.2	74.9	231.9	32.3	17.2	19.5	20.7	27.5

深松与翻耕比较，土壤结构好，含水量高，特别是中下层贮水量明显增加，所以深松区免耕播种的小麦产量普遍高于翻耕区常规播种小麦。2002—2004 年多点次试验显示，小麦免耕增产幅度在 5.9%~18.4%。

冬小麦免耕沟播保护性耕作夏闲期深松 1 次，作业成本 375 元/hm^2，传统耕作夏闲期深翻耕、浅翻耕和收耱各 1 次，加上播前整地，作业成本 675 元/hm^2，深松比传统翻耕每年节约耕作成本 300 元/hm^2。

宁夏旱作农业区农田一般为土层深厚、土质疏松的沙壤土或中壤土，且因冬冻春融，土壤结构会自然恢复，故深松不必年年进行。但刚开始实行保护性耕作且土壤中有犁底层存在的地块，必须深松 1 次，以后每隔 3 年深松 1 次即可。深松可作为夏秋休闲期代替传统翻耕的主要耕作措施。“一膜两年用”保护性耕作技术的深松作业可在第二季作物收后进行。根茬固土越冬和冬小麦免耕沟播两种保护性耕作技术的深松作业可在夏秋休闲期完成。深松作业过程中，可以根据具体情况选用全面深松、间隔深松等不同的方式。全面深松是用深松机在工作幅宽上全面松土，这种方式适用于改造耕作层深的黏质土；间隔深松则是用杆齿凿形铲间隔一定距离局部松土。深松深度可视耕作层厚度和犁底层深度而定，一般以 30 cm 左右为宜。为减少深松后地表可能出现的沟垄，可选用带翼铲的深松机，如带上合墒刀，地面将更平整。

（三）表土处理

土壤少耕、免耕会给后茬作物播种、出苗带来以下三方面的不利影响：一是地表紧实，根茬留存，播种开沟阻力大；二是地面不平整，深浅不一；三是地温较低，出苗缓慢。为此，有必要在作物播种前进行表土处理，以疏松土壤，平整地表，防除杂草，提高地温，为提高播种质量、获得理想出苗效果创造条件。

2002—2003 年连续 2 年在彭阳县、原州区等地进行覆膜玉米留膜留茬越冬免耕地春季表土处理方式优选试验，结果表明，浅松处理区比畜力翻耕区后茬玉米生育期间 0~40 cm 土层贮水量增加 5.8~10.7 mm，比旋耕处理区增加 7.5~13.7 mm。浅松处理区后茬玉米前期生长状况好于畜力翻耕区，中后期生长状况明显好于旋耕处理区，优于畜力翻耕区。到成熟期，浅松处理比畜力翻耕处理玉米株高、茎粗、穗粒数、千粒重分初增加 4.8 cm、0.7 mm、23 粒和 3.8 g，增产 561 kg/hm^2，增幅 7.5%；比旋耕处理玉米株高、茎粗、穗粒数、千粒重分别增加 5.2 cm、0.4 mm、42 粒和 3.8 g，增产 805.5 kg/hm^2，增幅 11.2%。耙耕处理土壤水分条件、玉米生长发育状况及产量水平基本介于浅松和畜力翻耕两处理间。浅松、耙耕、旋耕、畜力翻耕 4 种表土处理方式的后茬玉米全生育期耗水量依次为 502.4 mm、504.1 mm、499.2 mm 和 491.9 mm，相应的水分利用效率分别为 17.1 kg/（mm·hm^2）、15.15 kg/（mm·hm^2）、13.8 kg/（mm·hm^2）和14.4 kg/（mm·hm^2）。以上试验结果说明，在宁夏旱作农业区耕种土壤结构、质地和农田水分条件下，保护性耕作的表土处理作业一般宜采用浅松和耙耱，也可实行旋耕。

采用装备碎土镇压轮的大箭铲式浅松机浅松表土，大箭铲在地表 5~8 cm 深处通过，携带的碎土镇压轮随之实现碎土。地表浅松后，地面平整度得到根本改善，可以明显提高播种质量；土壤紧实度有较大幅度下降，可以减少播种机开沟阻力 40%左右；能起到良好的除草效果，绝大部分杂草因根系被切断而灭除。表土浅松作业要适时进行，一般以播种前 1~2 d 为宜。

用缺口圆盘耙进行表土耙耕，松土、平地效果较好，对提高表土地温也有一定作用。但在土壤墒情条件不适宜、湿度过高或过低时，圆盘耙耙地会出现较大的坷垃，对后茬作物播种、出苗有不利影响。

土壤采用旋耕机浅旋，不仅可以使表土疏松、土粒细碎、地面平整，还能将根茬粉碎还田，能在较短的时间内创造良好的播种条件。但是，旋耕作业粉碎能力强，对土壤团粒结构和孔性破坏较大，细碎土粒在抛撒时水分急剧蒸发散失，耕后往往导致土壤严重失墒，干土层迅速加厚；同时，旋耕作业还会严重杀伤蚯蚓等土壤生物；此外，旋耕地表过于松软，播种深度也不好掌握。因此，在宁夏旱作农业区实行春季旋耕要特别慎重。正因为土壤旋耕存在一些不利因素，所以作业时要特别注意：一是地表旋耕要在播前 10~15 d 完成，这是为了保证旋耕后土壤有足够的时间回实；二是留膜留茬越冬春季再覆膜的地旋耕后应立即耱地，土壤回实后应立即进行覆膜作业，以减少水分蒸发；三是作业深度要控制在 10 cm 以内，否则会出现播种深度无法控制和出苗后“吊根”的现象。

（四）免耕播种

保护性耕作取消传统翻耕耙耱，推行少免耕。免耕播种机具是免耕播种作业质量好坏的关键，免耕播种要在地表有根茬存在的条件下进行，更关键的是肥料不能在播种前整地时施入，播种同时还要完成施肥作业，所以要求播种机具除具有普通播种机开沟、下种、施肥（少量）、覆土、镇压功能外，还必须具备破茬入土、种肥分施和地面仿形功能，以满足免耕施肥播种的特殊要求。目前，国内研制成功的小型小麦免耕施肥播种机在宁夏旱作农业区具有一定的应用价值和推广前景。该机具在破茬入土方面，选用夹角铲式开沟器，沟形窄，入土性能好，可以自动回土；在种肥分施方面，采用复合型种肥分施开沟器实现种肥垂直分施，间距在 5 cm 以上，能够满足大施肥量的要求；在地面仿形方面，采用平行四边形单体仿形，保证播种深度一致。免耕播种与施肥同时进行，作物全生育期绝大部分的养分以种肥施入，要求施用的肥料长效和速效兼顾，氮、磷、钾并重。少免耕农田表层结构相对紧实，水分条件较好，小麦免耕播种深度一般不应超过 5 cm。

二、保护性耕作的关键机具

保护性耕作的关键机具有深翻犁、深松犁（凿形铲）、旋耕机、全膜覆膜机、半膜覆膜机、小麦膜侧播种机、小麦免耕播种机、玉米点播机（人工、机械）、玉米穴播器（人工）、小麦（糜谷等）覆膜点播机、马铃薯覆膜起垄播种一体机。

图 2-8-1　四铧翻转犁

图 2-8-2　深松犁

图 2-8-3　旋耕机

图 2-8-4　圆盘耙

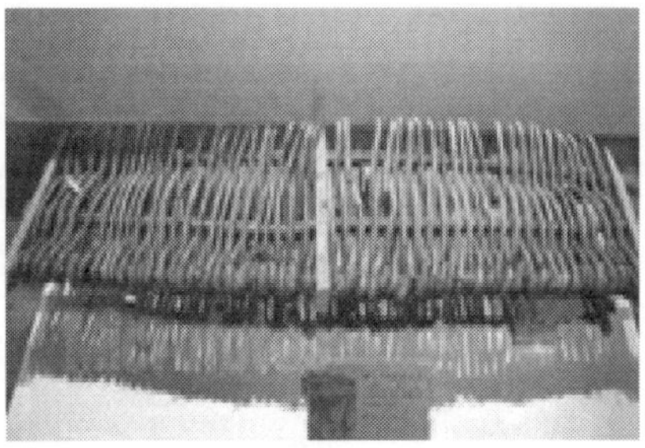

图 2-8-5　藤条编制的耱

图 2-8-6　全膜覆膜机

图 2-8-7　手扶拖拉机覆膜机

图 2-8-8　人工覆膜机

图 2-8-9　小麦免耕播种机

第五节　宁夏旱作农业区保护性耕作典型模式的配套技术

一、覆膜玉米茬地留膜留茬越冬保护性耕作配套栽培技术

(一)护膜越冬

减少地膜破损是覆膜玉米茬地留膜留茬越冬保护性耕作技术的关键措施之一,地膜的破损程度直接影响玉米的长势及产量。一是要选用抗老化、抗破损的高密度强力膜,厚度达到 0.01~0.012 mm,田间覆盖度达到 75%以上(以全膜双垄覆盖最好),增强冬春休闲期保水保土能力。二是前茬玉米的田间管理中要尽量减少地膜的破损。三是冬春季保护好地膜。前茬玉米收后要小心清理秸秆,减少地膜损失,也可将玉米秸秆砍倒,于播种带垂直轻放保护地膜,第二年播种前再外运。四是玉米收后用土封堵地膜破损处。五是防止牲畜进地踩踏。

（二）及时进行表土处理

覆膜玉米茬地留膜留茬越冬后，会给后茬作物播种、出苗带来两个方面的不利影响：一是地表紧实，根茬留存，播种开沟阻力大；二是地面不平整，播种深浅不一。为此，必须在作物播种前进行表土处理，以疏松土壤，平整地表，防除杂草，提高地温，为提高播种质量、获得理想出苗效果创造条件。

表土处理作业一般宜采用浅松或耙耕或旋耕。

（三）深松

覆膜玉米茬地留膜留茬越冬保护性耕作模式因玉米连作时间长，每年留膜留茬越冬，必然造成土壤紧实、孔隙度减小，所以一般需 3 年深松 1 次。深松深度可视耕作层厚度和犁底层深度而定，一般以30 cm 左右为宜。为减少深松后地表可能出现的沟垄，可选用带翼铲的深松机，如带上合墒刀，地面将更平整。

（四）与早春覆膜相结合

覆膜玉米茬地留膜留茬越冬保护性耕作技术要与早春覆膜相结合。留膜留茬越冬的目的是保墒增墒，为第二年种植玉米创造良好的土壤水分条件，因此，在第二年土壤解冻后方可整地覆膜，覆膜时间以不超过 3 月 15 日为宜。

二、“一膜两年用”保护性耕作配套栽培技术

（一）“一膜两年用” 保护性耕作的关键技术

1. 选好地块，建立科学的轮作制度

“一膜两年用”保护性耕作技术为覆膜保墒、集流高效利用技术，对土壤水分、养分利用率高，故选择地块不仅茬口要好，而且肥力水平要高。应选择豆茬、小麦茬，土层深厚疏松、肥力上等的川地、台地、塬地、梯田，相应的轮作方式应为豆类作物—西瓜—玉米—马铃薯、豆类作物—小麦—玉米—马铃薯、小麦—玉米—油葵—豆类作物 4 年轮作制。

2. 第一年应施足底肥

“一膜两年用”保护性耕作技术地膜使用 2 年，第二年因有地膜覆盖，无法施入农家肥，因此，发挥“一膜两年用”技术的增产优势，就必须在第一年施足农家肥，施入量为常规栽培的 1 倍以上。

3. 保护好地膜

减少地膜破损是“一膜两年用”保护性耕作技术的关键措施之一。一是要选择质量好的地膜，厚度 0.01 mm 以上。二是从第一年覆膜开始，膜后管理、间苗定苗等环节要防止地膜破损，发现有破损时及时用土封压。三是冬春季保护好地膜。第一年如种植玉米，收获后及时将秸秆砍倒，覆盖在膜面上，保护地膜。要经常检查，发现破损及时用土封压。同时要严禁牛、羊等牲畜进入田间践踏。第二年春季（4 月上旬）将上年覆盖的玉米秸秆外运，并清扫残留茎叶，同时用土封压好地膜破损处，准备播种。第一年如果种植西瓜，应在西瓜收后，在膜面上覆盖一层 0.2~0.5 cm 厚的细土以保护地膜越冬，减少土壤水分蒸发。

4. 巧施化肥，加大追肥量

分期追肥，在作物生长关键期进行。苗期按目标产量要求，将氮肥总量的 2/3 和磷钾肥全部施入；拔节期将剩余的氮肥用追肥枪穴施于作物旁边 10 cm 处。

（二）“一膜两年用”保护性耕作模式的栽培技术规范

1. 玉米全膜双垄覆盖垄侧播种“一膜两年用”保护性耕作栽培技术

（1）选好地块，做好准备工作。实施“一膜两年用”要选择地势平坦、土壤结构好、土质疏松、土壤肥力

高的川地、塬地、梯田。前茬玉米覆膜前整地时，应加大农家肥的施用量，按目标产量要求，施用量应加大1倍，以保证第二年玉米生长发育的需求。在田间管理过程中要保护好地膜，防止破损。收获时要留高茬，达到10~15 cm。

(2)护膜越冬。玉米收获后，冬春季(播前)用细土将破损处封好，玉米秸秆留30%~50%，垂直铺放，防止大风揭膜，保护好地膜，充分接纳冬春季雨雪。

(3)春季清除秸秆。播前7 d左右清除秸秆等杂物，使膜面整洁、干净，为播种、出苗创造良好的土壤环境条件。

(4)播前巧施基肥。目标产量为7 500 kg/hm^2，施尿素55.5 kg/hm^2、磷酸二铵192 kg/hm^2。目标产量为9 000 kg/hm^2，施尿素63 kg/hm^2、磷酸二铵235.5 kg/hm^2，用追肥枪将肥料施在玉米根茬附近。

(5)选用良种。应选用适合当地自然条件、抗旱、丰产性能好、经过包衣的优良玉米品种。在半干旱温暖区选择先玉335、大丰30、西蒙6号等，在半干旱温凉区选择先正达408、长城706，在半湿润偏旱区选择长城706、沈单16号、中原单32号等。

(6)播种。

播种时间：当气温稳定通过8~10℃时播种，一般在4月中旬。

播种方式：用点播器在上茬2株中间点播，播深3~5 cm，点播后随即踩压播种孔，使种子与土壤紧贴，或用细沙土、牲畜圈粪封严播种孔，防止播种孔散墒和遇雨水板结，影响出苗。

播种密度：在年降水量400~450 mm的地区，密度为5.25万~6万株/hm^2；在年降水量350~400 mm的地区，密度为4.5万~5.25万株/hm^2。

(7)田间管理。

苗期管理：一是破土引苗。播后遇雨容易形成板结，导致幼苗出土困难，出苗参差不齐或缺苗，所以在播后出苗时要破土引苗。二是查苗补苗。在苗期要随时到田间查看，发现缺苗断垄要及时移栽，在缺苗处补苗后，浇少量水，然后用细湿土封住孔眼。三是定苗。幼苗长出4~5片叶时，即可定苗，每穴留苗1株，除去病苗、弱苗、杂苗，保留生长整齐一致的壮苗。

中期管理：在拔节后、大喇叭口前期追肥，以偏早为好。追肥量：目标产量为9 000 kg/hm^{2}时，追施尿素363 kg/hm^2，目标产量为7 500 kg/hm^{2}时，追施尿素294 kg/hm^2。

可采用追肥枪从2株中间打孔施肥。在玉米抽雄期，当雄穗抽出2/3时，隔行去雄。

后期管理：重点是防早衰、增粒重、防病虫。要保护叶片，提高光合强度，延长光合作用时间，促进粒多、粒重。肥力高的田块一般不追肥以防贪青，若发现植株出现发黄等缺肥症状时，应及时追施增粒肥。

(8)病虫害防治。黏虫发生时用20%速灭杀丁乳油2 000~3 000倍液喷雾防治；大喇叭口期用辛硫磷拌毒砂防治玉米螟；抽雄期用40%乐果或73%克螨特1 000倍液防治红蜘蛛；发生大小斑病时用15%粉锈宁可湿性粉剂1 500倍液防治；地下害虫为害时，特别是金针虫较多时，将5%辛硫磷颗粒剂1.5 kg/666.7 m^{2}在株间打孔施入，防治效果非常显著。

(9)适时收获，回收残膜。当玉米苞叶变黄、籽粒乳线消失、籽粒变硬且有光泽时收获。果穗收获后搭架或晾晒，防止淋雨受潮导致籽粒霉变。待水分降至14%以下后，脱粒贮藏或销售；果穗收获后，秸秆应及时收获并青贮。

玉米收获后，及时回收田间残膜。

2. 马铃薯全膜双垄覆盖“一膜两年用”高效栽培技术

(1)播前准备。

冬季保护地膜:玉米收获后,及时将玉米秸秆砍倒覆盖在地膜上,收时要轻拿轻放,砍玉米秸秆时,留高茬 10~15 cm,尽量减少地膜破损,保持地膜完整,秸秆留 30%~50%,与垄垂直铺放。发现地膜有破损处,及时用土封压,保护地膜在冬季和春季不遭受大风、人为、牲畜等因素的破坏,以防水分蒸发散失。

春季播前清除秸秆:第二年播前 7 d 将铺在地膜上的玉米秸秆运出地外,扫净残留茎叶。操作时要小心谨慎,避免人为造成地膜破损,如出现破损情况,用潮湿细土封好。

播前巧施基肥:每公顷施尿素 210 kg,磷酸二铵 214.5 kg,硫酸钾 66 kg。用追肥枪施在玉米根茬附近。

选用良种:选用青薯 9 号、庄薯 3 号、冀张薯 8 号等中晚熟脱毒一级种。

种薯处理:播前要剔除病薯、烂薯、伤薯、杂薯,然后将选好的种薯摊在平坦的土场或院落上,晒种 2~3 d 后,进行切种。切块重量不低于 30 g,以 50 g 最好,每块应带有饱满芽眼 1~2 个。切种时要对切刀消毒,以防切刀传染病菌。可选用 5%来苏尔溶液或 75%酒精溶液或 0.1%高锰酸钾溶液。种薯切好后拌上草木灰或马铃薯专用旱地宝浸种,晾干待用。

(2)适时播种。

播种时间:当膜下 10 cm 土壤温度稳定在 8~10℃时播种,一般在 4 月中下旬。

播种密度:在年降水量 250~270 mm 地区密度为 3 万~3.7 万株/hm^2,株距 40.4~46.4 cm;在年降水量 350 mm 左右的地区密度为 4.5 万~5.25 万株/hm^2,株距 34.6~40.4 cm;在年降水量 400~450 mm 的地区密度为 5.25 万~6 万株/hm^2,株距 30.3~34.6 cm;在年降水量 500~600 mm 的地区密度为 6 万~6.25 万株/hm^2,株距 26.9~30.3 cm。

播种方式:按确定的株距在大垄面膜侧原两株玉米播种穴中间位置,用马铃薯点播器破膜点种,播种深度 15~18 cm,点播后及时封口。

(3)田间管理。

苗期管理:田间缺苗对马铃薯产量影响较大。播后遇雨,在播种孔上易形成板结,应及时破除板结,以利出苗。应在出苗后及时查苗补苗,如出苗不齐应及时补栽。

及时追肥:在马铃薯现蕾初期追肥。每公顷追施尿素 183 kg,用追肥枪将尿素施于 2 株马铃薯中间;在开花期和块茎膨大期叶面喷施 0.1%~0.3%硼砂或硫酸锌或 0.5%磷酸二氢钾,每隔 7 d 喷 1 次,共喷 2~3 次,每公顷用溶液 750~1 050 kg。同时在现蕾期及时摘除花蕾,节约养分,供块茎膨大利用。

防治病虫害:按照“预防为主、综合防治”的植保工作方针,做好病虫害预测预报工作。及时做好早疫病、晚疫病的防治工作,在中心病株出现前,喷施 70%代森锰锌保护性药剂,7~10 d 喷 1 次,共喷 2~3次;发现中心病株时可用 75%百菌清可湿性粉剂 500 倍液或 25%甲霜灵·锰锌可湿性粉剂 800 倍液喷雾防治,每 7 d 喷 1 次,连续 2~3 次,交替使用。当蚜虫为害时,用 5%抗蚜威可湿性粉剂 4 000 倍液或 10%吡虫啉悬乳液 2 000~4 000 倍液交替喷雾防治。

(4)适时收获。当马铃薯停止生长,茎叶大部分枯黄,块茎与匍匐茎易分离,表皮变硬,干物质含量达到最高限度时,即可收获。块茎收获后在田间晾晒 3~5 d,剔除泥土、绿头薯、霉烂薯,挑选出无损伤、无病害的健康薯入窖。同时清除残膜,以免造成土壤污染。

3. 第一年西瓜留膜越冬,第二年原膜种植玉米“一膜两年用”高效栽培技术

(1)第一年覆膜种植西瓜的保护性耕作栽培技术。

精细整地,深耕:选择地势平坦、土层深厚、肥力较高、前作收获较早的旱川地、旱塬地、旱台地,以利于覆膜后集水,减少地表径流。前茬以麦类、豆类作物最好。避免风口覆膜种植,防止冬春季大风揭膜。前作收获后及时深耕 25~30 cm,接纳雨水,白露时浅耕收耱,冬春季及时打碾镇压,蓄水保墒。做到土壤上虚下实,地表平整。

一次性施足基肥,集中施肥:“一膜两年用”保护性耕作栽培方式,基肥特别是有机肥要按两季作物的需求一次性施足,一般在秋季结合最后一次浅耕收耱施入,每公顷施优质农家肥 35 000 kg。第一茬种植西瓜,可提前暖窝。窝深 5~10 cm,窝径 30~40 cm,窝距 45~60 cm。每穴施农家肥 5 kg,碳酸氢铵50 g, 普磷 50 g(或尿素 12.5 g, 磷酸二铵 12.5 g)。化肥和农家肥混合均匀施入穴中,表面覆 3~5 cm 厚土壤以保肥。半干旱区为 12 000 穴/hm^2,半干旱偏旱区为 9 000 穴/hm^2。

选用良种,适时播种:选用高产、抗病、耐旱、糖分含量高、不易裂果、耐贮藏、市场走俏的中早熟品种,如丰抗 88、西农 8 号、黑美人、宝冠、京欣一号、新抗 9 号等。采取直播,于 4 月中下旬将催芽露白的西瓜种子,每窝播 2 粒,播深 2~4 cm,先浇水点种,播后覆湿土 1.5~3 cm。

选好地膜,适时覆膜:“一膜两年用”保护性耕作要选用厚 0.012 mm 的抗老化、耐候白色地膜,幅宽160 cm。播后立即覆膜。用手扶拖拉机携带简易覆膜机进行田间平覆作业,形成膜面宽 140 cm、膜间距 40 cm 的种植带。每隔 2 m 在膜面压一土腰带,防止大风揭膜。

加强田间管理:一是出苗后及时放苗封穴。当苗长到快接近地膜时立即放苗,每穴留健壮苗 1 株,并用细沙封口,防止板结。为防冻害,可用一次性透明塑料碗扣盖。二是双蔓整枝。除主蔓外,基部选留 1 个侧蔓与主蔓平行生长,其余侧蔓全部摘除。整枝要及时,应分次进行,同时要适时压蔓。三是及时追肥。苗期 4~5 叶时在苗侧 10 cm 处追肥,每公顷追施尿素 22.5~37.5 kg;当蔓长 30 cm 时,在距根 30 cm 处追肥,每公顷追施磷酸二铵 112.5 kg、尿素 75 kg;当田间植株基本坐果,幼果有鸡蛋大小时,在距根 30 cm 处追肥,每公顷追施尿素 225 kg、磷酸二铵 75 kg;此外,还可用 0.5%尿素和 0.2%磷酸二氢钾混合液进行根外追肥。四是人工辅助授粉。在清晨采摘当天开放的雄花置于小盒里,让其自然开放,剥除雄花花冠,将花药涂抹在雌蕊的柱头上,每朵雄花可供 2~3 朵雌花授粉,授粉时间应为上午 8:30~9:30,选择在第二至第三朵雌花上进行。五是果实管理。及时疏果,摘除离留瓜部位较近的瓜或果形不正、带病、受伤的幼瓜。采收前 10~20 d 开始垫瓜、翻瓜,即在西瓜接触地面的一面垫上一个草圈或塑料垫圈,每 2~3 d 翻一次瓜,每次翻转 90°,并顺一个方向翻。六是防治病虫害。西瓜病虫害主要有枯萎病、炭疽病、小地老虎、美洲斑潜蝇等。枯萎病用70%敌克松、70%甲基托布津于播前土壤施药防治, 用菌枯净 400~600 倍液灌根;炭疽病用 10%世高 1 500 倍液或 25%阿米西达 1 500 倍液喷雾防治。小地老虎用 40%辛硫磷乳油 3 750~6 000 mL/hm^2 拌成毒土播前撒施于地表; 美洲斑潜蝇可用 1.8%阿维菌素 1 000 倍液或 40%绿来宝 800 倍液喷雾防治。

适时采收:西瓜在开花后 40~45 d 为成熟期,成熟的西瓜花纹清晰,表面有光泽,脐部、果柄上的茸毛稀疏或脱落,此时应及时采收。外运西瓜宜于八成熟时采收。

(2)第二年原膜种植玉米栽培技术。

覆土护膜,翌年利用:西瓜收获后,及时清理掉瓜蔓、杂草,保持膜面干净、无杂物。膜上覆土 0.2~0.5 cm,膜面破损处覆土压实,防止冬春季大风揭膜。

选择优良品种，适时播种：选择经过包衣的中晚熟玉米品种先玉 335、榆单 88、长城 706 等。当耕作层 5 cm 处土壤温度稳定通过 7~8℃时（约 4 月中旬）即可播种。用点播器将玉米种子播在暖窝四周。年降水量 400 mm 的地区保苗 3.75 万~4.5 万株/hm^2，年降水量 270~300 mm 的地区保苗 3 万~3.75 万株/hm^2。播深 3~5 cm，播后踩压播种孔，使种子与湿土层紧贴。

清理膜面：播后及时清理膜面，提高地温，保证及时出苗，培育壮苗。并随时检查膜面，发现破损，覆土压实，防止水分蒸发。

适时定苗除草：当玉米长出 4~5 片叶时定苗。留壮去弱，同时要拔除根部长出的分蘖，除去两膜间的杂草，减少养分消耗。

重施追肥：苗期追施 1/3 氮肥和全部磷肥，拔节期追施 1/3 氮肥，大喇叭口期追施 1/3 氮肥。半干旱区追施 N 238.5 kg/hm^2、P_2O_5 108 kg/hm^2，半干旱偏旱区追施 N 145.5 kg/hm^2、P_2O_5 69 kg/hm^2，用追肥枪施于暖窝中央。

防治病虫害：玉米常见的病虫害为大小斑病、黏虫、玉米螟等。大小斑病用多菌灵、百菌清、代森锰锌等喷雾防治；黏虫防治要在 3 龄前进行，用 4.5%高效氯氰菊酯、0.9%阿维菌素 1500 倍液、20%速灭杀丁乳油 2 000~3 000 倍液喷雾防治；用 73%克螨特乳油 1 000 倍液喷雾防治红蜘蛛。

适时收获，回收残膜：当玉米苞叶变黄、籽粒变硬且有光泽、乳线消失时，即可收获。收获后及时回收残膜，防止污染土壤。

三、冬小麦免耕沟播保护性耕作配套栽培技术

（一）化学除草

1. 播前封杀杂草

播前 20 d，即在前作小麦收后休闲期当大多数杂草长到 10 cm 时应进行全面的化学除草。每公顷用 10%草甘膦 4 500 mL 或 20%克无踪 1 500 mL，兑水 600 kg 喷施，封杀杂草。

2. 返青后化学除草

在杂草 2 叶 1 心期前，每公顷用 50% 异丙隆 2 250 g 兑水 600 kg 均匀喷雾，防除杂草。

（二）施肥

目标产量 3 750~4 500 kg/hm^2，每公顷施纯氮 183~213 kg、P_2O_5 63~76.5 kg、优质农家肥 2.5 万~3万 kg，有机肥、磷肥全部做基肥，氮肥总量的 70%做基肥、30%做追肥（旱追肥），抽穗后可喷施磷酸二氢钾防止青干。

（三）播期和播量

1. 选用高产、抗病品种

冬小麦免耕沟播，半湿润偏旱区以兰天 32 号、中引 6 号为主；半干旱区应选用陇育 5 号、兰天 28 号、西峰 22 号。

2. 播期

冬小麦免耕沟播播期比常规条播迟 2~3 d。在常规种植条件下，隆德县温堡、联财等乡镇最适宜播期为 9 月 18 日至 24 日。半湿润偏旱区的城郊、陈靳等乡最适宜播期为 9 月 7 日至 15 日，沙塘、桃山等乡镇最适宜播期为 9 月 12 日至 25 日。半干旱区的彭阳县冬麦区最适宜播期为 9 月 15 日至 25 日。在适宜播期还要根据土壤墒情和降水及时抢墒播种。

3. 播量

冬小麦由于受冬季低温、春季干旱的威胁，返青期死苗严重，故播量比较大，免耕沟播小麦应适当降低播量，在半湿润偏旱区、半干旱区的川地、塬地播量应达到常规条播最佳播量的 90%左右，虽然播量有所降低，但因行距加大，单行密度也要比大田种植单行密度高 20%~25%。

（四）播种规格

播种使用 2BMFS-5/10 型免耕施肥旋播机，配套动力为 20.594 kW 四轮拖拉机，播幅 2 m，每幅5 沟，垄宽20 cm，垄高 10~15 cm，每沟种植 2 行小麦，实行大小行种植，大行宽 27 cm，小行宽 13 cm，播深 5~6 cm。一次性完成旋耕破茬、开沟、播种、施肥、覆土、镇压等作业。

（五）田间管理

1. 破板结，保全苗

冬小麦播种后遇雨易板结，要及时破除板结。

2. 防治病虫害

在冬小麦生长期间要根据病虫测报及发生情况及时防治白粉病、锈病、丛矮病、黄矮病和蚜虫。

（六）适时收获

在蜡熟末期及时收获。

第九章　引进抗旱品种，发挥旱作农业技术潜力

第一节　作物引种的原理及宁夏旱作农业区各作物引种的适宜区域

一、作物引种的概念和意义

广义的引种(crop introduction)泛指从外地或外国引进新植物、新作物、新品种、新品系以及供研究用的各种遗传资源材料。从生产的角度来讲，引种指从外地引进作物新品种，通过适应性试验，直接在本地推广种植。引种材料可以是繁殖器官(如种子)、营养器官(如果树的枝条)或染色体片段(如含有目的基因的质粒)。虽然它并不创造新品种，却是迅速解决生产上迫切需要新品种问题的有效途径。其意义:一是引进适宜栽培的作物，丰富作物种类；二是引进综合性状好、适应性强的作物优良品种，经试验、示范后，可直接在生产中利用，有效提高作物产量和品质，并迅速产生巨大经济效益；三是引进不同类型的作物新品种，可以扩大品种的种植区域，改善品种布局和结构。总之，引种是快速增加当地优良品种、增加新作物种类及发展农业生产的有效措施。

二、引种的基本原理

引种并不意味着所有外地优良品种引到当地都适合种植，因为所有品种都与原产地的环境条件相关，都有特定的适应范围。为了减少盲目性、增强预见性，地理上远距离引种，包括不同地区和国家间引种，应重视原产地与引进地区间的生态环境，特别是气候因素的相似性。

(一)引种的气候相似性原理

20 世纪初，德国人 H. Mayer 提出的气候相似论(Theory of climatic analogy)是引种工作中被广泛接受的基本理论之一。该理论的要点是，原产地与引进地区间，影响作物生产的主要因素应尽可能相似，以保证品种互相引种成功的可能性。换句话说，在气候条件或主要气候因素相同地区间相互引种，容易获得成功。根据气候相似论和作物生态地理学的观点，纬度相近的东西部地区间比经度相近而纬度不同的南北地区间引种有较大的成功可能性。这是由于温度和日照等气候要素随纬度高低变化。

(二)引种的生态条件和生态型相似性原理

作物优良品种的形态特征和生物学特性都是自然选择和人工选择的产物，因而它们都适应于一定的自然环境和栽培条件，这些与作物品种形成及生长发育有密切关系的环境条件称为生态条件。任何品种的作物正常生长，都需要有与它们相应的生态条件，因此，掌握所引品种必需的生态条件对引种非常重要，是引种成功与否的重要依据。一般来说，生态条件相似的地区引入品种是易于成功的。生态条件可以分为若干类生态因子，如气候生态因子、土壤生态因子、生物因子等，其中气候生态因子是首要的。因此，

研究由温度、光照、雨量等组成的气候生态因子对生物体的影响是至关重要的。生态型是指在同一物种变种范围内，在生物学特性、形态特征等方面均与当地的主要生态条件相适应，遗传结构也基本相似的类群。作物生态型按生态条件可分为气候生态型、土壤生态型和共栖生态型。其中，气候生态型是最主要的生态型，它是在温度、光照、湿度、降雨量等生态因子的影响下形成的。

三、引种工作必须考量的影响因素

（一）温度

温度主要影响作物春化阶段，温度的高低决定着每种作物能否进行春化阶段的质变，如果温度不符合要求，即使其他条件符合要求，春化阶段的质变照样不能进行。作物根据对温度的需要程度分为三种类型。一是低温作物（通过春化阶段需要低温，0~5℃），如冬小麦、莜麦、豌豆、扁豆等。二是中温作物（通过春化阶段需要中等温度，10~15℃），如蚕豆、胡麻、荞麦等。三是高温作物（通过春化阶段需要较高温度，20~25℃），如玉米、谷子、糜子等。一般来说，温度升高会促进作物生长发育，提早成熟；温度降低，会延长作物生育期。

（二）光照

光照主要影响作物光照阶段。作物根据对光照的要求分为三种类型。一是长日照作物：一定要经过长日照过程才能较好地抽穗成熟的作物，如冬小麦、马铃薯、胡麻、豌豆、莜麦、扁豆、蚕豆等。二是短日照作物：一定要经过短日照过程才能满足其发育的要求而抽穗成熟的作物，如玉米、谷子、糜子等。三是日中性作物：日照时间长短对抽穗、开花影响不明显的作物，如荞麦等。对长日照作物而言，每天日照时间愈长，作物发育愈快，开花结实时间提前，短日照作物则相反。

（三）纬度

纬度高低主要决定作物生长发育的环境，纬度不同，温度和光照均不同。在纬度相同或相近地区间引种，由于地区间日照长度和气温相似，作物在生育期和经济性状上变化不大，引种容易成功。相反，不同纬度地区气候条件相差很大，引种不易成功。

（四）海拔

海拔直接关系到作物生长发育对温度的需求，海拔每升高 100 m，相当于纬度升高 1°，日平均气温降低 0.6℃，因此海拔对引种也会有影响。

四、不同类型作物的引种规律

根据作物对温度和光照的要求，将作物进一步分为低温长日照作物和高温短日照作物两大类型。

（一）低温长日照作物的引种规律

（1）从北向南引种：由于光照和温度不能满足其要求，会出现生育期延长，甚至不能抽穗、开花的现象。引种要选择早熟品种。

（2）从南向北引种：由于温度变低，日照时间延长可使作物提早成熟，但籽粒变小，产量变低。引种要选择晚熟品种。

（3）从高海拔地区向低海拔地区引种，因温度升高，作物往往不能适应；从低海拔地区向高海拔地区引种，作物有适应的可能性。

(二)高温短日照作物的引种规律

(1)从北向南引种:由于温度升高,日照时间变短,作物生育期缩短,提早成熟,植株、穗、籽粒变小。引种要选择晚熟品种。

(2)从南向北引种:由于温度降低,日照时间延长,作物生育期延迟,不能提早成熟,但植株、穗、籽粒可能变大。引种要选择早熟品种。

(3)从高海拔地区向低海拔地区引种,因温度升高,作物往往早熟,存在能否高产的问题;从低海拔地区向高海拔地区引种,作物往往晚熟,存在能否安全成熟的问题。

五、宁夏旱作农业区作物适合引种的区域

宁夏旱作农业区位于西北黄土高原丘陵沟壑区,北纬35°14′~37°78′,东经105°09′~107°04′,土地面积4.85万km^2,占宁夏总土地面积的73%,耕地面积80万hm^2,占宁夏总耕地面积的65%,旱作农田占耕地面积的86.4%。境内气候类型多样,年平均气温6.2~9.7℃,无霜期100~150 d,≥10℃的积温1 973.1~3 322.9℃;年平均降水量243.7~650.2 mm,季节分配不均,60%~65%的降水集中于7—9月;年蒸发量1 318.8~2 415.3 mm,是一个典型的旱作农业区。种植作物主要有冬小麦、玉米、马铃薯、胡麻、糜子、谷子、莜麦、荞麦、豌豆、蚕豆、小扁豆等。种植技术围绕抗旱、节水、增效等目标展开。因此,主要选择抗旱、丰产、抗病、广适性的品种。根据宁夏旱作农业区自然环境和引种工作多年积累的丰富经验,本区域内种植的农作物大致引种范围如下。

(1)冬小麦:属长日照作物。宁夏旱作农业区冬小麦生态区属于北方冬麦区,该区包括新疆、内蒙古、甘肃、宁夏全境,陕西、山西、河北等省北部。宁夏旱作农业区地形复杂,自然条件不尽相同,海拔悬殊,冬小麦基本形成了以隆德县、泾源县为主的半湿润偏旱区,以彭阳县、西吉县、原州区等为主的半干旱区,以同心县下马关镇、盐池县部分区域为主的半干旱偏旱区3个不同生态类型种植区。所选品种必须为强冬性或冬性,抗旱耐瘠、抗条锈病、高秆丰产、适应性广。近年来,引种成功的品种有兰天系列、陇育系列、陇麦系列、陇鉴系列、临旱系列、晋麦系列、榆麦系列等。

(2)玉米:属短日照喜温作物。宁夏旱作农业区玉米生态区属于西北春玉米区,该区包括新疆、甘肃、宁夏全境。依据积温、海拔将宁夏旱作农业区玉米种植区划分为3种生态类型区:极早熟玉米生态区,≥10℃积温2 000~2 200℃,海拔1 900~2 100 m;中早熟玉米生态区,≥10℃积温2 200~2 500℃,海拔1 700~1 900 m;中晚熟玉米生态区,≥10℃积温2 500℃以上,海拔1 700 m以下。玉米品种选择空间较广,能够满足条件的品种非常多,只要把握抗旱耐瘠、抗大小斑病、秆高穗大等性状就行。

(3)马铃薯:属长日照作物,喜冷凉、湿润的气候,耐寒、耐旱。宁夏旱作农业区马铃薯生态区属于北方一作区,该区包括青海、甘肃、宁夏、新疆、内蒙古、陕西北部、山西北部、河北北部以及辽宁北部、吉林、黑龙江。依据自然资源、土壤特性、地理特点,将宁夏旱作农业区马铃薯种植区分为黄土丘陵、土石山区中晚熟生态区,包括固原市5县区,海原县和同心县部分山区乡镇,适合本区种植的品种以青薯系列、陇薯系列、天薯系列、内薯系列、冀张薯系列等中晚熟品种为主;川旱区中早熟生态区,包括盐池县、红寺堡区、海原县、同心县部分川区乡镇,适合本区种植的品种以克新系列、中薯系列等中早熟品种为主。

(4)胡麻:属长日照作物,整个生育期喜光,不耐冻,生育期间需要≥10℃积温1 400~2 200℃。宁夏旱作农业区胡麻生态区属于西北油用胡麻区,该区包括甘肃、宁夏、新疆、内蒙古中西部。种植的品种以宁夏系列为主,引种成功的品种主要有陇亚系列、定亚系列和蒙亚系列。

（5）糜子：属短日照喜温作物。宁夏旱作农业区糜子以粳性品种为主，糯性品种种植面积很少。从种植区划看，宁夏旱作农业区糜子生态区隶属于两大种植区域。盐池县、同心县、海原县属于北方春糜子区，糜子在当地粮食生产中所占比重较大，以春播为主。固原市5县区属于黄土高原春夏糜子区，本区常年降水量400 mm以上，糜子以春播为主，少部分地区可以夏播。适合本区种植的品种有陇糜系列、内糜系列、榆糜系列。

（6）谷子：属短日照作物，喜温耐旱。宁夏旱作农业区谷子生态区属于黄土高原春谷子区，按种植习惯和气候特点又分为两大区域。南部早熟区，主要分布在固原市南部，包括彭阳县、西吉县、原州区，该区气温较低，多数地方年平均气温5~7℃，无霜期120~140 d，≥10℃积温1 900~2 500℃；以早熟品种为主，复种的夏播面积极少。中北部中熟区，主要分布在原州区以北以及海原县、盐池县、同心县，该区气温相对较高，年平均气温7~9.7℃，无霜期150~160 d，≥10℃积温3 100~3 300℃；早熟和中熟品种均可种植，少数地区在小麦收获后可以复种早熟谷子。适合本区种植的品种有陇谷系列、晋谷系列。

（7）莜麦：属长日照作物，喜冷凉、湿润的气候，适合在气温低、无霜期短、日照充足的条件下生长。宁夏旱作农业区莜麦生态区属于北方中晚熟莜麦亚区，该区包括新疆中西部，甘肃中东部，青海湟水、黄河流域山区，陕西秦岭北麓及榆林市、延安市，宁夏固原市，内蒙古阴山南北，山西晋西北高原及太行山和吕梁山地区，河北坝上和坝下高寒地区，北京燕山山区，吉林白城市，黑龙江大小兴安岭地区。适合本区种植的品种有定莜系列、蒙燕系列、白燕系列等。

（8）甜荞：属日中性作物，喜冷凉、湿润的气候，既不耐寒、又不抗热，生育期间需要≥10℃积温1 200~1 600℃。宁夏旱作农业区甜荞生态区属于北方春荞麦区，该区包括黑龙江西北部兴安岭山地、大兴安岭岭东、北安市和克拜丘陵农业区，吉林白城市，辽宁阜新市、朝阳市、铁岭市山区，内蒙古乌兰察布市、包头市、大青山，河北承德市、张家口市，山西晋西北，陕西榆林市、延安市，宁夏中南部，甘肃定西市、平凉市、武威市，青海东部地区。适合本区种植的品种有平荞系列、榆荞系列等。

（9）豌豆：属长日照作物，喜温凉、湿润的气候，抗寒、耐瘠薄性较强，生育期间需要≥10℃积温1 700~2 600℃。宁夏旱作农业区豌豆生态区属于北方春豌豆区，该区包括新疆、青海、甘肃、宁夏、内蒙古、辽宁、吉林、黑龙江及河北、山西、陕西北部。适合本区种植的品种有中豌系列、定豌系列、草原系列等。

（10）蚕豆：属长日照作物，喜冷凉、湿润的气候，生育期间需要≥10℃积温2 100~2 800℃。宁夏旱作农业区蚕豆生态区属于北方春蚕豆区，该区包括青海、新疆、甘肃、内蒙古、西藏及山西、陕西、河北北部。适合本区种植的品种有青海系列、临蚕系列等。

（11）小扁豆：属长日照作物，喜温暖、干燥的气候，抗旱、耐瘠薄性强，生育期间需要≥10℃积温1 650~2 700℃。宁夏旱作农业区小扁豆生态区属于北方春小扁豆区，该区包括甘肃定西市，宁夏固原市，陕西榆林市、延安市，山西大同市、朔州市，河北张家口市，内蒙古鄂尔多斯市、乌兰察布市等。适合本区种植品种有定选系列等。

第二节　适应旱作农业新技术的品种选择与布局

一、适应全膜双垄覆盖垄侧播种及全膜覆土穴播技术的品种选择与布局

(一)玉米种植布局及品种选择

1. 早熟品种种植区

种植区域:海拔 1 900~2 000 m、≥10℃活动积温 2 000~2 200℃、无霜期 110~120 d的原州区东南部,西吉县西北部,隆德县、泾源县、海原县部分山旱地。

品种选择:垦玉 10 号、元华 116 等。

2. 中早熟品种种植区

种植区域:海拔 1 800~1 900 m、≥10℃活动积温 2 200~2 500℃、无霜期 120~130 d 的原州区、彭阳县、西吉县山旱地,隆德县、泾源县川旱地,海原县、同心县、盐池县山旱地。

品种选择:富农 340、吉单 27、广德 77、金凯 1493、先达 203 等。

3.中晚熟品种种植区

种植区域:海拔 1 800 m 以下、≥10℃活动积温 2 500℃以上、无霜期 130~140 d 的原州区北部,彭阳县中南部,海原县、同心县、盐池县、红寺堡川旱地。

品种选择:先正达 408、西蒙 6 号、大丰 30、先玉 335、中地 9988、甘鑫 217 等。

(二)冬小麦种植布局及品种选择

1. 半干旱区

种植区域:原州区中北部,彭阳县、西吉县旱作农业区。

品种选择:主栽兰天 32 号、宁冬 13 号、宁冬 16 号、宁冬 17 号,搭配种植陇育 5 号、兰天 28 号、陇育 8 号等。

2. 半湿润偏旱区

种植区域:原州区南部、隆德县、泾源县。

品种选择:主栽宁冬 7 号、兰天 26 号,搭配种植宁冬 14 号、宁冬 15 号、晋麦 79 号等。

(三)马铃薯种植布局及品种选择

1. 早(中)熟菜用及专用化种植区

种植区域:原州区北部,彭阳县南部,海原县河谷川道区,同心县、红寺堡区大部。

品种选择:大西洋、费乌瑞它、克新 1 号、中薯 3 号等。

2. 中(晚)熟菜用及淀粉加工型种植区

种植区域:原州区、西吉县、彭阳县、海原县、同心县、红寺堡区山区,隆德县、泾源县全境。

品种选择:主栽青薯 168、冀张薯 8 号、庄薯 3 号、青薯 9 号、陇薯 3 号,搭配种植宁薯 4 号、庄薯 1号、青薯 2 号、陇薯 6 号、青薯 6 号、天薯 11 号等。

(四)胡麻种植布局及品种选择

1. 半干旱区

种植区域:原州区、西吉县、彭阳县、海原县、同心县、红寺堡区山区及川旱区。

品种选择：宁亚 17 号、宁亚 19 号、宁亚 20 号、宁亚 21 号、宁亚 22 号。

2. 半湿润偏旱区

种植区域：原州区南部、隆德县、泾源县。

品种选择：宁亚 11 号、宁亚 14 号、宁亚 15 号、宁亚 21 号、宁亚 22 号等。

（五）谷子种植布局及品种选择

1. 中早熟品种种植区

种植区域：海拔 1 700~2 000 m、≥10℃活动积温 2 300℃以上、无霜期 120 d 左右的原州区、西吉县、彭阳县、海原县、同心县、红寺堡区山区。

品种选择：陇谷 11 号、晋谷 40 号等。

2. 中晚熟品种种植区

种植区域：海拔 1 700 m 以下、≥10℃活动积温 2 500℃以上、无霜期 130 d 左右的原州区、西吉县、彭阳县河谷川旱区，海原县、同心县、红寺堡区川旱区。

品种选择：张杂谷 3 号、张杂谷 5 号、晋谷 29 号、晋谷 43 号等。

（六）糜子种植布局及品种选择

种植区域：原州区、西吉县、彭阳县、隆德县、泾源县、海原县、同心县、红寺堡区山区。

品种选择：宁糜 9 号、宁糜 13 号、宁糜 14 号、宁糜 16 号、宁糜 17 号、陇糜 10 号等。

（七）莜麦种植布局及品种选择

1. 半干旱区

种植区域：原州区、西吉县、彭阳县、海原县。

品种选择：宁莜 1 号、燕科 1 号、白燕 2 号等。

2. 半湿润偏旱区

种植区域：隆德县、泾源县。

品种选择：宁莜 1 号。

（八）甜荞种植布局及品种选择

种植区域：原州区、西吉县、彭阳县、隆德县、泾源县、海原县、同心县、红寺堡区山区。

品种选择：宁荞麦 1 号、信农 1 号等。

二、适应全膜双垄覆盖垄侧播种栽培技术下套种模式的品种引进与搭配

（一）搭配模式

玉米/大豆、玉米/马铃薯、玉米/南瓜、玉米/蚕豆、玉米/豌豆、玉米/胡卢巴、玉米/白芸豆、玉米/扁豆、马铃薯/蚕豆、马铃薯/豌豆、马铃薯/大豆等模式。

（二）品种引进

（1）大豆：中黄 30、宁黄 5 号、宁黄 6 号等。

（2）蚕豆：临蚕 2 号、青海 9 号、青海 11 号、青海 12 号等。

（3）豌豆：宁豌 1 号、宁豌 4 号、宁豌 5 号、中豌 4 号等。

（4）南瓜：日本甜栗南瓜、日本南瓜等。

（5）马铃薯：青薯 168、青薯 9 号等。

第三节 适合宁夏旱作农业区的作物品种简介

一、冬小麦

(一)半湿润偏旱区

1. 宁冬 7 号

宁审麦 2003003，隆德县种子管理站选育。

特征特性：幼苗匍匐，叶色深绿，叶片半直立，茎秆粗壮，株高 104~109 cm；穗长方形，长芒，白壳，穗长 7.7 cm，每穗结实小穗 14.1 个，穗粒数 30.6 粒，籽粒卵圆形、浅红色、硬质，千粒重 40.9~42.9 g。经宁夏农林科学院农产品质量监测中心化验测定，籽粒含粗蛋白质 10.99%、粗淀粉 65.24%、湿面筋 22.29%，容重 796 g/L。

冬性，全生育期 277 d，属中熟品种。抗倒伏性强，落黄好，抗冻，抗旱性强，耐青干，高抗条锈病，中抗白粉病。

产量表现：2002—2003 年参加宁夏旱作农业区冬小麦区域试验，两年平均产量 412.27 kg/666.7 m^2，较对照中引 6 号增产 26.14%。

栽培要点：9 月上中旬播种；播量 32~36 万粒/666.7 m^2，保苗 30~34 万株/666.7 m^2；播前基施农家肥 3 000 kg/666.7 m^2、尿素 7.5~10 kg/666.7 m^2、磷酸二铵 10~15 kg/666.7 m^2，返青后及时深施尿素 7.5 kg/666.7 m^2、磷酸二铵 10 kg/666.7 m^2；孕穗期至抽穗期结合叶面追肥喷药，防治小麦白粉病。

2. 兰天 26 号

宁审麦 2015001，甘肃省农业科学院小麦研究所选育。

特征特性：幼苗半匍匐，叶色深绿，叶片较宽，株型紧凑，株高 94 cm；穗长方形，无芒，白壳，穗长 8 cm，穗粒数 31 粒，籽粒红色、卵圆形、角质，千粒重 43 g。2013 年农业部谷物及制品质量监督检验测试中心(哈尔滨)测定，容重 780 g/L，粗蛋白质(干基)含量 13.96%，降落值 235 s，湿面筋含量 30%，沉降值 30 mL，吸水率 62.9%，面团形成时间 3.7 min，面团稳定时间 2.1 min，粉质质量指数 47 mm，弱化度 162 FU，评价值 45，最大拉伸阻力 150 EU，延伸性 184 mm，R/E 0.81。

冬性，生育期 284~293 d，属中早熟品种。穗层整齐，穗大粒多，丰产性好，抗寒、抗旱、抗青干，高抗条锈病和白粉病。

产量表现：2012—2013 年参加宁夏旱作农业区冬小麦区域试验，两年平均产量 395.1 kg/666.7 m^2，较对照中引 6 号增产 11.9%。

栽培要点：9 月上中旬播种；播量 35~38 万粒/666.7 m^2，保苗 33~36 万株/666.7 m^2；播前基施农家肥 3 000 kg/666.7 m^2、磷酸二铵 10~15 kg/666.7 m^2、尿素 10 kg/666.7 m^2，返青后深施磷酸二铵 10 kg/666.7 m^2、尿素 7.5 kg/666.7 m^2；孕穗期至抽穗期结合叶面追肥喷药，防治小麦锈病和白粉病。

3. 宁冬 14 号

宁审麦 2012002，宁夏丰禾种苗有限公司和固原市种子管理站选育。

特征特性：幼苗半匍匐，叶色浅绿，叶宽中等，株高 81 cm；穗纺锤形，长芒，白壳，穗长 7.5 cm，穗粒数 30 粒，籽粒卵圆形、红色、角质，千粒重 38.5 g。2011 年农业部谷物及制品质量监督检验测试中心(哈尔滨)测定,容重758 g/L,粗蛋白质(干基)含量 13.87%,降落值 267 s,湿面筋含量 28.28%,沉降值 29.5 mL,吸水率64.1%,面团形成时间 2.5 min,面团稳定时间 1.8 min,弱化度 168 FU,最大拉伸阻力 110 EU,延伸性 179 mm。

冬性,生育期 274 d,属中早熟品种。田间高抗条锈病,抗黄矮病。该品种生长势、分蘖力强,抗寒、抗旱、抗青干,熟相好,籽粒饱满,但易落粒。

产量表现:2008—2009 年参加宁夏旱作农业区冬小麦区域试验,两年平均产量 361.92 kg/666.7 m^2,较对照中引 6 号增产 12.1%。

栽培要点:9 月上中旬播种;播量 32~35 万粒/666.7 m^2,保苗 30~33 万株/666.7 m^2;播前基施农家肥3 000 kg/666.7 m^2、磷酸二铵 10~15 kg/666.7 m^2、尿素 10 kg/666.7 m^2,返青后及时深施磷酸二铵 10 kg/666.7 m^2、尿素7.5 kg/666.7 m^2;孕穗期至抽穗期结合叶面追肥喷药,防治小麦锈病和白粉病。

4. 宁冬 15 号

宁审麦 2014002,固原市种子管理站和宁夏丰禾种苗有限公司选育。

特征特性:幼苗半匍匐,叶色深绿,叶片较宽,株型紧凑,株高 99 cm;穗长方形,穗长 8.5 cm,长芒,芒褐色,白壳,穗粒数 29 粒,籽粒红色、角质,千粒重 40.5 g。2013 年农业部谷物及制品质量监督检验测试中心(哈尔滨)测定,粗蛋白质(干基)含量 16.51%,降落值 244 s,湿面筋含量 34.1%,沉降值 34.5 mL,吸水率 63.5%,面团形成时间 3.5 min,面团稳定时间 2.3 min,弱化度 131 FU,评价值 47,最大拉伸阻力 130 EU,延伸性 190 mm,R/E 0.69。

冬性,生育期 281 d,属中早熟品种。田间高抗条锈病和白粉病。该品种分蘖力强,成穗数较多,穗层整齐,抗寒、抗旱、抗青干;熟相好,籽粒饱满,易落粒。

产量表现:2011—2012 年参加宁夏旱作农业区冬小麦区域试验,两年平均产量 321.57 kg/666.7 m^2,较对照中引 6 号增产 12.2%。

栽培要点:9 月上中旬播种;播量 35~38 万粒/666.7 m^2,保苗 33~35 万株/666.7 m^2;播前基施农家肥3 000 kg/666.7 m^2、磷酸二铵 10~15 kg/666.7 m^2、尿素 10 kg/666.7 m^2,返青后及时深施磷酸二铵 10 kg/666.7 m^2、尿素 7.5 kg/666.7 m^2;孕穗期至抽穗期结合叶面追肥喷药,防治小麦锈病和白粉病。

(二)半干旱区

1. 兰天 32 号

宁审麦 2015002,甘肃省农业科学院小麦研究所选育。

特征特性:幼苗半匍匐,叶色淡绿,株型紧凑,株高 103 cm;穗长方形,长芒,白壳,护颖长方形、斜肩,颖嘴锐形、无齿,穗粒数 36 粒,籽粒红色、卵圆形、角质,千粒重 40 g。2013 年农业部谷物及制品质量监督检验测试中心(哈尔滨)测定,容重 760 g/L,粗蛋白质(干基)含量 14.6%,降落值 199 s,湿面筋含量32.1%,沉降值 39.5 mL,吸水率 59.7%,面团形成时间 5.8 min,面团稳定时间 4 min,粉质质量指数 78 mm,弱化度 138 FU,评价值 57,最大拉伸阻力 180 EU,延伸性 173 mm,R/E 1.04。

冬性,生育期 282~289 d,属中早熟品种;分蘖力强,成穗数较多,抗寒、抗旱、抗青干,高抗条锈病、白粉病;熟相好,籽粒饱满,但易落粒。

产量表现:2012—2013 年参加宁夏旱作农业区冬小麦区域试验,两年平均产量 378.1 kg/666.7 m^2,较对照中引 6 号增产 7%。

栽培要点:9 月上中旬播种;播量30~33 万粒/666.7 m^2,保苗 28~32 万株/666.7 m^2;基施农家肥3 000 kg/666.7 m^2、磷酸二铵 10~15 kg/666.7 m^2、尿素 10 kg/666.7 m^2，返青后深施磷酸二铵 7.5 kg/666.7 m^2、尿素7.5 kg/666.7 m^2；孕穗期至抽穗期结合叶面追肥喷药，防治小麦锈病和白粉病，蜡熟后期及时收获。

2. 宁冬 13 号

宁审麦 2009004，宁夏农林科学院固原分院选育。

特征特性：幼苗半匍匐，叶色浅绿，叶宽中等，株型紧凑，株高 75~88 cm，穗层较整齐；穗长 6.3 cm，每穗结实小穗 14.6 个，穗粒数 27.5~32.8 粒，千粒重 32.9~35.9 g；穗纺锤形，长芒，白壳，籽粒红色、卵圆形、角质，落粒性中等。经农业部谷物及制品质量监督检验测试中心（哈尔滨）测定，粗蛋白质（干基）含量 15.24%，降落值 348 s，湿面筋含量 30.9%，沉降值 33.2 mL，吸水率 64.3%，面团形成时间 3.9 min，面团稳定时间 2.4 min，弱化度 112 FU，粉质质量指数 57 mm，评价值 50。

冬性，全生育期 260~278 d，属中早熟旱地品种。该品种根系发达，生长势、分蘖力较强，茎秆韧性好，抗旱，抗倒伏，抗寒，抗青干，高抗黄矮病，轻感条锈病，但抗锈性强。

产量表现：2006—2007 年参加宁夏旱作农业区冬小麦区域试验，两年平均产量 264.07 kg/666.7 m^2，较对照中引 6 号增产 22.3%。

栽培要点：可选择豆科及种植 1~2 年麦茬，也可选择胡麻、马铃薯茬口种植；9 月中旬播种，播量 32~37 万粒/666.7 m^2，保苗 30~35 万株/666.7 m^2；重施基肥、配施化肥，播种前结合秋耕地基施优质农家肥 2 000 kg/666.7 m^2，配施磷酸二铵 10 kg/666.7 m^2，或普磷 25~30 kg/666.7 m^2；春季返青期在墒情好的情况下开沟追施尿素 10 kg/666.7 m^2，或在拔节期趁降雨追施尿素 10 kg/666.7 m^2；苗期及时中耕除草、追肥，后期注意防虫。

3. 宁冬 16 号

宁审麦 2015003，宁夏农林科学院固原分院选育。

特征特性：幼苗半匍匐，叶色深绿，株型紧凑，株高 95 cm，全株 5~6 片叶，叶宽中等；穗纺锤形，穗长 8~9 cm，长芒，白壳，每穗结实小穗 13~16 个，穗粒数 29 粒，籽粒长圆形、白色、半硬质，千粒重 40 g。2014 年农业部谷物及制品质量监督检验测试中心（哈尔滨）检测，容重 790 g/L，粗蛋白质（干基）含量 12.5%，降落值 394 s，湿面筋含量 25.4%，面团稳定时间 3.3 min，粉质质量指数 58 mm，评价值 49，最大拉伸阻力 185 EU，延伸性 176 mm。

冬性，全生育期 282~285 d，属中早熟品种。田间高抗条锈病、赤霉病、白粉病，轻感黄矮病。该品种根系发达，苗期生长旺盛，越冬性较好，抗旱，抗青干，耐瘠薄，抗倒伏，适应性好，丰产稳产。

产量表现：2011—2012 年参加宁夏旱作农业区冬小麦区域试验，两年平均产量 333 kg/666.7 m^2，较对照中引 6 号增产 16.6%。

栽培要点：宜选择豆科、胡麻或小麦等春季作物茬口；9 月中下旬播种，播量 15~20 kg/666.7 m^2，保苗 30~35 万株/666.7 m^2；重施基肥、配施化肥，基肥以秋季施入为主，施农家肥 2 500~3 000 kg/666.7 m^2，可同期配施磷酸二铵 10 kg/666.7 m^2、尿素 5 kg/666.7 m^2；苗期结合降水追施尿素 5 kg/666.7 m^2；孕穗期、灌浆期可叶面喷施 2 次；幼苗顶土时遇雨要及时破除板结，抓全苗、保壮苗；孕穗期注意防病防虫，提高结实率；后期注意养根护叶，追施叶肥，增粒保重。

4. 陇育 5 号

甘审麦 2012012，甘肃省陇东学院农林科技学院选育。

特征特性：幼苗半匍匐，叶片绿色；穗长方形，白壳，长芒，籽粒红色、角质；穗数 36.4 万穗/666.7 m^2，穗粒数33.8 粒，千粒重 35 g；容重 792 g/L，蛋白质含量 15.74%，湿面筋含量 37.1%，面团稳定时间 5.1 min。

冬性，全生育期 273 d，属中晚熟品种。该品种分蘖力强，穗层整齐，熟相好；条锈病免疫，高感叶锈病、白粉病和黄矮病。

产量表现：2013—2014 年参加北部冬麦区旱地组区域试验，两年平均产量 318.6 kg/666.7 m^2，较对照长 6878 增产 7%。

栽培要点：9 月中下旬播种；播量 25~28 万粒/666.7 m^2；播前基施农家肥 2 000 kg/666.7 m^2、磷酸二铵7.5 kg/666.7 m^2、尿素 7.5 kg/666.7 m^2，返青后及时深施磷酸二铵 10 kg/666.7 m^2、尿素 5 kg/666.7 m^2；注意防治蚜虫、叶锈病、白粉病和黄矮病等病虫害。

5. 兰天 28 号

甘审麦 2011007，甘肃省农业科学院小麦研究所和庆城县种子管理站选育。

特征特性：幼苗直立，叶色淡绿，株高 86 cm；护颖长方形、斜肩，颖嘴锐形，有颖脊，窄，无齿；穗长方形，长芒，白壳；每穗结实小穗 15~19 个，穗粒数 31~46 粒；籽粒红色、卵圆形、半角质，千粒重 24~33 g；含粗蛋白质 14.43%、湿面筋 24.07%、赖氨酸 0.352%，沉降值 44.1 mL。

冬性，全生育期 272~279 d；成株期对条锈病的条中 31 号、条中 32 号及混合菌全部免疫，中抗白粉病。

产量表现：2014—2015 年参加宁夏旱作农业区冬小麦区域试验，两年平均产量 281.5 kg/666.7 m^2，较对照中引 6 号增产 4.2%。

栽培要点：9 月中下旬播种；播量 25~30 万粒/666.7 m^2；播前基施农家肥 2 000 kg/666.7 m^2、磷酸二铵7.5 kg/666.7 m^2、尿素 7.5 kg/666.7 m^2，返青后及时深施磷酸二铵 10 kg/666.7 m^2、尿素 5 kg/666.7 m^2；注意防治蚜虫、叶锈病、白粉病和黄矮病。

6. 陇育 8 号

甘审麦 2016015，甘肃省陇东学院农林科技学院选育。

特征特性：幼苗匍匐，叶色淡绿，株高 96 cm；穗纺锤形，长芒，白壳；穗粒数 36.3 粒，籽粒白色、角质，千粒重 35.6 g；容重 767.7 g/L，粗蛋白质含量 13.39%，湿面筋含量 29.2%，沉降值 23.2 mL。

强冬性，生育期 263~283 d；经人工接种鉴定，中感条锈病、白粉病和黄矮病，高感叶锈病。

产量表现：2013—2014 年参加甘肃省陇东片冬小麦区域试验，两年平均产量 289.69 kg/666.7 m^2，较对照陇育 4 号增产 6.1%。

栽培要点：9 月上旬至 9 月下旬播种；播量 25~28 万粒/666.7 m^2；播前基施农家肥 3 000 kg/666.7 m^2、磷酸二铵 7.5 kg/666.7 m^2、尿素 7.5 kg/666.7 m^2，返青后及时深施磷酸二铵 7.5 kg/666.7 m^2、尿素 5 kg/666.7 m^2；注意防治蚜虫、叶锈病、白粉病和黄矮病。

二、玉米

（一）早熟品种（适合在宁夏 1 900~2 100 m 高海拔地区种植）

1. 垦玉 10 号

甘审玉 2012003，甘肃农垦良种有限责任公司选育。

特征特性：幼苗叶鞘紫红色，叶片浅绿色，叶缘紫色，成株叶片数 16~18 片；株高 190~230 cm，穗位高

55~65 cm；茎基部紫红色，花药黄绿色，颖壳紫色，雌穗花丝粉红色；果穗锥形，穗长 20 cm，穗行数 14~16行；穗轴红色，籽粒橘黄色，硬粒型，有光泽，角质层厚，千粒重 350 g，含粗蛋白质 12.96%、粗脂肪 3.83%、粗淀粉 74.79%、赖氨酸 0.37%。普通玉米品种，在适应区生育期 105 d 左右，需≥10℃活动积温 2 100℃左右；叶片斜上冲，通风透光性好，耐密植；根系发达，茎秆坚韧，抗倒伏，且耐寒、抗旱，适应性强，综合农艺性状优良；高抗茎基腐病，中抗丝黑穗病、矮花叶病，抗玉米瘤黑粉病、玉米红叶病，感大斑病。

产量表现：2010—2011 年参加甘肃省早熟玉米品种区域试验，两年平均产量 650 kg/666.7 m^2，比对照酒单 2 号增产 24.5%。

栽培要点：4 月中下旬机械或人工覆膜播种，播深 4~6 cm，注意保墒；单种，行距 50 cm，株距 20~22 cm，密度5 000~5 500 株/666.7 m^2；重施农家肥，氮、磷、钾按测土配方施肥标准分期追施；适时收获，果穗籽粒乳线消失时收获。

2. 元华 116

国审玉 2009002，曹丕元、徐英华选育。

特征特性：叶片绿色，成株叶片数 16~17 片；株型半紧凑，株高 227 cm，穗位高 80 cm；花药黄色，颖壳绿色，有紫色条痕，雌穗花丝浅紫色；果穗长锥形，穗长 17 cm，穗行数 14 行，穗轴红色，籽粒橘黄色，偏硬粒型，百粒重 30.5 g。经农业部谷物及制品质量监督检验测试中心（哈尔滨）测定，容重 760 g/L，含粗蛋白质 10.94%、粗脂肪 5.32%、粗淀粉 70.01%、赖氨酸 0.3%。

在适应区生育期 105 d 左右，需≥10℃活动积温 2 100℃左右；经吉林省、黑龙江省农业科学院植物保护研究所两年接种鉴定，抗玉米螟，中抗大斑病、茎腐病和弯孢菌叶斑病，感丝黑穗病。

产量表现：2007—2008 年参加国家极早熟玉米品种区域试验，两年平均产量 513.4 kg/666.7 m^2，比对照冀承单 3 号增产 29%。

栽培要点：4 月中下旬机械或人工覆膜播种，密度 5 000~5 500 株/666.7 m^2，行距 50 cm，株距 20~22 cm；基施氮磷钾复合肥 25~35 kg/666.7 m^2，拔节至大喇叭口前期追施尿素 20 kg/666.7 m^2；早放苗，早间苗、定苗，早中耕，培育壮苗。施用除草剂应尽量在播前进行土壤封闭或 5 叶前按要求适量适时喷施，以免造成叶面及根部受伤，果穗籽粒乳线消失时收获。

（二）中早熟品种（适合在宁夏海拔 1 700~1 900 m 地区种植）

1. 富农 340

宁审玉 2015009，甘肃富农高科技种业有限公司选育。

特征特性：幼苗第一叶椭圆形，叶片深绿色，叶鞘紫色，茎基部绿色，株型紧凑，成株叶片数 17 片；株高220 cm，穗位高 74.3 cm；雄穗分枝 3~5 个，颖壳绿色，花药黄色，雌穗花丝红色；果穗长筒形，穗长 19 cm，穗粗 4.9 cm，秃尖 0.4 cm，穗行数 14~18 行，行粒数 37.4 粒，穗粒重 178.4 g，百粒重 33.5 g，出籽率 82.9%；穗轴红色，籽粒黄色、马齿形。2014 年农业部谷物品质监督检验测试中心测定，容重 796 g/L，含粗蛋白质 9.84%、粗脂肪 4.27%、粗淀粉 73.62%、赖氨酸 0.28%。

在适应区生育期 134 d 左右，需≥10℃活动积温 2 300℃左右；苗势强，耐旱、抗寒，活秆成熟，丰产性好，适应性广。2014 年中国农业科学院作物科学研究所抗性接种鉴定，高抗茎腐病，中抗大斑病，抗小斑病，高感矮花叶病、丝黑穗病。

产量表现：2012—2013 年参加宁夏旱作农业区玉米普通组区域试验，两年平均产量 739.2 kg/666.7 m^2，较对照增产 8.3%。

栽培要点：4 月中下旬机械或人工覆膜播种；行距 50 cm，株距 30 cm，密度 4 500 株/666.7 m^2；重施基肥，秋季施农家肥 3 000~4 000 kg/666.7 m^2、磷酸二铵 10~15 kg/666.7 m^2，合理配施氮肥、磷肥及喷施叶面肥；用 20%克福戊种衣剂包衣防治丝黑穗病、矮花叶病；适时收获。

2. 吉单 27

宁审玉 2015010，吉林吉农高新技术发展股份有限公司选育。

特征特性：幼苗叶鞘深紫色，叶片深绿色，株型半紧凑，成株叶片数 21 片；株高 270 cm，穗位高 100 cm；雄穗分枝 8~10 个，颖壳绿色，花药黄色，雌穗花丝绿色；果穗筒形，穗长 17~20 cm，穗行数 14~16 行，穗粒重 202 g，百粒重 37.3 g，出籽率 88.5%；穗轴白色，籽粒黄色、马齿形。2013 年农业部谷物品质监督检验测试中心检测，含粗蛋白质 10.32%、粗脂肪 4.12%、粗淀粉 71.31%、赖氨酸 0.29%。

在适应区生育期 130 d 左右，需≥10℃活动积温 2 350℃左右；苗势强，抗旱，出籽率高，丰产稳产。2013 年中国农业科学院作物科学研究所抗性接种鉴定，抗大斑病，中抗丝黑穗病，感小斑病，高感矮花叶病、茎腐病。

产量表现：2012—2013 年参加宁夏旱作农业区玉米普通组区域试验，两年平均产量 782.3 kg/666.7 m^2，较对照承 706 增产 9.5%。

栽培要点：4 月中下旬机械或人工覆膜播种；行距 50 cm，株距 30 cm，密度 4 500 株/666.7 m^2；重施农家肥，合理配施氮肥、磷肥、钾肥及微肥，要求土壤肥力中等以上，基施有机肥 3 000 kg/666.7 m^2、磷酸二铵 15 kg/666.7 m^2，追施尿素 20~30 kg/666.7 m^2；用 20%克福戊种衣剂包衣防治霉腐病、茎腐病、矮花叶病及虫害；适时收获。

3. 先达 203

黑审玉 2015049，先正达（中国）投资有限公司隆化分公司选育。

特征特性：幼苗第一叶叶鞘紫色，叶片淡绿色，成株叶片数 14 片；茎浅紫色，株高 271 cm，穗位高 95 cm；果穗圆筒形，穗长 20 cm，穗粗 5 cm，穗行数 14~18 行，穗轴红色，籽粒偏马齿形、黄色，百粒重 34.5 g；容重 741~758 g/L，含粗淀粉 75.12%、粗蛋白质 9.29%、粗脂肪 4.42%。

在适应区生育期 125 d 左右，需≥10℃活动积温 2 250℃左右；高产、优质、脱水快、耐瘠薄、耐盐碱、抗旱、耐密、适宜机械化；中感大斑病，感丝黑穗病。

产量表现：2011—2012 年区域试验，两年平均产量 672.69 kg/666.7 m^2，较对照嫩单 13 增产 11.7%。

栽培要点：4 月中下旬播种，选择中等以上肥力地块，采用覆膜垄作栽培方式，保苗 4 000~4 500 株/666.7 m^2；基施有机肥 3 000 kg/666.7 m^2 左右、磷酸二铵 15 kg/666.7 m^2 和硫酸钾 7.5 kg/666.7 m^2，拔节至大喇叭口前期追施尿素 20 kg/666.7 m^2 左右；病害高发年应注意防治大斑病；及时收获。

（三）中晚熟品种（适合在宁夏海拔 1 800 m 以下地区种植）

1. 先正达 408（F10–08）

宁审玉 2012015，先正达（中国）投资有限公司隆化分公司选育。

特征特性：幼苗叶鞘紫色，叶片绿色，成株叶片数 19 片；茎绿色，株型半紧凑，株高 274 cm，穗位高 106 cm；雄穗分枝 5~10 个，花药黄色，颖壳紫色，雌穗花丝浅紫色；果穗长筒形，穗长 18.7 cm，穗粗 4.8 cm，穗行数 14 行，行粒数 40 粒，穗粒重 191.7 g，百粒重 36 g，出籽率 85.17%，穗轴红色，籽粒红黄色、半马齿形。经农业部谷物品质监督检验测试中心测定，籽粒含水分 10.7%、粗蛋白质（干基）8.95%、粗脂肪 3.69%、粗淀粉75.86%、赖氨酸 0.28%。

在适应区生育期 134 d 左右，需≥10℃活动积温 2 500℃左右；苗势强，抗旱，抗寒，抗倒伏，耐密，丰产稳产。2011 年中国农业科学院作物科学研究所抗性接种鉴定，中抗小斑病、茎腐病，感大斑病、丝黑穗病，高感矮花叶病、玉米螟。

产量表现：2010—2011 年参加宁夏旱作农业区玉米普通组区域试验，两年平均产量 785.4 kg/666.7 m^2，较对照增产 7.7%。

栽培要点：4 月中下旬机械或人工覆膜播种，播深 3~5 cm；行距 50 cm，密度 4 500 株/666.7 m^2；重施农家肥，合理配施氮肥、磷肥、钾肥及微肥；用 20%克福戊种衣剂包衣防治地老虎、丝黑穗病、矮花叶病，大喇叭口期心叶投颗粒杀虫剂防治玉米螟；雌穗苞叶变黄白色、松散，籽粒乳线消失时收获。

2. 西蒙 6 号

宁审玉 2012007，宁夏银川西蒙种业有限公司选育。

特征特性：幼苗叶鞘紫色，叶片略带紫色，全株叶片数 20 片，叶宽中等，叶色深绿，穗位叶以上叶片直立，穗位叶以下叶片稍平、茎节稍长，穗位叶为第 14 片叶；株型紧凑，株高 300 cm，穗位高 130 cm，茎粗 2 cm，茎节短；雄穗分枝 7~9 个，颖壳淡紫色，花粉量少，雌穗花丝淡紫色；果穗筒形，秃尖短，穗长 22 cm，穗粗 5.5 cm，穗行数 16 行，行粒数 40 粒，穗粒数 650 粒，穗粒重 250 g，出籽率 90.3%，百粒重 38 g，穗轴红色，籽粒橙黄色、马齿形。2011 年农业部谷物品质监督检验测试中心测定，容重 734 g/L，含粗蛋白质（干基）9.91%、粗脂肪 4.34%、粗淀粉 73.95%、赖氨酸 0.31%。

在适应区生育期 130 d 左右，需≥10℃活动积温 2 600℃左右。抗倒伏，活秆成熟，丰产稳产。2010 年中国农业科学院作物科学研究所抗性接种鉴定，抗大斑病（1 级）、小斑病（3 级），中抗茎腐病（3.7%），感丝黑穗病（8.9%）、矮花叶病（32%），高感玉米螟（9%）。

产量表现：2009—2010 年参加宁夏旱作农业区玉米普通组区域试验，两年平均产量814.55 kg/666.7 m^2，较对照承 706 增产 6.74%。

栽培要点：4 月中下旬机械或人工精量覆膜点播；行距 60 cm，株距 25 cm，密度 4 500 株/666.7 m^2。施足农家肥，化肥按照配方施肥方案而定，重视施用锌肥。用 20%克福戊种衣剂包衣防治地老虎、丝黑穗病、矮花叶病，大喇叭口期心叶投颗粒杀虫剂防治玉米螟；及时收获。

3. 大丰 30

宁审玉 2012006，山西大丰种业有限公司选育。

特征特性：幼苗绿色，叶鞘深紫色，叶缘紫色，叶背有紫晕；株型紧凑，成株果穗上 1~3 片叶斜上冲，4~6 片叶直立上冲，全株叶片数 21 片；雄穗分枝 4~5 个，颖壳红色，花药紫色，雌穗花丝由淡黄色转红色；株高260 cm，穗位高 93 cm；果穗长筒形，粒长轴细，穗长 19.1 cm，秃尖长 0.8 cm，穗行数 16~18 行，行粒数 36.9 粒，百粒重 32.3 g，出籽率 83.6%，穗轴深紫色，籽粒黄色、马齿形。2011 年农业部谷物品质监督检验测试中心测定，容重 750 g/L，含粗蛋白质（干基）9.59%、粗脂肪 3.60%、粗淀粉 75.33%、赖氨酸 0.35%。

在适应区生育期 140 d 左右，需≥10℃活动积温 2 600℃左右；苗势强，活秆成熟，抗倒伏，丰产稳产，籽粒脱水快。2011 年中国农业科学院作物科学研究所抗性接种鉴定，中抗小斑病，抗大斑病，感茎腐病、丝黑穗病，高感矮花叶病、玉米螟。

产量表现：2010—2011 年参加宁夏旱作农业区玉米普通组区域试验，两年平均产量 857.4 kg/666.7 m^2，较对照承 706 增产 8.6%。

栽培要点：4 月中旬机械或人工覆膜播种；宽行 80 cm、窄行 40 cm，株距 25 cm；或等行距 50 cm，株距

30 cm，密度 4 500 株/666.7 m^2；重施农家肥，化肥氮、磷、钾按测土配方标准分期追施；适时防治病虫害，早预防、早发现、早防治；适时收获。

4. 先玉 335

宁审玉 2008002，铁岭先锋种子研究有限公司选育。

特征特性：芽鞘紫色，叶片绿色，叶缘紫色，成株叶片数 17~20 片；株高 271 cm，穗位高 105 cm，茎秆粗壮，株型紧凑，抗倒伏性强；花药粉红色，花粉量大，雌穗花丝紫色，雌雄花期协调；果穗筒形，较均匀，穗长20.3 m，穗粗 4.9 cm，秃尖长 1.7 cm，穗行数 14~18 行，行粒数 38 粒，穗粒数 602 粒，穗粒重 197 g，百粒重33.1 g，出籽率 85.2%；籽粒橙红色，半马齿形。经农业部谷物品质监督检验测试中心测定，籽粒容重 755 g/L，含粗蛋白质 8.26%、粗脂肪 3.95%、粗淀粉 75.38%、赖氨酸 0.3%。

在适应区生育期 134 d 左右，需≥10℃活动积温 2 800℃左右。幼苗生长势强，早发性好。经人工接种鉴定，高抗丝黑穗病，中抗大斑病，抗小斑病，感矮花叶病，高感茎腐病。

产量表现：2006—2007 年参加宁夏玉米区域试验，两年平均产量 875.3 kg/666.7 m^2，较对照增产 13.8%。

栽培要点：4 月中旬人工或机械覆膜播种；行距 50 cm，株距 30 cm，密度 4 500 株/666.7 m^2；在施足农家肥的基础上，磷肥、钾肥及其他中微量元素肥料播种前施入，根据地力情况施磷酸二铵 15~20 kg/666.7 m^2，拔节期至小喇叭口期追施尿素 30~35 kg/666.7 m^2；及时防治病虫害；适时收获。

三、马铃薯品种

（一）主食化品种

1. 大西洋

薯片加工型品种，由中国农业科学院从美国引入。

特征特性：株型直立，分枝数中等，株高 50 cm 左右，茎基部紫褐色，茎秆粗壮，生长势较强；叶绿色，复叶肥大，叶缘平展；花冠浅紫色，可天然结实；块茎介于圆形和长圆形间，顶部平，皮淡黄色、肉白色，表皮有轻微网纹，芽眼浅，块茎大小中等且整齐，结薯集中；鲜薯含淀粉 15%~17.9%、还原糖 0.03%~0.15%。

中熟，生育期 90 d 左右；块茎休眠期中等，耐贮藏；植株不抗晚疫病，对马铃薯轻花叶病毒（PVX）免疫，较抗卷叶病毒病，感束顶病、环腐病，在干旱季节薯肉有时会产生褐色斑点。

产量表现：宁夏旱作农业区一般产量为 1 000~1 500 kg/666.7 m^2。

栽培要点：4 月中下旬至 5 月上旬播种；土质以壤土较好，要选择有补水条件、肥力较高的地块种植；种植密度 4 500 株/666.7 m^2 左右；加强水肥管理，增产显著。

2. 费乌瑞它

薯条加工型品种，又名法阿利塔、荷兰薯、荷兰 7 号等，中国农业科学院从荷兰引入。

特征特性：株型直立，分枝少，株高 65 cm 左右，茎紫褐色，生长势强；叶绿色，复叶大、下垂，叶缘微波状；花冠蓝紫色、大，有浆果；块茎长椭圆形，皮淡黄色、肉鲜黄色，表皮光滑，块茎大而整齐，芽眼少而浅，结薯集中；蒸食品质较优，鲜薯含干物质 17.7%、淀粉 12.4%~14%、还原糖 0.3%、粗蛋白质1.55%、维生素C 13.6 mg/100 g。

早熟，生育期 70 d 左右。块茎休眠期短，贮藏期间易烂薯，易感晚疫病，感环腐病和青枯病，抗马铃薯 Y 病毒和卷叶病毒，植株对马铃薯 A 病毒和癌肿病免疫。

产量表现：宁夏旱作农业区一般产量约 1 500 kg/666.7 m^2。

栽培要点：4 月中下旬至 5 月上旬播种；该品种喜水肥，退化较快，应选择有补水条件或肥力较好的地块，施足基肥种植；种植密度以 4 000~4 500 株/666.7 m^2 为宜；结薯层较浅，块茎对光敏感，易变绿而影响商品性，生长期间应加强田间管理，注意及早中耕、高培土，以免块茎绿化影响品质。

（二）鲜薯菜用型品种

1. 克新 1 号

宁种审 9823，黑龙江省农业科学院马铃薯研究所选育。

特征特性：株型开展，株高 70 cm 左右，分枝多，茎绿色，生长势强；叶绿色，复叶肥大；花冠淡紫色，雌雄蕊均不育；块茎椭圆形，皮淡黄色、肉白色，表皮光滑，芽眼多，深度中等；鲜薯含干物质 18.1%、淀粉 13%~14%、维生素 C 14.4 mg/100 g、还原糖 0.52%。

中熟，生育期 95 d 左右。块茎休眠期长，耐贮藏，较耐涝；结薯集中，块茎大而整齐，食用品质中等；植株抗晚疫病，块茎易感晚疫病，高抗环腐病，植株对马铃薯轻花叶病毒（PVX）过敏，抗重花叶病毒（PVY）和卷叶病毒（PLRV）。

产量表现：1986—1988 年区域试验，两年平均产量 1 630 kg/666.7 m^2，较对照高原 8 号增产 21.5%。

栽培要点：4 月中下旬至 5 月上旬播种；选用幼、健薯切块或小整薯播种，密度 3 500~4 500 株/666.7 m^2；基施农家肥 4 000 kg/666.7 m^2、磷酸二铵 15 kg/666.7 m^2，现蕾期追施尿素 8~10 kg/666.7 m^2；及时中耕除草，开花后及时培土，拔除病株、劣株。

2. 中薯 3 号

特征特性：株型直立，株高 60 cm 左右，茎粗壮、绿色，分枝少，生长势较强；复叶大，叶缘波状，叶色浅绿；花冠白色，易天然结实；薯块卵圆形，顶部圆形，皮黄色、肉黄色，芽眼少而浅，表皮光滑；食用品质好，鲜薯含淀粉 12%~14%、还原糖 0.3%、维生素 C 20 mg/100 g，适合鲜薯食用。

早熟，生育期 67 d 左右。结薯集中，薯块大而整齐；块茎休眠期为 50 d 左右，耐贮藏。植株适应性较广，较抗瘠薄和干旱；较抗病毒病，退化慢，不抗晚疫病。

产量表现：宁夏旱作农业区一般产量为 1 500~2 000 kg/666.7 m^2，稳产性较好。

栽培要点：4 月中下旬至 5 月上旬播种；可与玉米、豆类等作物间套作；种植密度 4 000~4 500 株/666.7 m^2，行距 60 cm，株距 25~28 cm；选择质地疏松、肥力中上等的土壤易获高产；播前施农家肥 1 500~3 000 kg/666.7 m^2，播时适当基施复合肥 25~50 kg/666.7 m^2。

3. 青薯 168

宁种审 9518，青海省农林科学院作物育种栽培研究所选育。

特征特性：叶色浓绿，株型直立，株高 80 cm，枝叶繁茂，主茎分枝数 3~4 个；花冠浅紫色，内有紫红色星状轮，聚伞花序，柱头二分裂，结薯集中，单株结薯 3~5 个，单株薯重 0.5~0.7 kg/666.7 m^2，薯块扁椭圆形，皮红色，肉浅黄色，芽眼浅，薯块大，无空心，商品薯率 90%以上。薯块含粗淀粉 58.97%、粗蛋白质 9.824%、还原糖 9.41%（干基）、维生素 C 5.75 mg/100 g。

生育期 120 d，属中晚熟品种。幼苗生长势强，耐肥水；抗花叶病毒及卷叶病毒，抗晚疫病、环腐病；种薯休眠期长，耐贮藏；品质好，食味香甜可口。

产量表现：1993—1994 年参加宁夏旱作农业区马铃薯区域试验，两年平均产量 1 352.5 kg/666.7 m^2，较对照高原 8 号增产 31.5%。

栽培要点:4 月中旬至 5 月下旬播种;宜选择土层深厚、土质肥沃、蓄水保墒性好的砂质土壤;选择健株中的幼龄薯和壮龄薯做种薯,密度 4 500~5 000 株/666.7 m^2,播深 15~18 cm,山坡地用宽窄行播种法,播幅 100~110 cm,宽行 65~75 cm,窄行 30~40 cm,株距 15 cm;塬台地用等行播种法,行距 70 cm,株距 20 cm;基施有机肥 3 000~5 000 kg/666.7 m^2、磷酸二铵 15~20 kg/666.7 m^2、尿素 5~10 kg/666.7 m^2,现蕾期结合中耕培土追施尿素 5~8 kg/666.7 m^2;齐苗后除草松土;在幼苗期、开花期拔除病株,收获前挖除死株,选留健株中的健薯做种薯。

4. 冀张薯 8 号

宁审薯 2012002,河北省高寒作物研究所选育。

特征特性:株型直立,株高 73 cm,茎绿色,叶深绿色,主茎 3 个;花冠白色,天然结实性中等;薯块椭圆形,皮淡黄色,肉乳白色,芽眼浅,薯皮光滑,单株结薯 5.7 个,无二次生长和空心,商品薯率 86.7%。2011 年宁夏农林科学院农产品质量监测中心测定,薯块含干物质(鲜基)18.6%、粗淀粉(干基)64.55%、粗蛋白质(鲜基)2.61%、还原糖(鲜基)0.228%、维生素 C(鲜基)12.5 mg/100 g。

生育期 115 d,属中晚熟品种。田间轻感花叶病、卷叶病毒病、早疫病,中感晚疫病;抗寒、抗旱;薯块整齐,商品薯率高,丰产稳产,适应性好。

产量表现: 2010—2011 年参加宁夏旱作农业区马铃薯区域试验,两年平均产量 1 939.34 kg/666.7 m^2,较对照宁薯 4 号增产 36%。

栽培要点: 4 月上旬至 4 月下旬播种;播前 18~20 d 种薯出窖,以 10 cm 厚度平铺于暖室,18℃催芽12 d,芽基催至 0.5~0.7 cm 时转到室外晒种 8 d;种植密度 3 500~4 000 株/666.7 m^2;播前基施农家肥 3 000 kg/666.7 m^2、磷酸二铵 15 kg/666.7 m^2、尿素 10 kg/666.7 m^2,孕蕾期至开花期结合中耕培土追施磷酸二铵10 kg/666.7 m^2、尿素 7.5 kg/666.7 m^2;及时喷施农药,防治晚疫病等病虫害;及时拔除病株;适时收获。

(三)淀粉加工型品种

1. 宁薯 4 号

宁种审 8817,西吉县良种示范繁殖场选育。

特征特性:出苗后叶片匍匐于地面,叶绿色,顶小叶较大,株型扩散,生长繁茂,主茎高 45~50 cm,茎粗壮,分枝 7~11 个,茎绿色、有紫纹;花序 7~15 个,花柄较长,花紫蓝色;可天然结实,结薯集中,块茎大而整齐,每株结薯 4~5 个,单株薯重 0.6~0.8 kg,最大块茎可达 1.5 kg,薯块椭圆形,芽眼较浅,紫色,薯皮光滑、白色,薯肉淡黄色,含淀粉 12.6%。

生育期 139 d,属晚熟品种。幼芽顶土力强,抗花叶病、卷叶病毒病、环腐病、黑胫病、晚疫病;抗旱,耐贮藏;蒸煮食味甘香。

产量表现:1985—1987 年参加宁夏旱作农业区马铃薯区域试验,两年平均产量 1 773 kg/666.7 m^2,较对照沙杂 15 号增产 43.8%。

栽培要点:4 月下旬至 5 月上旬播种;选用中小幼、健薯做种,种块 40~50 g;行距 60 cm,株距 35 cm,密度3 200~3 500 株/666.7 m^2;基施农家肥 3 000 kg/666.7 m^2、碳酸氢铵 10 kg/666.7 m^2、磷肥 25 kg/666.7 m^2;苗期至现蕾期除草培土 1~2 次,及时破除板结,防止薯块变绿、变形。

2. 陇薯 3 号

甘审薯 1995001,甘肃省农业科学院马铃薯研究所选育。

特征特性：株型半直立，株高 60~70 cm，茎绿色、粗壮；叶深绿色，复叶大；花冠白色，不易天然结实；块茎扁圆形或椭圆形，大而整齐，皮稍粗糙，黄皮黄肉，芽眼较浅并呈淡紫红色，薯顶芽眼下凹；结薯集中，单株结薯5~7 个；鲜薯淀粉含量高，平均 21.2%，最高 24.25%，粗蛋白质含量 1.88%，维生素 C 含量 26 mg/100 g，还原糖含量 0.13%，龙葵素含量 0.15 mg/100 g。

生育期 100 d 左右。植株抗晚疫病、花叶病和卷叶病毒病；块茎休眠期较长，耐贮藏；食用品质优良，口感好。

产量表现：1992—1994 年区域试验，两年平均产量 2 200 kg/666.7 m^2，较对照增产 10%以上。

栽培要点：4 月中旬至 5 月上旬播种；种植密度 3 500~4 500 株/666.7 m^2；基施农家肥 3 000 kg/666.7 m^2、磷酸二铵 10 kg/666.7 m^2、尿素 15 kg/666.7 m^2；苗期至现蕾期除草培土 1~2 次，及时破除板结，防止薯块变绿、变形。

3. 庄薯 3 号

宁审薯 2014002，甘肃省庄浪县农业技术推广中心选育。

特征特性：株型直立，枝叶繁茂，株高 63 cm，茎绿色，主茎 2 个；叶深绿色，叶片中等大小，复叶椭圆形、对生；花冠浅蓝色，天然结实少，薯块圆形，黄皮黄肉，芽眼浅并呈淡红色，薯皮麻皮，单株结薯 6 个，商品薯率 79.1%。2011 年宁夏农林科学院农产品质量监测中心测定，薯块含干物质（鲜基）22.9%、粗淀粉（干基）74.14%、粗蛋白质（鲜基）2.26%、还原糖（鲜基）0.150%、维生素 C（鲜基）9.67 mg/100 g。

生育期 117 d，属晚熟品种。田间高抗晚疫病，中抗病毒病。该品种生长势强，抗旱，耐瘠薄，抗倒伏；薯块休眠期长，耐贮藏；淀粉含量高，适应性广，丰产稳产。

产量表现：2011—2012 年参加宁夏旱作农业区马铃薯区域试验，两年平均产量 1 836.6 kg/666.7 m^2，较对照宁薯 4 号增产 27.2%。

栽培要点：4 月上旬到 4 月下旬播种，播前 15~20 d 种薯出窖，暖室催芽，待芽基催至 0.5~0.7 cm 时切块；双行垄作，中等肥力地块密度 4 000~4 500 株/666.7 m^2，旱薄地 3 500~4 000 株/666.7 m^2；整薯坑种，中等肥力以上地块密度 2 000 窝/666.7 m^2，旱薄地 1 700 窝/666.7 m^2；播前基施农家肥 4 000 kg/666.7 m^2 以上、磷酸二铵 15 kg/666.7 m^2、尿素 10 kg/666.7 m^2；孕蕾期至开花期结合中耕培土追施磷酸二铵 10 kg/666.7 m^2、尿素 7.5 kg/666.7 m^2；苗齐后勤锄草松土，现蕾期及时培土压蔓，开花期叶面喷施磷酸二氢钾 2~3 次；及早拔除病株，适时防治病虫害。

4. 青薯 2 号

宁审薯 2003003，青海省农林科学院作物所选育。

特征特性：株型直立，株高 51.6~77.3 cm；茎、叶深绿色，生长势强，花冠紫色，主茎 1~2 个；单株结薯 4~6 个，薯块扁圆形，大而整齐，白皮白肉，芽眼浅，薯皮光滑，商品薯率 75%。经宁夏农林科学院农产品质量监测中心化验，薯块含粗淀粉（干基）70.18%、粗蛋白质 8.21%、还原糖 1.22%、维生素 C 30.01 mg/100 g。

生育期 114 d。可天然结实，抗马铃薯卷叶病毒病、花叶病毒病、晚疫病、环腐病、黑胫病，抗旱性强，耐贮藏。

产量表现：2002—2003 年参加宁夏旱作农业区马铃薯区域试验，两年平均产量 1 241.6 kg/666.7 m^2，较对照宁薯 8 号增产 11.66%。

栽培要点：4 月中下旬播种，一般选用小整薯播种，若切块种植，每个薯块必须带 1~2 个芽眼；采用宽窄行播种法，宽行 65~75 cm，窄行 20~25 cm，株距 40 cm，保苗 3 500~4 000 株/666.7 m^2；播前基施农家肥

4 000 kg/666.7 m^2、磷酸二铵 10~15 kg/666.7 m^2、尿素 10~12 kg/666.7 m^2，现蕾期结合中耕培土追施磷酸二铵 10 kg/666.7 m^2、尿素 7.5 kg/666.7 m^2；株高 15~20 cm 时进行第一次培土，第二次培土在现蕾期；生育期应勤中耕锄草，确保田间无杂草。

5. 陇薯 6 号

宁审薯 2005001，甘肃省农业科学院作物研究所选育。

特征特性：株型半直立，株高 59~73.8 cm，茎绿色，叶深绿色，生长势强，花冠乳白色，主茎 2~5 个；单株结薯 4~9 个，薯块扁圆形，大而整齐，皮淡黄色，肉白色，芽眼浅，商品薯率 75.6%。经宁夏农林科学院农产品质量监测中心化验，薯块含粗淀粉（干基）68.73%、粗蛋白质（干基）10.95%、还原糖 0.1%、维生素 C 11.21 mg/100 g。

生育期 115 d，属晚熟品种。花繁茂，不能天然结实，高抗晚疫病、环腐病，抗卷叶病毒病、花叶病毒病，抗旱性强，薯块休眠期中长，较耐贮藏。

产量表现：2002—2003 年参加宁夏旱作农业区马铃薯区域试验，两年平均产量 1 687.5 kg/666.7 m^2，较对照宁薯 8 号增产 31.7%。

栽培要点：4 月上中旬播种；整薯（25~35 g）播种，若切块种植，每个薯块必须带 1~2 个芽眼；采用宽窄行播种法，宽行 65~75 cm，窄行 20~25 cm，株距 40 cm，保苗 3 500~4 000 株/666.7 m^2；播前基施农家肥 4 000 kg/666.7 m^2、磷酸二铵 10~15 kg/666.7 m^2、尿素 10~12 kg/666.7 m^2，现蕾期结合中耕培土追施磷酸二铵 10 kg/666.7 m^2、尿素 7.5 kg/666.7 m^2；株高 15~20 cm 时进行第一次培土，第二次培土在现蕾期。

6. 青薯 9 号

宁审薯 2014004，青海省农林科学院生物技术研究所选育。

特征特性：幼苗直立，株型平展，株高 68 cm，茎秆紫色，分枝多，叶片大，叶深绿色，叶缘平展，花冠浅紫色，开花繁茂性中等，天然结实性弱；结薯集中，单株结薯 5 个，大中薯率 80.85%，薯块椭圆形，红皮，有网纹，芽眼浅，肉黄色。2011 年宁夏农林科学院农产品质量监测中心测定，薯块含干物质（鲜基）21.1%、粗淀粉（干基）73.78%、粗蛋白质（鲜基）%、还原糖（鲜基）0.3%、维生素 C（鲜基）15.4 mg/100 g。

生育期 119 d，属晚熟品种。田间抗晚疫病、病毒病。该品种生长势强，抗旱，薯块整齐，休眠期中长，耐贮藏。

产量表现：2011—2012 年参加宁夏旱作农业区马铃薯区域试验，两年平均产量 1 776.12 kg/666.7 m^2，较对照增产 23.01%。

栽培要点：4 月中旬至 5 月上旬播种，播种前 15~20 d 种薯出窖，暖室催芽，待芽基催至 0.5~0.7 cm 时切块；双行垄作，密度 3 500~4 200 株/666.7 m^2；播前基施农家肥 4 000 kg/666.7 m^2、磷酸二铵 15 kg/666.7 m^2、尿素 10 kg/666.7 m^2；孕蕾期至开花期结合中耕培土追施磷酸二铵 10 kg/666.7 m^2、尿素 7.5 kg/666.7 m^2；苗齐后勤锄草松土，现蕾期及时培土压蔓，开花期叶面喷施磷酸二氢钾 2~3 次；及早拔除病株，适时防治病虫害。

7. 天薯 11 号

宁审薯 2015001，甘肃省天水市农业科学研究所选育。

特征特性：幼苗直立，株高 65.6 cm，株型直立，茎绿色，叶深绿色，小叶排列紧密，分枝少，花冠浅紫色，落蕾；天然结实性差，单株结薯 5.3 个，薯块扁圆形，皮淡黄色、肉淡黄色，芽眼浅、稍带淡红色，匍匐茎短，结薯集中，块茎大而整齐，商品薯率 78.7%。经宁夏农林科学院农产品质量监测中心测定，鲜薯含干物质22.8%、粗蛋白质 2.28%、还原糖 0.25%、维生素 C 22.1%、粗淀粉 68.3%（干基）。

生育期 120 d，属晚熟品种。该品种生长势强，枝叶繁茂，抗旱，抗病毒病。

产量表现：2012—2013 年参加宁夏旱作农业区马铃薯区域试验，两年平均产量 1 797 kg/666.7 m^2，较对照青薯 168 增产 17%。

栽培要点：4 月上旬至 4 月下旬播种，播种前 15~20 d 种薯出窖，放置于暖室催芽，待芽基催至 0.5~0.7 cm 时切块；双行高垄种植，密度 3 800~4 500 株/666.7 m^2；播前基施农家肥 4 000 kg/666.7 m^2、磷酸二铵 15 kg/666.7 m^2、尿素 10 kg/666.7 m^2；孕蕾期至开花期结合中耕培土追施磷酸二铵 10 kg/666.7 m^2、尿素 7.5 kg/666.7 m^2；苗齐后勤锄草松土，现蕾期及时培土压蔓，开花期叶面喷施磷酸二氢钾 2~3 次；及早拔除病株，及时防治晚疫病，适时防治其他病虫害。

四、胡麻品种

1. 宁亚 11 号

宁种审 8818，宁夏农林科学院农作物研究所选育。

特征特性：子叶稍大，叶色浓绿，叶片较宽，株型紧凑、直立，基部一般不分枝，苗期生长迅速，株高 55~70 cm，工艺长度 45~55 cm，单株有效分枝数 4.5 个，花蓝色，蒴果较大，单株有效结果数 9.5 个，每果粒数 7.5 粒，种皮褐色，千粒重 8.1 g。种子含油率 43.3%，出油率 35.3%。

生育期 95 d，属早熟、油纤兼用型品种。抗寒性和抗倒伏性较强，较耐肥，抗立枯病和枯萎病，轻感白粉病。

产量表现：1987—1988 年参加宁夏旱作农业区区域试验，两年平均产量 137.4 kg/666.7 m^2，较对照宁亚 5 号增产 10%。

栽培要点：4 月上旬当平均地温 8~10℃时条播；播量 5~6 kg/666.7 m^2；基施农家肥 3 000~4 000 kg/666.7 m^2、磷肥 15~20 kg/666.7 m^2、尿素 3~5 kg/666.7 m^2；早除草，在胡麻现蕾期至青果期注意防蚜和防病；及时收获，避免后期返青，造成落果减产。

2. 宁亚 14 号

宁种审 9824，宁夏农林科学院固原分院选育。

特征特性：幼苗直立，叶色浓绿，生长比较旺盛，株型紧凑，株高 51.59 cm，工艺长度 42.19 cm，基本无分茎，花瓣蓝色，单株有效分枝数 6.1 个，单株有效结果数 8.7 个，千粒重 8~9 g，种皮褐色。籽粒含水分 6.32%、粗脂肪 23.68%。

生育期 95~115 d，属中早熟、油麻兼用型品种。丰产性较好，抗逆性较强，适应性广，抗胡麻枯萎病，轻感白粉病。

产量表现：1992—1993 年参加宁夏旱作农业区胡麻区域试验，两年平均产量 93 kg/666.7 m^2，较对照宁亚 10 号增产 11.5%。

栽培要点：不宜连作，轮作周期 2~3 年为宜；4 月上中旬抢摘播种，播量 4~5 kg/666.7 m^2；施足底肥，基施农家肥 2 000~3 000 kg/666.7 m^2、氮肥 3~5 kg/666.7 m^2、磷肥 2~3 kg/666.7 m^2；苗期及时松土除草，确保全苗；及时防治金龟甲、蚜虫、黏虫。

3. 宁亚 15 号

宁种审 2020，宁夏农林科学院固原分院选育。

特征特性：幼苗直立，叶片中等宽度，叶密度较大，叶色深绿，株型紧凑，结果集中，基本无分茎，株高 65.4 cm，工艺长度 50 cm，单株有效分枝数 4.5 个，花蓝色，单株有效结果数 10 个，每果粒数 6.7 粒，成熟后不裂果，籽粒卵圆形，种皮浅褐色。籽粒含粗脂肪 28.89%。

生育期 92~112 d，属中早熟、油纤兼用型品种。幼苗生长缓慢，耐旱性强，高抗胡麻枯萎病。

产量表现：1992—1993 年参加宁夏旱作农业区胡麻区域试验，两年平均产量 101.35 kg/666.7 m^2，较对照宁亚 10 号增产 22%。

栽培要点：半干旱区 3 月 25 日至 4 月 10 日抢墒播种，半湿润偏旱区 4 月中旬播种；播量 3.5~5 kg/666.7 m^2；基施农家肥 2 000 kg/666.7 m^2、尿素 5~8 kg/666.7 m^2、磷酸二铵 7~10 kg/666.7 m^2；种施磷酸二铵 3~4 kg/666.7 m^2，追施尿素 10 kg/666.7 m^2；轮作周期 3~4 年；防治杂草和病虫害。

4. 宁亚 17 号

宁审油 2005001，宁夏农林科学院固原分院选育。

特征特性：株高 52.9 cm，工艺长度 37.1 cm，株型紧凑，结果集中，单株有效分枝数 6.7 个，单株有效结果数 10.5 个，每果粒数 7.8 粒，籽粒浅褐色，千粒重 7.3~8.4 g。籽粒含粗脂肪 37.58%。

生育期 90~105 d，属中早熟、油纤兼用型品种。耐旱，高抗胡麻枯萎病。

产量表现：2002—2003 年参加宁夏旱作农业区胡麻区域试验，两年平均产量 121.65 kg/666.7 m^2，较对照宁亚 14 号增产 13.07%。

栽培要点：4 月上旬抢墒播种，播量 3.5~5 kg/666.7 m^2；施农家肥 2 000 kg/666.7 m^2、尿素 5~8 kg/666.7 m^2、磷酸二铵5~10 kg/666.7 m^2；不宜连作，轮作周期控制在 3~4 年；遇雨及时破除土壤表层板结，确保全苗；松土除草，注意防治金龟甲、蚜虫和黏虫等。

5. 宁亚 20 号(固亚 1 号)

宁审油 2015001，宁夏农林科学院固原分院选育。

特征特性：幼苗深绿色，株高 54.1 cm，工艺长度 32.2 cm，主茎分枝 4.95 个，花蓝色，单株有效结果数 16.25 个，每果粒数 6.85 粒，籽粒浅褐色，单株粒重 0.66 g，千粒重 7.03 g。2014 年农业部油料及制品质量监督检验测试中心(武汉)检测，种子含油率 40.86%。

生育期 114 d。2013 年甘肃省农业科学院作物研究所抗旱性鉴定，属一级抗旱类型，田间耐寒，抗胡麻枯萎病。该品种生长势强，整齐度高，植株结构比较合理，耐瘠薄，但抗倒伏性较弱。

产量表现：2011—2012 年参加宁夏旱作农业区胡麻区域试验，两年平均产量 105.93 kg/666.7 m^2，较对照宁亚 17 号增产 9.35%。

栽培要点：4 月上旬抢墒播种，播量 4~6 kg/666.7 m^2；以施基肥为主，施农家肥 1 000~1 500 kg/666.7 m^2、尿素 5~8 kg/666.7 m^2、磷酸二铵 7~10 kg/666.7 m^2；轮作周期应控制在 3~4 年；遇雨及时破除土壤表层板结，确保全苗；松土除草，注意防治蚜虫、苜蓿盲蝽、白粉病等病虫害。

6. 宁亚 21 号(固亚 2 号)

宁审油 2015002，宁夏农林科学院固原分院选育。

特征特性：幼苗深绿色，株高 51.35 cm，工艺长度 31.1 cm，主茎分枝 5.15 个，花蓝色，单株有效结果数 17.3 个，每果粒数 6.35 粒，籽粒浅褐色，单株粒重 0.72 g，千粒重 7.24 g。2014 年农业部油料及制品质量监督检验测试中心(武汉)检测,种子含油率36.46%。

生育期112 d。田间抗旱,耐寒,抗胡麻枯萎病。该品种生长势强,前期生长发育旺盛,植型结构比较合理,整齐度高,耐瘠薄,但抗倒伏性较弱。

产量表现:2011—2012年参加宁夏旱作农业区胡麻区域试验,两年平均产量109.16 kg/666.7 m^2,较对照宁亚17号增产12.4%。

栽培要点:4月上旬抢墒播种,播量4~6 kg/666.7 m^2;以施基肥为主,施农家肥1 000~1 500 kg/666.7 m^2、尿素5~8 kg/666.7 m^2、磷酸二铵7~10 kg/666.7 m^2;遇雨及时破除土壤表层板结,确保全苗;松土除草,注意防治蚜虫、苜蓿盲蝽、白粉病等病虫害。

7. 宁亚22号(固亚5号)

宁审油20160001,宁夏农林科学院固原分院选育。

特征特性:幼苗深绿色,株高56 cm,工艺长度32.8 cm,主茎分枝5.8个,花蓝色,单株有效结果数17个,每果粒数7粒,籽粒浅褐色,单株粒重0.7 g,千粒重6.7 g。2016年农业部油料及制品质量监督检验测试中心(武汉)测定,种子含油率38.65%。

生育期108 d,属中熟、油用型品种。田间抗胡麻枯萎病,生长势强,整齐度高,植株结构比较合理,耐寒,耐瘠薄,但抗倒伏性较弱。

产量表现:2013—2014年参加宁夏旱作农业区胡麻区域试验,两年平均产量96 kg/666.7 m^2,较对照宁亚17号增产11.7%。

栽培要点:4月上旬抢墒播种,播量4~6 kg/666.7 m^2;以施基肥为主,施农家肥1 000~1 500 kg/666.7 m^2、尿素5~8 kg/666.7 m^2、磷酸二铵7~10 kg/666.7 m^2;轮作周期应控制在3~4年;遇雨及时破除土壤表层板结,确保全苗;松土除草,注意防治蚜虫、苜蓿盲蝽、白粉病等病虫害。

五、谷子品种

1. 陇谷11号

甘认谷2009001,甘肃省农业科学院作物研究所选育。

特征特性:成株绿色,株高127.8 cm,茎粗1.15 cm,主茎可见节数12.5节;穗长棒形,穗码较紧,刚毛短;穗长26.9 cm,单株穗重32.9 g,千粒重4.1 g,单株草重32 g,出谷率79.6%。黄谷黄米,出米率81.8%。小米含粗蛋白质1.61%、粗脂肪4.64%、赖氨酸0.36%。

生育期115 d,属中晚熟品种。抗旱性较强,抗倒伏,抗谷子黑穗病。

产量表现:2007—2008年多点试验,平均产量280.95 kg/666.7 m^2,较对照陇谷6号增产8.68%。

栽培要点:4月下旬至5月上旬播种;密度普通田块2.5~3万株/666.7 m^2,高肥田块可控制在3~3.5万株/666.7 m^2。

2. 晋谷40号

晋审谷(认)2006005,山西省农业科学院经济作物研究所选育。

特征特性:幼苗绿色,单秆不分蘖,平均株高140.6 cm,平均穗长20.3 cm;穗纺锤形,松紧度中等,刚毛短;单株穗重14.1 g左右,白谷黄米,出谷率约80%。

生育期120 d左右,属中晚熟品种。

产量表现:2005—2006年参加山西省谷子中晚熟组区域试验,平均产量295.9 kg/666.7 m^2,比对照晋谷34 号增产 14%。

栽培要点：播前施足底肥，拔节前不追肥；5 月中下旬春播，播量 1 kg/666.7 m^2 左右，留苗 2.2 万株/666.7 m^2；生育期中耕 3 次，谷子钻心虫严重地区应及时防治；米质优，易受鸟害，灌浆期注意防鸟害。

3. 张杂谷 3 号

蒙认谷 2011004 号（国鉴谷 2005007），河北省张家口市坝下农业科学研究所、中国农业科学院作物品种资源研究所选育。

特征特性：叶片绿色，叶鞘绿色，叶片平展，株型半紧凑，株高 160 cm。穗棍棒形，松穗紧码，穗长 29.4 cm，圆粒，黄谷黄米，千粒重 3.1 g。2010 年农业部谷物及制品质量监督检测中心（哈尔滨）测定，小米含粗蛋白质 11.12%、粗脂肪 3.72%、粗淀粉 65.59%、支链淀粉 70.59%，胶稠度 131 mm。

生育期 113 d，属中晚熟品种。2010 年河北省农林科学院谷子研究所植物保护室人工接种抗性鉴定，中抗谷锈病，抗黑穗病，抗白发病。

产量表现：2009—2010 年参加内蒙古自治区谷子区域试验，平均产量 348 kg/666.7 m^2，较对照赤谷 8 号增产 24.7%。。

栽培要点：4 月下旬至 5 月上旬播种；播量 0.5~0.8 kg/666.7 m^2，保苗 1.2~1.5 万株/666.7 m^2。

4. 张杂谷 5 号

蒙认谷 2011005 号，张家口市农业科学院选育。

特征特性：叶片绿色，叶鞘绿色，叶片平展，株型半紧凑，株高 160 cm。穗棍棒形，松穗紧码，穗长 30.2 cm，圆粒，千粒重 3.1 g。2010 年农业部谷物及制品质量监督检测中心（哈尔滨）测定，小米含粗蛋白质 12.07%、粗脂肪 3.13%、粗淀粉 72.09%、支链淀粉 75.84%，胶稠度 122.5 mm。

生育期 115 d，属中晚熟品种。2010 年河北省农林科学院谷子研究所植物保护室人工接种抗性鉴定，中抗谷锈病，抗黑穗病，抗白发病。

产量表现：2009—2010 年参加内蒙古自治区谷子区域试验，两年平均产量 352.9 kg/666.7 m^2，较对照赤谷 8 号增产 26.5%。

栽培要点：4 月下旬至 5 月上旬播种；播量 0.5~0.8 kg/666.7 m^2，保苗 1~1.3 万株/666.7 m^2。

5. 晋谷 29 号

国审杂 2002010，山西省农业科学院经济作物研究所选育。

特征特性：幼苗绿色，株高 130 cm，主穗长 20 cm，单穗粒重 15.5~18 g，出谷率 77.8%，穗长筒形，松紧度适中，刚毛短。谷粒白色，米黄色，粳性，谷粒圆而较小，千粒重 3 g。黄色度 36.5，比晋谷 20 号高 7.4。小米含蛋白质 13.39%、脂肪 5.04%、赖氨酸 0.37%、直链淀粉 12.20%，胶稠度 14.4 mm，碱硝指数 3.2。

生育期 110 d 左右，属中晚熟品种。

产量表现：1998—2000 年参加国家西部高原七省区域试验，3 年平均产量 283.4 kg/666.7 m^2，较对照晋谷 16 号增产 2.1%。

栽培要点：5 月上旬播种，播量 1 kg/666.7 m^2 左右，留苗 2.2 万株/666.7 m^2；生育期中耕 3 次，谷子钻心虫严重地区应及时防治。

6. 晋谷 43 号（大同 29 号）

晋审谷（认）2008001，山西省农业科学院高寒区作物研究所选育。

特征特性：幼苗叶片绿色，叶鞘浅紫色，生长整齐，长势中等。主茎高 120.3 cm，株型披散，单秆大穗大粒型。穗长 22.3 cm,穗纺锤形,松紧度适中,千粒重 3.9 g,谷粒黄色,米黄色,粳性。经农业部谷物品质监督检验测试中心分析,小米含粗蛋白质(干基)10.25%、粗脂肪(干基)4.37%。

生育期 110 d 左右。综合农艺性状好,抗病性较强。

产量表现:2005—2006 年参加山西省谷子早熟区试验,两年平均产量 290.8 kg/666.7 m^2,较对照晋谷 31 号增产 8.7%。

栽培要点:4 月下旬至 5 月上旬播种;播量 1 kg/666.7 m^2 左右,留苗 2~2.5 万株/666.7 m^2;轮作倒茬,切忌连茬;播前增施有机肥和磷肥,保证壮苗;早间苗、早中耕、加强田间管理,适时防治钻心虫和黏虫。

六、糜子品种

1. 宁糜 9 号

宁种审 9017,宁夏农林科学院固原分院选育。

特征特性:茎、叶、花序均为绿色,侧穗型,株高 100 cm,穗长 20 cm,穗颈长 13 cm,主茎 14 片叶,叶下披,茸毛中等,籽粒黄色,米黄色,千粒重 8 g,出米率 82.6%,有效分蘖 0.5 个,次生根 33.2 条。籽粒含水分 9.88%、粗蛋白质 12.02%、粗脂肪 3.71%、粗淀粉 53.93%、赖氨酸 0.16%。

粳性,生育期 100 d,属中熟品种。抗旱,适应性广,米质好,稳产高产。

产量表现:1985—1988 年参加陕西、甘肃、宁夏、内蒙古四省区糜子区域试验,平均产量 178.6 kg/666.7 m^2,较对照增产25.3%。

栽培要点:基施优质农家肥 3 000 kg/666.7 m^2 以上,种施尿素 1.5~2.5 kg/666.7 m^2;5 月份播种较好,较暖地区可推迟到 6 月中旬;适当稀植,一般播量 10~15 万粒/666.7 m^2,保苗 5~10 万株/666.7 m^2。

2. 宁糜 13 号

宁审糜 200201,宁夏农林科学院固原分院选育。

特征特性:茎、叶、花序均为紫色,侧穗型,株高 110 cm,穗长 24~30 cm,次生根 30 条,茸毛较多,籽粒白色,米淡黄色,千粒重 7.5 g,出米率 88%。籽粒含粗蛋白质 12%、粗脂肪 4.3%、粗淀粉 68%。

粳性,生育期 100 d,适应性强,抗性好,稳产高产,适口性好。

产量表现:1994—1995 年参加宁夏旱作农业区糜子区域试验,两年平均产量 104.4 kg/666.7 m^2,较对照宁糜 9 号增产 10.3%。

栽培要点:年平均气温≥6℃旱作农业区可单种,年平均气温≥8℃旱作农业区可麦后复种;抗旱、抗病、耐瘠薄,对地力要求不严,但增施基肥有利于高产;以主穗成穗为主,保苗 10 万株/666.7 m^2。

3. 宁糜 14 号

蒙认糜 2012001 号(国品鉴杂 2006031),宁夏固原市农业科学研究所。

特征特性:叶片绿色,叶鞘绿色。株高 120 cm,叶下披,茸毛较多。侧穗型,籽粒红色,米淡黄色,千粒重 7 g。2011 年农业部谷物及制品质量监督检验测试中心(哈尔滨)测定,籽粒含粗蛋白质 13.73%、粗脂肪1.57%、粗淀粉 78.69%、可溶性糖 0.27%、氨基酸 14.76%。

粳性,生育期 108 d。2011 年西北农林科技大学农学院人工接种抗性鉴定,抗黑穗病。

产量表现:2010—2011 年参加宁夏旱作农业区糜子区域试验,两年平均产量 302.1 kg/666.7 m^2,较对照大黄糜增产 32.3%。

栽培要点:年平均气温≥6℃旱作农业区可单种,年平均气温≥8℃旱作农业区可麦后复种;抗旱、抗病、耐瘠薄,对地力要求不严,但增施基肥有利于高产;以主穗成穗为主,保苗 10 万株/666.7 m^2。

4. 宁糜 16 号

宁审糜 2007001,宁夏农林科学院固原分院选育。

特征特性:幼苗茎秆、叶鞘、叶片、颖壳均为绿色,成熟后茎秆、叶鞘、叶片、颖壳均为紫色,主茎高 115.1 cm,主茎直径 0.6 cm,主茎节 7.1 节,次生根 24 条,籽草比 0.81,叶下披,茸毛较多;侧穗型,穗长 42 cm,穗长 17 cm,穗粒数 750 粒,穗粒重 5.6 g,单株粒重 5.4 g,籽粒小,红色,米淡黄色,千粒重 7.4 g,出米率 82%。籽粒含粗蛋白质 15%、粗脂肪 4.97%、粗淀粉 3.41%。

粳性,生育期 104 d,属中早熟品种。幼苗耐旱能力较强,抗倒伏,丰产性较好,稳产性好。

产量表现:2003—2005 年参加宁夏旱作农业区糜子区域试验,3 年平均产量 208.5 kg/666.7 m^2,较对照宁糜 9 号增产 9.11%。

栽培要点:年平均气温 6~7℃半干旱区 5 月中旬至 6 月中旬等雨抢墒播种,年平均气温≥7℃地区 5 月中旬至 7 月上旬有雨均可播种;播量 1.5 kg/666.7 m^2,保苗 8~10 万株/666.7 m^2;轮作周期 2~3 年;以底肥为主,基施农家肥 2 000 kg/666.7 m^2、磷酸二铵 7~10 kg/666.7 m^2,种施尿素 2.5 kg/666.7 m^2,先播种肥,后播种子,以防烧苗;遇雨及时破除土壤表层板结,确保全苗;松土除草,防止麻雀危害;注意把握成熟期,早霜来临前及时收获,以防落粒。

5. 宁糜 17 号

宁审糜 2009002,宁夏农林科学院固原分院选育。

特征特性:茎秆、叶鞘、叶片、颖壳均为绿色,主茎高 141 cm,主茎节 8 节,次生根 28 条,叶下披,茸毛较多;侧穗型,穗长 29.9 cm,穗粒重 6.1 g,籽粒小,红色,米淡黄色,千粒重 6.7 g,出米率 80%。经农业部食品质量监督检验测试中心(杨凌)检测,籽粒含水分 13.83%、粗蛋白质 11.69%、粗淀粉 54.57%、粗脂肪 3.25%。

粳性,生育期 102 d,属中早熟品种。幼苗耐旱能力较强,丰产性好,稳产性较好。

产量表现:2006—2008 年参加宁夏旱作农业区糜子区域试验,3 年平均产量 178.93 kg/666.7 m^2,较对照榆糜 3 号增产 7.44%。

栽培要点:年平均气温 6~7℃半干旱区 5 月中旬至 6 月中旬等雨抢墒播种,年平均气温≥7℃地区 5 月中旬至 7 月上旬有雨均可播种;播量 1.5 kg/666.7 m^2,保苗 8~10 万株/666.7 m^2;轮作周期应控制在 3~4 年;以底肥为主,基施农家肥 2 000 kg/666.7 m^2,磷酸二铵 7~10 kg/666.7 m^2,种施尿素 2.5 kg/666.7 m^2,先播种肥,后播种子,以防烧苗;遇雨及时破除土壤表层板结,确保全苗;松土除草,防止麻雀危害;注意把握成熟期,早霜来临前及时收获,以防落粒。

6. 陇糜 10 号

甘认糜 2012001,甘肃省农业科学院作物研究所选育。

特征特性:幼苗绿色,株高111.3 cm,主茎节数 6.5 节,茎粗 0.55 cm 左右,生长健壮,茎颖绿色,分蘖强,叶深绿色,茸毛中等,侧穗型,穗长 29.8 cm,穗重 5.27 g,千粒重 8.6 g。籽粒含粗蛋白质 15.62%、粗淀粉 75.73%、粗脂肪 4.11%、赖氨酸 3.09%。

粳性,生育期 100 d,属中早熟品种。经甘肃省农业科学院植物保护研究所鉴定,抗黑穗病。

产量表现:2009—2010 年参加国家糜子区域试验,两年平均产量 242.81 kg/666.7 m^2,较对照陇糜 5 号增产 10.43%。

栽培要点：5 月中下旬播种，播种深度 4~6 cm；保苗 6~8 万株/666.7 m²；严防麻雀危害，成熟后及时收获。

七、莜麦品种

1. 宁莜 1 号

宁种审 9814，内蒙古农牧业科学院选育。

特征特性：幼苗直立，深绿色，叶片上举，株型紧凑、直立，粒白色，株高 75 cm，穗长 14.8 cm，小穗数 9.4 个，每小穗 4.1 粒，每穗 36 粒，千粒重 20.5g。籽粒含水分 8.83%、粗蛋白质 15.88%、粗脂肪 5.94%、粗淀粉 46.55%。

生育期 96 d。田间生长整齐，生长势强，中抗锈病，抗倒伏，抗旱性、抗寒性较强。

产量表现：1995—1997 年区域试验，3 年平均产量 133.9 kg/666.7 m²，较对照增产 34.3%。

栽培要点：3 月下旬至 4 月上旬抢墒播种，播深 4~5 cm；播量 35 万粒/666.7 m²；播种时要施入适量的氮磷化肥做种肥。

2. 燕科 1 号

宁审莜 2008001，内蒙古农牧业科学院选育。

特征特性：幼苗直立，深绿色，叶片上举，生长势强，株型紧凑，分蘖力强，成穗率高，群体结构好，株高 71.4~132.1 cm，穗侧散形，穗长 20.2 cm，穗铃数 30.8 个，主穗粒数 76.8 粒，穗粒重 1.4 g，千粒重 19.3 g，粒卵圆形、浅黄色。经农业部谷物及制品质量监督检验测试中心（哈尔滨）检测，籽粒含粗蛋白质 21.13%、粗脂肪6.65%、粗淀粉 54.35%、粗纤维 2.55%、灰粉 2.22%、水分 10.1%、氨基酸 21.18%（其中赖氨酸 0.94%）。

生育期 97~104 d，属中晚熟品种。根系发达，抗寒性、抗旱性强，耐瘠薄，茎秆粗壮坚硬，抗倒伏，成熟落黄好，中抗锈病，田间生长整齐，不易落粒，适应性广。

产量表现：2006—2007 年区域试验，两年平均产量 138.5 kg/666.7 m²，较对照宁莜 1 号增产 19.1%。

栽培要点：选中等以上肥力土地种植，前茬以豆科、马铃薯和春小麦为宜；前作收获后应及早秋深耕，早春顶凌耙耱；结合秋深耕基施农家肥 1 000~2 000 kg/666.7 m²、磷酸二铵 10~15 kg/666.7 m²，5~6 叶期结合降雨追施尿素 7.5~10 kg/666.7 m²；精选种子，播前药剂拌种，3 月底至 4 月初播种，播深 4~5 cm，播量 7~8 kg/666.7 m²，保苗 25~30 万株/666.7 m²；前期早锄、浅锄，保全苗、促壮苗；中后期早追肥，深中耕，细管理，防治病虫害，防倒伏，防贪青；当麦穗由绿变黄，上中部籽粒变硬，表现出品种籽粒正常大小和色泽，进入黄熟期时，及时收获。

3. 白燕 2 号

吉审麦 2003005，吉林省白城市农业科学院选育。

特征特性：幼苗直立，叶片深绿色，分蘖力强，株高 99.5 cm；穗侧散形，长芒，颖壳黄色，穗长 19 cm 左右；小穗着生密度适中，穗铃数 10.5 个，主穗粒数 69.3 粒，穗粒重 1.11 g，千粒重 30 g；籽粒黄色、长卵圆形；容重706 g/L；籽粒含粗蛋白质 16.58%、粗脂肪 5.61%。

生育期 90 d 左右。

产量表现：2001—2002 年区域试验，两年平均产量 160.1 kg/666.7 m²。

栽培要点：3 月下旬至 4 月初播种，播量 8 kg/666.7 m²，保苗 33.3 万株/666.7 m² 左右，施种肥磷酸二铵8 kg/666.7 m²、硝酸铵 10 kg/666.7 m²；视田间长势，三叶期或孕穗期适量追施尿素；当穗由绿变黄，上中部籽粒变硬，表现出本品种籽粒正常大小和色泽，进入黄熟期时，及时收获。

八、甜荞品种

1. 宁荞麦 1 号

宁审荞 200201，宁夏农林科学院固原分院选育。

特征特性：全株绿色，株高 90 cm，主茎节 10 节，主茎分枝 4 个，株型较紧凑，叶椭圆形，花白色，雄蕊粉红色，籽粒三棱形，棱角突出，褐色，千粒重 38 g。籽粒含粗蛋白质 12.6%、粗脂肪 2.5%、水分 13.7%。

生育期 80 d，属早熟品种。田间生长势强，生长发育整齐，结实集中，落粒性适中，适应性广。

产量表现：1998—1999 年参加宁夏旱作农业区荞麦区域试验，两年平均产量 52.5 kg/666.7 m^2，较对照北海道荞麦增产 23.9%。

栽培要点：正茬 6 月中下旬播种，播量 3~5 kg/666.7 m^2，条播，保苗 7 万株/666.7 m^2；基施农家肥 2 000~3 000 kg/666.7 m^2，种施磷酸二铵 4~5 kg/666.7 m^2 或尿素 4 kg/666.7 m^2、过磷酸钙 10~15 kg/666.7 m^2。

2. 信农 1 号

宁审荞 2008001，宁夏农林科学院固原分院选育。

特征特性：幼苗生长旺盛，叶深绿色、心形，株型紧凑，株高 73.7~136.4 cm，主茎节 9.7 节，主茎分枝 4.5 个，花白色，籽粒三棱形、灰褐色，千粒重 26.7 g。经农业部谷物及制品质量监督检验测试中心（哈尔滨）测定，籽粒含氨基酸 13.1%（其中赖氨酸 0.8%）、粗蛋白质 13.6%、粗脂肪 2.63%、粗纤维 12.55%、粗淀粉 60%、灰分 2.22%、水分 12.1%。

生育期 77~99 d，属中熟品种。抗旱，抗倒伏，耐瘠薄，田间生长势强，生长整齐，结实集中，落粒性中等，适应性广。

产量表现：2002—2004 年参加宁夏旱作农业区荞麦区域试验，3 年平均产量 82.05 kg/666.7 m^2，较对照增产 14.42%。

栽培要点：选地势平坦的川旱地或山旱地种植，以豆茬、马铃薯和小麦茬为宜；重施基肥，配施化肥，以秋施肥为主，施腐熟农家肥 1 500~3 000 kg/666.7 m^2、磷酸二铵 10 kg/666.7 m^2；正茬 6 月中下旬播种，播量3~3.5 kg/666.7 m^2，保苗 6~7 万株/666.7 m^2；苗期及早中耕锄草，盛花期创造条件人工辅助授粉；当 70%以上籽粒变为灰褐色时及时收获。

九、豌豆品种

1. 宁豌 1 号（草原 224）

宁种审 9417，青海省农林科学院选育。

特征特性：幼苗深绿色，粗壮，株高 82.4 cm，植株直立、整齐，分枝较少，茎、叶深绿色，小叶和托叶肥大，花紫色，花序较长，硬荚种，单株荚数 3.7~5 个，最高达 7 个以上，荚长 8~10 cm，荚宽 1.5 cm，单荚粒数 7~9 粒，单株粒重 6.2 g，籽粒大，麻色，微皱，百粒重 24.5 g。籽粒含粗蛋白质 17.4%、粗脂肪 1.01%。

生育期 80~90 d，属中晚熟品种。抗旱性较差，耐阴抗涝，抗倒伏性强。

产量表现：1990—1992 年参加宁夏旱作农业区豌豆区域试验，两年平均产量 150 kg/666.7 m^2，较对照白豌豆增产 20%。

栽培要点：4 月上旬播种，播深 5~7 cm，播量 6.5~7 万粒/666.7 m^2，保苗 6~6.5 万株/666.7 m^2；施农家肥 2 000~4 000 kg/666.7 m^2、普磷 25 kg/666.7m^2 或磷酸二铵 5 kg/666.7 m^2；苗齐后及时中耕除草。

2. 宁豌 4 号

宁审豆 2003005，宁夏农林科学院固原分院选育。

特征特性：幼苗、茎秆、托叶绿色，叶缘齐，生长整齐，株型半直立。株高 50~107.4 cm，花白色，主茎分枝 3 个，主茎荚层数 2~6.8 层，每层荚数 1.1~3 个，单株荚数 2~11.9 个，荚长 4.7~5.3 cm，荚宽 1~1.2 cm，荚刀形，每荚粒数 3.1~5 粒，百粒重 16.4~18.18 g，籽粒白色、饱满。籽粒含水分 13.44%、灰分 2.87%、粗蛋白质 29.68%、粗脂肪 0.8%、粗纤维 5.28%。

生育期 71~94 d，属中熟品种。抗寒性强，抗旱性中等，高抗根腐病。

产量表现：2001—2002 年参加宁夏旱作农业区豌豆区域试验，两年平均产量 92.6 kg/666.7 m^2，较对照白豌豆增产 5.6%。

栽培要点：选择地势平坦的川旱地、山台地种植，切忌重茬和迎茬；以基肥为主，一般不追肥，施农家肥 1 500~2 000 kg/666.7 m^2、磷酸二铵 10~20 kg/666.7 m^2；播量 9~10 kg/666.7 m^2；3 月下旬至 4 月上旬播种，但遇特殊气候可延迟到 4 月下旬或 5 月初；及时锄草松土，防治蚜虫和鼠害；茎荚变为黄白色，籽粒与荚壳分离呈本品种颜色时，即可收获。

3. 宁豌 5 号(20–45)

宁审豆 2005002，甘肃省定西市旱作农业科研推广中心选育。

特征特性：株高 75.3~98 cm，幼苗匍匐，叶深绿色；结荚位低，花紫色，主茎分枝 1.6~2 个，主茎荚层数 2.8~3.3 层，单株荚数 2.5 个，荚长 6~7 cm，每荚粒数 5.1~6.2 粒，百粒重 20.5~24.3 g，籽粒麻色、圆形。籽粒含粗蛋白质 22.46%、粗脂肪 1.06%、粗淀粉 46.9%、粗纤维 5.7%、水分 7.9%、灰分 1.79%。

生育期 83~92 d。抗寒，抗旱，耐根腐病。

产量表现：2003—2004 年参加宁夏旱作农业区豌豆区域试验，两年平均产量 81.74 kg/666.7 m^2，较对照增产 17.6%。

栽培要点：采取 3 年以上轮作制；前作收获后深耕，秋施农家肥 2 500 kg/666.7 m^2、磷酸二铵 10 kg/666.7 m^2 或普磷30 kg/666.7 m^2；3 月下旬至 4 月上旬播种，播量 13~16 kg/666.7 m^2；苗期锄草松土 2次，生育期注意防治潜叶蝇、蚜虫；在茎、叶变黄白色，籽粒与荚壳分离呈本品种颜色时收获。

4. 中豌 4 号(GS–4)

宁审豆 2005003，中国农业科学院北京畜牧兽医研究所选育。

特征特性：幼苗绿色，叶缘齐，生长整齐，株型直立，株高 25~39.5 cm，主茎分枝 1~5 个，主茎荚层数 3~6 层，每层荚数 1~2 个，单株荚数 3~14 个，荚长 5.6~6.8 cm，荚宽 1.2~1.5 cm，每荚粒数 3.8~4.5 粒，百粒重 20.4~21.3 g，粒白色。籽粒含水分 7.6%、灰分 2.65%、粗蛋白质 25.94%、粗脂肪 0.76%、粗纤维 6.4%、粗淀粉45.85%。

生育期 65~72 d。抗寒性强，抗旱性中等。

产量表现：2002—2003 年参加宁夏旱作农业区豌豆区域试验，两年平均产量 73.23 kg/666.7 m^2，较对照宁豌 2 号增产 5.06%。

栽培要点：选择地势平坦的川旱地、山台地且轮作 3 年以上的田块；以基肥为主，一般不追肥，不宜用化肥做种肥，施农家肥 2 000 kg/666.7 m^2、磷酸二铵 10~20 kg/666.7 m^2；播量 12.5~15 kg/666.7 m^2；3 月下旬到 4 月上旬播种，如遇特殊气候或救灾需要可延迟到 6 月中下旬，复播最迟在 7 月初；及时锄草、松土，拔除大草，喷药防治蚜虫；茎荚变为黄白色，籽粒与荚壳分离呈本品种颜色时即可收获。

十、蚕豆品种

1. 临蚕 2 号

宁审豆 200204，甘肃省临夏回族自治州农业科学研究所选育。

特征特性：幼苗深绿色，茎秆绿色，中空、四棱状，叶缘整齐，托叶绿色，株型直立，生长整齐，株高 39.1~125.2 cm，单株有效分枝 1~3.1 个，花白色，主茎荚层数 2.9~6.4 层，每层荚数 1~1.7 个，单株荚数 3~9.8 个，荚长 7~12.5 cm，荚宽 2 cm，荚肾形，每荚粒数 1.7~4.5 粒，单株粒重 6.74~8.17 g，百粒重 100.2~175.5 g，籽粒饱满、扁平、椭圆形、白色，种脐黑色。籽粒含粗蛋白质 26.23%、淀粉 41.17%、赖氨酸 2.67%、粗纤维 1.54%。

生育期 71~109 d，属中熟品种。抗寒、抗旱能力较强，抗倒伏，适应性广，抗锈病，不易落粒。

产量表现：2000—2001 年参加宁夏旱作农业区蚕豆区域试验，两年平均产量 139.4 kg/666.7 m^2，较对照增产 9.3%。

栽培要点：3 月下旬至 4 月上旬播种；播量 18~20 kg/666.7 m^2，密度 1~1.3 万株/666.7 m^2；基施农家肥 2 000~3 000 kg/666.7 m^2、磷酸二铵 15 kg/666.7 m^2；开花期用 0.1%硼酸加 0.4%尿素溶液进行根外追肥，提高坐果率；苗高 10 cm 时第一次锄草、松土，开花前第二次锄草时培土，注意后期防治蚜虫和锈病，并人工打顶，控制生长，促进成熟；大部分茎秆、荚果变黑后收获，晒干后脱粒。

2. 青海 9 号

宁审豆 2005005，青海省农林科学院作物研究所选育。

特征特性：幼苗直立，幼茎浅绿色，主茎茎秆绿色，四棱状，株高 65.8~169 cm，主茎节数 23~25 节，单株有效分枝 1.6 个，叶深绿色、长椭圆形，复叶平均有小叶 4.3 片，叶上举，株型紧凑，主茎始花节 3~6 节，花淡紫色，主茎荚层数 3~6.8 层，每层荚数 1.3~3 个，单株荚数 7.5~9.8 个，荚长 9~10.5 cm，荚宽 2.1~2.3 cm，荚老蚕形，每荚粒数 2.6~2.7 粒，种皮白色，籽粒饱满、扁平、椭圆形，百粒重 140~171.3 g。籽粒含粗蛋白质 27.29%、粗淀粉 39.86%、赖氨酸 1.78%、粗纤维 6.9%。

生育期 81~110 d，耐寒，抗旱，抗倒伏，不易裂荚，抗根腐病和锈病，中抗轮纹病、褐斑病。

产量表现：2002—2003 年参加宁夏旱作农业区蚕豆区域试验，两年平均产量 161.1 kg/666.7 m^2，较对照增产 15.8%。

栽培要点：选择中上等肥力、地势平坦的麦茬地种植；3 月下旬至 4 月上旬播种；播量20~25 kg/666.7 m^2，密度 1.2~1.5 万株/666.7 m^2，等行条播，行距 35~40 cm，或宽窄行条播，宽行 50 cm，窄行 25 cm；基施农家肥 2 000~3 000 kg/666.7 m^2、磷酸二铵 10~15 kg/666.7 m^2、尿素 7.5~10 kg/666.7 m^2，分枝期结合中耕培土追施磷酸二铵7.5~10 kg/666.7 m^2；田间有 75%的植株荚果变黑时即可收获。

3. 青海 11 号

青海省农林科学院作物育种栽培研究所选育。

特征特性：幼苗直立，叶绿色；株高 146.0 cm，单株有效分枝 1.51 个；叶上举，株型紧凑。总状花序，主茎始花节 5.1 节，终花节 12.8 节；总花节数 28.2 节，每节小花数最多 5.5 朵，花序长 3.6 cm，主茎结荚 8.8 个，单株荚数 18.6 个，单株有效荚 14.6 个，荚长 9.82 cm，荚宽 1.9 cm，单株双荚数 1.6 个，每荚粒数 2.2

粒，主茎着荚密度 0.4 荚/节；成熟荚黑色，籽粒浅绿色，种子长 1.97 cm、宽 1.33 cm；单株粒数 46.3 粒，单株粒重 75.7 g，百粒重 192.2 g。籽粒含粗蛋白质 25.66%、淀粉 45.35%、脂肪 1.38%、粗纤维 6.2%、灰分 3.73%。

生育期 122 d，属中晚熟品种。抗旱性中等，抗倒伏性中等，中抗褐斑病、轮纹病、赤斑病。

产量表现：宁夏旱作农业区多年生产试验，产量 200~400 kg/666.7 m^2。

栽培要点：选择中等或中上等肥力、麦茬地种植；3 月下旬至 4 月上旬播种；播量 20~25 kg/666.7 m^2，密度 1.2~1.5 万株/666.7 m^2，等行条播，行距 35~40 cm，或宽窄行条播，宽行50 cm，窄行 25 cm；基施农家肥 2 000~3 000 kg/666.7 m^2、磷酸二铵 10~15 kg/666.7 m^2、尿素 7.5~10 kg/666.7 m^2，分枝期结合中耕培土追施磷酸二铵 7.5~10 kg/666.7 m^2；田间有 75%的植株荚果变黑时即可收获。

4. 青海 12 号

青海省农林科学院作物育种栽培研究所选育。

特征特性：幼苗直立，幼茎浅绿色，主茎绿色、方形；开花期中部叶片长椭圆形，花白色，旗瓣白色，脉纹浅褐色，翼瓣白色，中央有一黑色圆斑，龙骨瓣白绿色；主茎结荚 9.8±1.02 个，单株有效荚 14.6 个；荚果半直立，荚长 10.92 cm，荚宽 2.22 cm；单株双(多)荚数 1.6 个，每荚粒数 2.2 粒，成熟荚黑色，种皮有光泽、半透明，种脐黑色，粒乳白色，单株粒数 14.51 粒，单株粒重 28.76 g，百粒重 198.2 g。籽粒含粗蛋白质 26.5%、淀粉 47.58%、脂肪 1.47%、粗纤维(干基)7.37%。

生育期 115 d，属中晚熟品种。中抗褐斑病、轮纹病、赤斑病。

产量表现：旱作条件下，一般产量为 220~350 kg/666.7 m^2。

栽培要点：选择中等或中上等肥力、麦茬地种植；3 月下旬至 4 月上旬播种；播量 20~25 kg/666.7 m^2，密度 1.2~1.5 万株/666.7 m^2，等行条播，行距 35~40 cm，或宽窄行条播，宽行 50 cm，窄行 25 cm；基施农家肥 2 000~3 000 kg/666.7 m^2、磷酸二铵 10~15 kg/666.7 m^2、尿素 7.5~10 kg/666.7 m^2，分枝期结合中耕培土追施磷酸二铵 7.5~10 kg/666.7 m^2；田间有 75%的植株荚果变黑时即可收获。

十一、小扁豆品种

1. 定选 1 号(C87)

宁审豆 200203，甘肃省定西市旱作农业科研推广中心选育。

特征特性：幼苗深绿色，茎秆、托叶绿色，叶缘整齐，株型直立，株高 22~36.5 cm，分枝 3.5~5.5 个，花白色，花朵很小，主茎荚层数 4.7~8.8 层，每层荚数1.6~2.6 个，单株荚数 8.4~30.6 个，荚长 1.6 cm，荚宽 0.7 cm，荚肾形，每荚粒数 1.4~1.8 粒，单株粒数 17.4~52.3 粒，单株粒重 1.65~2 g，千粒重 32.6~39 g，粒淡绿色，籽粒饱满、扁圆形，种脐白色。籽粒含粗蛋白质 28.7%、粗脂肪 0.45%、淀粉 56.6%、赖氨酸 2.09%、灰分2.44%、水分 8.9%，单株生物产量 3.17~3.05 g，经济系数 0.54~0.56。

生育期 72~94 d，属中熟、旱地型品种。有效分枝多，抗寒，抗旱，抗倒伏，适应性广，耐瘠薄，生育期变幅宽，无病害，基本无虫害，增产潜力大，易落粒。

产量表现：2000—2001 年参加宁夏旱作农业区扁豆区域试验，两年平均产量 95.5 kg/666.7 m^2，较对照增产 8.4%。

栽培要点：除重茬、迎茬外的旱地均可种植；基施农家肥 1 500~2 000 kg/666.7 m^2、磷酸二铵 5~10 kg/666.7 m^2，不宜用化肥做种肥；播量 5 kg/666.7 m^2，适宜播期为 3 月中下旬，如因特殊气候可延迟到

4月下旬；苗高 5 cm 后锄草、松土，以后注意拔除大草；易落粒，成熟后及时收获，收后防雨淋。

2. 宁扁 1 号(6980-1)

宁审豆 2005004，宁夏农林科学院固原分院选育。

特征特性：幼苗深绿色，生长整齐，株型直立，株高 20~35 cm，花白色，主茎夹层数 4.8~8.6 层，每层荚数 1.7~2.4 个，单株荚数 8.2~21.6 个，荚长 1.5~1.8 cm，荚宽 0.6~0.8 cm，荚肾形，每荚粒数 1.5~2 粒，籽粒扁圆形、淡绿色，种脐白色，千粒重 52.2~55.6 g。籽粒含蛋白质 29.04%、粗脂肪 0.72%、粗淀粉 45.62%、灰分 2.5%、水分 6.8%、氨基酸 1.51%。

生育期 72~96 d。抗寒，抗旱，抗倒伏，耐瘠薄，易落粒。

产量表现：2002—2003 年参加宁夏旱作农业区扁豆区域试验，两年平均产量 90.3 kg/666.7 m^2，较对照增产17.58%。

栽培要点：轮作 3 年以上的山旱地、川旱地均可种植；基施农家肥 1 500~2 000 kg/666.7 m^2、磷酸二铵 5~10 kg/666.7 m^2，不宜用化肥做种肥；播量 5 kg/666.7 m^2；适宜播期为 3 月中下旬，如因气候影响可延迟到 4 月下旬；苗高 5 cm 后锄草、松土，以后注意防治蚜虫、拔除大草；当中下部茎、叶变黄色时即成熟，因易落粒，成熟后要及时收获，收后晾晒，防雨淋。

参考文献

[1] 于振文. 作物栽培学各论(北方本)[M]. 北京:中国农业出版社,2003.

[2] 李福. 全膜双垄沟播技术[M]. 兰州:甘肃科学技术出版社,2011.

[3] 杜守宇. 黄土高原典型地区宁夏固原旱农耕作栽培技术[M]. 银川:宁夏人民出版社,1993.

[4] 山仑,陈国良. 黄土高原旱地农业的理论与实践[M]. 北京:科技出版社,1993.

[5] 丁明. 宁夏小杂粮[M]. 银川:宁夏人民出版社,2008.

[6] 杜守宇. 宁南山区立体复合种植开发研究[M]. 银川:宁夏人民出版社,1999.

[7] 宁夏农作物品种审定委员会办公室. 宁夏农作物审定品种[M]. 银川:宁夏人民出版社,2008.

[8] 马尚明. 区域旱作特色农业实践与思考[M]. 银川:宁夏人民出版社,2008.

[9] 张成荣,牛建彪. 干旱半干旱区旱作农业探索与实践[M]. 兰州:甘肃科学技术出版社,2012.

[10] 宁夏农业技术推广总站. 宁夏覆膜保墒集雨补灌旱作节水农业研究[J]. 宁夏农林科技,2013(6).

[11] 宁夏回族自治区农业建设委员会,宁夏实施“231 工程”领导小组办公室. 粮食作物丰产栽培技术[M]. 银川:宁夏人民出版社,1996.

[12] 信乃诠,王立祥. 中国北方旱区农业[M]. 南京:江苏科学技术出版社,1998.

[13] 王立祥. 耕作学[M]. 重庆:重庆出版社,2001.

[14] 安维太. 宁夏油料作物[M]. 银川:宁夏人民出版社,2009.

[15] 马耀光,张保军,罗志成,等. 旱地农业节水技术[M]. 北京:化学工业出版社,2004.

[16]《宁夏农业地理》编写组. 宁夏农业地理[M]. 北京:科学出版社,1976.

[17] 杜守宇,田恩平,温敏. 宁夏旱作农业[M]. 银川:宁夏人民出版社,2004.

[18] 陈亮,张凌青. 优质饲草栽培利用与秸秆加工调制技术[M]. 银川:阳光出版社,2016.

[19] 董永祥,周仲显,等. 宁夏气候与农业[M]. 银川:宁夏人民出版社,1986.

[20] 常富德,曹学海,杨瑞霞. 旱作农业栽培实用技术[M]. 银川:阳光出版社,2015.

[21] 谭宗九,丁明亚,李济宸. 马铃薯高效栽培技术[M]. 北京:金盾出版社,2000.

[22] 刘声锋,郭守金,张显. 西甜瓜生产技术 400 题解读大全[M]. 银川:宁夏人民出版社,2011.

[23] 卢良恕. 中国立体农业概论[M]. 成都:四川科学技术出版社,1999.

[24] 买自珍,蒋儒龄,陈俊武,等. 马铃薯垄作膜下滴灌关键技术研究[J]. 宁夏农林科技,2010(2).

[25] 陈文,张成军,范小明,等. 固原市原州区 1951—2008 年降水与气温变化分析[J]. 甘肃农业,2009(9).

[26] 张秀珍, 刘秉儒, 詹硕仁. 宁夏境内 12 种主要土壤类型分布区域与剖面特征 [J]. 宁夏农林科技,2011,52(9).

[27] 梅松龄. 抗旱农经[M]. 银川:宁夏人民出版社,1982.

[28] 董玲. 西海固扶贫攻坚战——“三西”建设30周年纪念[M]. 银川:阳光出版社,2012.
[29] 宁夏回族自治区农业建设委员会,宁夏实施“231工程”领导小组办公室. 油料作物丰产栽培技术[M]. 银川:宁夏人民出版社,1997.
[30] 马玉兰. 宁夏测土配方施肥技术[M]. 银川:宁夏人民出版社,2008.
[31] 郝建平,刘克洽,徐桂玲. 玉米高产原理与栽培新技术[M]. 北京:中国农业科学技术出版社,1995.
[32] 王琦,杨宁权,刘媛. 马铃薯病虫害识别与防治[M]. 银川:宁夏人民出版社,2009.
[33] 全国农业技术推广服务中心. 中国小杂粮优质高产栽培技术[M]. 北京:中国农业出版社,2015.
[34] 王永宏. 宁夏玉米栽培[M]. 北京:中国农业科学技术出版社,2014.
[35] 宁夏农业勘查设计院. 宁夏土壤[M]. 银川:宁夏人民出版社,1990.
[36] 金龙,李海洋. 宁夏中部干旱带旱地农田覆膜免耕对玉米生长发育的影响 [J]. 宁夏农林科技,2017,58(11).
[37] 孙万仓. 北方旱寒区冬油菜栽培技术[M]. 北京:中国农业出版社,2013.
[38] 马天恩,高世铭. 集水高效农业[M]. 兰州:甘肃科学技术出版社,1997.
[39] 宁夏农业志编审委员会办公室. 宁夏农业自然灾害[M]. 银川:宁夏人民出版社,1992.
[40] 侯贤清,李荣,贾志宽,等. 宁南旱区种植业结构分析与评价[J]. 干旱地区农业研究,2015(6).
[41] 张静,李福,刘广才,等. 甘肃发展全膜覆土穴播技术的主要模式[J]. 甘肃农业科技,2013(2).
[42] 田斌,徐升. 庄浪县全膜覆土穴播胡麻栽培技术要点[J]. 甘肃农业科技,2014(2).
[43] 王龙昌,贾志宽. 北方旱区农业节水技术[M]. 西安:世界图书出版西安公司,1998.
[44] 李问盈,李洪友,陈实. 保护性耕作技术[M]. 哈尔滨:黑龙江科学技术出版社,2009.
[45] 谢淑琴. 全膜双垄沟播技术在菊芋种植中的应用[J]. 农业科技与信息,2009(11).
[46] 师国荣,师增胜. 旱地菊芋优质高产栽培技术[J]. 农业科技与信息,2010(1).
[47] 李浩学. 隆德县菊芋栽培技术[J]. 现代农业科技,2014(13).
[48] 管理和. 菊芋覆膜高效栽培[J]. 青海农技推广,2006(1).
[49] 崔红艳,柳根生,桑凤贤. 隆德县菊芋高产栽培技术[J]. 甘肃农业科技,2010(7).
[50] 王春兰,刘景丽. 民和县全膜覆盖蚕豆高产栽培技术[J]. 青海农技推广,2012(4).
[51] 马德旺,马存琴,于红玲,等. 蚕豆全膜双垄覆盖沟播栽培技术效应研究试验初报[J]. 农业开发与装备,2012(6).
[52] 谢霞. 全膜双垄沟播栽培对蚕豆生长和产量的影响[J]. 现代农业科技,2014(12).
[53] 徐洁,程世清,何宪平,等. 彭阳县集雨补灌节水农业技术模式[J]. 节水灌溉,2005(6).
[54] 马文林. 宁夏南部山区集雨节水灌溉工程[J]. 水资源保护,2002(1).
[55] 宁夏水利厅水土保持局,固原市水利勘测设计院. 小流域水土流失综合治理技术规范 第二部分:工程措施技术[S]. 2018.
[56] 王连喜. 宁夏农业气候资源及其分析[M]. 银川:宁夏人民出版社,2008.

宁夏旱作农业区景观

半干旱偏旱区景观（同心县预旺镇谷子）

半干旱偏旱区景观（同心县预旺镇黄芪）

半干旱区景观(彭阳县梯田)

半干旱区景观(彭阳县玉米)

半干旱区景观（彭阳县）

半湿润偏旱区景观（泾源县玉米）

半湿润偏旱区景观(原州区张易镇)

半湿润偏旱区景观(原州区张易镇马铃薯)

秋覆膜(远景图)

半膜平覆(同心县下马关镇)

人工覆膜

造穴覆膜

机械半膜覆盖

秋季机械全膜双垄覆盖

早春机械全膜双垄覆盖

播期机械全膜双垄覆盖

黑膜全膜双垄覆盖

玉米覆膜与不覆膜长势对比

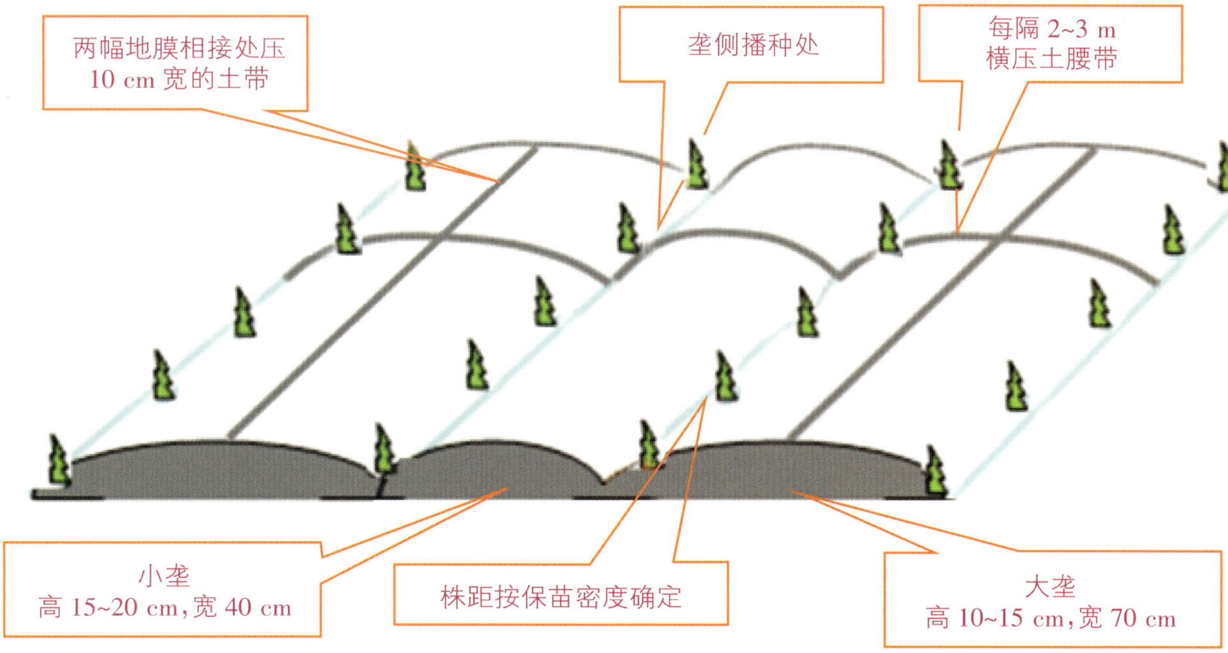

全膜双垄覆盖垄侧播种技术示意图

整地

施肥

喷施除草剂

划行

秋覆膜和早春覆膜

机械起垄覆膜

横压土腰带

扎渗水孔

播种

用细土封住播种孔

间苗、定苗

打杈

追肥

防治病虫害

玉米成熟收获

全膜双垄覆盖垄侧播种栽培技术流程

玉米全膜双垄覆盖垄侧播种栽培(大田)

马铃薯全膜双垄覆盖垄侧播种栽培

蚕豆全膜双垄覆盖垄侧播种栽培

大豆全膜双垄覆盖垄侧播种栽培

向日葵全膜双垄覆盖垄侧播种栽培与半膜栽培对比

向日葵全膜双垄覆盖垄侧播种栽培

菊芋全膜双垄覆盖垄侧播种栽培

旱地冬小麦全膜覆土穴播技术密度试验

旱地冬小麦全膜覆土穴播栽培

小麦全膜微垄穴播栽培

冬小麦机械全膜覆土穴播栽培

冬小麦全膜覆土穴播栽培

谷子机械全膜覆土精量穴播

谷子露地条播与覆膜覆土穴播栽培田间长势对比

谷子全膜覆土穴播栽培

谷子全膜双垄覆盖垄侧播种栽培

小麦膜侧栽培

糜子膜侧栽培

马铃薯覆膜覆土栽培

胡麻全膜覆土穴播栽培

秸秆粉碎深翻还田

梯　田

小流域治理

全方位深松机

高位蓄水池

集雨场

集雨窖

膜下滴灌

玉米套种大豆(全膜双垄覆盖条件下)

玉米套种马铃薯（全膜双垄覆盖条件下）

玉米套种南瓜(全膜双垄覆盖条件下）

马铃薯套种油葵(全膜双垄覆盖条件下）

玉米套种白芸豆(全膜双垄覆盖条件下）

马铃薯套种大豆(全膜双垄覆盖条件下）

秸秆覆盖越冬

覆土护膜越冬

留膜留茬越冬

“一膜两年用”后作播种冬小麦

“一膜两年用”后作马铃薯

“一膜两年用”后作向日葵

“一膜两年用”后作马铃薯

“一膜两年用”后作大豆